Thematischer Teil

8 Themenkreise

undkarte

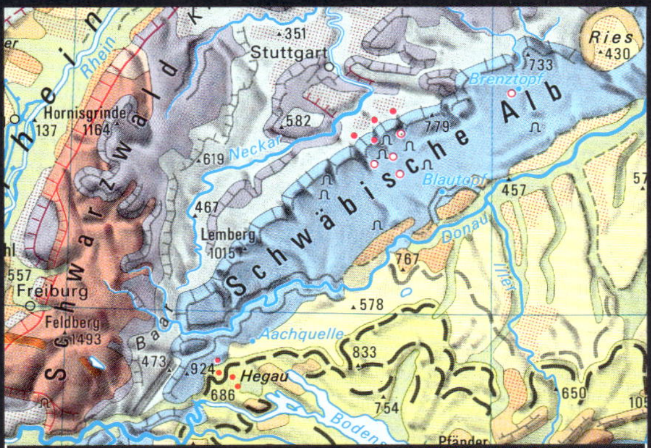

Themenkreis Tektonik, Geologie 94–105

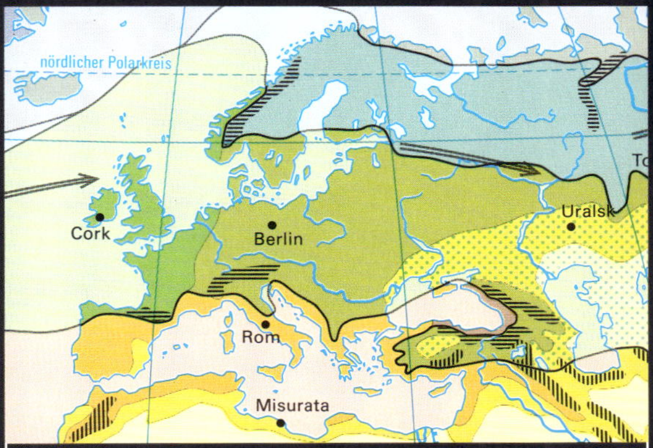

Themenkreis Klima, Vegetation 106–110

undkarte (Übersicht)

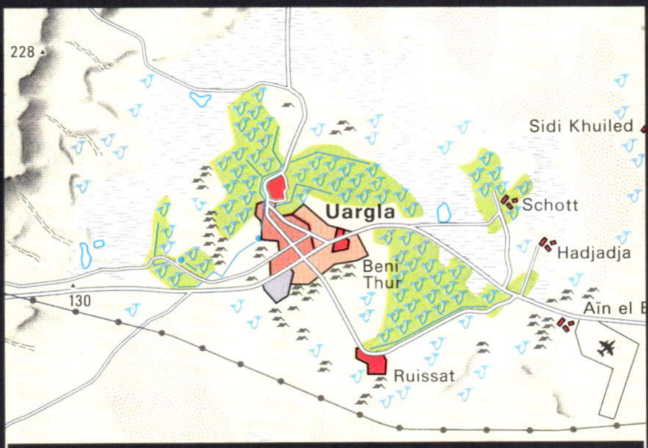

Themenkreis Landwirtschaft 111–124

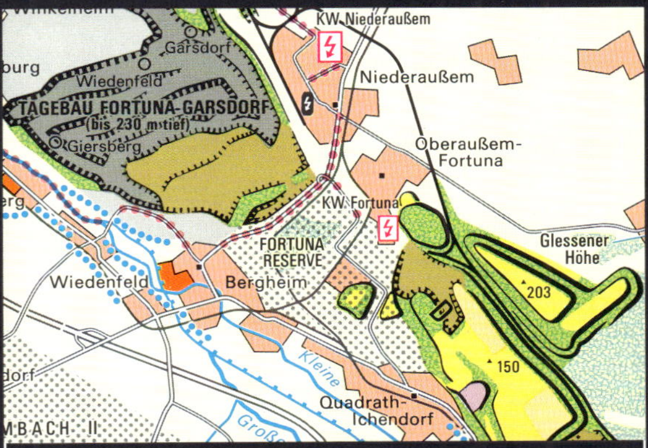

Themenkreis Bergbau, Industrie 125–139

Übersicht)

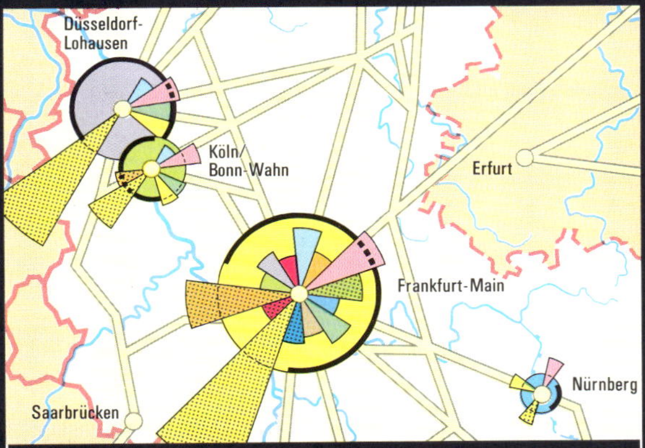

Themenkreis Verkehr, Erholung 140–145

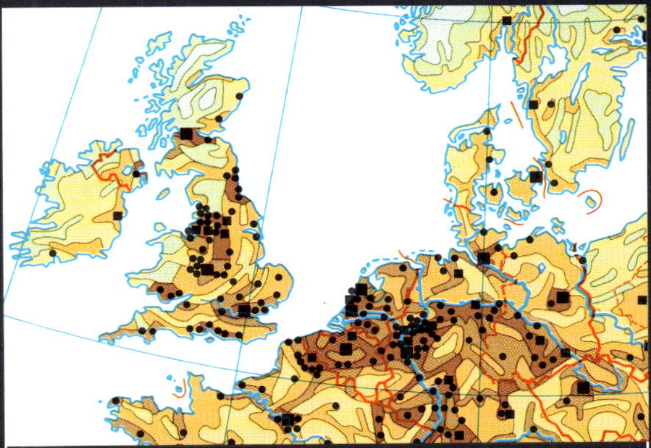

Themenkreis Bevölkerung 146–153

Oberflächenformen)

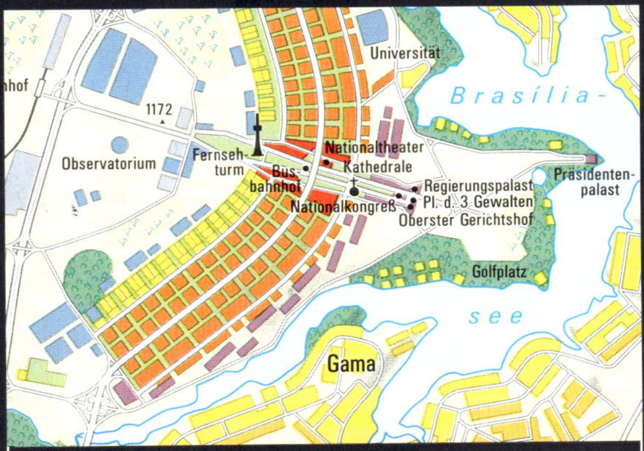

Themenkreis Städte 154–165

Themenkreis Politik 166–176

Generallegende

Kartenzeichen der geographischen Grundkarten (Signaturen)

Energiewirtschaft und Bergbau

Kraftwerke
- Wasserkraftwerk
- Wärmekraftwerke:
- Erdöl-, Erdgas-, Kohlekraftwerk
- Kernkraftwerk

Erdöl und Erdgas
- Erdöl
- Erdgas
- Erdölraffinerie
- Erdölhafen
- Erdölleitung
- Produktenleitung

sonstige Energierohstoffe
- Steinkohle
- Braunkohle
- Ölschiefer, Ölsand
- Uran

Erze
- Eisen
- Silber
- Bauxit (Aluminium)
- Gold
- Kadmium
- Kobalt
- Chrom
- Kupfer
- Quecksilber
- Magnesit
- Mangan
- Molybdän
- Nickel
- Blei
- Platin
- Antimon
- Zinn
- Titan
- Vanadium
- Wolfram
- Zink

Salze
- Kali
- Kochsalz
- Phosphat
- Salpeter

sonstiger Bergbau
- Schwefel
- Schwefelkies
- Diamanten
- Graphit
- Kaolin
- Asbest
- • Bimsstein

Industrie

Verhüttung
- Eisenverhüttung, Stahlerzeugung
- Aluminiumverhüttung
- Verhüttung anderer Metalle (z. B. Cu = Kupferverhüttung)

Metallverarbeitung
- Schwerindustrie, Walzwerk, Stahlbau
- Maschinenbau
- Kraftfahrzeugbau
- Lokomotiv- und Waggonbau
- Schiffbau
- Flugzeugbau
- Metallwaren, Werkzeuge
- • Stahlwaren
- • Kabelzieherei
- • Emaillierwerk

Industrien mit hohem Veredlungsgrad
- Elektroindustrie
- feinmechanische Industrie, optische Industrie
- Uhrenindustrie
- Schmuckwarenindustrie
- • Edelsteinschleiferei
- • Herstellung von Musikinstrumenten
- • Spielwarenindustrie

Textilien und Bekleidung
- Textilindustrie (Spinnerei, Weberei)
- Bekleidungsindustrie
- Strick- und Wirkwarenindustrie
- Gerberei
- Schuhindustrie
- Lederverarbeitung
- • Pelzverarbeitung

Chemie und Atomindustrie
- chemische Industrie, Kunststoffindustrie
- Gummiindustrie
- Atomforschungszentrum, Kernreaktor

Holz, Papier, graphische Industrie
- Holzindustrie (Sägewerk)
- Möbelindustrie
- Papiererzeugung
- graphische Industrie
- • Schreibwarenherstellung

Keramik und Glas
- keramische Industrie (Steingut)
- Porzellanindustrie
- Glasindustrie
- • Zementfabrik
- • Ziegelei

• Signaturen, die nur in den Maßstäben 1:500 000 und größer verwendet werden.

Die Größe der Zeichen richtet sich nach der Bedeutung der Standorte, z. B.: Maschinenbau

Nahrungs- und Genußmittel
- Nahrungsmittelindustrie
- Herstellung von Obst- und Gemüsekonserven
- Fleischverarbeitung (Fleischkonserven)
- Zuckerfabrik
- • Herstellung von Back- und Süßwaren
- • Molkerei, Käseherstellung
- Brauerei
- • Großkellerei, Sektherstellung
- • Herstellung von Spirituosen
- Tabakverarbeitung
- Zigarettenindustrie
- Großmühlen, Getreidesilos
- Fischereihafen (Anlandung, Verarbeitung)

Gewässer
- bedeutender schiffbarer Fluß
- bedeutender schiffbarer Kanal
- bedeutender schiffbarer Kanal im Bau
- sonstiger schiffbarer Kanal
- sonstiger schiffbarer Kanal im Bau
- Bewässerungs- oder Entwässerungskanal
- Wasserleitung
- Wasserfall, Stromschnelle
- Stausee; Staudamm
- 874 Wasserspiegelhöhe über NN
- 306 Seetiefe
- periodischer See
- periodisch wasserführender Fluß
- trockenes Flußbett (Wadi)
- Korallenriff

Verkehr
- Eisenbahn
- Eisenbahn im Bau
- Industrieseilbahn, Förderband
- Autobahn, autobahnähnliche Schnellstraße
- Autobahn, autobahnähnliche Schnellstraße im Bau bzw. in Planung
- Fernstraße; Piste
- Paß; Tunnel
- Flughafen
- Fährverbindung

Sehenswürdigkeiten
- Burg, Schloß; Burg-, Schloßruine
- Kirche, Kloster; Kirchen-, Klosterruine
- Ruinenstätte; Höhle
- sonstige Sehenswürdigkeit
- Nationalpark

Grenzen
- Staatsgrenze
- Demarkationslinie
- Provinz- und Verwaltungsgrenze
- Grenze Bundesrepublik Deutschland – DDR, Grenze von Gesamtberlin (Viermächtestatus)
- Grenze zwischen Berlin (West) und Berlin (Ost)
- Grenze des Deutschen Reiches vom 31.12.1937

Legende der Karten im Maßstab 1:500 000 und 1:1 500 000

• Signaturen, die nur in den Maßstäben 1:500 000 und größer verwendet werden.

1:500 000	1:1 500 000
München über 1 000 000 Einw.	**Hamburg** über 1 000 000 Einw.
Frankfurt 500 000 – 1 000 000 Einw.	**Düsseldorf** 500 000 – 1 000 000 Einw.
Mannheim 100 000 – 500 000 Einw.	**Bochum** 250 000 – 500 000 Einw.
Landshut 50 000 – 100 000 Einw.	**Freiburg** 100 000 – 250 000 Einw.
Aurich 20 000 – 50 000 Einw.	**Neumünster** 50 000 – 100 000 Einw.
Alzey 10 000 – 20 000 Einw.	Schorndorf 20 000 – 50 000 Einw.
Bad Schwalbach 5 000 – 10 000 Einw.	Bad Wildungen 10 000 – 20 000 Einw.
Tegernsee unter 5 000 Einw.	Meersburg unter 10 000 Einw.
M.-Waldhof Ortsteil	B.-Bad Godesberg Ortsteil

- schiffbarer Fluß, über 600 t Tragfähigkeit
- schiffbarer Kanal, über 600 t Tragfähigkeit
- schiffbarer Kanal, über 600 t Tragfähigkeit im Bau
- sonstiger schiffbarer Kanal
- Staustufe, Schleuse
- •Druckstollen, Überleitung
- Flußversickerung
- Eisenbahn, Hauptstrecke
- Eisenbahn, Nebenstrecke
- Autobahn, autobahnähnliche Schnellstraße
- Autobahn, autobahnähnliche Schnellstraße im Bau
- Bundesstraße, wichtige Hauptverkehrsstraße
- Heilbad; Seebad
- Denkmal
- •Grenzübergang
- Grenzen der Bundesländer
- •Braunkohlentagebau
- •Hochkippe
- •Zuckerfabrik

Landschaftsgliederung und Bodennutzung

Ackerland	Grünland	ausgewählte Räume
		See- und Flußmarsch
		Urstromtäler, Talniederungen
		Mittelgebirge
		Jungmoränengebiet im Alpenvorland
		alpine Matten, Hochalmen

Ackerland	Grünland	sonstige Räume
		mit geringen und mittleren Böden
		mit hochwertigen Böden
		mit hochwertigen Lößböden

- Heide
- Wald

- Obst
- Wein
- * Gemüse
- •Spargel
- Hopfen
- •Blumen
- •Baumschulen
- •Tabak

* im Maßstab 1:1 500 000 einschließlich Spargel

- Küstendüne
- Sumpf, Moor
- Watt
- Sandbank
- geplante Küstenlinie
- Autofähre•
- Seedeich•
- •Fahrrinne für Seeschiffe
- •Leuchtturm
- Seilbahn•
- Zahnradbahn•
- Gletscher
- Felsen

Das System der Signaturen

Erläuterung von Farben und Formen

Natürliche Vegetation

1. Die Flächenfarbe – Grobe Einteilung nach klimatischen Verhältnissen

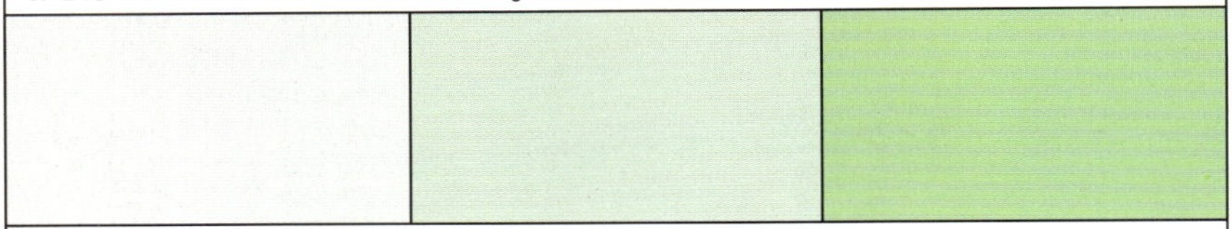

„Kalte" Farben für kalte Klimagebiete

„Warme" Farben für warme Klimagebiete

2. Die Art des Signaturrasters – Beschreibung der Beschaffenheit der Vegetation

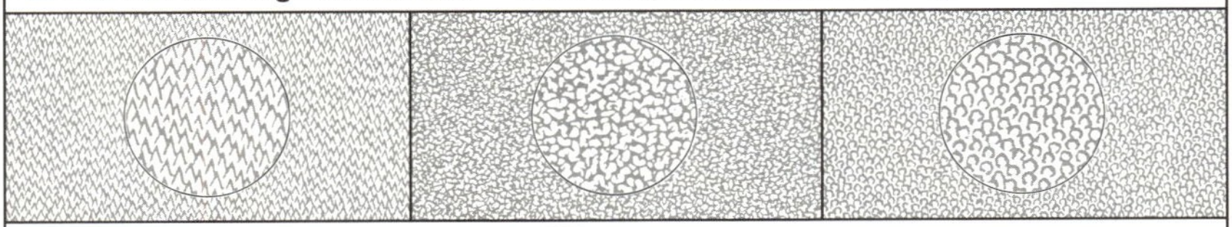

Dichter Signaturraster für dichte, geschlossene Wälder

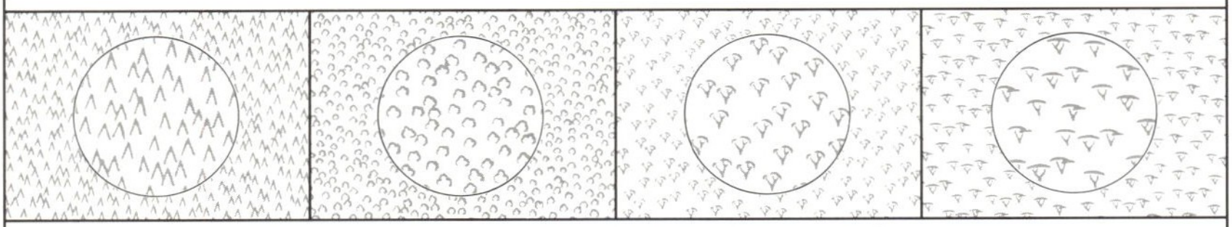

Offener Signaturraster für offene, durchlässige Wälder (hochstämmig oder nieder)

Grasländer und vegetationsarme Gebiete haben keinen Signaturraster.

3. Die Farbe des Signaturrasters – Hinweis auf relativen Feuchtigkeitsgrad der Vegetation

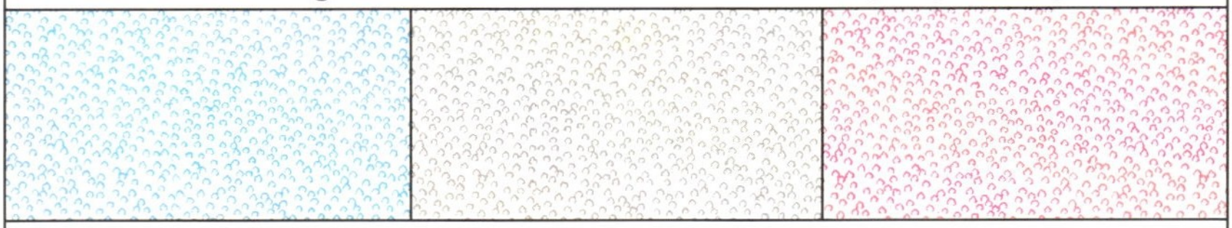

blau = feucht   braun = trocken   rot = sehr trocken

Aus Flächenfarbe, Art und Farbe des Signaturrasters lassen sich die Hauptmerkmale der dargestellten Vegetationstypen erkennen, zum Beispiel:

tropischer Regenwald
warmes Klima; dichter, geschlossener Wald; immerfeucht.

Waldtundra
kaltes Klima; lockerer Wald aus niedrigen Bäumen; bodenfeucht.

Trockenwald
warmes Klima; offener, weitständiger Baumbestand; 5–7½ Monate Trockenzeit.

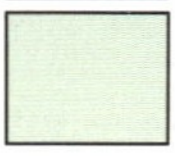

Tundra
kaltes Klima; Flechten, Moose, Zwergsträucher.

Bergbau und Industrie

Geometrische Grundform	Farbe als Gliederungselement	Sachgruppe Energie Leitfarbe WEISS	Sachgruppe Eisen Leitfarbe ROSA
Bergbau	Erze Salze	Steinkohle Braunkohle Uran Ölschiefer	Eisen
Kraftwerke		Wasserkraftwerk Wärmekraftwerk	
Verhüttung	Aluminium andere Metalle		Eisenverhüttung und Stahlerzeugung
Industrie	Industrie mit hohem Veredlungsgrad Textilindustrie Bekleidungsindustrie chemische Industrie, Atomindustrie Holz-, Papierindustrie, graphische Industrie keramische Industrie, Glasindustrie Nahrungsmittelindustrie		metallverarbeitende Industrie z. B. Maschinenbau Flugzeugbau Schiffbau Lokomotiv – und Waggonbau Kraftfahrzeugbau usw.
Bildhafte Signaturen		Erdöl Erdgas Kernkraftwerk	

Die Größe der Signaturen richtet sich nach der Bedeutung der Standorte, z. B.

Alexander

Weltatlas

Neue Gesamtausgabe

Ernst Klett Stuttgart

ALEXANDER WELTATLAS

Bearbeitet in der Kartographie des Ernst Klett Verlages

Herausgeber und Leiter der Kartographie
Dr. Helmut Schulze

Wissenschaftliche und fachdidaktische Gesamtberatung
Prof. Dr. Hans Boesch †, Zürich
Prof. Dr. Christoph Borcherdt, Stuttgart
Prof. Dr. Dietrich Ottmar, Stuttgart

Mitarbeiter der Kartographie
Werner Kolmorgen, Joachim Krüger;
Otto Baedeker, Dr. Dietmar Gohl,
Eberhart v. Harsdorf, Ursula Jackwerth,
Werner Jackwerth, Brigitte Knies,
Wolfgang Knies, Ulrich Knippert,
Anneliese Köhler, Waltraud Lackmann,
Herwig Lendl, Rolf Märtz,
Karl-Heinz Novotny, Günter Ortloff,
Isolde Otto, Erika Rieger, Ute Roeder,
Walter Scivos, Gerda Seutter,
Helga Sindelar, Karl Heinz Sindelar,
Heinz-Artur Wallinda, Elfriede Weiß

ISBN 3-12-480100-8
1 5 4 3 2 1 | 1986 85 84 83 82
1. Auflage 1982
Einbandgestaltung:
Erwin Poell, Heidelberg
Gesamtherstellung:
Ernst Klett, Stuttgart

Mitarbeiter und Berater der Alexander-Atlanten

Prof. Dr. Dietrich Bartels, Kiel:
Dänemark
Prof. Dr. Arnold Beuermann, Braunschweig:
Griechenland, Albanien, Rumänien, Jugoslawien
Dr. Max Biehl, Kiel:
Vorderindien, Bewässerung
Prof. Dr. Helmut Blume, Tübingen:
USA, Westindien
Prof. Dr. Joachim Blüthgen †, Münster:
Nordeuropa
Prof. Dr. Hans Bobek, Wien:
Österreich
Prof. Dr. Hans Boesch †, Zürich:
Schweiz; Seengebiet der USA; statistisch-wirtschaftliche Weltkarten Landwirtschaft, Ernährung, Bergbau, Energiewirtschaft, Schwerindustrie, Weltverkehr, Welthandel und Bruttosozialprodukt
Prof. Dr. Christoph Borcherdt, Stuttgart:
Venezuela, Saarland
Prof. Dr. Martin Born †, Saarbrücken:
Sudan
Peter Bratzel, Karlsruhe:
Regionalisierung der Erde
Prof. Dr. Helmut Breuer, Aachen:
Benelux-Länder, Raum Aachen
Dr. Uwe Carstens, Münster:
Nordeuropa
Prof. Dr. Bruno Fautz, Köln:
Neuseeland, Queensland
Prof. Dr. Fritz Fezer, Heidelberg:
Baden-Württemberg
Prof. Dr. Gustav Fochler-Hauke, München:
China, Korea
Prof. Dr. Konrad Frenzel, Bad Soden a. Ts.:
Australien
Prof. Dr. Folkwin Geiger, Lörrach:
Geologie und Tektonik der Alpen, Huerta von Murcia, Saas Fee (Erholung)
Prof. Dr. Ernst Giese, Gießen:
Mongolei, Sinkiang
Dr. Dietmar Gohl, Stuttgart:
Morphologie u. Landschaftsgliederung Deutschlands
Prof. Dr. Hans Friedrich Gorki, Dortmund:
Großraum Hannover
Julius Götz, Bonn-Bad Godesberg:
DDR
Prof. Dr. Helmut Hahn, Bonn:
Afghanistan
Prof. Dr. Dr. h. c. Wolfgang Hartke, München:
Frankreich
Dr. Kurt Horstmann, Wiesbaden:
Indonesien, Java
Prof. Dr. Wolf-Dieter Hütteroth, Erlangen:
Türkei
Prof. Dr. Ralph Jätzold, Trier:
Ostafrika
Prof. Dr. Adolf Karger, Tübingen:
Sowjetunion
Dr. Haruko Kishimoto, Zürich:
Bevölkerungsentwicklung, Verstädterung
Prof. Dr. Rudolf Klöpper, Göttingen:
Niedersachsen
Dr. Ekkehart Köhler, Neuss:
Wasserwirtschaft Ruhrgebiet
Prof. Dr. Gerd Kohlhepp, Tübingen:
Brasilien
Dr. Hans-Peter Kosack †, Bonn:
Arktis, Antarktis
Prof. Dr. Wolfgang Kuls, Bonn:
Ungarn, Äthiopien
Prof. Dr. Adolf Leidlmair, Innsbruck:
Tirol
Dr. Walter Leisering, Viersen:
Politik, Alter der Staaten, Regierungsformen
Prof. Dr. Ingeborg Leister, Marburg:
Irland
Prof. Dr. Herbert Liedtke, Bochum:
Bulgarien; Würmeiszeit
Dr. Rolf Lindemann, Münster:
Nordeuropa
Prof. Dr. Walther Manshard, Freiburg:
Tropisches Afrika
Prof. Dr. Wolfgang Meckelein, Stuttgart:
Sahara, Ägypten
Prof. Dr. Horst Mensching, Hamburg:
Spanien, Portugal, Maghreb
Prof. Dr. Konrad Merkel, Berlin:
DDR
Prof. Dr. Felix Monheim, Aachen:
Benelux-Länder, Bolivien, Peru
Heribert Müller, Berlin:
Regionalisierung der Erde
Prof. Dr. Johannes Obst, Regensburg:
Hessen
Prof. Dr. Dietrich Ottmar, Stuttgart:
Island
Prof. Dr. Gottfried Pfeifer, Heidelberg:
Brasilien
Hartmut Redmer, Köln:
Oase Uargla
Prof. Dr. Wigand Ritter, Nürnberg:
Fremdenverkehr in Europa
Prof. Dr. Werner Röll, Kassel:
Indonesien, Java
Prof. Dr. Helmut Ruppert, Bayreuth:
Franken
Prof. Dr. Gerhard Sandner, Hamburg:
Mittelamerika
Prof. Dr. Franz Schaffer, Augsburg:
München und Alpenvorland
Prof. Dr. Peter Schöller, Bochum:
Japan
Prof. Dr. Reinhard Schönenberg, Tübingen:
Geologie, Tektonik
Prof. Dr. Carl Schott, Marburg:
Kanada, Alaska
Dipl. Geogr. Peter Schröder, Tübingen:
Legendenbegriffe
Prof. Dr. Wolf-Dieter Sick, Freiburg:
Madagaskar, Ecuador
Prof. Dr. Angelika Sievers, Vechta:
Ceylon, Südindien
Prof. Dr. Walter Sperling, Trier:
Rheinland-Pfalz, Tschechoslowakei
Dr. Günter Stuckmann †, Hannover:
Spanien, Portugal, Maghreb
Dr. Gerhard Thürauf, München:
Bayern
Prof. Dr. Harald Uhlig, Gießen:
Großbritannien, Vorder- und Hinterindien
Prof. Dr. Heinrich Wagner, Salzburg:
Kaprun
Prof. Dr. Horst-Günter Wagner, Würzburg:
Italien
Prof. Dr. Heinrich Walter, Stuttgart:
Vegetation
Prof. Dr. Wolfgang Weischet, Freiburg:
Chile
Dr. Ludger Wierling, Düsseldorf:
Ruhrgebiet
Dr. Bernd Wiese, Köln:
Südafrika, Zentralafrika
Prof. Dr. Herbert Wilhelmy, Tübingen:
La-Plata-Länder, Kolumbien
Prof. Dr. Eugen Wirth, Erlangen:
Vorderasien
Dr. Werner Witt, Kiel:
Schleswig-Holstein
Prof. Dr. Wilhelm Wöhlke, Berlin:
Polen

Einführung

Der Komplex der ALEXANDER-ATLANTEN ist seit 1968 in der Kartographie des Ernst Klett Verlages entwickelt worden. Nach achtjähriger Arbeit erschien 1976 zunächst die Gesamtausgabe des ALEXANDER. 1978 folgte die Grundausgabe, die durch Länderkarten für Baden-Württemberg und Nordrhein-Westfalen ergänzt wurde.
Die neue Gesamtausgabe des ALEXANDER WELTATLAS baut auf dieser Grundlage auf, nutzt jedoch zusätzlich die Erfahrungen sechsjähriger Unterrichtspraxis und die in dieser Zeit an den Verlag herangetragenen Anregungen und Wünsche. Der neue große ALEXANDER hat so in enger Verbindung und in ständigem Dialog mit der Schule seine gegenwärtige Form gefunden.

Die ALEXANDER WELTATLANTEN unterscheiden sich nach Anordnung und Gestaltung der Karten in zwei Punkten grundsätzlich von anderen Schulatlanten:

- Erstens vermitteln die für den ALEXANDER neu entwickelten *geographischen Grundkarten* ein weltweit koordiniertes Kartenbild, das die Anschaulichkeit eines Luftbildes mit dem Informationsgehalt topographischer und Wirtschaftskarten verbindet.
- Zweitens sind im ALEXANDER alle thematischen Karten als *thematischer Block* zu einem eigenständigen Kartenteil zusammengefaßt, der nach Themenkreisen gegliedert dem thematisch orientierten Geographieunterricht entspricht.

Beide Prinzipien der ALEXANDER-Konzeption bleiben nach sorgfältiger Prüfung auch in der vorliegenden Neubearbeitung der Gesamtausgabe erhalten. Sie werden jedoch vertieft, erweitert und modifiziert

- durch ein *Gerüst physischer Karten* für die topographische Atlasarbeit,
- durch eine ausführliche *Einführung in die Grundkarte* und in die Atlasarbeit
- sowie durch ein umfassendes Angebot von *Übersichten und Verweisen* für die optimale Nutzung des Atlas.

Für die **Neubearbeitung des Grundteils** sind dabei folgende Punkte maßgebend: Trotz der Einfügung des bereits erwähnten Gerüstes physischer Karten bleibt der Umfang der **geographischen Grundkarten** mit 80 Seiten nicht nur gewahrt, sondern wird um einige Karten erweitert.
Deutschland liegt jetzt als doppelseitige Übersicht vor (Seite 20—21). Das Rheinisch-Westfälische Industriegebiet wird zur Doppelseite vergrößert (Seite 8—9). Für Ägypten, Palästina und Israel, Kilimandscharo, Hawaii, Panamakanal und Kuba stehen zusätzlich großmaßstäbige Grundkarten zur Verfügung (Seite 71, 85).
Die aus der bisherigen Gesamtausgabe übernommenen geographischen Grundkarten sind zum Teil entlastet, zum Teil völlig neu bearbeitet worden. Eine *intensivere Farbgebung* fördert die Lesbarkeit aller Karten. Der Vergleich zwischen alt und neu z. B. für den Mitteldeutschen Wirtschaftsraum (Seite 11) oder für Mitteleuropa (Seite 26—27) veranschaulicht diese Verbesserungen. Um den Umgang mit der geographischen Grundkarte zu unterstützen und zu intensivieren, wird der *Einführung* in diesen neuen Kartentyp ein breiter Raum zugestanden. Auf den Seiten 1—5 werden Luftbild, topographische Karte, physische Karte und Grundkarte aufeinander bezogen und interpretiert. Die Gegenüberstellung von physischer Karte und geographischer Grundkarte zeigt deren Eigenwert, aber auch die Möglichkeiten gegenseitiger Ergänzung auf.

Die auf das Thema *Oberflächenformen* konzentrierten physischen Karten der Welt, Europas, Mitteleuropas und des Pazifischen und Indischen Ozeans stehen wie bisher am Beginn des thematischen Teiles. Durch Aufnahme von *Vulkansignaturen* werden sie noch stärker thematisch akzentuiert. Neu in den Grundteil aufgenommen wird, wie bereits erwähnt, ein **Gerüst physischer Karten** mit vollständiger Topographie für Deutschland (Seite 22—23), Europa (Seiten 42—45) sowie alle Erdteile (vgl. Kartenübersicht Seite VIII—IX). Der Gesamtumfang der physischen Karten erhöht sich damit auf über 20 Seiten. Für alle wichtigen Räume stehen sowohl physische als auch geographische Karten in gleichem Ausschnitt, gleichem Maßstab und mit gleicher Topographie und Beschriftung zur Verfügung. Die topographische Kartenarbeit kann der Tradition entsprechend mit physischen Karten erfolgen, sie kann aber auch geographisch vertieft werden, wenn dies der Unterricht erfordert. *Kartenpaare aus physischen und geographischen Karten* (z. B. Südamerika, Seite 86—87) fordern zum Vergleich heraus und motivieren zu selbständiger Arbeit. Mit gleicher Zielsetzung werden allen physischen Erdteilkarten *tektonische*, allen geographischen Erdteilkarten *klimatische Nebenkarten* zugeordnet und die *Meeresströmungen* in das Bild der Grundkarte einbezogen (z. B. Afrika, Seite 63—66).

Der **thematische Teil** des neuen großen ALEXANDER entspricht mit 86 Seiten Umfang etwa der Größe des Grundteiles. Auch er ist gründlich überarbeitet und um etwa 20 Seiten erweitert worden. Einschließlich der 55 meist doppelseitigen geographischen Karten des Grundteiles, die auch als großmaßstäbige komplexe Wirtschaftskarten eingesetzt werden können, und den einfarbigen Karten der Verwaltungsgliederung einiger Staaten in der Staatentabelle enthält der Atlas jetzt über *300 thematische Karten*. Kennzeichnend für alle ALEXANDER Atlanten ist die *große Zahl ganzseitiger und halbseitiger Themakarten*. Nur wenige Karten sind kleiner als viertelseitig. Durch den Austausch alter und die Ergänzung neuer Karten konnten fast alle Wünsche erfüllt werden, die sich aus der praktischen Arbeit mit dem Atlas ergeben haben. Dies betrifft sowohl die Karten zur physischen als auch zur Wirtschafts-, Kultur- und Siedlungsgeographie. Im ganzen wurden 64 *Beispielkarten* neu entwickelt. Ihre Thematik reicht vom Vesuv bis zur Kastengliederung eines indischen Dorfes, vom Wanderfeldbau in Sri Lanka bis zur Apartheid in Johannesburg, vom Erdölhafen Bahrain am Persischen Golf bis zum Siedlungsprojekt Altamira an der Transamazônica. Die bewährten Serien der *Übersichtskarten* Deutschland, Europa und Erde bleiben auch in der Neubearbeitung erhalten. Die statistischen Karten wurden aktualisiert oder überarbeitet. Neu aufgenommen wurden 12 Übersichtskarten, u. a. Karten zur Geologie Deutschlands und der Alpen, die Deutschlandkarten Bergbau und Industrie, Energie und Stromversorgung sowie Karten zur Wirtschaft Europas.

Umfangerweiterung und Überarbeitung des thematischen Teiles haben nicht nur eine beträchtliche **Bereicherung des Themenangebotes** bewirkt, sondern auch eine wesentliche Verbesserung der Kartenanordnung, vor allem in der **Gestaltung der einzelnen Seiten und Doppelseiten** ermöglicht.
Im Idealfall bilden *Übersichts- und Beispielkarten* eine sowohl thematisch als auch räumlich *geschlossene Arbeitseinheit*. Diese Verknüpfung von Bezugsraum und Thema ist im ALEXANDER u. a. für die Doppelseiten „Deutschland — Landwirtschaft" (Seite 120—121), „Deutschland — Industrie" (Seite 136—137) und „Deutschland — Erholung und Fremdenverkehr" (Seite 144—145) verwirklicht. Die Beispielkarten der Sonderkulturen Zuckerrüben und Wein z. B. können unmittelbar auf die nebenstehende Karte der deutschen Agrarlandschaft bezogen werden.
Auch die *Gegenüberstellung thematischer Übersichtskarten* fordert zum Vergleich heraus. Das Kartenpaar Geologie — Naturlandschaft (Seite 104—105) für Deutschland, die Serie Politik, Bevölkerung und Wirtschaft (Seite 173—175) für Europa und das Kartenpaar Klima — Vegetation (Seite 108—109) für die Erde sind hierfür geeignete Modelle. Der Vergleich von Klima- und Vegetationszonen z. B. wird dabei nicht nur durch Gegenüberstellung der beiden Karten, sondern zusätzlich durch die Vereinigung ihrer Legenden unterstützt. Jedem Klima kann der entsprechende Vegetationstyp zugeordnet werden.
Ähnlich liegt die Zielsetzung bei der *Zusammenfassung von Beispielkarten* auf thematisch geschlossenen Seitenaufschlägen. Jede einzelne Beispielkarte ist dabei durch die Verweise neben dem Kartentitel nicht nur den geographischen Karten des Grundteiles regional zugeordnet, sondern auch mit den passenden thematischen Karten verknüpft. Diese doppelte Einbindung wird bei den Karten der landwirtschaftlichen Betriebsformen aus unterschiedlichen Klimazonen (Seite 117) besonders deutlich. Die Karte des Nomadismus in Sudan z. B. kann sowohl der Weltkarte der Betriebsformen aus unterschiedlichen Klimazonen (Seite 111) als auch der geographischen Grundkarte Nordafrika (Seite 67—68) zugeordnet werden.
Die *graphische Übersicht des thematischen Teiles* auf dem vorderen Einband zeigt die Großgliederung in acht Themenkreise und die Vielfalt kartographischer Darstellungsformen, die von einfachen analytischen Karten bis zu komplexen Kartogrammen, von kleinmaßstäbigen Weltübersichten bis zu großmaßstäbigen Stadtplänen reichen.
Über **farbige Randmarkierungen** — wie sie auch in Autoatlanten üblich sind — ist jeder Themenkreis rasch auffindbar (vgl. die ausklappbare Übersicht am hinteren Einband).
Mit den **Hinweisen zur Atlasbenutzung** (Seite XIV—XVI) werden im ALEXANDER Arbeitshilfen gegeben, die unter den Stichworten „Kartenverweise neben dem Kartentitel", „Das Aufsuchen von Namen", „Das Erarbeiten eines Raumes" und „Das Erarbeiten eines Themas" zu einer ertragreichen topographischen, geographischen und thematischen Kartenarbeit hinführen. Gleichzeitig werden dabei die vielfältigen **„Erschließungsinstrumente"** des ALEXANDER vorgestellt. Die *statistische Staatentabelle*, das kleine *Lexikon der Legendenbegriffe* sowie die Angaben über die exakte *Aussprache* fremdländischer Namen im Namenregister erweitern die Informationsmöglichkeit im ALEXANDER über das rein Kartographische hinaus.

Eine *separate Einführung* in die neue Gesamtausgabe des ALEXANDER WELTATLAS liegt bei Erscheinen als Lehrerheft vor. *Wandkarten* und *Transparente* stehen zur Verfügung. Ein umfassendes *Lehrerhandbuch* mit Aufgaben sowie die Neubearbeitung der *ALEXANDER-Statistik* befinden sich in Vorbereitung. Die *Länderkarten* Nordrhein-Westfalen und Baden-Württemberg werden sowohl separat als auch in den Atlas eingelegt angeboten, so daß der neue große ALEXANDER für diese beiden Länder auch als **Länderausgabe** zur Verfügung steht.
Im Gegensatz zu den meisten Schulbüchern begleitet der Atlas den Schüler nicht nur durch die gesamte Schulzeit, sondern auch hinaus ins Leben. Die Haltbarkeit der **Bindung** wird daher durch die Ausstattung aller ALEXANDER-ATLANTEN mit *Fadenheftung* gewährleistet.

Allen Beratern und Mitarbeitern — aber auch allen Kritikern — sei abschließend herzlich gedankt. Denn nur in fruchtbarem Zusammenwirken vieler, auch gegensätzlicher Kräfte konnte der neue große ALEXANDER die angestrebte Synthese aus Tradition und Fortschritt verwirklichen. Die Mitarbeiter am ALEXANDER stehen auch in Zukunft allen Hinweisen und Anregungen jederzeit offen gegenüber.

Herausgeber und Verlag
Stuttgart 1982

Inhaltsverzeichnis

Aufbau und Gliederung des Atlas

Grundteil und thematischer Teil
Kartentypen und Kartengruppen .... Vorderer Einband

Graphische Übersicht der Randmarkierungen .... Hinterer Einband

Kartenübersichten
Geographische Grundkarten und physische Karten .... VIII–IX
Raumabdeckung und Maßstabsgruppen

Thematische Karten: Regionale Einordnung VII
Lokalisierung thematischer Beispiele — Thematische Erd-, Europa- und Deutschlandkarten

Thematische Karten: Thematische Zuordnung .... X–XI
Themenkreise und Sachgruppen

Staatenübersicht und Legendenbegriffe
Die Staaten der Erde 177
Statistische Übersicht

Erläuterung ausgewählter Legendenbegriffe 182

Sachregister, Namenregister, Schreibung und Aussprache
Sachregister .... XII–XIII
Ausgewählte Themen und Stichwörter

Schreibung geographischer Namen und Internationale Lautschrift 186

Namenregister mit Angabe der Aussprache 187

Einführung in die Kartenarbeit

Hinweise zur Atlasbenutzung
Direkter Kartenverweis XIV
Hinweise neben dem Kartentitel

Das Aufsuchen von Namen XIV
Umgang mit dem Namenregister

Das Erarbeiten eines Raumes .... XIV–XV

Das Erarbeiten eines Themas XVI

Geographische Grundkarte und physische Karte
Bild und Karte 1
Die geographische Grundkarte als Abbild der Landschaft
Beispiel: Rheindurchbruch bei Bingen

Vom großen zum kleinen Maßstab 2
Luftbild — Topographische Karte — Geographische Grundkarte
Beispiel: Rheindurchbruch bei Bingen

Geographische und physische Karte: Höhendarstellung 3
Blockbild — Profil — Karte
Beispiel: Alpen und Alpenvorland bei Garmisch-Partenkirchen

Geographische und physische Karte: Aufbau und Zuordnung 4–5
Beispiel: Deutschland von Nord nach Süd

Zeichenerklärung
Generallegende .... Vorderer Einband
Kartenzeichen der geographischen Grundkarten (Signaturen)

Das System der Signaturen .... Vorderer Einband
Erläuterung von Farben und Formen

Kartennetzentwürfe
Projektionslehre VI

Geographische und physische Grundkarten

Deutsche Landschaften		
Berlin und Umgebung	1 : 200 000	6
Hamburg und Elbmündung	1 : 500 000	7
Rheinisch-Westfälisches Industriegebiet	1 : 500 000	8–9
Hannover, Harz, südl. Niedersachsen	1 : 500 000	10
Der mitteldeutsche Wirtschaftsraum	1 : 500 000	11
Rhein-Main-Neckarraum	1 : 500 000	12
Stuttgart und Neckarland	1 : 500 000	13
Nürnberg-Fürth	1 : 500 000	14 I
Saarland	1 : 500 000	14 II
München, Alpenvorland, Alpen	1 : 500 000	15
Norddeutschland	1 : 1 500 000	16–17
Süddeutschland	1 : 1 500 000	18–19
Deutschland		
Geographische Grundkarte	1 : 2 000 000	20–21
Physische Karte	1 : 2 000 000	22–23
Europäische Länder		
Alpenländer und Oberitalien	1 : 2 000 000	24–25
Mitteleuropa, geographisch	1 : 3 000 000	26–27
Mitteleuropa, physisch	1 : 3 000 000	102–103
Großbritannien und Irland	1 : 3 000 000	28–29
Frankreich	1 : 3 000 000	30–31
Spanien und Portugal	1 : 3 000 000	32–33
Italien	1 : 3 000 000	34–35
Donauländer	1 : 3 000 000	36–37
Griechenland	1 : 3 000 000	38
Beneluxländer	1 : 2 000 000	39 I
Dänemark	1 : 2 000 000	39 II
Nordeuropa — Nebenkarte: Island	1 : 5 000 000	40–41
Europa		
Physische Länderübersicht, Nordteil	1 : 7 500 000	42–43
Physische Länderübersicht, Südteil	1 : 7 500 000	44–45
Geographische Erdteilübersicht	1 : 10 000 000	46–47
Physische Erdteilübersicht	1 : 12 500 000	98–99
Osteuropa und Vorderer Orient	1 : 10 000 000	48–49
Sowjetunion	1 : 15 000 000	50–51
Asien		
Physische Erdteilübersicht	1 : 30 000 000	52–53
Geographische Erdteilübersicht	1 : 30 000 000	55–56
Nebenkarten: Tektonik, Jahresniederschlag, Monsun		
Japan und Korea	1 : 7 500 000	54
China und Mongolei	1 : 10 000 000	57–58
Vorderindien — Nebenkarte: Ceylon	1 : 10 000 000	59–60
Hinterindien, Indonesien und Philippinen	1 : 15 000 000	61–62
Nebenkarte: Java	1 : 7 500 000	
Afrika		
Physische Erdteilübersicht	1 : 25 000 000	63–64
Nebenkarte: Tektonik		
Geographische Erdteilübersicht	1 : 25 000 000	65–66
Nebenkarten: Jahresniederschlag, Niederschlag Januar—Niederschlag Juli, Passat und innertropische Konvergenz		
Afrika, Nordteil, und Vorderasien	1 : 15 000 000	67–68
Afrika, Südteil	1 : 15 000 000	69–70
Ägypten	1 : 5 000 000	71 I
Palästina und Israel	1 : 5 000 000	71 II
Kilimandscharo	1 : 500 000	71 III
Australien		
Physische Erdteilübersicht	1 : 25 000 000	72
Nebenkarte: Tektonik		
Geographische Erdteilübersicht	1 : 25 000 000	73
Nebenkarte: Jahresniederschlag		
Australien und Neuseeland	1 : 15 000 000	74–75
Nordamerika		
Physische Erdteilübersicht	1 : 25 000 000	76–77
Nebenkarten: Tektonik, Hurrikane		
Geographische Erdteilübersicht	1 : 25 000 000	78–79
Nebenkarte: Jahresniederschlag		
Kanada und Alaska	1 : 15 000 000	80–81
Vereinigte Staaten von Amerika	1 : 10 000 000	82–83
Hawaii-Inseln, Oahu	1 : 500 000	85 I
Mittelamerika	1 : 15 000 000	84
Panamákanal	1 : 1 000 000	85 II
Kuba	1 : 5 000 000	85 III
Südamerika		
Physische Erdteilübersicht	1 : 25 000 000	86
Geographische Erdteilübersicht	1 : 25 000 000	87
Nebenkarten: Tektonik, Jahresniederschlag,		
Höhenstufen der Anden		85
Südamerika, Nordteil	1 : 15 000 000	88–89
Südamerika, Südteil	1 : 15 000 000	90
Arktis und Antarktis	1 : 30 000 000	91
Die Großlandschaften der Erde	1 : 60 000 000	92–93

Thematische Karten

Oberflächenformen, Tektonik und Geologie

Oberflächenformen der Erde
Physische Karte, Vulkane 1 : 60 000 000 94–95

Indischer und Pazifischer Ozean : Oberflächenformen
Physische Karte, Vulkane 1 : 80 000 000 96

Erde: Tektonik und Vulkanismus
Struktur und Werden der Erdoberfläche
Tektonischer Bau und Großgliederung der Erde 1 : 120 000 000 97
Erdbeben und Vulkanismus, Plattentektonik 1 : 120 000 000 97

Europa: Oberflächenformen
Physische Karte, Vulkane 1 : 12 500 000 98–99

Europa: Tektonischer Bau und glaziale Überformung
Übersichten und Beispiele
Tektonischer Bau Europas 1 : 30 000 000 100
Europa in der Würmeiszeit 1 : 30 000 000 100
Vesuv 1 : 150 000 100
Aletschgletscher 1 : 150 000 100

Tektonik und Geologie der Alpen
Baueinheiten und Gesteine
Tektonischer Bau 1 : 5 000 000 101
Geologie 1 : 5 000 000 101
Profile: Westalpen, Ostalpen 101

Mitteleuropa: Oberflächenformen
Physische Karte 1 : 3 000 000 102–103

Geologie Deutschlands
Erdzeitalter und geologische Formationen 1 : 3 000 000 104

Die deutsche Naturlandschaft
Tektonik, Morphologie und Landschafts-gliederung 1 : 3 000 000 105

Klima und Vegetation

Das Klima in Deutschland
Klimafaktoren und ihre Auswirkungen
Jahresniederschlag 1 : 6 000 000 106
Klima und Gesundheit — Bioklimatische Zonen 1 : 6 000 000 106
Schnee und Frost — Dauer der Schneedecke 1 : 6 000 000 106
Frühlingseinzug — Beginn der Apfelblüte 1 : 6 000 000 106

Das Klima in Europa
Niederschlag und Temperaturen
Jahresniederschlag 1 : 30 000 000 107
Wirkliche Temperaturen, Januar 1 : 30 000 000 107
Wirkliche Temperaturen, Juli 1 : 30 000 000 107

Die Klimate der Erde
Klimazonen und Klimadiagramme, Windsystem 1 : 90 000 000 108

Die Vegetationszonen der Erde
Natürliche Vegetation und Vegetationsprofile, Meeresströmungen 1 : 90 000 000 109

Erde: Klimaelemente
Niederschlag und Temperatur
Jahresniederschlag 1 : 120 000 000 110
Niederschlag im Januar 1 : 240 000 000 110
Niederschlag im Juli 1 : 240 000 000 110
Temperatur im Januar 1 : 240 000 000 110
Temperatur im Juli 1 : 240 000 000 110

Land- und Forstwirtschaft, Fischerei

Erde: Grundlagen und Formen der Landnutzung
Anpassung von Nutzfläche und Betriebsform an Klima und Relief
Ungunst des Klimas und landwirtschaftliche Nutzung 1 : 120 000 000 111
Landwirtschaftliche Betriebsformen, Viehhaltung 1 : 120 000 000 111

Agrarwirtschaft der Erde
Agrarbevölkerung, ausgewählte Produkte der Land- und Forstwirtschaft
Leistungsfähigkeit der Weltlandwirtschaft 1 : 120 000 000 112
Agrarbevölk., Düngemittelverbr., Agrarexporte
Getreide und Knollenfrüchte 1 : 120 000 000 112
Zucker und Genußmittel, Erdnüsse 1 : 120 000 000 113
Land- und forstwirtschaftliche Industrierohstoffe 1 : 120 000 000 113

Bewässerungswirtschaft
Beispiele aus Trockenräumen und hochwassergefährdeten Gebieten
Huerta von Murcia 1 : 200 000 114
Oase Uargla 1 : 200 000 114
Der Nil 1 : 15 000 000 114
Pandschab: Versumpfung und Versalzung 1 : 5 000 000 115
Kalifornien: Wasserversorgung und Bewässerung 1 : 5 000 000 115
China: Wasserregulierung und Hochwasserschutz 1 : 10 000 000 115

Dürregefährdete Gebiete
Neulandgewinnung und Notstandsgebiete an der Trockengrenze der Ökumene
Kasachstan: Neulandgewinnung 1 : 8 000 000 116
Westafrika (Sahel): Notstandsgebiete und Wanderarbeiter 1 : 15 000 000 116

Landwirtschaftliche Betriebsformen
Beispiele aus unterschiedlichen Klimazonen
Nomadismus: Herdenwanderungen im Sudan 1 : 1 000 000 117
Schaffarm in Neusüdwales/Australien 1 : 100 000 117
Wanderfeldbau: Brandrodung in Sri Lanka 1 : 50 000 117
Plantage: Kautschukpflanzung in Malaysia 1 : 35 000 117
Reisanbau in Japan 1 : 15 000 117
Getreidefarm in Nord-Dakota/USA 1 : 25 000 117

Kollektivwirtschaftliche Betriebsformen
Beispiele aus unterschiedlichen Gesellschaftssystemen
Kibbuz Einat: Dorf 1 : 12 500 118
Kibbuz Einat: Flur 1 : 50 000 118
Volkskommune Hua-shan 1 : 100 000 118
Kolchose Plamja: Kollektivierung und Nutzung 1 : 100 000 118
Sowchose Kaschira 1 : 150 000 118
Dorf einer Sowchose in Kasachstan 1 : 25 000 118

Strukturwandel in der Landwirtschaft
Beispiele aus der Bundesrepublik Deutschland und der DDR
Unteraltertheim: Dorfsanierung 1 : 8 000 119
Barge: Flurbereinigung und Bodenverbesserung 1 : 50 000 119
Polleben (DDR): Entwicklung zur LPG 1 : 100 000 119
Dedelow (DDR): Kooperative Einrichtung 1 : 100 000 119

Die deutsche Agrarlandschaft
Natürliche Grundlagen, ausgewählte Produkte und ihre Verarbeitung 1 : 3 000 000 120

Deutschland: Sonderkulturen
Zuckerrüben, Gemüse, Wein
Börde: Zuckerrübenanbau und Zuckerfabriken 1 : 500 000 121
Klein Denkte: Dorf und Feldflur 1 : 15 000 121
Insel Reichenau: Gemüseanbau 1 : 40 000 121
Insel Reichenau: Absatzbereich 1 : 3 000 000 121
Mittleres Moseltal: Rebflurbereinigung, Fremden-verkehr 1 : 150 000 121

Landgewinnung und Küstenschutz, Flußbegradigung und Moorbesiedlung
Schutzmaßnahmen gegen Naturkatastrophen in Deutschland und den Niederlanden
Die Nordseeküste Schleswig-Holsteins um 1650 1 : 500 000 122
Küstenschutz in Schleswig-Holstein 1 : 500 000 122
Die Rheinaue bei Breisach: 1828 — heute 1 : 100 000 122
Moorbesiedlung: Fehnkolonie bei Papenburg 1 : 100 000 122
Niederlande: Geschichtliche Entwicklung der Einpolderungen 1 : 2 500 000 123
Der Dollart: Einpolderung 1 : 250 000 123
Das Deltaprojekt 1 : 1 000 000 123
Das Zuiderseeprojekt 1 : 1 000 000 123

Fischerei
Nutzung und Gefährdung der Fischbestände
Weltmeere: Bestände, Fangmengen, Gefähr-dung 1 : 180 000 000 124
Nordatlantik: Lebensräume, Hauptfanggebiete 1 : 30 000 000 124

Energiewirtschaft, Bergbau und Industrie

Die Energieversorgung der Erde
Produktion, Handel und Verbrauch
Energiebilanz der Welt 1 : 120 000 000 125
Versorgung mit Erdöl und Erdgas 1 : 120 000 000 125

Erdölfelder und Raffineriestandorte
Beispiele
Nordsee: Erschließung neuer Vorkommen 1 : 7 500 000 126
Persischer Golf: Ausbeutung der größten Vor-kommen der Welt 1 : 7 500 000 126
Ingolstadt: Raffineriezentrum in Bayern 1 : 250 000 126
Raffinerie Vohburg 1 : 25 000 126
Bahrain: Ölscheichtum und Wirtschaftszentrum im Persischen Golf 1 : 250 000 126

Kraftwerke und Elektrizitätswirtschaft
Beispiele

Kaprun: Kraftwerk im Hochgebirge	1 : 150 000	127
Jenissei-Angara-Gebiet: Energiegewinnung in Sibirien	1 : 10 000 000	127
Tennessee Valley Authority (TVA): Flußregulierung und Energieerzeugung	1 : 4 000 000	127

Energieversorgung Europas

Import und Eigenproduktion	1 : 10 000 000	128

Deutschland: Energiewirtschaft
Energierohstoffe, Raffinerien, Kraftwerke

Energierohstoffe und Raffinerien	1 : 5 000 000	129
Kraftwerke und Stromversorgung	1 : 5 000 000	129

Die Versorgung der Welt mit bergbaulichen Rohstoffen

Produktion und Handel	1 : 90 000 000	130

Eisen- und Stahlindustrie
Rohstoffbasis und Standortbildung

Die Eisen- und Stahlerzeugung der Welt	1 : 120 000 000	131
Eisenerz, Kohle und Stahl im US-amerikanischen „Manufacturing Belt"	1 : 10 000 000	131

Das Ruhrgebiet
Entwicklung und Strukturwandel

Das Ruhrgebiet um 1850	1 : 300 000	132
Das Ruhrgebiet heute	1 : 300 000	132

Stadtentwicklung im Ruhrgebiet
Duisburg und Essen 1850 — heute

Duisburg um 1850	1 : 50 000	133
Duisburg heute	1 : 50 000	133
Essen um 1850	1 : 50 000	133
Essen heute	1 : 50 000	133

Rheinisches Braunkohlenrevier
Tieftagebaue Ville und Hambach

Abbau und Rekultivierung	1 : 150 000	134
Übersicht der Lagerstätten und Abbaugebiete	1 : 1 000 000	134

Wirtschaftsräume Deutschlands

Erwerbstätige nach Wirtschaftsbereichen	1 : 3 000 000	135

Deutschland: Bergbau und Industrie

Standorte und Verbreitung	1 : 3 000 000	136

Die deutsche Autoindustrie
Standorte und Produktionsverflechtung, Werk Sindelfingen

Standorte der Automobilindustrie	1 : 6 000 000	137
Produktionsverflechtung bei Daimler-Benz	1 : 6 000 000	137
Werksgelände Sindelfingen vor Baubeginn um 1915	1 : 25 000	137
Automobilwerk Sindelfingen 1980	1 : 25 000	137

Wasserwirtschaft in Deutschland
Wasserversorgung und Abwasserbeseitigung

Das Ruhrgebiet: Wasserversorgung und -entsorgung	1 : 800 000	138
Der Rhein: Verschmutzung und Wärmebelastung	1 : 4 000 000	138
Stuttgart: Fernwasserversorgung	1 : 1 500 000	138

Umweltbelastung und Umweltschutz
Beispiele

Duisburg: Luftverschmutzung	1 : 100 000	139
Mannheim: Straßenverkehr und Lärmbelastung	1 : 50 000	139
Gewässerschutz im Raum Tegernsee und Schliersee	1 : 200 000	139
Der Kanal: Ölpest und Küstenverschmutzung nach einem Tankerunglück	1 : 3 000 000	139

Handel und Verkehr, Fremdenverkehr

Weltverkehr und Welthandel, Zeitzonen
Verkehrsarten und Handelsströme

See- und Landverkehr	1 : 120 000 000	140
Luftverkehr	1 : 150 000 000	140
Umfang und Struktur des Welthandels	1 : 120 000 000	141
Zeitzonen	1 : 150 000 000	141

Bundesrepublik Deutschland: Verkehr
Verkehrsaufkommen und Streckenbelastung

Eisenbahnverkehr	1 : 6 000 000	142
Flugverkehr	1 : 6 000 000	142
Straßenverkehr	1 : 6 000 000	142
Binnenschiffahrt und Häfen	1 : 6 000 000	142

Der europäische Fremdenverkehr
Schwerpunkte und Reiseziele

Fremdenverkehr in Europa: Ferienerholung, Fremdenverkehrsorte, Reisebilanz der Staaten	1 : 15 000 000	143
Gran Canaria und Teneriffa	1 : 1 500 000	143
Las Palmas de Gran Canaria	1 : 20 000	143
Port-Camargue	1 : 20 000	143

Fremdenverkehr in Deutschland

Erholungsgebiete und Fremdenverkehrsorte	1 : 3 000 000	144

Fremdenverkehrsorte
Erholungs- und Freizeiteinrichtungen

Westerland/Sylt: Seebad	1 : 10 000	145
Badenweiler: Heilbad	1 : 10 000	145
Saas Fee: Erholungsort im Wallis	1 : 50 000	145
Saas Fee: Vom Bergbauerndorf zum Erholungsort	1 : 5 000	145

Bevölkerungsverteilung und Bevölkerungsstruktur

Die Verteilung der Weltbevölkerung

Dichtbesiedelte und dünnbesiedelte Räume	1 : 90 000 000	146

Entwicklung der Weltbevölkerung
Bevölkerungswachstum, Verstädterung

Stadien der natürlichen Entwicklung der Weltbevölkerung	1 : 120 000 000	147
Der Verstädterungsgrad der Erde	1 : 120 000 000	147

Großrassen der Menschheit
Verbreitung und Konflikte

Die Rassen der Erde	1 : 120 000 000	148
Die Verteilung der Rassen in Südafrika	1 : 25 000 000	148
Die Große Apartheid in Südafrika	1 : 25 000 000	148
Johannesburg: Ansiedlung der farbigen Bevölkerung in Ghettos	1 : 300 000	148

Minderheiten in den USA
Verbreitung, sozialer Status und Wohngebiete

Neger und Indianer in den USA	1 : 25 000 000	149
Chicago: Rassenzugehörigkeit und sozialer Status	1 : 300 000	149
New York: Minderheiten	1 : 200 000	149

Sprachen und Religionen
Verbreitung und Konflikte

Sprachengruppen der Welt	1 : 120 000 000	150
Weltreligionen und Konfessionen	1 : 120 000 000	150
Vorderindien: Religionen	1 : 30 000 000	151
Vorderindien: Sprachen	1 : 30 000 000	151
Die Chinesen in Südostasien	1 : 36 000 000	151
Die Chinesen in Singapur	1 : 300 000	151

Bevölkerungsdichte in Europa	1 : 25 000 000	152
Bevölkerungsdichte in Deutschland	1 : 5 000 000	152

Gastarbeiter
Herkunft und Verbreitung

Gastarbeiter in Westeuropa	1 : 15 000 000	153
Gastarbeiter in der Bundesrepublik Deutschland	1 : 6 000 000	153
Tamm: Konzentration der Gastarbeiter im alten Ortskern	1 : 1 750	153

Deutschland: Verdichtungsräume und Zentralität

Verdichtungsräume, Zentrale Orte und ihre Bereiche	1 : 3 000 000	154

Große Städte, Stadtpläne, Stadtgeographie

Berlin: Werden einer Großstadt
Ausweitung der bebauten Fläche seit 1780

Siedlungskerne und Bauperioden 1780—1939	1 : 250 000	155
Berlin und Charlottenburg um 1780	1 : 50 000	155
Berlin-Mitte und Charlottenburg — Zentren der geteilten Stadt	1 : 50 000	155

Hamburg: Stadt und Umland
Wohnen und Arbeiten in einem Ballungsraum

Aufbauachsen und Pendler	1 : 500 000	156
Innere Stadtviertel: Tagbevölkerung	1 : 50 000	156
Innere Stadtviertel: Nachtbevölkerung	1 : 50 000	156

Der Hamburger Hafen

Hafenanlagen und Hafenfunktion	1 : 50 000	157

Großraum Hannover

Ziele regionaler Entwicklungsplanung	1 : 400 000	158

Hameln: Altstadtsanierung

Baubestand vor Sanierungsbeginn 1967	1 : 7 500	158
Bebauungsplanung von 1975	1 : 7 500	158

Frankfurt: Flächennutzung und City
Die wirtschaftlichen Funktionen einer Großstadt

Flächennutzung und Arbeitsstätten	1 : 50 000	159
Die City als Standort zentraler Dienstleistungen	1 : 10 000	159

Stuttgart: Dynamik eines Verdichtungsraumes
Abgrenzung, Industriestandorte, Bevölkerungsbewegung

Verdichtungsraum Stuttgart und Region Mittlerer Neckar	1 : 650 000	160
Flächennutzung und Industriestandorte in Stuttgart	1 : 100 000	160
Bevölkerungsverteilung und Bevölkerungsentwicklung 1939—1979	1 : 650 000	160
Bevölkerungsbewegungen zwischen Stuttgart und der Region	1 : 650 000	160

München: Kultur und Erholung
Kunst und Wissenschaft, Fremdenverkehr und Naherholung

Kultur, Wissenschaft und Kunst	1 : 20 000	161
Freizeitgestaltung und Erholung	1 : 200 000	161
Naherholungsraum im Frühjahr, Herbst u. Sommer.	1 : 2 000 000	161
Naherholungsraum im Winter	1 : 2 000 000	161

Europäische Großstädte
Zentren des kulturellen, politischen und wirtschaftlichen Lebens

London: Innere Stadt	1 : 35 000	162
London: Stadtentwicklung	1 : 1 250 000	162
Region London	1 : 2 500 000	162
Rotterdam — Europoort	1 : 175 000	162
Rom: Innere Stadt	1 : 20 000	163
Paris: Innere Stadt	1 : 50 000	163

New York und Manhattan
Siedlungsfläche und Stadtzentrum

Großraum New York	1 : 500 000	164
Manhattan	1 : 50 000	164

Städte aus aller Welt
Tradition und funktionale Gliederung

Damaskus	1 : 50 000	165
Kioto	1 : 100 000	165
Kalkutta	1 : 200 000	165
Brasilia	1 : 200 000	165

Staaten und Politik, Entwicklungsländer, Europäische Gemeinschaft

Die Staaten der Erde

Politische Weltübersicht	1 : 60 000 000	166—167

Die politische Struktur der Staaten der Erde
Alter und Stabilität, Staats- und Regierungsformen

Alter und Stabilität der Staaten	1 : 120 000 000	168
Staats- und Regierungsformen	1 : 120 000 000	168

Krisengebiet Naher Osten

Jerusalem — Entwicklung der Stadt seit 1949	1 : 50 000	169
Naher Osten: Staaten und besetzte Gebiete	1 : 7 500 000	169
Israel und Palästina	1 : 3 000 000	169

Industrieländer und Entwicklungsländer
Entwicklungshemmnisse und Entwicklungsprojekte

Entstehung und Höhe des Bruttosozialproduktes	1 : 120 000 000	170
Die Ernährung der Menschheit	1 : 120 000 000	170
Ärztliche Versorgung	1 : 240 000 000	171
Analphabeten	1 : 240 000 000	171
Staatliche Kolonisation an der Transamazônica	1 : 7 500 000	171
Das Projekt Altamira	1 : 400 000	171
Die nordostindischen Stahlstädte	1 : 7 500 000	171
Rourkela	1 : 200 000	171
Indisches Kastenwesen im Dorf Chintakunta	1 : 25 000	171

Die Staaten Europas

Politische Übersicht	1 : 15 000 000	172

Europa: Politik und Bevölkerung
Gemeinsamkeiten und Gegensätze

Wirtschaftliche Zusammenschlüsse: EG, EFTA und COMECON	1 : 30 000 000	173
Bevölkerungswachstum und Wanderung	1 : 30 000 000	173
Sprachen und Sprachminderheiten	1 : 30 000 000	173
Religionen und Konfessionen	1 : 30 000 000	173

Europa: Wirtschaft
Grundlagen und Verflechtungen

Erwerbsstruktur	1 : 30 000 000	174
Industrie	1 : 30 000 000	174
Landwirtschaft	1 : 30 000 000	174
Viehhaltung und Fischerei	1 : 30 000 000	174
Bruttosozialprodukt und Kaufkraft	1 : 30 000 000	175
Wirtschaftliche Verflechtung	1 : 30 000 000	175

Deutschland und Mitteleuropa

Staaten und Grenzen 1937 und heute	1 : 6 000 000	175
Berlin: Viermächtestatus und Teilung der Stadt	1 : 750 000	175

Bundesrepublik Deutschland und DDR

Politische Gliederung	1 : 3 000 000	176

Politische Gliederung ausgewählter Staaten

Belgien	1 : 5 500 000	177
China	1 : 47 500 000	177
Jugoslawien	1 : 15 000 000	178
Österreich	1 : 5 500 000	179
Schweiz	1 : 3 000 000	180
Sowjetunion	1 : 45 000 000	180
Vereinigte Staaten	1 : 30 000 000	181

Wetter, Himmelskunde, Raumfahrt

Typische Wetterlagen
Hoch- und Tiefdruckeinfluß im Winter und Sommer

Sibirische Kälte — Hochdruck im Winter	1 : 30 000 000	224
Hitzeperiode — Hochdruck im Sommer	1 : 60 000 000	224
Landregen — Tiefdruck im Sommer	1 : 30 000 000	224
Weihnachtstauwetter — Tiefdruck im Winter	1 : 60 000 000	224
Die Sturmflut vom Februar 1962 in Hamburg — Wetterlage vom 16. und 17. 2.	1 : 60 000 000	224

Erdatmosphäre		225
Himmelskunde		Hinterer Einband

Kartennetzentwürfe

Projektionslehre

Zur Orientierung auf der Erde wird die Erdkugel mit einem Gitternetz (= Gradnetz) überzogen: den Längen- und Breitenkreisen (Meridiane und Parallelkreise). Das Gradnetz ist auf die Erdachse und die Pole ausgerichtet: die Meridiane gehen durch die Pole, die Breitenkreisebenen stehen senkrecht auf der Erdachse. 1883 wurde der Meridian von Greenwich als neuer 0°-Meridian festgelegt. Frühere Nullmeridiane: Ferro, Berlin, Paris, Rom, Pulkowo, Washington.

Jeder Punkt der Erde ist durch die Angabe seiner Gradnetzkoordinaten exakt festgelegt. Z. B. Punkt P durch 60° ö. L. (östl. Länge) und 30° n. Br. (nördl. Breite). **Figur 1**

Die gekrümmte Erdoberfläche (Kugel bzw. Ellipsoid) verkleinert und ohne Verzerrungen abzubilden, d. h. in jedem Maßstab sowohl Längen- als auch Flächen- und Winkeltreue zu erhalten, ist nur auf dem Globus möglich.
Die Abbildung der dreidimensionalen Erde auf die zweidimensionale Karte ist mit bestimmten Verzerrungen verbunden (Beweis 1777 durch EULER).
Je nach Entwurfsart kann ein flächentreues oder ein winkeltreues Bild der Erde entstehen – völlige Längentreue mit exakter Längenmessung zwischen beliebigen Punkten ist ausgeschlossen.
Eine Zwischenstellung nehmen die vermittelnden Netzentwürfe ein, die weder flächen-, noch winkel-, noch längentreu sind, dafür aber mehr „Formtreue", d. h. Anschaulichkeit bieten.

Alle Abbildungen der Erde über das Gradnetz auf die Kartenebene sind durch mathematische Gleichungen festgelegt. In der Praxis werden dabei nur die Schnittpunkte des Gradnetzes übertragen. Die Topographie wird von vorhandenen Karten in das neue Gitternetz übernommen.

Die Kartennetze können eingeteilt werden in
1) Projektionen
2) Entwürfe
Bei den Projektionen können die Gradnetzschnittpunkte neben der Berechnung auch noch rein geometrisch mit Hilfe von Projektionszentrum, Projektionsstrahlen und Abbildungsfläche gefunden werden. **(vgl. Figur 11)**
Das Ergebnis sind oft starke, durch diese Art der Abbildung vorgegebene Verzerrungen.

Bei den Entwürfen dagegen ist es möglich, über die Abbildungsgleichungen rein rechnerisch Art und Maß der Verzerrungen dem Zweck der Karte anzupassen und so in brauchbaren Grenzen zu halten.

Projektionen:
Die Kugeloberfläche kann durch Abwickeln nicht in die Ebene übertragen werden. Umgekehrt läßt sich eine Karte nicht ohne Falten (= Verzerrungen) auf einem Globus anbringen. Deshalb projiziert man die Kugeloberfläche auf geeignete Hilfsflächen, die die Erde berühren bzw. schneiden:
1) Ebene – azimutale Projektion **Figur 2**
2) Kegel (abwickelbar) – Kegelprojektion **Figur 3**
3) Zylinder (abwickelbar) – Zylinderprojektion **Figur 4**

Aus der Lage von Projektionszentrum (s. unter A) und Hilfsfläche (s. unter B) – die Wahl ist abhängig vom Zweck der Karte – ergeben sich weitere Einteilungen:
A) Lage des Projektionszentrums P:
P_1 im Erdmittelpunkt: zentrale (gnomonische) Projektion **Figur 5**
P_2 im Gegenpol: stereographische Projektion **Figur 6**
P_3 im Unendlichen: orthographische Projektion **Figur 7**
Zwischen P_2 und P_3 sind beliebige Lagen denkbar (z. B. Betrachtung der Erde aus verschiedenen Höhen).
Beispiel einer Konstruktion: Polständige, stereographische Azimutalprojektion. Eigenschaft: winkeltreu, deshalb früher häufig für Seekarten verwendet. **Figur 11**
B) Lage der Hilfsflächen A, K und Z:
A = Azimutalproj., K = Kegelproj., Z = Zylinderproj.
Figur 8 **Figur 9** **Figur 10**

Verzerrungsverhältnisse,
veranschaulicht an verschiedenen, gleichmaßstäbigen Zylinderentwürfen:

Lamberts flächentreue Zylinderprojektion (polständig, orthographisch): Kreise werden polwärts zu flächengleichen Ellipsen. **Figur 12**

Quadratische Plattkarte (mittabstandstreu; vermittelnder mathemat. Entwurf): Kreise werden polwärts zu flächengrößeren Ellipsen. **Figur 13**

Mercatorprojektion (winkeltreu; mathemat. Entwurf): Kreise werden polwärts größer, die Kreisform bleibt erhalten. **Figur 14**

Das Verteilungsbild der Verzerrungsintensität kann durch die Wahl einer schneidenden oder berührenden Hilfsfläche beeinflußt werden. **Figuren 15 u. 16**
Allgemein gilt, daß die Verzerrungen zunehmen
1) von Berührpunkt (vgl. Azimutalproj.) oder Berührlinie – bzw. Schnittlinie (vgl. Kegel- und Zylinderproj.) zum Kartenrand hin.
2) je größer der abzubildende Teil der Erdoberfläche ist.

Erdkarten:
Für die Darstellung der gesamten Erde werden am häufigsten Planisphären verwendet: meist ovale, flächentreue Entwürfe, die die gesamte Erdoberfläche zusammenhängend darstellen.
Beispiel: Winkelscher Entwurf (1913); vermittelnd, und damit sehr ausgeglichen in der Wiedergabe der Formen. **Figur 17**

Figur 1 Gradnetz

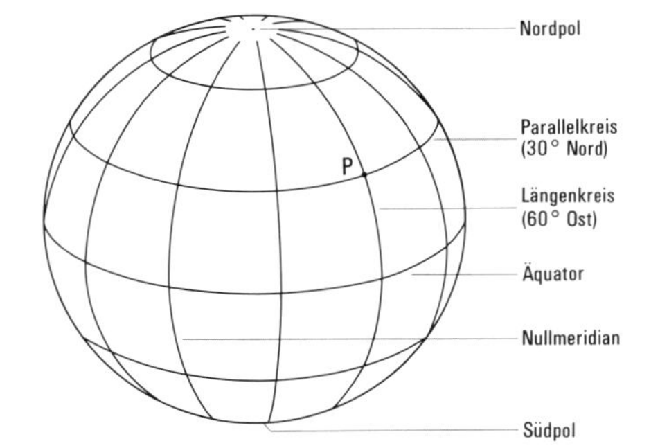

Figur 2 Azimutale Projektion

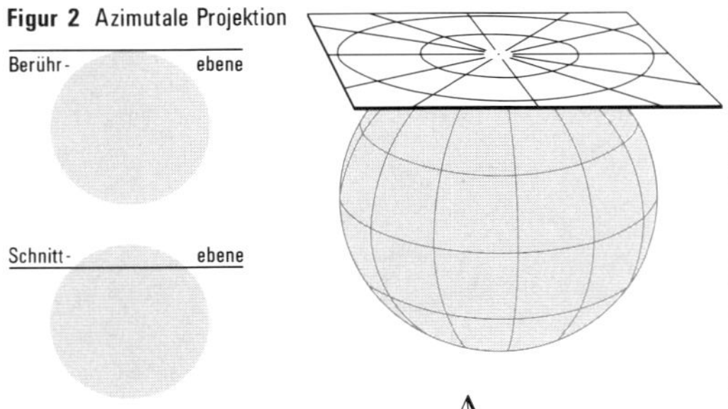

Figur 3 Kegelprojektion

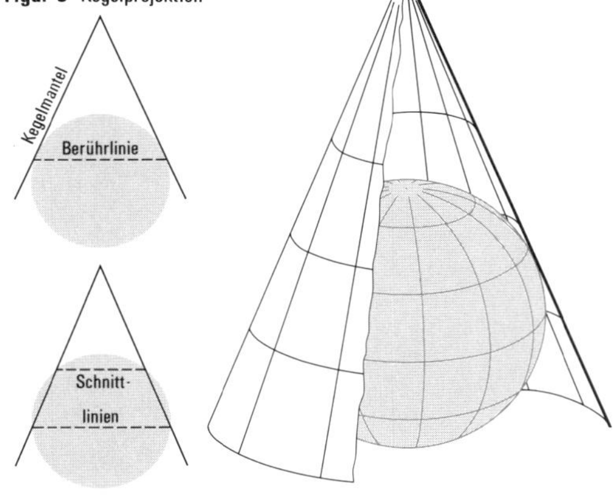

Figur 4 Zylinderprojektion

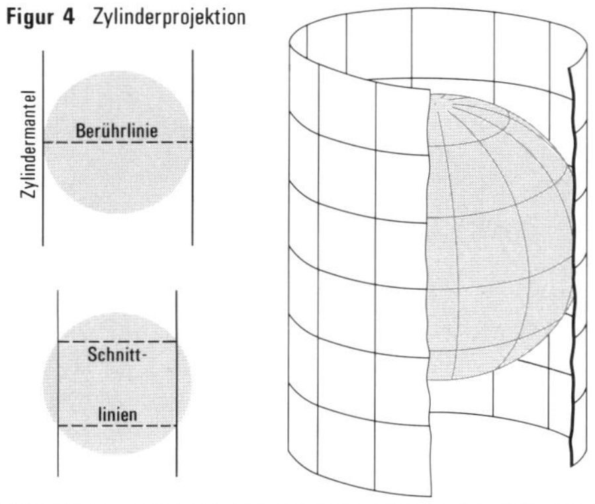

Figur 5
Zentrale Projektion

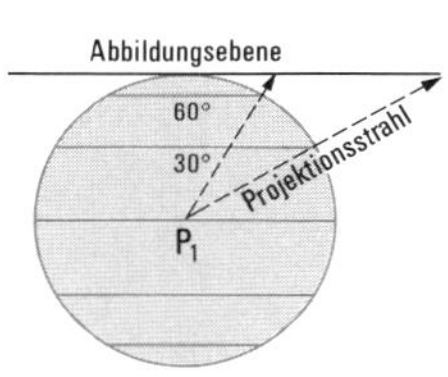

Figur 8
Normale
(polständige) Lage

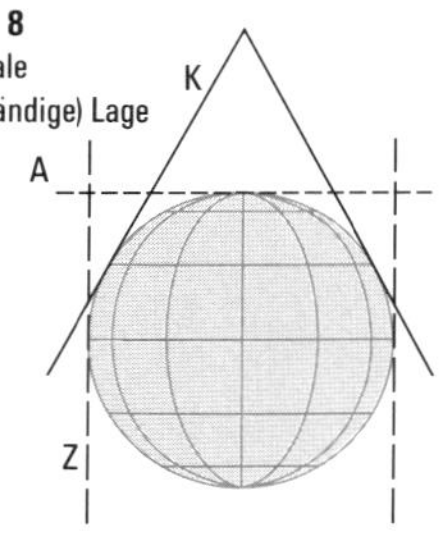

Figur 6
Stereographische Projektion

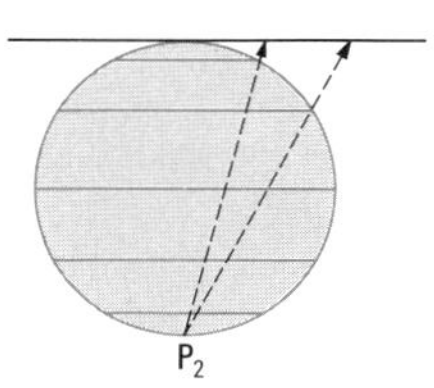

Figur 9
Transversale (äquatorständige) Lage

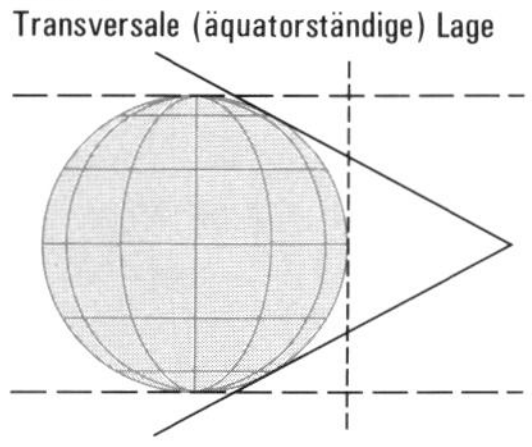

Figur 7
Orthographische Projektion

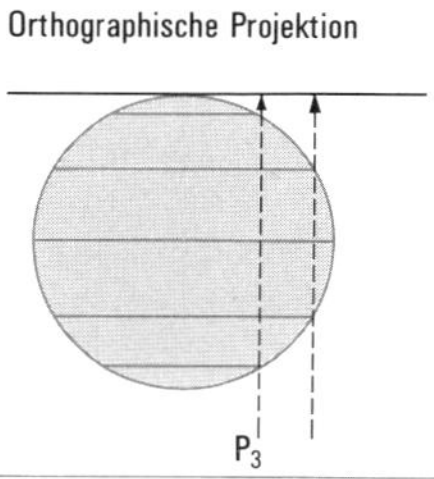

Figur 10
Schiefachsige Lage

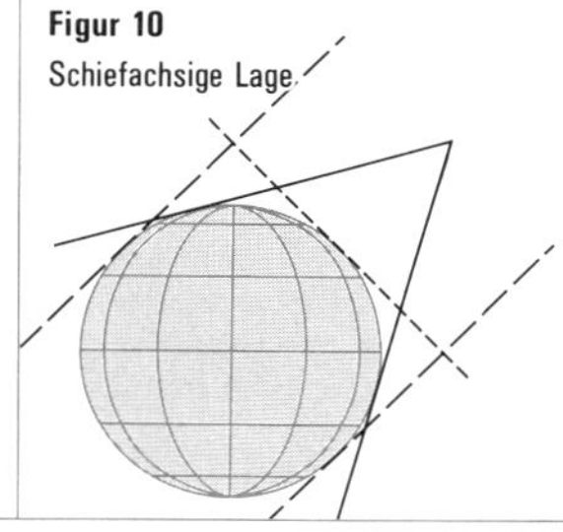

Figur 11
Konstruktionsbeispiel: Polständige, stereographische Azimutalprojektion.

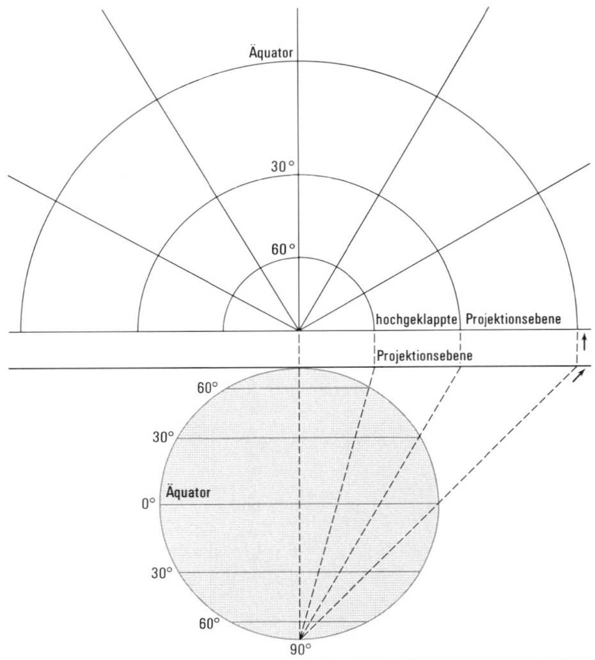

Figur 12
Lamberts flächentreue Zylinderprojektion

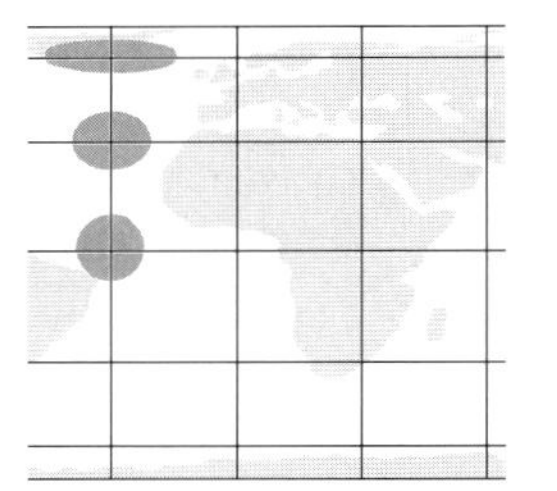

Figur 14
Winkeltreue Zylinderprojektion
(Mercatorprojektion)

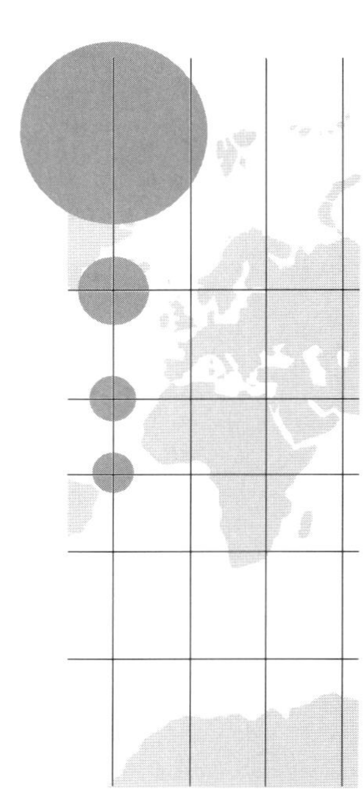

Figur 13
Quadratische Plattkarte

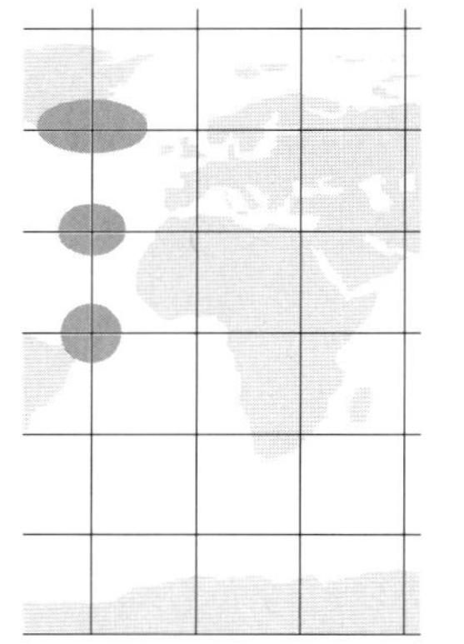

Kreisfläche auf gleichmaßstäbigem Globus

Figur 15
Berührzylinder

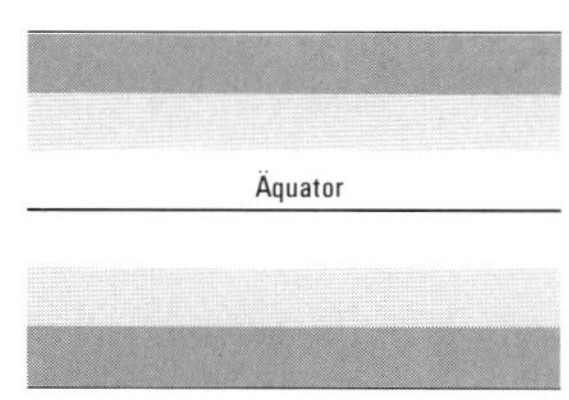

geringste Verzerrungen im Bereich des Äquators

Figur 16
Schnittzylinder

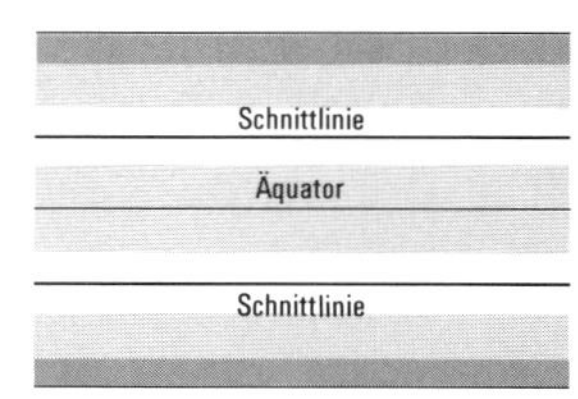

Ausdehnung des Bereichs geringer bis mittlerer Verzerrungen polwärts

Figur 17
Winkelscher Entwurf

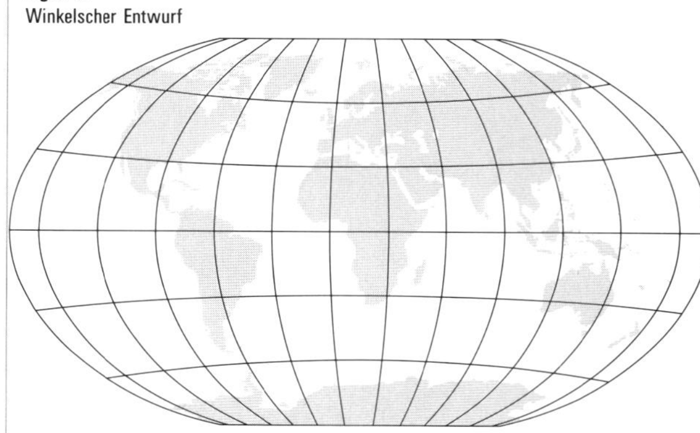

Thematische Karten: Regionale Einordnung

Lokalisierung thematischer Beispiele – Thematische Erd-, Europa- und Deutschlandkarten

ematische Weltkarten: Oberflächenformen 94–95, 96; Tektonik 97; Vulkanismus, Erdbeben 97; Klimazonen 108; Vegetationszonen 109; Klimaelemente 110; Landnutzung, Bewässerung 111; Betriebsformen, Viehhaltung 111; Agrarbevölkerung 112; Agrarprodukte 112–113; Fischerei 124; Energieversorgung 125; Erdöl, Erdgas 125; Bergbau 130; Eisen- und Stahlerzeugung 131; Weltverkehr, Welthandel 140–141; Zeitzonen 141; Bevölkerungsdichte 146; Bevölkerungsentwicklung 147; Verstädterung 147; Rassen 148; Sprachen 150; Religionen 150; Staaten 166–167; Alter der Staaten 168; Staats- und Regierungsform 168; Bruttosozialprodukt 170; Ernährung 170; ärztliche Versorgung 171; Analphabeten 171

ematische Europakarten: Oberflächenformen 98–99; Tektonik, Eiszeit 100; Klima 107; Energieversorgung 128; Fremdenverkehr 143; Bevölkerungsdichte 152; Gastarbeiter 153; Staaten 172; Europäische Gemeinschaft 173; Bevölkerungsentwicklung 173; Sprachen, Religionen 173; Erwerbstätige 174; Industrie 174; Landwirtschaft 174; Kaufkraft, Handel 175

Thematische Deutschlandkarten: Oberflächenformen 102–103; Geologie 104; Tektonik, Morphologie 105; Klima 106; Landwirtschaft 120; Energieversorgung 129; Erwerbstätige 135; Bergbau und Industrie 136; Autoindustrie 137; Verkehr 142; Fremdenverkehr 144; Bevölkerungsdichte 152; Gastarbeiter 153; Zentralität 154; Grenzen 1937 – heute 175; Politische Gliederung 176

Geographische Grundkarten und physische Karten

Raumabdeckung und Maßstabsgruppen

Erdteilübersichten, geographisch und physisch — 1:25 000 000

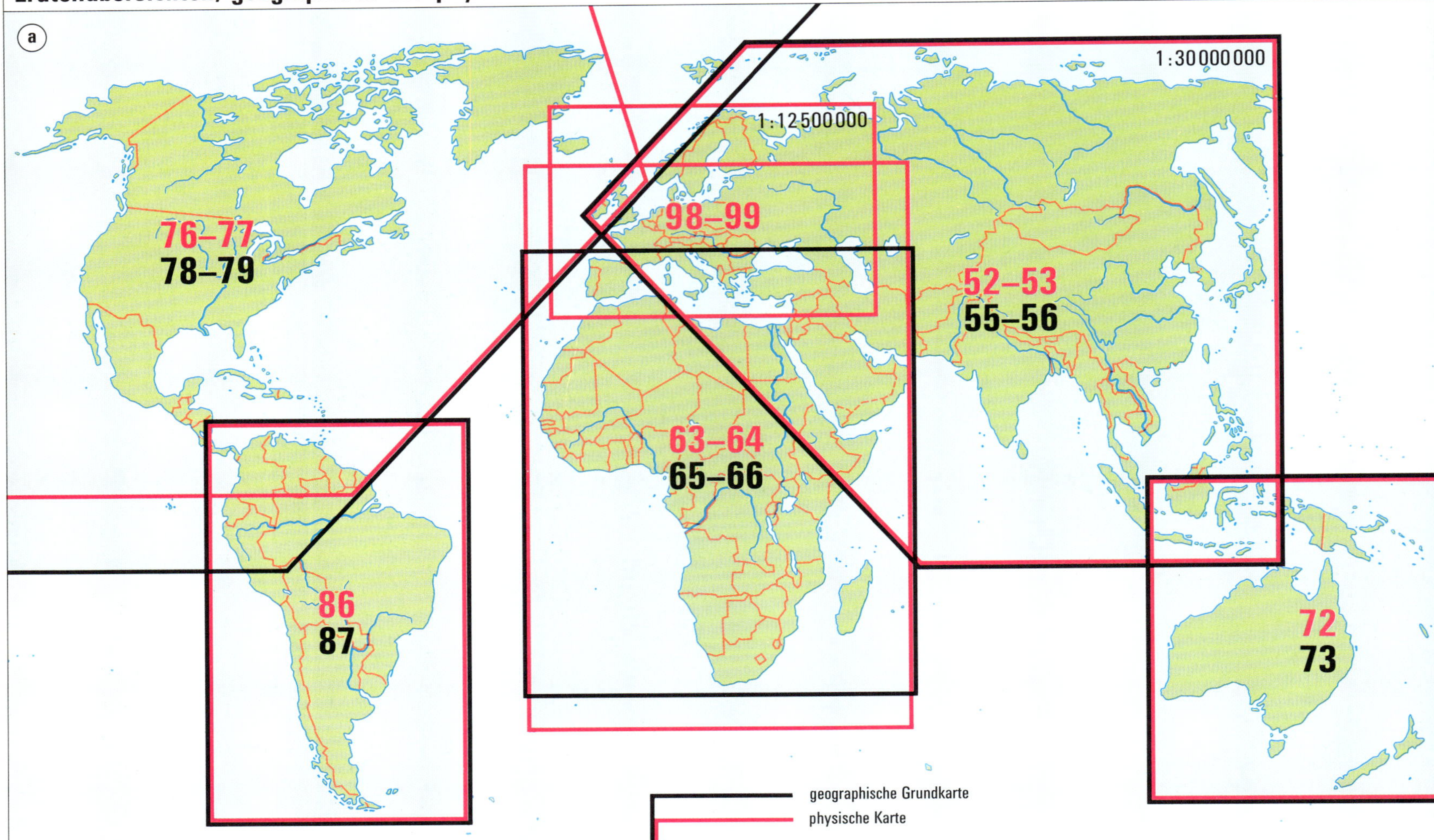

Erde, geographisch	1:60 000 000	Seite 92–93	Arktis, geographisch	1:30 000 000	Seite 91	Indischer und Pazifischer Ozean, physisch	1:80 000 000	Seite 96
Erde, physisch	1:60 000 000	Seite 94–95	Antarktis, geographisch	1:30 000 000	Seite 91			

Europa und außereuropäische Großräume, geographisch — 1:10 000 000 und 1:15 000 000

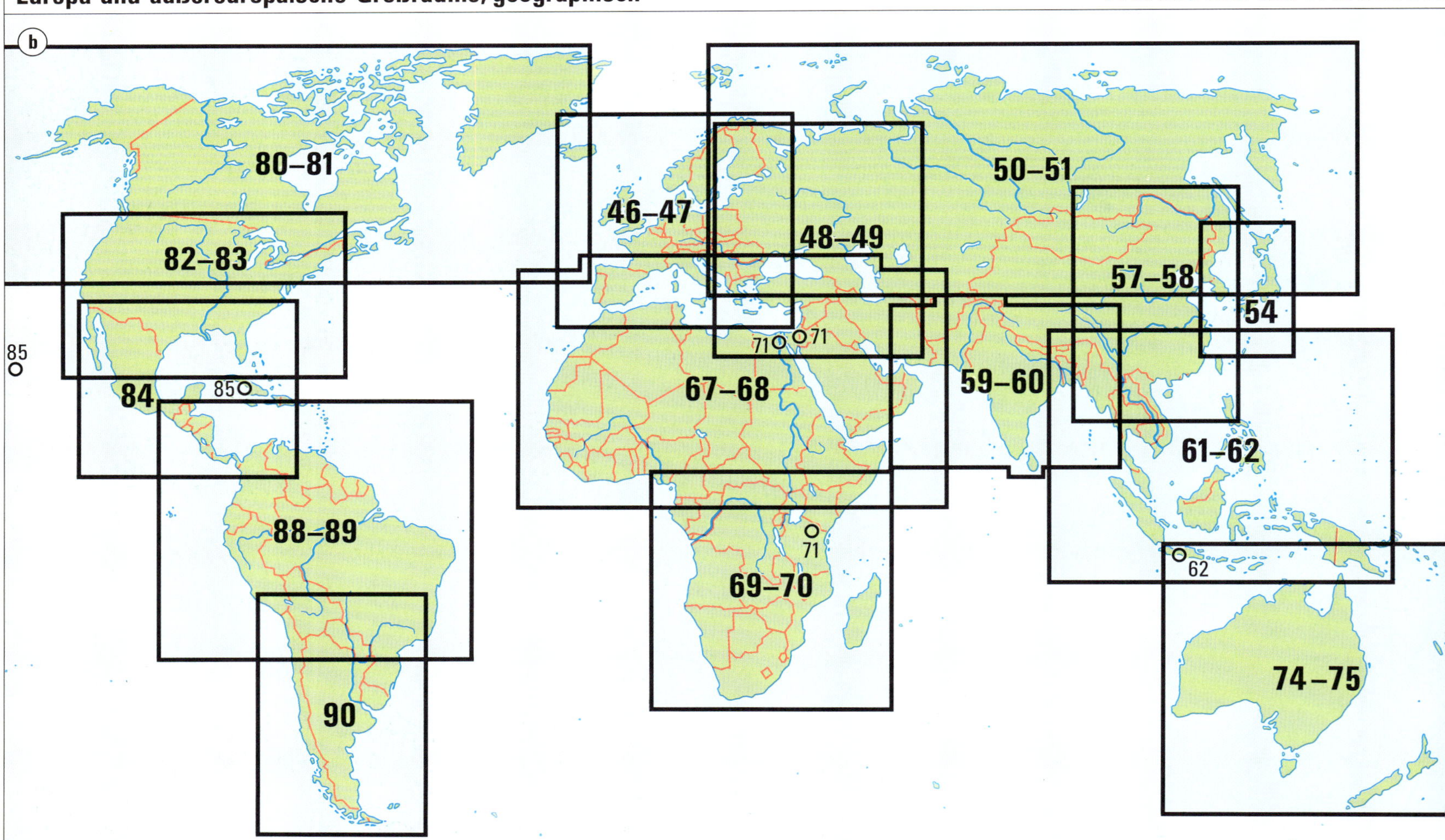

Java	1:7 500 000	Seite 62	Ägypten	1:5 000 000	Seite 71	Oahu, Hawaii-Inseln	1:500 000	Seite 85
Kilimandscharo	1:500 000	Seite 71	Palästina und Israel	1:5 000 000	Seite 71	Kuba	1:5 000 000	Seite 85

Europa, physisch 1:7 500 000

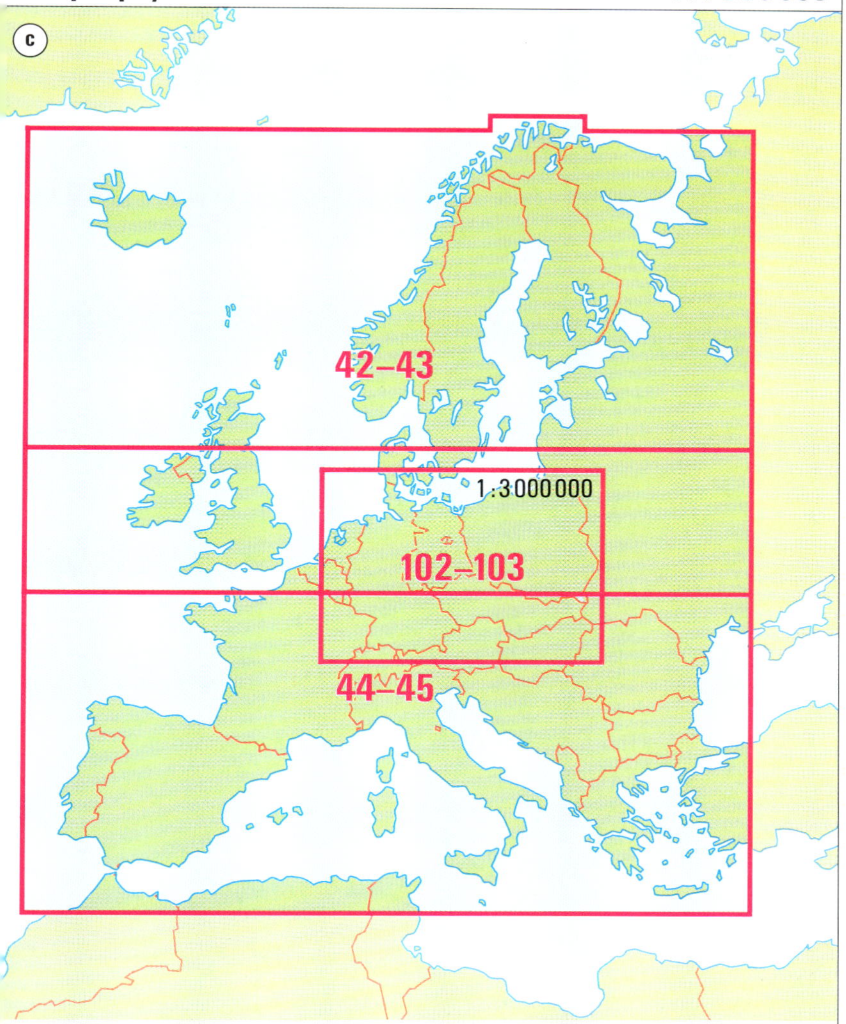

Europa, physisch 1:12 500 000 Seite 98–99

Europa, geographisch 1:3 000 000

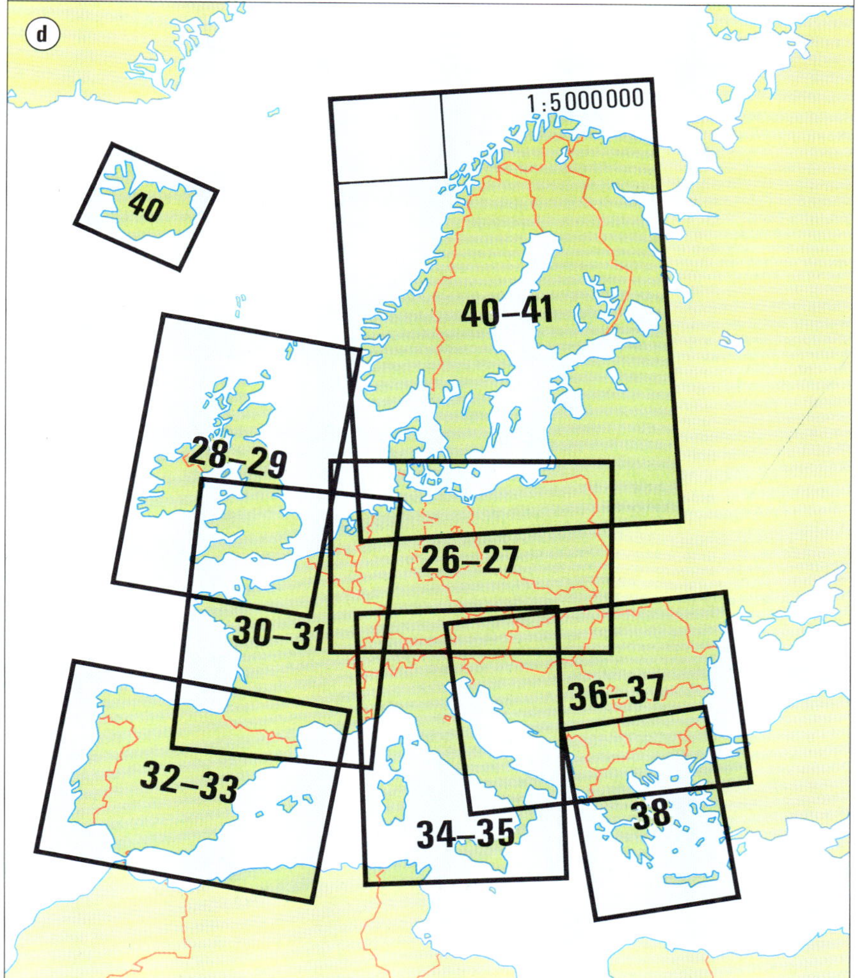

Europa, geographisch 1:10 000 000 Seite 46–47
Osteuropa, geographisch 1:10 000 000 Seite 48–49

Deutschland und Nachbarländer 1:2 000 000

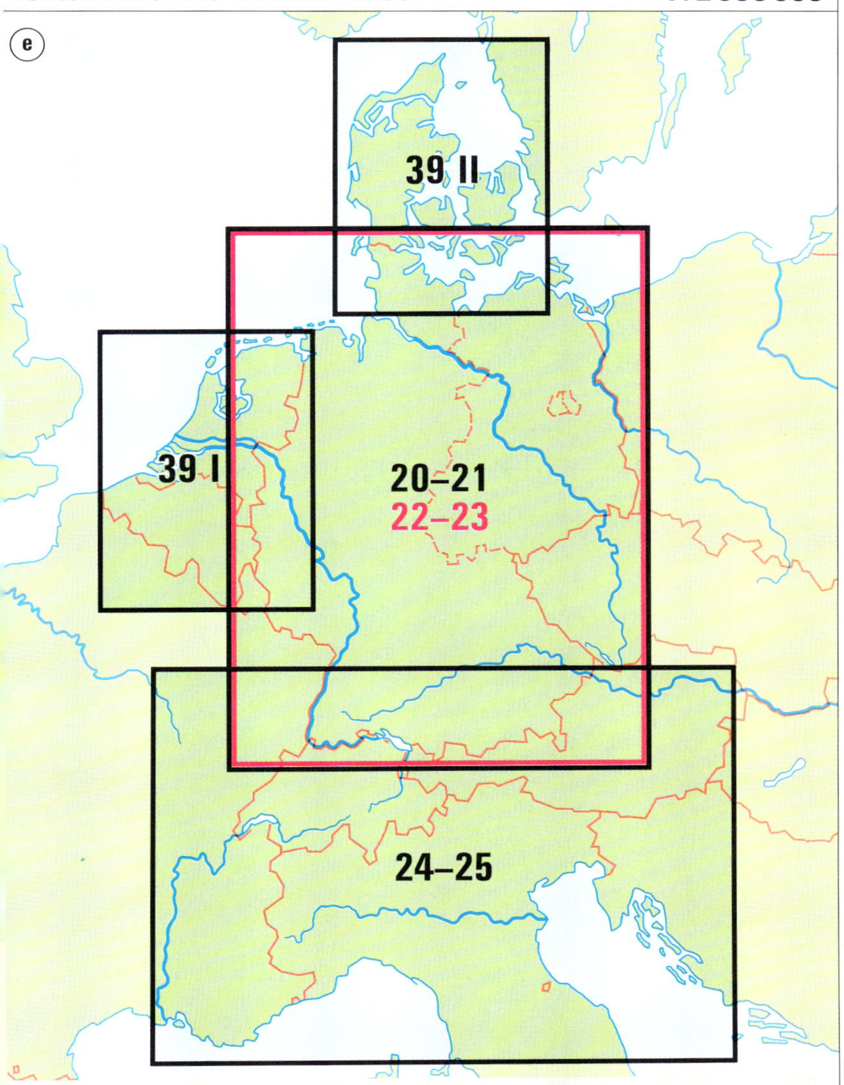

Deutsche Landschaften, geographisch 1:500 000

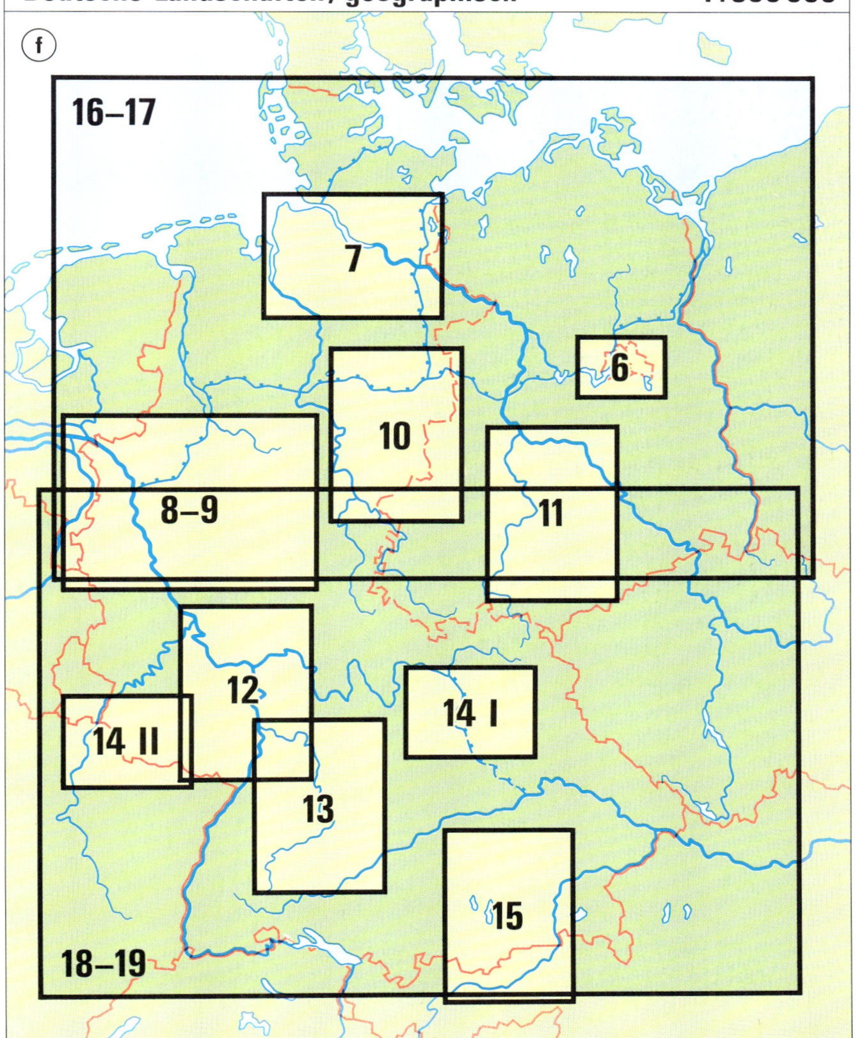

Norddeutschland 1:1 500 000 Seite 16–17
Süddeutschland 1:1 500 000 Seite 18–19
Berlin 1:200 000 Seite 6

geographische Grundkarte — physische Karte

Thematische Karten: Thematische Zuordnung

Übersichts- und Beispielkarten nach Themenkreisen und Sachgruppen

Themenkreis: Oberflächenformen und Landschaftsgliederung – Tektonik und Geologie

Erde	Europa	Deutschland
Oberflächenformen (Physische Karten)		
Erde: Oberflächenformen (Vulkane) 94–95 ⇒	Europa: Oberflächenformen (Vulkane) 98–99 ⇒	Mitteleuropa: Oberflächenformen 102–103
Pazifischer und Indischer Ozean: Oberflächenformen (Vulkane) 96		
• Erdteile: Oberflächenformen und Topographie ▶ VIII a	• Europa: Oberflächenformen und Topographie 42–45	• Deutschland: Oberflächenformen und Topographie 22–23
Tektonik, Geologie, Morphologie		
Erde: Tektonischer Bau und Großgliederung 97 I ⇒	Europa: Tektonischer Bau 100 I ⇒	Deutschland: Tektonik und Morphologie 105
Erde: Erdbeben und Vulkanismus, Plattentektonik 97 II	Tektonik und Geologie der Alpen 101	Deutschland: Geologie 104
	Europa: Würmeiszeit 100 II	
	Vesuv (Italien) 100 III	
• Erdteile: Tektonik und Vulkane ▶ VIII a	Aletschgletscher (Schweiz) 100 IV	

Themenkreis: Klima und Vegetation

Erde	Europa	Deutschland
Klima und Wetter		
Erde: Klimazonen 108		
Erde: Klimaelemente 110 ⇒	Europa: Klimaelemente 107 ⇒	Deutschland: Klimaelemente 106
• Monsun 56 III	• Typische Wetterlagen 224	
• Hurrikane 77 II	• Satellitenbild und Wetterkarte 225	
• Erdteile: Niederschlag ▶ VIII a		
Vegetation		
Erde: Vegetationszonen 109		
• Kilimandscharo (Höhenstufen) 71 III		
• Andenprofil (Höhenstufen) 85 VI		• Alpenprofil (Starnberger See – Karwendel – Inntal) 3

Themenkreis: Land- und Forstwirtschaft – Fischerei

Erde	Europa	Deutschland
Natürliche Grundlagen - Umgestaltung durch Menschen		
Erde: Natürliche Grundlagen der Bodennutzung 111 I		
Oase Uargla (Algerien) 114 II	Huerta von Murcia (Spanien) 114 I	
Wasserführung und Bewässerungsanlagen des Nil 114 III		
Bewässerung im Pandschab (Pakistan) 115 IV		
Wasserwirtschaft in Kalifornien (USA) 115 V	Einpolderungen der Niederlande 123 V	Küste Schleswig-Holstein 1650 – heute 122 I, II
Hochwasserschutz in China 115 VI	Das Deltaprojekt (Niederlande) 123 VII	Rheinaue bei Breisach 1828 – heute 122 III
Neulandgewinnung in Kasachstan (Sowjetunion) 116 I	Das Zuiderseeprojekt (Niederlande) 123 VIII	Moorsiedlung – Fehnkolonie bei Papenburg 122 IV
Dürregebiete in Westafrika 116 II	Der Dollart (Niederlande – Deutschland) 123 VI	
• Tennessee-Valley-Authority (USA) 127 III		
Agrarproduktion und Ernährung		
• Erde: Ernährung der Menschheit 170 II		
Erde: Arbeitsaufwand und Leistungsfähigkeit der Landwirtschaft 112 I	• Europa: Viehhaltung und Fischerei 174 IV	Deutschland: Agrarlandschaft 120
Erde: Getreide 112 II	• Europa: Ausgewählte Agrarprodukte 174 III	Zuckerrübenanbau (Börde) 121 I, II
Erde: Zucker und Genußmittel 113 III		Gemüseanbau (Reichenau) 121 III
Erde: Land- und forstwirtschaftliche Industrierohstoffe 113 IV		Weinbau (Moseltal) 121 IV
Nutzungsformen		
Erde: Landwirtschaftliche Betriebsformen 111 II		
Nomadismus (Sudan) 117 I		
Schaffarm (Australien) 117 II		
Wanderfeldbau (Sri Lanka) 117 III		
Kautschukplantage (Malaysia) 117 IV		
Reisanbau (Japan) 117 V		
Getreidefarm (Nord-Dakota) 117 VI		
Kollektivwirtschaftliche Betriebsformen - Strukturwandel		
Kibbuz (Israel) 118 I		Entwicklung zur LPG (Polleben, DDR) 119 III
Volkskommune (Volksrepublik China) 118 II		Kooperative Einrichtung (Dedelow, DDR) 119 IV
Kolchose (Sowjetunion) 118 III		Dorfsanierung (Unteraltertheim) 119 I
Sowchose (Sowjetunion) 118 IV, V		Flurbereinigung (Barge) 119 II
Fischerei		
Weltmeere: Die wichtigsten Fischbestände 124 I	• Europa: Fischerei 174 IV	
Entwicklungsstand der Fischerei (Nordatlantik) 124 II		

Themenkreis: Energiewirtschaft, Bergbau und Industrie

Erde	Europa	Deutschland
Energiewirtschaft		
Erde: Energieerzeugung und Energieverbrauch 125 I ⇒	Europa: Energieversorgung 128 ⇒	Deutschland: Energierohstoffe und Raffinerien 129 I
Erde: Erdölproduktion und Erdölverbrauch 125 II		
Erdölförderung am Persischen Golf 126 II	Erdölförderung in der Nordsee 126 I	
Erdölhafen (Bahrain) 126 IV		Raffinerie (Ingolstadt) 126 III
Jenissei-Angara-Gebiet (Sowjetunion) 127 II	Kraftwerkgruppe Kaprun (Österreich) 127 I	Deutschland: Kraftwerke und Stromversorgung 129 II
Tennessee-Valley-Authority (USA) 127 III		
Bergbau und Industrie		
Erde: Bergbauliche Nutzung 130	• Europa: Industrie, ausgewählte Standorte 174 II	Deutschland: Bergbau und Industrie 136
Erde: Eisen- und Stahlerzeugung 131 I		Das Braunkohlengebiet der Ville 134
Die US-amerikanische Stahlindustrie 131 II		Das Ruhrgebiet 1850 – heute 132 I, II
• Stahlwerk Rourkela (Indien) 171 V		Duisburg 1850 – heute 133 I
		Essen 1850 – heute 133 II
		Deutschland: Autoindustrie 137 I
		Produktionsverflechtung bei Daimler-Benz 137 II
		Automobilwerk Sindelfingen 137 III
	• Europa: Erwerbstätige nach Wirtschaftsbereichen 174 I	Deutschland: Wirtschaftsräume 135
Wasserwirtschaft und Umweltbelastung		
	Ölpest (Der Kanal) 139 IV	Wasserwirtschaft (Ruhrgebiet) 138 I
		Fernwasserversorgung Stuttgarts 138 III
		Gewässerschutz (Tegernsee, Schliersee) 139 III
		Verschmutzung des Rheins 138 II
		Luftverschmutzung (Duisburg) 139 I
		Lärmbelastung (Mannheim) 139 II

Erde	Europa	Deutschland
Themenkreis: Handel und Verkehr, Fremdenverkehr		
Handel und Verkehr Erde: Land- und Seeverkehr 140 I Erde: Luftverkehr 140 II Erde: Welthandel 141 III Erde: Zeitzonen 141 IV • Panamákanal 85 II	• Europoort Rotterdam 162 II	Deutschland: Straßenverkehr 142 III Deutschland: Eisenbahnverkehr 142 I Deutschland: Luftverkehr 142 II Deutschland: See- und Binnenschiffahrt 142 IV • Hamburger Hafen 157 • Binnenhafen Duisburg 133 I
Fremdenverkehr Gran Canaria und Teneriffa 143 II Las Palmas (Gran Canaria) 143 III • Hawaii (Oahu) 85 I	Europa: Fremdenverkehr 143 I Port-Camargue (Südfrankreich) 143 IV Wintersport (Saas Fee) 145 III	Deutschland: Fremdenverkehr 144 Seebad Westerland 145 I Kurort Badenweiler 145 II
Themenkreis: Bevölkerungsverteilung und Bevölkerungsstruktur		
Bevölkerungsdichte Erde: Bevölkerungsdichte 146 ⇒	Europa: Bevölkerungsdichte 153 I ⇒	Deutschland: Bevölkerungsdichte 153 II
Rassen Erde: Rassen 148 I Neger und Indianer in den USA 149 I Rassenzugehörigkeit und sozialer Status (Chicago) 149 II Minderheiten in New York 149 III Verteilung der Rassen in Südafrika 148 II Apartheid in Johannesburg 148 III Chinesen in Südostasien 151 V Chinesen in Singapur 151 VI		
Sprachen Erde: Sprachgruppen 150 I Sprachen und Völker Indiens 151 IV	• Europa: Sprachen und Minderheiten 173 III	
Religionen Erde: Religionen 150 II Religionen Indiens 151 III	• Europa: Religionen und Konfessionen 173 IV	
Bevölkerungsentwicklung und Bevölkerungsbewegung Erde: Natürliche Entwicklung der Bevölkerung 147 I • Erde: Ärztliche Versorgung 171 III a • Erde: Analphabeten 171 III b • Wanderarbeiter in Westafrika 116 II	• Europa: Bevölkerungswachstum und Wanderung 173 II Gastarbeiter in Westeuropa 153 I	Deutschland: Gastarbeiter 153 II Gastarbeiter im alten Ortskern (Tamm) 153 III
Themenkreis: Große Städte, Stadtpläne, Stadtgeographie		
• Erde: Verstädterungsgrad 147 II Großraum New York 164 I, 149 III Manhattan 164 II Damaskus 165 I Kioto 165 II Kalkutta 165 III Brasilia 165 IV • siehe auch: Johannesburg 148 III, Chicago 149 II Singapur 151 VI, Jerusalem 169 I	London 162 I Rotterdam, Europoort 162 II Rom 163 III Paris 163 IV	Deutschland: Verdichtungsräume und Zentralität 154 Berlin: Werden einer Großstadt 155 Hamburg: Pendler, Tag- und Nachtbevölkerung 156 Hamburger Hafen 157 Hannover: Regionale Entwicklungsplanung 158 I Hameln: Altstadtsanierung 158 II Frankfurt: Flächennutzung, City 159 Stuttgart: Verdichtungsraum 160 München: Kultur, Naherholung 161
Themenkreis: Staaten und Politik, Entwicklungsländer, EG		
Staatliche Ordnung und Verwaltung Erde: Staaten 166–167 ⇒ Erde: Alter und Stabilität der Staaten 168 I Erde: Staats- und Regierungsform der Staaten 168 II • China, Verwaltungsgliederung 177 • Sowjetunion, Verwaltungsgliederung 180 • Vereinigte Staaten, Verwaltungsgliederung 180	Europa: Staaten 172 ⇒ • Belgien, Verwaltungsgliederung 177 • Jugoslawien, Verwaltungsgliederung 178 • Österreich, Verwaltungsgliederung 179 • Schweiz, Verwaltungsgliederung 180	Deutschland: Bundesrepublik Deutschland und DDR 176 Mitteleuropa: Politische Ordnung 1937 und heute 175 I Berlin 175 I b, 155 III, 6
Politische Probleme Krisengebiet Naher Osten 169 II Israel und Palästina 169 III Jerusalem 169 I	Europa: EG, EFTA und COMECON 173 I Europa: Wirtschaftliche Verflechtung der EG-Staaten 175 VI	
Entwicklungsländer und Entwicklungsprobleme Erde: Bruttosozialprodukt 170 I Erde: Ernährung der Menschheit 170 II Erde: Ärztliche Versorgung 171 III a Erde: Analphabeten 171 III b Transamazônica, Siedlungsprojekt (Brasilien) 171 IV Rourkela, Stahlwerk (Indien) 171 V Indisches Dorf, Kastenwesen 171 VI	Europa: Bruttosozialprodukt der EG-Staaten 175 V	

⇒ Querbezüge Erde – Europa – Deutschland   regionale und thematische Beispielkarten   ▶ Hinweis auf Kartenübersichten   • Karten aus anderen Themenkreisen

Sachregister

Ausgewählte Themen und Stichwörter

Das Sachregister führt diejenigen Karten auf, die das betreffende Thema im Atlas ausführlich behandeln.
Auf die in der Übersicht „Thematische Karten nach Sachgruppen" (Seite X–XI) bereits graphisch dargestellten Themenbereiche wird lediglich verwiesen, z. B. **Energiewirtschaft 125–129; ↑ X.**

Abkürzungen:
W = Weltübersicht
E = Europaübersicht
D = Deuschlandübersicht
[G] = geograph. Grundkarte

A

Agrarbevölkerung W 112 I; vgl. D 135
Agrare Betriebsformen W 111 II, 117
Agrarlandschaft, deutsche 120
Agrarprodukte W 112–113, E 174 III, D 120; vgl. [G]
Agrarstruktur (Strukturwandel) 118, 119
Aktivräume in Westafrika 116 II
Altstadtsanierung (Hameln) 158 II
Analphabeten W 171 III b
Anbaugrenzen vgl. W 111 I
Apartheid, Große (Südafrika) 148 II/III
Apfelblüte (Frühlingseinzug) D 106 IV
Ärztliche Versorgung W 171 III a
Atmosphäre (Lufthülle) 225
Atomkraftwerke ↑ Kernkraftwerke
Aufbauachsen (Hamburg) 156 I
Aussiedlerhof 119 I, II
Autoindustrie D 137
Autowerk Sindelfingen 137 III

B

Bad ↑ Kurort
Ballungsraum ↑ Verdichtungsraum
Baumwolle W 113 IV; [G] z. B. Ägypten 71 I
Bergbau 125–134, 136; ↑ X; alle [G]
Berlin: Geteilte Stadt 6, 155, Sektoren 175 I b, Verkehrsverbindungen D 176, Luftkorridore D 142 II
Bevölkerung 146–154; ↑ XI
Bevölkerungsdichte W 146, E 152 I, D 152 II; vgl. Verstädterung W 147 II, Verdichtungsräume D 154, Tag- und Nachtbevölkerung Hamburg 156 II
Bevölkerungsentwicklung W 147, E 173 II; vgl. Diagramme 146, 152 II; ↑ Verstädterung
Bewässerung: Beispiele aus Trockenräumen 114–115, indisches Dorf (Tankbewässerung) 171 VI; japanisches Dorf (Reisanbau) 117 V, Kibbuz Einat 118 I, Volkskommune Hua-shan 118 II; [G] z. B. Ägypten 71; vgl. W 111 I
Binnenschiffahrt D 142 IV
Bioklima D 106 II
Bodennutzung ↑ Land- und Forstwirtschaft X
Bodenreform (DDR) ↑ LPG Polleben 119 III
Bodensee-Wasserversorgung 138 III
Börde: Zuckerrübenanbau und Zuckerfabriken 121 I, Dorf und Flur Klein Denkte 121 II; vgl. D 120; [G] Löß, z. B. Soester Börde 9
Brandrodung in Sri Lanka 117 III
Braunkohle: Tieftagebaue Ville und Hambach 134; vgl. Energieerzeugung W 125 I, E 128, D 129 I; Bergbau W 130, D 136; [G] z. B. Mitteldeutschland 11
Bruttosozialprodukt W 170 I, E 175 V

C

Chinesen in Südostasien 151 V, in Singapur 151 VI; vgl. W 150
City: Frankfurt 159; vgl. Berlin (Entwicklung, Teilung) 155, Hamburg (Tag- und Nachtbevölkerung) 156, München (Kultur, Fremdenverkehr) 161 I, Manhattan 164 II
COMECON (Council for Mutual Economic Aid; RGW) 173 I

D

Datumsgrenze W 141 IV
Dauerfrostboden (Permafrost) vgl. W 111 I
Deltaprojekt (Niederlande) 123 VII
Dorf: Deutschland 119, 121 II, Japan 117 V, Indien 171 VI, Sowjetunion (Kolchose) 118 III
Dorfsanierung (Unteraltertheim) 119 I
Düngemittelverbrauch W 112 I
Dürregebiete (Sahel) 116 II; vgl. W 111 I

E

EFTA (European Free Trade Association, Europäische Freihandelszone) 173 I
EG (Europäische Gemeinschaft) 173 I
Einpolderung in den Niederlanden 123
Eisenbahnverkehr (Streckenbelastung) D 142 I; vgl. W 140 I
Eisenverhüttung ↑ Stahlerzeugung
Eiszeit (Würmeiszeit) E 100 II; vgl. D 104, D 105
Energiewirtschaft 125–129; ↑ X
vgl. Erdöl, Erdgas, Steinkohle, Braunkohle, Kraftwerke, Stromversorgung; OPEC
Entwicklungsländer 170–171; ↑ XI
vgl. *Weltübersichten:* Alter und Verfassung der Staaten W 168, Agrarbevölkerung und Agrarproduktion W 112–113, Agrarstruktur W 111, Analphabeten 171 IIIb, Anteil am Welthandel W 141 III, ärztliche Versorgung 171 IIIa, bergbauliche Produktion W 130, Bevölkerungsentwicklung W 147 I, Bruttosozialprodukt W 170 I, Energieversorgung, Erdölbilanz W 125, Ernährung W 170 II, Stahlverbrauch und -produktion W 131 I, Verkehrserschließung W 140 I, Verstädterung W 147 II; Statistik 177–181
Beispiele: Notstandsgebiete in Westafrika 116 II, Nomadismus in Sudan 117 I, Wanderfeldbau in Sri Lanka 117 III, Kautschukplantage in Malaysia 117 IV, Kolonisation an der Transamazônica 171 IV, indisches Dorf 171 VI, indische Stadt (Kalkutta) 165 III, Stahlwerk Rourkela 171 V; [G] z. B. Indien 59–60, Tschad 67–68
Erdbeben W 97, E 100 I (gegenwärtige Faltung)
Erdöl und Erdgas; ↑ X
Energiewirtschaft W 125, E 128, D 129 I; Bergbau W 130, W 125 II, D 136; Nordsee 126 I, Pers. Golf 126 II, Bahrain 126 IV; Raffineriezentrum Ingolstadt 126 III; [G] z. B. Libyen 68 (Erdöl), Groningen 39 I (Erdgas), Europoort 39 I (Raffinerie)
Erdölhafen (Sitra, Bahrain) 126 IV
Erholung ↑ Fremdenverkehr, Naherholung
Ernährung W 170 II; vgl. Agrarprodukte
Erwerbstätige nach Wirtschaftsbereichen E 174 I, D 135
Europäische Gemeinschaft (EG) 173–175
Europäische Wirtschaftsgemeinschaft (EWG) 173 I
Europoort (Rotterdam) 162 II
Export ↑ Handel

F

Farm (USA) 117 VI
Fehnkolonie (bei Papenburg) 122 IV
Fischerei W 124 I, E 174 IV, Nordatalantik 124 II; [G] Fischereihäfen, z. B. Island 40 Nk.
Flüchtlinge: Indien 151 III, Palästina 169 III
Flughafen (Hannover-Langenhagen) 158; [G] z. B. 10 B 2; vgl. W 140 II, E 143 I, D 142 II
Flurbereinigung (Barge) 119 II
Flurformen ↑ Dorf
Flußbegradigung (Rheinaue bei Breisach) 122 III
Flußoase (Nil) 114 III; 71 I
Flußregulierung: China 115 VI, Oberrhein 122 III, Tennessee 127 III
Flutkatastrophe: Schleswig-Holstein (1962) 122 II, 224 V
Föhn D 106 II, E 107
Fremdenverkehr 143–145; ↑ XI
[G] z. B. Harz 10, Alpen 15, Nordseeküste 16, Hawaii 85 I; ↑ Naherholung, Sehenswürdigkeiten
Frosttage D 106 III
Frühlingseinzug D 106 IV
Fußgängerzone: Frankfurt 159 II, Hameln 158 II, München 161 I

G

Gastarbeiter: Westeuropa 153 I, Deutschland 153 II
Gemüseanbau: Reichenau 121 III; vgl. D 120; [G] z. B. Vierlande 7
Geologie D 104, Alpen 101
Getreide W 112 II
Gewässerverschmutzung: Ruhrgebiet 138 I, Rhein 138 II, Tegernsee, Schliersee 139 III
Gletscher: Aletschgletscher 100 IV, Pasterze 127 I; [G] Alpen 24–25
Golfstrom W 109, E 107 II
Grenzübergänge Bundesrepublik Deutschland–DDR D 176

H

Hafen: Hamburg 157, Rotterdam (Europoort) 162 II, Duisburg-Ruhrort 133 I, Ölhafen Sitra (Bahrain) 126 IV; [G] Fischereihafen, z. B. Cuxhaven 7; vgl. W 140 I, D 142 IV
Handel: W 141 III, E 175 VI; Agrarprodukte W 112, 113, W 170 II, Bergbauprodukte W 130, Erdöl W 125, Eisenerz, Schrott W 131; vgl. Kaufkraft E 175 V
Heilbad ↑ Kurort
Heilklimatischer Kurort (Luftkurort) D 106 II
Herdenwanderungen in Sudan (Nomadismus) 117 I
Himmelskunde hinterer Einband
Höhenstufen der Vegetation: Alpen 3, Anden 85 VI
Huerta (Murcia) 114 I; [G] Spanien 32–33
Hunger W 170 II
Hurrikane 77 II

I J

Import ↑ Handel
Indianer W 148 I (Rassen), W 150 I (Sprachen); Reservationen in den USA 149 I
Industrialisierung: Ruhrgebiet 1850–heute 132, 133; Autowerk Sindelfingen 1915–heute 137 III
Industrie und Bergbau 130–137; ↑ X
vgl. Energiewirtschaft 125–129
Industrieländer ↑ Entwicklungsländer
Industrielle Produktionsverflechtung (Daimler-Benz) 137 II
Industriestandorte E 174 II, D 136, 137; vgl. Berlin 6, Frankfurt 159, Stuttgart 160, Rotterdam 162 II, Paris 163 IV; [G] z. B. Hamburg 7 – ländliche D 120; vgl. Zuckerfabrik 121 I; [G] z. B. Mitteldeutschland 11
Juden W 150 II (Religionen), 169 (Israel und Palästina), 118 I (Kibbuz)

K

Kartenprojektionen 223
Kastenwesen 171 VI
Kaufkraft E 175 V
Kautschukplantage (Malaysia) 117 IV; [G] 61; vgl. W 113 IV
Kernkraftwerke, Kernenergie W 125 I, E 128, D 129 II; Tennessee Valley Authority (TVA) 127 III; [G] z. B. Kernkraftwerk Biblis 12; vgl. Wärmebelastung der Flüsse 138 II
Kibbuz (Einat) 118 I
Kindersterblichkeit W 171 IIIa
Kläranlagen: Ruhrgebiet 138 I, Rhein 138 II, Tegernsee, Schliersee 139 III
Klima 106–110; ↑ X
vgl. Wetter 224–225
Klimadiagramme W 108, Kasachstan 116 I, Sahel 116 II, Teneriffa 143 II
Klimazonen W 108
Kolchose (Plamja) 118 III
Kontinentalverschiebung W 97 I
Kooperative Einrichtung (Dedelow, DDR) 119 IV
Kraftwerke ↑ Kernkraftwerke, Wärmekraftwerke, Wasserkraftwerke
Krisengebiete, politische: Naher Osten 169
Kurort (Badenweiler) 145 II; vgl. D 144, D 106 II (Bioklima); [G] 18
Küstenschutz: Schleswig-Holstein 122 II, Niederlande 123; [G] 7 (Deiche), 39 I

L

Landflucht D 135; ↑ Verstädterung
Landgewinnung ↑ Küstenschutz
Land- und Forstwirtschaft 111–123; ↑ X
vgl. alle [G]

Landwirtschaftliche Betriebsformen: Beispiele 117, 118, 119; vgl. W 111 II
Landwirtschaftliche Nutzfläche W 111 I; alle [G]
Lärmbelastung (Mannheim) 139 II; vgl. Flughafen Hannover (Schutzzone) 158 I
Lebenserwartung W 147 I
Löß: China 115 VI, Deutschland 105, 120; vgl. [G] 20–21
LPG (Landwirtschaftliche Produktionsgenossenschaft) Polleben (DDR) 119 III
Luftbild 1; vgl. 2, 225 (Satellitenbild)
Luftverkehr W 140 II, D 142 II; ↑ Flughafen
Luftverunreinigung (Duisburg) 139 I

M

Manufacturing Belt (USA) 131 II
Meeresströmung W 109, W 92–93; Erdteile 55–56, 65–66, 73, 78–79, 87
Meteorologie 224–225
Minderheiten ↑ Rassen, Sprachen, Religionen
Mobilität ↑ Bevölkerungsentwicklung, Fremdenverkehr, Gastarbeiter, Pendler, Wanderarbeiter
Mond, Mondflug 227
Monsun 56 III
Moorbesiedlung (Fehnkolonie bei Papenburg) 122 IV
Morphologie D 105; vgl. Geologie, Tektonik

N

Naherholung: München 161 II/III; vgl. Hannover 158 I, D 144; [G] z. B. 15
Naturkatastrophen ↑ Erdbeben, Vulkanismus, Hurrikan, Dürregebiete, Überschwemmung, Sturmflut, Küstenschutz
Naturräumliche Gliederung D 105
Neger: Südafrika (Bantu) 148 II/III, USA 149; vgl. W 148 I (Rassen), W 150 I (Sprachen)
Neulandgewinnung: Kasachstan 116 I, aus dem Meer 122–123
Nilschwelle 114 III
Nomadismus: Sudan 117 I, Sahel 116 II; W 111 II

O

Oase (Uargla) 114 II; [G] 67
Obstbau D 120; [G] z. B. Altes Land 7
Ölpest 139 IV
OPEC (Organization of Petroleum Exporting Countries) W 125 II (Förderung und Reserven), W 130 (Monostruktur), W 170 I (Bruttosozialprodukt)

P Q

Palästinenser 169 III
Passivräume in Westafrika 116 II
Pendler: Hamburg 156 I, Tag- und Nachtbevölkerung 156 II, Stuttgart 160 I; vgl. Zentralität D 154
Phänologie (Apfelblüte) D 106 IV
Plantagen (-wirtschaft) W 111 II; vgl. Kautschukplantage 117 IV
Plattentektonik W 97
Polder in den Niederlanden 123; [G] z. B. 39 I (Marsch)
Politische Gliederung W 166–167, E 172, D 176; Deutschland 1937 175 I; Belgien 177, China 177, Jugoslawien 178, Österreich 179, Schweiz 180, Sowjetunion 180, USA 181
Produktionsgenossenschaft, landwirtschaftliche (LPG) 119 III
Profile: Deutschland 4–5, Alpen 3, 101, Anden 85 VI
Projektion (Kartenprojektion) 223
Puertorikaner in New York 149 III

R

Raffinerie ↑ Erdöl; Raffineriezentrum Ingolstadt 126 III
Rassen 148–149; ↑ XI
Rassentrennung in Südafrika 148 II/III
Rassenprobleme der USA 149
Raumordnung ↑ Agrarstruktur, Altstadtsanierung, Flußregulierung, Küstenschutz, Regionalplanung, Rekultivierung, Verdichtungsraum, Wasserwirtschaft, Zentralität
Rebflurbereinigung (Mosel) 121 IV
Regionalplanung (Großraum Hannover) 158 I
Reis W 112 II; japan. Dorf 117 V; [G] z. B. Bangla Desh 60
Rekultivierung: Braunkohletagebau Ville 134; [G] z. B. Mitteldeutschland 11 (Tagebau, Hochkippe)
Religionen (Konfessionen) W 150 II, E 173 IV, Indien 151 III; vgl. Jerusalem 169 I, Kioto 165 II, Rom (Vatikan) 163 III
Reservationen: Indianer-R. in den USA 149 I, Homelands in Südafrika 148 II
RGW (Rat für gegenseitige Wirtschaftshilfe, COMECON) 173 I

S

Sahel 116 II
Satellitenbilder 2, 225; vgl. 1 (Luftbild)
Schafe W 111 II, W 113 IV (Wolle); [G] extensive Schafweide, z. B. Austraien 74–75
Schaffarm in Australien 117 II; vgl. 111 II (Ranching)
Schiffahrt W 140 I, D 142 IV; ↑ Hafen
Schneedecke D 106 III, Schneegrenze W 110 I; ↑ Gletscher
Schwerindustrie ↑ Stahlerzeugung
Seebäder: Westerland (Sylt) 145 I, Gran Canaria und Teneriffa 143 II, Las Palmas 143 III, Port-Camargue 143 IV; [G] z. B. Nordseeküste 16; vgl. E 143 I (Badeküsten), D 144
Seeschiffahrt W 140 I, D 142 IV; ↑ Hafen
Sehenswürdigkeiten: Berlin 155 III, München 161 I, London 162 I, Paris 163 IV, Rom 163 III, Jerusalem 169 I; vgl. [G]
Sonderkulturen 120–121; vgl. [G]
Sonne 226–227
Sowchose (Kaschira) 118 IV, Dorf einer Sowchose 118 V
Sprachen (Völker) W 150, E 173 III; Indien 151 IV
Staaten 166–181; ↑ XI
vgl. politische Gliederung; statistische Übersicht 177–181
Staatsformen (Regierungsformen) W 168 II
Stadt 154–165; ↑ XI Die großen Städte
vgl. Altstadtsanierung, City, Verdichtungsraum, Verstädterung, Zentralität
Stadtentwicklung: Berlin 155, Ruhrgebiet 132, Duisburg 133, Essen 133, Sindelfingen und Böblingen 137 III; ↑ Verstädterung W 147 II
Stahlerzeugung (Verhüttung): Manufacturing Belt (USA) 131 II, Rourkela (Indien) 171 V, Ruhrgebiet 132, 133; [G] z. B. Saarland 14 II, Rourkela 60; vgl. W 131 I, D 136
Staudamm, Stausee: Nil 114 III, Kalifornien 115 V, China 115 VI, 118 II, Kaprun 127 I, Sibirien 127 II, Tennessee Valley 127 III, Ruhrgebiet 138 I; [G] z. B. Harz 10
Stauteich: Schaffarm in Australien 117 II, Indisches Dorf (Tankbewässerung) 171 VI
Steinkohle: Bergbau W 130, D 136; Energieversorgung W 125 I, E 128, D 129 I; Manufacturing Belt (USA) 131 II, Ruhrgebiet 132–133; [G] z. B. Saarland 14 II, Oberschlesien 27
Sterberate 147 I
Straßenverkehr (Kfz-Belastung) D 142 III; vgl. W 140 I
Streckenbelastung (Eisenbahn, Straße, Binnenschiffahrt) D 142 I–IV
Stromversorgung Deutschlands 129 II
Strukturwandel: Ruhrgebiet 132, Duisburg 133, Essen 133
Sturmflut: Nordseeküste (1962) 122 I/II; vgl. Sturmflutwetterlage 224 V

T

Tag (Nacht-)bevölkerung Hamburg 156 II
Talsperren ↑ Staudamm
Tankbewässerung: Indisches Dorf 171 VI; [G] Indien 59–60
Tektonik 97–105; ↑ X
Tennessee Valley Authority (TVA) 127 III
Tertiärer Sektor (Dienstleistungen) W 170 I, E 174 I, 175 V, D 135; vgl. City
Transamazônica (Kolonisation) 171 IV; vgl. 88–89
Trockenräume 114–116
Tsetsefliege W 111 I

U

Überschwemmung: China 115 VI, Schleswig-Holstein 122 I/II
Umweltbelastung, Wasserwirtschaft 138–139; ↑ X
Urkontinente W 97

V

Vegetation W 109; alle [G]; vgl. X
Vegetationsprofile: Höhenprofil Alpen 3, Deutschland 5 II, Anden 85 VI
Verbundwirtschaft (Stromversorgung) D 129 II
Verdichtungsraum D 154; D 135 (Erwerbsstruktur); vgl. Stuttgart 160
Verkehr 140–142; ↑ XI
Versalzung im Pandschab (Thur) 115 IV
Verstädterung W 147 II; Beispiele ↑ Stadtentwicklung
Versumpfung im Pandschab (Sem) 115 IV
Verwaltungsgliederung ↑ Politische Gliederung
Viehhaltung W 111 II, E 174 IV; vgl. Herdenwanderung in Sudan 117 I, Schaffarm in Australien 117 II; [G] extensive Rinderweide, extensive Schafweide, z. B. Australien 74–75
Völker ↑ Sprachen
Volkskummune (Hua-shan) 118 II
Vulkanismus W 97, Vesuv 100 III, Vulkane in phys. Karten: W 94–95, Pazifik 96, E 98–99; in tekton. Erdteilkarten: E 100 I, 56, 64, 72, 77, 87; vgl. [G] Island 40

W

Wärmebelastung des Rheins 138 II
Wanderarbeiter in Westafrika 116 II
Wanderfeldbau in Sri Lanka 117 III; vgl. W 111 II
Wärmekraftwerke W 125 I, E 128, D 129 II; Tennessee Valley Authority (TVA) 127 III, Ville 134; [G] z. B. Zschornewitz 11; vgl. Wärmebelastung der Flüsse D 138 II
Wasserkraftwerke W 125 I, E 128, D 129 II; Kaprun 127 I, Jenissei-Angara-Gebiet 127 II, Tennessee Valley Authority (TVA) 127 III; [G] z. B. Walchenseekraftwerk 15
Wasserschutzgebiet 138 I, 158 I
Wasserverschmutzung: Ruhrgebiet 138 I, Rhein 138 II, Tegernsee und Schliersee 139 III, Ölpest im Kanal 139 IV
Wasserversorgung: Kalifornien 115 V, Ruhrgebiet 138 I, Stuttgart (Bodensee) 138 III, München 139 III; vgl. [G] Wasserleitungen z. B. Australien 74–75, New York 164 I.
Wasserwirtschaft in Deutschland 138, in Trockenräumen 114–115
Weidewirtschaft ↑ Viehhaltung
Wein D 120; Mosel 121 IV, Rüdesheim 1, 2; [G] z. B. Deutsche Weinstraße 12
Weizenfarm (USA) 117 VI; [G] 82–83; vgl. W 112 II
Wetterkarte, Wettervorhersage 224–225
Wettersatelliten 225
Winde W 108, E 107 II/III; Monsun 56 III, Hurrikane 77 II
Wintersport: Saas Fee 145 III, München (Naherholung) 161 II; vgl. D 144, D 106 III (Schneedauer)
Wirtschaftsräume Deutschlands (Erwerbstätige nach Wirtschaftsbereichen) D 135; vgl. Agrarlandschaft D 120, Verdichtungsräume und Zentralität 154; Landschaftsgliederung [G] 20–21
Würmeiszeit E 100 II

Z

Zechenstillegung im Ruhrgebiet 132, 133
Zeitzonen W 141 IV
Zentralität D 154; Großraum Hannover 158 I, Raum Stuttgart 160; ↑ City, Pendler
Zucker W 113 III, E 174 III, D 120; [G] Zuckerrohr, z. B. Kuba 85 III, [G] Zuckerrübe, z. B. Osteuropa 48–49
Zuckerfabrik, Zuckerrübenanbau in der Börde 121 I/II; vgl. D 120, [G] 10
Zuiderseeprojekt (Niederlande) 123 VIII

Hinweise zur Atlasbenutzung

Aufsuchen und Auswerten von Karten

Direkter Kartenverweis

Die Hinweise neben dem Kartentitel geben einen raschen Überblick über das die Karte ergänzende Kartenangebot im Alexander Weltatlas. Sie verweisen

- bei geographischen und physischen Karten auf thematische Karten für den betreffenden Raum;
- bei thematischen Beispielkarten auf weitere thematische Karten zu dem betreffenden Thema und auf geographische Grundkarten für die räumliche Einordnung;
- bei thematischen Übersichtskarten ebenfalls auf weitere thematische Karten und auf geographische Grundkarten für den betreffenden Raum.

125 Welt, Wasser- und Atomkraft
128 Europa, Kraftwerke
129 Deutschland, Kraftwerke
I ▫ 25 E 2, 128

II ▫ 51 IJ 4
III ▫ 83 E 2
Vgl. 15 Walchenseekraftwerk, 115 Kalifornien
▸ VIII–IX Geographische Grundkarten (Kraftwerke)

▫ Hinweis auf Karte und Suchregister ▸ Hinweis auf Kartenübersichten

Aufsuchen von Namen

Namenregister

siehe Seiten 186–223

ba [pirasi'kaba] 88/89 F 5
i'ra:n] 24/25 E 3
a [pira'pora] 88/89 F 4
pi'rɛ:us] (Peiraieús) 38 C 4
'pirxɔs] (Púrgos) 38 B 4
'rin] 36/37 F 4
ns 12 B 3, 18/19 C 3
8/19 I 2
irɔt] 36/37 F 3
sa], Fl. 102/103 J 2
za[, O. 24/25 D 4
bisko] 88/89 C 4
bi:sɛk] 18/19 J 3
[pis'tittʃi] 34/35 F 5
[pis'tɔ:ia] 24/25 D 4
a [pisu'ɛrxa], Fl. 32/33 D 1

Pointe de Penmarc'h [pwɛ̃tdepɛn'mark] 30/31 A 4
Pointe de St-Mathieu [pwɛ̃tdesɛ̃ma'tjœ] 30/31 A 3
Pointe du Raz [pwɛ̃tdy'raz] 30/31 A 3
Pointe Noire [pwɛ̃t'nwa:r] 69/70 B 2
Poitiers [pwa'tje] 30/31 D 4
Poitou [pwa'tu] 30/31 CD 4
Pojangsee 57/58 C 4
Polangen (= Palanga) 40/41 E 4
Polarural 48/49 G 1
Połczyn Zdrój ['pɔutʃyn 'zdruj] (= Bad Polzin) 26/27 H 2
Polen, Staat 26/27 H-K 2/3,

Port Arthur ['pɔ:t 'ɑ(
Port Augusta ['pɔ:t ' 74/75 D 4
Port-au-Prince [pɔr
Port aux Basques [' 80/81 N 5
Porta Westfalica 16 105 C 2
Port Blair [pɔ:t 'blɛə
Port Camargue 143
Port Cartier [pɔrka 80/81 M 4/5
Port Elizabeth ['pɔ:t 69/70 C 5
Port-Étienne [pɔre't (= Nuadhibu) 67

69 Afrika, Südteil

Geographische Grundkarte

Erarbeiten eines Raumes

Namenregister

siehe Seiten 186–22

Alexandrowsk 50/51 N 4
Alexandrupolis [alɛksan'ðrupolis] 38 D 2
Alfeld 10 B 2/3
Alföld ['ɔlfœld] 36/37 D 1/F 0
Alfter 8/9 CD 4
Algarve [al'garve] 32/33 BC 4
Algeciras [alxe'θiras] 32/33 D 4
Algerien, Staat 67/68 CD 2/3, 166/167 LM 4/5
Algermissen 10 B 2
Alghero [al'gɛ:ro] 34/35 B 5
Algier ['alʒi:r] (El-Djesaïr) 67/68 D 2
Algrange [al'grɑ̃:ʒ] (Algringen) 14 II B 2
Alhambra [dt. al'hambra, sp. a'lambra] Schl. 32/33 E 4
Al-Hoceima 44/45 C 4
Ålholm, Schl. 16/17 G 1
Aliaga 32/33 F 2

Altenkirchen (Westerwald) 18/19 C 2
Altenmedingen 7 F 2
Altenstadt 15 A 3
Altensteig 13 B 3
Altentreptow [altən'tre:pto] 16/17 I 2
Altenwalde, Cuxhaven- 7 B 1
Altes Land 7 D 1/2
Alt Garge, Bleckede- 7 F 2
Altglienicke, Berlin- 6 D 2
Altin Tagh 55/56 JK 6
Altiplano [alti'plano] 88/89 D 4
Altkastilien 32/33 D 2/E 1
Altkirch 18/19 C 5
Altlandsberg 6 D 1
Altlünen, Lünen- 8/9 E 2
Altmark 16/17 G 3
Altmühl, Fl. 18/19 G 4
Altomünster 15 B 2
Altona, Hamburg- 7 D 1

Anadyr [a
Anadyrge
Anadyrgo
Anafi, I. 3
Anaimudi
Anambas
61/62 C
Anápolis
Anatolien
Anchorag
Ancona [a
Andagoya
Andalgalá
Åndalsne
Andalusie
Andaman
Andaman
Anden (K 94/95 G
Andenes
Andermat

Thematische Karten: Thematische Zuordnung

siehe Seiten X–

Erde

Themenkreis: Land- und Forstwirtschaft – Fischerei

Natürliche Grundlagen - Umgestaltung durch Menschen

Erde: Natürliche Grundlagen der Bodennutzung 111 I
Oase Uargla (Algerien) 114 II
Wasserführung und Bewässerungsanlagen des Nil 114 III
Bewässerung im Pandschab (Pakistan) 115 IV
Wasserwirtschaft in Kalifornien (USA) 115 V
Hochwasserschutz in China 115 VI
Neulandgewinnung in Kasachstan (Sowjetunion) 116 I
Dürregebiete in Westafrika 116 II
• Tennessee-Valley-Authority (USA) 127 III

Huerta von Murcia (Spa
Einpolderungen der Nied
Das Deltaprojekt (Nieder
Das Zuiderseeprojekt (Ni
Der Dollart (Niederlande

Agrarproduktion und Ernährung

• Erde: Ernährung der Menschheit 170 II
Erde: Arbeitsaufwand und Leistungsfähigkeit der Landwirtschaft 112 I
Erde: Getreide 112 II

• Europa: Viehhaltung und
• Europa: Ausgewählte Ag

Die Staaten der Erde – Statistische Übersicht

siehe Seiten 177–1

Acker: 3 %, Wüste: über 90 %
Erwerbstätige: I 51 %, II 26 %, III 23 %
Imp./Exp.: 3,4 Mrd. $/1,7 Mrd. $
Exp.: Erdöl 21 % (4,3 Mio. t), Baumw. 21 %
Stromv.: 341 kWh/E. – Stahlv.: 26 kg/E.

Albanien
36/37 – 28 748 km² – 2,6 Mio. E.
Stadtbev.: 34 % – Albanisch
BSP: 1,9 Mrd. $, 737 $/E.

Algerien
67/68 – 2 381 741 km² – 17 Mio. E.
Stadtbev.: 52 % – Arabisch
BSP: 22 Mrd. $, 1260 $/E.
Acker: 3 %, Weide: 15 %, Wüste: 80 %
Erwerbstätige: I 35 %, II 18 %, III 47 %
Imp./Exp.: 8,5 Mrd. $/5,8 Mrd $
Exp.: Erdöl 91 % (48 Mio. t), Erdgas 3 %
Stromv.: 254 kWh/E. – Stahlv.: 110 kg/E.

Andorra
32/33 – 453 km² – 30 000 E.
Stadtbev.: 66 % – Katalanisch

Angola
69/70 – 1 246 700 km² – 6,7 Mio. E.
Stadtbev.: 15 % – Portugiesisch
BSP: 2,0 Mrd. $, 300 $/E.
Acker: 1 %, Weide 23 %, Wald 58 %
Erwerbstätige: I 61 %, II 16 %, III 23 %
Imp./Exp.: 700 Mio. $/930 Mio. $

Stadtbev.: 58 % – Englisch
BSP: 570 Mio $, 2620 $/E.

Bahrain
67/68 – 622 km² – 350 000 E.
Stadtbev.: 78 % – Arabisch
BSP: 1,5 Mrd. $, 4100 $/E.
Imp./Exp.: 2,0 Mrd. $/1,9 Mrd. $
Exp.: Erdölprod. 75 %, Aluminium 8

Bangla Desh
59/60 – 143 998 km² – 85 Mio. E.
Stadtbev.: 9 % – Bengali
BSP: 7,6 Mrd. $, 91 $/E.
Acker: 62 %, Weide: 4 %, Wald: 15
Erwerbstätige: I 78 %, II 7 %, III 15
Imp./Exp.: 1,3 Mrd. $/576 Mio. $
Exp.: Jute u. -produkte 72 %, Leder
Stromv.: 24 kWh/E. – Stahlv.: 1 kg/

Barbados
88/89 – 431 km² – 254 000 E.
Stadtbev.: 4 % – Englisch
BSP: 490 Mio. $, 1940 $/E.

Belgien
39 I – 30 513 km² – 9,8 Mio. E.
Stadtbev.: 95 % – Französisch, Niederländisch, regional Deutsch
BSP: 90 Mrd. $, 9070 $/E.
Acker: 28 %, Weide: 24 %, Wald: 2
Erwerbstätige: I 4 %, II 43 %, III 53
Imp./Exp.: 49 Mrd. $/45 Mrd. $

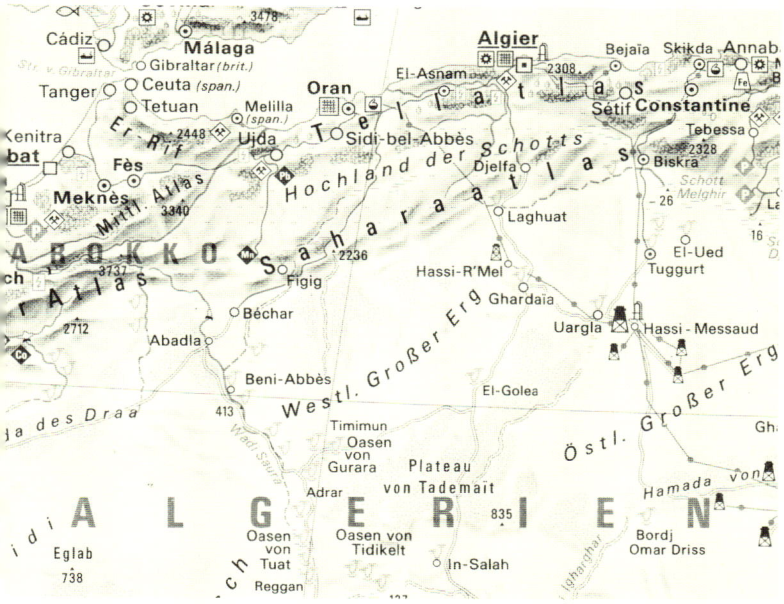

Geographische Grundkarten und physische Karten

siehe Seiten VIII–IX

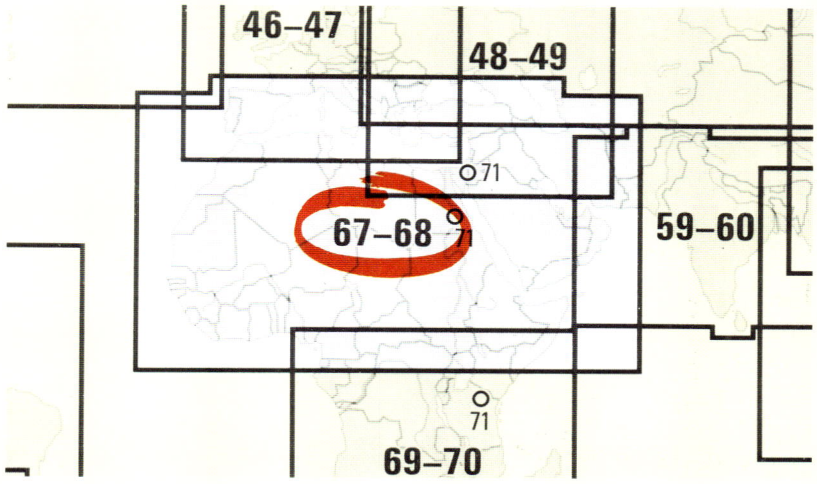

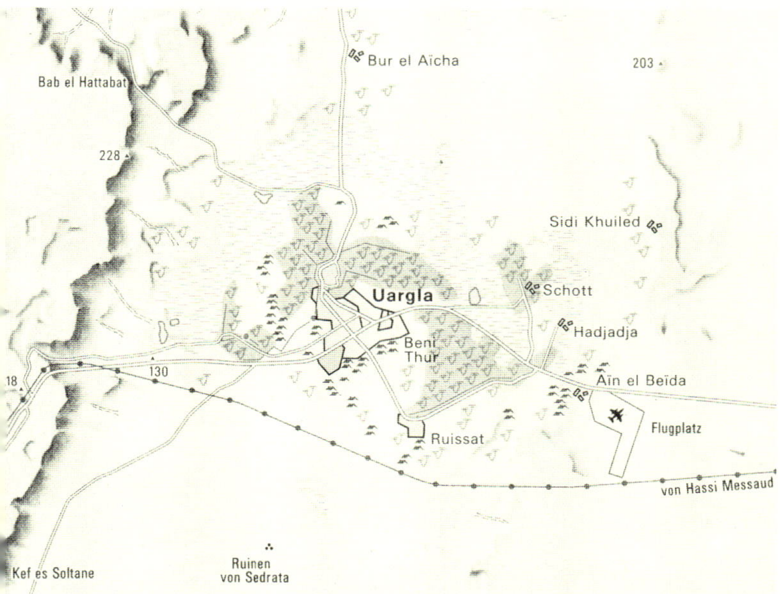

Thematische Karten: Regionale Einordnung

siehe Seite VII

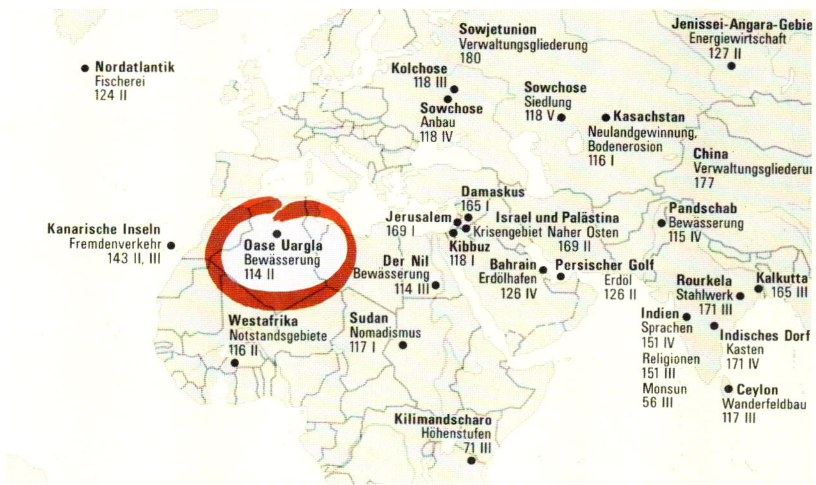

…hematische Karten: Regionale Einordnung

siehe Seite VII

…ematische Weltkarten:

Oberflächenformen 94–95, 96
Tektonik 97
Vulkanismus, Erdbeben 97
Klimazonen 108
Vegetationszonenen 109
Klimaelemente 110
Landnutzung, Bewässerung 111
Betriebsformen, Viehhaltung 111
Agrarbevölkerung 112
Agrarprodukte 112–113
Fischerei 124
Energieversorgung 125
Erdöl, Erdgas 125
Bergbau 130
Eisen- und Stahlerzeugung 131
Weltverkehr, Welthandel 140–141
Zeitzonen 141
Bevölkerungsdichte 146
Bevölkerungsentwicklung 147
Verstädterung 147
Rassen 148
Sprachen 150
Religionen 150
Staaten 166–167
Alter der Staaten 168
Staats- und Regierungsform 168
Bruttosozialprodukt 170
Ernährung 170
ärztliche Versorgung 171
Analphabeten 171

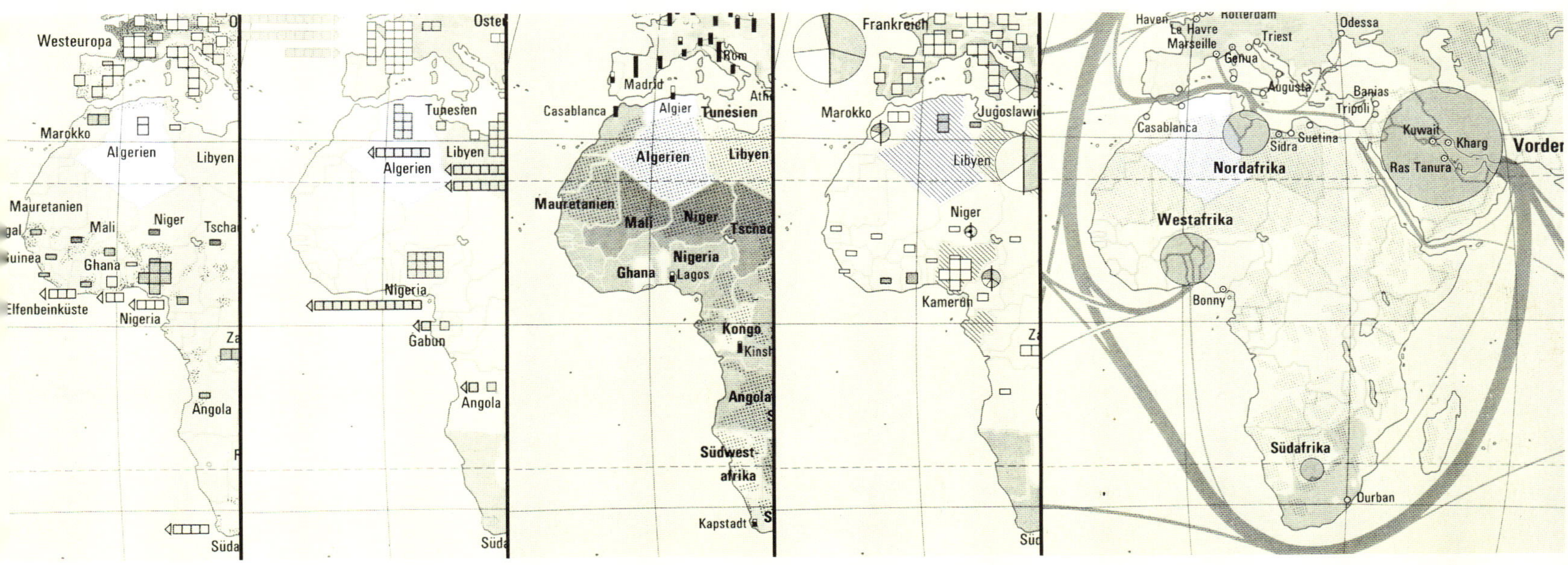

Erarbeiten eines Themas

zum Beispiel:

ERDÖL

Sachregister

siehe Seiten XII–XIII

Malaysia 117 IV, Kolonisation an der Transamazônica 171 IV, indisches Dorf 171 VI, indische Stadt (Kalkutta) 165 III, Stahlwerk Rourkela 171 V; G z. B. Indien 59–60, Tschad 67–68
Erdbeben W 97, E 100 I (gegenwärtige Faltung)
Erdöl und Erdgas; ↑ X
Energiewirtschaft W 125, E 128, D 129 I; Bergbau W 130, W 125 II, D 136; Nordsee 126 I, Persischer Golf 126 II, Bahrain 126 IV; Raffineriezentrum Ingolstadt 126 III; G z. B. Libyen 68 (Erdöl), Groningen 39 I (Erdgas), Europoort 39 I (Raffinerie)
Erdölhafen (Sitra, Bahrain) 126 IV
Erholung ↑ Fremdenverkehr, Naherholung
Ernährung W 170 II; vgl. Agrarprodukte
Erwerbstätige nach Wirtschaftsbereichen E 174

Inhaltsverzeichnis

siehe Seiten II–V

Energieerzeugung und -verbrauch	1 : 120 000 000	125
Versorgung mit Erdöl und Erdgas	1 : 120 000 000	125
Erdölfelder und Raffineriestandorte		
Beispiele		
Nordsee: Erschließung neuer Vorkommen	1 : 7 500 000	126
Persischer Golf: Ausbeutung der größten Vorkommen der Welt	1 : 7 500 000	126
Ingolstadt: Raffineriezentrum in Bayern	1 : 250 000	126
Raffinerie Vohburg	1 : 25 000	126
Bahrain: Ölscheichtum und Wirtschaftszentrum im Persischen Golf	1 : 250 000	126
Kraftwerke und Elektrizitätswirtschaft		
Beispiele		
Kaprun: Kraftwerk im Hochgebirge	1 : 150 000	127
Jenissei-Angara-Gebiet: Energiegewinnung in		

Thematische Karten: Regionale Einordnung

siehe Seite VII

Thematische Karten: Thematische Zuordnung

siehe Seiten X–XI

Erde	Europa	Deutschland
Themenkreis: Energiewirtschaft, Bergbau und Industrie		
Energiewirtschaft		
Erde: Energieerzeugung und Energieverbrauch 125 I ⟹	Europa: Energieversorgung 128 ⟹	Deutschland: Energierohstoffe und Raffinerien 129 I
Erde: Erdölproduktion und Erdölverbrauch 125 II		
Erdölförderung am Persischen Golf 126 II	Erdölförderung in der Nordsee 126 I	
Erdölhafen (Bahrain) 126 IV		Raffinerie (Ingolstadt) 126 III
Jenissei-Angara-Gebiet (Sowjetunion) 127 II	Kraftwerkgruppe Kaprun (Österreich) 127 I	Deutschland: Kraftwerke und Stromversorgung 129 II
Tennessee-Valley-Authority (USA) 127 III		
Bergbau und Industrie		
Erde: Bergbauliche Nutzung 130	• Europa: Industrie, ausgewählte Standorte 174 II	Deutschland: Bergbau und Industrie 136
Erde: Eisen- und Stahlerzeugung 131 I		Das Braunkohlengebiet der Ville 134
Die US-amerikanische Stahlindustrie 131 II		Das Ruhrgebiet 1850 – heute 132 I
• Stahlwerk Rourkela (Indien) 171 V		Duisburg 1850 – heute 133 I

Bild und Karte

Die geographische Grundkarte als Abbild der Landschaft

I Bodenaufnahme

Blickrichtung Nordwesten

II Schrägaufnahme

Blickrichtung Norden

III

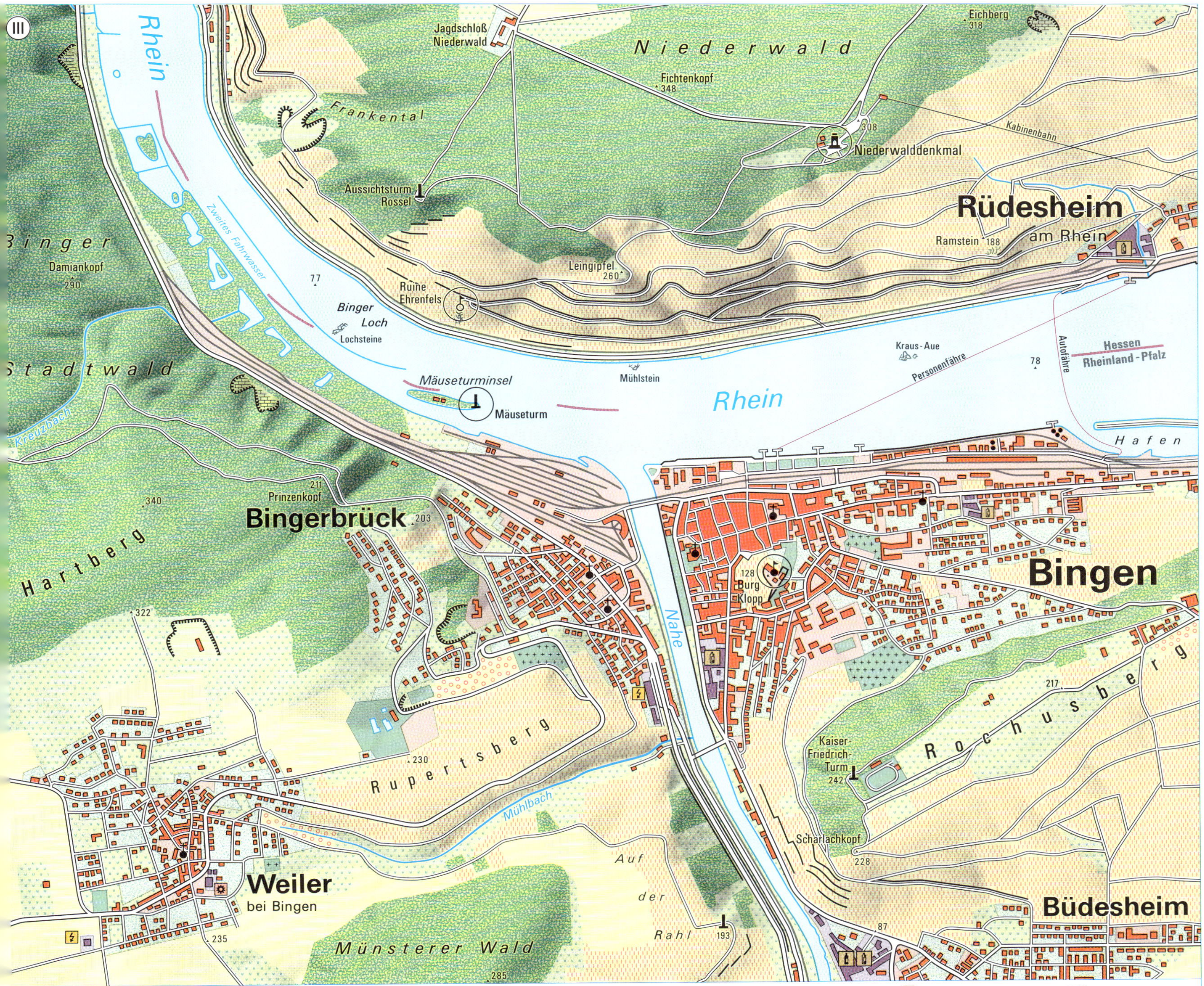

Geographische Grundkarte

Rheindurchbruch bei Bingen

1:20 000 — 0 100 300 500 m

Wald	bebaute Fläche, Gebäude	Straße	Kirche	Maschinenindustrie	Steinbruch
Wiese	Industriefläche, Industriebetrieb	Eisenbahn	Burg	Elektroindustrie	Steilrand
Ackerland	Parkanlage, Sportplatz	Seilbahn	Burgruine	Großkellerei, Sektherstellung	Felsen
Weinbau	Friedhof	Fähre	Turm	Herstellung von Spirituosen	Kaimauer
Obst	Garten	Grenze	Denkmal		Stützmauer (Weinberg)

Vom großen zum kleinen Maßstab

Luftbild – Topographische Karte – Geographische Grundkarte

21 BC 3/4
III b 12 B 2
IV 18 C 3
Vgl. 1 Bild und Karte (Bingen)

I a Senkrechtaufnahme 1:50000

0 500 1000 m

III a Satellitenaufnahme 1:500000

0 2 4 6 8 10 km

I b Topographische Karte 1:50000

0 500 1000 m

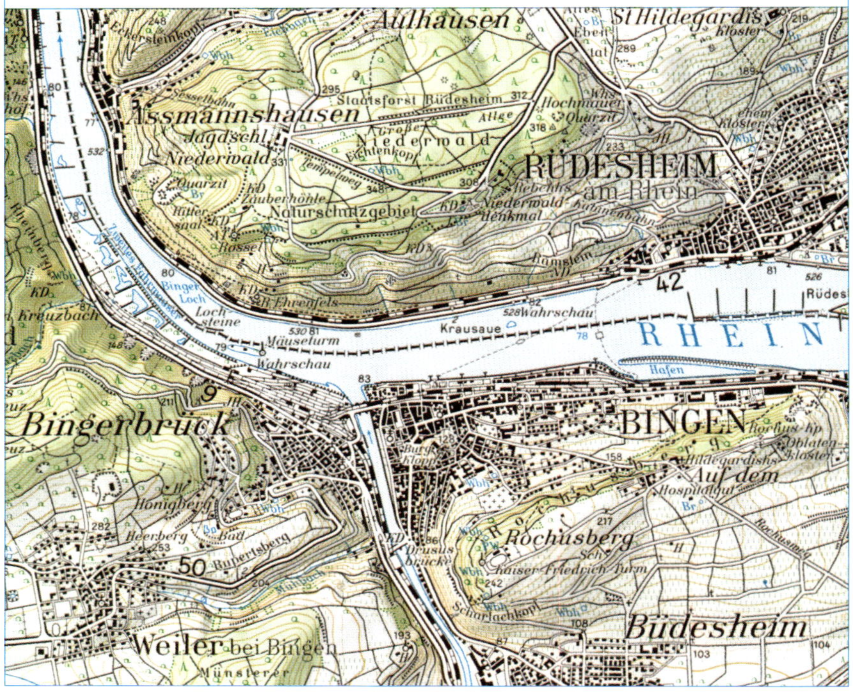

III b Geographische Grundkarte 1:500000

0 2 4 6 8 10 km

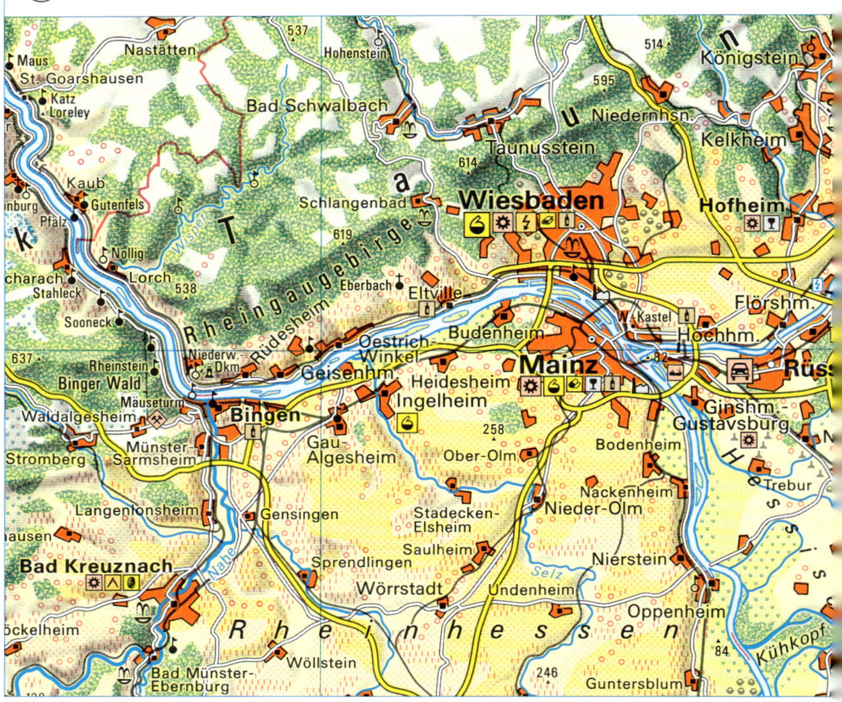

II Topographische Übersichtskarte 1:200000

0 1 2 4 km

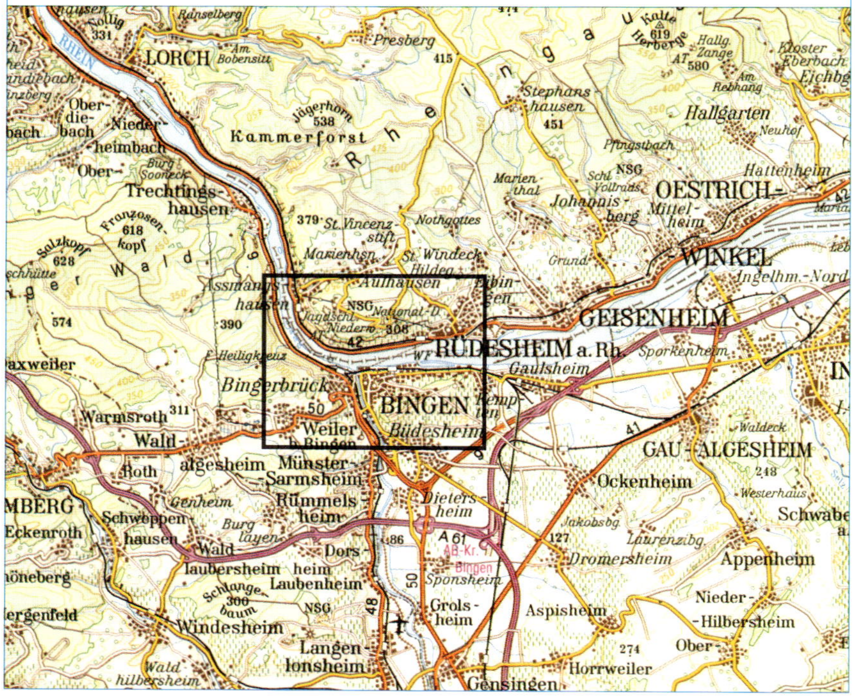

IV Geographische Grundkarte 1:1500000

0 5 10 25 km

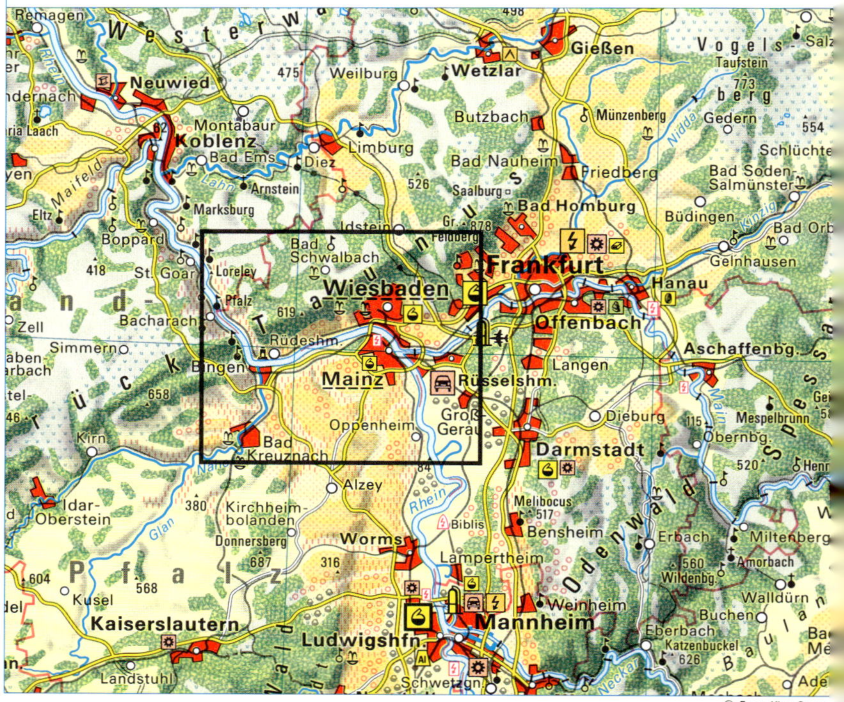

Geographische und physische Karte: Höhendarstellung

Alpen und Alpenvorland

Vgl. 15 Alpen und Alpenvorland

I a Blockbild I b

II a Profil: Höhenschichten

Längenmaßstab 1:500 000 Höhenmaßstab 1:50 000

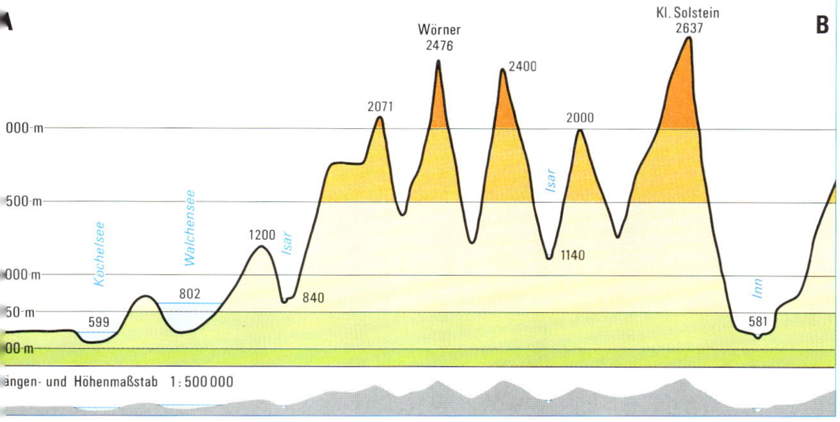

II b Profil: Vegetationsstufen

Längenmaßstab 1:500 000 Höhenmaßstab 1:50 000

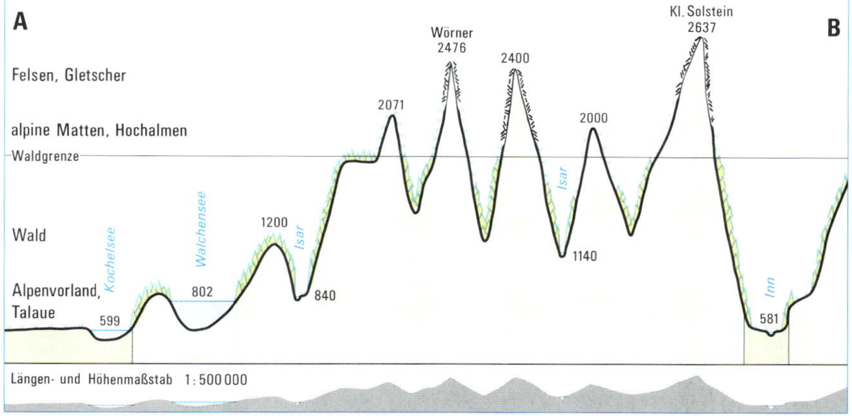

III a Relief und Höhenschichten

1:500 000 0 2 4 6 8 10 km

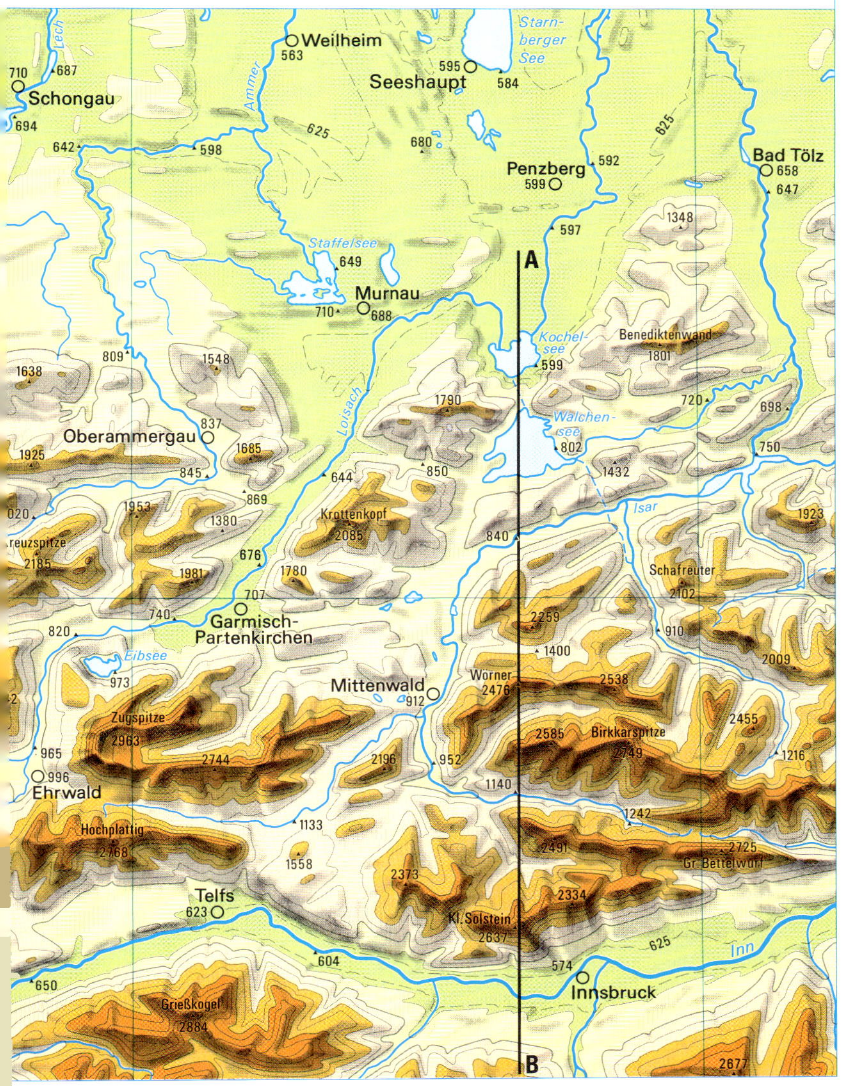

III b Relief und Vegetation

1:500 000 0 2 4 6 8 10 km

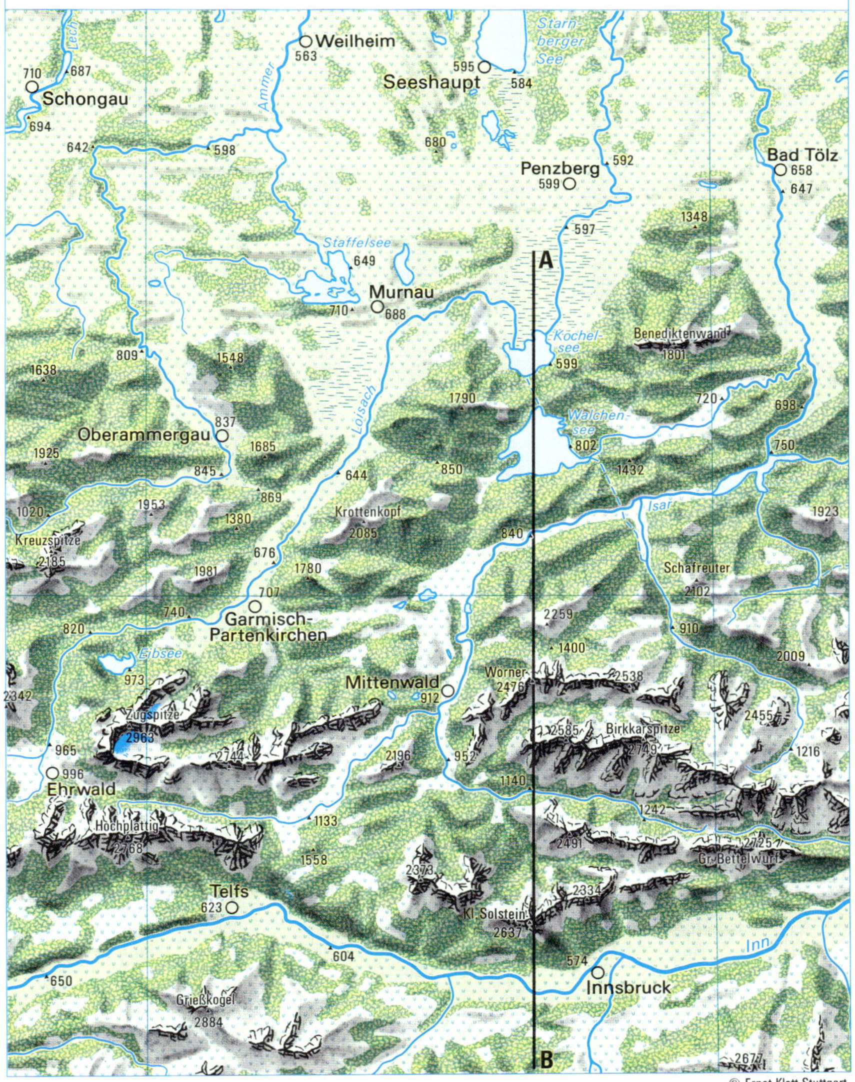

Geographische und physische Karte: Aufbau und Zuordnung

Deutschland von Nord nach Süd

I a Bodennutzung

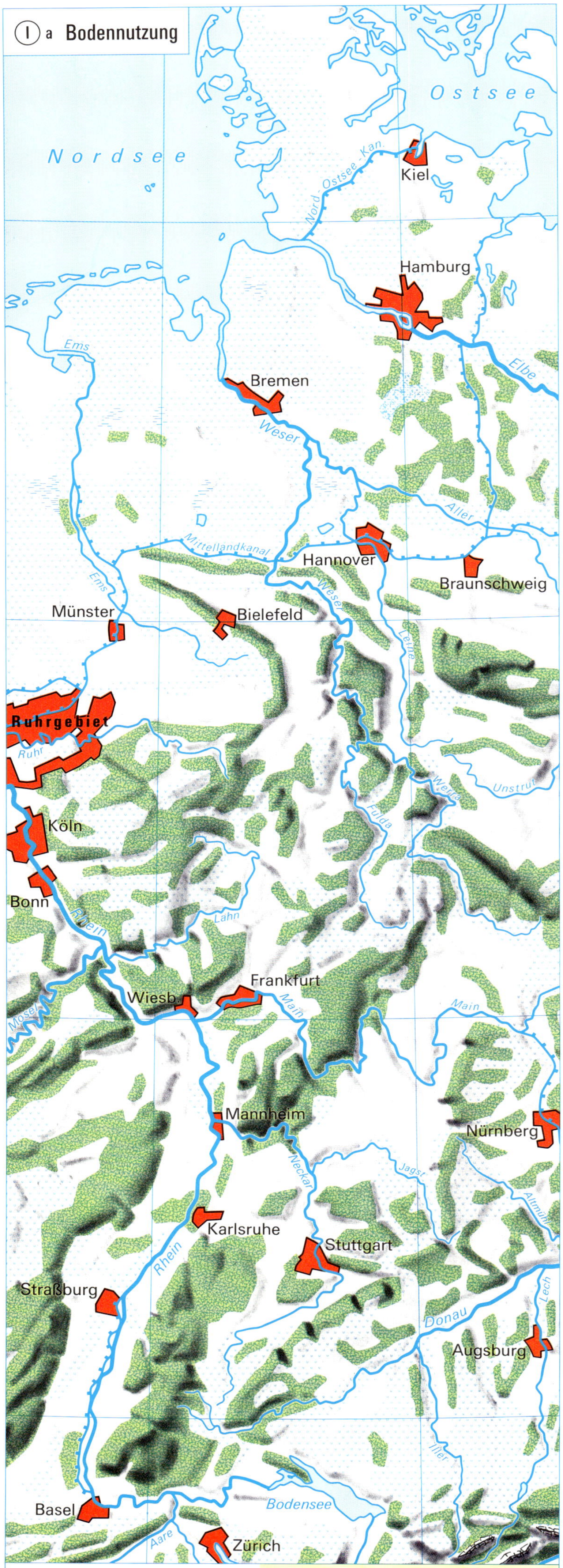

	Ackerland
	Grünland (Wiesen und Weiden)
	Wald
	Heide
	Sumpf, Moor
	Felsen
	Städte

Ackerland ist generell in den Deutschlandkarten 1 : 500 000, 1 : 1 500 000 und 1 : 2 000 000 ohne spezifische Ackerland-Farbe und ohne eigenen Strukturraster dargestellt.
In der Zusammenschau von Bodennutzung I a, Bodengüte I b und Landschaftsgliederung I c läßt sich das vielfältige Bild der deutschen Agrarlandschaft ablesen.

I b Bodennutzung + Bodengüte

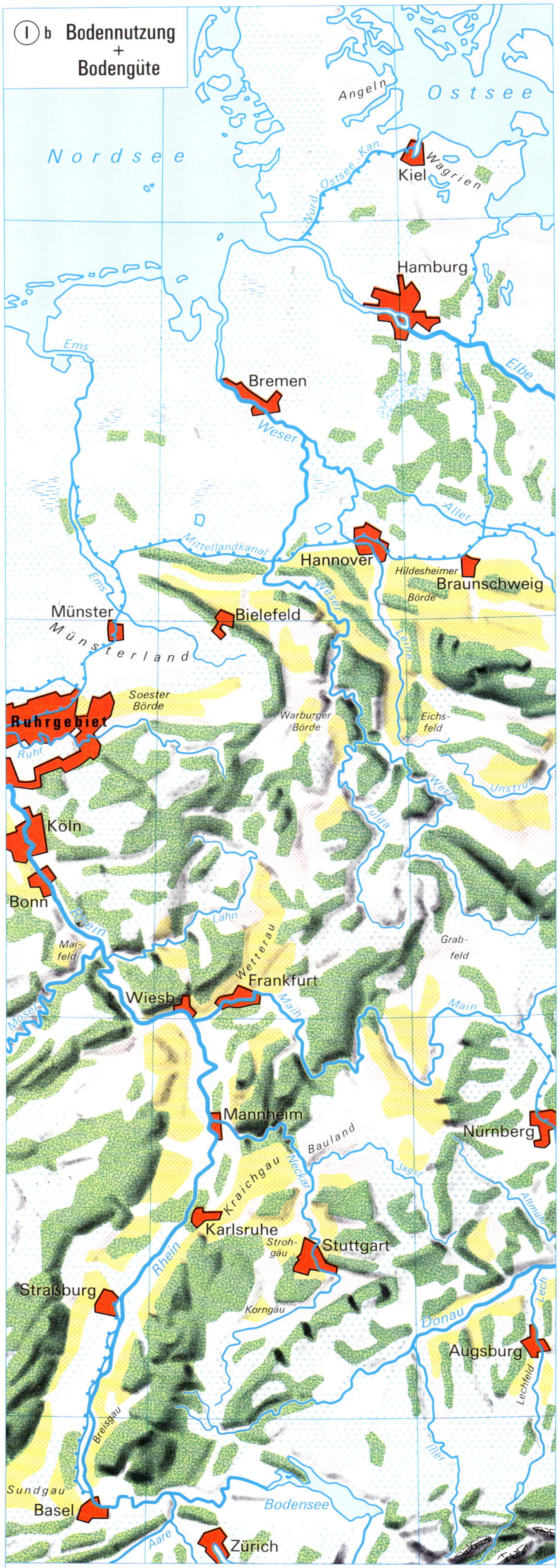

	Ackerland auf geringen und mittleren Böden
	Ackerland auf hochwertigen Böden
	Ackerland auf Löß
	Grünland
	Wald
	Heide
	Sumpf, Moor
	Felsen
	Städte

I c Boden

Bode

Landschafts

Ackerland	Grünland	Au
		See
		Urs
		Mi
		Ju
		alp

1 : 3 000 000

0 20 40 60 80 100 km

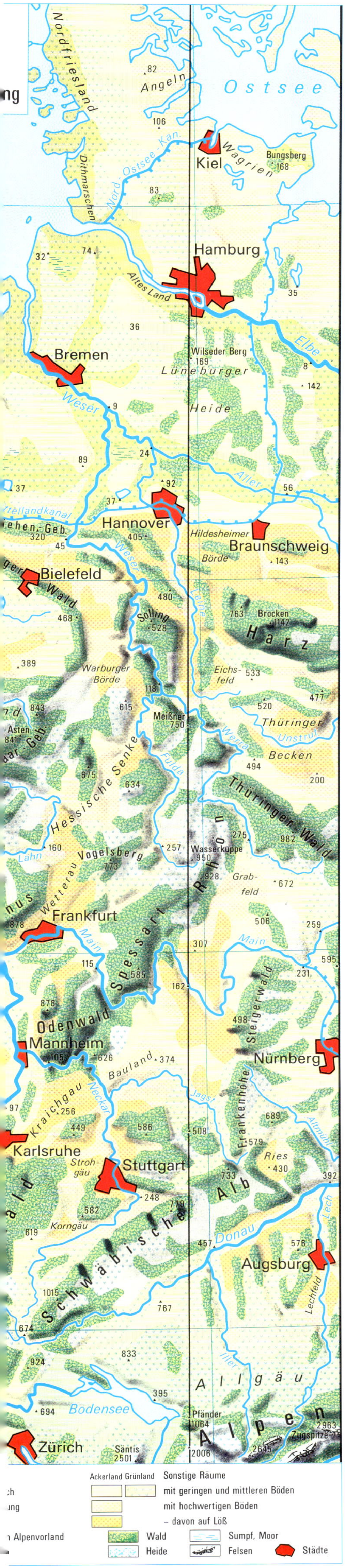

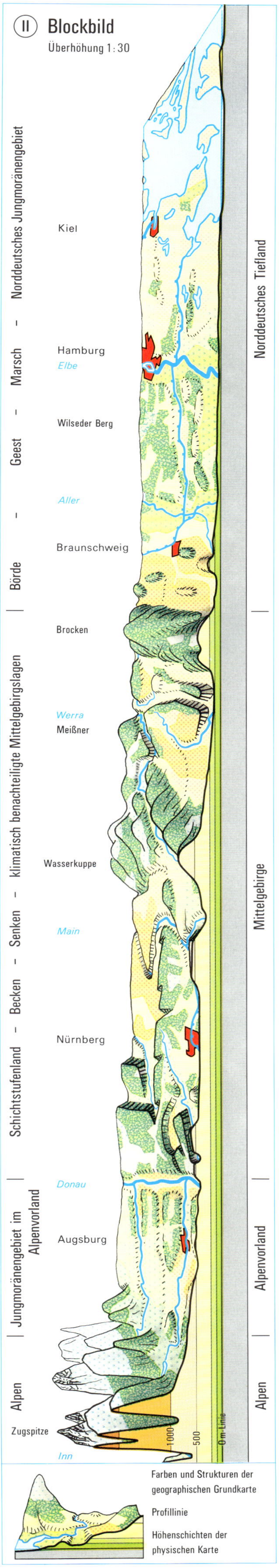

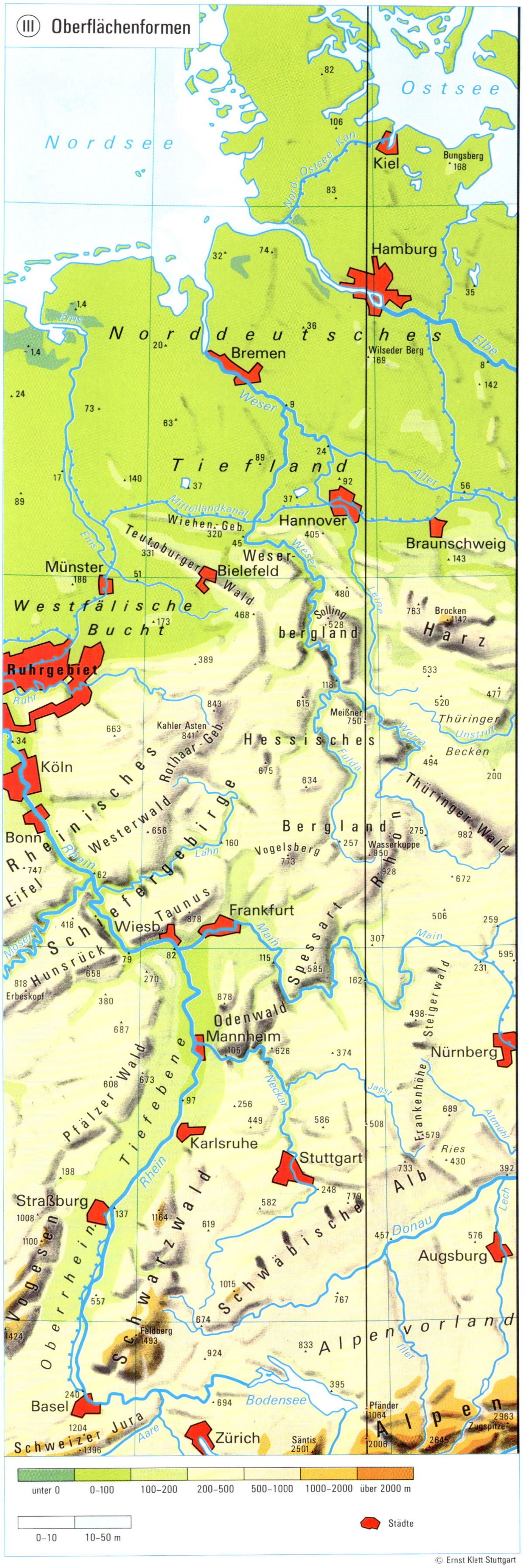

176 Verkehrsverbindungen (vgl. 142)

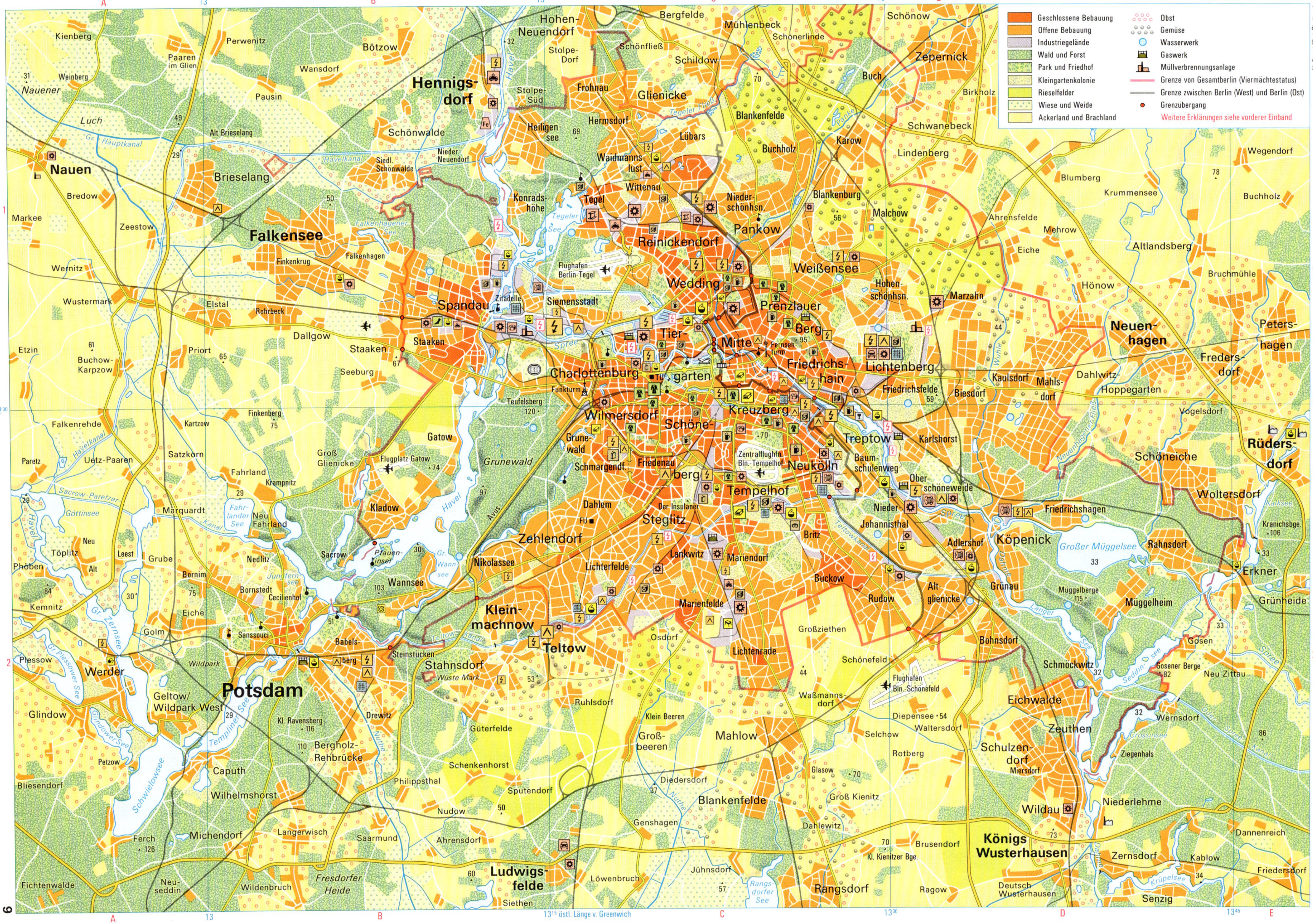

Geographische Grundkarte

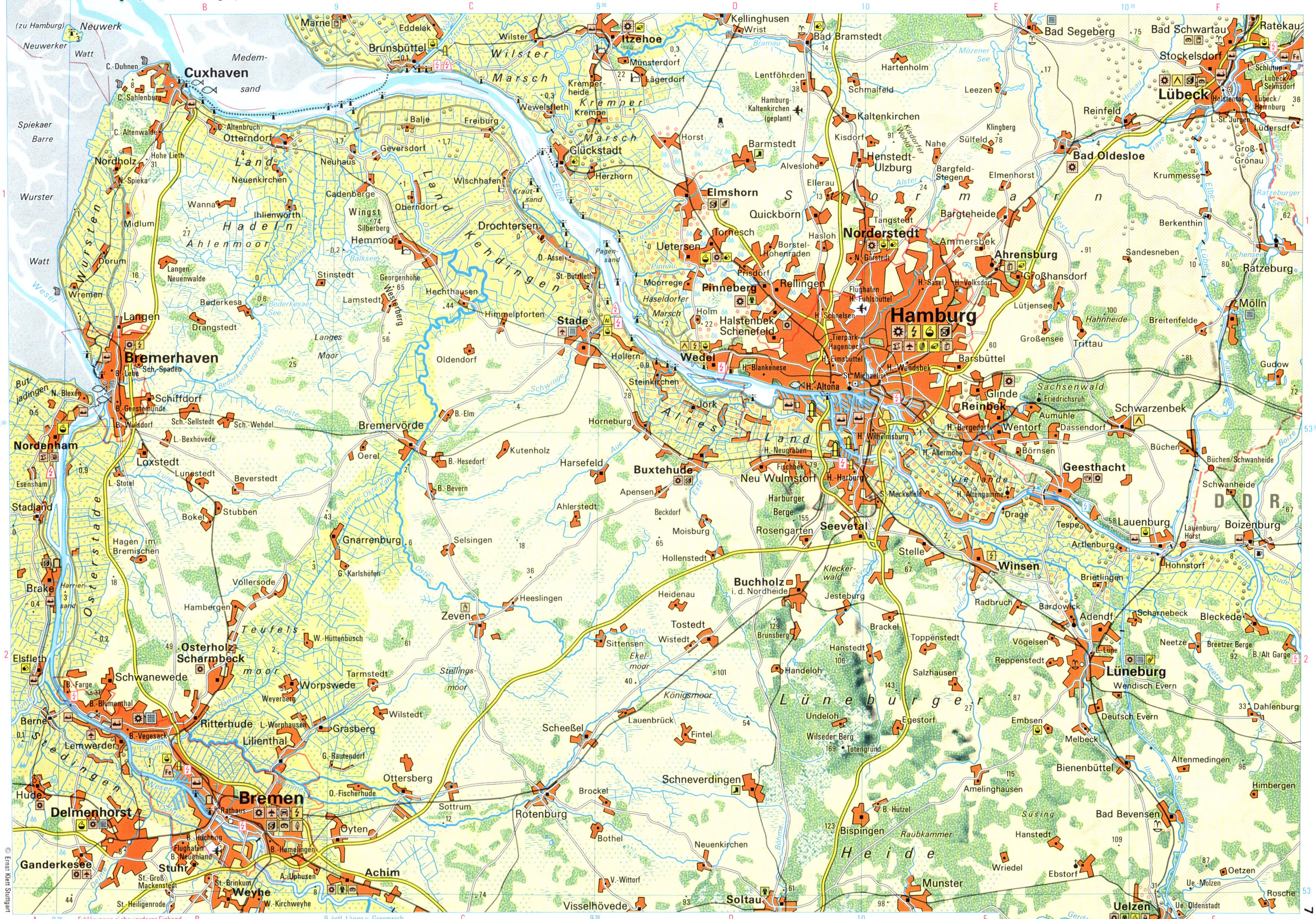

Rheinisch-Westfälisches Industriegebiet

Geographische Grundkarte

1 : 500 000

0 5 10 15 20 25 km

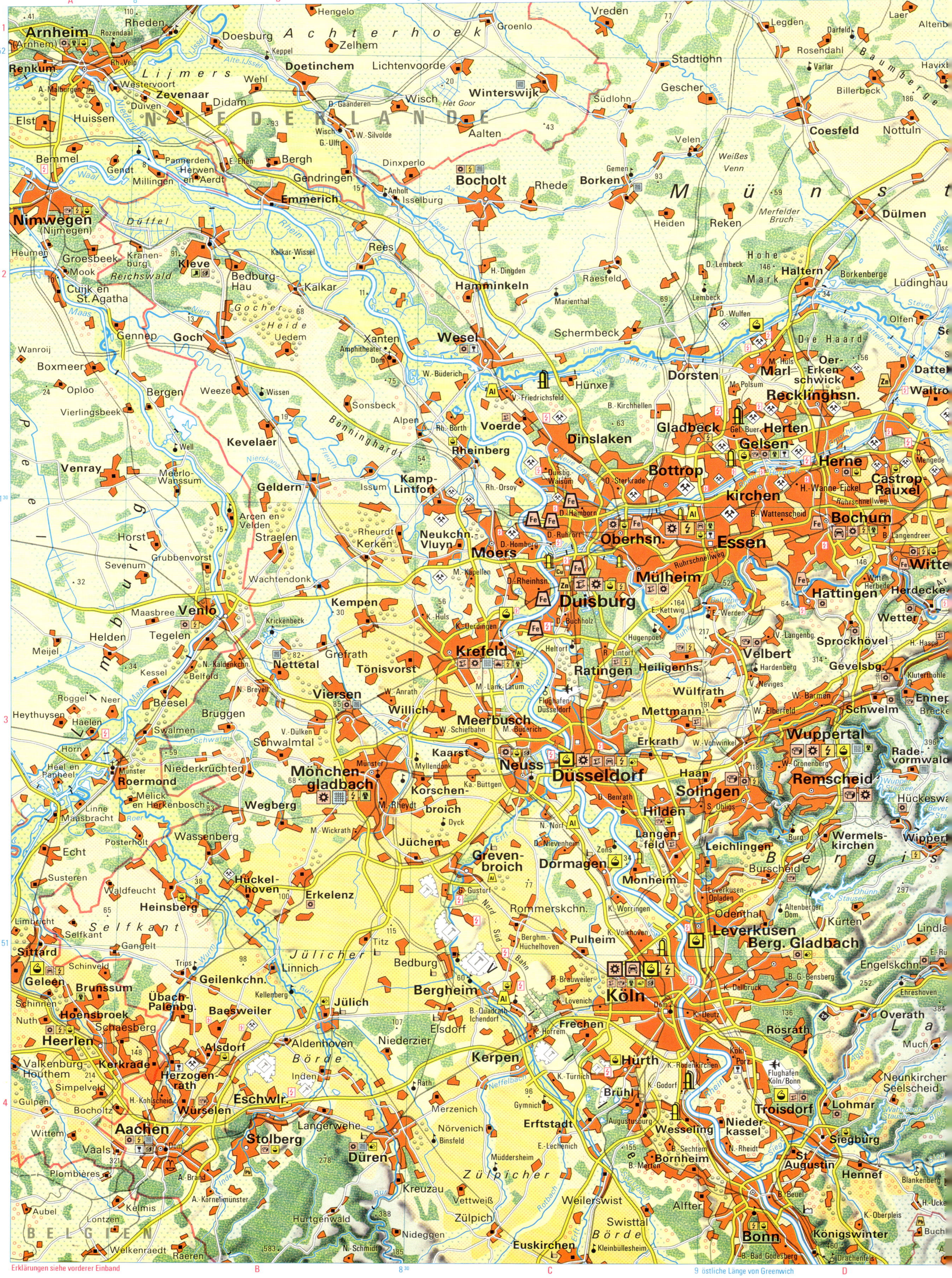

9 östliche Länge von Greenwich

132 Ruhrgebiet 1850 – heute
133 Duisburg, Essen 1850 – heute
138 Wasserwirtschaft
139 Luftverschmutzung
134 Rheinisches Braunkohlenrevier

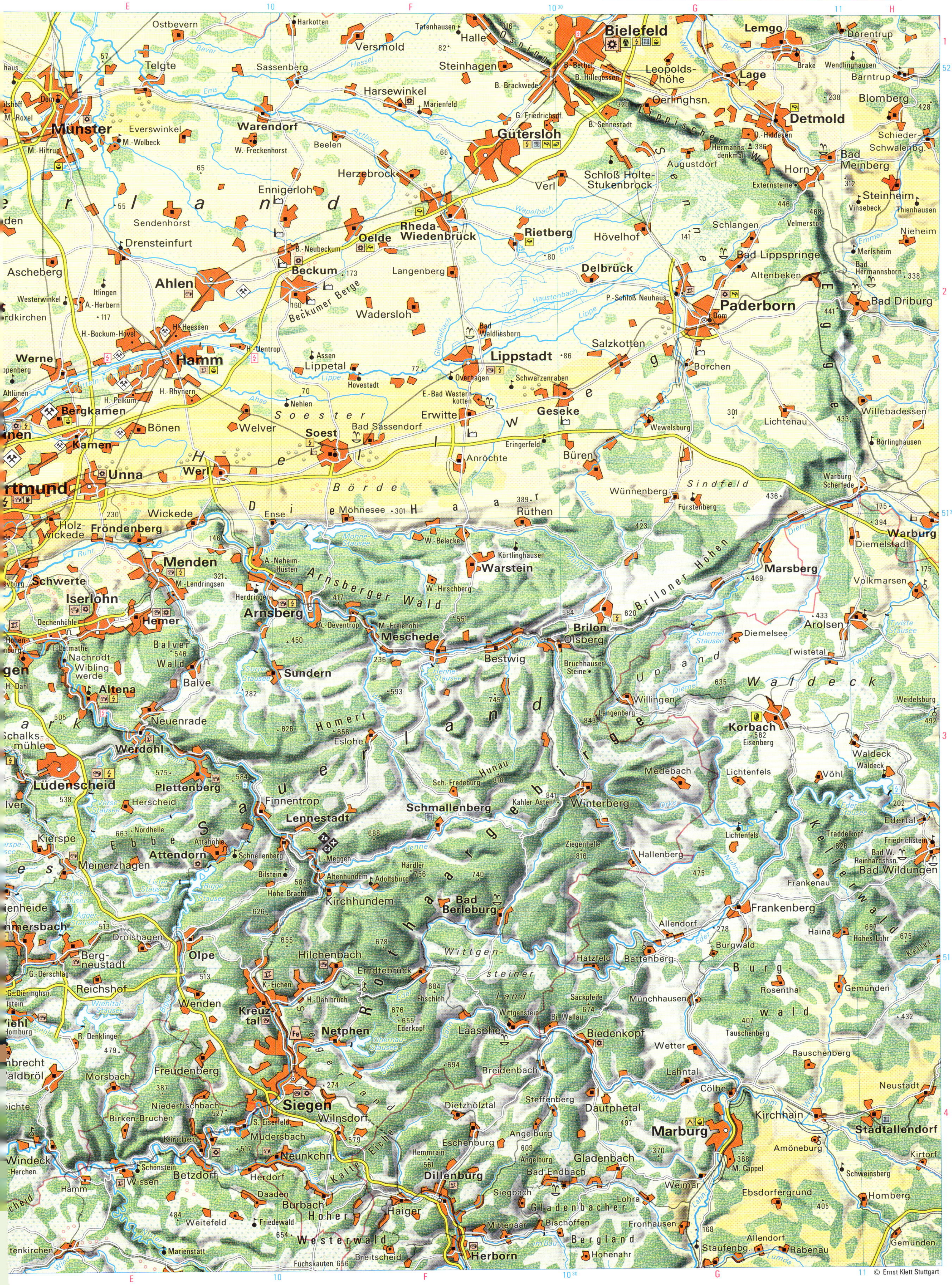

Hannover, Harz, südl. Niedersachsen

Geographische Grundkarte

1 : 500 000

0 5 10 15 20 25 km

158 Regionalplanung Hannover
158 Altstadtsanierung Hameln
121 Börde (Zuckerrübenanbau)

10 östl. Länge v. Greenwich

Der mitteldeutsche Wirtschaftsraum

Geographische Grundkarte

1 : 500 000

0 5 10 15 20 25 km

119 LPG „Thomas Müntzer" Polleben

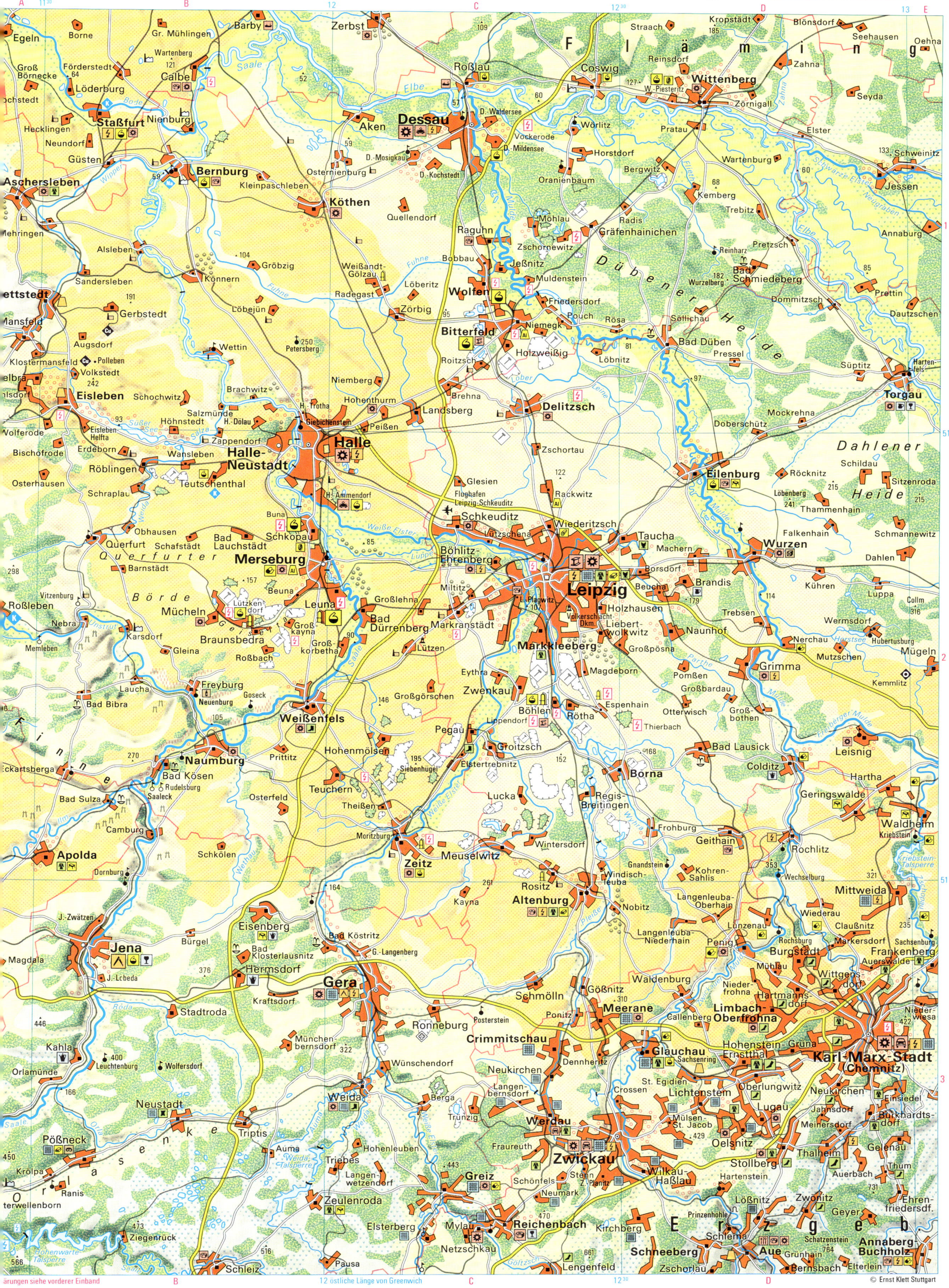

änderungen siehe vorderer Einband

12 östliche Länge von Greenwich

Rhein-Main-Neckarraum

Geographische Grundkarte

1 : 500 000

0 5 10 15 20 25 km

159 Frankfurt (Flächennutzung, City)
139 Mannheim (Kfz.-Dichte, Lärmbelastung)
122 Rheinbegradigung bei Breisach
138 Rheinverschmutzung

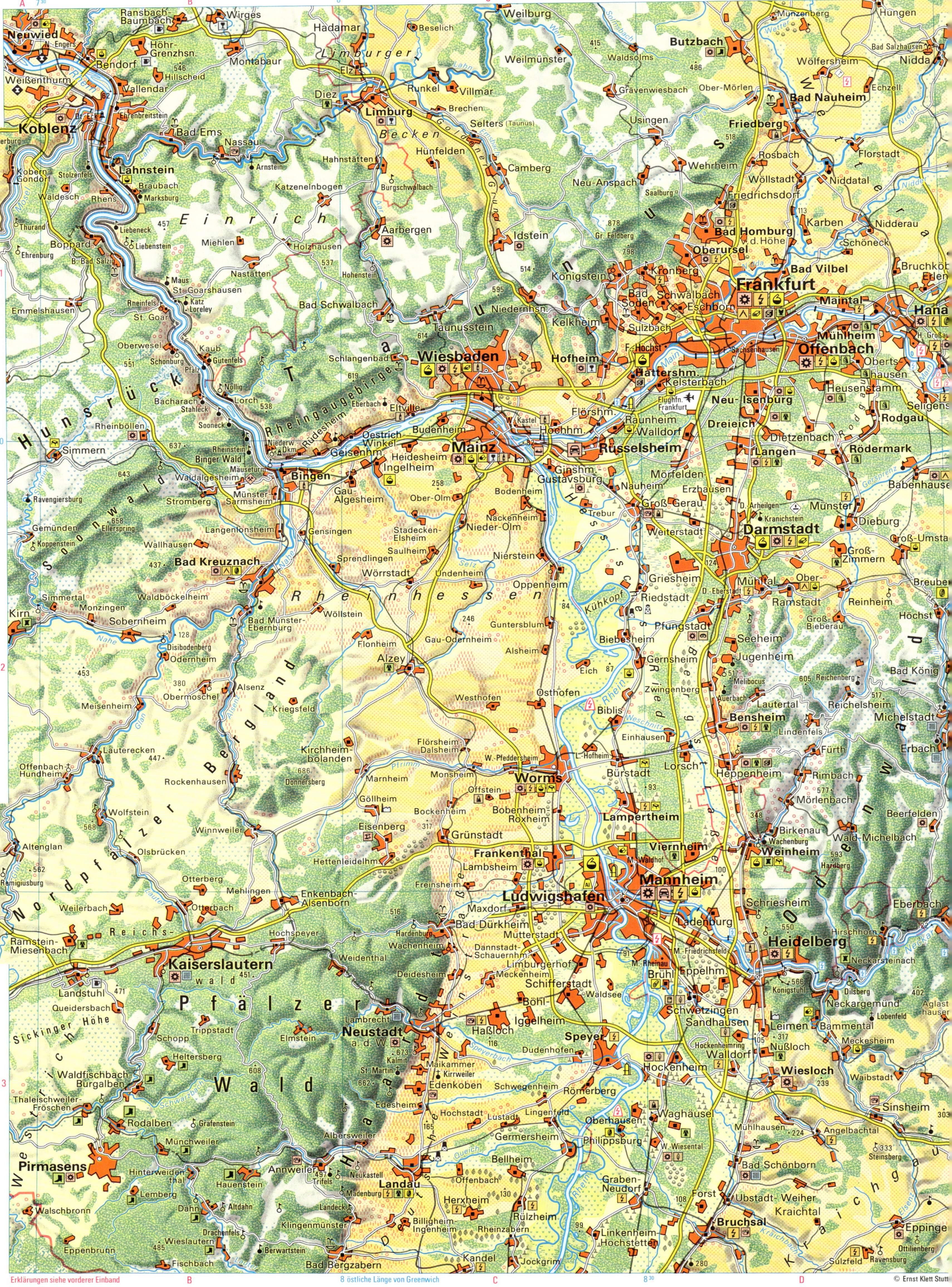

Stuttgart und Neckarland
Geographische Grundkarte

1 : 500 000

0 5 10 15 20 25 km

160 Verdichtungsraum Stuttgart
137 Autowerk Sindelfingen
153 Gastarbeiter in Tamm
138 Wasserversorgung Stuttgart

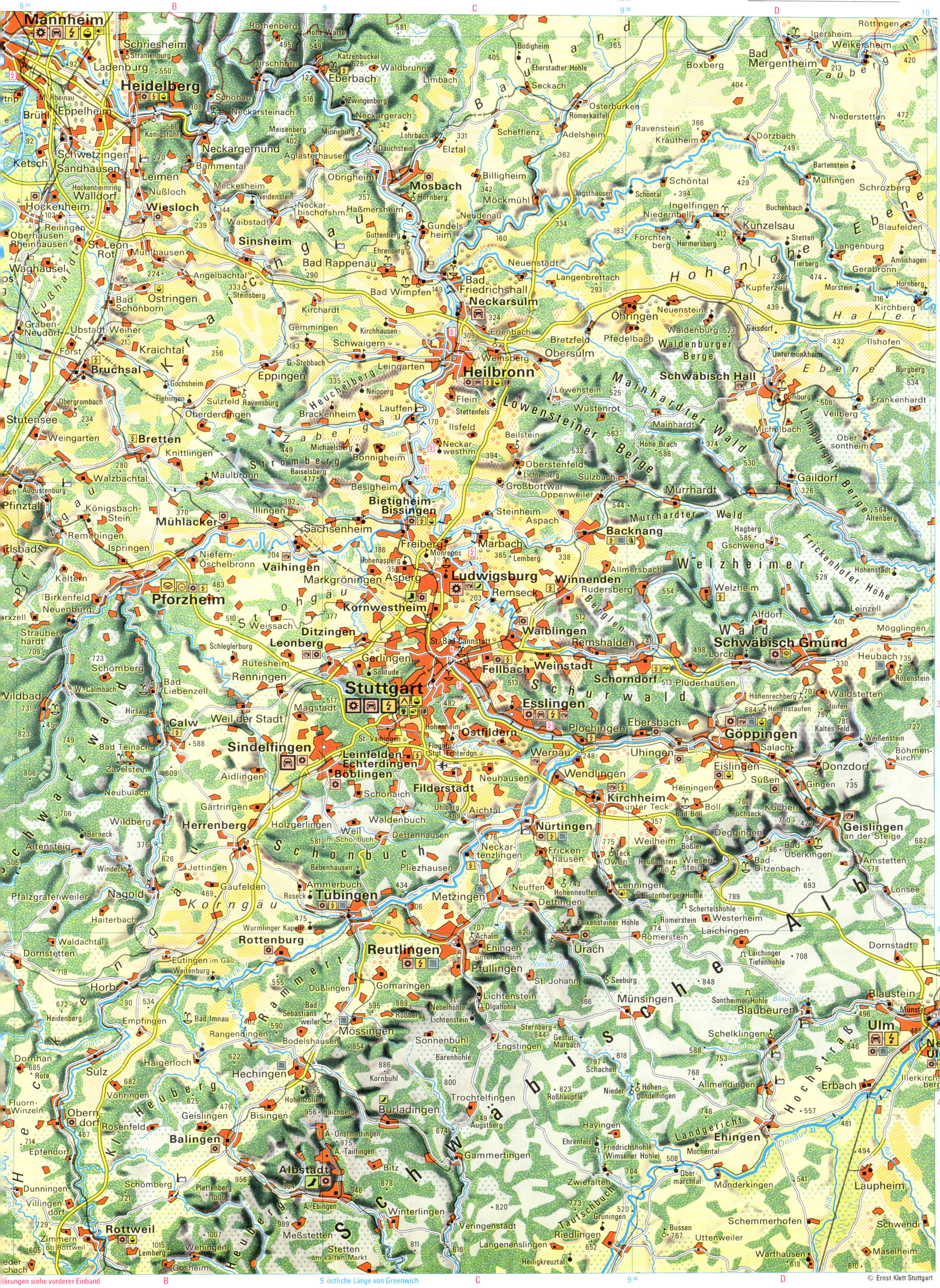

I Nürnberg – Fürth II Saarland

Geographische Grundkarten

1 : 500 000

0 5 10 15 20 25 km

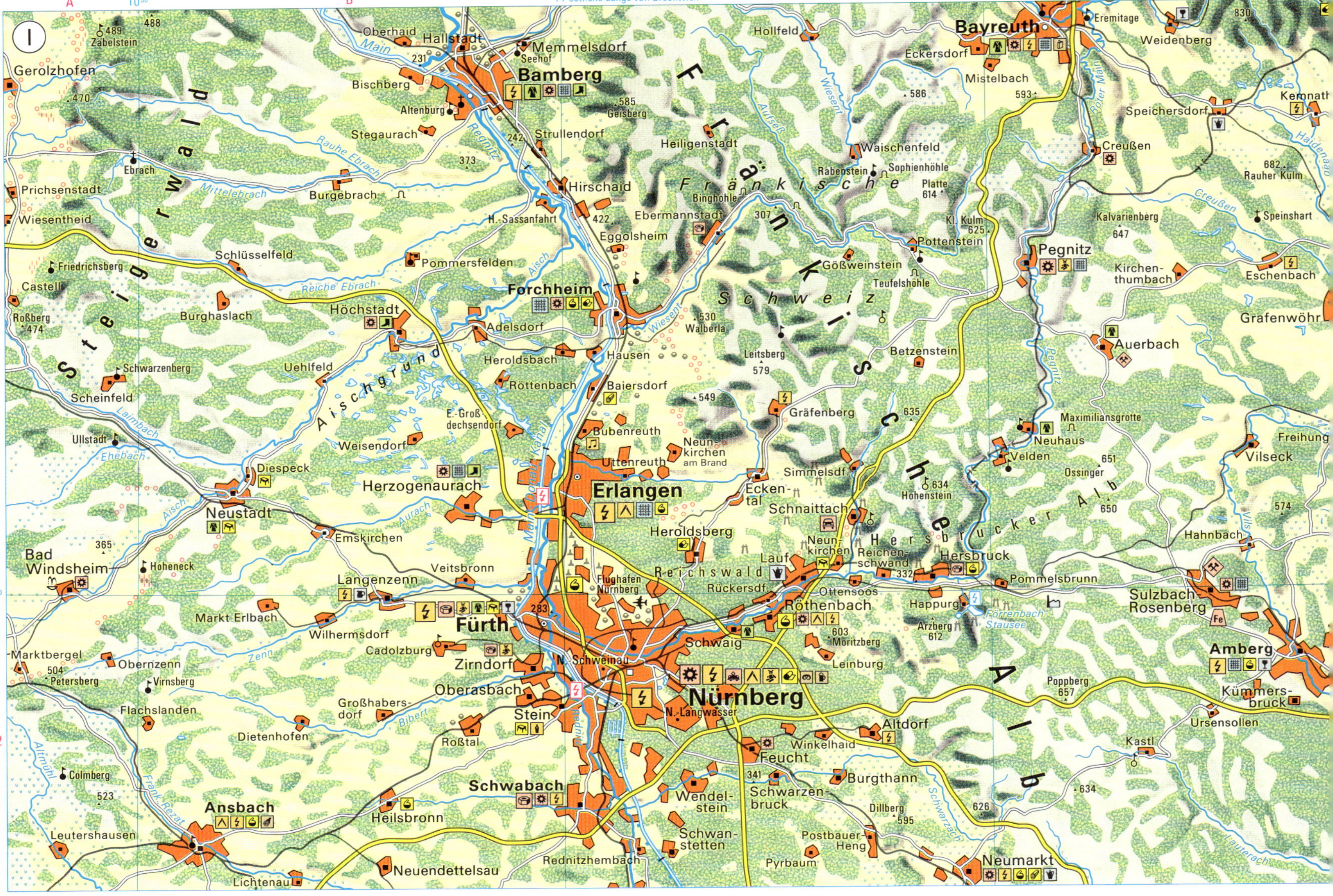

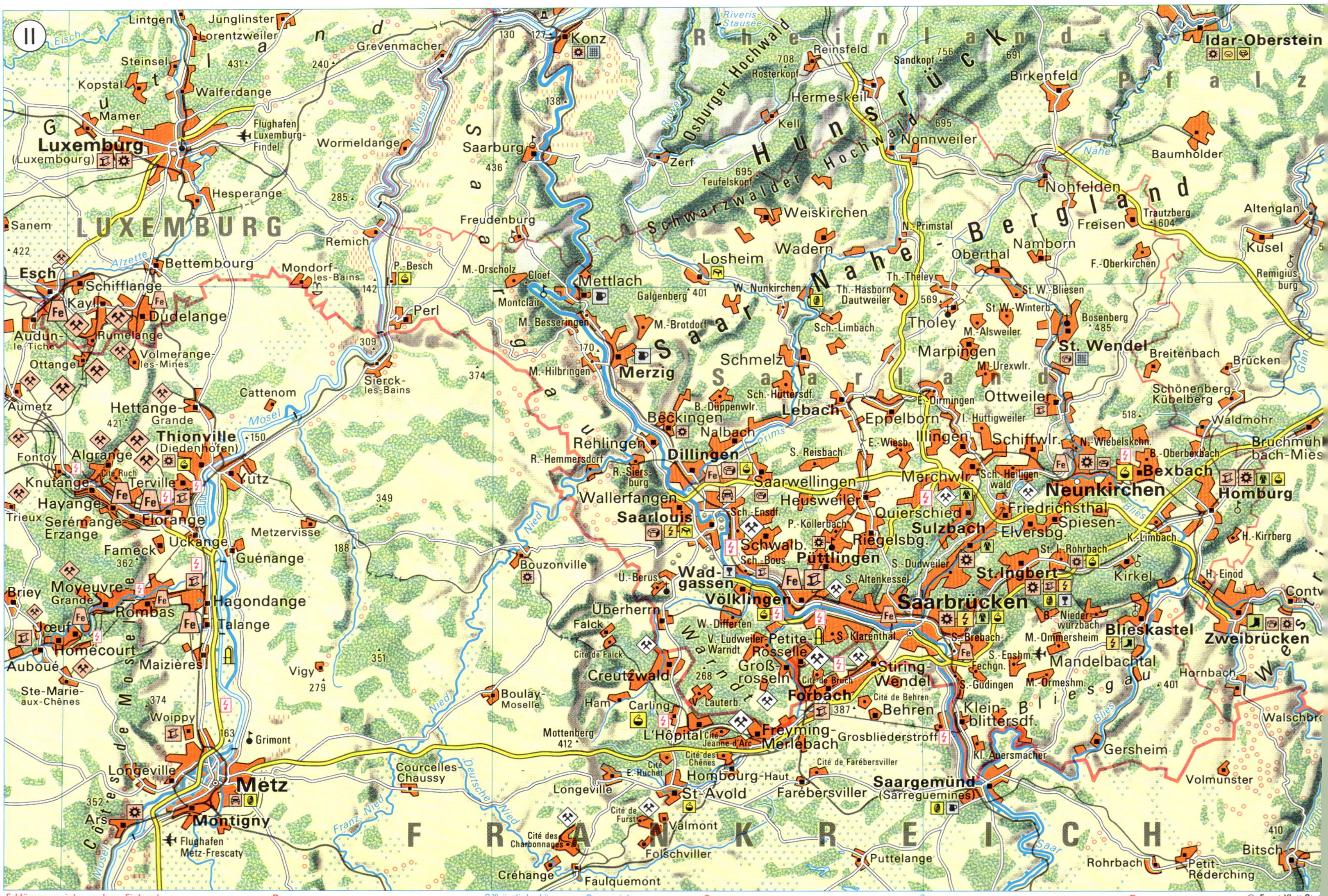

München, Alpenvorland, Alpen

Geographische Karte

1 : 500 000

0 5 10 15 20 25 km

161 München (Kultur- und Fremdenverkehr)
161 München (Naherholung)
139 Tegernsee, Schliersee (Gewässerschutz)

Erklärungen siehe vorderer Einband

Norddeutschland

Geographische Grundkarte

1 : 1 500 000

0 10 20 30 40 50 km

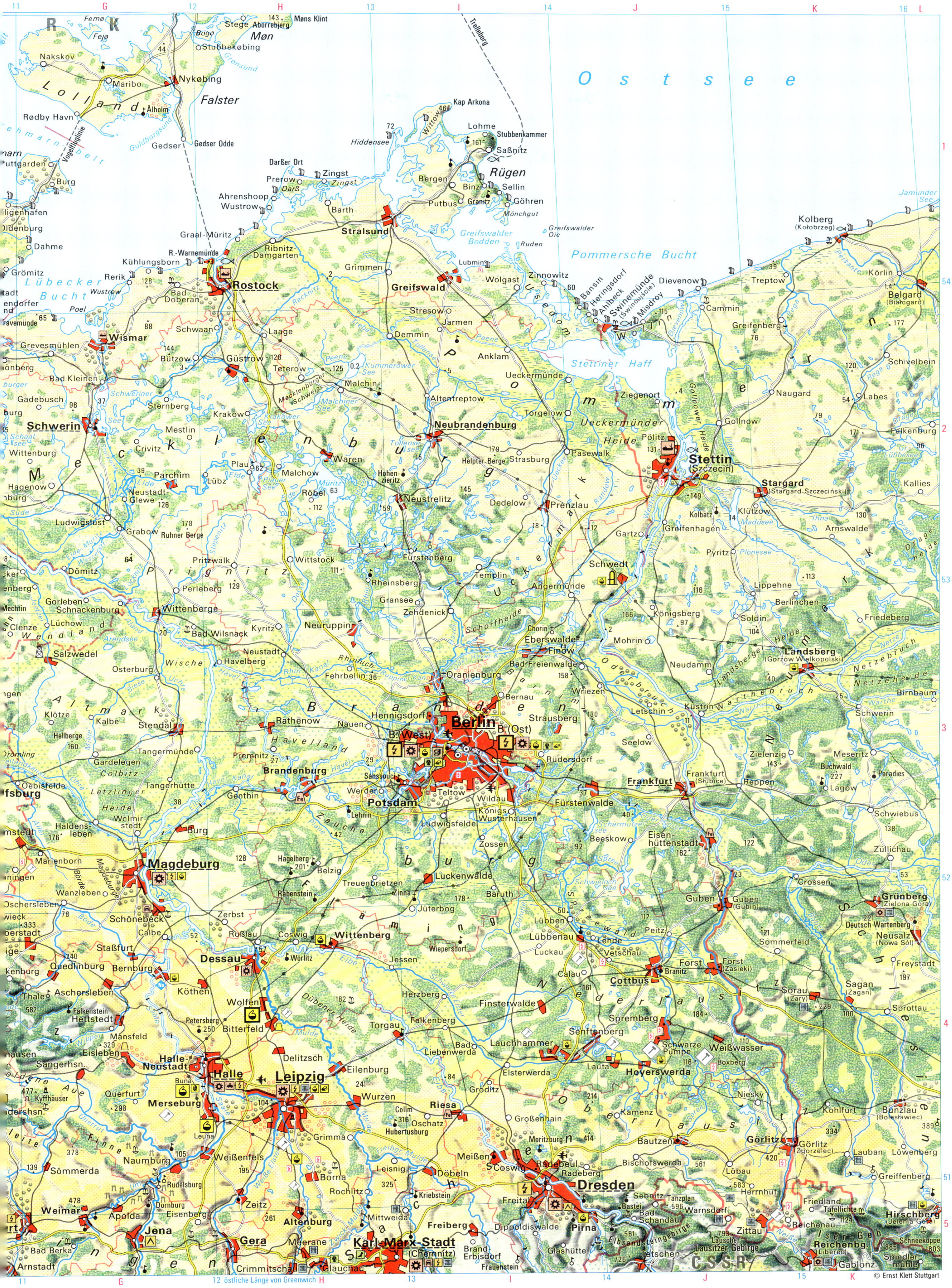

Ostsee
Lolland
Falster
Møn
Rügen
Pommersche Bucht
Lübecker Bucht
Stettiner Haff
Rostock
Wismar
Stralsund
Greifswald
Schwerin
Güstrow
Neubrandenburg
Stettin (Szczecin)
Stargard (Stargard Szczeciński)
Kolberg (Kołobrzeg)
Landsberg (Gorzów Wielkopolski)
Berlin
B.(West)
B.(Ost)
Potsdam
Brandenburg
Frankfurt
Frankfurt (Słubice)
Magdeburg
Dessau
Wittenberg
Halle
Halle-Neustadt
Leipzig
Cottbus
Dresden
Görlitz
Görlitz (Zgorzelec)
Karl-Marx-Stadt (Chemnitz)
Gera
Jena
Weimar
Guben
Guben (Gubin)
Grünberg (Zielona Góra)
Hoyerswerda
Eisenhüttenstadt
Mecklenburgische Schweiz
Uckermark
Prignitz
Altmark
Havelland
Fläming
Niederlausitz
Oberlausitz
Schorfheide
Ueckermünder Heide
Neumark
Schlesien
ČSSR
12 östliche Länge von Greenwich

Süddeutschland

Geographische Grundkarte

1 : 1 500 000

0 10 20 30 40 50 km

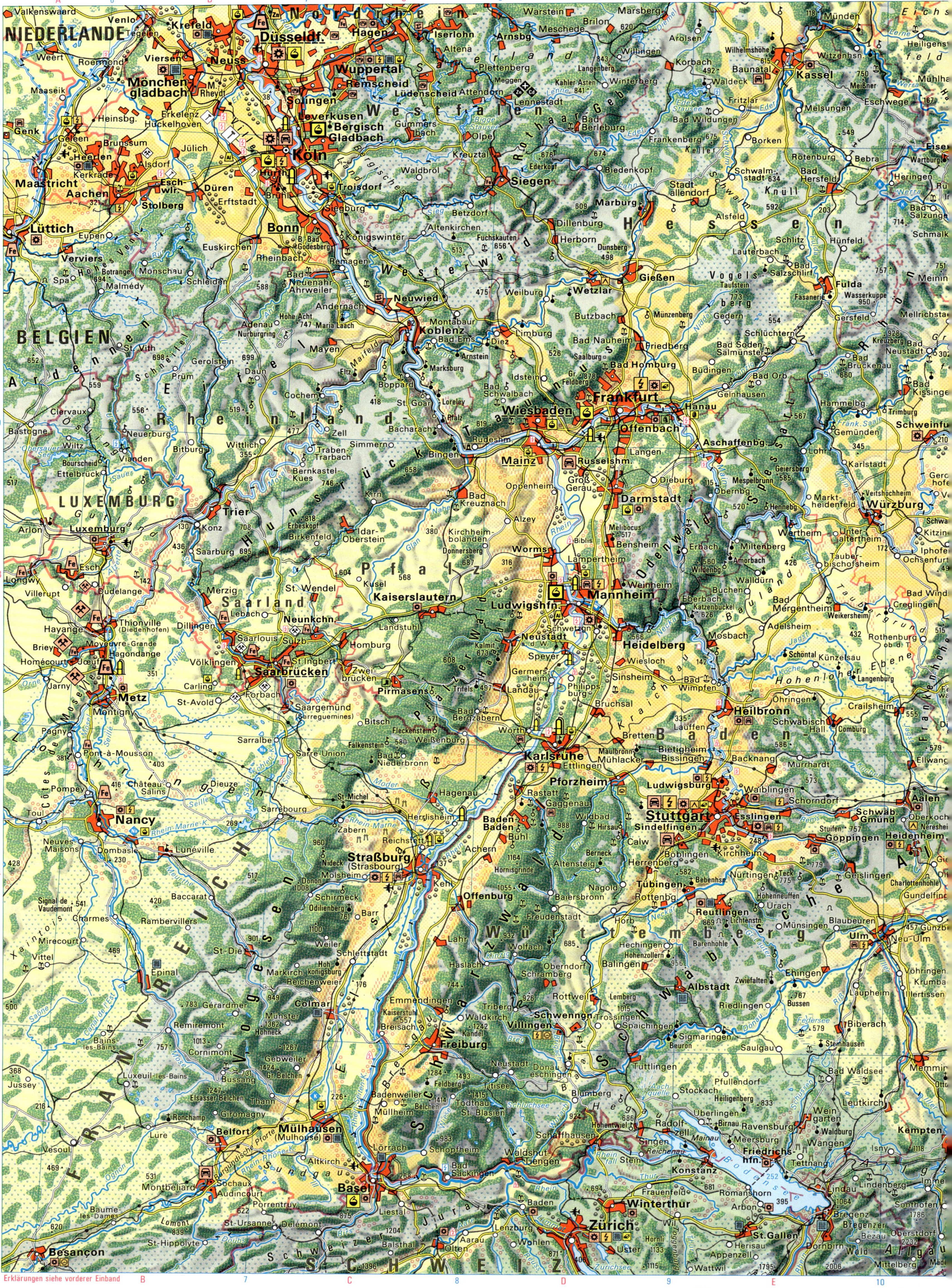

Halle
Leipzig
Dresden
Karl-Marx-Stadt
Erfurt
Weimar
Jena
Gera
Zwickau
Plauen
Görlitz
Bautzen
Pirna
Aussig
Teplitz
Brüx
Komotau
Hof
Bayreuth
Bamberg
Erlangen
Fürth
Nürnberg
Amberg
Regensburg
Ingolstadt
Augsburg
München
Landshut
Passau
Linz
Salzburg
Rosenheim
Karlsbad
Eger
Pilsen
Prag (Praha)
Kladno
Budweis
TSCHECHOSLOWAKEI
ÖSTERREICH
Böhmen
Fichtelgebirge
Erzgebirge
Oberpfälzer Wald
Bayerischer Wald
Böhmerwald
Fränkische Alb
Mühlviertel
Donau
12 östliche Länge von Greenwich

Deutschland: Übersicht

Geographische Grundkarte

1 : 2 000 000

0 10 20 40 60 80 100 km

4–5 Einführung in die geographische Karte (vgl. 1–3)
22–23 Deutschland, physisch, 176 Deutschland, politisch
▸ IX d Deutsche Landschaften, Nord- und Süddeutschland
▸ VII c, X–XI Thematische Karten

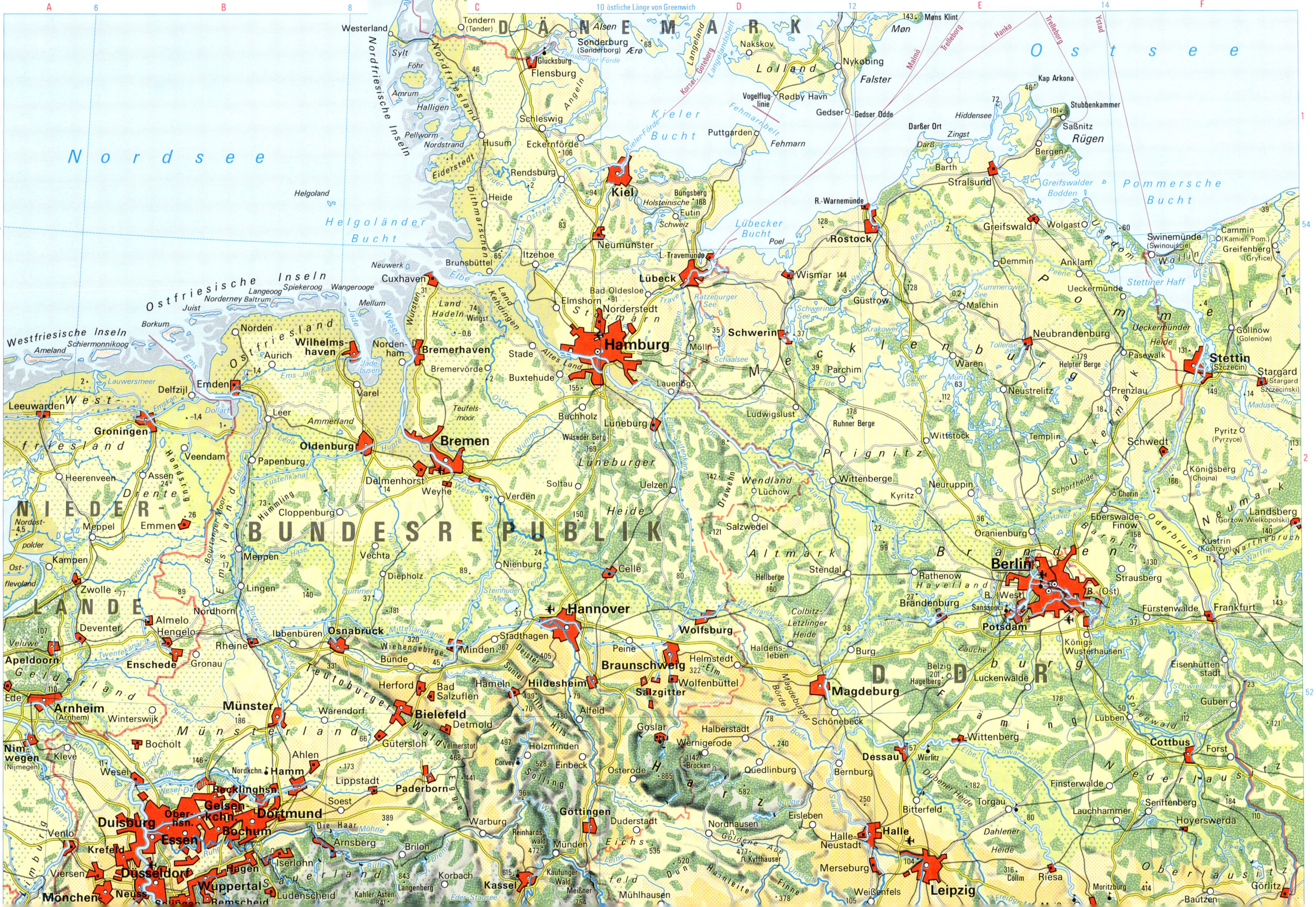

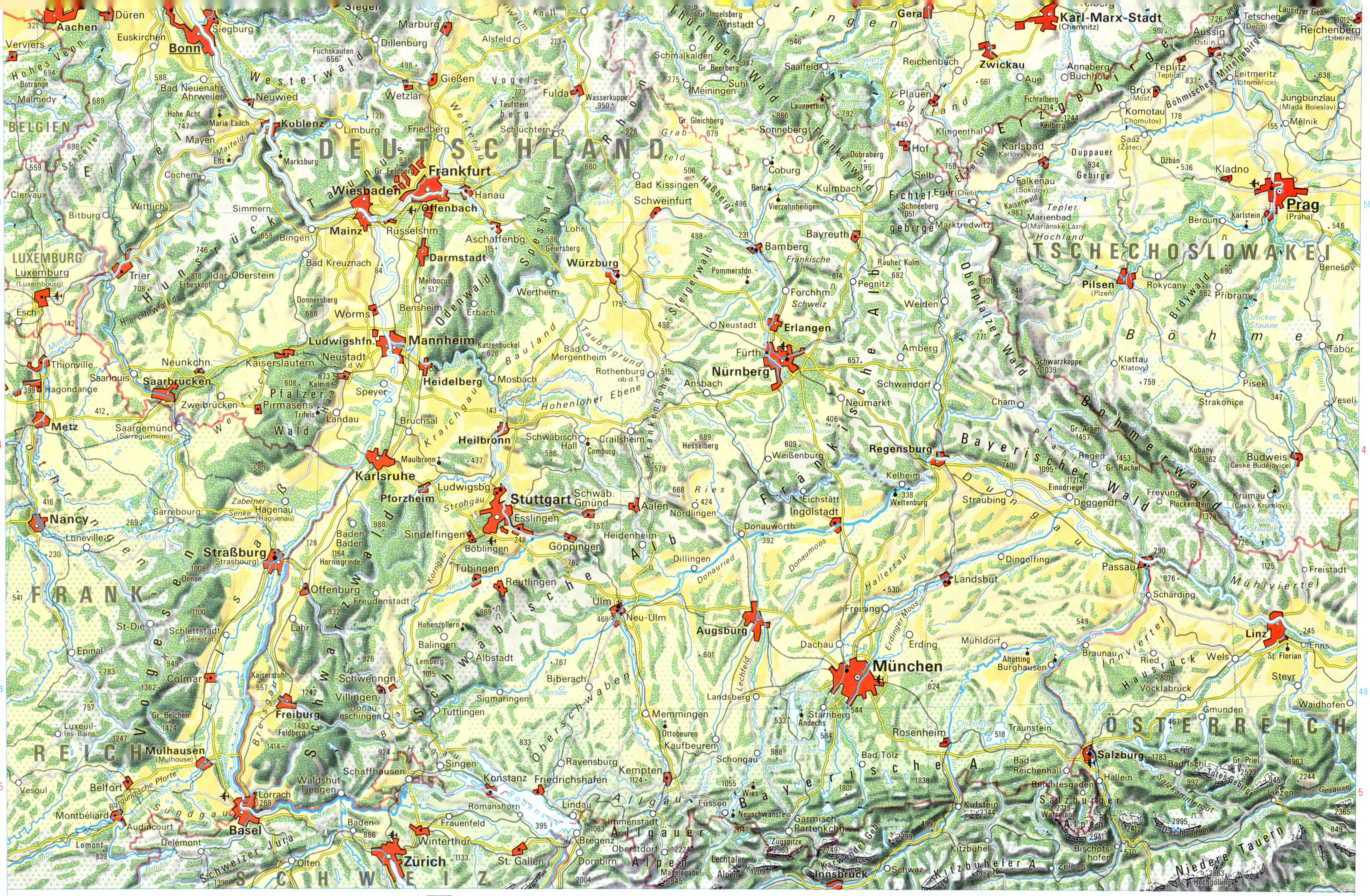

Ackerland Grünland Ausgewählte Räume
- See- und Flußmarschen
- Urstromtäler, Talniederungen
- Mittelgebirge
- Jungmoränengebiet im Alpenvorland
- alpine Matten, Hochalmen

Ackerland Grünland Sonstige Räume
- mit geringen und mittleren Böden
- mit hochwertigen Böden
- – davon auf Löß
- Laub- und Nadelwald

- Watt
- Sandbank
- Küstendünen
- Heide
- Sumpf, Moor
- Fels, Gletscher

Hamburg über 1 000 000 Einw.
Stuttgart 500 000–1 000 000 Einw.
Magdeburg 250 000–500 000 Einw.
Würzburg 100 000–250 000 Einw.
Cuxhaven 50 000–100 000 Einw.
20 000– 50 000 Einw.
10 000– 20 000 Einw.
unter 10 000 Einw.

- Burg, Schloß
- Burg-, Schloßruine
- Kirche, Kloster
- Klosterruine
- Höhle
- Flughafen

- Staatsgrenze
- Grenze Bundesrepublik Deutschland – DDR, Grenze von Gesamtberlin (Viermächtestatus)
- Grenze zwischen Berlin (West) und Berlin (Ost)

- Eisenbahn
- Autobahn und autobahnähnliche Schnellstraße
- Straße
- Paß, Tunnel
- Fährverbindung

- schiffbarer Fluß, wirtschaftlich bedeutend
- schiffbarer Kanal, wirtschaftlich bedeutend
- Staudamm

* Orte unter 50 000 Einw. in Ballungsgebieten

Deutschland: Übersicht

Physische Karte

1 : 2 000 000

0 10 20 40 60 80 100 km

▸ 5, 3 Einführung in die physische Karte
20–21 Deutschland, geographisch, 176 Deutschland, politisch
▸ IX f Deutsche Landschaften, Nord- und Süddeutschland
▸ VII c, X–XI Thematische Karten

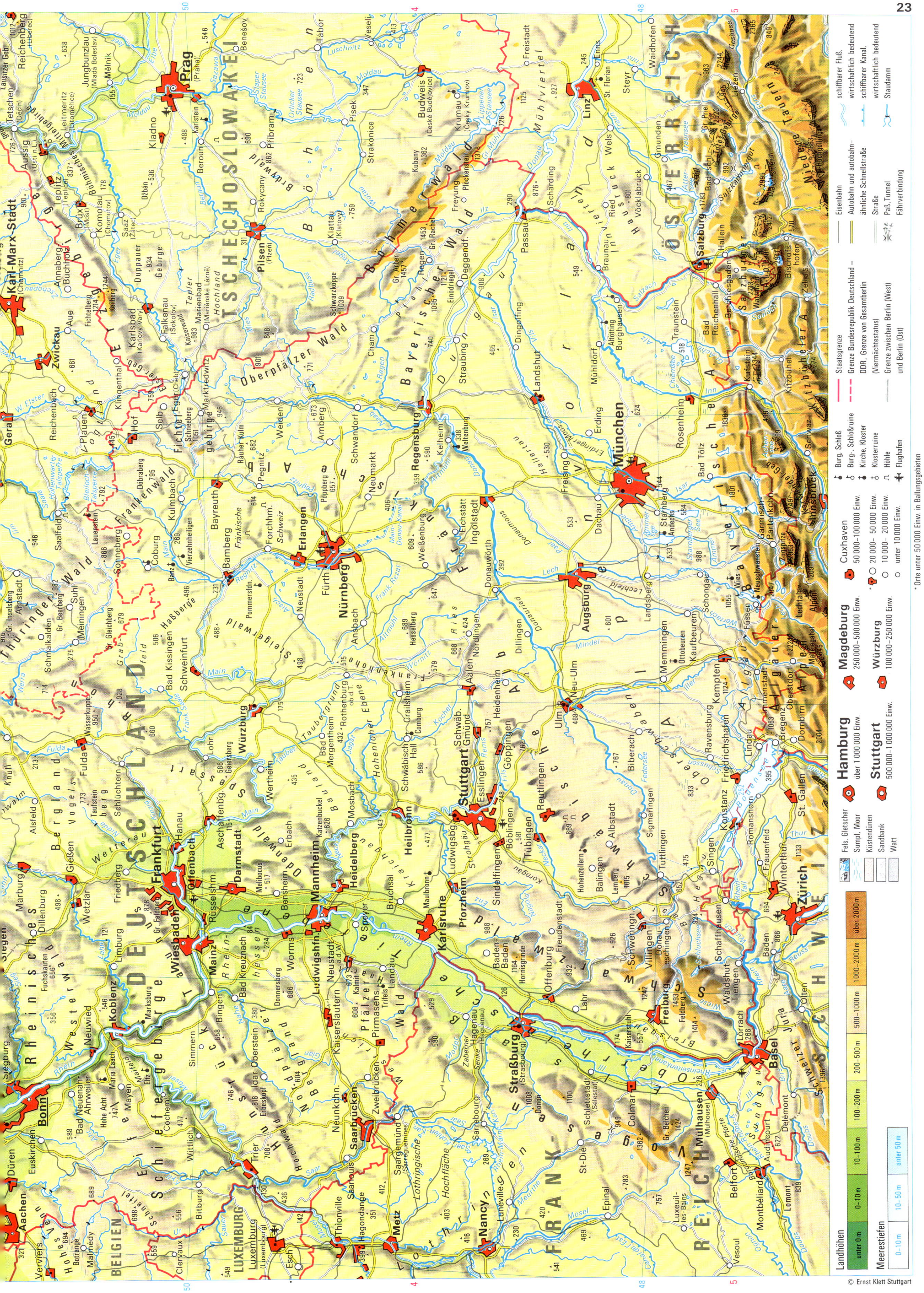
Landhöhen
unter 0 m
0–10 m
10–100 m
100–200 m
200–500 m
500–1000 m
1000–2000 m
über 2000 m
Meerestiefen
0–10 m
10–50 m
unter 50 m
Fels, Gletscher
Sumpf, Moor
Küstendünen
Sandbank
Watt
Hamburg über 1 000 000 Einw.
Stuttgart 500 000–1 000 000 Einw.
Magdeburg 250 000–500 000 Einw.
Würzburg 100 000–250 000 Einw.
Cuxhaven 50 000–100 000 Einw.
20 000– 50 000 Einw.
10 000– 20 000 Einw.
unter 10 000 Einw.
*Orte unter 50 000 Einw. in Ballungsgebieten
Burg, Schloß
Burg-, Schloßruine
Kirche, Kloster
Klosterruine
Höhle
Flughafen
Staatsgrenze
Grenze Bundesrepublik Deutschland – DDR, Grenze von Gesamtberlin (Viermächtestatus)
Grenze zwischen Berlin (West) und Berlin (Ost)
Eisenbahn
Autobahn und autobahnähnliche Schnellstraße
Straße
Paß, Tunnel
Fährverbindung
schiffbarer Fluß, wirtschaftlich bedeutend
schiffbarer Kanal, wirtschaftlich bedeutend
Staudamm
DEUTSCHLAND
TSCHECHOSLOWAKEI
ÖSTERREICH
SCHWEIZ
FRANKREICH
BELGIEN
LUXEMBURG
Böhmen
Bayerischer Wald
Böhmerwald
Oberpfälzer Wald
Schwäbische Alb
Schwarzwald
Odenwald
Spessart
Rhön
Thüringer Wald
Frankenwald
Fichtelgebirge
Erzgebirge
Hunsrück
Eifel
Taunus
Westerwald
Vogelsberg
Pfälzer Wald
Vogesen
Alpenvorland
Oberschwaben
Allgäu
Frankenhöhe
Steigerwald
Fränkische Alb
Prag
Pilsen
Budweis
Linz
Salzburg
Innsbruck
München
Augsburg
Regensburg
Nürnberg
Erlangen
Fürth
Würzburg
Stuttgart
Heilbronn
Karlsruhe
Mannheim
Ludwigshafen
Heidelberg
Darmstadt
Frankfurt
Offenbach
Wiesbaden
Mainz
Koblenz
Bonn
Aachen
Saarbrücken
Metz
Nancy
Straßburg
Mülhausen
Basel
Zürich
Freiburg
Ulm
Ingolstadt
Karl-Marx-Stadt
Zwickau
Gera
Bayreuth
Bamberg
Coburg
Kaiserslautern
Pforzheim
Reutlingen
Esslingen
Landshut
Passau
Rosenheim
Kempten
Konstanz
Luxemburg
Trier
Kassel
Gießen
Marburg
Fulda
Hanau
Plauen
Hof
Schweinfurt
Bodensee
Rhein
Main
Donau
Neckar
Mosel
Saar
Isar
Inn
Lech
Moldau

Alpenländer und Oberitalien

Geographische Grundkarte

1 : 2 000 000

0 10 20 40 60 80 100 km

101 Tektonik und Geologie
100 Aletschgletscher
127 Wasserkraftwerk Kaprun
145 Erholungsort Saas Fee
15 Bayerische Alpen

Mitteleuropa
Grundkarte – Wirtschaft

1 : 3 000 000

0 20 40 60 80 100 km

B.	Bochum
Dü.	Düsseldorf
G.	Gelsenkirchen
GOP	Górnośląski Okręg Przemysłowy
H.	Hindenburg (Zabrze)
He.	Heerlen
Kö.	Königshütte (Chorzów)
L.	Leverkusen
M.	Mönchengladbach
W.	Wuppertal

Grenzen

- Staatsgrenze
- Grenze Bundesrepublik Deutschland – DDR, Grenze von Gesamtberlin (Viermächtestatus)
- Grenze zwischen Berlin (West) und Berlin (Ost)

	Bundesrep. Deutschland	DDR
	(1978 ; in km²)	
Gesamtfläche	248 651	108 178
Wald	73 175	29 525
landw. Nutzfläche	131 763	62 817
Wiesen und Weiden	49 964	11 552
Ackerland	75 065	47 759
Weizenanbau	16 194	6 858
Obst, Kleingärten	3 904	1 570 (73)
Rebland	1 021	4 (73)

10 östl. Länge v. Greenwich

102–103 Mitteleuropa, physisch
175 Mitteleuropa, politisch (1937 – heute)
▶ IX Teilräume, geographisch und physisch
▶ VII b, c Thematische Karten

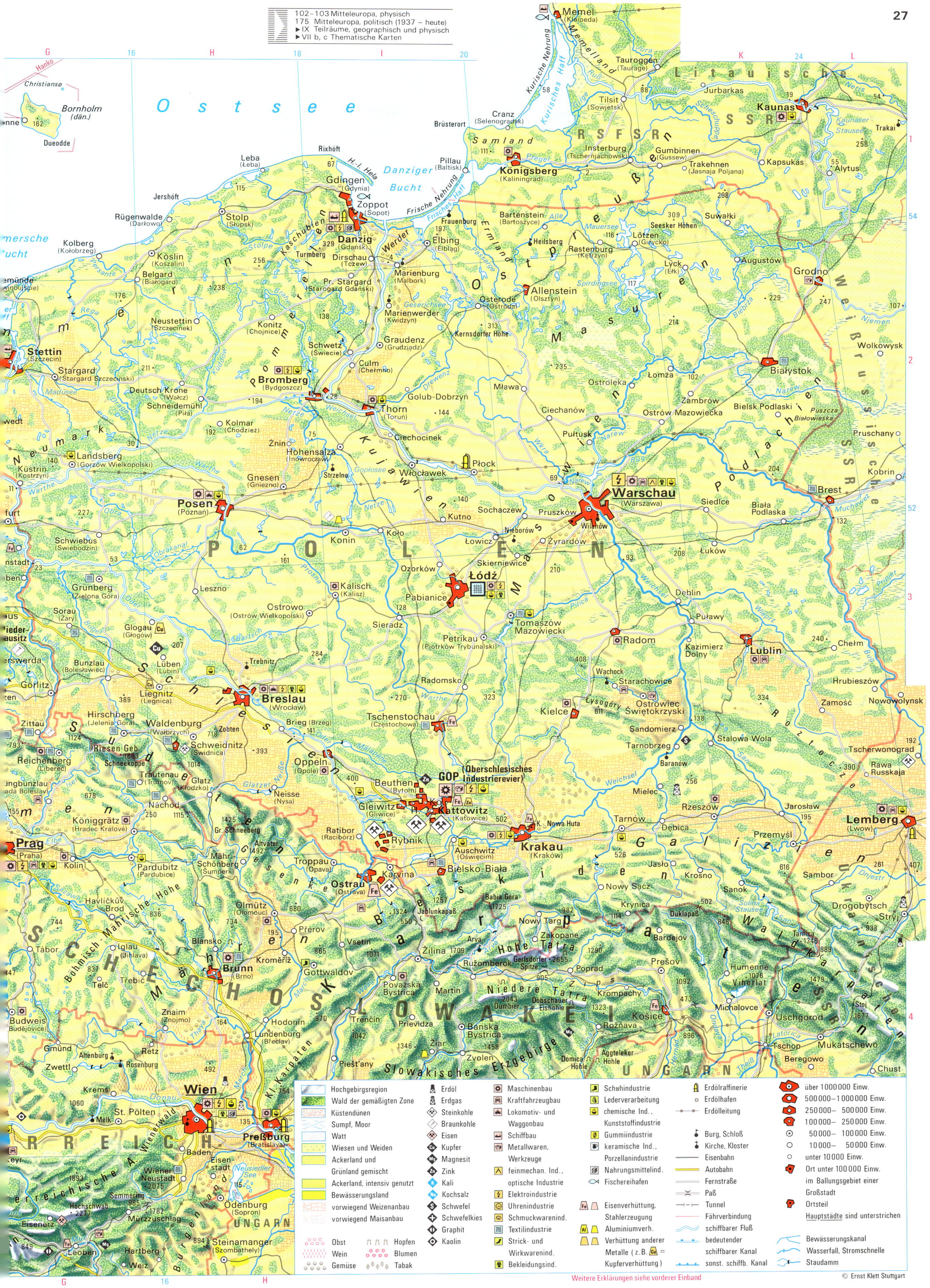

Großbritannien und Irland

Geographische Grundkarte

1 : 3 000 000

0 20 40 60 80 100 km

162 London
124 Fischerei (Nordatlantik)
126 Erdöl (Nordsee)
139 Ölpest (Kanal)

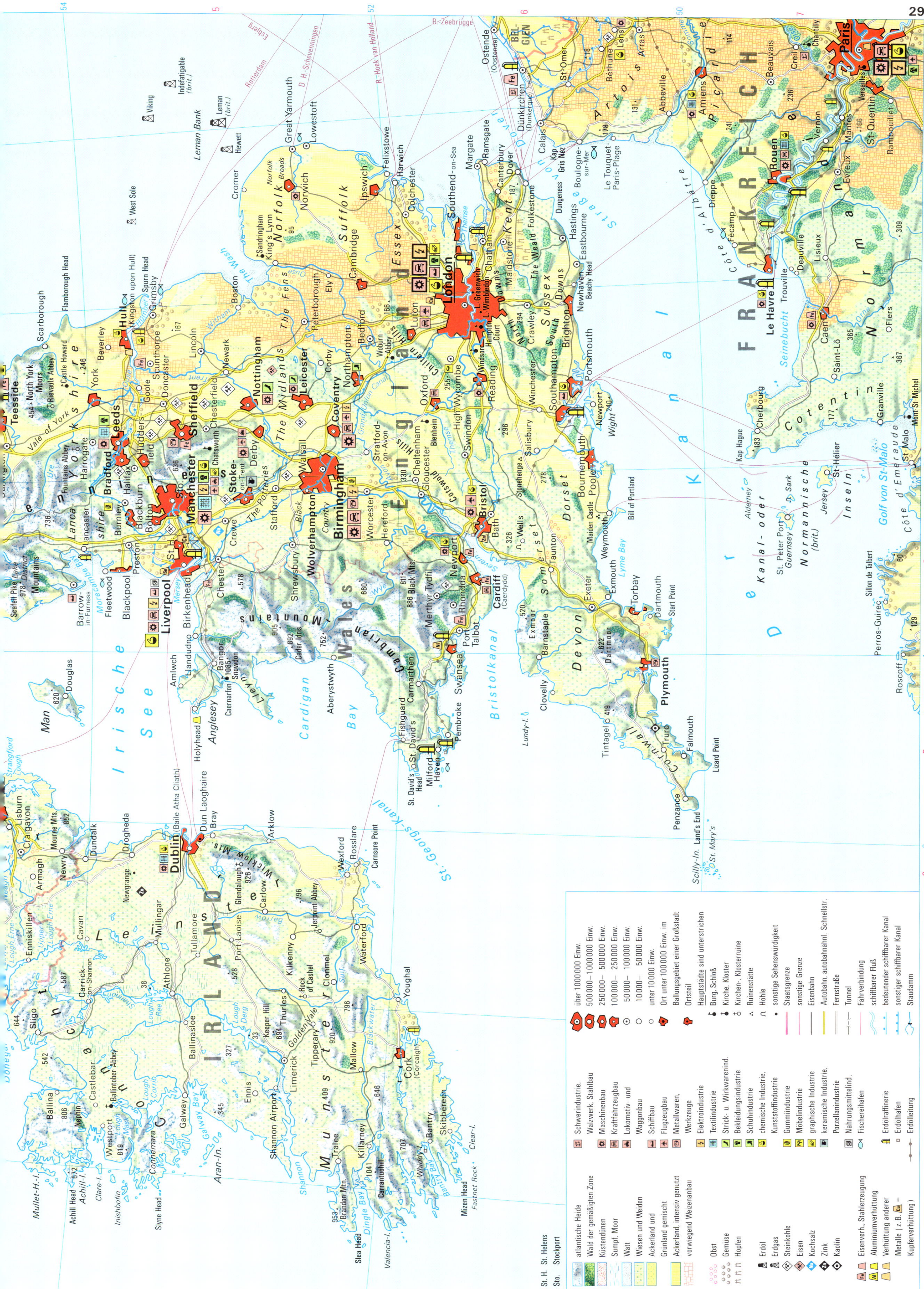
IRLAND
FRANKREICH
England
Wales
Irische See
Kanal
St.-Georgs-Kanal
Bristolkanal
Cardigan Bay
Dublin
London
Paris
Birmingham
Manchester
Liverpool
Leeds
Sheffield
Bristol
Cardiff
Plymouth
Cork
Le Havre
Rouen
Normannische Inseln (brit.)
St. H. St. Helens
Sto. Stockport
atlantische Heide
Wald der gemäßigten Zone
Küstendünen
Sumpf, Moor
Watt
Wiesen und Weiden
Ackerland und Grünland gemischt
Ackerland, intensiv genutzt vorwiegend Weizenanbau
Obst
Gemüse
Hopfen
Erdöl
Erdgas
Steinkohle
Eisen
Kochsalz
Zink
Kaolin
Eisenverh., Stahlerzeugung
Aluminiumverhüttung
Verhüttung anderer Metalle (z. B. Cu = Kupferverhüttung)
Schwerindustrie, Walzwerk, Stahlbau
Maschinenbau
Kraftfahrzeugbau
Lokomotiv- und Waggonbau
Schiffbau
Flugzeugbau
Metallwaren, Werkzeuge
Elektroindustrie
Textilindustrie
Strick- u. Wirkwarenind.
Bekleidungsindustrie
Schuhindustrie
chemische Industrie
Kunststoffindustrie
Gummiindustrie
Möbelindustrie
graphische Industrie
keramische Industrie
Porzellanindustrie
Nahrungsmittelind.
Fischereihafen
Erdölraffinerie
Erdölhafen
Erdölleitung
über 1 000 000 Einw.
500 000 – 1 000 000 Einw.
250 000 – 500 000 Einw.
100 000 – 250 000 Einw.
50 000 – 100 000 Einw.
10 000 – 50 000 Einw.
unter 10 000 Einw.
Ort unter 100 000 Einw. im Ballungsgebiet einer Großstadt
Ortsteil
Hauptstädte sind unterstrichen
Burg, Schloß
Kirche, Kloster
Kirchen-, Klosterruine
Ruinenstätte
Höhle
sonstige Sehenswürdigkeit
Staatsgrenze
sonstige Grenze
Eisenbahn
Autobahn, autobahnähnl. Schnellstr.
Fernstraße
Tunnel
Fährverbindung
schiffbarer Fluß
bedeutender schiffbarer Kanal
sonstiger schiffbarer Kanal
Staudamm
westl. Länge 0 östl. Länge v. Greenwich

Frankreich

Geographische Grundkarte

1 : 3 000 000

0 20 40 60 80 100 km

163 Paris
143 Port-Camargue (Fremdenverkehr)
139 Bretagne (Olpest)

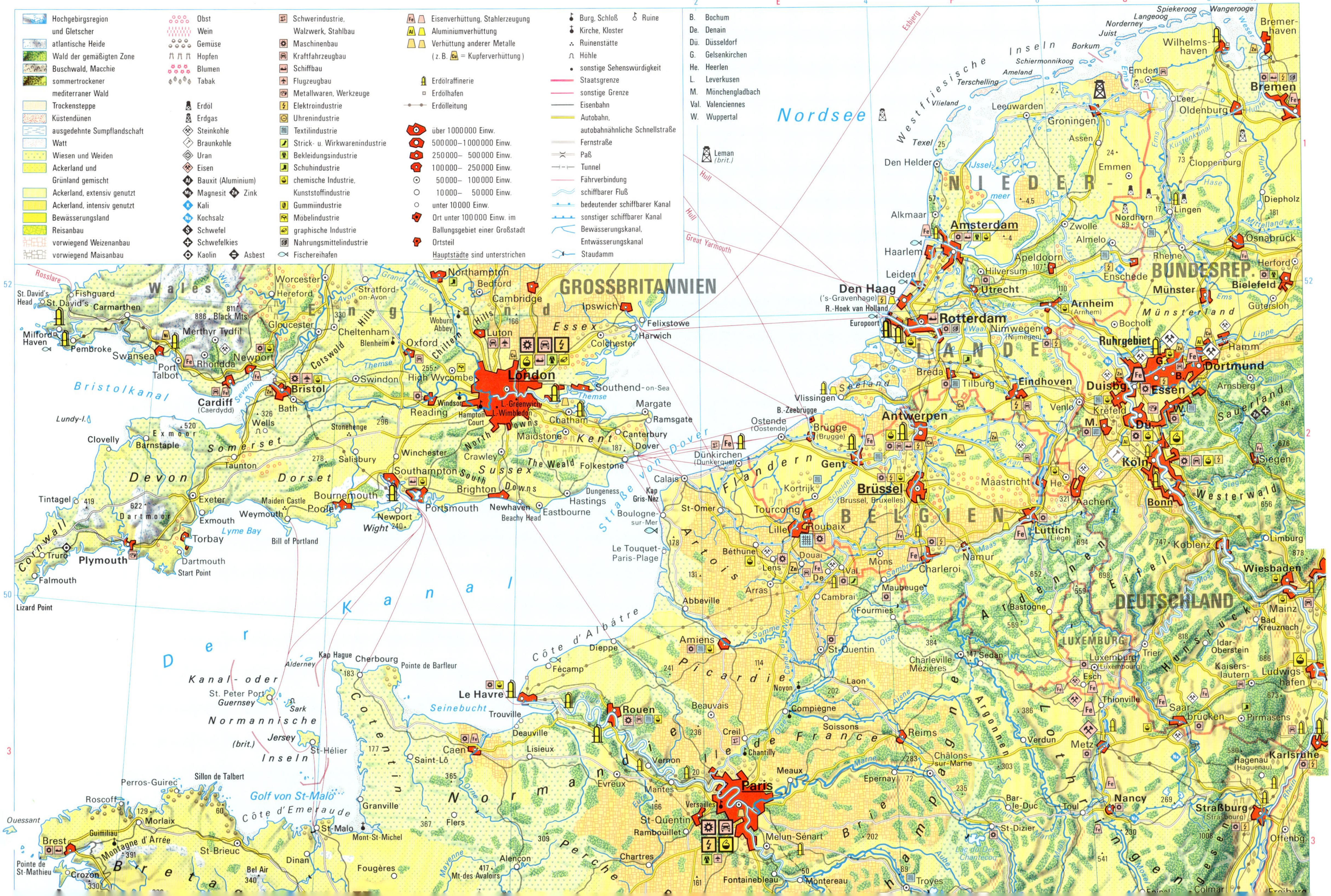

ATLANTISCHER
OZEAN
Golf von Biscaya
Golfe du Lion
Mittelländisches Meer
Côte d'Azur
Côte d'Argent
SCHWEIZ
MONACO
ANDORRA
Basel
Bern
Lausanne
Genf
Turin
Nizza
Cannes
Toulon
Marseille
Aix-en-Provence
Avignon
Nîmes
Montpellier
Sète
Narbonne
Perpignan
Béziers
Carcassonne
Toulouse
Montauban
Albi
Castres
Rodez
Millau
Mende
Le Puy
St-Etienne
Lyon
Grenoble
Chambéry
Annecy
Valence
Vienne
Mâcon
Dijon
Besançon
Belfort
Vesoul
Clermont-Ferrand
Vichy
Moulins
Nevers
Bourges
Montluçon
Limoges
Brive
Tulle
Périgueux
Angoulême
Poitiers
Tours
Blois
Orléans
Angers
Nantes
St-Nazaire
La Rochelle
Rochefort
Niort
Saintes
Royan
Bordeaux
Arcachon
Agen
Auch
Tarbes
Pau
Lourdes
Bayonne
Biarritz
San Sebastián
Bilbao
Santander
Vitoria
Pamplona
Logroño
Burgos
Soria
Huesca
Barbastro
Tudela
Gerona
Massif Central
Pyrenäen
Vogesen
Jura
Alpen
Provence
Gascogne
Landes
Limousin
Bourgogne
Auvergne
Languedoc
Roussillon
Sologne
Touraine
Poitou
Vendée
Charente
Dordogne
Garonne
Loire
Rhône
Oléron
Ré
Yeu
Noirmoutier
Belle-Ile

Spanien und Portugal

Geographische Grundkarte

114 Huerta von Murcia
Vgl. 143 Gran Canaria und Teneriffa, Las Palmas (Fremdenverkehr)

Italien

Geographische Grundkarte

1:3 000 000

0 20 40 60 80 100 km

163 Rom
100 Vesuv
Vgl. 24–25 Oberitalien

I T A L I E N
Tyrrhenisches Meer
Ionisches Meer
Korsika (zu Frankreich)
Sardinien
Sizilien
Abruzzen
Apennin
Lukanischer Apennin
Molise
Kampanien
Apulien
Basilicata
Kalabrien
Latium
Toskanischer Archipel
Liparische Inseln
Pontinische Inseln
Ägadische Inseln
Rom (Roma)
VATIKAN-STADT
Neapel (Napoli)
Bari
Palermo
Catania
Messina
Tarent (Taranto)
Golf von Tarent
Reggio di Calabria
Syrakus (Siracusa)
Cagliari
Sassari
Foggia
Salerno
Pescara
Brindisi
Lecce
Str. v. Messina
Str. v. Bonifacio
Pantelleria (ital.)
Ustica
Stromboli
Hochgebirgsregion, Gletscher
Wald der gemäßigten Zone
Karstheide
Buschwald, Macchie
sommertrockener mediterraner Wald
Trockensteppe
ausgedehnte Sumpflandschaft
Wiesen und Weiden
Ackerland und Grünland gemischt
Ackerland, extensiv genutzt
Ackerland, intensiv genutzt
Bewässerungsland
Reisanbau
vorwiegend Weizenanbau
vorwiegend Maisanbau
Obst
Wein
Zitrusfrüchte
Gemüse
Hopfen
Blumen
Oliven
Tabak
Baumwolle
Korkeichen
Erdöl
Erdgas
Braunkohle
Eisen
Bauxit (Aluminium)
Quecksilber
Magnesit
Mangan
Zink
Kali
Kochsalz
Schwefelkies
Graphit
Kaolin
Asbest
Eisenverhüttung, Stahlerzeugung
Aluminiumverh.
Verhüttung anderer Metalle (z.B. Cu = Kupferverhüttung)
Erdölraffinerie
Erdölhafen
Erdölleitung
Schwerindustrie, Walzwerk
Maschinenbau
Kraftfahrzeugbau
Schiffbau
Flugzeugbau
Metallwaren, Werkzeuge
feinmechan. Ind., optische Ind.
Elektroindustrie
Uhrenindustrie
Textilindustrie
Bekleidungsindustrie
Schuhindustrie
chem. Ind., Kunststoffind.
Gummiindustrie
Nahrungsmittelindustrie
über 1000000 Einw.
500000–1000000 Einw.
250000– 500000 Einw.
100000– 250000 Einw.
50000– 100000 Einw.
10000– 50000 Einw.
unter 10000 Einw.
Ort unter 100000 Einw. im Ballungsgebiet einer Großstadt
Ortsteil
Hauptstädte sind unterstrichen
Burg, Schloß
Kirche, Kloster
Ruinenstätte
Höhle
sonst. Sehenswürdigkeit
Staatsgrenze
Eisenbahn
Autobahn, autobahnähnl. Schnellstr.
Fernstraße
Paß
Tunnel
Fährverbindung
schiffbarer Fluß
bedeutender schiffbarer Kanal
bedeutender schiffbarer Kanal im Bau
sonstiger schiffbarer Kanal
sonstiger schiffbarer Kanal im Bau
Bewässerungskanal
Wasserfall, Stromschnelle
Staudamm
periodisch wasserführender Fluß
16 östliche Länge von Greenwich

Donauländer

Geographische Grundkarte

1 : 3 000 000

0 20 40 60 80 100 km

Griechenland

Geographische Grundkarte

1 : 3 000 000

0 20 40 60 80 100 km

Erklärungen siehe vorderer Einband und Geographische Grundkarte Deutschland

Nordeuropa

Geographische Grundkarte

1 : 5 000 000

0 50 100 150 200 250 km

124 Fischerei (Nordatlantik)
126 Erdöl (Nordsee)
107 Golfstrom, Isothermen

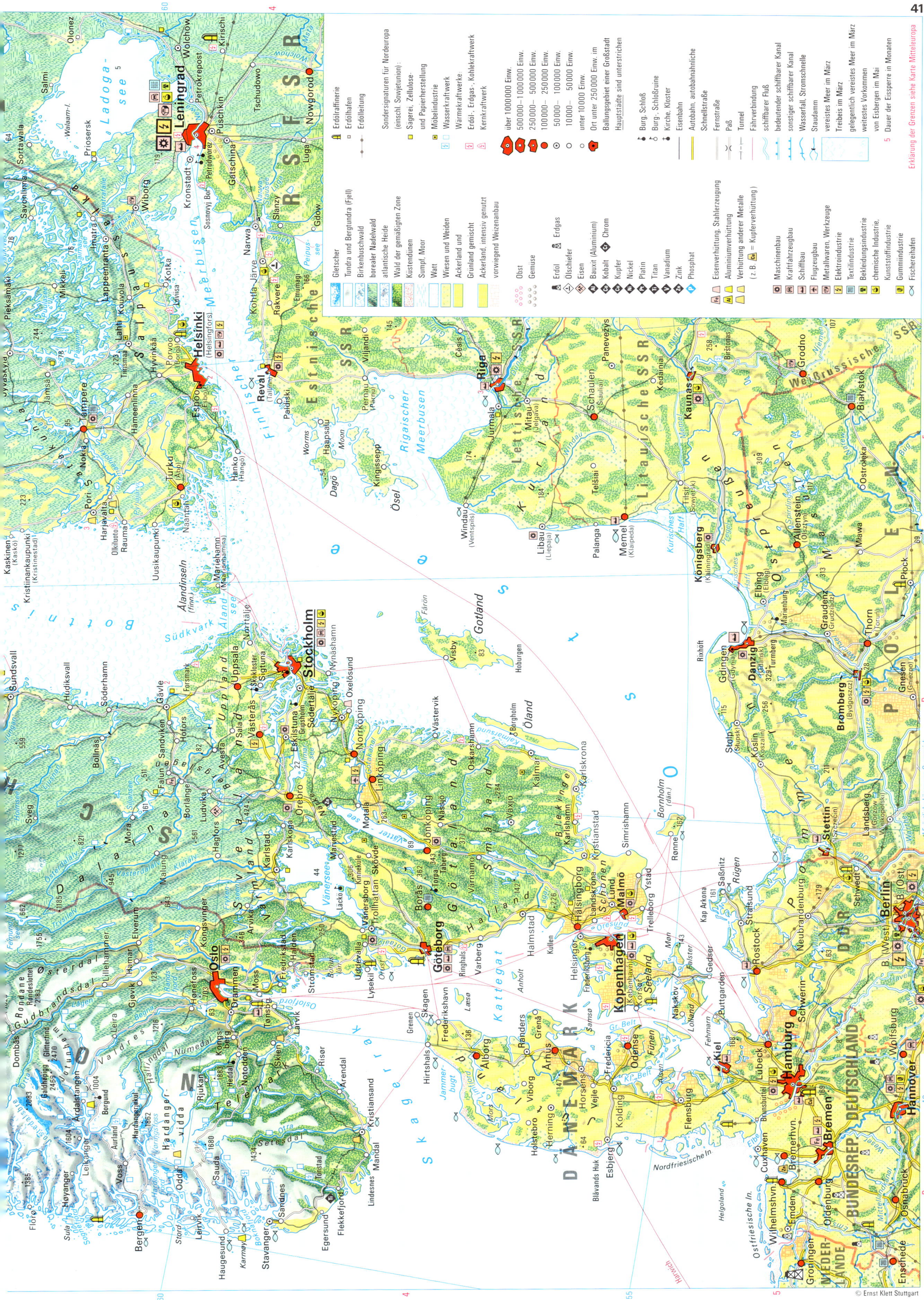
Gletscher
Tundra und Bergtundra (Fjell)
Birkenbuschwald
borealer Nadelwald
atlantische Heide
Wald der gemäßigten Zone
Küstendünen
Sumpf, Moor
Watt
Wiesen und Weiden
Ackerland und Grünland gemischt
Ackerland, intensiv genutzt
vorwiegend Weizenanbau
Obst
Gemüse
Erdöl
Ölschiefer
Eisen
Bauxit (Aluminium)
Kobalt
Kupfer
Nickel
Platin
Titan
Vanadium
Zink
Erdgas
Chrom
Phosphat
Eisenverhüttung, Stahlerzeugung
Aluminiumverhüttung
Verhüttung anderer Metalle
Maschinenbau
Kraftfahrzeugbau
Schiffbau
Flugzeugbau
Metallwaren, Werkzeuge
Elektroindustrie
Textilindustrie
Bekleidungsindustrie
chemische Industrie, Kunststoffindustrie
Gummiindustrie
Fischereihafen
Erdölraffinerie
Erdölhafen
Erdölleitung
Sondersignaturen für Nordeuropa (einschl. Sowjetunion):
Sägerei, Zellulose- und Papierherstellung
Möbelindustrie
Wasserkraftwerk
Wärmekraftwerk
Erdöl-, Erdgas-, Kohlekraftwerk
Kernkraftwerk
über 1000000 Einw.
500000–1000000 Einw.
250000– 500000 Einw.
100000– 250000 Einw.
50000– 100000 Einw.
10000– 50000 Einw.
unter 10000 Einw.
Ort unter 250000 Einw. im Ballungsgebiet einer Großstadt
Hauptstädte sind unterstrichen
Burg, Schloß
Burg-, Schloßruine
Kirche, Kloster
Eisenbahn
Autobahn, autobahnähnliche Schnellstraße
Fernstraße
Paß
Tunnel
Fährverbindung
schiffbarer Fluß
bedeutender schiffbarer Kanal
sonstiger schiffbarer Kanal
Wasserfall, Stromschnelle
Staudamm
vereistes Meer im März
Treibeis im März
gelegentlich vereistes Meer im März
weitestes Vorkommen von Eisbergen im Mai
5 Dauer der Eissperre in Monaten
Erklärung der Grenzen siehe Karte Mitteleuropa
15 östliche Länge von Greenwich

Europa, Nordteil: Länderübersicht

Physische Karte

1 : 7 500 000

98–99 Europa, physisch (Oberflächenformen) ▶ IX d, e Europäische Länder, geographisch
46–47 Europa, geographisch (vgl. 48–49) ▶ VII b, X–XI Thematische Karten
172 Europa, politisch

Europa, Südteil: Länderübersicht

Physische Karte

1 : 7 500 000

0 100 200 300 400 500 km

über 2000 m
1000–2000 m
500–1000 m
200– 500 m
100– 200 m
0– 100 m
unter 0 m (Depression)
Schelf, Flachsee
Kontinentalabhang
Tiefseebecken (5000 m u. tiefer)
Landhöhe
Wassertiefe
Orte
über 5 000 000 Einw.
1 000 000–5 000 000 Einw.
500 000–1 000 000 Einw.
250 000– 500 000 Einw.
100 000– 250 000 Einw.
50 000– 100 000 Einw.
10 000– 50 000 Einw.
unter 10 000 Einw.
Hauptstädte sind unterstrichen
Salzsee, Salzpfanne
Gletscher
Sumpf
Grenzen
Staatsgrenze
Grenze zwischen der Bundesrepublik Deutschland und der DDR, Grenze von Groß-Berlin (Viermächtestatus)
Grenze zwischen Berlin (West) und Berlin (Ost)
Eisenbahn
Eisenbahn im Bau
Autobahn und autobahnähnliche Schnellstraße
Autobahn und autobahnähnliche Schnellstraße im Bau bzw. geplant
Fernstraße
Paß
Tunnel
Fährverbindung
schiffbarer Fluß
bedeutender schiffbarer Kanal
bedeutender schiffbarer Kanal im Bau
sonstiger schiffbarer Kanal
sonstiger schiffbarer Kanal im Bau
Wasserfall, Stromschnelle
Staudamm
periodisch wasserführender Fluß
Straßennetz ausgew. Länder (km): Autobahnen/Gesamt (1977)
Frankreich 3 894/795 777, BR Deutschland 6 207/465 879
Polen 139/300 822, Italien 5 431/291 081
Spanien 1 462/142 926, Belgien 1 035/114 814
Österreich 722/102 858, DDR 1 464/101 428
Ungarn 181/99 595, Jugoslawien 100/96 157
Längste Flüsse (km): Donau 2 858, Dnjestr 1 411
Rhein 1 320, Elbe 1 125, Weichsel 1 086
Loire 1 020, Tajo (Tejo) 1 007, Theiß 966
Ostsee
POLEN
DDR
SCHWEDEN
TSCHECHOSLOWAKEI
ÖSTERREICH
UNGARN
RUMÄNIEN
SOWJETUNION
JUGOSLAWIEN
BULGARIEN
ALBANIEN
GRIECHENLAND
TÜRKEI
ITALIEN
Adriatisches Meer
Tyrrhenisches Meer
Ionisches Meer
Mittelländisches Meer
Schwarzes Meer
Ägäisches Meer
Berlin
Warschau
Prag
Wien
Budapest
Bukarest
Belgrad
Sofia
Athen
Rom
Istanbul

Europa: Übersicht

Geographische Grundkarte

1 : 10 000 000

0 100 200 300 400 500 km

98–99 Europa, physisch (Oberflächenformen)
42–45 Europa, physisch (Nord- und Südteil)
172 Europa, politisch
▸ IX d, e Europäische Länder, geographisch
▸ VII b, X–XI Thematische Karten

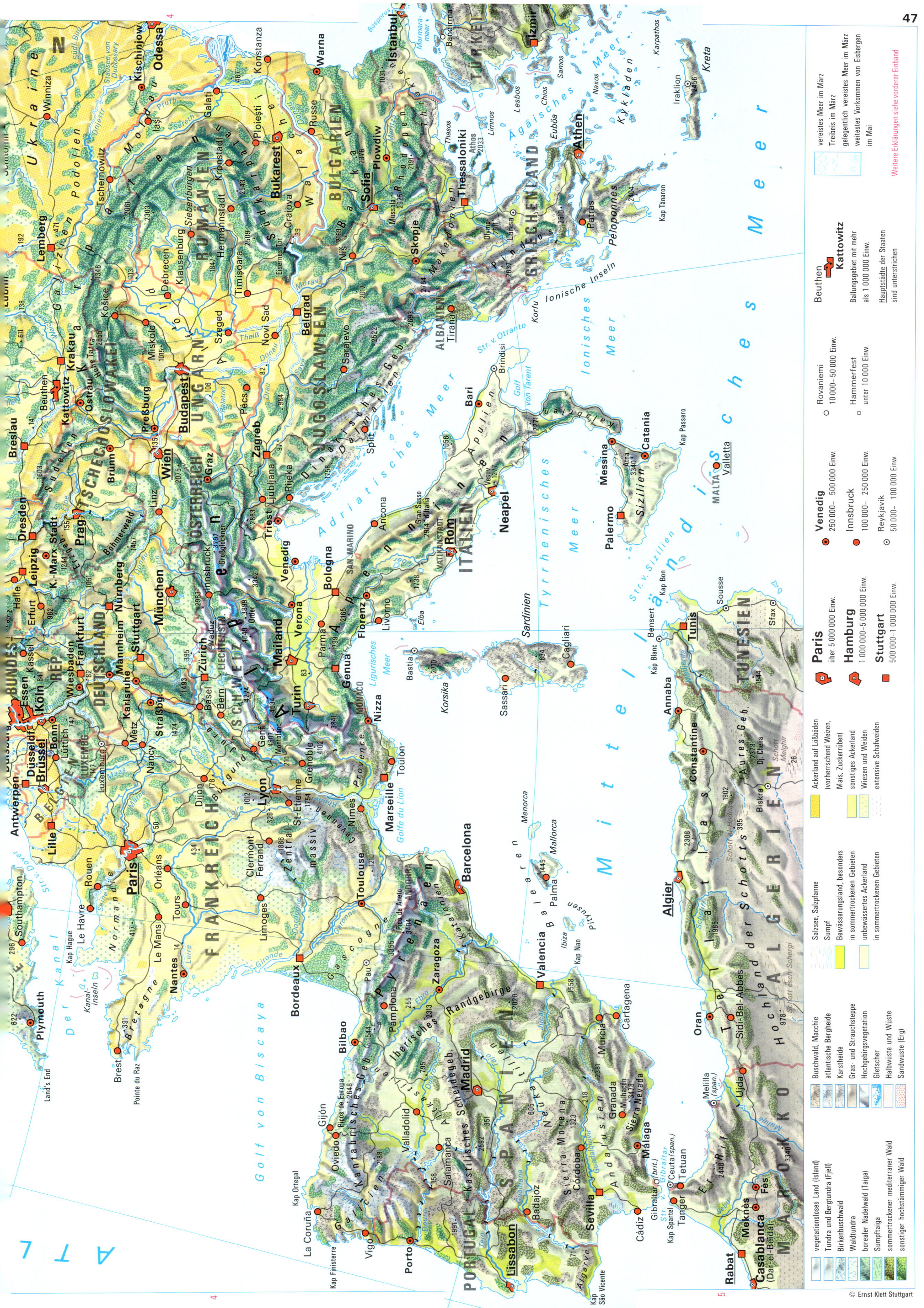
vegetationsloses Land (Island)
Tundra und Bergtundra (Fjell)
Birkenbuschwald
Waldtundra
borealer Nadelwald (Taiga)
Sumpftaiga
sommertrockener mediterraner Wald
sonstiger hochstämmiger Wald
Buschwald, Macchie
atlantische Bergheide
Karstheide
Gras- und Strauchsteppe
Hochgebirgsvegetation
Gletscher
Halbwüste und Wüste
Sandwüste (Erg)
Salzsee, Salzpfanne
Sumpf
Bewässerungsland, besonders in sommertrockenen Gebieten
unbewässertes Ackerland in sommertrockenen Gebieten
Ackerland auf Lößböden (vorherrschend Weizen, Mais, Zuckerrüben)
sonstiges Ackerland
Wiesen und Weiden
extensive Schafweiden
Paris über 5 000 000 Einw.
Hamburg 1 000 000–5 000 000 Einw.
Stuttgart 500 000–1 000 000 Einw.
Venedig 250 000– 500 000 Einw.
Innsbruck 100 000– 250 000 Einw.
Reykjavik 50 000– 100 000 Einw.
Rovaniemi 10 000–50 000 Einw.
Hammerfest unter 10 000 Einw.
Beuthen Kattowitz Ballungsgebiet mit mehr als 1 000 000 Einw.
Hauptstädte der Staaten sind unterstrichen
vereistes Meer im März
Treibeis im März
gelegentlich vereistes Meer im März
weitestes Vorkommen von Eisbergen im Mai
Weitere Erklärungen siehe vorderer Einband

Osteuropa und Vorderer Orient

Geographische Grundkarte

1 : 10 000 000

0 100 200 300 400 500 km

98–99 Europa, physisch
118 Kolchose, Sowchose, Kibbuz
165 Damaskus
169 Jerusalem
169 Krisengebiet Naher Osten
71 Ägypten, Israel und Palästina
126 Persischer Golf (Erdöl)

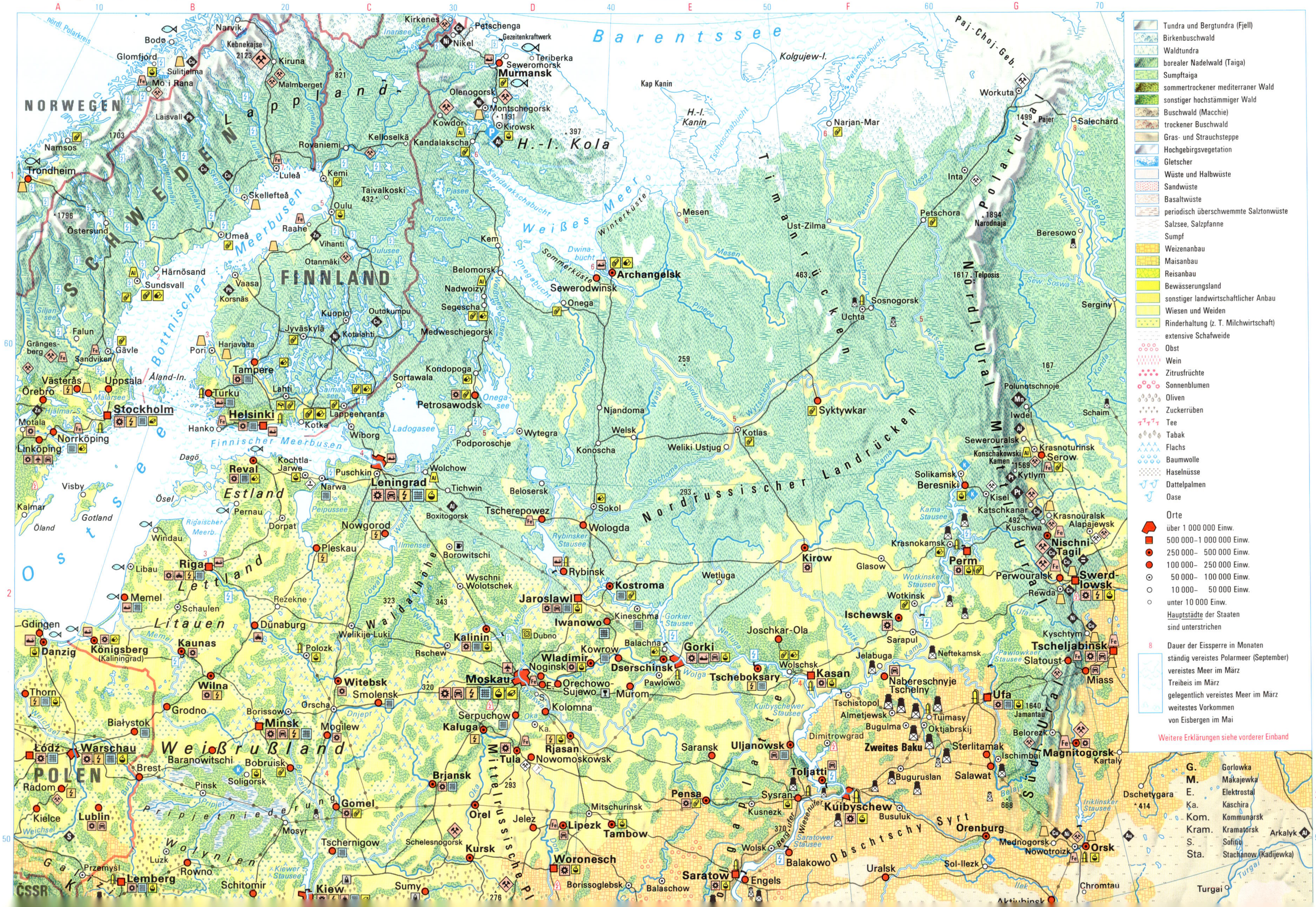

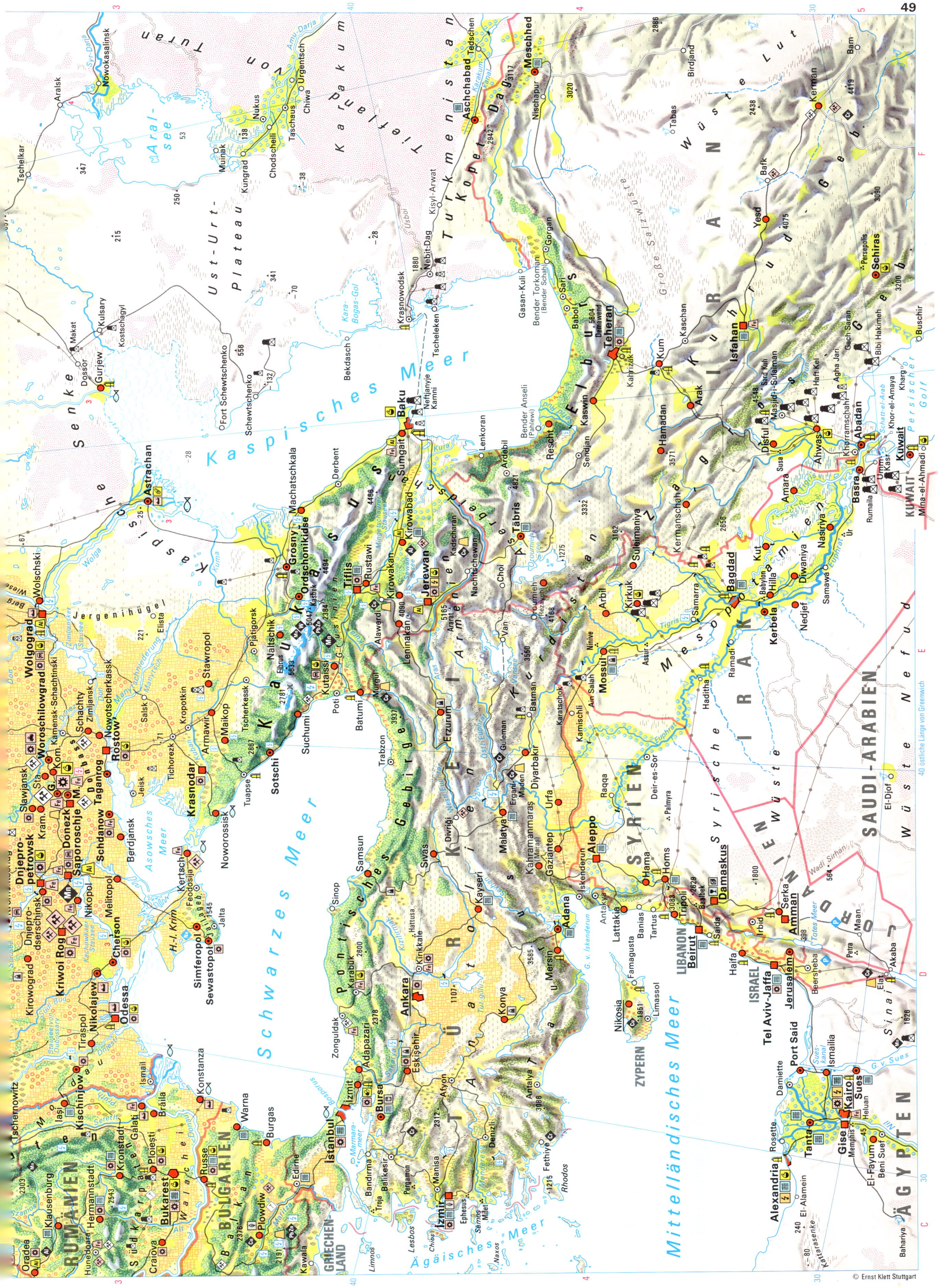
Schwarzes Meer
Kaspisches Meer
Mittelländisches Meer
Ägäisches Meer
Asowsches Meer
Persischer Golf
Totes Meer
Aralsee
Kaukasus
Pontisches Gebirge
Anatolien
Kurdistan
Elburs
Kopet-Dag
Karakum
Turkmenistan
Ust-Urt-Plateau
Tiefland von Turan
Kaspische Senke
Armenien
Mesopotamien
Syrische Wüste
Wüste Nefud
Wüste Lut
Große Salzwüste
Zagrosgebirge
Kuhrud-Gebirge
Jergenihügel
Donbass
Karpaten
Walachei
Balkan
Sinai
RUMÄNIEN
BULGARIEN
GRIECHENLAND
TÜRKEI
SYRIEN
IRAK
IRAN
LIBANON
ISRAEL
JORDANIEN
SAUDI-ARABIEN
KUWAIT
ZYPERN
ÄGYPTEN
Istanbul
Ankara
Bukarest
Odessa
Kriwoi Rog
Dnjepropetrowsk
Saporoschje
Donezk
Rostow
Wolgograd
Astrachan
Krasnodar
Tiflis
Jerewan
Baku
Grosny
Teheran
Täbris
Meschhed
Aschchabad
Isfahan
Bagdad
Basra
Mossul
Aleppo
Damaskus
Beirut
Amman
Jerusalem
Tel Aviv-Jaffa
Kairo
Alexandria
Port Said
Nikosia
Izmir
Bursa
Adana
Konya
Kayseri
Erzurum
Trabzon
Samsun
Sotschi
Batumi
Krasnowodsk
Gurjew
Kerman
Schiras
Abadan
Kuwait
40 östliche Länge von Greenwich

Sowjetunion

Geographische Grundkarte

1 : 15 000 000

0 100 200 400 600 800 1000 km

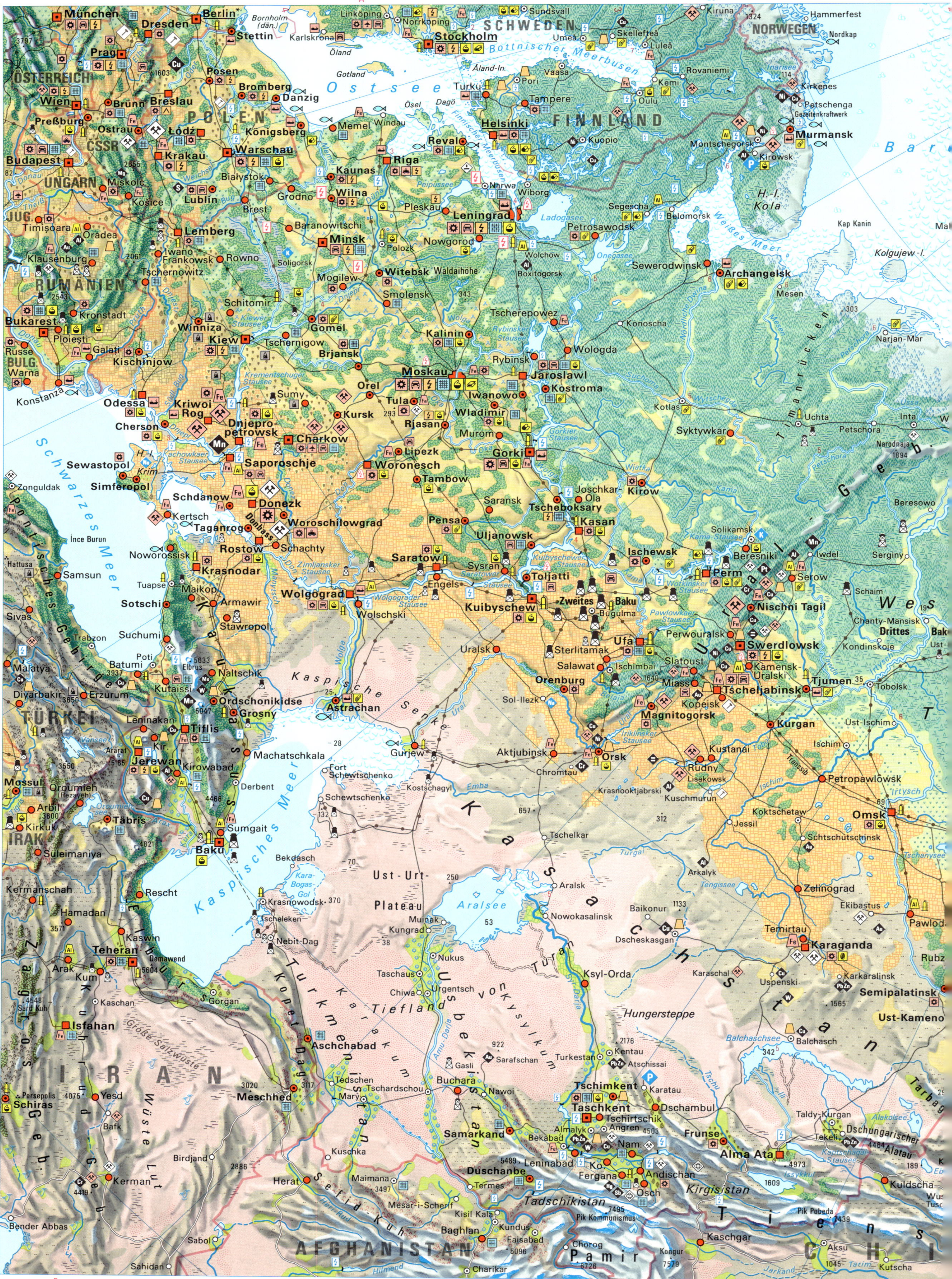

70 östliche Länge von Greenwich

Japan und Korea

Geographische Grundkarte

1 : 7 500 000

0 50 100 150 200 km

165 Kioto, 117 Reisanbau
Vgl. 112–113 Agrarimporte
Vgl. 130, 131 Rohstoffversorgung
Vgl. 141 Welthandel

Asien: Erdteilübersicht

Geographische Grundkarte

1:30000000

0 200 400 600 800 1000 km

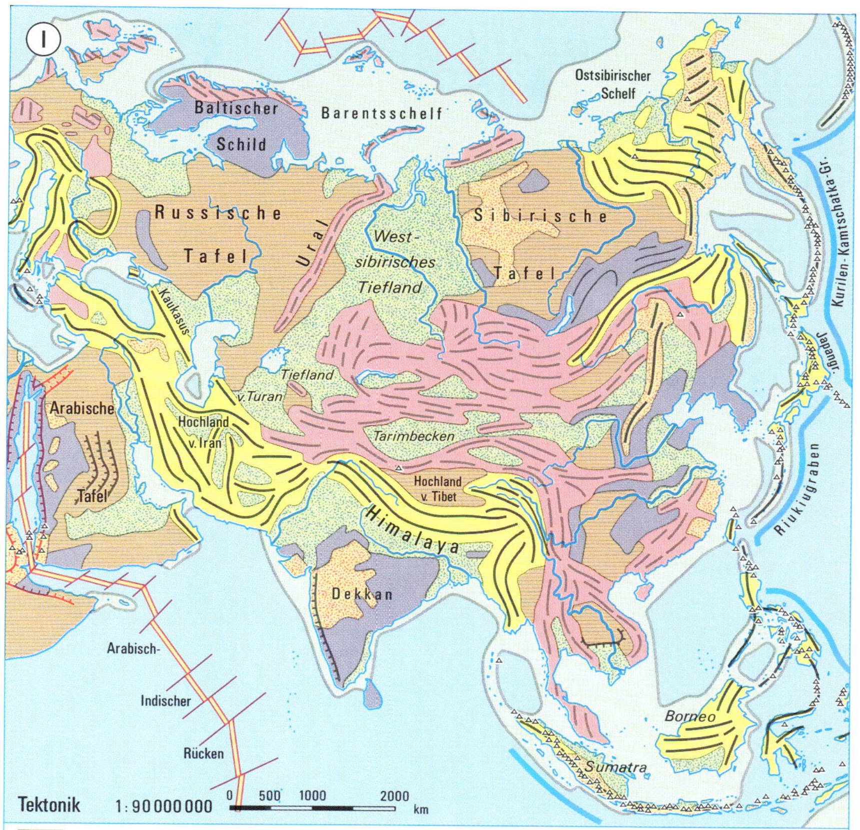

Grundgebirgsschilde (präkambrisch)

Faltungen:
- variskische u. kaledonische Faltungen (Paläozoikum)
- alpidische Faltungen (seit Mesozoikum)

Ablagerungen:
- Tafel- und Schichtstufenländer (überwiegend paläozoisch-mesozoisch)
- jüngere Ablagerungen in Tiefländern und Becken

vulkan. Komplexe
tätiger Vulkan oder Vulkangruppe
Bruchstufe, Bruchzone
Schichtstufe, sonstige Stufe

Meeresboden:
- Schelf
- mittelozeanischer Rücken mit Zentralgraben („Rift")
- Tiefseegraben

Jahresniederschlag			
	unter 100 mm		500–1000 mm
	100–250 mm		1000–2000 mm
	250–500 mm		2000–3000 mm
			über 3000 mm

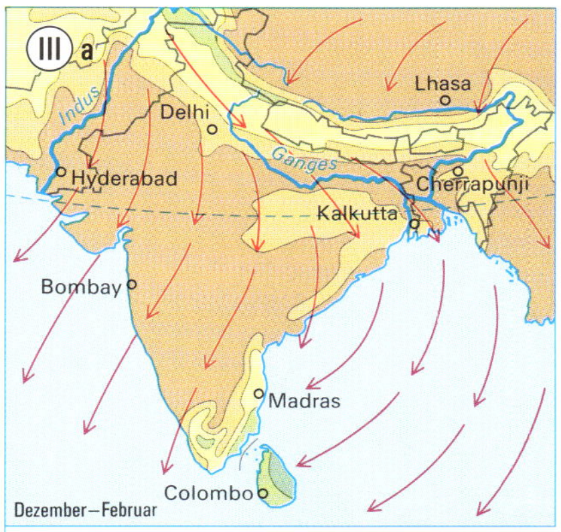

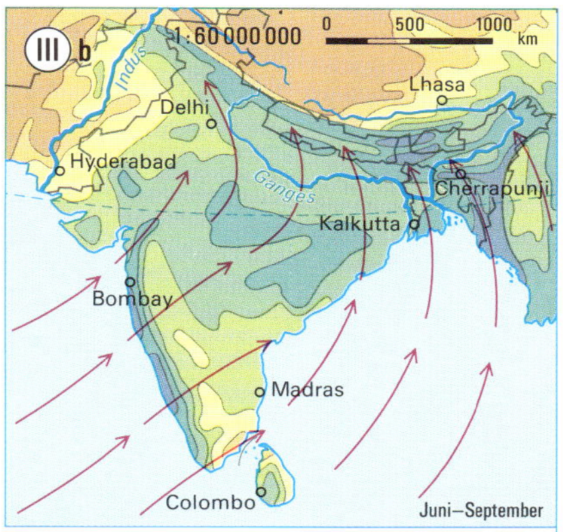

Niederschläge: 50 | 100 | 250 | 500 | 1000 | 2000 mm — vorherrschende Windrichtung

China und Mongolei

Geographische Grundkarte

1 : 10 000 000

0 100 200 300 400 500 km

115 Wasserregulierung, Hochwasserschutz
118 Volkskommune
151 Chinesen in Südostasien

Ostchinesisches Meer
Südchinesisches Meer
JAPAN
Kiuschu
TAIWAN (REP. CHINA)
(Formosa)
VIETNAM
THAILAND
LAOS
BIRMA
Hainan
Tibet
Szetschwan
Honan
Tapaschan
Tsinlingschan
Minschan
Jünnan
Kwangtung
Südchinesisches Bergland
Tangho-becken
Rotes Becken
Ebene
Riukiu-In.
Golf v. Tonking
Hainan-Str.
Formosa-Str.
Baschi-Str.
Luzon-Str.
Tokara-Str.
Korea-Str.
nördlicher Wendekreis
Tschungking
Tschengtu
Wuhan
Nanking
Schanghai
Hangtschou
Nantschang
Tschangscha
Kanton
Kaulun
Hongkong (brit.)
Victoria
Macao (port.)
Kunming
Kweijang
Nanning
Hanoi
Haiphong
Hsian
Tschengtschou
Kaifeng
Lojang
Hsütschou
Taipeh
Kilung
Taitschung
Tainan
Kauhsiung
Futschou
Hsiamen
Schantou
Fukuoka
Kitakiuschu
Nagasaki
Kagoschima
Naha
Vientiane
Hamburg
borealer Nadelwald
tropischer Regenwald
feuchter Monsunwald
sonstiger hochstämmiger Wald
Mangrove
Monsuntrockenwald
Buschwald und Gestrüpp
Gras- und Strauchsteppe
Wüste und Halbwüste
Sandwüste
Hochgebirgssteppe und Felsregion
Bergtundra
Schnee- und Eisregion
Salzsee, Salzpfanne
Sumpf
Anschwemmungsland
Sandbank
Kaoliang- und Sojaanbau
Weizenanbau
Reisanbau (Naßfeld)
Bewässerungsland
sonstiger landwirtschaftlicher Anbau
extensive Schafweide
Zitrusfrüchte
Ananas
Erdnüsse
Zuckerrüben
Zuckerrohr
Tee
Tabak
Baumwolle
Maulbeerkulturen (Seidenraupen)
Tungbaum (Öl)
Teakholz
Orte
über 1 000 000 Einw.
500 000 – 1 000 000 Einw.
250 000 – 500 000 Einw.
100 000 – 250 000 Einw.
50 000 – 100 000 Einw.
10 000 – 50 000 Einw.
unter 10 000 Einw.
Hauptstädte sind unterstrichen
Große Chinesische Mauer
Kanal zur Hochwasserregulierung
Flutauffangbecken
1620 Seetiefe
Weitere Erklärungen siehe vorderer Einband
Chinesische Originalschreibung (Hanyu-Pinyin-Transkription) siehe Register
100 östliche Länge von Greenwich

Vorderindien

Geographische Grundkarte

1:10 000 000

0 100 200 300 400 500 km

56 Monsun
115 Pandschab (Bewässerung)
117 Wanderfeldbau (Sri Lanka)
171 Indisches Dorf (Kasten)
171 Rourkela (Stahlwerk)
165 Kalkutta
151 Sprachen, Religionen, Staatenbildung

Hinterindien, Indonesien und Philippinen

Geographische Grundkarte

1 : 15 000 000

0 100 200 300 400 500 km

Ägypten — Palästina und Israel — Kilimandscharo

Geographische Grundkarten

I 114 Nil (Wasserführung)
II 169 Krisengebiet Naher Osten
118 Kibbuz, 169 Jerusalem, 165 Damaskus
III ◘ 70 D 2

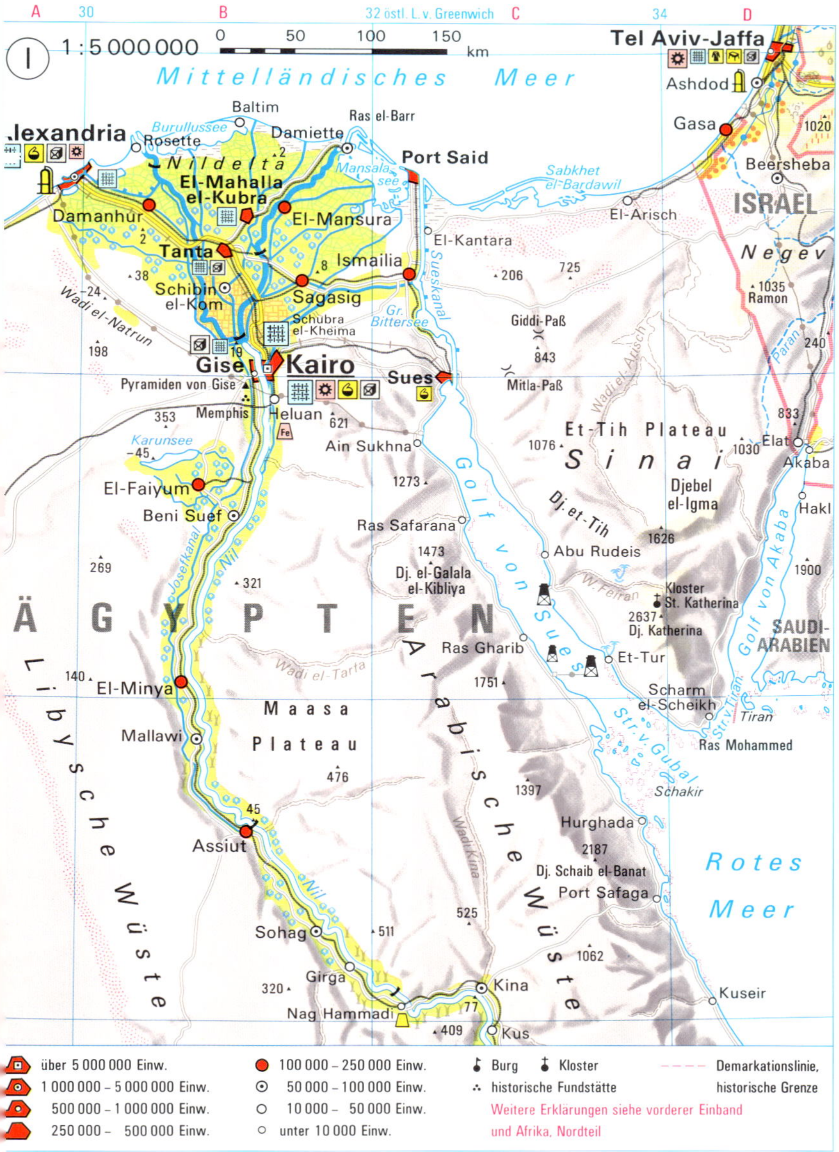

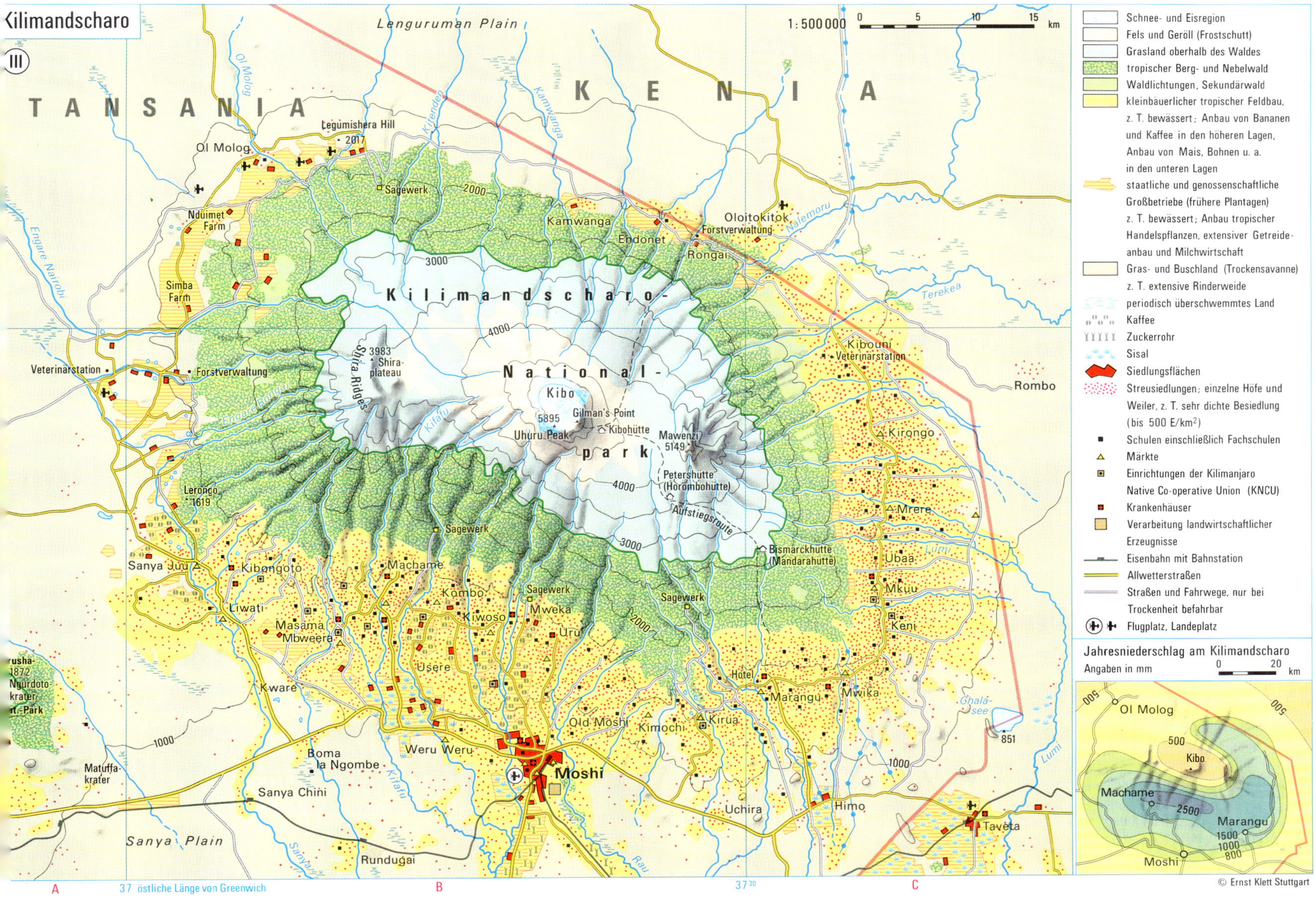

Australien: Erdteilübersicht

Physische Karte

1 : 25 000 000

74–75 Australien und Neuseeland, geographisch
96 Indischer und Pazifischer Ozean, physisch
167 Staaten (Welt)
Vgl. ▶ X–XI Thematische Weltkarten

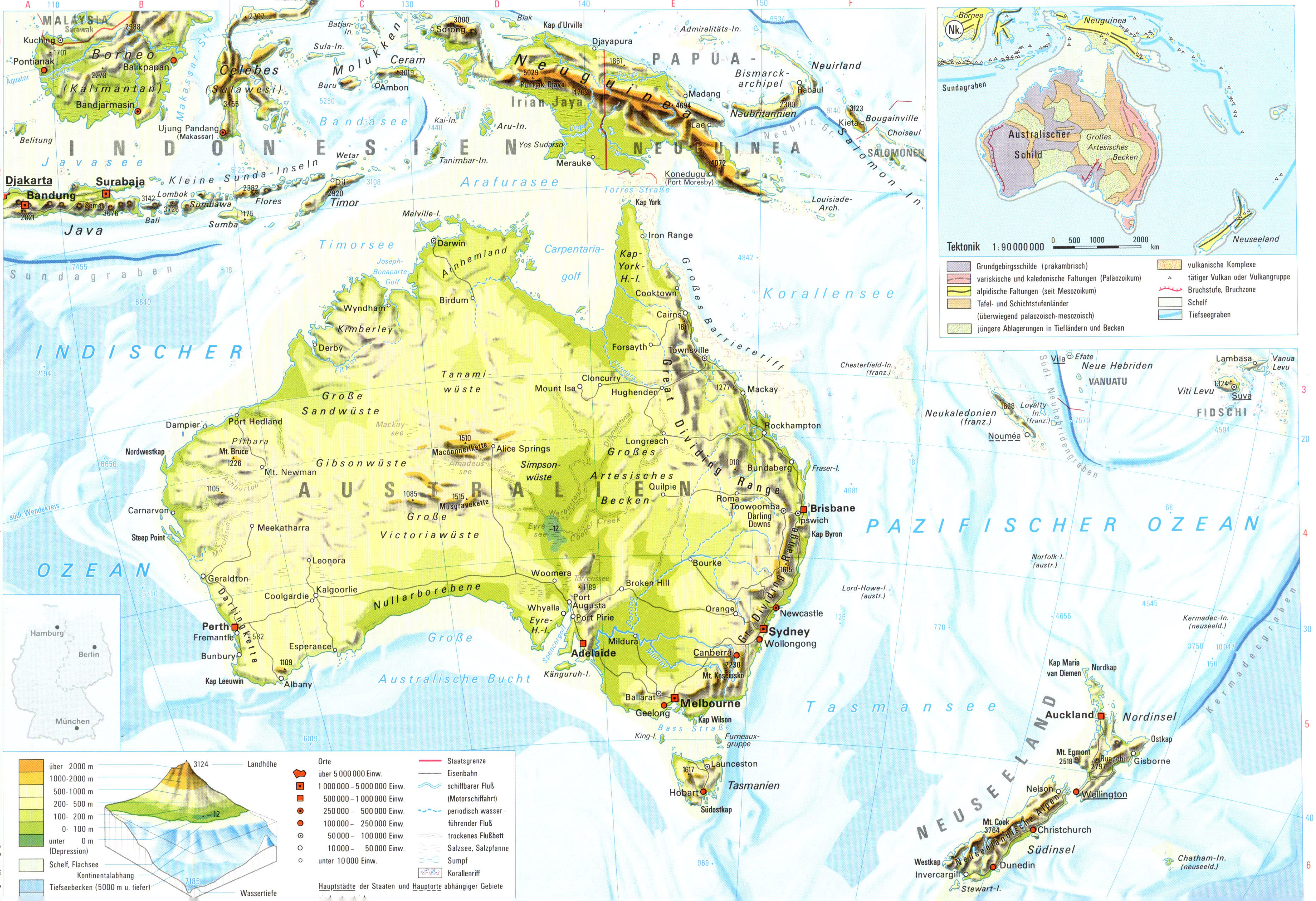

▸ VII a Thematische Karten
Vgl. ▸ X–XI Thematische Weltkarten

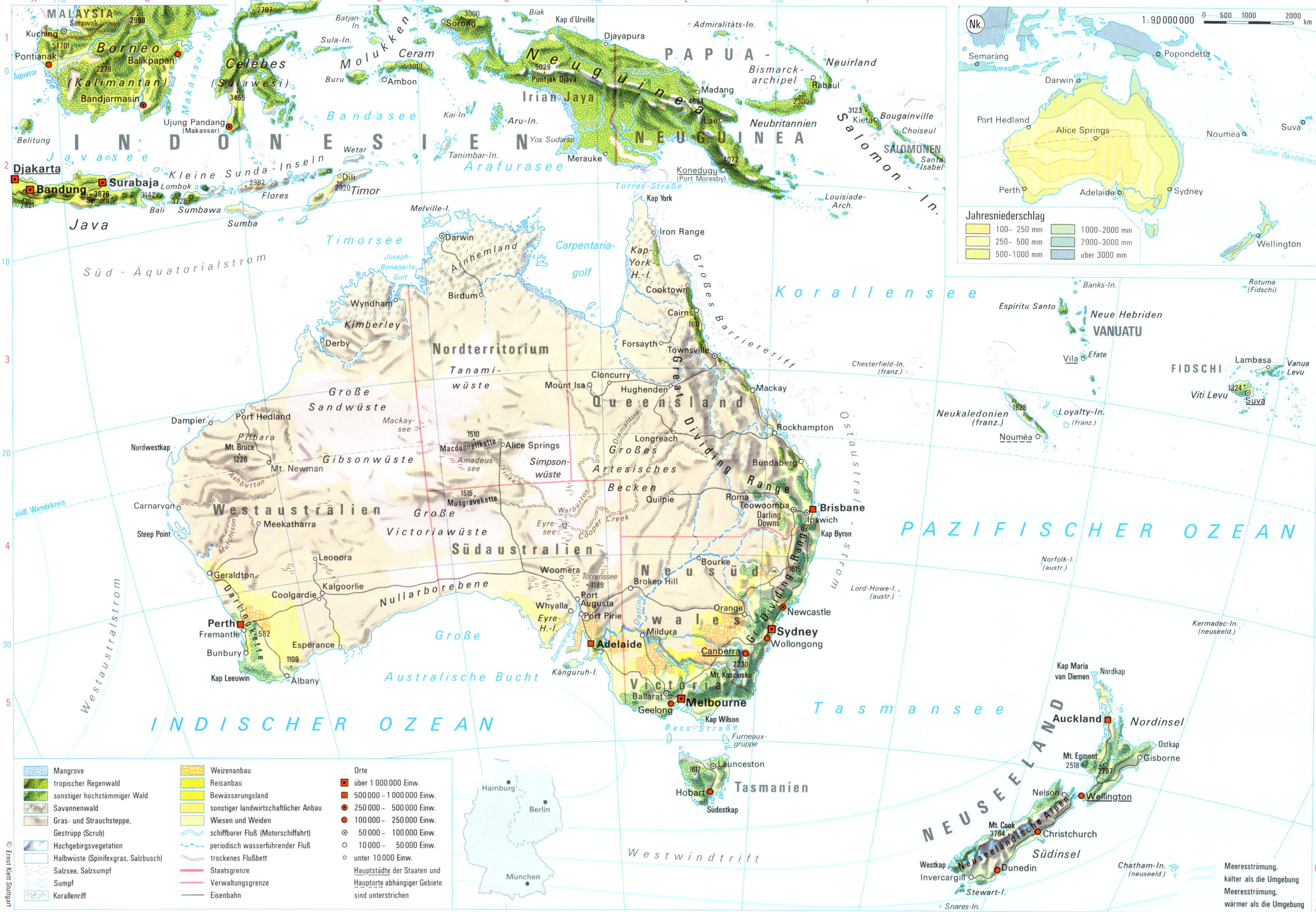

Australien und Neuseeland

Geographische Grundkarte

1 : 15 000 000

0 100 200 400 600 800 1000 km

117 Schaffarm (Ranching)

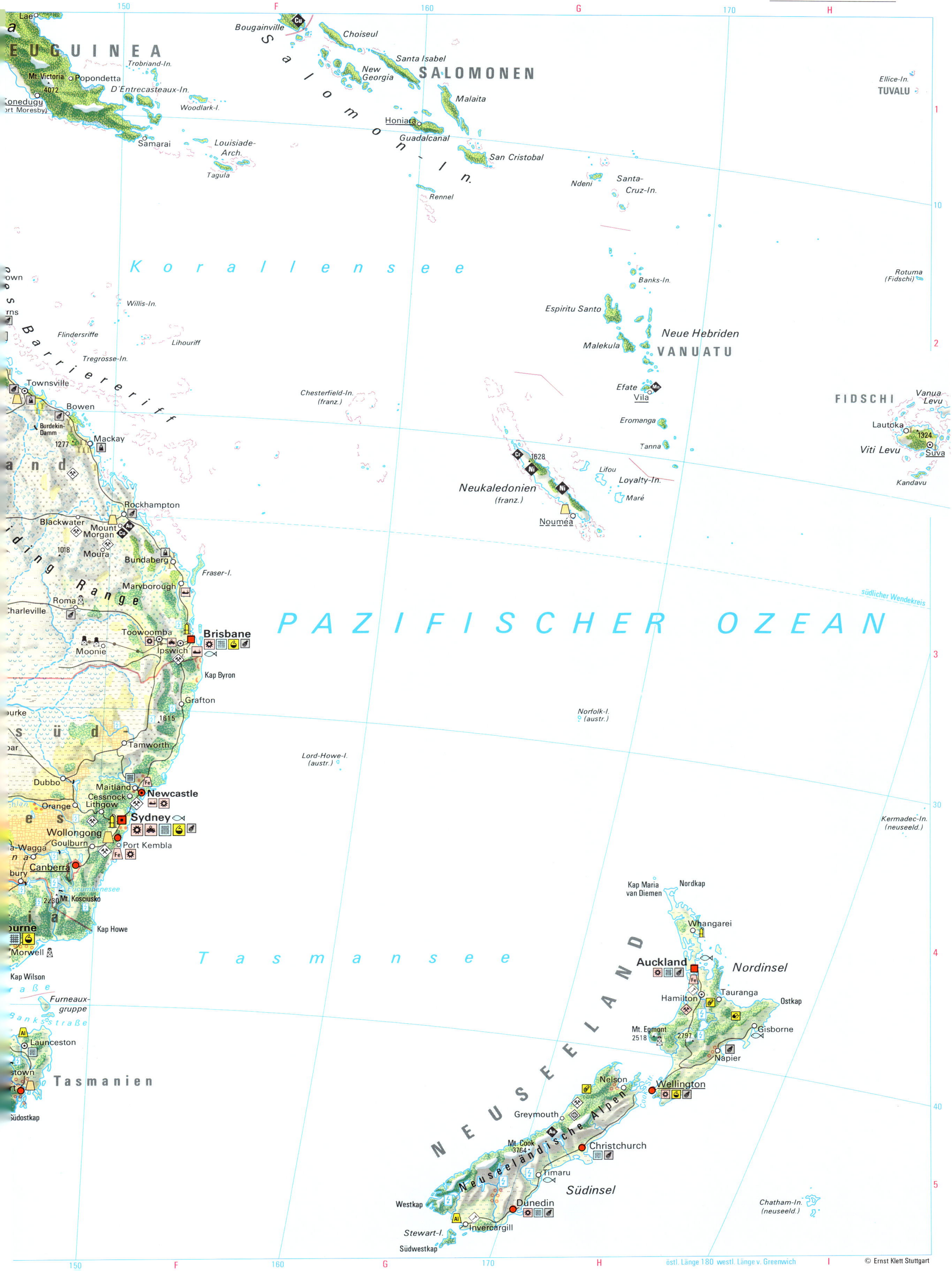

Nordamerika: Erdteilübersicht

Physische Karte

1 : 25 000 000

0 200 400 600 800 1000 km

78–79 Nordamerika, geographisch, Niederschlag
166 Staaten (Welt)
▸ VIII b Teilräume, geographisch
▸ VII a Thematische Karten, Vgl. ▸ X–XI Thematische Weltkarten

Tektonik

- Grundgebirgsschilde (präkambrisch)

Faltungen:

- variskische und kaledonische Faltungen (Paläozoikum)
- alpidische Faltungen (seit Mesozoikum)

Ablagerungen:

- Tafel- und Schichtstufenländer (überwiegend paläozoisch-mesozoisch)
- jüngere Ablagerungen in Tiefländern und Becken
- vulkanische Komplexe
- tätiger Vulkan oder Vulkangruppe
- Bruchstufe, Bruchzone
- Schichtstufe, sonstige Stufe

Meeresboden:

- Schelf
- mittelozeanischer Rücken mit Zentralgraben („Rift")
- Tiefseegraben

Zugbahnen der Hurrikane

Hurrikan King am 17. 10. 1950, 19[30]

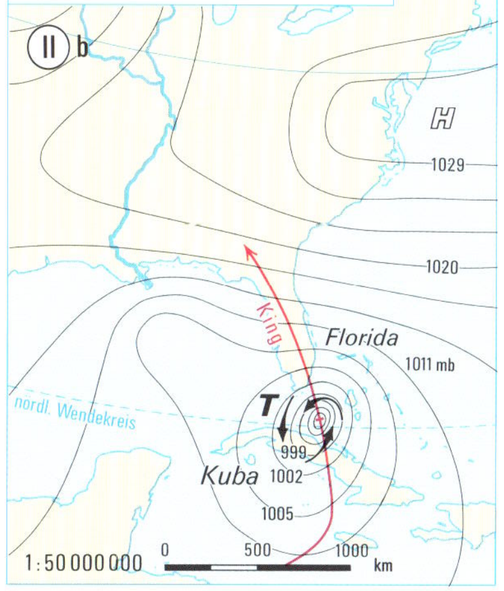

Zugbahnen der Hurrikane

- Zugbahnen der Hurrikane einer Saison (1950)
- darunter Hurrikan King
- Zugbahn des Hurrikans Betsy vom 27. 8. – 12. 9. 1965 (75 Tote, > 500 Mio US Dollar Sachschaden)
- Wanderung der Hurrikane in 24 Stunden

Durchzug des Hurrikans King durch Miami (17.–18. 10. 1950)

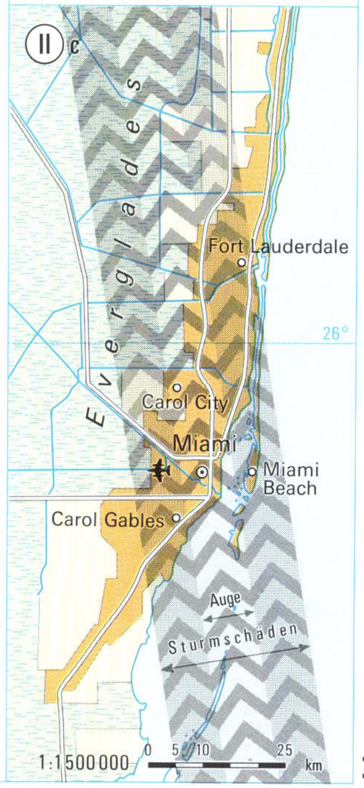

Hurrikane (tropische Wirbelstürme)

Nordamerika: Erdteilübersicht

Geographische Grundkarte

1 : 25 000 000

0 200 400 600 800 1000 km

76–77 Nordamerika, physisch, Tektonik, Hurrikane
166 Staaten (Welt)
▶ VIII b Teilräume, geographisch
▶ VII a Thematische Karten, Vgl. ▶ X–XI Thematische Weltkarten

VEREINIGTE STAATEN
MEXIKO
ATLANTISCHER OZEAN
Golf von Mexiko
Karibisches Meer
Große Antillen
Kleine Antillen
Bahama-In.
KUBA
HAITI
DOMINIK. REP.
JAMAICA
BAHAMAS
BELIZE
GUATEMALA
HONDURAS
EL SALVADOR
NICARAGUA
COSTA RICA
PANAMA
KOLUMBIEN
VENEZUELA
ECUADOR
PERU
BRASILIEN
BOLIVIEN
TRINIDAD U. TOBAGO
GRENADA
SAINT VINCENT
SAINT LUCIA
BARBADOS
DOMINICA
Assoziierte Staaten Westindiens
Sacramento
San Francisco
Reno
Fresno
Los Angeles
San Diego
Tijuana
Mexicali
Las Vegas
Salt Lake City
Denver
Pueblo
Phoenix
Albuquerque
El Paso
Juárez
Chihuahua
Omaha
Kansas City
Wichita
Tulsa
Oklahoma City
Dallas
Ft. Worth
Houston
San Antonio
Corpus Christi
Milwaukee
Chicago
Detroit
Toledo
Cleveland
Columbus
Buffalo
Pittsburgh
New York
Philadelphia
Baltimore
Washington
Norfolk
Indianapolis
Cincinnati
St. Louis
Louisville
Nashville
Memphis
Birmingham
Atlanta
Charlotte
Raleigh
Charleston
Savannah
Jacksonville
New Orleans
Tampa
Miami
Nassau
La Habana
Camagüey
Santiago de Cuba
Kingston
Port-au-Prince
Santo Domingo
San Juan
Monterrey
Torreón
Tampico
Guadalajara
León
Mexiko
Puebla
Veracruz
Acapulco
Salina Cruz
Culiacán
La Paz
Guaymas
Mérida
Belmopan
Belize
Guatemala
San Salvador
Tegucigalpa
Managua
San José
Panamá
Colón
Barranquilla
Cartagena
Santa Marta
Maracaibo
Valencia
Caracas
Barquisimeto
Cúcuta
Bucaramanga
Medellín
Bogotá
Manizales
Ibagué
Cali
Buenaventura
Pasto
Quito
Guayaquil
Cuenca
Piura
Trujillo
Iquitos
Leticia
Pucallpa
Cerro de Pasco
Porto Velho
Rio Branco
Boa Vista
Ciudad Bolívar
Ciudad Guayana
Port of Spain
Saint George's
Golfstrom
Kalifornischer Strom
N.-Äquatorialstrom
Äquatorialer Gegenstrom
Galápagos-In. (ecuad.)
Clipperton (franz.)
Revilla-Gigedo-In. (mex.)
Guadalupe (mex.)
Bermuda-In. (brit.)
Cayman-In. (brit.)
Kokos-I. (cost.)
Malpelo-I. (kol.)
San Andrés (kol.)
nördl. Wendekreis
westliche Länge von Greenwich
Hamburg
Berlin
München
Inlandeis und Gletscher
Kältewüste, Hochgebirgsregion
Tundra, Bergtundra
Waldtundra
borealer Nadelwald
sonstiger hochstämmiger Wald
Mangrove
tropischer Regenwald
offene Wälder und Gehölze
Savannenwald
Trockenwald
Gras- und Strauchsteppe
Wüste und Halbwüste
periodisch überschwemmtes Land
Sumpf
atlantische Gras- und Bergheide
Bewässerungsland
Weizenanbau
Maisanbau
Reisanbau
sonstiger landwirtschaftlicher Anbau
Wiesen und Weiden
Orte
über 5 000 000 Einw.
1 000 000 – 5 000 000 Einw.
500 000 – 1 000 000 Einw.
250 000 – 500 000 Einw.
100 000 – 250 000 Einw.
50 000 – 100 000 Einw.
10 000 – 50 000 Einw.
unter 10 000 Einw.
Hauptstädte der Staaten und Hauptorte abhängiger Gebiete sind unterstrichen
Staatsgrenze
Eisenbahn
schiffbarer Fluß, Kanal (Motorschiffahrt)
periodisch wasserführender Fluß
Wasserfall
Korallenriff
ständig vereistes Polarmeer (September)
vereistes Meer im März
Treibeis im März
gelegentlich vereistes Meer im März
weitestes Vorkommen von Eisbergen im Mai
Meeresströmung, kälter als die Umgebung
Meeresströmung, wärmer als die Umgebung
kaltes Auftriebswasser
Jahresniederschlag
unter 100 mm
100 – 250 mm
250 – 500 mm
500 – 1000 mm
1000 – 2000 mm
2000 – 3000 mm
über 3000 mm
1 : 90 000 000
0 500 1000 2000 km
Barrow
Fairbanks
Inuvik
Yakutat
Coppermine
Chesterfield Inlet
Thule
Upernavik
Ft. Vermilion
Churchill
Edmonton
Winnipeg
Montreal
Billings
New York
Washington
Omaha
Oklahoma City
Atlanta
New Orleans
Miami
Yuma
Guaymas
Tampico
Mexiko
Guatemala
Colón
Calabozo
Andagoya

Kanada und Alaska

Geographische Grundkarte

1 : 15 000 000

0 100 200 300 400 500 km

124 Fischerei (Nordatlantik)
117 Getreidefarm (Nord-Dakota)
Vgl. 111 Anbaugrenzen

Vereinigte Staaten von Amerika

Geographische Grundkarte

1 : 10 000 000

0 100 200 300 400 500 km

77 Hurrikane, 115 Kalifornien (Wasserwirtschaft)
117 Getreidefarm (Nord-Dakota)
127 Tennessee Valley Authority
131 Manufacturing Belt, 164 New York, Manhattan
149 Neger und Indianer
149 Chicago (Rassen, Sozialstatus)
149 New York (Minderheiten)
Vgl. 80 Alaska, 85 Hawaii (Oahu), Panamákanal

0 100 200 300 400 500 km
VEREINIGTE STAATEN
MEXIKO
PAZIFISCHER OZEAN
ATLANTISCHER OZEAN
Golf von Mexiko
Karibisches Meer
Große Antillen
KUBA
BAHAMAS
HAITI
DOMINIK. REP.
JAMAICA
Hispaniola
GUATEMALA
BELIZE
EL SALVADOR
HONDURAS
NICARAGUA
COSTA RICA
PANAMA
KOLUMBIEN
VENEZUELA
Golf von Kalifornien
Niederkalifornien
Golf von Campeche
Golf von Honduras
Golf von Tehuantepec
Yucatán
Hochland von Mexiko
Westl. Sierra Madre
Östl. Sierra Madre
Südl. Sierra Madre
nördl. Wendekreis
80 westliche Länge von Greenwich
Mangrove
tropischer Regenwald
sonstiger hochstämmiger Wald
Savannenwald
Trockenwald
offene Wälder und Gehölze
Gras- und Strauchsteppe
Wüste, Halbwüste
Hochgebirgsvegetation (Paramo)
periodisch überschwemmtes Land
Sumpf
Weizenanbau
Reisanbau
Bewässerungsland
sonstiger landwirtschaftlicher Anbau
extensive Rinderweide
extensive Schafweide
Obst
Wein
Zitrusfrüchte
Bananen
Erdnüsse
Zuckerrohr
Kaffee
Kakao
Tabak
Baumwolle
Sisal
Orte
über 1 000 000 Einw.
500 000 - 1 000 000 Einw.
250 000 - 500 000 Einw.
100 000 - 250 000 Einw.
50 000 - 100 000 Einw.
10 000 - 50 000 Einw.
unter 10 000 Einw.
Hauptstädte der Staaten und Hauptorte von autonomen Gebieten sind unterstrichen
Weitere Erklärungen siehe vorderer Einband
Hamburg

Hawaii-Inseln – Mittel- und Südamerika

I Oahu II Panamákanal III Kuba IV–VI: Südamerika: Tektonik, Niederschlag, Höhenstufen

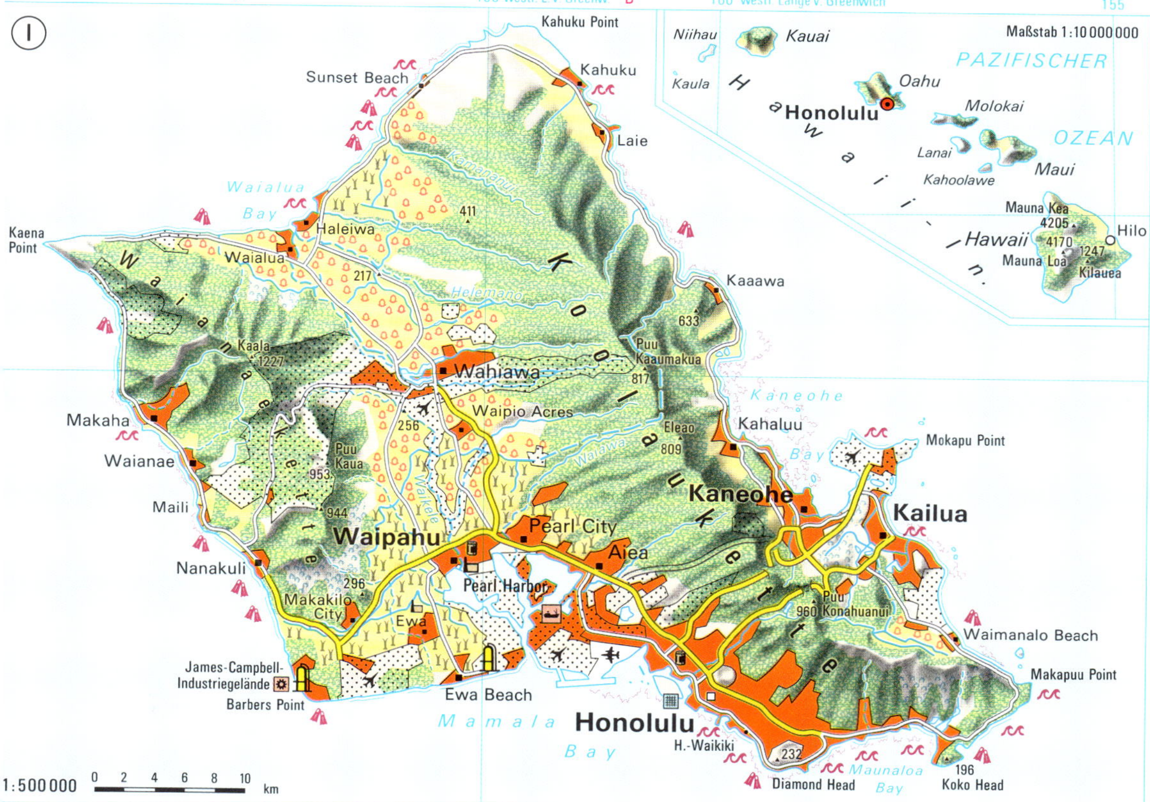

Oahu (Hawaii)

- Hochgebirgsvegetation
- Wald
- Buschwald
- offenes Land
- Ackerland
- Ananas
- Zuckerrohr
- Bewässerungskanal
- Wasserüberleitung
- autobahnähnl. Schnellstraße
- internationaler Flughafen
- Militärzone
- Militärflughafen
- Wassersport:
- Wellenreiten
- Sporttauchen
- Sandstrand
- Korallenriff
- Maschinenbau
- Schiffbau
- Textilindustrie
- Ananaskonservenfabrik
- Zuckerfabrik

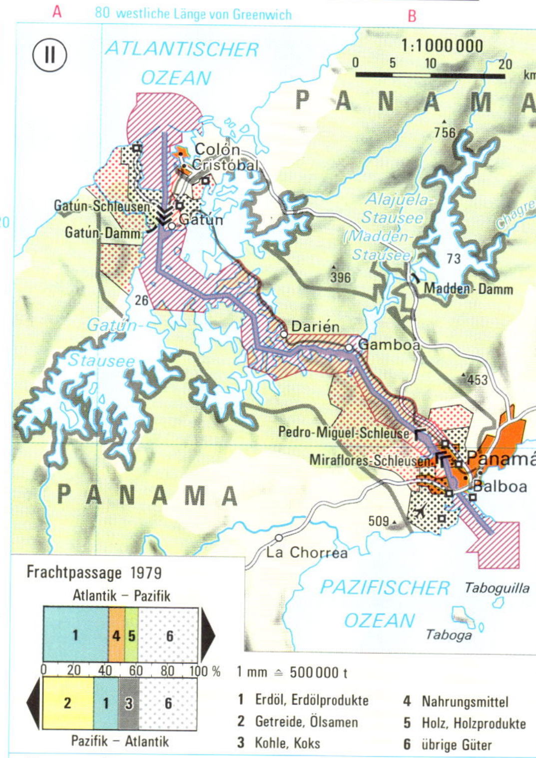

Frachtpassage 1979

1 mm ≙ 500 000 t

1 Erdöl, Erdölprodukte
2 Getreide, Ölsamen
3 Kohle, Koks
4 Nahrungsmittel
5 Holz, Holzprodukte
6 übrige Güter

Panamákanal

- Kanal und Kanalbetriebszone
- US-Militärzone
- Militärzone (gemeinsame Verwaltung: USA und Panamá)
- Grenze der ehem. USA-Kanalzone
- Schleuse
- Staudamm
- Militärstützpunkt
- Militärflughafen
- Eisenbahn
- Straße
- trop. Regenwald

Übergabe des Kanals und aller Anlagen an Panamá am 1. 1. 2000

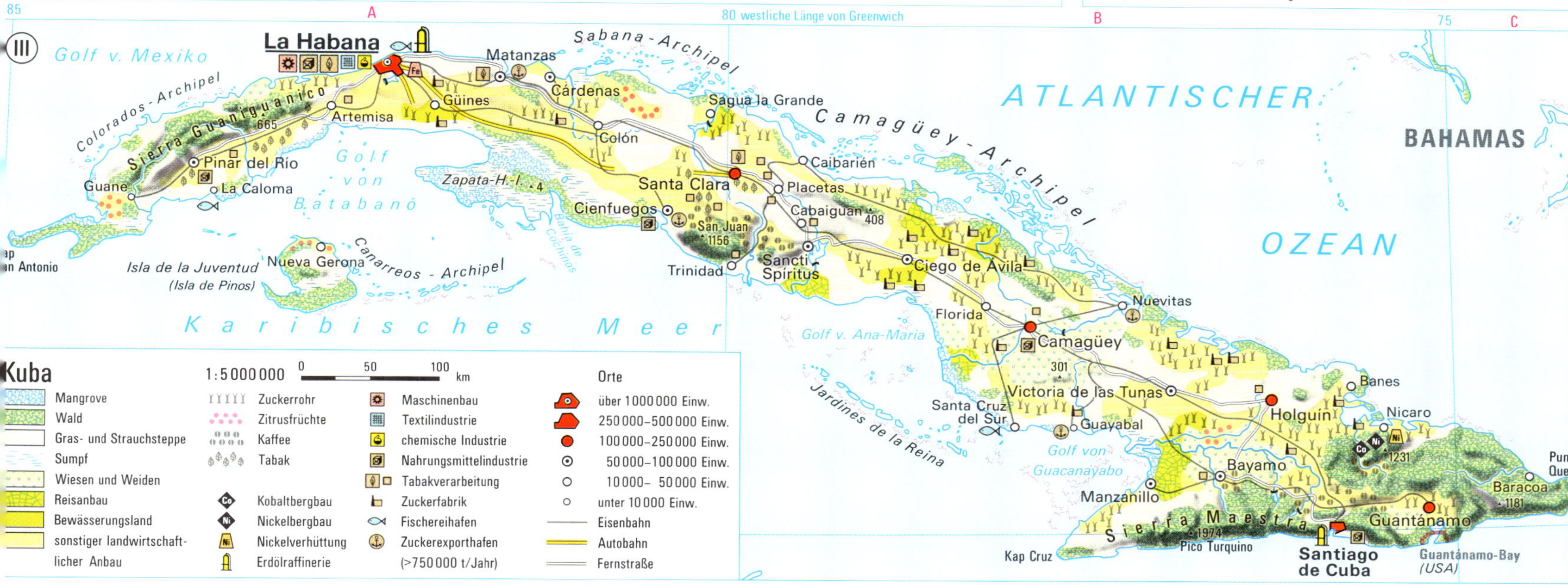

Kuba

1:5 000 000

- Mangrove
- Wald
- Gras- und Strauchsteppe
- Sumpf
- Wiesen und Weiden
- Reisanbau
- Bewässerungsland
- sonstiger landwirtschaftlicher Anbau
- Zuckerrohr
- Zitrusfrüchte
- Kaffee
- Tabak
- Kobaltbergbau
- Nickelbergbau
- Nickelverhüttung
- Erdölraffinerie
- Maschinenbau
- Textilindustrie
- chemische Industrie
- Nahrungsmittelindustrie
- Tabakverarbeitung
- Zuckerfabrik
- Fischereihafen
- Zuckerexporthafen (>750 000 t/Jahr)

Orte

- über 1 000 000 Einw.
- 250 000–500 000 Einw.
- 100 000–250 000 Einw.
- 50 000–100 000 Einw.
- 10 000– 50 000 Einw.
- unter 10 000 Einw.
- Eisenbahn
- Autobahn
- Fernstraße

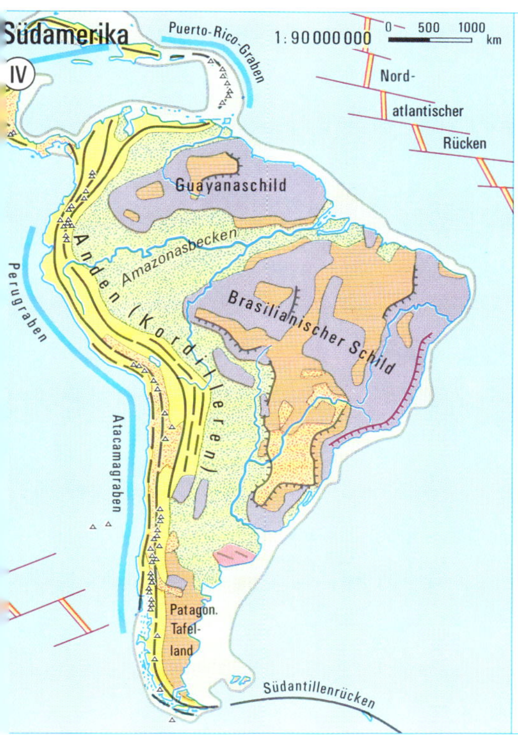

Tektonik

- Grundgebirgsschilde (präkambrisch)

Faltungen:

- variskische und kaledonische Faltungen (Paläozoikum)
- alpidische Faltungen (seit Mesozoikum)

Ablagerungen:

- Tafel- und Schichtstufenländer (überwiegend paläozoisch-mesozoisch)
- jüngere Ablagerungen in Tiefländern und Becken
- vulkanische Komplexe
- tätiger Vulkan oder Vulkangruppe
- Bruchstufe, Bruchzone
- Schichtstufe, sonstige Stufe

Meeresboden:

- Schelf
- mittelozeanischer Rücken mit Zentralgraben („Rift")
- Tiefseegraben

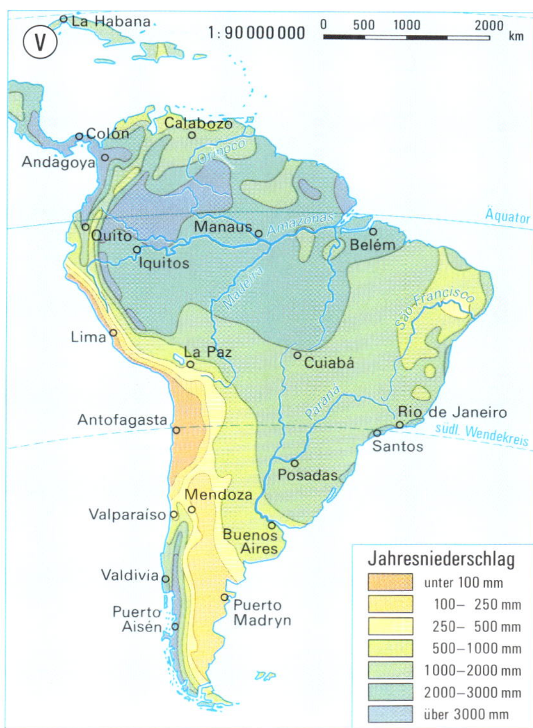

Jahresniederschlag

- unter 100 mm
- 100– 250 mm
- 250– 500 mm
- 500–1000 mm
- 1000–2000 mm
- 2000–3000 mm
- über 3000 mm

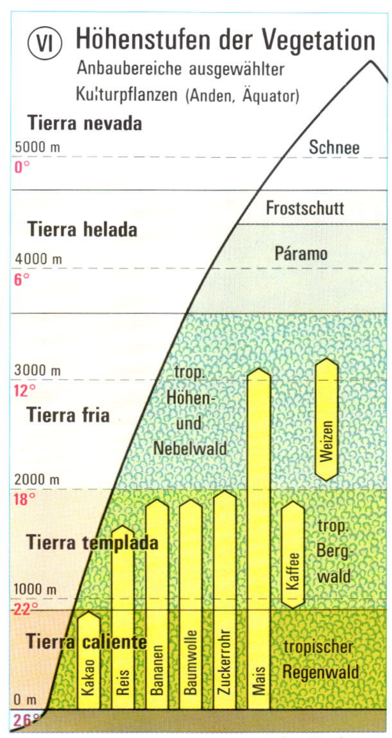

Südamerika: Erdteilübersicht

Physische Karte

1 : 25 000 000

0 200 400 600 800 1000 km

85 Tektonik, Niederschlag, Höhenstufen
166 Staaten (Welt), ▶ VIII b Teilräume, geographisch
▶ VII a Thematische Karten
Vgl. ▶ X-XI Thematische Weltkarten

Südamerika: Erdteilübersicht

Geographische Grundkarte

1 : 25 000 000

0 200 400 600 800 1000 km

85 Tektonik, Niederschlag, Höhenstufen
166 Staaten (Welt), ▶ VIII b Teilräume, geographisch
▶ VII a Thematische Karten
Vgl. ▶ X–XI Thematische Weltkarten

Südamerika, Nordteil

Geographische Grundkarte

1:15 000 000

0 100 200 400 600 800 1000 km

85 Anden (Höhenstufen)
85 Panamákanal
165 Brasilia
171 Transamazônica

Südamerika, Südteil

Geographische Grundkarte

1:15000000

0 100 200 300 400 500 km

165 Brasília
Vgl. 117 Schaffarm (Australien), Getreidefarm (USA)

Arktis und Antarktis

Geographische Grundkarten

1:30000000

0 200 400 600 800 1000 km

226–227 Beleuchtung der Erde
108–109 Klima, Vegetation, Meeresströmungen
111 Anbaugrenzen, 140 Luftverkehr
124 Nordatlantik (Fischerei)

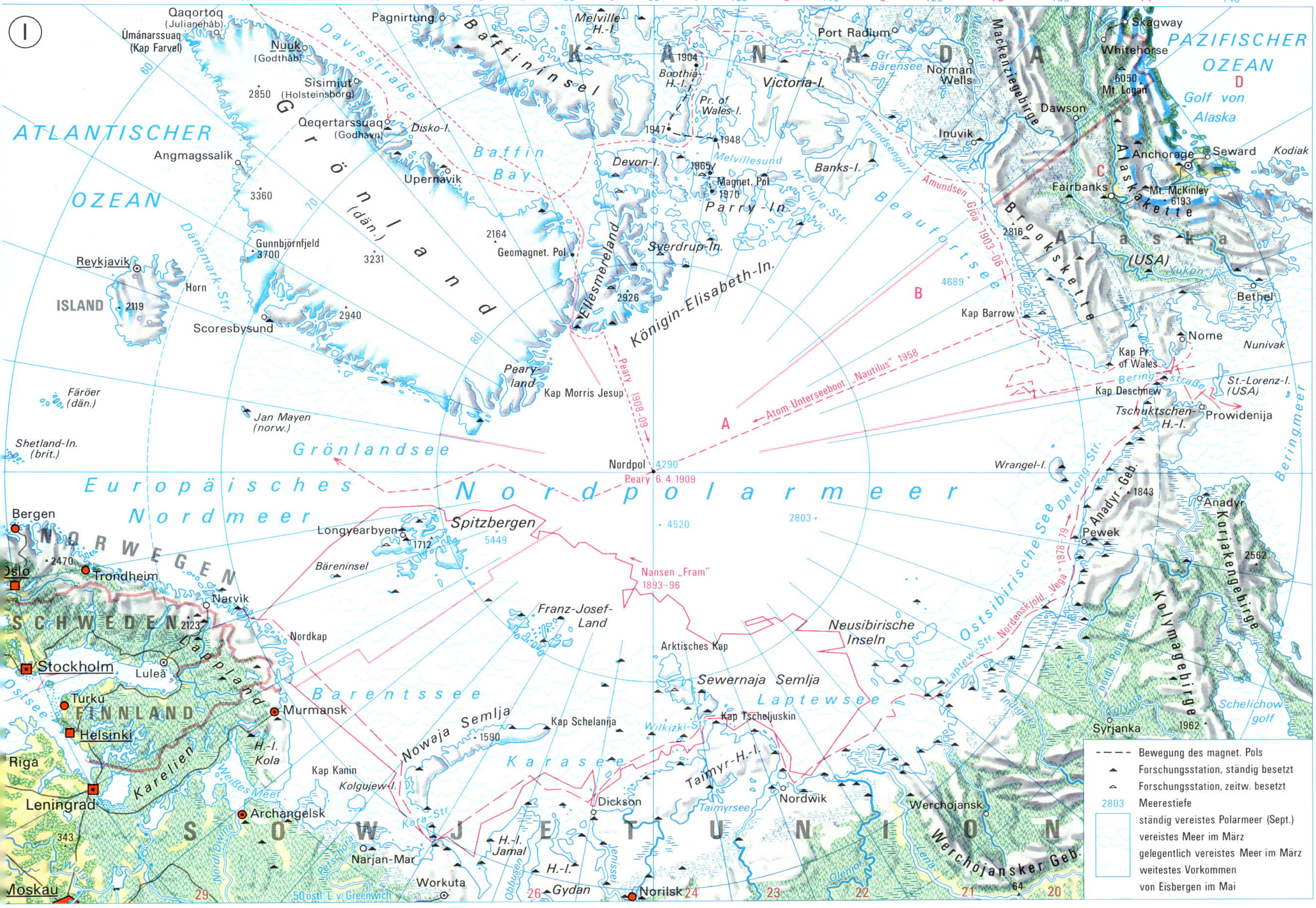

Die Großlandschaften der Erde

Geographische Grundkarte

Maßstab 1 : 60 000 000

Franz-Josef-Land
Sewernaja Semlja
Kap Tscheljuskin
Neusibirische Inseln
Ostsibirische See
Laptewsee
Karasee
Barentssee
Nowaja Semlja
Taimyr-H.-I.
Dickson
Nordwik
Norilsk
Mittelsibirisches Bergland
Murmansk
Workuta
Salechard
Archangelsk
Sibirien
Westsibirisches Tiefland
Leningrad
Kirow
Perm
Jaroslawl
Gorki
Kasan
Witebsk
Moskau
Swerdlowsk
Tscheljabinsk
Omsk
Tomsk
Nowosibirsk
Nowokusnezk
Krasnojarsk
Bratsk
Irkutsk
Sajan
Kuibyschew
Charkow
Orsk
Semipalatinsk
Karaganda
Altai
Dnjepropetrowsk
Wolgograd
Rostow
Astrachan
Balchaschsee
Ulan-Bator
Schwarzes Meer
Kaukasus
Tiflis
Ankara
Baku
Aralsee
Kysl-Orda
Alma Ata
Tienschan
Urumtschi
Taschkent
Fergana
Samarkand
Aschchabad
Tarimbecken
Dsungarei
Gobi
Innere Mongolei
Jümen
Pautou
Peking
Lantschou
Hsian
Beirut
Teheran
Elburs
Hochland von Iran
Herat
Hindukusch
Kabul
Pamir
Karakorum
Kuenlun
Hochland von Tibet
Transhimalaya
Lhasa
Himalaya
Mt. Everest
Tel Aviv-Jaffa
Bagdad
Zagrosgebirge
Abadan
Kuwait
Sues
Kairo
Nefud
Er-Riad
Nedschd
Arabien
Hedschas
Mekka
Große Arabische Wüste
Assiut
Assuan
Port Sudan
Rotes Meer
Karatschi
Lahore
Delhi
Jodhpur
Kanpur
Varanasi
Vorderindien
Ahmadabad
Kalkutta
Dacca
Mandalay
Nagpur
Bombay
Pune
Hyderabad
Golf v. Bengalen
Arabisches Meer
Ras el-Had
Sana
Aden
Golf von Aden
Sokotra
Kap Guardafui
Somali-H.-I.
Dschibuti
Khartum
Hochland v. Äthiopien
Addis Abeba
Juba
Kampala
Nairobi
Kilimandscharo
Mombasa
Mogadischo
Daressalam
Kap Delgado
Komoren
Nampula
Beira
Maputo
Durban
Madagaskar
Antananarivo
Mauritius
Réunion
Rodrigues
Seychellen
Amiranten
Aldabra-In.
Agalega-In.
Cargados-Carajos-In.
Tschagos-In.
Diego Garcia
Malediven
Lakshadweep-In.
Kap Comorin
Ceylon
Colombo
Bangalore
Madras
Madurai
Andamanen
Nikobaren
Nord-Äquatorialstrom
Äquatorialer Gegenstrom
Süd-Äquatorialstrom
INDISCHER OZEAN
Agulhasstrom
Str. v. Mocambique
Westwindtrift
Prinz-Eduard-In.
Crozet-In.
Kerguelen
Mc Donald-In.
Heard-I.
Amsterdam-I.
St-Paul
Kokos-In.
Christmas-I.
Werchojansk
Werchojansker Geb.
Tscherski Geb.
Pobeda
Oimjakon
Jakutsk
Stanowoi-Geb.
Jablonowy-Geb.
Großer Chingan
Tsitsihar
Harbin
Chabarowsk
Sichote Alin
Wladiwostok
Kolyma
Kolyma-Geb.
Magadan
Anadyr-Geb.
Anadyr
Wrangel-I.
Pewek
Kap Deschnew
Kap Pr. of Wales
St.-Lorenz-I.
Nunivak
Kamtschatka
Kljutschewskaja Sopka
Petropawlowsk-Kamtschatski
Kommandeur-In.
Aleuten
Beringmeer
Ochotskisches Meer
Sachalin
Juschno-Sachalinsk
Kurilen
Hokkaido
Sapporo
Oya-Schio
Kuro-Schio
Honschu
Tokio
Jokohama
Kioto
Kobe
Osaka
Nagoya
Kitakiuschu
Japan. Meer
Schenjang
Anschan
Pjöngjang
Söul
Tägu
Pusan
Tsinan
Tsingtau
Tientsin
Tangschan
Gelbes Meer
Tsinlingschan
Tschengtschou
Nanking
Schanghai
Wuhan
Tschengtu
Tschungking
Ostchines. Meer
Kweijang
Futschou
Südchinesisches Bergland
Taipeh
Taiwan
Kanton
Victoria (Hongkong)
Nanning
Kunming
Hanoi
Hainan
Riukiu-In.
Naha
Bonin-In.
Vulkan-In.
Marcus-I.
nördl. Wendekreis
PAZIFISCHER OZEAN
Marianen
Guam
Nord-Äquatorialstrom
Karolinen
Äquatorialer Gegenstrom
Truk-In.
Ponape
Jap-In.
Palau-In.
Hinterindien
Rangun
Bangkok
Da Nang
Phnom Penh
Ho Chi Minh
Kap Ca Mau
Südchines. Meer
Luzon
Manila
Mindoro
Philippinen
Palawan
Cebu
Mindanao
Davao
Sulu-In.
Kinabalu
H.-I. Malakka
Kuala Lumpur
Singapur
Sumatra
Padang
Palembang
Pontianak
Borneo
Celebes
Manado
Halmahera
Molukken
Ceram
Große Sunda-In.
Djakarta
Bandung
Surabaja
Java
Malang
Kleine Sunda-In.
Ujung Pandang
Sumba
Timor
Timorsee
Arafurasee
Aru-In.
Neuguinea
Puntjak Djaja
Konedugu
Bismarck-archipel
Neuirland
Neubritannien
Bougainville
Salomon-In.
S.-Äquatorialstrom
Äquator
Darwin
Arnhemland
Carpentariagolf
Kap York
Kap York-H.-I.
Kimberley
Port Hedland
Nordwestkap
Große Sandwüste
Macdonnellkette
Alice Springs
AUSTRALIEN
Großes Artesisches Becken
Große Victoriawüste
Great Dividing Range
Gr. Barriereriff
Korallensee
Chesterfield-In.
Neukaledonien
südl. Wendekreis
Brisbane
Norfolk-I.
Lord-Howe-I.
Perth
Kap Leeuwin
Westaustralstrom
Große Austral. Bucht
Darling
Murray
Newcastle
Sydney
Canberra
Mt. Kosciusko
Melbourne
Ostaustralstrom
Bass-Str.
Tasmanien
Hobart
Südostkap
Tasmansee
Neuseeland
Auckland
Wellington
Westkap
Dunedin
Stewart-I.
Chatham-In.
Bounty-In.
Antipoden-In.
Auckland-In.
Campbell-I.
Macquarie-In.
Westwindtrift
Alaska
Alaskakette
Mt. McKinley
Fairbanks
Anchorage
Kap Barrow
Inuvik
Banks-I.
Victoria-I.
Beaufortsee
Gr. Bärensee
Mackenzie
Kodiak
H.-I. Alaska
nördl. Polarkreis
Kap Batterbee
Enderbyland
American Highland
Mt. Menzies
Pobeda-I.
Kap Poinsett
Wilkesland
Adelieland
Magnet. Pol
Balleny-In.
südl. Polarkreis
Scott-I.
ARKTIS
Meeresströmung, kälter als die Umgebung
Meeresströmung, wärmer als die Umgebung
kaltes Auftriebswasser
© Ernst Klett Stuttgart

Oberflächenformen der Erde

Physische Karte

Nordpolarmeer
Franz-Josef-Land
Arktisches Kap
Sewernaja Semlja
Kap Tscheljuskin
Neusibirische Inseln
Ostsibirische See
Banks-I.
Victoria-I.
Beaufortsee
Kap Barrow
Nowaja Semlja
Karasee
Laptewsee
Taimyr-H.-I.
Wrangel-I.
Alaska
Fairbanks
Barentssee
Dickson
Nordwik
Norilsk
Putorana-Geb.
Mittelsibirisches Bergland
Werchojansk
Anadyr-Geb.
Kap Deschnew
Kap Pr. of Wales
Alaskakette
Mt. McKinley
Anchorage
Kap Kanin
H.-I. Kola
Archangelsk
Salechard
Jakutsk
Werchojansker Geb.
Oimjakon
Kolyma-Geb.
Magadan
Anadyr
Korjaken-Geb.
St.-Lorenz-I.
Nunivak
Beringmeer
Kodiak
H.-I. Alaska
Sibirien
Ochotskisches Meer
Kamtschatka
Kommandeur-In.
Kljutschewskaja Sopka
Near-In.
Aleuten
Andreanof-In.
Leningrad
Osteuropäisches Flachland
Perm
Ural
Westsibirisches Tiefland
Omsk
Nowosibirsk
Irkutsk
Baikalsee
Jablonowy-Geb.
Stanowoi-Geb.
Sachalin
Moskau
Sajan
Altai
Chabarowsk
Kiew
Orsk
Kasachische Schwelle
Balchaschsee
Ulan-Bator
Großer Chingan
Sichote Alin
Hokkaido
Odessa
Kaspische Senke
Asien
Gobi
Mandschurei
Wladiwostok
Kaukasus
Schwarzes Meer
Aralsee
Tiefland v. Turan
Alma Ata
Dsungarei
Tienschan
Urumtschi
Innere Mongolei
Peking
Japan-Meer
Honschu
Ankara
Anatolien
Baku
Elburs
Tarimbecken
Jümen
Nanschan
Ordos
Große Ebene
Gelbes Meer
Söul
Korea
Fudschijama
Tokio
Teheran
Hochland von Iran
Hindukusch
Pamir
Karakorum
Kuen-lun
Hochland von Tibet
Hsian
Tsinlingschan
Schikoku
Kiuschu
Zypern
Mesopotamien
Kabul
Transhimalaya
Wuhan
Schanghai
Amman
Kairo
Nefud
Kerman
Pandschab
Himalaya
Mt. Everest
Rotes Becken
Ostchinesisches Meer
Bonin-In.
Delhi
Wüste Tharr
Hindostan
Assam
Taipeh
Taiwan
Vulkan-In.
Marcus-I.
Er-Riad
Arabien
Karatschi
Vorderindien
Kalkutta
Hanoi
Kanton
Südchinesisches Bergland
Pazifischer
Mekka
Große Arabische Wüste
Ras el-Had
Bombay
Dekkan
Golf v. Bengalen
Hinterindien
Hainan
Philippinenbecken
Marianen
Nubien
Khartum
Arabisches Meer
Westghats
Ostghats
Rangun
Südchinesisches Meer
Luzon
Manila
Guam
Dhofar
Aden
Golf v. Aden
Madras
Andamanen
Bangkok
Mindoro
Philippinen
Kordofan
Sokotra
Kap Guardafui
Arabisches Becken
Somali-H.-I.
Hochland von Äthiopien
Addis Abeba
Lakshadweep-In.
Ceylon
Kap Comorin
Colombo
Nikobaren
Golf v. Siam
H.-I. Malakka
Kap Ca Mau
Ho Chi Minh
Palawan
Mindanao
Karolinen
Juba
Malediven
Kinabalu
Sulu-In.
Truk-In.
Ponape
Ozean
Ruwenzori
Mogadischo
Somalibecken
Singapur
Karolinenbecken
Victoriasee
Kenia
Borneo
Celebes
Halmahera
Äquator
Kilimandscharo
Seychellen
Sumatra
Große Sunda-In.
Molukken
Ambon
Ceram
Neuguinea
Bismarck-archipel
Neuirland
Daressalam
Amiranten
Tschagos-In.
Diego Garcia
Zentralindisches Becken
Keelingbecken
Krakatau
Djakarta
Java
Kleine Sunda-In.
Puntjak Djaya
Neubritannien
Bougainville
Aldabra-In.
Kap Delgado
Agalega-In.
Indischer
Kokos-In.
Christmas-I.
Sumba
Timor
Arafurasee
Aru-In.
Kap York
Konedugu
Salomon-In.
Komoren
Maskarenen
Cargados-Carajos-In.
Darwin
Arnhemland
Carpentariagolf
Kap York-H.-I.
Korallensee
Antananarivo
Madagaskar
Mauritius
Réunion
Rodrigues
Nordwestaustral. Becken
Port Hedland
Große Sandwüste
Macdonnellkette
Great Dividing Range
Chesterfield-In.
Maputo
Madagaskarbecken
Nordwestkap
Australien
Großes Artesisches Becken
Neukaledonien
Westaustral. Becken
Große Victoriawüste
Brisbane
Perth
Nullarborebene
Norfolk-I.
Kap Leeuwin
Große Austral. Bucht
Lord-Howe-I.
Südwestindisches Becken
Amsterdam-I.
St.-Paul
Südostindisches Becken
Canberra
Sydney
Mt. Kosciusko
Melbourne
Tasmansee
Crozetrücken
Südaustralisches Becken
Neuseeland
Prinz-Eduard-In.
Crozet-In.
Kerguelen
Tasmanien
Südostkap
Wellington
Südinsel
Chatham-In.
Mc Donald-In.
Heard-I.
Westkap
Dunedin
Stewart-I.
Bounty-In.
Antipoden-In.
Auckland-In.
Campbell-I.
Macquarie-In.
Südpolarbecken
Indisch-Antarktisches Becken
Indisch-Antarktischer Rücken
Südpazifisches Becken
Kap Batterbee
Pobeda-I.
Enderbyland
Kap Poinsett
Magnet. Pol
American Highland
Wilkesland
Adelieland
Balleny-In.
südl. Polarkreis
Südpazifischer Rücken
Scott-I.
Mt. Menzies
Antarktis
© Ernst Klett Stuttgart

166-167, 168 Staaten

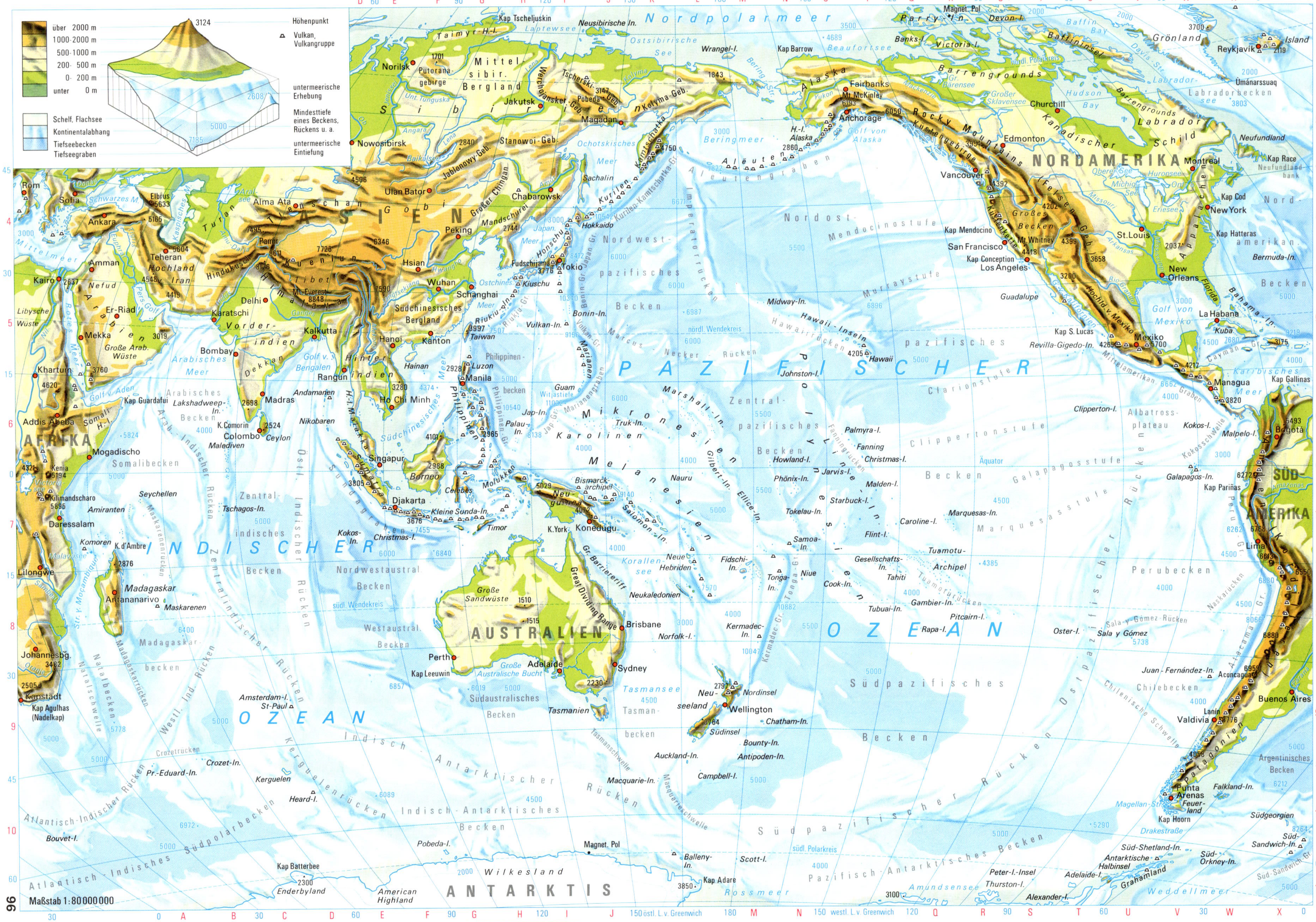

Maßstab 1:80 000 000

Erde: Tektonik und Vulkanismus

Struktur und Werden der Erdoberfläche

94–96 Welt, Pazifischer und Indischer Ozean, physisch (mit Vulkanen)
100 Europa (Tektonik), Vesuv, Vgl. 40 Island (Geysire)
▶ VIII a Erdteile, physisch (Nk. Tektonik)

Tektonischer Bau und Großgliederung der Erde

Ⅰ

Maßstab 1:120 000 000

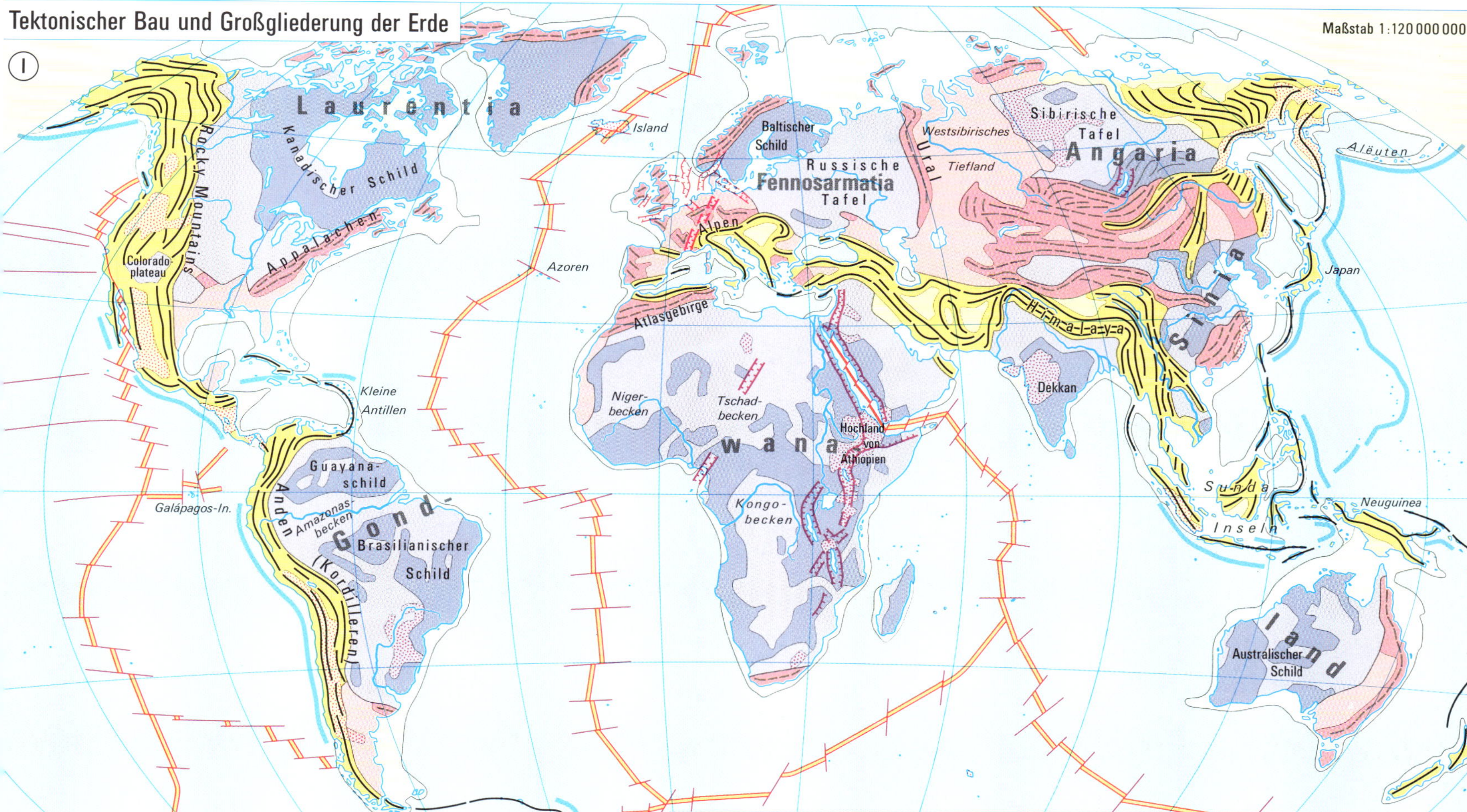

a / b	präkambrische Festlandskerne (Urkontinente)
a / b	paläozoische Faltungszonen (kaledonisch und variskisch)
a / b	mesozoisch-quartäre Faltungszonen (alpidisch)
a	ohne Ablagerungen (z. B. Schild, Rumpf)
b	von Ablagerungen bedeckt (z. B. Tafelland, Schichtstufenland, Beckenaufschüttung)
	mesozoisch-quartärer Vulkanismus
	Schelf
	Grabenbrüche
	ozeanische Rücken mit Zentralgräben („Rifts")
	Tiefseegräben

Die vermutete Lageverschiebung der Kontinente:

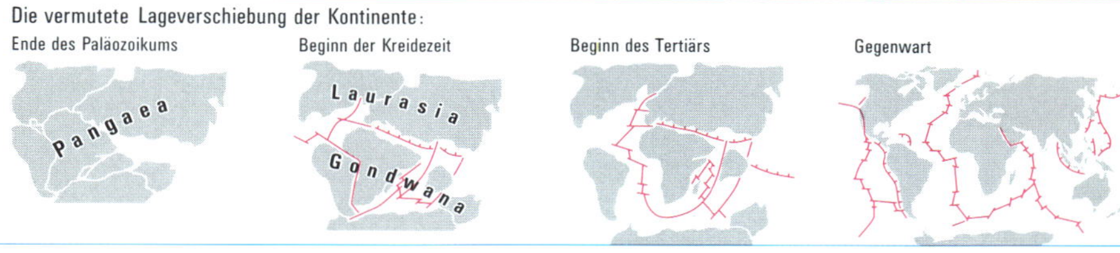

Erdbeben und Vulkanismus, Plattentektonik

Ⅱ

Maßstab 1:120 000 000

Gebiete häufiger Erdbeben:	
	Herdtiefe 0–70 km
	Herdtiefe 70–700 km
	Erdbeben mit hohem Zerstörungsgrad (nach 1900)
	tätige Vulkane bzw. Vulkangruppen
	Bruchzonen
	alpidische Faltungszonen
	sonstige Gebiete des Festlandes
	Schelf
Plattengrenzen:	
	ozeanischer Rücken
	Subduktionszone
	sonstige Plattengrenzen (z. B. Transform-Verwerfung)
	vermutete Plattengrenze

① ozeanischer Rücken: Platten bewegen sich voneinander fort, neues Material steigt auf

② Subduktionszone: ozeanische Kruste wird unter kontinentale Kruste geschoben

③ Transform-Verwerfung: zwei Platten bewegen sich aneinander vorbei

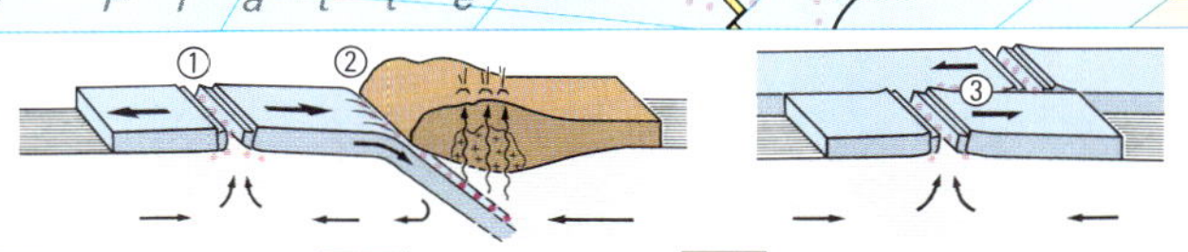

kontinentale Kruste · ozeanische Kruste · Moho-Fläche · Erdbebenherde

Europa: Oberflächenformen

Physische Karte

42–43 Europa, Nordteil, physische Grundkarte
44–45 Europa, Südteil, physische Grundkarte
100 Tektonik, Würmeiszeit, Vesuv, 101 Alpen (Tektonik, Geologie)
▶ IX Teilräume, geographisch

Europa: Tektonischer Bau und glaziale Überformung

Übersichten und Beispiele

97 Welt (Tektonik)
98–99 Europa, physisch (mit Vulkanen)
104–105 Deutschland, Geologie, Morphologie
III ◘ 98 F 4, IV ◘ 24 C 2

Tektonischer Bau Europas

Präkambrischer Festlandskern:
- Grundgebirgsschild
- unter Ablagerungen

Faltungszonen:
- kaledonische Faltung
- variskische Faltung
- alpidische Faltung
- gegenwärtige Faltung

Ablagerungen:
- paläozoisches Tafelland
- mesozoisches Tafelland
- Molassevortiefen
- tertiäre Hügelländer
- eiszeitl. Ablagerungen größerer Mächtigkeit
- sonstige jüngere Aufschüttungen
- jüngerer Vulkanismus

- Bruchzone
- tätiger Vulkan
- Erdbeben mit hohem Zerstörungsgrad (nach 1900)
- Schichtstufe
- Endmoränen

Europa in der Würmeiszeit

- Eisbedeckung
- vereistes Meer
- weitgehend vegetationslose Gebirge, z. T. örtlich vergletschert
- Tundra
- Waldtundra
- subpolarer Wald
- Mischwald
- mediterrane Vegetation
- Steppe
- Lößanwehungen
- alter Küstenverlauf
- heutiger Küstenverlauf
- Fundstätten menschlicher Kulturen der Altsteinzeit

Vesuv

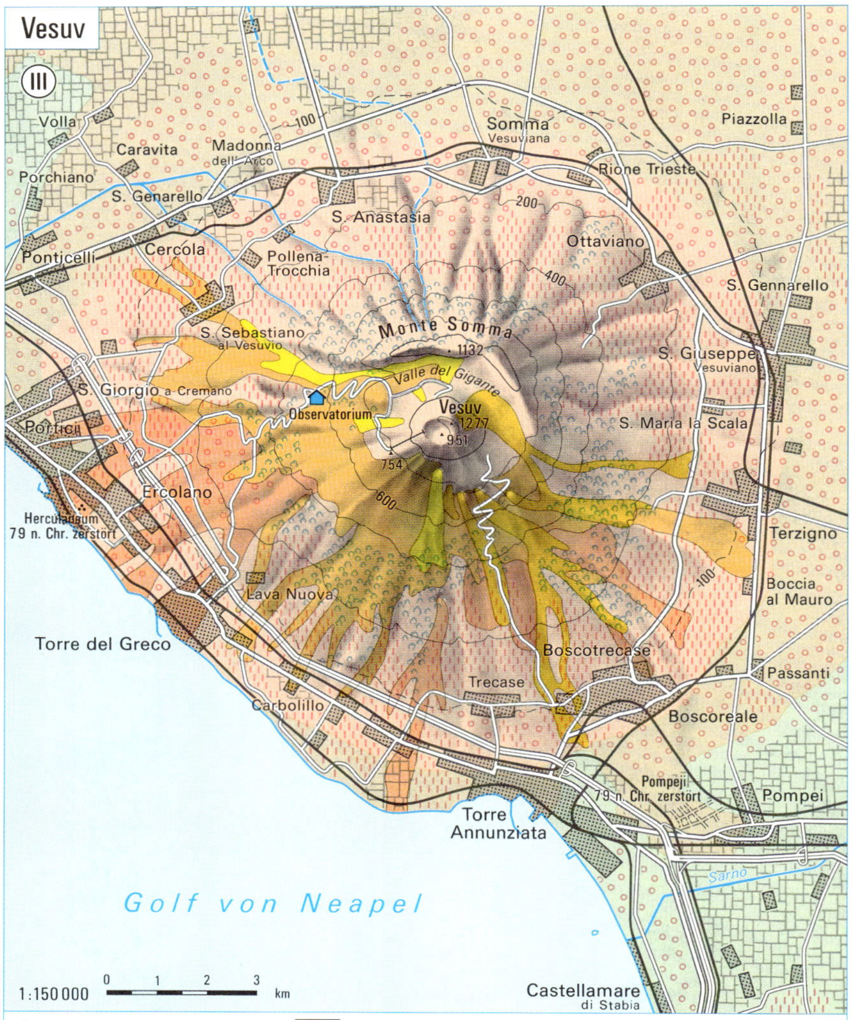

Aschenkegel

Lavaströme:
- 1631–1800
- 1800–1900
- 1906 und 1929
- 1944

- sonstiges vulkanisches Gestein
- Schwemmland
- Weinbau
- Obstbau
- Ackerland
- Wald, Macchie
- Siedlungen
- Autobahnen
- Straßen
- Eisenbahnen
- Seilbahn

Aletschgletscher

- Gletscher mit Mittelmoräne
- Gletscherspalten
- 200 Eisdicke (in m)
- 140 Eisbewegung (in m/Jahr)
- Gletschertor
- Gletscherzunge um 1850
- Moränenschutt, Geröll
- Felsregion
- Wald
- Höhenlinie m
- 2000 Höhenzahl
- Seilbahn

Tektonik und Geologie der Alpen

Baueinheiten und Gesteine

44–45 Europa, Südteil, physisch
24–25 Alpen, geographisch

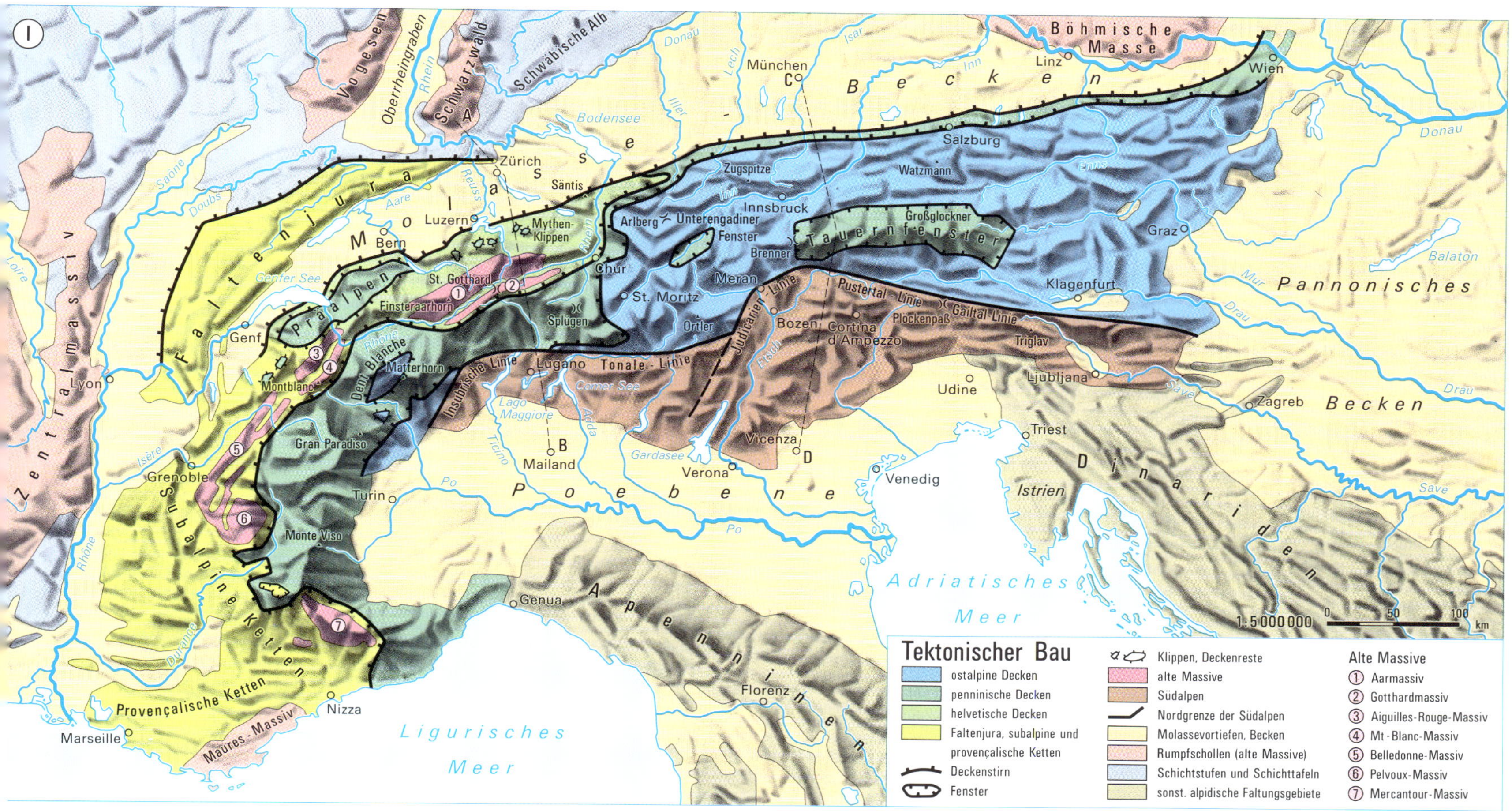

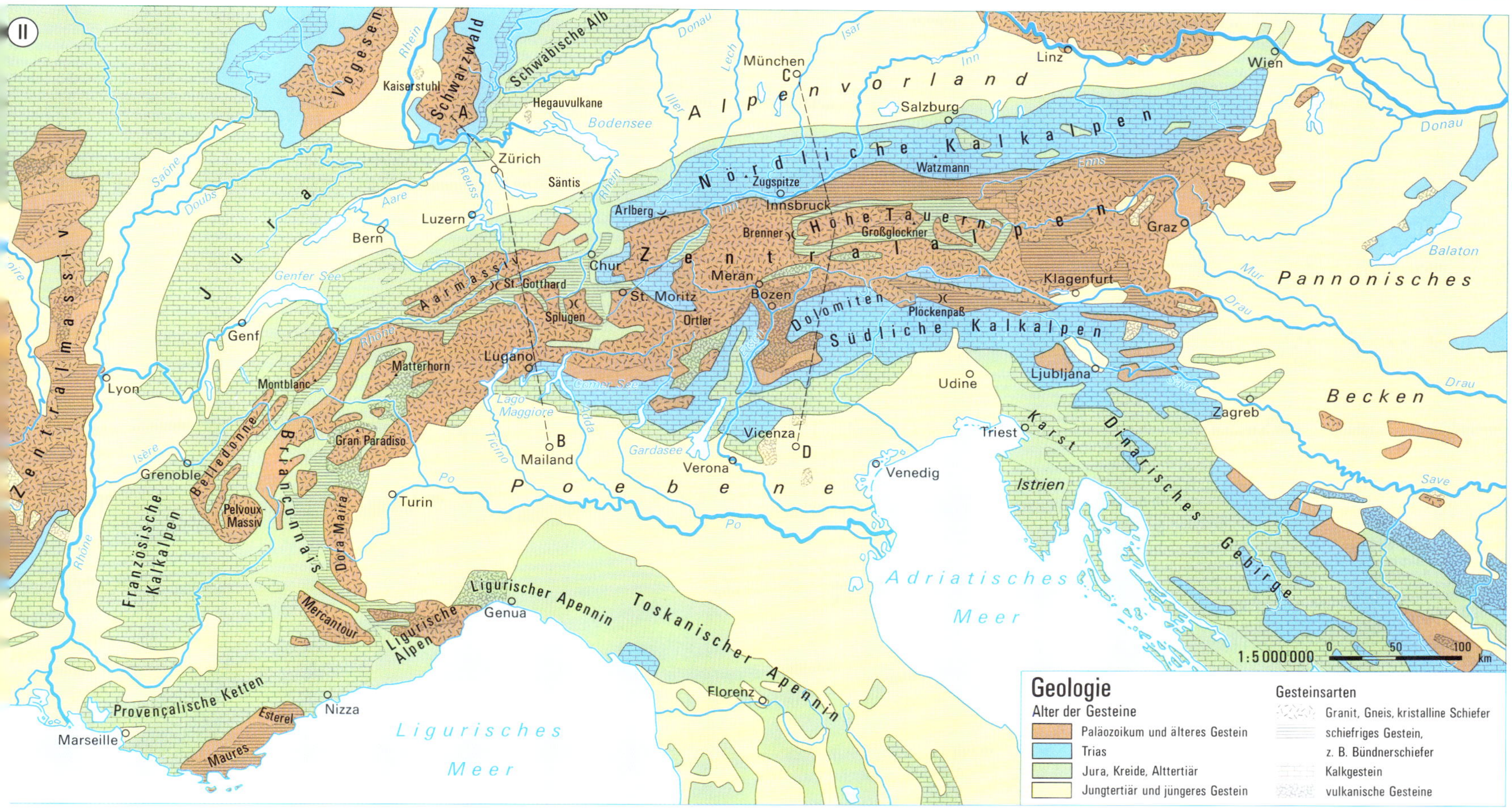

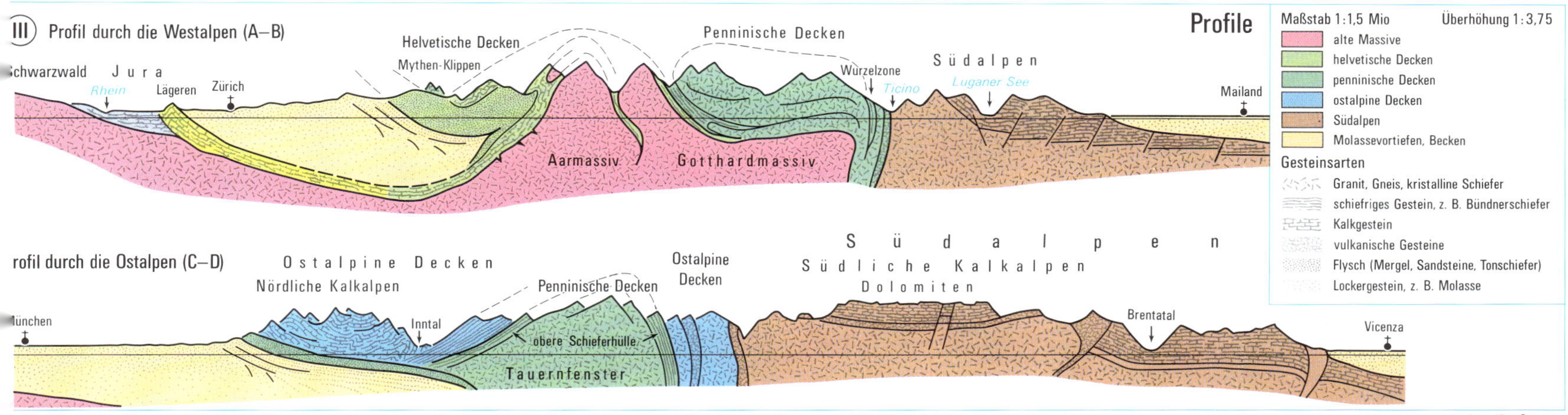

Mitteleuropa: Oberflächenformen

Physische Karte

22–23 Deutschland, physisch
104–105 Geologie, Morphologie
26–27 Mitteleuropa, geographisch
175, 176 Mitteleuropa, politisch
3, 5 Einführung in die physische Karte, Höhenprofil

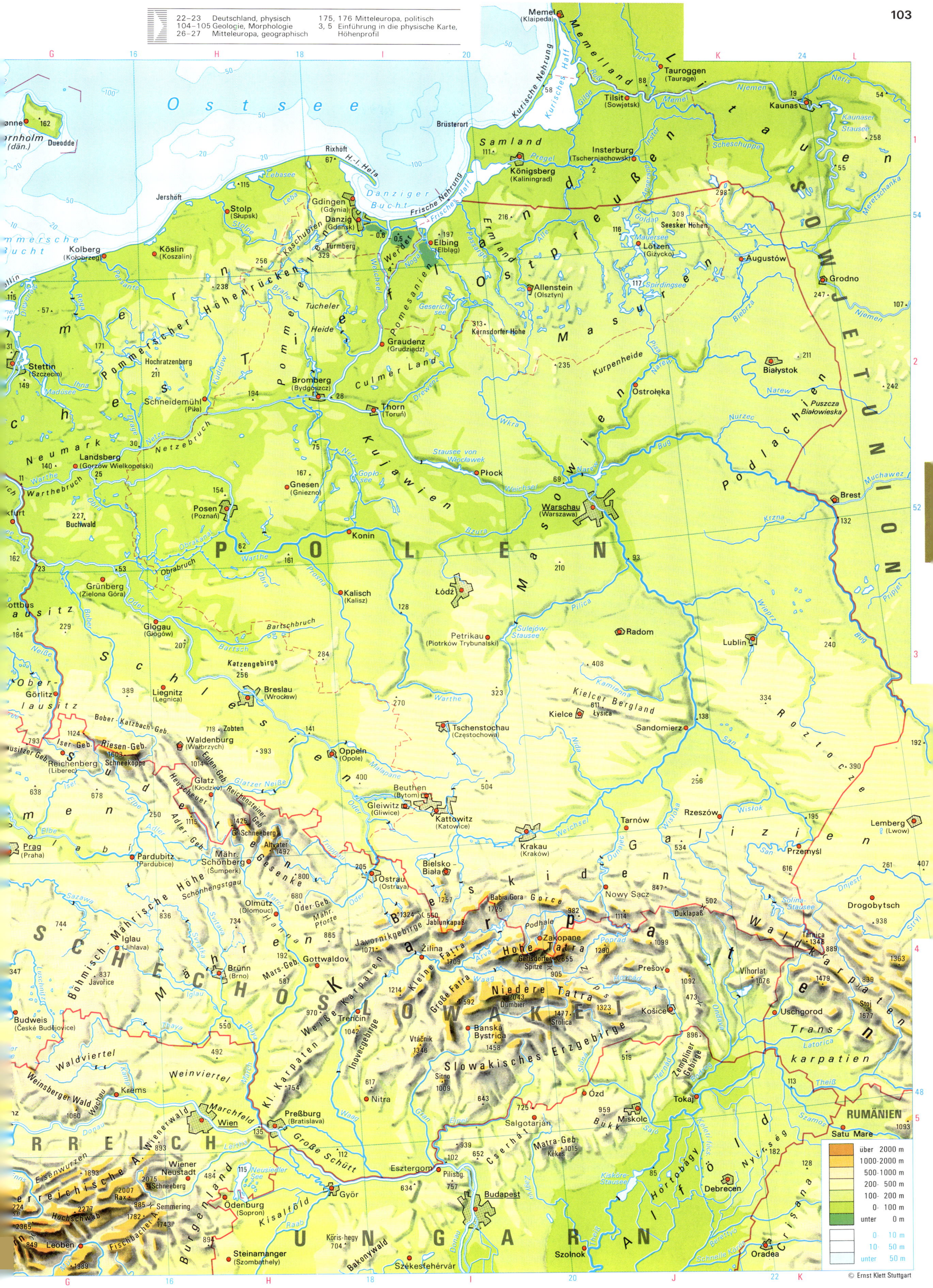

Geologie Deutschlands

Erdzeitalter und geologische Formationen

102–103 Mitteleuropa, physisch (Oberflächenformen)
100 Europa (Tektonik, Würmeiszeit)

Erdzeitalter	Känozoikum		Mesozoikum		Paläozoikum		kristalline Gesteine
Zahlenangaben: Beginn der jeweiligen Formation vor – – Millionen Jahren	Quartär: 0,01 Holozän; 1,5 Pleistozän	137 Kreide	Jura in den Alpen	Perm: 240 Zechstein	500 Silur u. Ordovizium	jüngeres Ergußgestein (Basalt, Phonolit, Trachyt): vorw. Känozoikum	Tiefengestein (Granit, Syenit, Gabbro): vorw. Paläozoikum
	67 Tertiär	Jura: 157 Malm	Trias: 205 Keuper	285 Rotliegendes	570 Kambrium	älteres Ergußgestein (Diabas, Porphyr, Melaphyr): vorw. Paläozoikum	kristalline Schiefer (z. B. Gneis): vorw. Paläozoikum und Präkambrium
		172 Dogger	215 Muschelkalk	350 Karbon	Paläozoikum in den Alpen		Verwerfung
		195 Lias	225 Buntsandstein	405 Devon	Präkambrium		
			Trias in den Alpen				

Die deutsche Naturlandschaft

Tektonik, Morphologie und Landschaftsgliederung

22–23 Deutschland, physisch
20–21 Deutschland, geographisch
120 Deutschland, Agrarlandschaft
100 Würmeiszeit

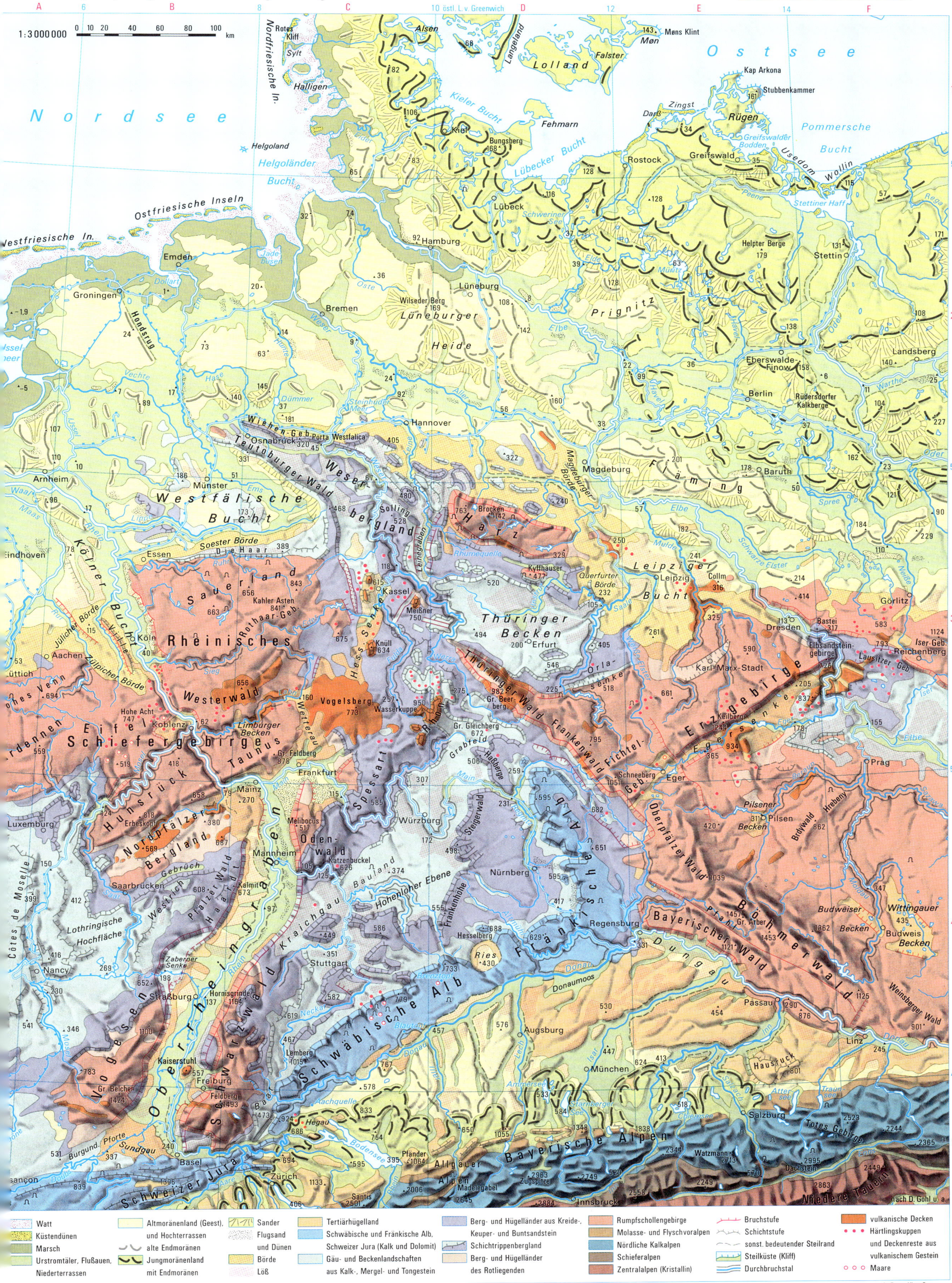

Das Klima in Deutschland

Klimafaktoren und ihre Auswirkungen

224–225 Wetterkarte, Satellitenbild
138 Wasserwirtschaft (Wasserangebot)
144 Deutschland, Fremdenverkehr (Wintersport)

Jahresniederschlag
Langjährige Mittelwerte

500 600 700 800 1000 1500 2000 mm

• 673 ausgewählter Niederschlagswert

Klima und Gesundheit
Bioklimatische Zonen

reizstark · reizmild · schonend · belastend · Föhneinfluß · Föhngasse · Ballungsraum · heilklimatischer Kurort · Seebad

Schnee und Frost
Dauer der Schneedecke (Minimum)

bis 5 Tage · 5 bis 30 Tage · 30 bis 60 Tage · 60 bis 100 Tage · über 100 Tage · • 68 Anzahl der jährlichen Frosttage

Frühlingseinzug
Beginn der Apfelblüte

20. April · 25. April · 30. April · 10. Mai · 20. Mai · 25. Mai

Gebiete oberhalb der klimatischen Apfelbaumgrenze

Das Klima in Europa

Niederschlag und Temperaturen

224–225 Wetterkarte, Satellitenbild
46–47 Europa, geographisch (Bewässerung)
143 Europa, Fremdenverkehr (Badeküsten),
40–41 Nordeuropa (Meeresvereisung, Eisspерren)

Jahresniederschlag

Langjährige Mittelwerte

200 | 400 | 600 | 800 | 1000 | 1500 | 2000 mm

Gebiet mit vorwiegend Winterregen — 1059 Niederschlagshöhe in mm

Wirkliche Temperaturen

Januar

−15° | −10° | −5° | 0° | 2,5° | 5° | 10°

kalter Wind — 0° Isotherme, auf Meeresspiegel reduziert

warmer Wind — regelmäßig vereistes Meer

Wirkliche Temperaturen

Juli

5° | 10° | 15° | 20° | 25° | 30°

kalter Wind — 20° Isotherme, auf Meeresspiegel reduziert

warmer Wind

Die Klimate der Erde

Klimazonen und Klimadiagramme

110 Klimaelemente, 66 Afrika, Klimaelemente
56 Monsun
77 Hurrikane
▶ VIII a Erdteile, geographisch (Nk. Jahresniederschlag)

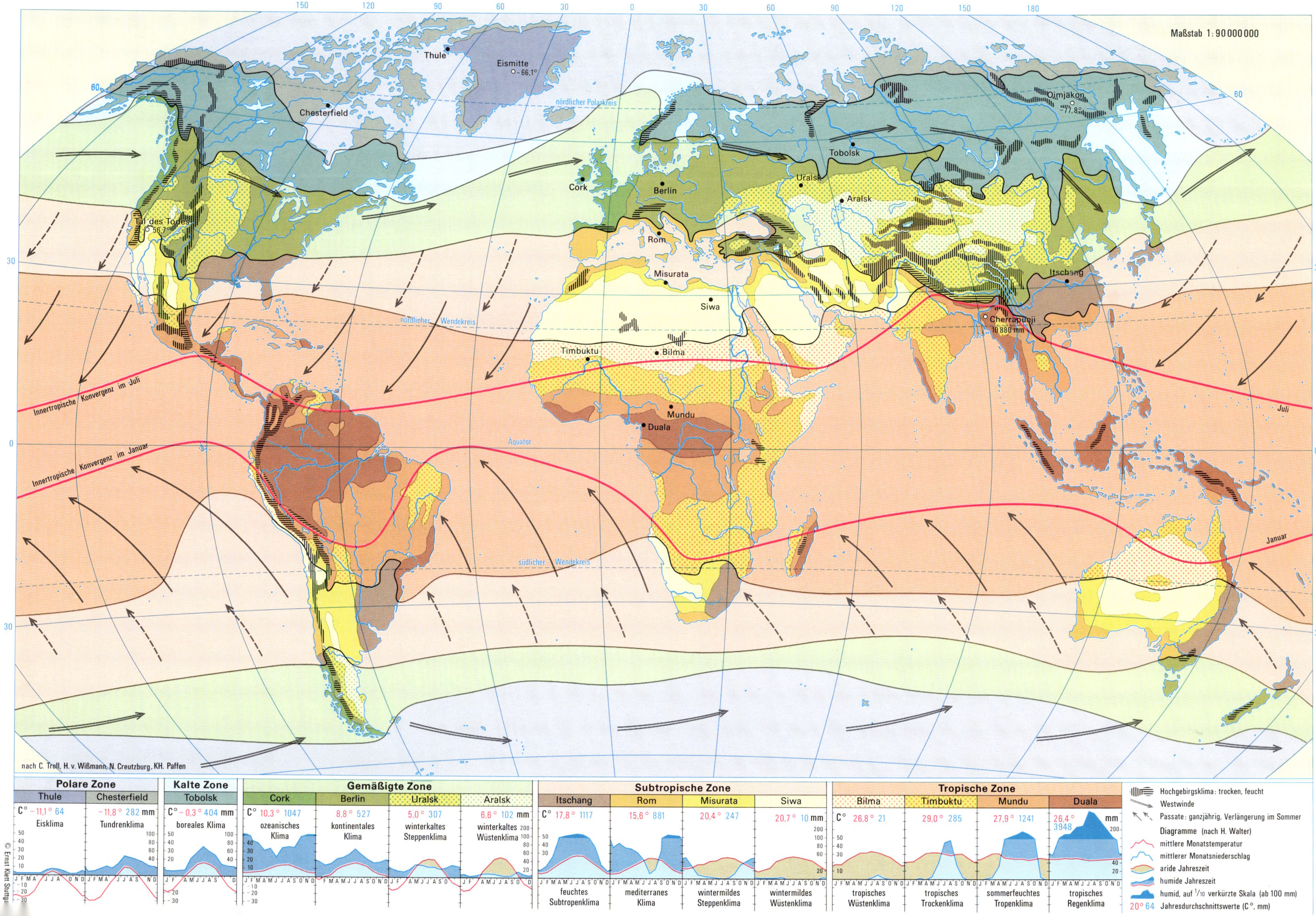

VIII Erdteile, geographisch (mit Meeresströmungen) 85 Anden, Höhenstufen der Vegetation
111 Landnutzung und Klima

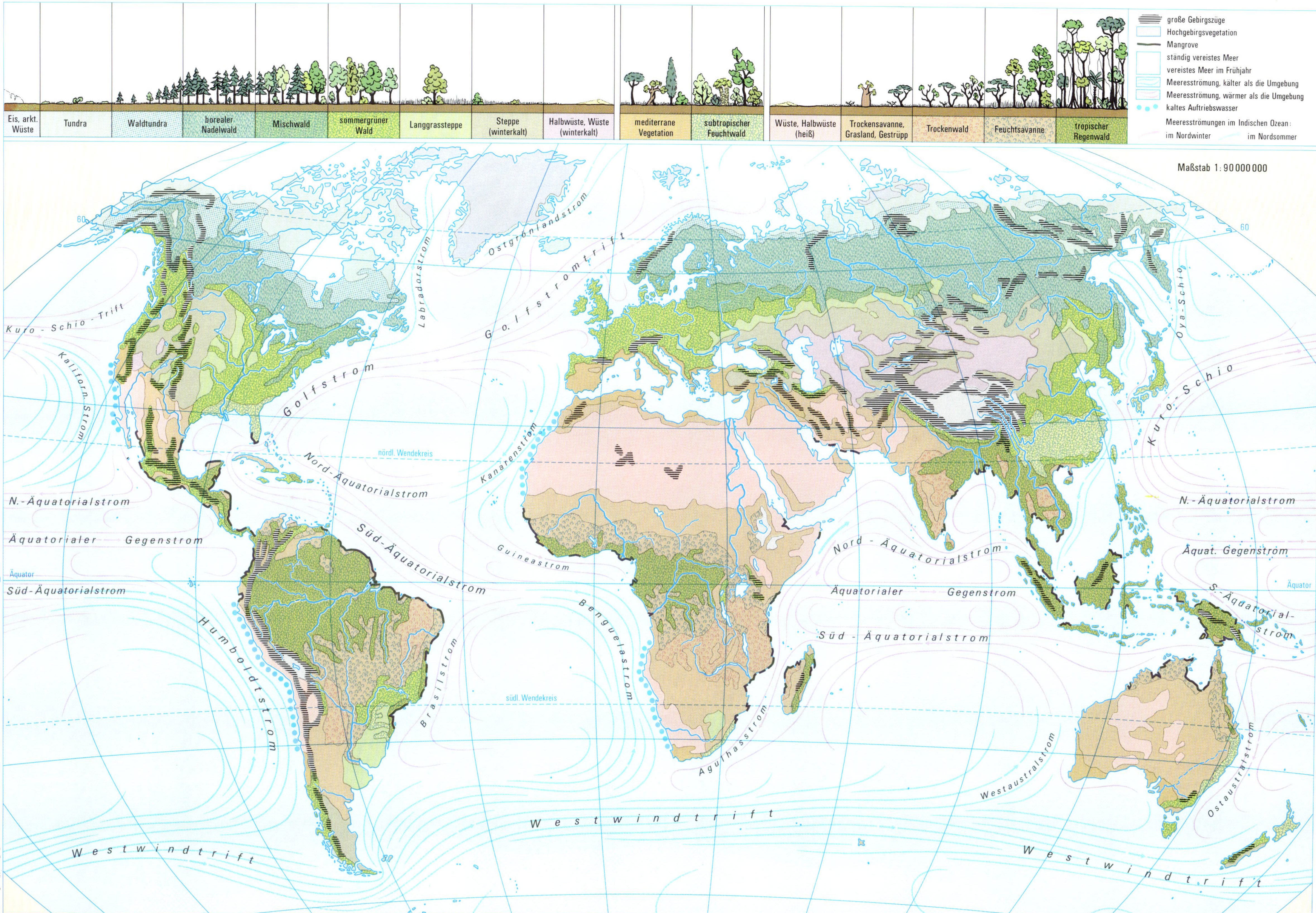

Erde: Klimaelemente

Niederschlag und Temperatur

108 Klimate der Erde, 56 Monsun
66 Afrika, Klimaelemente
▸ VIII a Erdteile, geographisch
(Nk. Jahresniederschlag)

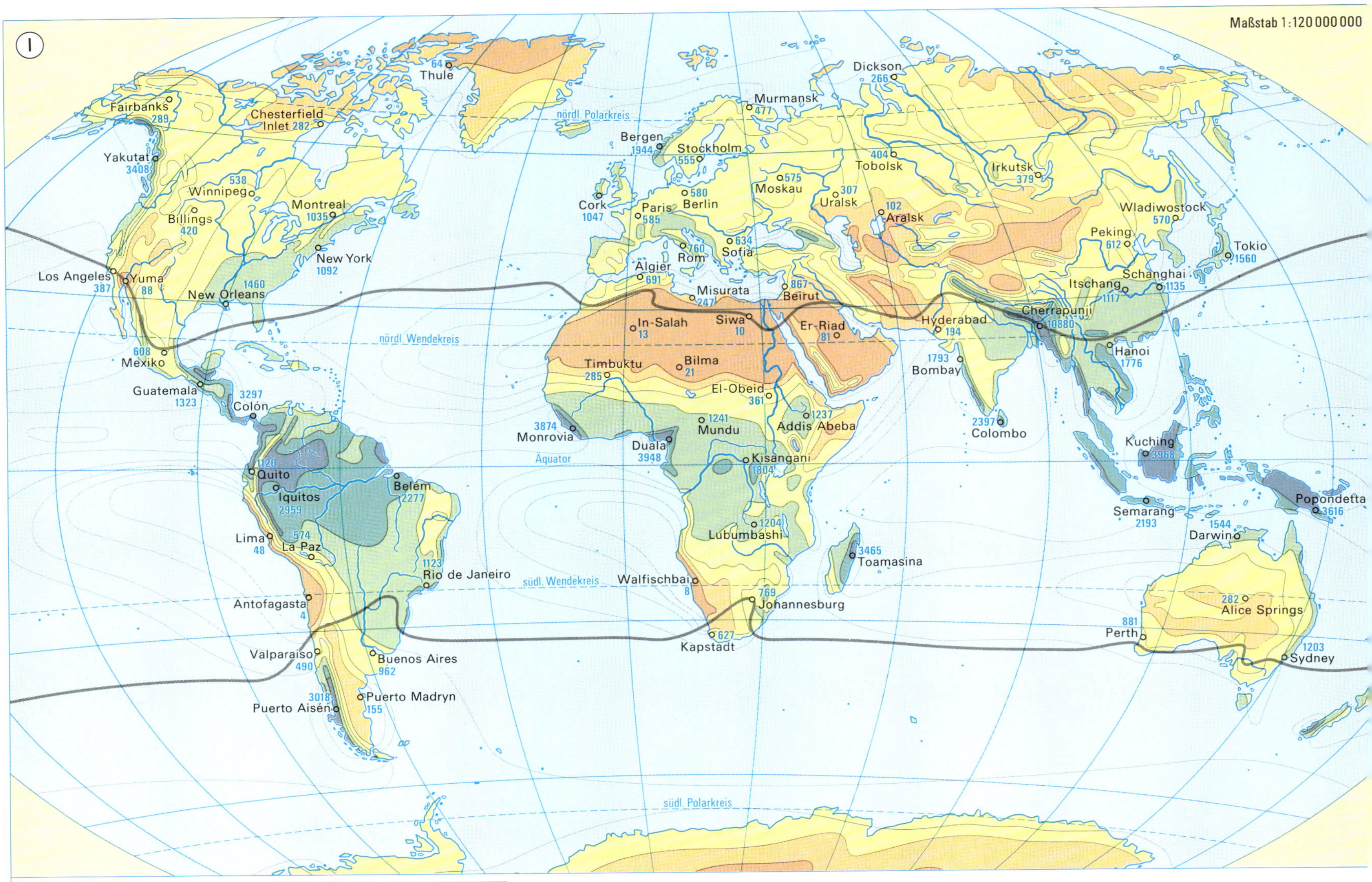

Jahresniederschlag

100 – 250 – 500 – 1000 – 2000 – 3000 mm

3465 Niederschlagshöhe in mm

äquatoriale Grenze des Schneefalls

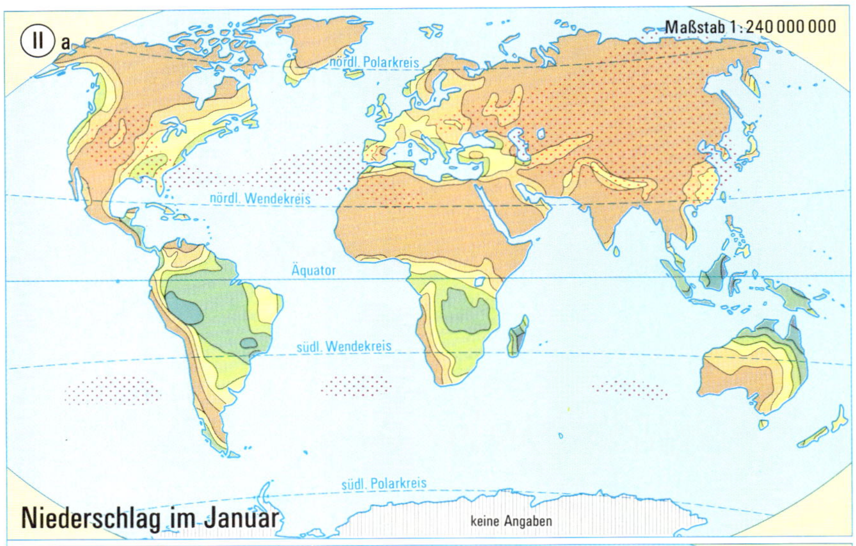

Niederschlag im Januar

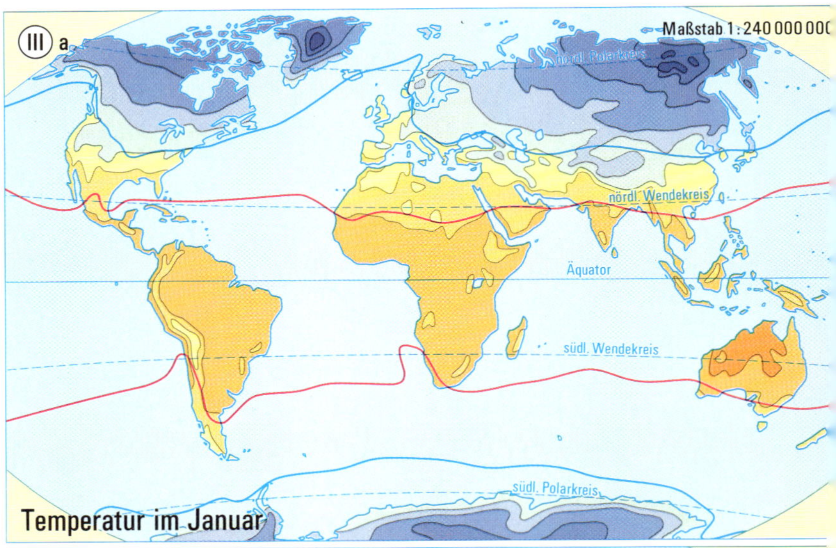

Temperatur im Januar

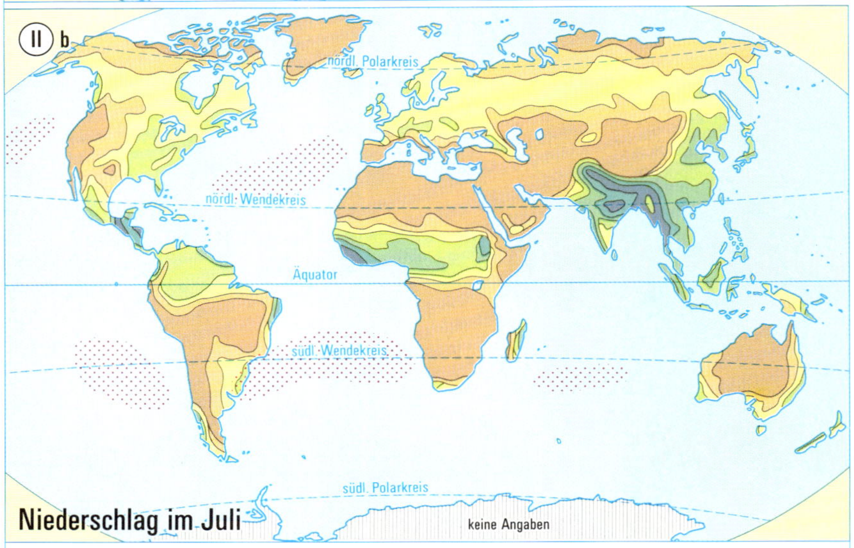

Niederschlag im Juli

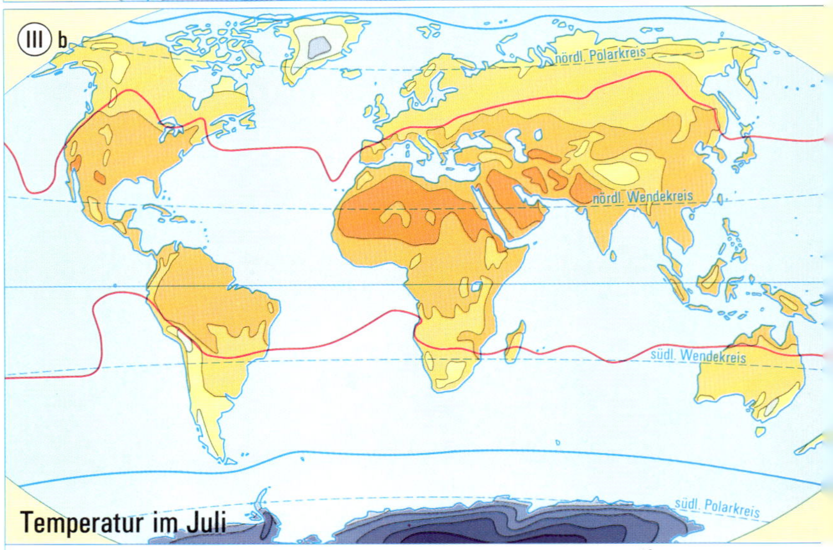

Temperatur im Juli

Niederschlag in mm: 25 – 50 – 100 – 200 – 300 – 400

Gebiete mit häufig auftretenden Zellen hohen Luftdrucks

Temperatur in °C: −60° – −50° – −40° – −30° – −20° – −10° – 0° – +10° – +20° – +30°

0°, +20° Isothermen, auf den Meeresspiegel reduzi[ert]

Erde: Grundlagen und Formen der Landnutzung

Anpassung von Nutzfläche und Betriebsform an Klima und Relief

92–93 Welt, geographisch (Landschaftsgürtel)
112–113 Agrarprodukte
114–116 Trockenräume
117 Landw. Betriebsformen (Beispiele)

I

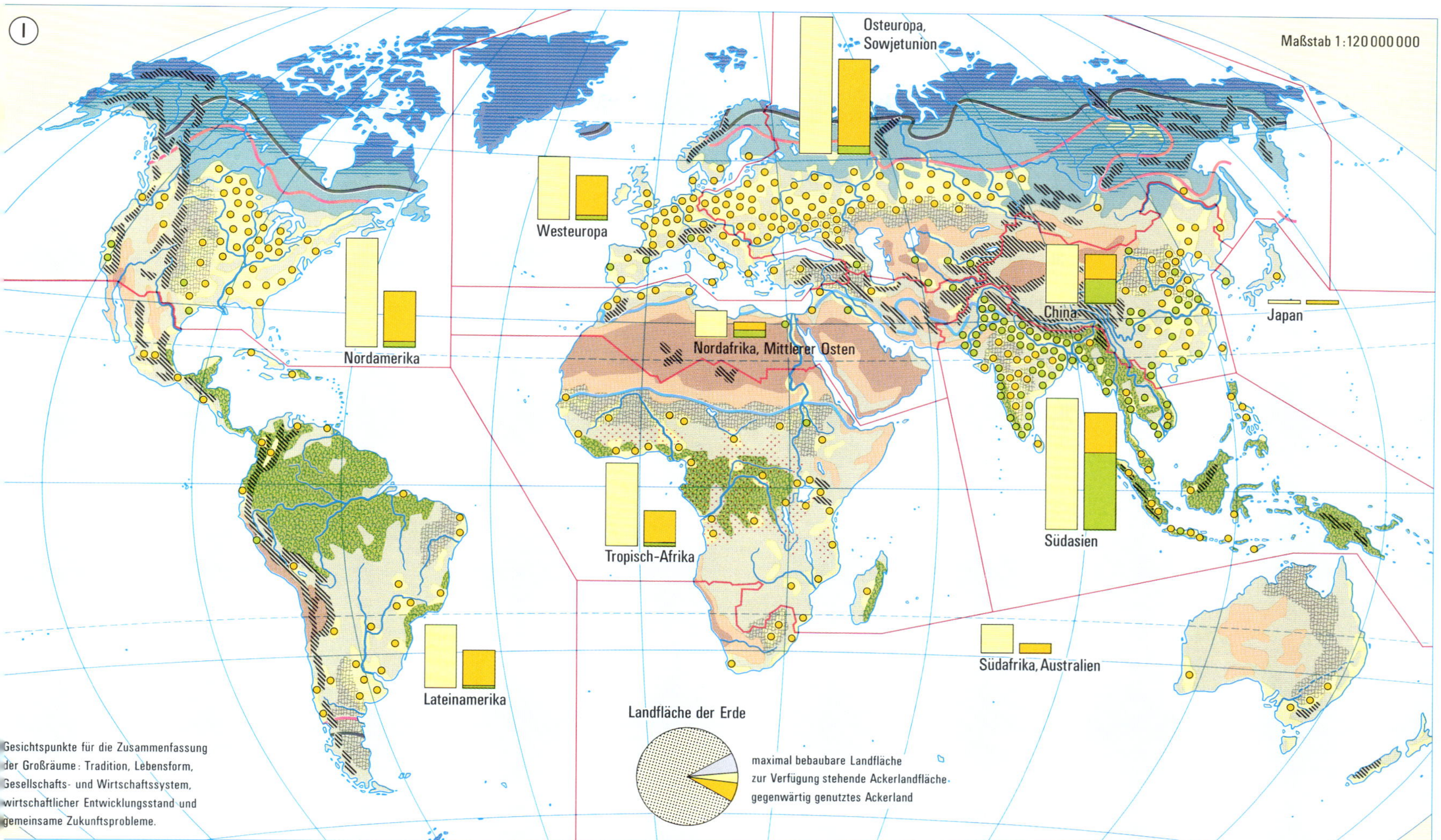

Gesichtspunkte für die Zusammenfassung der Großräume: Tradition, Lebensform, Gesellschafts- und Wirtschaftssystem, wirtschaftlicher Entwicklungsstand und gemeinsame Zukunftsprobleme.

Ungunst des Klimas und landwirtschaftliche Nutzung

- Eiswüsten- und Tundrenklima
- boreales Nadelwaldklima
- Dauerfrostboden
- Wüste, unter 100 mm Niederschlag
- Wüste und Halbwüste
- dürregefährdete Gebiete
- tropischer Regenwald
- Verbreitungsgebiet der Tsetsefliege (Schlafkrankheit)
- nur z. T. landwirtschaftlich nutzbares Land
- Ackerland und intensiv genutztes Weideland
- gegenwärtig genutztes Ackerland } 1 Figur ≙ 25 000 km²
- gegenwärtig gen. Bewässerungsland } 1 Figur ≙ 25 000 km²
- generelle Anbaugrenze
- Grenze des Weizenanbaus
- Wirtschaftlichkeitsgrenze der Dattelpalmen
- große Gebirgszüge
- Abgrenzung der Großräume

zur Verfügung stehende Ackerlandfläche — gegenwärtig genutztes Ackerland — Bewässerungsland

1 mm² ≙ 25 000 km²

II

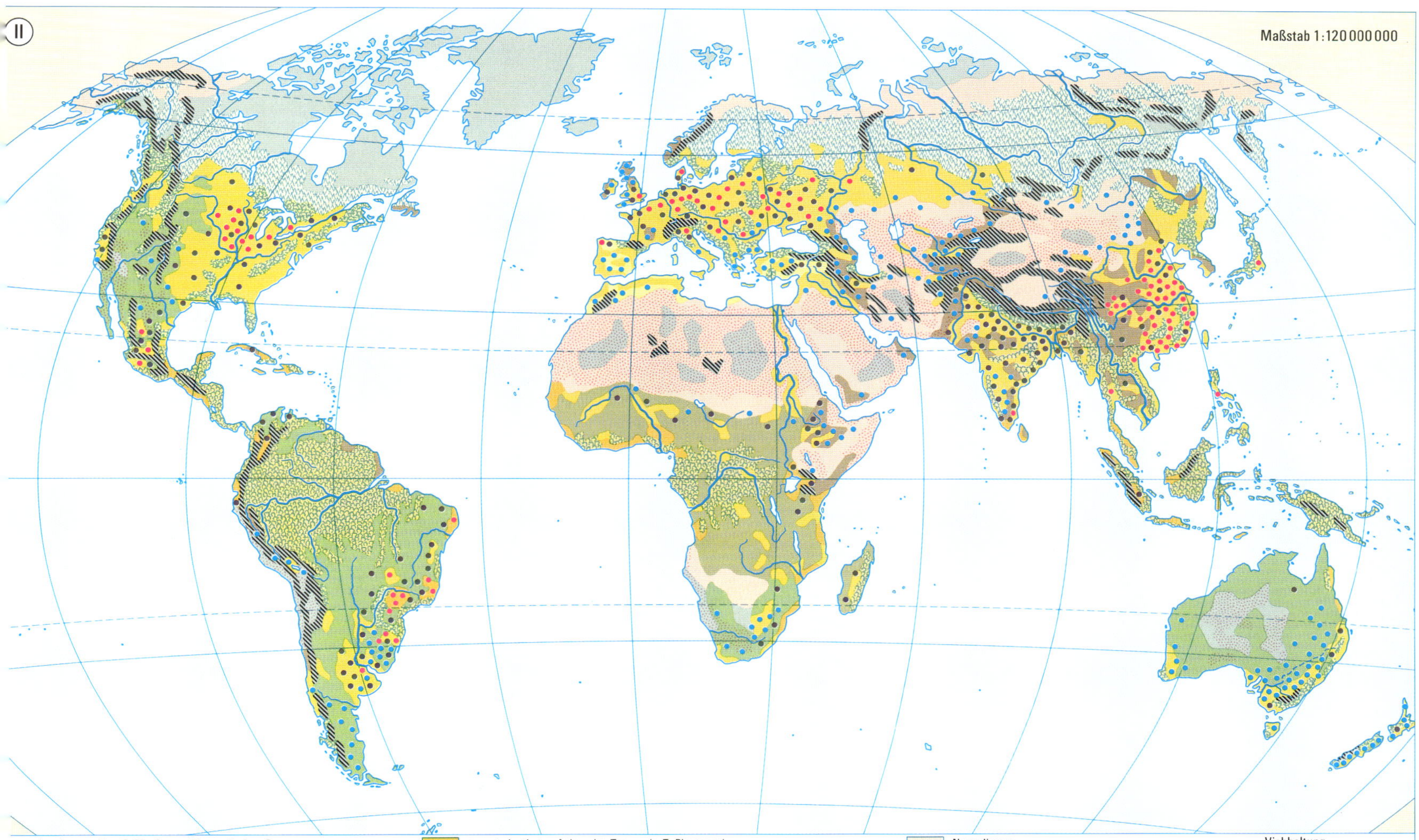

landwirtschaftliche Betriebsformen

- exportorientierter Anbau der Tropen (z. T. Plantagen)
- Ackerbau, ständige Nutzung, z. T. intensive Viehwirtschaft
- Ackerbau mit langjährigen Brachen
- inselartiger Ackerbau mit Fruchtwechsel, extensive Viehwirtschaft
- geringer Feldbau mit Flächenwechsel (Hackbau), extensive Viehwirtschaft
- Weidewirtschaft mit festen Siedlungen (Ranching)
- Nomadismus
- unproduktives Land
- Halbwüste und Wüste
- tropischer Regenwald (Brandrodungswirtschaft)
- sonstiger hochstämmiger Wald (Forstwirtschaft)
- borealer Nadelwald (Holzeinschlag, Pelztiere)

Viehhaltung
1 Figur ≙ 5 Mio Tiere
- Rinder
- Schafe
- Schweine
- große Gebirgszüge

Agrarwirtschaft der Erde

Agrarbevölkerung, ausgewählte Produkte der Land- und Forstwirtschaft

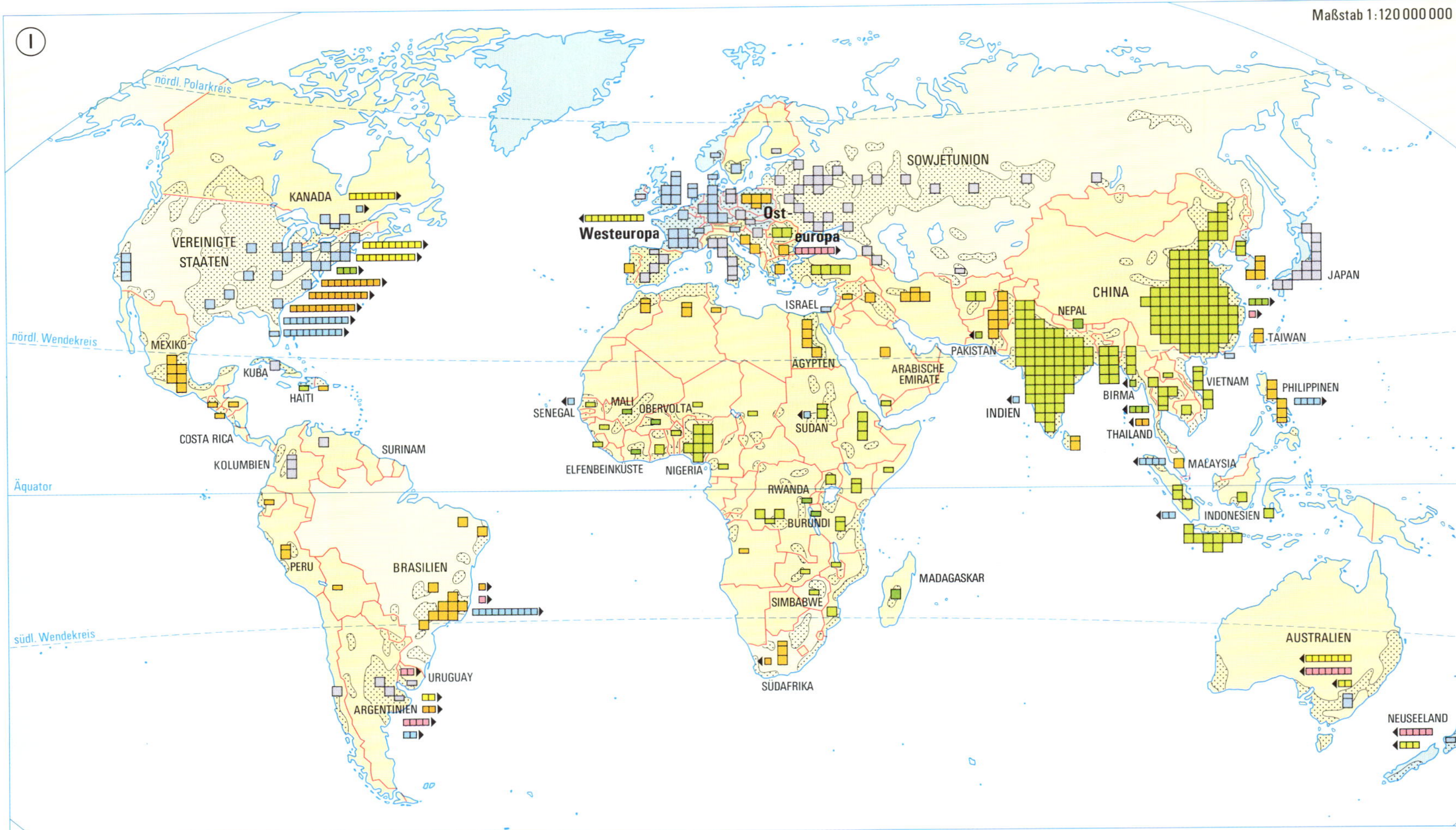

Leistungsfähigkeit der Weltlandwirtschaft

Agrarbevölkerung, Düngemittelverbrauch und Agrarexporte

Verteilung der Weltbevölkerung

□ ein Quadrat entspricht 10 Mio Menschen. Die Bevölkerung von Staaten mit weniger als 5 Mio Einwohnern ist nicht dargestellt.

Produktive Agrarbevölkerung, 1976 (Anteil an der Gesamtbevölkerung)

- 40–50% (4–5 Mio Menschen pro Quadrat)
- 20–40% (2–4 Mio Menschen pro Quadrat)
- 10–20% (1–2 Mio Menschen pro Quadrat)
- 5–10% (0,5–1 Mio Menschen pro Quadrat)
- unter 5% (unter 0,5 Mio Menschen pro Quadrat)

Verteilung des Kulturlandes

- Acker- und Gartenland

Düngemittelverbrauch der Staaten, 1975 (pro Hektar Acker- und Gartenland)

- über 200 kg
- 100–200 kg
- 50–100 kg
- unter 50 kg

Export von Grundnahrungsmitteln, 1976	1 Signatur ≙ 100 Mio US-Dollar Handelswert
Weizen	≙ 1 500 000 t
Reis	≙ 660 000 t
Mais	≙ 1 600 000 t
Fleisch	≙ 120 000 t
Pflanzenfette und -öle	≙ 870 000 t
Milch, Butter und Käse	≙ 270 000 t

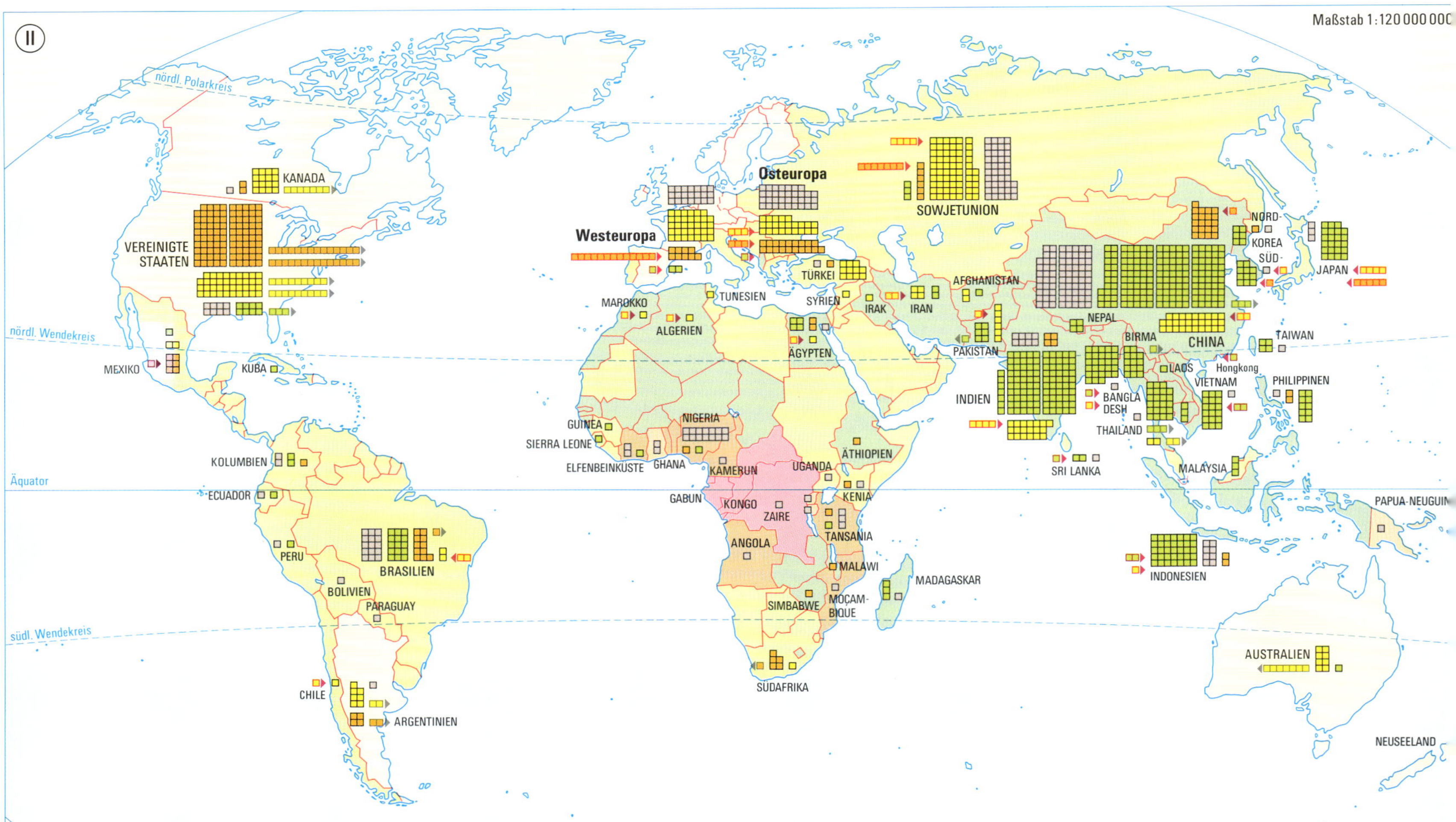

Getreide und Knollenfrüchte

Übergeordnete Vergleichsbasis für die Produkte ist ihr Handelswert. Jede Signatur entspricht einem Wert von 100 Mio US-Dollar; deshalb ergeben sich von Produkt zu Produkt unterschiedlich große Mengen. Das Verhältnis von Handelswert zu Menge je Signatur beruht auf Preisen von 1970; Produktions-, Export- und Importmengen der Staaten entsprechen dem Stand von 1976. Westeuropa und Osteuropa sind zu statistischen Einheiten zusammengefaßt: Westeuropa mit Finnland, ohne Türkei; Osteuropa mit Jugoslawien und Albanien, ohne Sowjetunion.

Grundnahrungsmittel	Produktion	Export	Import	1 Signatur ≙ 100 Mio US-Dollar Handelswert
Weizen				≙ 1 500 000 t
Reis				≙ 660 000 t
Mais				≙ 1 600 000 t
Knollenfrüchte (Kartoffeln, Maniok, Bataten etc.)				≙ 2 000 000 t

Getreide und Knollenfrüchte: Anteile am Kalorienverbrauch pro Staat

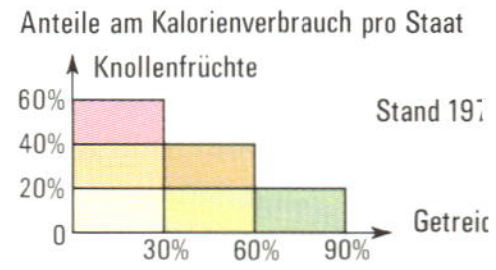

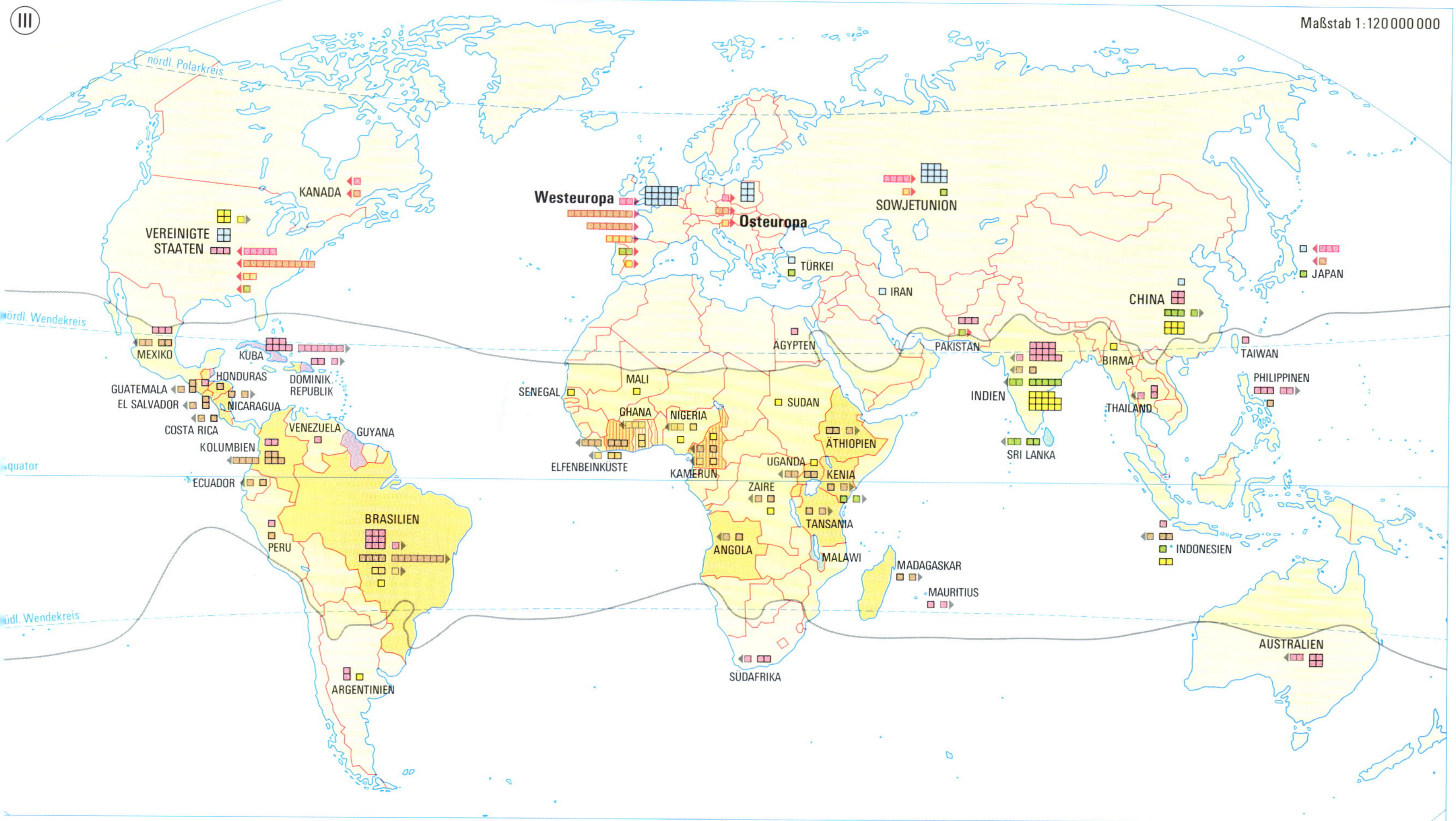

Zucker und Genußmittel, Erdnüsse

Übergeordnete Vergleichsbasis für die Produkte ist ihr Handelswert. Jede Signatur entspricht einem Wert von 100 Mio US-Dollar; deshalb ergeben sich von Produkt zu Produkt unterschiedlich große Mengen. Das Verhältnis von Handelswert zu Menge je Signatur beruht auf Preisen von 1970; Produktions-, Export- und Importmengen der Staaten entsprechen dem Stand von 1976. Westeuropa und Osteuropa sind zu statistischen Einheiten zusammengefaßt: Westeuropa mit Finnland, ohne Türkei; Osteuropa mit Jugoslawien und Albanien, ohne Sowjetunion.

Zucker und Genußmittel	Produktion	Export	Import	1 Signatur ≙ 100 Mio US-Dollar Handelswert
Rübenzucker				≙ 840 000 t
Rohrzucker				≙ 840 000 t
Kaffee				≙ 100 000 t
Kakao				≙ 130 000 t
Tee				≙ 100 000 t
Erdnüsse				≙ 420 000 t

Monostrukturierte Staaten:
über 20% des Gesamtexports entfallen auf

- Zucker
- Kakao
- Kaffee
- Tee

Tropen (Abgrenzung nach C. Troll)

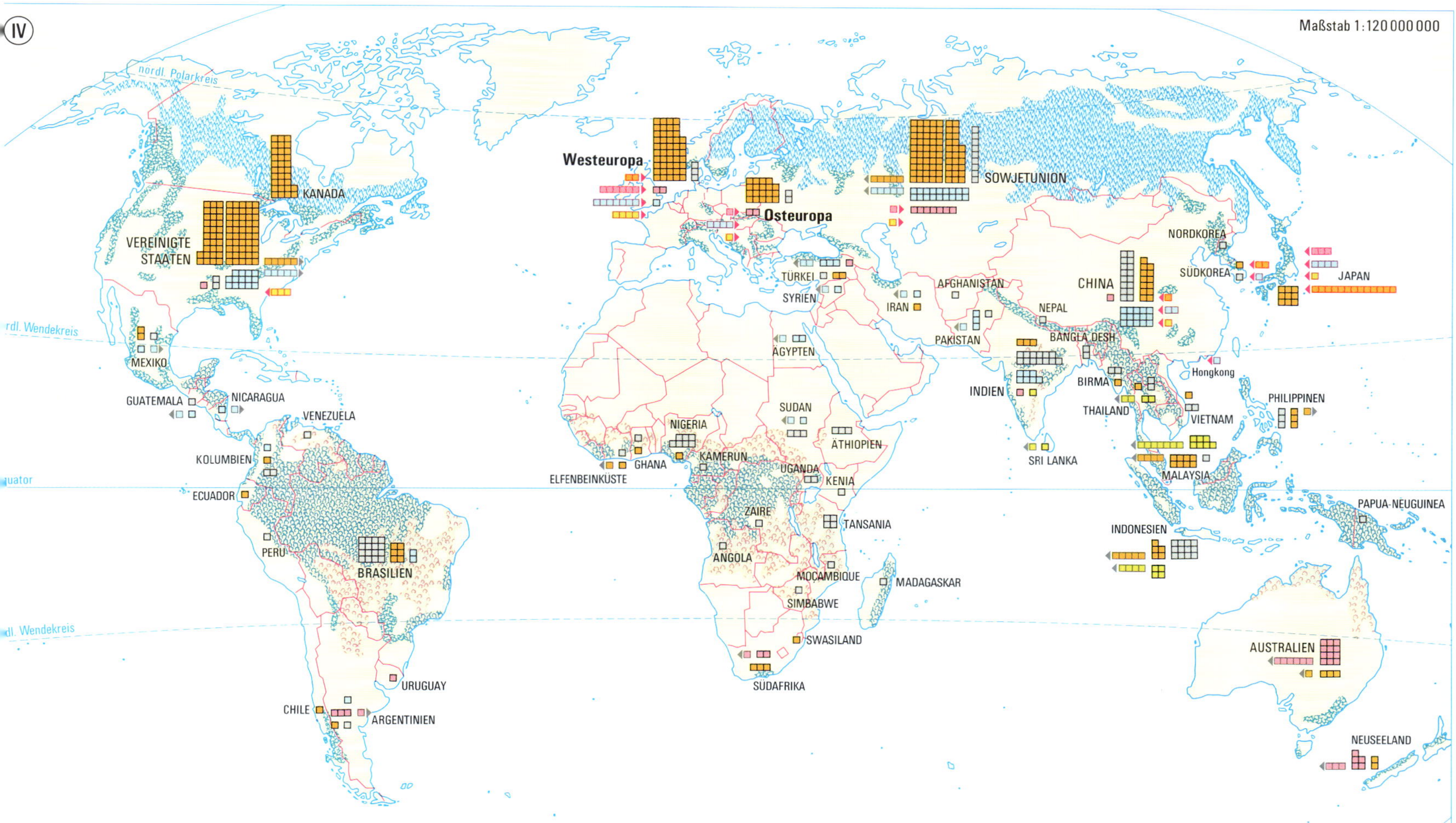

Land- und forstwirtschaftliche Industrierohstoffe

Übergeordnete Vergleichsbasis für die Produkte ist ihr Handelswert. Jede Signatur entspricht einem Wert von 100 Mio US-Dollar; deshalb ergeben sich von Produkt zu Produkt unterschiedlich große Mengen. Das Verhältnis von Handelswert zu Menge je Signatur beruht auf Preisen von 1970; Produktions-, Export- und Importmengen der Staaten entsprechen dem Stand von 1976. Westeuropa und Osteuropa sind zu statistischen Einheiten zusammengefaßt: Westeuropa mit Finnland, ohne Türkei; Osteuropa mit Jugoslawien und Albanien, ohne Sowjetunion.

Industrierohstoffe	Produktion	Export	Import	1 Signatur ≙ 100 Mio US-Dollar Handelswert
Wolle				≙ 100 000 t
Baumwolle				≙ 160 000 t
Kautschuk				≙ 230 000 t
Holz für Weiterverarbeitung				≙ 4 000 000 m³
Brennholz				≙ 9 000 000 m³

Waldformationen der Erde

- borealer Nadelwald
- tropischer Regenwald und feuchter Monsunwald
- sonstiger hochstämmiger Wald
- Savannen- und Trockenwald

Bewässerungswirtschaft

Beispiele aus Trockenräumen und hochwassergefährdeten Gebieten

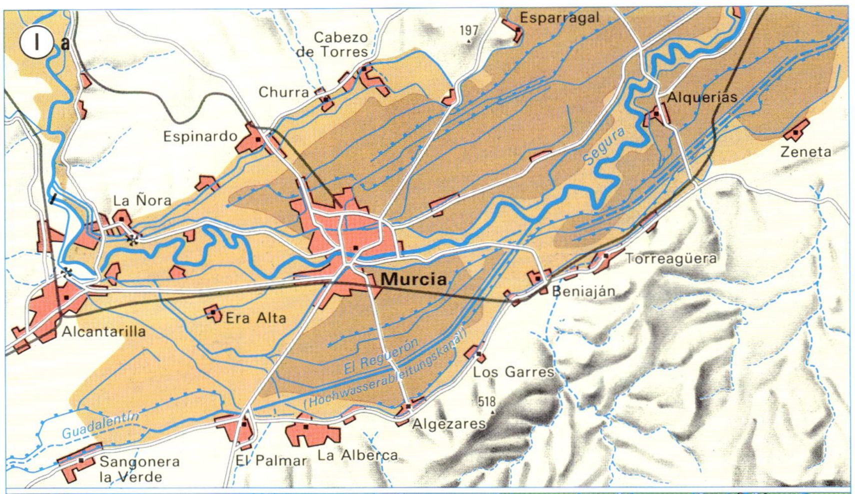

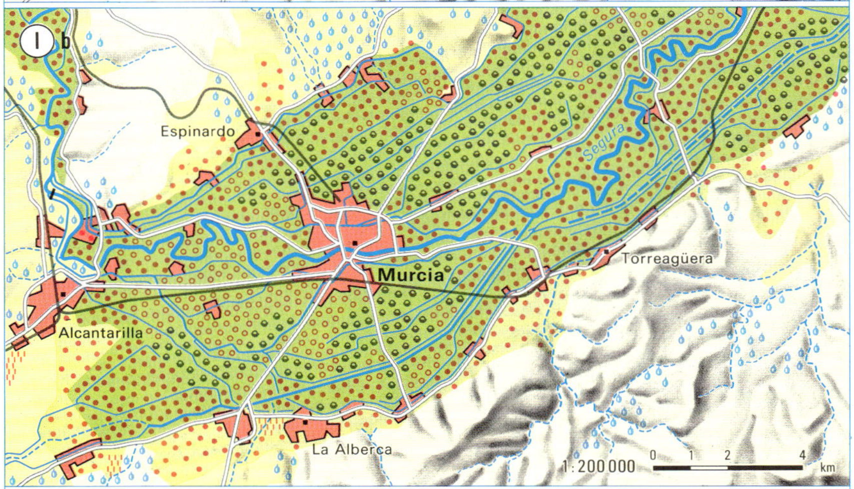

Huerta von Murcia

Wasserverteilung und Anbau

Grundwasserspiegel der Huerta:
- in 0 bis 2 m Tiefe
- in mehr als 2 m Tiefe
- Bewässerungskanal
- Wasserableitungskanal
- Wehr
- Schöpfrad

- Bewässerungsland
- Brunnenbewässerung
- Ackerland mit langjähriger Brache
- periodischer Fluß
- Straße
- Eisenbahn

Vorherrschende Kulturen:
- Gemüse
- Pfirsiche, Aprikosen
- Zitrusfrüchte
- Oliven, Mandeln
- Wein

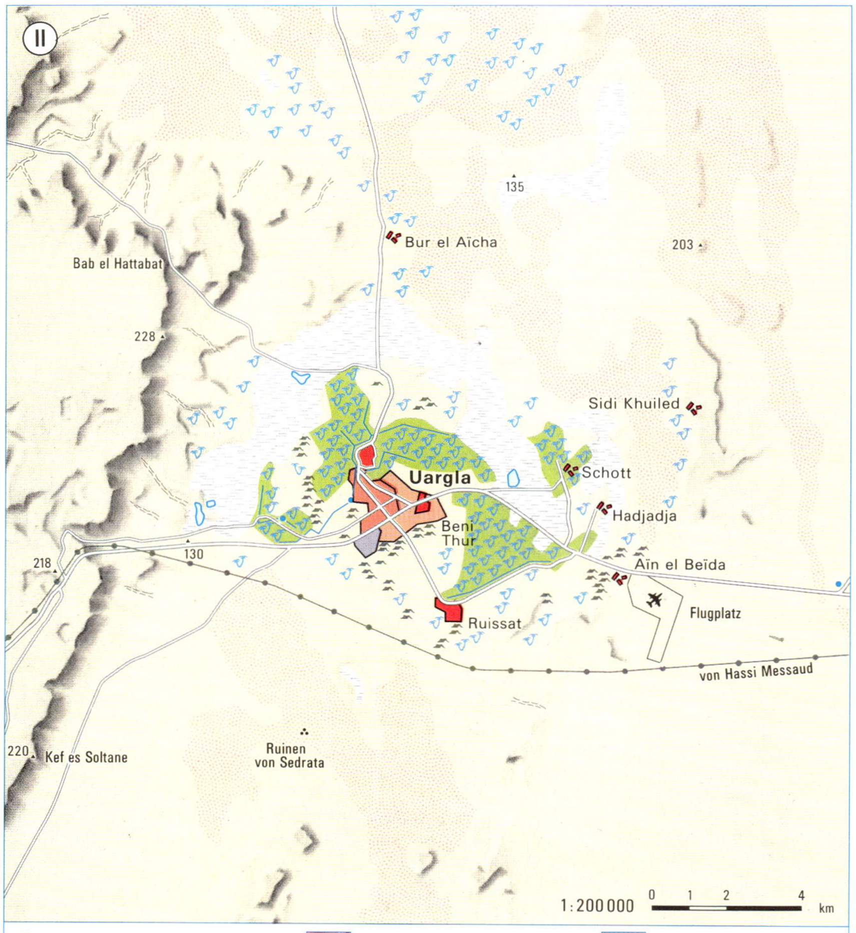

Oase Uargla

Lebensraum und Entwicklung einer Oasenstadt in der Sahara

- alter Stadtkern
- Bebauung von 1854 bis 1955 (vorw. französ. Verwaltungsviertel)
- Bebauung nach 1955 (Erdölfunde bei Hassi Messaud)
- Industriegebiet
- Dorf
- Nomadensiedlung
- Flugplatz
- bewässerter Palmengarten (Dattelpalmenkultur)
- unbewässerter Palmenbestand
- Tiefbrunnen mit Hauptkanal
- Salztonniederung (Sebkha)
- Sandwüste
- Wadi
- Straßen
- Pipeline

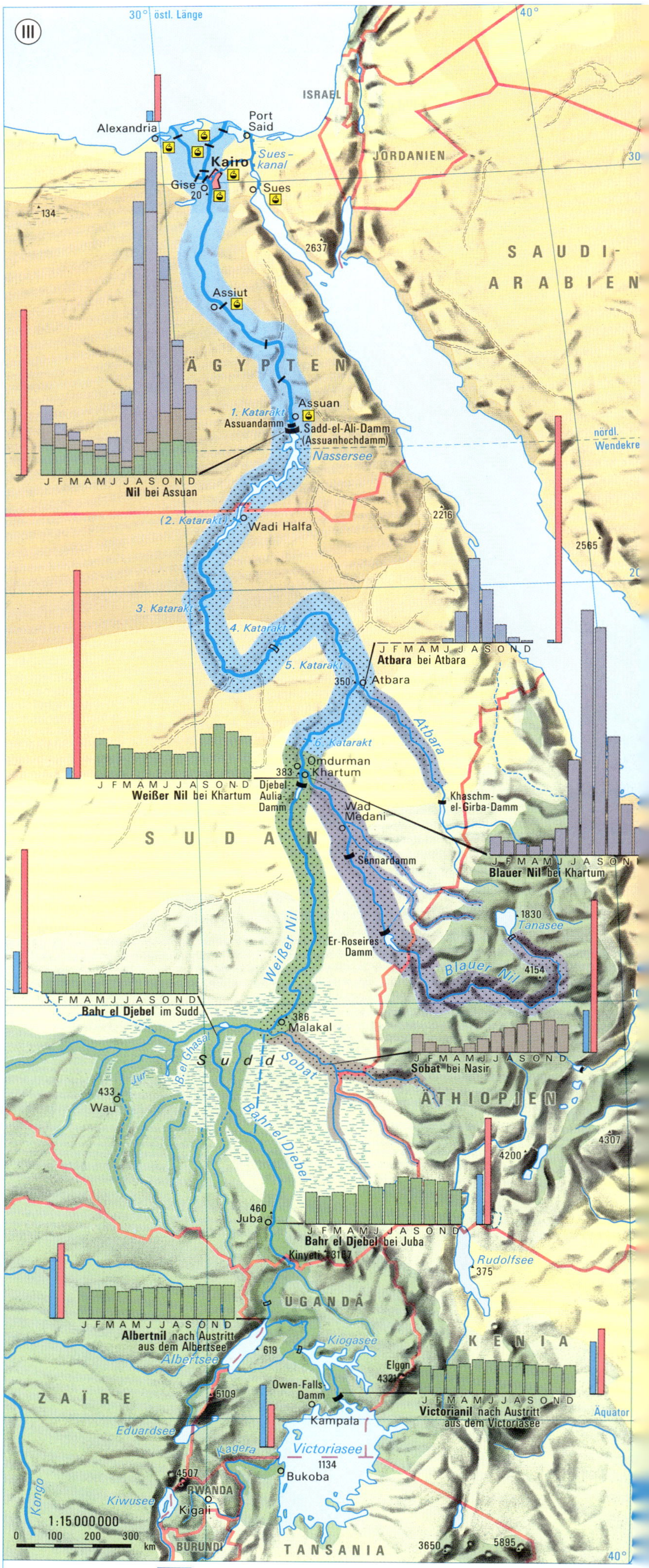

Der Nil

Wasserführung, Niederschlag und Verdunstung

- Weißer Nil
- Sobat
- Blauer Nil
- Atbara
- Hauptnil

Mittlerer Jahresabfluß:
- bis 10 m³/sec
- 10 bis 100 m³/sec
- 100 bis 500 m³/sec
- 500 bis 1000 m³/sec
- über 1000 m³/sec

Wasserabfluß im Jahreslauf:
- 3 mm Säulenhöhe entspricht 1 Mrd. m³

Niederschlag / Verdunstung
- 8 mm Säulenhöhe entspricht 1000 mm
- fruchtbares Schwemmaterial
- Düngemittelherstellung, z. T. geplant

Jährlicher Niederschlag:
- unter 20 mm
- 20 bis 100 mm
- 100 bis 500 mm
- 500 bis 1000 mm
- über 1000 mm
- periodisch überschwemmtes Land
- Wadi
- Wehr, Katarakt
- Staudamm, geplant

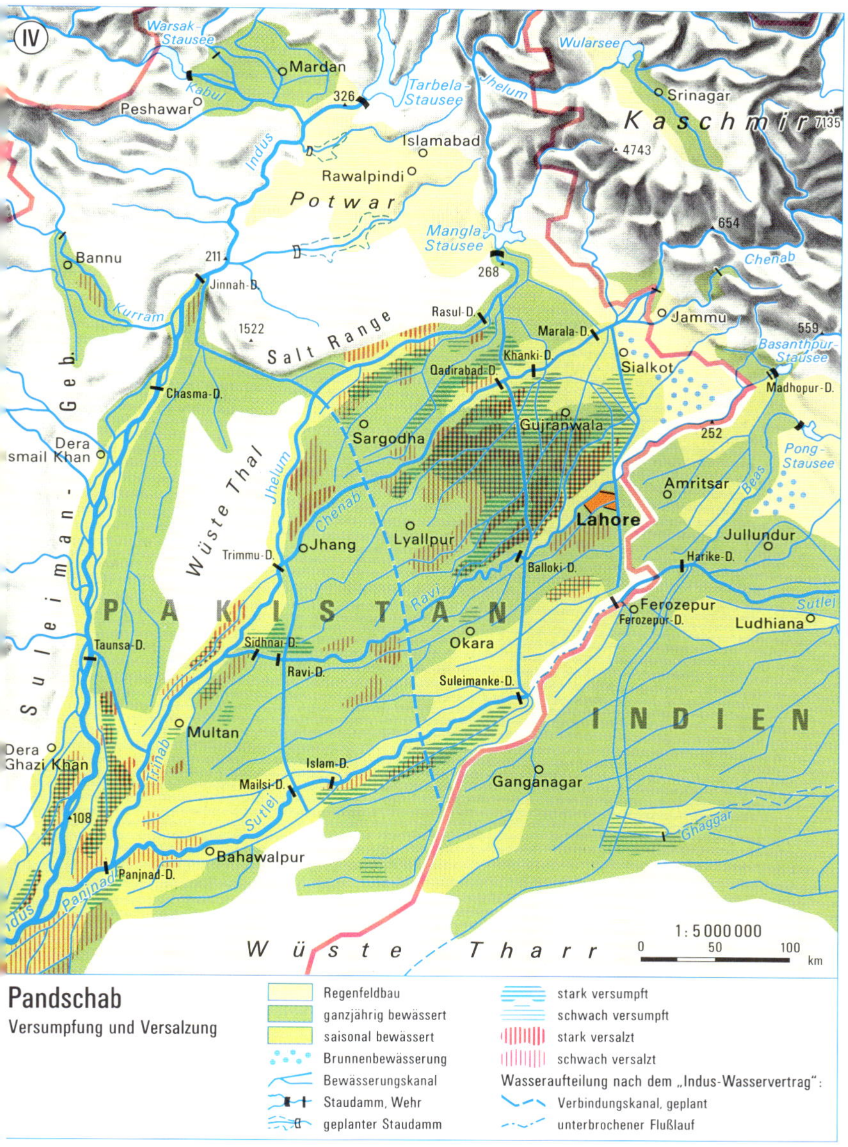
IV
Pandschab
Versumpfung und Versalzung
Regenfeldbau
ganzjährig bewässert
saisonal bewässert
Brunnenbewässerung
Bewässerungskanal
Staudamm, Wehr
geplanter Staudamm
stark versumpft
schwach versumpft
stark versalzt
schwach versalzt
Wasseraufteilung nach dem „Indus-Wasservertrag":
Verbindungskanal, geplant
unterbrochener Flußlauf
1:5 000 000
Kaschmir
Potwar
Salt Range
Wüste Thal
PAKISTAN
INDIEN
Wüste Tharr
Sulaiman-Geb.
Peshawar
Mardan
Islamabad
Rawalpindi
Srinagar
Jammu
Sialkot
Gujranwala
Lahore
Amritsar
Jullundur
Ludhiana
Ferozepur
Sargodha
Jhang
Lyallpur
Okara
Multan
Bahawalpur
Ganganagar
Bannu
Dera Ismail Khan
Dera Ghazi Khan
Tarbela-Stausee
Mangla-Stausee
Warsak-Stausee
Wularsee
Indus
Jhelum
Chenab
Ravi
Beas
Sutlej
Kabul
Kurram
Panjnad
Ghaggar

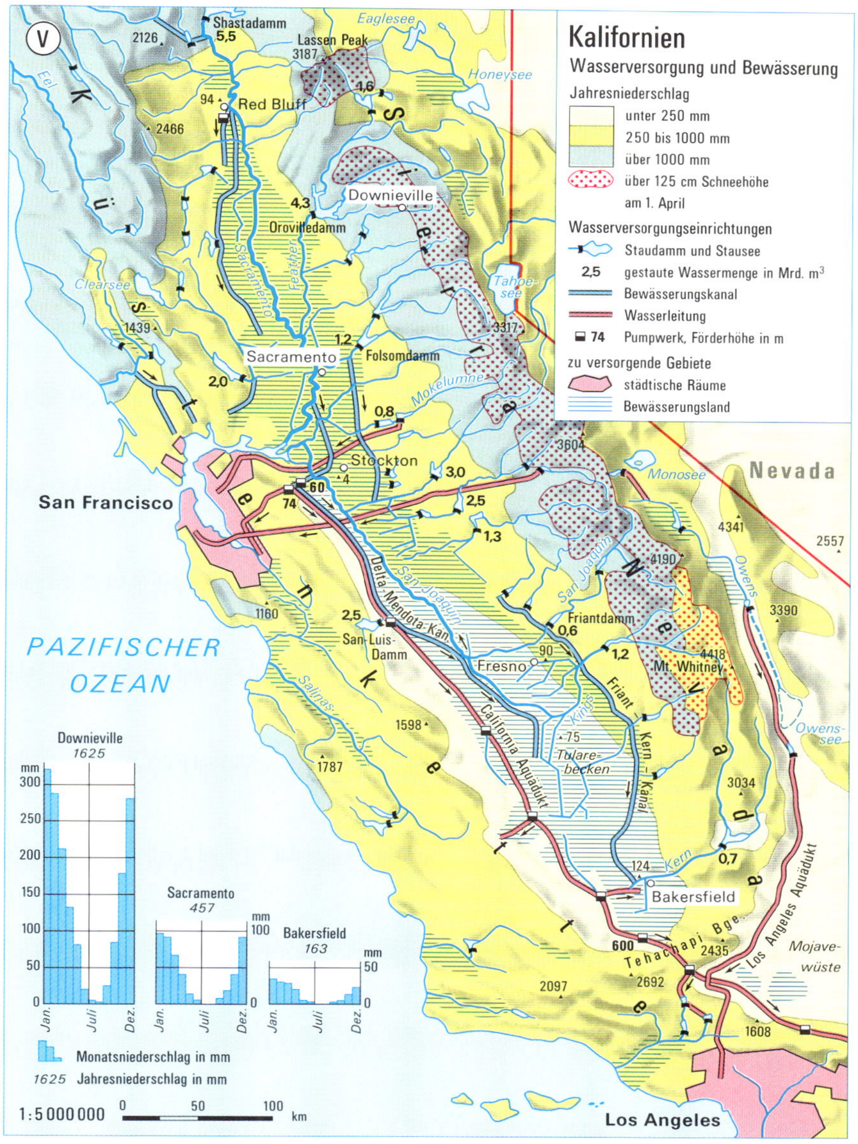
V
Kalifornien
Wasserversorgung und Bewässerung
Jahresniederschlag
unter 250 mm
250 bis 1000 mm
über 1000 mm
über 125 cm Schneehöhe am 1. April
Wasserversorgungseinrichtungen
Staudamm und Stausee
2,5 gestaute Wassermenge in Mrd. m³
Bewässerungskanal
Wasserleitung
74 Pumpwerk, Förderhöhe in m
zu versorgende Gebiete
städtische Räume
Bewässerungsland
Küstenketten
Sierra Nevada
Nevada
PAZIFISCHER OZEAN
San Francisco
Sacramento
Stockton
Fresno
Bakersfield
Los Angeles
Red Bluff
Downieville
Shastadamm
Orovilledamm
Folsomdamm
Friantdamm
San-Luis-Damm
Lassen Peak
Mt. Whitney
Tahoesee
Monosee
Owenssee
Tularebecken
Delta-Mendota-Kanal
California Aquädukt
Friant-Kern-Kanal
Los Angeles Aquädukt
Tehachapi Bge.
Mojavewüste
Downieville 1625
Sacramento 457
Bakersfield 163
Monatsniederschlag in mm
1625 Jahresniederschlag in mm
Jan. Juli Dez.
1:5 000 000

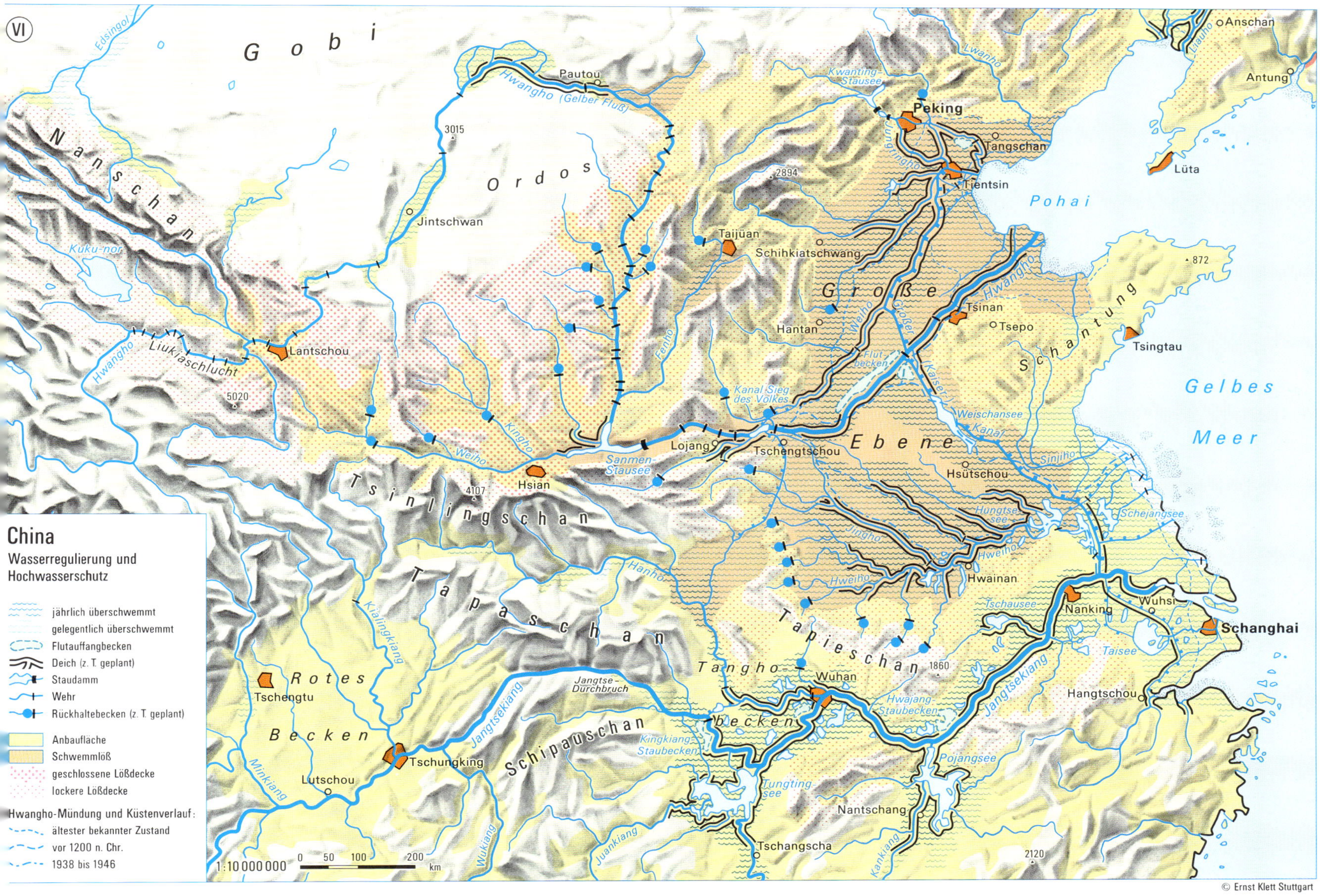
VI
China
Wasserregulierung und Hochwasserschutz
jährlich überschwemmt
gelegentlich überschwemmt
Flutauffangbecken
Deich (z. T. geplant)
Staudamm
Wehr
Rückhaltebecken (z. T. geplant)
Anbaufläche
Schwemmlöß
geschlossene Lößdecke
lockere Lößdecke
Hwangho-Mündung und Küstenverlauf:
ältester bekannter Zustand
vor 1200 n. Chr.
1938 bis 1946
1:10 000 000
Gobi
Nanschan
Ordos
Große Ebene
Schantung
Tsinlingschan
Tapaschan
Tapieschan
Schipauschan
Rotes Becken
Tangho-Becken
Pohai
Gelbes Meer
Peking
Tientsin
Tangschan
Taijuan
Lantschou
Hsian
Lojang
Tschengtschou
Tsinan
Tsingtau
Hsütschou
Hwainan
Nanking
Schanghai
Wuhan
Tschungking
Tschengtu
Tschangscha
Nantschang
Hangtschou
Hwangho (Gelber Fluß)
Jangtsekiang
Sanmen-Stausee
Liukiaschlucht
Jintschwan
Pautou
Lüta
Anschan
Antung

Dürregefährdete Gebiete

Neulandgewinnung und Notstandsgebiete an der Trockengrenze der Ökumene

111 Welt, Dürregefährdete Gebiete
I 50 EG 5, vgl. 56 Niederschlag
II 67 BD 4/5, vgl. 66 Niederschlag
Vgl. 117 Nomadismus, Schaffarm (Ranching)

Kasachstan
Neulandgewinnung an der Grenze des Regenfeldbaues

Wald · Wiese und Weide · Steppe · Halbwüste · Wüste · Ackerland · Bewässerungsland · salzhaltiger See · Salzsumpf · Sumpf · Südgrenze der großflächigen Neulandgewinnung · staubsturmgefährdetes Gebiet · 250 mm Niederschlagslinie (Grenze des Regenfeldbaues) · periodischer Fluß · Flußbett, selten wasserführend · Eisenbahn · Straße · Grenze der Kasachischen SSR

Diagramme: Temperaturkurve · Niederschlagskurve · aride Jahreszeit · humide Jahreszeit

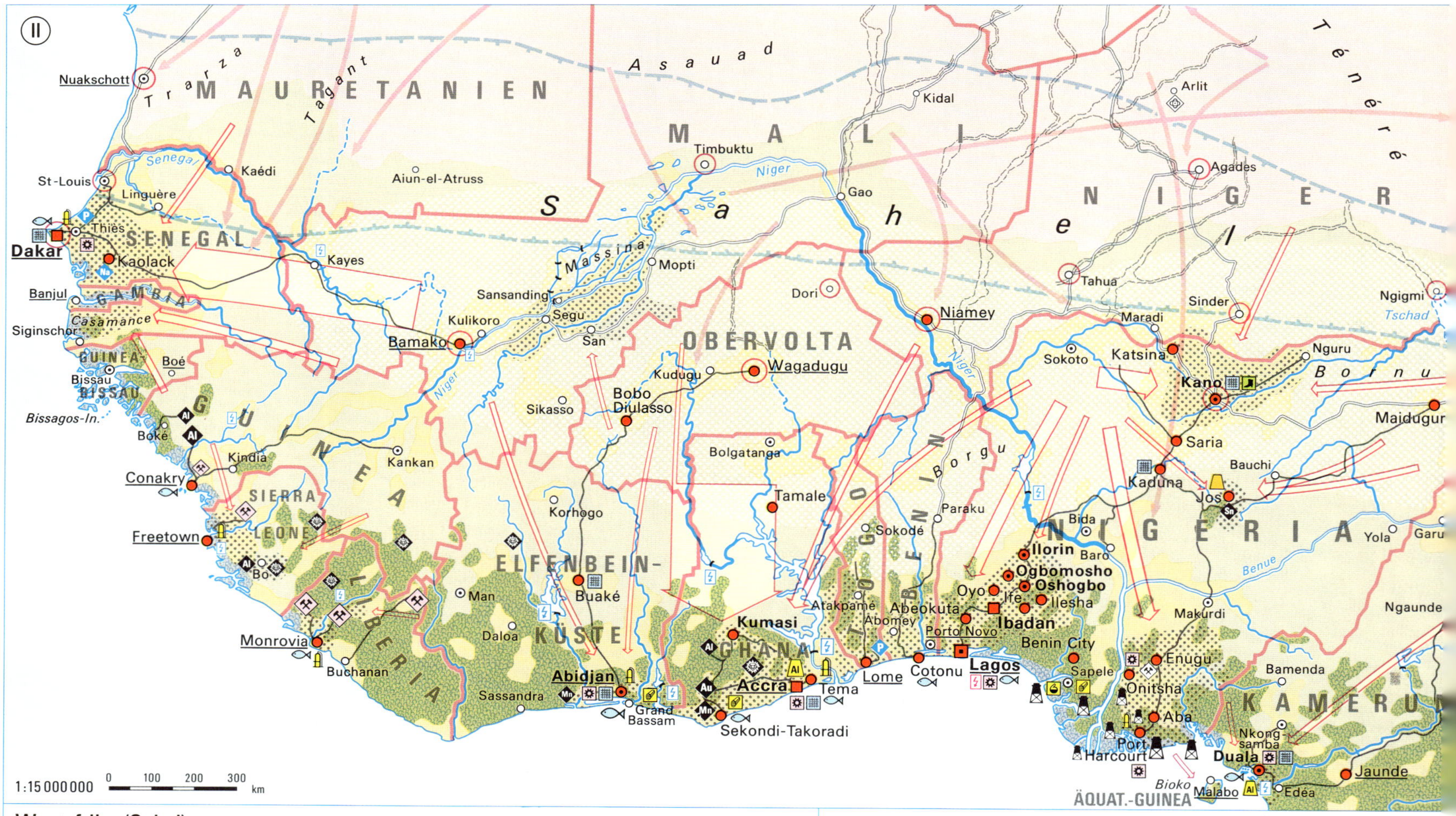

Westafrika (Sahel)
Notstandsgebiete und Wanderarbeiter

Herkunftsgebiete der Arbeiter · Hauptaufnahmegebiete der Arbeiter (agrare und industrielle Aktivräume) · Wanderarbeiterbewegungen 1 mm Pfeilbreite ≙ 10 000 Personen

Sahel-Zone (20–30 % Niederschlagsvariabilität: Gefährdung jeden Lebens durch unregelmäßige Dürren; siehe auch Diagramm →) · Fluchtbewegungen der Nomaden im Sahel-Katastrophenjahr 1973 · Nomadenfluchtringe (Zeltlager um die Sahel-Städte 1973)

Wüste und Halbwüste · Trocken- u. Feuchtsavanne · tropischer Regenwald · Mangrove · Anbauflächen

Weitere Erklärungen siehe vorderer Einband

Jahresniederschläge der Stationen Niamey (N) und Agades (A) in mm (1925–1973)

Jahresniederschläge über dem Mittelwert · unter dem Mittelwert

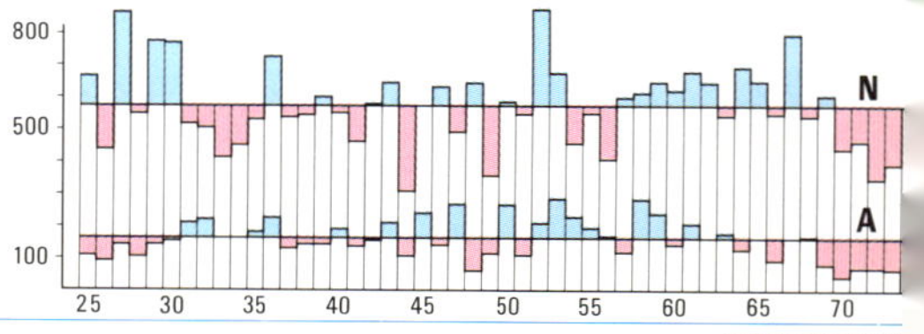

Landwirtschaftliche Betriebsformen

Beispiele aus unterschiedlichen Klimazonen

111 Welt, Landwirtschaftliche Betriebsformen
I ◘ 67–68 F 4, 111 Nomadismus
II ◘ 75 E 4, 111 Ranching, Schafhaltung
III ◘ 60 Nk., 111 Brandrodung
IV ◘ 61 C 3, 111 Plantagen, 113 Kautschuk
V ◘ 54 D 4, 112 Reis
VI ◘ 82–83 D 1, 112 Getreide

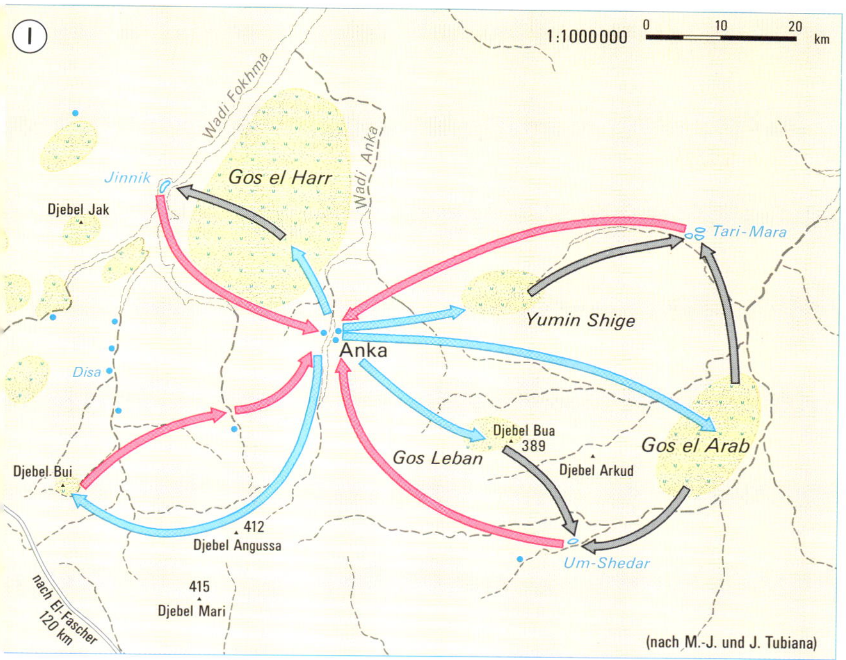

Nomadismus

Herdenwanderungen der Zaghawa in Sudan

- Gras- u. Strauchsteppe (Dornsavanne)
- Gos (Weidegebiete)
- Wadi, Trockental mit period. Wasserführung
- Regenteich (Hafir)
- Brunnen

Herdenwanderungen
- in der Regenzeit Mai–August
- in der Trockenzeit Sept.–Januar
- in der Trockenzeit Febr.–April

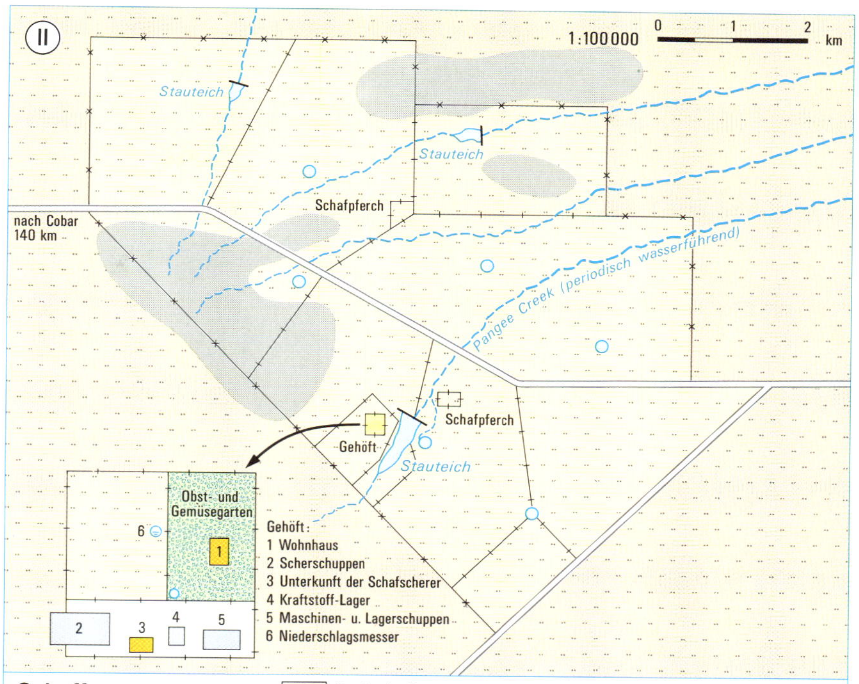

Schaffarm

In Neusüdwales/Australien

- Grasland u. Dorngestrüpp (Scrub)
- extensive Weide der Schaffarm
- vegetationsloses Granitgestein
- Grenzzaun der Schaffarm
- Unterteilung in Viehgehege
- Viehtränke (Zisterne)

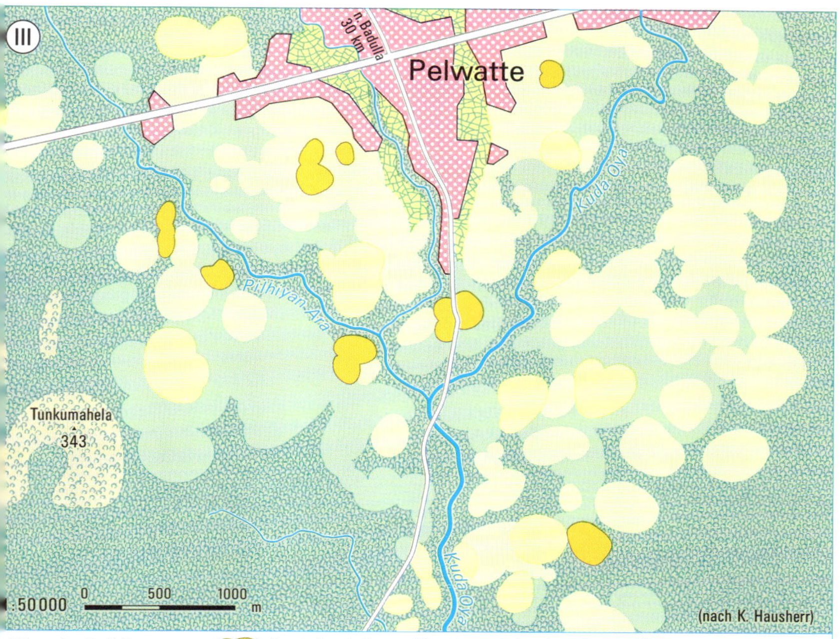

Wanderfeldbau

Brandrodung in Sri Lanka

- Brandrodung in Nutzung (Chena)
- Dorf mit Hausgärten
- Reisfelder
- 343 Inselberg mit lockerem Baumbestand

Aufgegebene Rodungsflächen
- lockeres Strauchwerk (nach 1–1½ Jahren)
- niedrige, dichte Strauchschicht
- höhere Strauchschicht mit Baumbewuchs
- sekundärer Monsunwald (nach 12–15 Jahren)

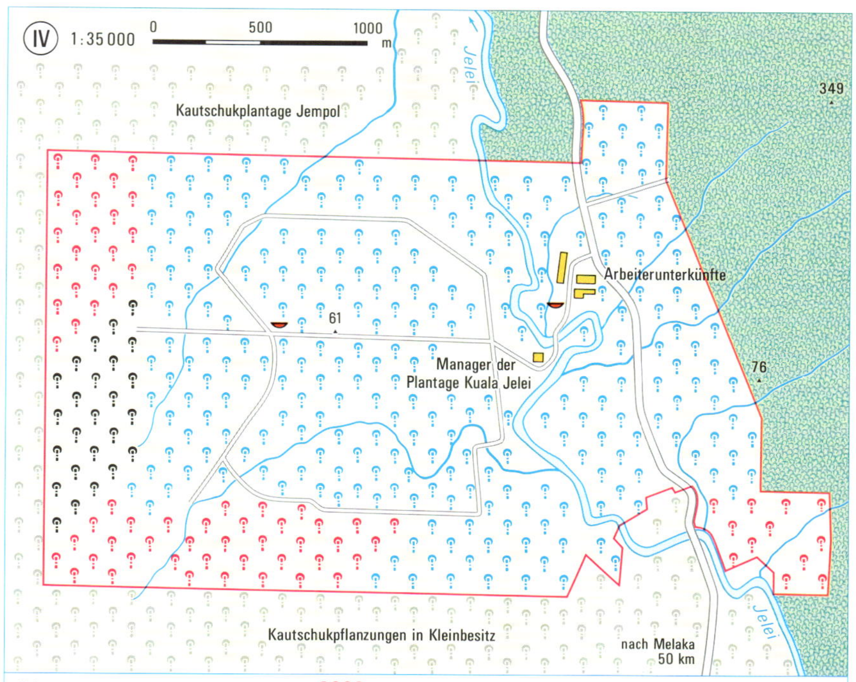

Plantage

Kautschukpflanzung in Malaysia

- Altpflanzung (noch produktiv)
- Jungpflanzung (bereits produktiv)
- Neupflanzung (unreif)
- Latex-Sammelstelle
- Plantagengrenze
- tropischer Regenwald

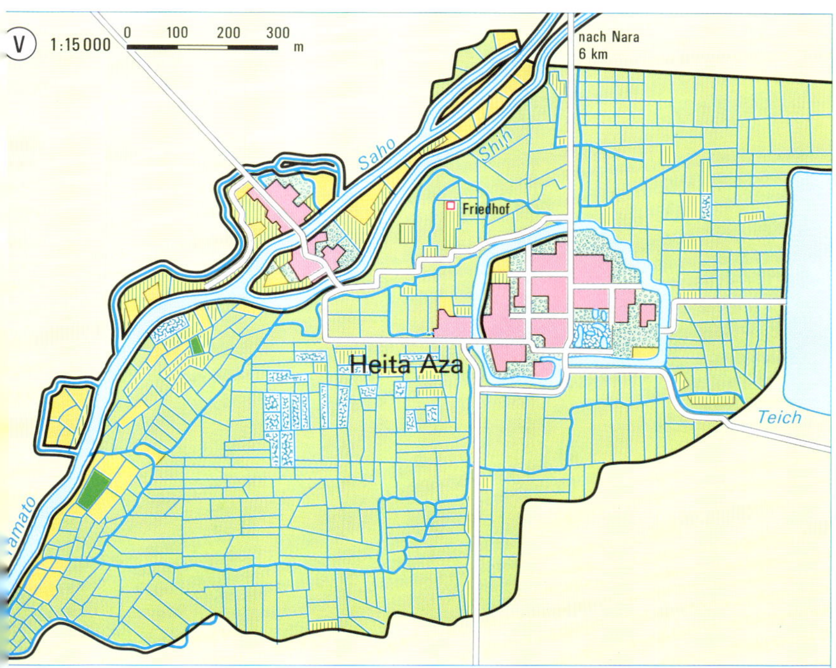

Reisanbau

Altjapanisches Dorf im Yamato-Becken

- Bewässerungskanäle
- Damm
- Reisanbau (Naßfeld)
- Getreide (Trockenfeld)
- Maulbeerkulturen
- Teepflanzung
- Obstgarten
- Dorf mit Hausgärten

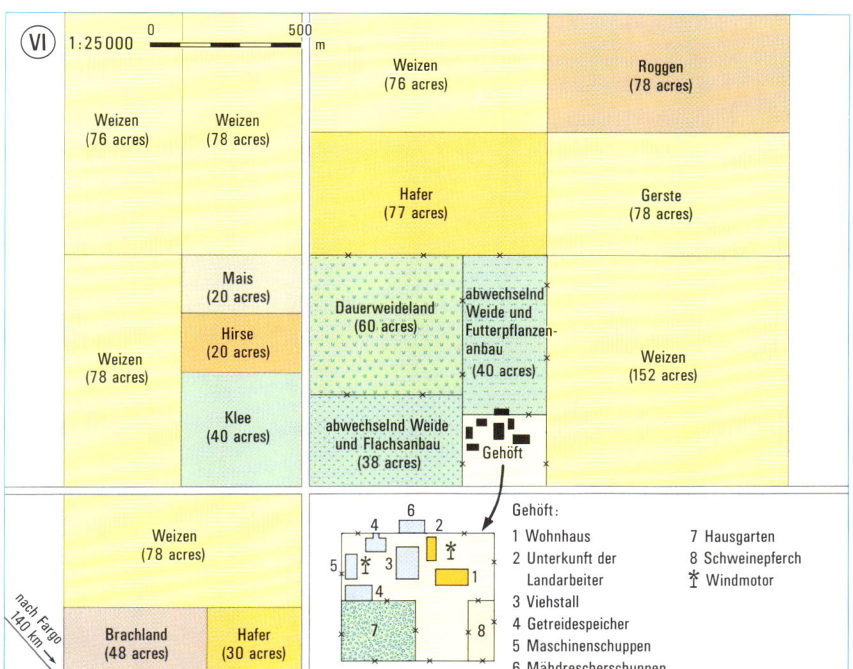

Getreidefarm

Weizenanbau in Nord-Dakota/USA

- Eisenbahn
- Straße
- Zaun

Weizen = Anbau
(76 acres) = Größe der Anbaufläche
1 acre = 0,405 ha

Kollektivwirtschaftliche Betriebsformen

Beispiele aus unterschiedlichen Gesellschaftssystemen

168 Welt, Staatsformen
I ◘ 71 II C 2/3 IV ◘ 48 D 2
II ◘ 58 C 4
III ◘ 48 D 2
Vgl. 119 LPG, kooperative Einrichtungen
171 Indisches Dorf (Kasten)

Kibbuz Einat

Funktionale Gliederung

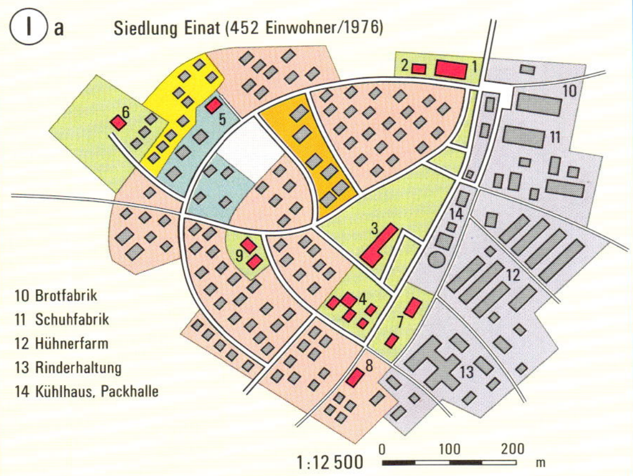

- Wohnbereich Erwachsene
- Wohnbereich Kinder
- Wohnbereich Jugendliche
- Schulbereich
- künftiges Baugelände
- Grünflächen, Freizeitanlagen
- Gemeinschaftseinrichtungen
  1 Kulturhaus, 2 Gedenkhaus,
  3 Küche und Speisesaal,
  4 Wäscherei, Nähstube,
  5 Kinderspeisesaal,
  6 Turnhalle, 7 Kaufladen, Post,
  8 Magazin, 9 Krankenstation
- Wirtschaftsbereich Nr. 10 bis 14

Bewässerung und Anbau
- Brunnen (mit Pumpe)
- Leitung für Trinkwasser und Bewässerung
- Leitung für Bewässerung (geklärte Abwässer der Stadt Rosch ha Ain)
- Grenze des Kibbuz Einat

Feldbau
- Baumwolle
- Kartoffeln
- Futteranbau
- Brache/Zweitfrucht
- Ödland

Pflanzungen
- Zitrusfrüchte
- Avokados
- Kernobst

- Eisenbahn
- Straße
- Wege, zugleich Feldgrenzen
- Wadi, trockenes Flußbett

Anteil der Wirtschaftszweige am Gesamtproduktionswert in % (1974/75)

Feldbau	29,4
Pflanzungen	10,6
Tierhaltung	36,1
Gewerbe	15,8
sonstige Einnahmen	8,1

Volkskommune Hua-shan

Bewässerungswirtschaft und Nutzung des Hügellandes

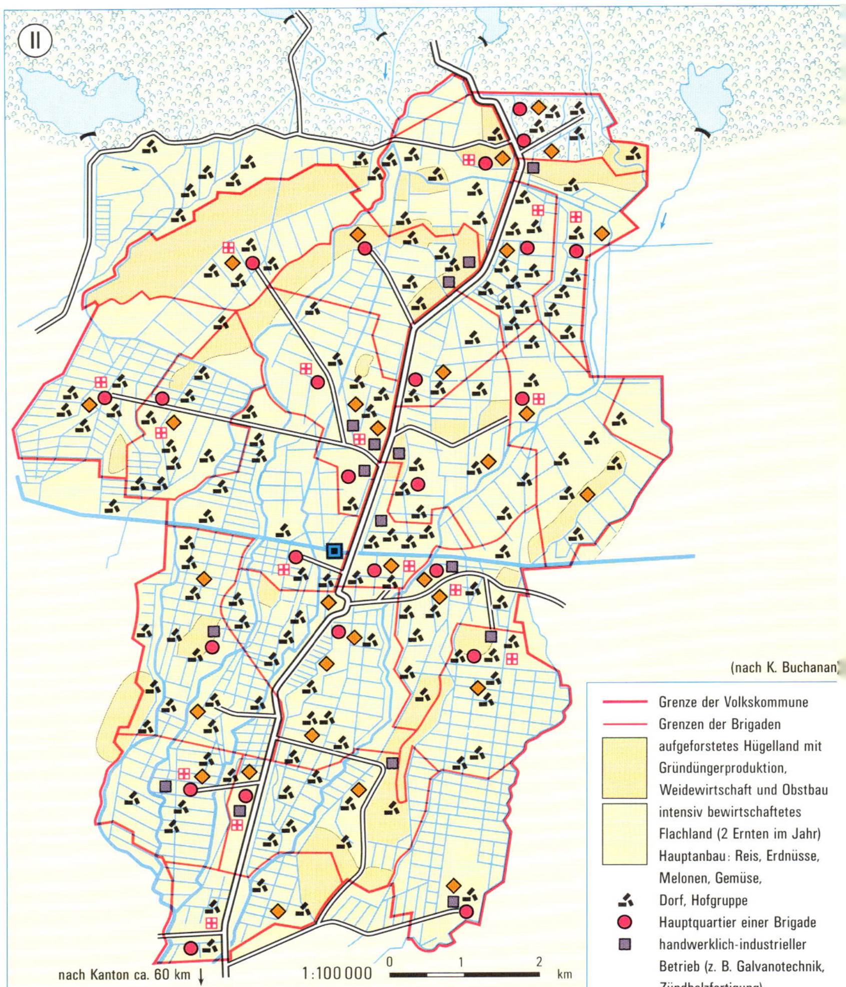

Fläche 60,7 km², davon ca. 42 km² bewässert
50 000 Einwohner, 19 000 Arbeitskräfte

- Stausee, Rückhaltebecken im bewaldeten Bergland
- Flüsse, z. T. umgeleitet
- Bewässerungshauptkanal
- Gräben und Verteiler
- Zentrale Pumpstation
- Grenze der Volkskommune
- Grenzen der Brigaden
- aufgeforstetes Hügelland mit Gründüngerproduktion, Weidewirtschaft und Obstbau
- intensiv bewirtschaftetes Flachland (2 Ernten im Jahr) Hauptanbau: Reis, Erdnüsse, Melonen, Gemüse,
- Dorf, Hofgruppe
- Hauptquartier einer Brigade
- handwerklich-industrieller Betrieb (z. B. Galvanotechnik, Zündholzfertigung)

Gemeinschaftseinrichtungen
- medizinische Versorgung (1 Hospital, 10 Polikliniken, 24 Gesundheitsstationen)
- Schule (27 Elementarschulen, 3 Mittelschulen)

Kolchose Plamja

Kollektivierung und Nutzung

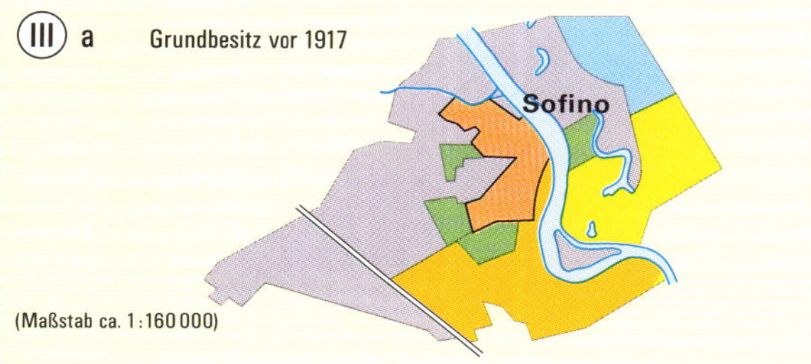

Das Dorf Sofino vor der russischen Revolution (1917)

Grundbesitzer
- Fürst Gagarin
- Gutsherr Motarin
- Fürst Golicyn
- Kirche und Staat
- Bauern des Dorfes Sofino

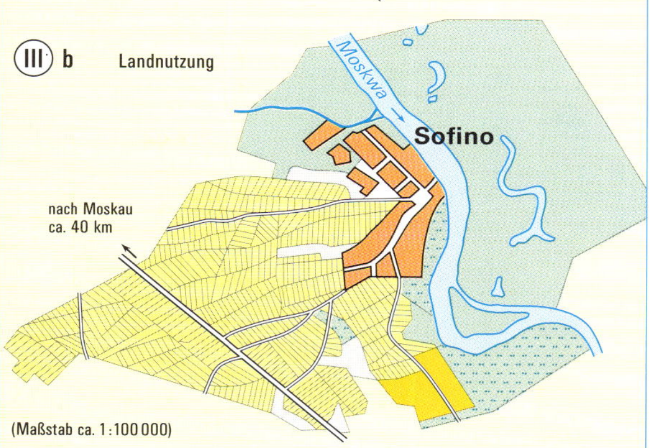

- Höfe und Hofplätze der Bauern von Sofino
- Straße
- Wege, zugleich Feldgrenzen
- Gestrüpp

Nutzung durch die bäuerliche Dorfgemeinschaft, den „Mir" (Die Bauern haften gemeinsam für die zu entrichtenden Abgaben)

Individuelle Nutzung
- Ackerland (die Parzellen unterliegen der Umteilung)
- Garten

Gemeinschaftliche Nutzung
- Wiesen
- Weide

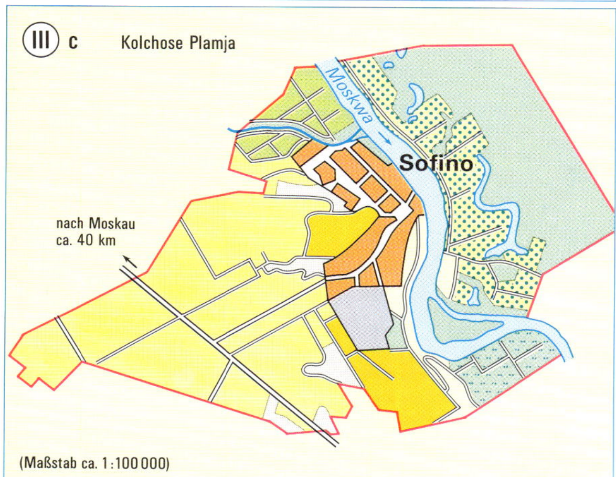

Kolchose Plamja nach der Kollektivierung (1936)
- Grenze der Kolchose
- Wirtschaftshof der Kolchose (Maschinen, Stallungen u. a.)
- Ackerland
- Garten
- Gemüse und Futteranbau im Wechsel
- Wiesen (Heu)
- Weide
- Wiesen – Weide im Wechsel
- Gestrüpp

Private Nutzung
- Höfe und Hoflandparzellen (je Familie ca. 0,5 ha)

An Vieh darf gehalten werden: 1 Kuh, 2 Kälber, 2 Schweine, 10 Schafe oder 10 Ziegen

Sowchose Kaschira

Gliederung und Anbau

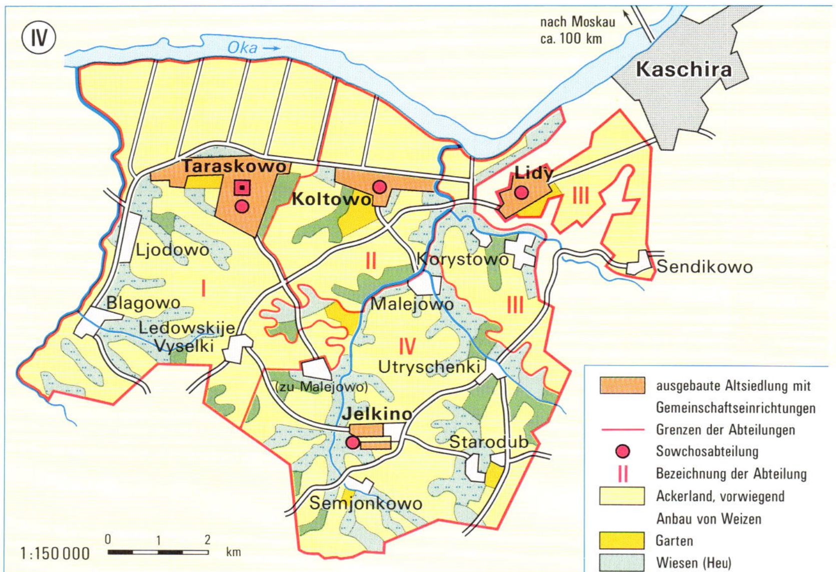

- Grenze der Sowchose
- Sowchoszentrale

Fläche 67 km², 925 Arbeitskräfte

- ausgebaute Altsiedlung mit Gemeinschaftseinrichtungen
- Grenzen der Abteilungen
- Sowchosabteilung
- Bezeichnung der Abteilung
- Ackerland, vorwiegend Anbau von Weizen
- Garten
- Wiesen (Heu)
- Weide
- Wald
- aufgegebene Siedlung (ehemaliges Dorf)

Dorf einer Sowchose in Kasachstan

Planmäßiger Siedlungsbau

Wohnbereich
- Zweifamilienhäuser mit Garte
- Bereich der Wohnblocks (je 16–24 Wohnungen)
- künftiges Baugelände
- Grünflächen, Freizeitanlagen
- Gemeinschaftseinrichtungen
  1 Verwaltung, 2 Klubhaus,
  3 Handelszentrum, 4 Teehaus
  5 Schule, 6 Kindergarten,
  7 Schwimmbad, 8 Freiluftkin

Wirtschaftsbereich
- Nr. 9 bis 14

Strukturwandel in der Landwirtschaft

Beispiele aus der Bundesrepublik Deutschland und der DDR

120–122 Deutschland, Landwirtschaft
I 18 E 3 III 11 B 1
II 16 C 2 IV 17 I 2

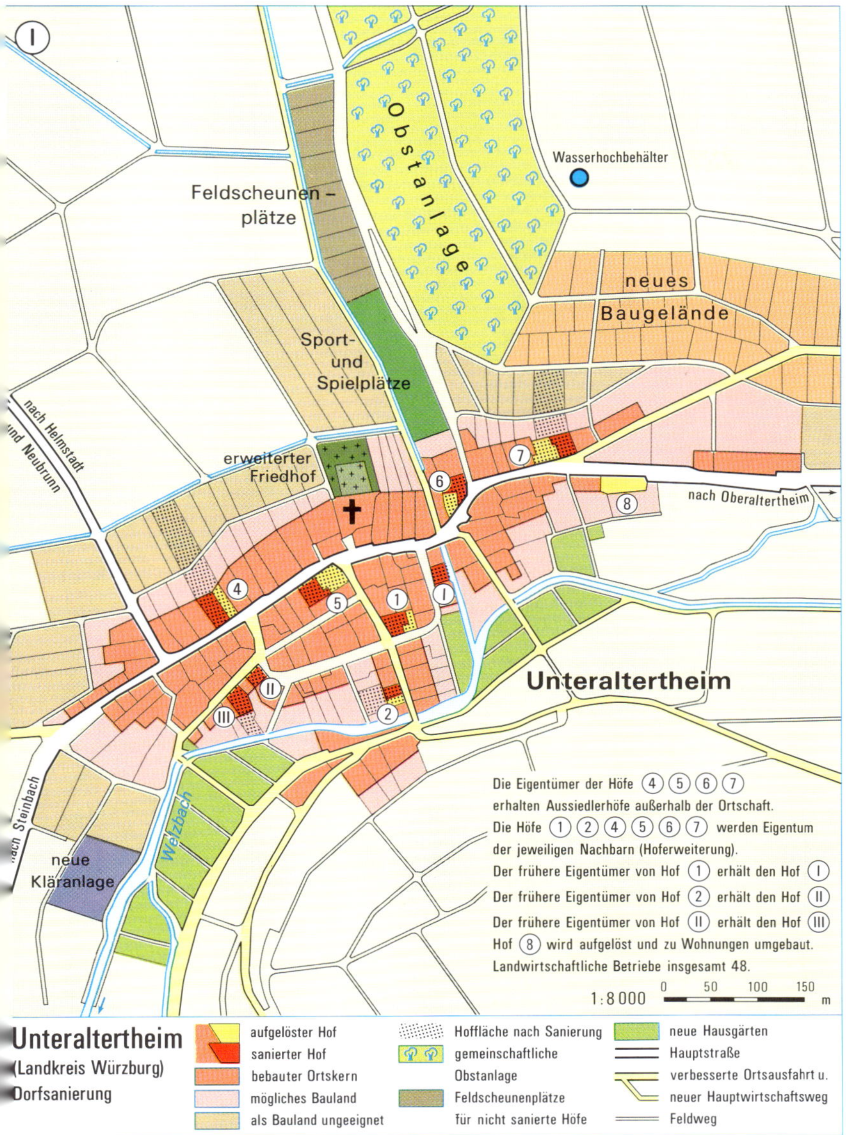

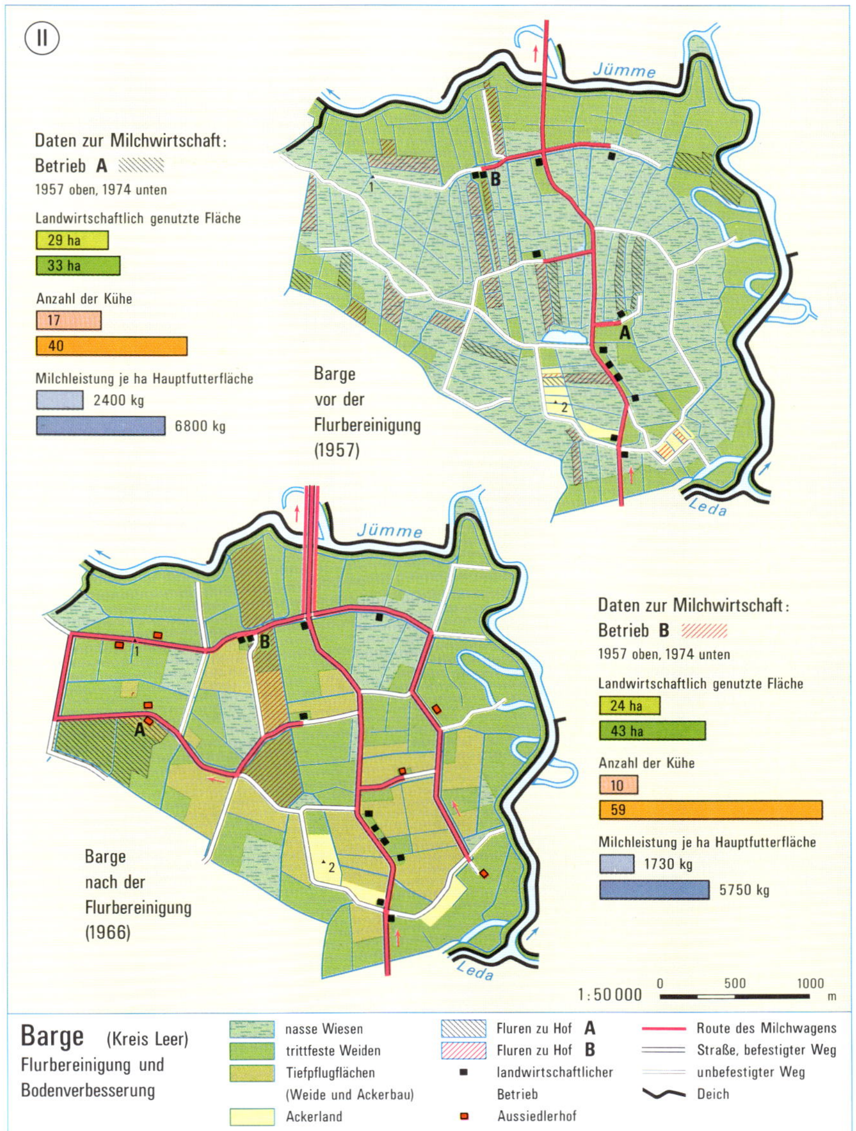

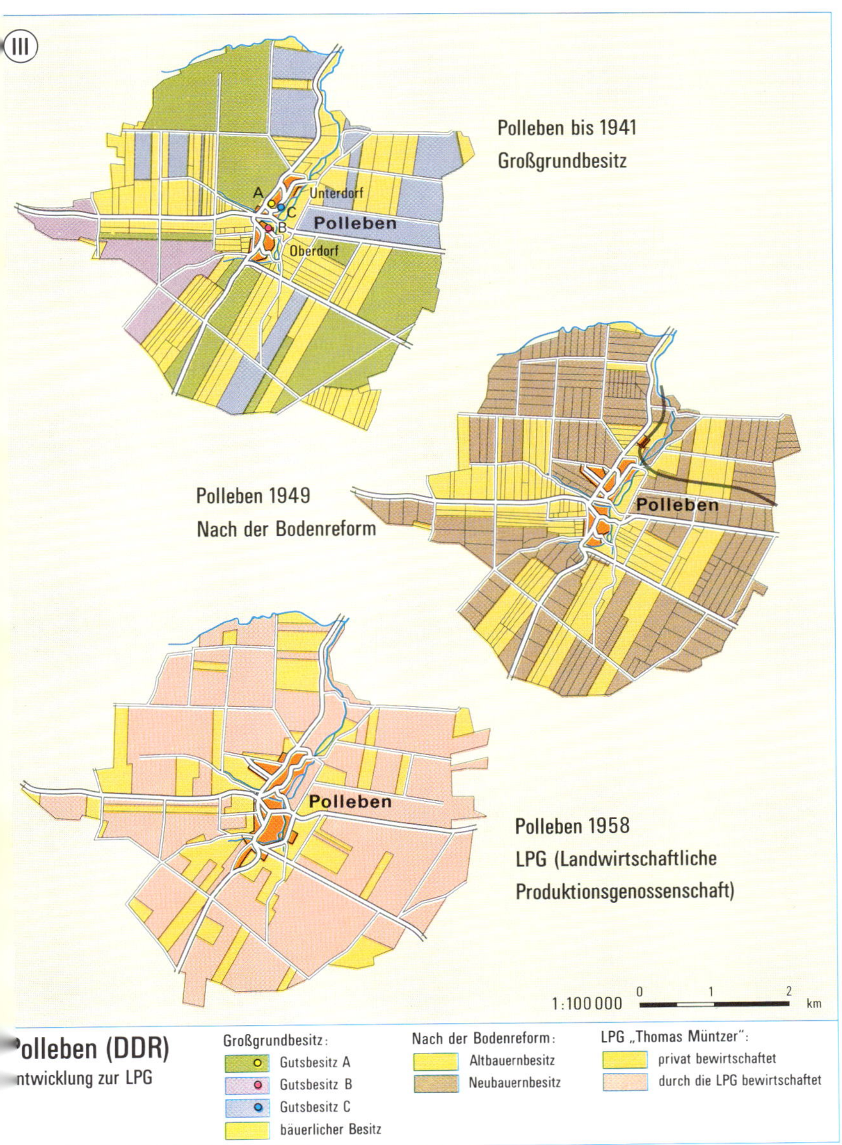

Die deutsche Agrarlandschaft

Natürliche Grundlagen, ausgewählte Produkte und ihre Verarbeitung

105 Naturlandschaft (Böden)
106 Klimaelemente
135 Landwirtschaftliche Erwerbstätige
174 Europäische Landwirtschaft

junge Marsch (Acker- und Weideland)	mittlere und geringere Böden (z. B. Geest, Schotterebenen)
alte Marsch (z. T. vernäßt)	Mittelgebirgslagen mit relativ kurzer Vegetationsperiode
Talauen (z. B. Urstromtäler)	verkarstete Hochflächen der Schwäbischen und Fränkischen Alb
vielseitig nutzbare Böden, vorw. Ackerland (z. B. Jungmoränengebiet Norddeutschlands)	niederschlagsreiches Jungmoränengebiet des Alpenvorlandes (vorw. Grünland)
Lößbedeckung (z. B. Börden)	niederschlagsreiche alpine Höhenregionen mit sehr kurzer Vegetationsperiode (Grünland, Almen)
vorwiegend Wald	landwirtschaftlich nicht genutzt (Dünen, Felsregion der Hochgebirge)
Wiesen und Weiden	Zuckerrübenanbau
Weinbau	Obstbau
Zuckerfabriken	Großkellereien

Molkereien – über 10 Mio kg Milchverarbeitung pro Jahr vorherrschend Produktion von

- Butter
- Käse
- Kondens- u. und Sterilmilch
- Frischmilch, Sahne usw. für die örtliche Versorgung
- für die Versorgung Westberlin
- Molkereien in der DDR ohne Differenzierung

Deutschland: Sonderkulturen

Zuckerrüben, Gemüse, Wein

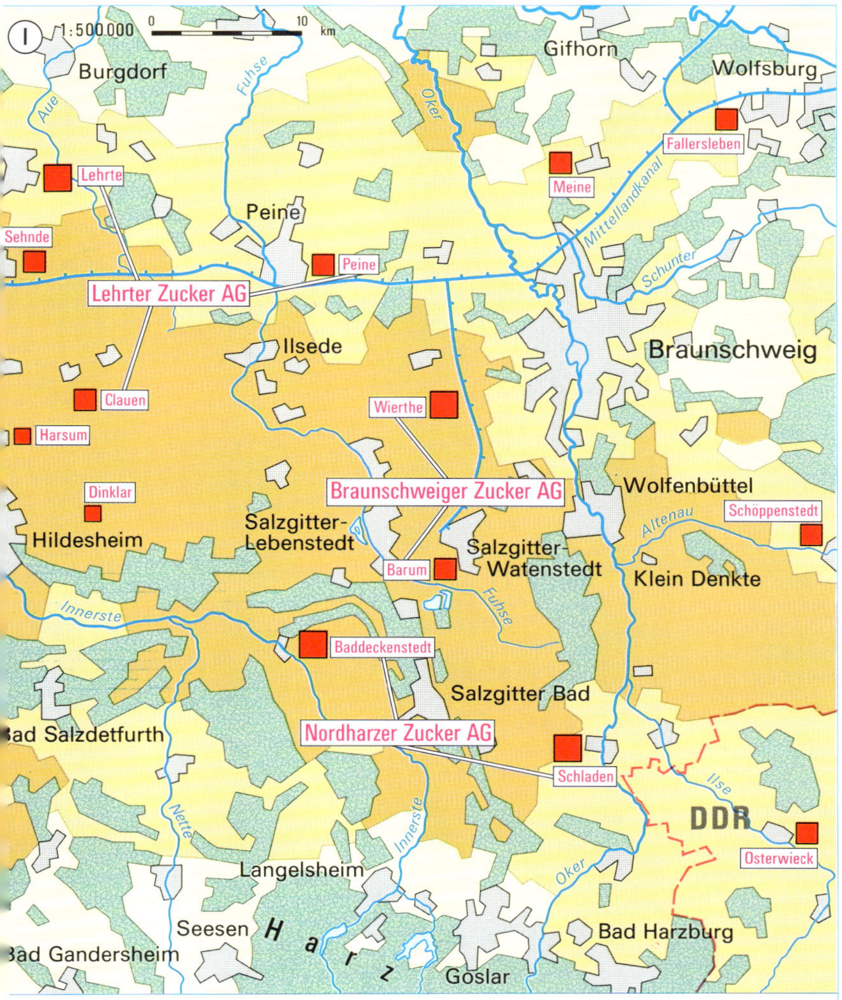

Börde
Zuckerrübenanbau und Zuckerfabriken

Zuckerrübenanbau (Anteil an der landwirtschaftlichen Nutzfläche)
- über 25 % (bis maximal 30 %)
- 15–25 %
- unter 15 %

Zuckerfabriken (durchschnittliche Rübenverarbeitung pro Tag während der Kampagne von Ende Sept.–Mitte Dez.)
- über 4000 t
- 2000–4000 t
- unter 2000 t

- größere Orte
- Wald

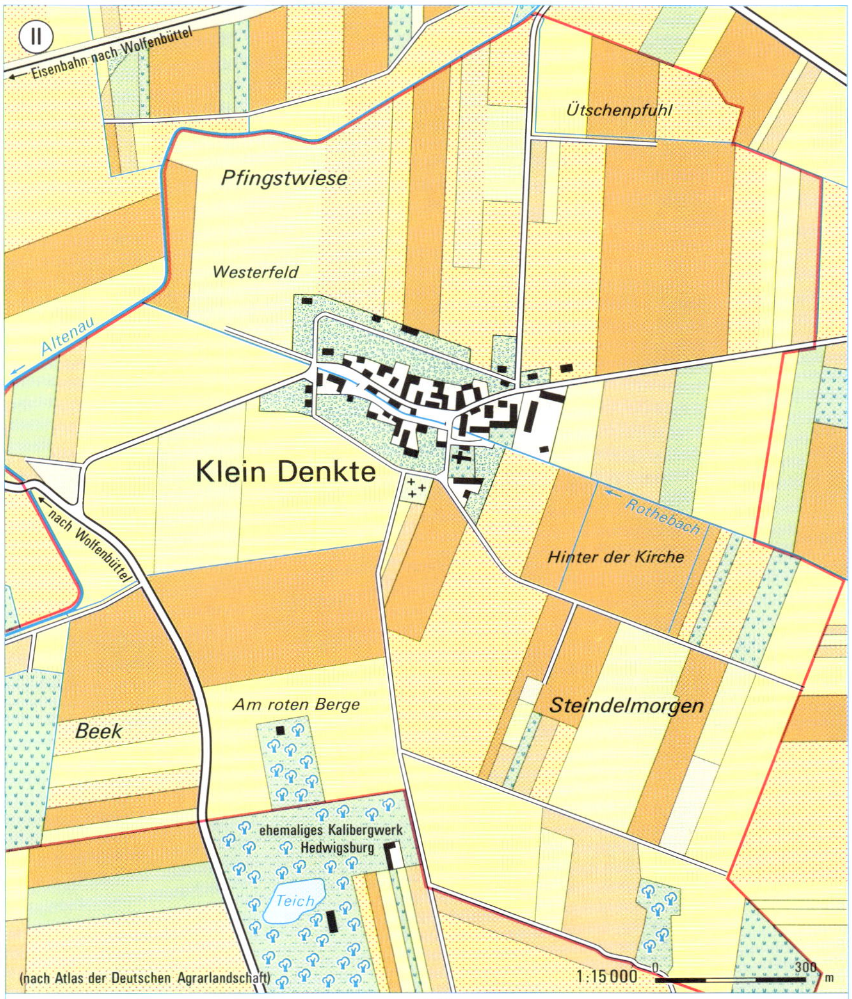

Klein Denkte
Dorf und Feldflur in der Börde

Hackfruchtanbau
- Zuckerrüben
- Kartoffeln

Getreideanbau
- Weizen, Gerste
- Roggen, Hafer
- Wintergetreide (hohe Erträge)

sonstige Nutzung
- Gemüse, Hülsenfrüchte
- Futterpflanzen
- Obstbäume auf Wiesen
- unbewirtschaftetes Land

Dorf
- Höfe und Gebäude
- Hausgärten
- Gemarkungsgrenze

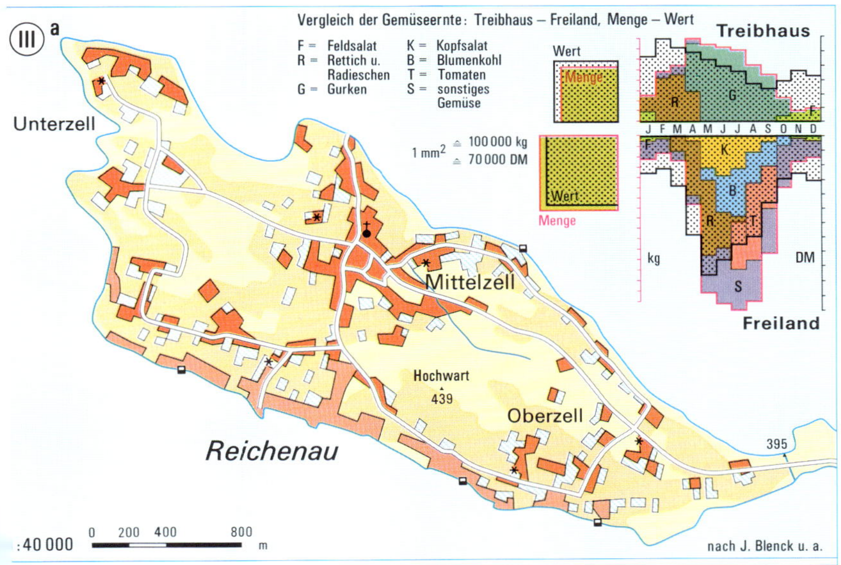

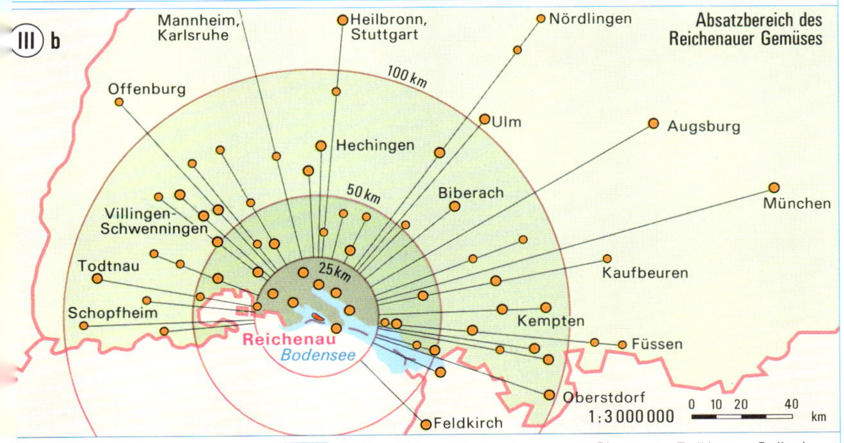

Insel Reichenau
Gemüseanbau – Intensivierung und Absatz

- Siedlungsflächen, Villenstreifen
- Treibhäuser
- guter Boden
- weniger guter Boden
- * Gemüsegroßhändler
- Pumpwerk für Beregnungsanlagen

zu Diagramm Treibhaus – Freiland

monatliche Erntemenge in 1000 kg			monatlicher Erntewert in 1000 DM
	600	400	
	400	200	
	200	0	
	0		

1400 kg Gemüse ≈ DM 1000.–

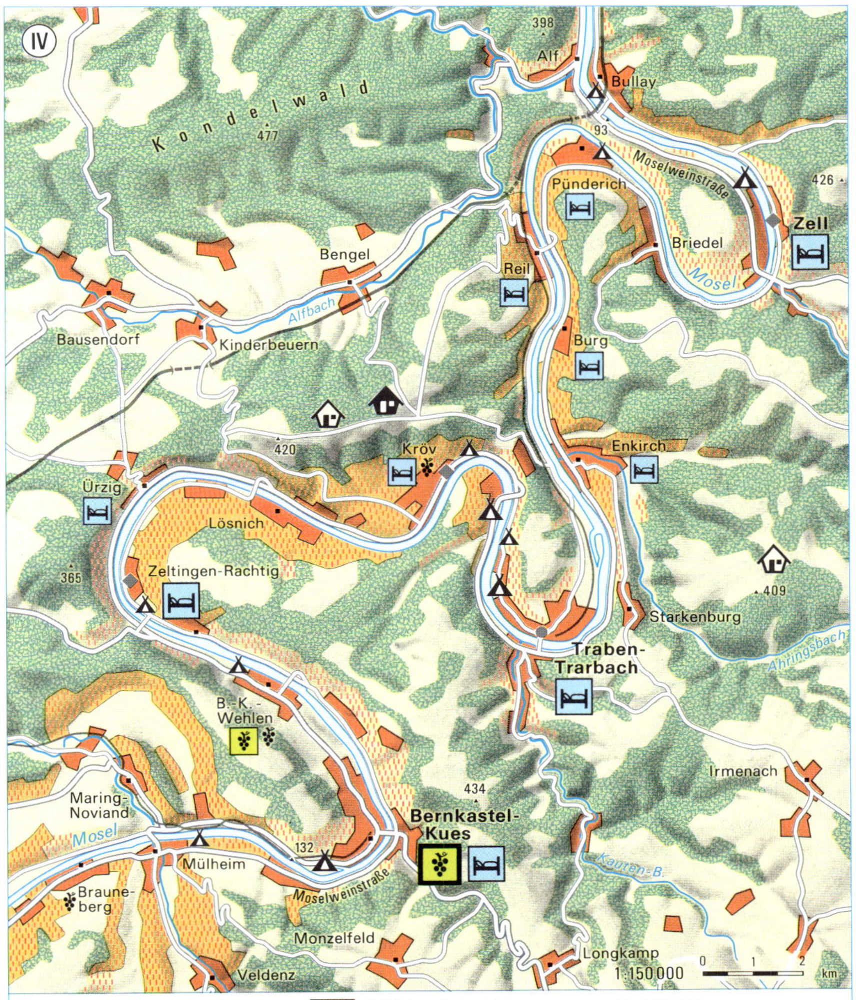

Mittleres Moseltal
Strukturverbesserung durch Rebflurbereinigung und Fremdenverkehr

- Rebfläche – flurbereinigt
- Rebfläche – noch nicht flurbereinigt
- Zentralkellerei
- Gebietswinzergenossenschaft
- Traubenannahmestelle
- Wald
- Luftkurort
- anerkannter Erholungsort
- bedeutender Fremdenverkehrsort
- Feriendorf
- geplantes Feriendorf
- Campingplatz

Landgewinnung und Küstenschutz, Flußbegradigung und Moorbesiedlung

Schutzmaßnahmen gegen Naturkatastrophen in Deutschland und den Niederlanden

Aus einer Karte von 1650 (Verkleinerung auf ca. 1:500 000)

Küstenschutz
in Schleswig-Holstein

- Geest
- Marsch
- Dünen
- Watt
- Sand
- proj. Landgewinnung
- Hauptseedeich
- Hauptseedeich (geplant)
- Binnendeich
- Deichverstärkung (geplant)
- Sicherungsdamm (geplant) (geplante Alternativen)
- Küstenschutzwerke (z. T. geplant)
- Lahnung, Schleuse
- Tidenhub in cm
- Deichbruchstelle (Febr. 1962)
- Wasserwerk
- Wasserleitung

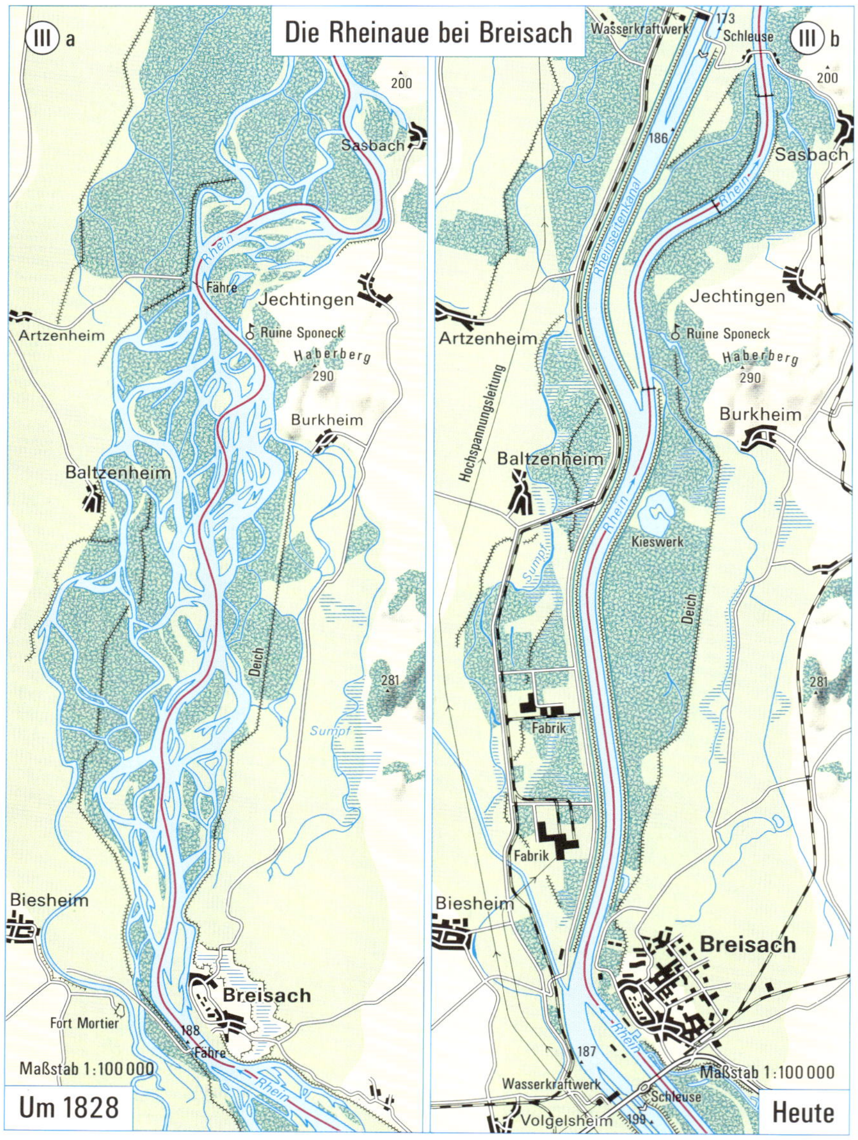

Moorbesiedlung
Fehnkolonie bei Papenburg

- Moor, Bruch, Sumpf
- Torfstich
- sumpfige Wiese
- Wiese
- Wald
- Knick, Heck

Nach der Topographischen Karte 1:100 000 – mit Genehmigung des LVA Hannover

I, II ◘ 16 D 1/2, 224 Sturmflut 1962
III ◘ 18 C 4
IV ◘ 16 C 2
V ◘ 39 I, 102 BC 2/3
VI ◘ 16 BC 2
VII ◘ 39 I B 1/2, 162 Rotterdam
VIII ◘ 39 I B 2

Geschichtliche Entwicklung der Einpolderungen in den Niederlanden

Landgewinnung:
- vor 1700
- von 1700 bis 1900
- nach 1900
- geplant, z. T. im Bau
- Dünen
- Marsch
- vorwiegend Geest
- Süßwasser
- Salzwasser

Der Dollart

Meereseinbruch – Rückgewinnung des Landes durch Einpolderung

- historischer Deich
- 1819 Jahr der Deichschließung
- Einpolderung (junge Marsch)
  - vor 1700
  - 1700–1900
  - nach 1900
- Entwässerungskanäle
- schiffbarer Kanal
- Schleuse; Siel
- heutiger Deich, Küstenbefestigung
- Buhnen, Lahnungen
- Watt
- alte Marsch
- Geest
- Moor
- Eisenbahn
- Autobahn
- Straße

Das Deltaprojekt

Strukturwandel und Verkürzung der Küste

- Wohngebiet, geplant
- Industriegebiet, geplant
- Erholungsgebiet, geplant
- geplante Einpolderung
- Randstad
- Straße, geplant
- Eisenbahn, geplant
- Abschlußdeich, im Bau
- Seedeich
- sonstiger Deich
- Süßwasser
- Salzwasser
- Watt
- Fahrrinne
- Schleuse

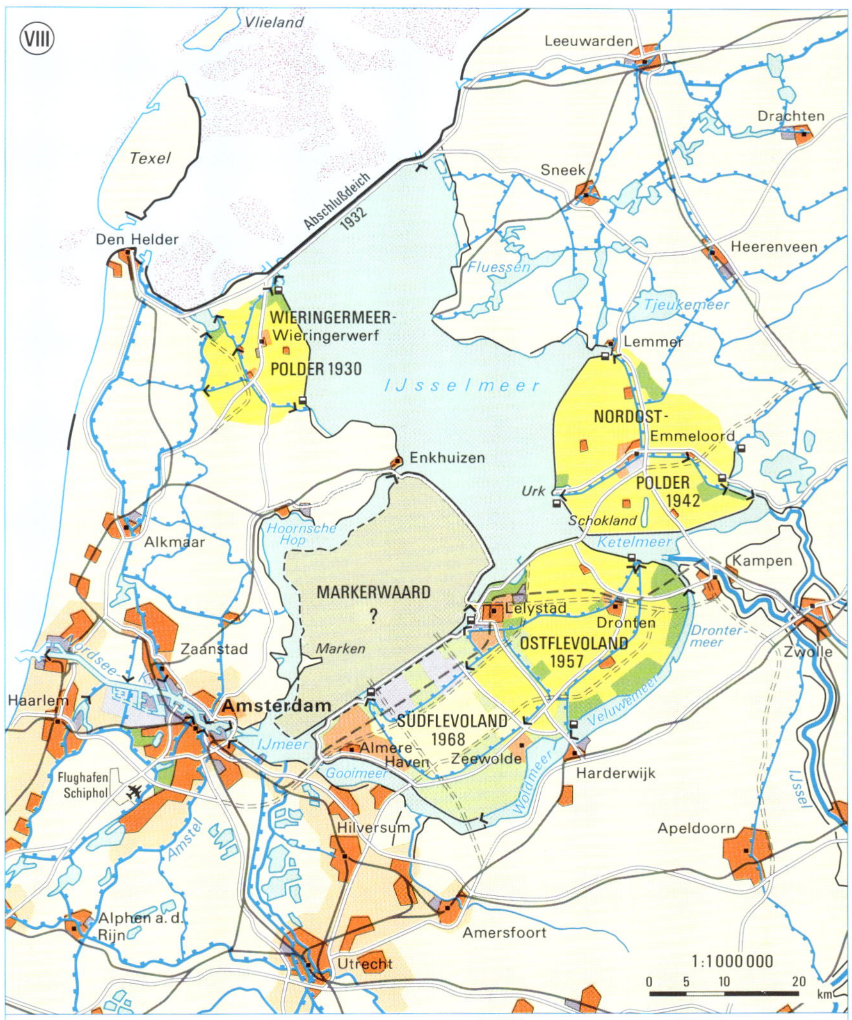

Das Zuiderseeprojekt

Landgewinnung und Landnutzung

- Wohngebiet, geplant
- Industriegebiet, geplant
- Landwirtschaft, geplant
- Erholungsgebiet, geplant
- geplante Einpolderung
- Randstad
- Abschlußdeich
- Seedeich
- sonstiger Deich
- Schleuse, Pumpstation
- Süßwasser
- Salzwasser
- Watt
- Straße, geplant
- Eisenbahn, geplant

Fischerei

Nutzung und Gefährdung der Fischbestände

139 Bretagne (Austern- und Muschelbänke, Ölpest)
▸ VIII–IX Geographische Grundkarten (Fischereihäfen, Meeresströmungen), Physische Karten (Schelf)

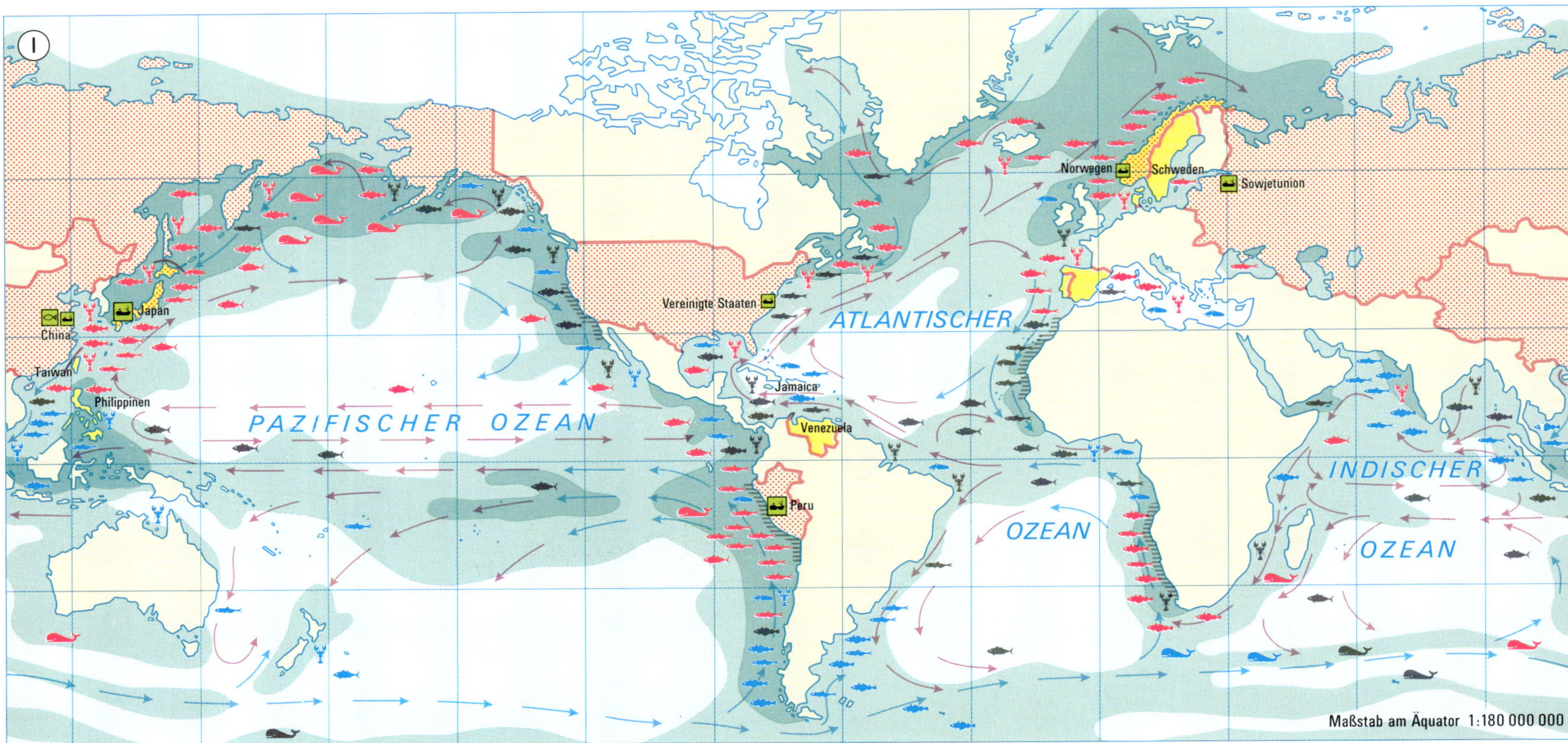

Weltmeere

Die wichtigsten Fischbestände

Fischbestände und ihre Nutzung

- Grundfische (z. B. Kabeljau, Dorsch, Seezunge)
- Seefische des Küstenbereichs (z. B. Hering, Sardine)
- Thunfische
- Krustentiere (z. B. Krabben, Krebse, Hummer)
- Kopffüßler (z. B. Kraken, Tintenfische)
- Wale

- stark genutzt, z. T. Bestandsgefährdung mit Rückgang der Fangmengen durch Überfischung
- maßvoll genutzt
- wenig, z. T. noch nicht genutzt

Tierisches Plankton in der oberen Wasserschicht bis etwa 100 m Tiefe

- über 200 mg/m³
- 50–200 mg/m³
- unter 50 mg/m³

Meeresströmungen

- kalt
- warm
- Auftriebswasser

Hauptfischfangnationen

Binnen-fischerei	See-fischerei	
		über 8 Mio t
		4–8 Mio t
		2–4 Mio t

zum Vergleich: Fangmengen in Mio t

	Bundesrep.	Island
Seefischerei	0,492	0,726
Binnenfischerei	0,015	–

Fischverzehr von mehr als 30 g pro Person und Tag
zum Vergleich: Bundesrepublik = 18 g

Nutzungsgrad ausgewählter Meeresregionen

totale Nutzung (Überfischung) — partielle Nutzung

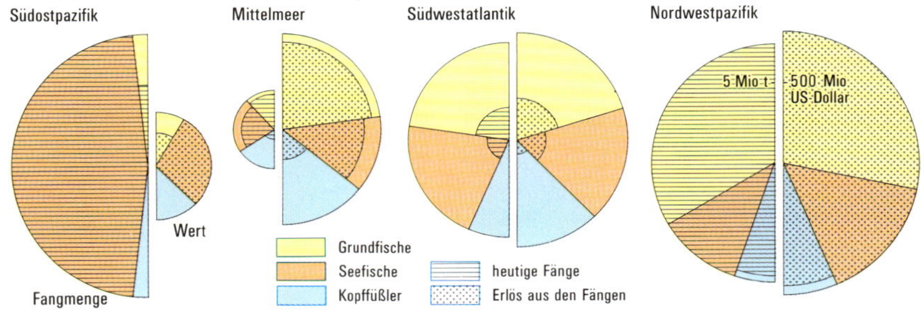

- Grundfische
- Seefische
- Kopffüßler
- heutige Fänge
- Erlös aus den Fängen

Nordatlantik

Entwicklungsstand ausgewählter Fischereien

Lebensräume wichtiger Fische

- Schellfisch
- Makrele
- Lodde
- Hering
- Kabeljau
- Fischereihäfen
- Laichgebiete des Kabeljaus
- Verdriftung des Laichs durch Meeresströmungen

Fangmengen der Staaten und ihre Fanganteile im Nordwest- und Nordostatlantik

Nordwestatlantik — Nordostatlantik

1 mm Säulenhöhe ≙ 50 000 t

- Schellfisch
- Makrele
- Lodde
- Hering
- Kabeljau
- 1965 — 1971

Entwicklung der Fangmengen von 1965–1971

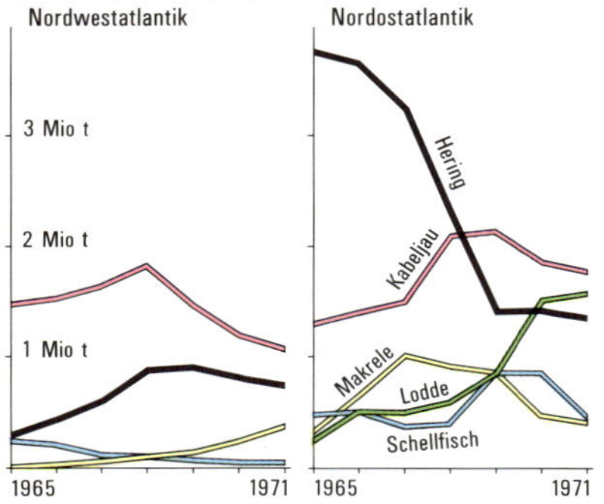

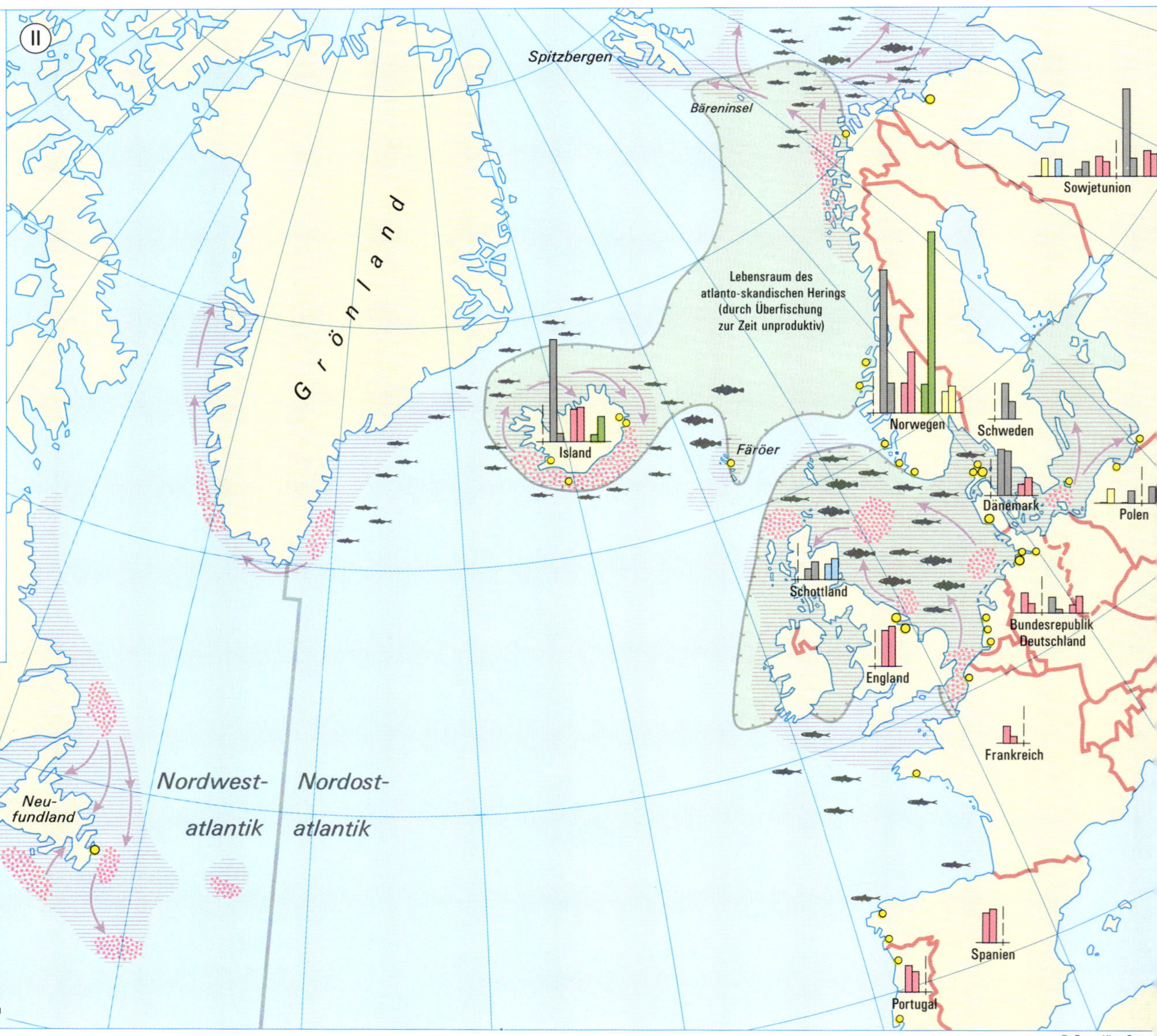

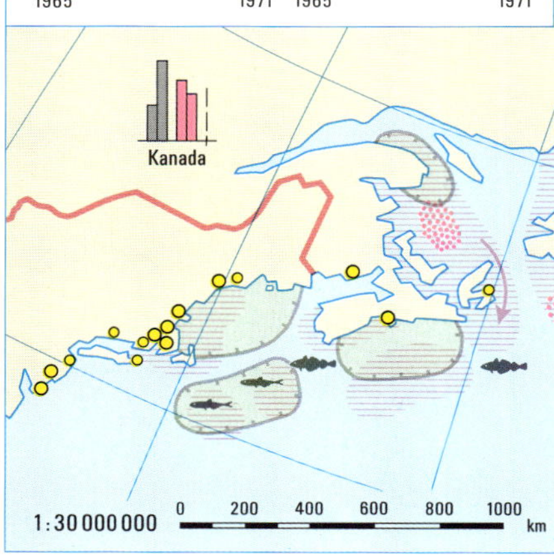

126 Erdöl (Beispiele)
127 Kraftwerke (Beispiele)
128 Europa, Energieversorgung, Kraftwerke
130 Welt, Bergbau
▶ VIII–IX Geographische Grundkarten (Kraftwerke)

I

Maßstab 1:120 000 000

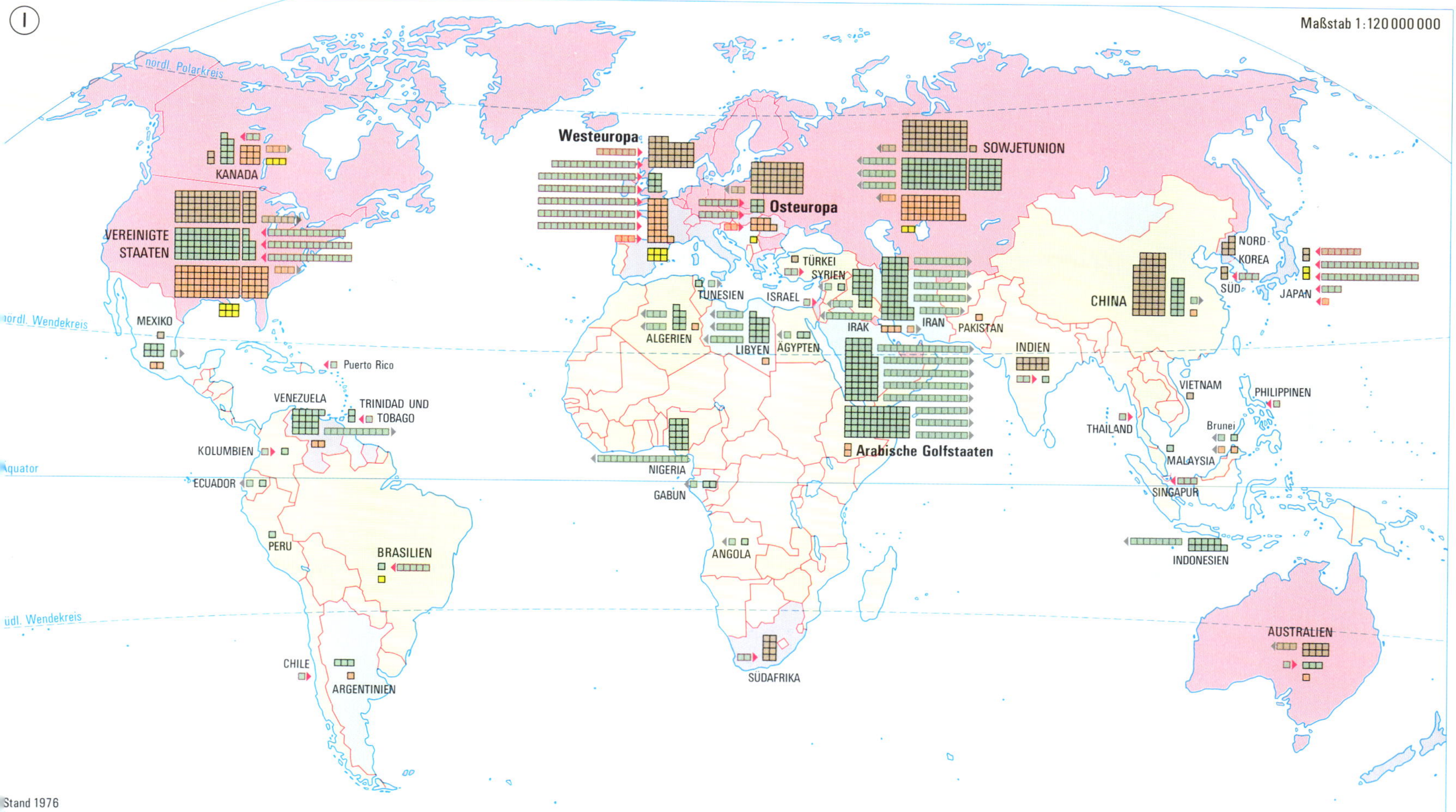

Die Energiebilanz der Welt
Produktion, Export, Import und Verbrauch von Rohenergie

Westeuropa, Osteuropa und die Arabischen Golfstaaten sind zu statistischen Einheiten zusammengefaßt: Westeuropa mit Finnland, ohne Türkei. Osteuropa mit Jugoslawien und Albanien, ohne Sowjetunion. Arabische Golfstaaten ohne Irak und Iran.

Rohenergien	Produktion	Export	Import	1 Signatur ≙ 10 Mio t Steinkohleeinheiten (SKE)
Stein- u. Braunkohle	▭	▭▸	◂▭	▫ ≙ 6,9 Mio t
Erdöl	▭	▭▸	◂▭	▫ ≙ 10 Mio t bzw. 37 Mio t
Erdgas	▭	▭▸	◂▭	▫ ≙ 9,2 Mio t
Wasser- u. Atomkraft	▭			▫ ≙ 83 Mrd KWh

Energieverbrauch der Staaten (in kg SKE pro Einwohner)

- über 4000
- 2000–4000
- 1000–2000
- 250–1000
- unter 250

Erläuterung:
1 kg SKE ≙ 7000 kcal (Heizwert von 1 kg Steinkohle)
≙ 29,3 Mio Joule
≙ 29,3 MJ (Mega-Joule)
10 Mio t SKE ≙ 293 Mrd MJ

II

Maßstab 1:120 000 000

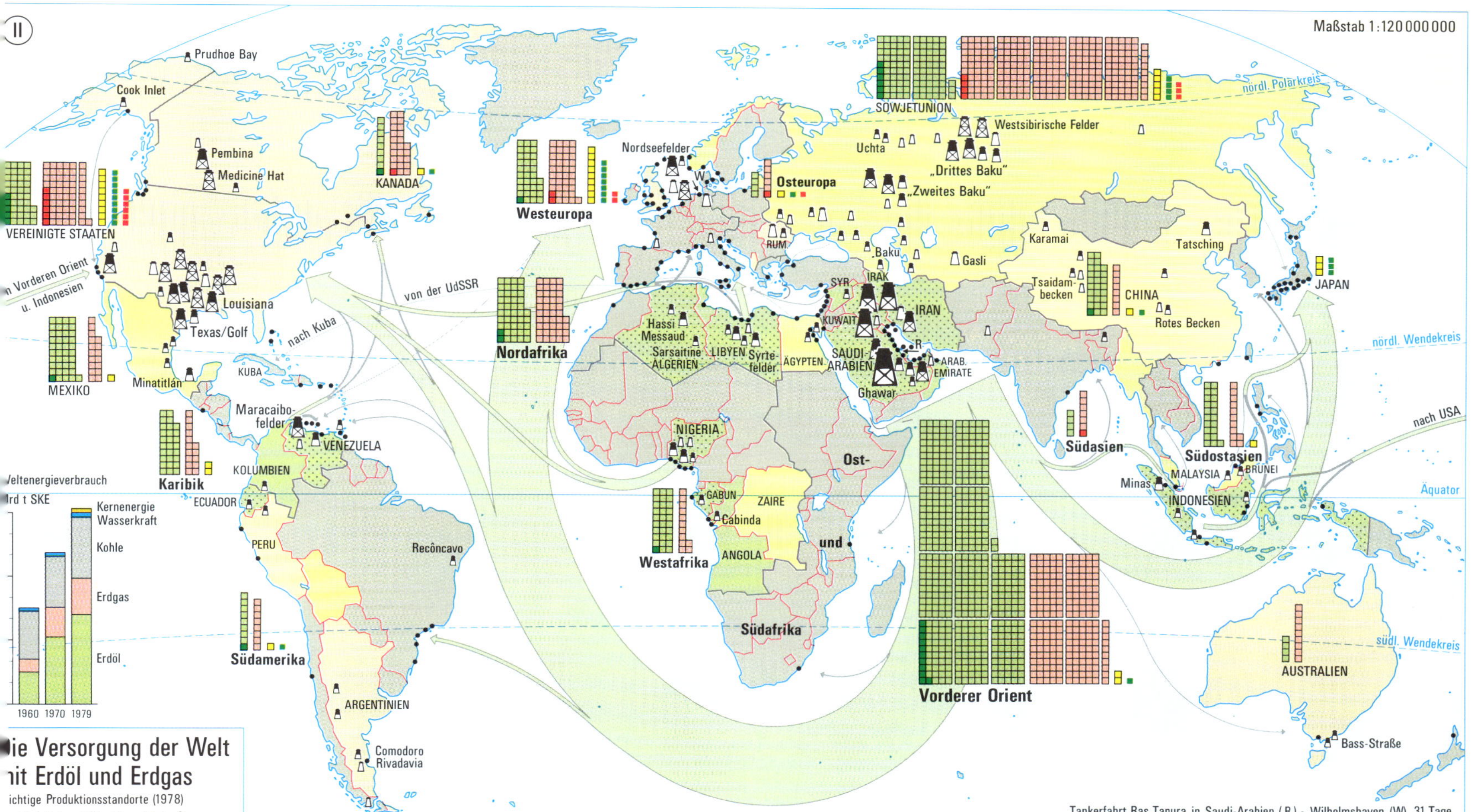

Die Versorgung der Welt mit Erdöl und Erdgas

Wichtige Produktionsstandorte (1978)

Erdöl	Erdgas	Mio t bzw. Mrd m³
▵	▵	5– 20
▵	▵	20– 50
▵	▵	50– 100
▵	▵	100–200
▵		über 200

Förderung und Reserven (1978)
- Erdöl
- Erdgas
- Raffineriekapazitäten
- Erdölverbrauch
- Erdgasverbrauch

1 Quadrat ≙ 100 Mio t Erdöl bzw. 100 Mrd m³ Erdgas

grenzüberschreitende Erdöltransporte (1976) (keine Tankerrouten!)

1 mm Pfeilbreite ≙ 50 Mio t

Erdölhäfen für Tanker über 100 000 dwt * Tragfähigkeit

*1 dwt (deadweighttons) ≙ 1016 kg Tragfähigkeit von Tankschiffen (einschl. Brennstoff, Ballast usw.)

OPEC-Staaten (Organisation of Petroleum Exporting Countries)

Tankerfahrt Ras Tanura in Saudi-Arabien (R) – Wilhelmshaven (W) 31 Tage

Erdölbilanz der Staaten (1978) (Verhältnis Produktion (P) zu Verbrauch (V))

unter 50 %	P < V (Importland)	
50– 90 %		
90– 110 %	P ≈ V	
110– 200 %	P > V (Exportland)	
über 200 %		

Erdöl: Weltförderung und Weltreserven
- Gesamtförderung bis 1955
- Gesamtförderung nach 1955
- im jeweiligen Jahr bekannte, förderwürdige Reserven

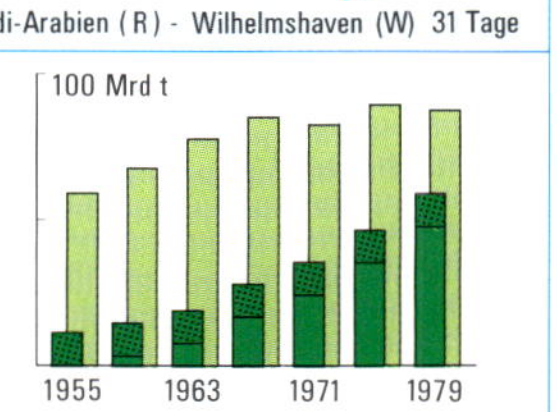

Erdölfelder und Raffineriestandorte

Beispiele

125 Welt, Erdöl und Erdgas
I ◘ 42, 128
II ◘ 68 HI 3, 125, 130
III ◘ 19 G 4, 129
IV ◘ 68 I 3
162 Rotterdam (Europoort)
▸ VIII–IX Geographische Grundkarten (Erdöl, Erdgas, Raffinerie)

I Nordsee
Erschließung neuer Vorkommen

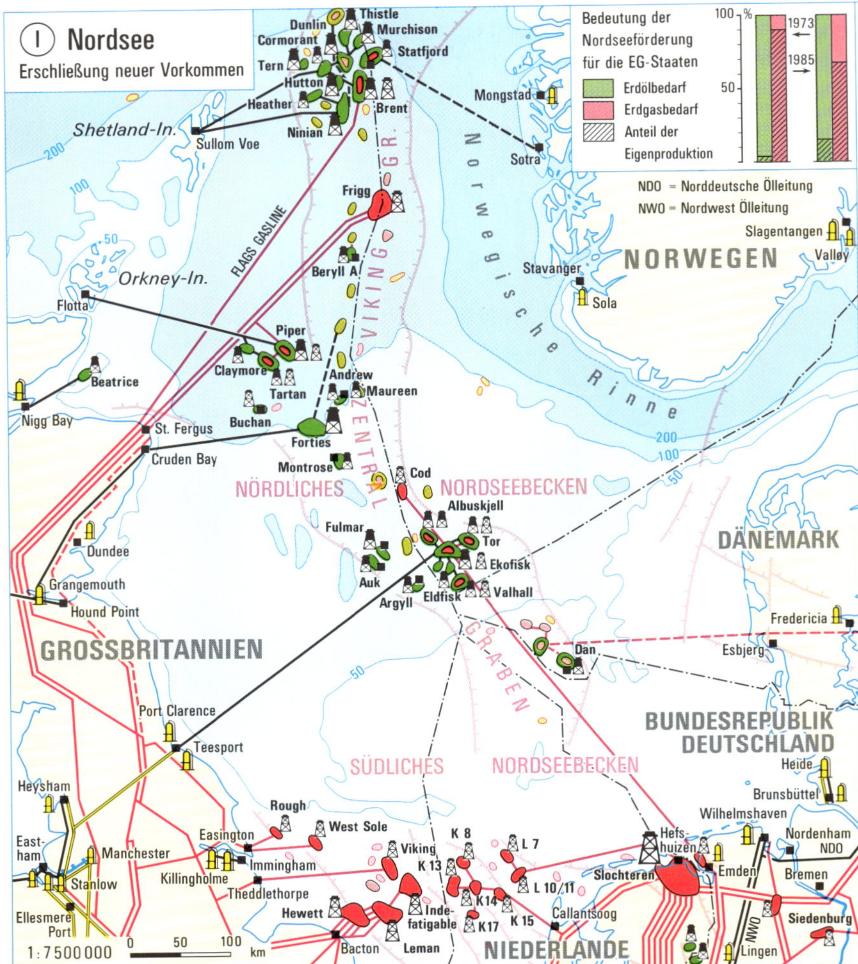

II Persischer Golf
Ausbeutung der größten Vorkommen der Welt

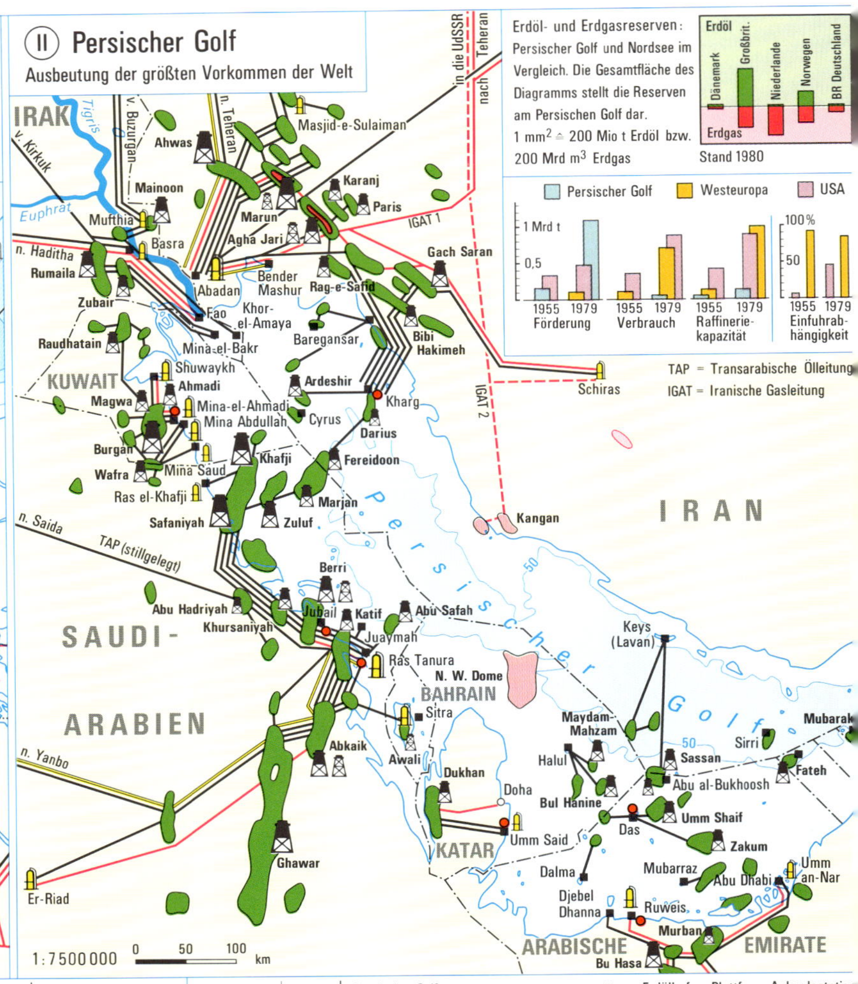

	Erdöl	Erdgas	Nordsee
■ Erdölhafen, Plattform, Anlandestation			produktive Felder, Fördermengen siehe Tabelle rechts
Erdölleitung			Erdöl- bzw. Erdgasfunde, Förderung ist geplant
Erdgasleitung			Erdöl- bzw. Erdgasfunde, z. Z. keine Förderung vorgesehen
geplant oder im Bau			
Produktenleitung			
tektonische Störung			
Staatsgrenze, Aufteilung des Schelfs			

Erdöl	Erdgas	Raffinerien	Produktion/Jahr
		–	über 50 Mio t, Mrd m³
			20–50 Mio t, Mrd m³
			5–20 Mio t, Mrd m³
			unter 5 Mio t, Mrd m³

Erdöl	Erdgas	Persischer Golf
		produktive Felder, Fördermengen siehe Tabelle links
		unter 3 Mio t, 3 Mrd m³/Jahr
		Erdgasfund, Förderung geplant
		Erdgasfund, z. Zt. keine Förderung vorgesehen

- ■ Erdölhafen, Plattform, Anlandestation
- Erdölleitung
- Erdgasleitung
- geplant oder im Bau
- Produktenleitung
- Erdgasverflüssigungsanlage
- Staatsgrenze, Aufteilung des Schelfs

III a Ingolstadt
Raffineriezentrum in Bayern

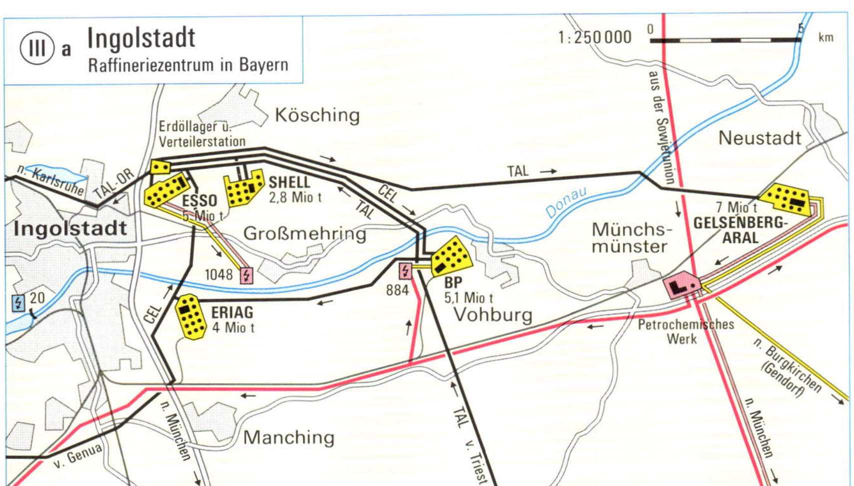

- Erdölleitung
- Erdgasleitung
- Produktenleitung
- Raffineriegasleitung
- Raffinerie
- 5,1 Mio t Jahreskapazität
- Heizölkraftwerk
- Wasserkraftwerk
- 884 Engpaßleistung in Megawatt
- Eisenbahn
- Autobahn
- Bundesstraße

III b Raffinerie Vohburg

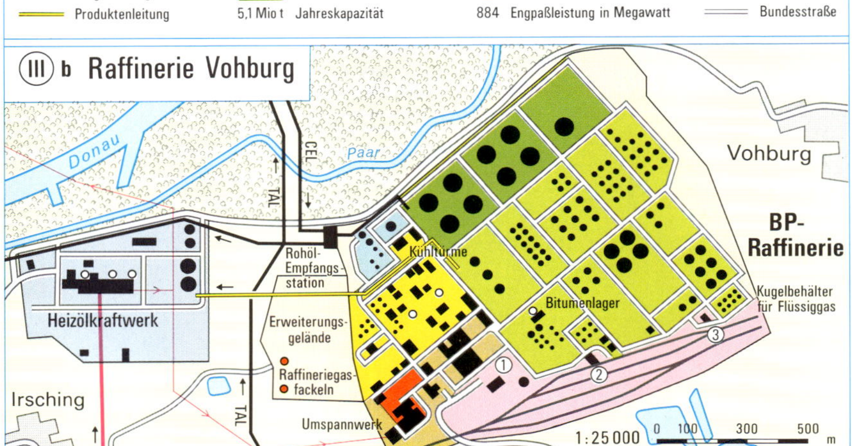

Funktionsbereiche
- Tanklager für Rohöl
- Verarbeitungsanlagen
- Tanklager für Zwischen- und Fertigprodukte
- Abwasseraufbereitungsanlage

Verladung von Fertigprodukten
- ① in Straßen-Tanklastwagen
- ② in Eisenbahn-Kesselwagen
- ③ Flüssiggas in Kesselwagen
- Straße
- Eisenbahn

- Verwaltung
- Werkstätten, Magazine
- TAL → Transalpine Ölleitung
- CEL → Zentraleuropäische Pipeline
- OR → Rhein-Ölleitung
- Hochspannungsleitung

IV Bahrain
Ölscheichtum und Wirtschaftszentrum im Persischen Golf

Awali: Erdöl- u. Erdgasfeld

Erdölförderung 1977:	2,8	Mio t
Reserven	37	Mio t
Erdgasförderung 1977:	3,1	Mrd m³
Reserven	85	Mrd m³

Erdöl und Erdgas
- Fördergebiet Awali
- Erdölleitung
- Erdgasleitung
- Produktenleitung
- Raffinerie
- 12,5 Mio t Jahreskapazität

Umschlaganlagen
- Tankerhafen
- Bauxit- und Aluminiumhafen
- Handelshafen
- Hafen-, Werft- und Industriegelände
- Materialseilbahn
- Meerwasserentsalzungsanlage

- Gas-Turbinenkraftwerk
- moderne City mit Versicherungen, Banken und Geschäftshäusern
- traditionelle Wohnbebauung
- seichte Lagune, Korallenriff
- seeschifftiefes Wasser

Kraftwerke und Elektrizitätswirtschaft
Beispiele

125 Welt, Wasser- und Atomkraft II ◘ 51 IJ 4
128 Europa, Kraftwerke III ◘ 83 E 2
129 Deutschland, Kraftwerke Vgl. 15 Walchenseekraftwerk, 115 Kalifornien
I ◘ 25 E 2, 128 ▶ VIII–IX Geographische Grundkarten (Kraftwerke)

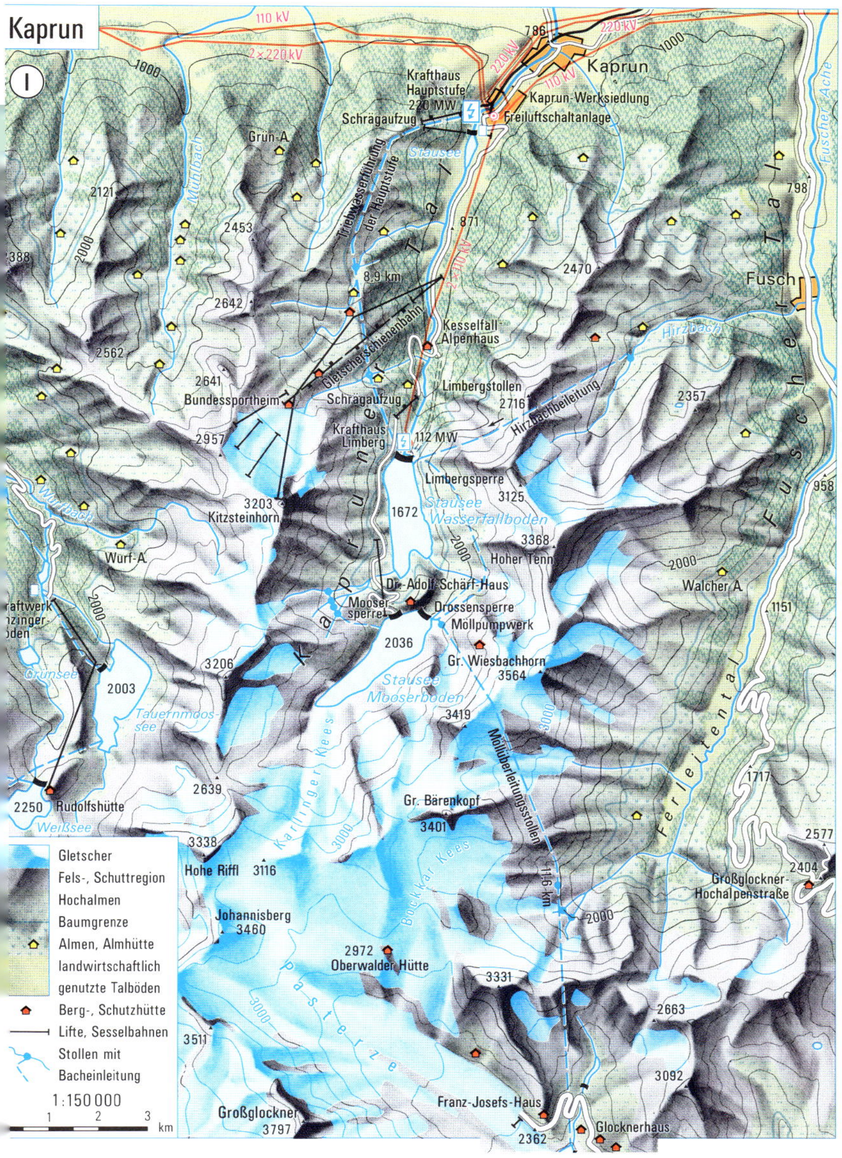

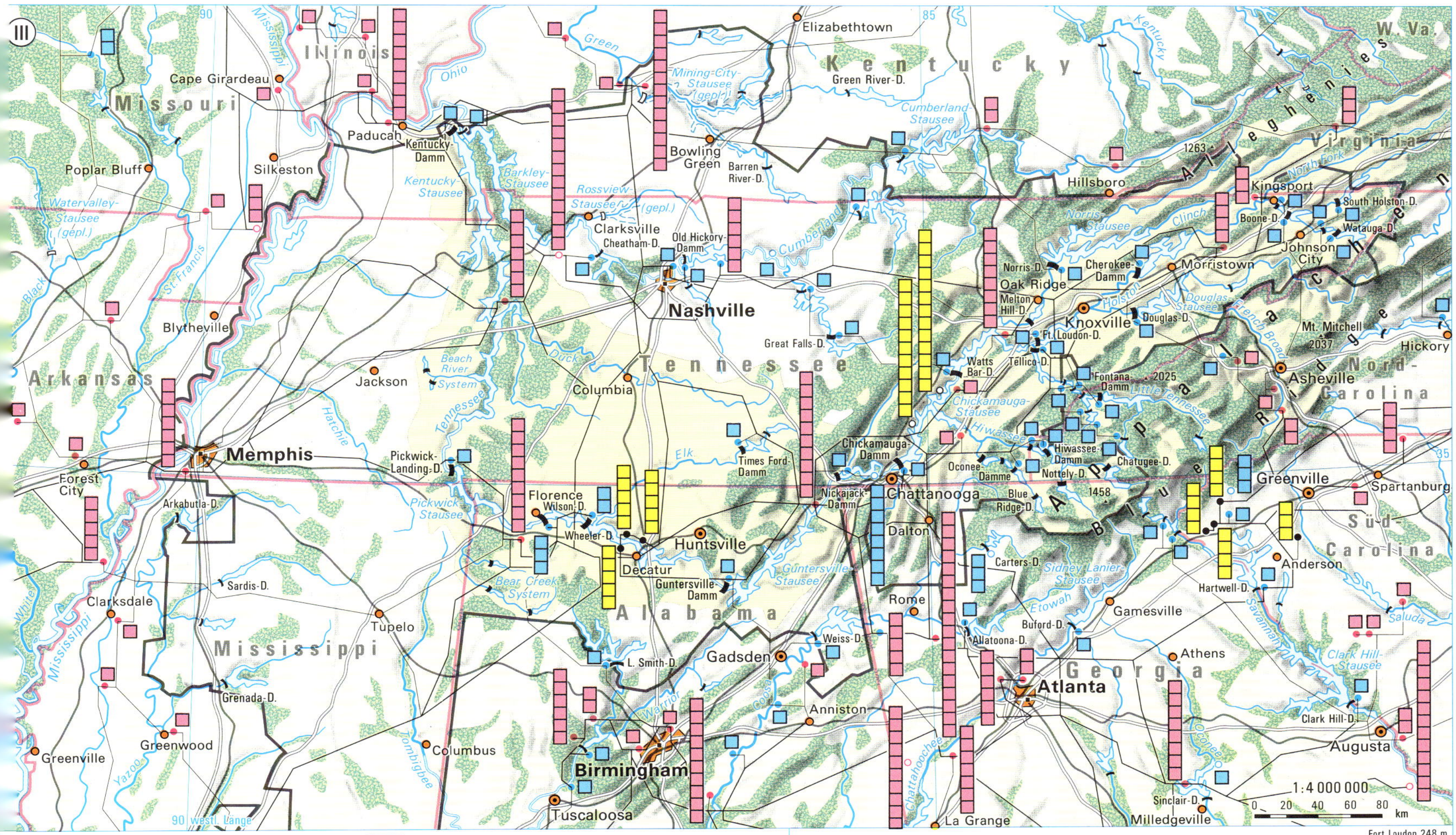

Tennessee Valley Authority (TVA)
Flußregulierung und nachfolgende Energieerzeugung

- Wald
- Versorgungsgrenze der TVA
- Wasserkraftwerk, im Bau
- Wärmekraftwerk, im Bau
- Kernkraftwerk, im Bau
- Leistung der Kraftwerke: 1 Quadrat ≙ 200 Megawatt
- Hochspannungsleitung
- Staudamm der TVA
- Staudamm anderer Gesellschaften
- geplanter Staudamm
- Einzugsgebiet des Tennessee River

Die Stromtreppe des Tennessee River
Überhöhung ca. 1:40 000

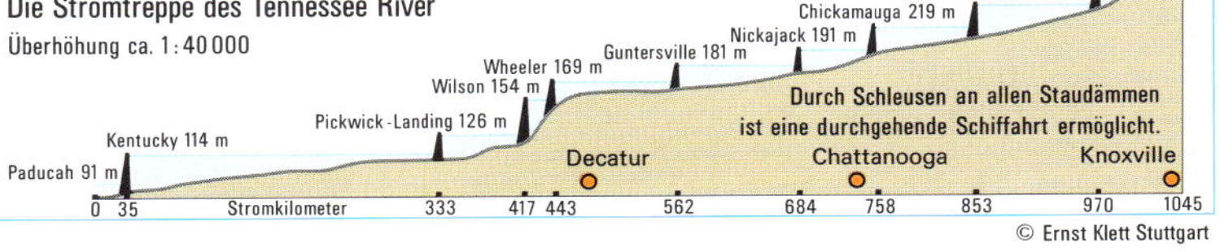

Energieversorgung Europas

Import und Eigenproduktion

126 Nordsee (Erdöl), Ingolstadt (Raffinerie)
162 Rotterdam (Ölhafen)
132 Ruhrgebiet (Steinkohle)
134 Ville, Hambach (Braunkohle)
▶ IX Geographische Grundkarten

Produktion von Energieträgern

5–10	10–20	20–40	Mio t SKE
			Steinkohle
			Braunkohle
			Erdöl
			Erdgas

Raffineriestandorte (Jahreskapazität in Mio t)

3,5–7 · 7–15 · 15–30

Erdgasverflüssigungsanlage

Umrechnung in die Bezugseinheit SKE (Steinkohleneinheit)

1 t Erdöl ≙ 1,43 t SKE
1000 m³ Erdgas ≙ 1,31 t SKE
1 t Braunkohle ≙ 0,28 t SKE

Kraftwerke, Kraftwerksgruppen (nach Engpaßleistung in Megawatt)

750–1500	1500–3000	1500–3000	Basis
		entfällt	Wasserkraft
			Kernenergie
			Brennstoffe

In Wärmekraftwerken verwendete Brennstoffe:

Steinkohle · Braunkohle · Heizöl, Erdgas · Mischfeuerung

Wasserkraftwerk mit 250–750 MW Leistung

Seehafen, Verladevorrichtung für:

Erdöl · Erdgas · Erdöl u. Erdgas

▲ Offshore-Plattform, Anlandestation

Wichtige Pipelines

Erdöl · Erdgas · Produkte

Eigenproduktion der EG-Staaten

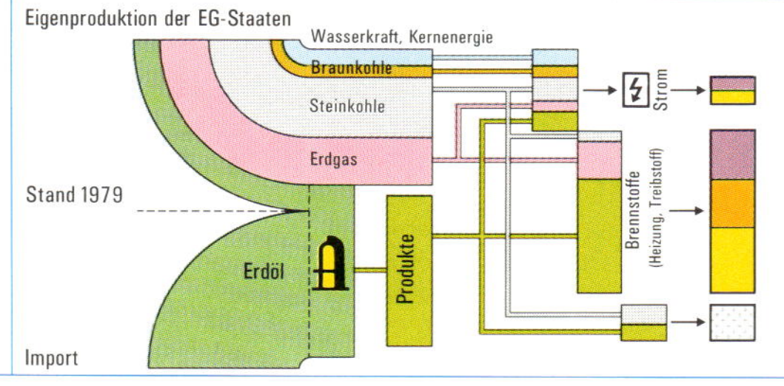

Die Energieträger und ihre Verwendung

Energieverbraucher

Industrie · Verkehr · Haushalte

Anderweitige Verwendung

Bunkerreserven, Verarbeitung in Kokereien und chemischer Industrie

1 mm Bandbreite ≙ 50 Mio t SKE

134 Ville, Hambach (Braunkohle)
▶ IX Geographische Grundkarten

Energierohstoffe und Raffinerien

I 1:5 000 000 (0 – 50 – 100 km)

Vorkommen von Energierohstoffen: Steinkohle · Braunkohle · Erdöl, Erdgas

Produktion von Energierohstoffen (1978)

2–5	5–10	10–20	20–50 Mio t SKE	
			entfällt	Steinkohle
			entfällt	Braunkohle
	entfällt	entfällt	entfällt	Erdöl
				Erdgas

Raffinerien (1978) Jahreskapazität in Mio t SKE: 2–5 · 5–10 · 10–20 · > 20

Seehafen für Erdöl-Einfuhr

Pipelines über 30 cm Durchmesser: Erdöl · Produkte · Erdgas

Untertagespeicher in der Bundesrepublik Deutschland (z. T. im Bau/Planung): Erdöl · Erdgas

SKE = Steinkohleeinheit;
Umrechnung:
1 t Erdöl ≙ 1,43 t SKE
1000 m^3 Gas ≙ 1,31 t SKE
1 t Braunkohle ≙ 0,28 t SKE

Raffineriestandorte in der Bundesrep. Deutschland

Jahreskapazität in Mio t: • unter 1 · ○ 1–5 · ○ über 5

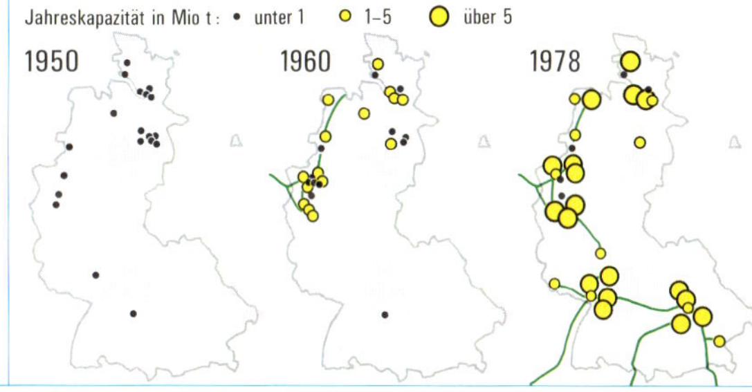

Kraftwerke und Stromversorgung

II 1:5 000 000 (0 – 50 – 100 km)

Energierohstoffe der Kraftwerke
- Steinkohle, Steinkohleprodukte [1]
- Braunkohle
- Erdgas
- Erdöl, Raffinerieprodukte [2]
- Kernenergie
- Mischfeuerung:
  - Steinkohle, Steinkohleprodukte [1] mit anderen Energierohstoffen
  - sonstige Mischfeuerung
- Wasserkraftwerke:
  - Pumpspeicherwerke, Jahresspeicher
  - Laufkraftwerke

Nettoleistung der Kraftwerke in 100 MW (1979)

	0,1–1	1–2	2–5	5–10	> 10
Wärmekraftwerke	nicht				
Kernkraftwerke	dargestellt				
Wasserkraftwerke					

Kraftwerke im Bau bzw. Planung, Fertigstellung bis 1987 vorgesehen

Hochspannungsleitungen (Verbundnetz) 1979:
- 380 kV
- 380 kV i. Bau/Planung
- 220 kV (Auswahl)
- Umspannwerk

[1] z. B. Kokereigas [2] z. B. Raffineriegas

Stromerzeugung nach Energierohstoffen

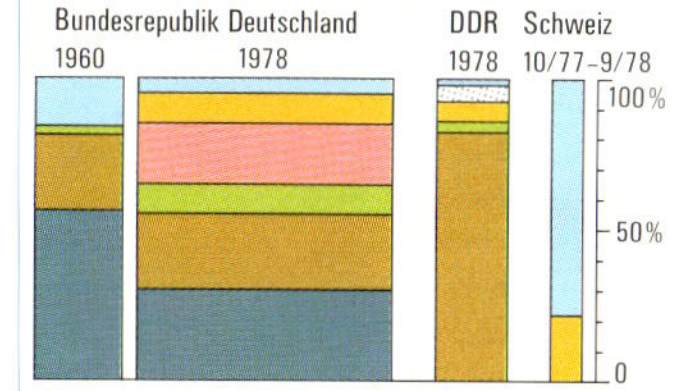

Steinkohle · Erdgas · sonstige · Braunkohle · Kernenergie · Heizöl · Wasserkraft · 1 mm Basislänge ≙ 20 Mio kWh

Belastungsverlauf an einem Wintertag im Versorgungsbereich der Techn. Werke Stuttgart

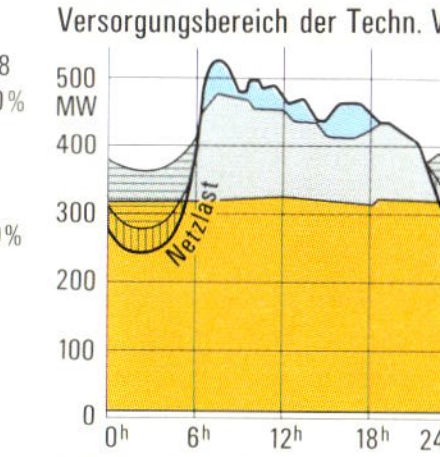

Nachtstromverwendung: Pumpspeicherwerk Glems · Fernheizwerk

128 Europa (Energie)
(Bergbau)

Maßstab 1 : 90 000 000

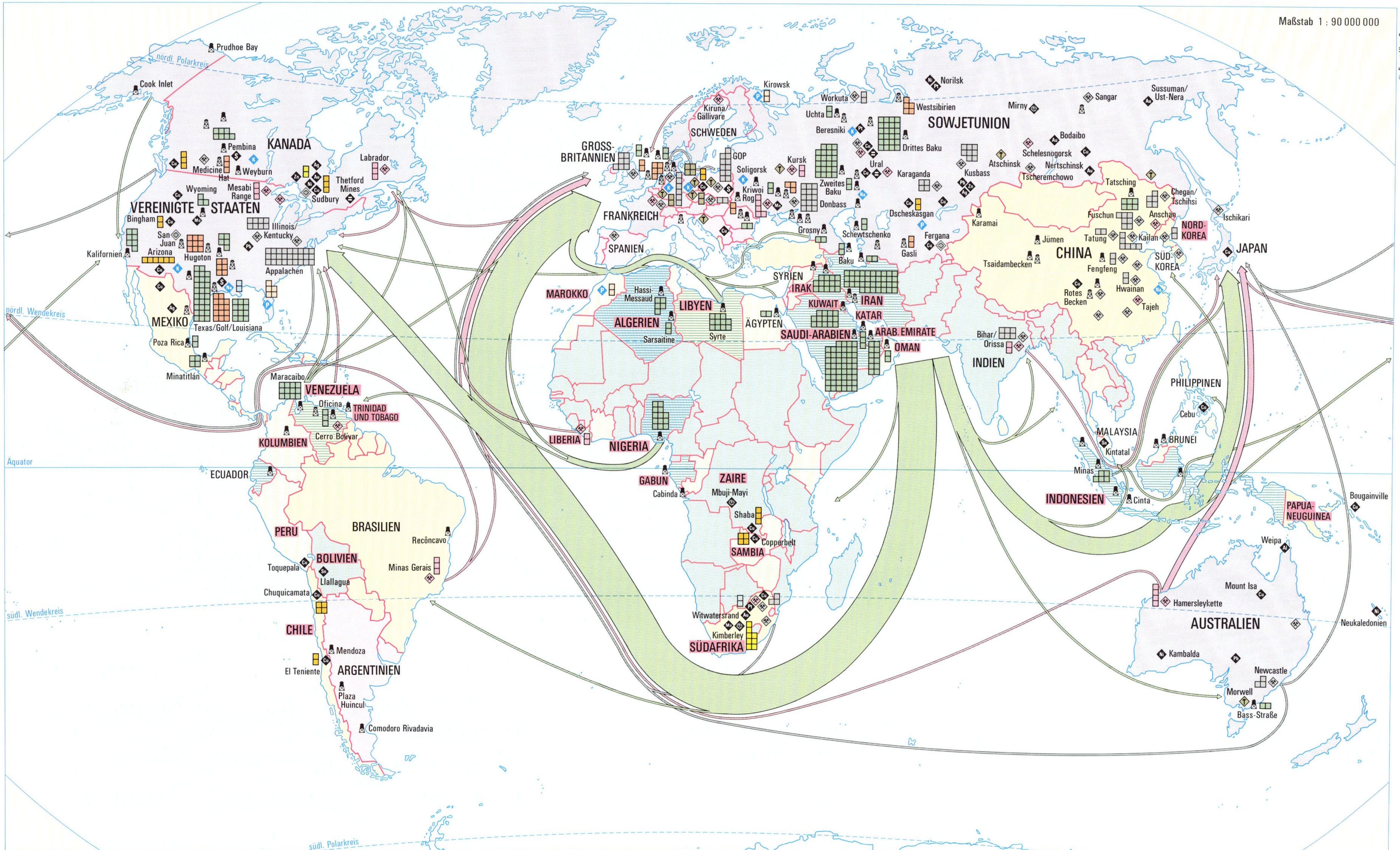

Die Bergbausignaturen zeigen die Lage der Hauptfördergebiete. Einzelsignaturen repräsentieren die in der Legende angegebenen Fördermengen. Über zugeordnete Zählgitter sind die Vielfachen dieser Fördermengen ablesbar (Stand: 1976). Übergeordnete Vergleichsbasis für alle Produkte ist ihr Handelswert. Jede Signatur bzw. jedes Zählgitterquadrat entspricht einem Wert von 200 Mio US-Dollar, deshalb ergeben sich von Rohstoff zu Rohstoff unterschiedlich große Fördermengen. Das Verhältnis von Handelswert zu Fördermenge je Signatur beruht auf Preisen von 1970.

Beispiel: = 2 × 8 Mio t Erdöl ≙ 2 × 200 Mio US-Dollar ≙ 2 × 89 t Gold =

Bergbau (Fördermengen pro Signatur bzw. Zählgitterquadrat)

Energierohstoffe

Erdöl	(8 Mio t)
Erdgas	(19 Mrd m³)
Steinkohle	(17 Mio t)
Braunkohle	(56 Mio t)
Uran	(7700 t U-Oxid)

Erze

Eisen	(13 Mio t Fe)
Kupfer	(160 000 t Cu)
Gold	(89 t Au)
Nickel	(115 000 t Ni)
Zink	(0,9 Mio t Zn)
Mangan	(9 Mio t Erz)
Zinn	(53 000 t Sn)
Blei	(0,7 Mio t Pb)
Silber	(2400 t Ag)
Bauxit	(23 Mio t Erz)
Platin	(47 t Pt)
Molybdän	(50 000 t Mo)

sonstige Rohstoffe

Rohphosphat	(9,5 Mio t)
Kali	(4 Mio t K_2O)
Asbest	(1,3 Mio t)
Kochsalz	(25 Mio t)
Schwefel	(7 Mio t)
Diamanten	(9 Mio Kt)

Wichtige Rohstoffe im Seeverkehr

- Erdöl
- Eisenerz
- Steinkohle

OPEC-Staaten

ZAIRE Staat mit einem Export zu über 50% aus Bergbau

Transportmengen

- unter 50 Mio t
- 50–100 Mio t
- 100–500 Mio t
- über 500 Mio t

Entwicklungsstand der Staaten (nach P. Bratzel und H. Müller; z. T. ergänzt)

- Industrieländer mit höchstem bzw. hohem Entwicklungsstand
- Übergangsländer mit mittlerem Entwicklungsstand
- Entwicklungsländer mit günstigen bzw. ungünstigen Entwicklungsvoraussetzungen

Eisen- und Stahlindustrie

Rohstoffbasis und Standortbildung

175 Stahlerzeugung EGKS (Montanunion)
136 Deutschland (Schwerindustrie)
132 Ruhrgebiet
▶ VIII Geographische Grundkarten

I

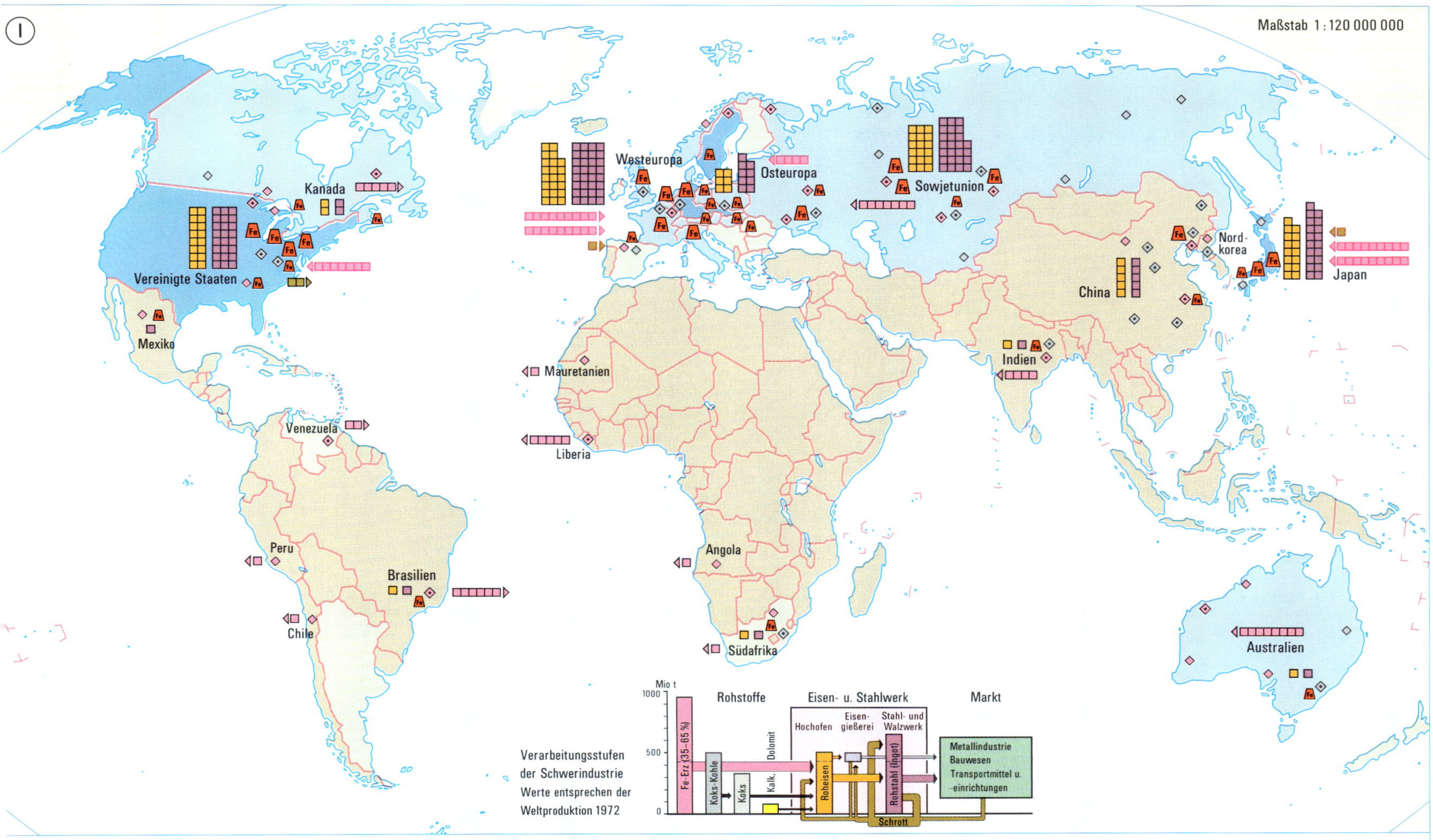

Die Eisen- und Stahlerzeugung der Welt

Westeuropa und Osteuropa sind zu statistischen Einheiten zusammengefaßt:
Westeuropa mit Finnland, ohne Türkei.
Osteuropa mit Albanien und Jugoslawien, ohne Sowjetunion

Zentren der Schwerindustrie
- über 20 Mio t Stahlerzeugung
- unter 20 Mio t Stahlerzeugung

Roheisen- und Stahlerzeugung
- 1 Quadrat ≙ 5 Mio t Roheisen
- 1 Quadrat ≙ 5 Mio t Rohstahl

Eisenerz- und Kohlebergbau
- über 5 Mio t Eisenerz (Fe-Gehalt)
- unter 5 Mio t Eisenerz (Fe-Gehalt)
- über 15 Mio t Steinkohle
- unter 15 Mio t Steinkohle

Eisenerz- und Schrotthandel

Export / Import / 1 Quadrat ≙
- 5 Mio t Eisenerz
- 5 Mio t Schrott

Rohstahlverbrauch pro Einwohner/Jahr
- über 500 kg
- 300–500 kg
- 100–300 kg
- unter 100 kg

II

Eisenerz, Kohle und Stahl im US-amerikanischen „Manufacturing Belt"

Maßstab 1:10 000 000 (0 50 100 200 km)

- Manufacturing Belt
- Eisenerzlagerstätten
- Kohlelagerstätten
- Eisenerztransporte
- Kohletransporte
- Eisenbahnen
- Eisenerz (Fe-Gehalt)
- Kohle (Kokswert)
- 3 mm² ≙ 1 Mio. t Abbau
- Erzanreicherung
- Stahlwerk
- 3 mm² □ ≙ 1 Mio. t Kapazität
- Transport-Rentabilitätsgrenze zwischen St.-Lorenz-Seeweg und Atlantikroute

Häfen der USA mit:
- überwiegend Versand
- überwiegend Empfang

Hafenumschlag (USA-Häfen):
- 10–20 Mio. t
- 20–50 Mio. t
- über 50 Mio. t

vorherrschende Güter:
- Kohle
- Eisenerz
- Kalkgestein
- gemischt (K. u. Erz u. Kg.)

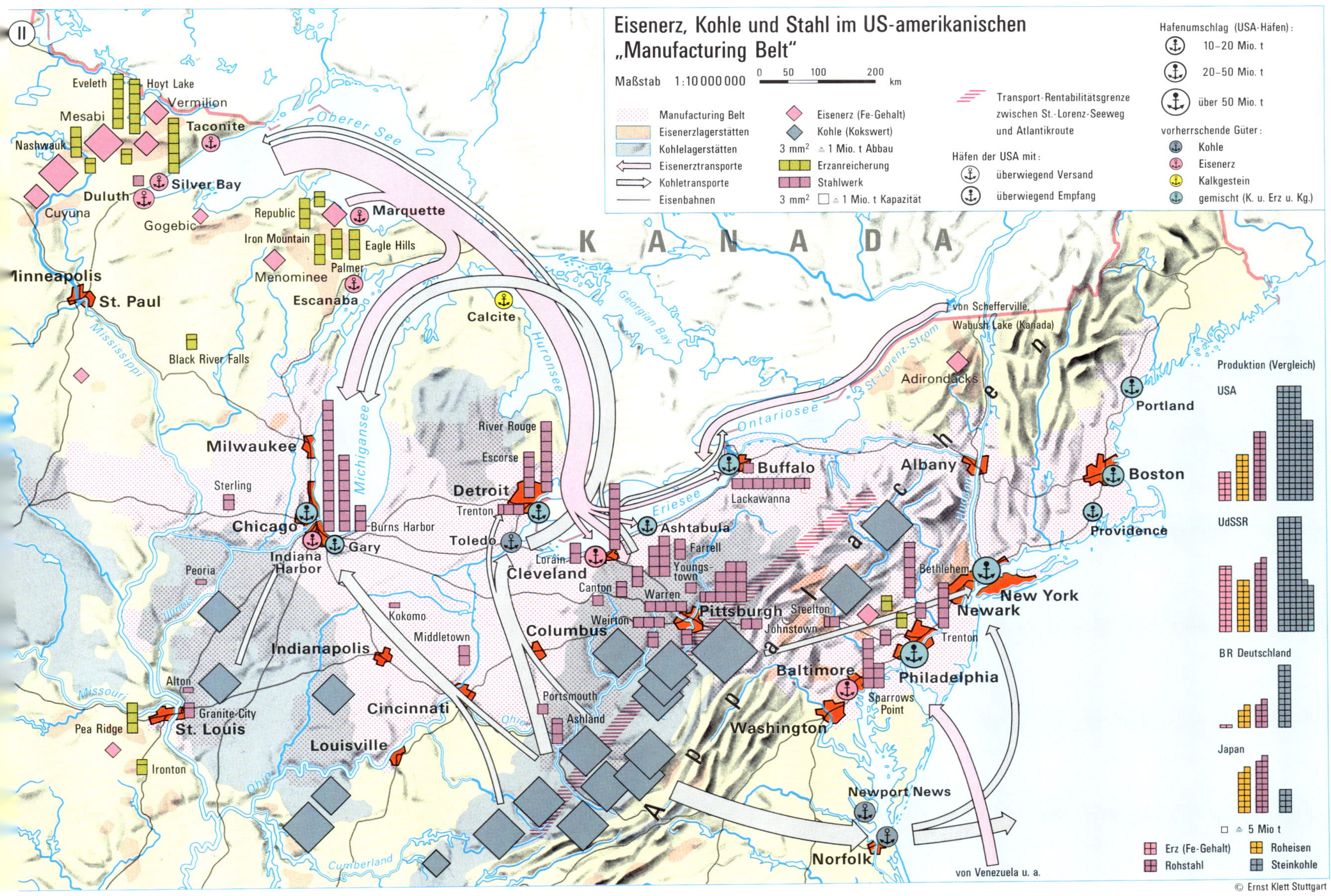

Das Ruhrgebiet

Entwicklung und Strukturwandel

8–9 Rheinisch-Westfälisches Industriegebiet
138 Wasserwirtschaft
139 Duisburg (Staubbelastung)

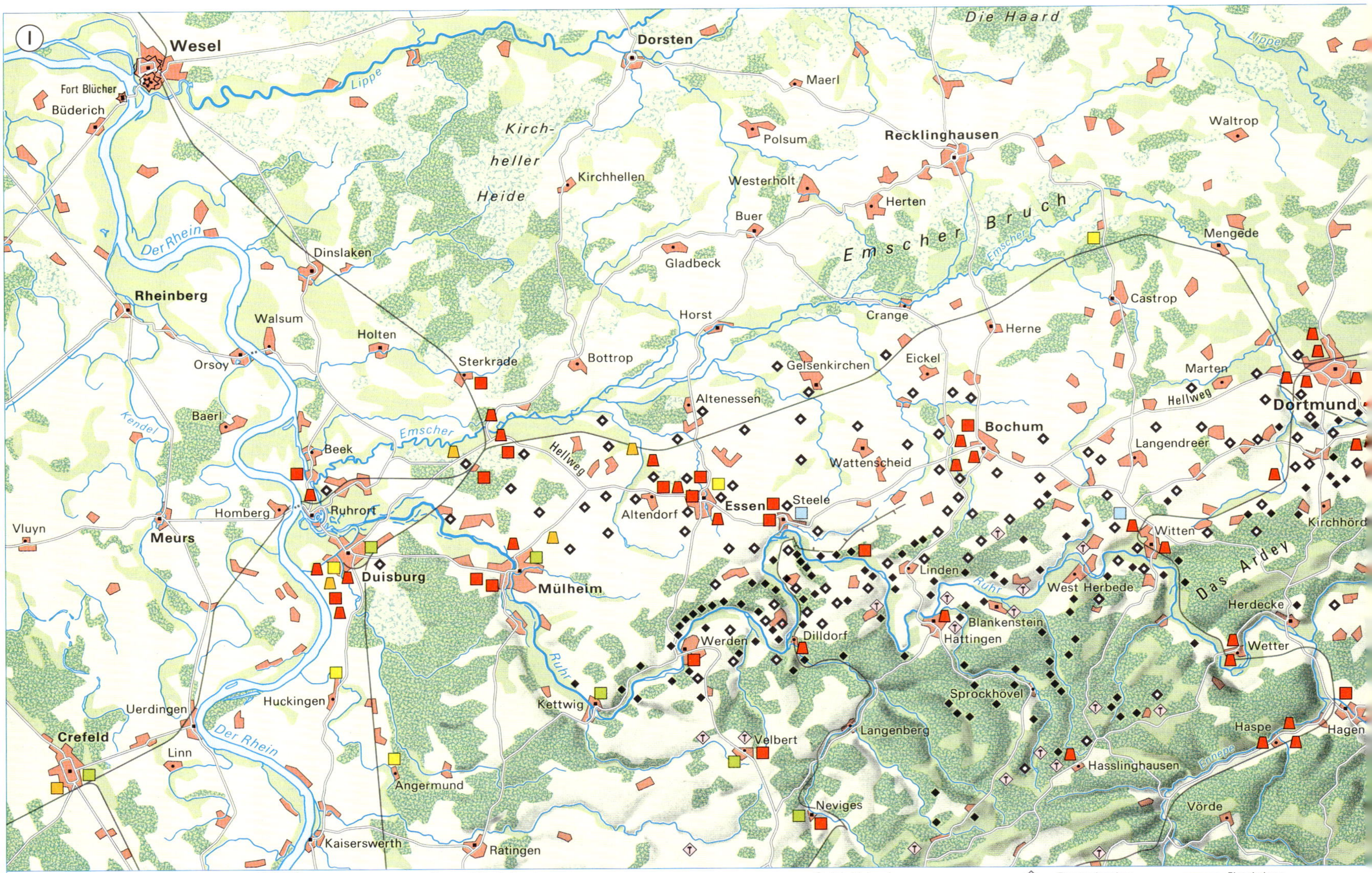

Um 1850

1:300 000 — 0 1 2 4 6 km

Heute

- Wald
- Heide
- Wiesen und Weiden
- Siedlungsgebiet
- Industriegebiet
- Staudamm, Schleuse

Ausgewählte Industriegruppen:

- Eisenverhüttung, Stahlerzeugung
- Schwerindustrie, Maschinenbau
- Aluminium- u. Buntmetallverhüttung
- Metallwaren, Feinmechanik, Elektroindustrie
- Raffinerie
- Chemie, Holz, Papier
- Textil, Bekleidung
- Glas, Keramik
- Nahrungs- u. Genußmittel

Steinkohlebergbau:

- Stollen
- Schacht
- Tiefbauzeche
- Kokerei, Brikettfabrik
- stillgelegte Zeche (nach 1950)

- Eisenerzbergbau
- Salzbergbau
- Erdölleitung
- Schwerindustriezone
- Metallwarenzone
- Eisenbahnen
- Pferdeeisenbahn (Normalspur)
- Straßen
- Autobahn, im Bau
- Wagenfähre
- schiffbarer Kanal

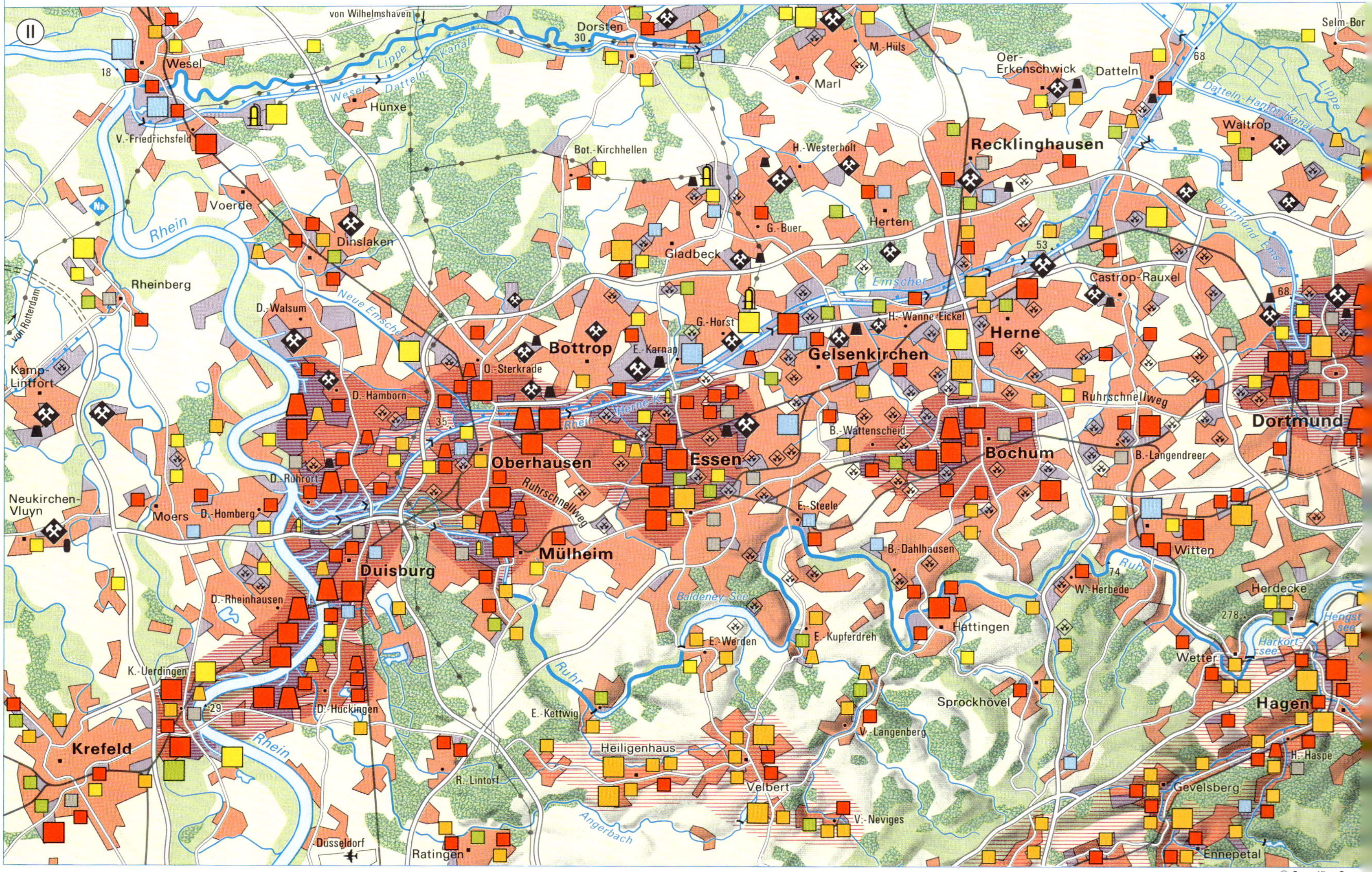

Stadtentwicklung im Ruhrgebiet

Duisburg und Essen 1850 – heute

I ◘ 8 C 3, 139 Staubbelastung
II ◘ 8 CD 3
Vgl. 155 Berlin (Stadtentwicklung)

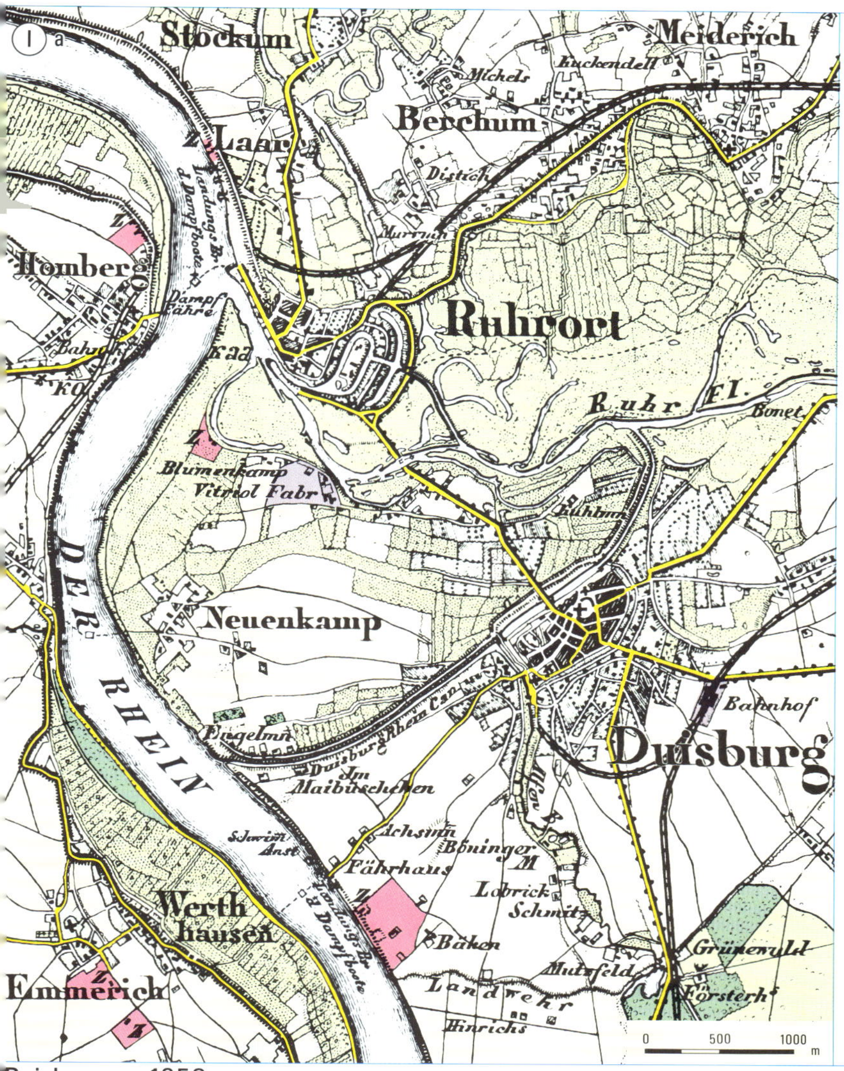

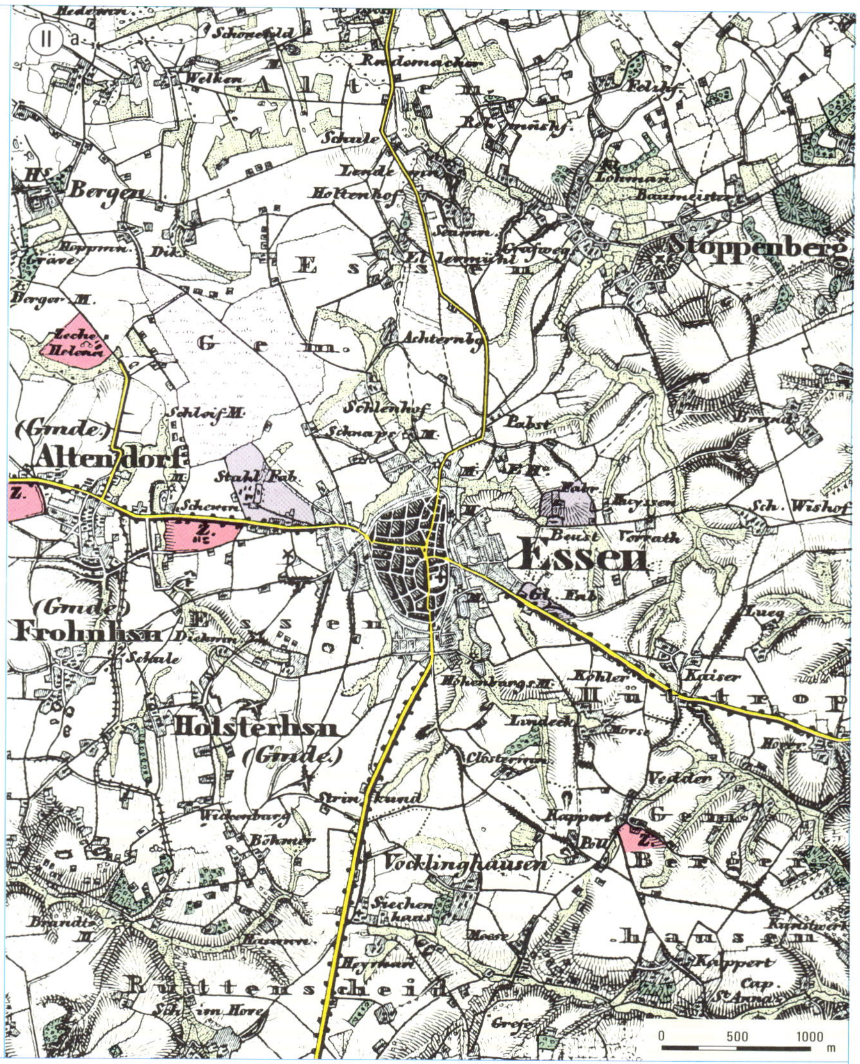

Duisburg um 1850

Nach der Topographischen Karte von Rheinland u. Westfalen 1841–1858 mit Genehmigung des LVA Nordrhein-Westfalen

- Eisenbahn
- Hauptstraße
- Bebauung
- Garten
- Wiesen
- Heide
- Wald
- Zechengelände
- Industriegelände

Essen um 1850

Nach der Topographischen Karte von Rheinland u. Westfalen 1841–1858 mit Genehmigung des LVA Nordrhein-Westfalen

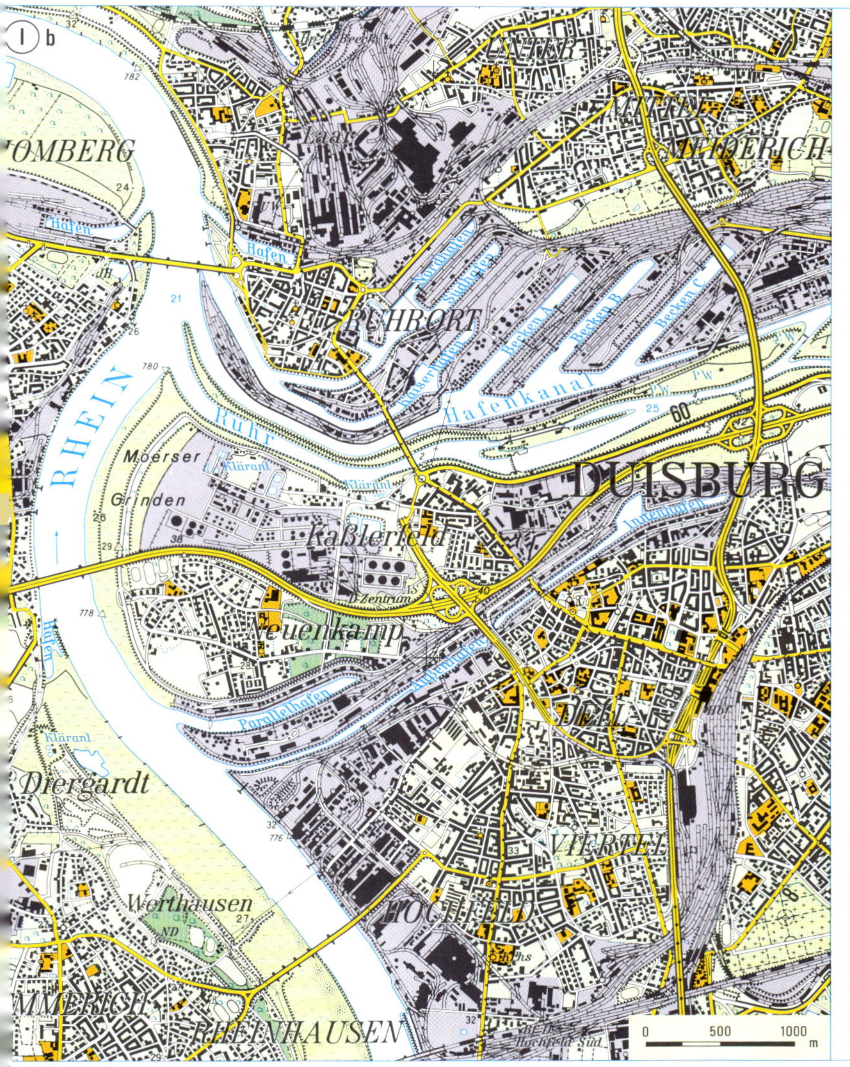

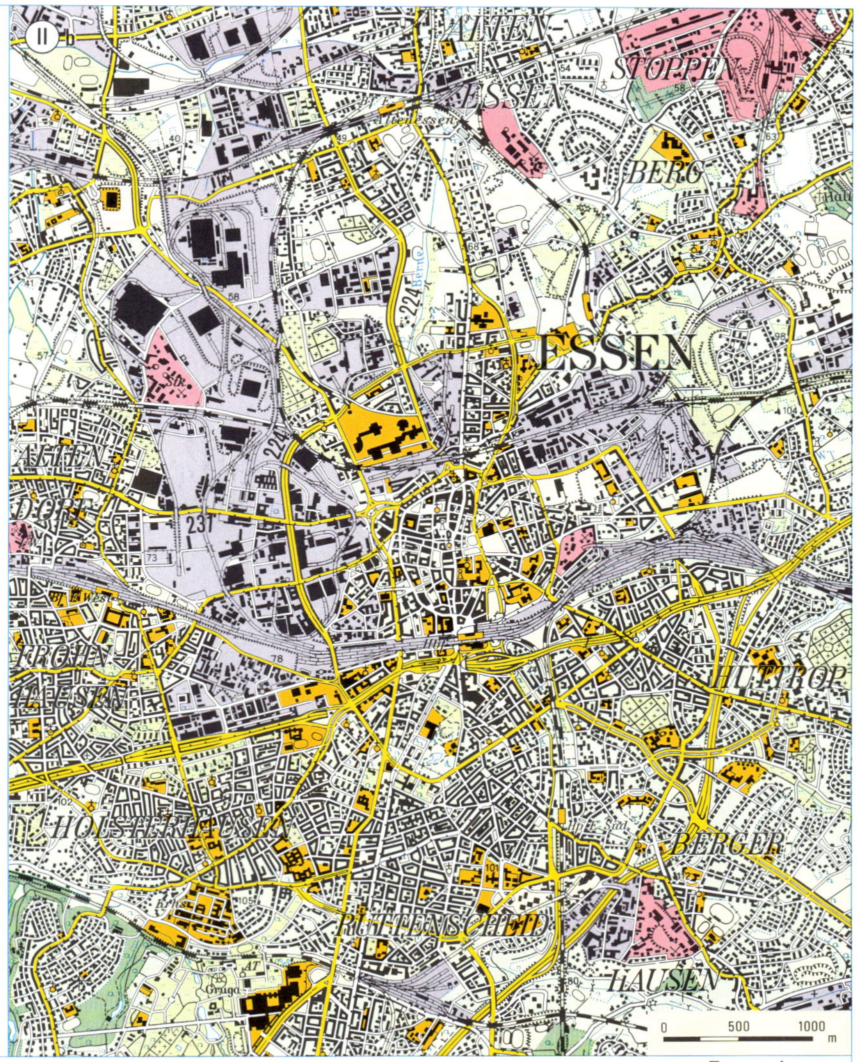

Duisburg heute

Nach der Topographischen Karte 1:50 000 mit Genehmigung des LVA Nordrhein-Westfalen

- Eisenbahn
- Autobahn, Schnellstraße
- Hauptstraße
- Bebauung
- Gärten
- Grünanlagen u. Wiesen
- Wald
- öffentliche Einrichtungen
- Industriegelände und Bahnanlagen
- Zechengelände

Essen heute

Nach der Topographischen Karte 1:50 000 mit Genehmigung des LVA Nordrhein-Westfalen

Rheinisches Braunkohlenrevier

Tiefttagebaue Ville und Hambach

8 C 3/4
136 Deutschland, Bergbau
129 Deutschland, Energie
Vgl. 11 Mitteldeutschland (Braunkohle)

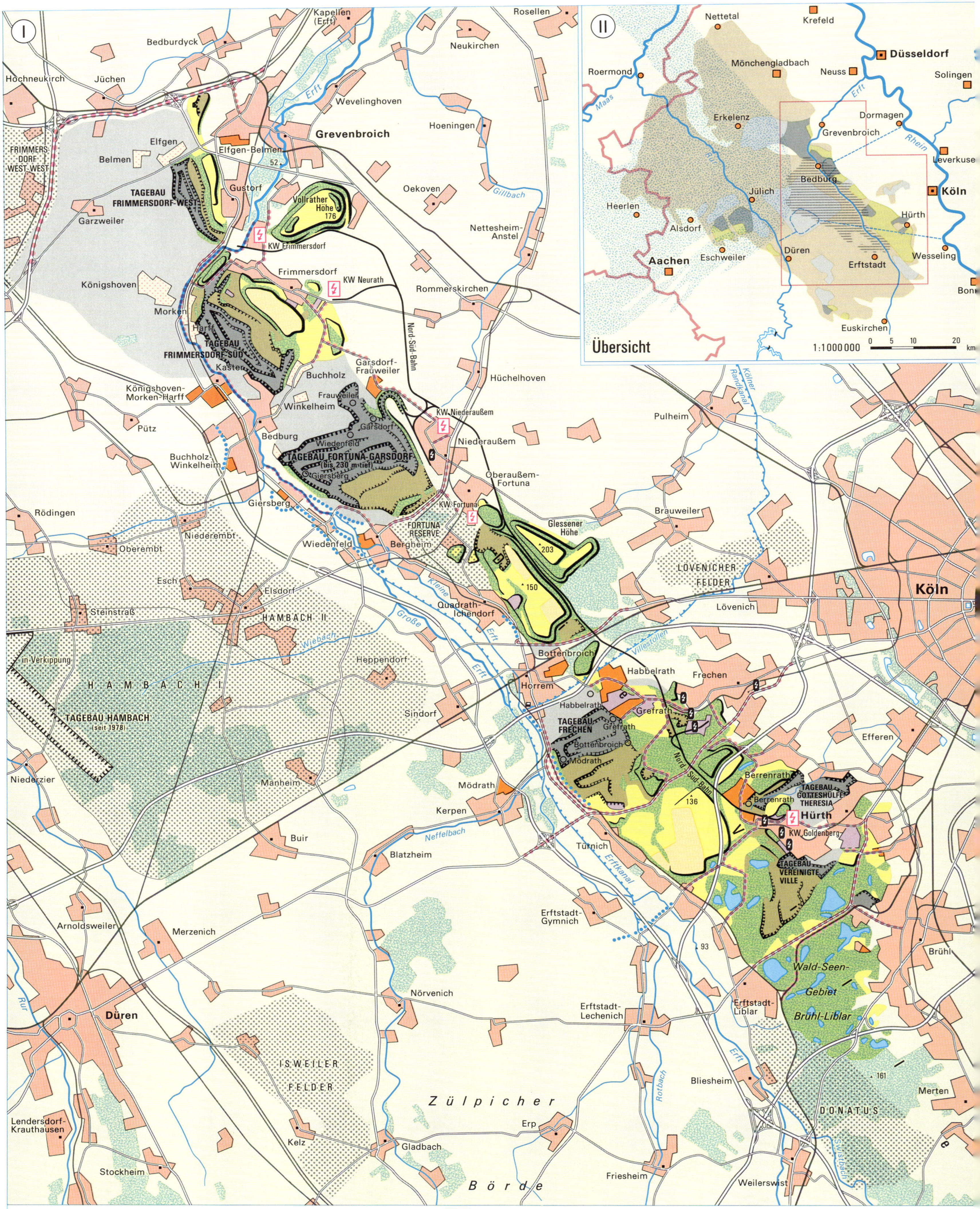

Verlagerung, Rekultivierung, Verkippung und Strukturverbesserung

Stand 1974

1:150 000 — 0 1 2 3 4 5 km

- geplantes Abbaugebiet
- Anschlußtagebau
- Tiefttagebau in Betrieb
- in Verkippung
- verlegte Autobahn
- verlegte Straße
- verlegte Eisenbahn
- verlegter Flußlauf
- landwirtschaftlich rekultiviert
- staatl. Zwischenbewirtschaftung
- forstwirtschaftlich rekultiviert, z. T. Erholungsgebiet
- umgesiedelter Ort
- Umsiedlung bis 1985 vorgesehen
- ehemalige Ortslage
- Industrieneuansiedlung
- künstliche Höhe (Außenkippe)
- Nord-Süd-Bahn (Kohle und Löß)
- Villestollen, Randkanal
- Brunnengalerie (Grundwasserableitung)
- Pumpwerk
- Brikettfabrik mit Grubenkraftwerk
- Wärmekraftwerk auf Braunkohlebasis

Legende zu Karte II

- Braunkohlenrevier (Flözstärke > 3 m)
- Flözstärke über 50 m
- Tagebaugebiet
- geplantes Abbaugebiet
- ausgekohlte Flächen (zumeist rekultiviert)
- geplanter Speichersee mit Zuleitungsstollen
- Steinkohlevorkommen, unter Braunkohle liegend

Wirtschaftsräume Deutschlands

Erwerbstätige nach Wirtschaftsbereichen

120 Landwirtschaft
136 Industrie und Bergbau
152 Bevölkerungsdichte
154 Verdichtungsräume, Zentralität

Die nichtlandwirtschaftlich Erwerbstätigen nach Wohnorten (1971)		
4 000– 10 000	200 000–300 000	500 000–750 000
10 000– 20 000	300 000–400 000	über 750 000
20 000– 50 000	400 000–500 000	
50 000–100 000		
100 000–200 000		

Die nichtlandwirtschaftlich Erwerbstätigen im Produzierenden Gewerbe und im Tertiären Sektor

	Produz. Gewerbe	Tertiärer Sektor
blau	über 65 %	unter 35 %
violett	55 % – 65 %	35 % – 45 %
rot	45 % – 55 %	45 % – 55 %
orange	35 % – 45 %	55 % – 65 %
gelb	unter 35 %	über 65 %

Gliederung nicht möglich

Produzierendes Gewerbe: Industrie, produzierendes Handwerk, Bergbau
Tertiärer Sektor: Verkehr, Handel, Öffentliche Dienste, Bildung, Gesundheitswesen

- Verdichtungsräume in der Bundesrepublik (1972) und vergleichbare Gebiete in der DDR
- „verstädterte" Räume; Anteil der in der Landwirtschaft Tätigen bereits 1961 unter 20 %
- ländliche Räume mit zunehmender Verstädterung; Anteil der in der Landwirtschaft Tätigen von 1961–1970 unter 20 % gesunken
- ländliche Räume; Anteil der in der Landwirtsch. Tätigen > 20 %, selten 35 % übersteigend.

Orte mit > 10 000 Beschäftigten und kreisfreie Städte wurden statistisch gesondert behandelt.

Deutschland: Bergbau und Industrie

Standorte und Verbreitung

120 Agrarindustrie (Zuckerfabriken u. a.)
135 Erwerbstätige im prod. Gewerbe
129 Energie
▶ IX f Geographische Grundkarten

Die deutsche Autoindustrie

Standorte und Produktionsverflechtung, Werk Sindelfingen

III ◘ 13 BC 3
▶ IX f Geographische Grundkarten

Automobilindustrie

Firmen, Standorte und Produktionszweige 1979

Automobilwerke (Größe nach Beschäftigten): unter 5 000; 5 000–25 000; 25 000–50 000; über 50 000

Hauptproduktion der Automobilwerke: PKW's; LKW's; Busse; KFZ-Teile und Motoren

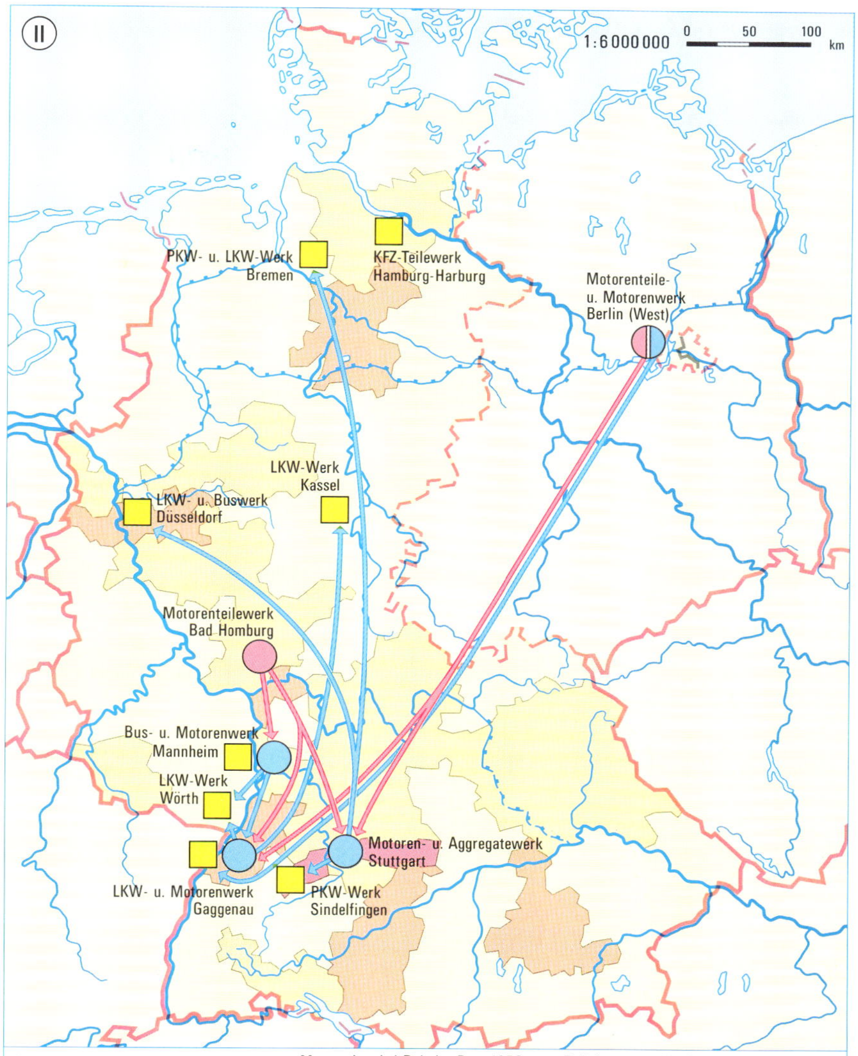

Produktionsverflechtung bei Daimler-Benz

Montagewerk (PKW, LKW, Bus)

Motorenbau bei Daimler-Benz 1978: Bau / Zulieferung — Motorenteile; Motoren

Zulieferungen aller Art aus Fremdfirmen in Mio DM 1975: unter 100; 100–300; 300–600; über 1500

Automobilwerk Sindelfingen

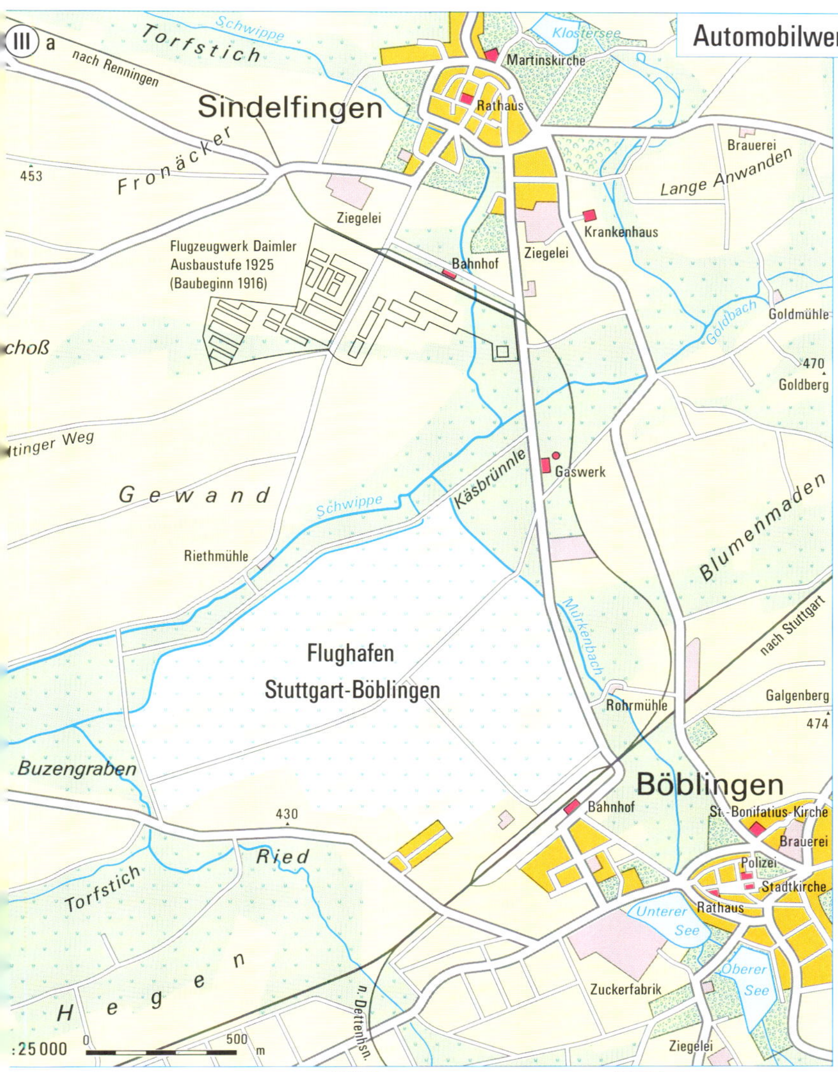

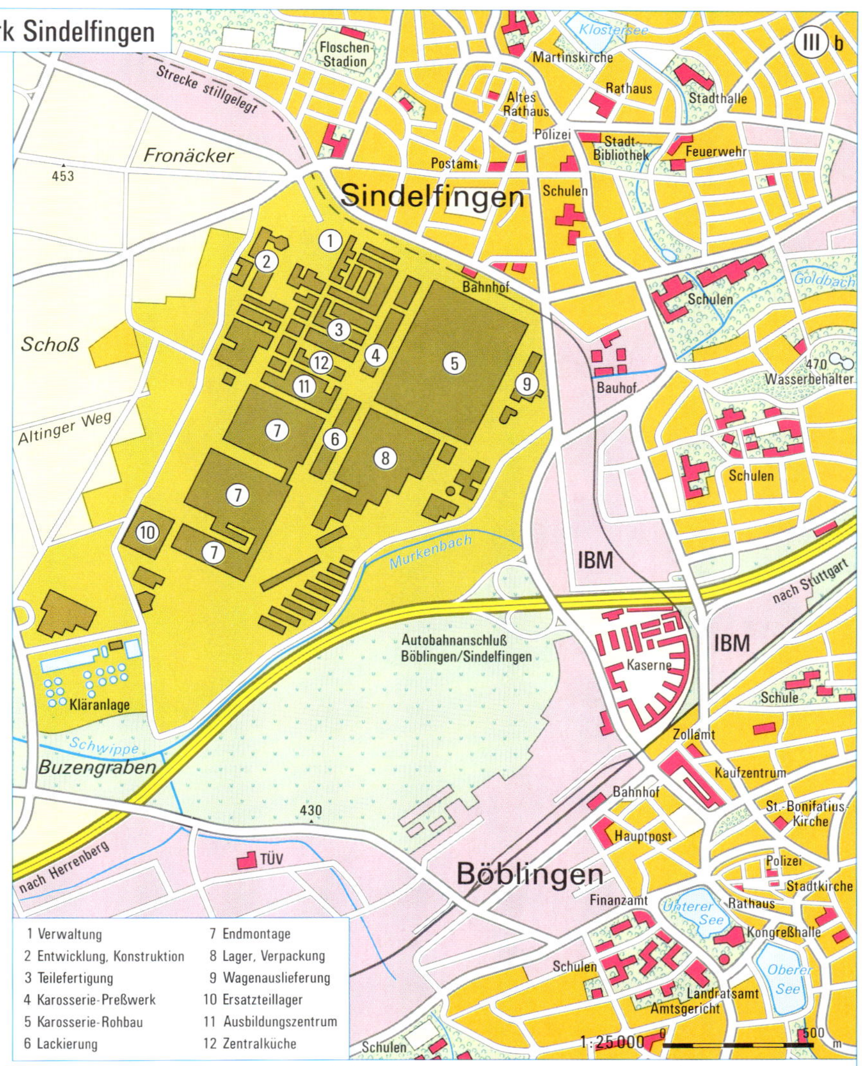

1915 Vor Baubeginn des Daimler-Werkes

Daimler-Benz-Werk; Industrie und Gewerbe; Wohngebiete; Gärten; Grünanlagen; Wiesen; Ackerland; Autobahn; Hauptverkehrsstraße; Nebenstraße; Eisenbahn, Hauptstrecke; Eisenbahn, Nebenstrecke

Jüngste Ausbaustufe des Daimler-Benz-Werkes 1980

Wasserwirtschaft

Wasserversorgung und Abwasserbeseitigung

106 Jahresniederschlag, Schneedecke
I 8–9, 132 Ruhrgebiet
II 20–21 Deutschland, geographisch, 136 Industrie, 129 Kraftwerke
III 18–19 Süddeutschland, geographisch
Vgl. 115 Kalifornien, Wasserwirtschaft

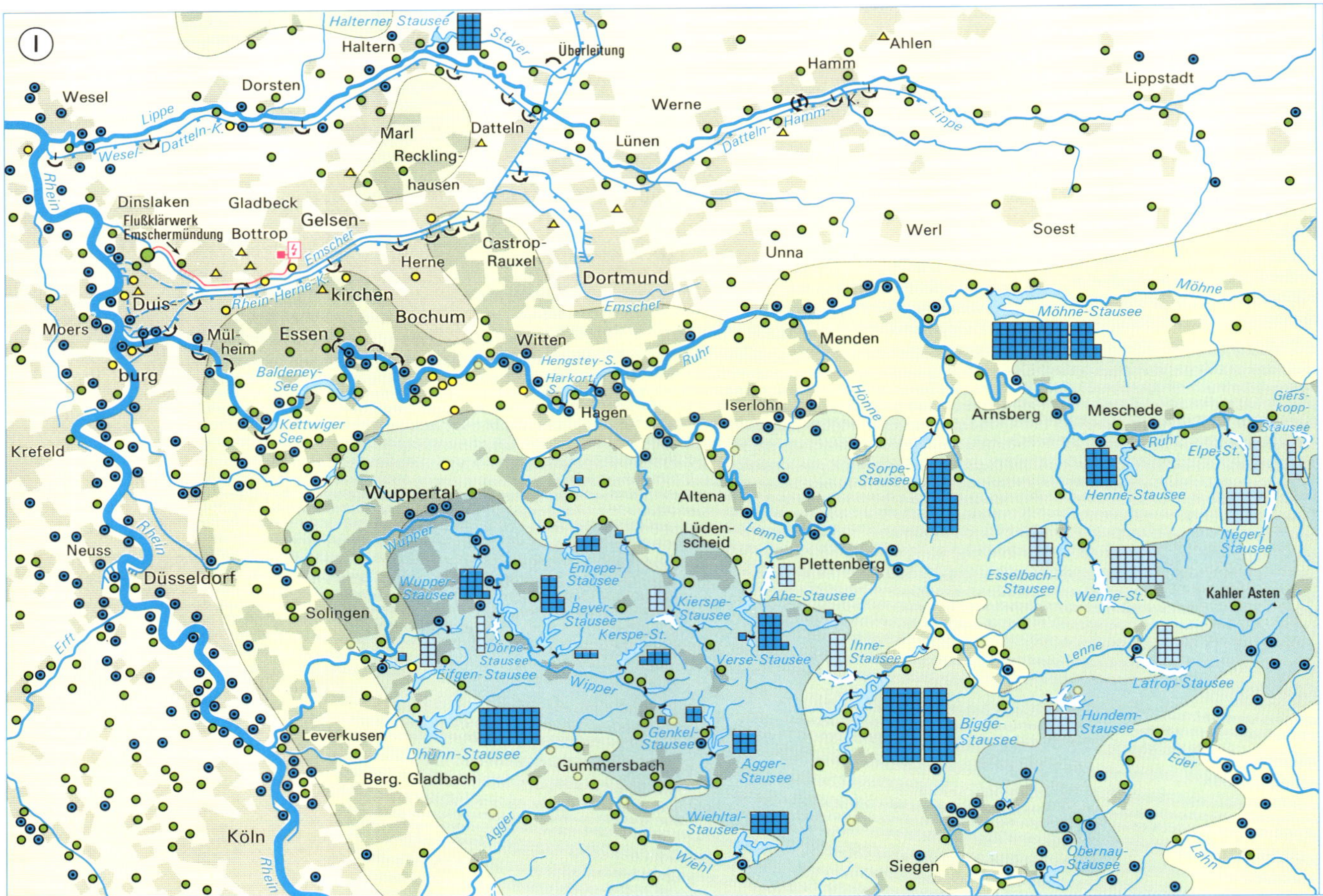

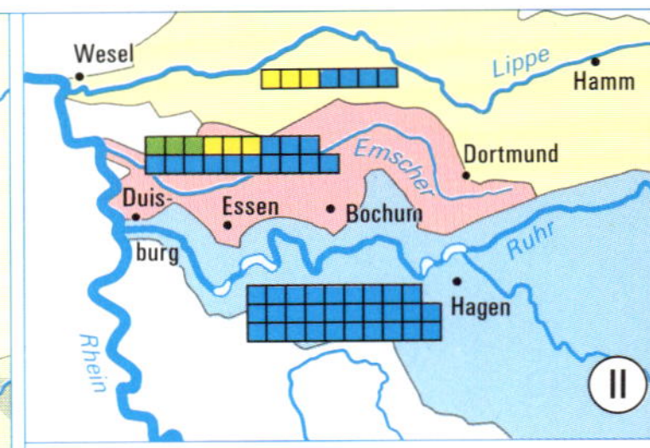

Wasserwirtschaftsverbände im Ruhrgebiet
- Lippeverband
- Emschergenossenschaft
- Ruhrverband, Ruhrtalsperrenverein

Wasserbedarf in den Flußgebieten (1977)
□ 1 Quadrat ≙ 20 Mio m^3
Herkunft des Wassers: Ruhr, Rhein, untere Lippe

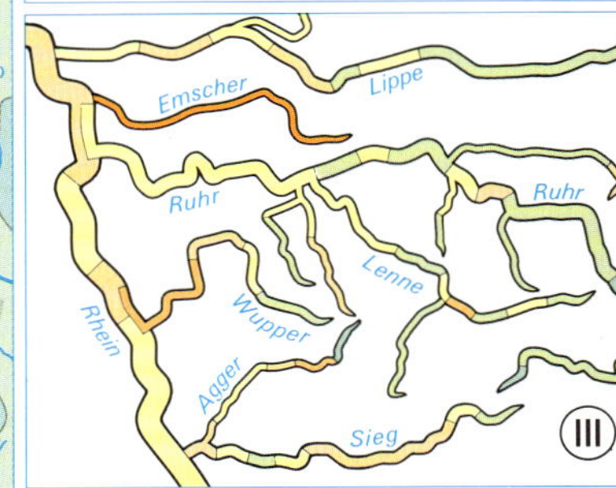

Gewässergüte der fließenden Gewässer (Stand 1980)

I, I/II	unbelastet bis gering belastet
II	mäßig belastet
II/III	kritisch belastet
III	stark verschmutzt
III/IV	sehr stark verschmutzt
IV	übermäßig verschmutzt

Das Ruhrgebiet

Wasserversorgung und -entsorgung

Mittlerer Jahresniederschlag: 800, 1000, 1200

- Stausee
- Stausee in Planung
- □ 1 Quadrat ≙ 2 Mio m^3 Stauraum
- Wasserwerk

Kläranlagen
- mechanisch
- biologisch
- im Bau/Planung
- Entphenolungsanlage
- Schlammleitung
- Schlammbehandlungsanlage mit Schlammverbrennung im Kraftwerk

- Schleuse mit Rückpumpwerk
- Pumpwerk für Wasseraustausch zwischen Lippe und Kanalnetz
- besiedelte Flächen (einschließlich Industrieflächen)

frühere Emschermündungen
- bis 1910
- 1910–1950

1:800 000 (0, 5, 10, 15 km)

Temperatur der Lippe (Mittel der Wochenhöchstwerte im Sommer 1980)

Sauerstoffgehalt der Lippe (Mittel der höchsten und niedrigsten Wochenwerte Mai/Juni 1980)

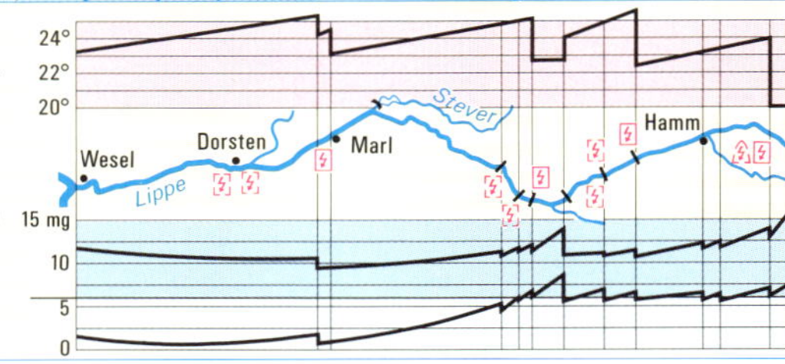

- Wehr
- Kraftwerk
- geplantes Kraftwerk
- geplantes Kernkraftwerk
- ↑ für Fische ausreichend
- ↓ für Fische nicht ausreichend

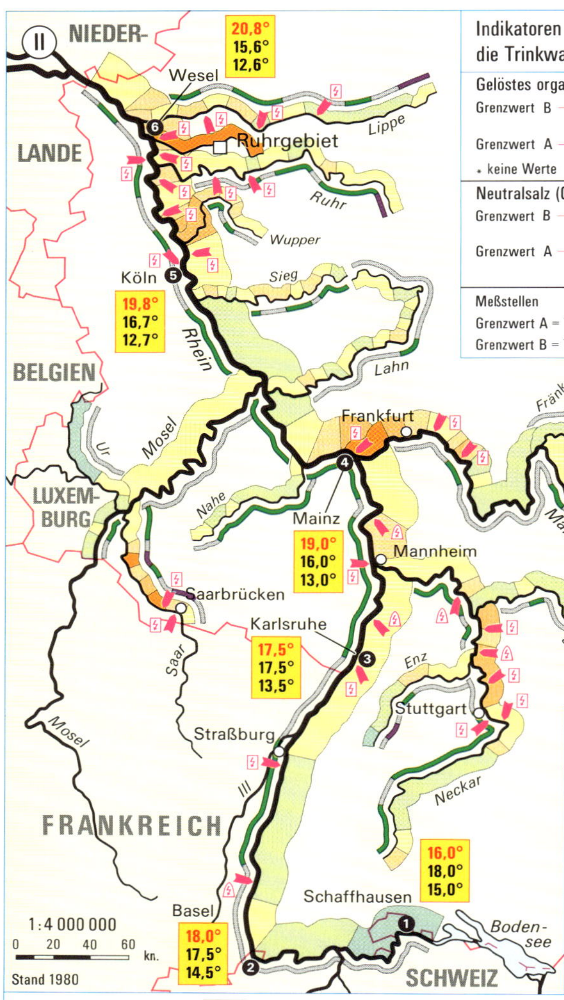

Indikatoren der Wasserqualität des Rheins für die Trinkwassergewinnung 1975–77 / 1978–80

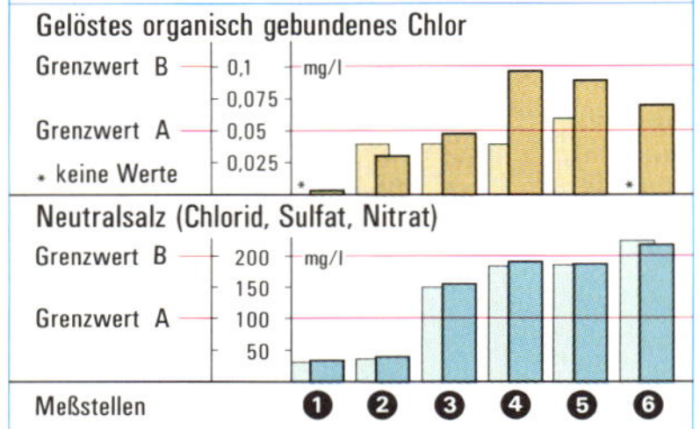

Grenzwert A = Trinkwassergewinnung gesichert
Grenzwert B = Trinkwassergewinnung gefährdet

Zulässige Erwärmung des Rheins (abhängig vom Verschmutzungsgrad)

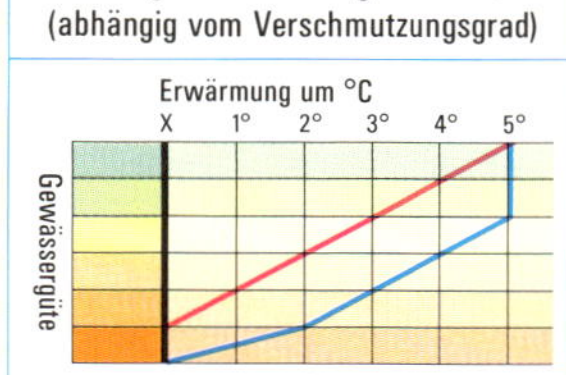

- X theoretische Ausgangstemperatur
- Wärmeeinleitung
- Wärmeeinleitung (O_2-angereichert)

Der Rhein

Wärmebelastung, Gewässergüte (biolog.-ökologische Gewässeranalyse)

- gering belastet
- mäßig belastet
- kritisch belastet
- stark verschmutzt
- sehr stark verschmutzt
- übermäßig verschmutzt

Veränderung der Gewässergüte seit 1975
- verbessert
- unverändert
- verschlechtert

- Warmwassereinleitung durch Kraftwerke

Temperaturen im Herbst
- 19,0° Höchsttemperatur 1980
- 16,0° zulässige Höchsttemp.*
- 13,0° Ausgangstemperatur*

*theoretisch berechnet

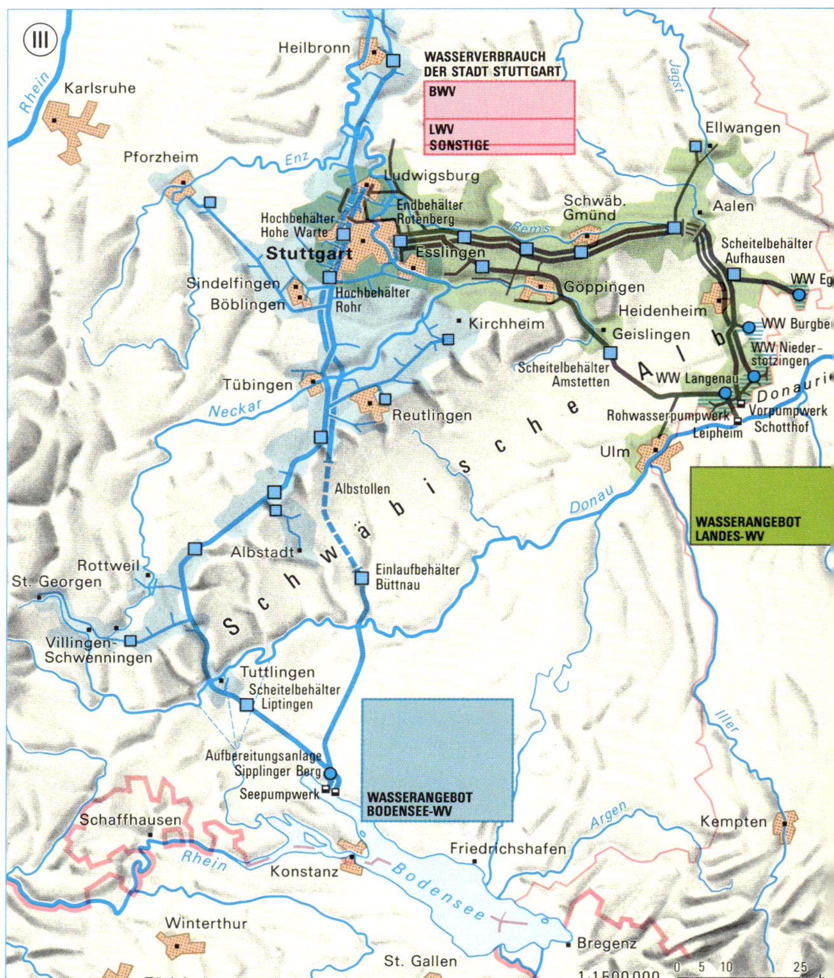

Stuttgart

Fernwasserversorgung eines Großraumes

- Verteilungsgebiet der BWV = Bodensee-Wasserversorgung
- Verteilungsgebiet der LWV = Landes-Wasserversorgung
- Verteilungsgebiet der BWV und der LWV
- Leitungen der BWV
- Leitungen der LWV
- Grundwasserfördergebiet
- jährliche Lieferung der BWV (3 mm^2 entspr. 1 Mill. m^3)
- jährliche Lieferung der LWV
- Wasserwerk (WW)
- Pumpwerk
- Wasserbehälter

I ◘ 8 C 3, 133 Duisburg
II ◘ 12 C 2/3, 142 Straßenverkehr
III ◘ 15 C 3
IV ◘ 30–31 AB 3, 125 Öltransporte

Umweltbelastung und Umweltschutz

Beispiele

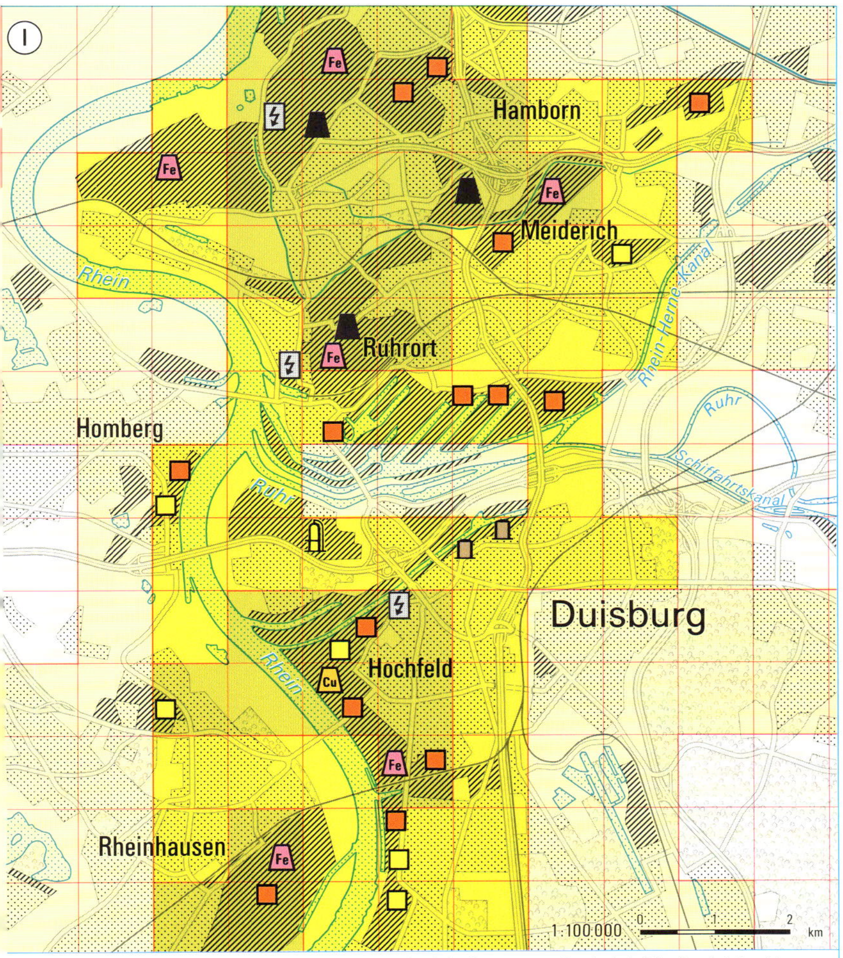

Luftverschmutzung

Staubbelastung in Duisburg

(nach Luftreinhalteplan Ruhrgebiet-West)

- Industrie
- Wohnbebauung
- Wald

Geringe bis mittlere Staubabgabe
- Erdölraffinerie
- chemische u. Holzindustrie
- Großmühle
- Metallverarbeitung

Hohe bis sehr hohe Staubabgabe
- Hütten- und Walzwerke
- Steinkohlekraftwerk
- Kokerei

Durchschnittlicher Staubniederschlag

je m² täglich	je km² jährlich
bis 0,19 g	bis 70 t
0,19–0,36 g	70–130 t
0,36–0,52 g	130–190 t
über 0,52 g	über 190 t

Die Darstellung beruht auf Einheitsmeßflächen von 1 km² Größe

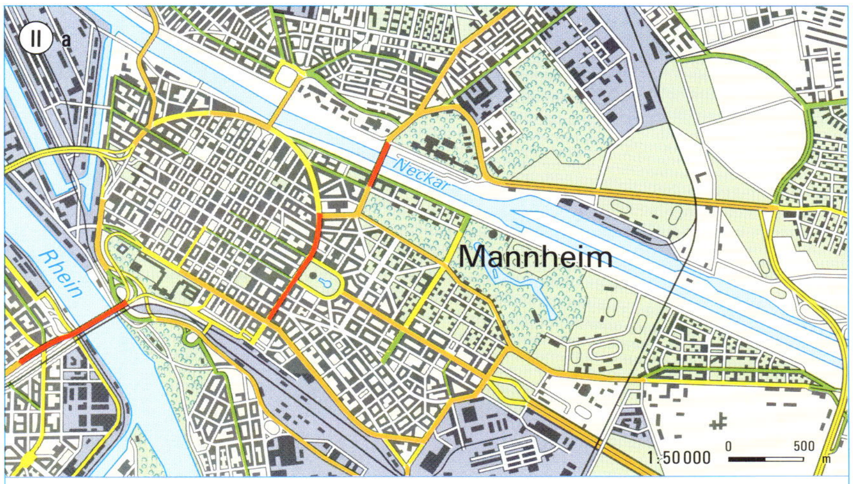

Straßenverkehr in Pkw-Einheiten pro Tag
- 5000–10000
- 10000–20000
- 20000–40000
- 40000 und mehr
- Bebauung
- Industrie
- Grünanlage
- Gärten
- Straße
- Eisenbahn

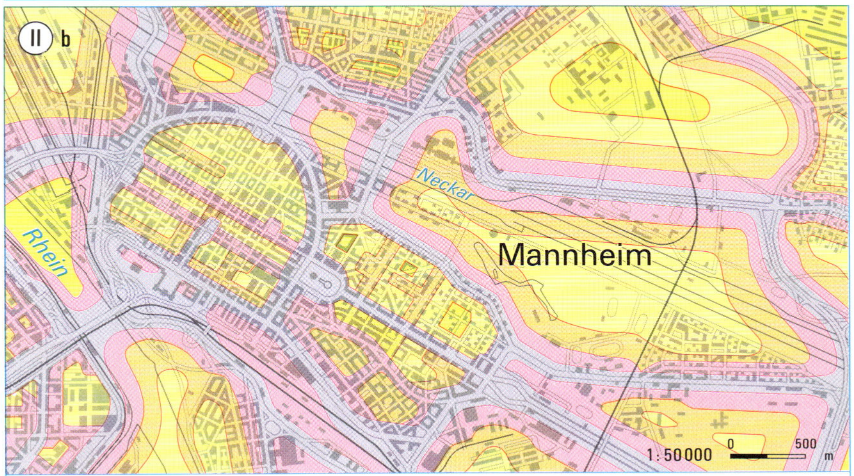

Lärmbelastung

Straßenverkehr und Lärmzonen in Mannheim

(nach Schallatlas Mannheim/Ludwigshfn.)

Lärmzonen während des Tages (6–19 Uhr), Werte in Dezibel (A)
- bis 49 „still bis ruhig"
- 50–54 „mäßiger Lärm" =
- 55–59 bedingt störend
- 60–64 „stärkerer Lärm" = störend
- ab 65 „starker Lärm" = erheblich störend bis sehr unangenehm

Gewässerschutz

Raum Tegernsee und Schliersee

(nach Seereinhaltung in Bayern)

- abwasserbelasteter See
- Seen ohne Abwasserbelastung
- zurückgehender Algenwuchs
- kaum Algenwuchs

Belastung der Flüsse und Seen durch kommunale und Industrieabwässer
- 4432 Einwohner der Orte 1977
- 833 Einwohnergleichwert für die Gästeübernachtungen 1977
- Industrie

Anlagen zum Gewässerschutz
- Ringkanalisation, Abwasserkanal mit Pump- und Hebewerk
- Kläranlage
- Überleitung für Flußwasser bzw. geklärtes Abwasser

Anlagen der Münchner Wasserversorgung
- Grundwasserförderung (Brunnen)
- Quellwasserfassung
- Trinkwasserleitung nach München
- Bereich der Trinkwassergewinnung
- Wasserschutzgebiet

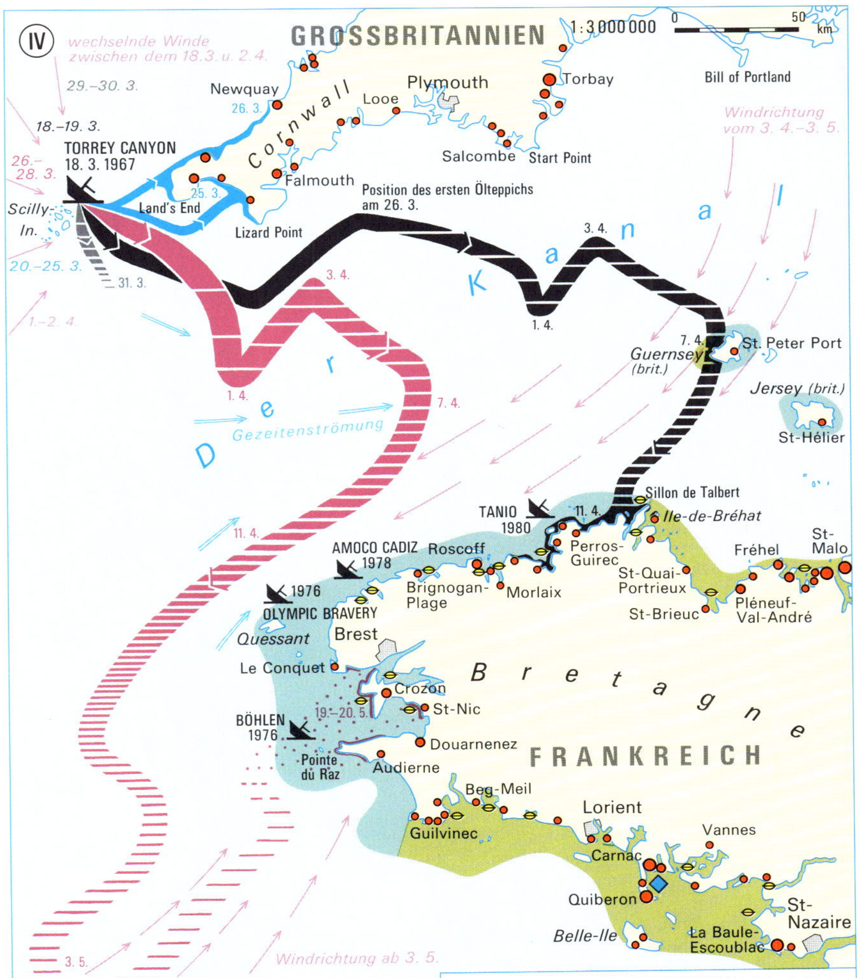

Ölpest

Küstenverschmutzung nach einem Tankerunglück

(nach J. E. Smith)

- Algengewinnung
- sonstige Meerespflanzen
- Austern- u. Muschelzucht
- Meersalzgewinnung
- bedeutende Seebäder

18.3.1967 – Tankerunglück TORREY CANYON bei den Scilly-In.

Entstehungszeitraum – Wege der Ölteppiche	18.–19. 3.	20.–25. 3.	26.–28. 3.	29.–30. 3.
ausgelaufene Ölmenge	30000 t	20000 t	50000 t	20000 t
verschmutzte Küste	Bretagne	Cornwall	Bretagne	verbrannt, chemisch aufgelöst
angeschwemmte Ölmenge	20000 t ab 11. 4.	13000 t ab 25. 3.	1000 t ab 19. 5.	

Weltverkehr und Welthandel, Zeitzonen

Verkehrsarten und Handelsströme

See- und Landverkehr

Der Weltseeverkehr wird zu ca. 2/3 seines Volumens durch Transporte trockener Massengüter und Erdöl gebildet. Transporte anderer flüssiger Massengüter und Stückgüter sind statistisch kaum erfaßt und deshalb wie der Passagierverkehr und der Seeverkehr innerhalb der Regionen nicht dargestellt.

Güterumschlag nach Regionen in Mio t pro Jahr: 1000, 700, 500, 300, 150, 50

Bedeutende Seewege – beförderte Frachtmengen in Mio t/Jahr:
- 750–1000
- 500– 750
- 250– 500
- 100– 250
- 50– 100
- 10– 50

Bedeutende Seehäfen – Gesamtumschlag pro Jahr:

Mischguthäfen	Erdölhäfen
über 50 Mio t	über 50 Mio t
10–50 Mio t	10–50 Mio t

Struktur des Landverkehrs:
- unbewohnte arktische Gebiete
- kaum besiedelte Gebiete, kein Eisenbahn- und LKW-Verkehr
- geringe Verkehrserschließung durch Eisenbahn und LKW
- überwiegend LKW-Verkehr (zudem meist intensive Binnen- und Küstenschiffahrt)
- starker Eisenbahnverkehr, geringer LKW-Verkehr
- starker Eisenbahn- u. LKW-Verkehr

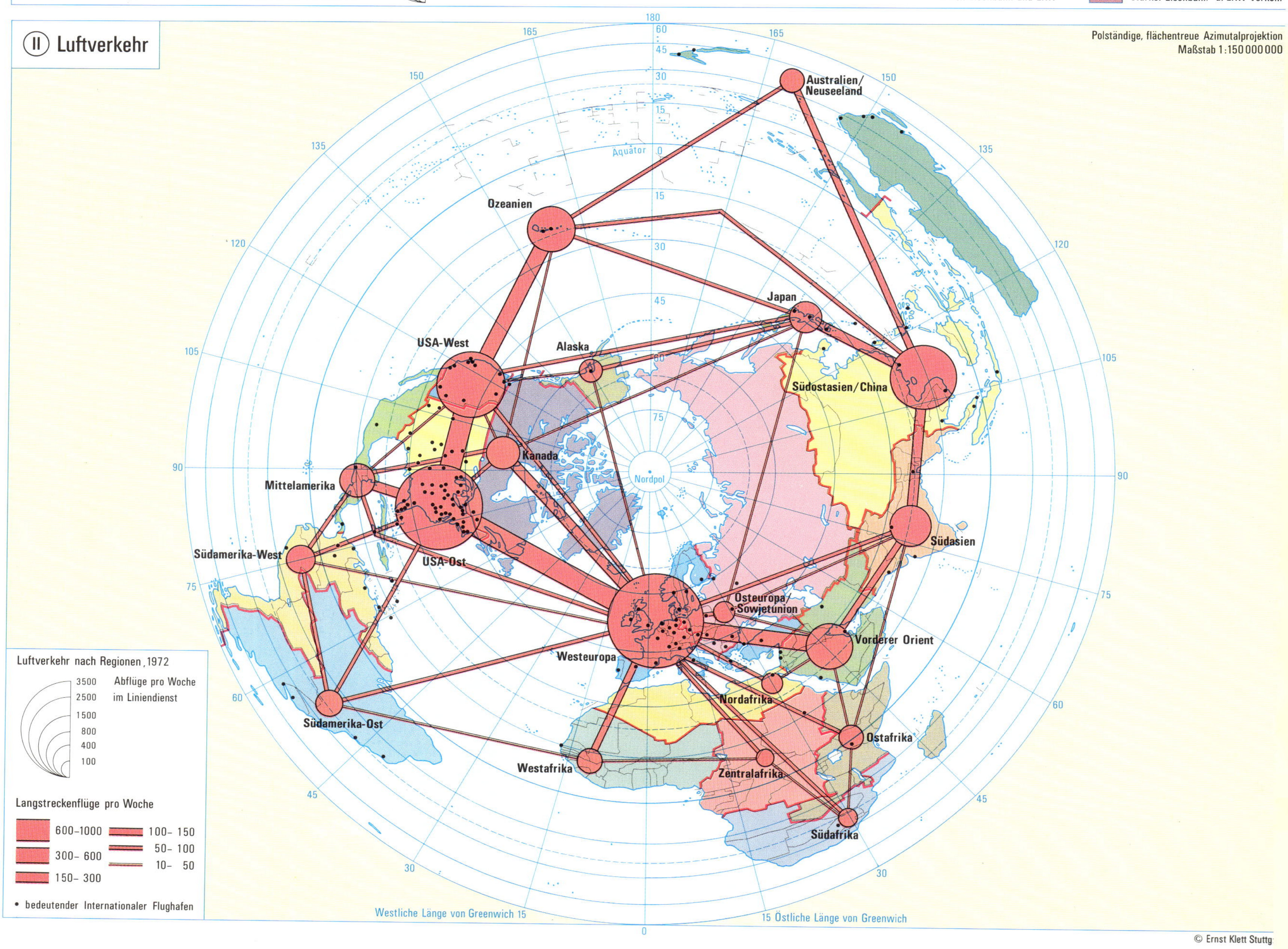

Der europäische Fremdenverkehr

Schwerpunkte und Reiseziele

107 Europa, Klima
▸ IX Europäische Länder, geographisch (Landschaft, Sehenswürdigkeiten, Verkehr) II, III ◘ 67 B 3 IV ◘ 30–31 F 6
Vgl. 144–145 Deutschland (Fremdenverkehr)

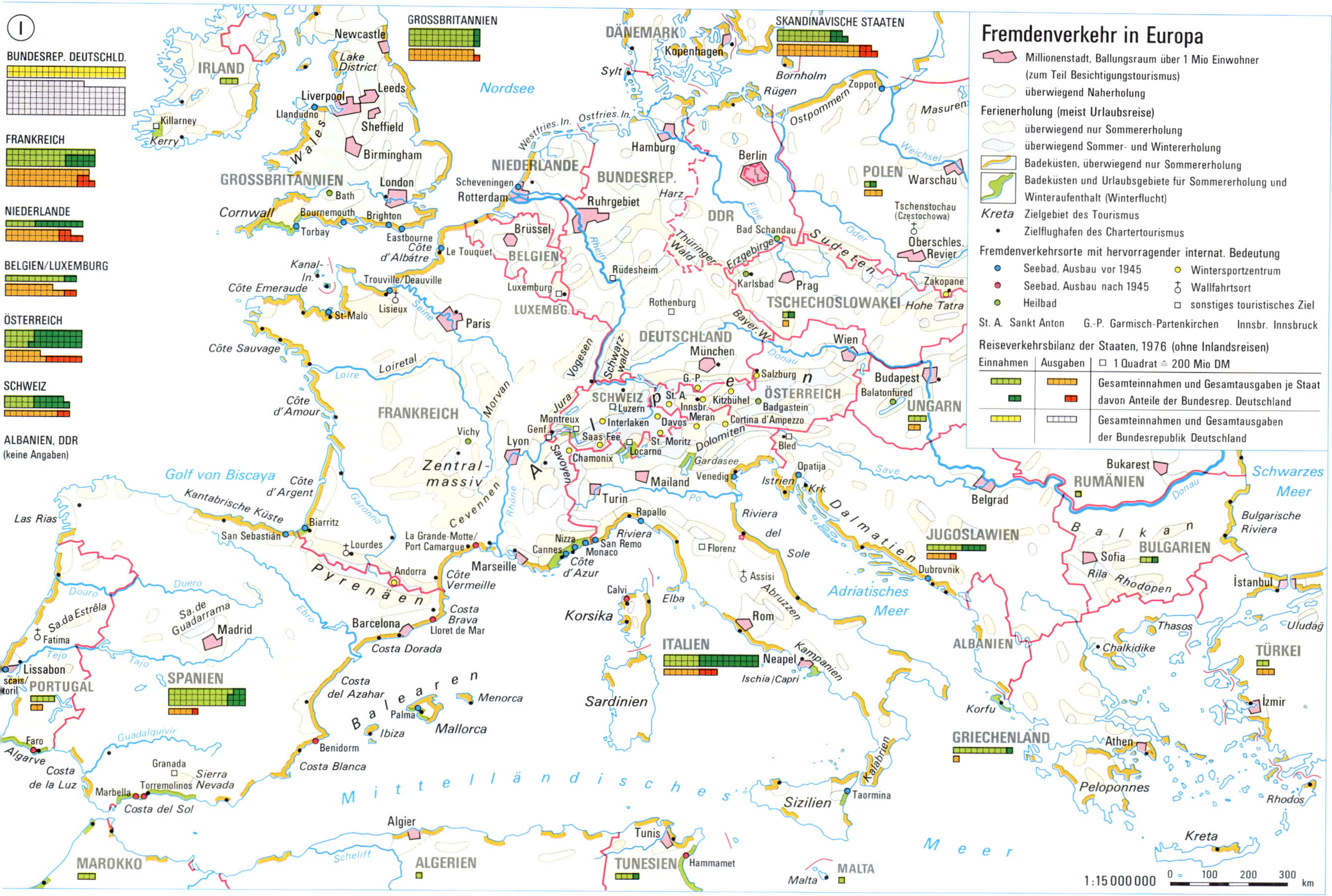

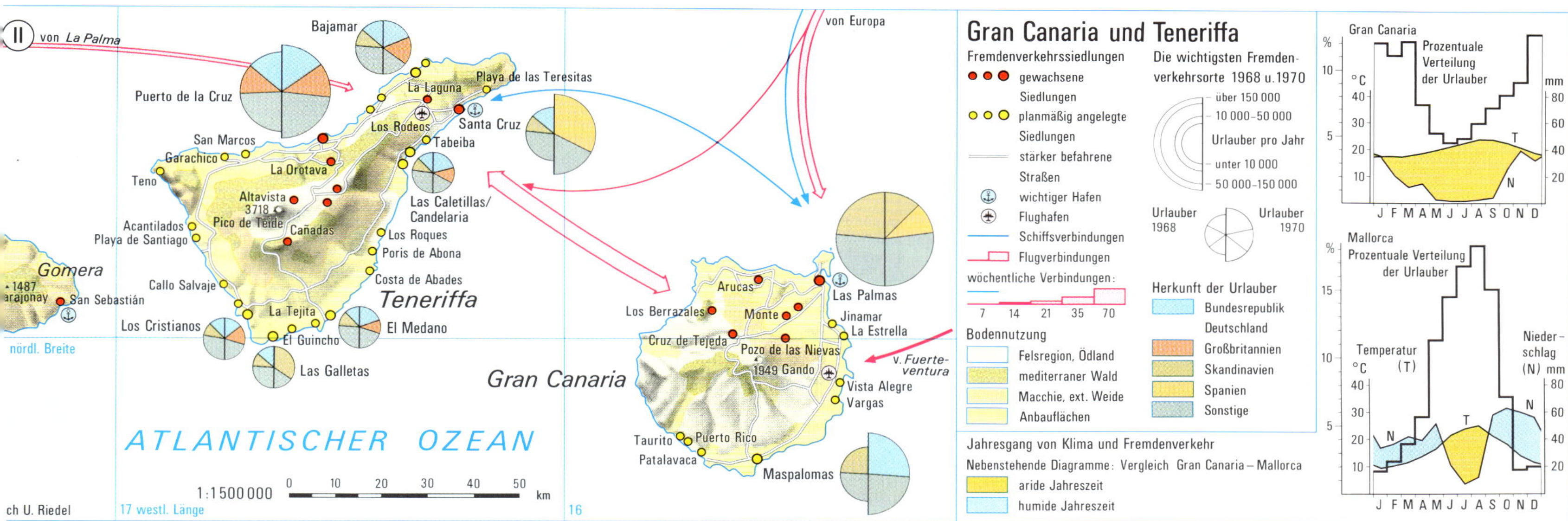

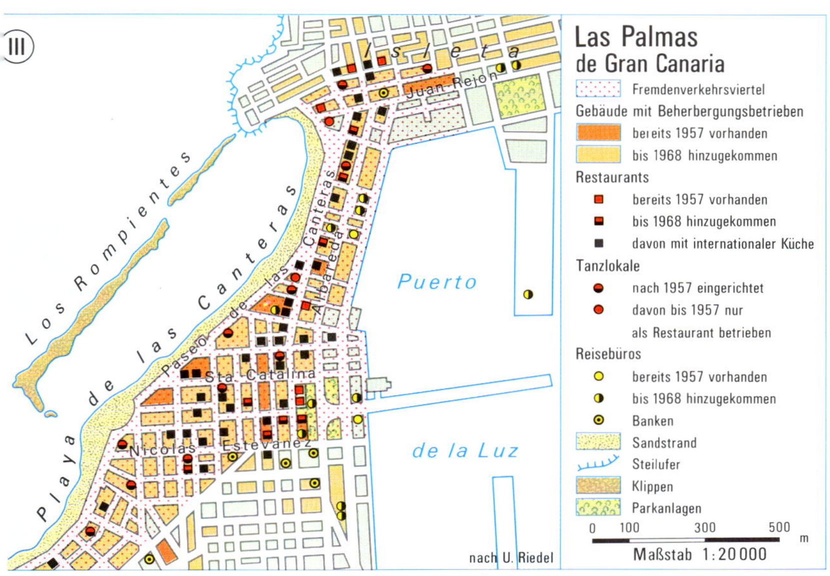

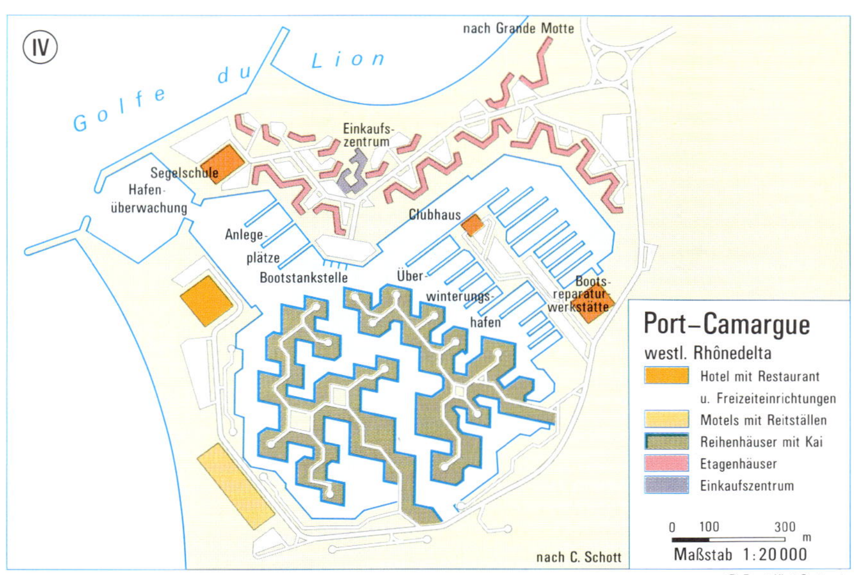

Fremdenverkehr in Deutschland

Erholungsgebiete und Fremdenverkehrsorte

20–21 Deutschland, geographisch, 106 Klima
161 München (Naherholung)
▸ IX f Deutsche Landschaften (Landschaft, Badeorte, Sehenswürdigkeiten)

Übernachtungsorte (Bundesrep. Deutschland und DDR)

a) Langzeitaufenthalt (5 Übernachtungen und mehr)

- Mineral-, Thermal-, Moorbad, Kneipp-Heilbad: Sommer- und Wintersaison (> 30% Oktober–März)
- Seebad, Seeheilbad, Ferienort in Küstennähe: vorherrschend kurze Sommersaison (> 80% Juni–September)
- Ferien-, Kur-, Erholungsort mit vorherrschender Sommersaison (> 75% April–September)
- Ferien-, Kur-, Erholungsort mit Sommer- und Wintersaison (> 25% Oktober–März)

b) Kurzzeitaufenthalt (durchschnittlich 1–2 Übernachtungen)

- Ort mit Geschäfts- und Durchgangsreiseverkehr, Städtetourismus

Übernachtungen pro Jahr

- *bis 250 000
- 250 000– 500 000
- 500 000–1 000 000
- 1 000 000–2 000 000
- über 2 000 000

*Bundesrepublik Deutschland: Übernachtungsorte mit < 100 000 Übernachtungen sind nicht dargestellt.

- Harz — Erholungsgebiet
- Waldlandschaft
- wintersportbegünstigte Höhenlagen (über 700 m Höhe)
- Watt
- wichtige Autobahnverbindung z. T. im Bau bzw. Planung
- wichtige Straßenverbindung
- Straßen – Grenzübergänge des Berlinverkehrs

Fremdenverkehrsorte

Erholungs- und Freizeiteinrichtungen

I ▫ 16 D 1
II ▫ 18 C 5 161 München (Fremdenverkehr)
III ▫ 24 B 2 121 Moseltal (Erholungsorte)

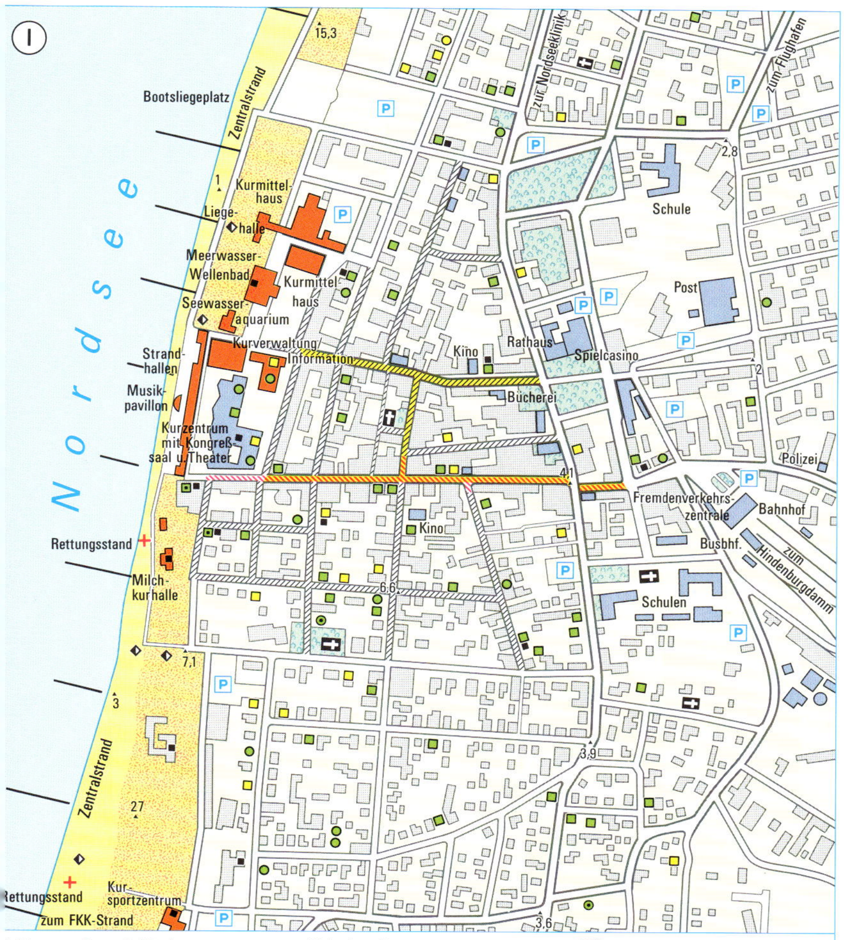

Westerland/Sylt
Seebad

- Einkaufsstraße
- Fußgängerzone
- Nachtfahrverbot
- Parkplatz
- öffentliches Gebäude
- Grünfläche, Friedhof
- Buhne, Strand, Dünen
- Strandduschen, sanitäre Anlage
- Restaurant, Café
- Kur- und Fremdenverkehrseinrichtung

Ganzjährig geöffnet
- Hotel, Pension
- Appartementhaus
- mit Hallenbad

Betriebspause im Winter
- Hotel, Pension
- Appartementhaus

0 50 100 200 m
1:10 000

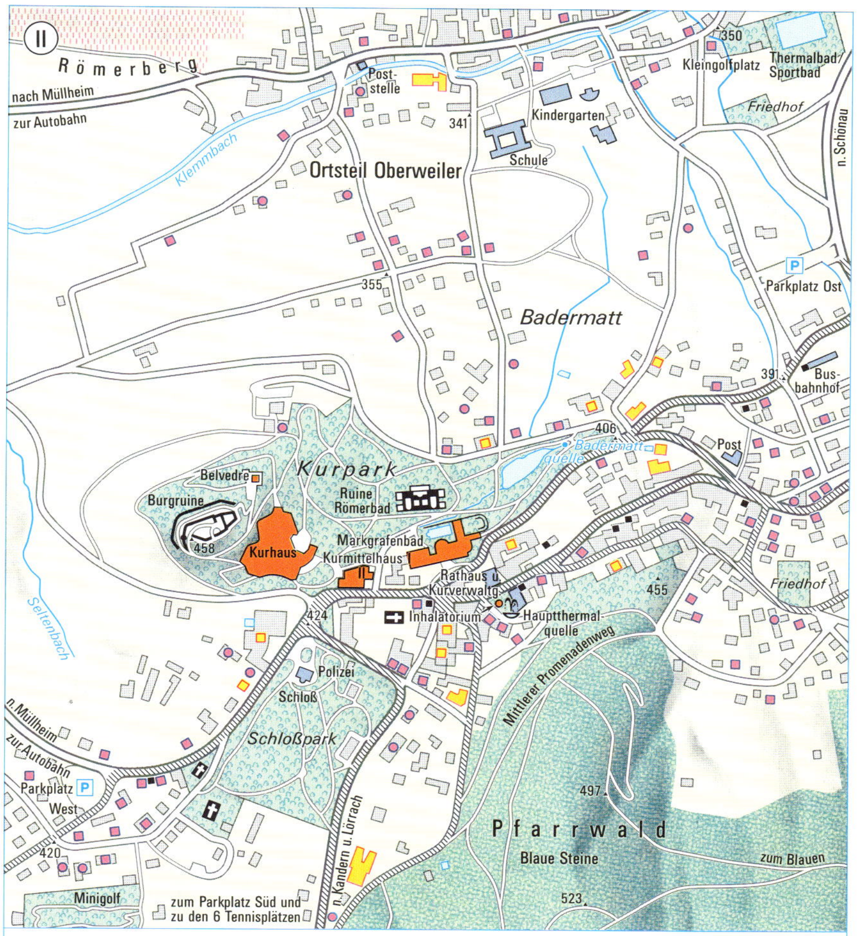

Badenweiler
Heilbad

- zur Hauptkurzeit gesperrte Straße
- Spazierweg
- Parkplatz
- öffentliches Gebäude
- Grünfläche, Friedhof
- Wald
- Weinanbau
- Restaurant, Café
- Kur- und Fremdenverkehrseinrichtung

Mit Kureinrichtungen
- Sanatorium
- Hotel, Gasthof

Ohne Kureinrichtungen
- Hotel, Gasthof, Pension
- Appartementhaus

0 50 100 200 m
1:10 000

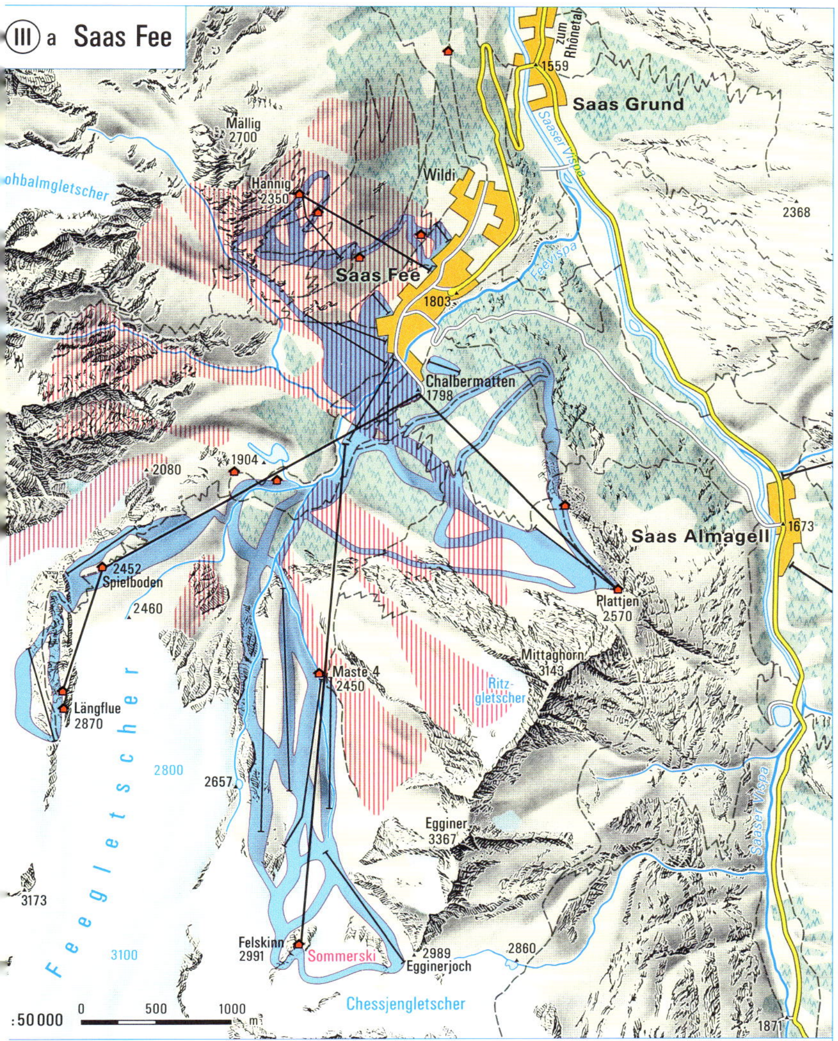

Erholungsort im Wallis – Sommer- und Wintersaison

- Verkehrsstraße
- Fußgängerstraße
- Wanderweg
- Bergrestaurant, Hütte
- Seilbahn, Sessellift
- Skilift
- Skiabfahrt
- Lawinenzone
- Bebauung
- Wald
- Felsregion
- Gletscher

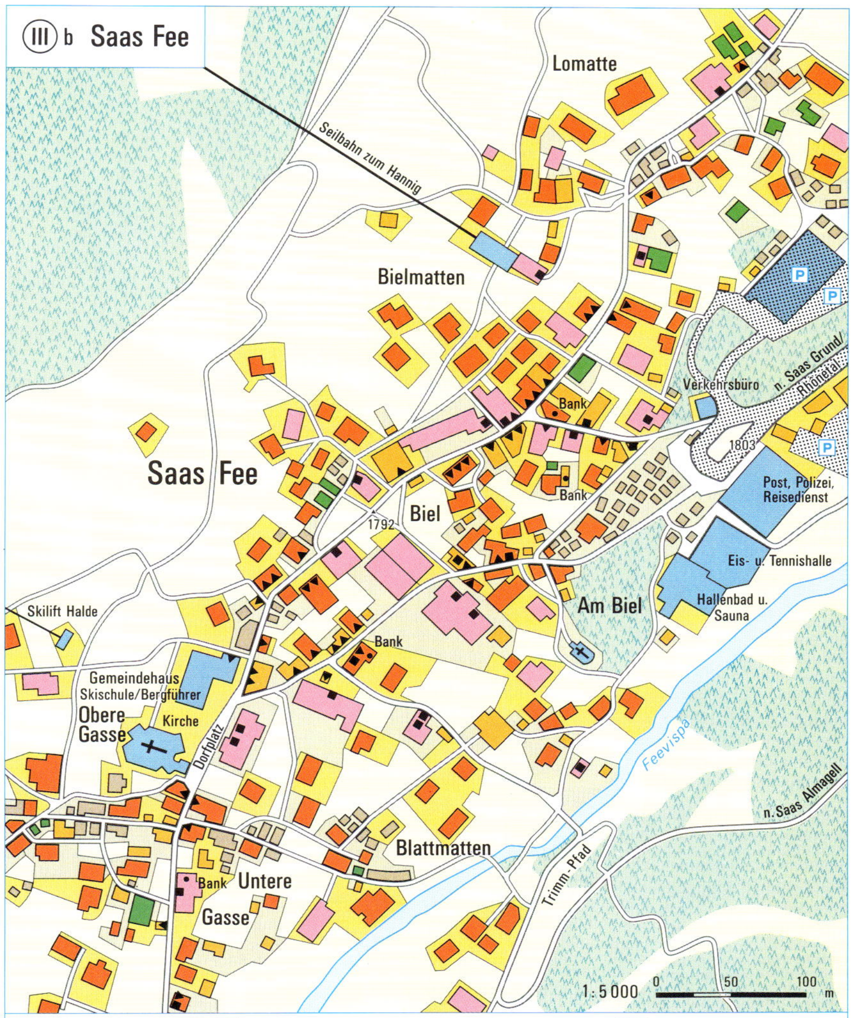

Vom Bergbauerndorf zum Erholungsort

- Autoverkehr, Parkplatz
- Fußgängerstraße, Weg

Alter der Gebäude
- Vor 1945 erbaut
- nach 1945 erbaut

Nutzung der Gebäude
- öffentl. Einrichtung
- Bauernhaus (ohne Zimmervermietung)
- Viehstall, Stadel
- Hotel, Hotel garni
- Chalet, Ferienwohnung
- Wohnhaus (Zimmervermietung)
- Restaurant, Café
- Geschäft

Dichtbesiedelte und dünnbesiedelte Räume

111 Landwirtschaftliche Betriebsformen

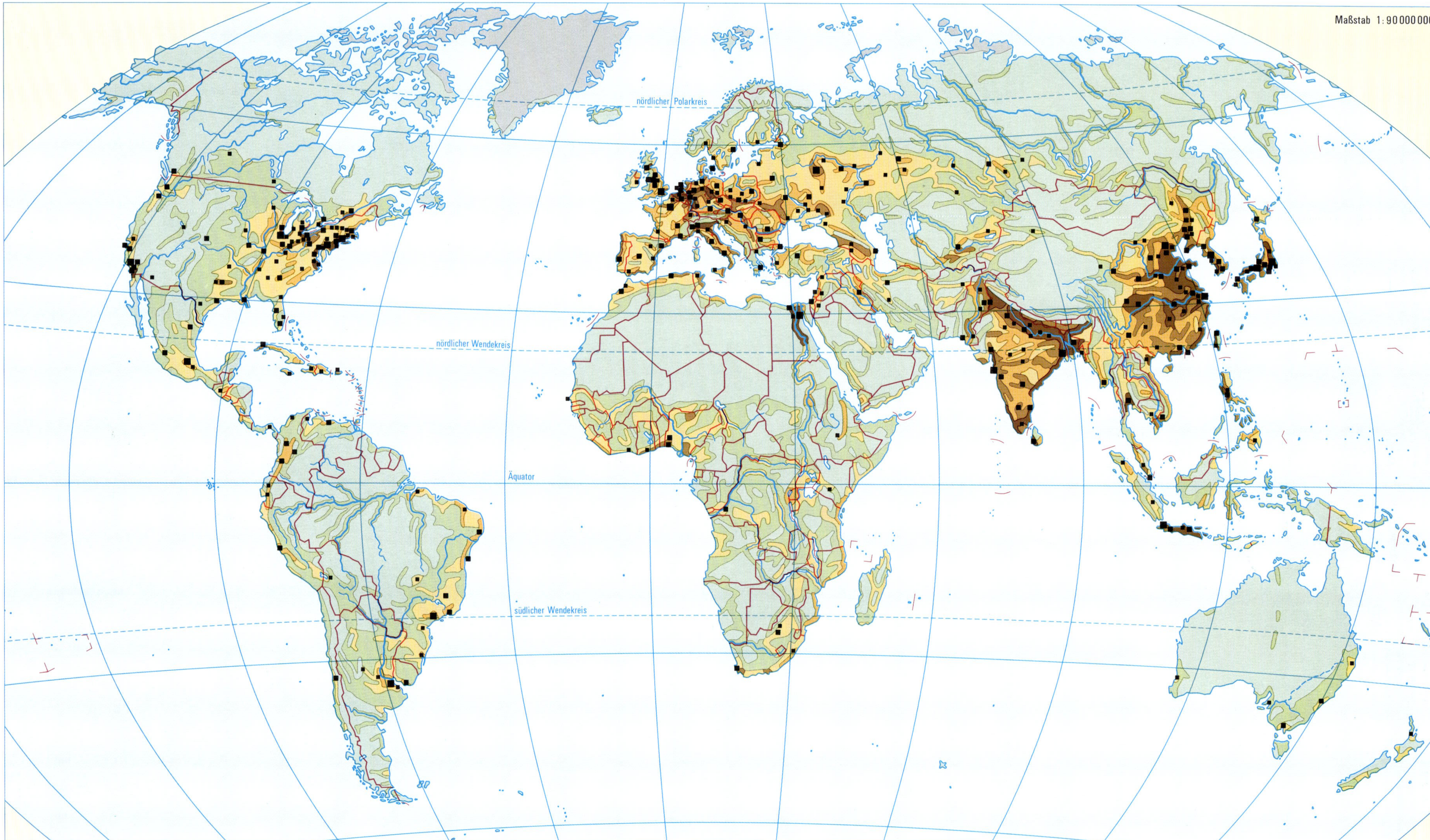

Bevölkerungsdichte der Erde

Bevölkerungsdichte
- über 200 E/km²
- 100–200 E/km²
- 50–100 E/km²
- 10– 50 E/km²
- 1– 10 E/km²
- unter 1 E/km²
- unbewohnte arktische Gebiete

Orte
- über 5 000 000 E
- 1 000 000–5 000 000 E
- 500 000–1 000 000 E

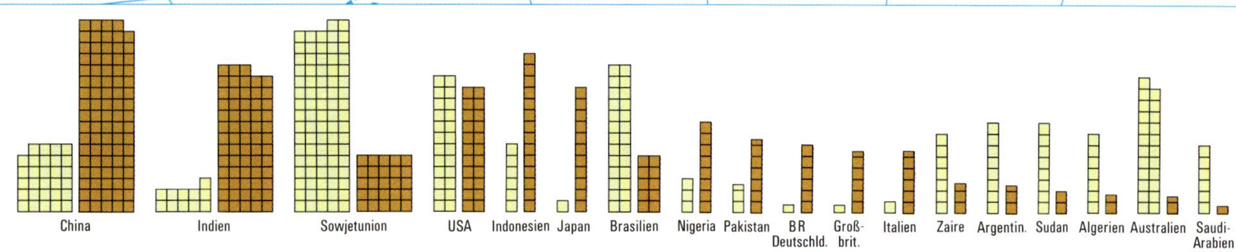

Die flächengrößten und volkreichsten Staaten

gesamte Landoberfläche
149,8 Mio km² ≙ 450 Quadrate

gesamte Menschheit (1980)
~ 4,5 Mrd E ≙ 450 Quadrate

≙ 1 Mio km²

≙ 10 Mio Einwohner

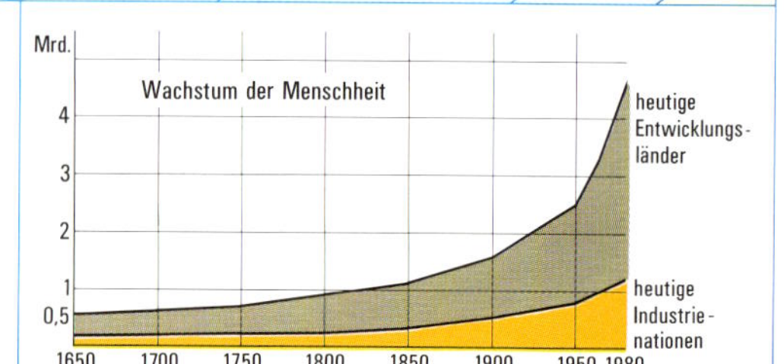

Entwicklung der Weltbevölkerung

Bevölkerungswachstum, Verstädterung

170 Bruttosozialprodukt, Ernährung
171 Ärztliche Versorgung, Analphabeten
112 Agrarbevölkerung
173 Europa, Bevölkerungsentwicklung

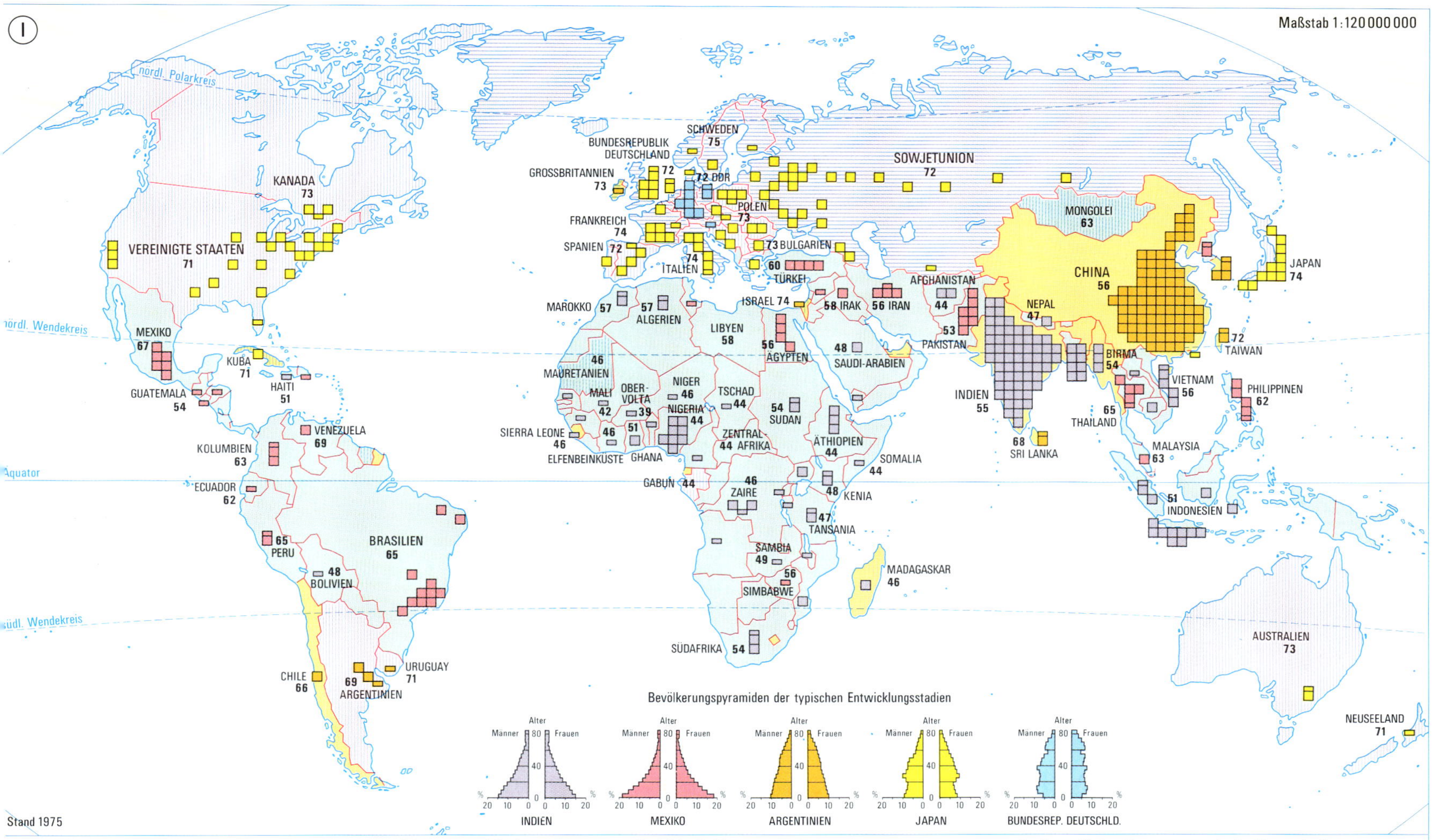

Stadien der natürlichen Entwicklung der Weltbevölkerung

Verteilung der Weltbevölkerung

□ ein Quadrat entspricht 10 Mio Menschen. Die Bevölkerung von Staaten mit weniger als 5 Mio Einwohnern ist nicht dargestellt.

Geburtenrate und Sterberate

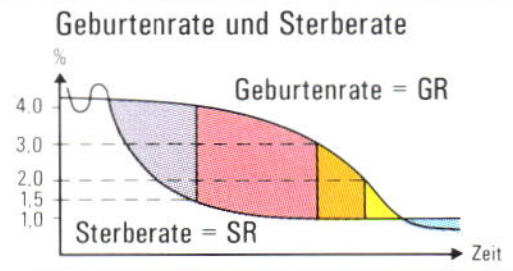

Natürliche Bevölkerungsentwicklung

relativ starkes Wachstum	(= GR über 3,0%	SR über 1,5%)
starkes Wachstum	(= GR über 3,0%	SR unter 1,5%)
mäßiges Wachstum	(= GR unter 3,0%	SR unter 1,5%)
geringes Wachstum	(= GR unter 2,0%	SR unter 1,5%)
Bevölkerungsrückgang	(= GR geringer als SR)	

Anteile spezifischer Altersgruppen an der Bevölkerung der Staaten

unter 15jährige		über 65jährige	
über 40%		über 10%	
30 – 40%		5– 10%	
unter 30%			

72 durchschnittliche Lebenserwartung der 1975 Geborenen (in Jahren)

Der Verstädterungsgrad der Erde

Städtische Bevölkerung (Anteil an der Gesamtbevölkerung der Staaten in %)

über 80% | 60–80% | 40–60% | 20–40% | unter 20%

Die größten Städte der Erde (2 Mio Einwohner ≙ 2 mm Säulenhöhe)

Gesamteinwohner des städtischen Ballungsgebietes

Größe der Stadt innerhalb ihrer Grenze

Großrassen der Menschheit

Verbreitung und Konflikte

146 Bevölkerungsdichte
150–151 Sprachen, Religionen
II 69–70 Südafrika, geographisch
III ◘ 69–70 C 4

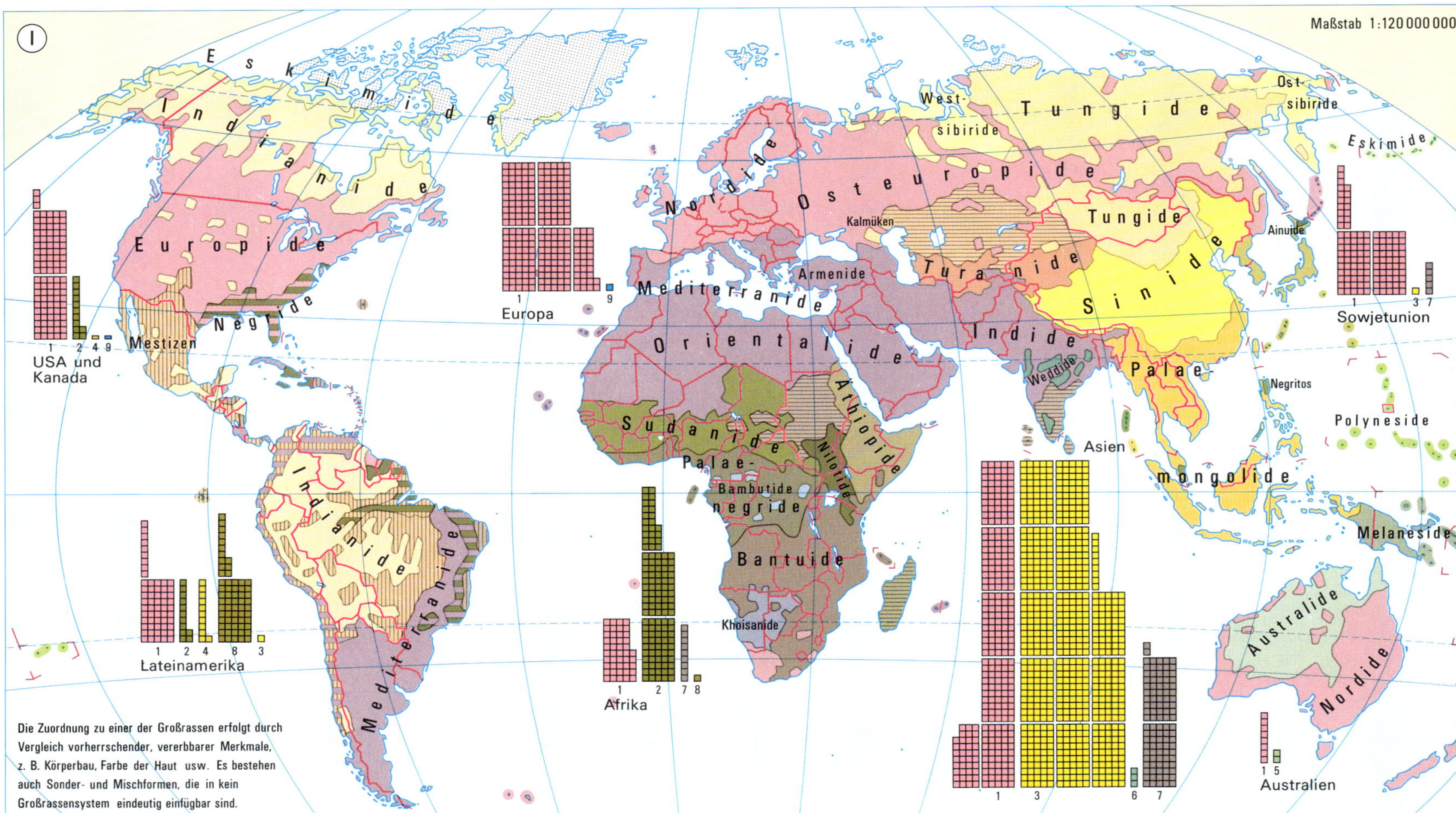

Die Rassen der Erde

Weiße (1)
- nördl. u. mittl. Europide
- südl. Europide, Orientalide, Indide
- Turanide

Negride (2)
- Sudanide
- Äthiopide
- Nilotide
- Bantuide
- Palaenegride
- Negride in Amerika

Mongolide (3, 4)
- Sinide
- japanisch-korean. Typ
- Palaemongolide
- Tungide
- Sibiride
- Eskimide
- Indianide

Sonderformen

Australo-melanesische Gruppe (5, 6)
- Australide
- Papua u. Fidschi-Insulaner
- Negritos
- Polyneside
- Weddide

(7)
- Ainuide
- Khoisanide (Buschmänner u. Hottentotten)
- Bambutide (Pygmäen)

Kontakt- und Übergangsrassen
- europid – negrid
- mongolid – europid
- negrid – mongolid

Neuzeitliche Mischformen (8)
- europid – indianid (Mestizen)
- europid – negrid (Mulatten, Coloureds)

9 Sonstige

□ ≙ 2 Mio Personen

Die Verteilung der Rassen in Südafrika

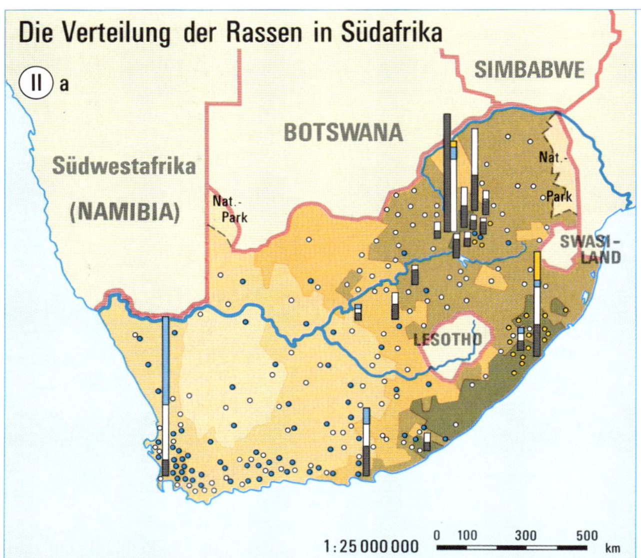

Ländliche Bevölkerung

Bantus je km² ≙ Dichtepunktbild
- keine
- bis 1,5
- 1,5–6
- 6–25
- über 25
- Asiaten
- Mischlinge
- Weiße

1 Signatur = 5 000 Personen

Städtische Bevölkerung

(nur Orte über 100 000 Einw.)
- Asiaten
- Mischlinge
- Weiße
- Bantus

1 mm = 50 000 Einw.

Gesamtbev. (1970) i. Tausend

	ländlich	städtisch
Asiaten	82	538
Mischlinge	532	1497
Weiße	494	3255
Bantus	10070	4988

Die Große Apartheid in Südafrika

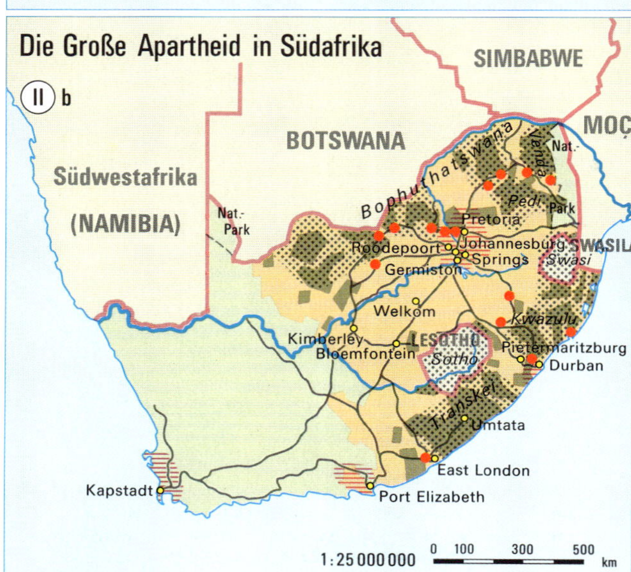

- Gebiete mit Bantus als stärkster Bevölkerungsgruppe
- heutige Bantu-Gebiete (homelands)
- geplante Bantu-Gebiete (n. Tomlinson Komm.)
- heutige Industriegebiete
- geplante Grenzindustrieorte

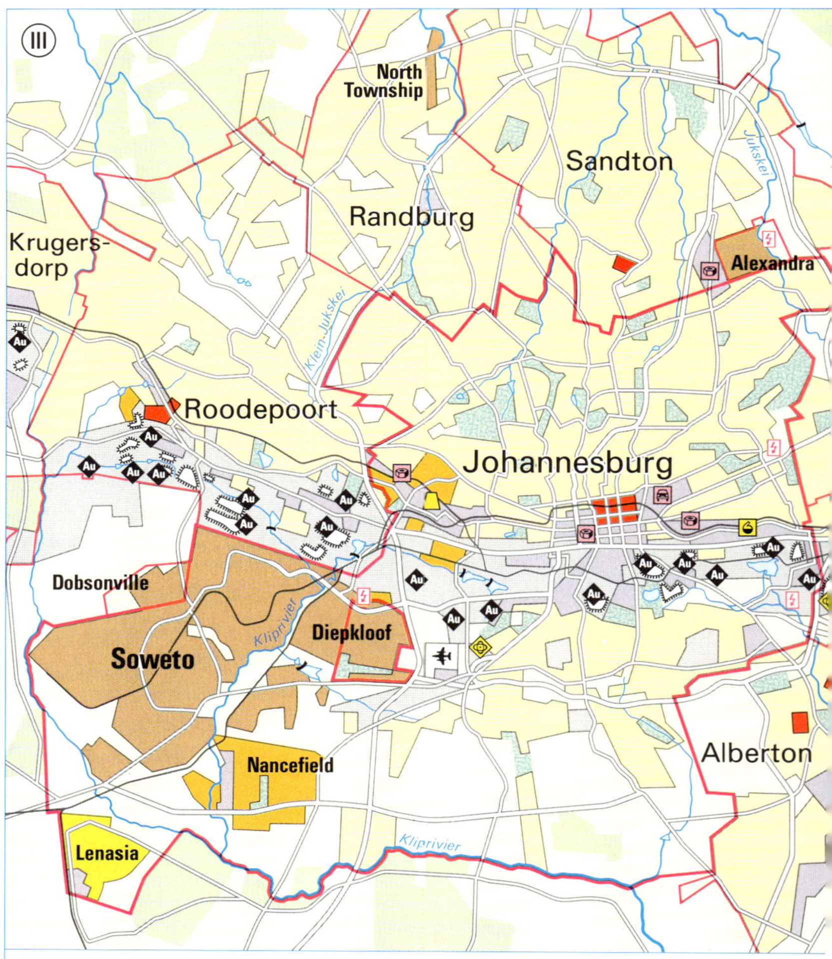

Apartheid in Johannesburg

Ansiedlung der farbigen Bevölkerung in Ghettos

1:300 000 — 0 5 km

Wohngebiete
- Weiße
- Bantus
- Asiaten
- Mischlinge
- City
- Park

Bergbau und Industrie
- Bergwerksgelände
- Goldbergwerk
- Uranbergwerk
- Industriegelände
- Edelmetallhütte
- Metallverarbeitung
- Fahrzeugbau
- chemische Industr
- Wärmekraftwerk
- Flugplatz
- Farmland
- Stadtgrenze
- Eisenbahn
- Straße

Minderheiten in den USA

Verbreitung, sozialer Status und Wohngebiete

I 82–83 USA, geographisch
II 83 E 1
III 83 F 1, 164 New York, Manhattan

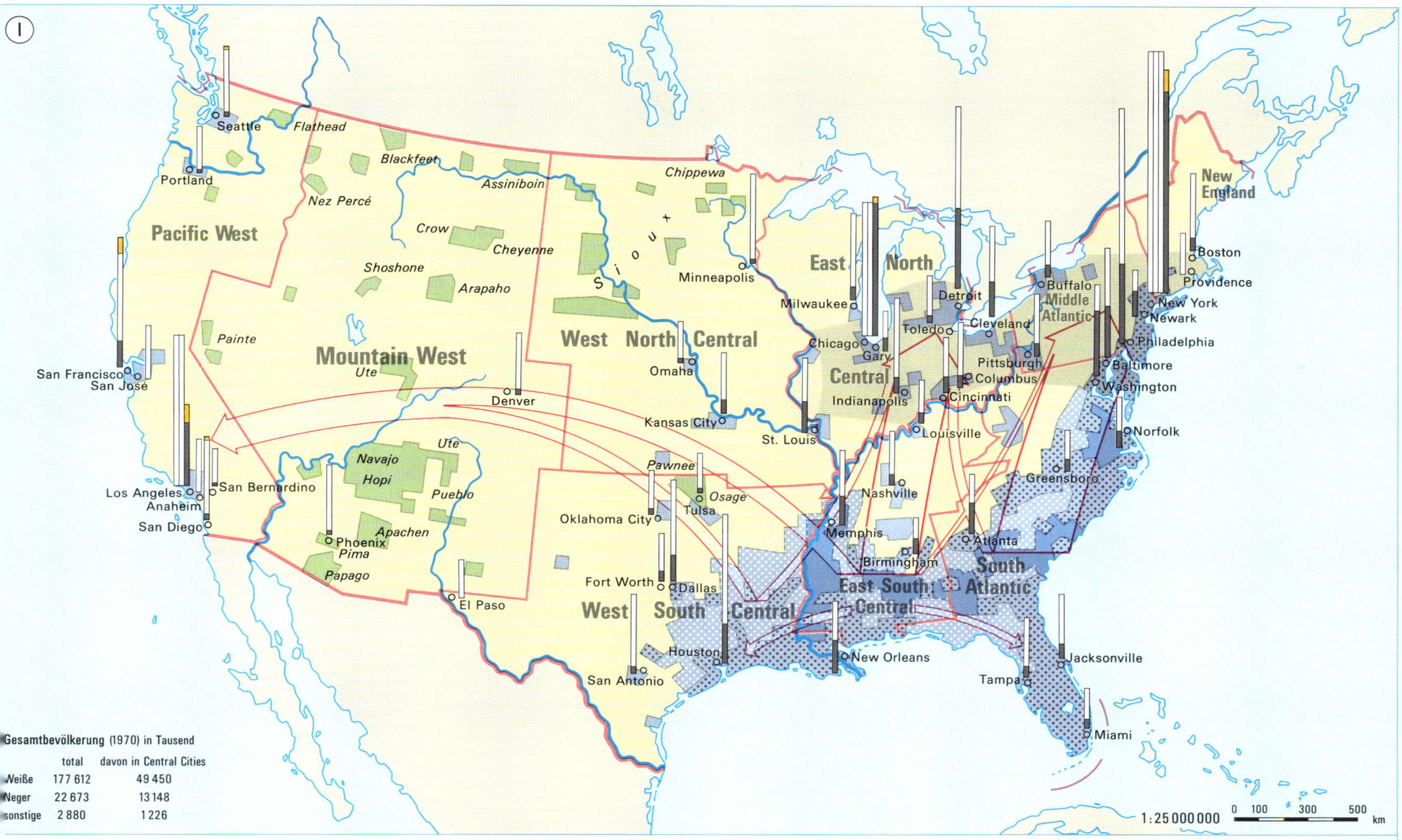

Gesamtbevölkerung (1970) in Tausend

	total	davon in Central Cities
Weiße	177 612	49 450
Neger	22 673	13 148
sonstige	2 880	1 226

Neger und Indianer in den USA

Das Vordringen der Neger in die großen Städte
Indianerreservationen

Anteil der Neger an der Gesamtbevölkerung
- über 50 % Neger (1960)
- über 20 % Neger, Zuwanderungsgebiet (1930–1960)
- über 20 % Neger, Abwanderungsgebiet (1930–1960)
- sonstige Counties mit hohem Negeranteil

Rassenverteilung in den Städten über 300 000 Einw.
- 500 000 – sonstige
- Weiße
- 0 – Neger

1 mm Säulenhöhe = 50 000 Einw.

- Überregionale Binnenwanderung der Neger (1940–1970); 1 mm Pfeilbreite = 200 000 Personen
- Erhebungsräume der Wanderungsstatistik (Volkszählungsregion, Census Region)
- Ballungsraum des Nordostens: 65 % der Wertschöpfung, 50 % des Volkseinkommens, 40 % der Bevölkerung
- Indianerreservation
- *Crow* Indianerstämme in den Reservationen

Chicago

Rassenzugehörigkeit und sozialer Status

- Wohnviertel der wohlhabenden Bevölkerung
- Wohnviertel der armen Bevölkerung
- Negerbezirke um 1950
- Erweiterung bis 1965
- Hauptgeschäftsviertel „The Loop"
- Hauptindustriegebiete
- sonstige bebaute Flächen
- Parks, Erholungsgebiete

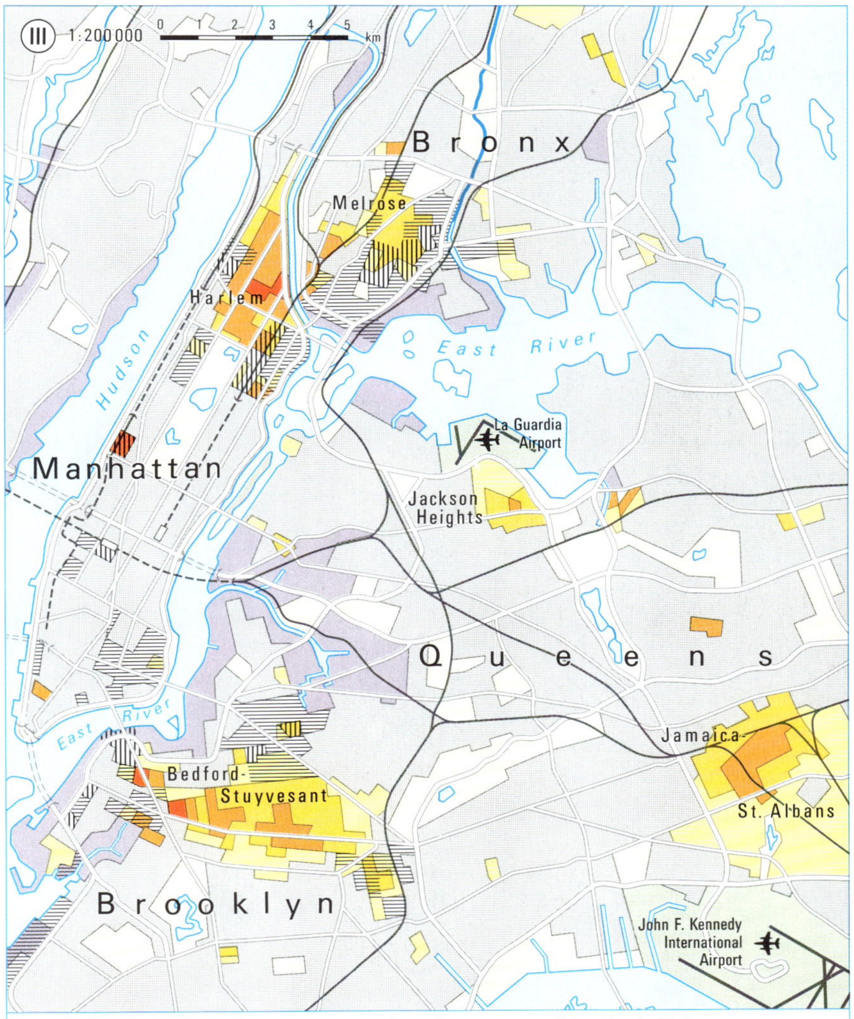

New York

Wohngebiete rassischer Minderheiten (ab 25 % Bevölkerungsanteil)

Neger
- um 1910
- bis 1930
- bis 1950
- bis 1960

Puertorikaner
- um 1950
- bis 1960

Wohngebiete der Weißen
- um 1960 (ab 50 % Bevölkerungsanteil)
- Industriegelände

Die Jahrgangsstufen zeigen den jeweiligen Zuwachs an Wohngebieten
Aufgegebene Wohngebiete sind nicht gekennzeichnet

Sprachen und Religionen

Verbreitung und Konflikte

Sprachengruppen der Welt

Indoeuropäische Sprachen
- A Kentum-Sprachen
  - Germanische Sprachen
  - Romanische Sprachen
  - sonstige Kentum-Sprachen
- B Satem-Sprachen
  - Indische Sprachen
  - Slawische Sprachen
  - Iranische Sprachen
  - sonstige Satem-Sprachen

Sinotibetische Sprachen
- Chinesische Sprachen
- Tibetobirmanische Sprachen
- sonstige Sinotibetische Sprachen

Uralaltaiische Sprachen
- A Isolierte Sprachen
  - Japanisch
  - Koreanisch
- B Altaiische Sprachen
  - Türksprachen
  - Mongolische Sprachen
  - Tungusische Sprachen
- C Uralische Sprachen
  - Finnisch-ugrische Sprachen
  - Samojedische Sprachen

Negersprachen
- Sudan-Sprachen
- Bantu-Sprachen

Austrische Sprachen
- A Austronesische Sprachen
  - Indonesische Sprachen
  - Melanesisch
  - Polynesisch
- B Austroasiatische Sprachen
  - Mon Khmer- und Munda-Sprachen

Semhamitische Sprachen
- A Semitische Sprachen
  - Arabisch, Sonstige
- B Hamitische Sprachen
  - Berbersprachen
  - Kuschitische Sprachen

Dravidasprachen

Indianersprachen

Isolierte Sprachen

☐ neugegründete Staaten mit Englisch oder Französisch als Zweitsprache

Auf der Erde gibt es 2700–3000 Sprachen. Jedoch werden nur 16 Sprachen von jeweils mehr als 50 Mio Menschen gesprochen. Das sind etwa 70% der Menschheit: Chinesisch, Englisch, Spanisch, Hindi, Russisch, Indonesisch, Arabisch, Portugiesisch, Bengali, Japanisch, Deutsch, Französisch, Italienisch, Koreanisch, Telugu, Tamil.

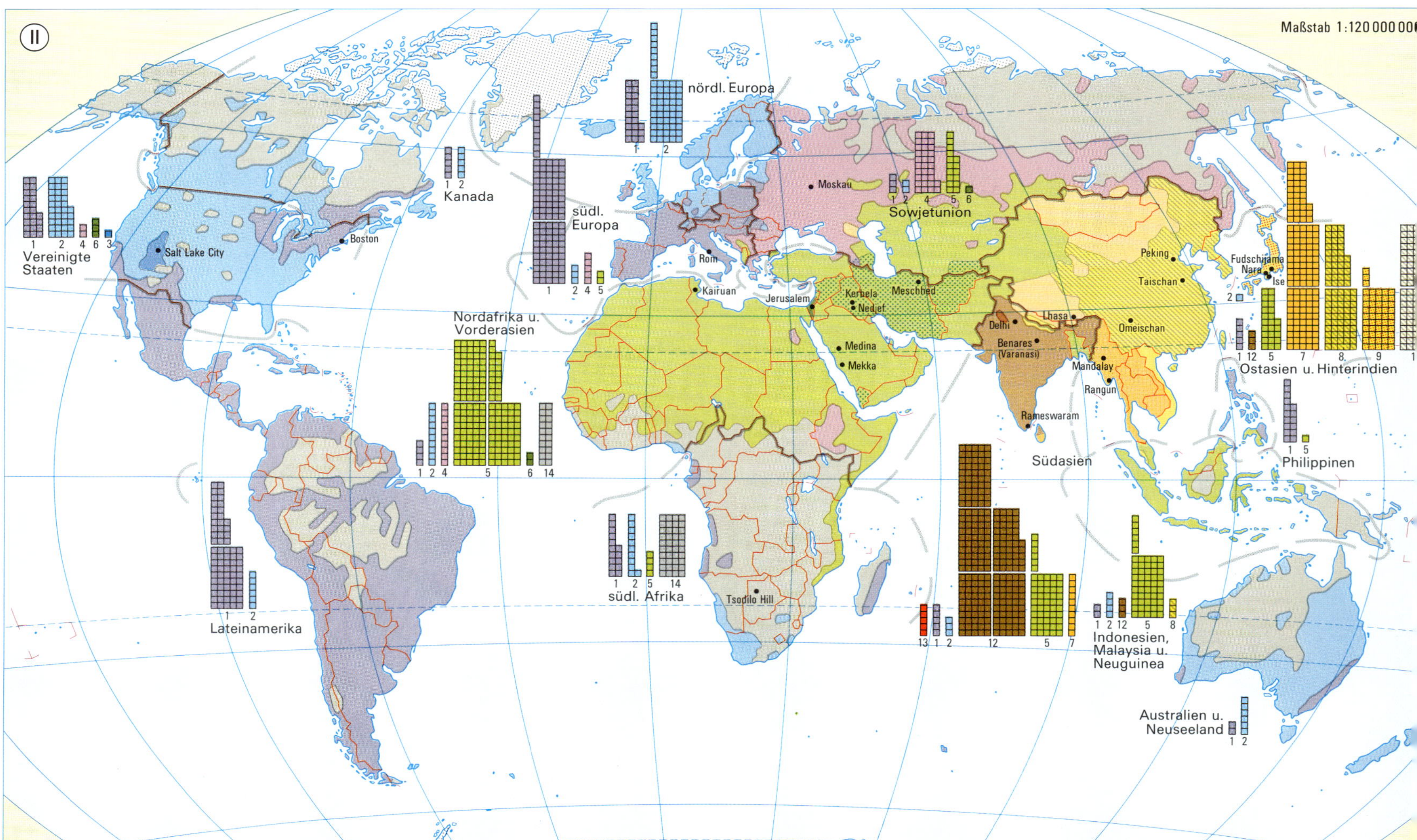

Weltreligionen und Konfessionen

Christen
- 1 röm.-katholisch
- 2 protestantisch
- 3 Mormonen
- 4 Ostkirchen

Mohammedaner
- 5 Sunniten
- Schiiten

Juden
- 6

Buddhisten
- Hinayāna
- 7 Lamaismus
- Mahāyāna
- 8 Mahāyāna, überlagert von Taoismus und Konfuzianismus
- 9 Mahāyāna, überlagert von Shintōismus

- 10 Konfuzianismus
- 11 Taoismus

Hindus
- 12

Sikhs
- 13

Stammesreligionen
- 14

1 Quadrat ≙ 2 Mio Personen

In Flächeneinfärbung dargestellt ist die räumliche Verbreitung der vorherrschende Religion bzw. Konfession eines Gebietes; die hier nicht dargestellten religiösen Minderheiten sind jedoch in den Diagrammen berücksichtigt. Es sind keine Angaben über die Bevölkerungsteile möglich, die keiner Religion bzw. Konfession angehören oder diese nicht mehr ausüben.

Vorderindien

Religionen als Grundlage der Staatenbildung

Moslem-Mehrheit (70–80, 80–90, über 90 %)

Hindu-Mehrheit (70–80, 80–90, über 90 %)

Buddhisten-Mehrheit (70–80, über 80 %)

Nach der Teilung Britisch-Indiens (1947)

Flüchtlingsbewegungen (1 mm Säulenhöhe ≙ 200 000 Personen)

Gebiete mit hohen Flüchtlingsanteilen

Verbliebene religiöse Minderheiten

1 Signatur ≙ 500 000 Personen

Hindus · Sikhs · Jainas · Moslems · Buddhisten · Christen

Vorderindien

Sprachen und politische Gliederung

Bei der Abgrenzung der Bundesstaaten in der Indischen Union wurde die Verbreitung der Sprachen berücksichtigt.

Das von etwa einem Drittel der Bevölkerung gesprochene Hindi hat sich noch nicht als Staatssprache durchgesetzt.

Neben den 179 Einzelsprachen spricht etwa 1 % der Bevölkerung Englisch als Umgangssprache (Behörden, Politik, Wirtschaft u. a.)

Staatsgrenze, Bundesstaatengrenzen

Sprachgrenze

Hauptverbreitungsgebiet einer Sprache

Überschneidungsgebiet zweier Sprachen (Minderheiten, Zweisprachigkeit, sprachliche Durchmischung)

A Satem-Sprachen

Indische Sprachen

Iranische Sprachen

B Dravidasprachen

C Sinotibetische Sprachen

D Uraltaiische Sprachen

E Austrische Sprachen

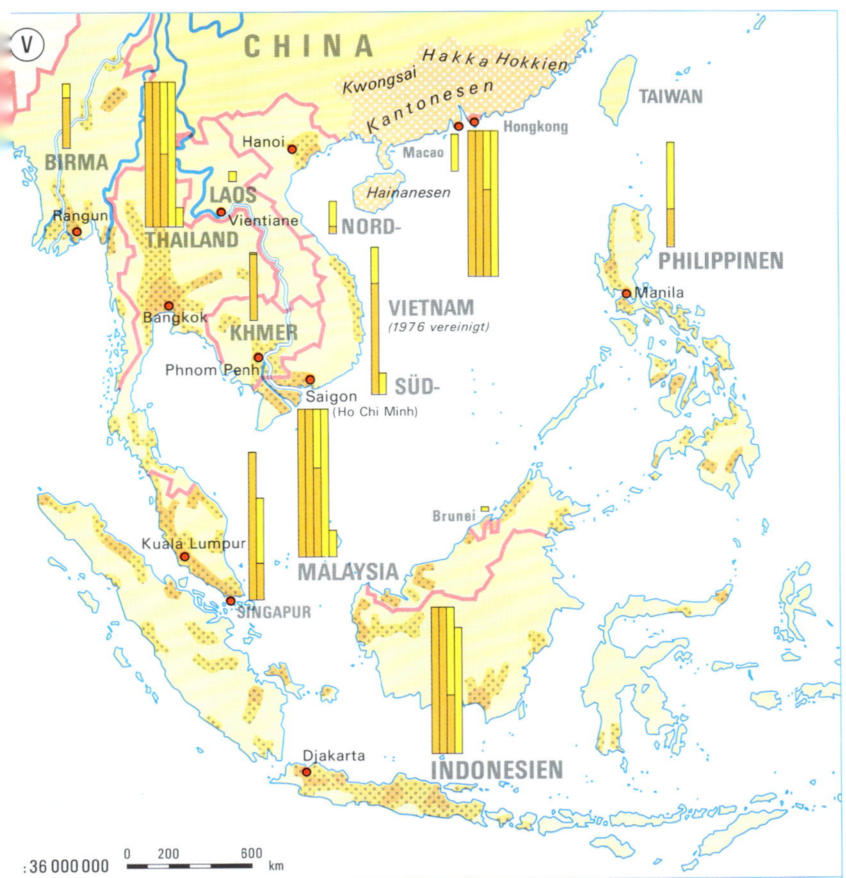

Die Chinesen in Südostasien

wichtigste Herkunftsgebiete ausgewanderter Chinesen

wichtigste Zuwanderungsgebiete der Chinesen

sonstige von Chinesen bevorzugte Gebiete

Chinesische Bevölkerung 1959

Chinesische Bevölkerung 1974

1 mm Säulenhöhe ≙ 50 000 Personen

Beispiel Malaysia: Rassenanteile in verschiedenen Wirtschaftsbereichen (in %)

Im Diagramm: Chinesen · Malaien · Inder · Sonstige

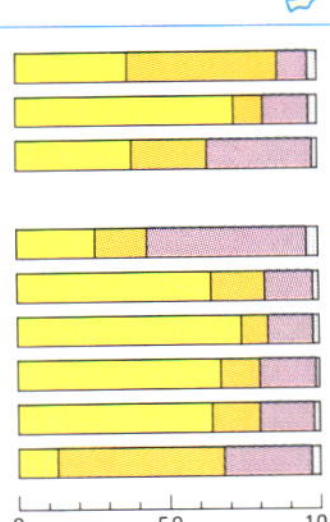

Die Chinesen in Singapur

Wohngebiet

Chinatown

sonstige, von Chinesen bevorzugte Wohngebiete

Hauptgeschäftsviertel

Einzelhandelszentren

Industrie- u. Hafengelände

sonstiges Gelände, Militärgelände

Parks

tropischer Regenwald

landwirtschaftliche Nutzfläche

Kautschukplantagen

Mangroven

Ödland

Trinkwassereinzugsgebiet

Trinkwasserleitung vom Festland

Im Diagramm: Chinesen · Malaien · Inder · Sonstige

Beispiel Singapur: Rassenanteile in verschiedenen Wirtschaftsbereichen (in %)

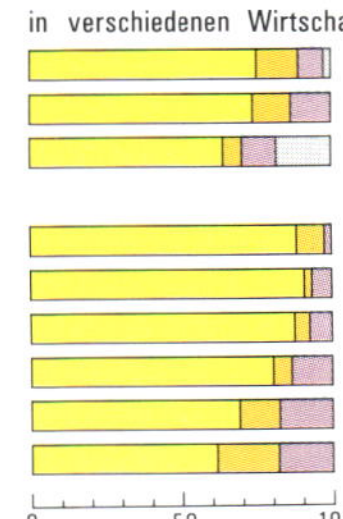

Bevölkerungsdichte in Europa

I

1 : 25 000 000

46–47 Europa, geographisch
173 Bevölkerungswachstum, Sprachen, Religionen

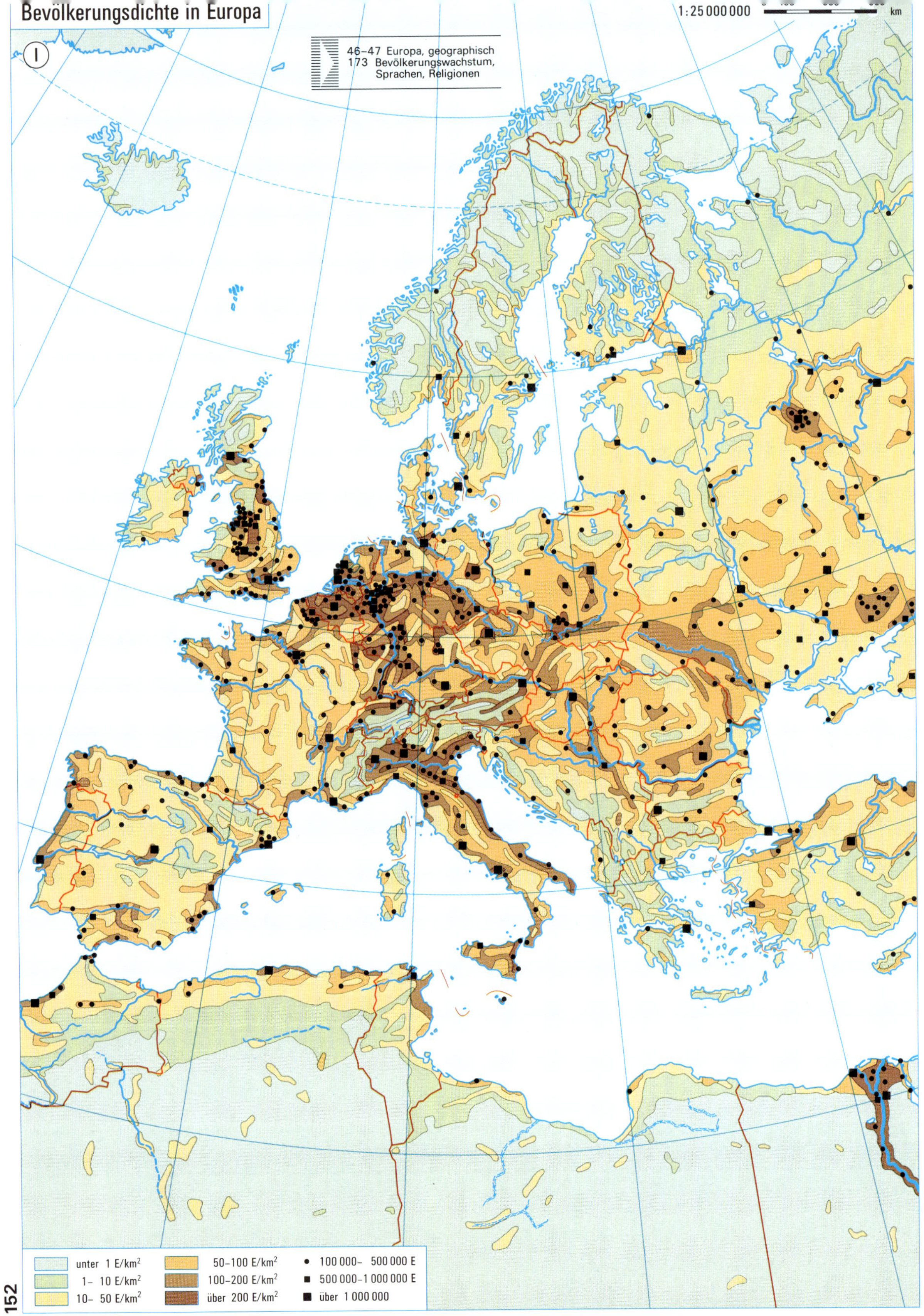

Bevölkerungsdichte in Deutschland

II

1 : 5 000 000

20–21 Deutschland, geographisch
154 Verdichtungsräume, Zentrale Orte
135 Erwerbstätige nach Wohnorten

Bevölkerungsentwicklung (seit 1946)

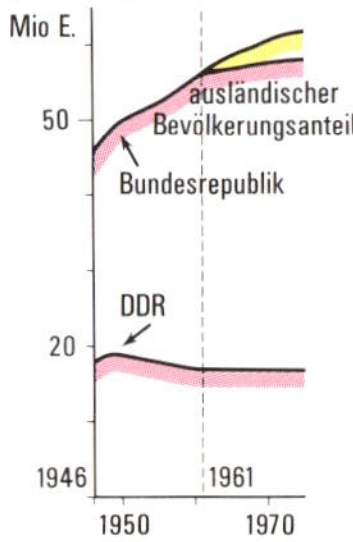

Orte
- 20 000– 50 000 E
- 50 000– 100 000 E
- 100 000– 250 000 E
- 250 000– 500 000 E
- 500 000–1 000 000 E
- über 1 000 000 E

Bevölkerungsdichte
- unter 10 E/km²
- 10– 50 E/km²
- 50–100 E/km²
- 100–200 E/km²
- über 200 E/km²

Prozentuale Flächenaufteilung der Bundesrepublik nach Dichtestufen und Verteilung der Bevölkerung

○ ≙ 5 % der Bevölkerung

durchschnittliche Bevölkerungsdichte:
Bundesrepublik ~ 246 E/km²
DDR ~ 157 E/km²

Verdichtungsräume in der Bundesrepublik (durchschnittliche Dichte ~ 1380 E/km²)

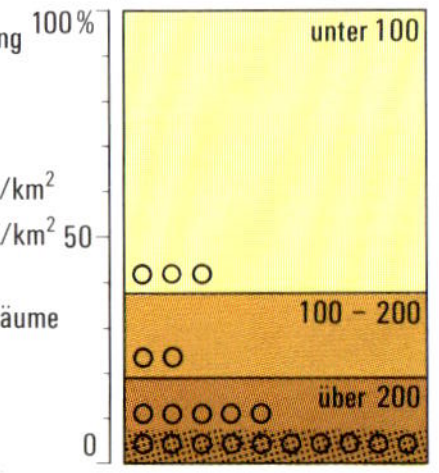

Bevölkerungsanteile nach Gemeindegrößenklassen für das Gebiet der Bundesrepublik (1871–1970)

1 mm Basisbreite ≙ 10 Mio Einw.

Gemeinden
- unter 2 000 E
- 2 000– 5 000 E
- 5 000– 20 000 E
- 20 000–100 000 E
- über 100 000 E

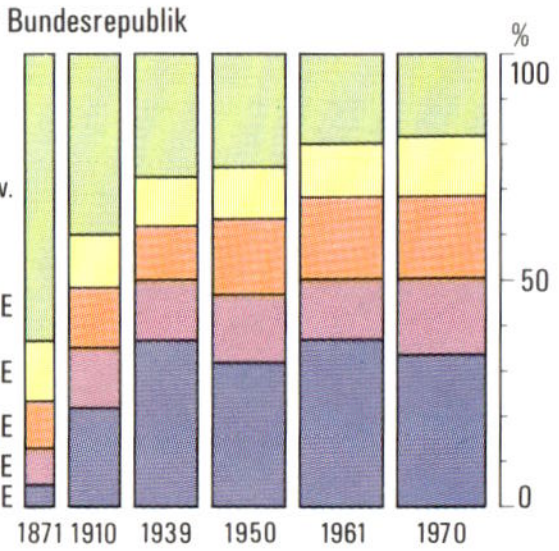

Gastarbeiter

Herkunft und Verbreitung

173 EG, Bevölkerungswachstum, Wanderungen, Sprachen
174 Wirtschaftsstruktur
175 Bruttosozialprodukt, Kaufkraft
III ◘ 13 C 3

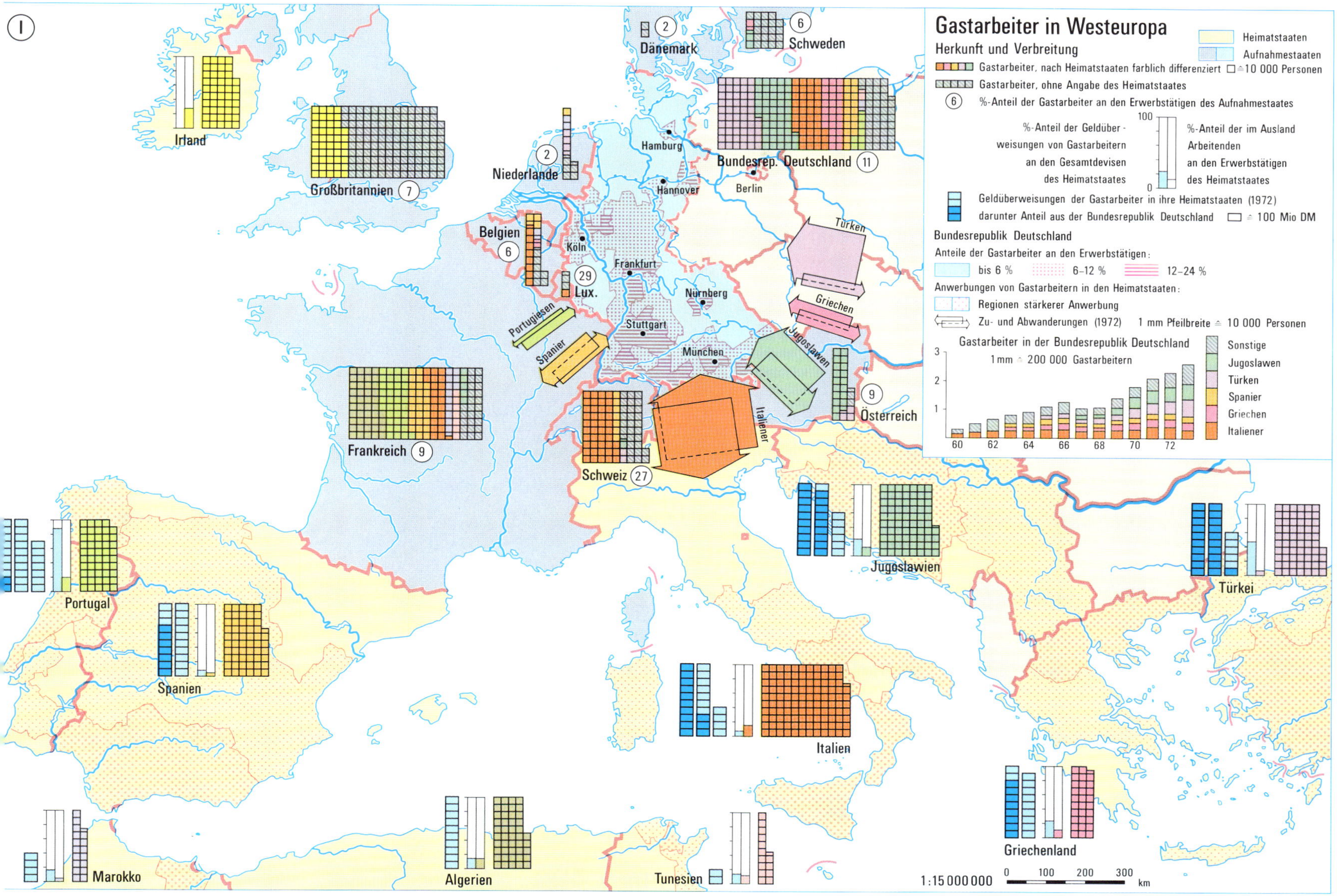

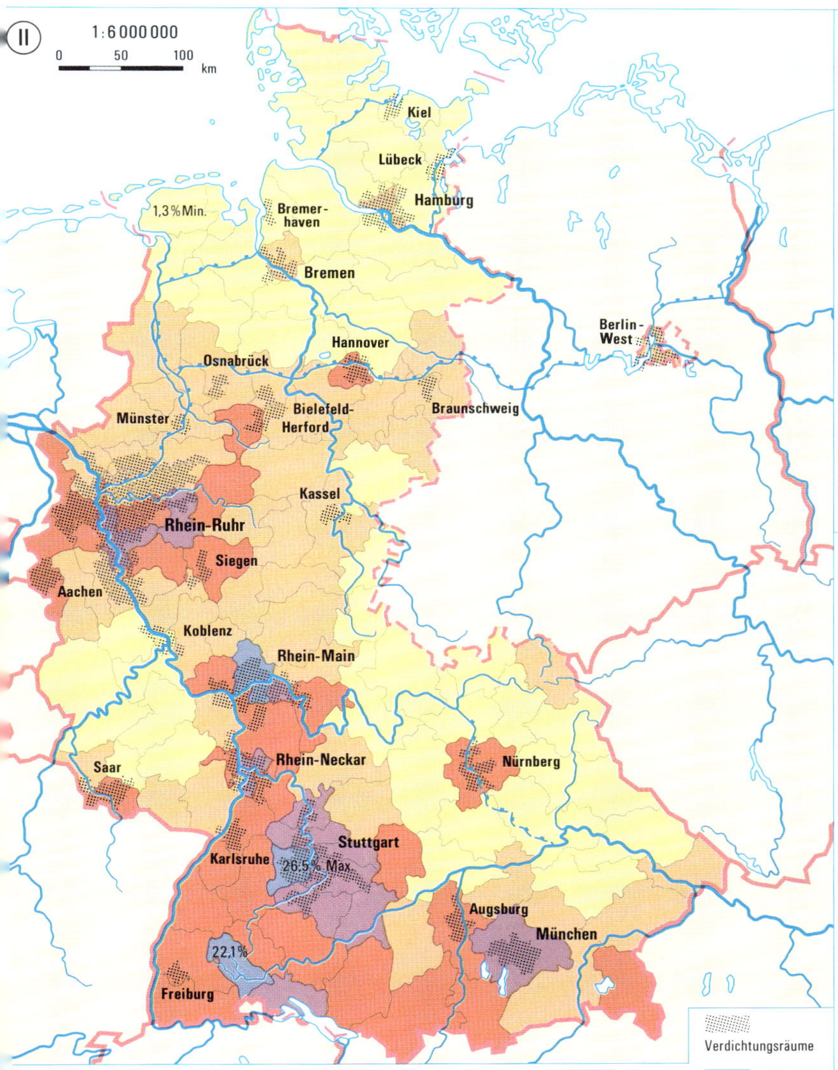

Gastarbeiter in der Bundesrepublik Deutschland

Anteil der Gastarbeiter an den Erwerbstätigen nach Arbeitsamtsbezirken

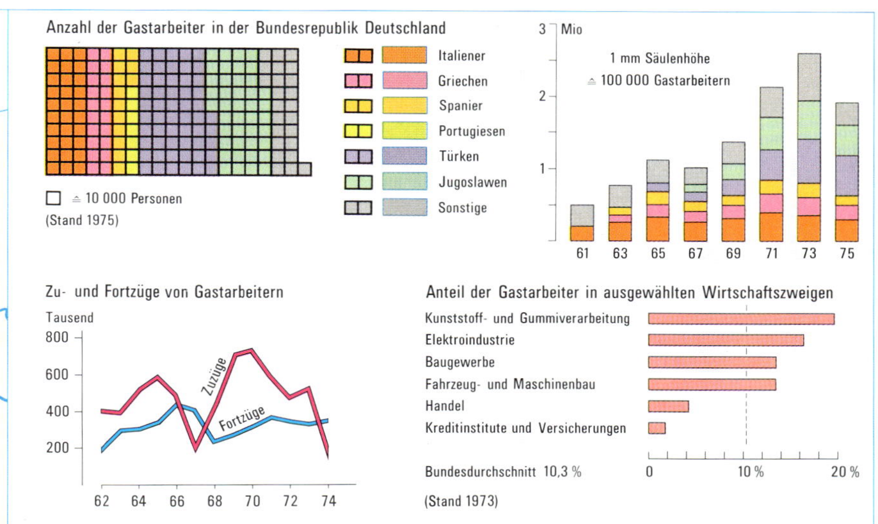

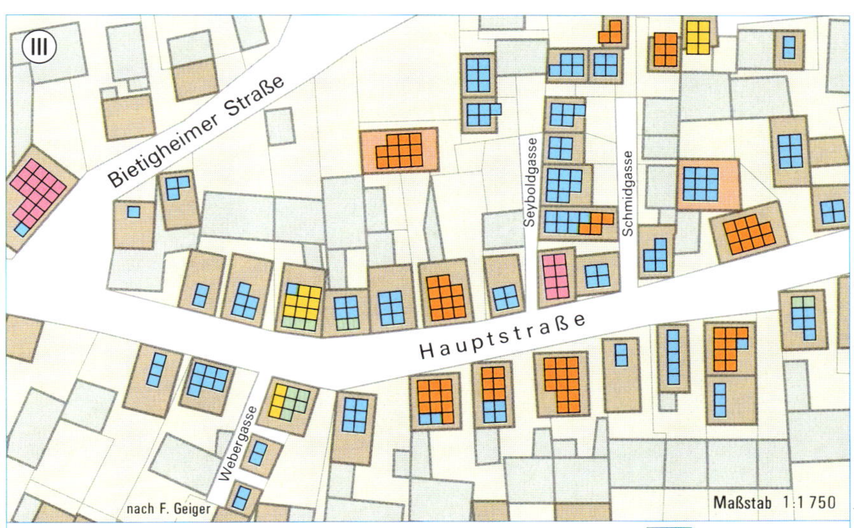

Gastarbeiter im alten Ortskern

Beispiel Tamm (bei Ludwigsburg) □ ≙ 1 Person

Verdichtungsräume und Zentralität

Verdichtungsräume, Zentrale Orte und ihre Bereiche in Deutschland

20–21 Deutschland, geographisch
152 Bevölkerungsdichte
135 Wirtschaftsräume
155–161 Deutsche Städte
8–9, 132–133, 138 Ruhrgebiet
▶ IX f Deutsche Landschaften

Großzentrum
Oberzentrum
Oberzentrum mit Teilfunktionen eines Großzentrums
Mittelzentrum mit Teilfunktionen eines Oberzentrums
Mittelzentrum
Einzugsbereich eines Oberzentrums (Darstellung nur für die Bundesrepublik möglich)

Zentrale Orte: Ausstattung mit Versorgungseinrichtungen, die auch von Bewohnern der Umgebung in Anspruch genommen werden. a) Mittelzentren: Ladengeschäfte für gehobenen bzw. speziellen Bedarf; Banken, Versicherungen; Real- und Höhere Schulen; Rechtsanwälte, Steuerberater; Fachärzte, Krankenhäuser; verschiedene Behörden; von den Bewohnern des Umlandes meist in weniger als 45 min erreichbar. b) Oberzentren: attraktive Hauptgeschäftsstraßen mit breit- und tiefgestaffeltem Warenangebot, vielfältige Spezialgeschäfte und Kaufhäuser, von den Kunden auch aus weitem Umland bei gelegentlichen, speziellen Einkäufen aufgesucht; Fachschulen, Hochschulen; Museen, Ausstellungen; größere Sportstätten; Spezialkliniken.

Saar Verdichtungsräume a) Bundesrepublik: Mindestgrößen: 100 km² 150 000 Einwohner. Durchschnittsdichte der Bevölkerung mind. 1000 E/km bei einer Einwohner- u. Arbeitsplatzdichte von über 1250/km² im Kerngebiet und 330/km² und einem überdurchschnittl. Bevölkerungswachstum in den Randzonen. (Beschluß der Ministerkonferenz für Raumordnung) b) DDR: den Verdichtungsräumen der Bundesrepublik vergleichbare Fläche

Berlin: Werden einer Großstadt

Ausweitung der bebauten Fläche seit 1780

6 Berlin, geographisch
175 Viermächtestatus
176, 142 Verkehrsverbindungen
Vgl. 132–133 Ruhrgebiet 1850 – heute

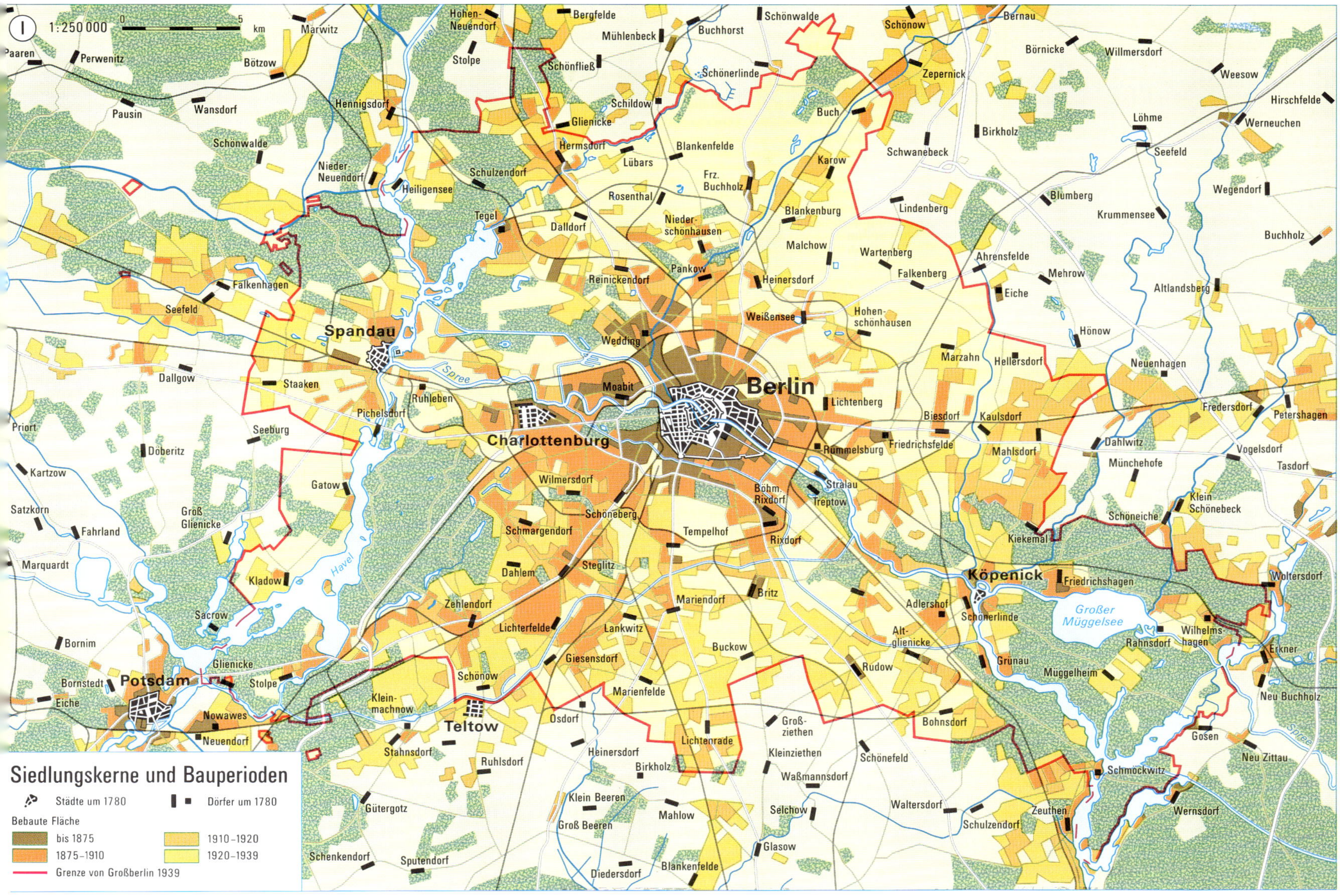

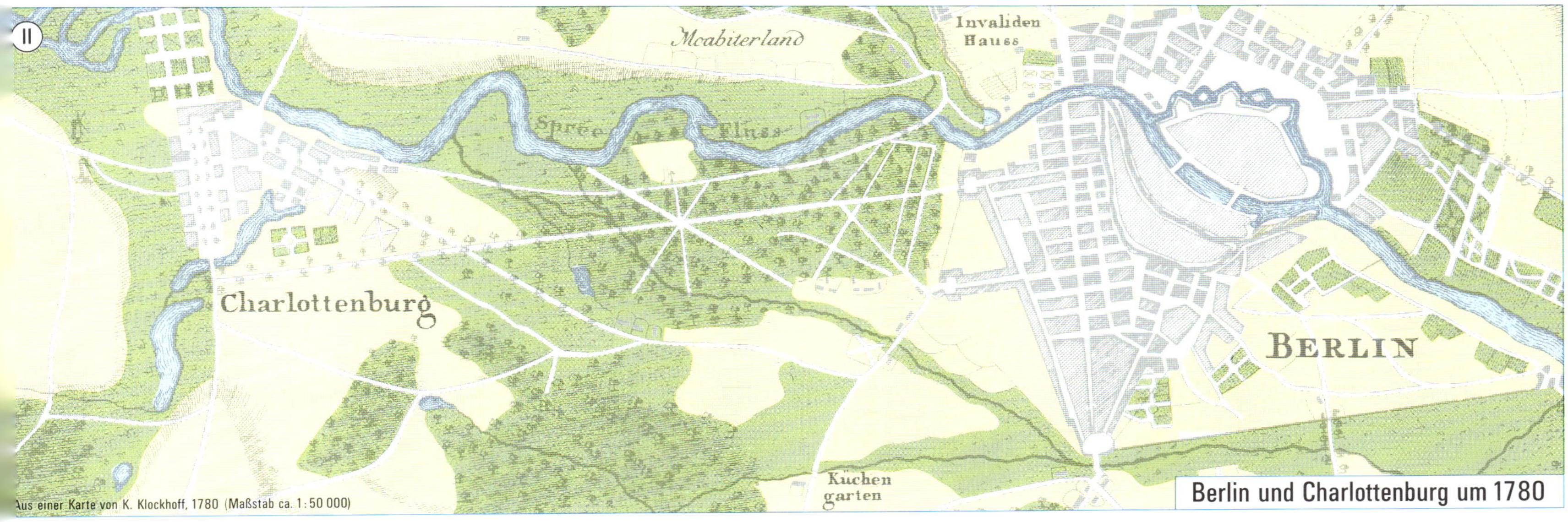

Berlin und Charlottenburg um 1780

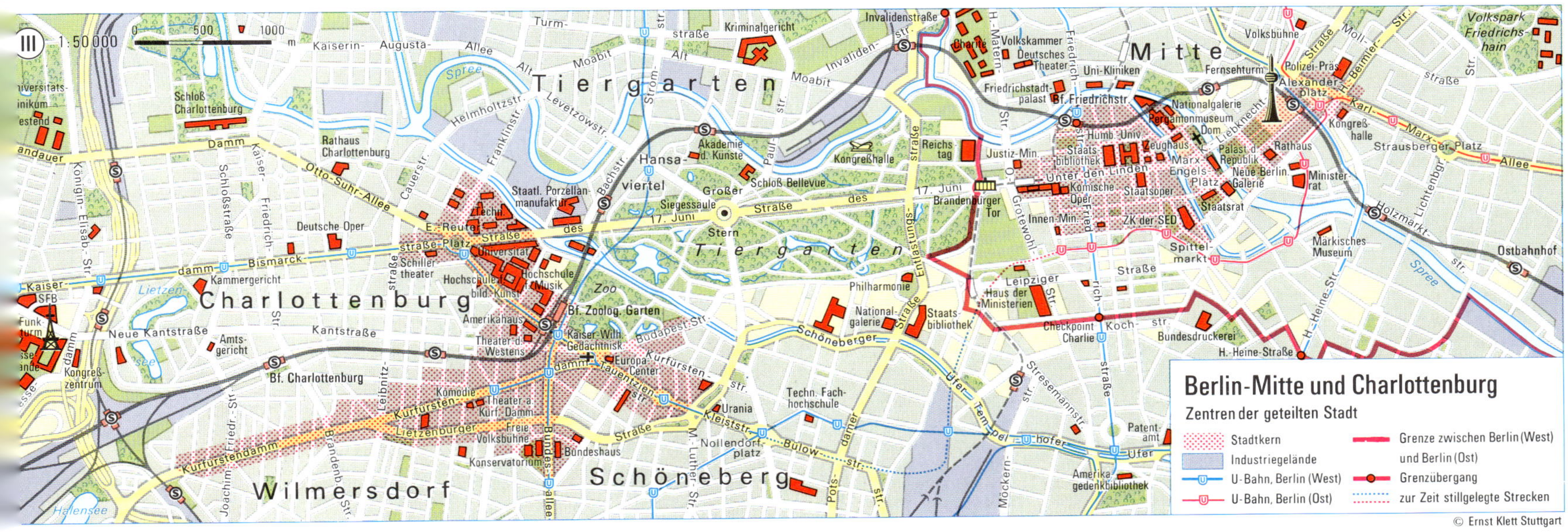

Berlin-Mitte und Charlottenburg

Zentren der geteilten Stadt

Hamburg: Stadt und Umland

Wohnen und Arbeiten in einem Ballungsraum

7 Hamburg, geographisch
Vgl. 158 Großraum Hannover
Vgl. 160 Stuttgart (Ballungsraum)
Vgl. 161 München (Naherholung)

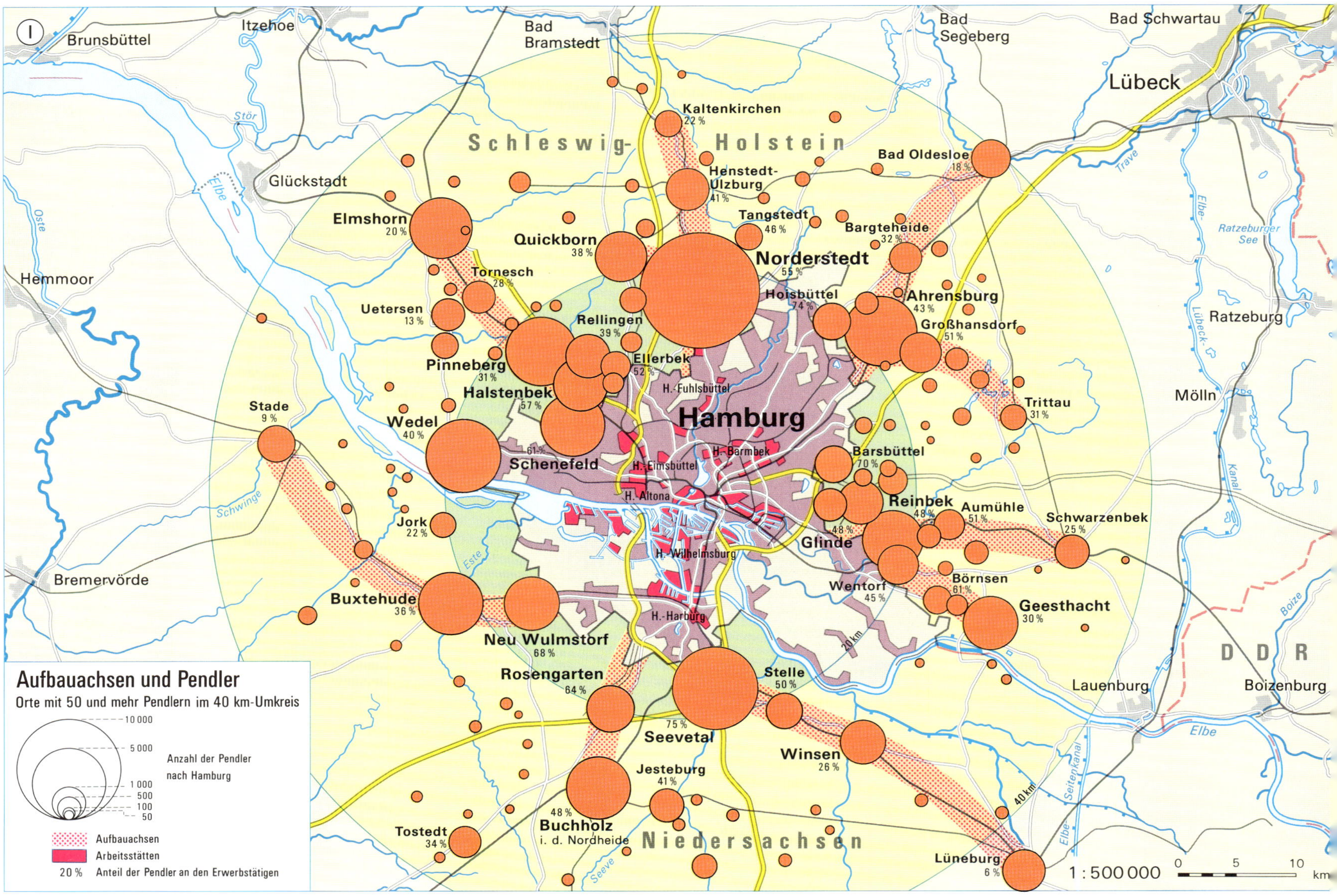

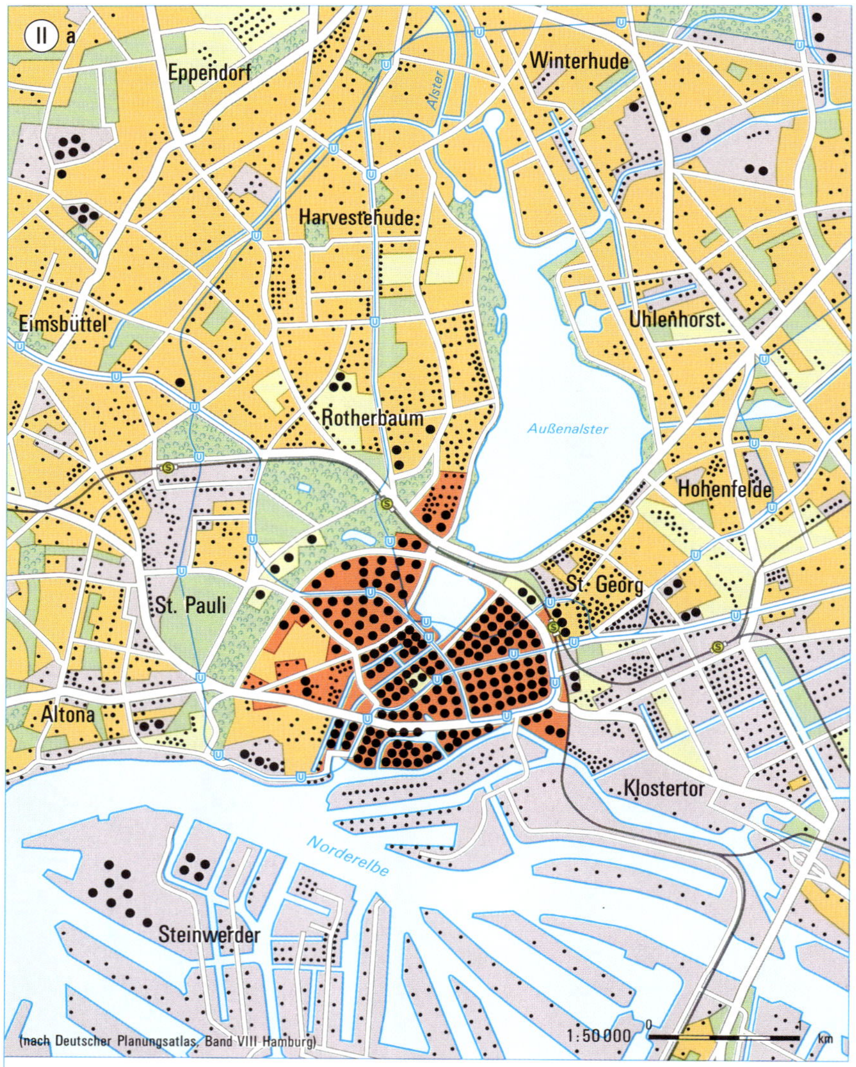

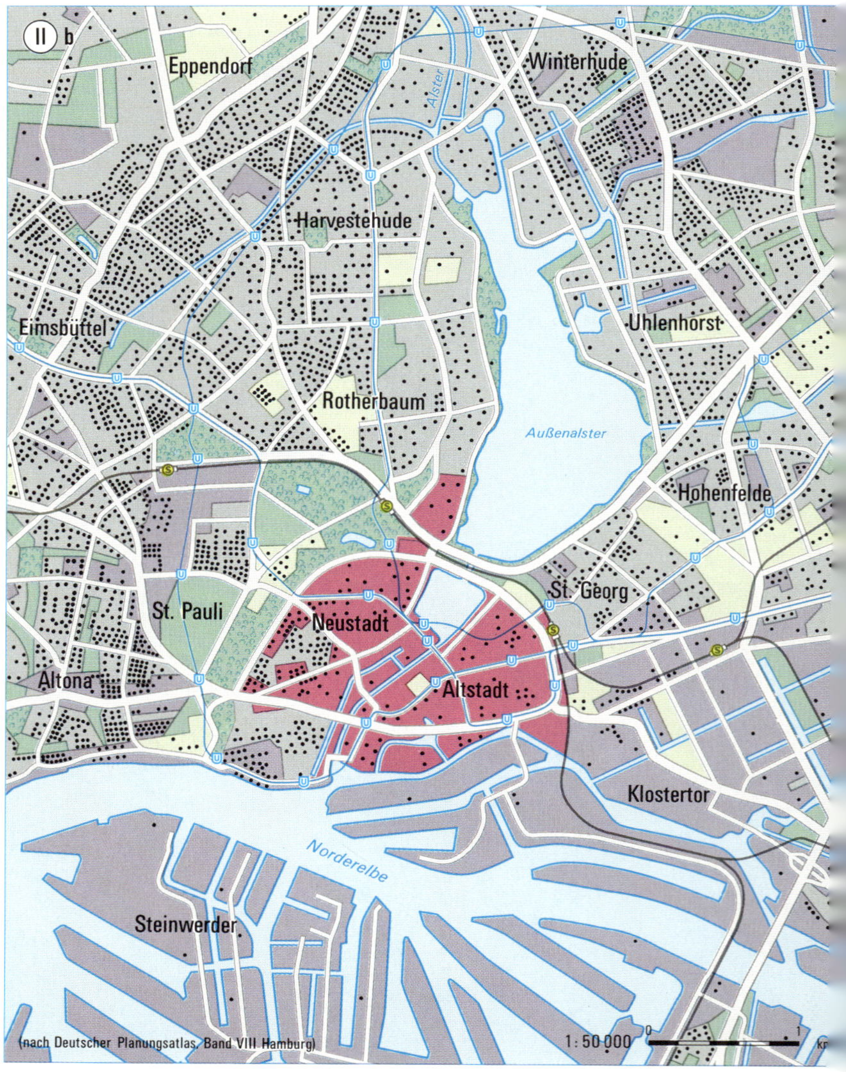

Tagbevölkerung
Innere Stadtviertel

- ● 1000 Menschen
- • 100 Menschen
- Stadtkern
- Wohnflächen
- Industrieflächen
- Flächen für öffentl. Einrichtungen
- Park und Friedhof
- Grünflächen
- S-Bahn
- U-Bahn

Nachtbevölkerung
Innere Stadtviertel

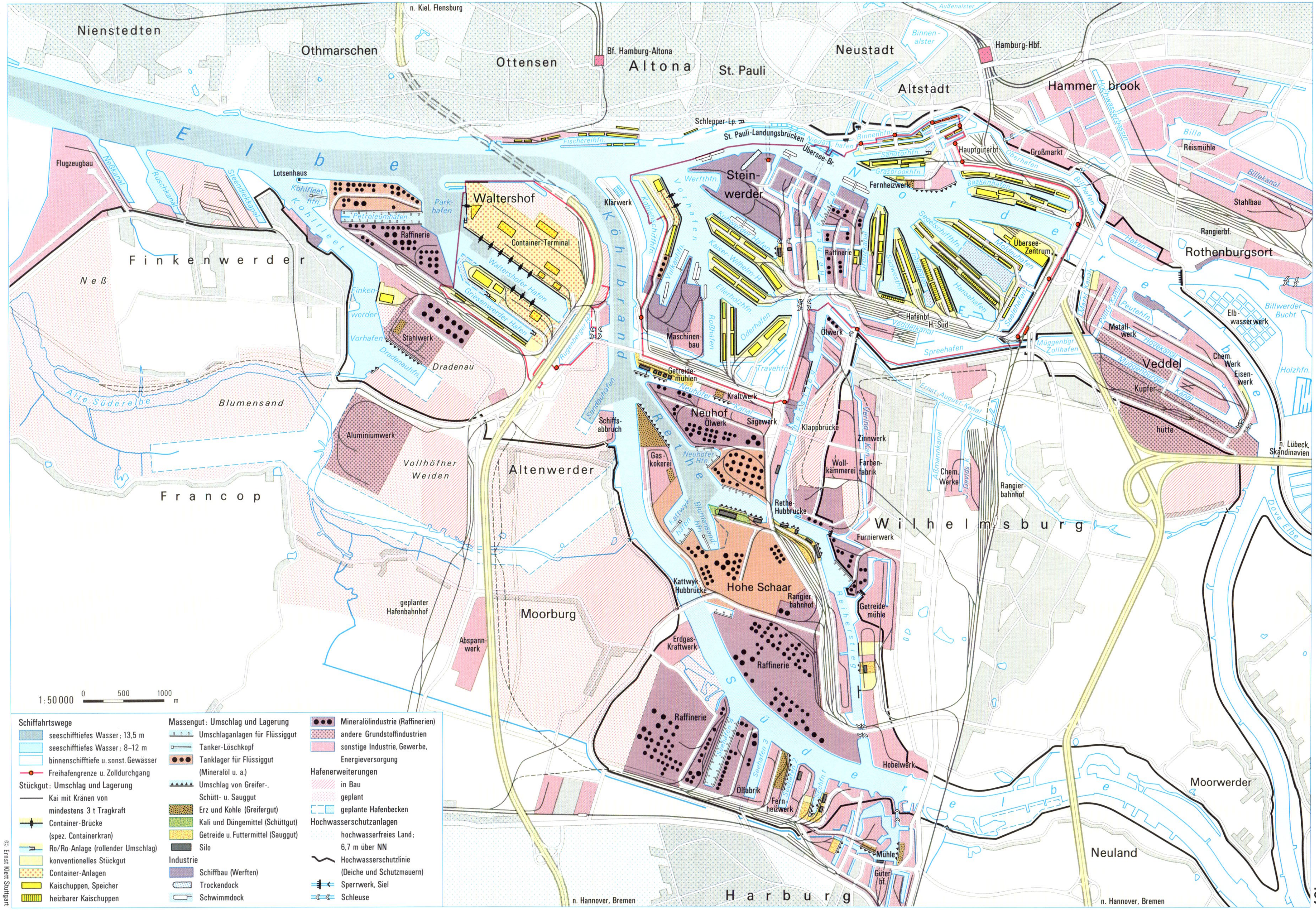
Nienstedten
Othmarschen
Ottensen
Bf. Hamburg-Altona
Altona
St. Pauli
Neustadt
Altstadt
Hamburg-Hbf.
Hammer brook
Binnenalster
Außenalster
n. Kiel, Flensburg
Elbe
Norderelbe
Köhlbrand
Reiherstieg
Süderelbe
Alte Süderelbe
Flugzeugbau
Lotsenhaus
Finkenwerder
Neß
Blumensand
Francop
Waltershof
Container-Terminal
Raffinerie
Stahlwerk
Dradenau
Aluminiumwerk
Vollhöfner Weiden
Altenwerder
Moorburg
geplanter Hafenbahnhof
Abspannwerk
Klärwerk
Schiffsabbruch
Steinwerder
Maschinenbau
Getreidemühlen
Kraftwerk
Neuhof
Ölwerk
Sägewerk
Gaskokerei
Hohe Schaar
Kattwyk-Hubbrücke
Rangierbahnhof
Erdgas-Kraftwerk
Ölfabrik
Fernheizwerk
Mühle
Güterbf.
Harburg
Hobelwerk
Getreidemühle
Furnierwerk
Rethe-Hubbrücke
Wollkämmerei
Farbenfabrik
Zinnwerk
Klappbrücke
Chem. Werke
Wilhelmsburg
Übersee-Zentrum
Hafenbf. H.-Süd
Fernheizwerk
Schlepper-Lp.
St. Pauli-Landungsbrücken
Übersee-Br.
Hauptgüterbf.
Großmarkt
Reismühle
Stahlbau
Rangierbf.
Rothenburgsort
Elbwasserwerk
Billwerder Bucht
Metallwerk
Chem. Werk
Eisenwerk
Veddel
Kupferhütte
n. Lübeck, Skandinavien
Moorwerder
Neuland
n. Hannover, Bremen
n. Hannover, Bremen
1:50 000
0 500 1000 m
Schiffahrtswege
seeschifftiefes Wasser; 13,5 m
seeschifftiefes Wasser; 8–12 m
binnenschifftiefe u. sonst. Gewässer
Freihafengrenze u. Zolldurchgang
Stückgut: Umschlag und Lagerung
Kai mit Kränen von mindestens 3 t Tragkraft
Container-Brücke (spez. Containerkran)
Ro/Ro-Anlage (rollender Umschlag)
konventionelles Stückgut
Container-Anlagen
Kaischuppen, Speicher
heizbarer Kaischuppen
Massengut: Umschlag und Lagerung
Umschlaganlagen für Flüssiggut
Tanker-Löschkopf
Tanklager für Flüssiggut (Mineralöl u. a.)
Umschlag von Greifer-, Schütt- u. Sauggut
Erz und Kohle (Greifergut)
Kali und Düngemittel (Schüttgut)
Getreide u. Futtermittel (Sauggut)
Silo
Industrie
Schiffbau (Werften)
Trockendock
Schwimmdock
Mineralölindustrie (Raffinerien)
andere Grundstoffindustrien
sonstige Industrie, Gewerbe, Energieversorgung
Hafenerweiterungen
in Bau
geplant
geplante Hafenbecken
Hochwasserschutzanlagen
hochwasserfreies Land; 6,7 m über NN
Hochwasserschutzlinie (Deiche und Schutzmauern)
Sperrwerk, Siel
Schleuse

Hannover, Hameln: Regional- und Stadtplanung

Regionalentwicklung, Altstadtsanierung

I 10 Hannover, geographisch
Vgl. 156 Hamburg (Pendler)
Vgl. 160 Stuttgart (Ballungsraum)
Vgl. 161 München (Naherholung)
II 10 A 2, 16 E 3
Vgl. 153 Gastarbeiter im Ortskern (Tamm)

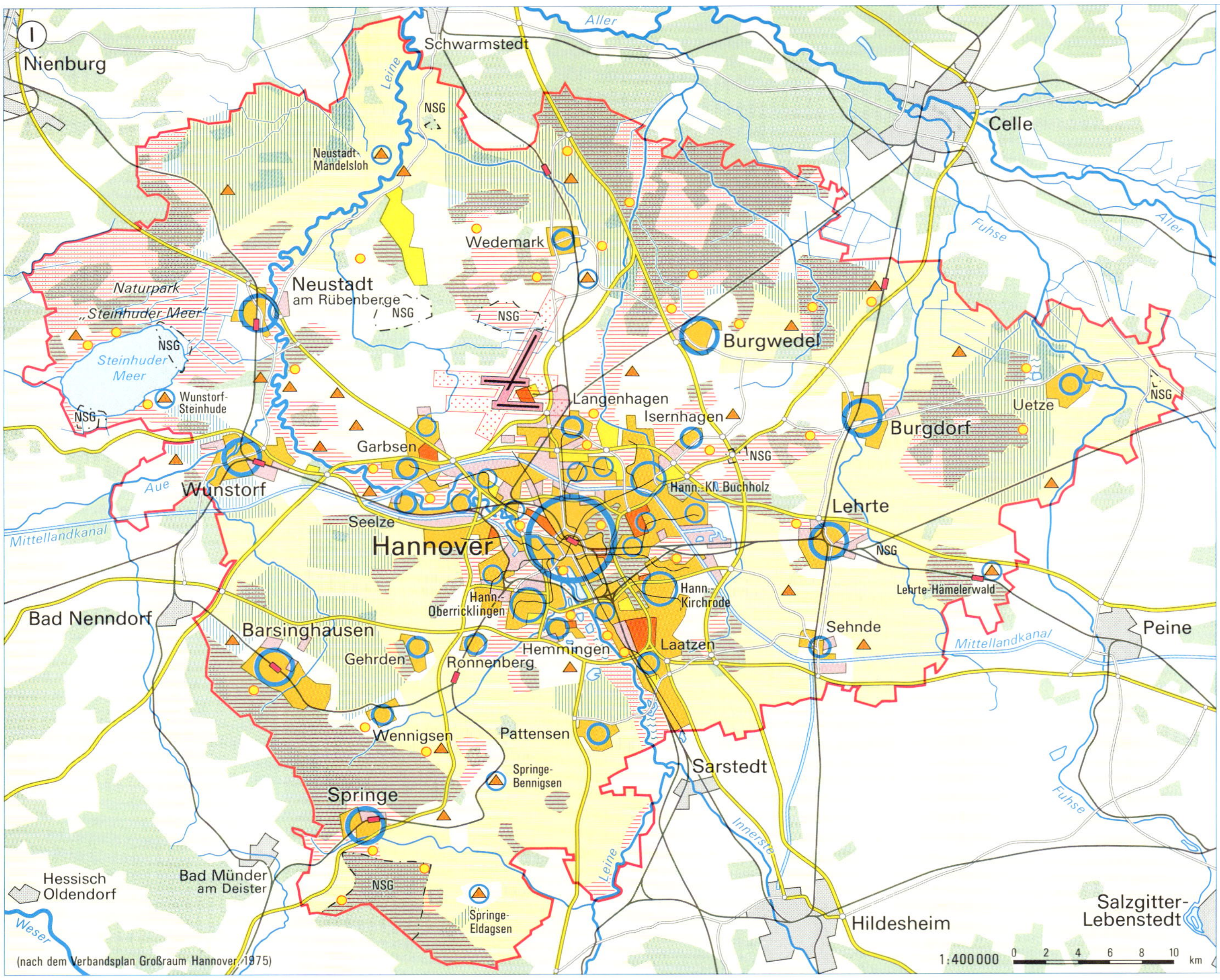

Großraum Hannover

Ziele regionaler Entwicklungsplanung

Zentrale Orte
- Oberzentrum
- Mittelzentrum
- Grundzentrum
- Nebenzentrum mit mittelzentraler Ausstattung
- Nebenzentrum mit grundzentraler Ausstattung

Verkehrsanlagen
- Eisenbahn mit Zusteigebahnhof (Buszubringer, park and ride)
- Stadtbahn
- Autobahn, Fernverbindung mit Anschlußstelle
- Autobahn, regionale Verbindung mit Anschlußstelle
- Hauptverkehrsstraße
- Schiffahrtskanal
- Flughafen
- Siedlungsbeschränkung in Flughafennähe

Nutzung des Raumes

Bebauung
- Oberzentrale Einrichtungen (z. B. Hochschule, Messe)
- besondere öffentl. Einrichtungen (z. B. Ver- und Entsorgung, Militäranlagen)
- Industrie und Gewerbe
- Wohngebiete, z. T. mit Arbeitsstätten durchmischt
- ländliche Wohnsiedlung
- Einrichtungen für Naherholung

Freiraum
- Wald
- vorrangig Landwirtschaft
- NSG Naturschutzgebiet
- Erholungsgebiet
- Wassersportgebiet
- Grundwasserschutzgebiet
- Verbandsgrenze Großraum Hannover (Stadt- u. Landkreis Hannover)

Hameln- Altstadtsanierung

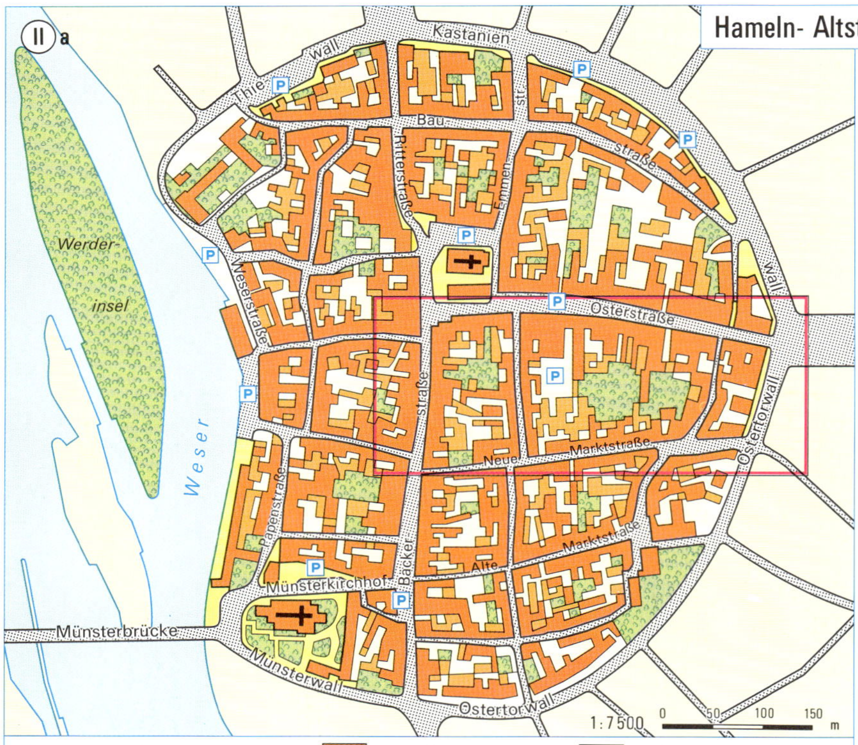

Baubestand vor Sanierungsbeginn 1967
- Hauptgebäude
- Nebengebäude
- Straßenverkehrsflächen
- Fußgängerbereiche, Gehwege
- Grünflächen
- P öffentlicher Parkplatz
- Sanierungsgebiet 1 (Modellbereich), Ausschnittkarten II c und II d

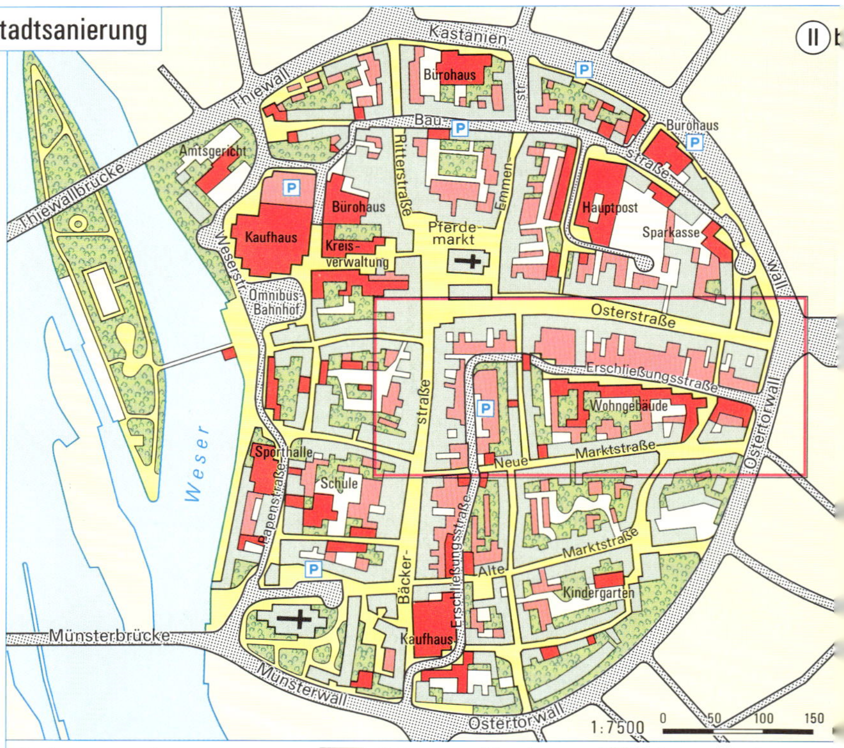

Bebauungsplanung von 1975
- Altbebauung, zum Teil saniert oder modernisiert
- Ergänzung der Altbebauung
- Neubebauung
- Straßenverkehrsflächen
- Fußgängerzonen
- Grünflächen
- P öffentlicher Parkplatz

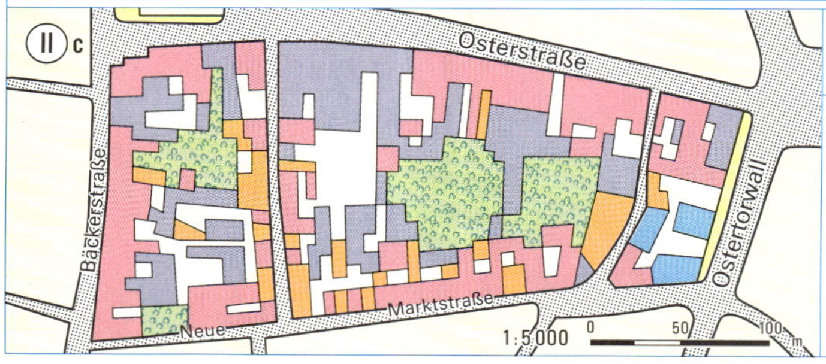

Neuordnung der Gebäudenutzung im Sanierungsgebiet 1

Zustand 1967 — Planung 1975
- Wohngebäude
- Wohngebäude mit gewerblicher Nutzung
- gewerblich genutzte Gebäude
- öffentliche Gebäude
- Neubauten
- Grünflächen
- P öffentlicher Parkplatz

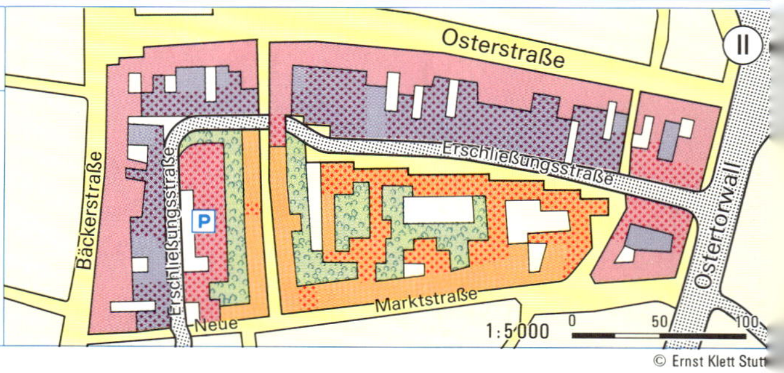

Frankfurt: Flächennutzung und City

Die wirtschaftlichen Funktionen einer Großstadt

12 Frankfurt, geographisch
Vgl. 155 Berlin (Stadtzentrum)
Vgl. 156 Hamburg (Tag- und Nachtbevölkerung)
Vgl. 161 München (City)

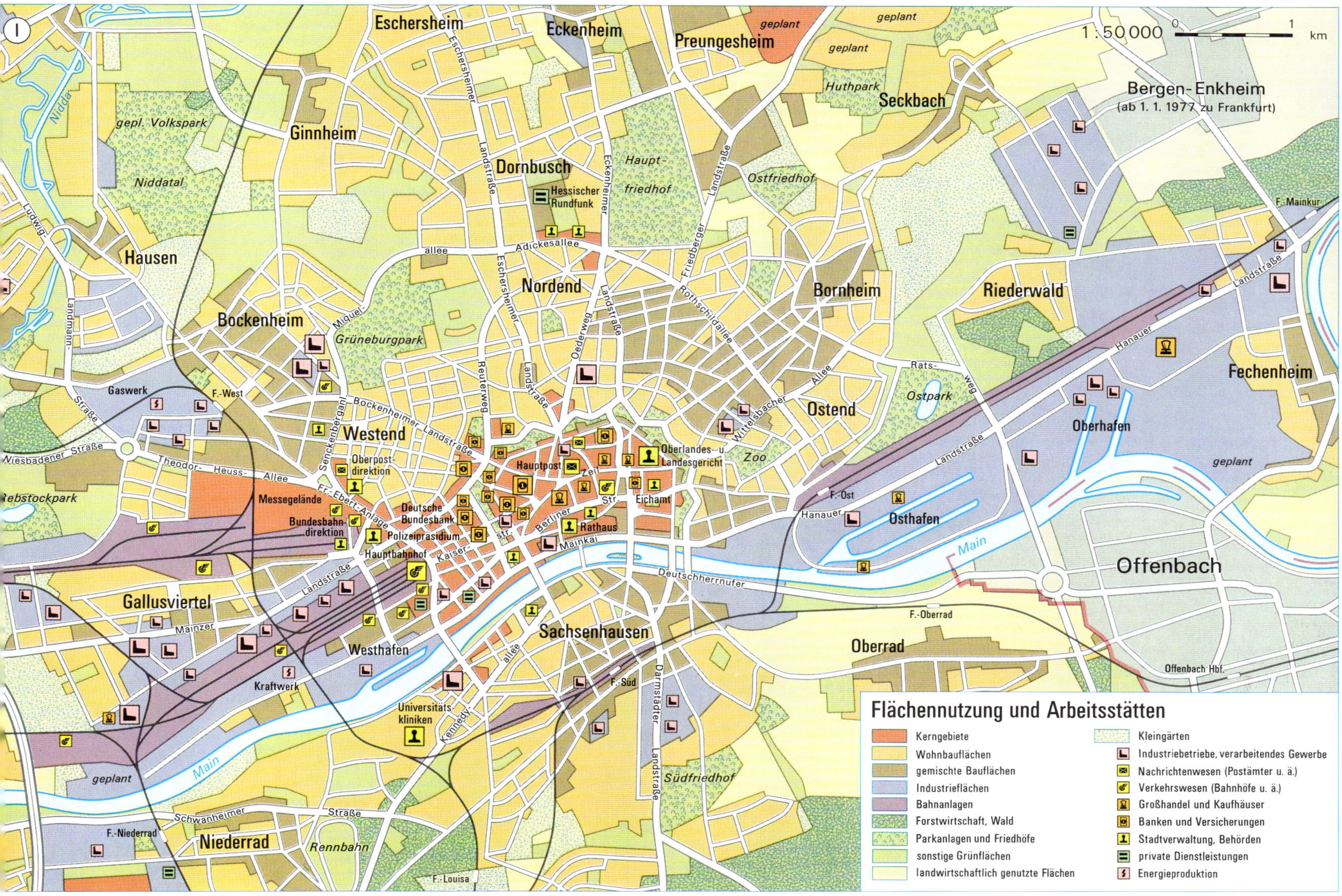

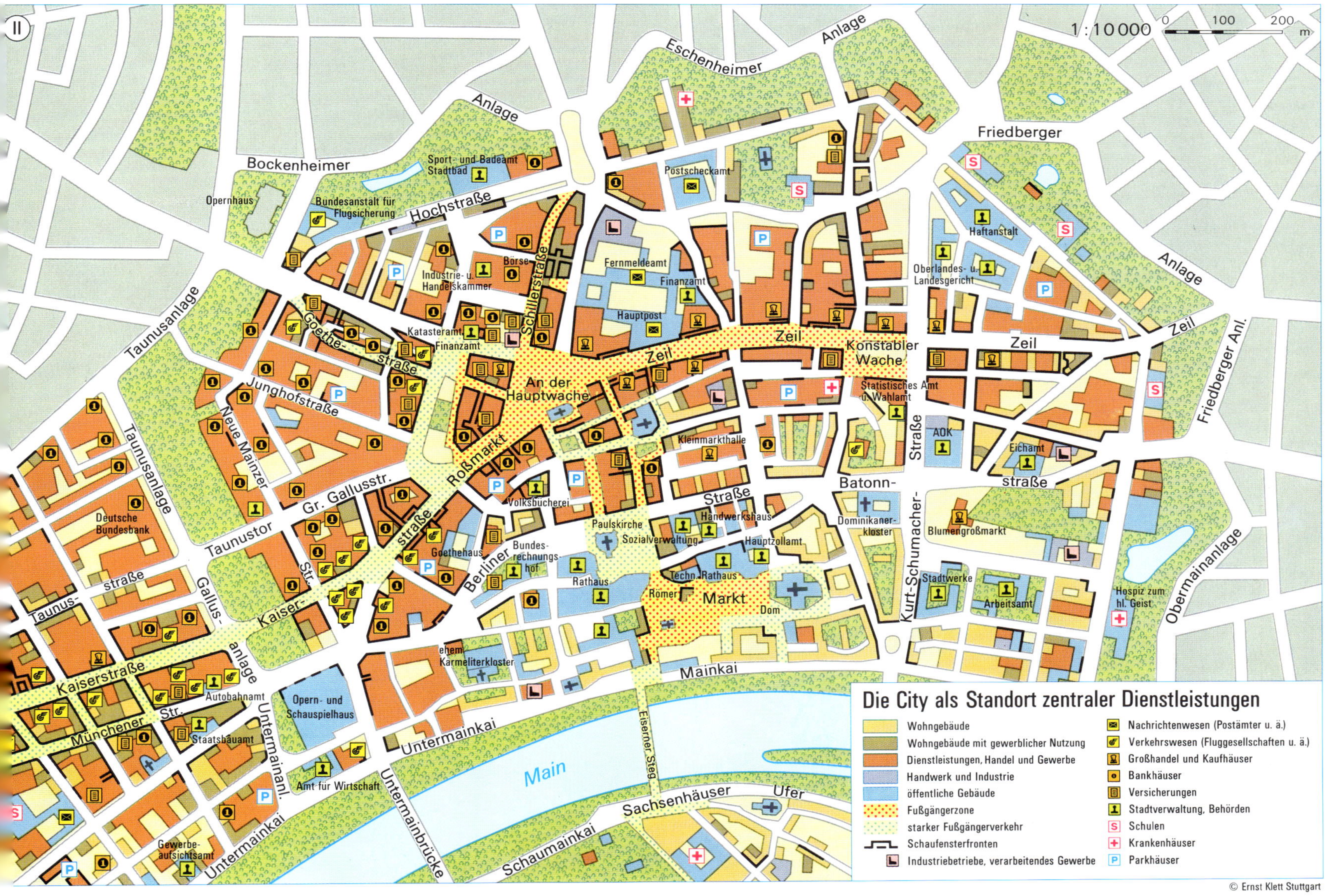

138 Fernwasserversorgung

Verdichtungsraum Stuttgart und Region Mittlerer Neckar

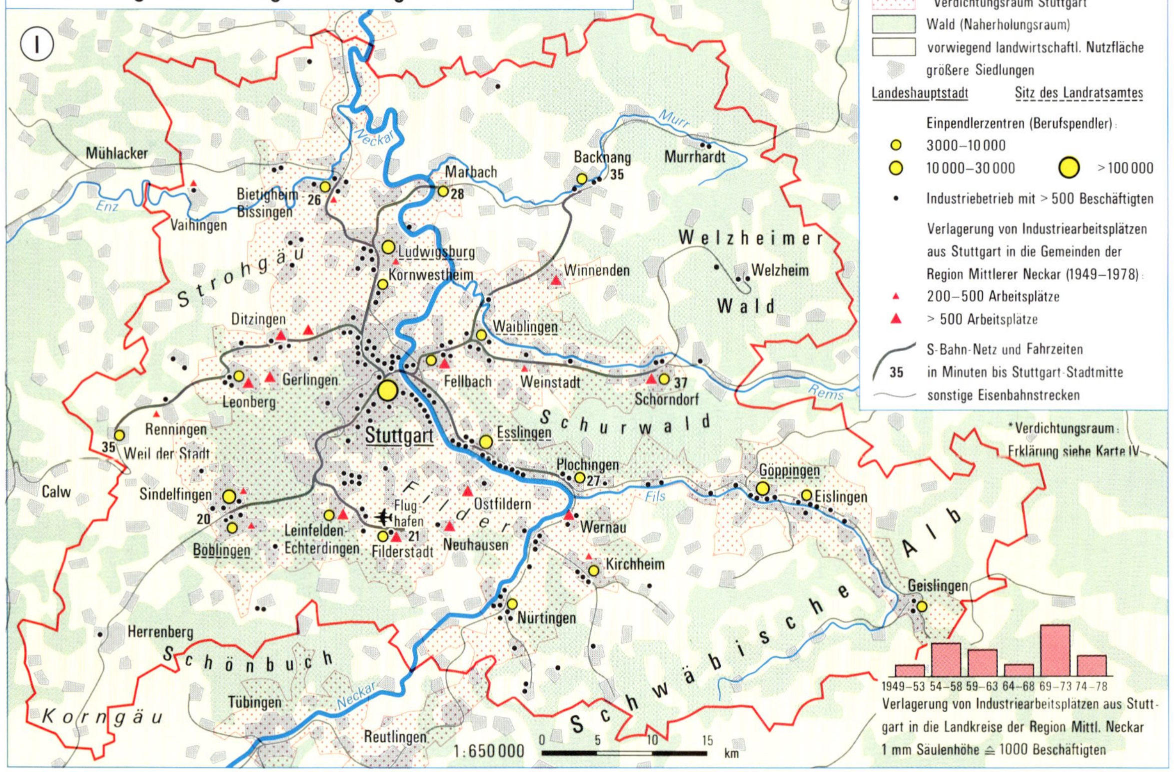

Bevölkerungsverteilung und Bevölkerungsentwicklung 1939–1979

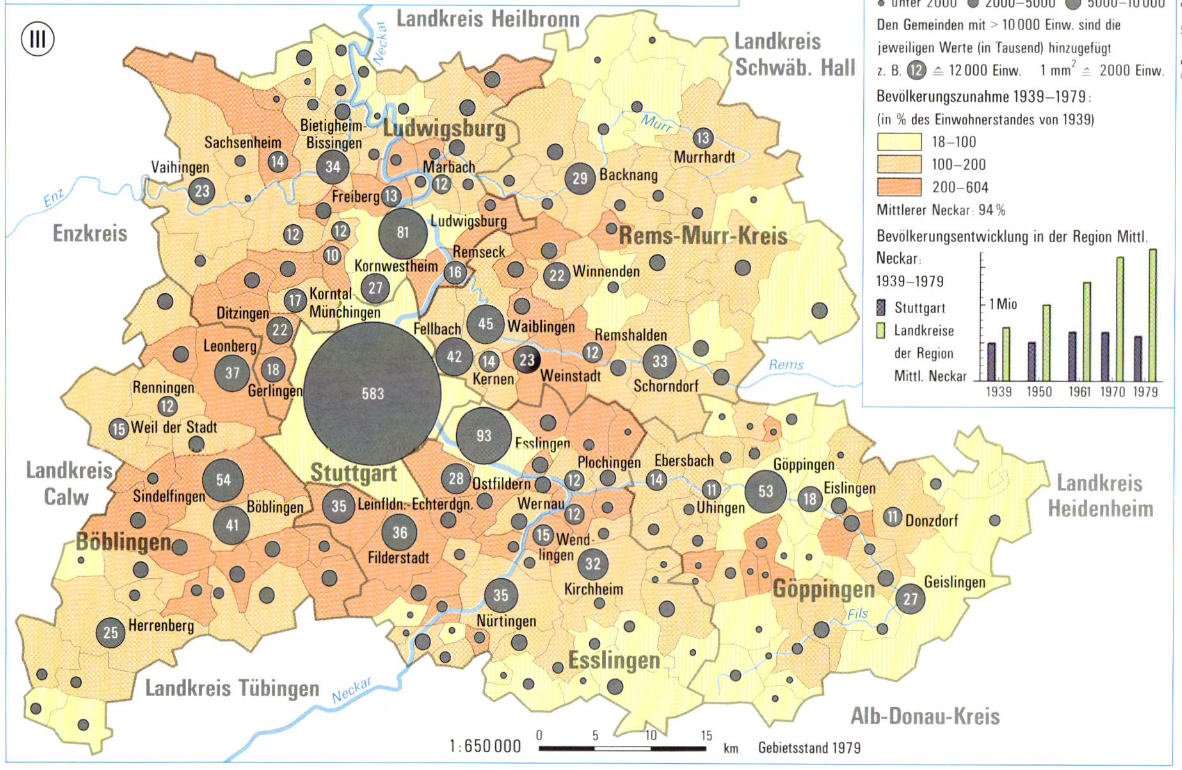

Flächennutzung und Industriestandorte in Stuttgart

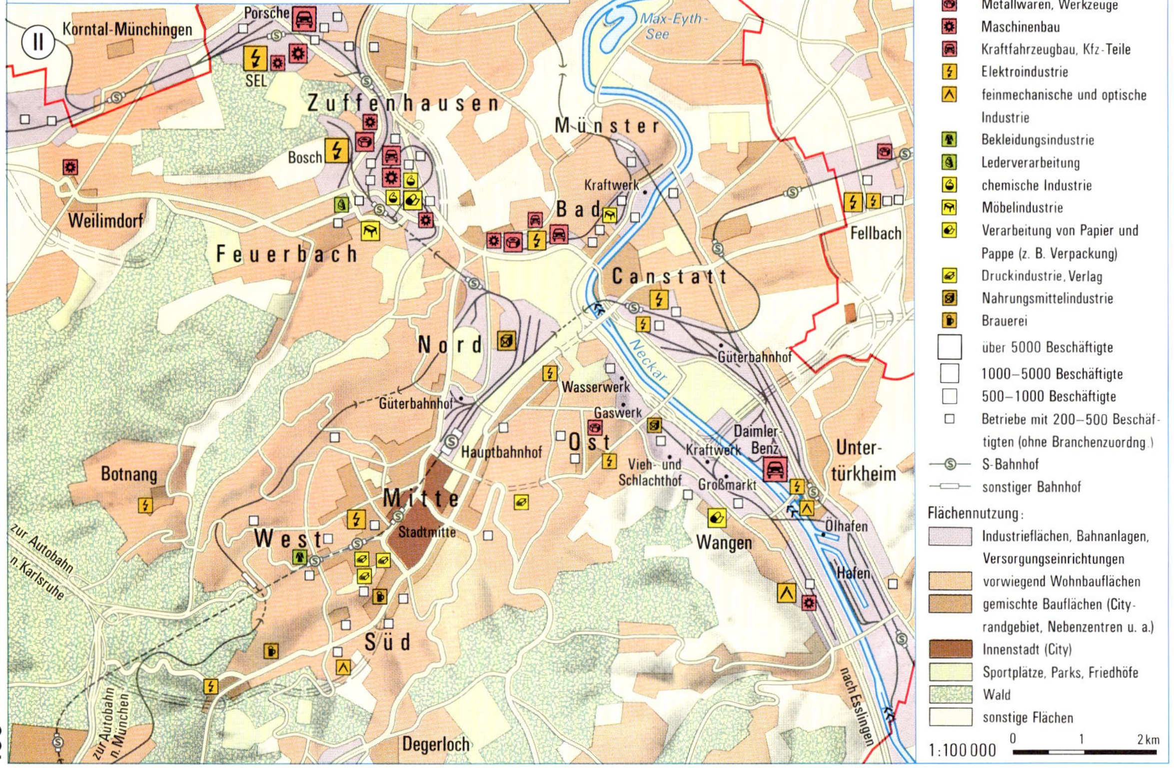

Bevölkerungsbewegungen zwischen Stuttgart und der Region

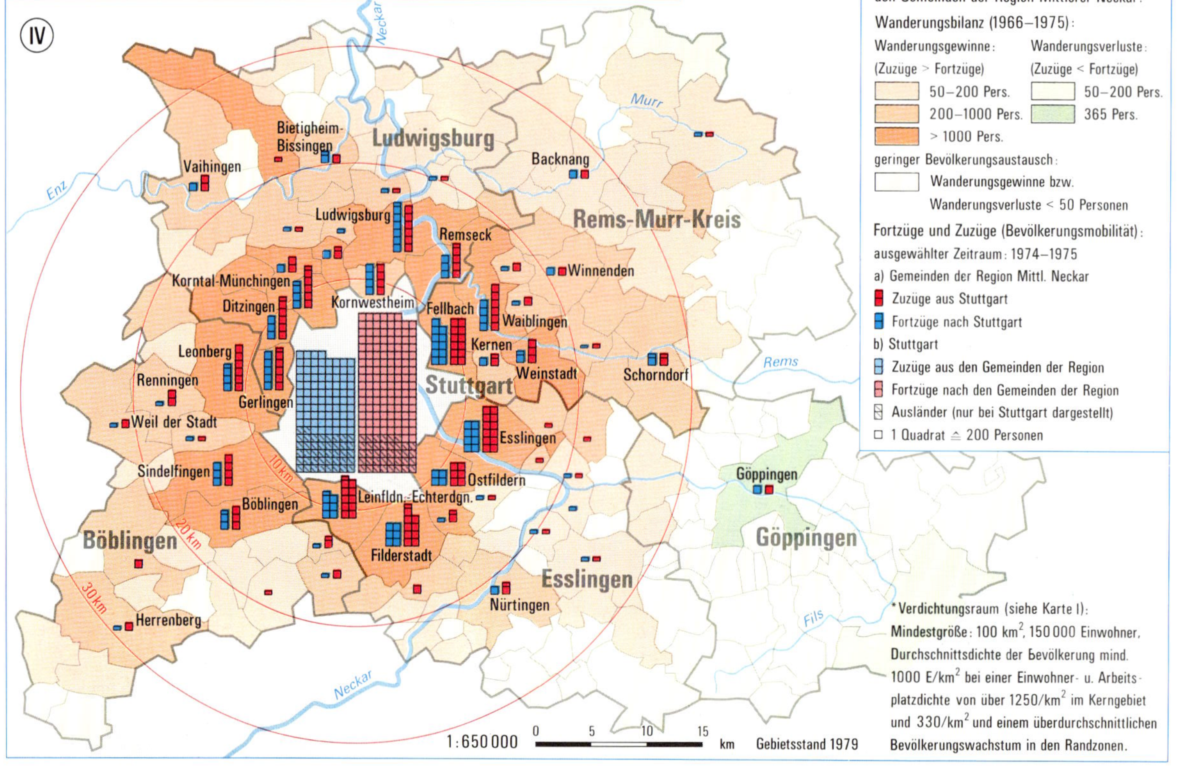

München: Kultur und Erholung

Kunst und Wissenschaft, Fremdenverkehr und Naherholung

15 München, geographisch
144 Deutschland, Erholung
Vgl. 159 Frankfurt (City)
Vgl. 155 Berlin-Mitte

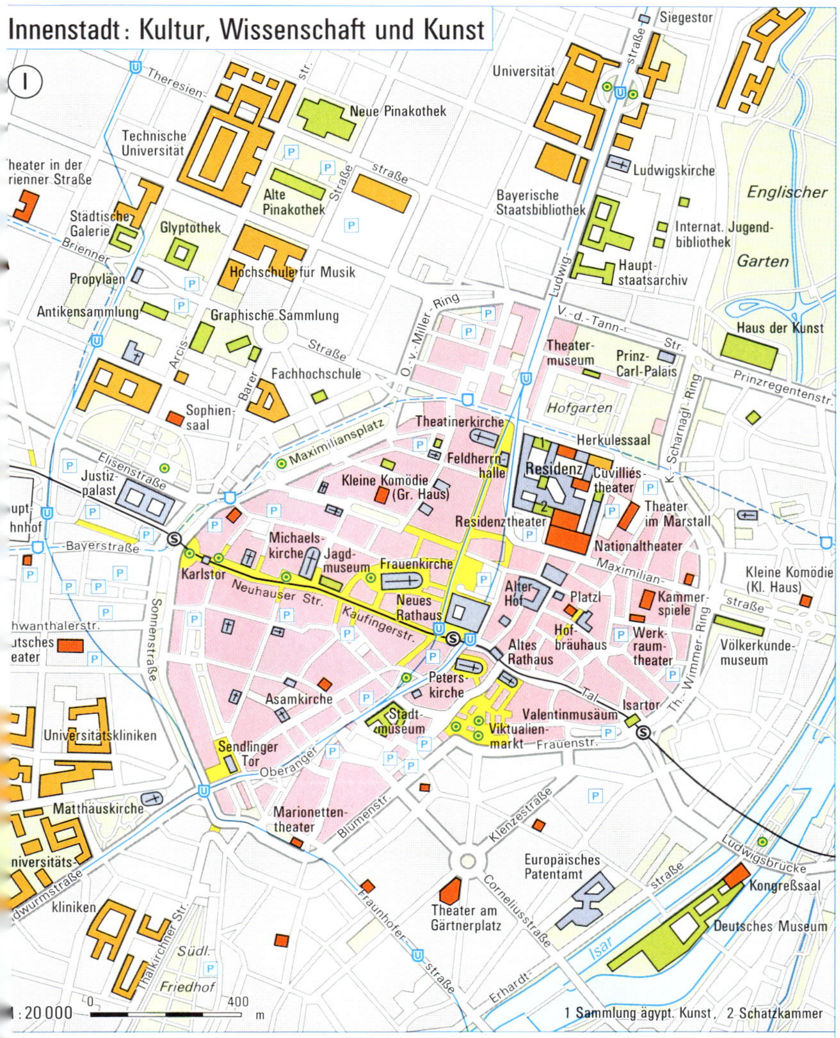

- Theater, Konzertsaal
- Museum, Bibliothek, Sammlung
- Wissenschaft und Forschung
- Historisches Bauwerk, Sehenswürdigkeit
- Stadtzentrum
- Fußgängerzone im Stadtzentrum
- Park, Grünfläche, Friedhof
- Springbrunnen
- Hauptstraße; sonstige Straße
- Parkmöglichkeit
- S-Bahn mit Bahnhof
- U-Bahn; im Bau bzw. geplant

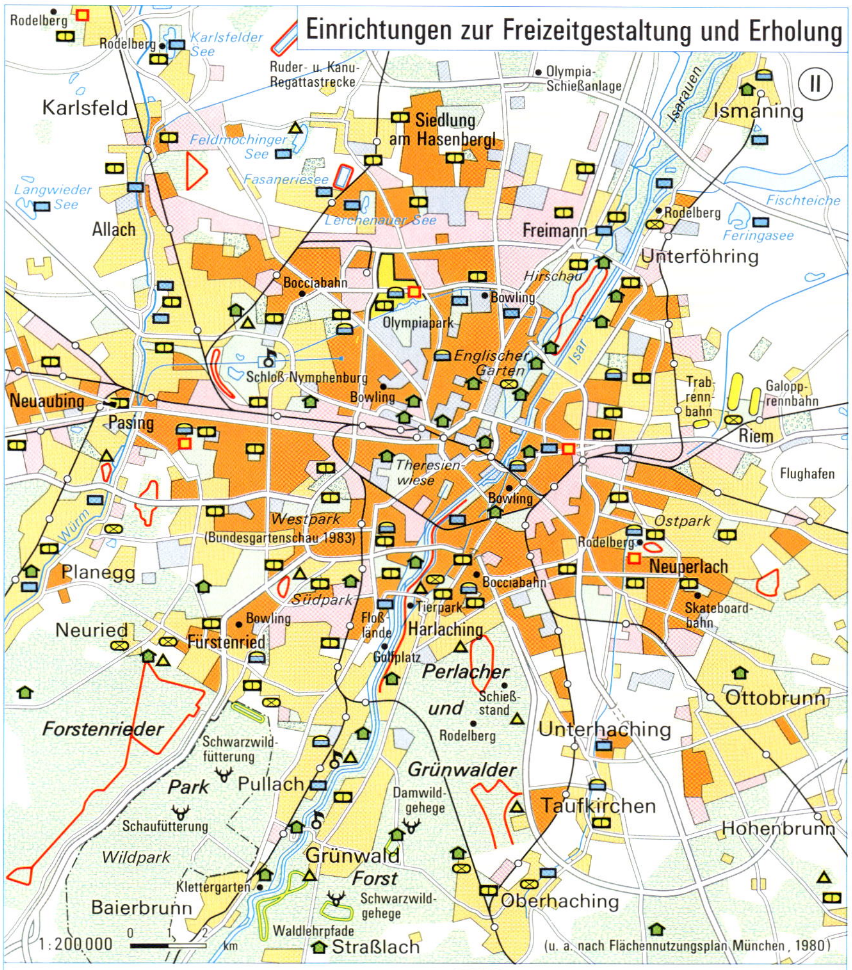

- Sportanlage
- Wassersport ganzjährig
- Wassersport nur im Sommer
- Reitplatz
- Loipe für Skilanglauf
- Eislaufplatz
- Garten- oder Ausflugslokal
- Trimm-Pfad
- S-Bahn mit Bahnhof
- Wald
- Park, Grünfläche, Friedhof
- Schrebergärten
- Wohngebiet, vorwiegend Einfamilienhäuser mit Gärten
- Wohngebiet, vorwiegend Mehrfamilienhäuser
- Öffentliche Einrichtungen
- Industrie und Gewerbe

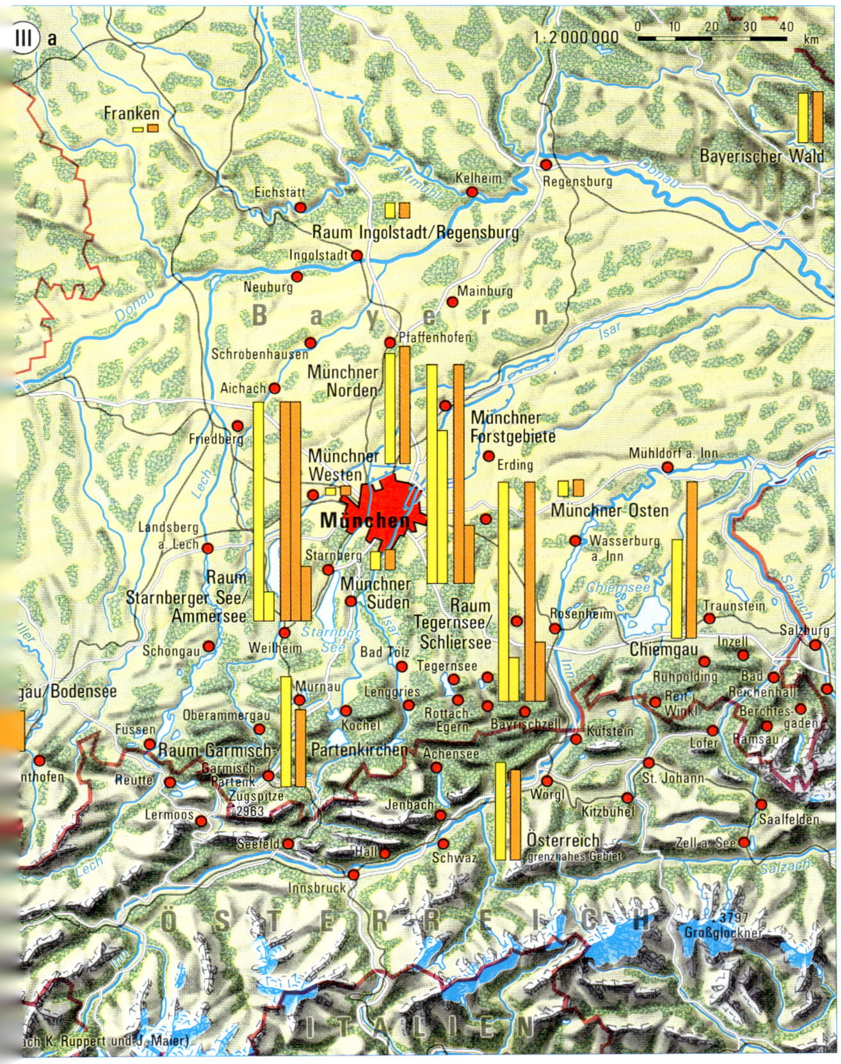

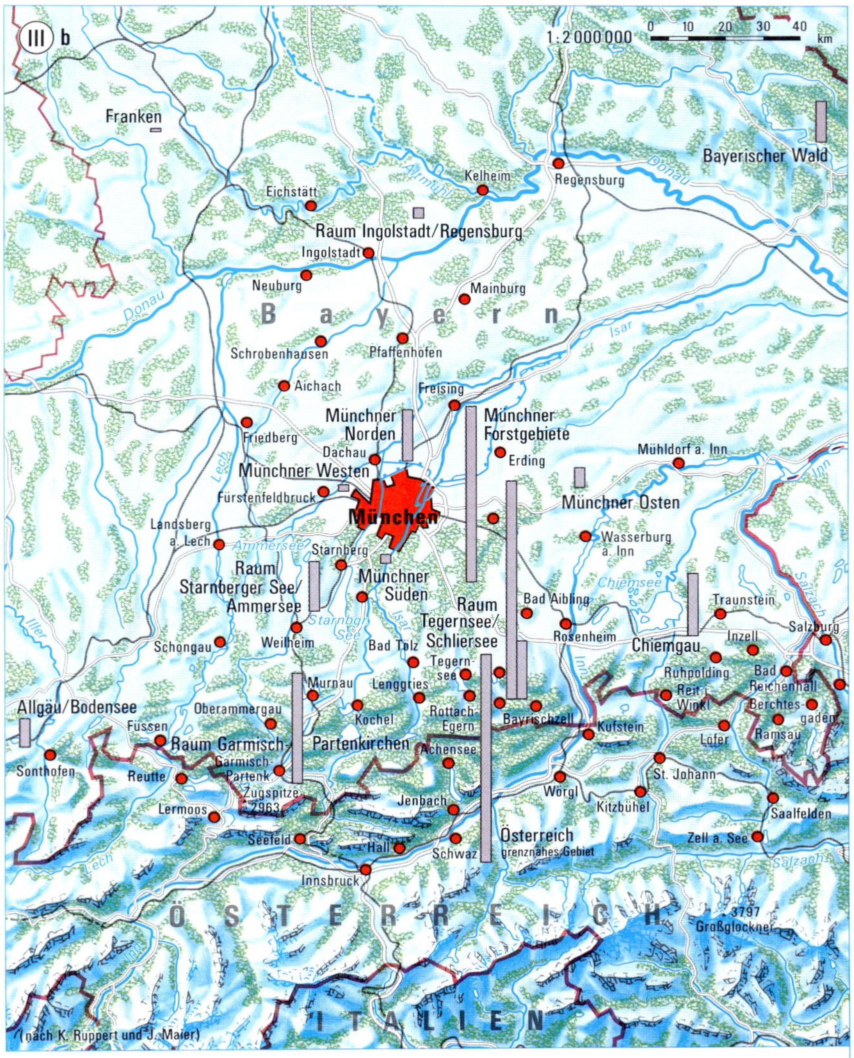

Naherholungsraum im Frühjahr, Herbst und Sommer

Naherholungsraum im Winter

- Frühjahr und Herbst
- Sommer
- Winter
- 1 mm Säulenhöhe = 4000 Erholungssuchende
- Schwerpunkte des Münchener Naherholungsraumes

Europäische Großstädte

Zentren des kulturellen, politischen und wirtschaftlichen Lebens

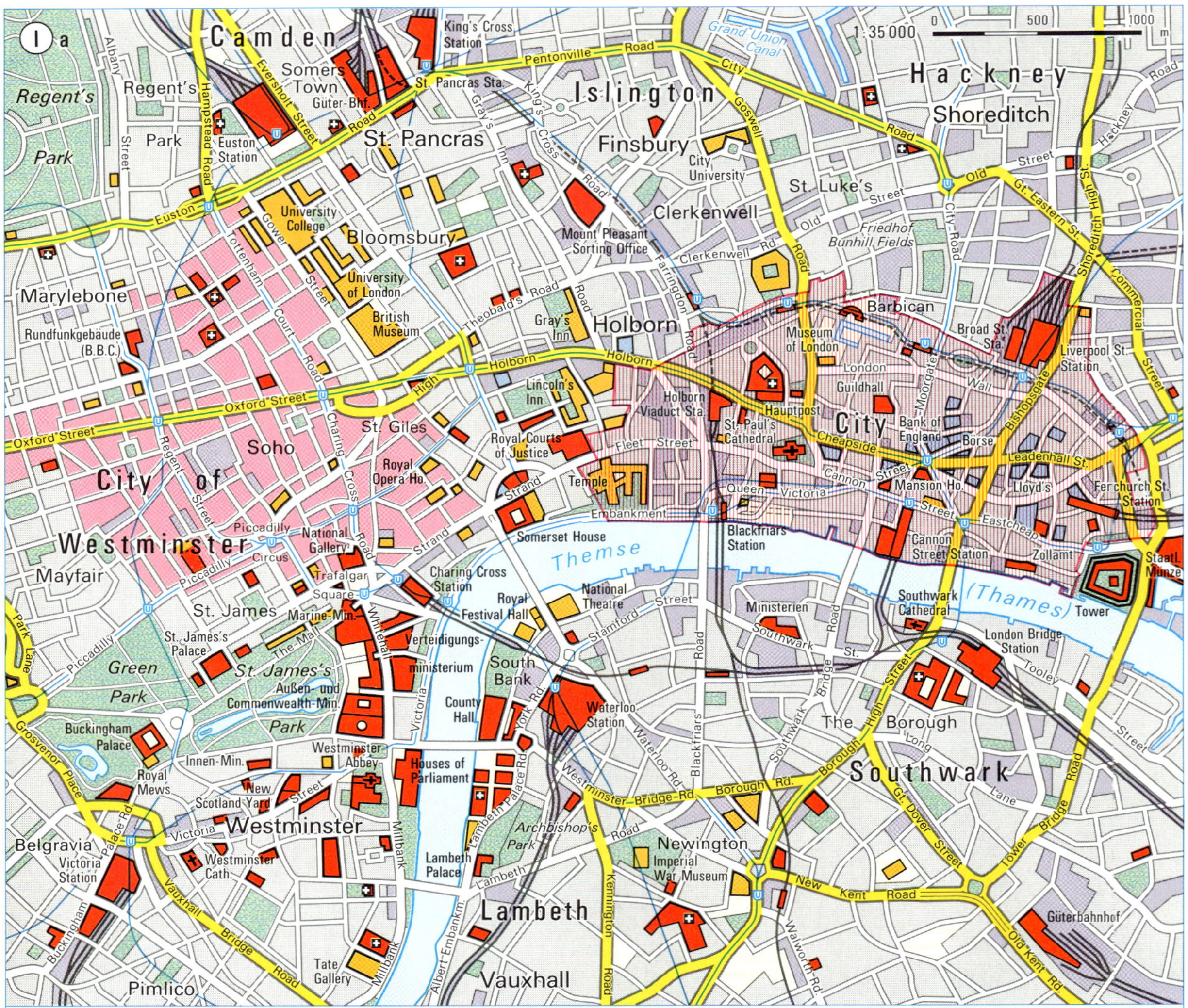

London
Innere Stadt

- Börsen, Großbanken, Versicherungen
- Wissenschaft und Kultur (Hochschulen, Theater und Museen)
- Ministerien, Behörden, öffentl. Einrichtungen
- Geschäftszentrum im Londoner West End
- City of London (historischer Stadtkern, heute modernes Bürohaus- und Bankenviertel)
- Handel u. Gewerbe (Lagerhäuser, Großmärkte, Bahn- u. Hafenanlagen, Kleinbetriebe, Industrie)
- Grünanlagen und Friedhöfe
- Kliniken
- Eisenbahn mit Bahnhof
- U-Bahn mit Umsteigestation

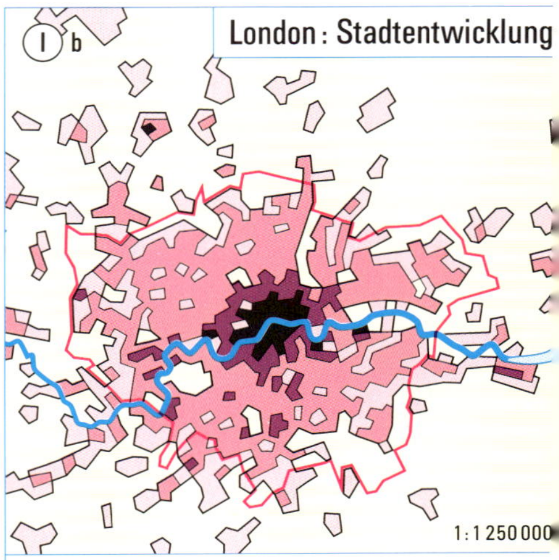

Wachstum der bebauten Fläche

- bis 1800
- 1800–1880
- 1880–1940
- 1940–1980
- Grenze von Greater Londo

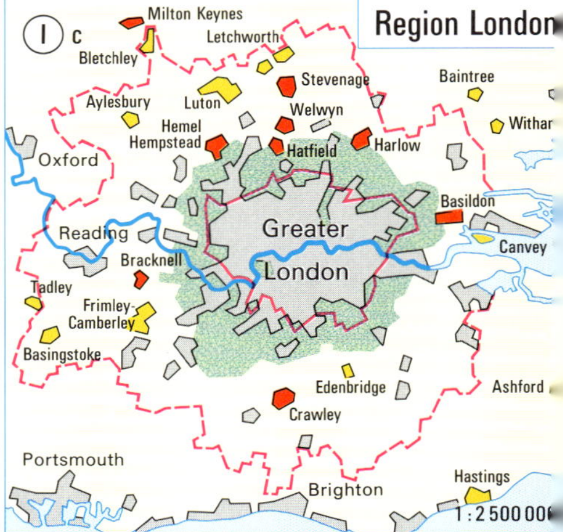

- Gewachsene Ortschaften
- Expanded Town (älterer, planmäßig erweiterter Ort)
- New Town (Trabantenstadt)
- Green Belt (Landschaftsschutzgebiet, Wald)
- Grenze von Greater London
- Grenze d. Metropolitan Are

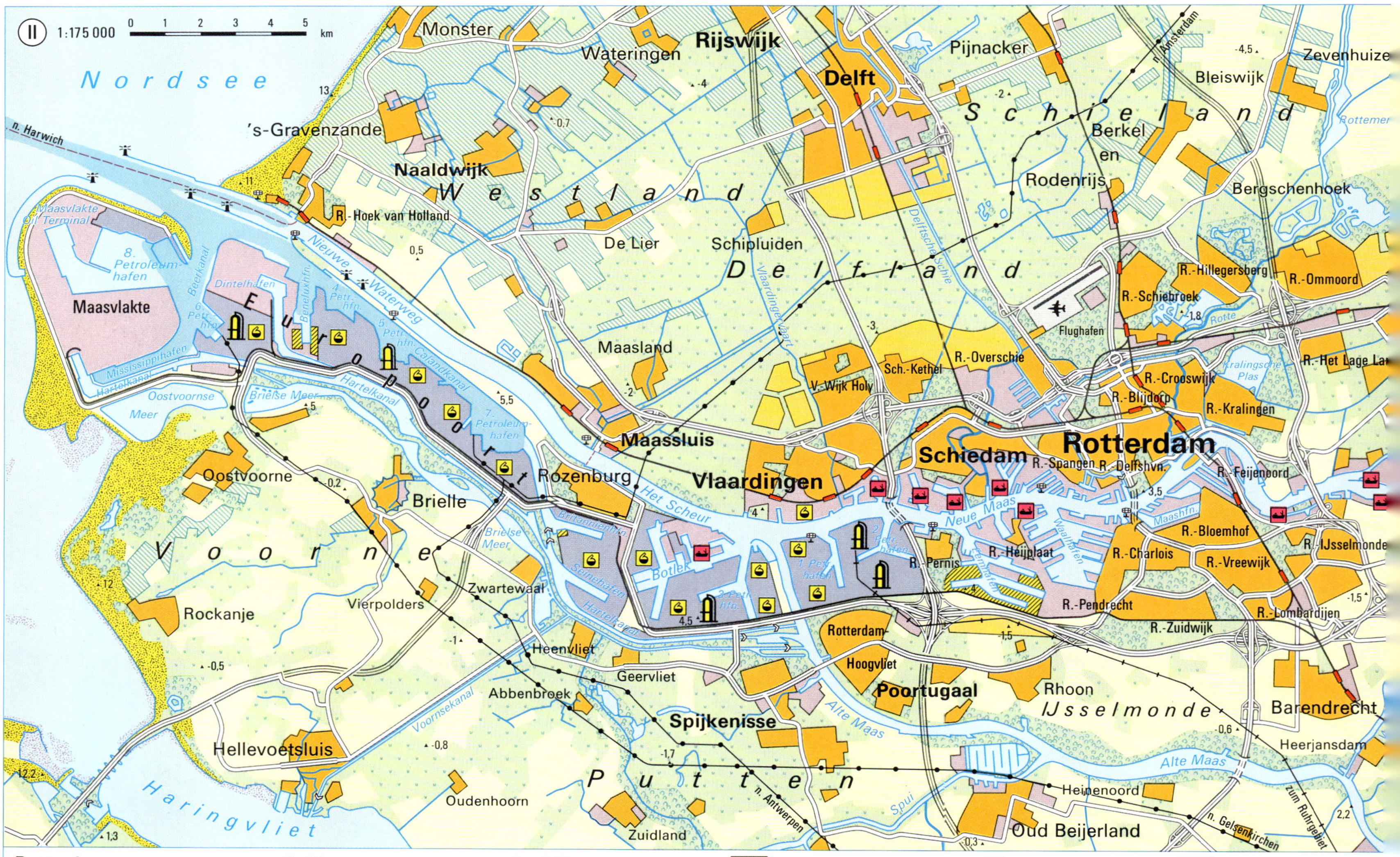

Rotterdam
Europoort

- Eisenbahn
- Autobahn, projektiert
- Straße
- Fähre
- seeschifftiefes Wasser, 20-23 m
- Schleuse
- Watt, Dünen
- Radarstation, Leuchtturm
- Industrie- u. Hafenanlagen
- Containerhafen
- Mineralölindustrie, Tanklager
- Raffinerie
- petrochemische Industrie
- Schiffbau (Werften)
- Erdölleitung
- Produktenleitung
- Wohnbebauung
- geplante Neubaugebiete
- Ackerland, Glashauskulturen
- Wiesen und Weiden
- Wald und Parkanlagen

Rom
Innere Stadt

- antike Stätten und Ausgrabungen
- Baudenkmäler, kulturhist. Gebäude (Paläste, Museen, Bibliotheken)
- Ministerien, öffentl. Einrichtungen
- Wissenschaft und Kunst (Universität, Akademien)
- Kirchen, Klöster, sonst. kirchl. Gebäude (Priesterkollegien, Hospize u. a.)
- Vatikanstaat

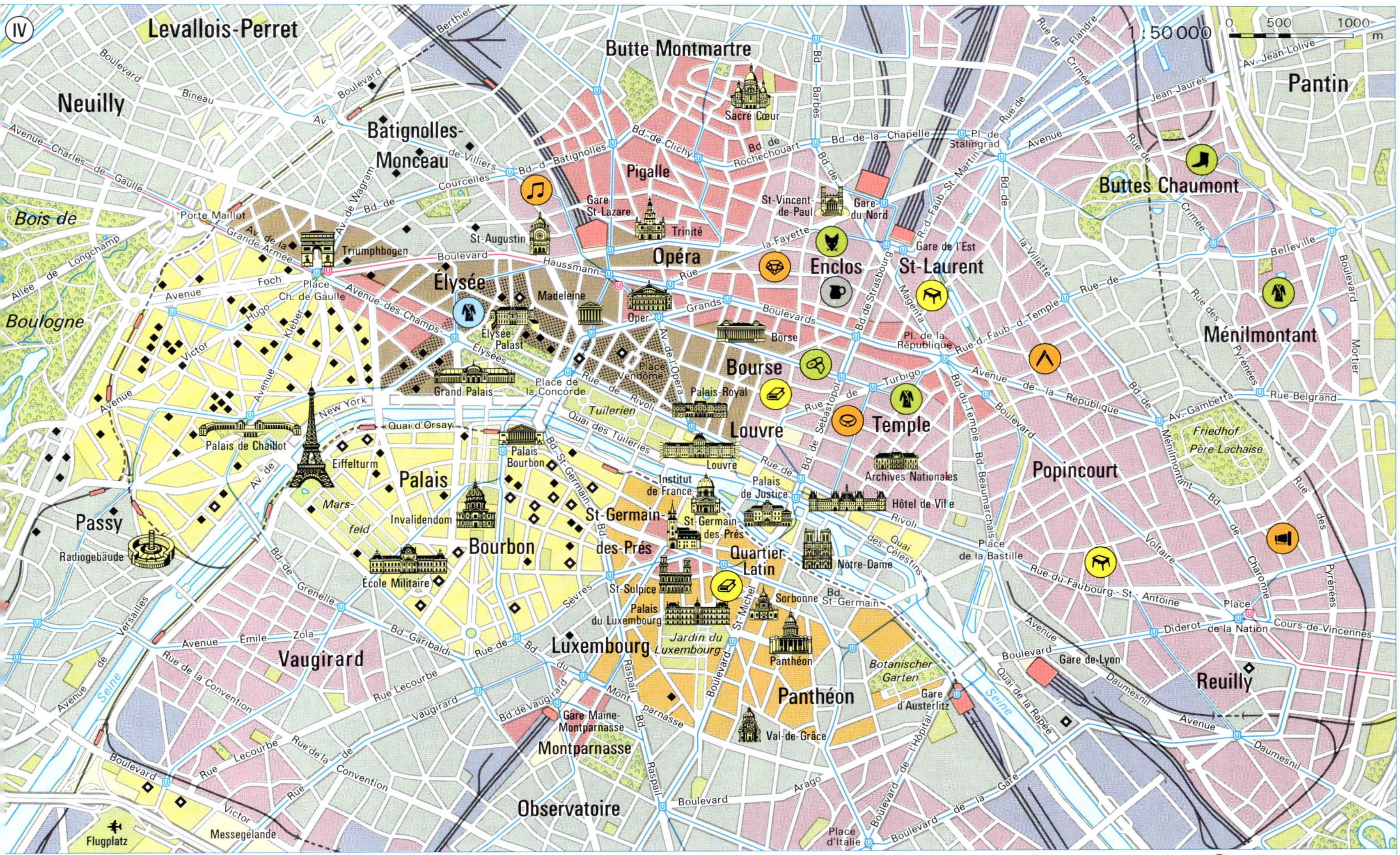

Paris
Innere Stadt

- Regierungs- und Verwaltungszentrum
- Ministerium, diplomatische Vertretung
- Wirtschaftszentrum (Handel, Finanzen)
- Geschäftsviertel für Luxusbedarf
- Universitätsviertel
- Vergnügungsviertel
- Industrie, Bahnanlagen
- Kleinindustrie, Handwerk u. Handel
- U-Bahn (Metro) mit Umsteigestation
- U-Schnellbahn (R. E. R.)

Typische Gewerbezweige
- Haute Couture
- Konfektion
- Pelzverarbeitung
- Schuhfabrikation
- Stoff- u. Wirkwarenfabrikation
- Goldschmiedewerkstätten
- Edelsteinschleifereien
- Musikinstrumentenbau
- Herstellung optischer Geräte
- feinmechanische Werkstätten
- Zeitungs- und Buchverlage
- Möbeltischlereien
- Glas- und Porzellanmanufaktur

New York und Manhattan

Siedlungsfläche und Stadtzentrum

14 / Die größten Städte der Erde
▸ VII, XI Thematische Karten (Stadtbeispiele)

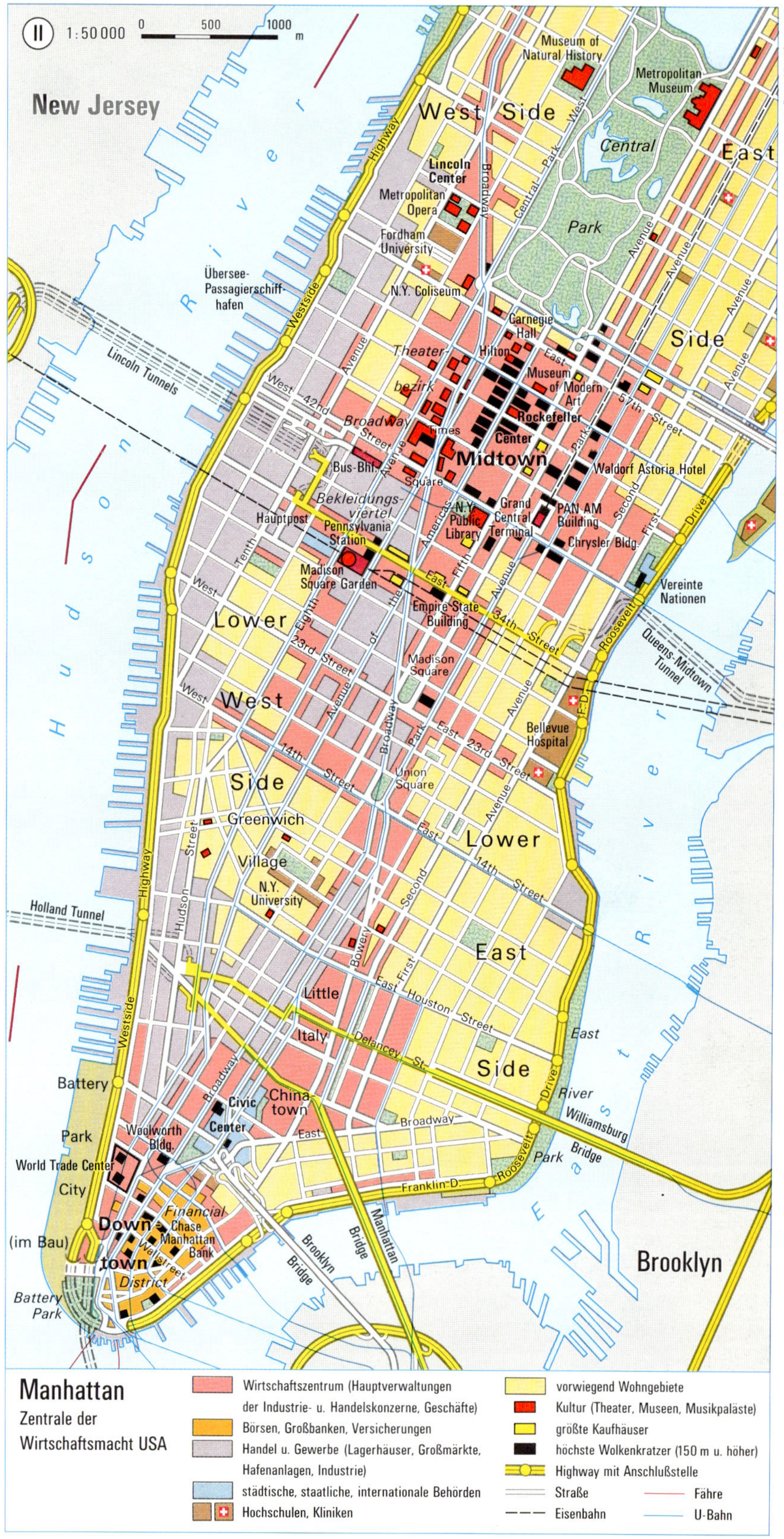

Städte aus aller Welt

Tradition und funktionale Gliederung

I ◘ 71 II D 2 148 Johannesburg (Soweto)
II ◘ 54 D 3 149 Chicago
III ◘ 60 D 2 151 Singapur
IV ◘ 89 F 4 169 Jerusalem

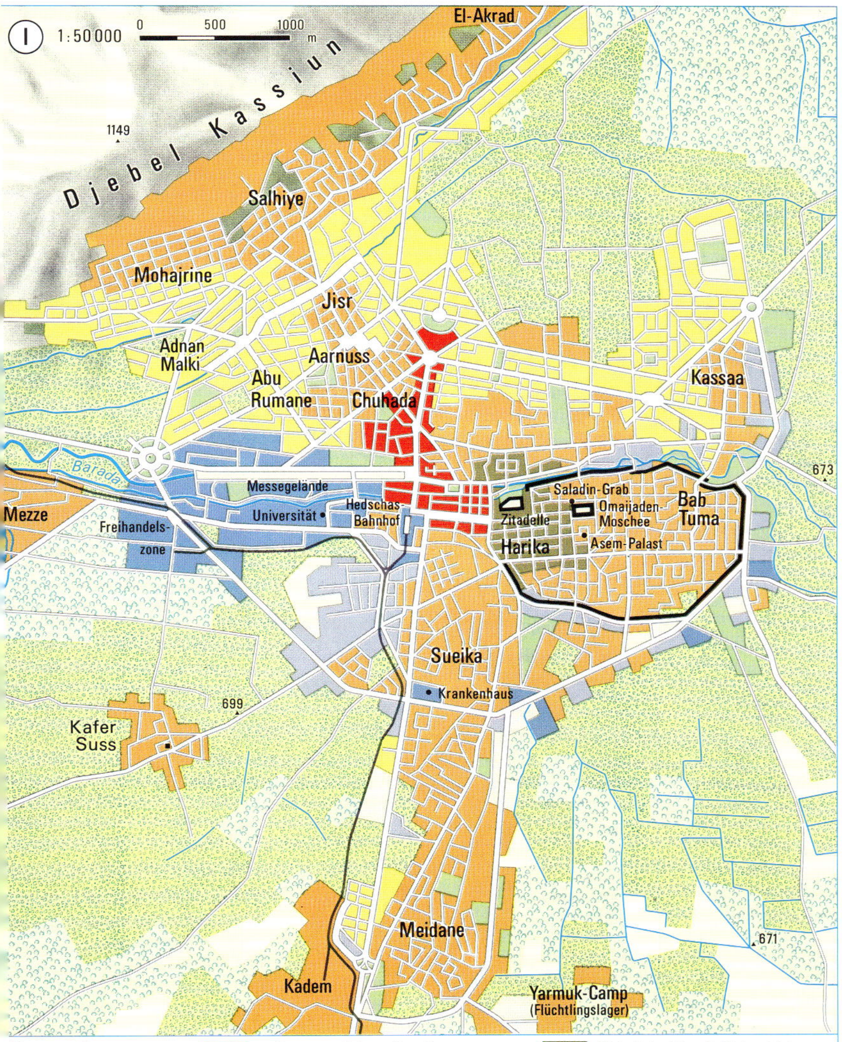

Damaskus

- moderne, westlich geprägte City
- Suk (Handwerk und Handel)
- öffentliche Einrichtungen, Behörden
- Industrie und Gewerbebetriebe
- Altstadt, traditionelle Wohngebiete
- moderne, bevorzugte Wohngebiete
- Ghuta (Obsthaine und Gärten der Oase)
- Olivenhaine

nach K. Dettmann

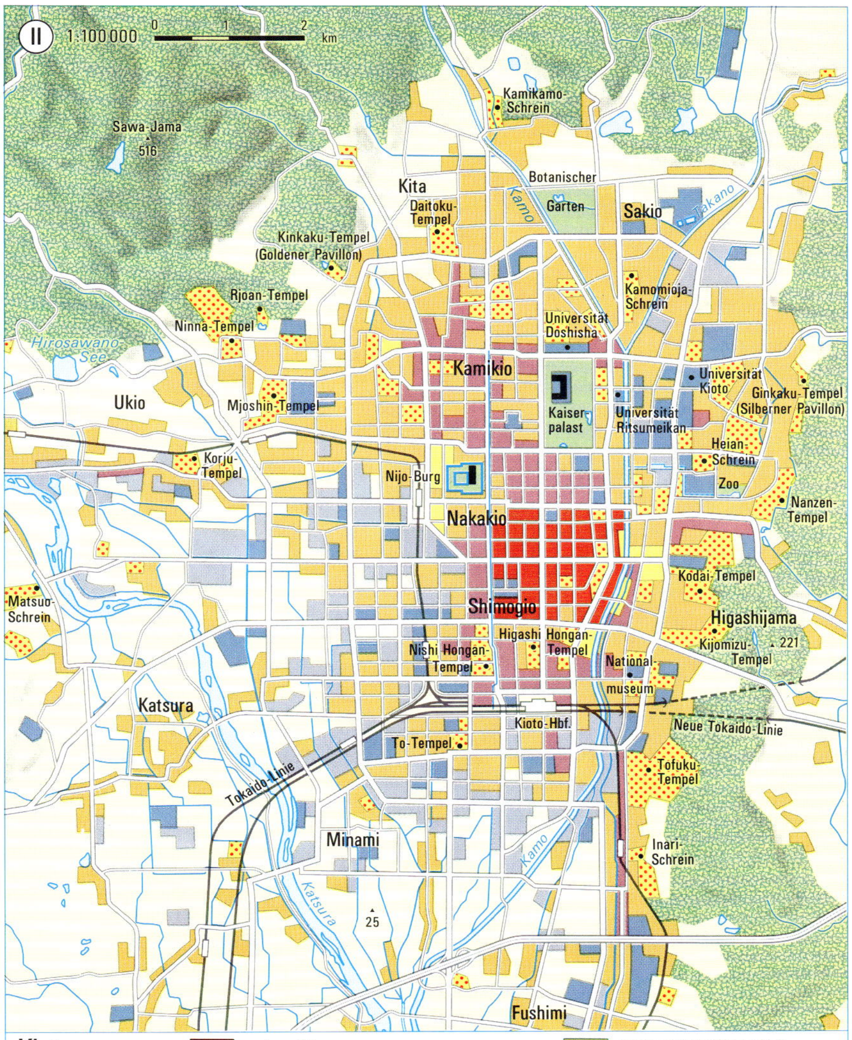

Kioto

- moderne City
- typisch japanische Geschäftsviertel
- öffentliche Einrichtungen, Behörden
- Industrie und Gewerbebetriebe
- dicht besiedelte Wohngebiete (überwiegend japanische Holzbauten)
- Tempelanlagen und Schreine
- Geisha- und Samuraihäuser

Kalkutta

- Central Area (Geschäftszentrum)
- Behörden und private Verwaltung
- Gewerbe und Handel
- Industrie und Hafenanlagen
- feste, dauerhafte Wohnbebauung
- Bustees (Slumhütten, Kleinindustrie, kaum Kanalisation u. Wasserversorgung)
- Elendsquartiere, Flüchtlingslager
- geplante Stadtsanierung
- geplante Kanalisation u. Wasserversorgung

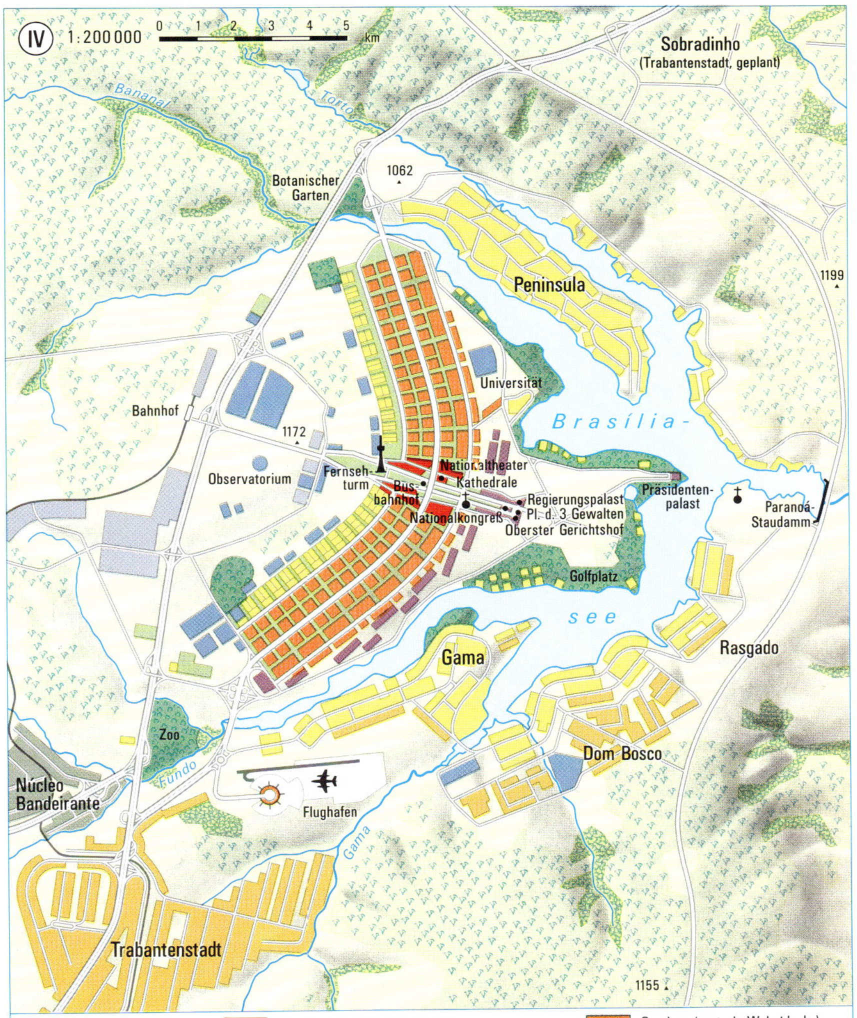

Brasília

- Geschäfte, kulturelles Zentrum
- öffentliche Einrichtungen, Behörden
- Regierungs- und Botschaftsgebäude
- Industrie
- Sport- und Erholungsbereich
- Quadras (zentrale Wohnblocks)
- Villen und Reihenhäuser
- neu erbaute Trabantenstädte
- Favellas (Barackensiedlungen)
- Campos Cerrados (Savannenwald)

Die Staaten der Erde

Politische Weltübersicht

● Hauptstädte der Staaten
○ Hauptorte abhängiger Gebiete

Bolivien:	Sucre (Hauptstadt)	JORD.	JORDANIEN
	La Paz (Regierungssitz)	LIB.	LIBANON
Benin:	Porto Novo (Hauptstadt)	Amst.	Amsterdam
	Cotonu (Regierungssitz)	Br.	Brüssel
Südafrika:	Pretoria (Hauptstadt und Regierungssitz)	Bud.	Budapest
	Kapstadt (Sitz des Parlaments)	Damask.	Damaskus
Sowjetunion:	Moskau (Hauptstadt)	Je.	Jerusalem
	Kiew und Minsk sind Hauptstädte der Sowjetrepubliken, die in der UNO vertreten sind	Lux.	Luxemburg
		Nik.	Nikosia
		S. T.	São Tomé

Europa ist auf der Karte „Die Staaten Europas" ausführlich dargestellt

■ Berlin (West) und (Ost), Viermächtestatus, siehe Seite 175 I b

Nordpolarmeer
Franz-Josef-Land
Sewernaja Semlja
Laptewsee
Neusibirische Inseln
Ostsibirische See
Wrangel-I.
Nowaja Semlja
Karasee
Barentssee
Banks-I.
Victoria-I.
Beaufortsee
KANADA
nördl. Polarkreis
Yukon
Alaska
(USA)
St.-Lorenz-I.
(USA)
Nunivak
H.-I.
Alaska
Kodiak
Beringmeer
Kommandeur-In.
(sowj.)
Near-In.
Aleuten (USA)
Kamtschatka
Ochotskisches Meer
SOWJETUNION
Moskau
Minsk
Kiew
Wolga
Ob
Jenissei
Lena
Kolyma
Angara
Irtysch
Amur
Sachalin
Kurilen
(sowj.)
(sowj., von Japan beansprucht)
Hokkaido
Japan. Meer
Schwarzes Meer
Kaspisches Meer
Amu-Darja
Ulan Bator
MONGOLEI
Peking
NORDKOREA
Pjöngjang
Söul
SÜDKOREA
Gelbes Meer
Honschu
Tokio
JAPAN
Schikoku
Kiuschu
Ankara
TÜRKEI
ZYPERN
Nik.
SYRIEN
LIB.
Beirut
Damask.
ISRAEL
Je.
Amman
JORD.
Bagdad
IRAK
Teheran
IRAN
Kabul
AFGHANISTAN
Islamabad
PAKISTAN
Indus
CHINA
Hwangho
Jangtsekiang
Ostchines. Meer
Kairo
ÄGYPTEN
SAUDI-ARABIEN
KUWAIT
BAHRAIN
KATAR
Doha
Er-Riad
Abu Dhabi
ARAB. EMIRATE
Maskat
OMAN
Delhi
NEPAL
Katmandu
Thimbu
BHUTAN
Ganges
Dacca
BANGLA DESH
INDIEN
BIRMA
Mekong
Hanoi
Taipeh
Formosa
TAIWAN
(REP. CHINA)
Riukiu-In. (jap.)
Bonin-In.
(jap.)
Vulkan-In.
(jap.)
Marcus-I.
(jap.)
nördl. Wendekreis
PAZIFISCHER
Victoria
Hongkong
(brit.)
Macao
(port.)
Hainan
LAOS
Vientiane
VIETNAM
Südchines. Meer
Paracel-In.
(chin.)
Luzon
PHILIPPINEN
Manila
Mindoro
Marianen
Guam
(USA)
Föderierte Staaten von Mikronesien
Karolinen
Khartum
SUDAN
Rotes Meer
Nil
Sana
JEMEN
V. R. JEMEN
Aden
Arabisches Meer
Sokotra
(V.R. Jemen)
Golf v. Bengalen
Rangun
THAILAND
Bangkok
KAMBODSCHA
Phnom Penh
Andamanen
(ind.)
DJIBUTI
Djibuti
Addis Abeba
ÄTHIOPIEN
SOMALIA
Lakshadweep-In.
(ind.)
SRI LANKA
Ceylon
Colombo
Nikobaren
(ind.)
H.-I.
Malakka
MALAYSIA
Brunei
(brit. Prot.)
Bandar Seri Begawan
Palawan
Negros
Mindanao
Jap-In.
Palau-In.
Belau
Truk-In.
Ponape
Kolopia
MALEDIVEN
Male
Kuala Lumpur
SINGAPUR
OZEAN
(USA Treuhandgebiet der Pazifischen Inseln)
UGANDA
Kampala
KENIA
Nairobi
Mogadischu
Kigali
Bujumbura
BURUNDI
Dodoma
TANSANIA
SEYCHELLEN
Victoria
Amiranten
Tschagos-In.
(brit.)
Diego Garcia
(brit.)
Sumatra
Borneo
Celebes
Halmahera
Molukken
Äquator
INDONESIEN
Neuguinea
Bismarck-archipel
Neuirland
Bougainville
Neu-britannien
PAPUA NEUGUINEA
SALOMONEN
Djakarta
Java
Aru-In.
Sumbawa
Flores
Sumba
Timor
Aldabra-In.
(Seych.)
Farquhar-In.
Agalega-In.
(maurit.)
KOMOREN
Moroni
Mayotte
(franz.)
MALAWI
Lilongwe
Christmas-I.
(austr.)
Kokos-In.
(austr.)
INDISCHER
Arafurasee
Konedugu
(Port Moresby)
Honiara
Salomon-In.
MOÇAMBIQUE
Salisbury
SIMBABWE
Antananarivo
(Tananarive)
MADAGASKAR
Tromelin-I.
(franz.)
Cargados-Carajos-In.
(maurit.)
Port Louis
MAURITIUS
Rodrigues
(maurit.)
Bassas da India
(franz.)
Réunion
(franz.)
Korallensee
Chesterfield-In.
Neu-kaledonien
Nouméa
(franz.)
Pretoria
Maputo
(Lourenço Marques)
SWASILAND
LESOTHO
südl. Wendekreis
AUSTRALIEN
Norfolk-I.
(austr.)
Lord-Howe-I.
(austr.)
Darling
Murray
Canberra
Amsterdam-I.
(franz.)
St-Paul
OZEAN
Tasmansee
Tasmanien
NEUSEELAND
Wellington
Chatham-In.
(neuseeld.)
Prinz-Eduard-In.
(südafrikan.)
Crozet-In.
(franz.)
Kerguelen
(franz.)
Mc Donald-In.
(austr.)
Heard-I.
Stewart-I.
Bounty-In.
(neuseeld.)
Auckland-In.
(neuseeld.)
Antipoden-In.
(neuseeld.)
Campbell-I.
(neuseeld.)
Macquarie-In.
(austr.)
Pobeda-I.
Enderbyland
Wilkesland
Balleny-In.
(neuseeld.)
südl. Polarkreis
Scott-I.
(neuseeld.)
Antarktis

Die politische Struktur der Staaten

Alter und Stabilität, Staats- und Regierungsformen

170–171 Entwicklungsländer
148–149 Rassenprobleme
150–151 Religionen, Sprachen
151 Staatenbildung in Indien

Aufgrund ihrer geringen Größe nicht darstellbare Staaten bzw. Staaten, die außerhalb des Kartenrandes liegen

Vor 1914 bestehende Staaten:	1914–1939 unabhängig gewordene Staaten:	Staaten außerhalb des Kartenrandes:	
Andorra	Vatikanstadt, 1929	Fidschi, 1970	Tonga, 1970
Liechtenstein, 1866		Kiribati, 1979	Tuvalu, 1978
Monaco		Nauru, 1968	Vanuatu, 1980
San Marino		Samoa, 1962 (bis 1977 West-Samoa)	

Alter und Stabilität der Staaten der Erde

- vor dem 1. Weltkrieg (vor 1914) bestehende Staaten
- zwischen den Weltkriegen (1914–1939) gegründete, unabhängig bzw. wieder voll unabhängig gewordene Staaten
- seit dem 2. Weltkrieg gegründete, unabhängig bzw. wieder voll unabhängig gewordene Staaten
- zur Zeit noch abhängige Gebiete
- ? zur Zeit unklarer Status
- 1831 Jahr der Staatsgründung (vor 1775 gegründete Staaten erhalten keine Jahreszahl)

Staats- und Regierungsformen der Staaten der Erde

Demokratische Systeme
- Parlamentarische Republiken
- Präsidiale Republiken
- Parlamentarische und konstitutionelle Monarchien
- Staaten mit der brit. Königin als Staatsoberhaupt

Nichtdemokratische autoritäre Systeme
- Einparteiensysteme
- Militärregimes oder Militär als bestimmende politische Kraft
- Eingeschränkte Königsherrschaften
- Absolute Monarchien

Nichtdemokratische sozialistische und kommunistische Systeme
- Sozialistische Einparteiensysteme
- Militärherrschaften mit sozialistischer und kommunistischer Tendenz
- Kommunistisch strukturierte Volksrepubliken, Volksdemokratien und Räterepubliken

Krisengebiet Naher Osten

Palästina und Israel, Jerusalem

I ◘ 71 II C 3
II, III 71 Palästina und Israel, geographisch
150 Welt, Sprachen (hebräisch, arabisch)
150 Welt, Religionen (Juden, Mohammedaner)

Jerusalem

Entwicklung der Stadt seit 1949

Bebauung vor der Gründung Israels

- Altstadt
- Tempelbezirk
- Stadtmauer
- bis 1949 bebaute Flächen

Bebauung nach der Gründung Israels

- 1949–1967 bebaute Flächen
- nach 1967 bebaute Flächen
- Stadtgrenze des heutigen Jerusalem
- Bebauung außerhalb Jerusalems

Öffentliche Einrichtungen

- Ministerien und Verwaltung
- Universitätsgelände

Grünflächen

- Obstgärten und Plantagen
- Parkanlagen
- Olivenhaine und offener Buschwald

Teilung der Stadt von 1949–1967

- Waffenstillstandslinie von 1949
- Grenzübergang
- Niemandsland zwischen dem israelischen und jordanischen Teil der Stadt
- von Israel verwaltete entmilitarisierte Zone
- von Jordanien verwaltete entmilitarisierte Zone

Heilige Stätten dreier Weltreligionen

- Synagoge
- jüdischer Friedhof
- Moschee
- islamischer Friedhof
- christliche Kirche, Kloster
- christlicher Friedhof

- Eisenbahn
- Straße
- periodisch wasserführender Fluß

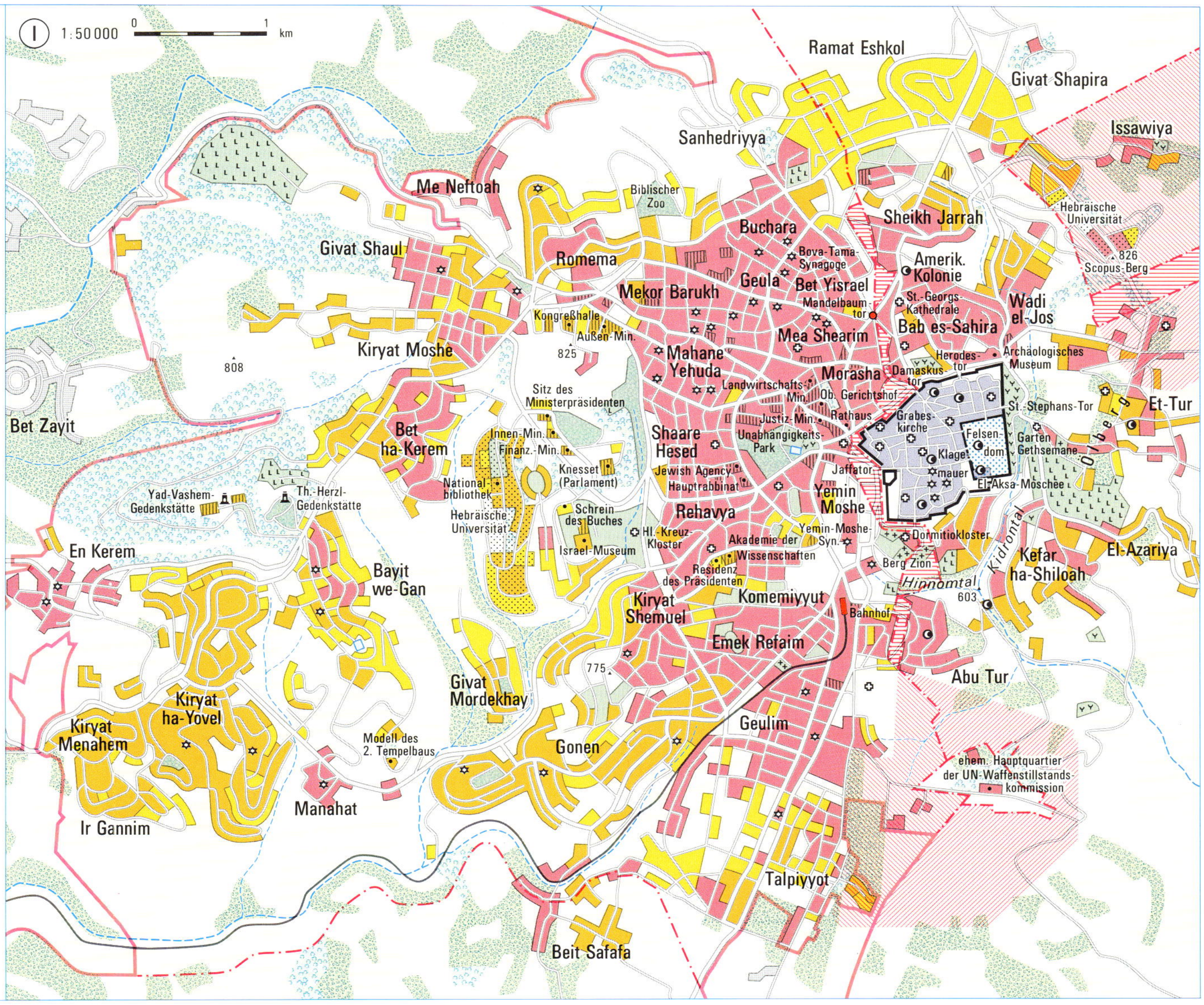

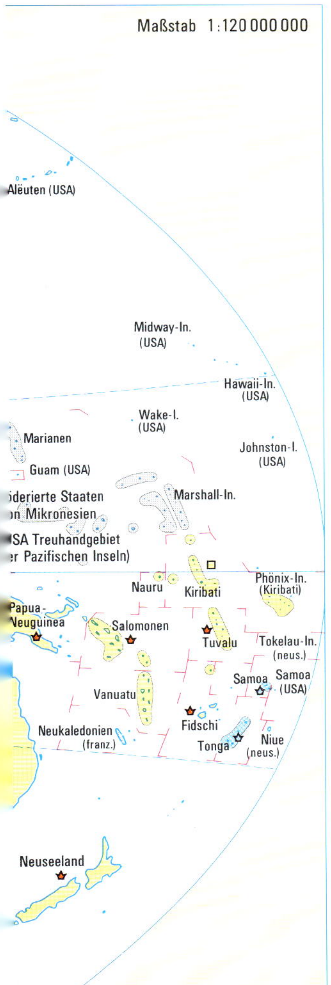

rmen
ien
en weißer Minderheiten mit Rassentrennung
noch abhängige Gebiete
nd Gebiete mit zur Zeit unklarem Status
und föderative Staaten sind unterstrichen

Krisengebiet Naher Osten

- Israel seit 1949
- von Israel 1967 besetzte Gebiete
- unter UN-Kontrolle seit 1967
- „Jom-Kippur-Krieg" 1973
- Waffenstillstandslinie

Truppenentflechtung 1974/75

- israelische Rückzugslinie
- unter UN-Kontrolle 1974/75 bis 1980
- Rückzug aus Sinai bis 1980 bzw. 1982
- unter UN-Kontrolle 1980–82, bzw. nach 1982

Israel und Palästina

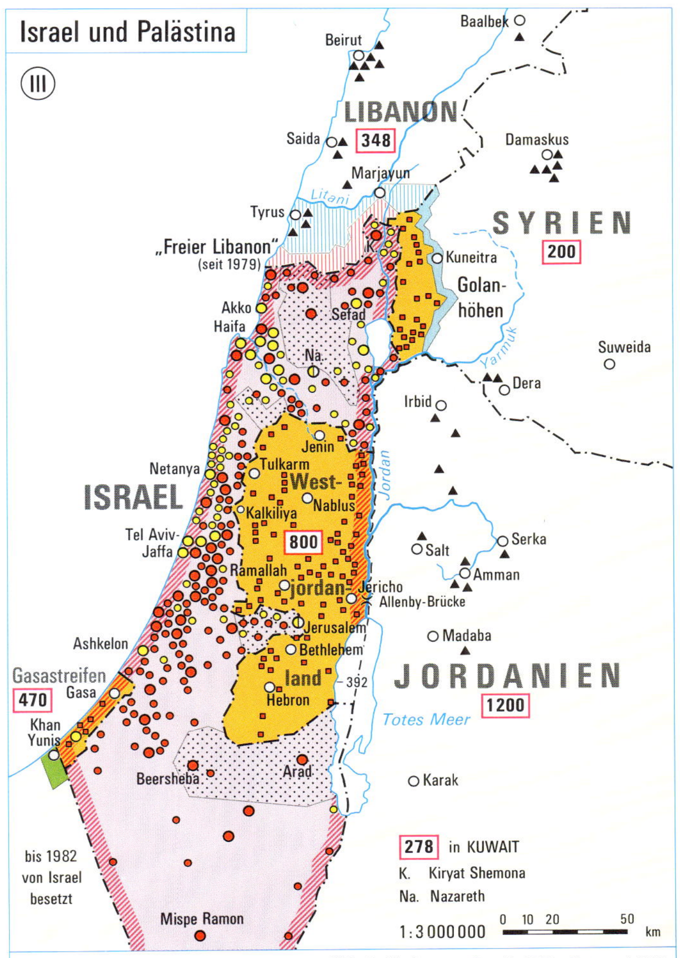

- Grenze des britischen Mandatsgebietes Palästina 1923–48
- Israel (Staatsgründung 1948/49)
- von Israel besetzt
- von Israel kontrolliert

Von UN-Truppen kontrollierte Gebiete

- Golanhöhen bzw. im Libanon
- nach 1982 am Gasastreifen

Jüdische Siedlungen: bis 1949, nach 1949,

- in den besetzten Gebieten
- jüdische und arabische Siedlung
- arabische Siedlung
- arabische Siedlungsgebiete in Israel (über 25 % arabische Bevölkerung)
- 1200 Palästinaflüchtlinge in Tausend
- palästinensische Flüchtlingslager

Industrieländer und Entwicklungsländer

Entwicklungshemmnisse und Entwicklungsprojekte

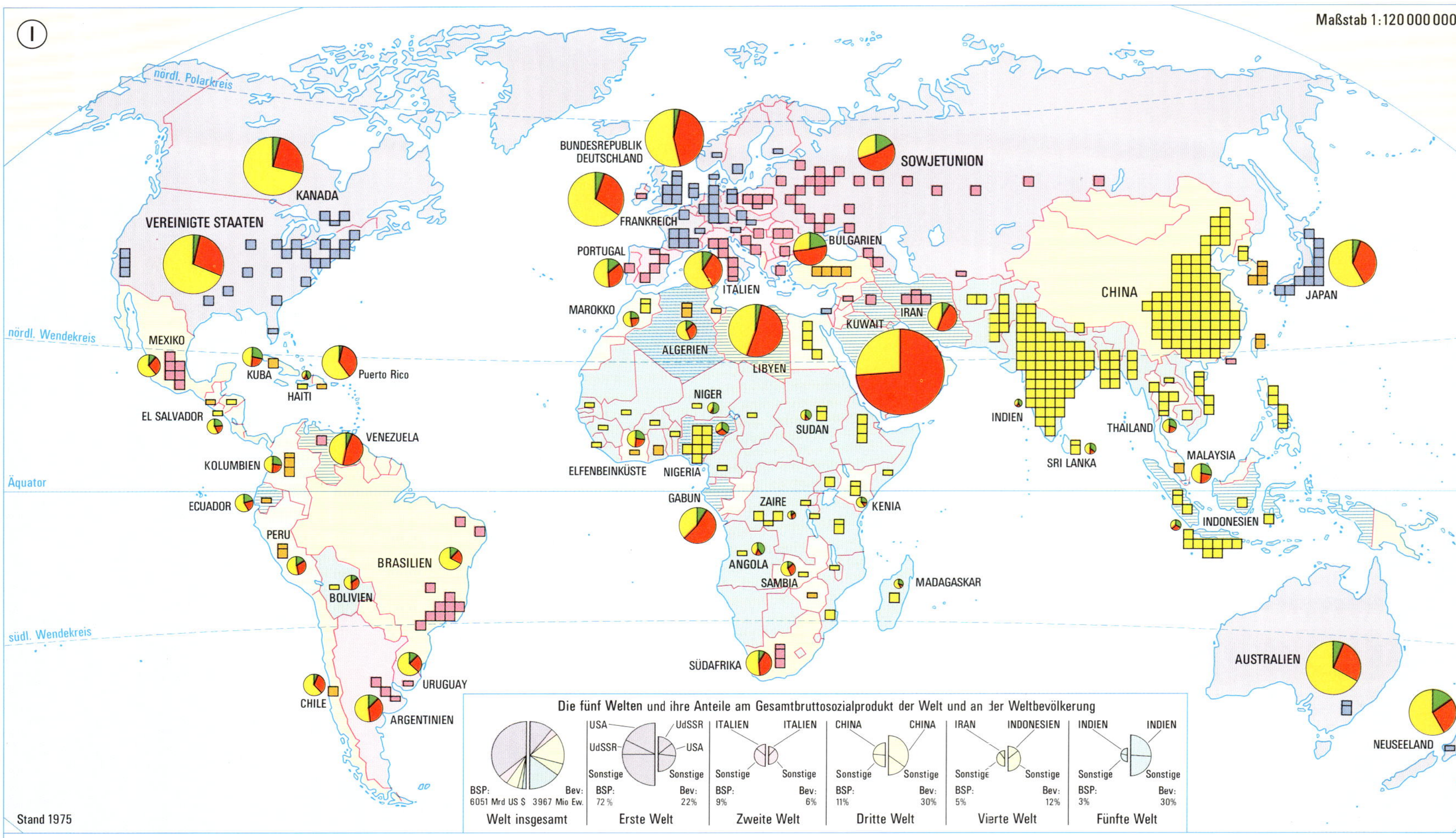

Entstehung und Höhe des Bruttosozialproduktes (BSP)

Verteilung der Weltbevölkerung
☐ ein Quadrat entspricht 10 Mio Menschen.
Die Bevölkerung von Staaten mit weniger als 5 Mio Einwohnern ist nicht dargestellt.

Entstehung und Höhe des Bruttosozialproduktes ausgewählter typischer Staaten

Entstehung = Erträge aus:
- Land- u. Forstwirtschaft, Fischerei
- Bergbau und Industrie
- Dienstleistungen

Höhe in US-Dollar pro Einwohner: 15 000, 10 000, 5000, 3000, 1000, 500, 0

Bruttosozialprodukt und Bevölkerung
- über 3000 US-Dollar pro Einwohner
- 1000–3000 US-Dollar pro Einwohner
- 500–1000 US-Dollar pro Einwohner
- unter 500 US-Dollar pro Einwohner

Entwicklungsstand der Staaten (nach P. Bratzel u. H. Müller, z.T. ergänzt) — Fünf Welten
- Industrieländer mit höchstem
- bzw. hohem Entwicklungsstand
- Übergangsländer mit mittlerem Entwicklungsstand
- Entwicklungsländer mit günstigen
- bzw. ungünstigen Entwicklungsvorraussetzungen
- OPEC-Staaten

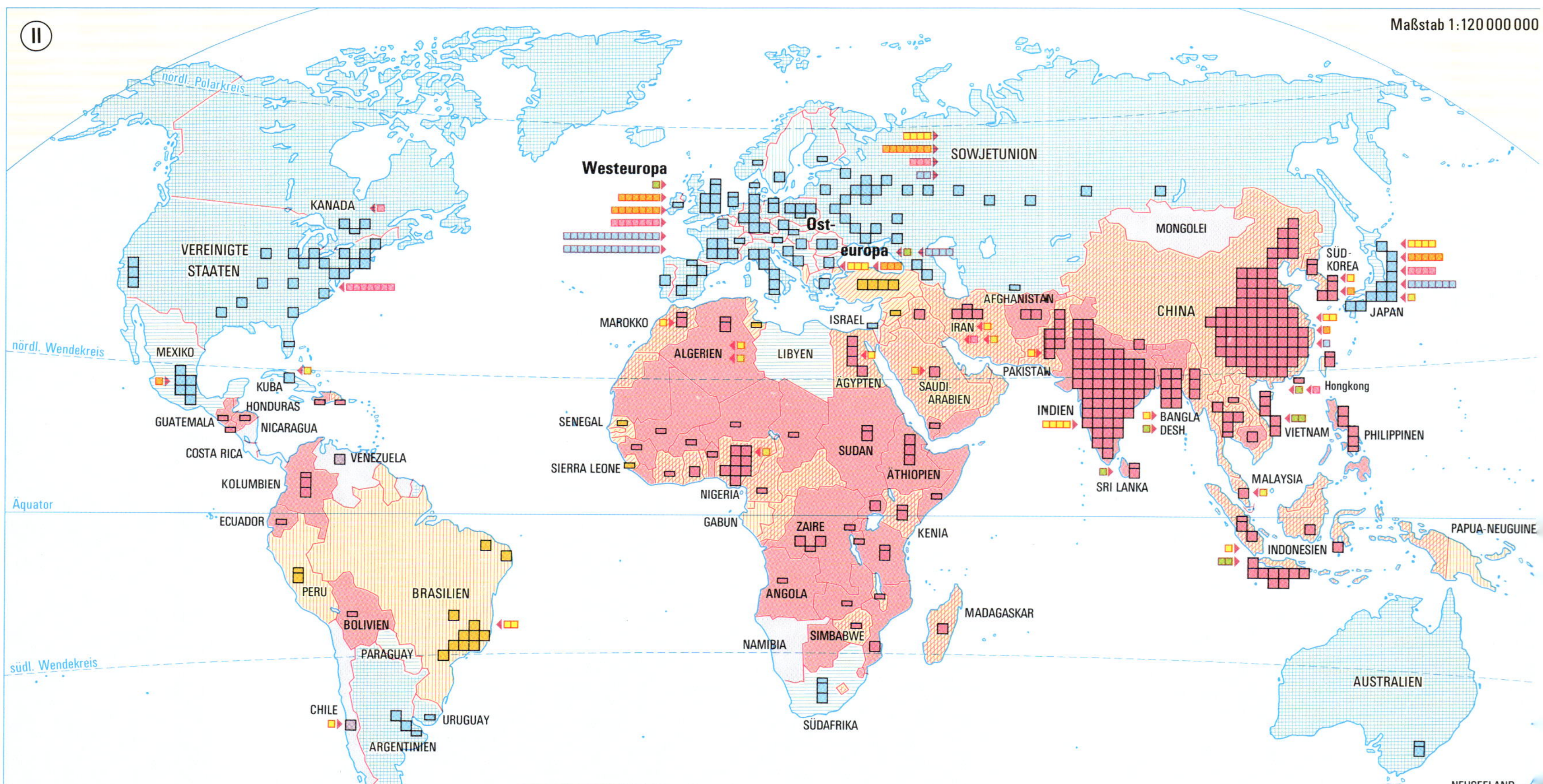

Die Ernährung der Menschheit wird bestimmt durch das Verhältnis des Bedarfs zum tatsächlichen Verbrauch von Kalorien (Nahrungsmenge) bzw. Fett und Tierprotein (Nahrungsqualität).

Grenzwerte in der Ernährung

Normalernährung = 100%	Kalorien	Fett	Tierprotein
Überernährung	110%	150%	–
Mangel- u. Unterernährung	90%	90%	90%

Die Ernährung der Menschheit

Verteilung der Weltbevölkerung
☐ ein Quadrat entspricht 10 Mio Menschen.
Die Bevölkerung von Staaten mit weniger als 5 Mio Einwohnern ist nicht dargestellt.

Ernährungsbilanz der Staaten
- Kalorien- u. Fettüberschuß
- Kalorienüberschuß
- Fettüberschuß
- weder Überschuß, noch Mangel

Ernährungslage der Bevölkerung
- Überernährung
- Normalernährung

Ernährungsbilanz der Staaten
- Fettmangel
- Tierproteinmangel
- Fett- u. Tierproteinmangel
- Kalorien-, Fett- und/oder Tierproteinmangel

Ernährungslage der Bevölkerung
- mangelhafte Ernährung
- Unterernährung

Import von Nahrungsmitteln, 1976 | 1 Signatur ≙ 100 Mio US-Dollar Handelswert

Import		Menge
Weizen	≙	1 500 000 t
Reis	≙	660 000 t
Mais	≙	1 600 000 t
Fleisch	≙	120 000 t
Pflanzenfette und -öle	≙	870 000 t
Milch, Butter und Käse	≙	270 000 t

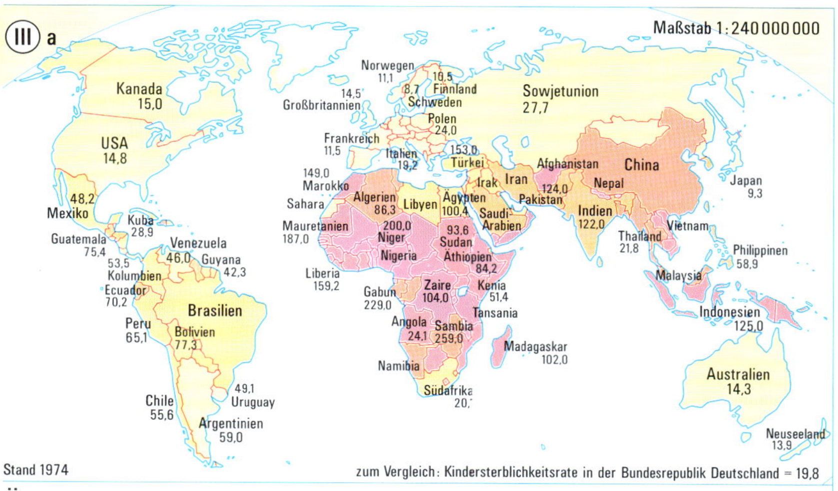

Ärztliche Versorgung

11,5 Kindersterblichkeitsrate (je 1000 Neugeborene)

Anzahl der Einwohner pro Arzt in den Staaten der Erde

- unter 1000
- 1000– 2500
- 2500– 5000
- 5000–10000
- 10000–25000
- über 25000

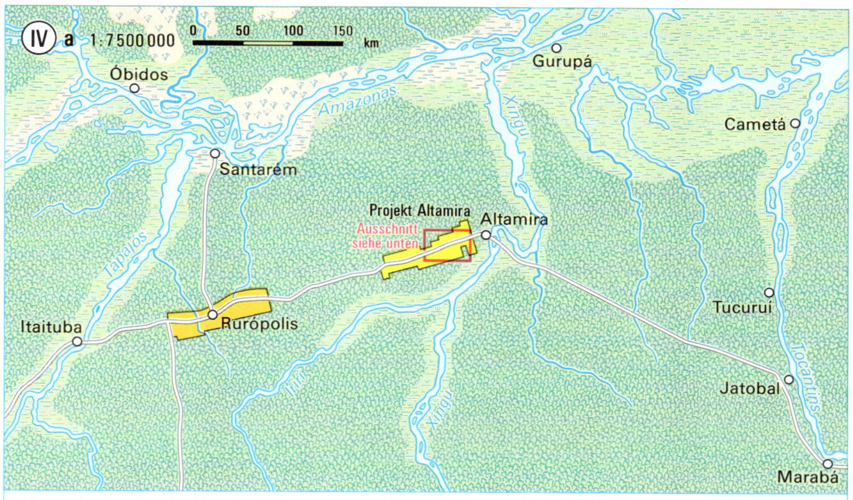

Staatliche Kolonisation an der Transamazônica

- Fernstraße (Transamazônica)
- Siedlungsprojekt Altamira
- Siedlungsprojekt Rurópolis
- tropischer Regenwald
- Savannenwald
- periodisch überschwemmtes Land

Analphabeten

Anteil der Analphabeten an der Gesamtbevölkerung in den Staaten der Erde

- unter 5%
- 5–10%
- 10–25%
- 25–50%
- 50–75%
- über 75%

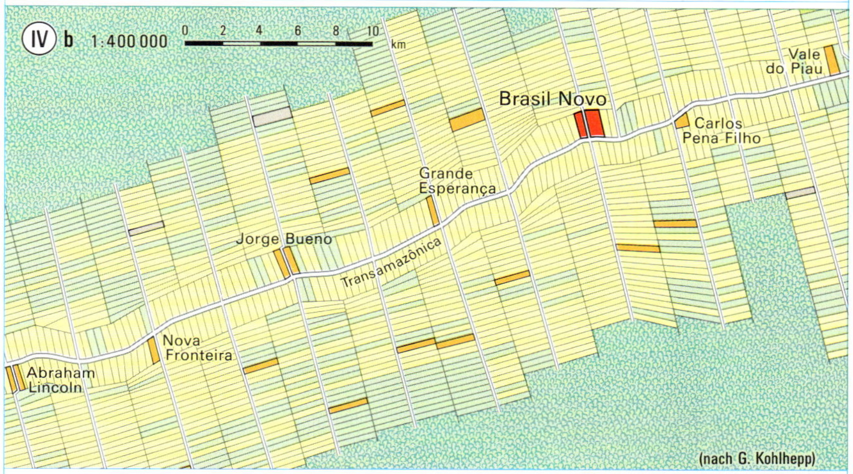

Das Projekt Altamira

Kleinbäuerliche Siedlungen im tropischen Regenwald

- Verwaltungszentrum (Agrópolis)
- Bauernsiedlung (Agrovila)
- verkauftes Siedlungsland, Parzellen von 100 ha Fläche (50 ha Ackerbau, 50 ha Waldreserve)
- nicht verkauftes Land
- aufgegebene Agrovila
- tropischer Regenwald
- Straße
- Weg

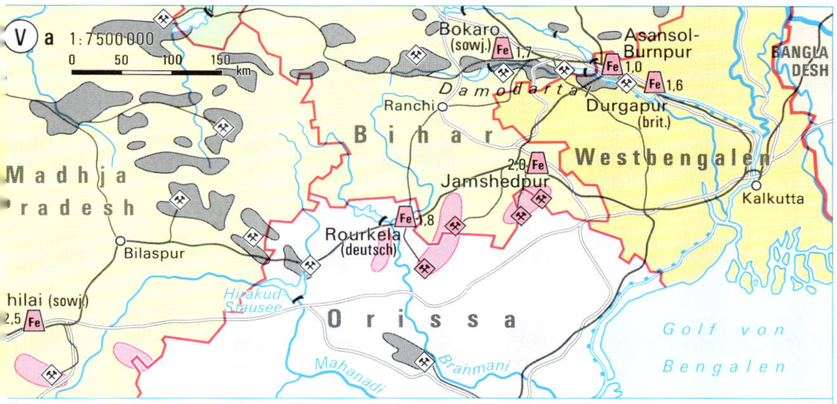

Die nordostindischen Stahlstädte

- Fe 1,8 Stahlwerk, Kapazität in Mio t
- (deutsch) = deutsches Entwicklungshilfeprojekt
- Eisenerzlagerstätten
- Kohlelagerstätten
- Eisenerzbergbau
- Kohlebergbau
- Eisenbahnen
- asphaltierte Hauptverkehrsstraße

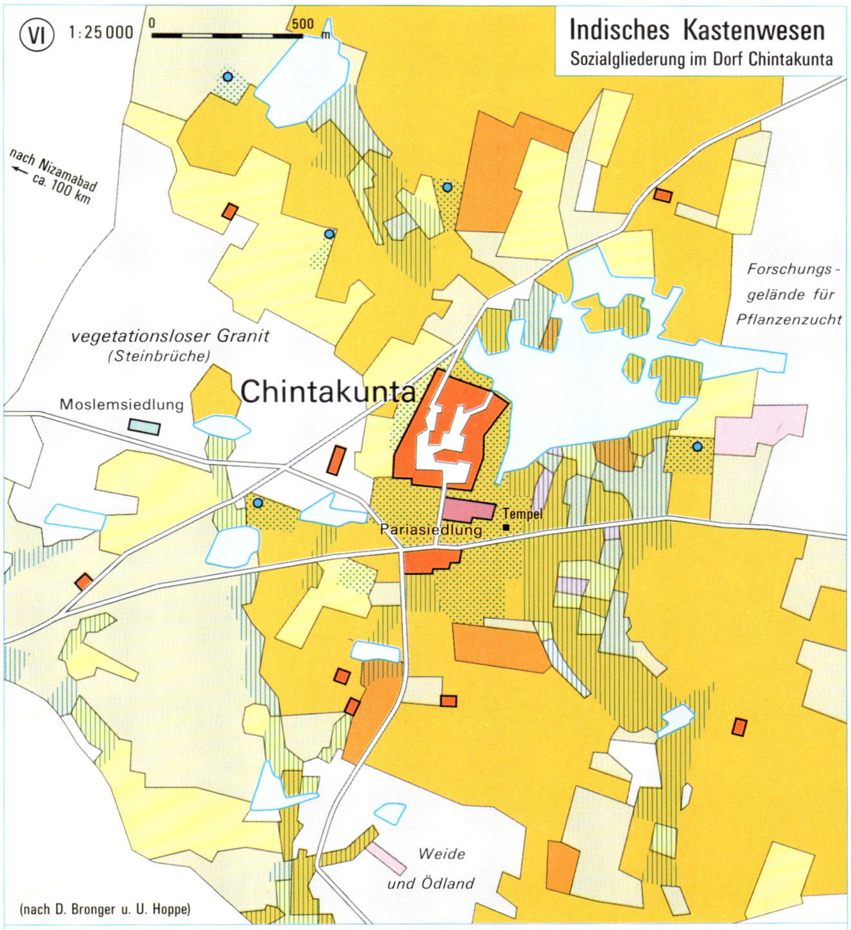

Indisches Kastenwesen

Sozialgliederung im Dorf Chintakunta

Sozialgruppen		Wohnen	Familien	Ackerland	Anteil
oberste Kaste	– Brahmanen		3		7%
mittlere Kasten	– Bauern		91		56%
niedere Kasten	– Kleinbauern, Handwerker, Lohnarbeiter		106		16%
Kastenlose	– Unberührbare (Parias)		44		1%
Moslems (Steinbrucharbeiter)			20	kein Landbesitz	
auswärtige Grundherren (Land ist z. T. verpachtet, meist Brachland)					20%

- Brunnen
- Gärten (brunnenbewässert)
- Stauteich (Tank)
- Reisfelder (tankbewässert)
- Staatsland (Weide u. Ödland)

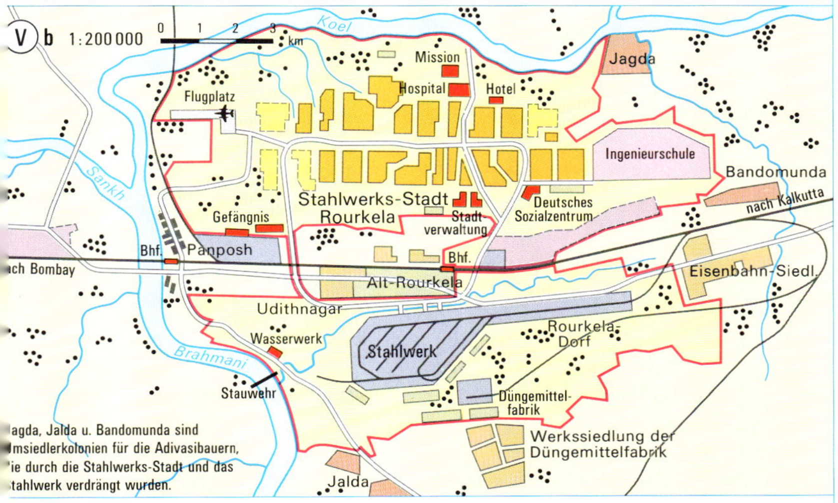

Rourkela

Gründung einer Industriestadt mit deutscher Entwicklungshilfe

- Grenze der Stahlwerks-Stadt Rourkela (Steel-Township)
- Industrieanlagen
- geplante Industrieanlagen
- Siedlungen der Stahlwerks-Stadt
- geplante Siedlungserweiterungen
- öffentliche Einrichtungen
- Weilerdörfer der Adivasibauern
- umgesiedelte Adivasibauern
- wilde Ansiedlungen, Slums, z. T. ehemalige Arbeiter-Barackenlager
- Werkssiedlungen der Eisenbahn und Düngemittelfabrik
- Eisenbahnen
- Straße

Die Staaten Europas

Politische Übersicht

173–175 Europäische Gemeinschaft
175–176 Deutschland, politisch
166–167 Welt, politisch
▶ X–XI Thematische Karten

Europa: Politik und Bevölkerung

Gemeinsamkeiten und Gegensätze

I 175 EWG, EGKS, EURATOM
II 153 Gastarbeiter
152 Bevölkerungsdichte
147 Welt, Bevölkerungsentwicklung

Wirtschaftliche Zusammenschlüsse in Europa

1973 Beitrittsjahr
(1949–62) Dauer der Zugehörigkeit

- **EG** Europäische Gemeinschaft (EGKS, EWG, EURATOM), 1957 gegründet.
- **EFTA** European Free Trade Association / Europäische Freihandelszone, 1960 gegründet.
- **RGW** Rat für gegenseitige Wirtschaftshilfe – **COMECON** Council for Mutual Economics Aid, 1949 gegründet.
- Vielfältige Kooperationsabkommen mit anderen europäischen und außereuropäischen Staaten.

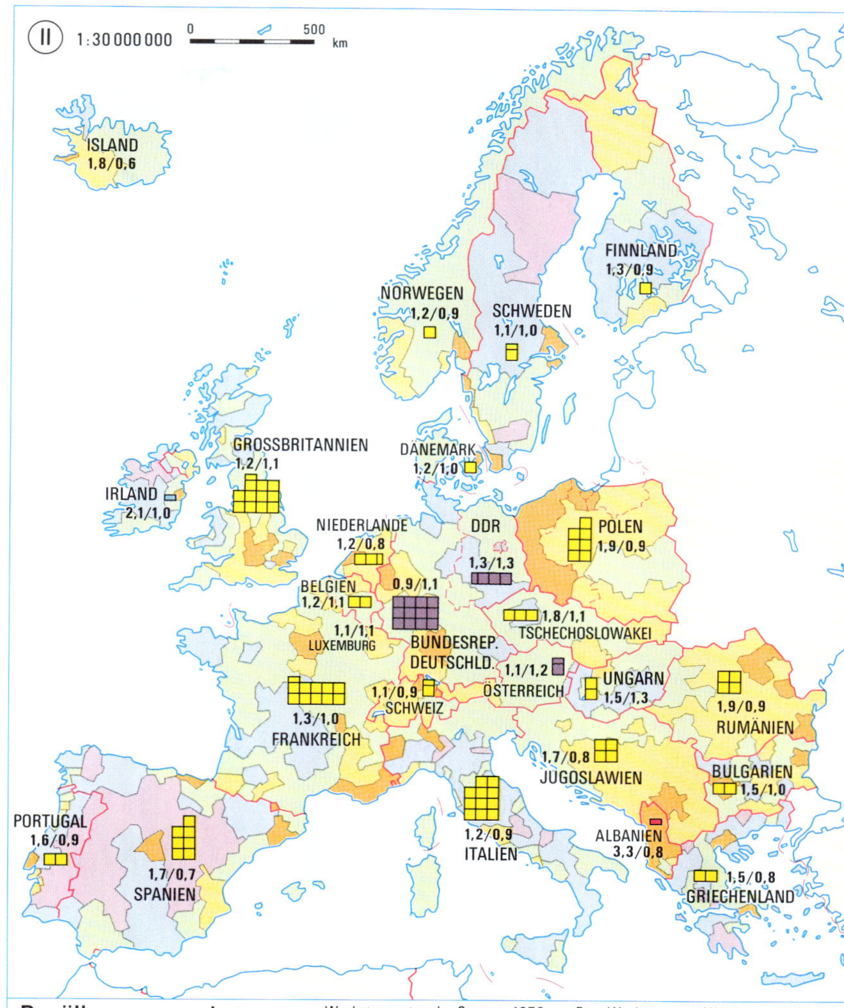

Bevölkerungswachstum und Wanderung in Europa

□ ein Quadrat entspricht 5 Mio Menschen.
Die Bevölkerung von Staaten mit weniger als 2,5 Mio Einw. ist nicht dargestellt.

Wachstumsraten der Staaten, 1978
- über 2 % natürl. Bev.-Wachstum
- 1–2 % natürl. Bev.-Wachstum
- 0–1 % natürl. Bev.-Wachstum
- 0–1 % natürl. Bev.-Rückgang

1,8/1,1 Geburten- und Sterberate in %

Bev.-Wachstum und Wanderung 1950–70
- über 2 % regionale Bev.-Zunahme
- 1–2 % regionale Bev.-Zunahme
- 0–1 % regionale Bev.-Zunahme
- 0–1 % regionale Bev.-Abnahme
- über 1 % regionale Bev.-Abnahme

Europa
Sprachen und Sprachminderheiten

A Kentum-Sprachen
- Germanische Sprachen
- Romanische Sprachen
- Griechisch
- Keltische Sprachen

B Satem-Sprachen
- Slawische Sprachen
- Albanisch
- Litubaltische Sprachen

Uralaltaiische Sprachen
- Uralisch
- Altaiisch (Türkisch)

D Isolierte Sprachen
- Baskisch

Staat mit mehreren gleichberechtigten Sprachen

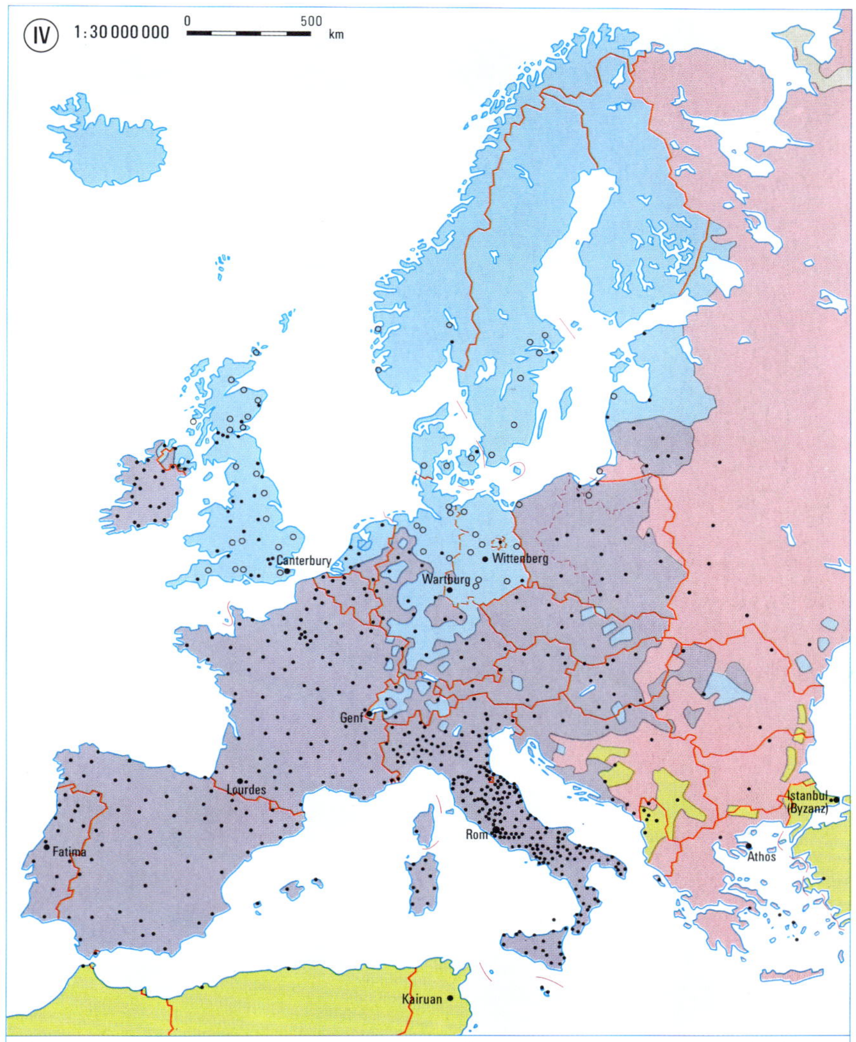

Europa
Religionen und Konfessionen

Christen
- römisch-katholisch
- protestantisch
- Ostkirchen

Sonstige
- Mohammedaner
- Stammesreligionen

- • Sitz eines römisch-kath. Bischofs bzw. Erzbischofs
- ○ erloschener Bischofs- bzw. Erzbischofssitz

Europa: Wirtschaft

Grundlagen und Verflechtungen

46–47 Europa, geographisch
172–173 Europa, politisch
▸ IX Europäische Länder
▸ VII Thematische Karten
128 Energieversorgung
143 Fremdenverkehr
152 Bevölkerungsdichte
153 Gastarbeiter

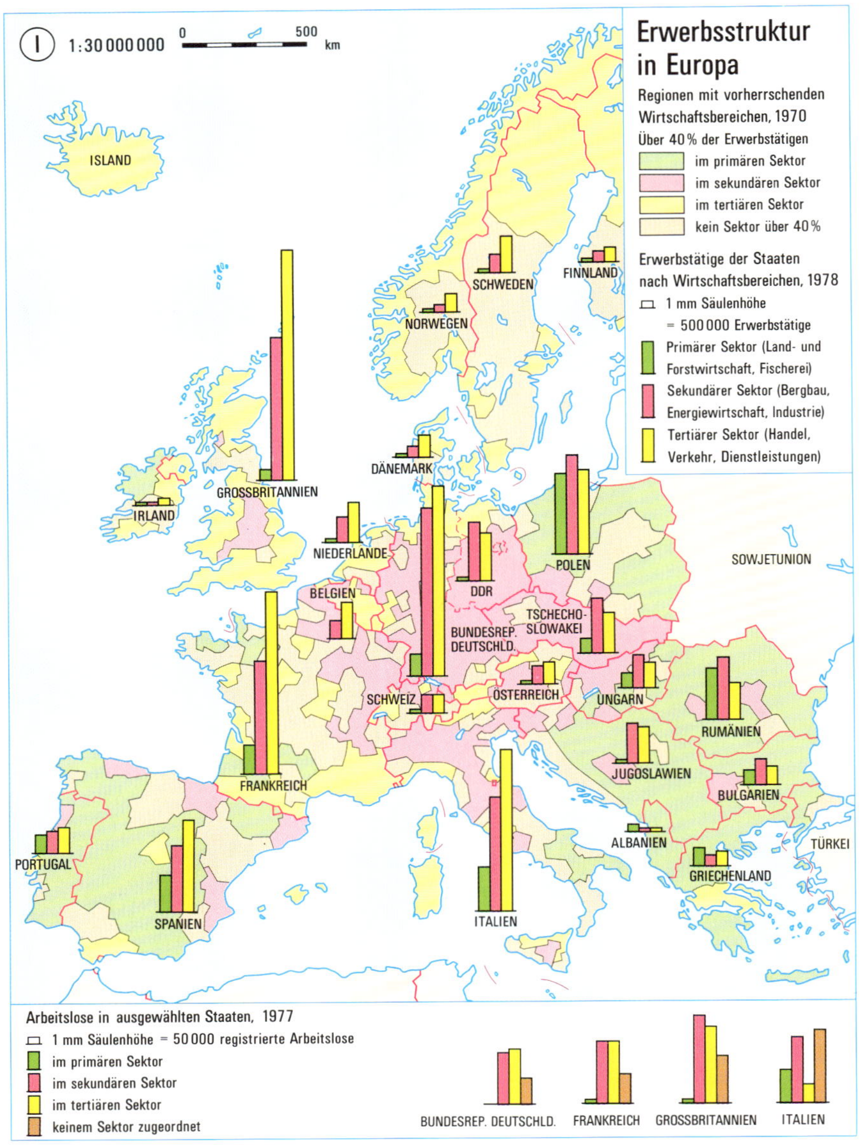

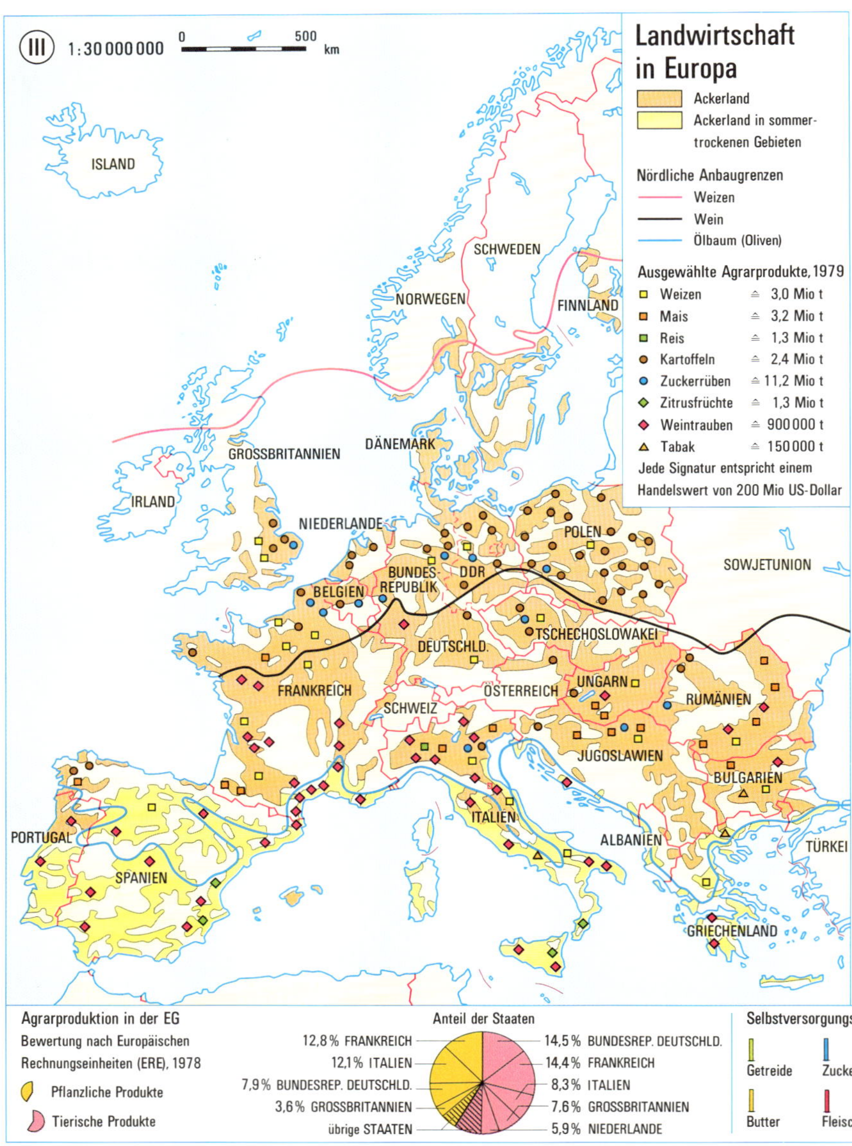

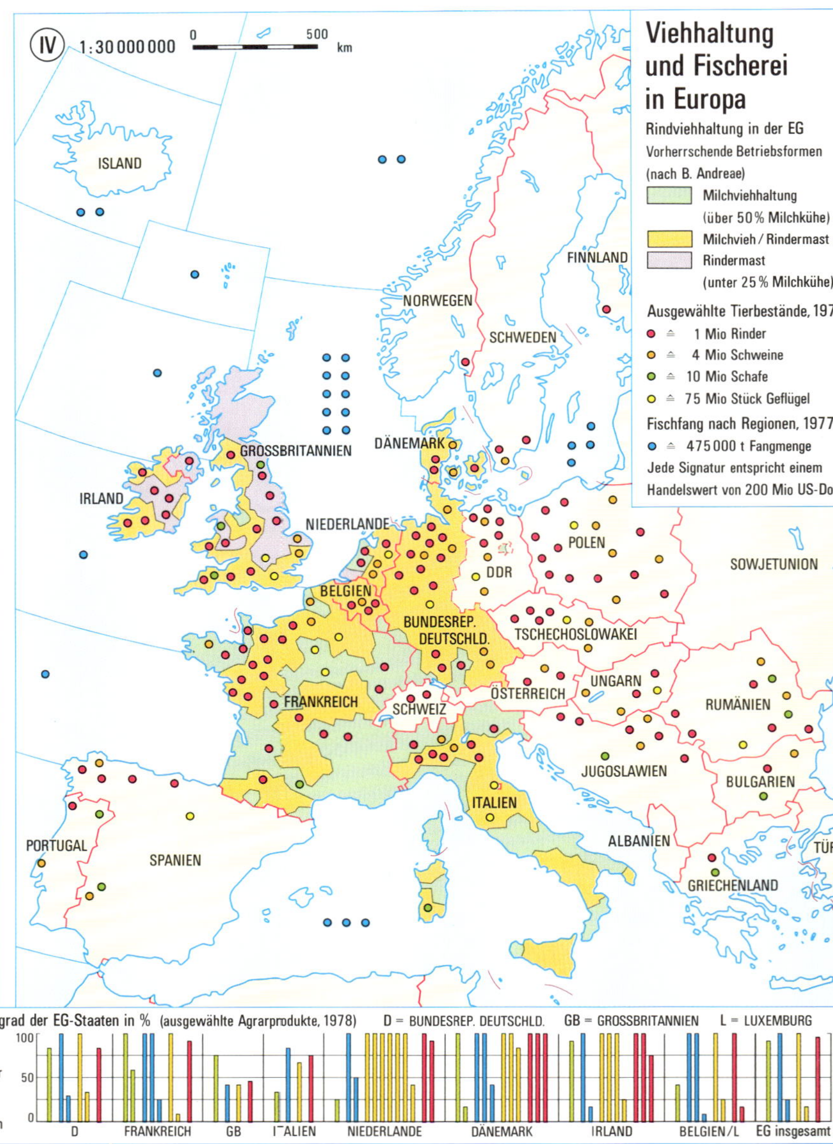

Deutschland und Mitteleuropa

Probleme politischer Ordnung und Gliederung

176 Bundesrepublik Deutschland und DDR
173 Europäische Gemeinschaft
6 Berlin, 155 Stadtzentrum
142, 176 Verkehrsverbindungen

Die politische Ordnung Mitteleuropas

Staaten und Grenzen 1937 und heute

Das Deutsche Reich 1937 ist in Flächenfarben, die Grenzen der Gegenwart sind als rote Linien dargestellt (vgl. S. 172). Hauptstädte der Länder des Deutschen Reiches und der preußischen Provinzen in schwarzer Schrift. Heutige Hauptstädte der Bundesländer und der Bezirke der DDR in roter Schrift bzw. rot unterstrichen.

Berlin

- Großberlin bis 1945
- Grenze von Gesamtberlin (Viermächtestatus)
- Grenze zwischen Berlin (West) und Berlin (Ost)

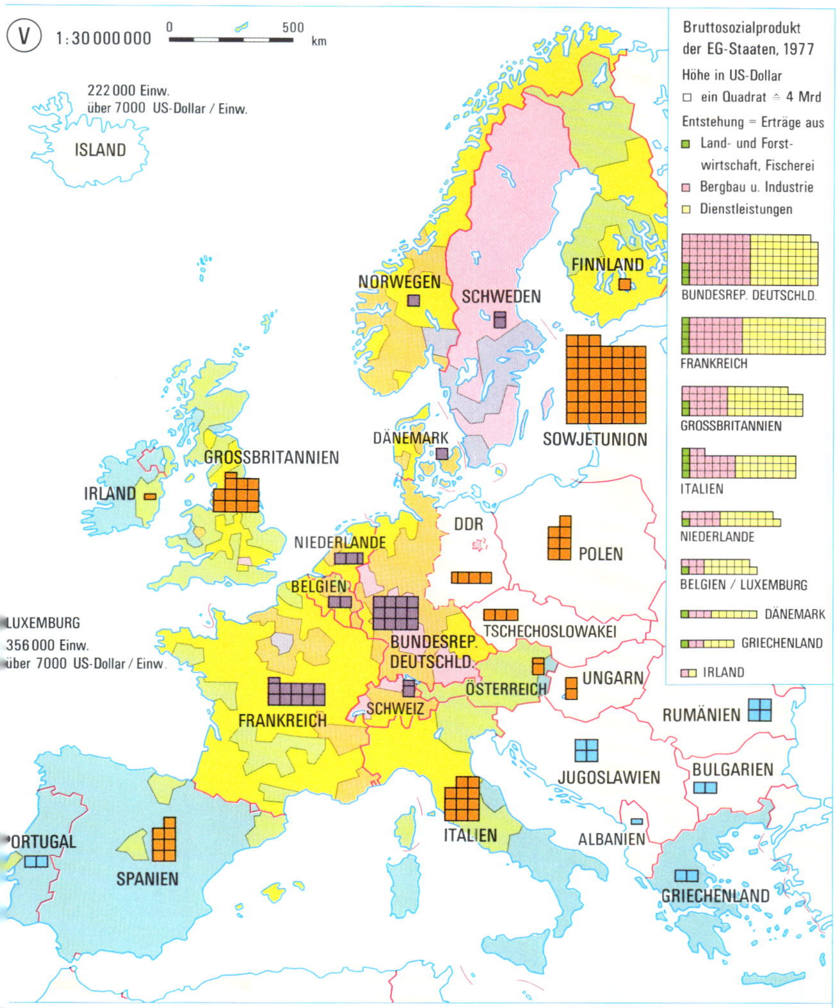

Bruttosozialprodukt und Kaufkraft in Europa

Höhe des Bruttosozialproduktes pro Einwohner in US-Dollar, 1977

- über 7000
- 3000–7000
- unter 3000

ein Quadrat entspricht 5 Mio Menschen. Die Bevölkerung von Staaten mit weniger als 2,5 Mio Einwohnern ist nicht dargestellt.

Kaufkraft, 1972
(Maß für das Einkommen pro Einwohner)
Westeuropäischer Durchschnittswert = 100

- über 180
- 150–180
- 120–150
- 80–120
- 50–80
- unter 50

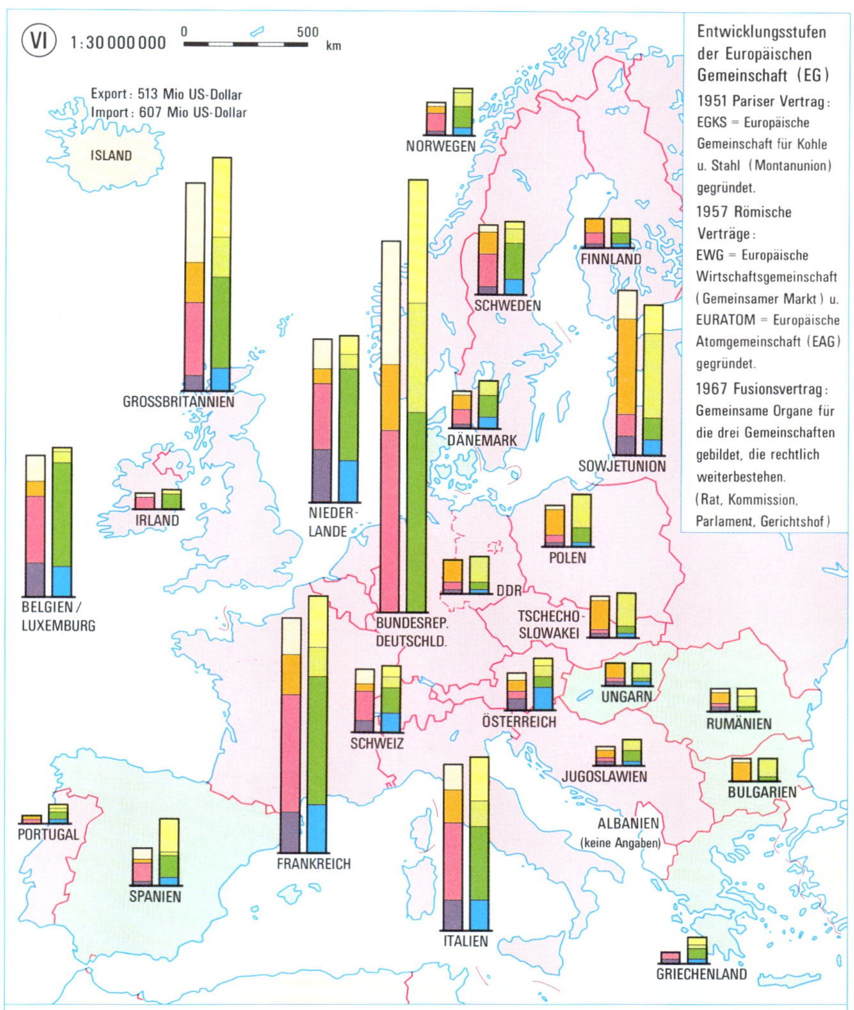

Entwicklungsstufen der Europäischen Gemeinschaft (EG)

1951 Pariser Vertrag: EGKS = Europäische Gemeinschaft für Kohle u. Stahl (Montanunion) gegründet.

1957 Römische Verträge: EWG = Europäische Wirtschaftsgemeinschaft (Gemeinsamer Markt) u. EURATOM = Europäische Atomgemeinschaft (EAG) gegründet.

1967 Fusionsvertrag: Gemeinsame Organe für die drei Gemeinschaften gebildet, die rechtlich weiterbestehen. (Rat, Kommission, Parlament, Gerichtshof)

Wirtschaftliche Verflechtung in Europa

Warenverkehr, 1977

1 mm Säulenhöhe = 2 Mrd US-Dollar
(weniger als 1 Mrd US-Dollar ist nicht dargestellt)

- Überseestaaten
- sonstige europäische Staaten
- EG-Staaten
- Bundesrep. Deutschland

Exporte in: / Importe aus:
Exporte und Importe der Staaten Europas

Exportstruktur der Staaten
Anteil von Bergbau- und Industrieprodukten, 1977

- über 90 %
- 75–90 %
- unter 75 %

Bundesrepublik Deutschland und DDR

Politische Gliederung

175 Das Deutsche Reich 1937
6, 155, 175 Berlin
172–175 Europa, politisch (EG)
166–167 Welt, politisch

Die Staaten der Erde — Statistische Übersicht

Die statistische Übersicht umfaßt ausgewählte Strukturdaten nach dem nebenstehenden Schema. Sehr kleine bzw. weltwirtschaftlich unbedeutende Staaten erhalten eine verkürzte Darstellung. Weitere Strukturdaten enthält die „Alexander Statistik". Einige Abweichungen der Landnutzungszahlen vom Bild der geographischen Grundkarten sind bedingt durch unterschiedliche Einordnungen in der internationalen Statistik; so werden z. B. Savanne, Busch (Macchie) und Sekundärwald teils als Weide, teils als Wald und teils als ungenutztes Land eingeordnet. — Zum Bruttosozialprodukt vgl. die Erläuterung der Legendenbegriffe.

Staat / Kartenverweis — Fläche — Bevölkerung (1978) / Stadtbevölkerung in % der Gesamtbevölkerung — Amtssprache / Bruttosozialprodukt (BSP; 1978) gesamt und pro Einw. / Landnutzung in % der Staatsfläche (1978; Akker = Ackerland und Dauerkulturen, Weide = Weiden und Wiesen) / Erwerbstätige nach Wirtschaftssektoren (1977): I Land-, Forst- und Fischereiwirtschaft; II Bergbau, Industrie und Bauwesen; III Handel, Verkehr und übrige Dienstleistungen / Import- und Exportwerte (1978) / Hauptexportgüter (Exp.; 1978) in % des Gesamtexportwertes / Strom- und Stahlverbrauch pro Einw. (1977).

Afghanistan
59/60 — 647 497 km² — 15 Mio. E.
Stadtbev.: 15 % — Paschtu, Farsi
BSP: 3,6 Mrd. $, 240 $/E.
Acker: 12 %, Weide 77 %, Wald: 3 %
Erwerbstätige: I 80 %, II 8 %, III 12 %
Imp./Exp.: 681 Mio. $/322 Mio. $
Exp.: Trockenfrüchte 27 %, Baumw. 18 %
Stromv.: 41 kWh/E. — Stahlv.: 1 kg/E.

Ägypten
71, 67/68 — 1 001 449 km² — 40 Mio. E.
Stadtbev.: 44 % — Arabisch
BSP: 16 Mrd. $, 400 $/E.
Acker: 3 %, Wüste: über 90 %
Erwerbstätige: I 51 %, II 26 %, III 23 %
Imp./Exp.: 4,8 Mrd. $/1,7 Mrd. $
Exp.: Erdöl 21 % (4,3 Mio. t), Baumw. 21 %
Stromv.: 341 kWh/E. — Stahlv.: 26 kg/E.

Albanien
36/37 — 28 748 km² — 2,5 Mio. E.
Stadtbev.: 34 % — Albanisch
BSP: 1,9 Mrd. $, 737 $/E.

Algerien
67/68 — 2 381 741 km² — 17 Mio. E.
Stadtbev.: 52 % — Arabisch
BSP: 22 Mrd. $, 1260 $/E.
Acker: 3 %, Weide 15 %, Wüste: 80 %
Erwerbstätige: I 35 %, II 18 %, III 47 %
Imp./Exp.: 8,5 Mrd. $/5,9 Mrd. $
Exp.: Erdöl 91 % (48 Mio. t), Erdgas 3 %
Stromv. 254 kWh/E. — Stahlv. 110 kg/E.

Andorra
32/33 — 453 km² — 30 000 E.
Stadtbev.: 66 % — Katalanisch

Angola
69/70 — 1 246 700 km² — 6,7 Mio. E.
Stadtbev.: 15 % — Portugiesisch
BSP: 2,0 Mrd. $, 300 $/E.
Acker: 1 %, Weide: 23 %, Wald: 58 %
Erwerbstätige: I 61 %, II 16 %, III 23 %
Imp./Exp.: 700 Mio. $/930 Mio. $
Exp.: Erdöl 48 % (7,5 Mio. t), Kaffee 20 %
Stromv.: 190 kWh/E. — Stahlv.: 1 kg/E.

Äquatorial-Guinea
69/70 — 28 051 km² — 330 000 E.
Stadtbev.: 20 % — Spanisch
BSP: 110 Mio. $, 336 $ E.

Arabische Emirate
67/68 — 83 600 km² — 800 000 E.
Stadtbev.: 30 % — Arabisch
BSP: 11,4 Mrd. $, 14 230 $/E.
Imp./Exp.: 5,4 Mrd. $/13 Mrd. $
Exp.: Erdöl 96 % (97 Mio. t)

Argentinien
90 — 2 776 889 km² — 26 Mio. E.
Stadtbev.: 80 % — Spanisch
BSP: 50 Mrd. $, 1910 $/E.
Acker: 9 %, Weide: 52 %, Wald: 22 %
Erwerbstätige: I 14 %, II 29 %, III 57 %
Imp./Exp.: 3,8 Mrd. $/6,4 Mrd. $
Exp.: Fleisch 11 %, Weizen 10 %, Mais
Stromv.: 1297 kWh/E. — Stahlv.: 140 kg/E.

Äthiopien
67/68 — 1 221 900 km — 30 Mio. E.
Stadtbev.: 13 % — Amhara, daneben Galla
BSP: 3,6 Mrd. $, 117 $/E.
Acker: 11 %, Weide: 54 %, Wüste, Wald 30 %
Erwerbstätige: I 81 %, II 7 %, III 12 %
Imp./Exp.: 522 Mio. $/310 Mio. $
Exp.: Kaffee 56 %, Häute u. Felle 9 %
Stromv.: 23 kWh/E. — Stahlv.: 2 kg/E.

Australien
74/75 — 7 686 848 km² — 14 Mio. E.
Stadtbev.: 86 % — Englisch
BSP: 114 Mrd. $, 7920 $/E.
Acker: 6 %, Weide: 58 %, Wüste: 20 %
Erwerbstätige: I 6 %, II 35 %, III 59 %
Imp./Exp.: 14 Mrd. $/14 Mrd. $
Exp.: Kohle 12 %, Wolle 11 %, Fe-Erz 8 %, Weizen 8 %
Stromv.: 6035 kWh/E. — Stahlv. 365 kg/E.

Bahamas
84 — 13 935 km² — 220 000 E.
Stadtbev.: 58 % — Englisch
BSP: 570 Mio. $, 2620 $/E.

Bahrain
126 IV, 67/68 — 622 km² — 350 000 E.
Stadtbev.: 78 % — Arabisch
BSP: 1,5 Mrd. $, 4100 $/E.
Imp./Exp.: 2,0 Mrd. $/1,9 Mrd. $
Exp.: Erdölprodukte 75 %, Aluminium 8 %

Bangla Desh
59/60 — 143 998 km² — 85 Mio. E.
Stadtbev.: 9 % — Bengali
BSP: 7,6 Mrd. $, 91 $/E.
Acker: 63 %, Weide: 4 %, Wald: 15 %
Erwerbstätige: I 78 %, II 7 %, III 15 %
Imp./Exp.: 1,3 Mrd. $/576 Mio. $
Exp.: Jute u. -produkte 72 %, Leder 10 %
Stromv.: 24 kWh/E. — Stahlv.: 1 kg/E

Barbados
88/89 — 431 km² — 254 000 E.
Stadtbev.: 4 % — Englisch
BSP: 490 Mio. $, 1940 $/E.

Belgien
39 I — 30 513 km² — 9,8 Mio. E.
Stadtbev.: 95 % — Französisch, Niederländisch, regional Deutsch
BSP: 30 Mrd. $, 9070 $/E.
Acker: 28 %, Weide: 24 %, Wald: 20 %
Erwerbstätige: I 4 %, II 43 %, III 53 %
Imp./Exp.: 49 Mrd. $/45 Mrd. $
Exp.: Chem. Produkte 13 %, Kfz 12 %, Eisen/Stahl 11 %
Stromv.: 4792 kWh/E. — Stahlv.: 314 kg/E.

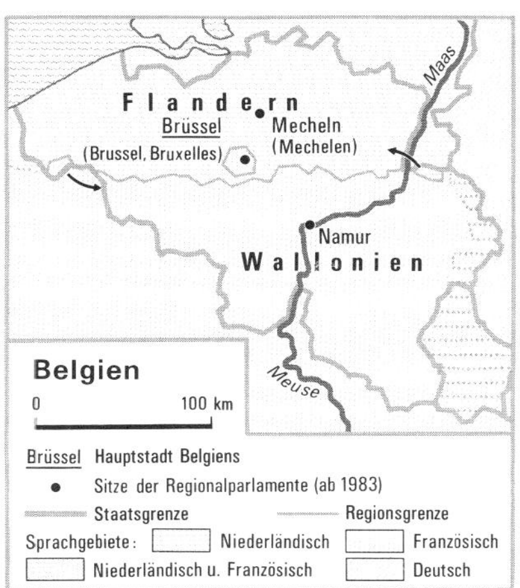

Benin
67/68 — 112 622 km² — 3,4 Mio. E.
Stadtbev.: 14 % — Französisch
BSP: 770 Mio. $, 232 $/E.

Bhutan
59/60 — 47 000 km² — 1,2 Mio. E.
Stadtbev.: 3 % — Dsongha
BSP: 120 Mio. $, 100 $/E.

Birma
61/62 — 676 552 km² — 32 Mio. E.
Stadtbev.: 20 % — Birmanisch
BSP: 4,9 Mrd. $, 150 $/E.
Acker: 15 %, Wald: 48 %
Erwerbstätige: I 55 %, II 19 %, III 26 %
Imp./Exp.: 309 Mio. $/243 Mio. $
Exp.: Reis 47 %, Holz 24 %, Hülsenfr. 7 %
Stromv.: 36 kWh/E. — Stahlv.: 1 kg/E.

Bolivien
88/89 — 1 098 581 km² — 5,3 Mio. E.
Stadtbev.: 36 % — Spanisch
BSP: 2,7 Mrd. $, 509 $/E.
Acker: 3 %, Weide: 25 %, Wald: 51 %
Erwerbstätige: I 51 %, II 23 %, III 26 %
Imp./Exp.: 769 Mio. $/725 Mio. $
Exp.: Zinn 40 %, Erdöl 20 % (2,1 Mio. t)
Stromv.: 196 kWh/E. — Stahlv.: 15 kg/E.

Botswana
69/70 — 600 372 km² — 726 000 E.
Stadtbev.: 12 % — Bantu-Sprachen
BSP: 460 Mio. $, 620 $/E.

Brasilien
88/90, 87 — 8 511 965 km² — 115 Mio. E.
Stadtbev.: 61 % — Portugiesisch
BSP: 187 Mrd. $, 1570 $/E.
Acker: 5 %, Weide: 20 %, Wald: 60 %
Erwerbstätige: I 42 %, II 20 %, III 38 %
Imp./Exp.: 15 Mrd. $/13 Mrd. $
Exp.: Kaffee 18 %, Kakao 7 %, Fe-Erz
Stromv.: 958 kWh/E. — Stahlv.: 107 kg/E.

Bulgarien
36/37 — 110 912 km² — 8,8 Mio. E.
Stadtbev.: 61 % — Bulgarisch
BSP: 28 Mrd. $, 3200 $/E.
Acker: 39 %, Weide: 17 %, Wald: 35 %
Erwerbstätige: I 41 %, II 38 %, III 21 %
Imp./Exp.: 7,7 Mrd. $/7,5 Mrd. $
Exp.: Tabak 11 %, Masch. 9 %, Gemüse
Stromv.: 3743 kWh/E. — Stahlv.: 276 kg/E.

Burundi
69/70 — 27 834 km² — 4,3 Mio. E.
Stadtbev.: 2 % — Kirundi, Französisch
BSP: 610 Mio. $, 140 $/E.

Ceylon s. Sri Lanka

Chile
90 — 756 945 km² — 11 Mio. E.
Stadtbev.: 80 % — Spanisch
BSP: 15 Mrd. $, 1410 $/E.
Acker: 8 %, Weide: 16 %, Wald: 27 %
Erwerbstätige: I 21 %, II 27 %, III 52 %
Imp./Exp.: 2,6 Mrd. $/2,5 Mrd. $
Exp.: Kupfer 64 %, Fe-Erz 8 %, Holzschliff
Stromv.: 940 kWh/E. — Stahlv.: 60 kg/E.

China
Volksrepublik China
57/58, 55/56 — 9 560 779 km² — 916 Mio. E.
Stadtbev.: 25 % — Chinesisch, daneben regional Sprachen der Minderheiten
BSP: 425 Mrd. $, 465 $/E.
Acker: 10 %, Weide: 23 %, Wald: 12 %
Erwerbstätige: I 63 %, II 24 %, III 13 %
Imp./Exp.: 12 Mrd. $/11 Mrd. $
Exp.: Textilien, Nahr.güter je 15 %, Erdöl
Stromv.: 248 kWh/E. — Stahlv. 38 kg/E.

Taiwan (Republik China)
57/58 — 35 981 km² — 17 Mio. E.
Stadtbev.: 65 % — Chinesisch
BSP: 24 Mrd. $, 1400 $/E.
Acker: 25 %, Wald: 63 %
Erwerbstätige: I 34 %, II 27 %, III 39 %
Imp./Exp.: 15 Mrd. $/16 Mrd. $

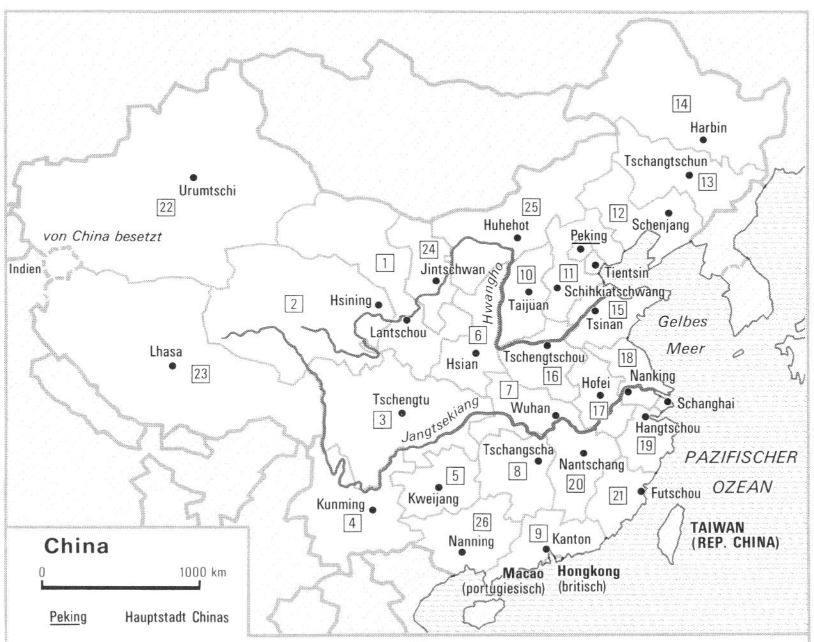

	Unmittelbare Städte:		6	**Schensi**	Hsian	14	**Heilungkiang**	Harbin		Autonome Gebiete	Hauptstädte
	Peking	(Beijing)		**(Shaanxi**	Xi'an)		**(Heilongjiang**	Harbin)	22	**Sinkiang**	Urumtschi
	Tientsin	(Tianjin)	7	**Hupeh**	Wuhan	15	**Schantung**	Tsinan		**(Xinjiang Uygur**	Ürümqi)
	Schanghai	(Shanghai)		**(Hubei**	Wuhan)		**(Shandong**	Jinan)	23	**Tibet**	Lhasa
			8	**Hunan**	Tschangscha	16	**Honan**	Tschengtschou		**(Xizang**	Lhasa)
	Provinzen	Hauptstädte		**(Hunan**	Changsha)		**(Henan**	Zhengzhou)	24	**Ninghsia**	Jintschwan
1	**Kansu**	Lantschou	9	**Kwangtung**	Kanton	17	**Anhwei**	Hofei		**(Ningxia**	Yinchuan)
	(Gansu	Lanzhou)		**(Guangdong**	Guangzhou)		**(Anhui**	Hefei)	25	**Innere Mongolei**	Huhehot
2	**Tsinghai**	Hsining	10	**Schansi**	Taijüan	18	**Kiangsu**	Nanking		**(Nei Monggol**	Hohhot)
	(Qinghai	Xining)		**(Shanxi**	Taiyuan)		**(Jiangsu**	Nanjing)	26	**Kwangsi**	Nanning
3	**Szetschwan**	Tschengtu	11	**Hopeh**	Schihkiatschwang	19	**Tschekiang**	Hangtschou		**(Guangxi**	Nanning)
	(Sichuan	Chengdu)		**(Hebei**	Shijiazhuang)		**(Zhejiang**	Hangzhou)			
4	**Jünnan**	Kunming	12	**Liaoning**	Schenjang	20	**Kiangsi**	Nantschang		Bezeichnungen in der chinesischen Originalschreibung	
	(Yunnan	Kunming)		**(Liaoning**	Shenyang)		**(Jiangxi**	Nanchang)		(Hanyu-Pinyin-Transkription)	
5	**Kweitschou**	Kweijang	13	**Kirin**	Tschangtschun	21	**Fukien**	Futschou		sind in Klammern hinzugefügt	
	(Guizhou	Guiyang)		**(Jilin**	Changchun)		**(Fujian**	Fuzhou)			

Exp.: Elektr. Geräte 23 %, Textilien 9 %, Landw. Produkte 8 %
Stromv.: 1 758 kWh/E.

Cuba s. Kuba

Dahomey s. Benin

Costa Rica
84 — 50 700 km² — 2,1 Mio. E.
Stadtbev.: 41 % — Spanisch
BSP: 3,3 Mrd. $, 1540 $/E.
Acker: 10 %, Weide: 31 %, Wald: 49 %
Erwerbstätige: I 30 %, II 29 %, III 41 %
Imp./Exp.: 1,2 Mrd. $/822 Mio. $
Exp.: Kaffee 41 %, Bananen 18 %
Stromv.: 853 kWh/E. — Stahlv.: 72 kg/E.

Dänemark
39 II — 43 069 km² — 5,1 Mio. E.
Stadtbev.: 67 % — Dänisch
BSP: 50 Mrd. $, 9920 $/E.
Acker: 62 %, Weide: 6 %, Wald: 12 %
Erwerbstätige: I 8 %, II 37 %, III 55 %
Imp./Exp.: 15 Mrd. $/12 Mrd. $
Exp.: Fleisch 15 %, Masch. 14 %, Elektr. Geräte 7 %
Stromv.: 4487 kWh/E. — Stahlv.: 356 kg/E.

Deutschland
Bundesrepublik Deutschland
incl. Berlin (West) (480 km²; 1,9 Mio. E.)
16/19, 20/21 — 248 630 km² — 61 Mio. E.
Stadtbev. 92 % — Deutsch
BSP: 588 Mrd. $, 9600 $/E.
Acker: 32 % — Weide: 21 % — Wald: 29 %
Erwerbstätige: I 5 %, II 48 %, III 47 %
Imp./Exp.: 121 Mrd. $/142 Mrd. $
Exp.: Masch. 21 %, Kfz 14 %, Chem. Produkte 12 %, Elektr. Geräte 10 %
Stromv.: 5851 kWh/E. — Stahlv.: 538 kg/E.

Deutsche Demokratische Republik
incl. Berlin (Ost) (403 km²; 1,1 Mio. E.)
16/19, 20/21 — 107 779 km² — 17 Mio. E.
Stadtbev.: 76 % — Deutsch
BSP: 97 Mrd. $, 5660 $/E.
Acker: 47 % — Weide: 12 % — Wald: 27 %
Erwerbstätige: I 10 %, II 51 %, III 39 %
Imp./Exp.: 15 Mrd. $/13 Mrd. $
Exp.: Masch. 29 %, Elektr. Geräte 7 %, Schiffe 5 %, Kfz 4 %
Stromv.: 5735 kWh/E. — Stahlv.: 591 kg/E.

Djibuti
67/68 — 22 000 km² — 300 000 E.
Stadtbev.: 60 % — Französisch, Arabisch
BSP: 140 Mio. $, 450 $/E.

Dominica
88/89 — 751 km² — 81 000 E.
Stadtbev.: 25 % — Englisch
BSP: 37 Mio. $, 440 $/E.

Dominikanische Republik
84 — 48 734 km² — 5,1 Mio. E.
Stadtbev.: 49 % — Spanisch
BSP: 4,7 Mrd. $, 913 $/E.
Acker: 25 %, Weide: 31 %, Wald: 23 %
Erwerbstätige: I 58 %, II 16 %, III 26 %
Imp./Exp.: 860 Mio. $/676 Mio. $
Exp.: Zucker 30 %, Kaffee 16 %
Stromv.: 539 kWh/E. — Stahlv.: 28 kg/E.

Ecuador
88/89 — 283 561 km² — 7,8 Mio. E.
Stadtbev.: 43 % — Spanisch
BSP: 6,9 Mrd. $, 912 $/E.
Acker: 6 %, Weide: 9 %, Wald: 52 %
Erwerbstätige: I 47 %, II 24 %, III 29 %
Imp./Exp.: 1,6 Mrd. $/1,5 Mrd. $
Exp.: Erdöl 59 % (8,4 Mio. t), Bananen
Stromv.: 312 kWh/E. — Stahlv.: 46 kg/E.

Elfenbeinküste
67/68 — 322 463 km² — 7,9 Mio. E.
Stadtbev.: 35 % — Französisch
BSP: 6,6 Mrd. $, 840 $/E.
Acker: 12 %, Weide: 25 %, Wald: 37 %
Erwerbstätige: I 82 %, II 4 %, III 14 %
Imp./Exp.: 2,5 Mrd. $/2,5 Mrd. $
Exp.: Kaffee 38 %, Kakao 25 %, Holz 16 %
Stromv.: 236 kWh/E. — Stahlv.: 38 kg/E.

El Salvador
84 — 21 041 km² — 4,5 Mio. E.
Stadtbev.: 39 % — Spanisch
BSP: 2,8 Mrd. $, 600 $/E.
Acker: 32 %, Weide: 29 %, Wald: 13 %
Erwerbstätige: I 47 %, II 15 %, III 38 %
Imp./Exp.: 1,0 Mrd. $/629 Mio. $
Exp.: Kaffee 61 %, Baumwolle 8 %
Stromv.: 321 kWh/E. — Stahlv.: 21 kg/E.

Fidschi
73 — 18 272 km² — 600 000 E.
Stadtbev.: 37 % — Englisch und Fidschi
BSP: 860 Mio. $, 1440 $/E.

Finnland
40/41 — 337 009 km² — 4,8 Mio. E.
Stadtbev.: 59 % — Finnisch, Schwedisch
BSP: 32 Mrd. $, 6820 $/E.
Acker: 7 %, Wald: 70 %
Erwerbstätige: I 14 %, II 38 %, III 48 %
Imp./Exp.: 11 Mrd. $/11 Mrd. $
Exp.: Papier 24 %, Schiffe 9 %, Holz 9 %
Stromv.: 7113 kWh/E. — Stahlv.: 326 kg/E.

Frankreich
30/31 — 547 026 km² — 53 Mio. E.
Stadtbev.: 70 % — Französisch
BSP: 440 Mrd. $, 8270 $/E.
Acker: 35 %, Weide: 24 %, Wald: 27 %
Erwerbstätige: I 10 %, II 41 %, III 49 %
Imp./Exp.: 82 Mrd. $/77 Mrd. $
Exp.: Masch. 14 %, Kfz 12 %, Chem. Produkte 12 %, Elektr. Geräte 7 %
Stromv.: 4380 kWh/E. — Stahlv.: 368 kg/E.

Gabun
69/70 — 267 667 km² — 534 000 E.
Stadtbev.: 32 % — Französisch
BSP: 1,9 Mrd. $, 3580 $/E.
Imp./Exp.: 589 Mio. $/1,3 Mrd. $
Exp.: Erdöl 79 % (11 Mio. t), Mg-Erz 9 %

Gambia
67/68 — 11 295 km² — 569 000 E.
Stadtbev.: 14 % — Englisch
BSP: 130 Mio. $, 228 $/E.

Ghana
67/68 — 238 537 km² — 11 Mio. E.
Stadtbev.: 31 % — Englisch
BSP: 4,2 Mrd. $, 390 $/E.
Acker: 11 %, Weide: 45 %, Wald: 20 %
Erwerbstätige: I 54 %, II 19 %, III 27 %
Imp./Exp.: 1,1 Mrd. $/965 Mio. $
Exp.: Kakao 68 %, Aluminium 12 %
Stromv.: 385 kWh/E. — Stahlv.: 11 kg/E.

Grenada
88/89 — 344 km² — 110 000 E.
Stadtbev.: 30 % — Englisch
BSP: 60 Mio. $, 530 $/E.

Griechenland
38 — 131 944 km² — 9,4 Mio. E.
Stadtbev.: 65 % — Griechisch
BSP: 31 Mrd. $, 3270 $/E.
Acker: 29 %, Weide: 40 %, Wald: 20 %
Erwerbstätige: I 40 %, II 27 %, III 33 %
Imp./Exp.: 8,2 Mrd. $/3,4 Mrd. $
Exp.: Garn/Stoff 10 %, Erdölprodukte 9 %
Stromv.: 2034 kWh/E. — Stahlv.: 176 kg/E.

Großbritannien
28/29 — 244 046 km² — 56 Mio. E.
Stadtbev.: 76 % — Englisch
BSP: 281 Mrd. $, 5030 $/E.
Acker: 29 %, Weide: 47 %, Wald: 8 %
Erwerbstätige: I 2 %, II 43 %, III 55 %
Imp./Exp.: 79 Mrd. $/72 Mrd. $
Exp.: Masch. 18 %, Kfz 8 %, Elektr. Geräte 7 %
Stromv.: 5175 kWh/E. — Stahlv.: 349 kg/E.

Guatemala
84 — 108 889 km² — 6,6 Mio. E.
Stadtbev.: 34 % — Spanisch
BSP: 6,0 Mrd. $, 910 $/E.
Acker: 17 %, Weide: 8 %, Wald: 53 %
Erwerbstätige: I 57 %, II 19 %, III 24 %
Imp./Exp.: 1,3 Mrd. $/1,1 Mrd. $
Exp.: Kaffee 32 %, Zucker 14 %, Baumw.
Stromv.: 197 kWh/E. — Stahlv.: 26 kg/E.

Guinea
67/68 — 245 857 km² — 5,0 Mio. E.
Stadtbev.: 16 % — Französisch
BSP: 1,1 Mrd. $, 208 $/E.
Acker: 17 %, Weide: 12 %, Wald: 5 %
Erwerbstätige: I 83 %, II 10 %, III 7 %
Imp./Exp.: ca. 200 Mio. $/ca. 250 Mio. $
Exp.: Bauxit 58 %, Aluminiumoxid 30 %
Stromv.: 105 kWh/E. — Stahlv.: 4 kg/E.

Guinea-Bissau
67/68 — 36 125 km² — 775 000 E.
Stadtbev.: 20 % — Portugiesisch
BSP: 155 Mio. $, 200 $/E.

Guyana
88/89 — 214 969 km² — 830 000 E.
Stadtbev.: 40 % — Englisch
BSP: 460 Mio. $, 550 $/E.

Haiti
84 — 27 750 km² — 4,8 Mio. E.
Stadtbev.: 24 % — Französisch
BSP: 1,2 Mrd. $, 257 $/E.
Acker: 32 %, Weide: 19 %, Wald: 7 %
Erwerbstätige: I 70 %, II 8 %, III 22 %
Imp./Exp.: 212 Mio. $/155 Mio. $
Exp.: Kaffee 45 %, Bauxit 12 %
Stromv.: 57 kWh/E. — Stahlv : 4 kg/E.

Honduras
84 — 112 088 km² — 3,5 Mio. E.
Stadtbev.: 31 % — Spanisch
BSP: 1,7 Mrd. $, 479 $/E.
Acker: 16 %, Weide: 18 %, Wald: 40 %
Erwerbstätige: I 63 %, II 15 %, III 22 %
Imp./Exp.: 693 Mio. $/596 Mio. $
Exp.: Kaffee 34 %, Bananen 25 %, Holz 7 %
Stromv.: 222 kWh/E. — Stahlv. 22 kg/E.

Indien
59/60 — 3 287 590 km² — 645 Mio. E.
Stadtbev.: 21 % — Hindi, daneben Englisch
BSP: 113 Mrd. $, 175 $/E.
Acker: 51 %, Weide: 4 %, Wald: 20 %
Erwerbstätige: I 73 %, II 11 %, III 16 %
Imp./Exp.: 7,4 Mrd. $/6,4 Mrd. $
Exp.: Zucker 13 %, Tee 7 %, Fe-Erz 6 %
Stromv.: 222 kWh/E. — Stahlv.: 16 kg/E.

Indonesien
61/62 — 1 919 270 km² — 145 Mio. E.
Stadtbev.: 18 % — Bahasa Indonesia
BSP: 52 Mrd. $, 360 $/E.
Acker: 9 %, Weide: 6 %, Wald: 64 %
Erwerbstätige: I 60 %, II 12 %, III 28 %
Imp./Exp.: 6,7 Mrd. $/12 Mrd. $
Exp.: Erdöl 63 % (68 Mio. t), Holz 9 %
Stromv.: 32 kWh/E. — Stahlv.: 8 kg/E.

Irak
48/49, 67/68 — 434 924 km² — 12 Mio. E.
Stadtbev.: 66 % — Arabisch
BSP: 23 Mrd. $, 1860 $/E.
Acker: 12 %, Weide: 9 %, Wüste: 75 %
Erwerbstätige: I 43 %, II 25 %, III 32 %
Imp./Exp.: 4,2 Mrd. $/11 Mrd. $
Exp.: Erdöl 98 % (113 Mio. t)
Stromv.: 564 kWh/E. — Stahlv.: 60 kg/E.

Iran
48/49, 67/68 — 1 648 000 km² — 35 Mio. E.
Stadtbev.: 47 % — Iranisch
BSP: 75 Mrd. $, 2180 $/E.
Acker: 10 %, Weide: 27 %, Wüste: 40 %
Erwerbstätige: I 41 %, II 32 %, III 27 %
Imp./Exp.: 16 Mrd. $/23 Mrd. $
Exp.: Erdöl 89 % (122 Mio. t), Erdölprodukte 7 %
Stromv.: 525 kWh/E. — Stahlv.: 137 kg/E.

Irland
28/29 — 70 283 km² — 3,2 Mio. E.
Stadtbev.: 52 % — Englisch, Gälisch
BSP: 11 Mrd. $, 3470 $/E.
Acker: 14 %, Weide: 68 %, Wald: 5 %
Erwerbstätige: I 21 %, II 36 %, III 43 %
Imp./Exp.: 7,1 Mrd. $/5,7 Mrd. $
Exp.: Fleisch 15 %, Chem. Produkte 12 %, Milchprodukte 8 %
Stromv.: 3096 kWh/E. — Stahlv.: 150 kg/E.

Island
40/41 — 102 829 km² — 228 000 E.
Stadtbev.: 87 % — Isländisch
BSP: 1,9 Mrd. $, 8320 $/E.
Acker: 0,1 %, Weide: 22 %, Tundra, Eis 76 %
Erwerbstätige: I 16 %, II 37 %, III 47 %
Imp./Exp.: 674 Mio. $/641 Mio. $
Exp.: Fisch 69 %, Aluminium 9 %
Stromv.: 12 108 kWh/E. — Stahlv.: 236 kg/E.

Israel
169 III, 71 — 20 770 km² — 3,7 Mio. E.
Stadtbev.: 87 % — Hebräisch (Iwrith)
BSP: 15 Mrd. $, 4120 $/E.
Acker: 20 %, Weide: 39 %, Wüste: 37 %
Erwerbstätige: I 8 %, II 37 %, III 55 %
Imp./Exp.: 5,6 Mrd. $/3,9 Mrd. $
Exp.: Diamanten 38 %, Metallw. 9 %, Agrumen 5 %
Stromv.: 2995 kWh/E. — Stahlv.: 195 kg/E.

Italien
34/35 — 301 225 km² — 57 Mio. E.
Stadtbev.: 56 % — Italienisch
BSP: 218 Mrd. $, 3840 $/E.
Acker: 41 %, Weide: 17 %, Wald: 21 %
Erwerbstätige: I 13 %, II 47 %, III 40 %
Imp./Exp.: 56 Mrd. $/56 Mrd. $
Exp.: Masch. 16 %, Kfz 8 %, Chem. Produkte 7 %, Elektr. Geräte 7 %
Stromv.: 3071 kWh/E. — Stahlv.: 368 kg/E.

Jamaica
84 — 10 991 km² — 2,2 Mio. E.
Stadtbev.: 37 % — Englisch
BSP: 2,4 Mrd. $, 1110 $/E.
Acker: 24 %, Weide: 19 %, Wald: 45 %
Erwerbstätige: I 24 %, II 27 %, III 49 %
Imp./Exp.: 874 Mio. $/744 Mio. $
Exp.: Aluminiumoxid 51 %, Bauxit 22 %
Stromv.: 1008 kWh/E. — Stahlv.: 27 kg/E.

Japan
54 — 372 313 km² — 115 Mio. E.
Stadtbev.: 72 % — Japanisch
BSP: 836 Mrd. $, 7330 $/E.
Acker: 13 %, Weide: 2 %, Wald: 67 %
Erwerbstätige: I 14 %, II 37 %, III 49 %
Imp./Exp.: 79 Mrd. $/98 Mrd. $
Exp.: Kfz 20 %, Masch. 15 %, Elektr. Geräte 14 %, Eisen/Stahl 12 %
Stromv.: 4914 kWh/E. — Stahlv.: 512 kg/E.

Jemen (Arabische Republik Jemen)
67/68 — 195 000 km² — 5,2 Mio. E.
Stadtbev.: 7 % — Arabisch
BSP: 3 Mrd. $, 580 $/E.
Acker: 8 %, Weide: 36 %, Wüste: 48 %
Erwerbstätige: I 76 %, II 11 %, III 13 %
Imp./Exp.: 1,3 Mrd. $/7 Mio. $
Exp.: Baumw. 54 %, Kaffee 13 %, Häute 13 %
Stromv.: 9 kWh/E.

Jemen (Demokr. Volksrepublik Jemen)
67/68 — 332 968 km² — 1,9 Mio. E.
Stadtbev.: 33 % — Arabisch
BSP: 740 Mio. $, 420 $/E.

Jordanien
71, 48/49 — 97 740 km² — 2,8 Mio. E.
Stadtbev.: 42 % — Arabisch
BSP: 2,9 Mrd. $, 1050 $/E.
Acker: 14 %, Wüste, Steppe 84 %
Erwerbstätige: I 28 %, II 39 %, III 33 %
Imp./Exp.: 1,5 Mrd. $/402 Mio. $
Exp.: Phosphat 21 %, Agrumen 12 %
Stromv.: 219 kWh/E. — Stahlv.: 31 kg/E.

Jugoslawien
36/37 — 255 804 km² — 22 Mio. E.
Stadtbev.: 39 % — Serbo-Kroatisch, Slowenisch, Mazedonisch
BSP: 52 Mrd. $, 2390 $/E.
Acker: 31 %, Weide: 25 %, Wald: 36 %
Erwerbstätige: I 42 %, II 34 %, III 24 %
Imp./Exp.: 10 Mrd. $/5,7 Mrd. $
Exp.: Masch. 11 %, Elektr. Geräte 9 %, Schiffe 8 %, Chem. Produkte 6 %
Stromv.: 2286 kWh/E. — Stahlv.: 239 kg/E.

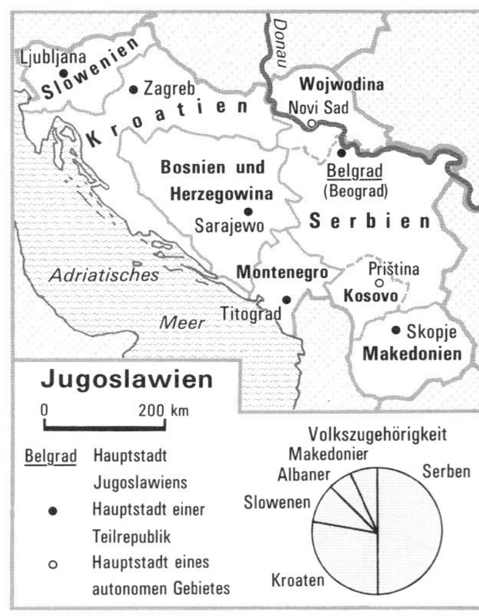

Kambodscha
61/62 — 181 035 km² — 8,1 Mio. E.
Stadtbev.: 11 % — Khmer
BSP: ?
Acker: 17 %, Weide: 3 %, Wald: 74 %
Erwerbstätige: I 75 %, II 4 %, III 21 %
Imp./Exp.: 101 Mio. $/10 Mio. $ (1972)
Exp.: Hülsenfrüchte 20 %, Kautschuk
Stromv.: 17 kWh/E. — Stahlv.: 1 kg/E.

Kamerun
67/68 — 475 442 km² — 8 Mio. E.
Stadtbev.: 20 % — Französisch, Englisch
BSP: 3,7 Mrd. $, 460 $/E.
Acker: 16 %, Weide: 18 %, Wald: 50 %
Erwerbstätige: I 74 %, II 6 %, III 20 %
Imp./Exp.: 1,3 Mrd. $/1,1 Mrd. $
Exp.: Kaffee 34 %, Kakao 33 %, Holz
Stromv.: 200 kWh/E.

Kanada
80/81 — 9 976 139 km² — 23 Mio. E.
Stadtbev.: 76 % — Englisch, Französisch

BSP: 216 Mrd. $, 9170 $/E.
Acker: 4 %, Wald: 33 %, Tundra 58 %
Erwerbstätige: I 6 %, II 30 %, III 64 %
Imp./Exp.: 43 Mrd. $/44 Mrd. $
Exp.: Kfz 22 %, Papier 7 %, Erdgas 5 %
Stromv.: 13 118 kWh/E. — Stahlv.: 550 kg/E.

Kap Verde
92/93 — 4033 km^2 — 312 000 E.
Stadtbev.: 20 % — Portugiesisch
BSP: 50 Mio. $, 160 $/E.

Katar
67/68 — 11 000 km^2 — 220 000 E.
Stadtbev.: ? — Arabisch
BSP: 2,8 Mrd. $, 12 740 $/E.
Imp./Exp.: 1,2 Mrd. $/2,4 Mrd. $
Exp.: Erdöl 97 %, Düngemittel 2 %

Kenia
69/70 — 582 646 km^2 — 15 Mio. E.
Stadtbev.: 10 % — Suaheli
BSP: 4,8 Mrd. $, 318 $/E.
Acker: 4 %, Weide: 6 %, Savanne: 86 %
Erwerbstätige: I 79 %, II 9 %, III 12 %
Imp./Exp.: 1,7 Mrd. $/1,0 Mrd. $
Exp.: Kaffee 43 %, Erdölprodukte 17 %, Tee 15 %
Stromv.: 94 kWh/E. — Stahlv.: 15 kg/E.

Kiribati
168 II — 886 km^2 — 58 000 E.
Stadtbev.: 30 % — Gilbertese, Englisch
BSP: 40 Mio. $, 690 $/E.

Kolumbien
88/89 — 1 138 914 km^2 — 25 Mio. E.
Stadtbev.: 64 % — Spanisch
BSP: 22 Mrd. $, 870 $/E.
Acker: 5 %, Weide: 15 %, Wald: 68 %
Erwerbstätige: I 31 %, II 23 %, III 46 %
Imp./Exp.: 2,1 Mrd. $/2,9 Mrd. $
Exp.: Kaffee 63 %, Baumwolle 5 %
Stromv.: 599 kWh/E. — Stahlv.: 27 kg/E.

Komoren
69/70 — 2171 km^2 — 370 000 E.
Stadtbev.: 10 % — Französisch
BSP: 70 Mio. $, 180 $/E.

Kongo
69/70 — 342 000 km^2 — 1,5 Mio. E.
Stadtbev.: 30 % — Französisch
BSP: 780 Mio. $, 540 $/E.

Korea
Nordkorea (Korean. Volksdemokr. Rep.)
54 — 120 538 km^2 — 17 Mio. E.
Stadtbev.: 40 % — Koreanisch
BSP: 13 Mrd. $, 730 $/E.
Acker: 18 %, Wald: 74 %
Erwerbstätige: I 51 %, II 32 %, III 17 %
Imp./Exp.: 602 Mio. $/528 Mio. $ (1973)
Exp.: Eisenerz, Kohle, Seide
Stromv.: 1758 kWh/E. — Stahlv.: 190 kg/E.
Südkorea (Republik Korea)
54 — 98 484 km^2 — 37 Mio. E.
Stadtbev.: 49 % — Koreanisch
BSP: 42 Mrd. $, 1160 $/E.
Acker: 23 %, Wald: 67 %
Erwerbstätige: I 45 %, II 33 %, III 22 %
Imp./Exp.: 13 Mrd. $/13 Mrd. $
Exp.: Bekleidung 20 %, Garn/Stoff 12 %
Stromv.: 824 kWh/E. — Stahlv.: 186 kg/E.

Kuba
85 III, 84 — 114 524 km^2 — 9,8 Mio. E.
Stadtbev.: 61 % — Spanisch
BSP: 7,9 Mrd. $, 810 $/E.
Acker: 28 %, Weide: 19 %, Wald: 18 %
Erwerbstätige: I 26 %, II 31 %, III 43 %
Imp./Exp.: 4,7 Mrd. $/4,5 Mrd. $
Exp.: Zucker 88 %, Ni-Erz 4 %
Stromv.: 767 kWh/E. — Stahlv.: 53 kg/E.

Kuwait
67/68 — 17 818 km^2 — 1,2 Mio. E.
Stadtbev.: 77 % — Arabisch
BSP: 18 Mrd. $, 14 890 $/E.
Acker: 0,06 %, Weide: 7 %, Wüste: 93 %
Erwerbstätige: I 2 %, II 34 %, III 64 %
Imp./Exp.: 4,3 Mrd. $/11 Mrd. $
Exp.: Erdöl 75 % (81 Mio. t), Erdölprodukte 12 %, Teerprodukte 3 %
Stromv.: 5843 kWh/E. — Stahlv.: 558 kg/E.

Laos
61/62 — 236 800 km^2 — 3,5 Mio. E.
Stadtbev.: 15 % — Lao
BSP: 300 Mio. $, 90 $/E.

Lesotho
69/70 — 30 355 km^2 — 1,3 Mio. E.
Stadtbev.: 5 % — Bantusprachen, Englisch
BSP: 360 Mio. $, 280 $/E.

Libanon
71 — 10 400 km^2 — 3,1 Mio. E.
Stadtbev.: 60 % — Arabisch
BSP: 3,9 Mrd. $, 1250 $/E.
Acker: 33 %, Weide: 1 %, Wald: 7 %
Erwerbstätige: I 13 %, II 27 %, III 60 %
Imp./Exp.: 1,2 Mrd. $/502 Mio. $ (1973)
Exp.: Masch. 10 %, Früchte 7 %, Flugzeugteile 6 %, Kfz 6 %
Stromv.: 539 kWh/E. — Stahlv.: 79 kg/E.

Liberia
67/68 — 111 369 km^2 — 1,8 Mio. E.
Stadtbev.: 28 % — Englisch
BSP: 820 Mio. $, 471 $/E.
Acker: 3 %, Weide: 2 %, Wald: 65 %
Erwerbstätige: I 73 %, II 14 %, III 13 %
Imp./Exp.: 740 Mio. $/820 Mio. $
Exp.: Fe-Erz 74 %, Kautschuk 12 %, Holz
Stromv.: 483 kWh/E. — Stahlv.: 19 kg/E.

Libyen
67/68 — 1 759 540 km^2 — 2,7 Mio. E.
Stadtbev.: 30 % — Arabisch
BSP: 19 Mrd. $, 6910 $/E.
Acker: 3 %, Weide: 4 %, Wüste: 90 %
Erwerbstätige: I 22 %, II 27 %, III 51 %
Imp./Exp.: 4,6 Mrd. $/10 Mrd. $
Exp.: Erdöl 94 % (93 Mio. t), Erdölprodukte 4 %
Stromv.: 626 kWh/E. — Stahlv.: 240 kg/E.

Liechtenstein
24/25 — 160 km^2 — 24 000 E.
Stadtbev.: ? — Deutsch
BSP: 380 Mio. $, 15 600 $/E.

Luxemburg
39 I — 2586 km^2 — 356 000 E.
Stadtbev.: 69 % — Deutsch, Französisch
BSP: 3,7 Mrd. $, 10 410 $/E.
Acker: 28 %, Weide: 26 %, Wald: 33 %
Erwerbstätige: I 5 %, II 43 %, III 52 %
Imp./Exp.: 2,3 Mrd. $/2,0 Mrd. $
Exp.: Eisen/Stahl 54 %, Chem. Produkte 14 %
Stromverbr.: 11 096 kWh/E.

Madagaskar
69/70 — 587 041 km^2 — 8,5 Mio. E.
Stadtbev.: 14 % — Französisch, Malagasy
BSP: 2,1 Mrd. $, 247 $/E.
Acker: 5 %, Weide: 58 %, Wald: 22 %
Erwerbstätige: I 84 %, II 5 %, III 11 %
Imp./Exp.: 443 Mio. $/386 Mio. $
Exp.: Gewürze 28 %, Kaffee 25 %
Stromverbr.: 42 kWh/E. — Stahlv.: 5 kg/E.

Malawi
69/70 — 118 484 km^2 — 5,7 Mio. E.
Stadtbev.: 10 % — Englisch
BSP: 1,0 Mrd. $, 174 $/E.
Acker: 19 %, Weide: 16 %, Wald: 20 %
Erwerbstätige: I 87 %, II 5 %, III 8 %
Imp./Exp.: 339 Mio. $/191 Mio. $
Exp.: Tabak 45 %, Tee 24 %, Zucker 9 %
Stromv.: 61 kWh/E. — Stahlv.: 4 kg/E.

Malaysia
61/62 — 329 749 km^2 — 13 Mio. E.
Stadtbev.: 27 % — Malaiisch
BSP: 15 Mrd. $, 1090 $/E.
Acker: 20 %, Wald: 66 %
Erwerbstätige: I 44 %, II 20 %, III 36 %
Imp./Exp.: 5,3 Mrd. $/5,9 Mrd. $
Exp.: Kautschuk 21 %, Holz 14 %, Erdöl 13 % (9 Mio. t)
Stromv.: 598 kWh/E. — Stahlv.: 50 kg/E.

Malediven
55/56 — 298 km^2 — 144 000 E.
Stadtbev.: 11 % — Maldivisch
BSP: 20 Mio. $, 138 $/E.

Mali
67/68 — 1 240 142 km^2 — 6,3 Mio. E.
Stadtbev.: 17 % — Französisch
BSP: 760 Mio. $, 120 $/E.
Acker: 2 %, Weide: 24 %, Wüste: 50 %
Erwerbstätige: I 89 %, II 5 %, III 6 %
Imp./Exp.: 219 Mio. $/107 Mio. $
Exp.: Baumwolle 51 %, Tiere 13 %, Erdn.
Stromv.: 16 kWh/E.

Malta
46/47 — 316 km^2 — 338 000 E.
Stadtbev.: 94 % — Maltesisch, Englisch
BSP: 730 Mio. $, 2160 $/E.

Marokko
67/68 — 446 550 km^2 — 19 Mio. E.
Stadtbev.: 38 % — Arabisch
BSP: 13 Mrd. $, 670 $/E.
Acker: 18 %, Weide: 28 %, Wald: 12 %
Erwerbstätige: I 53 %, II 19 %, III 28 %
Imp./Exp.: 3,7 Mrd. $/1,9 Mrd. $
Exp.: Phosphat 36 %, Agrumen 11 %
Stromv.: 193 kWh/E. — Stahlv.: 44 %

Mauretanien
67/68 — 1 030 700 km^2 — 1,6 Mio. E.
Stadtbev.: 23 % — Arabisch
BSP: 420 Mio. $, 270 $/E.

Mauritius
65/66 — 2045 km^2 — 920 000 E.
Stadtbev.: 44 % — Englisch
BSP: 760 Mio. $, 830 $/E.

Mexiko
84 — 1 972 547 km^2 — 67 Mio. E.
Stadtbev.: 65 % — Spanisch
BSP: 84 Mrd. $, 1285 $/E.
Acker: 12 %, Weide: 38 %, Wald: 36 %
Erwerbstätige: I 34 %, II 25 %, III 41 %
Imp./Exp.: 7,8 Mrd. $/5,4 Mrd. $
Exp.: Erdöl 31 % (20 Mio. t), Kaffee 6 %
Stromv.: 798 kWh/E. — Stahlv.: 100 kg/E.

Moçambique
69/70 — 783 030 km^2 — 10 Mio. E.
Stadtbev.: 15 % — Portugiesisch
BSP: 1,4 Mrd. $, 137 $/E.
Acker: 4 %, Weide: 56 %, Wald: 25 %
Erwerbstätige: I 68 %, II 20 %, III 12 %
Imp./Exp.: 278 Mio. $/202 Mio. $
Exp.: Früchte 16 %, Zucker 13 %, Baumw.
Stromv.: 116 kWh/E. — Stahlv.: 2 kg/E.

Monaco
24/25 — 1,49 km^2 — 25 000 E.
Stadtbev.: 100 % — Französisch

Mongolei
57/58 — 1 565 000 — 1,6 Mio. E.
Stadtbev.: 46 % — Mongolisch
BSP: 1,5 Mrd. $, 940 $/E.
Acker: 0,7 %, Weide: 80 %, Wald: 10 %
Erwerbstätige: I 57 %, II 21 %, III 22 %
Imp./Exp.: 377 Mio. $/157 Mio. $ (1973)
Exp.: Lebende Tiere 44 %, Wolle 30 %
Stromv.: 116 kWh/E.

Namibia
69/70 — 824 292 km^2 — 925 000 E.
Stadtbev.: 12 % — Afrikaans, Englisch, Deutsch
BSP: 1,0 Mrd. $, 1080 $/E.

Nauru
168 II — 21,4 km^2 — 8000 E.
Stadtbev.: ? — Englisch, Nauruanisch
BSP: 80 Mio. $, 10 000 $/E.
Imp./Exp.: 14 Mio. $/90 Mio. $
Exp.: Phosphate 100 %

Nepal
59/60 — 140 794 km^2 — 13 Mio. E.
Stadtbev.: 4 % — Nepali, Newari
BSP: 1,6 Mrd. $, 115 $/E.
Acker: 16 %, Weide: 12 %, Hochgeb., Wald: 70 %
Erwerbstätige: I 93 %, II 2 %, III 5 %
Imp./Exp.: 127 Mio. $/134 Mio. $
Exp.: Reis 49 %, Jute 6 %, Gewürze 5 %
Stromv.: 15 kWh/E.

Neuseeland
74/75 — 268 676 km^2 — 3,1 Mio. E.
Stadtbev.: 83 % — Englisch
BSP: 15 Mrd. $, 4790 $/E.
Acker: 2 %, Weide: 51 %, Wald: 26 %
Erwerbstätige: I 10 %, II 35 %, III 55 %
Imp./Exp.: 3,5 Mrd. $/3,8 Mrd. $
Exp.: Fleisch 24 %, Wolle 19 %, Butter
Stromv.: 6950 kWh/E. — Stahlv.: 280 kg/E.

Nicaragua
84 — 130 000 km^2 — 2,4 Mio. E.
Stadtbev.: 49 % — Spanisch
BSP: 2,1 Mrd. $, 843 $/E.
Acker: 12 %, Weide: 26 %, Wald: 48 %
Erwerbstätige: I 44 %, II 14 %, III 42 %
Imp./Exp.: 594 Mio. $/646 Mio. $
Exp.: Kaffee 32 %, Baumw. 24 %, Zucker
Stromv.: 509 kWh/E. — Stahlv.: 26 kg/E.

Niederlande
39 I — 40 844 km^2 — 14 Mio. E.
Stadtbev.: 88 % — Niederländisch
BSP: 117 Mrd. $, 8390 $/E.
Acker: 23 %, Weide: 32 %, Wald: 8 %
Erwerbstätige: I 6 %, II 45 %, III 49 %
Imp./Exp.: 54 Mrd. $/50 Mrd. $
Exp.: Erdölprodukte 10 %, Elektr. Geräte 7 %, Masch. 7 %, Erdgas 6 %
Stromv.: 4478 kWh/E. — Stahlv.: 322 kg/E.

Niger
67/68 — 1 267 000 km^2 — 5,0 Mio. E.
Stadtbev.: 10 % — Französisch
BSP: 1,1 Mrd. $, 220 $/E.
Acker: 3 %, Weide: 10 %, Wüste: 70 %
Erwerbstätige: I 92 %, II 3 %, III 5 %
Imp./Exp.: 127 Mio. $/134 Mio. $
Exp.: Uran 64 %, Tiere 15 %, Hülsenfr. 6 %
Stromv.: 15 kWh/E.

Nigeria
67/68 — 923 768 km^2 — 75 Mio. E.
Stadtbev.: 25 % — Englisch
BSP: 46 Mrd. $, 564 $/E.
Acker: 26 %, Weide: 23 %, Wald: 34 %
Erwerbstätige: I 56 %, II 18 %, III 26 %
Imp./Exp.: 13 Mrd. $/9,5 Mrd. $
Exp.: Erdöl 93 % (100 Mio. t), Kakao 5 %
Stromv.: 50 kWh/E. — Stahlv.: 27 kg/E.

Norwegen
40/41 — 324 219 km^2 — 4,1 Mio. E.
Stadtbev.: 44 % — Norwegisch
BSP: 39 Mrd. $, 9510 $/E.
Acker: 3 %, Wald: 26 %, Fjell, Tundra: 70 %
Erwerbstätige: I 8 %, II 37 %, III 55 %
Imp./Exp.: 11 Mrd. $/10 Mrd. $
Exp.: Schiffe 20 %, Erdöl 18 % (17 Mio. t)
Stromv.: 18 379 kWh/E. — Stahlv.: 405 kg/E.

Obervolta
67/68 — 274 200 km^2 — 6,5 Mio. E.
Stadtbev.: 11 % — Französisch
BSP: 1 Mrd. $, 157 $/E.
Acker: 21 %, Weide: 50 %, Wald: 13 %
Erwerbstätige: I 84 %, II 11 %, III 5 %
Imp./Exp.: 191 Mio. $/42 Mio. $
Exp.: Baumw. 40 %, Tiere 16 %, Ölsaaten
Stromv.: 12 kWh/E.

Oman
67/68 — 212 457 km^2 — 856 000 E.
Stadtbev.: 20 % — Arabisch
BSP: 2,2 Mio. $, 2570 $/E.
Imp./Exp.: 1,3 Mrd. $/1,5 Mrd. $
Exp.: Erdöl 99,7 % (17 Mio. t)

Österreich
24/25 — 83 853 km^2 — 7,5 Mio. E.
Stadtbev.: 52 % — Deutsch
BSP: 53 Mrd. $, 7030 $/E.
Acker: 20 %, Weide: 25 %, Wald: 39 %
Erwerbstätige: I 11 %, II 41 %, III 48 %
Imp./Exp.: 16 Mrd. $/12 Mrd. $
Exp.: Masch./Kfz. 28 %, Eisen/Stahl 10 %
Stromv.: 4822 kWh/E. — Stahlv.: 335 kg/E.

Pakistan
59/60 — 803 943 km^2 — 77 Mio. E.
Stadtbev.: 26 % — Urdu, Englisch
BSP: 18 Mrd. $, 227 $/E.
Acker: 25 %, Weide: 6 %, Wüste: 50 %
Erwerbstätige: I 58 %, II 20 %, III 22 %
Imp./Exp.: 3,2 Mrd. $/1,5 Mrd. $
Exp.: Garn/Stoff 39 %, Reis 19 %
Stromv.: 144 kWh/E. — Stahlv.: 9 kg/E.

Panama
85 II, 88/89 — 75 650 km^2 — 1,8 Mio. E.
Stadtbev.: 51 % — Spanisch
BSP: 2,4 Mrd. $, 1290 $/E.

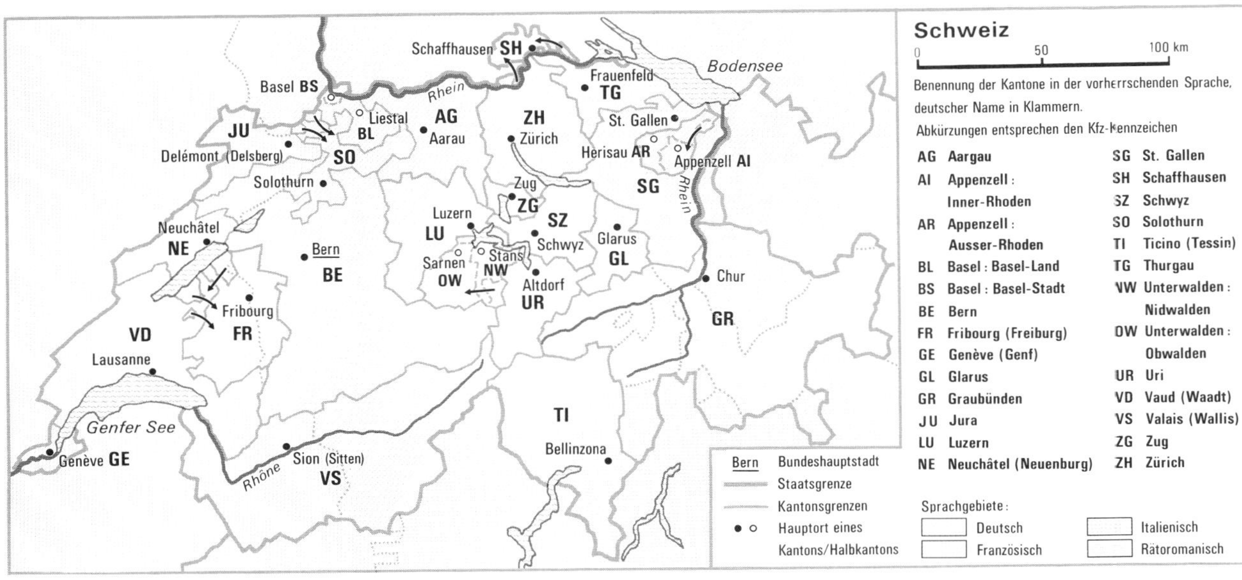

Papua-Neuguinea
61/62 — 461 691 km² — 2,9 Mio. E.
Stadtbev.: 11 % — Englisch
BSP: 1,6 Mrd. $, 560 $/E.
Acker: 0,8 %, Wald: 79 %
Erwerbstätige: I 84 %, II 8 %, III 8 %
Imp./Exp.: 600 Mio. $/779 Mio. $
Exp.: Cu-Erz 39 %, Kaffee 26 %, Kakao
Stromv.: 383 kWh/E.

Paraguay
90 — 406 752 km² — 2,9 Mio. E.
Stadtbev.: 37 % — Spanisch
BSP: 2,5 Mrd. $, 850 $/E.
Acker: 3 %, Weide: 37 %, Wald: 50 %
Erwerbstätige: I 50 %, II 19 %, III 31 %
Imp./Exp.: 360 Mio. $/300 Mio. $
Exp.: Fleisch 21 %, Holz 16 %, Baumw.
Stromv.: 170 kWh/E. — Stahlv.: 6 kg/E.

Peru
88/89 — 1 258 216 km² — 17 Mio. E.
Stadtbev.: 55 % — Spanisch, Ketschua
BSP: 12 Mrd. $, 740 $/E.
Acker: 3 %, Weide: 21 %, Wald: 57 %
Erwerbstätige: I 40 %, II 20 %, III 40 %
Imp./Exp.: 1,6 Mrd. $/1,4 Mrd. $
Exp.: Kupfer 22 %, Kaffee 12 %, Fischmehl 11 %
Stromv.: 528 kWh/E. — Stahlv.: 37 kg/E.

Philippinen
61/62 — 300 000 km² — 46 Mio. E.
Stadtbev.: 32 % — Tagalog
BSP: 23 Mrd. $, 510 $/E.
Acker: 27 %, Weide: 3 %, Wald: 43 %
Erwerbstätige: I 51 %, II 15 %, III 34 %
Imp./Exp.: 5,1 Mrd. $/3,4 Mrd. $
Exp.: Zucker 17 %, Kokosöl 13 %, Cu-Erz
Stromv.: 366 kWh/E. — Stahlv.: 31 kg/E.

Polen
26/27 — 312 683 km² — 35 Mio. E.
Stadtbev.: 57 % — Polnisch
BSP: 128 Mrd. $, 3660 $/E.
Acker: 48 %, Weide: 13 %, Wald: 28 %
Erwerbstätige: I 34 %, II 38 %, III 28 %
Imp./Exp.: 15 Mrd. $/13 Mrd. $
Exp.: Kohle 18 %, Masch. 11 %, Schiffe 6 %, Kfz 4 %
Stromv.: 3283 kWh/E. — Stahlv.: 540 kg/E.

Portugal
32/33 — 92 082 km² — 9,9 Mio. E.
Stadtbev.: 40 % — Portugiesisch
BSP: 20 Mrd. $, 2020 $/E
Acker: 39 %, Weide: 6 %, Wald: 40 %
Erwerbstätige: I 27 %, II 36 %, III 37 %
Imp./Exp.: 5,5 Mrd. $/2,4 Mrd. $
Exp.: Bekleid. 13 %, Elektr. Geräte 7 %, Wein 7 %, Kork 6 %
Stromv.: 1322 kWh/E. — Stahlv.: 156 kg/E.

Rhodesien s. Simbabwe

Rumänien
36/37 — 237 500 km² — 22 Mio. E.
Stadtbev.: 48 % — Rumänisch
BSP: 38 Mrd. $, 1750 $/E.
Acker: 44 %, Weide: 19 %, Wald: 27 %
Erwerbstätige: I 51 %, II 31 %, III 18 %
Imp./Exp.: 9,1 Mrd. $/8,2 Mrd. $
Exp.: Erdölprodukte, Masch., Fleisch je 7 %
Stromv.: 2850 kWh/E. — Stahlv.: 485 kg/E.

Rwanda
69/70 — 26 338 km² — 4,5 Mio. E.
Stadtbev.: 3 % — Französisch, Rwanda
BSP: 830 Mio. $, 184 $/E.

Saint Lucia
88/89 — 616 km² — 125 000 E.
Stadtbev.: 50 % — Englisch
BSP: 80 Mio. $, 630 $/E.

Saint Vincent
88/89 — 389 km² — 105 000 E.
Stadtbev.: 30 % — Englisch
BSP: 40 Mio. $, 380 $/E.

Salomonen
74/75 — 28 446 km² — 210 000 E.
Stadtbev.: 9 % — Englisch
BSP: 90 Mio. $, 423 $/E.

Sambia
69/70 — 752 614 km² — 5,4 Mio. E.
Stadtbev.: 39 % — Englisch
BSP: 2,5 Mrd. $, 478 $/E.
Acker: 7 %, Weide: 40 %, Wald: 50 %
Erwerbstätige: I 69 %, II 11 %, III 20 %
Imp./Exp.: 630 Mio. $/853 Mio. $
Exp.: Kupfer 90 %, Zink 4 %
Stromv.: 1112 kWh/E. — Stahlv.: 9 kg/E.

Samoa
96/168 II — 2842 km² — 153 000 E.
Stadtbev.: 21 % — Samoanisch, Englisch
BSP: 50 Mio. $; 327 $/E.

San Marino
24/25 — 60,6 km² — 20 000 E.
Stadtbev.: 92 % — Italienisch

São Tomé und Principe
69/70 — 964 km² — 85 000 E.
Stadtbev.: 30 % — Portugiesisch
BSP: 40 Mio. $, 470 $/E.

Saudi-Arabien
67/68 — 2 149 690 km² — 7,9 Mio. E.
Stadtbev.: 28 % — Arabisch
BSP: 63 Mrd. $, 8040 $/E.
Acker: 0,5 %, Weide: 39 %, Wüste: 60 %
Erwerbstätige: I 63 %, II 14 %, III 23 %
Imp./Exp.: 20 Mrd. $/39 Mrd. $
Exp.: Erdöl 95 % (427 Mio. t), Erdölprodukte 3 %
Stromv.: 357 kWh/E. — Stahlv.: 207 kg/E.

Schweden
40/41 — 449 964 km² — 8,3 Mio. E.
Stadtbev.: 81 % — Schwedisch
BSP: 85 Mrd. $, 10 210 $/E.
Acker: 7 %, Wald: 59 %, Tundra: 20 %
Erwerbstätige: I 5 %, II 37 %, III 58 %
Imp./Exp.: 20 Mrd. $/22 Mrd. $
Exp.: Masch. 18 %, Kfz 12 %, Papier 9 %
Stromv.: 10 510 kWh/E. — Stahlv.: 463 kg/E.

Schweiz
24/25 — 41 293 km² — 6,3 Mio. E.
Stadtbev.: 55 % — Deutsch, Französisch, Italienisch
BSP: 76 Mrd. $, 12 100 $/E.
Acker: 10 %, Weide: 39 %, Wald: 26 %
Erwerbstätige: I 6 %, II 48 %, III 46 %
Imp./Exp.: 24 Mrd. $/24 Mrd. $
Exp.: Masch. 22 %, Chem. Produkte 20 %, Elektr. Geräte 10 %, Uhren 8 %
Stromv.: 5760 kWh/E. — Stahlv.: 356 kg/E.

Senegal
67/68 — 196 192 km² — 5,3 Mio. E.
Stadtbev.: 32 % — Französisch, Wolof
BSP: 1,8 Mrd. $, 340 $/E.
Acker: 28 %, Weide: 29 %, Wald: 3 %
Erwerbstätige: I 77 %, II 9 %, III 14 %
Imp./Exp.: 762 Mio. $/623 Mio. $
Exp.: Erdnußöl 36 %, Düngem. 17 %, Erdnüsse 11 %
Stromv.: 97 kWh/E. — Stahlv.: 14 kg/E.

Seychellen
65/66 — 404 km² — 69 000 E.
Stadtbev.: 26 % — Englisch, Französisch
BSP: 70 Mio. $, 1010 $/E.

Sierra Leone
67/68 — 71 740 km² — 3,3 Mio. E.
Stadtbev.: 24 % — Englisch
BSP: 690 Mio. $, 210 $/E.

Simbabwe
69/70 — 390 580 km² — 6,9 Mio. E.
Stadtbev.: 20 % — Englisch, Schona, Ndebele
BSP: 3,3 Mrd. $, 480 $/E.
Acker: 6 %, Weide: 12 %, Wald: 35 %
Erwerbstätige: I 61 %, II 15 %, III 24 %
Imp./Exp.: 937 Mio. $/1,2 Mrd. $
Exp.: Tabak, Asbest, Kupfer, Fleisch
Stromv.: 942 kWh/E. — Stahlv.: 74 kg/E.

Singapur
151 VI, 61/62 — 581 km² — 2,3 Mio. E.
Stadtbev.: 100 % — Englisch, Malaiisch, Chinesisch, Tamil
BSP: 7,7 Mrd. $, 3260 $/E.

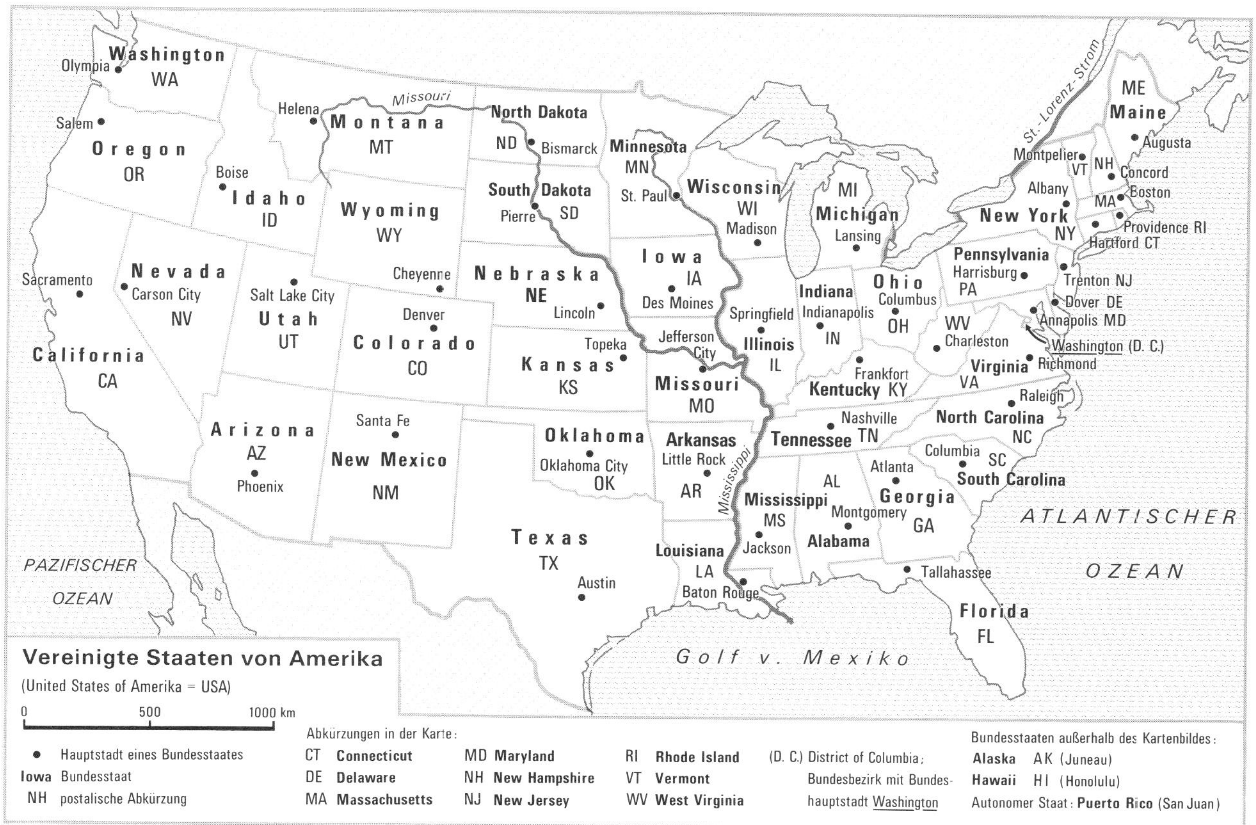

Acker: 14 %, Wald: 5 %, Bebauung: 44 %
Erwerbstätige: I 2 %, II 32 %, III 66 %
Imp./Exp.: 13 Mrd. $/10 Mrd. $
Exp.: Erdölprodukte 28 %, Elektr. Geräte 16 %, Kautschuk 11 %
Stromv.: 2474 kWh/E. — Stahlv.: 562 kg/E.

Somalia
67/70, 65/66 — 637 657 km² — 3,5 Mio. E.
Stadtbev.: 20 % — Somali
BSP: 470 Mio. $, 130 $/E.

Sowjetunion
Karte der polit. Gliederung s. S. 180
50/51 — 22 402 200 km² — 262 Mio. E.
Stadtbev.: 62 % — Russisch, regionale Gleichberechtigung der übrigen Nationalsprachen (z. B. Ukrainisch, Kirgisisch)
BSP: 966 Mrd. $, 3700 $/E.
Acker: 10 %, Weide: 17 %, Wald: 41 %
Erwerbstätige: I 19 %, II 46 %, III 35 %
Imp./Exp. 51 Mrd. $/52 Mrd. $
Exp.: Erdöl 16 % (93 Mio. t), Erdölprodukte 9 %, Masch. 9 %
Stromv.: 4486 kWh/E. — Stahlv.: 583 kg/E.

Spanien
32/33 — 504 782 km² — 37 Mio. E.
Stadtbev.: 65 % — Spanisch, regional daneben Katalanisch und Baskisch
BSP: 129 Mrd. $, 3520 $/E.
Acker: 41 %, Weide: 22 %, Wald: 30 %
Erwerbstätige: I 19 %, II 42 %, III 39 %
Imp./Exp.: 19 Mrd. $/13 Mrd. $
Exp.: Kfz 10 %, Eisen/Stahl 10 %, Masch. 9 %, Agrumen 4 %
Stromv.: 2702 kWh/E. — Stahlv.: 249 kg/E.

Sri Lanka (Ceylon)
59/60 Nk. — 65 610 km² — 14 Mio. E.
Stadtbev.: 22 % — Singhalesisch
BSP: 2,7 Mrd. $, 190 $/E.
Acker: 33 %, Weide: 7 %, Wald: 36 %
Erwerbstätige: I 54 %, II 15 %, III 31 %
Imp./Exp.: 928 Mio. $/847 Mio. $
Exp.: Tee 53 %, Kautschuk 14 %, Nüsse
Stromv.: 91 kWh/E. — Stahlv.: 2 kg/E.

Südafrika
69/70 — 1 225 034 km² — 28 Mio. E.
Stadtbev.: 48 % — Afrikaans, Englisch
BSP: 41 Mrd. $, 1480 $/E.
Acker: 12 %, Weide: 67 %, Wald: 4 %
Erwerbstätige: I 30 %, II 30 %, III 40 %
Imp./Exp.: 7,8 Mrd. $/8,5 Mrd. $
Exp.: Diamanten 14 %, Eisen/Stahl 10 %
Stromv.: 2997 kWh/E. — Stahlv.: 161 kg/E.

Sudan
67/68 — 2 505 813 km² — 17 Mio. E.
Stadtbev.: 20 % — Arabisch
BSP: 5,5 Mrd. $, 320 $/E.
Acker: 3 %, Weide: 10 %, Wüste: 40 %
Erwerbstätige: I 79 %, II 10 %, III 11 %
Imp./Exp.: 1,2 Mrd. $/533 Mio. $
Exp.: Baumw. 45 %, Erdnüsse 23 %
Stromv.: 54 kWh/E. — Stahlv.: 10 kg/E.

Surinam
88/89 — 163 265 km² — 390 000 E.
Stadtbev.: 50 % — Niederländisch
BSP: 820 Mio. $, 2108 $/E.
Acker: 0,3 %, Wald: 87 %
Erwerbstätige: I 33 %, II 22 %, III 45 %
Imp./Exp.: 396 Mio. $/308 Mio. $
Exp.: Bauxit/Aluminium 78 %, Reis 10 %
Stromv.: 3333 kWh/E.

Swasiland
69/70 — 17 363 km² — 525 000 E.
Stadtbev.: 8 % — Swati
BSP: 310 Mio. $, 590 $/E.

Syrien
48/49 — 185 180 km² — 8,1 Mio. E.
Stadtbev.: 49 % — Arabisch
BSP: 7,5 Mrd. $, 930 $/E.
Acker: 30 %, Weide: 46 %, Wüste: 20 %
Erwerbstätige: I 49 %, II 23 %, III 28 %
Imp./Exp.: 2,4 Mrd. $/1,1 Mrd. $
Exp.: Erdöl 58 % (8 Mio. t), Baumw. 20 %
Stromv.: 258 kWh/E. — Stahlv.: 76 kg/E.

Taiwan s. China

Tansania
69/70 — 945 087 km² — 17 Mio. E.
Stadtbev.: 7 % — Suaheli
BSP: 3,9 Mrd. $, 230 $/E.
Acker: 5 %, Weide: 47 %, Wald: 33 %
Erwerbstätige: I 84 %, II 6 %, III 10 %
Imp./Exp.: 1,1 Mrd. $/457 Mio. $
Exp.: Kaffee 45 %, Baumw. 16 %, Gewürze 7 %
Stromv.: 42 kWh/E. — Stahlv.: 5 kg/E.

Thailand
61/62 — 514 000 km² — 45 Mio. E.
Stadtbev.: 13 % — T'hai (Siamesisch)
BSP: 22 Mrd. $, 490 $/E.
Acker: 34 %, Wald: 41 %
Erwerbstätige: I 77 %, II 8 %, III 15 %
Imp./Exp.: 5,3 Mrd. $/4,1 Mrd. $
Exp.: Reis 19 %, Zucker 12 %, Maniok
Stromv.: 281 % — Stahlv.: 31 kg/E.

Togo
67/68 — 56 000 km² — 2,4 Mio. E.
Stadtbev.: 15 % — Französisch
BSP: 770 Mio. $, 319 $/E.

Tonga
96, 168 II — 699 km² — 93 000 E.
Stadtbev.: 15 % — Tonga, Englisch
BSP: 40 Mio. $, 430 $/E.

Trinidad und Tobago
88/89 — 5128 km² — 1,1 Mio. E.
Stadtbev.: 20 % — Englisch
BSP: 3,3 Mrd. $, 2910 $/E.
Imp./Exp.: 2,0 Mrd. $/2,0 Mrd. $
Exp.: Erdölprodukte 48 %, Erdöl 37 % (7 Mio. t)

Tschad
67/68 — 1 284 000 km² — 4,3 Mio. E.
Stadtbev.: 18 % — Französisch
BSP: 620 Mio. $, 144 $/E.
Acker: 2 %, Weide: 35 %, Wüste: 46 %
Erwerbstätige: I 87 %, II 6 %, III 7 %
Imp./Exp.: 118 Mio. $/59 Mio. $
Exp.: Baumwolle 62 %, Kakao 12 %
Stromv.: 15 kWh/E.

Tschechoslowakei
26/27 — 127 869 km² — 15 Mio. E.
Stadtbev.: 67 % — Tschechisch, Slowakisch
BSP: 71 Mrd. $, 4720 $/E.
Acker: 41 %, Weide: 13 %, Wald: 35 %
Erwerbstätige: I 13 %, II 49 %, III 38 %
Imp./Exp.: 13 Mrd. $/12 Mrd. $
Exp.: Masch. 32 %, Eisen/Stahl 9 %, Kfz 8 %, Chem. Produkte 6 %
Stromv.: 4831 kWh/E. — Stahlv.: 700 kg/E.

Tunesien
67/68 — 164 150 km² — 6,2 Mio. E.
Stadtbev.: 45 % — Arabisch
BSP: 5,8 Mrd. $, 950 $/E.
Acker: 27 %, Weide: 20 %, Wüste: 40 %
Erwerbstätige: I 43 %, II 23 %, III 34 %
Imp./Exp.: 2,1 Mrd. $/1,1 Mrd. $
Exp.: Erdöl 41 % (4 Mio. t), Bekleid. 15 %
Stromv.: 285 kWh/E. — Stahlv.: 63 kg/E.

Türkei
48/49 — 780 576 km² — 43 Mio. E.
Stadtbev.: 45 % — Türkisch
BSP: 52 Mrd. $, 1210 $/E.
Acker: 32 %, Weide: 35 %, Wald: 26 %
Erwerbstätige: I 62 %, II 14 %, III 24 %
Imp./Exp.: 4,6 Mrd. $/2,3 Mrd. $
Exp.: Baumw. 15 %, Nüsse 15 %, Tabak
Stromv.: 502 kWh/E. — Stahlv.: 112 kg/E.

Tuvalu
74/75 — 24,6 km² — 8000 E.
Stadtbev.: ? — Tuvalu

Uganda
69/70 — 236 036 km² — 13 Mio. E.
Stadtbev.: 7 % — Englisch
BSP: 3,2 Mrd. $, 260 $/E.
Acker: 24 %, Weide: 21 %, Wald: 12 %
Erwerbstätige: I 84 %, II 6 %, III 10 %
Imp./Exp.: 187 Mio. $/659 Mio. $
Exp.: Kaffee 86 %, Baumw. 6 %, Tee 3 %
Stromv.: 36 kWh/E. — Stahlv.: 1 kg/E.

Ungarn
36/37 — 93 032 km² — 11 Mio. E.
Stadtbev.: 52 % — Ungarisch
BSP: 37 Mrd. $, 3450 $/E.
Acker: 58 %, Weide: 14 %, Wald: 17 %
Erwerbstätige: I 19 %, II 58 %, III 23 %
Imp./Exp.: 7,9 Mrd. $/6,4 Mrd. $
Exp.: Masch. 14 %, Kfz 11 %, Chem. Produkte 9 %
Stromv.: 2831 kWh/E. — Stahlv.: 343 kg/E.

Uruguay
90 — 177 508 km² — 2,9 Mio. E.
Stadtbev.: 83 % — Spanisch
BSP: 4,7 Mrd. $, 1610 $/E.
Acker: 11 %, Weide: 79 %, Wald: 3 %
Erwerbstätige: I 12 %, II 32 %, III 55 %
Imp./Exp.: 1,2 Mrd. $/788 Mio. $
Exp.: Wolle 21 %, Fleisch 15 %, Leder
Stromv.: 1161 kWh/E. — Stahlv.: 16 kg/E.

Vanuatu
74/75 — 14 763 km² — 111 000 E.
Stadtbev.: ? — Englisch, Französisch
BSP: 60 Mio. $, 540 $/E.

Vatikanstadt
163 III, 34/35 — 0,44 km² — 726 E.
Stadtbev.: 100 % — Latein, Italienisch

Venezuela
88/89 — 912 050 km² — 13 Mio. E.
Stadtbev.: 74 % — Spanisch
BSP: 41 Mrd. $, 2915 $/E.
Acker: 6 %, Weide: 18 %, Wald: 53 %
Erwerbstätige: I 21 %, II 27 %, III 52 %
Imp./Exp.: 11 Mrd. $/9,1 Mrd. $
Exp.: Erdöl 60 % (72 Mio. t), Erdölprodukte 32 %, Fe-Erz 3 %
Stromv.: 1846 kWh/E. — Stahlv.: 285 kg/E.

Vereinigte Staaten von Amerika
82/83, 78/79 — 9 363 123 km² — 220 Mio. E.
Stadtbev.: 74 % — Englisch
BSP: 2118 Mrd. $, 9700 $/E.
Acker: 20 %, Weide: 26 %, Wald: 31 %
Erwerbstätige: I 3 %, II 33 %, III 64 %
Imp./Exp.: 183 Mrd. $/141 Mrd. $
Exp.: Masch. 19 %, Kfz 10 %, Chem. Produkte 9 %, Elektr. Geräte 9 %
Stromv.: 10 638 kWh/E. — Stahlv.: 618 kg/E.

Vietnam
61/62 — 332 559 km² — 50 Mio. E.
Stadtbev.: 30 % — Vietnamesisch
BSP: 8,9 Mrd. $, 170 $/E.
Acker: 18 %, Weide: 15 %, Wald: 38 %
Erwerbstätige: I 70 %, II 9 %, III 21 %
Imp./Exp.: ?
Exp.: Kautschuk, Tee, Holz
Stromv.: 71 kWh/E. — Stahlv.: 7 kg/E.

Westsamoa s. Samoa

Zaire
69/70 — 2 345 409 km² — 27 Mio. E.
Stadtbev.: 30 % — Französisch
BSP: 5,5 Mrd. $, 209 $/E.
Acker: 3 %, Weide: 11 %, Wald: 65 %
Erwerbstätige: I 76 %, II 13 %, III 11 %
Imp./Exp.: 589 Mio. $/925 Mio. $
Exp.: Kupfer 54 %, Kaffee 12 %, Diamanten 5 %
Stromv.: 146 kWh/E. — Stahlv.: 3 kg/E.

Zentralafrika
67/68 — 622 948 km² — 2,0 Mio. E.
Stadtbev.: 27 % — Französisch, Sangho
BSP: 480 Mio. $, 250 $/E.

Zypern
48/49 — 9251 km² — 640 000 E.
Stadtbev.: 42 % — Griechisch, Türkisch
BSP: 1,4 Mrd. $, 2120 $/E.

Erläuterung ausgewählter Legendenbegriffe

Agrarbevölkerung: Einwohner eines bestimmten Gebietes, deren Lebensunterhalt auf landwirtschaftlicher Tätigkeit beruht; hierzu gehören außer Erwerbstätigen auch nichterwerbstätige Familienangehörige.

Alm: der sommerlichen Nutzung dienendes Weideland für Rinder oder anderes Großvieh im alpinen Bereich von Hochgebirgen und in den höchsten Lagen von Mittelgebirgen. Sennalmen dienen der Milchwirtschaft, Galtalmen der Aufzucht von Jungvieh. Die Alm bildet mit dem tiefer gelegenen Heimgut eine betriebswirtschaftliche Einheit, wird aber im Sommer selbständig von Hirten oder Sennern bewirtschaftet.

alpine Matten: Pflanzenformation in Hochgebirgen oberhalb der Baumgrenze. Die ungünstigen Klimaverhältnisse (Kälte, Schnee, Wind) lassen nur widerstandsfähige Gräser und ausdauernde Stauden gedeihen.

Altmoräne: im Gegensatz zu → Jungmoränen nicht während der letzten, sondern in einer früheren Eiszeit von Gletschern transportierter und abgelagerter Gesteinsschutt. Die ursprünglich meist wallartige Form von → Endmoränen ist infolge der Abtragung weitgehend beseitigt.

arid: Bezeichnung für „trocken" im Hinblick auf Klima, Klimabereich oder Jahreszeit. Arides Klima herrscht, wenn auf Grund hoher Temperaturen mehr Wasser verdunsten könnte, als durch Niederschläge zugeführt wird. Gegensatz: humides (feuchtes) Klima, bei dem überschüssiges Wasser versickert oder abfließt.

artesischer Brunnen: Bohrloch, in dem Grundwasser ohne Pumpen oder Schöpfwerk aufsteigt. Voraussetzung sind wasserführende Gesteinsschichten, die muldenförmig angeordnet sind und von wasserundurchlässigen Schichten eingeschlossen werden. Liegt der Brunnen tiefer als die oft weit entfernten Versickerungsstellen, so läßt der natürliche Druck das Wasser im Bohrloch aufsteigen.

assoziierte Staaten: bei internationalen Zusammenschlüssen (z. B. Europäische Gemeinschaft) Länder, die nicht die volle Mitgliedschaft haben, jedoch in Teilbereichen auf Grund von Abkommen mitarbeiten.

atlantische Bergheide: im ozeanischen Klima der → gemäßigten Zone auf nährstoffarmen Böden vorkommende → Vegetationsformation; charakteristisch sind Heidekraut und Wacholder.

Aufbauachsen: meist den Hauptverkehrswegen folgende Bereiche im Umkreis von Großstädten, für die von den Planungsbehörden eine weitere bauliche Entwicklung vorgesehen ist. Der zwischen den Achsen liegende Raum soll Erholungszwecken und der Landwirtschaft vorbehalten bleiben.

Auftriebswasser: kaltes Wasser in Küstennähe, das aus größeren Tiefen des Meeres aufsteigt. Ursache hierfür sind beständige, vom Land her wehende Winde, die das Oberflächenwasser auf das offene Meer wegströmen lassen. Infolge des entstehenden Kreislaufs steigt dann relativ kaltes Wasser auf.

Basaltwüste: → Wüste, deren Oberfläche von Basalt, einem dunklen vulkanischen Gestein, gebildet wird.

Binnendeich: an der Meeresküste vom Hauptdeich landeinwärts abzweigender Deich zur Unterteilung von → Poldern oder Kögen.

bioklimatische Zonen: Gebiete, deren Klima sich in bestimmter Weise auf Gesundheit und Wohlbefinden des Menschen auswirkt; reizstark: relativ niedrige Temperaturen mit häufig frischen und böigen Winden; reizmild: geringere Wirkung des Klimas; schonend: mäßige Temperaturschwankungen bei nahezu schadstofffreier, nicht allzu feuchter Luft; belastend: hohe Luftfeuchtigkeit mit Nebelbildung, Dunstglocken über industrie- und verkehrsreichen Gebieten.

Birkenbuschwald: an der polaren Waldgrenze vor allem in Nordeuropa verbreiteter lichter Birkenwald.

Börde: Bezeichnung für meist waldfreie Ebenen am Nordrand der deutschen Mittelgebirge, in denen auf sehr ertragreichen Böden (→ Löß) vor allem Weizen, Zuckerrüben und Kartoffeln angebaut werden.

boreal: Bezeichnung für „nördlich" im Zusammenhang mit Klima- und Vegetationszonen (nach Boreas, dem Gott des Nordwindes bei den Griechen).

borealer Nadelwald: artenarmer Nadelwald im → borealen Klima der → kalten Zone Europas, Asiens und Nordamerikas. Charakteristisch sind Fichten, Kiefern, Lärchen, Tannen und als einzige Laubbäume Birken. Die riesigen, in Sibirien → Taiga genannten borealen Waldgebiete sind von Sümpfen durchsetzt.

Brache: Ackerland, das zeitweilig nicht genutzt wird. Bei der Dreifelderwirtschaft wird der Teil des Ackerlandes als Brache bezeichnet, der nach zwei Anbaujahren ein Jahr lang nicht genutzt wird, damit sich der Boden erholen kann.

Brandrodung: Methode der Landerschließung in den → Tropen, bei der Teile des Waldes gerodet und abgebrannt werden, um neue Anbauflächen zu gewinnen. Die Asche dient als natürlicher Dünger. Da die Böden der Tropen ohne künstliche Düngung nach wenigen Jahren erschöpft sind, müssen ständig neue Waldgebiete gerodet werden.

Bruch: Störung im Gestein, in der Erdkruste, an der der ursprüngliche Zusammenhang unterbrochen ist. Brüche entstehen durch Spannungen in der sich langsam bewegenden Erdkruste, denen das Gestein allmählich oder plötzlich (Erdbeben) durch Zerbrechen nachgibt.

Bruchstufe: stufenförmiger Abfall des Geländes, als Folge von meist parallel verlaufenden → Brüchen durch Hebung oder Absenkung von Gesteinsschichten im Laufe sehr langer Zeiträume entstanden. Die Gesteinsbewegungen können so stark sein, daß Bruchstufen deutliche Landschaftsgrenzen bilden.

Bruttosozialprodukt (BSP): Gesamtwert aller von der Wirtschaft eines Staates innerhalb einer bestimmten Zeit (meist 1 Jahr) erzeugten Güter und Dienstleistungen, abzüglich des Wertes der vom Ausland eingeführten Güter und Dienstleistungen.

Central City: in den Ballungsgebieten der USA die eigentliche Stadt ohne die umgebenden Stadtrandgebiete.

City: verkehrsreiches, dicht bebautes Handels- und Geschäftszentrum einer Großstadt. Die Zahl der in der City wohnenden „Nachtbevölkerung" ist erheblich geringer als die der dort (meist in Dienstleistungsberufen) beschäftigten „Tagbevölkerung".

Container: Großbehälter, der den verpackungsfreien Transport von Gütern aller Art ermöglicht. Das Umladen (Schiff, Bahn, Lkw, Flugzeug) kann sehr schnell erfolgen, da die Container genormt und stapelbar sind. Maße: 2,43 m hoch und breit; 6,05 m, 9,12 m oder 12,19 m lang.

Creek: in Australien Bezeichnung für → Wadi.

Dauerfrostboden: in der Tiefe ganzjährig gefrorener Boden, der im Sommer nur an der Oberfläche auftaut. Er ist in der → polaren und in der → kalten Zone Nordamerikas und der Sowjetunion weit verbreitet.

Decke: mächtige Gesteinsschichten, die bei der Gebirgsbildung zusammenhängend über anderes Gestein geschoben worden sind. Die Decken der Alpen z. B. wurden um mehrere hundert Kilometer von Süden nach Norden bewegt.

Druckstollen: häufig aus Stahlbeton bestehende Rohrleitung, in der Wasser aus einem Stausee zu einem tiefer gelegenen Kraftwerk strömt.

Durchbruchstal: verengter Abschnitt eines Tales, in dem ein Fluß einzelne Ketten oder größere Teile eines Gebirges durchschneidet. In vielen Fällen hat sich der bereits ursprünglich vorhandene Fluß bei der später einsetzenden Hebung des Gebirges entsprechend eingetieft.

Endmoräne: meist wallartig aufgehäufter Gesteinsschutt an der Stirn eines Gletschers. Die sich langsam bewegenden Eismassen schürfen aus dem Untergrund Gesteinsbrocken aus und transportieren sie bis zur Gletscherstirn. Schmilzt das Eis, so bleibt ein Gesteinswall zurück. Endmoränen markieren somit die Linie des weitesten Eisvorstoßes während einer Eiszeit.

Engpaßleistung: die durch den schwächsten Anlagenteil eines Kraftwerks vorgegebene, maximal ausfahrbare Dauerleistung.

Ernährung: die für das Leben notwendige Aufnahme von Nahrungsmitteln. Bei Normalernährung entspricht der Nahrungsverbrauch etwa dem Bedarf, bei Unterernährung ist er geringer, bei Überernährung größer als der Bedarf. Dabei ist nicht allein die Menge der Nahrungsmittel ausschlaggebend, sondern auch ihre Zusammensetzung. Neben dem Fettgehalt hat der Gehalt an → Protein großen Einfluß auf die Gesundheit.

Erwerbstätige: Arbeitnehmer, Selbständige und freiberuflich Tätige, deren Arbeit der Sicherung ihres Lebensunterhalts dient (meist einschließlich Soldaten oder mithelfende Familienzugehörende).

Faltengebirge: Gebirge, das durch Faltung ursprünglich waagerecht liegender Gesteinsschichten und anschließende Hebung entstanden ist. Jüngere Faltengebirge (z. B. Alpen, Himalaya) weisen beträchtliche Höhen und schärfere Formen auf, während ältere Faltengebirge (z. B. Appalachen in den USA) infolge der langandauernden Abtragung meist weniger hoch und abgerundeter sind.

Felswüste: auch als Hammada bezeichnete → Wüste, deren Oberfläche von anstehendem Fels oder groben Schuttmassen gebildet wird. Heftige Winde haben die durch Verwitterung entstehenden feineren Bestandteile (Sand) fortgeweht.

Fenster: durch Abtragung entstandene Lücke in einer → Decke, an der das unter ihr liegende Gestein zutage tritt (in den Alpen: Tauernfenster).

Feuchtsavanne: Vegetationsform der → Savanne mit jährlichen Niederschlagsmengen zwischen 1000 und 1500 mm und kurzer Trockenzeit. Typisch sind bis zu 4 m hoher Grasbewuchs und entlang den Flußläufen dichter Baumbestand (Galeriewald).

Fjell: in Skandinavien oberhalb des → borealen Nadelwaldes in 300—700 m Höhe vorherrschende → Vegetation, die sich vor allem aus Moosen, Flechten, Stauden und Zwergsträuchern zusammensetzt (vgl. mit → Tundra).

Flachs: etwa 50—120 cm hohe krautartige, früher weit verbreitete Pflanze, deren Fasern die Grundlage für die Herstellung von Leinen bilden. Der Samen dient als Heilmittel und der Gewinnung von Leinöl.

Flöz: im Bergbau übliche Bezeichnung für nutzbares Gestein (z. B. Kohle, Erz), das schichtartig das nicht nutzbare („taube") Gestein durchsetzt. Braunkohlenflöze können 100 m mächtig sein, Steinkohlenflöze sind meist nur 1—2 m mächtig.

Flysch: Gestein, das bei der Heraushebung von Faltengebirgen in vorgelagerten Meeresbecken abgelagert worden ist. An Talhängen neigt Flysch (= „Fließen"), u. a. bestehend aus wechselnden Schichten von Sandstein, Kalk, Mergel, zu Rutschungen.

Föhn: bei bestimmten Wetterlagen in Gebirgen auftretender warmer, trockener Fallwind (insbesondere in den Nordalpen und im Alpenvorland). Geringe Luftfeuchtigkeit ist die Ursache für gute Fernsicht bei Föhn. Da der warme Wind die Temperaturen oft um mehr als 15 °C ansteigen läßt, ist er in Wintersportgebieten als „Schneefresser" gefürchtet.

Forst: im Gegensatz zum Urwald ein Waldgebiet, das durch forstwirtschaftliche Eingriffe umgestaltet worden ist, um den Nutzwert (Holzwirtschaft, Jagd) zu erhöhen.

Freihafen: Hafen oder abgegrenzter Teil eines Hafens, der außerhalb des Zollgebietes eines Staates liegt. Eingeführte Waren können gelagert, weiterverarbeitet und wieder ausgeführt werden, ohne daß Zoll gezahlt werden muß.

Frosttag: Tag, an dem die Temperatur der Luft unter 0 °C absinkt.

Garrigue: oft undurchdringbar dichte Gebüschformation der Mittelmeergebiete (z. T. auch anders bezeichnet). Charakteristische Pflanzen sind Kermeseiche, Rosmarin und Lavendel.

Geest: Gebiete eiszeitlicher Ablagerungen im nordwestlichen Mitteleuropa, die sich von der unmittelbar an der Küste liegenden → Marsch durch höhere Lage, sandige Böden und geringere Fruchtbarkeit unterscheiden.

gemäßigte Zone: Klimazone der Erde mit Jahresmittelwerten der Temperatur zwischen etwa 5 °C und 10 °C (West-, Mittel- und Osteuropa, der Süden der Sowjetunion, weite Teile der USA sowie der äußerste Süden von Australien und Südamerika).

geomagnetische Pole: theoretisch festgelegte Punkte, an denen die magnetische Erdachse als Verlängerung eines im Erdmittelpunkt angenommenen Dipols die Erdoberfläche durchstößt. Da das Magnetfeld der Erde Unregelmäßigkeiten aufweist, laufen die magnetischen Feldlinien, die die Richtung der Kompaßnadel bestimmen, nicht in den geomagnetischen, sondern in den → magnetischen Polen zusammen.

Großgrundbesitz: landwirtschaftlicher Besitz, der sich durch seine Größe von der Mehrzahl der bäuerlichen Betriebe eines Landes unterscheidet (in der BR Deutschland über 100 ha, in Südamerika etwa über 1000 ha). Trotz meist nur extensiver Nutzung erfordert die Bewirtschaftung oft eine große Zahl von Landarbeitern.

Grundgebirge: das meist von jüngeren Schichten des Deckgebirges überlagerte ältere Gestein; es besteht in der Regel aus Granit oder Gneis, jedoch werden auch alte, in ihrer ursprünglichen Lagerung gestörte Sedimentgesteine hierzu gerechnet.

Grünland: zusammenfassende Bezeichnung für → Wiesen und → Weiden (im Gegensatz zum Akkerland).

Gummi arabicum: aus Pflanzenbestandteilen (Rinde der Gummiakazien, Saft der Maulbeerfeige) gewonnene Flüssigkeit, die im Vorderen Orient schon im Altertum Verwendung als Klebstoff fand.

Gut: größerer landwirtschaftlicher Betrieb, zu dessen Bewirtschaftung meist Arbeitskräfte beschäftigt werden, die nicht der Familie des Gutsherrn angehören.

Hackbau: einfache Form des Ackerbaus, bei der statt eines Pfluges nur Grabstock und Hacke verwendet werden; heute noch in den weniger entwickelten Gebieten der Tropen verbreitet.

Halbwüste: Übergangsraum zwischen → Wüste und → Savanne oder → Steppe. Die geringen Niederschlagsmengen (50—200 mm) lassen nur eine spärliche Pflanzendecke zu, die an die langandauernde Trockenheit angepaßt ist.

Hallig: kleine, nicht durch Deiche geschützte Insel vor der nordfriesischen Küste. Da bei Hochwasser die Gefahr der Überflutung besteht, werden die Häuser der wenigen Bewohner auf Wurten (4—5 m hohe Erdhügel) errichtet. Die Halligen sind der Rest eines größeren → Marschgebietes, das durch Sturmfluten zerstört worden ist.

Heide: lichte, nur von wenigen Bäumen durchsetzte Strauchformation der → gemäßigten Zone. Das kümmerliche Wachstum ist durch Nährstoffarmut des Bodens (→ atlantische Heide) oder durch Wasserarmut (Steppenheide) bedingt. In vielen Fällen ist Heide durch Zerstörung von Wäldern entstanden.

Heilbad: Kurort mit Quellen, deren Wasser infolge der Temperatur (Thermalbad) oder des Gehalts an gelösten Mineralstoffen (Mineralbad) heilend wirkt.

heilklimatischer Kurort: Bezeichnung für eine Ortschaft in klimatisch besonders begünstigter Lage. Sanatorien und andere Einrichtungen bieten die Voraussetzungen für einen Kuraufenthalt.

Hochgebirgsvegetation: Pflanzenwelt der höheren Hochgebirgslagen, die auf Grund klimatischer Bedingungen (niedrige Temperaturen, hohe Niederschlagsmengen, langandauernde Schneedekke, intensive Strahlung) Besonderheiten in Zusammensetzung und Wuchsform aufweist. Man unterscheidet unterhalb der Waldgrenze colline Stufe (Hügelland) und montane Stufe, darüber die → alpine Stufe.

Hochkippe: künstliche Aufschüttung von nicht nutzbarem Gestein, das als Abraum vor allem beim Braunkohletagebau in großen Mengen anfällt.

Hochmoor: → Moor, das seine Feuchtigkeit im Gegensatz zum Niedermoor nicht vom Grundwasser, sondern durch den Niederschlag erhält. Da die Oberfläche des Hochmoors leicht gewölbt ist, liegt es etwas höher als die Umgebung.

Hochterrasse: von Flußgeröllen (Schotter) gebildete Verebnung an Hängen über der Talaue und über der zeitlich jüngeren Niederterrasse. Die Ablagerung erfolgte in einer der älteren Eiszeiten, jedoch wurden die Schotter bei der späteren Eintiefung des Flusses bis auf kleine Reste wieder abgetragen.

Homelands: Gebiete in Südafrika, die im Rahmen der Rassentrennungspolitik bestimmten Stammesgruppen der schwarzen Bevölkerung zugewiesen worden sind. Da oft Arbeitsplätze fehlen, müssen die Bewohner in den Industriegebieten außerhalb der Homelands arbeiten.

Huerta: intensiv genutzte, durch Kanäle und Gräben bewässerte Gartenbaulandschaft in Spanien, in der vor allem Südfrüchte und Gemüse angebaut werden.

humid: → arid.

Hurrikan: sehr starker Wirbelsturm der Tropen und Subtropen mit Windgeschwindigkeiten von mehr als 200 km in der Stunde, der oft großen Schaden anrichtet. Entstehungsgebiet ist häufig die Karibik.

inntertropische Konvergenz (meist engl. abgekürzt: ITC): Zusammenströmen der von Nordosten und Südosten wehenden → Passatwinde in den → Tropen. Da in ihr die Luft aufsteigt, sich abkühlt und Wasserdampf ausscheidet, fallen im Bereich der ITC ständig sehr große Mengen an Niederschlag. Mit dem jahreszeitlichen Wandern des Sonnenhöchststandes verlagert sich die ITC ungefähr zwischen den Wendekreisen.

Jungmoräne: von einem Gletscher während der letzten Eiszeit abgelagerter Gesteinsschutt. Die bei → Endmoränen oft wallartige Form ist in der Regel noch deutlich erkennbar, da die abtragenden Kräfte erst seit relativ kurzer Zeit (rund 10 000 Jahre) wirksam sein konnten (im Gegensatz zur → Altmoräne).

Jute: nach der Baumwolle die wichtigste Textilfasern liefernde Pflanze. Sie gedeiht in feuchtwarmem Klima (China, Indien, Bangla Desh). Aus den Fasern werden grobe Gewebe (z. B. für Säcke) hergestellt.

kalte Zone: Klimazone mit Jahresmittelwerten der Temperatur zwischen ungefähr 0 °C und −10 °C (Kanada, Nordeuropa und im Norden der Sowjetunion).

Kaoliang: in China durch Züchtung entwickelte Sorte einer als Sorghum oder Mohrenhirse bezeichneten Getreideart. Sie bildet neben Reis eines der wichtigsten Grundnahrungsmittel in Ostasien.

Karst: zusammenfassende Bezeichnung für Hohlformen an und unter der Erdoberfläche, die auf Lösung von Gestein in Wasser zurückzuführen sind. Karsterscheinungen finden sich in Kalk-, Dolomit- und Gipsgestein: an der Oberfläche bilden sich Rillen, versickerndes Wasser kann größere Senken (Dolinen) und unterirdische Hohlräume (Höhlen) entstehen lassen.

Karstheide: → Heide, deren Entstehung auf die Wasserarmut des Bodens in → Karstgebieten zurückzuführen ist.

Kaufkraft: Maßzahl für den durchschnittlich pro Einwohner zur Verfügung stehenden Geldbetrag zum Kauf von Gütern oder zur Inanspruchnahme von Dienstleistungen. Berücksichtigt werden hierbei u. a. Einkommens- und Vermögenswerte (Bankguthaben, Wertpapiere usw.). Kaufkraftkarten zeigen regionale Unterschiede im Hinblick auf den Wohlstand der Bevölkerung auf.

Kibbuz: ländliche Gemeinschaftssiedlung in Israel, deren Mitglieder auf Privatbesitz verzichten und durch ihre Arbeit in der Landwirtschaft (neuerdings auch in der Industrie) zum gemeinschaftlichen Unterhalt beitragen. Heute gibt es rund 230 Kibbuzim, die jeweils etwa 400 bis 1500 freiwillige Mitglieder haben.

Kieswüste: auch Serir genannter Typ der → Wüste, dessen Oberfläche aus abgerundetem grobem Gesteinsmaterial besteht. Die feineren Verwitterungsrückstände (Sand) werden vom Wind weggeweht.

Kläranlage: Anlage zur Reinigung des von den Haushalten und der Industrie stammenden Abwassers. Das Wasser wird auf mechanische, chemische und biologische Weise so weit gereinigt, daß die Einleitung in Flüsse keinen Schaden für das menschliche Leben sowie für Tier- und Pflanzenwelt hervorruft.

Kokospalme: vielseitig nutzbare Palmenart tropischer Küsten. Kokosnüsse werden zu Kokosöl und Kokosfett, die Fasern zu Matten und Schiffstauen verarbeitet, das Stammholz wird als Bauholz verwendet.

Koks: in Kokereien durch starke Erhitzung unter Luftabschluß gewonnener Rückstand von besonders geeigneter Kohle. Koks wird vor allem bei der Erzverhüttung benötigt (etwa 490 kg Koks pro t → Roheisen).

Kolchose: landwirtschaftlicher Großbetrieb in sozialistischen Staaten. Kolchosen sind durch Zusammenlegung (Kollektivierung) entstanden, wobei der frühere Privatbesitz weitgehend in Gemeinschaftsbesitz umgewandelt wurde. In der DDR werden Kolchosen als Landwirtschaftliche Produktionsgenossenschaften (→ LPG) bezeichnet.

Kontinentalabhang: leicht geneigter Übergang der Kontinente zu den Tiefseeböden der Ozeane. Da auch heute vom Meer bedeckte Gebiete den Kontinenten zuzurechnen sind (→ Schelf), beginnt der Kontinentalabhang häufig erst mehrere hundert Kilometer vor der Küste.

Korallenriff: aus den Skeletten von Korallen und anderen tierischen Organismen bestehende Kalkablagerungen in sauerstoff- und nährstoffreichen Meeresgebieten der Tropen (mindestens 20 °C Wassertemperatur, höchstens 40 m Tiefe). Bei allmählichem Anstieg des Wasserspiegels wächst das Riff entsprechend nach oben, der untere Teil stirbt ab.

Korkeiche: in Südeuropa und Nordafrika in Eichenhainen angebaute Baumart, deren Rinde eine dicke Korkschicht bildet. Zur Gewinnung des Korks werden die Bäume etwa alle 10 Jahre geschält.

Langgrassteppe: von Natur aus waldfreies Grasland im kontinentalen Bereich der → gemäßigten Zone. Von der → Steppe unterscheidet sie sich durch größere Niederschlagsmengen und höheren Bewuchs.

Löß: sehr feiner, gelblicher Gesteinsstaub, der durch den Wind aus Gebieten ohne schützende Pflanzendecke fortgeweht und an anderer Stelle abgelagert worden ist. Er bildet in klimatisch begünstigten Lagen die Grundlage für fruchtbare Böden. In Europa wurde Löß aus eiszeitlichen Schotterflächen ausgeblasen.

LPG (Landwirtschaftliche Produktionsgenossenschaft): eine nach dem Muster der sowjetischen → Kolchosen seit 1952 in der DDR eingeführte landwirtschaftliche Arbeits- und Produktionsgemeinschaft. Durch zunächst freiwillige, dann zwangsweise Zusammenlegungen wurden große Betriebsflächen geschaffen. Die Bewirtschaftung erfolgt nicht mehr durch selbständige Bauern, sondern durch Landarbeiter, denen Privatbesitz an Boden und Vieh nur noch in sehr geringem Umfang gestattet ist.

Maar: durch vulkanische Gasexplosion entstandene trichterförmige Vertiefung an der Erdoberfläche, die meist von Wasser erfüllt (Maarsee) und mit einem niedrigen Wall vulkanischer Auswurfsprodukte umgeben ist.

Macchie: immergrüne Gebüschformation aus Hartlaubgewächsen, die in den Mittelmeerländern seit der Zerstörung der früher vorhandenen Wälder (Raubbau) weite Gebiete einnimmt.

magnetische Pole: langsam die Lage verändernde Punkte der Erdoberfläche, in denen die Kraftlinien des Erdmagnetfeldes zusammenlaufen. Ihre Verbindungslinie geht nicht durch den Erdmittelpunkt (im Gegensatz zu den → geomagnetischen Polen). Der nördliche Magnetpol liegt z. Z. nahezu 1500 km vom Nordpol entfernt (Parry-Inseln in Nordkanada).

Mangrove: Pflanzenformation im Gezeitenbereich tropischer Flachküsten. Der Mangrovewald besteht aus Gebüsch und Bäumen, die durch Stelzwurzeln dem schwankenden Wasserstand angepaßt sind.

Marsch: aus Sand und Schlick bestehende Ablagerung des Meeres an Flachküsten mit starken Gezeiten. Im Gegensatz zum → Watt wird sie nicht mehr regelmäßig bei Hochwasser überflutet. Eingedeichtes Marschland heißt → Polder oder Koog. Die Marsch hat im Unterschied zur landeinwärts anschließenden → Geest zwar schwere, aber fruchtbare Böden.

Maulbeerbaum: aus Asien stammender, aber auch in Südeuropa verbreiteter Baum, dessen Blätter den Seidenraupen als Nahrung dienen.

mediterraner Wald: Vegetationsform der Mittelmeerländer, angepaßt an die sommerliche Trokkenperiode und die große Hitze. Teils verlieren die Bäume in der Trockenheit ihr Laub, teils sind sie durch besonders dicke Blätter vor allzu starker Verdunstung geschützt. Bei Zerstörung tritt gewöhnlich die → Macchie an seine Stelle.

mediterrane Vegetation: an die sommerliche Trockenheit und hohe Temperaturen angepaßte Pflanzenwelt, die für die Mittelmeerländer typisch ist. Hierzu gehören → mediterraner Wald, → Macchie und → Garrigue.

Mischwald: Waldform, vorwiegend der nördlichen Halbkugel, die einen gemischten Bestand von Laub- und Nadelbäumen aufweist.

mittelozeanischer Rücken: langgestrecktes vulkanisches Gebirgssystem, das sich mit Höhen von mehreren tausend Metern von Tiefseeboden eines Ozeans erhebt. Die höchsten Gipfel ragen als Inseln über den Meeresspiegel empor.

Molasse: mächtige Folge von Gesteinsschichten im nördlichen Alpenvorland, die beim Aufsteigen der Alpen (Gebirgsbildung) als Abtragungsschutt in einem großen Becken, der sogenannten Molassevortiefe, abgelagert worden sind.

Monsun: beständig wehender, jedoch halbjährlich die Richtung wechselnder Wind Asiens. Im Sommer führt er als Südwestmonsun vom Meer her feuchte Luft mit sich, die dem Festland starke Niederschläge bringt. Im Winter weht er als trokkener Wind vom Festland zum Meer.

Monsuntrockenwald: lichter → Monsunwald in Gebieten mit langandauernder Trockenheit.

Monsunwald: Vegetationsform tropischer Gebiete mit wechselfeuchtem Klima, wie es durch den → Monsun hervorgerufen wird. Laubabwurf während der Trockenzeit, bei Einsetzen des Monsunregens bildet sich jedoch wieder ein dichtes Blattwerk.

Moor (Moos, Bruch, Fehn, Ried): feuchtes Gelände, dessen schlammiger Untergrund aus abgestorbenen Pflanzenresten (Torf) besteht. Moore sind an Wasserüberschuß (starke Niederschläge, hoher Grundwasserspiegel) und wenig durchlässige Böden gebunden (nur geringes Abfließen oder Versickern). Moore finden sich hauptsächlich in kühl-feuchten Klimabereichen mit geringer Verdunstung (→ Hochmoor).

natürliche Bevölkerungsentwicklung: Zu- oder Abnahme der Einwohnerzahl eines Gebietes als Differenz von Geborenenzahl und Zahl der Todesfälle. Zu- und Fortzüge werden hierbei nicht berücksichtigt.

Niederschlagsvariabilität: Abweichung der Niederschlagsmenge eines bestimmten Zeitraums vom langjährigen Durchschnittswert, ausgedrückt in Prozent. Da die Abweichung dort besonders groß ist, wo nur unregelmäßig Niederschlag fällt, sind Trockengebiete immer wieder von Dürrekatastrophen bedroht (z. B. im → Sahel).

Niederterrasse: von Flußgeröllen (Schotter) gebildete Verebnung. Sie ist der Rest des Flußbettes aus der jüngsten Eiszeit. Seitdem hat sich der Fluß weiter eingegraben, so daß die heutige Talaue tiefer liegt.

Nomadismus: Wirtschafts- und Lebensweise von Viehhirten, die ohne dauernden Wohnsitz mit ihren Herden umherziehen. Verbreitet ist der Nomadismus in Nordafrika und im Vorderen Orient, wo Trockenheit einen häufigen Wechsel der Weidegebiete erforderlich macht.

Ölpalme: aus Westafrika stammende, heute auch in Südostasien und Lateinamerika angebaute Palmenart, deren Früchte zur Gewinnung von Palmöl geerntet werden.

Paramo: vor allem aus Gräsern und Polsterpflanzen bestehende Pflanzenformation der Hochgebirge Mittel- und Südamerikas oberhalb der Waldgrenze.

Passat: beständig von den im Bereich der Wendekreise gelegenen → Zellen hohen Luftdrucks äquatorwärts wehender Wind (auf der Nordhalbkugel als Nordost-, auf der Südhalbkugel als Südostwind). Die NO- und SO-Passate strömen in der → innertropischen Konvergenz zusammen. Sie bringen nur den Ostseiten der Kontinente Niederschlag (Passatwüsten an den Westseiten der Kontinente).

Plantage: landwirtschaftlicher Großbetrieb in den → Tropen, der sich auf den Anbau meist nur einer Nutzpflanzenart spezialisiert hat (z. B. Bananen, Kaffee) mit kapitalintensiven, fabrikartigen Aufbereitungsanlagen.

polare Zone: durch sehr niedrige Temperaturen (im Jahresdurchschnitt unter −10 °C) und geringe Niederschläge gekennzeichnetes Klimagebiet. In den eisfreien Randbereichen ist die → Tundra die typische Vegetationsform.

Polder: eingedeichtes → Marschland (in Nordfriesland auch Koog genannt).

Protein: die für die Ernährung des Menschen notwendigen Eiweißstoffe, die vor allem in tierischen Nahrungsmitteln wie Fleisch, Fisch, Eiern und Milch enthalten sind, jedoch auch in Getreide und in Hülsenfrüchten.

Puna: trockenes Hochland in den südamerikanischen Anden zwischen 3000 und 4500 m Höhe — im Extremfall Wüstenpuna.

Pußta: baumarme, steppenartige Landschaft, die nach der Vernichtung der ursprünglichen Eichenwälder große Teile der Ungarischen Tiefebene einnahm. Heute ist die Pußta weitgehend in Akkerland umgewandelt worden.

Raffinerie: industrielle Anlage zur Reinigung oder Veredelung von Rohstoffen, insbesondere zur Verarbeitung von Erdöl zu Heizöl, Benzin u. a. Produkten.

Ranching: Wirtschaftsweise eines landwirtschaftlichen Großbetriebs (Ranch) vor allem in den USA, mit extensiver Viehzucht zur Fleischproduktion und Entwicklung neuer Rinderrassen.

reduzierte Isotherme: Linie, die auf der Karte benachbarte Punkte gleicher reduzierter Temperatur verbindet. Da die Temperatur mit der Höhe um etwa 0,6 Grad je 100 m abnimmt, werden die tatsächlich gemessenen Werte auf Meeresspiegelhöhe umgerechnet („reduziert"), um den Einfluß der Höhenlage der Meßstationen auszuschalten.

Regenfeldbau: Ackerbau ohne künstliche Bewässerung, wie er außerhalb → arider Gebiete überwiegend betrieben wird.

Rentenkapitalismus: vor allem im Orient verbreitete Wirtschaftsweise, bei der der Eigentümer (z. B. des Bodens) auf möglichst großen Gewinn bedacht ist, ohne das Gewerbe, z. B. Landwirtschaft, selbst zu betreiben. Er lebt meist in der Stadt von dem Pachtzins und sonstigen Abgaben („Renten"), die die ihm verschuldeten Bauern oder sonstigen Gewerbetreibenden zahlen müssen, ist jedoch nicht bereit, Geld für die Erhaltung der Ertragsfähigkeit zu investieren.

Roheisen: im Hochofen durch Ausschmelzen von Erzen gewonnenes Ausgangsprodukt für die Stahlerzeugung. Roh- oder auch Gußeisen ist aufgrund seines hohen Kohlenstoffgehaltes im Gegensatz zum → Rohstahl weder schmied- noch walzbar.

Rohstahl: aus → Roheisen vor allem durch Verminderung des Kohlenstoff- und Phosphorgehalts gewonnenes schmied- und walzbares Eisen, das durch Beimengung von Stahlveredlern (Chrom, Mangan, Nickel) noch spezielle Qualitäten erhält.

Rumpfschollengebirge: altes → Faltengebirge, das nach der Abtragung eingeebnet war, jedoch erneut gehoben wurde und dabei in einzelne Schollen zerfallen ist (vgl. → Bruch).

Sagopalme: in Malaysia und auf einigen Inseln des Pazifischen Ozeans angebaute Palmenart, aus deren Stammark ein stärkereiches Nahrungsmittel gewonnen wird (Sago).

Sahel: Übergangszone am Südrand der Sahara zwischen → Wüste und → Trockensavanne. In dem sehr heißen, → ariden Klima sind die geringen Niederschlagsmengen meist sehr unregelmäßig verteilt (große → Niederschlagsvariabilität), so daß oft Dürrekatastrophen eintreten.

Salzpfanne: flache abflußlose Einsenkung in → ariden Gebieten, deren Boden mit Salzkrusten bedeckt ist.

Salzsumpf: in → ariden Gebieten infolge starker Verdunstung aus abflußlosen Seen entstehender Sumpf mit hohem Salzgehalt. Nach starken Niederschlägen können auch → Salztonebenen zu Salzsümpfen werden.

Salztonebene: von salzreichem Ton gebildete vegetationsfreie Ebene in → ariden Gebieten, in Nordafrika als Sebkha oder Schott bezeichnet.

Sander: schwach geneigte Ebene aus Sand und Kies, die von den Schmelzwässern eines Gletschers vor den → Endmoränen abgelagert wurde (heute meist wenig ertragreiche Böden).

Sandwüste: von welligen Sandflächen oder oft sehr hohen Sanddünen gebildete → Wüste. Hauptverbreitungsgebiete sind Nordafrika (Erg) und Zentralasien.

Savanne: in den wechselfeuchten → Tropen weit verbreitete Vegetationsformation mit geschlossenem Graswuchs und einzelnen Baumgruppen.

Savannenwald: Waldgebiet in der → Feuchtsavanne. Die Artenzahl ist geringer als im Regenwald. Die Bäume rücken weit auseinander und sind meist durch die widerstandsfähige Rinde vor Grasbränden geschützt. Laubabwurf in der Trokkenzeit.

Schacht: meist senkrecht angelegter Gang eines Bergwerks, durch den die Förderung der Abbauprodukte und des abzupumpenden Grubenwassers, die Belüftung sowie der Transport der Bergarbeiter erfolgt.

Schelf: bis etwa 200 m unter dem Meeresspiegel liegender Randbereich eines Kontinents. Zu den

Tiefseeböden hin wird er vom → Kontinentalabhang begrenzt.

Schelfeis: in Bereichen polaren Klimas schmilzt Gletscher- bzw. Inlandeis nicht mehr ab. Es tritt dann, vor allem in der Antarktis, über die Küsten seewärts aus und bildet auf dem → Schelf aufliegende oder schwimmende Platten.

Schichtrippe: langgestreckter Bergrücken mit meist geradlinigem Kamm, der von widerstandsfähigen, steil einfallenden Gesteinsschichten gebildet wird.

Schichtstufe: stufenartiger Abfall des Geländes im Bereich flach geneigter Gesteinsschichten, die der Abtragung in unterschiedlichem Maße Widerstand leisten. Die widerstandsfähigen bilden die Stufenkante, die weniger widerstandsfähigen den Stufensockel und weite Bereiche der Schichtfläche.

Schotterebene: aus gröberen, abgerundeten Gesteinsbruchstücken bestehende Ablagerungen. Im Alpenvorland sind sie von den Schmelzwasserströmen der eiszeitlichen Gletscher abgelagert worden.

Schwerindustrie: zusammenfassende Bezeichnung für Bergbau, Eisen- und Stahlindustrie.

Sebkha: → Salztonebene in Nordafrika.

Seedeich: parallel zur Küste verlaufender Damm zum Schutz des Landes bei Sturmfluten.

Siel: durch ein Tor verschließbare Öffnung im Deich. Bei Hochwasser ist das Sieltor geschlossen, damit kein Wasser in das eingedeichte Land eindringt. Bei Niedrigwasser kann das Land durch das geöffnete Sieltor entwässert werden. Die meisten Sieltore öffnen und schließen selbsttätig durch den Wasserdruck.

Sisal: aus der tropischen Sisalagave gewonnene Fasern, die zur Herstellung von Bindegarn und Schnüren verwendet werden.

SKE (Steinkohleneinheit): Energiemenge, die in 1 t Steinkohle enthalten ist. Für Vergleiche rechnet man andere Energieträger in SKE um:
1 t Erdöl = 1,43 SKE,
1000 m^3 Erdgas = 1,31 SKE,
1 t Braunkohle = 0,28 SKE.

sommergrüner Wald: Wald, der im Herbst das Laub abwirft, z. B. die Laubwälder der → gemäßigten Zone.

Sowchose: landwirtschaftlicher Großbetrieb der Sowjetunion in Staatsbesitz mit durchschnittlich 20 000 ha Betriebsfläche und etwa 600 bezahlten Arbeitskräften. Rund 60 Prozent der landwirtschaftlich genutzten Fläche der SU werden von Sowchosen bewirtschaftet, der Rest überwiegend von → Kolchosen.

Stadt: größere, dicht bebaute Siedlung, die vielfältige Aufgaben auch für das Umland erfüllt. Nach der Einwohnerzahl unterscheidet man: Großstadt (über 100 000), Mittelstadt (20 000—100 000), Kleinstadt (5000—20 000).

Stadtkern: ältester, häufig zur → City gewordener Teil einer Stadt, der von später entstandenen Vierteln umgeben ist.

Steppe: baumloses Grasland in niederschlagsarmen Bereichen der → gemäßigten Zone. Die meist fruchtbaren Böden (Schwarzerde) eignen sich für Ackerbau, oft mit künstlicher Bewässerung. Die Steppe ist in Eurasien vom Schwarzen Meer bis zum Altai-Gebirge verbreitet. In Nordamerika entspricht ihr die Prairie, in Südamerika die Pampa.

Stollen: im Bergbau ein tunnelartiger Gang, der ungefähr horizontal von einem Hang aus in das Gestein bzw. in das Kohleflöz vorgetrieben wird.

subpolar: am Rande der → polaren Zone im Übergangsbereich zur → kalten oder → gemäßigten Zone.

Subtropen: Übergangszone zwischen → Tropen und → gemäßigter Zone. Infolge der häufigen → Zellen hohen Luftdrucks herrscht in vielen Gebieten der Subtropen ganzjährig oder im Sommer → arides Klima.

subtropischer Feuchtwald: dichter, immergrüner Wald in → humidem Klima der → Subtropen, z. B. in China und Südjapan.

Tafelland: aus waagerecht lagernden Gesteinsschichten aufgebaute, weitgehend ebene Landschaft.

Taiga: → borealer Nadelwald der Sowjetunion.

Tankbewässerung: in Vorderindien verbreitete Bewässerung von Feldern mit Regenwasser, das während der niederschlagsreichen Zeiten in künstlich angelegten Speicherbecken (Tanks) gesammelt worden ist.

Tannin: hauptsächlich aus dem Holz des in Zentral- und Südamerika wachsenden Quebrachobaums gewonnenes Mittel zum Gerben von Leder.

Tiefseegraben: langgestreckte Einsenkung im Meeresboden der Tiefsee, deren Grund z. T. mehr als 11 000 m unter dem Meeresspiegel liegt.

trockener Buschwald: im argentinischen Andenvorland als Monte bezeichnete → Vegetationsformation. Charakteristisch sind 3—5 m hohe Sträucher, die während der Trockenzeit ihr Laub abwerfen.

Trockenfeld: Feld, auf dem trotz geringer Niederschlagsmengen ohne künstliche Bewässerung Anbau betrieben wird — z. T. mit besonderen Methoden der Bodenbearbeitung zur Speicherung der Niederschläge.

Trockensavanne: in den → Tropen bei 6 bis 7½ → ariden Monaten vorherrschende → Vegetationsformation. Charakteristisch ist die geschlossene, bis zu 2 m hohe Grasdecke mit vereinzelten Bäumen (z. B. Affenbrotbaum).

Trockenwald: lichter Wald in wechselfeuchten Gebieten der → Tropen und → Subtropen mit fünf bis sieben → ariden Monaten; in der Trokkenzeit laubabwerfend.

Tropen: Gebiete beiderseits des Äquators, in denen ganzjährig hohe, nahezu gleichbleibende Temperaturen herrschen. Die immerfeuchten (inneren) Tropen gehen nach Norden und Süden in die wechselfeuchten (äußeren) Tropen über, die durch den Wechsel von mehrmonatiger Trocken- und Regenzeit geprägt sind.

tropischer Regenwald: → Vegetationsformation der immerfeuchten → Tropen, bestehend aus üppigem Wald mit großer Vielfalt an Pflanzenarten. Drei „Stockwerke" lassen sich unterscheiden: das oberste reicht mit den Gipfeln einzelner Baumriesen 60 m hoch, das mittlere bildet ein geschlossenes Kronendach in 30—40 m Höhe, während das untere bis 15 m Höhe reicht.

Tundra: in den Randgebieten der → polaren Zone verbreitete → Vegetationszone jenseits der Waldgrenze, bestehend aus Flechten, Moosen und niedrigen Sträuchern.

Tungbaum: in China heimischer, 6—7 m hoher Baum, dessen Samen das für die Herstellung von Lack benötigte Holzöl liefert.

Urstromtal: oft mehrere Kilometer breite, flach eingesenkte Talung, durch die während der Eiszeit die Schmelzwässer des Inlandeises abflossen.

Vegetation: Gesamtheit der Pflanzen, die in einem bestimmten Gebiet verbreitet sind.

Vegetationsformation: durch das Vorherrschen einer bestimmten Wuchs- oder Lebensform gekennzeichneter Pflanzenbestand, der in einem größeren Gebiet das Bild der Landschaft prägt.

Vegetationsperiode: vom Klima abhängige Zeitspanne, in der eine Pflanze wächst, blüht und Früchte hervorbringt (im Gegensatz zur Vegetationsruhe).

Vegetationszonen: ungefähr parallel zu den Breitenkreisen angeordnete Gebiete, deren → Vegetationsformationen jeweils weitgehende Ähnlichkeit aufweisen (z. B. → Tundra).

Verwerfung: andere Bezeichnung für → Bruch.

Viermächtestatus: besondere politische Stellung Berlins, das als Folge des II. Weltkriegs der Oberhoheit der Alliierten (USA, Sowjetunion, Großbritannien, Frankreich) untersteht. Durch ihn sind u. a. die Forderungen nach gemeinsamer Verwaltung Berlins, unbehindertem Verkehr in allen vier Sektoren und Arbeitserlaubnis für alle Berliner in jedem Teil der Stadt begründet.

Volkskommune: etwa 1000 bis 2000 Haushalte umfassende Gemeinschaft im ländlichen Raum der Volksrepublik China, entstanden durch Zusammenschluß von landwirtschaftlichen Produktionsgenossenschaften. Der Volkskommune unterstehen Aufgaben der Verwaltung, medizinischen Versorgung und Ausbildung.

Wachspalme: Palmengattung im tropischen Südamerika. Die Wachsschicht an der Oberseite der Blätter wird industriell zur Herstellung von Kerzen, Schuhcreme, Bohnerwachs u. a. verwertet.

Wadi: nur episodisch, d. h. wenige Tage im Jahr, nach Niederschlägen, Wasser führendes Flußbett in → ariden Gebieten.

Waldtundra: → Vegetationsformation im Grenzbereich zwischen → Tundra und → borealem Nadelwald.

Wasserschutzgebiet: abgegrenztes Gebiet, in dem besondere Schutzmaßnahmen und Verbote eine Verunreinigung des Wassers verhindern sollen (z. B. Verkehrsverbot für Lkw mit gefährlicher Ladung).

Wasserwerk: technische Anlage zur Versorgung der Bevölkerung mit Trinkwasser und der Industrie mit Brauchwasser. Zu den Aufgaben gehören: Erschließung von Wasservorkommen, Förderung von Grund- oder Oberflächenwasser, Reinigung, Speicherung und Verteilung des Wassers.

Watt: an Flachküsten unter dem Einfluß von Ebbe und Flut entstehende Ablagerungen aus Sand und Schlick. Bei Hochwasser ist das Watt vom Meer überflutet, während es bei Niedrigwasser freiliegt.

Weide: → Grünland, dessen Pflanzenbestand nicht zur Heugewinnung verwendet wird, sondern dem auf die Weide getriebenen Vieh unmittelbar als Nahrung dient.

Westwinde: das Kima der → gemäßigten Zone stark beeinflussende Luftströmungen in den beiden Westwindgürteln, die die Erde zwischen 60. und 40. Breitenkreis nördlich und südlich des Äquators umgeben.

Wiese: geschlossene, überwiegend von Gräsern, Kleearten und Kräutern bewachsene Fläche des → Grünlandes. Neben natürlichen Vorkommen (z. B. oberhalb der Waldgrenze und in sumpfigen Gebieten) werden Wiesen zur Heugewinnung angelegt, um die Stallfütterung des Viehs zu ermöglichen.

Wirtschaftssektoren: Untergliederung der Wirtschaft. Man unterscheidet: primärer Sektor (Urproduktion, d. h. Landwirtschaft, Forstwirtschaft und Fischerei), sekundärer Sektor (Verarbeitung, d. h. Industrie), tertiärer Sektor (Dienstleistung, d. h. Handel, Verkehr, Verwaltung). Der Bergbau wird durch seine enge Verbindung zur Industrie dem sekundären Sektor zugerechnet.

Wüste: größeres Gebiet der Erde, das auf Grund von Trockenheit weitgehend oder völlig frei von → Vegetation ist. Sehr kalte oder eisbedeckte Gebiete der → polaren Zone werden auch als Kälte- oder Eiswüste bezeichnet. Trockenwüsten werden nach der Beschaffenheit der Oberfläche untergliedert in z. B. → Sandwüste, → Kieswüste.

Zeche: andere Bezeichnung für Bergwerk.

Zellen hohen Luftdrucks: Gebiete im Bereich des 30. Breitenkreises nördlich und südlich des Äquators, in denen überwiegend hoher Luftdruck herrscht. In diesen vor allem über den Ozeanen ausgebildeten Zellen sinkt die Luft ab, so daß sich die Bewölkung auflöst. Sie sind die Ausgangsgebiete der → Passate.

Zentralgraben: etwa 1000—1500 m tiefe und 30—50 km breite Einsenkung in einem → mittelozeanischen Rücken. Im Bereich der Zentralgräben dringt vulkanisches Material nach oben, breitet sich seitwärts aus und bildet neuen Tiefseeboden.

Einführung in das Namenregister

Schreibung geographischer Namen

Die Forderung, geographische Namen mit der im Lande üblichen Namensform und Schreibweise wiederzugeben, wird heute grundsätzlich anerkannt. Ihre konsequente Verwirklichung ist allerdings nicht immer erreichbar oder praktikabel. Bei Sprachen mit Lateinschrift ist eine Übernahme der **Originalschreibung** ohne weiteres möglich und – von wenigen Ausnahmen (z. B. Vietnamesisch oder Chinesisch) und festgeschriebenen deutschen Namen abgesehen – heute auch allgemein üblich. Dagegen müssen Namen aus Sprachen mit einer anderen Buchstabenschrift, einer Silben- oder Bilderschrift zuerst in lateinische Buchstaben umgesetzt werden, um sie für uns lesbar zu machen.

Bei der **Transliteration** erfolgt eine buchstabengetreue Übertragung aus der Orthographie (Schreibung) der Ausgangssprache in die der Zielsprache ohne Berücksichtigung der Aussprache; für viele bekannte Sprachen mit nichtlateinischen Schriften stehen heute von der International Standard Organization (ISO) ausgearbeitete, international gültige Transliterationsalphabete zur Verfügung. Die Transliteration entspricht der Forderung nach einer möglichst genauen Wiedergabe der Originalschreibweise; jeder Buchstabe ist eindeutig fixiert, eine Rückübertragung in die Ausgangssprache möglich.
Für den allgemeinen Gebrauch ergeben sich allerdings einige erhebliche Nachteile: Zusätzlich erforderliche (diakritische) Zeichen sowie ungewohnte Buchstabenkombinationen machen transliterierte Namen oft schwer lesbar; mehrere Buchstaben haben andere Lautwerte als im Deutschen; jede Sprache erfordert ein eigenes Transliterationssystem, so daß gleiche Zeichen in verschiedenen Sprachen oft eine andere Bedeutung haben; bei Sprachen mit Bilderschrift schließlich ist eine Transliteration überhaupt ausgeschlossen.

Die **Transkription** geht im Gegensatz zur Transliteration von der Aussprache der Originalsprache aus und überträgt diese in die Orthographie der Zielsprache, wobei ausschließlich die üblichen Lateinbuchstaben ohne zusätzliche Zeichen verwendet werden. Transkribierte Formen haben den Vorteil, daß sie leicht lesbar sind und eine ungefähre Vorstellung der Aussprache vermitteln. Dagegen bleibt die Originalschreibung unberücksichtigt, eine eindeutige Rückübertragung ist somit nicht möglich.
Aber auch eine konsequente Transkription würde z. T. zu ungewohnten Schreibweisen führen. Im Deutschen – wie auch in anderen europäischen Sprachen – sind für bestimmte Sprachen mit nichtlateinischer Schrift **traditionelle Transkriptionsmethoden** üblich, die neben der Aussprache in gewissem Maße auch die Originalschreibung berücksichtigen. Bei der Transkription russischer Namen wird z. B. der Buchstabe o unverändert aus der kyrillischen Schrift übernommen, obwohl er vor betonten Silben wie a ausgesprochen wird, und das in bestimmten Fällen vor e und i nur in der Aussprache eingefügte j erscheint auch in der deutschen Transkription nicht. Wir finden dementsprechend auf der Karte Wolgograd, Smolensk und Odessa, nicht Walgagrad, Smaljensk und Adjessa.

Auch die Beibehaltung **deutscher Namen** und ihre Verwendung in Karten hat ihre Berechtigung. Für eine Vielzahl ausländischer Orte bestehen deutsche oder eingedeutschte Namen, die in unserem Sprachgebrauch „festgeschrieben" sind. Wir suchen auf der Karte zuerst Florenz, Lüttich, Lissabon oder Athen, nicht Firenze, Liège, Lisboa oder Athinä. Die Namen vieler Landschaften und Gebirge, Seen und Flüsse sind uns überhaupt nur in ihrer deutschen oder eingedeutschten Form bekannt.

Ein für den allgemeinen Gebrauch bestimmter Atlas muß der praktischen Benutzung vorrangig Rechnung tragen. Schreibweise und Namensform werden im ALEXANDER WELTATLAS unter diesem Gesichtspunkt in pragmatischer Weise gehandhabt. Namen aus Sprachen mit Lateinschrift sind allgemein in der Originalschreibung einschließlich aller diakritischen Zeichen wiedergegeben. Dies betrifft alle europäischen Sprachen, ausgenommen Griechisch und Sprachen mit kyrillischer Schrift (z. B. Russisch).
Ein Sonderfall ist *Chinesisch*. 1979 wurde in der Volksrepublik China die Hanyu-Pinyin-Transkription („Buchstabieren der Han-Schrift") eingeführt. Damit liegt auch für alle geographischen Namen eine offizielle Schreibung in Lateinschrift vor. Diese phonetisch auf die eigene Sprache ausgerichtete Transkription weicht jedoch von den bisher in europäischen Sprachen üblichen Schreibweisen erheblich ab (z. B. Peking = Beijing, Kanton = Guangzhou), so daß die Identifizierung bekannter Namen z. T. sehr erschwert wird. In den betreffenden Karten des Alexander werden daher die alten Schreibweisen vorerst beibehalten. Da die neuen Schreibweisen jedoch z. T. in Presseberichten und anderen Publikationen bereits verwendet werden, sind sie im Register für alle Provinzen und wichtige Städte berücksichtigt.
Außerhalb der Bundesrepublik Deutschland und der Deutschen Demokratischen Republik liegende Städte sind mit *deutschen Namen* bezeichnet; dies entspricht der internationalen Gepflogenheit, vorrangig die in der eigenen Sprache geläufigen Namen zu verwenden. Zusätzlich sind auch die fremdsprachigen Namen genannt, soweit die Übersichtlichkeit dadurch nicht leidet. Im Register sind grundsätzlich beide Namensformen mit getrennten Einträgen aufgenommen.

Die Internationale Lautschrift

Schrift und Aussprache, Buchstabe und Laut stimmen in keiner Sprache völlig überein. Auch im Deutschen ist dies nicht der Fall: Wir sagen Rat (nicht Rad), Berk (nicht Berg), Schpīl (nicht Spiël), um nur einige Beispiele zu nennen. Besonders auffallend unter den europäischen Sprachen ist diese Nichtübereinstimmung beim Englischen und Französischen.
Noch komplizierter wird die Frage bei Sprachen mit nichtlateinischen Schriften. Die Transliteration berücksichtigt, wie oben erwähnt, die Aussprache überhaupt nicht. Aber auch die Transkription kann nur eine ungefähre Vorstellung der Aussprache vermitteln, da die Lautwerte anderer Sprachen mit gewöhnlichen Lateinbuchstaben nur bedingt wiedergegeben werden können; hinzu kommt, daß nichtlateinische Schriften oft mehr Buchstaben umfassen als das deutsche Lateinalphabet.
Eine Aufstellung der Ausspracheregeln nur für die wichtigsten Weltsprachen würde Seiten füllen, eine Unzahl von Ausnahmen (besonders bei Eigennamen) unberücksichtigt lassen und außerdem bei transkribierten Namen ohne praktischen Nutzen sein. Man hat daher für die Wiedergabe der Aussprache eigene Lautschriften entwickelt. Am bekanntesten ist die Internationale Lautschrift der Association Phonétique Internationale, die heute allgemein im Fremdsprachenunterricht Verwendung findet und die daher in einer etwas vereinfachten Form auch im Namenregister des ALEXANDER WELTATLAS benutzt wird.
Bei fremdsprachigen Namen ist die Internationale Lautschrift (soweit verfügbar) in eckigen Klammern angegeben, ebenso bei deutschen Namen, deren Aussprache von der Schreibung abweicht, z. B. Canterbury [ˈkæntəbəri], Soest [ˈzo:st]. Bei Namen, für die es neben der landesüblichen auch eine deutsche Aussprache gibt, werden beide genannt, z. B.: Edinburgh [dt. ˈe:dinburk, engl. ˈɛdinbərə], Reims [dt. raims, frz. rɛ̃:s], Porto [dt. ˈpɔrto, port. ˈportu].

Die folgende Übersicht zeigt die im Namenregister verwendeten Zeichen der Internationalen Lautschrift mit Umschreibung der Laute und Wortbeispielen.

a	kurzes helles a	Mann [man]
a:	langes helles a	Bad [ba:t]
ɑ	dunkles a	engl. Father [ˈfɑ:ðə]
ã	nasales a	französ. Franc [frã]
ʌ	kurzes dumpfes a	engl. Butler [ˈbʌtlə]
æ	sehr offenes ä	engl. Match [mætʃ]
ai	ei (Doppelvokal)	mein [main]
au	au (Doppelvokal)	Maus [maus]
b	b	Baum [baum]
ß	nicht voll geschlossenes b	span. Habana [aˈßana]
ç	ch (wie in ich)	Licht [lıçt]
d	d	Dach [daç]
ð	stimmhaftes engl. oder span. th (Lispellaut)	engl. Father [ˈfɑ:ðə] span. Guzmán [guð̣ˈman]
dʒ	weiches dsch	engl. Jet [dʒɛt]
e	kurzes geschlossenes e	Register [reˈgistər]
e:	langes geschlossenes e	Tee [te:]
ẽ	geschlossenes nasales e	port. Lourenço [loˈrẽsu]
ɛ	kurzes offenes e	Mensch [mɛnʃ]
ɛ:	langes offenes e	Bär [bɛ:r]
ɛ̃	offenes nasales e	französ. Terrain [tɛˈrɛ̃:]
ə	kurzes dumpfes e	Gefahr [gəˈfa:r]
ə:	langes dumpfes e	engl. Girl [gə:l]
f	f	Fest [fɛst]
g	g	Gast [gast]
h	h	Hast [hast]
i	kurzes i	Milch [milç]
i:	langes i	Lied [li:t]
ĩ	nasales i	port. Infante [ĩˈfantə]
j	j	Jahr [ja:r]
k	k	Kind [kint]
l	l	Land [lant]
m	m	Mut [mu:t]
n	n	Netz [nɛts]
ŋ	ng	Gang [gaŋ]
o	kurzes geschlossenes o	Podest [poˈdɛst]
o:	langes geschlossenes o	Not [no:t]
õ	nasales o	Waggon [vaˈgõ:]
ɔ	kurzes offenes o	Rost [rɔst]
ɔ:	langes offenes o	engl. Broadway [brɔ:dwɛı]
œ	kurzes ö	Hölle [ˈhœlə]
œ:	langes ö	Öl [œ:l]
œ̃	nasales ö	französ. Parfum [parˈfœ̃:]
ɔi	eu (Doppelvokal)	Heu [hɔi]
p	p	Paß [pas]
r	r	Rand [rant]
s	scharfes s	Los [lo:s]
ʃ	sch	Schuß [ʃus]
t	t	Teer [te:r]
θ	stimmloses engl. th	engl. thing [θiŋ]
u	kurzes u	Nuß [nus]
u:	langes u	Hut [hu:t]
ũ	nasales u	port. Funchal [fũˈʃal]
v	w	Wald [valt]
w	konsonantisches u	engl. Window [ˈwindou]
x	ch (wie in Ach)	Dach [dax]
y	kurzes ü	Mücke [ˈmykə]
y:	langes ü	Düne [ˈdy:nə]
z	weiches s	Nase [ˈna:zə]
ʒ	weiches sch	Etage [eˈta:ʒə]

: Längenzeichen (nach langem Vokal)

ˈ Betonungszeichen (vor betonter Silbe)
Im Japanischen: vorausgehende Silbe tief und/oder folgende Silbe hoch

ˌ Im Serbo-Kroatischen: steigender Ton
Im Norwegischen und Schwedischen: Gravisintonation (fallender Ton auf betonter, höher fallender Ton auf folg. Silbe)
Im Japanischen: folgende Silbe tief oder vorausgehende mit fallendem Ton

Namenregister

Registerregeln

Bei Anordnung und Alphabetisierung der Eintragungen wurden folgende Regeln angewendet:

1. Der dem Namen folgende Kartenverweis nennt die Kartenseite bzw. Kartendoppelseite (bei mehreren Karten auf einer Seite auch die römische Kartenzahl) und das Gradnetzfeld. Verwiesen wird in der Regel auf die Karte im größten Maßstab, in einzelnen Fällen aus sachdienlichen Gründen auch auf mehrere Karten, z. B. bei Deutschland auf die Karten 1 : 500 000 und 1 : 500 000. Bei Ländern, Gebirgen u. ä. bezieht sich der Verweis auf die das Objekt in seiner Gesamtheit zeigende Karte, bei Flüssen auf den der Mündung am nächsten stehenden Namenseintrag.
2. Das Namenregister ist der deutschen Buchstabenfolge entsprechend alphabetisch geordnet. Die Umlaute ä, ö, ü werden wie a, o, u, die Doppelvokale æ und œ wie ae und oe, ß wie ss behandelt. Buchstaben mit Akzenten und diakritischen Zeichen sind wie einfache Lateinbuchstaben eingeordnet.
Deutsche Artikel sind dem Namen nachgestellt, z. B.: Haar, Die; fremdsprachige Artikel bleiben in ihrer Stellung erhalten, z. B.: Le Mans. Einem Namen vorangestellte Zusätze (wie Sankt, Saint, Fort usw.) und geographische Bezeichnungen (wie Mont, Mount, Pic, Kap usw.) gelten als fester Bestandteil des Namens und werden bei der Alphabetisierung entsprechend berücksichtigt. Ein Doppelverweis erfolgt nur bei Namen, die auch ohne Artikel oder Zusatz gebräuchlich sind, z. B.: L'Aquila und Aquila, L' oder Halbinsel Krim und Krim, Halbinsel. Deutsche Namen mit dem Zusatz Bad sind nur unter dem Ortsnamen aufgeführt, also z. B. Bad Wörishofen unter Wörishofen, Bad.
In den Karten abgekürzte Namen sind im Register grundsätzlich ausgeschrieben. Bei stark verkürzten Namen wird als Auffindungshilfe die in der Karte verwendete Abkürzung hinzugefügt, z. B.: Wiener Neustadt (= Wr. Neustadt).
3. Gleichlautende Namen werden durch einen die Lage kennzeichnenden Zusatz unterschieden, z. B.: Birmingham (Alabama, USA), Birmingham (England). Bei Orten, für die festgeschriebene deutsche Namen neben den offiziellen Bezeichnungen bestehen, werden im Register beide Namensformen berücksichtigt; hierbei ist der in Klammern gesetzte Zweitname durch ein Gleichheitszeichen gekennzeichnet, wenn er dem Karteneintrag oder dem in größerer Schrift eingetragenen Namen entspricht, z. B.: Venedig (Venezia), Venezia (= Venedig). Das gleiche gilt für mehrsprachige Länder sowie Umbenennungen, z. B.: Genf (Genève), Genève (= Genf); Kinshasa (Léopoldville), Léopoldville (= Kinshasa).
4. Politische und administrative Einheiten (Staaten, Bundesländer, Provinzen usw.) sind durch entsprechende Zusätze gekennzeichnet. Ansonsten erfolgt ein erklärender Zusatz nur als Auffindungshilfe, so bei Flüssen (um auf die blaue Schrift zu verweisen) oder bei Objekten mit einer spezifischen Signatur (Burgen, Kirchen u. ä.) sowie zur Unterscheidung gleichnamiger Objekte: Pegnitz, O. und Pegnitz, Fl. Orte erhalten außerdem den Zusatz O., wenn man aus ihren Namen auf ein andersartiges Objekt schließen könnte, z. B.: Erlensee, O. oder Lake Charles, O.
5. Für häufig wiederkehrende Bezeichnungen werden folgende Abkürzungen verwendet:

B.	=	Burg	Kl.	=	Kloster
Fl.	=	Fluß	L.	=	Landschaft
Gem.	=	Gemeinde	Nk.	=	Nebenkarte
I(n).	=	Insel(n)	O.	=	Ort, Siedlung
K.	=	Kirche	Schl.	=	Schloß

A

Aachen 8/9 B 4, 18/19 B 2
Aachquelle 18/19 D 5
Aalen 18/19 F 4
Aalten 8/9 C 2
Äänekoski ['æ:nɛkɔski] 40/41 F 3
Aar, Fl. 12 C 1
Aarbergen 12 C 1
Aare, Fl. 24/25 B 2
Aargau, Kanton, Schweiz 180
Aavasaksa ['ɑ:vɑsɑksɑ] 40/41 E 2
Aba ['ɑ:bɑ:] 67/68 D 5
Abadan [ɑbɑ'dɑ:n] 48/49 E 4
Abadla [abad'la] 67/68 C 2
Abakan [aba'kan] 50/51 I 4
Abasa [aba'za] 50/51 HI 4
Abaschiri [a'ba,ʃiri] 54 E 2
Abayasee [abaja] 67/68 G 5
Abbai (= Blauer Nil), Fl. 67/68 G 4
Abbazia [abbat'tsi:a] (= Opatija) 24/25 F 3
Abbeville [ab'vil] 30/31 D 2
Abbot-Schelfeis ['æbət] 91 II B 33
Abd el-Kuri, I. 67/68 I 4
Abéché [abe'ʃe] 67/68 F 4
Åbenrå [ɔbən'rɔ:] (= Apenrade) 39 II A 2
Abeokuta [ɑ:bɛiou'ku:tɑ:] 67/68 D 5
Aberdeen [æbə'di:n] (Schottland) 28/29 EF 3
Aberdeen [æbə'di:n] (Süd-Dakota, USA) 82/83 D 1
Aberystwyth [æbə'ristwiθ] 28/29 DE 5
Abessinien (= Äthiopien) Staat 67/68 GH 4/5, 166/167 O 6
Abetone [abe'to:ne] 24/25 D 3
Abidjan [dt. abi'dʒa:n, frz. abid'ʒã] 67/68 C 5
Abilene ['æbəli:n] 82/83 D 2
Abisko ['ɑ:bisku] 40/41 D 2
Abkaik [ap'kaik] 67/68 H 3
Åbo ['o:bu] (= Turku) 40/41 E 3
Abomey [abɔ'mɛ] 67/68 D 5
Aborrebjerg 39 II C 2
Abrantes [a'ßrantiʃ] 32/33 B 3
Abruzzen 34/35 D 4/5
Absam 15 BC 4
Abu Dhabi ['abu 'zabi] 67/68 I 3
Abu Hamed 67/68 G 4
Abuja 67/68 D 5
Abu Rudeis 71 I C 3
Abu Simbel ['abu 'zimbɛl], Felsentempel 67/68 G 3
Acapulco [aka'pulko] 84 BC 3
Acarigua [aka'rixua] 88/89 D 2
Accra [ə'krɑ:] 67/68 C 5
Ach, Fl. 15 B 3
Achalm, B. 13 C 3/4
Acheloos [axe'lo:ɔs], Fl. 38 B 3
Achenbach, Fl. 15 C 3
Achenkirch 15 C 3
Achenpaß 15 C 3
Achensee 15 C 4
Achern 18/19 D 4
Achill Head ['ækl 'hɛd] 28/29 A 4/5
Achillinsel [ækl] 28/29 A 5
Achim 7 C 2
Acht-Grad-Straße 55/56 I 9
Achtopol [ax'tɔpol] 36/37 H 3
Aconcagua [akɔŋ'kaxua] 90 AB 3
Acqui Terme ['akkui 'tɛrme] 24/25 C 3
Adamaua 67/68 E 5
Adamello [ada'mɛllo] 24/25 D 2
Adamsbrücke 59/60 C 4 u. Nk.
Adana ['ɑdɑnɑ] 48/49 D 4
Adapazari [ɑ'dɑpɑzɑ,ry] 48/49 D 3
Adda ['adda], Fl. 24/25 C 3
Addis Abeba ['adis 'abeba] 67/68 G 5
Addu-Atoll 55/56 I 10
Adelaide ['ædəlid] 74/75 D 4
Adelaideinsel ['ædəlid] 91 II C 35/36
Adelebsen 10 B 3
Adelieland 91 II BC 20
Adelsberg (= Postojna) 24/25 F 3
Adelsberger Grotten 24/25 F 3
Adelsdorf 14 I B 1
Adelsheim 13 C 2
Aden ['a:dən] 67/68 H 4
Adenau 18/19 B 2
Adendorf 7 E 2
Adige ['a:didʒe] (Etsch) 24/25 DE 3
Adirondacks [ædi'rɔndæks] 82/83 F 1
Adler, Fl. 102/103 GH 3
Adlergebirge 102/103 H 3
Adlershof, Berlin- 6 D 2
Admiralitätsinseln 61/62 G 4
Admont 18/19 J 5
Adolfsburg, B 8/9 F 3
Adoni [ə'douni] 59/60 C 3
Adour [a'du:r], Fl. 30/31 C 6
Adrar [a'dra:r], Bergland 67/68 B 3
Adrar [a'dra:r], O. 67/68 CD 3
Adrar der Iforas 67/68 D 4
Adria ['a:dria], O. 24/25 E 3
Adriatisches Meer 34/35 D 3-F 5
Adula 24/25 C 2
Ærø ['ɛ:rœ:], I. 39 II B 2
Affing 15 A 2
Afghanistan, Staat 59/60 B 2, 166/167 Q 4
Afobakka 88/89 E 2
Afognakinsel 80/81 D 4
Afrika 65/66, 92/93 L-N 5/6
Afyon ['ɑfjɔn] 48/49 D 4
Agades [aga'dɛs] 67/68 D 4
Agadir [aga'di:r] 67/68 C 2
Ägadische Inseln 34/35 D 7
Ägäisches Meer 38 D 3/E 4
Agalega-Inseln 65/66 J 9
Agapia, Kl. 36/37 H 1
Agartala ['ægətəlɑ:] 59/60 E 2
Agen [a'ʒɛ̃] 30/31 D 5
Agger, Fl. 8/9 D 4
Agger-Stausee 8/9 E 3
Aggstein, B. 24/25 F 1
Aggteleker Höhle 36/37 E 0
Agha Jari [ɑ'xɑ: dʒɑ'ri:] 48/49 EF 4
Ägina [ɛ'gi:na] (Aígina), I. 38 C 4
Aglasterhausen 13 BC 2
Agout [a'gu] 30/31 E 6
Agra ['ɑ:grə] 59/60 C 2
Agram ['a:gram] (= Zagreb) 24/25 FG 3, 36/37 BC 2
Agri ['a:gri], Fl. 34/35 F 5
Agrigento [agri'dʒɛnto] (Agrigent) 34/35 D 7
Agrinion [dt. a'gri:niɔn, gr. a'xrinjɔn] 38 B 3
Aguascalientes [axuaskali'entes] 84 B 2
Águilas ['axilas] 32/33 F 4
Agulhasbecken 94/95 MN 9/10
Agulhasstrom 109
Ägypten, Staat 67/68 FG 2/3, 71 I, 166/167 NO 5
Ahaggar (Hoggar) 67/68 D 3
Ahaus 16/17 BC 3
Ahlbeck 16/17 J 2
Ahlen (Westfalen) 8/9 E 2
Ahlenmoor 7 B 1
Ahlerstedt 7 C 2
Ahlsburg, Höhenzug 10 B 3
Ahlsdorf 11 A 1
Ahmadabad ['ɑ:mədəbæd] 59/60 C 2
Ahmadnagar ['ɑ:mədnəgə] 59/60 C 3
Ahnatal 10 A 4
Ahr, Fl. 18/19 B 2
Ahrensburg 7 E 1
Ahrensdorf 6 B 2
Ahrensfelde 6 D 1
Ahrenshoop 16/17 H 1
Ahrgebirge 102/103 C 3
Ahrweiler, Bad Neuenahr- 18/19 C 2
Ahse, Fl. 8/9 E 2
Ahwas [æh'vɑ:z] 48/49 E 4
Aibling, Bad 15 CD 3
Aich, Fl. 13 C 3
Aichach 15 B 2
Aichal 50/51 K 3
Aichfeld, L. 18/19 J 5
Aichtal 13 C 3
Aigen im Mühlkreis 18/19 I 4
Aigues Mortes [ɛg'mɔrt] 30/31 F 6
Aihui (= Heilungkiangtscheng) 57/58 D 1
Aiken 82/83 E 2
Ailsa Craig ['ɛlsə 'krɛig], I. 28/29 D 4
Ain [ɛ̃], Fl. 24/25 A 2
Ain Salah 48/49 E 4
Aïr [a'i:r] 67/68 D 4
Aisch, Fl. 14 I B 1
Aischgrund 14 I B 1
Aising, Rosenheim- 15 D 3
Aisne [ɛn], Fl. 30/31 EF 3
Aitape 61/62 G 4
Aiun-el-Atruss [ajunɛla'trus] 67/68 C 4
Aix-en-Provence [ɛksãprɔvã:s] 24/25 A 4
Aix-les-Bains [ɛksle'bɛ̃] 24/25 A 3
Ajaccio [a'iattʃo] 34/35 B 5
Äjion ['ɛjɔn] (Aígion) 38 C 3
Ajion Oros ['ajɔn 'ɔrɔs], Halbinsel 38 D 2
Ajios Efstratios (Ágios Eustrátios), I. 38 D 3
Ajios Nikolaos 38 D 5
Ajka ['ɔjkɔ] 36/37 C 1
Ajmer [ædʒ'miə] 59/60 C 2
Ajo 82/83 B 2
Akaba ['akaba] 71 II C 4, 67/68 G 3
Akademgorodok 50/51 H 4
Aken 11 C 1
Aketi [ake'ti] 69/70 C 1
Akimiski-Insel 80/81 K 4
Akita ['a,kita] 54 DE 3
Akjujt [ag'ʒuʃt] (Akjoujt) 67/68 B 4
Akola [ə'koulə] 59/60 C 2
Akranes ['a:kranɛ:s] 40/41 Nk. A 2
Akro-Korinth, B. 38 C 4
Akron ['ækrən] 82/83 E 1
Aksu 50/51 H 5
Aksum ['aksum] (Axum) 67/68 G 4
Aktjubinsk [ak'tjubinsk] 48/49 F 2
Akureyri ['a:kyrɛiri] 40/41 Nk. B 1
Akyab [æ'kjæb] 59/60 E 2
Alabama [ælə'bæmə], Bundesstaat, USA 82/83 E 2
Alabama [ælə'bæmə], Fl. 82/83 E 2
Alagón [ala'xɔn], Fl. 32/33 C 2/3
Alaid [ala'it] 50/51 O 4
Alajuela-Stausee (Madden-Stausee) 85 II B 1
Alakolsee [ala'kɔlj] 50/51 H 5
Aland, Fl. 16/17 G 3
Ålandinseln ['o:land] 40/41 DE 3
Ålandsee ['o:land] 40/41 D 3/4
Alapajewsk [ala'pajifsk] 48/49 G 2
Alaska, Bundesstaat, USA 80/81 CD 3
Alaska, Halbinsel 80/81 CD 4
Alaska Highway [ə'læskə 'haiwɛi] 80/81 FG 3
Alaskakette 80/81 DE 3
Alassio [a'lassio] 24/25 C 3/4
Alawerdi [alavir'di] 48/49 E 3
Alba ['alba] 24/25 C 3
Albacete [alßa'θete] 32/33 F 3
Albachten, Münster- 8/9 E 2
Alba Iulia ['alba 'iulia] (= Karlsburg) 36/37 F 1
Albaner Berge 34/35 D 5
Albanien, Staat 36/37 DE 3/4, 172 EF 4
Albanische Alpen 36/37 DE 3
Albany ['ɔ:lbəni], Fl. 80/81 K 4
Albany ['ɔ:lbəni] (Australien) 74/75 B 4
Albany ['ɔ:lbəni] (Georgia, USA) 82/83 E 2
Albany ['ɔ:lbəni] (New York, USA) 82/83 F 1
Alberga, Fl. 74/75 D 3
Alberobello [albero'bɛllo] 34/35 F 5
Albersweiler 12 C 3
Albert [al'bɛ:r] 39 I A 2/3
Alberta [æl'bə:tə], Provinz, Kanada 80/81 H 4
Albertkanal 39 I B 2
Albertsee (Mobuto-Sese-Seko-See) 69/70 D 1
Albertville [albɛr'vil] (Frankreich) 24/25 B 3
Albertville [albɛr'vil] (= Kalemie) 69/70 C 2
Albi [al'bi] 30/31 E 6
Albina 88/89 E 2
Alborán [alßo'ran], I. 32/33 E 5
Ålborg ['ɔlbɔr] 39 II A 1
Albstadt 13 BC 4
Albuquerque ['ælbəkə:ki] 82/83 C 2
Albury ['ælbəri] 74/75 E 4
Alcalá de Henares [alka'la ðe e'nares] 32/33 E 2
Alcalá la Real [alka'la la rrɛ'al] 32/33 E 4
Alcamo ['alkamo] 34/35 D 7
Alcañiz [alka'njiθ] 32/33 F 2
Alcántara [al'kantara] 32/33 C 3
Alcántara-Stausee [al'kantara] 32/33 C 3
Alcaraz [alka'raθ] 32/33 E 3
Alcázar de San Juan [al'kaθar ðe saŋ'xuan] 32/33 E 3

Alcira [al'θira] 32/33 F 3
Alcoy [al'kɔi] 32/33 F 3
Aldabra-Inseln 69/70 E 2
Aldan [al'dan], Fl. 50/51 M 3
Aldan [al'dan], O. 50/51 L 4
Aldenhoven 8/9 B 4
Alderney ['ɔ:ldəni], I. 30/31 B 3
Alentejo [alen'taʒu] 32/33 B 4/C 3
Aleppo (Halab) 48/49 D 4
Aleria 34/35 B 4
Alert 80/81 M 1
Alès [a'lɛs] 30/31 F 5
Alessandria [ales'sandria] 24/25 C 3
Ålesund ['o:ləsun], O. 40/41 B 3
Aletschgletscher 24/25 C 2, 100 IV
Alëuten, In. 55/56 ST 4
Alëutenkette 80/81 CD 4
Alexanderarchipel 80/81 F 4
Alexanderinsel 91 II C 35
Alexander-Selkirk-Insel 86 A 6
Alexandria (Al Iskandarija) (Ägypten) 71 I AB 2, 67/68 FG 2
Alexandria [aleksan'dria] (Rumänien) 36/37 G 3
Alexandrowsk 50/51 N 4
Alexandrupolis [alɛksan'ðrupɔlis] 38 D 2
Alfeld 10 B 2/3
Alföld ['ɔlfœld] 36/37 D 1/F 0
Alfter 8/9 CD 4
Algarve [al'garvə] 32/33 BC 4
Algeciras [alxe'θiras] 32/33 D 4
Algerien, Staat 67/68 CD 2/3, 166/167 LM 4/5
Algermissen 10 B 2
Alghero [al'gɛ:ro] 34/35 B 5
Algier ['alʒi:r] (El-Djesaïr) 67/68 D 2
Algrange [al'grã:ʒ] (Algringen) 14 II B 2
Alhambra [dt. al'hambra, sp. a'lambra], Schl. 32/33 E 4
Al-Hoceima 44/45 C 4
Ålholm, Schl. 16/17 G 1
Aliaga 32/33 F 2
Aliakmon [a'ljakmɔn], Fl. 38 B 2
Alicante [ali'kante] 32/33 F 3
Alice Springs ['ælis 'spriŋz] 74/75 D 3
Alicudi, I. 34/35 E 6
Aligarh ['æliga:] 59/60 C 2
Alkmaar ['ɑlkma:r] 39 I B 1
Allach-Jun [al'lax'junj] 50/51 M 3
Allahabad [æləhə'bæd] 59/60 D 2
Alle, Fl. 26/27 J 1
Alleghenies 82/83 E 2/F 1
Allendorf/Eder 8/9 G 3
Allendorf/Lumda 8/9 G 4
Allenstein (Olsztyn) 26/27 J 2
Allentown ['ælintaun] 82/83 F 1
Alleppey [ə'lɛpi] 59/60 C 4
Aller, Fl. 16/17 E 3
Allerheide 10 C 1
Allermöhe, Hamburg- 7 E 2
Allershausen 15 C 2
Alleuze [a'lœ:z], Schl. 30/31 E 3
Allgäu 18/19 EF 5
Allgäuer Alpen 24/25 D 2
Allier [a'lje], Fl. 30/31 E 4
Allmendingen 13 D 4
Alma-Ata [ɑ̃l'ma a'ta] 50/51 G 5
Almadén [alma'ðen] 32/33 D 3
Almalyk [alma'lyk] 50/51 F 5
Almansa [al'mansa] 32/33 F 3
Alme, Fl. 8/9 G 2/3
Almelo ['ɑlməlo:] 39 I C 1
Almenaras 32/33 E 3
Almendralejo [almandra'lɛxo] 32/33 C 3
Almendra-Stausee [al'mendra] 32/33 CD 2
Almeria [alme'ria] 32/33 E 4
Almetjewsk [alj'mjetjifsk] 48/49 F 2
Alorinseln ['alɔr] 61/62 E 4
Alor Setar ['alɔr'seta:] 61/62 C 3
Alpbach 15 C 4
Alpe d'Huez, L' 24/25 B 3
Alpen, Gebirge 24/25, 98/99 EF 4
Alpen, O. 8/9 BC 2
Alpenvorland 22/23 CE 4/5
Alqueva-Damm 32/33 C 3
Alsace [al'zas] (= Elsaß) 18/19 C 5/4
Alsdorf 8/9 B 4
Alsen, I. 39 II A 2
Alsenborn, Enkenbach- 12 B 3
Alsenz, Fl. 12 B 2
Alsenz, O. 12 B 2
Alsfeld 18/19 E 2
Alsheim 12 C 2
Alsleben 11 B 1
Alster, Fl. 7 E 1
Alsweiler, Marpingen- 14 II D 2
Alt [alt], Fl. 36/37 G 2
Alta [ˌalta] 40/41 E 1/2
Altaelv [ˌaltaɛlv], Fl. 40/41 E 2
Altafjord [ˌalta] 40/41 E 1
Altai [al'taj], Gebirge 50/51 H 4
Altai, O. 57/58 A 2
Altamira (Brasilien) 88/89 E 3, 171 IV
Altamira, Höhle von [alta'mira] 32/33 D 1
Alt Brieselang, Falkensee- 6 B 1
Altdahn, B. 12 B 3
Altdorf (bei Landshut) 15 D 1
Altdorf (bei Nürnberg) 14 I C 2
Alte Aue, Fl. 7 B 1
Altena 8/9 E 3
Altenau 10 C 3
Altenbeken 8/9 G 2
Altenberg, Berg 13 D 3
Altenberge 8/9 D 1
Altenberger Dom 8/9 D 3
Altenbruch, Cuxhaven- 7 B 1
Altenburg (Bezirk Leipzig) 11 C 3
Altenburg, Kl. 34/35 E 1
Altenburg, Schl. (b. Bamberg) 14 I B 1
Altenerding, Erding- 15 C 2
Altengamme, Hamburg- 7 E 2
Altenglan 12 A 2
Altenhundem, Lennestadt- 8/9 F 3
Altenkessel, Saarbrücken- 14 II C 2
Altenkirchen (Westerwald) 18/19 C 2
Altenmedingen 7 F 2
Altenstadt 15 A 3
Altensteig 13 B 3
Altentreptow [altən'tre:pto] 16/17 I 2
Altenwalde, Cuxhaven- 7 B 1
Altes Land 7 D 1/2
Alt Garge, Bleckede- 7 F 2
Altglienicke, Berlin- 6 D 2
Altin Tagh 55/56 JK 6
Altiplano [alti'plano] 88/89 D 4
Altkastilien 32/33 D 2/E 1
Altkirch 18/19 C 5
Altlandsberg 6 D 1
Altlünen, Lünen- 8/9 E 2
Altmark 16/17 G 3
Altmühl, Fl. 18/19 G 4
Altomünster 15 B 2
Altona, Hamburg- 7 D 1
Altötting 18/19 H 4
Altvater 26/27 H 3
Alveslohe 7 D 1
Alwar ['ælwə] 59/60 C 2
Alwaye 59/60 C 3
Alytus [ali'tus] 26/27 L 1
Alz, Fl. 18/19 H 4/5
Alzette [al'zɛt], Fl. 18/19 A 3
Alzey ['altsai] 12 C 2
Amadeussee [æmə'di:əs] 74/75 D 3
Amadjuaksee [ə'mædʒwæk] 80/81 L 3
Amager ['ama:ər], I. 39 II C 2
Amalias [ama'ljas] 38 B 4
Amami-Inseln 57/58 D 4
Amapá [ama'pa] 88/89 E 2
Amara [a'ma:ra] 48/49 E 4
Amarillo [æmə'rilou] 82/83 C 2
Amazonas [ama'zonas], Fl. 88/89 E 3
Amazonastiefland 86 CD 3
Ambala [əm'bɑ:lə] 59/60 C 1
Ambartschik 50/51 P 3
Ambato [am'bato] 88/89 C 3
Amberg 14 I D 2
Ambergau 10 C 2
Amboise [ã'bwa:z], Schl. 30/31 D 4
Ambon ['ambɔn] 61/62 E 4
Ambrakischer Golf 38 B 3
Amderma 50/51 F 3
Ameland ['a:məlant], I. 39 I B 1
Amelinghausen 7 E 2
Amelungsborn, Kl. 10 B 3
American Highland 91 II B 14
Amersfoort ['a:mərsfo:rt] 39 I B 1
Amery-Schelfeis 91 II C 13/14
Amfipolis [am'fipolis] 38 C 2
Amfissa [dt. am'fisa, gr. 'amfisa] 38 C 3
Amhara 67/68 G 4
Amiens [a'mjɛ̃] 30/31 E 3
Amiranten, In. 65/66 J 8
Amirantengraben 63/64 J 8/9
Amistad-Stausee 82/83 C 3
Amlishagen, B. 13 D 2
Amlwch ['æmluk] 28/29 D 5
Amman [a'ma:n] 48/49 D 4, 71 II CD 2/3
Ammendorf, Halle- 11 BC 2
Ammer, Fl. z. Ammersee 15 B 3
Ammerbuch 13 B 3
Ammergebirge 15 A 3
Ammerland 16/17 CD 2
Ammersbek 7 E 1
Ammersee 15 B 2/3
Amöneburg 8/9 G 4
Amorbach, K. 18/19 E 3
Amorgos [dt. a'mɔrgɔs, gr. amɔr'xɔs], I. 38 DE 4
Amper (Ammer), Fl. 15 C 2
Amposta Marino 32/33 G 2
Ampurias [am'purias], antiker Ort 32/33 H 1
Amravati [æm'rɑ:vəti] 59/60 C 2
Amritsar [æm'ritsə] 59/60 C 1
Amrum, I. 16/17 D 1
Amrum, I. 122 II
Amselfeld 36/37 E 3
Amsterdam [amstər'dam] 39 I B 1
Amsterdaminsel 92/93 R 9
Amstetten (Baden-Württemberg) 13 D 3
Amstetten (Österreich) 24/25 F 1
Am Timan [amti'man] 67/68 EF 4
Amu-Darja [a'mudarj'ja], Fl. 50/51 F 5
Amundsengolf 80/81 GH 2
Amundsensee 91 II B 31/32, 96 P-R 11
Amur [a'mur], Fl. 50/51 M 4
Amursk [a'mursk] 50/51 M 4/5
Anabar [ana'bar], Fl. 50/51 K 2
Anaconda [ænə'kɔndə] 82/83 B 1
Anadyr [a'nadyrj], Fl. 50/51 Q 3
Anadyr [a'nadyrj], O. 50/51 Q 3
Anadyrgebirge 50/51 Q 3
Anadyrgolf [a'nadyrj] 50/51 R 3
Anafi ,I. 38 D 4
Anaimudi 59/60 C 3/4
Anambasinseln [a'nambas] 61/62 C 3
Anápolis [a'napulis] 88/89 F 4
Anatolien 48/49 D 4
Anchorage ['æŋkəridʒ] 80/81 E 3
Ancona [aŋ'ko:na] 24/25 E 4
Andagoya 88/89 C 2
Andalgalá 90 B 2
Åndalsnes ['o:ndalsnɛs] (Gem. Rauma) 40/41 B 3
Andalusien 32/33 C-E 4
Andamanen, In. 61/62 B 2
Andamanensee 61/62 B 3/2
Anden (Kordilleren) 87 B 3-7, 94/95 G 7/H 9
Andenes (Gem. Andøy) 40/41 D 2
Andermatt 24/25 C 2
Andernach 18/19 C 2
Andischan [andi'ʒan] 50/51 G 5
Andorra, Staat 32/33 G 1, 172 D 4
Andorra la Vella [ən'dorrə lə 'ßeljə] 32/33 G 1
Andøy [ˌandœ], I. 40/41 D 2
Andreanofinseln 55/56 T 4
Andria ['andria] 34/35 F 5
Andringitra 69/70 E 4
Andros [dt. 'andrɔs, gr. 'anðrɔs], I. 38 D 4
Androsinsel ['ændrɔs] 84 E 2
Andújar [an'duxar] 32/33 D 3
Angara [anga'ra], Fl. 50/51 I 4, 127 II
Angarsk [an'garsk] 50/51 J 4
Angel, Fl. 18/19 I 3
Angelbachtal 13 B 2
Angelburg 8/9 F 4
Ängelfall ['aŋxɛl] 88/89 D 2
Ängelholm [ɛŋəl'hɔlm] 39 II C 1
Angeln 16/17 E 1
Angerapp, Fl. 102/103 JK 1
Angermanälv [ˌɔŋərmanɛlv], Fl. 40/41 D 3
Angermünde 16/17 IJ 2
Angers [ã'ʒe] 30/31 C 4
Angkor, Ruinen 61/62 C 2
Anglesey ['æŋglsi], I. 28/29 D 5
Angmagssalik [ɑmmɑsɑ'lik] 80/81 P 3
Angola, Staat 69/70 BC 2/3, 166/167 MN 7/8
Angoulême [ãgu'lɛm] 30/31 D 5
Angren [an'grjɛn] 50/51 G 5
Anguilla [æŋ'gwilə], I. 88/89 D 1
Anholt ['anhɔld], I. 39 II B 1
Anholt, Schl. 8/9 B 2
Anhsi 57/58 A 2
Anina [a'nina] (Steierdorf) 36/37 E 2
Anhwei (Anhui), Provinz, China 177
Anjang 57/58 C 3
Anjou [ã'ʒu] 30/31 CD 4
Anjouan [ã'ʒwã] (= Ndzuwani), I. 69/70 E 3
Anka 67/68 F 4
Ankara ['aŋkara] 48/49 D 3/4
Ankaratra [aŋkara'tra] 69/70 E 3
Anking 57/58 C 3
Anklam 16/17 I 2
Ankober [ankoßər] 67/68 GH 5
Annaba [anna'ba] (Bône) 67/68 D 2
Annaberg-Buchholz 11 DE 3
Annaburg 11 E 1
Annam 61/62 C 2
Annapolis [ə'næpəlis] 82/83 F 2
Annapurna [ɛna'purna] 59/60 D 2
Annecy [an'si] 24/25 B 3
Annobón (= Pagalu), I. 69/70 A 2
Annonay [anɔ'nɛ] 24/25 A 3
Annot [a'no] 24/25 B 4
Annweiler 12 B 3
Anrath, Willich- 8/9 B 3
Ansbach 14 I B 2
Anschan (Anshan) 57/58 D 2
Anschero-Sudschensk [an'ʒɛra'sudʒənsk] 50/51 H 4
Anschuinseln 50/51 MN 2
Anschun 57/58 B 4
Anta 57/58 D 2
Antananarivo (Tananarive) 69/70 E 3
Antakya 48/49 D 4
Antalya [ɑn'tɑljɑ] 48/49 D 4
Antarktis 91 II, 92/93 K-U 11
Antarktische Halbinsel 91 II BC 1
Antequera [ante'kera] 32/33 D 4
Antiatlas 67/68 C 3/2
Antibes [ã'tib] 24/25 B 4
Anticosti-Insel [ænti'kɔsti] 80/81 M 5
Antigua [æn'ti:gə], I. 88/89 D 1
Antikithira [anti'kiθira] (Antiküthera), I. 38 C 5
Antilibanon 71 II D 1/2
Antillen, Große, In. 84 D 2/E 3
Antillen, Kleine, In. 88/89 D 1
Antipodeninseln 92/93 XY 10
Antofagasta [antofa'xasta] 90 A 2
Antseranana (Diégo Suarez) 69/70 E 3
Antsirabe [antsira'be] 69/70 E 3
Antung 57/58 D 2
Antwerpen (Anvers) 39 I B 2, 123 VII
Anuradhapura [ə'nuərədəpuərə] 59/60 Nk.
Anvers [ã'vɛ:r] (= Antwerpen) 39 I B 2, 123 VII
Anzing 15 C 2
Äolische Inseln (= Liparische Inseln) 34/35 E 6
Aomori [a'oˌmori] 54 E 2
Aosta [a'ɔsta] 24/25 B 3
Apatity [apa't ty] 40/41 G 2
Apeldoorn ['a pəldo:rn] 39 I BC 1
Apenninen 34/35 B 3/F 5
Apenninentunnel 24/25 D 3
Apenrade (Åbenrå) 39 II A 2
Apensen 7 D 2
Apo ['apo] 61/62 E 3
Apolda 11 AB 2
Apolyontsee [ɑ'pɔljɔnt] 36/37 I 4
Appalachen 82/83 E 2/F 1
Appenzell (Inner-Rhoden, Außer-Rhoden), Kanton, Schweiz 180
Appenzell, O. 18/19 E 5
Appollonia, antiker Ort 36/37 D 4
Apt [apt] 24/25 A 4
Apuanische Alpen 24/25 D 3/4
Apulien, Provinz, Italien 34/35 EF 5
Apure [a'pure], Fl. 88/89 D 2
Apusenigebirge [apu'senj] 36/37 E 1
Äquatorialer Gegenstrom 109
Äquatorial-Guinea, Staat 69/70 AB 1, 166/167 M 6
Aquila, L' ['la:kuila] 34/35 D 4
Ara (Arrah) 59/60 D 2
Arabien 94/95 OP 5
Arabische Emirate, Staat 67/68 I 3, 166/167 P 5
Arabisches Meer 59/60 B 3
Arabische Wüste 71 I C 3/4, 67/68 G 3
Aracaju [araka'ʒu] 88/89 G 4
Arad [a'rad] 36/37 E 1
Arafurasee 61/62 F 4
Aragón [ara'xɔn], Fl. 32/33 F 1
Aragonien 32/33 F 2/1
Araguaia [aragu'aia], Fl. 88/89 F 3
Arak [æ'rɑ:k] 48/49 E 4
Arakangebirge 59/60 E 2
Aralsee 48/49 FG 3
Aralsk [a'raljsk] 48/49 G 3
Aranda de Duero [a'randa ðe ðu'ero] 32/33 E 2
Araninsel ['ærən] 28/29 B 4
Araninseln ['ærən] 28/29 B 5
Aranjuez [aranxu'ɛθ] 32/33 E 2/3
Ararat 48/49 E 4
Aras, Fl. 48/49 E 3/4
Arauca [a'rauka] 88/89 C 2
Aravalligebirge [ə'rɑ:vəlj] 59/60 C 2
Arbatax [arba'taks] 34/35 B 6
Arbil [ar'bi:l] 48/49 E 4
Arbon 18/19 E 5
Arc [ark], Fl. 24/25 B 3
Arcachon [arka'ʃõ] 30/31 C 5
Arcen en Velden 8/9 B 3
Archangelsk [ar'xangiljsk] 48/49 E
Arco 82/83 B 1
Arda, FL. 36/37 G 4
Årdalstangen (Gem. Årdal) 40/41 B 3
Ardebil [ærdæ'bi:l] 48/49 E 4
Ardennen 39 I BC 2/3
Ardey, Höhenzug 8/9 D 3
Arendal [ˌa:rəndal] 40/41 B 4
Arendsee 16/17 G 3
Arequipa [are'kipa] 88/89 C 4
Åreskutan [ˌo:rəsku:tan] 40/41 C 3
Arezzo [a'rettso] 24/25 D 4
Argenta [ar'dʒɛnta] 24/25 D 3
Argentinien, Staat 90 BC 2-5, 166/167 HI 8-10
Argentinosee [arxen'tino] 90 A 5
Argeş ['ardʒeʃ], Fl. 36/37 G 2
Argolischer Golf 38 C 4
Argonnen 30/31 F 3
Argos [dt. 'argɔs, gr. 'arxɔs] 38 C 4
Argostolion [arxɔs'tɔljɔn] 38 B 3
Arheilgen, Darmstadt- 12 D 2
Århus ['ɔ:rhu:s] 39 II B 1
Århus Bugt ['ɔ:rhu:s 'bogd] 39 II B 1
Arica [a'rika] 90 A 1
Ariège [a'rjɛ:ʒ], Fl. 30/31 D 6
Arizona [æri'zounə], Bundesstaat, USA 82/83 B 2
Arjeplog [ˌarjəplu:g] 40/41 D 2
Arkadien 38 C 4
Arkalyk [arka'lyk] 48/49 G 2
Arkansas [dt. ar'kanzas, engl. 'ɑ:kənsɔ:], Bundesstaat, USA 82/83 D 2
Arkansas, Fl. 82/83 D 2
Arklow ['ɑ:klou] 28/29 C 5
Arktis 91 I
Arktisches Kap 91 I A 24, 50/51 IJ 1
Arlberg, Paß 24/25 D 2
Arles [arl] 24/25 A 4, 30/31 F 6
Arlit [ar'lit] 67/68 D 4
Arlon [ar'lõ] 39 I B 3
Armagh [ɑ:'mɑ:] 28/29 C 4
Armagnac [arma'njak] 30/31 D 6
Armançon [armã'sõ], Fl. 30/31 E 4
Armawir [arma'vir] 48/49 E 3
Ärmelkanal (= Der Kanal) 30/31 B 3-C 2
Armenien 48/49 E 4
Armenische Soz. Sowjetrepublik 180
Arnheim (Arnhem) 39 I BC 1/2
Arnhem ['ɑrnhɛm] (= Arnheim) 39 I BC 1/2
Arnhemland ['a:nəm] 74/75 D 2
Arnissa ['arnisa] 38 B 2
Arno ['arno], Fl. 24/25 D 4
Arnøy [ˌarnœi], I. 40/41 E 1
Arnsberg, Regierungsbezirk 176 BC 3
Arnsberg, O. 8/9 F 3
Arnsberger Wald 8/9 F 3
Arnstadt 18/19 F 2
Arnstein, Kl. 12 B 1
Arnswalde (Choszczno) 16/17 K 2
Arolsen 8/9 GH 3
Arosa 24/25 C 2
Arpke, Lehrte- 10 C 2
Arrah ['ærə] (= Ara) 59/60 D 2
Arran ['ærən], I. 28/29 D 4
Arras [a'rɑ:s] 39 I A 2
Ars (Frankreich) 14 II B 2
Arta ['arta] (Griechenland) 38 B 3
Artá [ar'ta] (Mallorca) 32/33 H 3
Artlenburg 7 E 2
Artois [ar'twa] 30/31 DE 2
Artomowsk 57/58 A 1
Aruba [a'ry:ba:], I. 88/89 CD 1
Aruinseln ['aru] 61/62 F 4
Arusha [ɑ:'ru:ʃɑ:] 69/70 D 2
Arusha-Nationalpark 71 III
Arva (Orava), Fl. u. B. 26/27 I 4
Arvida [ɑ:'vaidə] 82/83 F 1
Arvika [ˌarvi:ka] 40/41 C 4
Arzberg 14 I C 2
Arzew [ar'zœ] 32/33 F 5
Aš [aʃ] (= Asch) 18/19 H 2
Asahikawa [a'sahiˌgawa] 54 E 2
Asandeschwelle 63/64 FG 7
Asansol [æsən'soul] 59/60 D 2
Asauad 67/68 C 4
Asbestos [æz'bestɔs] 82/83 F 1
Ascension [ə'sɛnʃən], I. 65/66 C 8
Asch (Aš) 18/19 H 2
Aschach an der Donau 18/19 I 4
Aschaffenburg 18/19 E 2/3
Aschau 15 C 4
Aschchabad [aʃxa'bat] 48/49 F 4
Ascheberg 8/9 E 2
Aschersleben 11 A 1
Asco ['asco] 34/35 B 4
Ascoli Piceno ['askoli pi'tʃɛ:no] 34/35 D 4
Aserbeidschan 48/49 E 4/3
Aserbeidschanische Soz. Sowjetrepublik 180
Ashburton ['æʃbə:tn], Fl. 74/75 B 3

Ashdod 71 II C 3
Asheville ['æʃvil] 82/83 E 2
Ashland ['æʃlənd] (Ohio, USA) 82/83 E 2
Ashland ['æʃland] (Wisconsin, USA) 82/83 D 1
Asien 55/56, 92/93 Q-U 3/4
Asinara [asi'na:ra], I. 34/35 B 5
Asir [a'zi:r] 67/68 H 3/4
Askja ['askja] 40/41 Nk. B 1/2
Asmara [as'ma:ra] 67/68 G 4
Asowsches Meer 48/49 D 3
Aspach 13 C 3
Asperg 13 C 3
Aspromonte [aspro'monte] 34/35 E 6
Assab 67/68 H 4
Assad-Stausee 67/68 G 2
Assalesee 67/68 H 4
Assam 59/60 E 2
Asse 10 D 2
Assel, Drochtersen- 7 C 1
Assen ['ɑsə] 39 I C 1
Assen, Schl. 8/9 F 2
Assineboine [ə'siniboin], Fl. 82/83 C 0
Assino ['asina] 50/51 H 4
Assisi [as'si:zi] 24/25 E 4
Assiut [as'ju:t] 67/68 G 3
Aßling (b. München) 15 D 3
Aßling (= Jesenice) 24/25 F 2
Assuan [asu'a:n] 67/68 G 3
Assuanhochdamm 67/68 G 3, 114 III
Assur, antiker Ort 48/49 E 4
Asti ['asti] 24/25 C 3
Astipaläa [astipa'lɛa] (Astupalaia), I. 38 E 4
Astorga [as'tɔrxa] 32/33 C 1
Astove, I. 69/70 C 4
Astrachan ['astraxa:n] 48/49 E 3
Asturien 32/33 CD 1
Asunción [asunsi'ɔn] 90 C 2
Atacama [ata'kama] 90 AB 2
Atacamagraben 94/95 H 8/9
Atakpamé [atakpa'me] 67/68 D 5
Atar [a'ta:r] 67/68 B 3
Atbara ['atbara], Fl. 67/68 G 4
Atbara ['atbara], O. 67/68 G 4
Athabaska [æθə'bæskə], Fl. 80/81 H 4
Athabaskasee [æθə'bæskə] 80/81 I 4
Athen [a'ten] (Athinä, Athenai) 38 CD 3/4
Äthiopien, Staat 67/68 GH 4/5, 166/167 O 6
Athlone [æθ'loun] 28/29 C 5
Athos [dt. 'a:tɔs, gr. 'aθɔs], Berg 38 D 2
Athos, Mönchsrepublik 38 D 2
Atlanta [ət'læntə] 82/83 E 2
Atlanten-Sektor (Bouvet-Sektor) 91 II B 5-10
Atlantic City [ət'læntik 'siti] 82/83 F 2
Atlantischer Ozean 94/95 H 5/K 8
Atlasgebirge 94/95 L 5/M 4
Atlas, Hoher 67/68 C 2
Atlas, Mittlerer 67/68 C 2
Ätna ['ɛtna] 34/35 E 7
Ätran, Fl. 39 II C 1
Atschinsk ['atʃinsk] 50/51 I 4
Atschissai [atʃi'saj] 50/51 F 5
Attahöhle 8/9 E 3
Attel, Fl. 15 D 2
Attel, K. 15 D 2
Attendorn 8/9 E 3
Attersee 24/25 E 2
Attika, L. 38 C 3
Au (b. Rosenheim) 15 C 3
Au in der Hallertau 15 C 1
Au, Bad Feilnbach- 15 C 3
Aube [o:b], Fl. 30/31 F 3
Aubel [o'bɛl] 8/9 A 4
Auboué [o'bwe] 14 II A 2
Aubrac [o'brak] 30/31 E 5
Aubusson [oby'sõ] 30/31 E 5
Auckland ['ɔ:klənd] 74/75 H 4
Aucklandinseln 92/93 X 10
Aude [o:d], Fl. 30/31 E 6
Audincourt [odẽ'ku:r] 18/19 B 5
Audjila ['audʒila] 67/68 F 3
Audun-le-Tiche 14 II A 2
Aue, Fl. zur Elbe 7 D 2
Aue, Fl. zur Fuhse 10 C 1
Aue, Fl. zur Weser 16/17 D 3
Aue (Bez. Karl-Marx-Stadt) 11 D 3
Auerbach (Bayern) 14 I D 1
Auerbach (Sachsen) 11 D 3
Auerbach (Vogtland) 18/19 H 2
Auerbach, Schl. 12 D 2
Auerswalde 11 D 3
Auf dem Acker 10 C 3
Aufseß, Fl. 14 I C 1
Augsburg 15 A 2, 18/19 F 4
Augsdorf 11 B 1
Augstberg 13 C 4
Augusta [ɔ:'gʌstə] (Georgia, USA) 82/83 E 2
Augusta [ɔ:'gʌstə] (Maine, USA) 82/83 G 1
Augusta [au'gusta] (Sizilien) 34/35 E 7
Augustenburg, Schl. 13 B 2/3
Augustów [au'gustuf] 26/27 K 2
Augustusburg, Schl. 8/9 C 4
Auma, Fl. 11 B 3
Auma, O. 11 B 3
Aumetz 14 II A 2
Aumühle 7 E 1
Aunis [o'nis] 30/31 C 4
Aurach, Fl. 14 I B 1
Aurangabad [aurəŋgɑ'bɑ:d] 59/60 C 2/3
Auresgebirge 46/47 D 5
Aurich, O. 16/17 C 2
Aurillac [ɔri'jak] 30/31 E 5
Aurland ['œyrlan] 40/41 B 3
Aursundsee 40/41 C 3
Auschwitz (Oświęcim) 26/27 I 3/4
Ausiait (Egedesminde) 80/81 N 3
Äußere Hebriden, In. 28/29 C 2/3
Aussig (Ústi nad Labem) 18/19 J 2
Austfirdir 40/41 Nk. C 1/2
Austin ['ɔstin] 82/83 D 2
Australian Antarctic Territory 91 II A-C 14/15, 91 II B 21/22
Australien, Staat u. Erdteil 74/75, 92/93 T-V 8, 166/167 T-W 7-9
Autun [o'tœ̃] 24/25 A 2
Auvergne [dt. o'vɛrnjə, frz. o'vɛrnj] 30/31 E 5
Auxerre [o'sɛ:r] 30/31 E 4
Aveiro [a'vairu] 32/33 B 2
Avellino [avel'li:no] 34/35 E 5
Aven Armand, Höhle 30/31 E 5
Aven d'Orgnac, Höhle 30/31 F 5
Averbode, Kl. 39 I B 2
Avesta [,ɑ:vəsta] 40/41 D 3/4
Aveyron [avɛ'rõ], Fl. 30/31 E 5
Avezzano [aved'dza:no] 34/35 D 4/5
Avignon [avi'njõ] 24/25 A 4, 30/31 F 6
Ávila 32/33 D 2
Avilés [aßi'les] 32/33 D 1
Avon ['ɛivən], Fl. 28/29 F 5
Avus (Berlin) 6 B 2
Awasch (Awash), Fl. 67/68 H 4
Axams 15 B 4
Axel-Heiberg-Insel 80/81 JK 1/2
Axios ['aksjɔs] (Vardar), Fl. 38 C 2
Axtbach, Fl. 8/9 F 2
Axum (= Aksum) 67/68 G 4
Aydın 44/45 I 4
Ayers Rock ['ɛəz 'rɔk] 74/75 D 3
Ayr [ɛə] 28/29 D 4
Ayvalik 38 E 3
Azad Kaschmir 59/60 C 1
Azamgarh [ɑ:zəm'gɑ:] 59/60 D 2
Azoren [a'tso:rən], In. 65/66 B 4

B

Baalbek ['ba:lbɛk], Ruinen 71 II D 1/2
Baar 18/19 D 5/4
Babarinseln ['babar] 61/62 E 4
Bab el-Mandeb ['ba:p ɛl'mandep] 67/68 H 4
Babelsberg, Potsdam- 6 B 2
Babenhausen (Hessen) 12 D 2
Babia Gora ['babja 'gura] 26/27 I 4
Babol [bɑ'bol] 48/49 F 4
Babuyaninseln [baßu'jan] 61/62 E 2
Babylon, antiker Ort 48/49 E 4
Bacabal [baka'bal] 88/89 F 3
Bacău [ba'kəu] 36/37 H 1
Baccarat [baka'ra] 18/19 B 4
Bacharach 12 B 1
Bacher 24/25 F 2
Back [bæk], Fl. 80/81 I 3
Backnang 13 CD 3
Bacolod [ba'koloð] 61/62 E 2
Bad s. unter Ortsnamen
Badajoz [baða'xɔθ] 32/33 C 3
Badalona [baða'lona] 32/33 H 2
Baden (Österreich) 24/25 G 1
Baden (Schweiz) 24/25 C 2
Baden-Baden 18/19 D 4
Badenhausen 10 C 3
Badenweiler 18/19 C 5, 145 II
Baden-Württemberg, Bundesland 18/19 C-F 3-5, 176 C 4/5
Badgastein 24/25 E 2
Badlands ['bædlændz] 82/83 C 1
Badulla 59/60 Nk.
Baesweiler ['ba:svailər] 8/9 B 4
Baffin Bay ['bæfin 'bɛi] 80/81 M 2
Baffininsel ['bæfin] 80/81 K 2/M 3
Bafk [bɑ:fx] 48/49 F 4
Bagalkot [ba'gælkout] 59/60 C 3
Bagdad (Baghdad) 48/49 E 4
Bagé [ba'ʒɛ] 90 C 3
Baghelkhand 59/60 D 2
Baghlan [ba'gla:n] 59/60 B 1
Bagirmi 67/68 E 4
Bahama-Inseln 84 E 2
Bahamas, Staat 84 E 2, 166/167 GH 5
Bahariya 67/68 F 3
Bahawalpur [bə'hɑ:wəlpuə] 59/60 C 2
Bahia Blanca [ba'ia 'ßlaŋka], Bucht 90 B 3
Bahia Blanca [ba'ia 'ßlaŋka], O. 90 B 3
Bahia de Cochinos (Schweinebucht) 85 III A 1
Bahraich ['bɑ:raitʃ] 59/60 D 2
Bahrain, Staat 126 IV
Bahrain, Staat 67/68 I 3, 166/167 P 5
Bahr Auk, Fl. 67/68 EF 5
Bahr el-Abiad (= Weißer Nil), Fl. 67/68 G 4
Bahr el-Arab, Fl. 67/68 F 4/5
Bahr el-Asrak (= Blauer Nil), Fl. 67/68 G 4
Bahr el-Djebel, Fl. 67/68 G 5
Bahr el-Ghasal ['baxər ɛlga'za:l], Fl. (Sudan) 67/68 FG 5
Bahr el-Ghasal ['baxər ɛlga'za:l], Fl. (Tschad) 67/68 E 4
Bahr el-Ghasal ['baxər ɛlga'za:l], L. 67/68 F 5
Bahr Sara, Fl. 67/68 E 5
Baia-Mare ['baia 'mare] 36/37 F 1
Baidoa [bai'dɔ:a] 67/68 H 5
Baie Comeau [bɛi 'koumou], O. 80/81 M 5
Baiersbronn 18/19 D 4
Baiersdorf 14 I C 1
Baikal 57/58 B 1
Baikalgebirge 50/51 J 4
Baikalsee 57/58 B 1, 50/51 J 4
Baikonur [bajkə'nur] 50/51 F 5
Bains-les-Bains [bɛ̃le'bɛ̃] 18/19 B 5
Baiselberg 13 BC 2/3
Baja ['bɔjɔ] 36/37 D 1
Bajanchongor 57/58 B 2
Bajenkalaschan 59/60 EF 1
Bajuda 67/68 G 4
Bakar [,bakar] 24/25 F 3
Baker Lake ['bɛikə 'lɛik], O. 80/81 J 3
Bakersfield ['bɛikəzfi:ld] 82/83 B 2
Bakonywald ['bɔkonj] 36/37 C 1
Baku ['ba:ku] 48/49 EF 3
Baku, Zweites 48/49 F 2
Baku, Drittes 50/51 FG 3
Bakwanga [bakwaŋ'ga] (= Mbuji-Mayi) 69/70 C 2
Balabacstraße [ba'laßak] 61/62 D 3
Balachna [balax'na] 48/49 E 2
Balaghat 59/60 D 2
Balai [ba'ljej] 57/58 C 1
Balakowo [bala'kɔva] 48/49 E 2
Balaton ['bɔlɔton] (Plattensee) 36/37 C 1
Balch, Ruinen 59/60 B 1
Balchasch [bal'xaʃ] 50/51 G 5
Balchaschsee [bal'xaʃ] 50/51 G 5
Baldeneysee 8/9 CD 3
Bale 67/68 H 5
Balearen, In. 32/33 G 3/I 2
Bali, I. 61/62 Nk. BC 2
Balıkesir [bɑ'lykɛ:sir] 36/37 H 5
Balikpapan [balik'papan] 61/62 D 4
Balingen 13 B 4
Balisee 61/62 Nk. BC 1
Balje 7 C 1
Balkan 36/37 F-H 3, 98/99 G 4
Balksee 7 C 1
Ballarat [bælə'ræt] 74/75 E 4
Ballenyinseln 92/93 W 11
Ballina ['bælinə] 28/29 B 4
Ballinasloe [bælinəs'lou] 28/29 B 5
Ballintober Abbey ['bælintoubə 'æbi], Kl. 28/29 B 5
Ballon d'Alsace [balõdal'zas] (= Elsässer Belchen) 18/19 B 5
Ballymena [bæli'mi:nə] 28/29 C 4
Balmoral [bæl'mɔrəl], Schl. 28/29 C 3
Balsas ['ßalsas], Fl. 84 C 3
Balsthal 18/19 C 5
Baltimore ['bɔ:ltimɔ:] 82/83 F 2
Baltischer Landrücken 98/99 G 3
Baltischport (= Paldiski) 40/41 E 4
Baltisk [bal'tijsk] (= Pillau) 26/27 I 1
Baltrum, I. 16/17 C 2
Baltschik [bal'tʃik] 36/37 I 3
Balve 8/9 E 3
Balver Wald 8/9 E 3
Bam 48/49 F 5
BAM (Baikal-Amur-Magistrale) 50/51 K 4
Bamako [bama'ko] 67/68 C 4
Bambari [bamba'ri] 67/68 F 5
Bamberg 14 I B 1, 18/39 I F 3
Bamian [bami'ja:n] 59/60 B 1
Bammental 13 B 2
Banat [ba'na:t] 36/37 E 2
Banater Gebirge 36/37 EF 2
Bancroft ['bænkrɔft] 82/83 F 1
Banda Atjeh ['banda 'atʃɛh] 61/62 B 3
Bandama [banda'ma], Fl. 67/68 C 5
Bandar ['bændə] (= Machilipatnam) 59/60 D 3
Bandar Seri Begawan ['bandar sə'ri bə'gawan] (Brunei Town) 61/62 D 3
Bandasee ['banda] 61/62 E 4
Bandirma ['bɑndyrmɑ] 36/37 HI 4
Bandjarmasin [bandʒar'masin] 61/62 D 4
Bandundu (Banningville) 69/70 B 2
Bandung ['banduŋ] 61/62 Nk. A 1
Banff [bæmf] (Kanada) 80/81 H 4
Banff [bæmf] (Schottland) 28/29 E 3
Banff-Nationalpark [bæmf] 80/81 H 4
Bangalore [bæŋgə'lɔ:] 59/60 C 3
Bangassu [baŋga'su] (Bangassou) 67/68 F 5
Bangi [bã'gi] (Bangui) 67/68 E 5
Bangka ['baŋka], I. 61/62 C 4
Bangkok (Krung Thep) 61/62 C 2
Bangla Desh, Staat 59/60 DE 2, 166/167 RS 5
Bangor ['bæŋgə] (Maine, USA) 82/83 G 1
Bangor ['bæŋgə] (Wales) 28/29 D 5
Bangui [bã'gi] (= Bangi) 67/68 E 5
Bangweolosee 69/70 CD 3
Bani [ba'ni], Fl. 67/68 C 4
Banias 48/49 D 4
Banja Luka ['ba:nja: ,lu:ka] 36/37 C 2
Banjul (Bathurst) 67/68 B 4
Banksinsel [bæŋks] 80/81 GH 2
Banksinseln [bæŋks] 74/75 G 2
Banksstraße [bæŋks] 74/75 E 5
Bann [bæn], Fl. 28/29 C 4
Banningville [baniŋ'vil] (= Bandundu) 69/70 B 2
Bannu ['bænu:] 59/60 C 1
Bannwaldsee 15 A 3
Bansin [ban'zi:n] 16/17 J 1/2
Banská Bystrica ['banska: 'bistritsa] 26/27 I 4
Bantry ['bæntri] 28/29 B 6
Bantry Bay ['bæntri 'bɛi] 28/29 B 6
Bañuela 32/33 D 3
Banz, Kl. 18/19 FG 2
Baotou (= Pautou) 57/58 BC 2
Bar [bar, ba:r] 36/37 D 3
Baracaldo 32/33 E 1
Baragansteppe [bərə'gan] 36/37 H 2
Baranów [ba'ranuf], Schl. 26/27 J 3
Baranowitschi [ba'ranavitʃi] 48/49 C 2
Barauni [bɑ'rauni] 59/60 D 2
Barbados [ba'bɛidouz], Staat 88/89 E 1, 166/167 I 6
Barbastro [bar'ßastro] 32/33 G 1
Barbis, Bad Lauterberg- 10 C 3
Barbuda [ba:bu:də], I. 88/89 D 1
Barby 11 B 1
Barcelona [dt. barse'lo:na, sp. barθe'lona] 32/33 H 2
Barcelonette [barsələ'nɛt] 24/25 B 3
Bardai [bar'daj] 67/68 E 3
Barddhaman (Burdwan) 59/60 D 2
Bardejov ['bardjɛjɔu] 26/27 J 4
Bardowick 7 E 2
Bardu [,bardu] 40/41 D 2
Bareilly [bə'rɛili] 59/60 C 2
Bärenhöhle 13 C 4
Båreninsel 55/56 C 2
Barentssee 50/51 CD 2
Barga ['barga] 24/25 D 3
Barge 16/17 C 2, 119 II
Bargfeld-Stegen 7 E 1
Bargteheide, O. 7 E 1
Bargusin [bargu'zin] 50/51 JK 4
Bari ['ba:ri] 34/35 F 5
Barisal [bæri'sɑ:l] 59/60 E 2
Barito [ba'rito], Fl. 61/62 D 4
Barkly Highway ['ba:kli 'haiwɛi] 74/75 D 2
Bar-le-Duc [barlə'dyk] 30/31 F 3
Barletta [bar'letta] 34/35 F 5
Barmen, Wuppertal- 8/9 D 3
Barmstedt 7 D 1
Barnaul [barna'ul] 50/51 H 4
Barnim 16/17 I 3
Barnstädt 11 B 2
Barnstaple ['bɑ:nstəpl] 28/29 DE 6
Barntrup 8/9 H 1/2
Baro ['bɑ:rou] 67/68 D 5
Baroda [bə'roudə] (= Varodara) 59/60 C 2
Barquisimeto [barkisi'meto] 88/89 D 1/2
Barr 18/19 C 4
Barra ['barra], O. 88/89 F 4
Barra ['bærə], I. 28/29 C 3
Barrancabermeja [barraŋkaßɛr-'mexa] 88/89 C 2
Barranquilla [barraŋ'kija] 88/89 C 1
Barre des Ecrins [bardeze'krẽ] 24/25 B 3
Barreiro [bɐ'rrairu] 32/33 B 3
Barrengrounds ['bærən 'graundz] 80/81 H 3/M 4
Barrow ['bærou], Fl. 28/29 C 5
Barrow ['bærou], O. 80/81 D 2
Barrow-in-Furness ['bærou in 'fə:nis] 28/29 E 4
Barrowinsel ['bærou] 74/75 B 3
Barrowstraße ['bærou] 80/81 J 2
Barsbüttel 7 E 1
Barsi ['bɑ:si] 59/60 C 3
Barsinghausen 10 AB 2
Bartenstein (Ostpreußen; Bartoszyce) 26/27 J 1
Bartenstein, B. 13 D 2
Barth 16/17 H 1
Bartoszyce [bartɔ'ʃytsɛ] (= Bartenstein) 26/27 J 1
Bartow ['bɑ:tou] 82/83 E 3
Bartsch (Barycz), Fl. 26/27 H 3
Barú (Chirigui) 88/89 B 2
Baruth 16/17 I 3
Baruun-Urt 57/58 C 2
Barycz ['barytʃ] (= Bartsch), Fl. 26/27 H 3
Baschistraße 57/58 D 4
Basel (Basel-Land, Basel-Stadt), Kanton, Schweiz 180
Basel, O. 24/25 B 2
Basel/Mühlhausen, Flughafen 176 B 5
Basilan [ba'silan] 61/62 E 3
Basilicata, Provinz, Italien 34/35 EF 5
Baskenland 32/33 E 1
Basra ['basra] 48/49 E 4
Bassano del Grappa [bas'sa:no del 'grappa] 24/25 D 3
Bassas da India, I. 69/70 DE 4
Bassein [bə'sɛin] 59/60 E 3
Basse-Terre [bas'tɛ:r] 88/89 D 1
Bassin d'Arcachon [basẽdarka'ʃõ] 30/31 C 5
Bass-Straße [bæs] 74/75 E 4
Bassum 16/17 D 3
Bastei 18/19 J 2
Bastia [bas'ti:a] 34/35 B 4
Bastogne [bas'tɔnj] 18/19 A 2/3
Bata ['bata] 69/70 A 1
Batak [ba'tak] 36/37 G 4
Batalha [ba'talja], Kl. 32/33 B 3
Batangas [ba'taŋgas] 61/62 E 2
Bataninseln 57/58 D 4
Bath [bɑ:θ] 28/29 E 6
Bathurst ['bæθə:st] (= Banjul) 67/68 B 4
Bathurst ['bæθə:st] (Kanada) 80/81 M 5
Bathurst Inlet ['bæθə:st 'inlɛt], O. 80/81 I 3
Bathurstinsel ['bæθə:st] (Australien) 74/75 CD 2
Bathurstinsel ['bæθə:st] (Kanada) 80/81 IJ 2
Batjaninseln ['batʃan] 61/62 E 4
Batman ['bɑtmɑn] 48/49 E 4
Batna 44/45 E 4
Baton Rouge ['bætn 'ru:ʒ] 82/83 D 2
Batschka 36/37 D 1/2
Båtsfjord ['bo:tsfju:r], O. 40/41 F 1
Battambang [batdɑmba:ŋ] 61/62 C 2
Battenberg 8/9 E 3
Battle Harbour ['bætl 'hɑ:bə] 80/81 N 4
Batu 67/68 G 5
Batumi [ba'tumi] 48/49 E 3
Bauchi ['bautʃi:] 67/68 D 4
Bauland 13 C 2
Baumannshöhle 10 D 3
Baumbach, Ransbach- 12 B 1
Baumberge 8/9 D 1/2
Baume-les-Dames [bomle'dam] 18/19 B 5
Baumholder 14 II D 1
Baumschulenweg, Berlin- 6 CD 2
Baunatal 10 A 4
Bauru [bau'ru] 88/89 F 5
Bautzen 16/17 J 4
Bauxite ['bɔ:ksait] 82/83 D 2

Bawdwin [bɔ:'dwin] 59/60 E 2
Bawean [ba'wean], I. 61/62 Nk. B 1
Bayamo 85 III B 1
Bay City ['bɛi 'siti] 82/83 E 1
Bayerische Alpen 24/25 DE 2
Bayerisch Eisenstein 18/19 I 3
Bayerischer Wald 18/19 H 3/I 4
Bayern, Bundesland 18/19 F-H 2-5, 176 DE 3-5
Bayonne [ba'jɔn] 30/31 C 6
Bayreuth 14 I D 1, 18/19 G 3
Bayrischzell 15 CD 3
Baza ['baθa] 32/33 E 4
Beachy Head ['bi:tʃi 'hed] 28/29 G 6
Beadmoregletscher 91 II A
Béarn [be'arn] 30/31 C 6
Beasain [beasa'in] 32/33 EF 1
Beauce [bo:s] 30/31 DE 3
Beaufort ['boufət] 82/83 F 2
Beaufortsee ['boufət] 80/81 E-G 2
Beaujolais [boʒo'lɛ] 30/31 F 4/5
Beaumont ['boumɔnt] 82/83 D 2/3
Beaune [bo:n] 24/25 A 2
Beauvais [bo'vɛ] 30/31 E 3
Beaver ['bi:və] 82/83 C 2
Bebenhausen, Kl. 13 C 3
Bebra 18/19 E 2
Bebra/Gerstungen, Grenzübergang 176 CD 3
Bebra, Sondershausen- 10 D 4
Bečej [,bɛtʃɛ:j] 36/37 DE 2
Béchar [be'ʃa:r] 67/68 C 2
Bechyně ['bexinjɛ] 18/19 J 3
Beckdorf 7 D 2
Beckingen 14 II C 2
Beckum 8/9 F 2
Beckumer Berge 8/9 F 2
Bedburg 8/9 C 3/4
Bedburg-Hau 8/9 B 2
Bederkesa 7 B 1
Bederkesaer See 7 B 1
Bederkesa-Geeste-Kanal 7 B 1
Bedford ['bɛdfəd] 28/29 F 5
Beelen 8/9 F 2
Beerenberg 46/47 BC 1
Beerfelden 12 D 2
Beersheba 71 II C 3
Beesel 8/9 B 3
Beeskow ['be:sko] 16/17 J 3
Bega, Fl. 8/9 G 1
Begna [,bɛŋna], Fl. 40/41 BC 3
Behren 14 II C 2
Beijing (= Peking) 57/58 C 2/3
Beilstein 13 C 2
Beira ['baira], L. (Portugal) 32/33 BC 2
Beira ['baira], O. 69/70 D 3
Beirut [bai'ru:t] 71 II C 1/2, 48/49 D 4
Beitbridge ['baitbridʒ] 69/70 CD 4
Beja ['baʒa] 32/33 C 3/4
Bejaïa [beʒa'ja] (Bougie) 67/68 D 2
Béjar ['bɛxar] 32/33 D 2
Bekabad [bika'bat] 50/51 F 5/6
Bekdasch 48/49 F 3
Békéscsaba ['be:ke:ʃtʃɔbɔ] 36/37 E 1
Belaja ['bjɛlaja], Fl. 48/49 F 2
Belaja Zerkow ['bjɛlaja 'tsɛrkafj] 48/49 CD 3
Belau (US Treuhandgebiet Pazif. Inseln) 61/62 F 3
Belchen 18/19 C 5
Belcherinseln ['bɛltʃə] 80/81 KL 4
Belecke, Warstein- 8/9 F 3
Belém [be'lẽi] (Brasilien) 88/89 F 3
Belet Uen [be'lɛt u'ɛn] 67/68 H 5
Belfast [bɛl'fa:st] 28/29 CD 4
Belfeld 8/9 B 3
Belfort [bɛl'fɔ:r] 18/19 B 5, 30/31 G 4
Belgard (Białogard) 16/17 KL 1/2
Belgaum [bɛl'gaum] 59/60 C 3
Belgien, Staat 39 I AB 2, 172 D 3, 177
Belgorod ['bjɛlgarat] 48/49 D 2
Belgorod-Dnjestrowski 36/37 J 1
Belgrad (Beograd) 36/37 E 2
Belinga [beliŋ'ga] 69/70 B 1
Belitung [bə'lituŋ], I. 61/62 C 4
Belize [be'lise] (Britisch-Honduras) 84 D 3, 166/167 G 5
Belize [be'lise], O. 84 D 3
Bellary ['bɛləri] 59/60 C 3
Bellegarde [bɛl'gard] 24/25 A 2
Belle Île [bɛ'lil], I. 30/31 B 4
Belle-Isle-Straße 80/81 N 4
Bellheim 12 C 3
Bellingshausensee 91 II BC 34
Bellinzona [bellin'tso:na] 24/25 C 2
Belluno [bel'lu:no] 24/25 E 2
Belmopan 84 D 3
Belogorsk [bila'gorsk] 50/51 L 4
Belo Horizonte ['bɛlori'zonti] 88/89 F 4/5
Belomorsk [bila'mɔrsk] 48/49 D 1
Belorezk [bila'rjɛtsk] 48/49 F 2
Belosersk [bila'zjɛrsk] 48/49 D 1/2
Belowo [bi'lɔva] 50/51 H 4
Belt, Großer 39 II B 2
Belt, Kleiner 39 II A 2
Belucha [bi'luxa] 50/51 H 4/5
Belutschistan 59/60 B 2/1
Beluwe 102/103 B 3
Belzig 16/17 H 3
Belzy ['bjeljtsy] 36/37 H 1
Bemmel 8/9 A 2
Benares [bi'na:riz] (= Varanasi) 59/60 D 2
Benavente [bena'ßente] 32/33 D 1/2
Benbecula [bɛn'bɛkjulə], I. 28/29 C 3
Bend [bɛnd] 82/83 A 1
Bender Abbas [bæn'dær æb'ba:s] 59/60 A 2
Bender Anseli (Pahlewi) 48/49 E 4
Bender Cassim (= Bosaso) 67/68 H 4
Bender Schah (= Bender Torkoman) 48/49 F 4
Bender Torkoman (Bender Schah) 48/49 F 4
Bendery [bin'djɛry] 36/37 I 1
Bendigo ['bɛndigou] 74/75 E 4
Bendorf 12 B 1
Benediktbeuren 15 B 3
Benediktenwand 15 B 3
Benešov ['bɛnɛʃɔf] 18/19 J 3
Benevento [bene'vɛnto] (Benevent) 34/35 E 5
Bengalen 59/60 DE 2
Bengasi (Benghazi) 67/68 EF 2
Benguela [beŋgu'ɛla] 69/70 B 3
Benguelastrom 109
Beni ['ßeni], Fl. 88/89 D 4
Beni-Abbès [benia'bɛs] 67/68 C 2/3
Benidorm [beni'ðɔrm] 32/33 F 3
Benin (= Dahomey), Staat 67/68 D 3/4, 166/167 M 6
Benin City [bɛ'nin 'siti] 67/68 D 5
Beni Suef 71 I B 3
Ben Lawers [bɛn 'lɔ:əz] 28/29 D 3
Ben Macdhui [bɛn mɛk'du:i] 28/29 E 3
Ben More Assynt [bɛn 'mɔ: 'æsint] 28/29 D 2
Benneckenstein 10 D 3
Ben Nevis [bɛn 'nɛvis] 28/29 D 3
Benrath, Düsseldorf- 8/9 C 3
Bensberg, Bergisch-Gladbach- 8/9 D 4
Bensert (Biserta) 67/68 D 2
Bensheim 12 D 2
Bentheim, Bad 16/17 C 3
Benxi (= Penki) 57/58 D 2
Benue, Fl. 67/68 D 5
Beograd [bɛ,ɔgrad] (= Belgrad) 36/37 E 2
Berat [be'rat] 36/37 DE 4
Beraun, Fl. 18/19 I 3
Beraun (= Beroun), O. 18/19 IJ 3
Berbera 67/68 H 4
Berbérati [bɛrbera'ti] 67/68 E 5
Berbling, K. 15 C 3
Berchtesgaden 18/19 H 5
Berchtesgadener Land 112
Berdjansk [bir'djansk] 48/49 D 3
Bereda 67/68 I 4
Beregowo ['bjerigava] 36/37 F 0
Berenbostel, Garbsen- 10 B 2
Beresina [birizi'na], Fl. 48/49 C 2
Beresniki [birizni'ki] 48/49 F 2
Beresowo 48/49 G 1
Berg 15 B 3
Berga 11 C 3
Bergama ['bɛrgama] 38 E 3
Bergamasker Alpen 24/25 CD 2/3
Bergamo ['bɛrgamo] 24/25 C 3
Bergedorf, Hamburg- 7 E 1/2
Bergen (Norwegen) 40/41 B 3
Bergen (Rügen) 16/17 I 1
Bergen op Zoom ['bɛrxə ɔp 'so:m] 39 I B 2
Bergen/Salzwedel, Grenzübergang 176 D 2
Bergerac [bɛrʒə'rak] 30/31 D 5
Bergfelde 6 C 1
Bergh 8/9 B 2
Bergheim 8/9 C 4
Bergheim-Hüchelhoven 8/9 C 2
Bergholz-Rehbrücke 6 B 2
Bergisches Land 8/9 DE 3/4
Bergisch Gladbach 8/9 D 3/4
Bergkamen 8/9 E 2
Bergland von Guayana 88/89 DE 2
Berglen 13 CD 3
Berglern 15 C 2
Bergneustadt 8/9 E 3
Bergslagen ['bærjsla:gən] 40/41 D 3/4
Bergstraße 12 D 2
Bergwitz 11 D 1
Bergzabern, Bad 12 BC 3
Berhampur ['bɛrəmpuə] 59/60 D 3
Beringmeer 96 LM 3
Beringowski ['bjeringafskij] 50/51 Q 3
Beringstraße 80/81 BC 3
Berjosowka [bi'rjɔzafka] 36/37 J 1
Berka, Bad 18/19 G 2
Berkel ['bɛrkəl], Fl. 39 I C 1/2
Berkeley ['bə:kli] 82/83 A 2
Berkenthin 7 F 1
Berknerinsel 91 II AB 1/2
Berleburg, Bad 8/9 F 3
Berlenga-Inseln 24 B 4
Berlepsch, Schl. 10 B 4
Berlin 6, 16/17 I 3, 155, 176 E 2, 175 I b
Berlinchen (Berlinek) 16/17 K 3
Berlinek [bɛr'linɛk] (= Berlinchen) 16/17 K 3
Berlin-Gatow, Flugplatz 6 B 2
Berlin-Mitte 6 C 1
Berlin-Schönefeld, Flughafen 6 CD 2, 176 E 2
Berlin-Tegel, Flughafen 6 C 1, 176 E 2
Bermejo [ßɛr'mɛxo], Fl. 90 B 2
Bermeo [bɛr'meo] 32/33 E 1
Bermuda-Inseln 78/79 P 6
Bern, Kanton, Schweiz 180
Bern, O. 24/25 B 2
Bernau bei Berlin 16/17 I 3
Bernbeuren 15 A 3
Bernburg 11 B 1
Berne 7 A 2
Berneck, Schl. 13 B 3
Berner Alpen 24/25 BC 2
Berneray, I. 28/29 C 3
Berninapaß 24/25 D 2
Bernkastel-Kues ['bɛrnkastəl-'ku:s] 121 IV, 18/19 C 3
Bernried 15 B 3
Bernsbach 11 D 3
Beroun ['bɛrɔun] (Beraun) 18/19 IJ 3
Berre [bɛ:r] 24/25 A 4
Berry [bɛ'ri] 30/31 DE 4
Bersenbrück 16/17 C 3
Berus, Überherrn- 14 II C 2
Berwartstein, Schl. 12 B 3
Berwick-upon-Tweed ['bɛrik ə'pɔn 'twi:d] 28/29 EF 4
Besançon [bəzã'sõ] 18/19 AB 5, 30/31 FG 4
Besch, Perl- 14 II B 1
Beselich 12 C 1
Besigheim 13 C 2/3
Beskiden 26/27 IJ 4
Bessarabien 36/37 HI 1
Bessarabka 36/37 I 1
Besseringen, Merzig- 14 II C 2
Beste, Fl. 7 E 1
Bestwig 8/9 F 3
Bethel, Bielefeld- 8/9 G 1
Bethel [bɛθl] 80/81 C 3
Bethlehem 169 III
Béthune [be'tyn] 39 I A 2, 30/31 E 2
Betschuanaland 69/70 C 4
Betsiboka, Fl. 69/70 E 3
Bettembourg [bɛtã'bu:r] (Bettenburg) 14 II B 1
Bettenhausen, Kassel- 10 B 4
Bettles 80/81 D 3
Betzdorf 8/9 E 4
Betzenstein 14 I C 1
Beucha 11 D 2
Beuel, Bonn- 8/9 D 4
Beuna 11 B 2
Beuron ['bɔyrɔn], Kl. 18/19 DE 4
Beuthen (Bytom) 26/27 I 3
Bevensen, Bad 7 F 2
Bever, Fl. 8/9 E 1
Bevern 10 AB 3
Bevern, Bremervörde- 7 C 2
Bever-Stausee 8/9 D 3
Beverstedt 7 B 2
Beverungen 10 A 3
Bexbach 14 II D 2
Bexhövede, Loxstedt- 7 B 2
Beykoz 36/37 I 4
Bezau 18/19 E 5
Béziers [be'zje] 30/31 E 6
Bhadravati [bə'dra:vəti] 59/60 C 3
Bhagalpur ['ba:gəlpuə] 59/60 D 2
Bhakradamm 59/60 C 1
Bhamo 59/60 E 2
Bhatbara [ba:t'ba:rə] 59/60 D 2
Bhatgaon 59/60 D 2
Bhaunagar ['baunəgə] 59/60 C 2
Bhawanipatna 59/60 D 3
Bhilai 59/60 D 2
Bhima ['bi:ma:], Fl. 59/60 C 3
Bhopal ['boupa:l] 59/60 C 2
Bhubaneswar [bubə'nɛiswə] 59/60 D 2
Bhuj [bu:dʒ] 59/60 B 2
Bhutan, Staat 59/60 DE 2, 166/167 RS 5
Biak ['biak] 61/62 F 4
Biała Podlaska ['bjaua pɔd'laska] 26/27 K 2/3
Białogard [bja'uɔgart] (= Belgard) 16/17 KL 1/2
Białystok [bja'uystɔk] 26/27 K 2
Biarritz [bja'rits] 30/31 C 6
Biberach 18/19 E 4
Biberburg (Čeverny Kameň) B. 36/37 C 0
Bibert, Fl. 14 I B 2
Bibi Hakimeh 48/49 F 5
Biblis 12 C 2
Bibra, Bad 11 B 2
Bicaz [bi'kaz] 36/37 H 1
Bichl 15 B 3
Bichlbach 15 A 4
Bida [bi:'da:] 67/68 D 5
Biė (= Kuito) 69/70 B 3
Biebesheim 12 C 2
Biedenkopf 8/9 G 4
Biel 24/25 B 2
Bielawa [bjɛ'lava] (= Langenbielau) 26/27 H 3
Bielefeld 8/9 G 1, 16/17 D 3
Bieler See 24/25 B 2
Biella [bi'ɛlla] 24/25 BC 3
Bielsko-Biała ['bjɛlsko 'bjaua] 26/27 I 4
Bielsk Podlaski ['bjɛlsk pɔd'laski] 26/27 K 2
Bielstein 10 B 4
Bielstein, Wiehl- 8/9 DE 4
Bienenbüttel 7 EF 2
Biesdorf, Berlin- 6 D 1
Bietigheim-Bissingen 13 C 3
Biga 36/37 H 4
Bigerbach, Fl. 15 A 4
Bigge, Fl. 8/9 E 4
Bigge-Stausee 8/9 E 3
Bighorn ['bighɔ:n], Fl. 82/83 C 1
Bihać [,biha:ts] 24/25 F 3
Bihar [bi'ha:], L. 59/60 D 2
Bihar [bi'ha:], O. 59/60 D 2
Bihargebirge ['bihɔr] 36/37 F 1
Bihé, Hochland von [biɛ] 69/70 B 3
Biisk [bijsk] 50/51 H 4
Bija ['bija], Fl. 50/51 H 4
Bijapur [bi'dʒa:puə] 59/60 C 3
Bijeljina ['bijɛljina] 36/37 D 2
Bikaner [bikə'niə] 59/60 C 2
Bikin [bi'kin], Fl. 54 D 1
Bikin [bi'kin], O. 54 C 1
Bilaspur [bi'la:spuə] 59/60 D 2
Bilbao [dt. bil'ba:o, sp. bil'ßao] 32/33 E 1
Bilibino [bi'libina] 50/51 P 3
Billerbek 8/9 D 2
Billigheim 13 C 2
Billingham ['bi iŋəm] (= Teesside) 28/29 F 4
Billings ['biliŋz] 82/83 C 1
Bill of Portland 28/29 E 6
Bilma [bil'ma] 67/68 E 4
Bilstein, B. 8/9 EF 3
Bingen 12 B 2
Binger Wald 12 B 2
Bingham Canyon ['biŋəm 'kænjən] 82/83 B 1
Binghamton ['biŋəmtən] 82/83 F 1
Binh Dinh 61/62 C 2
Binsfeld, Schl. 8/9 C 4
Bintunibucht 61/62 F 4
Binz 16/17 I 1
Biograd ['biɔgra:d] 36/37 B 3
Bioko (Fernando Póo), I. 67/68 D 5
Birao [bira'o] 67/68 F 4
Birchkogel 15 AB 4
Birdjand [bir'dʒænd] 59/60 A 1
Birdum 74/75 D 2
Birganj 59/60 D 2
Birkenau 12 D 2
Birkenfeld (Rheinland-Pfalz) 14 II D 1
Birkenfeld (b. Pforzheim) 13 B 3
Birkenhead ['bə:kənhɛd] 28/29 E 5
Birkkarspitze 15 B 4
Bîrlad [byr'lad] 36/37 H 1
Birma, Staat 59/60 E 2/3, 61/62 B 1/2, 166/167 S 5
Birmastraße 59/60 EF 2
Birmingham ['bə:miŋhæm] (Alabama, USA) 82/83 E 2
Birmingham ['bə:miŋəm] (England) 28/29 EF 5
Birnau, K. 18/19 E 5
Birnbaum (Międzychód) 16/17 K 3, 26/27 G 2
Birobidschan [birabid'ʒan] 50/51 M 5
Birs [birs], Fl. 18/19 C 5
Birstonas 40/41 E 5
Bisbee ['bizbi] 82/83 BC 2
Biscaya, Golf von 30/31 B 5
Bischa 67/68 H 3
Bischberg 14 I B 1
Bischoffen 8/9 FG 4
Bischofferode 10 C 3/4
Bischofrode 11 B 2
Bischofshofen 24/25 E 2
Bischofswerda 16/17 J 4
Bischofteinitz, Schl. 18/19 HI 3
Biševo ['biʃɛvɔ], I. 36/37 B 3
Bisingen 13 B 4
Biskra [bis'kra] 67/68 D 2
Bismarck [bizma:k] 82/83 C 1
Bismarck-Archipel 73 EF 2
Bisperode, Schl. 10 AB 2
Bispingen 7 DE 2
Bissagosinseln [bi'sa:gɔs] 67/68 B 4
Bissau [bi'sau] 67/68 B 4
Bissingen, Bietigheim- 13 C 3
Bistrița ['bistritsa] (= Bistritz) 36/37 G 1
Bistritz (Bistrița) 36/37 G 1
Bistritz, Fl. 36/37 H 1
Bitburg 18/19 B 3
Bitche [bitʃ] (= Bitsch) 14 II D 2
Bitola ['bitɔla] 36/37 E 4
Bitsch (Bitche) 14 II D 2
Bitterfeld 11 C 1
Bitterfontein ['bitəfɔn'tɛin] 69/70 B 5
Bitterrootgebirge ['bitəru:t] 82/83 B 1
Bitz 13 C 4
Biwasee 54 D 3
Bizerte (Bensert) 44/45 EF 4
Bjelovar [bjɛ,lɔva:r] 36/37 C 2
Blåbjerg 39 II A 2
Blackburn ['blækbə:n] 28/29 E 5
Black Country [blæk 'kʌntri] 28/29 E 5
Black Hills ['blæk 'hilz] 82/83 C 1
Black Mountains ['blæk 'mauntinz] 28/29 E 6
Blackpool ['blækpu:l] 28/29 E 5
Blackwater ['blækwɔ:tə] 74/75 E 3
Blagodatnyi 54 D 1
Blagojewgrad 36/37 F 3
Blagoweschtschensk [blaga'vjeʃtʃinsk] 50/51 L 4
Blanca Peak 82/83 C 2
Blanes ['blanes] 32/33 H 2
Blanitz, Fl. 18/19 J 3
Blankenberg, B. 8/9 D 4
Blankenburg, Berlin- 6 C 1
Blankenburg (Harz) 10 D 3
Blankenburg, Bad 18/19 G 2
Blankenese, Hamburg- 7 D 1
Blankenfelde, Berlin- 6 C 1
Blankenfelde (b. Berlin) 6 C 2
Blansko ['blanskɔ] 26/27 H 4
Blantyre [blæn'taiə] 69/70 D 3
Blatna, Schl. 18/19 I 3
Blau, Fl. 13 D 4
Blaubeuren 13 D 4
Blaue Grotte (Capri) 34/35 E 5
Blauer Nil, Fl. 67/68 G 4
Blaufelden 13 D 2
Blaustein 13 D 4
Blautopf 13 D 4
Blåvands Huk [blɔvans'hug] 39 II A 2
Bleckede ['ble:kədə] 7 F 2
Bled [ble:d] (Veldes) 24/25 F 2
Bleicherode 10 D 4
Bleiloch-Talsperre 18/19 G 2
Blekinge [,ble:kiŋə] 40/41 CD 4
Blenheim ['blɛnim], Schl. 28/29 F 6
Blexen, Nordenham- 7 B 1
Blies, Fl. 14 II D 2
Bliesen, Sankt Wendel- 14 II D 2
Bliesendorf 6 A 2
Bliesgau 14 II D 2
Blieskastel 14 II D 2
Blind River ['blaind 'rivə], O. 82/83 E 1
Bloemfontein ['blu:mfɔntəin] 69/70 C 4
Blois [blwa] 30/31 D 4
Blomberg 8/9 H 2
Blönduós ['blœndyous] 40/41 Nk. A 1
Blönsdorf 11 D 1
Blosseville Kyst 46/47 A 2
Bloße Zelle, Berg 10 B 3
Bludenz 24/25 C 2
Blue Ridge ['blu: 'ridʒ] 82/83 EF 2
Blumberg (b. Berlin) 6 D 1
Blumenau [blume'nau] 90 D 2
Blumenthal, Bremen- 7 B 2
Bo [bou] 67/68 B 5
Boa Vista ['boa 'vista] 88/89 D 2
Bobbau 11 C 1
Bobenheim-Roxheim 12 C 2
Bober, Fl. 16/17 K 4
Bober-Katzbach-Gebirge 102/103 GH 3
Bobingen 15 A 2
Böblingen 13 BC 3, 137 III

Bobo Diulasso [bɔbodjula'so] 67/68 C 4
Bobruisk [bab'rujsk] 48/49 C 2
Bocholt 8/9 C 4
Bocholtz 8/9 AB 4
Bochum 8/9 D 3
Bockenem 10 C 2/3
Bockenheim 12 C 2
Bocksbühl 10 B 4
Bockum-Hövel, Hamm- 8/9 E 2
Bodaibo [badaj'bɔ] 50/51 K 4
Bodden (Greifswalder Bodden) 102/103 F 1
Bode, Fl. 16/17 G 4
Bodélé [bɔde'le] 67/68 E 4
Boden ['bu:dən] 40/41 E 2
Bodenfelde 10 B 3
Bodenheim 12 C 2
Bodenmais 18/19 I 3
Bodensee 18/19 E 5
Bodenwerder 10 AB 3
Bödigheim, Schl. 13 C 2
Bodø [,bu:dœ] 40/41 C 2
Bodrog, Fl. 102/103 J 4
Boé 67/68 B 4
Bogø, I. 16/17 GH 1
Bogor ['bogɔr] 61/62 Nk. A 1
Bogotá [boxo'ta] 88/89 C 2
Bogutschany 50/51 I 4
Böhlen 11 C 2
Böhl-Iggelheim 12 C 3
Böhlitz-Ehrenberg 11 C 2
Böhme, Fl. 7 D 2
Böhmenkirch 13 D 3
Böhmerwald 18/19 I 3/4
Böhmisches Mittelgebirge 18/19 IJ 2
Böhmisch Leipa (Česká Lípa) 18/19 J 2
Böhmisch-Mährische Höhe 26/27 GH 4
Bohnsdorf, Berlin- 6 D 2
Bohol [bo'ɔl], I. 61/62 E 2/3
Bohuslän ['bu:hu:slɛ:n], L. 40/41 C 4
Boise ['bɔisi] 82/83 B 1
Boize, Fl. 7 F 2
Boizenburg 7 F 2
Boka Kotorska ['bɔka ,kɔtɔrska:] 36/37 D 3
Bokaro [bou'ka:rou] 59/60 D 2, 171 V a
Boké [bɔ'ke] 67/68 B 4
Bokel 7 B 2
Boknafjord ['bɔkna] 40/41 B 4
Bolangir 59/60 D 2
Bolanpaß 59/60 B 2
Bolchen (= Boulay-Moselle) 14 II C 2
Boldecker Land 10 D 1
Bolesławiec [bɔlɛsu'avjɛts] (= Bunzlau) 16/17 K 4
Bolgatanga [boulga:'ta:ŋga:] 67/68 C 4
Bolgrad [bal'grat] 36/37 I 2
Bolivien, Staat 88/89 D 4/5, 166/167 H 7/8
Boll, Bad 13 D 3
Bollnäs ['bɔlnɛ:s] 40/41 D 3
Bolmen, See 40/41 C 4
Bologna [bo'lonja] 24/25 D 3, 34/35 C 3
Bolsenasee [bol'sɛ:na] 34/35 CD 4
Bolsón de Mapimí 82/83 C 3
Bolton ['boultən] 28/29 E 5
Bolzano [bol'tsa:no] (= Bozen) 24/25 D 2, 34/35 C 2
Boma [bɔ'ma] 69/70 B 2
Bombay [bɔm'bɛi] 59/60 C 3
Bomi Hills ['boumi: 'hilz] 67/68 B 5
Bomlitz 16/17 E 3
Bomu, Fl. 67/68 F 5
Bonaire [bo:'nɛ:r], I. 88/89 D 1
Bonanza [bo'nansa] 84 D 3
Bondo [bɔn'do] 69/70 C 1
Bône [bo:n] (= Annaba) 67/68 D 2
Bönen 8/9 E 2
Bongo-Berge 67/68 F 5
Bongor [bɔŋ'gɔ:r] 67/68 E 4
Bonifacio [boni'fa:tʃo] 34/35 B 5
Boningraben 94/95 V 4/5
Bonininseln 92/93 V 5
Bonn 8/9 D 4, 18/19 BC 2
Bönnigheim 13 C 2
Bönninghardt, L. 8/9 B 2
Bonny ['bɔni] 67/68 D 5
Boothia-Halbinsel ['bu:θiə] 80/81 J 2
Booué [bou'e] 69/70 B 1/2
Boppard 12 B 1
Bor [bɔ:r] 36/37 F 2
Borås [bu'ro:s] 39 II C 1, 40/41 C 4
Börde, Braunschweiger 121 I
Borchen 8/9 G 2
Börde, Magdeburger 16/17 G 3, 105 D 2/3
Börde, Querfurter 11 B 2
Bordeaux [bɔr'do] 30/31 C 5
Bordesholm, Kl. 16/17 F 1
Bordj Omar Driss 67/68 D 3
Borgå ['bɔrgo:] (= Porvoo) 40/41 F 3
Borgarnes ['borgarnɛ:s] 40/41 Nk. A 2
Børgefjell [,bœrgəfjɛl] 40/41 C 2
Borgholm [,bɔrjhɔlm] 40/41 D 4
Borgu 67/68 D 4
Borgund [,bɔrgun], K. 40/41 B 3
Borinage [bɔri'na:ʒ] 39 I A 2
Borissow [ba'risaf] 48/49 C 2
Bork, Selm- 8/9 DE 2
Borken (Hessen) 16/17 E 4
Borken (Nordrhein-Westfalen) 8/9 C 2
Borkenberge 8/9 D 2
Borku [bɔr'ku] (Borkou) 67/68 E 4
Borkum, I. 16/17 B 2
Borlänge [,bo:rlɛŋə] 40/41 D 3
Borlinghausen, Schl. 8/9 H 2
Bormida ['bɔrmida], Fl. 24/25 C 3
Bormio ['bɔrmio] 24/25 D 2
Borna 11 CD 2
Borneo (Kalimantan) 61/62 D 3/4
Bornheim 8/9 CD 4
Bornholm, I. 40/41 CD 4
Bornim, Potsdam- 6 AB 2
Börnsen 7 E 2
Bornstedt, Potsdam- 6 B 2
Bornu 67/68 E 4
Bornum, Bockenem- 10 C 3
Borowitschi [baravi'tʃi] 48/49 D 2
Borşa ['borʃa] 36/37 G 1
Borsdorf 11 D 2
Borsja ['bɔrzja] 50/51 K 4
Börßum 10 D 2
Borstel-Hohenraden 7 D 1
Borth, Rheinberg- 8/9 C 2
Bosanski Brod ['bɔsanski: 'bro:d] 36/37 CD 2
Bosanski Novi [,bɔsanski: 'nɔvi:] 24/25 G 3
Bosaso (Bender Cassim) 67/68 H 4
Bosenberg 14 II D 2
Boshan (= Tsepo) 57/58 C 3
Bosna ['bɔsna], Fl. 36/37 D 2
Bosnien 36/37 CD 2
Bosnien und Herzegowina, Teilrepublik, Jugoslawien 178
Bosnisches Erzgebirge 36/37 C 2/3
Bosporus 36/37 I 4
Bosra 71 II D 2
Bossangoa [bɔsaŋgɔ'a] 67/68 E 5
Boßler 13 D 3
Boston ['bɔstən] (England) 28/29 F 5
Boston ['bɔstən] (Massachusetts, USA) 82/83 F 1
Botew ['bɔtɛf] 36/37 G 3
Bothel 7 CD 2
Botoşani [boto'ʃanj] 36/37 H 1
Botrange [bɔ'trã:ʒ] 39 I C 2
Botswana, Staat 69/70 C 3/4, 166/167 N 8
Bottnischer Meerbusen 40/41 D 3/E 2
Bottrop 8/9 C 2
Bötzow ['bœtso] 6 B 1
Bouaké [bwa'ke] (= Buaké) 67/68 C 5
Bougainville, I. 73 F 2
Bougie [bu'ʒi] (= Bejaïa) 67/68 D 2
Boulay-Moselle [bulɛmo'zɛl] (Bolchen) 14 II C 2
Boulder ['bouldə] 82/83 C 1/2
Boulogne-sur-Mer [bulɔnjsyr'mɛr] 30/31 D 2
Bountyinseln 92/93 XY 10
Bourbonnais [burbɔ'nɛ] 30/31 E 4
Bourg-en-Bresse [burkã'brɛs] 24/25 A 2
Bourges [burʒ] 30/31 E 4
Bourgoin-Jallieu 24/25 A 3
Bourke [bə:k] 74/75 E 4
Bournemouth ['bɔ:nməθ] 28/29 F 6
Bous, Schwalbach- 14 II C 2
Bouvetinsel 92/93 M 10
Bouvet-Sektor (Atlanten-Sektor) 91 II B 5-10
Bouzonville [buzõ'vil] (Busendorf) 14 II C 2
Bovenden 10 B 3
Bowen ['bouin] 74/75 E 2/3
Boxberg 13 D 2
Boxitogorsk [baksita'gorsk] 48/49 D 2
Boxmeer [bɔks'me:r] 8/9 A 2
Boyomafälle (= Stanleyfälle) 69/70 C 1/2
Bozcaada, I. 38 DE 3
Bozen (Bolzano) 24/25 D 2, 34/35 C 2
Brabant 39 I B 2
Brač [bra:tʃ], I. 36/37 C 3
Braccianosee [brat'tʃa:no] 34/35 D 4
Bräcke [,brɛkə] 40/41 D 3
Brackel 7 E 2
Brackenheim 13 C 2
Brackwede, Bielefeld- 8/9 FG 2
Brad [brad] 36/37 F 1
Bradano ['bra:dano], Fl. 34/35 F 5
Bradford ['brædfəd] 28/29 F 5
Braga ['braxa] 32/33 B 2
Bragança [bra'gãsa] (Brasilien) 88/89 F 3
Bragança [bra'xãsa] (Portugal) 32/33 C 2
Brahe, Fl. 102/103 H 2
Brahmaputra [brama'putra], Fl. 59/60 E 2
Brăila [brə'ila] 36/37 H 2
Brak 67/68 E 5
Brake 7 A 2
Brake, Schl. 8/9 G 1
Brakel 16/17 E 4
Bramau, Fl. 7 D 1
Bramsche 16/17 CD 3
Bramstedt, Bad 7 D 1
Bramwald 10 B 3/4
Brand, Aachen- 8/9 B 4
Brandberg 69/70 B 4
Brandenberg 15 C 4
Brandenberger Ache, Fl. 15 C 3/4
Brandenburg, L. 16/17 HI 3
Brandenburg, O. 16/17 H 3
Brand-Erbisdorf 18/19 I 2
Brandis 11 D 2
Brandon ['brændən] 82/83 CD 1
Brandon Mountain ['brændən 'mauntin] 28/29 A 5
Brannenburg 15 D 3
Brantas, Fl. 61/62 Nk. B 2
Brasilia [bra'zilia] 88/89 F 4, 165 IV
Brasilianisches Bergland 88/89 F 4
Brasilien, Staat 87 CF 2-5, 166/167 H-J 6-8
Brasilstrom 109
Braşov [bra'ʃov] (= Kronstadt) 36/37 G 2
Bratislava ['bratjislava] (= Preßburg) 26/27 H 4
Bratsk [bratsk] 50/51 J 4
Bratsker Stausee 50/51 J 4, 127 II
Braubach 12 B 1
Braunau 24/25 E 1
Brauneck 15 C 3
Braunlage 10 D 3
Braunsbedra 11 B 2
Braunschweig, Regierungsbezirk 176 CD 2/3
Braunschweig, O. 10 D 2, 16/17 F 3
Brauweiler, Pulheim- 8/9 C 4
Brazos ['bræzəs], Fl. 82/83 D 2
Brazzaville [braza'vil] 69/70 B 2
Brčko ['brtʃkɔ] 36/37 D 2
Brdywald [brdi] 18/19 I 3
Brebach-Fechingen, Saarbrücken- 14 II D 2
Brechen 12 C 1
Brechhorn 15 D 4
Breckerfeld 8/9 D 3
Břeclav ['brʒɛtslaf] (= Lundenburg) 26/27 H 4
Breda [bre:'da:] 39 I B 2
Bredow ['bre:do] 6 A 1
Bredstedt 16/17 DE 1
Breetzer Berge 7 F 2
Breg, Fl. 18/19 D 4
Bregenz 24/25 C 2
Bregenzer Wald 18/19 E 5
Brehna 11 C 1
Breiđafjord ['brɛiða] 40/41 Nk. A 1
Breidenbach 8/9 F 4
Breisach 18/19 C 4, 122 III
Breisgau 18/19 C 5/4
Breitenbach 14 II D 2
Breitenfelde 7 F 1
Breitscheid 8/9 F 4
Bremen 7 B 2, 16/17 D 2, 176 C 2
Bremen-Neuenland, Flughafen 7 B 2, 176 C 2
Bremerhaven 7 B 1, 16/17 D 2
Bremervörde [bre:mər'fœ:rdə], O. 7 C 1/2
Brenne [brɛn] 30/31 D 4
Brenner, Paß 24/25 D 2
Brenta ['brɛnta], Fl. 24/25 D 3
Brentagruppe 24/25 D 2
Brenztopf 105 D 4
Brescia ['breʃʃa] 24/25 D 3
Breslau (Wrocław) 26/27 H 3
Bressanone [bressa'no:ne] (= Brixen) 24/25 D 2
Bresse [brɛs] 30/31 F 4
Brest [brɛst] (Frankreich) 30/31 A 3
Brest [brjɛst] (UdSSR) 26/27 K 2
Bretagne [dt. bre'tanjə, frz. brə'tanj] 30/31 B 3
Brettach, Fl. 13 D 2
Bretten 13 B 2
Bretzfeld 13 C 2
Breuberg 12 E 2
Breuil-Cervinia ['brœj tʃer'vi:nja] 24/25 B 3
Breyell, Nettetal- 8/9 B 3
Briaken 50/51 M 4
Briançon [briã'sõ] 24/25 B 3
Bridgetown ['bridʒtaun] 88/89 E 1
Brie [bri] 30/31 E 3
Brieg (Brzeg) 26/27 H 3
Brienzer See 24/25 BC 2
Brieselang 6 B 1
Brietlingen 7 E 2
Briey [bri'ɛ] 14 II A 2
Brig 24/25 B 2
Brigach, Fl. 18/19 D 4/5
Brighton [braitn] 28/29 F 6
Brignoles [bri'njɔl] 24/25 B 4
Brilon 8/9 G 3
Briloner Höhen 8/9 G 3
Brindisi ['brindizi] 34/35 F 5
Brinkum, Stuhr- 7 B 2
Brioni [bri'o:ni], I. 24/25 E 3
Brisbane ['brizbən] 74/75 F 3
Bristol [bristl] 28/29 E 6
Bristol Bay ['bristl 'bɛi] 80/81 CD 4
Bristolkanal 28/29 DE 6
Britisch-Columbia, Provinz, Kanada 80/81 G 4
Britische Inseln 92/93 L 3
Britisch-Honduras (= Belize) 84 D 3, 166/167 G 5
British Antarctic Territory 91 II B 1-3
Britz, Berlin- 6 C 2
Brive-la-Gaillarde [brivlaga'jard] 30/31 D 5
Brixen (Bressanone) 24/25 D 2
Brixen im Thale 15 D 4
Brixlegg 15 C 4
Brjansk [brjansk] 48/49 D 2
Brno ['brnɔ] (= Brünn) 26/27 H 4
Broad Law ['brɔ:d 'lɔ:] 28/29 E 4
Brockel 7 CD 2
Brocken 10 D 3
Brodeur-Halbinsel [brou'də:] 80/81 K 2
Bröhn, Berg 10 AB 2
Brokdorf 129 II
Broken Hill ['broukən 'hil] (Australien) 74/75 E 4
Broken Hill ['broukən 'hil] (= Kabwe) 69/70 C 3
Bröl, Fl. 8/9 D 4
Bromberg (Bydgoszcz) 26/27 HI 2
Brome 10 D 1
Brønderslev ['brœnərsleu] 39 II AB 1
Brønnøysund ['brœnœisun], O. (Gem. Brønnøy) 40/41 C 2
Brookskette [bruks] 80/81 C-E 3
Brotdorf, Merzig- 14 II C 2
Bruchberg 10 CD 3
Bruchhauser Steine 8/9 G 3
Bruchköbel 12 D 1
Bruchmühlbach-Miesau 14 II D 2
Bruchmühle 6 DE 1
Bruchsal 13 B 2
Bruck an der Mur 24/25 F 2
Brückelberg 18/19 I 3
Brücken 14 II D 2
Brückenau, Bad 18/19 E 2
Bruckmühl 15 C 3
Bruges [bry:ʒ] (= Brügge) 39 I A 2
Brügge (Brugge, Bruges) 39 I A 2
Brüggen 8/9 B 3
Brühl (b. Köln) 8/9 C 4
Brühl (b. Mannheim) 13 B 2
Brunei 61/62 D 3, 166/167 T 6
Brunei Town (= Bandar Seri Begawan) 61/62 D 3
Brünn (Brno) 26/27 H 4
Brunsberg 7 D 2
Brunsbüttel 7 C 1
Brunssum ['brynsəm] 8/9 A 4
Brusendorf 6 D 2
Brüssel (Brussel, Bruxelles) 39 I B 2
Brüsterort 26/27 I 1
Brüx (Most) 18/19 I 2
Bruxelles [bry'sel] (= Brüssel) 39 I B 2
Bryce Canyon [brais 'kænjən] 82/83 B 2
Brzeg [bʒɛk] (= Brieg) 26/27 H 3
Buaké (Bouaké) 67/68 C 5
Bubenreuth 14 I C 1
Bucaramanga [bukara'maŋga] 88/89 C 2
Buch, Berlin- 6 CD 1
Buchanan [bju:'kænən] 67/68 BC 5
Buchans [bʌkænz] 80/81 N 5
Buchara [buxa'ra] 50/51 F 6
Buchen 18/19 E 3
Büchen 7 F 2
Büchen/Schwanheide, Grenzübergang 7 F 2, 176 D 2
Buchenbach, B. 13 D 2
Buchholz, Berlin- 6 C 1
Buchholz, Duisburg- 8/9 C 3
Buchholz (b. Berlin) 6 E 1
Buchholz in der Nordheide 7 D 2
Buchloe ['bu:xlo:ə] 18/19 F 4
Buchow-Karpzow 6 A 1
Buchtarma-Stausee 50/51 H 5
Bucht von Setúbal [sə'tußal] 32/33 B 3
Bückeburg 16/17 E 3
Buckow, Berlin- ['bu:ko] 6 C 2
Bucureşti [buku'reʃtj] (= Bukarest) 36/37 H 2
Budapest [dt. 'bu:dapɛst, ung. 'budɔpɛʃt] 36/37 D 1
Büddenstedt 10 E 2
Budenheim 12 C 1
Büderich, Meerbusch- 8/9 C 3
Büderich, Wesel- 8/9 C 2
Büdingen 18/19 E 2
Budva ['bu:dva] 36/37 D 3
Budweis (České Budějovice) 18/19 J 4
Budweiser Becken 105 F 4
Buenaventura [buenaßen'tura] 88/89 C 2
Buenos Aires ['bueno'saires] 90 C 3
Buenos-Aires-See ['ßueno'saires] 90 A 4
Buer, Gelsenkirchen- [bu:r] 8/9 D 2
Buffalo ['bʌfəlou] 82/83 F 1
Bug, Südlicher [buk], Fl. z. Schwarzen Meer 48/49 D 3
Bug [buk], Fl. z. Weichsel 26/27 J 2
Bugac ['bugɔts] 36/37 D 1
Bugulma [bugulj'ma] 48/49 F 2
Buguruslan [bugurus'lan] 48/49 F 2
Bühl 18/19 D 4
Bühler, Fl. 13 D 2
Bujumbura [buʒumbu'ra] 69/70 C 2
Bukama [buka'ma] 69/70 C 2
Bukarest (Bucureşti) 36/37 H 2
Bukatschatscha [buka'tʃatʃa] 50/51 K 4
Bukavu [buka'vu] (Costermansville) 69/70 C 2
Bukittinggi [bukit'tiŋgi] 61/62 C 4
Bükk 36/37 E 0/1
Bukoba [bu:'kouba:] 69/70 D 2
Bukowina [buko'vi:na] 36/37 G 01
Bulawayo [bulə'wɛiou] 69/70 C 4
Bulgan 57/58 B 2
Bulgarien, Staat 36/37 F-H 3, 172 F 4
Bumba 69/70 C 1
Buna 11 B 2
Bunbury ['bʌnbəri] 74/75 B 4
Bundaberg ['bʌndəbə:g] 74/75 F 3
Bünde 16/17 D 3
Bundelkhand ['bundlkænd] 59/60 CD 2
Bundesrepublik Deutschland 20/21, 172 DE 3/4, 176
Bungostraße ['bu,ngo] 54 C 4
Bungsberg 16/17 F 1
Bunguraninseln [bu'ŋuran] 61/62 C 3
Bunia [bu'nja] 69/70 CD 1
Bunzlau (Bolesławiec) 16/17 K 4
Buraida [bu'raida] 67/68 H 3
Buraimi [bu'raimi] 59/60 A 2
Burbach 8/9 F 4
Burdekin-Damm ['bə:dikin] 74/75 E 3
Burdwan [buəd'wɑ:n] (= Barddhaman) 59/60 D 2
Bureja [buri'ja], Fl. 57/58 E 1
Büren 8/9 G 2
Burejagebirge 50/51 M 4/5
Büren (Nordrhein-Westfalen) 16/17 D 4
Burg (b. Magdeburg) 16/17 G 3
Burg (Fehmarn) 16/17 G 1
Burg, Schl. 8/9 D 3
Burgalben, Waldfischbach- 12 B 3
Burgan 67/68 H 3
Burgas [bur'gas] 36/37 H 3
Burgberg 13 D 2
Burgdorf (Niedersachsen) 10 C 2
Burgebrach 14 I B 1
Burgenland, Bundesland, Österreich 34/35 F 2, 179
Burggen 15 A 3
Burghaslach 14 I B 1
Burghausen 18/19 H 4
Burgkirchen 18/19 H 4
Burglengenfeld 18/19 H 3
Burgos ['burxɔs] 32/33 E 1
Burgschwalbach, B. 12 C 1
Burgstadl 18/19 I 2
Burgstädt 11 D 3
Burgthann 14 I C 2
Burgund 30/31 F 4, 24/25 A 2

Burgundische Pforte 18/19 BC 5, 102/103 C 5
Burgwald, L. 8/9 G 4
Burgwald, O. 8/9 G 3
Burgwedel 10 B 2
Burhanpur [buə'hɑːnpuə] 59/60 C 2
Burkhardtsdorf 11 D 3
Burladingen 13 C 4
Burlington ['bəːliŋtən] (Iowa, USA) 82/83 D 1
Burlington ['bəːliŋtən] (Vermont, USA) 82/83 F 1
Burnie ['bəːni] 74/75 E 5
Bursa ['bursɑ] 48/49 G 3, 36/37 I 4
Burscheid 8/9 D 3
Bürstadt 12 C 2
Buru ['buru], I. 61/62 E 4
Burullussee 71 I B 2
Burundi, Staat 69/70 CD 2, 166/167 NO 7
Buschir 48/49 F 5
Busendorf (= Bouzonville) 14 II C 2
Busira, Fl. 69/70 BC 2
Bussang [by'sã] 18/19 BC 5
Bussen 13 D 4
Busto Arsizio ['busto ar'sittsio] 24/25 C 3
Busuluk [buzu'luk] 48/49 F 2
Büsum 16/17 D 1
Buta [bu'ta] 69/70 C 1
Butjadingen, Halbinsel 7 A 1
Butte [bjuːt] 82/83 B 1
Butterworth ['bʌtəwəːθ] 61/62 C 3
Büttgen, Kaarst- 8/9 C 3
Butt of Lewis ['bʌt əv 'luːis] 28/29 C 2
Butuan [bu'tuan] 61/62 E 3
Butung ['butuŋ], I. 61/62 E 4
Butwal 59/60 D 2
Butzbach 12 D 1
Bützfleth, Stade- 7 CD 1
Bützow ['bytso] 16/17 GH 2
Buxtehude 7 D 2
Büyük Menderes [by'jyk 'mɛndɛrɛs] (Mäander), Fl. 44/45 I 4
Buzău [bu'zəu] 36/37 H 2
Bydgoszcz ['bydgɔʃtʃ] (= Bromberg) 26/27 HI 2
Byrrangagebirge [byr'rangə] 50/51 IJ 2
Bytom ['bytɔm] (= Beuthen) 26/27 I 3
Bzura ['bzura], Fl. 102/103 I 2

C

Caatingas 88/89 FG 3
Cabimas [ka'ßimas] 88/89 C 1
Cabinda 69/70 B 2
Cabora-Bassa-See 69/70 D 3
Cabotstraße ['kæbət] 80/81 MN 5
Cabrera [ka'ßrera], I. 32/33 H 3
Čačak ['tʃaːtʃak] 36/37 E 3
Cáceres ['kaθeres] 32/33 C 3
Cachoeira do Sul [kaʃu'eira du 'sul] 90 C 2
Cadaqués 32/33 H 1
Cadenberge, O. 7 C 1
Cader Idris ['kædə 'idris] 28/29 DE 5
Cádiz ['kaðiθ] 32/33 C 4
Cadolzburg 14 I B 2
Caen [kã] 30/31 C 3
Caernarfon [kə'nɑːfən], B. 28/29 D 5
Cagliari ['kaljari] 34/35 B 6
Cahors [ka'ɔːr] 30/31 D 5
Caicosinseln ['kaikəs] 84 E 2
Cairns [kɛənz] 74/75 E 2
Cairo Montenotte ['kaːiro monte'notte] 24/25 C 3
Cajeme (= Obrégon) 82/83 C 3
Calabozo 88/89 D 2
Calais [ka'lɛ] 30/31 D 2
Calama [ka'lama] 90 B 2
Calamianinseln [kala'mian] 61/62 DE 2
Călan [kə'lan] (Kalan) 36/37 F 2
Călărași [kələ'raʃj] 36/37 H 2
Calatayud [kalata'juð] 32/33 F 2
Calau 16/17 I 4
Calbayog [kal'ßajɔx] 61/62 E 2
Calbe 11 B 1
Calcutta (= Kalkutta) 59/60 D 2, 165 III
Caldera [kal'dera] 90 A 2
Calder Hall ['kɔːldə 'hɔːl] 28/29 E 4
Calenberger Land 10 AB 2
Calgary ['kælgəri] 80/81 H 4
Cali ['kali] 88/89 C 2
Calicut (Kozhikode) 59/60 C 3
Callao [ka'jao] 88/89 C 4
Calmbach, Wildbad- 13 B 3
Caltanissetta [kaltanis'setta] 34/35 E 7
Calvi ['kalvi] 34/35 B 4
Calw [kalf] 13 B 3
Camagüey [kamaxu'ɛi] 84 E 2, 85 III B 1
Camagüey-Archipel 85 III B 1
Camargo 82/83 C 3
Camargue [ka'marg] 24/25 A 4, 30/31 F 6
Camberg 12 C 1
Cambrai [kã'brɛ] 39 I A 2
Cambrian Mountains ['kæmbriən 'mauntinz] 28/29 DE 5
Cambridge ['kɛimbridʒ] 28/29 G 5
Camburg 11 B 2
Cametá [kame'ta] 88/89 F 3
Camiri [ka'miri] 88/89 D 5
Cammin [ka'miːn] (Kamień Pomorski) 16/17 J 2
Camocim [kamo'sĩ] 88/89 F 3
Campbellinsel 92/93 X 10
Campbellton ['kæmbltən] 80/81 M 5
Campbeltown ['kæmbltaun] 28/29 D 4
Campeche [kam'petʃe] 84 C 3
Campidano [kampi'daːno] 34/35 B 6
Campina Grande [kam'pina 'grandi] 88/89 G 3
Campinas [kam'pinas] 88/89 F 5
Campobasso [kampo'basso] 34/35 E 5
Campo Durán ['kampo ðu'ran] 90 B 2
Campo Grande ['kampu 'grandi], O. 88/89 E 5
Campos ['kampus], L. 88/89 F 4/3
Campos ['kampus], O. 88/89 F 5
Canadian River [kə'nɛidjən 'rivə] 82/83 D 2
Çanakkale [tʃɑ'nɑkkɑlɛ] 36/37 H 4
Canal Beagle [ka'nal biːgl] 90 B 5
Canal de l'Est [kanaldə'lɛst] 18/19 B 4/5
Canal du Centre [kanaldy'sãːtr] 30/31 F 4
Canal du Midi [kanaldymi'di] 30/31 D 6
Canal du Nivernais [kanaldynivɛr'nɛ] 30/31 E 4
Canal du Nord [kanaldy'nɔr] 30/31 E 3/2
Canale Maestro di Chiana 24/25 D 4
Cananea [kana'nea] 82/83 B 2
Canberra ['kænbərə] 74/75 E 4
Cannes [kan] 24/25 B 4, 30/31 G 6
Cannstatt, Bad, Stuttgart- 13 C 3
Canoas [ka'noas] 90 C 2/3
Canossa [ka'nɔssa], B. 24/25 D 3
Cantal [kã'tal] 30/31 E 5
Canterbury ['kæntəbəri] 28/29 G 6
Canton ['kæntən] (Ohio, USA) 82/83 E 1
Cao Bang 57/58 B 4
Cap d'Antibes [kapdã'tib] 24/25 B 4
Cape Dorset ['kɛip 'dɔːsit], O. 80/81 L 3
Cape Hopes Advance ['kɛip 'houps æd'vɑːns] 80/81 LM 3
Cape Lambert 74/75 B 3
Cape May ['kɛip 'mɛi] 82/83 F 2
Cape Town ['kɛiptaun] (= Kapstadt) 69/70 B 5
Cappel, Marburg- 8/9 G 4
Cappenberg, Schl. 8/9 E 2
Capraia [ka'praːja], I. 34/35 B 4
Capri ['kaːpri], I. 34/35 E 5
Caprivi-Zipfel 69/70 C 3
Caputh [ka'puːt] 6 B 2
Caquetá [kake'ta] (Japurá), Fl. 88/89 C 3
Caracas [ka'rakas] 88/89 D 1
Caratinga [kara'tiŋga] 88/89 F 4
Caravaca de la Luz [kara'ßaka ðe la luθ] 32/33 EF 3
Caravelas 88/89 G 4
Carbonia [kar'bɔːnia] 34/35 B 6
Carcassonne [karka'sɔn] 30/31 E 6
Cardamongebirge ['kɑːdəmən] 59/60 C 4
Cárdenas 85 III A 1
Cardiff ['kɑːdif] (Caerdydd) 28/29 E 6
Cardigan Bay ['kɑːdigən 'bɛi] 28/29 D 5
Carei [ka'rei] 36/37 F 1
Cargados-Carajos-Inseln 92/93 P 7/8
Caribou 80/81 J 4
Carling 14 II C 2
Carlisle [kɑː'lail] 28/29 E 4
Carlow ['kɑːlou] 28/29 C 5
Carlsbad ['kɑːlzbæd] (New Mexico, USA) 82/83 C 2
Carmarthen [kə'mɑːðən] 28/29 D 6
Carmen ['karmen] 84 C 3
Carmona (= Uige) 69/70 B 2
Carnac [kar'nak] 30/31 B 4
Carnarvon [kə'nɑːvən] 74/75 B 3
Carnsore Point ['kɑːnsɔː 'pɔint] 28/29 C 5
Carolina [karo'lina] 88/89 F 3
Caroline-Insel 96 O 7
Carpentariagolf [kɑːpən'tɛəriə] 74/75 DE 2
Carpentras [karpã'trɑ] 24/25 A 3
Carpi ['karpi] 24/25 D 3
Carrantuohill [kærən'tuːəl] 28/29 B 5/6
Carrara [kar'raːra] 24/25 D 3
Carretera Panamericana 84 D 4
Carrick-on-Shannon ['kærik ɔn 'ʃænən] 28/29 BC 5
Carson City ['kɑːsn 'siti] 82/83 B 2
Cartagena [karta'xena] (Kolumbien) 88/89 C 1
Cartagena [karta'xena] (Spanien) 32/33 F 4
Caruaru [karua'ru] 88/89 G 3
Casablanca (Dar-el-Beïda) 67/68 C 2
Casale Monferrato [ka'saːle momfer'raːto] 24/25 C 3
Casamance [kaza'mãːs], L. 67/68 B 4
Caserta [ka'zɛrta] 34/35 E 5
Casiquiare [kasiki'are], Fl. 88/89 D 2
Casper ['kæspə] 82/83 C 1
Castel del Monte [kas'tɛl del 'monte], Schl. 34/35 F 5
Castell 14 I A 1
Castellammare di Stabia [kastellam'maːre di 'staːbia] 34/35 E 5
Castellana, Grotten von 34/35 F 5
Castellane [kastɛ'lan] 24/25 B 4
Castellón de la Plana [kaste'ljɔn de la 'plana] 32/33 FG 3
Castelo Branco [kaʃ'tɛlu 'ßraŋku] 32/33 C 3
Castlebar ['kɑːslbɑː] 28/29 B 5
Castle Howard ['kɑːsl 'hauəd], Schl. 28/29 F 4
Castries 88/89 D 1
Castro ['kastro] 90 A 4
Castrop-Rauxel 8/9 D 2
Catamarca [kata'marka] 90 B 2
Catanduanes [katandu'anes], I. 61/62 E 2
Catania [ka'taːnia] 34/35 E 7
Catanzaro [katan'tsaːro] 34/35 F 6
Catinsel [kæt] 84 E 2
Cattenom [kat'nõ] (Kattenhofen) 14 II B 2
Cauca ['kauka], Fl. 88/89 C 2
Causses [koːs] 30/31 E 5
Cauvery ['kɔːvəri], Fl. 59/60 C 3
Cavan ['kævən] 28/29 C 4/5
Caxias [ka'ʃias] 88/89 F 3
Caxias do Sul [ka'ʃiaz du 'sul] 90 C 2
Cayenne [ka'jɛn] 88/89 E 2
Caymaninseln ['kɛimən] 84 D 3
Cebu [θe'bu], I. 61/62 E 2/3
Cebu [θe'ßu], O. 61/62 E 2
Cecilienhof, Schl. (Berlin) 6 B 2
Cecina ['tʃɛːtʃina] 24/25 D 4
Cedar Rapids ['siːdə 'ræpidz], O. 82/83 D 1
Cedrosinsel ['seðrɔs] 84 A 2
Cefalu [tʃefa'lu] 34/35 DE 6
Celákovice ['tʃɛlaːkovitsɛ] 18/19 J 2
Celebes (Sulawesi), I. 61/62 DE 4
Celebessee 61/62 DE 3
Celje ['tsɛːljɛ] (Cilli) 24/25 F 2
Celle ['tsɛlə] 10 C 1, 16/17 EF 3
Cenderawasih-Bucht (Irianbucht) 61/62 F 4
Ceram, I. 61/62 EF 4
Ceramsee 61/62 EF 4
Cerf, I. 69/70 F 2
Cerignola [tʃeri'ɲɔːla] 34/35 E 5
Cerro Bolívar ['sɛrro ßo'lißar] 88/89 D 2
Cerro de Pasco ['sɛrro ðe 'pasko] 88/89 C 4
Certosa di Pavia [tʃer'tɔːza di pa'viːa], Kl. 24/25 C 3
Červená-Lhota, Schl. 18/19 J 3
Cesena [tʃe'zɛːna] 24/25 E 3
Cesenatico [tʃeze'naːtiko] 24/25 E 3
Cēsis (Wenden) 40/41 F 4
Česká Lipa ['tʃɛskaː 'liːpa] (= Böhmisch Leipa) 18/19 J 2
Česke Budějovice ['tʃɛskɛː 'budjejovitsɛ] (= Budweis) 18/19 J 4
Český Krumlov ['tʃɛskiː 'krumlɔf] (= Krumau) 18/19 J 4
Çeşme ['tʃɛʃmɛ] 38 E 3
Cessnock ['sɛsnɔk] 74/75 F 4
Cetinje ['tsɛtinjɛ] 36/37 D 3
Ceuta ['θeuta] 67/68 C 2
Cevennen [se'vɛnən] 30/31 E 6/F 5
Ceylon (Sri Lanka), I. u. Staat 59/60 Nk, 166/167 R 6
Chabarowsk [xa'barafsk] 50/51 M 5
Chablais [ʃa'blɛ] 24/25 B 2
Chailar, Fl. 57/58 D 2
Chailar, O. 57/58 CD 2
Chailun 57/58 D 2
Chalkidike [çal'kiːdike], Halbinsel 38 C 2
Chalkis ['çalkis] (Halkis) 38 C 3
Châlons-sur-Marne [ʃalõsyr'marn] 30/31 F 3
Chalon-sur-Saône [ʃalõsyr'soːn] 24/25 A 2
Cham [kaːm] 18/19 H 3
Chaman 59/60 B 1
Chambal ['tʃæmbəl], Fl. 59/60 C 2
Chambéry [ʃãbe'ri] 24/25 A 3
Chambord [ʃã'bɔːr], Schl. 30/31 D 4
Chamonix [ʃamɔ'ni] 24/25 B 3
Champagne [dt. ʃam'panjə, frz. ʃã'panj] 30/31 EF 3
Champagnole [ʃãpa'ɲɔl] 24/25 A 2
Chañaral [tʃanja'ral] 90 A 2
Chan-Chan ['tʃan 'tʃan], Ruinenstätte 88/89 C 3
Chanda ['tʃɑːndə] (= Chandrapur) 59/60 C 2/3
Chandigarh [tʃən'diːgə] 59/60 C 1
Chandrapur (Chandra) 59/60 C 2/3
Chandyga 50/51 M 3
Changaigebirge 57/58 AB 2
Changchun (= Tschangtschun) 57/58 D 2
Changsha (= Tschangscha) 57/58 C 4
Chania [xa'nia] (Hania) 38 CD 5
Chankasee 54 C 1/2
Chantilly [ʃãti'ji], Schl. 30/31 E 3
Chanty-Mansisk [xan'tyman'sijsk] 50/51 F 3
Chao'an (= Tschautschou) 57/58 C 4
Charchan 55/56 J 6
Charente [ʃa'rãːt], L. 30/31 C 5
Charente [ʃa'rãːt], Fl. 30/31 C 5
Charikar [tʃari'kaːr] 59/60 B 1
Charkow ['xarʲkaf] 48/49 D 2/3
Charleroi [ʃarlə'rwa] 39 I B 2
Charleston ['tʃɑːlstən] (Süd-Carolina, USA) 82/83 EF 2
Charleston ['tʃɑːlstən] (West Virginia, USA) 82/83 E 2
Charleville ['tʃɑːlvil] 74/75 E 3
Charleville-Mezières [ʃarlə'vil me'zjɛːr] 39 I B 3
Charlotte ['ʃɑːlət] 82/83 E 2
Charlottenburg, Berlin- 6 C 1
Charlottetown ['ʃɑːləttaun] 80/81 M 5
Charmes [ʃarm] 18/19 B 4
Chartres [ʃartr] 30/31 D 3
Chaskowo ['xɛskovo] 36/37 G 4
Chatanga ['xatanga], Fl. 50/51 J 2
Chatanga ['xatanga], O. 50/51 J 2
Châteaubriant [ʃatobri'ã] 30/31 C 4
Châteaudun [ʃato'dœ̃] 30/31 D 3/4
Châteauroux [ʃato'ru] 30/31 D 4
Château-Salins [ʃatosa'lɛ̃] 18/19 B 4
Châtellerault [ʃatɛl'ro] 30/31 D 4
Chatham ['tʃætəm] 28/29 G 6
Chathaminseln [tʃætəm] 74/75 I 5
Châtillon-sur-Seine [ʃatijõsyr'sɛn] 24/25 A 2
Chatsworth ['tʃætswəːð], Schl. 28/29 F 5
Chattahoochee [tʃætə'huːtʃi], Fl. 82/83 E 2
Chattanooga [tʃætə'nuːgə] 82/83 E 2
Chauk [tʃauk] 59/60 E 2
Chaumont [ʃo'mõ] 24/25 A 1
Chauny [ʃo'ni] 39 I A 3
Chaves ['ʃaviʃ] 32/33 C 2
Cheb [xɛp] (= Eger) 18/19 H 2
Chegan 57/58 DE 2
Cheju (= Tschedschu) 54 B 4
Chelm [xɛum] 26/27 K 3
Chełmno ['xɛumnɔ] (= Culm) 26/27 I 2
Cheltenham ['tʃɛltnəm] 28/29 EF 6
Chemnitz (= Karl-Marx-Stadt) 11 D 3, 18/19 H 2
Chenab ['tʃeinɑːb], Fl. 59/60 C 1
Chengdu (= Tschengtu) 57/58 B 3
Chenonceaux [ʃənõ'so], Schl. 30/31 D 4
Cher [ʃɛːr], Fl. 30/31 D 4
Cherbourg [ʃɛr'buːr] 30/31 C 3
Cherson [xir'sɔn] 48/49 D 3
Chesapeake Bay ['tʃɛsəpiːk 'bɛi] 82/83 F 2
Chester ['tʃɛstə] 28/29 E 5
Chesterfield ['tʃɛstəfiːld] 28/29 F 5
Chesterfield Inlet ['tʃɛstəfiːld 'inlet], O. 80/81 J 3
Chesterfieldinseln ['tʃɛstəfiːld] 74/75 F 2
Cheta [xi'ta], Fl. 50/51 J 2
Chetumal [tʃetu'mal] 84 D 3
Cheverny, Schl. 30/31 D 4
Cheviot Hills ['tʃɛviət 'hilz] 28/29 E 4
Chew Bahir (= Stefaniesee) 67/68 G 5
Cheyenne [ʃai'ɛn] 82/83 C 1
Chhattisgarh 59/60 D 2
Chiangmai 61/62 B 2
Chiangrai 61/62 BC 1/2
Chianti [ki'anti] 24/25 D 4
Chiavari [ki'aːvari] 24/25 C 3
Chiavenna [kia'venna] 24/25 C 2
Chibiny [xi'biny] 40/41 G 2
Chibougamau [ʃi'buːgəmuː] 82/83 F 0/1
Chicago [ʃi'kɑːgou] 82/83 E 1, 149 II
Chiclayo [tʃi'klajo] 88/89 BC 3
Chiemsee 18/19 H 5
Chiese [ki'ɛːze], Fl. 24/25 D 3
Chieti [ki'ɛːti] 34/35 E 4
Chihuahua [tʃi'uaua] 82/83 C 3, 84 B 2
Chile, Staat 90 AB 1-5, 166/167 H 8-10
Chillon [ʃi'jõ], Schl. 24/25 B 2
Chiloé [tʃilo'e], I. 90 A 4
Chiltern Hills ['tʃiltən 'hilz] 28/29 F 6
Chilwasee ['tʃilwaː] 69/70 D 3
Chimborasso [tʃimbo'raso] 88/89 C 3
Chimbote [tʃim'bote] 88/89 C 3
Chimoio (Vila Prey) 69/70 D 3
China, Volksrepublik 57/58, 55/56 K-M 6, 166/167 R-U 3-5, 177
Chincha Alta ['tʃintʃa 'alta] 88/89 C 4
Chindwin, Fl. 59/60 E 2
Chinesische Mauer (= Große Mauer) 57/58 C 2/B 3
Chingan, Großer 57/58 C 2/D 1
Chingan, Kleiner 57/58 D 2
Chinguetti [ʃɛ̃gɛt'ti] 67/68 B 3
Chinon [ʃi'nõ] 30/31 D 4
Chintakunta 59/60 C 3, 171 VI
Chioggia [ki'ɔddʒa] 24/25 E 3
Chios ['çiːɔs] (Hios), I. 38 DE 3
Chios ['çiːɔs] (Hios), O. 38 E 3
Chirgis-Nor, See 57/58 A 2
Chirigui (= Barú) 88/89 B 2
Chirripó [tʃirri'po] 84 D 4
Chitral [tʃi'trɑːl] 59/60 C 1
Chittagong ['tʃitəgɔŋ] 59/60 E 2
Chiwa [xi'va] 48/49 G 3
Chmelnizki [xmilj'nitskij] 48/49 C 3
Chöbsögöl, See 57/58 B 1
Chodscheili [xadʒəj'li] 48/49 F 3
Chodzież ['xɔdʒjɛʃ] (= Kolmar) 26/27 H 2
Choiseul [ʃwa'zəl], I. 74/75 F 1
Chojna ['xɔjna] (= Königsberg, Neumark) 16/17 J 3
Chojnice [xɔj'nitsɛ] (= Konitz) 26/27 H 2
Cholet [ʃɔ'lɛ] 30/31 C 4
Cholun-Arschan 57/58 CD 2
Chomutov ['xɔmutɔf] (= Komotau) 18/19 I 2
Chongjin (= Tschöngdschin) 54 BC 2
Chongqing (= Tschungking) 57/58 B 4
Chonju (= Tschöndschu) 54 B 3
Chonos-Archipel ['tʃonɔs] 90 A 4
Choper [xa'pjɔr], Fl. 48/49 E 2
Chora Sfakion ['xɔra sfa'kiɔn] (Hora Sfakion) 38 D 5
Chorin [ko'riːn], Kl. 16/17 I 3
Chorog [xa'rɔk] 50/51 G 6
Chorzów ['xɔʒuf] (= Königshütte; K.) 26/27 I 3
Choszczno ['xɔʃtʃnɔ] (= Arnswalde) 16/17 K 2
Chota Nagpur ['tʃoutɑː 'nɑːgpuə] 59/60 D 2
Chotin [xa'tin] 36/37 H 0
Christchurch ['kraisttʃəːtʃ] 74/75 H 5
Christianshåb (= Qasigiánguit) 80/81 N 3
Christianskoog 16/17 DE 1
Christiansø [kresdjans'œː], I. 26/27 G 1
Christmasinsel ['krisməs] (Indischer Ozean) 61/62 C 5
Christmasinsel (Pazifischer Ozean) 96 N 6
Chubut [tʃu'ßut], Fl. 90 B 4
Chuquicamata [tʃukika'mata] 90 B 2
Chur [kuːr] 24/25 C 2
Churchill ['tʃəːtʃil], Fl. zur Hudson Bay 80/81 J 4

Churchill ['tʃə:tʃil], Fl. zur Labradorsee 80/81 M 4
Churchill ['tʃə:tʃil], O. 80/81 J 4
Churchill Falls ['tʃə:tʃil 'fɔ:lz], Kraftwerk 80/81 M 4
Chust [xust] 36/37 F 0
Cians, Gorges du 24/25 B 3
Cidillo-Stausee 32/33 C 3
Ciechanów [tsjɛ'xanuf] 26/27 J 2
Cienfuegos [sien'fuexɔs] 84 D 2, 85 III A 1
Cieza [θi'eθa] 32/33 F 3
Cilli ['tsili] (= Celje) 24/25 F 2
Cima dell'Argentera ['tʃi:ma delardʒen'tɛ:ra] 24/25 B 3
Cîmpina ['kympina] 36/37 G 2
Cîmpulung [kympu'luŋg] 36/37 G 2
Cinca ['θiŋka], Fl. 32/33 G 2
Cincinnati [sinsi'næti] 82/83 E 2
Cîteaux [si'to], Kl. 30/31 F 4
Cité de Behren 14 II C 2
Cité de Bruch 14 II C 2
Cité de Charbonnages 14 II C 2
Cité de Furst 14 II C 2
Cité des Chênes 14 II C 2
Cité Jeanne-d'Arc [siteʒan'dark] 14 II C 2
Cité Ruch 14 II B 2
Citlaltépetl [sitlal'tepɛtl] (= Pico de Orizaba) 84 C 3
Città di Castello [tʃit'taddikas'tɛllo] 24/25 E 4
Ciudad Bolivar [siu'ðað ßo'lißar] 88/89 D 2
Ciudad Guayana (Santo Tomé de Guayana) 88/89 D 2
Ciudad Real [θiu'ðar rrɛ'al] 32/33 E 3
Ciudad Rodrigo [θiu'ðar rrɔ'ðrixo] 32/33 CD 2
Civita Castellana ['tʃi:vita kastel'la:na] 34/35 D 4
Civitanova Marche [tʃivita'nɔ:va 'marke] 24/25 E 4
Civitavecchia [tʃivita'vɛkkia] 34/35 C 4
Clamecy [klam'si] 30/31 E 4
Clare-Insel 28/29 AB 5
Clauen, Hohenhameln- 10 C 2
Clausthal-Zellerfeld 10 C 3
Clearinsel [kliə] 28/29 B 6
Clearwatersee ['kliəwɔ:tə] 80/81 L 4
Clemenswerth, Schl. 16/17 C 3
Clenze 16/17 FG 3
Clermont-Ferrand [klɛrmõfɛ'rã] 30/31 E 5
Clervaux [klɛr'vo] 39 I BC 2
Cleveland ['kli:vlənd] 82/83 E 1
Climax ['klaimæks] 82/83 C 2
Clipperton, I. 78/79 L 8
Clisham ['kliʃəm] 28/29 C 3
Cloef 14 II C 1/2
Cloncurry [klɔn'kʌri] 74/75 E 3
Clonmel [klɔn'mɛl] 28/29 C 5
Cloppenburg 16/17 D 3
Clovelly 28/29 D 6
Cluj-Napoca (= Klausenburg) 36/37 F 1
Cluny [kly'ni], Kl. 30/31 F 4
Cluses [kly:z] 24/25 B 2
Clyde [klaid], Fl. 28/29 E 4
Clyde [klaid], O. 80/81 M 2
Côa ['koa], Fl. 32/33 C 2
Coatsinsel [kouts] 80/81 K 3
Coatsland [kouts] 91 II B 4
Coatzacoalcos [koatsako'alkɔs] 84 C 3
Cobalt (Kanada) 82/83 F 1
Cobalt (Montana, USA) 82/83 B 1
Cobar ['kouba:] 74/75 E 4
Coburg 18/19 FG 2
Cochabamba [kotʃa'ßamba] 88/89 D 4
Cochem 18/19 C 2
Cochin ['koutʃin] 59/60 C 3/4
Cochrane ['kɔkrən] 82/83 E 1
Cochstedt 11 A 1
Coco ['koko], Fl. 84 D 3
Cody 82/83 C 1
Coesfeld ['ko:sfɛlt] 8/9 D 2
Coeur d'Alene [kə:d'lɛin] 82/83 B 1
Cognac [kɔ'njak] 30/31 C 5
Coihaique 90 A 4
Coimbatore ['kɔimbə'tɔ:] 59/60 C 3
Coimbra [ku'imbra] 32/33 B 2
Colatina [kola'tina] 88/89 F 4
Cölbe 8/9 G 4
Colbitz-Letzlinger Heide 16/17 G 3
Colchester ['koultʃistə] 28/29 G 6
Col de l'Iseran [kɔldəli'zrã] 24/25 B 3
Col de Montgenèvre [kɔldemõʒ'nɛ:vr] 24/25 B 3
Colditz 11 D 2
Col du Mont Cenis [kɔldymõs'ni] 24/25 B 3
Coleraine [koul'rɛin] 28/29 C 4
Coll [kɔl], I. 28/29 C 3
Colleferro 34/35 D 5
Collie ['kɔli] 74/75 B 4
Colline Metallifere ['kol'li:ne metal'li:fere], Bergland 24/25 D 4
Collm 11 E 2
Colmar 18/19 C 4, 30/31 G 3
Colmberg, B. 14 I A 2
Colombo 59/60 Nk.
Colón [ko'lɔn] 88/89 C 2, 85 II
Colonsay ['kɔlənzɛi], I. 28/29 C 3
Colorado [kɔlə'rɑ:dou], Bundesstaat, USA 82/83 C 2
Colorado [kolo'raðo], Fl. (Argentinien) 90 B 3
Colorado [kɔlə'rɑ:dou], Fl. zum Golf von Kalifornien 82/83 B 2
Colorado [kɔlə'rɑ:dou], Fl. zum Golf von Mexiko 82/83 D 2
Coloradoplateau [kɔlə'rɑ:dou] 82/83 B 2
Colorados-Archipel 85 III A 1
Colorado Springs [kɔlə'rɑ:dou 'spriŋz] 82/83 C 2
Columbia, District of [kə'lʌmbiə] (= D. C.) 82/83 F 2
Columbia [kə'lʌmbiə], Fl. 82/83 AB 1
Columbia [kə'lʌmbiə], O. 82/83 E 2
Columbia Falls [kə'lʌmbiə 'fɔ:lz] 82/83 B 1
Columbiaplateau 76/77 HI 5
Columbretes-Inseln 32/33 G 3
Columbus [kə'lʌmbəs] (Georgia, USA) 82/83 E 2
Columbus [kə'lʌmbəs] (Ohio, USA) 82/83 E 2
Colville, Fl. 80/81 D 3
Comacchio [ko'makkio] 24/25 E 3
Comburg 13 D 2
Comer See 24/25 C 2/3
Como ['kɔ:mo] 24/25 C 3
Comodoro Rivadavia [komo'ðorɔ rrißaðaßia] 90 B 4
Compiègne [kõ'pjɛnj] 30/31 E 3
Conakry [kɔna'kri] 67/68 B 5
Concarneau [kõkar'no] 30/31 B 4
Concepción [konsɛpsi'ɔn] (Chile) 90 A 3
Concepción [konsɛpsi'ɔn] (Paraguay) 90 C 2
Conchos ['kɔntʃɔs], Fl. 82/83 C 3
Concord ['kɔŋkɔ:d] 82/83 F 1
Concordia [kɔŋ'kɔrðia] 90 C 3
Conimbriga, antiker Ort 32/33 B 2
Connacht ['kɔnɔ:t] (Connaught) 28/29 B 5/4
Connecticut [ke'nɛtikət] (= Conn.), Bundesstaat, USA 82/83 F 1
Connemara [kɔni'mɑ:rə] 28/29 B 5
Conques [kõ:k] 30/31 E 5
Consett ['kɔnsɛt] 28/29 F 4
Constanța [kon'stantsa] (= Konstanza) 36/37 I 2
Constantine [kõstã'tin] 67/68 D 2
Contwig 14 II D 2
Cook Inlet ['kuk 'inlɛt] 80/81 D 3/4
Cookinseln 96 N 8
Cookstraße [kuk] 74/75 H 5
Cooktown ['kuktaun] 74/75 E 2
Coolgardie 74/75 C 4
Cooper Creek ['ku:pə 'kri:k], Fl. 74/75 D 3
Coos Bay, O. 82/83 A 1
Copán [kopia'po], Ruinenstätte 84 D 3
Coppenbrügge 10 B 2
Copperbelt ['kɔpəbɛlt] 69/70 C 3
Copper Center ['kɔpə 'sentə] 80/81 E 3
Coppermine ['kɔpəmain] 80/81 H 3
Coquilhatville [kokijat'vil] (= Mbandaka) 69/70 B 1/2
Coquimbo [ko'kimbo] 90 A 2
Corbières [kɔr'bjɛr], L. 30/31 E 6
Corby ['kɔ:bi] 28/29 F 5
Corcubión [korkußi'ɔn] 32/33 B 1
Córdoba ['kɔrðoßa] (Argentinien) 90 B 3
Córdoba [dt. 'kɔrdoba, sp. 'kɔrðoßa] (Spanien) 32/33 D 4
Cordova [kɔ'douvə] 80/81 E 3
Corigliano Calabro [kori'lja:no 'ka:labro] 34/35 F 6
Cork [kɔ:k] (Coraigh) 28/29 B 6
Çorlu ['tʃorlu] 36/37 H 4
Corner Brook ['kɔ:nə 'bruk] 80/81 N 5
Cornimont [korni'mõ] 18/19 B 5
Cornwall ['kɔ:nwəl], Grafschaft 28/29 D 6
Coro ['koro] 88/89 D 1
Coronationgolf [kɔrə'nɛiʃən] 80/81 HI 3
Corpus Christi ['kɔ:pəs 'kristi] 82/83 D 3
Corrientes [korri'entes] 90 C 2
Corte ['korte] 34/35 B 4
Cortegana 32/33 C 4
Cortina d'Ampezzo [kor'ti:na dam'pettso] 24/25 E 2
Cortona [kor'to:na] 24/25 DE 4
Coruche [ku'ruʃi] 32/33 B 3
Corumbá [korum'ba] 88/89 E 4
Corupuna [koro'puna] 88/89 C 4
Corvey, Kl. 10 A 3
Cosenza [ko'zɛntsa] 34/35 F 6
Cosmoledoinseln 69/70 E 2
Costa Blanca 32/33 F 4/G 3
Costa Brava [dt. 'kɔsta 'bra:va, sp. 'kɔsta 'ßraßa] 32/33 H 2/1
Costa de la Luz 32/33 C 4
Costa del Azahar 32/33 G 3/2
Costa del Sol 32/33 DE 4
Costa Dorada 32/33 G 2
Costa Luminosa 32/33 F 4
Costa Rica, Staat 84 D 3/4, 166/167 G 6
Costa Smeralda 34/35 B 5
Costa Verde (Sardinien) 34/35 B 6
Costa Verde (Spanien) 32/33 CD 1
Costermansville (= Bukavu) 69/70 C 2
Coswig (Bez. Dresden) 16/17 I 4
Coswig (Bezirk Halle/Saale) 11 C 1
Côte d'Argent [kotdar'ʒã] 30/31 C 5/6
Côte d'Azur [kotda'zy:r] 24/25 B 4, 30/31 G 6
Côte-d'Or [kot'dɔ:r], Höhenzug 24/25 A 2, 30/31 F 4
Cotentin [kotã'tɛ̃] 30/31 C 3
Côte d'Emeraude [ko:tdəmə'ro:d] 30/31 BC 3
Côte Sauvage [ko:tso'va:ʒ] 30/31 B 4
Côtes de Moselle 14 II B 2
Côte Vermeille [ko:tvɛr'mɛ:i] 30/31 E 6
Cotonu (Cotonou) 67/68 D 5
Cotopaxi [koto'paksi] 88/89 C 3
Cotswold Hills ['kɔtswould 'hilz] 28/29 E 6/F 5
Cottbus, Bezirk 176 EF 3
Cottbus, O. 16/17 J 4
Cottische Alpen 24/25 B 3
Council Bluffs ['kaunsl 'blʌfs] 82/83 D 1
Courcelles-Chaussy 14 II B 2
Courmayeur [kurma'jœr] 24/25 B 3
Covadonga 32/33 D 1
Coveñas [ko'ßenjas] 88/89 C 2
Coventry ['kɔvəntri] 28/29 F 5
Covilhã [kuvi'ljã] 32/33 C 2
Craigavon 28/29 C 4
Crailsheim 18/19 EF 3
Craiova [kra'iova] 36/37 F 2
Cranz (Selenogradsk) 26/27 J 1
Crati ['kra:ti], Fl. 34/35 F 6
Crato ['kratu] 88/89 G 3
Crawley ['krɔ:li] 28/29 F 6
Creglingen 18/19 F 3
Créhange 14 II C 2
Creil [krɛj] 30/31 E 3
Cremlingen 10 D 2
Cremona [kre'mo:na] 24/25 CD 3
Cres [tsrɛs], I. 24/25 F 3
Cres [tsrɛs], O. 24/25 F 3
Crêt de la Neige [krɛdla'nɛ:ʒ] 24/25 AB 2
Creuse [krœ:z], Fl. 30/31 D 4
Creußen, Fl. 14 I D 1
Creußen, O. 14 I D 1
Creutzwald [krœs'vald] (Kreutzwald) 14 II C 2
Crewe [kru:] 28/29 E 5
Crikvenica [tsrik,vɛnitsa] 24/25 F 3
Crimmitschau 11 C 3
Crișana [kri'ʃana] 36/37 EF 1
Crivitz 16/17 G 2
Cromer ['kroumə] 28/29 G 5
Cronenberg, Wuppertal- 8/9 D 3
Crossen (b. Zwickau) 11 CD 3
Crossen (Krosno Odrzańskie) 16/17 K 3
Cross Fell ['krɔs 'fɛl] 28/29 E 4
Crossinsee 6 D 2
Crotone [kro'to:ne] 34/35 F 6
Crozetinseln 92/93 P 10
Crozon 30/31 A 3
Cruden Bay 28/29 EF 3
Cruzeiro do Sul [kru'zeiru du 'sul] 88/89 C 3
Cserhát, Höhenzug 102/103 I 4/5
Cúcuta ['kukuta] 88/89 C 2
Cuddalore ['kʌdəlɔ:] 59/60 C 3
Cuenca [ku'enka] (Ecuador) 88/89 C 3
Cuenca [ku'enka] (Spanien) 32/33 E 2
Cuiabá [kuia'ba] 88/89 E 4
Cuijk en St. Agatha 8/9 A 2
Cuillin Hills ['ku:lin 'hilz] 28/29 C 3
Culiacán [kulia'kan] 82/83 C 3
Culm (Chełmno) 26/27 I 2
Culmer Land 102/103 I 2
Cumaná [kuma'na] 88/89 D 1
Cumberland ['kʌmbələnd], Fl. 82/83 E 2
Cumberlandsund ['kʌmbələnd] 80/81 M 3
Cumbria ['kʌmbria], Grafschaft 28/29 E 4
Cumbrian Mountains ['kʌmbriən 'mauntinz] 28/29 E 4
Cuneo ['ku:neo] 24/25 B 3
Curaçao [kyra'sa:o], I. 88/89 D 1
Curcubăta [kurku'bəta] 36/37 F 1
Curitiba [kuri'tiba] 90 D 2
Curtea de Argeș ['kurtja de 'ardʒeʃ], Kl. 36/37 G 2
Cuttak [kʌ'tæk] 59/60 D 2
Cuxhaven 7 B 1, 16/17 D 2
Cuzco ['kusko] 88/89 C 4
Cyrenaika 67/68 F 2
Częstochowa [tʃɛnstɔ'xɔva] (= Tschenstochau) 26/27 I 3

D

Daaden 8/9 EF 4
Dacca ['dækə] 59/60 E 2
Dachau 15 B 2
Dachauer Moos 15 BC 2
Dachlaoasen ['da:xla] 67/68 F 3
Dachstein 24/25 E 2
Dagö (Hiumaa), I. 40/41 E 4
Dahl, Hagen- 8/9 E 3
Dahlak-Archipel 67/68 GH 4
Dahlbruch, Hilchenbach- 8/9 F 3/4
Dahlem, Berlin- 6 C 2
Dahlen 11 DE 2
Dahlenburg 7 F 2
Dahlener Heide 11 DE 2
Dahlewitz 6 C 2
Dahlwitz-Hoppegarten 6 D 1
Dahme, Fl. 6 D 2, 16/17 I 4
Dahme, O. (Schleswig-Holstein) 16/17 G 1
Dahn 12 B 3
Dahna 67/68 H 3
Dahomey (= Benin) Staat 67/68 D 3/4, 166/167 M 6
Dahra 67/68 E 3
Dakar [da'ka:r] 67/68 B 4
Dakhla (Villa Cisneros) 67/68 B 3
Dalai-nor, See 57/58 C 2
Dalälv [,dɑ:lɛlv], Fl. 40/41 D 3
Dalarna [,dɑ:larna] 40/41 C 3
Dalat 61/62 C 2
Dali 57/58 B 4
Dallas ['dæləs] 82/83 D 2
Dallgow ['dalgo] 6 B 1
Dalmatien 36/37 B 2/C 3
Dalnegorsk (Tetjuche) 50/51 M 5
Dalneretschensk (Iman) 50/51 M 5
Daloa [dalɔ'a] 67/68 C 5
Dalton ['dɔltən] 82/83 E 2
Daluis, Gorges de 24/25 B 3
Damaskus (Dimaschk) 71 II D 2, 48/49 D 4, 165 I
Damiette [dami'ɛt] (Dumjat) 71 I B 2
Dammam [da'ma:m] 67/68 HI 3
Dammastock 24/25 C 2
Damme 16/17 D 3
Damodar ['dɑ:moudɑ:], Fl. 59/60 D 2
Dampier ['dæmpjə] 74/75 B 3
Danakil 67/68 H 4
Danang (Da Nang) 61/62 C 2
Dänemark, Staat 39 II, 172 DE 3
Dänemarkstraße (Danmarkstraße) 80/81 R 3
Daniel 15 A 4
Danmarkstraße (= Dänemarkstraße) 80/81 R 3
Dannenberg 16/17 G 2
Danville ['dænvil] 82/83 F 2
Danzig (Gdańsk) 26/27 I 1
Danziger Bucht 26/27 I 1
Darabani [dara'banj] 36/37 H 0
Darbhanga 59/60 D 2
Darchan 57/58 B 2
Dardanellen 36/37 H 4
Dardesheim 10 D 3
Dar-el-Beïda (= Casablanca) 67/68 C 2
Daressalam (Dar es-Salaam) 69/70 D 2
Darfeld, Schl. 8/9 D 1
Darfur [dar'fu:r] 67/68 F 4
Darjeeling [dɑ:'dʒi:liŋ] 59/60 D 2
Darling ['dɑ:liŋ], Fl. 74/75 E 4
Darling Downs ['dɑ:liŋ 'daunz] 73 EF 4
Darlingkette ['dɑ:liŋ] 74/75 B 3/4
Darlington ['dɑ:liŋtən] 28/29 F 4
Darłowo [daru'ɔvɔ] (= Rügenwalde) 26/27 H 1
Darmstadt, Regierungsbezirk 176 C 3/4
Darmstadt, O. 12 D 2, 18/19 D 3
Darß, Halbinsel 16/17 H 1
Darßer Ort 16/17 H 1
Dartmoor ['dɑ:tmuə] 28/29 DE 6
Dartmouth ['dɑ:tməθ] 28/29 E 6
Daru 61/62 G 4
Darwin ['dɑ:win] 74/75 D 2
Dasing 15 B 2
Dassel 10 B 3
Dassendorf 7 E 1/2
Datteln 8/9 D 2
Datteln-Hamm-Kanal 8/9 E 2
Dauchstein, B. 13 C 2
Daugavpils (= Dünaburg) 48/49 C 2
Dauphiné [dofi'ne] 24/25 AB 3, 30/31 F 5
Dauphiné-Alpen [dofi'ne] 24/25 B 3
Dautphetal 8/9 G 4
Dautzschen 11 DE 1
Davangere 59/60 C 3
Davao [da'ßao] 61/62 E 3
Davenport ['dævnpɔ:t] 82/83 D 1
Davissee 91 II C 15/16
Davisstraße ['dɛivis] 80/81 N 3
Davos [da'vo:s] 24/25 C 2
Dawson [dɔ:sn] 80/81 F 3
Dawson Creek ['dɔ:sn 'kri:k], O. 80/81 GH 4
Dayton [dɛitn] 82/83 E 2
Daytona Beach [dɛi'tounə 'bi:tʃ] 82/83 E 3
Dazhai 57/58 C 3
De Aar [də 'ɑ:r] 69/70 C 5
Dearborn ['diəbɔ:n] 82/83 E 1
Deasestraße 80/81 I 3
Death Valley ['dɛθ 'væli] (= Tal des Todes) 82/83 B 2
Deauville [do'vil] 30/31 CD 3
Dębica [dɛm'bitsa] 26/27 J 3/4
Dęblin ['dɛmblin] 26/27 J 3
Dębno ['dɛmbnɔ] (= Neudamm) 16/17 J 3
Debra Markos 67/68 G 4
Debrecen ['dɛbrɛtsɛn] (Debreczin) 36/37 E 1
Decazeville [dəkaz'vil] 30/31 E 5
Dechenhöhle 8/9 E 3
Děčin ['djɛtʃi:n] (= Tetschen) 18/19 J 2
Dedeleben 10 D 2
Dedelow 16/17 I 2, 119 IV
Dee [di:], Fl. 28/29 E 3
Deggendorf 18/19 HI 4
Deggingen 13 D 3
Dehra-Dun ['dɛərə 'du:n] 59/60 C 1
Deidesheim 12 C 3
Deir-es-Sor 48/49 DE 4
Deister 10 AB 2
Dej [deʒ] 36/37 F 1
Dekkan 59/60 CD 3
Delaware ['dɛləwɛə] (= Del.), Bundesstaat, USA 82/83 F 2
Delaware Bay ['dɛləwɛə 'bɛi] 82/83 F 2
Delbrück 8/9 G 2
Delémont [dəle'mõ] 24/25 B 2
Delft [dɛlft] 39 I B 1/2
Delfzijl [dɛlf'sɛil] 39 I C 1
Delhi [dt. 'de:li, engl. 'dɛli] 59/60 C 2
Delitzsch 11 C 1
Dellbrück, Köln- 8/9 D 4
Delligsen 10 B 3
Delme, Fl. 7 B 2/3
Delmenhorst 7 B 2
Delnice 24/25 F 3
De Long-Inseln 50/51 O 2
De Long-Straße 50/51 Q 2/R 3
Delos, antiker Ort 38 D 4
Delphi (Delphoi, Delfoi), Ruinen 38 C 3
Demawend [dæmɑ'vænd] 48/49 F 4
Demmin [de'mi:n] 16/17 I 2
Demoiselles, Grotte des [grotdedəmwa'zɛl] 30/31 E 6
Denain [də'nɛ̃] 39 I A 2, 30/31 E 2
Den Haag [dt. den 'ha:k, ndl. dɛn 'ha:x] ('s-Gravenhage) 39 I B 1
Den Helder [dɛn 'hɛldər] 39 I B 1
Denizli [dɛ'nizli] 48/49 C 4
Denklingen 15 A 3
Denklingen, Reichshof- 8/9 E 4
Denpasar [dɛm'pasar] 61/62 Nk. C 2
D'Entrecasteaux-Inseln [dãtrəkas'to] 61/62 H 4
Dents du Midi [dãdymi'di] 24/25 B 2
Denver ['dɛnvə] 82/83 C 2

Dera Ghazi Khan ['dɛərə 'gɑ:zi kɑ:n] 59/60 C 1/2
Dera Ismail Khan ['dɛərə is'mail 'kɑ:n] 59/60 C 1
Derbent [dir'bjɛnt] 48/49 E 3
Derby ['dɑ:bi] (Australien) 74/75 C 2
Derby ['dɑ:bi] (England) 28/29 F 5
Derenburg 10 D 3
Derschlag, Gummersbach- 8/9 E 3/4
Descht-i-Margo 59/60 B 1
Des Moines [di'mɔin] 82/83 D 1
Desna [dis'na], Fl. 48/49 D 2
Despeñaperros [despenja'pɛrrɔs], Paß 32/33 E 3
Dessau 11 C 1, 16/17 H 4
Dessie 67/68 G 4
Desventuradosinseln 87 AB 5
Detmold, Regierungsbezirk 176 C 2/3
Detmold, O. 8/9 G 2
Detroit [di'trɔit] 82/83 E 1
Dettenhausen 13 C 3
Dettifoss ['dɛhtifɔs] 40/41 Nk. B 1
Dettingen unter Teck 13 C 3
Deurne ['dœ:rnə] 16/17 A 4
Deutsche Bucht 102/103 BC 1/2
Deutsche Demokratische Republik 20/21, 172 E 3, 176
Deutsche Nied, Fl. 14 II BC 2
Deutsches Eck 12 B 1
Deutsch Evern 7 EF 2
Deutsche Weinstraße 12 C 3
Deutsch Krone (Wałcz) 26/27 H 2
Deutschland, Bundesrepublik 20/21, 172 DE 3/4, 176
Deutsch Wartenberg, K. 16/17 K 4
Deutsch Wusterhausen 6 D 2
Deutz, Köln- 8/9 CD 4
Deva ['de:vɔ] (Diemrich) 36/37 F 2
Deventer ['de:vəntər] 39 I E 2
Dewetaschka-Höhle 36/37 G 3
Devon [dɛvn], Grafschaft 28/29 DE 6
Devoninsel [dɛvn] 80/81 K 2
Dhaulagiri [daula'gi:ri] 59/60 D 2
Dhofar 67/68 I 4
Dhule (Dhulia) 59/60 C 2
Dhünn-Stausee 8/9 D 3
Diamantina [daiəmən'ti:nə], Fl. 74/75 E 3
Diamantina [diaman'tina], O. 88/89 F 4
Dibrugarh ['dibrugə] 59/60 E 2
Dickson 50/51 H 2
Didam 8/9 B 2
Didimotichon [ðiði'motixɔn] 38 E 2
Dieburg 12 D 2
Diedenhofen (= Thionville) 14 II B 2, 30/31 G 3
Diedersdorf 6 C 2
Diego Garcia, I. 55/56 I 10
Diégo Suarez [djegosya'rɛ:z] (= Antseranana) 69/70 E 3
Diemel, Fl. 16/17 D 4
Diemelstadt 8/9 H 3
Diemelstausee 8/9 G 3
Diemrich (= Deva) 36/37 F 2
Dien Bien Phu 57/58 B 4
Diepensee, O. 6 D 2
Diepholz 16/17 D 3
Dieppe [djɛp] 30/31 D 3
Dieringhausen, Gummersbach- 8/9 E 4
Diespeck 14 I B 1
Dießen am Ammersee 15 B 3
Dietenhofen 14 I B 2
Dietramszell 15 C 3
Dietzenbach 12 D 1/2
Dietzhölztal 8/9 F 4
Dieuze [djœ:z] 18/19 B 4
Dievenow, Fl. 16/17 J 2
Dievenow (Dziwnów), O. 16/17 J 1
Diez 12 BC 1
Differten, Wadgassen- 14 II C 2
Digboi ['digbɔi] 59/60 E 2
Digne [dinj] 24/25 B 3
Digul ['digul], Fl. 61/62 F 4
Dihang (Brahmaputra), Fl. 59/60 E 2
Dijon [di'ʒõ] 24/25 A 2, 30/31 F 4
Dili [di'li] 61/62 E 4
Dillberg 14 I C 2
Dillenburg 8/9 F 4
Dillingen an der Donau 18/19 F 4
Dillingen/Saar 14 II C 2
Dilolo . 69/70 C 3
Dimaschk [di'maʃk] (= Damaskus) 48/49 D 4, 165 I
Dimitrowgrad [di'mitrovgrat] (Bulgarien) 36/37 G 3
Dimitrowgrad (Melekes, UdSSR) 48/49 EF 2
Dinan [di'nã] 30/31 B 3
Dinant [di'nã] 39 I B 2
Dinara [ˌdinara] 36/37 C 3
Dinarisches Gebirge 36/37 B 2/D 3
Dindigul ['dindigəl] 59/60 C 3
Dingden, Hamminkeln- 8/9 C 2
Dingelstädt 10 C 4
Dingelstedt 10 D 3
Dingle Bay ['diŋgl 'bɛi] 28/29 A 5/6
Dingolfing 18/19 H 4
Dingwall ['diŋwɔ:l] 28/29 D 3
Dinkelsbühl 18/19 F 3
Dinslaken 8/9 C 2
Dipolog [di'polɔx] 61/62 E 3
Dippoldiswalde 18/19 I 2
Diredaua (Diredawa) 67/68 H 5
Dirmingen, Eppelborn- 14 II D 2
Dirschau (Tczew) 26/27 I 1
Disappointmentsee [disə'pɔintmənt] 74/75 C 3
Disful 48/49 E 4
Disibodenberg, Kl. 12 B 2
Diskobucht ['disgo] 80/81 N 3
Diskoinsel ['disgo] 80/81 N 2/3
District of Columbia ['distrikt əv cə'lʌmbiə] (= D. C.) 82/83 F 2
Dithmarschen 16/17 DE 1
Ditzenbach, Bad 13 D 3
Ditzingen 13 BC 3
Diu 59/60 C 2
Divriği ['divriji] 48/49 D 4
Diwaniya [diva'ni:ja] 48/49 E 4
Dixonstraße ['diksn] 80/81 F 4
Diyarbakır [di'jarbɑˌkyr] 48/49 DE 4
Djado [dʒa'do] 67/68 E 3
Djakarta [dʒa'karta] 61/62 C 4, 61/62 Nk. A 1
Djakovica ['dzjakɔvitsa] 36/37 E 3
Djalo 67/68 F 3
Djambi ['dʒambi] 61/62 C 4
Djanet 67/68 D 3
Djayapura [dʒaja'pura] 61/62 G 4
Djebel Ansariya 71 II D 1
Djebel el-Akhdar [ɛl ax'da:r] 67/68 F 2
Djebel Marra ['mara] 67/68 F 4
Djebel Nefusa 67/68 E 2
Djebel Schammar ['ʃamar] 67/68 H 3
Djebel Tuwaik [tu'vaik] 67/68 H 3
Djelfa [dʒɛl'fa] 67/68 D 2
Djerba ['dʒɛrba], I. 67/68 E 2
Djerdap-Stausee 36/37 F 2
Djibuti, Staat 67/68 H 4, 166/167 O 6
Djibuti (Djibouti), O. 67/68 H 4
Djidda ['dʒida] 67/68 G 3
Djisan 67/68 H 4
Djiwaoasen 67/68 I 3
Djofraoasen 67/68 E 3
Djuba, Fl. 69/70 E 1
Djubaland 69/70 E 1
Djurab (Djourab) 67/68 E 4
Djursland ['dju:rslan] 39 II B 1
Dnjepr [dnjɛpr], Fl. 48/49 D 3
Dnjeprodserschinsk [dnjɛpra-dzir'ʒynsk] 48/49 D 3
Dnjepropetrowsk [dnjɛprapit'rɔfsk] 48/49 D 3
Dnjeprplatte 98/99 GH 4
Dnjestr [dnjɛstr], Fl. 48/49 C 3
Dobbiaco [dob'bja:ko] (= Toblach) 24/25 E 2
Döbeln 16/17 I 4
Doberan, Bad 16/17 G 1
Doberschütz 11 D 1/2
Doboj ['dɔbɔj] 36/37 CD 2
Dobra, Fl. 24/25 F 3
Döbraberg 18/19 G 2
Dobreta Turnu Severin 36/37 F 2
Dobrudscha [do'brudʒa] 36/37 H 3/I 2
Dobschauer Eishöhle 26/27 IJ 4
Dodekanes [dodeka'ne:s] 38 E 4
Doesburg ['du:zbyrx] 8/9 B 1
Doetinchem ['du:tiŋxəm] 8/9 B 2
Doggerbank 98/99 E 3
Doha 67/68 I 3
Dokkum ['dɔkəm] 16/17 AB 2
Doksy ['dɔksi] (= Hirschberg) 18/19 J 2
Dölau, Halle- 11 B 1/2
Dole [do:l] 24/25 A 2
Dolisie (= Loubomo) 69/70 B 2
Dollart 39 I C 1, 123 VI
Dollbergen, Uetze- 10 C 2
Dolomiten 24/25 DE 2
Domažlice ['dɔmalʒlitsɛ] (= Taus) 18/19 H 3
Dombås ['dɔmbo:s] (Gem. Dovre) 40/41 B 3
Dombasle [dõ'bal] 18/19 B 4
Dombes [dõ:b] 24/25 A 3, 30/31 F 5
Domica-Höhle 26/27 J 4
Dominica [dɔmi'ni:kə], I. u. Staat 88/89 D 1, 166/167 H 5
Dominikanische Republik 84 EF 3, 166/167 H 5
Dömitz 16/17 G 2
Dommitzsch 11 D 1
Domodossola [domo'dɔssola] 24/25 C 2
Domokos [ðɔmɔ'kɔs] 38 C 3
Don [dɔn], Fl. (Schottland) 28/29 E 3
Don [dɔn], Fl. (UdSSR) 48/49 E 3
Donau, Fl. 46/47 F 4
Donaudelta 36/37 I 2
Donaueschingen 18/19 D 5
Donaumoos 18/19 G 4
Donauried 18/19 F 4
Donauwörth 18/19 F 4
Donbass [dɔn'bas] 48/49 D 3
Don Benito [dɔmbe'nito] 32/33 D 3
Doncaster ['dɔŋkəstə] 28/29 F 5
Donegal Bay [dɔni'gɔ:l 'bɛi] 28/29 B 4
Donez [da'njɛts], Fl. 48/49 E 3
Donezk [da'njɛtsk] 48/49 D 3
Donezplatte 98/99 H 4
Dongoi 57/58 B 5
Dongola ['dɔngola] 67/68 G 4
Donnerpaß ['dɔnə] 82/83 A 2
Donnersberg (Böhmen) 18/19 I 2
Donnersberg (Rheinland-Pfalz) 12 B 2
Donon [dɔ'nõ] 18/19 C 4
Donzdorf 13 D 3
Dora Baltea ['dɔ:ra 'baltea], Fl. 24/25 B 3
Dora Riparia ['dɔ:ra ri'pa:ria], Fl. 24/25 B 3
Dordogne [dɔr'dɔnj], Fl. 30/31 D 5
Dordrecht ['dɔrdrɛxt] 39 I B 2
Dörentrup 8/9 H 1
Dorfen 15 D 2
Dorm 10 D 2
Dormagen 8/9 C 3
Dornbirn 24/25 C 2
Dornburg, Schl. 11 B 2
Dornoch Firth ['dɔ:nɔk 'fə:θ] 28/29 DE 3
Dornstadt 13 D 4
Dornstetten 13 AB 4
Dorog ['dorog] 36/37 D 1
Dorpat (Tartu) 48/49 C 2
Dorset ['dɔ:sit], Grafschaft 28/29 E 6
Dorsten 8/9 C 2
Dortmund 8/9 DE 2/3, 8/9 D 2-E 1
Dortmund-Ems-Kanal 16/17 C 3
Dorum 7 B 1
Dörzbach 13 D 2
Dosse, Fl. 16/17 H 2
Dossor [das'sɔr] 48/49 F 3
Douai [dwɛ] 39 I A 2, 30/31 E 2
Douala (= Duala) 67/68 DE 5
Douarnenez [dwarnə'ne] 30/31 A 3
Doubs [du], Fl. 24/25 B 2, 30/31 G 4
Douglas ['dʌgləs] (Arizona, USA) 82/83 C 2
Douglas ['dʌgləs] (Man) 28/29 D 4
Douro ['doru] (Duero), Fl. 32/33 BC 2
Doux, Fl. 24/25 A 3
Dover ['douvə] (Delaware, USA) 82/83 F 2
Dover ['douvə] (England) 28/29 G 6
Dovrefjell ['dɔvrafjɛl] 40/41 B 3
Drac [drak], Fl. 24/25 B 3
Drachenfels, B. (b. Bonn) 8/9 D 4
Drachenfels, B. (Pfälzer Wald) 12 B 3
Drachenhöhle (Mallorca) 32/33 H 3
Drachten ['drɑxtə] 16/17 B 2
Drage, Fl. 26/27 G 2
Drage, O. 7 E 2
Drageheide 16/17 K 2
Draguignan [dragi'njã] 24/25 B 4
Drakensberge 69/70 C 5/D 4
Drakestraße 94/95 H 10/11
Drama ['ðrama] 38 D 2
Drammen [ˌdramən] 40/41 C 4
Drangajökull ['drauŋgajœ:kydl] 40/41 Nk. A 1
Drangstedt 7 B 1
Dransfeld 10 B 3/4
Drau, Fl. 34/35 G 3
Drawehn, Höhenzug 16/17 F 3
Dreieich 12 D 1
Drei Gleichen, B. 18/19 F 2
Dreilinden/Drewitz, Grenzübergang 176 E 2
Drensteinfurt 8/9 E 2
Drente ['drɛntə] 39 I C 1
Dresden, Bezirk 176 EF 3
Dresden, O. 16/17 I 4
Dresden-Klotzsche, Flughafen 176 E 3
Drewenz (Drvęca), Fl. 26/27 I 2
Drewitz, Potsdam- B 2
Driburg, Bad 8/9 H 2
Drin [drin], Fl. 36/37 E 3
Drina ['dri:na], Fl. 36/37 D 2
Dringolf 36/37 D 4
Drittes Baku 50/51 FG 3
Drobeta Turnu Severin 36/37 F 2
Drochtersen 7 C 1
Drogheda ['drɔiidə] 28/29 C 5
Drogobytsch [dra'gɔbytʃ] 26/27 K 4
Drolshagen 8/9 E 3
Drôme [dro:m], Fl. 24/25 A 3
Drömling 10 DE 1
Drontheim (= Trondheim) 40/41 C 3
Dr. Petru Groza ['doktor 'petru 'groza] 36/37 F 1
Druschba ['druʒba] 36/37 HI 3
Drvar 36/37 C 2
Drwęca ['drvɛntsa] (= Drewenz), Fl. 26/27 I 2
Drygalski-Insel 91 II C 16
Dsabchan, Fl. 57/58 A 2
Dschagdygebirge [dʒag'dy] 57/58 DE 1
Dschambul [dʒam'bul] 50/51 G 5
Dscheskasgan [dʒəzkaz'gan] 50/51 F 5
Dschetygara [dʒətyga'ra] 48/49 G 2
Dschibchalanta (= Uliassutai) 57/58 A 2
Dschirchalanta (= Kobdo) 50/51 I 5
Dschugdschurgebirge [dʒug'dʒur] 50/51 MN 4
Dschungarischer Alatau 50/51 GH 5
Dserschinsk [dzir'ʒynsk] 48/49 E 2
Dsungarei 50/51 H 5
Duala (Douala) 67/68 DE 5
Dubai [du'bai] 67/68 I 3
Dubawntsee [du'bɔ:nt] 80/81 I 3
Düben, Bad 11 D 1
Dübener Heide 11 CD 1
Dublin ['dʌblin] (Baile Atha Cliath) 28/29 C 5
Dubno ['dubna] 48/49 D 2
Dubossary [dubas'sary] 36/37 I 1
Dubossary, Stausee von 36/37 I 1
Dubrovnik [ˌdubrɔvni:k] (Ragusa) 36/37 D 3
Dudelange [dy'dlã:ʒ] (Düdelingen) 14 II B 2
Dudenhofen 12 C 3
Duderstadt 10 C 3
Duderstadt/Worbis, Grenzübergang 10 C 4, 176 D 3
Dudinka [du'dinka] 50/51 H 3
Dudweiler, Saarbrücken- 14 II D 2
Duero [du'ero] (Douro), Fl. 32/33 D 2
Düffel, L. 8/9 AB 2
Dugi Otok ['dugi: ˌɔtɔk], I. 36/37 B 3
Duhnen, Cuxhaven- 7 B 1
Duingen 10 B 2/3
Duinger Berg 10 B 2/3
Duisburg ['dy:sburk] 8/9 C 3, 16/17 B 4, 133 I a/b, 139 I
Duisburg-Ruhrort 8/9 C 2
Duiven 8/9 HE 2
Duklapaß 26/27 J 4
Dülken, Viersen- 8/9 B 3
Dülmen 8/9 D 2
Duluth [də'lu:θ] 82/83 D 1
Dumai ['dumai] 61/62 C 3
Dumbier ['djumbjɛr] 26/27 I 4
Dumfries [dʌm'fri:s] 28/29 E 4
Dümmer, See 16/17 D 3
Dün, Der 10 CD 4
Düna, Fl. 40/41 F 4
Dünaburg (Daugavpils) 48/49 C 2
Dunajec [du'najɛts], Fl. 26/27 J 4
Dunaújváros [ˌdunɔu:jva:roʃ] 36/37 D 1
Dunbar [dʌn'bɑ:] 28/29 E 3/4
Duncansby Head [dʌŋkənzbi 'hɛd] 28/29 E 2
Dundalk [dʌn'dɔ:k] 28/29 C 4/5
Dundas Field ['dʌndæs 'fi:ld] 74/75 C 4
Dundee [dʌn'di:] 28/29 E 3
Dundo ['dundu] 69/70 C 2
Dunedin [dʌ'n :din] 74/75 H 5
Dungau 18/19 H 4
Dungeness [dʌndʒi'nɛs] 28/29 G 6
Dunkerque [dœ̃'kɛrk] (= Dünkirchen) 30/31 E 2
Dünkirchen (Dunkerque) 30/31 E 2
Dun Laoghaire [dʌn'lɛərə] 28/29 C 5
Dunningen 13 AB 4
Dünsberg 18/19 D 2
Duppauer Gebirge 18/19 I 2
Düppenweiler, Beckingen- 14 II C 2
Durance [dy'rã:s], Fl. 24/25 A 4, 30/31 F 6
Durango [du'raŋgo] 82/83 C 3, 84 B 2
Durban ['də:bən] 69/70 D 4
Düren 8/9 BC 4
Durgapur ['duəgɑ:puə] 59/60 D 2, 171 V a
Durham ['dʌrəm] (England) 28/29 F 4
Durham ['dʌrəm] (Nord-Carolina, USA) 82/83 F 2
Dürkheim, Bad 12 C 3
Durmitor [dur'mitɔr] 36/37 D 3
Dürrenberg, Bad 11 C 2
Durrës ['durrəs] 36/37 D 4
Duschanbe [duʃam'bjɛ] 50/51 F 6
Düsseldorf, Regierungsbezirk 176 B 3
Düsseldorf, O. 8/9 C 3, 16/17 B 4
Düsseldorf, Flughafen 8/9 C 2, 176 B 3
Dußlingen 13 C 4
Dutch Harbor ['dʌtʃ 'hɑ:bə] 80/81 C 4
Duweit 61/62 Nk. B 1
Dwinabucht 48/49 D 1
Dyck, Schl. 8/9 C 3
Dyersburg 82/83 E 2
Dyje ['dijɛ] (= Thaya), Fl. 26/27 H 4
Dzierżoniów [dzjɛr'ʒɔnjuf] (= Reichenbach) 26/27 H 3
Dziwnów (= Dievenow), O. 16/17 J 1

E

Eastbourne ['i:stbɔ:n] 28/29 G 6
East London ['i:st 'lʌndən] 69/70 C 5
East Saint Louis ['i:st snt 'luis] 82/83 DE 2
Ebbe 102/103 C 3
Ebbegebirge 8/9 E 3
Ebbs 15 D 3
Ebeleben 10 D 4
Eben 15 C 4
Ebensee, O. 18/19 I 5
Eberbach 13 BC 2
Eberbach, Kl. 12 C 1
Ebergötzen 10 C 3
Ebermannstadt 14 I C 1
Ebersbach (Baden-Württemberg) 13 D 3
Ebersberg 15 C 2
Eberstadt, Darmstadt- 12 D 2
Eberstadter Höhle 13 C 2
Eberswalde-Finow 16/17 I 3
Ebingen, Albstadt- 13 BC 4
Ebi-nor, See 50/51 H 5
Ebnisee 13 D 3
Ebrach, Fl. 15 D 2
Ebrach, Kl. 14 I AB 1
Ebro [dt. 'e:bro, sp. 'eßro], Fl. 32/33 G 2
Ebschloh 8/9 F 4
Ebstorf 7 E 2
Eching 15 C 2
Echt 8/9 A 3
Echte, Kalefeld- 10 C 3
Echterdingen, Flughafen Stuttgart- 13 C 3, 176 C 4
Echterdingen, Leinfelden- 13 C 3
Echzell 12 D 1
Écija ['eθixa] 32/33 D 4
Eckartsberga 11 B 2
Eckental 14 I C 1
Ecker, Fl. 10 D 3
Eckernförde 16/17 E 1
Eckernförder Bucht 16/17 EF 1
Eckersdorf 14 I CD 1
Ecker-Stausee 10 D 3
Ecuador, Staat 88/89 BC 2/3, 166/167 G 6/7
Eddelak 7 C 1
Ede ['e:də] 39 I B 1
Edéa [ede'a] 67/68 DE 5
Edefors [ˌe:dəfɔrs] 40/41 E 2
Edeien Mursuk 67/68 E 3
Edeien Ubari 67/68 E 3
Edemissen 10 C 2
Edenkoben 12 C 3
Eder, Fl. 16/17 E 4
Ederkopf 8/9 F 4
Eder-Stausee 8/9 GH 3
Edertal 8/9 H 3
Edesheim 12 C 3
Edessa ['ɛðɛsa] 38 C 2
Edinburgh [dt. 'e:dinburk, engl. 'ɛdinbərə] 28/29 E 4
Edirne [ɛ'dirnɛ] 36/37 H 4
Edith-Ronne-Land 91 II A 35-3
Edmonton ['ɛdməntən] 80/81 H 4
Edolo ['e:dolo] 24/25 D 2
Edremit ['ɛdrɛmit] 38 E 3
Eduardsee (Idi-Amin-Dada-See) 69/70 C 2
Eduard-VII-Halbinsel 91 II B 27/28
Edwardsplateau ['ɛdwədz] 82/83 CD 2
Eemshaven 39 I C 1

Efate, I. 74/75 G 2
Eferding 18/19 IJ 4
Eforie [efo'rie] 36/37 I 2
Egedesminde (= Ausiait) 80/81 N 3
Egeln 11 A 1
Eger, Fl. 18/19 J 2
Eger (Cheb), O. (Tschechoslowakei) 18/19 H 2
Eger ['ɛgɛr] (Erlau), O. (Ungarn) 36/37 E 1
Egerland 102/103 F 3
Egersenke 105 E 3
Egersund ['e:gərsun], O. (Gem. Eigersund) 40/41 B 4
Egestorf 7 E 2
Eggegebirge 8/9 G 2
Eggolsheim 14 I C 1
Egilsstaðir 40/41 Nk. C 1
Eglab 67/68 C 3
Egling 15 A 2
Egmating 15 C 2/3
Ehebach, Fl. 14 I A 1
Ehingen 13 D 4
Ehra-Lessien 10 D 1
Ehrenberg, B. 13 C 2
Ehrenbreitstein, Festung 12 B 1
Ehrenburg, B. 12 A 1
Ehrenfels, Schl. 13 C 4
Ehrenfriedersdorf 11 D 3
Ehreshoven, B. 8/9 D 4
Ehrwald 15 A 4
Eibar [ɛi'ßar] 32/33 E 1
Eibsee 15 A 4
Eich 12 C 2
Eiche (Bez. Frankfurt) 6 D 1
Eiche (Bez. Potsdam) 6 A 2
Eichen, Kreuztal- 8/9 EF 4
Eichenau 15 B 2
Eichsfeld 10 C 4
Eichstätt 18/19 G 4
Eichwalde 6 D 2
Eider, Fl. 16/17 E 1
Eiderstedt, L. 16/17 D 1
Eifel 18/19 BC 2
Eilenburg 11 D 2
Eimbeckhausen, Bad Münder- 10 A 2
Eimsbüttel, Hamburg- 7 D 1
Einat, Kibuz 118 I
Einbeck 10 B 3
Eindhoven ['ɛintho:və] 39 I B 2
Einhausen 12 D 2
Einhornhöhle 10 C 3
Einöd, Homburg- 14 II D 2
Einödriegel 18/19 HI 4
Einrich 12 B 1
Einsiedel 11 D 3
Einsiedeln, K. 24/25 C 2
Eipel (Ipel) 36/37 D 0/1
Eire (= Irland), Staat 28/29 BC 4-6, 172 C 3
Eisch, Fl. 14 II AB 1
Eisenach 18/19 F 2
Eisenberg (Bezirk Gera) 11 B 3
Eisenberg (B. Korbach) 8/9 G 3
Eisenberg (Pfalz) 12 C 2
Eisenerz 24/25 F 2
Eisenerzer Alpen 24/25 F 2
Eisenhüttenstadt 16/17 J 3
Eisenmarkt (= Hunedoara) 36/37 F 2
Eisenstadt 36/37 C 1
Eisenwurzen 24/25 F 2
Eiserfeld, Siegen- 8/9 EF 4
Eisernes Tor 36/37 F 2
Eisleben 11 B 1
Eislingen 13 D 3
Eismeerstraße 40/41 F 2
Eisriesenwelt 18/19 I 5
Eitorf/Sieg 8/9 D 4
Ekelmoor 7 D 2
Ekibastus [ekibas'tus] 50/51 G 4
El-Aaiun [ɛla'jun] 67/68 B 3
El-Alamein [ɛl alamain] 67/68 F 2
El-Arisch 71 I C 2
El-Asnam (Orléansville) 67/68 D 2
Elat [ɛ'lat] 71 II C 4, 67/68 G 3
Elba, I. 34/35 C 4
Elbasan [elba'san] 36/37 E 4
Elbe, Fl. 26/27 D 2, 105 D 2
Elbe-Havel-Kanal 16/17 FG 3
El-Beida [ɛl'baida] 67/68 F 2
Elbe-Lübeck-Kanal 7 F 1
Elberfeld, Wuppertal- 8/9 D 3
Elbe-Seitenkanal 7 F 2, 16/17 F 2
El-Bijad 67/68 H 3
Elbing (Elblag) 26/27 I 1
Elbingerode 10 D 3
Elbrus 48/49 E 3
Elbsandsteingebirge 18/19 J 2
Elburs 48/49 EF 4, 98/99 IJ 5
Elche ['ɛltʃe] 32/33 F 3
Elchowo ['ɛlxovo] 36/37 H 3
Eldagsen, Springe- 10 B 2
Elde, Fl. 16/17 GH 2
Eldey ['ɛldɛi], I. 40/41 Nk. A 2
El-Djof (Libyen) 67/68 F 3
El-Djof (Saudi-Arabien) 67/68 G 3
El Dorado [ɛl də'rɛidou] 82/83 D 2
Eldoret [ɛldɔ'rɛt] 69/70 D 1
Elektrostal [eliktras'talj] (= E.) 48/49 D 2
Elend 10 D 3
Elephantinsel 91 II CD 1
El Escorial [el eskori'al], Schl. 32/33 D 2
Eleuthera-Insel [i'lju:θərə] 84 E 2
Elfas 10 B 3
El-Fascher 67/68 F 4
El-Faiyum 71 I B 3
Elfenbeinküste, Staat 67/68 C 5, 166/167 L 6
El Ferrol [ɛl fɛ'rrɔl] 32/33 B 1
El-Gatrun 67/68 E 3
Elgin ['ɛlgin] 28/29 E 3
El-Golea [ɛlgɔle'a] 67/68 D 2
Elgon ['ɛlgɔn] 69/70 D 1
El-Hank 67/68 C 3
El-Harudj el-Aswad, Bergland 67/68 E 3
Elin Flon 80/81 I 4
Elisabethville [elizabɛt'vil] (= Lubumbashi) 69/70 C 3
Elizabeth [i'lizəbəθ] 74/75 D 4
Elizabeth City [i'lizəbəθ 'siti] 82/83 F 2
Ełk [ɛuk] (= Lyck) 26/27 K 2
El-Kantara 71 I C 2
El-Karnak, Tempel 67/68 G 3
El-Kharga [ɛl 'xa:rga] 67/68 G 3
El-Khenaschisch 67/68 C 3
Elko 82/83 B 1
El-Kunfudha 67/68 H 4
Ellef-Ringnes-Insel ['ɛləf 'riŋnɛs] 80/81 IJ 2
Ellerau 7 D 1
Ellerspring 12 B 2
Ellesmereland ['ɛlzmiə] 91 I A 4-B 6, 80/81 KL 2/1
Ellice-Inseln 73 H 2
Ellingen, Schl. 18/19 FG 3
Ellrich 10 D 3
Ellsworthland ['ɛlzwə:θ] 91 II B 35-33
Ellsworth Mountains ['ɛlzwə:θ] 91 II B 33/A 35
Ellwangen 18/19 F 4
Elm 10 D 2
El-Mahalla el-Kubra 71 I B 2
El-Mansura 71 I B 2
Elmau, Schl. 15 B 4
Elmenhorst 7 E 1
El-Minya [ɛl'minja] 71 I B 3
Elmshorn 7 D 1
Elmstein 12 B 3
El-Mudauwara 71 II CD 4
El-Mukalla [ɛlmu'kala] 67/68 H 4
El-Obeid [ɛl o'bait] 67/68 G 4
El-Oued [ɛl'wɛd] (= El-Ued) 67/68 D 2
El Paso [ɛl 'pɑsou] 82/83 C 2
El Romeral 90 A 2
El Salvador, Staat 84 D 3, 166/167 G 6
El Salvador [ɛl salßa'ðɔr], O. 90 B 2
Elsaß (Alsace) 18/19 C 5/4
Elsässer Belchen (Ballon d'Alsace) 18/19 B 5
Elsdorf 8/9 C 4
Elsenz, Fl. 13 B 2
Elsfleth 7 A 2
Elst 8/9 A 2
Elstal, O. 6 B 1
Elster, Schwarze, Fl. 16/17 I 4
Elster, Weiße, Fl. 18/19 H 1
Elster, O. 11 D 1
Elsterberg 11 C 3
Elstergebirge 18/19 H 2
Elstertrebnitz 11 C 2
Elsterwerda 16/17 I 4
El Teniente [ɛl teni'ente] 90 AB 3
El Tigre [ɛl 'tixre] 88/89 D 2
Eltville [ɛlt'vilə] 12 C 1
Eltz, B. 18/19 C 2
El-Ued [ɛl'wɛd] (El-Oued) 67/68 D 2
Eluru [e'lɔ:] 59/60 D 3
Elversberg 14 II D 2
Elverum ['ɛlvərum] 40/41 C 3
Ely ['i:li] (England) 28/29 G 5
Ely ['i:li] (Nevada, USA) 82/83 B 2
Elz, O. 12 C 1
Elze 10 B 2
Elztal 13 C 2
Emån, Fl. 40/41 D 4
Emba ['ɛmba], Fl. 50/51 E 5
Embrun [ã'brœ̃] 24/25 B 3
Embsen 7 E 2
Emden 16/17 C 2
Emi Kussi [emiku'si] 67/68 E 3/4
Emilia-Romagna [e'mi:liaro'manja], Provinz, Italien 24/25 C-E 3
Emmelshausen 12 B 1
Emmen ['ɛmə] 39 I C 1
Emmendingen 18/19 C 4
Emmental 24/25 B 2
Emmer, Fl. 8/9 H 2
Emmerich 8/9 H 2
Emmerthal 10 A 2
Empfingen 13 B 4
Empoli ['ɛmpoli] 24/25 D 4
Ems, Fl. 16/17 C 2
Ems, Bad 12 B 1
Emsbach, Fl. 12 C 1
Emscher, Fl. 8/9 D 2
Emsdetten 16/17 C 3
Ems-Jade-Kanal 16/17 C 2
Emskanal 16/17 B 2
Emskirchen 14 I B 1
Emsland 16/17 C 3
Encarnación [eŋkarnasi'ɔn] 90 C 2
Endako 80/81 G 4
Endbach, Bad 8/9 FG 4
Ende 61/62 E 4
Endelave 39 II B 2
Enderbyland 91 II BC 11/12
Engadin 24/25 CD 2
Engels ['ɛngiljs] 48/49 E 2
Engelskirchen 8/9 D 3/4
Engers, Neuwied- 12 B 1
England 28/29 E-G 5/6
Engstingen 13 C 4
Enkenbach-Alsenborn 12 B 3
Enkhuizen [ɛŋk'hœyzə] 39 I B 1
Enna ['ɛnna] 34/35 E 7
En-Nahud [ena'hu:t] 67/68 F 4
Ennedi 67/68 F 4
Ennepe, Fl. 8/9 D 3
Ennepetal, O. 8/9 D 3
Ennigerloh 8/9 EF 2
Ennis ['ɛnis] 28/29 B 5
Enniskillen [ɛnis'kilin] 28/29 C 4
Enns, Fl. 24/25 F 2
Enns, O. 24/25 F 1
Enontekiö ['ɛnɔntɛkiœ] 40/41 E 2
Enschede ['ɛnsxəde:] 39 I C 1
Ensdorf, Schwalbach- 14 II C 2
Ense 8/9 EF 2/3
Ensenada [ense'naða] 82/83 B 2
Ensheim, Saarbrücken- 14 II D 2
Entebbe [ɛn'tɛbi] 69/70 D 1/2
Entenbühl 18/19 H 3
Enugu [ɛ'nu:gu:] 67/68 D 5
Enz, Fl. 13 B 3
Enz, Große, Fl. 13 B 3
Enz, Kleine, Fl. 13 B 3
Epe ['e:pə] 16/17 AB 3
Épernay [epɛr'nɛ] 30/31 EF 3
Epfendorf 13 B 4
Ephesos, antiker Ort 38 E 4
Epidauros [dt. epi'daurɔs, gr. epi'ðavrɔs], antiker Ort 38 C 4
Épinal [epi'nal] 18/19 B 4, 30/31 G 3
Epirus [e'pi:rus] 38 B 3
Eppelborn 14 II C 2
Eppelheim 13 B 2
Eppenbrunn 12 B 3
Eppingen 13 B 2
Equatoria 67/68 FG 5
Erbach (Odenwald) 12 DE 2
Erbach (a. d. Donau) 13 D 4
Erbeskopf 18/19 C 3
Erdeborn 11 B 2
Erdek ['ɛrdɛk] 36/37 H 4
Erdi, Plateau von 67/68 F 4
Erding 15 C 2
Erdinger Moos 15 C 2
Erenhof (= Erhlien) 57/58 C 2
Erft, Fl. 8/9 C 3
Erftstadt 8/9 C 4
Erfurt, Bezirk 176 D 3
Erfurt, O. 18/19 FG 1/2
Erfurt-Bindersleben, Flughafen 176 D 3
Ergani-Maden 48/49 D 4
Ergene ['ɛrgɛnɛ], Fl. 36/37 H 4
Erg Igidi (Iguidi) 67/68 C 3
Ergolding 15 D 1
Erg Rebiana 67/68 EF 3
Erg Schesch (Chech) 67/68 C 3
Erhlien (Ehrenhof) 57/58 C 2
Erice 34/35 D 6
Erie ['iəri] 82/83 EF 1
Eriesee ['iəri] 82/83 E 1
Eringerfeld, Schl. 8/9 F 2
Eritrea [eri'tre:a] 67/68 GH 4
Erkelenz 8/9 B 3
Erkner 6 DE 2
Erkrath 8/9 C 3
Erlangen 14 I BC 1
Erlau (= Eger) 36/37 E 1
Erlenbach 13 C 2
Erlensee, O. 12 DE 1
Ermland 26/27 J 1
Erms, Fl. 13 C 3/4
Erndtebrück 8/9 F 3/4
Erode [ɛ'roud] 59/60 C 3
Er-Riad [eri'ja:t] 67/68 H 3
Er-Rif 67/68 C 2
Errigal ['ɛrigəl] 28/29 B 4
Erromango, I. 74/75 G 2
Er-Roseires 67/68 G 4
Erse, Fl. 10 C 2
Erwitte 8/9 F 2
Erzgebirge 18/19 HI 2
Erzhausen 12 D 2
Erzurum ['ɛrzurum] 48/49 E 4
Esbjerg ['ɛsbjɛr] 39 II A 2
Esbo ['ɛsbo] (= Espoo) 40/41 E 3
Escanaba 82/83 E 1
Eschach, Fl. 13 AB 4
Eschborn 12 D 1
Eschenbach (Bayern) 14 I D 1
Eschenburg 8/9 F 4
Eschershausen 10 B 3
Esch-Schäab 67/68 H 4
Esch-sur-Alzette (Luxemburg) 14 II A 1/2, 39 I DE 5
Eschwege 16/17 EF 4
Eschweiler 8/9 B 4
Escorial, El [el eskori'al], Schl. 32/33 D 2
Escuintla [esku'intla] 84 C 3
Eskilstuna [ˌɛskilstu:na] 40/41 D 4
Eskimo Point ['eskimou 'pɔint] 80/81 J 3
Eskişehir [ɛs'kiʃɛ:hir] 48/49 D 4
Esla ['ezla], Fl. 32/33 D 1
Eslohe 8/9 F 3
Esmeraldas [ezme'raldas] 88/89 C 2
Espelkamp 16/17 D 3
Espenau 10 A 4
Espenhain 11 C 2
Esperance ['ɛspərəns] 74/75 C 4
Espiritu Santo, I. 74/75 G 2
Espoo ['ɛspɔ:] (Esbo) 40/41 E 3
Esquel [es'kɛl] 90 A 4
Essauira (Essaouira) 67/68 C 2
Esseg (= Osijek) 36/37 D 2
Essen 8/9 CD 3, 16/17 BC 4, 133 II a/b
Essex ['ɛsiks], Grafschaft 28/29 G 6
Esslingen 13 C 3
Este, Fl. 7 D 2
Este ['ɛste], O. 24/25 D 3
Estland 48/49 C 2
Estnische Soz. Sowjetrepublik 180
Eston ['ɛstən] (= Teesside) 28/29 F 4
Estoril [iʃtu'ril] 32/33 B 3
Estremadura [iʃtrəma'ðura], L. (Portugal) 32/33 B 3
Estremadura [estrema'ðura], L. (Spanien) 32/33 C 3
Estremoz [iʃtrə'mɔʃ] 32/33 C 3
Esztergom ['ɛstɛrgom] (Gran) 36/37 D 1
Étang de Berre [etãd'bɛ:r] 24/25 A 4
Etoschapfanne 69/70 B 3
Etsch (Adige), Fl. 24/25 D 2
Ettal 15 B 3
Ettelbrück (Ettelbruck) 39 I BC 3
Et-Tih Plateau 71 I CD 3
Ettlingen 18/19 D 4
Et-Tur 71 I C 3
Euböa (Eúboia), I. 38 CD 3
Eucla 74/75 C 4
Eucumbenesee 74/75 E 4
Eugene [ju'dʒi:n] 82/83 A 1
Eulengebirge 102/103 H 3
Eupen 18/19 AB 2
Euphrat, Fl. 48/49 E 4
Eure [œ:r], Fl. 30/31 D 3
Eureka [juə'ri:kə] 82/83 A 1
Europa 46/47, 94/95 M-O 3
Europa-Insel 69/70 E 4
Europäisches Nordmeer 46/47 B 2-E 1, 78/79 W 2/V 3
Europoort ['œro:po:rt] 39 I AB 2, 162 II
Euskirchen 18/19 B 2
Eußenhausen/Meiningen, Grenzübergang 176 D 3
Eutin 16/17 F 1
Eutingen im Gäu 13 B 4
Evansville ['ɛvənzvil] 82/83 E 2
Everest, Mount ['maunt 'ɛvərist] 59/60 D 2
Everett ['ɛvrit] 82/83 A 1
Everglades ['ɛvəglɛidz] 82/83 E 3
Everswinkel 8/9 E 2
Évora ['ɛvura] 32/33 C 3
Évreux [e'vrœ] 30/31 D 3
Ewros ['ɛvrɔs] (Maritza), Fl. 38 E 2
Exeter ['ɛksətə] 28/29 E 6
Exmoor ['ɛksmuə] 28/29 E 6
Exmouth ['ɛksmauθ] 28/29 E 6
Eyach ['aiax], Fl. 13 B 4
Eyjafjord ['ɛija] 40/41 Nk. B 1
Eyre-Halbinsel [ɛə] 74/75 D 4
Eyresee [ɛə] 74/75 D 3
Eysturoy ['ɛsturɔ:i], I. 42/43 E 2

F

Fåborg ['fɔbɔr] 39 II B 2
Fabriano [fabri'a:no] 24/25 E 4
Fada [fa'da] 67/68 F 4
Faenza [fa'ɛntsa] 24/25 D 3
Făgăraş [fəgə'raʃ] (Fogarasch) 36/37 G 2
Fagne [faŋ] 102/103 B 3
Fahle Heide 10 C 2
Fahrland 6 B 2
Fahrlander See 6 B 2
Fairbanks ['fɛəbæŋks] 80/81 E 3
Fair Isle ['fɛər 'ail], I. 28/29 F 2
Faisabad 59/60 C 1
Faizabad ['faizəbæd] 59/60 D 2
Fakfak ['fakfak] 61/62 F 4
Fakse ['fagsə] 39 II C 2
Fakse Bugt ['fagsə 'bogd] 39 II C 2
Falck 14 II C 2
Falconara Marittima [falko'na:ra ma'rittima] 24/25 E 4
Falcon-Stausee ['fɔ:lkən] 82/83 D 3
Falkenau (Sokolov) 18/19 H 2
Falkenberg/Elster 16/17 I 4
Falkenberg [ˌfalkənbærj] (Schweden) 39 II C 1
Falkenberg (= Faulquemont) 14 II C 2
Falkenburg (Złocieniec) 16/17 KL 2
Falkenhagen, Falkensee- 6 B 1
Falkenhagener See 6 B 1
Falkenhain 11 D 2
Falkenrehde 6 A 2
Falkensee, O. 6 B 1
Falkenstein (Vogtland) 18/19 H 2
Falkenstein, B. (Elsaß) 18/19 C 3/4
Falkenstein, B. (Harz) 16/17 G 4
Falkensteiner Höhle 13 C 3
Falklandinseln 90 BC 5
Fall, Lengries- 15 C 3
Fallersleben, Wolfsburg- 10 D 2
Fallingbostel 16/17 E 3
Falmouth ['fælməθ] 28/29 D 6
Falster ['falsdər], I. 39 II BC 2
Falun [ˌfɑ:lun] 40/41 D 3
Famagusta 71 II BC 1
Fameck 14 II B 2
Famenne [fa'mɛn] 102/103 B 3
Fang 57/58 A 5
Fanning, I. 96 N 6
Fano [fa:no] 24/25 E 4
Fanø ['fa:nœ:], I. 39 II A 2
Farafra [fa'ra:fra] 67/68 F 3
Farah 59/60 B 1
Farasaninseln 67/68 H 4
Farchant 15 B 3
Farébersviller 14 II C 2
Farge, Bremen- 7 B 2
Fargo ['fɑ:gou] 82/83 D 1
Faro ['faru] 32/33 C 4
Fårö ['fo:rœ], I. 40/41 D 4
Färöer ['fɛ:rœər], In 42/43 E 2
Farquharinseln [fa:kwa] 69/70 F 3
Farrukhabad [fə'rukɑ:bɑ:d] 59/60 C 2
Fasnet Rock, I. 28/29 B 6
Fatehpur 59/60 D 2
Fátima ['fatima] 32/33 B 3
Fatra, Große 102/103 I 4
Fatra, Kleine 102/103 I 4
Fatschan 57/58 C 4
Faulquemont [fok'mõ] (Falkenberg) 14 II C 2
Fauske [ˌfœyskə] 40/41 D 2
Faxabucht ['faxsa] 40/41 Nk. A 2
Faya (Largeau) 67/68 E 4
F'Dérick [fde'rik] (Fort Gouraud) 67/68 B 3
Fécamp [fe'kã] 30/31 D 3
Federsee 18/19 E 4
Fehmarn, I. 16/17 G 1
Fehmarnbelt 16/17 G 1
Fehrbellin [fe:rbɛ'li:n] 16/17 H 3
Feijó 88/89 C 3
Feilnbach, Bad 15 D 3
Feira de Santana ['feira di san'tana] 88/89 G 4
Fejø ['fajœ:], I. 16/17 G 1
Feldafing 15 B 3
Feldberg (Schwarzwald) 18/19 C 5
Feldberg, Großer (Taunus) 12 C 1
Feldkirch 24/25 C 2
Feldkirchen, Westerham- (a. d. Mangfall) 15 C 3
Feldkirchen (b. München) 15 C 2
Felixstowe ['fi:likstou] 28/29 G 5/6
Fellbach 13 C 3
Fellin (= Viljandi) 40/41 F 4
Felsengebirge (Rocky Mountains) 78/79 J 3/L 6, 94/95 F 4/D 2
Feltre ['feltre] 24/25 D 2
Femø ['fɛmœ:], I. 16/17 G 1
Femundsee ['fe:mun] 40/41 C 3

Fengfeng 57/58 C 3
Fenghsi 57/58 C 3
Fengtscheng 57/58 C 4
Fentsch (= Fontoy) 14 II A 2
Feodosija [fia'dɔsija] 48/49 D 3
Ferch 6 A 2
Ferdinandsberg (= Otelu-Roşu) 36/37 F 2
Fergana [firga'na] 50/51 G 5/6
Fermo ['fermo] 24/25 E 4
Fernandina, I. 88/89 A 3
Fernando de Noronha [fer'nandu di no'ronja], I. 88/89 G 3
Fernando Póo (= Bioko), I. 67/68 D 5
Fernpaß 15 A 4
Ferrara [fer'ra:ra] 24/25 D 3
Ferro ['fɛro] (= Hierro), I. 67/68 B 3
Fès [fɛ:z] 67/68 C 2
Fessan 67/68 E 3
Feteşti [fe'teʃtj] 36/37 H 2
Fethiye ['fɛthi:jɛ] 48/49 C 4
Feucht 14 I C 2
Feuchtwangen 18/19 F 3
Feuerland, I. 90 B 5
Feyzin [fɛ'zɛ̃n] 24/25 A 3
Fianarantsoa [fjanarantsɔ'a] 69/70 E 4
Fichtelberg 18/19 HI 2
Fichtelgebirge 18/19 GH 2/3
Fichtenwalde 6 A 2
Fidschi, Staat 168 II
Fier ['fier] 36/37 D 4
Figig [fi'gig] (Figuig) 67/68 C 2
Filchner-Schelfeis 91 II B 36/1
Filderstadt 13 C 3
Filieudi, I. 34/35 E 6
Fils, Fl. 13 D 3
Finale Ligure [fi'na:le 'li:gure] 24/25 C 3
Fingal's Cave ['fingəls 'kɛiv] 28/29 C 3
Finke [fiŋk], Fl. 74/75 D 3
Finkenberg, Berg 6 B 2
Finkenkrug, Falkensee- 6 B 1
Finnart 28/29 D 3
Finne 11 AB 2
Finnentrop 8/9 EF 3
Finnischer Meerbusen 40/41 E 4/F 3
Finnische Seenplatte 98/99 G 2
Finnland, Staat 40/41 E-G 2/3, 172 F 2
Finnmark 40/41 E 2/F 1
Finnsnes ['finsnəs] (Gem. Lenvik) 40/41 D 2
Finow, Eberswalde- ['fi:no] 16/17 I 3
Finsteraarhorn 24/25 C 2, 100 IV
Finsterwalde 16/17 I 4
Fintel 7 D 2
Firenze [fi'rɛntse] (= Florenz) 24/25 D 4, 34/35 C 4
Firozabad [fi'rouzəbæd] 59/60 C 2
Firth of Clyde ['fə:θ əv 'klaid] 28/29 D 4
Firth of Forth ['fə:θ əv 'fɔ:θ] 28/29 E 3
Firth of Lorne ['fə:θ əv 'lɔ:n] 28/29 CD 3
Firth of Tay ['fə:θ əv 'tɛi] 28/29 E 3
Fischbach Rheinland-Pfalz) 12 B 3
Fischbachau 15 C 3
Fischbacher Alpen 24/25 F 2, 102/103 G 5
Fischerhalbinsel 40/41 G 2
Fischerhude, Ottersberg- 7 C 2
Fishguard ['fiʃgɑ:d] 28/29 D 6
Fitrisee [fi'tri] 67/68 E 4
Fitzroy ['fitsrɔi], Fl. 74/75 C 2
Fiume ['fju:me] (= Rijeka) 24/25 F 3, 36/37 B 2
Flachslanden 14 I B 2
Flamborough Head ['flæmbərə 'hɛd] 28/29 G 4
Fläming 16/17 H 3/I 4
Flandern 39 I A 2, 30/31 E 2, 177
Flannaninseln ['flænən] 28/29 C 2
Flatey ['flatɛi], I. 40/41 Nk. A 1
Fleckenstein, B. 18/19 C 3
Flehingen, B. 13 B 2
Flekkefjord ['flɛkəfju:r], O. 40/41 B 4
Flensburg 16/17 E 1
Flensburger Förde 16/17 E 1
Flers [flɛr] 30/31 C 3
Fleuth, Fl. 8/9 B 2
Flieth, Fl. 11 D 1
Flims 24/25 C 2
Flinders ['flindəz], Fl. 74/75 E 2
Flindersriffe ['flindəz] 74/75 E 2
Flint [flint] 82/83 E 1
Flintinsel 96 N 7
Flix [fliks] 32/33 G 2
Flonheim 12 C 2
Florange 14 II B 2
Florenz (Firenze) 24/25 D 4, 34/35 C 4
Flores ['florɛs], I. 61/62 E 4
Floressee ['florɛs] 61/62 D 4
Florianópolis [floria'nopulis] 90 D 2
Florida ['flɔridə], Bundesstaat, USA 82/83 E 3
Florida Keys ['flɔridə 'ki:z], In. 82/83 E 3
Floridastraße 84 DE 2
Florø [,flu:rœ] (Gem. Flora) 40/41 AB 3
Flörsheim 12 C 1
Florstadt 12 D 1
Flotta 28/29 E 2
Flumendosa, Fl. 34/35 B 6
Focşani [fok'ʃanj] 36/37 H 2
Fogarasch (= Făgăraş) 36/37 G 2
Fogarascher Gebirge 36/37 G 2
Foggia ['fɔddʒa] 34/35 E 5
Föhr, I. 16/17 D 1, 122 II
Foix [fwa] 30/31 D 6
Folda [,fɔla], Fjord 40/41 C 2
Foligno [fo'linjo] 24/25 E 4, 34/35 D 4
Folkestone ['foukstən] 28/29 G 6
Folschviller 14 II C 2
Fond du Lac ['fɔndʒəlæk] 82/83 E 1
Fontainebleau [fõtɛn'blo] 30/31 E 3
Fontenay [fõt'nɛ], Abtei 24/25 A 2
Fontoy [fõ'twa] (Fentsch) 14 II A 2
Forbach (Lothringen) 14 II C 2
Forcados [fɔ:'kɑ:dous] 67/68 D 5
Forchheim 14 I C 1
Forchtenberg 13 D 2
Förderstedt 11 B 1
Forggensee 18/19 F 5
Forli [for'li] 24/25 E 3
Formentera [formen'tera], I. 32/33 G 3
Formosa, I. 57/58 D 4
Formosa [for'mosa], O. (Argentinien) 90 C 2
Formosastraße 57/58 CD 4
Förrenbach-Stausee 14 I CD 2
Forsmark 40/41 D 3
Forst (Baden-Württemberg) 13 B 2
Forst (Bez. Cottbus) 16/17 J 4
Förste, Osterode- 10 C 3
Forstern 15 C 2
Forstinning 15 C 2
Fort Albany ['fɔ:t 'ɔ:lbəni] 80/81 K 4
Fortaleza [forta'leza] 88/89 G 3
Fort-Archambault [fɔrtarʃã'bo] (= Sarh) 67/68 E 5
Fort Bragg ['fɔ:t 'bræg] 82/83 A 2
Fort Chimo ['fɔ:t 'tʃaimou] 80/81 M 4
Fort Collins ['fɔ:t 'kɔlinz] 82/83 C 1
Fort Dauphin [fɔrdo'fɛ̃] (= Taolanaro) 69/70 E 4
Fort-de-France [fɔrdə'frã:s] 88/89 D 1
Fort Frances 82/83 D 1
Fort George ['fɔ:t 'dʒɔ:dʒ] 80/81 L 4
Fort Good Hope ['fɔ:t 'gud 'houp] 80/81 G 3
Fort Gouraud [fɔrgu'ro] (= F'Dérick) 67/68 B 3
Fort Hope ['fɔ:t 'houp] 80/81 K 4
Fort-Lamy [fɔrla'mi] (= Ndjamena) 67/68 E 4
Fort Laramie ['fɔ:t 'lærəmi] 82/83 C 1
Fort Lauderdale ['fɔ:t 'lɔ:dədɛil] 82/83 E 3
Fort Nelson ['fɔ:t 'nɛlsn] 80/81 G 4
Fort Norman ['fɔ:t 'nɔ:mən] 80/81 G 3
Fort-Peck-Stausee ['fɔ:t 'pɛk] 82/83 C 1
Fort Resolution ['fɔ:t rɛzə'lu:ʃən] 80/81 H 3
Fort Rousset [fɔrru'sɛ] (= Owanda) 69/70 B 2
Fort Severn 80/81 K 4
Fort Simpson ['fɔ:t 'simpsn] 80/81 G 3
Fort Smith ['fɔ:t 'smiθ] (Arkansas, USA) 82/83 D 2
Fort Smith ['fɔt 'smiθ] (Kanada) 80/81 H 3/4
Fort Wayne ['fɔ:t 'wɛin] 82/83 E 1
Fort William ['fɔ:t 'wiljəm] 28/29 D 3
Fort Worth ['fɔ:t 'wə:θ] 82/83 D 2
Fort Yukon ['fɔ:t 'ju:kon] 80/81 E 3
Fossano [fos'sa:no] 24/25 B 3
Fos-sur-Mer 24/25 A 4
Fougères [fu'ʒɛ:r] 30/31 C 3
Foula ['fu:lɑ:], I. 28/29 E 1
Fountains Abbey ['fauntinz 'æbi], Kl. 28/29 F 4
Fourmies [fur'mi] 39 I AB 2
Foxebecken [fɔks] 80/81 KL 3
Foxe-Halbinsel [fɔks] 80/81 L 3
Foxekanal 80/81 KL 3
Foxinseln 55/56 TU 4
Francis-Case-Stausee 82/83 CD 1
Francistown ['frɑ:nsistaun] 69/70 C 4
Franken 102/103 E 4
Frankenberg (Bez. Karl-Marx-Stadt) 11 E 3
Frankenberg (a. d. Eder) 8/9 G 3
Frankenhöhe 18/19 F 3
Frankenthal 12 C 2
Frankenwald 18/19 G 2
Frankfort ['fræŋkfət] 82/83 E 2
Frankfurt/Main 12 D 1, 18/19 D 2, 159
Frankfurt/Main, Flughafen 12 D 1, 176 C 3/4
Frankfurt/Oder, Bezirk 176 EF 2
Frankfurt/Oder, O. 16/17 J 3
Fränkische Alb 18/19 F 4/G 3
Fränkische Rezat, Fl. 18/19 F 3
Fränkische Saale, Fl. 18/19 E 2
Fränkische Schweiz 14 I C 1
Franklin ['fræŋklin], Distrikt, Kanada 80/81 H-L 2
Frankreich, Staat 30/31, 172 CD 4
Františkovy Lázně ['frantjiʃkovi-'la:znjɛ] (= Franzensbad) 18/19 H 2
Franzensbad (Františkovy Lázně) 18/19 H 2
Franz-Josef-Land, In. 50/51 D-F 1, 91 I A
Französische Kalkalpen 24/25 A 3/4
Französische Nied, Fl. 14 II B 2
Französischer Jura 24/25 A 3/B 2
Französisch Guayana 88/89 E 2
Fraserburgh ['frɛizəbərə] 28/29 EF 3
Fraserinsel ['frɛizə] 74/75 F 3
Frauenburg, Kl. 26/27 I 1
Frauenfeld 24/25 C 2
Frauenstein, B. 18/19 I 2
Fraureuth 11 C 3
Frechen 8/9 C 4
Freckenhorst, Warendorf- 8/9 EF 2
Fredeburg, Schmallenberg- 8/9 F 3
Freden 10 B 3
Fredericia [fredə'resja] 39 II A 2
Fredericton ['frɛdriktən] 80/81 M 5
Frederiksborg [freðrɑgs'bɔr], Schl. 39 II C 2
Frederikshåb (= Pâmiut) 80/81 NO 3
Frederikshavn [freðrɑgshaun] 39 II B 1
Fredersdorf 6 DE 1
Fredrikstad [,fredriksta] 40/41 C 4
Freeport ['fri:pɔ:t] 84 E 2
Freetown ['fri:taun] 67/68 B 5
Freiberg (Sachsen) 18/19 I 2
Freiberg am Neckar 13 C 3
Freiberger Mulde, Fl. 18/19 I 1
Freiburg, Regierungsbezirk 176 BC 4/5
Freiburg (a. d. Elbe) 7 C 1
Freiburg (= Fribourg; Schweiz) 24/25 B 2
Freiburg im Breisgau 18/19 C 4/5
Freienohl, Meschede- 8/9 F 3
Freienwalde, Bad 16/17 IJ 3
Freihung 14 I D 1
Freilassing 18/19 H 5
Freisen 14 II D 1
Freising 15 C 2
Freistadt 18/19 J 4
Freital 16/17 I 4/5
Fréjus [fre'ʒys] 24/25 B 4
Fremantle ['fri:mæntl] 74/75 B 4
Fremont ['fri:mɔnt] 82/83 D 1
Fresdorfer Heide 6 B 2
Fresnillo [frez'nijo] 84 B 2
Fresno ['frɛznou] 82/83 B 2
Freudenberg 8/9 E 4
Freudenburg 14 II C 1
Freudenstadt (Schwarzwald) 18/19 D 4
Freyburg 11 B 2
Freyming-Merlebach 14 II C 2
Freystadt (Schlesien; Kożuchów) 16/17 K 4
Freyung 18/19 I 4
Fria [fri'a] 67/68 B 4
Friaul [fri'aul] 24/25 E 2
Fribourg [fri'bu:r], Kanton, Schweiz 180
Fribourg [fri'bu:r] (Freiburg), O. 24/25 B 2
Frickenhausen 13 C 3
Frickenhofer Höhe 13 D 3
Friedberg (Bayern) 15 A 2
Friedberg (Hessen) 12 D 1
Friedeberg (Neumark; Strzelce Krajeńskie) 16/17 K 3
Friedenau, Berlin- 6 C 2
Friedewald, B. 8/9 EF 4
Friedland (Niedersachsen) 10 B 4
Friedland (Frýdlant; Tschechoslowakei) 18/19 K 2
Friedrichsberg, Schl. 14 I A 1
Friedrichsdorf 12 D 1
Friedrichsdorf, Gütersloh- 8/9 FG 2
Friedrichsfeld, Mannheim- 12 D 3
Friedrichsfeld, Voerde- 8/9 C 2
Friedrichsfelde, Berlin- 6 D 1
Friedrichshafen 18/19 E 5
Friedrichshagen, Berlin- 6 D 2
Friedrichshain, Berlin- 6 C 1
Friedrichshall, Bad 13 C 2
Friedrichshöhle (Wimsener Höhle) 13 CD 4
Friedrichsruh, Schl. 7 E 1
Friedrichsstadt 16/17 E 1
Friedrichstein, Schl. 8/9 H 3
Friedrichsthal 14 II D 2
Friesoythe [fri:s'ɔitə] 16/17 C 2
Frimmersdorf, Grevenbroich- 134
Frische Nehrung 26/27 I 1
Frisches Haff 26/27 I 1
Fritzens 15 C 4
Fritzlar 16/17 E 4
Frobisher Bay [froubiʃə 'bɛi] 80/81 M 3
Frobisher Bay [froubiʃə 'bɛi], O. 80/81 M 3
Frohburg 11 D 2
Frohnau, Berlin- 6 C 1
Fröndenberg 8/9 E 3
Fronhausen 8/9 G 4
Fröschen, Thaleischweiler- 12 B 3
Frosinone [froz 'no:ne] 34/35 D 5
Frøya ['frœia], I. 40/41 B 3
Frunse ['frunzi] 50/51 G 5
Frýdlant ['fri:dlɛnt] (= Friedland) 18/19 K 2
Frykenseen ['fry:kən] 40/41 C 4
Fuchseck 13 D 3
Fuchskauten 18/19 D 2
Fuchstal 15 A 3
Fudschijama [fudʒi'ja:ma] (Fujiyama) 54 D 3
Fuerteventura [fuerteßen'tura], I. 67/68 B 3
Fügen 15 C 4
Fuhne, Fl. 11 C 1
Fuhse, Fl. 10 C 1
Fujang 57/58 C 3
Fujian (= Fukien), Provinz, China 177
Fujiyama [fudʒi ja:ma] (= Fudschijama) 54 D 3
Fujū 54 A 1
Fukien (Fujian), Provinz, China 177
Fukui 54 D 3
Fukuoka [fu'ku,oka] 54 C 4
Fukuschima [fu ku,ʃima] 54 E 3
Fularki 57/58 D 2
Fulda, Fl. 18/19 E 1
Fulda, O. 18/19 E 2
Fuldabrück 10 AB 4
Fuldatal 10 B 4
Fumel [fy'mɛl] 30/31 D 5
Funchal [fũ'ʃal] 67/68 B 2
Fundão [fun'dãu] 32/33 C 2
Fundy Bay ['fʌndi 'bɛi] 80/81 M 5
Fünen (Fyn), I. 39 II B 2
Fünfkirchen (= Pécs) 36/37 D 1
Furnas-Stausee ['furnas] 88/89 F 5
Furneauxgruppe ['fə:nou] 74/75 E 4/5
Fürstenberg (a. d. Weser) 10 A 3
Fürstenberg/Havel (Bezirk Potsdam) 16/17 I 2
Fürstenberg, Schl. 8/9 G 2
Fürstenfeld 24/25 G 2
Fürstenfeldbruck 15 B 2
Fürstenwalde 16/17 J 3
Fürstenzell, Kl. 18/19 I 4
Fürth (Mittelfranken) 14 I BC 2
Fürth (Odenwald) 12 D 2
Furth im Wald 18/19 H 3
Fury and Hecla-Straße 80/81 K 3
Fuschun (Fushun) 57/58 D 2
Fusin 57/58 D 2
Füssen 18/19 F 5
Füssing, Bad 18/19 I 4
Futa Djalon 67/68 B 4
Futschou (Fuzhou) 57/58 C 4
Fyn [fy:n] (= Fünen), I. 39 II B 2

G

Gaberones [gɑ:bɛ'rounɛs] (= Gaborone) 69/70 C 4
Gabès [ga'bɛs] 67/68 DE 2
Gablonz (Jablonec) 18/19 K 2
Gaborone (Gaberones) 69/70 C 4
Gabrowo ['gabrɔvo] 36/37 G 3
Gabun, Staat 69/70 AB 1/2, 166/167 M 6/7
Gach Saran 48/49 F 4
Gacka, Fl. 24/25 F 3
Gadebusch 16/17 G 2
Gadsden ['gædzdən] 82/83 E 2
Gaeta [ga'e:ta] 34/35 D 5
Gafsa [gaf'sa] 67/68 D 2
Gaggenau 18/19 D 4
Gagnon [ga'njõ] 80/81 M 4
Gaildorf 13 D 2/3
Gailtaler Alpen 24/25 E 2
Gaisdorf 13 D 2
Galápagosinseln 88/89 AB 3
Galatheatiefe 52/53 N 8
Galaţi [ga'latsj] (Galatz) 36/37 HI 2
Galdhøpigg ['galhœpig] 40/41 B 3
Galgenberg 14 II C 1/2
Galicien [ga'li:tsiən], L. (Spanien) 32/33 BC 1
Galite [ga'lit], I. 44/45 E 4
Galizien, L. (Polen) 26/27 JK
Gallacaio 67/68 H 5
Galle 59/60 Nk.
Gállego ['galjexo], Fl. 32/33 F 1
Gallipoli [gal'li:poli] 34/35 FG 5
Gällivare ['jɛlivɑ:rə] 40/41 E 2
Galveston ['gælvistən] 82/83 D 3
Galway ['gɔ:lwɛi] 28/29 B 5
Galway Bay ['gɔ:lwɛi 'bɛi] 28/29 B 5
Gambia, Staat 67/68 B 4, 166/167 KL 6
Gambia, Fl. 67/68 B 4
Gambierinseln 96 O 8
Gamlakarleby [gamla,kɑ:rlaby:] (= Kokkola) 40/41 E 3
Gammertingen 13 C 4
Gamsen, Gifhorn- 10 D 1
Gand [gã] (= Gent) 39 I A 2
Gander ['gændə] 80/81 N 5
Ganderkesee 7 B 2
Gandersheim, Bad 10 BC 3
Gandia [gan'dia] 32/33 F 3
Ganganagar ['gæŋgɑ:nəgə] 59/60 C 2
Gangelt 8/9 AB 3/4
Ganges ['gaŋgɛs], Fl. 59/60 D 2
Gansu (= Kansu), Provinz, China 177
Gao [ga'o] 67/68 CD 4
Gap [gap] 24/25 B 3
Garbsen 10 B 2
Garching 15 C 2
Gardasee 24/25 D 3
Gardelegen 16/17 G 3
Gardes 59/60 B 1
Gardo 67/68 H 5
Garigliano [gari'ljano] 34/35 D 5
Garmisch-Partenkirchen 15 B 3/4
Garonne [ga'rɔn], Fl. 30/31 CD 5
Garoua [ga'rwa] (= Garua) 67/68 E 5
Garrisondamm ['gærisn] 82/83 C 1
Garrysee ['gæri] 80/81 IJ 3
Gars 15 D 2
Garstedt, Norderstedt- 7 D 1
Gartok 59/60 D 1
Gärtringen 13 B 3
Gartz 16/17 J 2
Garua [ga'rwa] (Garoua) 67/68 E 5
Gary ['gɛri] 82/83 E 1
Gasa 71 II C 3
Gasastreifen 169 II/III
Gaschun-nor, See 57/58 B 2
Gaschurn [ga'ʃurn] 24/25 CD 2
Gascogne [gas'konj] 30/31 CD 6
Gascoyne ['gæskɔin], Fl. 74/75 B 3
Gasli [gaz'li] 50/51 F 5
Gastuni [xas'tuni] (Gastoúne) 38 B 4
Gatooma [gə'tu:mə] 69/70 CD 3
Gatow, Berlin- ['ga:to] 6 B 2
Gatschina ['gatʃina] 40/41 F 4
Gatun-Stausee 85 II AB 1
Gau-Algesheim 12 C 2
Gauhati [gau'hɑ:ti] 59/60 E 2
Gauja, Fl. 40/41 F 4
Gaula ['gœyla], Fl. 40/41 C 3
Gau-Odernheim 12 C 2
Gaußberg 91 II C 15
Gauting 15 B 2
Gavarnie 30/31 CD 6
Gävle ['jɛ:vlə] 40/41 D 3
Gavorrano 34/35 C 4
Gawdos ['xavðɔs] (Gaudos), I. 38 D 5
Gaya ['gaiə] 59/60 D 2
Gaziantep [gɑ:ziɑn,tɛp] 48/49 D 4
Gdańsk [gdaĭsk] (= Danzig) 26/27 I 1
Gdingen (Gdynia) 26/27 I 1
Gdow [gdɔf] 40/41 F 4
Gdynia ['gdynja] (= Gdingen) 26/27 I 1
Gebhardshagen, Salzgitter- 10 C 2
Gebrüch 105 B 4
Gebweiler (Guebwiller) 18/19 C 5
Gedaref 67/68 G 4
Gede 61/62 Nk. A 1

Gedern 18/19 E 2
Gediz, Fl. 44/45 I 4
Gedser ['gesər] 39 II B 2
Gedser Odde ['gesər 'ɔðə] 39 II BC 2
Geelong [dʒi'lɔŋ] 74/75 E 4
Geeste, Fl. 7 B 1
Geestemünde, Bremerhaven- 7 B 1
Geesthacht 7 E 2
Gehrden 10 B 2
Geiersberg 18/19 E 3
Geilenkirchen 8/9 B 4
Geiranger ['gεiraŋər] (Gem. Stranda) 40/41 B 3
Geisberg 14 I C 1
Geiseltal 11 B 2
Geisenhausen 15 D 2
Geislingen an der Steige 13 D 3
Geismar, Göttingen- 10 B 3
Geithain 11 D 2
Gela ['dʒε:la] 34/35 E 7
Gelber Fluß (= Hwangho) 57/58 C 3, 115 VI
Gelbes Meer 57/58 D 3
Gelderland ['xεldərlant] 39 I BC 1
Geldern 8/9 B 2
Geleen [xə'le:n] 39 I B 2
Gelenau 11 D 3
Gelibolu [gε'libɔlu] 36/37 H 4
Gelnhausen 18/19 E 2
Gelsenkirchen 8/9 D 2
Geltendorf 15 B 2
Geltow/Wildpark West ['gelto] 6 A 2
Gemen, Schl. 8/9 C 2
Gemena 69/70 BC 1
Gemlik ['gεmlik] 36/37 I 4
Gemmingen 13 BC 2
Gemona [dʒe'mo:na] 24/25 E 2
Gemünden (a. d. Simmer) 12 A 2
Gemünden am Main 18/19 E 2
Gendringen ['xanddriŋə] 8/9 B 2
General Santos 61/62 E 3
Genève [ʒə'nε:v], Kanton, Schweiz 180
Genève [ʒə'nε:v] (= Genf) 24/25 B 2
Genezareth, See 71 II C 2
Genf (Genève) 24/25 B 2
Genfer See 24/25 B 2
Genil [xe'nil], Fl. 32/33 D 4
Genk [xεŋk] 39 I B 2
Genkel-Stausee 8/9 E 3
Gennep ['xεnəp] 8/9 AB 2
Genova ['dʒε:nova] (= Genua) 24/25 C 3, 34/35 B 3
Gent [dt. gεnt, ndl. xεnt] (Gand) 39 I A 2
Genthin [gεn'ti:n] 16/17 H 3
Genua (Genova) 34/35 B 3, 24/25 C 3
Geomagnetische Pole 91 I B 4/5, 91 II B 18
Georgenfeld, Zinnwald- 18/19 I 2
Georgetown ['dʒɔ:dztaun] (Carolina, USA) 82/83 F 2
George Town (= Pinang) 61/62 BC 3
Georgetown ['dʒɔ:dʒtaun] (Guyana) 88/89 E 2
Georgia ['dʒɔ:dʒiə], Bundesstaat, USA 82/83 E 2
Georgian Bay ['dʒɔ:dʒjən 'bεi] 82/83 E 1
Georg-V.-Küste 91 II C 21/22
Geothermisches Kraftwerk Krafla 40/41 Nk. B 1
Gera, Bezirk 176 DE 3
Gera, Fl. 18/19 F 2
Gera, O. 11 C 3, 18/19 H 2
Gerabronn 13 D 2
Geraldton ['dʒεrəltən] 74/75 B 3
Gérardmer [ʒerar'me] 18/19 B 4
Gerbstedt 11 B 1
Gerdau, Fl. 7 E 3
Geretsried 15 BC 3
Geringswalde 11 D 2
Gerlingen 13 C 3
Gerlos 15 D 4
Gerlsdorfer Spitze 26/27 IJ 4
Germering 15 B 2
Germersheim 12 C 3
Germiston ['dʒə:mistən] 69/70 C 4
Gernsheim 12 CD 2
Gerolsbach 15 B 2
Gerolstein, O. 18/19 B 2
Gerolzhofen 14 I A 1
Gerona [xe'rona] 32/33 H 2
Gers, Fl. 30/31 DC
Gersfeld 18/19 E 2
Gersheim 14 II D 2
Gersprenz, Fl. 12 D 2
Gersthofen 15 A 2
Gesäuse 18/19 J 5
Gescher 8/9 CD 2
Geseke 8/9 FG 2
Gesellschaftsinseln 96 N 8
Gesenke 26/27 H 3/4
Geserichsee 26/27 I 2
Gesira [ge'zi:ra] 67/68 G 4
Getafe [xe'tafe] 32/33 E 2
Gevelsberg 8/9 D 3
Geversdorf 7 C 1
Geyer 11 D 3
Gezeitenkraftwerk Kislaja Guba 40/41 G 2
Gezeitenkraftwerk La Rance [la'rãs] 30/31 B 3
Ghadames [ga'da:mεs] 67/68 D 2/3
Ghaghara ['ga:gəra], Fl. 59/60 D 2
Ghana, Staat 67/68 CD 4/5, 166/167 L 6
Ghardaïa [garda'ja] 67/68 D 2
Ghasni 59/60 B 1
Ghat 67/68 E 3
Ghawar 67/68 H 3
Ghaziabad ['ga:zia:ba:d] 59/60 C 2
Gheorghe Gheorghiu-Dej ['george geor'giu'deʒ] 36/37 H 1
Gheorghieni [geor'gjenj] 36/37 G 1
Ghulam-Mohammed-Damm 59/60 B 2
Giannitsá [jani'tsa] (= Jiannitsa) 38 C 2
Giant's Causeway ['dʒaiənts 'kɔ:zwεi] 28/29 C 4
Gibraltar 32/33 D 4
Gibsonwüste [gibsn] 74/75 C 3
Giddi-Paß 71 I C 2
Gideälv, Fl. 40/41 D 3
Giebichenstein, B. 11 B 1/2
Gieboldehausen 10 C 3
Gien [ʒjε̃] 30/31 E 4
Giengen 18/19 F 4
Giesen 10 B 2
Gießen, Regierungsbezirk 176 C 3
Gießen, O. 18/19 D 2
Gifhorn 10 D 2
Gifu [gi'fu] 54 D 3
Giglio [dʒiljo], I. 34/35 C 4
Gijón [xi'xɔn] 32/33 D 1
Gilawüste ['dʒi:lə] 82/83 B 2
Gilbertinseln 73 H 1/2
Gilching 15 B 2
Gilge, Fl. 26/27 J 1
Gilgit ['gilgit] 59/60 C 1
Gilgit Agency 59/60 C 1
Gimborn, Schl. 8/9 DE 3
Gingen 13 D 3
Ginsheim-Gustavsburg 12 C 2
Giohar 67/68 H 5
Giona ['gjɔna] 38 C 3
Giromagny [ʒirɔma'nji] 18/19 B 5
Gironde [ʒi'rõ:d] 30/31 C 5
Gisborne ['gizbɔ:n] 74/75 H 4
Gise (Gizeh) 71 I B 2/3, 67/68 G 2/3
Gittelde 10 C 3
Giurgiu ['dʒurdʒu] 36/37 G 3
Givet [ʒi'vε] 39 I B 2
Givors [ʒi'vɔ:r] 24/25 A 3
Gizeh (= Gise) 67/68 G 2/3, 71 I B 2/3
Giżycko [gi'ʒytskɔ] (= Lötzen) 26/27 J 1
Gjangtse 59/60 D 2
Gjirokastër [gjiro'kastər] 36/37 E 4
Gjøvik ['jœ:vik] 40/41 C 3
Gladbeck 8/9 C 2
Gladenbach 8/9 G 4
Gladenbacher Bergland 8/9 FG 4
Glåma ['glo:ma], Fl. 40/41 C 3
Glamis [gla:mz], Schl. 28/29 E 3
Glan, Fl. 18/19 C 3
Glarner Alpen 24/25 C 2
Glarus, Kanton, Schweiz 180
Glarus, O. 24/25 C 2
Glasgow ['gla:sgou] 28/29 D 4
Glashütte 18/19 I 2
Glasow, Mahlow 6 C 2
Glatt, Fl. 13 B 4
Glatz (Kłodzko) 26/27 H 3
Glatzer Neiße, Fl. 26/27 H 3
Glauchau 11 D 3
Gleichen, Berg 10 C 4
Gleichen, O. 10 B 4
Gleina 11 B 2
Gleiwitz (Gliwice) 26/27 I 3
Glems, Fl. 13 C 3
Glen-Canyon-Damm ['glεn 'kænjən] 82/83 B 2
Glendalough ['glεndəlɔk], Kl. 28/29 C 5
Glen More [glεn 'mɔ:], L. 28/29 D 3
Glienicke 6 C 1
Glinde 7 E 1
Glindow ['glindo] 6 A 2
Glittertind [,glitərtin] 40/41 B 3
Gliwice [gli'vitsε] (= Gleiwitz) 26/27 I 3
Glockner-Gruppe 127 I
Glogau (Głogów) 26/27 GH 3
Głogów ['guɔguf] (= Glogau) 26/27 GH 3
Glomfjord ['glɔmfju:r], O. (Gem. Meløy) 40/41 C 2
Glonn, Fl. zur Amper 15 B 2
Glonn, Fl. zur Mangfall 15 C 3
Glonn, O. 15 C 3
Gloucester ['glɔstə] 28/29 E 6
Glücksburg 16/17 E 1
Glückstadt 7 C 1
Gmund 15 C 3
Gmünd (Niederösterreich) 34/35 E 1
Gmunden 24/25 E 2
Gnandstein, B. 11 D 2
Gnarrenburg 7 C 2
Gnesen (Gniezno) 26/27 H 2
Gniben 39 II B 1/2
Goa (= Panaji; Panjim) 59/60 C 3
Goat Fell 28/29 D 4
Gobi 57/58 A-C 2
Gobi-Altai 55/56 KL 5
Göblberg 18/19 I 4
Goch 8/9 B 2
Gocher Heide, L. 8/9 B 2
Gochsheim, B. 13 B 2
Goðafoss ['gɔ:ðafɔs] 40/41 Nk. B 1
Godavari [gou'da:vəri], Fl. 59/60 D 3
Godesberg, Bad, Bonn- 8/9 D 4
Godhavn (= Qeqertarssuaq) 80/81 N 3
Godhra 59/60 C 2
Göding (= Hodonin) 26/27 H 4
Godorf, Köln- 8/9 CD 4
Godthåb (= Nuuk) 80/81 N 3
Godwin Austen ['gɔdwin 'ɔstin] (K2) 59/60 C 1
Goiânia [goi'ania] 88/89 F 4
Gökçeada (İmroz), I. 36/37 G 4
Golanhöhen 71 II CD 2, 169 III
Goldene Aue 16/17 FG 4
Goldene Mark 10 C 3
Goldener Grund 12 C 1
Golden Vale ['gouldən 'vεil] 28/29 BC 5
Goleniów [gɔ'lεnjuf] (= Gollnow) 16/17 J 2
Golfe de Fos [gɔlfdə'fɔs] 24/25 A 4
Golfe du Lion [gɔlfdy'ljõ] 30/31 EF 6
Golfo Aranci 34/35 B 5
Golfstrom 109
Golf von Aden 67/68 H 4
Golf von Akaba 71 I D 3, 67/68 G 3
Golf von Alaska 80/81 E 4
Golf von Asinara [asi'na:ra] 34/35 B 5
Golf von Bengalen 59/60 DE 3
Golf von Biscaya 30/31 B 5
Golf von Bone ['bone] 61/62 E 4
Golf von Boothia ['bu:θiə] 80/81 J 2/K 3
Golf von Cádiz ['kaðiθ] 32/33 C 4
Golf von Cagliari ['kaljari] 34/35 B 6
Golf von Cambay [kæm'bεi] 59/60 C 2
Golf von Campeche [kam'pεtʃe] 84 C 2/3
Golf von Darién [da'rien] 88/89 C 2
Golf von Gaeta [ga'e:ta] 34/35 D 5
Golf von Genua 24/25 C 3/4
Golf von Guinea 67/68 D 5
Golf von Honduras 84 D 3
Golf von İskenderun [is'kεndεrun] 48/49 D 4
Golf von Kalifornien 82/83 B 3
Golf von Korinth 38 C 3
Golf von Kutch [kʌtʃ] 59/60 B 2
Golf von Liautung 57/58 D 2/3
Golf von Manfredonia [mamfre'dɔ:nia] 34/35 EF 5
Golf von Mannar [ma'na:] 59/60 Nk.
Golf von Martaban 59/60 E 3
Golf von Mesaras 38 D 5
Golf von Mexiko 84 CD 2
Golf von Neapel 34/35 E 5
Golf von Oman 59/60 AB 2
Golf von Panama 88/89 BC 2
Golf von Patras 38 B 3
Golf von Policastro [poli'kastro] 34/35 E 6
Golf von Saint-Malo [sε̃ma'lo] 30/31 BC 3
Golf von Salerno [sa'lεrno] 34/35 E 5
Golf von Sant'Eufemia [santeu'fε:mia] 34/35 EF 6
Golf von Saros ['sarɔs] 36/37 H 4
Golf von Siam 61/62 C 2
Golf von Squillace [skuil'la:tʃe] 34/35 F 6
Golf von Sues 67/68 G 3, 71 I C 3
Golf von Tarent 34/35 F 5
Golf von Tehuantepec [teuante'pek] 84 C 3
Golf von Tolo 61/62 E 4
Golf von Tomini [to'mini] 61/62 E 4
Golf von Tonking 57/58 B 4/5
Golf von Triest 24/25 E 3
Golf von Tschili (= Pohai) 57/58 C 3
Golf von Valencia 32/33 FG 3
Golf von Venedig 24/25 E 3
Golf von Venezuela 88/89 C 1
Goljam Perelik [gol'jam pεrε'ik] 36/37 G 4
Göllheim 12 C 2
Gollnow ['gɔlno] (Goleniów) 16/17 J 2
Gollnower Heide 16/17 J 2
Golm 6 A 2
Golo, Fl. 34/35 B 4
Golspie ['gɔlspi] 28/29 DE 3/4
Göltzsch, Fl. 11 C 3
Golub Dobrzyń ['gɔlub 'dɔbʒyin] 26/27 I 2
Gölzau, Weißandt- 11 C 1
Gomaringen 13 C 4
Gomel ['gɔmilj] 48/49 D 2
Gomera [xo'mera], I. 67/68 B 3
Gómez Palacio 82/83 C 3
Gonaïves [gɔna'i:v] 84 E 3
Gondar 67/68 G 4
Gondia ['goundjə] 59/60 D 2
Gondoschlucht 24/25 C 2
Goole [gu:l] 28/29 F 5
Goor, Het, L. 8/9 C 2
Goose Bay ['gu:s 'bεi], O. 80/81 M 4
GOP (Oberschlesisches Industrierevier) 26/27 I 4
Gopłosee 26/27 I 2
Göppingen 13 D 3
Gorakhpur ['gɔ:rəkpuə] 59/60 D 2
Goražde [,gɔraʒdε] 36/37 D 3
Gordes 30/31 DE 5
Gorgan [gor'ga:n] 48/49 F 4
Gorges de Daluis 24/25 B 3
Gorges du Cians 24/25 B 3
Gorges du Verdon 24/25 B 4
Gorgona [gor'go:na], I. 24/25 C 4
Gorleben 16/17 G 2
Gorizia [go'rittsia] (Görz) 24/25 E 3
Gorki ['gɔrkij] 48/49 E 2
Gorkier Stausee 48/49 E 2
Görlitz 16/17 JK 4
Gorlowka ['gɔrlafka] (= G.) 48/49 D 3
Gorno-Altaisk ['gɔrnaal'tajsk] 50/51 H 4
Gorontalo [gorɔn'talo] 61/62 E 3
Gorshe 67/68 H 3
Goru 36/37 H 2
Görz (= Gorizia) 24/25 E 3
Gorzów Wielkopolski ['gɔʒuv vjεlkɔ'pɔlski] (= Landsberg) 16/17 K 3
Goseck, B. 11 B 2
Gosener Berge 6 D 2
Gosheim 13 B 4
Goslar 10 C 3, 16/17 F 4
Gospic [,gɔ:spitsj] 36/37 B 2
Gößnitz 11 C 3
Gößweinstein 14 I C 1
Götaälv [,jœ:ta 'εlv], Fl. 40/41 C 4
Götakanal [,jœ:ta] 40/41 D 4
Götaland ['jœ:taland] 40/41 CD 4
Göteborg [dt. 'gœ:tebɔrk, schwed. jœ:tə'bɔrj] 39 II BC 1, 40/41 C 4
Gotha 18/19 F 2
Gotland ['gɔtland], I. 40/41 D 4
Gotoinsel 54 B 4
Göttingen 10 B 3, 16/17 EF 4
Göttinger Wald 10 BC 3
Göttinsee 6 A 2
Gottschee (= Kočevje) 24/25 F 3
Gottwaldov ['gɔtvaldɔf] 26/27 H 4
Göttweig, Stift 24/25 F 1
Gotze Deltschew 36/37 F 4
Gouda ['xouda:] 39 I B 1/2
Gouffre de Padirac 30/31 D 5
Goulburn ['goulbən] 74/75 E 4
Gove [gouv] 74/75 D 2
Governador Valadares [governa'dor vala'daris] 88/89 F 4
Gowerla [ga'vjεrla] 36/37 G 0
Goya ['goja] 90 C 2
Gozo ['goddzo], I. 44/45 F 4
Graal-Müritz 16/17 H 1
Graben-Neudorf 13 AB 2
Grabfeld 18/19 F 2
Grabow ['gra:bo] 16/17 G 2
Græsted-Gilleleje 24/25 E 3
Gräfelfing 15 B 2
Grafenau 18/19 I 4
Gräfenberg 14 I C 1
Gräfenhainichen 11 C 1
Gräfenstein, B. 12 B 3
Grafenwöhr 14 I D 1
Grafing 15 C 2
Grafrath 15 B 2
Grafton ['grɑftən] 74/75 F 3
Grahamland ['grεiəmlænd] 91 II C 36
Grainau 15 B 4
Grajische Alpen 24/25 B 3
Grammos ['xramɔs] 38 B 2
Grampian Mountains ['græmpjən 'mauntinz] 28/29 DE 3
Gran (= Esztergom) 36/37 D 1
Gran (Hron), Fl. 26/27 I 4
Granada [gra'naða] (Nicaragua) 84 D 3
Granada [dt. gra'na:da, sp. gra'na-ða] (Spanien) 32/33 E 4
Gran Canaria [graŋ ka'narja], I. 67/68 B 3, 143 II
Gran Chaco [gran 'tʃako] 90 B 2
Grand Bahama-Insel ['grænd bə'ha:mə] 84 E 2
Grand Ballon [grãba'lõ] (= Großer Belchen) 18/19 C 5
Grand Bassam [grãba'sam] 67/68 C 5
Grand Canyon ['grænd 'kænjən] 82/83 B 2
Grand Canyon-Nationalpark 82/83 B 2
Grand-Coulee-Damm ['grænd 'ku:li] 82/83 B 1
Grande Chartreuse [grãdʃar'trœ:z], Kl. 24/25 A 3
Grande Comore [grãdkɔ'mɔ:r] (= Ngazidja), I. 69/70 E 3
Grande Prairie ['grænd 'prεəri], O. 80/81 H 4
Grand Forks ['grænd 'fɔ:ks] 82/83 D 1
Grand Rapids ['grænd 'ræpidz], O. 82/83 E 1
Grand Union Canal [grænd 'ju:njən kə'næl] 28/29 F 5
Grand Veymont [grãvε'mõ] 24/25 A 3
Grane-Stausee 10 C 3
Granitz, Schl. 16/17 I 1
Gran Paradiso [gram para'di:zo] 24/25 B 3
Gran Sasso d'Italia [gran 'sasso di'ta:lia] 34/35 D 4
Gransee, O. 16/17 I 2/3
Grantland 80/81 KL 1
Granville [grãvil] 30/31 C 3
Grasberg 7 BC 2
Grasleben 10 E 2
Graslitz (Kraslice) 18/19 H 2
Grasse [gra:s] 24/25 B 4
Graubünden, Kanton, Schweiz 180
Graudenz (Grudziądz) 26/27 I 2
Gravenstein ['gra:fənʃtain], Schl. 39 II H 2
Grävenwiesbach 12 C 1
Graz 24/25 F 2
Great Abaco-Insel ['grεit 'æbəkou] 84 E 2
Great Barrier Reef (= Großes Barriereriff) 74/75 EF 2
Great Dividing Range ['grεit div'aidiŋ 'rεindʒ] 74/75 E 2/F 3
Great Dyke ['grεit 'daik] 69/70 CD 3
Great Falls ['grεit 'fɔ:lz], O. 82/83 B 1
Great Inagua-Inseln ['grεit i'na:gwə] 84 E 2
Great Nicobar, I. 61/62 B 3
Great Plains ['grεit 'plεinz] (= Prärien) 82/83 C 1/2, 94/95 F 4/E 3
Great Yarmouth ['grεit 'ja:məθ] 28/29 G 5
Grebenstein 10 A 4
Green Bay ['gri:n 'bεi], O. 82/83 E 1
Greenock ['gri:nək] 28/29 D 4
Green River ['gri:n 'rivə] 82/83 C 2/1
Greensboro ['gri:nzbərə] 82/83 F 2
Greenville ['gri:nvil] 82/83 D 2
Greenwich ['grinidʒ] 28/29 FG 6
Grefrath 8/9 B 3
Greifenberg (Gryfice) 16/17 K 2
Greifenhagen (Gryfino) 16/17 J 2
Greiffenberg (Schlesien; Gryfów Śląski) 16/17 K 4/5
Greifswald 16/17 I 1
Greifswalder Bodden 16/17 I 1
Greifswalder Oie, I. 16/17 I 1
Grein 18/19 J 4
Greiz 11 C 3
Gremicha 42/43 N 1
Grenå ['gre:nɔ:] 39 II B 1
Grenada [grə'nεidə], Staat u. I. 88/89 D 1, 166/167 H 6
Grenen ['gre:nən] 39 II B 1
Grenoble [grə'nɔbl] 24/25 A 3, 30/31 F 5
Grenzhausen, Höhr- 12 B 1
Greve 24/25 D 4
Greven 16/17 C 3
Grevenbroich [gre:vən'bro:x] 8/9 C 3
Grevenmacher 14 II B 1
Grevesmühlen 16/17 G 2

Grewena [xrɛvɛ'na] (Grebená) 38 B 2
Greymouth ['grɛiməθ] 74/75 H 5
Griechenland, Staat 38, 172 F 4/5
Griesheim 12 D 2
Grieskirchen 18/19 I 4
Grießkogel 15 B 4
Grimma 11 D 2
Grimmen 16/17 I 1
Grimont, Schl. 14 II B 2
Grimsby ['grimzbi] 28/29 FG 5
Grimsel 24/25 C 2
Grimsey ['grimsɛ], I. 40/41 Nk. B 1
Grimsvötn ['grimsvœhtn] 34/45 Nk. B 2
Grinsted ['grensdɛð] 39 II A 2
Gripsholm [grips'hɔlm], Schl. 40/41 D 4
Grmeč ['grmɛ:tʃ] 36/37 C 2
Gröbenzell 15 B 2
Gröbming 18/19 I 5
Gröditz 16/17 I 4
Grodno ['grɔdna] 26/27 K 2
Groesbeek ['xru:zbe:k] 8/9 A 2
Grohnde 129 II
Groitzsch 11 C 2
Grömitz 16/17 F 1
Gronau (Niedersachsen) 10 B 2
Gronau (Westfalen) 16/17 BC 3
Grong [gruŋ] 40/41 C 3
Groningen [dt. 'gro:niŋən, ndl. 'xro:niŋə] 39 I C 1
Grönland, I. 78/79 R 2/3, 80/81 O 2/3
Grönlandsee 78/79 UV 2
Grønsund ['grœ:n] 16/17 H 1
Groote Eylandt [gru:t'ailənd], I. 74/75 D 2
Grootfontein ['gro:tfɔntain] 69/70 B 3
Grosbliederstroff 14 II D 2
Grosny ['grɔznyj] 48/49 E 3
Großaitingen 15 A 2
Großalmerode 10 B 4
Großauheim, Hanau- 12 D 1
Großbardau 11 D 2
Großbeeren 6 C 2
Groß Börnecke 11 A 1
Großbothen 11 D 2
Großbottwar 13 C 2/3
Großbritannien (Vereinigtes Königreich), Staat 28/29, 172 C 3
Großdechsendorf, Erlangen- 14 I B 1
Große Ache 22/23 E 4
Große Antillen, In. 84 D 2/E 3
Große Arabische Wüste 67/68 H 4/I 3
Große Australische Bucht 74/75 CD 4
Große Ebene (China) 57/58 C 3
Große Enz, Fl. 13 B 3
Große Fatra 102/103 I 4
Große Kapela [ˌkapɛla] 24/25 F 3
Große Karru 69/70 C 5
Große Lauter, Fl. 13 CD 4
Große Mauer (Chinesische Mauer) 57/58 C 2/B 3
Große Mühl, Fl. 18/19 I 4
Große Neufundlandbank 76/77 OP 5
Großenhain 16/17 I 4
Großensee, O. 7 E 1
Großer Arber 18/19 I 3
Großer Auerberg 10 DE 3
Großer Bärensee 80/81 GH 3
Großer Beerberg 18/19 F 2
Großer Belchen (Grand Ballon) 18/19 C 5
Großer Belt 39 II B 2
Großer Bettelwurf 15 C 4
Großer Bittersee I C 24 71 I C 2
Großer Chingan 57/58 C 2/D 1
Großer Erg, Östlicher 67/68 D 3/2
Großer Erg, Westlicher 67/68 C 3/D 2
Großer Erg von Bilma 67/68 E 4
Großer Fallstein 10 D 2/3
Großer Feldberg (Taunus) 12 C 1
Großer Galtenberg 15 C 4
Großer Geysir ['gjɛisir] (Island) 40/41 Nk. A 2
Großer Gleichberg 18/19 F 2
Großer Graben, Fl. 10 D 2
Großer Inselsberg 18/19 F 2
Großer Jenissei, Fl. 57/58 A 1
Großer Kanal (Kaiserkanal) 57/58 C 3
Großer Knollen 10 C 3
Großer Lübbesee 16/17 K 2
Großer Müggelsee 6 D 2
Großer Ob, Fl. 48/49 G 1
Großer Plessower See 6 A 2
Großer Plöner See 16/17 F 1
Großer Pölsenstein 18/19 J 5
Großer Priel 18/19 J 5
Großer Rachel 18/19 I 4
Großer Salzsee (Great Salt Lake) 82/83 B 1
Großer Sankt Bernhard, Paß 24/25 B 3
Großer Schneeberg 26/27 H 3
Großer Sklavensee 80/81 H 3
Großer Usen [u'zjenj], Fl. 48/49 E 3
Großer Wannsee 6 B 2
Großer Zernsee 6 A 2
Große Salzwüste (Iran) 48/49 F 4
Große Sandsee, Wüste (Ägypten) 67/68 F 3
Große Sandwüste (Australien) 74/75 C 3
Großes Artesisches Becken (Australien) 74/75 DE 3
Großes Barriereriff (Great Barrier Reef) 74/75 EF 2
Großes Becken (Great Basin) 82/83 B 1/2
Großes Bruch 10 D 2
Große Schütt 102/103 H 4/5
Großes Moor 10 D 1
Große Sunda-Inseln 92/93 S 7
Große Syrte 67/68 E 2
Grosseto [gros'se:to] 34/35 C 4
Große Victoriawüste 74/75 CD 3
Große Vils, Fl. 15 D 2
Groß-Gerau 12 CD 2
Groß Glienicke 6 B 2
Großglockner 24/25 E 2, 127 I
Großgörschen 11 C 2
Groß-Grönau 7 F 1
Großhabersdorf 14 I B 2
Großhansdorf 7 E 1
Großkarolinenfeld 15 D 3
Großkayna 11 B 2
Groß Kienitz 6 C 2
Großkorbetha 11 C 2
Großlehna 11 C 2
Groß Mackenstedt, Stuhr- 7 B 2/3
Großnamaland 69/70 B 4
Großpösna 11 D 2
Groß Rhüden, Seesen- 10 C 3
Großrosseln 14 II C 2
Groß Twülpstedt 10 D 2
Groß-Umstadt 12 D 2
Großvenediger 24/25 E 2
Großwardein (= Oradea) 36/37 EF 1
Großziethen 6 C 2
Groß-Zimmern 12 D 2
Groton ['grɔtn] 82/83 F 1
Grove 32/33 B 1
Grubbenforst 8/9 B 3
Grubenkarspitze 15 BC 4
Grudziądz ['grudzjɔnts] (= Graudenz) 26/27 I 2
Grünau, Berlin- 6 D 2
Grünberg (Schlesien; Zielona Góra) 16/17 K 4
Grundlsee 18/19 I 5
Grünenplan, Delligsen- 10 B 3
Grunewald, Berlin- 6 C 2
Grünheide O. 6 E 2
Grüningen, Schl. 13 C 4
Grünstadt 12 C 2
Grünwald 15 C 2
Grusinien 48/49 E 3
Grusinische Soz. Sowjetrepublik 180
Gryfice [gry'fitsɛ] (= Greifenberg) 16/17 K 2
Gryfino [gry'finɔ] (= Greifenhagen) 16/17 J 2
Grytviken ['gry:tvi:kn] 92/93 T 10
Gschwend 13 D 3
Guadalajara [guaðala'xara] (Mexiko) 84 B 2
Guadalajara [guaðala'xara] (Spanien) 32/33 E 2
Guadalcanal [gwɔdlkə'næl], I. 74/75 FG 1/2
Guadalquivir [guaðaki'ßir], Fl. 32/33 E 4
Guadalupe [guaða'lupe], Kl. 32/33 D 3
Guadeloupe [gwa'dlup], I. 88/89 D 1
Guadelupe [xuaða'lupe], I. 82/83 B 3
Guadiana [guaði'ana], Fl. 32/33 C 4
Guadix [gua'ðiks] 32/33 E 4
Guainia [xuai'nia] 88/89 D 2
Guajará-Mirim [guaʒa'ra mi'ri] 88/89 D 4
Guam, I. 61/62 G 2
Guanahani [gwa:nəha:ni] (San Salvador, Watlinginsel) 84 E 2
Guangdong (= Kwangtung), Provinz, China 57/58 C 4, 177
Guangxi (= Kwangsi), Provinz, China 177
Guangzhou (= Kanton) 57/58 C 4
Guantánamo [guan'tanamo] 84 E 2, 85 III B 1
Guaporé [guapo'rɛ], Fl. 88/89 D 4
Guarapuava [guarapu'ava] 90 C 2
Guarda, I. 82/83 B 3
Guarda [gu'arda], O. 32/33 C 2
Guardo [gu'arðo] 32/33 D 1
Guatemala, Staat 84 CD 3, 166/167 FG 5/6
Guatemala [guate'mala], O. 84 C 3
Guaviare [xua'ßiare], Fl. 88/89 C 2
Guayana, Französisch 88/89 E 2
Guayana, Bergland von 88/89 DE 2
Guayaquil [guaja'kil] 88/89 BC 3
Guaymas ['guaimas] 82/83 B 3
Guban 67/68 H 4
Gubbio ['gubbio] 24/25 E 4
Guben 16/17 J 4
Gubin ['gubin] (= Guben) 16/17 J 4
Gudbrandsdal ['gubransda:l] 40/41 BC 3
Guddudamm 59/60 B 2
Gudenå ['gu:ðənɔ:], Fl. 39 II A 1
Güdingen, Saarbrücken- 14 II D 2
Gudow 7 F 1
Guebwiller [gebvi'lɛ:r] (= Gebweiler) 18/19 C 5
Guénange 14 II B 2
Guéret [ge'rɛ] 30/31 D 4
Guernsey ['gə:nzi], I. 30/31 B 3
Guffertspitze 15 C 3
Guimiliau, K. 30/31 A 3
Guinea, Staat 67/68 BC 4/5, 166/167 L 6
Guinea-Bissau, Staat 67/68 B 4, 166/167 KL 6
Guineastrom 109
Guiyang (= Kweijang) 57/58 B 4
Guizhou (= Kweitschou), Provinz, China 177
Gujarat [gu:dʒə'ra:t] 59/60 C 2
Gujranwala [gudʒ'ra:nwələ] 59/60 C 1
Gulbarga ['gulbəga:] 59/60 C 3
Guldborgsund ['gulbɔr] 16/17 G 1
Guleman 48/49 DE 4
Gullfoss ['gydlfɔs] 40/41 Nk. AB 2
Gulpen ['xylpə] 8/9 A 4
Gulstav 16/17 F 1
Gumbinnen (Gussew) 26/27 K 1
Gummersbach 8/9 E 3
Gundelfingen an der Donau 18/19 F 4
Gundelsheim 13 C 2
Gunnbjörnfjeld 80/81 PQ 3
Gunsleben 10 E 2
Guntakal 59/60 C 3
Güntersberge, O. 10 D 3
Guntersblum 12 C 2
Guntur [gun'tuə] 59/60 D 3
Günzburg 18/19 F 4
Gunzenhausen 18/19 F 3
Gurara (Gourara), Oasen von 67/68 D 3
Gurjew ['gurjif] 48/49 F 3
Gurk, Fl. 24/25 F 2
Gurk, K. 24/25 F 2
Gurktaler Alpen 24/25 EF 2
Gusinoosjorsk [gusinaa'zjɔrsk] 57/58 B 1
Gussew ['gusif] (= Gumbinnen) 26/27 K 1
Güsten 11 B 1
Gustorf, Grevenbroich- 8/9 C 3
Güstrow ['gystro] 16/17 H 2
Gutenberger Höhle 13 D 3
Gutenfels, B. 12 B 1
Güterfelde 6 B 2
Gütersloh 8/9 F 2
Gutland 18/19 AB 3
Guttenberg, Schl. 13 C 2
Guyana, Staat 88/89 DE 2, 166/167 HI 6
Guyenne [gyi'jɛn] 30/31 CD 5
Gwadar 59/60 B 2
Gwalior ['gwa:liɔ] 59/60 C 2
Gwelo ['gwɛlou] 69/70 CD 3
Gydan, Halbinsel 50/51 GH 2/3
Gymnich, Schl. 8/9 C 4
Gyöngyös ['djœndjœʃ] 36/37 D 1
Györ [djœ:r] (Raab) 36/37 C 1
Gypsumville 80/81 J 4

H

Haag 15 D 2
Haan 8/9 CD 3
Haar, O. (b. München) 15 C 2
Haar, Die 8/9 EF 2/3
Haard, Die 8/9 D 2
Haardt 12 C 3
Haarlem ['ha:rlɛm] 39 I B 1
Habana, La [la a'ßana] (Havanna) 84 D 2, 85 III A 1
Hachinohe (= Hatschinohe) 54 E 2
Hadamar 12 C 1
Hadelner Kanal 7 B 1
Hadersleben (Haderslev) 39 II A 2
Haderslev ['ha:ðərsleu] (= Hadersleben) 39 II A 2
Hadibu (Tamrida) 67/68 I 4
Haditha [ha'di:ta] 48/49 E 4
Hadramaut 67/68 HI 4
Hadur Schuaib 67/68 H 4
Haelen 8/9 A 3
Hafelekarspitze 15 B 4
Hafnarfjördur ['habnarfjœrðyr] 40/41 Nk. A 2
Haft Kel ['hæft 'kel] 48/49 EF 4
Hafun 67/68 I 4
Hagberg 13 D 3
Hagelberg 16/17 H 3
Hagen 8/9 DE 3
Hagen im Bremischen 7 B 2
Hagenau (Haguenau) 18/19 C 4
Hagendingen (= Hagondange) 14 II B 2
Hagenow ['ha:gəno] 16/17 G 2
Hagfors [ˌha:gfɔrs] 40/41 C 3
Hagondange [agõ'dã:ʒ] (Hagendingen) 14 II B 2
Haguenau [ag'no] (= Hagenau) 18/19 C 4
Hahausen 10 C 3
Hahle, Fl. 10 C 4
Hahnenklee-Bockswiese, Goslar- 10 C 3
Hahnenmoor 10 C 1
Hahnheide 7 E 1
Hahnstätten 12 C 1
Haidenaab, Fl. 14 I D 1
Haifa 71 II C 2, 48/49 D 4
Haifeng 57/58 C 4
Haiger 8/9 F 4
Haigerloch, O. 13 B 4
Haikou 57/58 C 4/5
Hail ['ha:il] 67/68 H 3
Haimhausen 15 C 2
Haiming 15 A 4
Hainan, I. 57/58 BC 5
Hainanstraße 57/58 C 4
Hainaut [ɛ'no] (= Hennegau) 39 I AB 2
Hainberg 10 C 2
Hainich 16/17 F 4
Hainleite 10 D 4
Haiphong 57/58 B 4
Haithabu, Ausgrabungsstätte 16/17 E 1
Haiti, Staat 84 E 3, 166/167 H 5
Hakodate [ha'kodate] 54 E 2
Halberstadt 10 E 3, 16/17 G 4
Halbinsel Gydan 50/51 GH 2/3
Halbinsel Hela 26/27 I 1
Halbinsel Jamal [ji'mal] 50/51 FG 2
Halbinsel Kanin ['kanin] 48/49 E 1
Halbinsel Kola 48/49 D 1
Halbinsel Krim 48/49 D 3
Halbinsel Liautung 57/58 D 2/3
Halbinsel Malakka 61/62 BC 3
Halblech 15 A 3
Halden [ˌhaldən] 40/41 C 4
Haldensleben 16/17 G 3
Halifax ['hælifæks] (England) 28/29 F 5
Halifax ['hælifæks] (Kanada) 80/81 M 5
Hall in Tirol 15 C 4
Halland ['haland] 39 II C 1
Hallbergmoos, O. 15 C 2
Halle, Bezirk 176 DE 3
Halle (Saale) 11 BC 1/2, 16/17 GH 4
Halle (Westfalen) 16/17 D 3
Hallein 24/25 E 2
Hallenberg 8/9 G 3
Halle-Neustadt 11 B 2
Haller Ebene 13 D 2
Hallertau 15 C 1
Halligen, In. 16/17 D 1, 122 II
Hallingdal [ˌhaliŋdal] 40/41 B 3
Hallstadt 14 I B 1
Hallstatt 18/19 I 5
Hallstätter See 18/19 I 5
Halmahera [halma'hera], I. 61/62 E 3
Halmstad [ˌhalmsta:d] 39 II C 1
Hälsingborg [hɛlsiŋ'bɔrj] 39 II C 1, 40/41 C 4
Halstenbek 7 D 1
Haltern 8/9 D 2
Haltiatunturi ['hɑltjatunturi] 40/41 E 2
Halver 8/9 DE 3
Ham 14 II C 2
Hama ['hama] 48/49 D 4, 71 II D 1
Hamada des Draa 67/68 C 3
Hamada el-Hamra [ha'ma:da ɛlham'ra] 67/68 E 2/3
Hamada von Tinrhert [tin'rɛrt] 67/68 DE 3
Hamadan [hæmæ'dɑn] 48/49 E 4
Hamamatsu [ha'maˌmatsu] 54 D 4
Hamar ['ha:mar] 40/41 C 3
Hambergen 7 B 2
Hamborn, Duisburg- 8/9 C 2/3
Hambühren 10 B 1
Hamburg 7 DE 1, 16/17 EF 2, 156, 157, 176 CD 2
Hamburg-Fuhlsbüttel, Flughafen 7 DE 1, 176 CD 2
Hämeenlinna ['hæmɛ:nlinnɑ] 40/41 E 3
Hämelerwald, Lehrte- 10 C 2
Hameln 10 A 2, 16/17 E 3, 158 II
Hämelschenburg, Schl. 10 A 2
Hamersleykette ['hæməzli] 74/75 B 3
Hamhung 54 B 2/3
Hami 57/58 A 2
Hamilton ['hæmiltən] (Kanada) 82/83 EF 1
Hamilton ['hæmiltən] (Neuseeland) 74/75 H 4
Hamilton Inlet ['hæmiltən 'inlɛt] 80/81 N 4
Hamm (a. d. Lippe) 8/9 E 2
Hamm (a. d. Sieg) 8/9 E 4
Hammamet 44/45 F 4
Hamme, Fl. 7 B 2
Hammelburg 18/19 E 2
Hamme-Oste-Kanal 7 C 2
Hammerfest [ˌhamərfɛst] 40/41 E 1
Hamminkeln 8/9 C 2
Hammond ['hæmənd] 82/83 E 1
Hampton Court ['hæmptən 'kɔ:t], Schl. 28/29 F 6
Han, Grotten von 39 I B 2
Hanau 12 D 1
Hancock 82/83 E 1
Handeloh 7 D 2
Hanford 82/83 B 1
Hangö [ˌhaŋœ:] (= Hanko) 40/41 E 4
Hangtschou ['haŋtʃau] (Hangzhou) 57/58 CD 3
Hangtschoubucht ['haŋtʃau] 57/58 D 3
Hanho, Fl. 57/58 C 3
Hänigsen, Uetze- 10 C 2
Hanko ['haŋkɔ] (Hangö) 40/41 E 4
Hanna, L. 102/103 H 4
Hannover, Regierungsbezirk 176 C 2
Hannover, O. 10 B 2, 16/17 E 3, 158 I
Hannover, Flughafen 10 B 2, 129 I, 176 C 2
Hanoi 57/58 B 4
Hanstedt 7 DE 2
Hanstedt, Ebstorf- 7 E 2
Hanstein, B. 10 B 4
Hanstholm ['hansdhɔlm] 39 II A 1
Hantan 57/58 C 3
Hantschung 57/58 B 3
Haora (Howrah) 59/60 D 2
Haparanda [hapa'randa] 40/41 E 2
Happurg 14 I C 2
Harar [harər] 67/68 H 5
Harbin 57/58 D 2
Harbke 10 E 2
Harburg, Hamburg- 7 DE 2
Harburg, Schl. 18/19 F 4
Harburger Berge 7 D 2
Hardangerfjord ['hardaŋər] 40/41 B 3
Hardangerjøkul ['hardaŋərjœ:kul] 40/41 B 3
Hardangervidda ['hardaŋərvida] 40/41 B 3
Hardberg 12 D 2
Hardegsen 10 B 3
Hardenberg ['hardənbɛrx] 16/17 B 3
Hardenberg, Nörten- 10 B 3
Hardenberg, Schl. 8/9 D 3
Hardenburg, B. 12 C 3
Harderwijk [hardər'weik] 16/17 A 3
Härdler 8/9 G 3
Hargeisa 67/68 H 5
Harjavalta ['hɑrjɑvɑltɑ] 40/41 E 3
Harkotten 8/9 F 1
Harlingen ['harliŋə] 39 I B 1
Harlingerode, Bad Harzburg- 10 D 3
Härnösand [hærnœ:'sand] 40/41 D 3
Harriersand 7 AB 2
Harris ['hæris], I. 28/29 C 3
Harrisburg ['hærisbə:g] 82/83 F 1
Harrogate ['hærəgit] 28/29 F 4/5
Harsefeld 7 CD 2
Harsewinkel 8/9 F 2
Harsprånget 40/41 DE 2
Harstad [ˌharsta] 40/41 D 2
Harsum 10 B 2

Hartenfels, Schl. 11 E 1
Hartenholm 7 E 1
Hartenstein 11 D 3
Hartford ['hɑ:tfəd] 82/83 F 1
Hartha 11 D 2
Hartlepool ['hɑ:tlipu:l] 28/29 F 4
Hartmannsdorf 11 D 3
Harwich ['hæridʒ] 28/29 G 6
Harz 16/17 FG 4, 10 CD 3
Harzburg, Bad 10 D 3
Hasborn-Dautweiler, Tholey- 14 II C 1/2
Hase, Fl. 16/17 C 3
Haseldorfer Marsch 7 D 1
Hasenwinkel 10 D 2
Haslach im Kinzigtal 18/19 D 4
Hasloh 7 D 1
Haspe, Hagen- 8/9 D 3
Haspengau (Hesbaye) 39 I B 2
Haßberge 18/19 F 2
Hasselfelde 10 D 3
Hasselt ['hɑsəlt] 39 I B 2
Hasserode, Wernigerode- 10 D 3
Haßfurt 18/19 F 2
Hassi-Messaud [asimɛsa'ud] 67/68 D 2
Hassi-R'Mel [asir'mɛl] 67/68 D 2
Haßlau, Wilkau- 11 D 3
Haßloch 12 C 3
Hastings ['hɛistiŋz] (England) 28/29 G 6
Hastings ['hɛistiŋz] (Nebraska, USA) 82/83 D 1
Hatschinohe [ha'tʃino,he] (Hachinohe) 54 E 2
Hattersheim 12 CD 1
Hattingen 8/9 D 3
Hattorf 10 C 3
Hattusa, antiker Ort 48/49 D 3
Hauenstein 12 B 3
Haugesund ['hœygəsun] 40/41 B 4
Haugstein 18/19 I 4
Haukivesi ['haukivɛsi], See 40/41 F 3
Haunstetten, Augsburg- 15 A 2
Hausen (Bayern) 14 I C 1
Hausham 15 C 3
Hausruck 24/25 E 1
Haustenbach, Fl. 8/9 FG 2
Hauteurs de la Gâtine [otœr de la ga'tin] 30/31 C 4
Haut-Folin 30/31 EF 4
Havanna (= La Habana) 84 D 2, 85 A 1
Havel ['ha:fəl], Fl. 16/17 H 3
Havelberg 16/17 H 3
Havelkanal 6 B 2
Havelland 16/17 H 3
Havixbeck ['ha:viksbɛk] 8/9 D 2
Havlíčkův Brod ['havlitʃku:v 'brot] 26/27 G 4
Havre-Saint-Pierre [ɑvrəsɛ̃'pjɛ:r] 80/81 M 4
Hawaii, I. 96 N 5, 85 I
Hawaii-Inseln 96 MN 5, 85 I
Hawick ['hɔ:ik] 28/29 E 4
Hayange [a'jã:ʒ] (Hayingen) 14 II B 2
Hayden 82/83 B 2
Hayingen (Baden-Württemberg) 13 C 4
Hayingen (= Hayange) 14 II B 2
Hay River ['hɛi 'rivə], O. 80/81 H 3
Heardinsel 92/93 Q 10
Hearst [hə:st] 82/83 E 1
Hebei (= Hopeh), Provinz, China 177
Heber 10 C 3
Hebriden, Äußere, In. 28/29 C 2/3
Hebriden, Innere, In. 28/29 C 3
Hebriden, Neue, In. 74/75 G 2
Hebridensee 28/29 C 3
Hebron 169 III
Hecatestraße ['hɛkəti] 80/81 F 4
Hechingen 13 B 4
Hechthausen 7 C 1
Heckengäu 13 B 3/4
Heddal, K. 40/41 B 4
Hedschas 67/68 G 3
Hedschasbahn 71 II CD 4
Heerenveen [he:rən'vɛ:n] 39 I BC 1
Heerlen ['he:rlə] 39 I B 2
Heerstraße/Staaken, Grenzübergang 176 E 2
Heeslingen 7 C 2
Heessen, Hamm- 8/9 E 2
Hefei (= Hofei) 57/58 C 3
Hegau 18/19 D 5
Heide 16/17 E 1
Heidelberg 13 B 2, 18/19 D 3
Heidenau (Niedersachsen) 7 D 2
Heidenberg 13 B 4
Heidenheim 18/19 F 4
Heidenreichstein, B. 34/35 E 1
Heidesheim 12 C 2
Heilbronn 13 C 2, 18/19 E 3
Heilbrunn, Bad 15 B 3
Heiligenberg, Schl. 18/19 E 5
Heiligenblut 24/25 E 2
Heiligenhafen 16/17 FG 1
Heiligenhaus 8/9 CD 3
Heiligenrode, Stuhr - 7 B 3
Heiligensee, Berlin- 6 BC 1
Heiligenstadt (Bayern) 14 I C 1
Heiligenstadt (Bez. Erfurt) 10 C 4
Heiligenwald, Schiffweiler- 14 II D 2
Heiligkreuztal, Kl. 13 C 4
Heilongjang (= Heilungkiang), Provinz, China 177
Heilsau, Fl. 7 EF 1
Heilsberg (Lidzbark Warmiński), B. 26/27 J 1
Heilsbronn 14 I B 2
Heilungkiang (Heilongjang), Provinz, China 177
Heilungkiangtscheng (Aihui) 57/58 D 1
Heimaey ['hɛimaɛi], I. 40/41 Nk. A 2
Heimkehle, Höhle 10 D 4
Heiningen 13 D 3
Heinsberg 8/9 B 3
Heita Aza (= H. A.) 54 D 4
Heiterwanger See 15 A 4
Hekla ['hɛhkla] 40/41 Nk. B 2
Hela, Halbinsel 26/27 I 1
Helbe, Fl. 10 D 4
Helbra 11 A 1
Heldburg, Veste 18/19 F 2
Helden ['hɛldə] 8/9 AB 3
Helena ['hɛlinə] 82/83 B 1
Helfendorf, K. 15 C 3
Helfta, Eisleben- 11 B 1/2
Helgeland [,hɛlgəlan] 40/41 C 2
Helgoland, I. 16/17 C 1
Helgoländer Bucht 16/17 CD 1
Hellberge 16/17 G 3
Helleberg 10 B 3
Heller, Fl. 8/9 F 4
Hellweg 8/9 EF 2
Helme, Fl. 16/17 F 4
Helmstedt 10 DE 2, 16/17 FG 3
Helmstedt/Marienborn, Grenzübergang 10 E 2, 176 D 2
Helsa 10 B 4
Helsingfors [hɛlsiŋ'fɔrs] (= Helsinki) 40/41 EF 3
Helsingør [hɛlsəŋ'œ:r] 39 II C 1/2
Helsinki ['hɛlsiŋki] (Helsingfors) 40/41 EF 3
Heltersberg 12 B 3
Heltorf, Schl. 8/9 C 3
Heluan [helu'a:n] 48/49 D 5
Hemelingen, Bremen- 7 B 2
Hemer 8/9 E 3
Hemmersdorf, Rehlingen- 14 II C 2
Hemmingen 10 B 2
Hemmoor, O. 7 C 1
Hemmrain 8/9 F 4
Henan (= Honan), Provinz, China 177
Hengelo ['hɛŋəlo:] 39 I C 1
Hengjang 57/58 C 4
Hennebont [ɛn'bõ] 30/31 B 4
Henneburg, B. 18/19 E 3
Hennegau (Hainaut) 39 I AB 2
Henne-Stausee 8/9 F 3
Hennef 8/9 D 4
Hennigsdorf 6 B 1
Henriquè de Carvalho (= Saurimo) 69/70
Henstedt-Ulzburg 7 DE 1
Henzada [hɛnzə'dɑ:] 59/60 E 3
Heppenheim 12 D 2
Herat 59/60 B 1
Hérault [e'ro], Fl. 30/31 E 6
Herbede, Witten- 8/9 D 3
Herborn 18/19 D 2
Hercegnovi [,hɛrtsɛgnɔvi:] 36/37 D 3
Herchen, Windeck- 8/9 E 4
Herculaneum, antiker Ort 100 III
Herdecke 8/9 D 3
Herdorf 8/9 E 4
Herdringen, Schl. 8/9 E 3
Herðubreið ['hɛrðybrɛið] 40/41 Nk. B 1
Hereford ['hɛrifəd] 28/29 E 5
Herford 16/17 D 3
Heringen (Helme) 10 D 4
Heringen (Werra) 18/19 F 2
Heringsdorf 16/17 J 2
Heri-Rud, Fl. 59/60 B 1
Herisau 18/19 E 5
Herleshausen/Wartha, Grenzübergang 176 D 3
Hermannsborn, Bad 8/9 H 2
Hermannsburg 16/17 F 3
Hermannsdenkmal 8/9 G 2
Hermannshöhle 10 D 3
Hermannstadt (Sibiu) 36/37 G 2
Hermersberg, B. 13 D 2
Hermitage Castle 28/29 E 4
Hermon 71 II CD 2
Hermosillo [ɛrmo'sijo] 82/83 B 3
Hermsdorf 11 B 3
Hermsdorf, Berlin- 6 C 1
Hermupolis [hɛr'mu:polis] (Ermoúpolis) 38 D 4
Hernád ['hɛrna:d], Fl. 36/37 E 0
Herne 8/9 D 2
Herning ['hɛrneŋ] 39 II A 1
Heroldsbach 14 I BC 1
Heroldsberg 14 I C 1
Herrenberg 13 B 3
Herrlisheim 18/19 C 4
Herrnhut 16/17 J 4/5
Herrsching am Ammersee 15 B 3
Hersbruck 14 I C 1
Hersbrucker Alb 14 I CD 1
Herscheid 8/9 E 3
Hersfeld, Bad 18/19 E 2
Herten 8/9 D 2
Herxheim 12 C 3
Herzberg 16/17 I 4
Herzberg am Harz 10 C 3
Herzebrock 8/9 F 2
Herzegowina 36/37 CD 3
Herzhorn 7 C 1
Herzogenaurach 14 I B 1
Herzogenbusch ('s-Hertogenbosch) 39 I B 2
Herzogenrath 8/9 B 4
Hesandschin (Hjesan) 54 B 2
Hesbaye [ɛz'bɛ] (= Haspengau) 39 I B 2
Hesedorf, Bremervörde- 7 C 2
Hesperange [ɛspə'rã:ʒ] (Hesperingen) 14 II B 1
Hesselberg 18/19 F 3
Hessen, Bundesland 18/19 DE 1-3, 176 C 3
Hessen, O. 10 D 2
Hessisches Bergland 22/23 C 3
Hessische Senke 105 C 3
Hessisches Ried 12 CD 2
Hettange-Grande 14 II B 2
Hettenleidelheim 12 C 2
Hettstedt 11 AB 1
Heubach 13 D 3
Heuchelberg 13 BC 2
Heudeber 10 D 3
Heumen 8/9 A 2
Heuscheuer 102/103 H 3
Heusenstamm 12 D 1
Heusweiler 14 II C 2
Hexentanzplatz 10 E 3
Hidalgo del Parral [i'ðalxo ðɛl pa'rral] 82/83 C 3
Hiddensee, I. 16/17 I 1
Hiddesen, Detmold- 8/9 G 2
Hieflau 18/19 J 5
Hierro ['jɛrrɔ] (Ferro), I. 67/68 B 3
Highlands ['hailəndz] (Schottland) 28/29 DE 3
High Wycombe ['hai 'wikəm] 28/29 F 6
Hilbringen, Merzig- 14 II C 2
Hilchenbach 8/9 F 3/4
Hildburghausen 18/19 F 2
Hilden 8/9 C 3
Hildesheim, O. 10 BC 2, 16/17 EF 3
Hildesheimer Wald 10 B 2
Hilla ['hila] 48/49 E 4
Hillegossen, Bielefeld- 8/9 G 1/2
Hillerød ['hilərœ:ð] 39 II C 2
Hillscheid 12 B 1
Hilmend, Fl. 59/60 B 1
Hils 10 B 3
Hiltrup, Münster- 8/9 E 2
Hilversum [dt. 'hilvərzum, ndl. 'hilvərsym] 39 I B 1
Himalaya 59/60 C 1/E 2, 94/95 R 4/S 5
Himbergen 7 F 2
Himedschi (Himeji) 54 C 3/4
Himmelbjerg ['hemǝlbjɛr] 39 II A 1
Himmelpforten 7 C 1
Himmerland ['hemərlan] 39 II AB 1
Hindenburg (= H.; Zabrze) 26/27 I 3
Hindenburgdamm 122 II
Hindostan 59/60 CD 2
Hindubagh (= Muslimbagh) 59/60 B 1
Hindukusch 59/60 BC 1
Hinnøy [,hinœ], I. 40/41 D 2
Hinteres Sonnwendjoch 15 C 3
Hinterindien 55/56 KL 7/8, 61/62
Hinterriß, Vomp- 15 B 4
Hinterweidenthal 12 B 3
Hirakud 59/60 D 2
Hirakud-Stausee 59/60 D 2
Hiroschima [hi'roʃima] 54 C 4
Hirsau 13 B 3
Hirschaid 14 I BC 1
Hirschberg (Doksy) 18/19 J 2
Hirschberg (Jelenia Góra) 16/17 K 5, 26/27 G 3
Hirschberg, Warstein- 8/9 F 3
Hirschenstein 18/19 H 4
Hirschhorn 13 B 2
Hirtshals ['hirshals] 39 II AB 1
Hirzerberg 15 C 4
Hispaniola, I. 84 EF 3
Histria, antiker Ort 36/37 I 2
Hitra [,hitra], I. 40/41 B 3
Hitzacker 16/17 FG 2
Hiumaa (= Dagö), I. 40/41 E 4
Hjälmarsee [,jɛlmar] 40/41 D 4
Hjørring ['jœreŋ] 39 II AB 1
Hobart ['houbɑ:t] 74/75 E 5
Hochalmspitze 24/25 E 2
Hochfeiler 24/25 D 2
Hochgolling 24/25 E 2
Hochheim 12 C 1
Ho Chi Minh (Saigon) 61/62 C 2
Hochiß 15 C 4
Hochkönig 18/19 I 5
Hochland der Schotts 67/68 CD 2
Hochland von Äthiopien 94/95 O 6
Hochland von Bihé [biɛ] 69/70 B 3
Hochland von Bolivien 86 C 4/5
Hochland von Iran 94/95 P 4/5
Hochland von Mato Grosso 88/89 E 4
Hochland von Mexiko 82/83 C 3, 84 B 2
Hochosterwitz, B. 24/25 F 2
Hochnißlspitze 15 C 4
Hochplatte 15 A 3
Hochplattig 15 A 4
Hochratzenberg 102/103 H 2
Hochschwab 24/25 F 2
Hochspeyer 12 B 3
Höchst, Frankfurt- 12 D 1
Höchst (Odenwald) 12 DE 2
Hochstadt 12 C 3
Höchstadt an der Aisch 14 I B 1
Hochstetten, Linkenheim- 12 C 3
Hochsträß 13 D 4
Hochwald, Berg 18/19 J 4
Hockenheim 13 B 2
Hockenheimring 13 B 2
Hodeida 67/68 H 4
Hódmezővásárhely ['ho:dmɛzœ:-va:ʃa:rhɛj] 36/37 E 1
Hodonín ['hɔdɔnji:n] (Göding) 26/27 H 4
Hoek van Holland ['huk fan 'hɔlant] 39 I B 1/2
Hoensbroek ['hu:nzbru:k] 8/9 A 4
Hof (Bayern) 18/19 G 2
Hof/Gutenfürst, Grenzübergang 176 DE 3
Hofei (Hefei) 57/58 C 3
Hofgeismar 10 A 3/4
Hofheim am Taunus 12 C 1
Hofheim, Lampertheim- 12 C 2
Höfn [hœbn] 40/41 Nk. B 2
Hofors [,hu:fɔrs] 40/41 D 3
Hofsjökull ['hɔfsjœ:kydl] 40/41 Nk. B 2
Hofuf [hu'fu:f] 67/68 H 3
Hoggar (= Ahaggar) 67/68 D 3
Hohe Acht 18/19 BC 2
Höheberg 10 BC 4
Hohe Brach 13 D 2
Hohe Bracht 8/9 F 3
Hohegeiß, Braunlage- 10 D 3
Hohe Mark 8/9 D 2
Hohe Munde 15 B 4
Hohenasperg, B. 13 C 3
Hohenbrunn 15 C 2
Hoheneck, Schl. 14 I B 1
Hoheneggelsen, Söhlde- 10 C 2
Hohengundelfingen, B. 13 D 4
Hohenhameln 10 C 2
Hohenheim 13 C 3
Hohenkirchen 15 C 2
Hohenlimburg, Hagen- 8/9 E 3
Hohenloher Ebene 13 D 2
Hohenmölsen 11 C 2
Hohen Neuendorf 6 C 1
Hohenneuffen, B. 13 C 3
Hohenrechberg, B. 13 P 3
Hohensalza (Inowrocław) 26/27 I 2
Hohenschönhausen, Berlin- 6 CD 1
Hohenstadt, B. 13 D 3
Hohenstaufen 13 D 3
Hohenstein, B. (a. d. Aar) 12 C 1
Hohenstein, B. (b. Nürnberg) 14 I C 1
Hohenstein-Ernstthal 11 D 3
Hohensyburg, B. 8/9 DE 3
Hohenthurm 11 C 1
Hohentwiel, B. 18/19 D 5
Hohenwarte-Talsperre 11 B 3
Hohenzieritz, Schl. 16/17 I 2
Hohenzollern, Schl. 13 BC 4
Hoher Atlas 67/68 C 2
Hoher Hagen 10 B 4
Hoher Trauchberg 15 A 3
Hoher Zwiesler 15 C 3
Hohe Salve 15 D 4
Hohes Lohr 8/9 H 3
Hohes Venn 39 I BC 2
Hohe Tatra 26/27 IJ 4
Hohe Tauern 24/25 E 2
Hohe Warte (Karnische Alpen) 24/25 E 2
Hohe Warte (Odenwald) 13 BC 1
Hohhot (= Huhehot) 57/58 C 2
Hohkönigsburg 18/19 C 4
Hohne 10 C 1
Hohneck 18/19 C 4
Hohneklippen 10 D 3
Höhnstedt 11 B 1/2
Hohnstorf 7 F 2
Höhr-Grenzhausen 12 B 1
Hokkaido, I. 54 E 2
Holguín [ɔl'xin] 84 E 2, 85 III B 1
Holland, L. 102/103 B 2, 39 I B 1/2
Holle 10 C 2
Hollenstedt 7 D 2
Hollern 7 D 1
Hollfeld 14 I C 1
Hölloch, Höhle 24/25 C 2
Holm 7 D 1
Holmsee 40/41 CD 3
Holmsund [holm'sund], O. 40/41 E 3
Holstebro [hɔlsdə'bro:] 39 II A 1
Holstein, L. 102/103 DE 1/2
Holsteinische Schweiz 16/17 F 1
Holsteinsborg (= Sisimiut) 80/81 N 3
Holtemme, Fl. 10 D 3
Holthausen 16/17 C 3
Holyhead ['hɔlihɛd] 28/29 D 5
Holzhausen (b. Leipzig) 11 C 2
Holzkirchen 15 C 3
Holzminden 10 A 3
Holzweißig 11 C 1
Holzwickede 8/9 E 2/3
Homberg 8/9 GH 4
Homberg, Duisburg- 8/9 C 3
Hombourg-Haut 14 II C 2
Homburg (Saarland) 14 II D 2
Homburg, B. 8/9 E 4
Homécourt [ɔme'ku:r] 14 II AB 2
Homert, Höhenzug 8/9 F 3
Homs 71 II D 1, 48/49 D 4
Honan (Henan), Provinz, China 57/58 C 3, 177
Hondo (= Honschu) 54 C-E 3/4
Hondsrug ['hɔntsryx] 39 I C 1
Honduras, Staat 84 D 3, 166/167 G 5/6
Hønefoss ['hœ:nəfɔs] (Gem. Ringerike) 40/41 C 3
Hong Gay 57/58 B 4
Hongkong 57/58 C 4
Honiara [houni:'a:ra:] 74/75 FG 1
Hönne, Fl. 8/9 E 3
Honningsvåg [,hɔniŋsvo:g] (Gem. Nordkapp) 40/41 F 1
Honululu 85 I B 2
Hönow 6 D 1
Honschu (Hondo) 54 C-E 3/4
Hooge, Hallig 16/17 D 1, 122 II
Hoogeveen [ho:xə've:n] 16/17 B 3
Hoogezand-Sappemeer [ho:xə'zant sɑpə'me:r] 16/17 B 2
Hooverdamm ['hu:və] 82/83 B 2
Hopeh (Hebei), Provinz, China 177
Hopes Advance ['houps æd'vɑ:ns] 80/81 LM 4
Hopfgarten 15 D 4
Horb 13 B 4
Hörde, Dortmund- 8/9 DE 3
Horn (Niederlande) 8/9 A 3
Horn-Bad Meinberg 8/9 GH 2
Hornavan [,hu:rna:van], See 40/41 D 2
Hornbach, Fl. 14 II D 2
Hornbach, O. 14 II D 2
Hornberg, B. (a. Neckar) 13 C 2
Hornberg, B. (a. d. Jagst) 13 D 2
Hornburg 10 D 2
Horneburg 7 D 1/2
Horní Bříza 18/19 I 3
Hornisgrinde 18/19 D 4
Hörnli 18/19 D 5
Hörnum 122 II
Hořovice ['hɔrʒɔvitsɛ] 18/19 I 3
Horgin Youyi Qiangi (= Ulanhot) 57/58 D 2
Horrem, Kerpen- 8/9 C 4
Horsens ['hɔrsəns] 39 II A 2
Horst (Holstein) 7 D 1
Horst (Niederlande) 8/9 AB 3
Horstdorf 11 C 1
Horstsee, O. 11 D 2
Hortobágy ['hortoba:dj] 36/37 E 1
Hospet 59/60 C 3
Hospitalet [ɔspita'lɛt] 32/33 H 2
Hötensleben 10 E 2

Houston ['hju:stən] 82/83 D 2/3
Hövelhof 8/9 G 2
Hovestadt, Schl. 8/9 F 2
Howlandinsel 96 M 6
Howrah ['haura] (= Haora) 59/60 D 2
Höxter 10 A 3
Hoy [hɔi], I. 28/29 E 2
Hoya ['ho:ja] 16/17 E 3
Høyanger ['hœiaŋər] 40/41 B 3
Hoyerswerda 16/17 J 4
Hoyos 32/33 C 2
Hradec Králové ['hradɛts 'kra:lɔvɛ] (= Königgrätz) 26/27 G 3
Hrasnica 36/37 D 3
Hrastovlje, K. 24/25 E 3
Hřebeny ['hrʒɛbɛni] 18/19 J 3
Hron [hrɔn] (= Gran), Fl. 26/27 I 4
Hrubieszów [xru'bjɛʃuf] 26/27 K 3
Hsiamen 57/58 C 4
Hsian (Xi'an) 57/58 B 3
Hsiangfan 57/58 C 3
Hsiangkiang, Fl. 57/58 C 4
Hsiangtan 57/58 C 4
Hsienjang 57/58 B 3
Hsikiang, Fl. 57/58 C 4
Hsinghsiang 57/58 C 3
Hsingtai 57/58 C 3
Hsinhwa 57/58 C 4
Hsining (Xining) 57/58 B 3
Hsinjang 57/58 C 3
Hsintschu 57/58 D 4
Hsitschang 57/58 B 4
Hsütschou (Xuzhou) 57/58 C 3
Huachipato [uatʃi'pato] 90 A 3
Huambo (Nova Lisboa) 69/70 B 3
Huancayo [uaŋ'kajo] 88/89 C 4
Huaráz [ua'ras] 88 C 3/4
Huascarán [uaska'ran] 88/89 C 3
Hua-Shan 57/58 C 4, 118 II
Hube 10 B 3
Hubei (= Hupeh), Provinz, China 177
Hubertusburg, Schl. 11 D 2
Hubli ['hubli] 59/60 C 3
Hüchelhoven, Bergheim- 8/9 C 3
Huchting, Bremen- 7 B 2
Hückelhoven 8/9 B 3
Hückeswagen 8/9 D 3
Huddersfield ['hʌdəzfi:ld] 28/29 F 5
Hude 7 A 2
Hudiksvall [hudiks'val] 40/41 D 3
Hudson ['hʌdsn], Fl. 82/83 F 1
Hudson Bay ['hʌdsn 'bɛi] 80/81 JK 3/4
Hudsonstraße ['hʌdsn] 80/81 LM 3
Hué 61/62 C 2
Huelva [u'ɛlßa] 32/33 C 4
Hugenpoet ['hugenpo:t], Schl. 8/9 C 3
Hughenden 74/75 E 3
Huglfing 15 B 3
Hugoton 82/83 C 2
Huhehot (Hohhot) 57/58 C 2
Huila [u'ila] 88/89 C 2
Huissen ['hœysə] 8/9 A 2
Hull [hʌl] (Kingston upon Hull; England) 28/29 F 5
Hull [hʌl] (Kanada) 82/83 F 1
Hüls, Krefeld- 8/9 BC 3
Hüls, Marl- 8/9 D 2
Hülshoff, Haus, Schl. 8/9 DE 2
Humber ['hʌmbə] 28/29 G 5
Humboldtgletscher 80/81 M 2
Humboldtstrom 109
Humenné ['humɛnnɛ:] 26/27 J 4
Hümmling 16/17 C 3
Humor, Kl. 36/37 H 1
Hunabucht ['hu:na] 40/41 Nk. A 1
Hunan, Provinz, China 177
Hunau, Berg 8/9 F 3
Hunedoara [hune'doara] (Eisenmarkt) 36/37 F 2
Hünfeld 18/19 E 2
Hünfelden 12 C 1
Hungen 12 D 1
Hungersteppe (Kasachstan) 50/51 FG 5
Hungkiang 57/58 BC 4
Hüngnam 54 B 3
Hungschui, Fl. 57/58 B 4
Hungtsesee 57/58 C 3
Hunsrück 18/19 BC 3
Hunte, Fl. 16/17 D 2
Huntington ['hʌntiŋtən] 82/83 E 2
Huntsville ['hʌntsvil] 82/83 E 2
Hünxe 8/9 C 2
Hupeh (Hubei), Provinz, China 177
Hurez, Kl. 36/37 FG 2
Hurghada 71 I C 4
Hurley ['hə:li] 82/83 C 2
Huronsee ['hjuərən] 82/83 E 1
Hürtgenwald 8/9 B 4
Hürth 8/9 C 4
Húsavík ['hu:savi:k] 40/41 Nk. B 1
Husum 16/17 E 1
Hüttenbach 14 I C 1
Hüttenbusch, Worpswede- 7 B 2
Hüttersdorf, Schmelz- 14 II C 2
Hüttigweiler, Illingen- 14 II D 2
Huy, Höhenzug 10 DE 3
Huy [yi], O. 39 I B 2
Hvar [hva:r], I. 36/37 C 3
Hvar [hva:r], O. 36/37 C 3
Hveragerði ['hwɛ:ragjɛrði] 40/41 Nk. A 2
Hwaian 57/58 C 3
Hwainan 57/58 C 3
Hwalien 57/58 D 4
Hwangho (Gelber Fluß) 57/58 C 3, 115 VI
Hwangschih 57/58 C 3
Hweiho, Fl. 57/58 C 3
Hyderabad ['haidəra:ba:d] (Indien) 59/60 C 3
Hyderabad ['haidəra:ba:d] (Pakistan) 59/60 B 2
Hyères [jɛ:r] 24/25 B 4
Hyvinkää ['hyviŋkæ:] 40/41 EF 3

I

Ialomiţa ['ialomitsa], Fl. 36/37 H 2
Iasi ['jasi] 36/37 H 1
Ibadan [i:ba:'da:n] 67/68 D 5
Ibagué [ißa'xe] 88/89 C 2
Ibb [ip] 67/68 H 4
Ibbenbüren 16/17 C 3
Iberger Höhle 10 C 3
Iberisches Randgebirge 32/33 E 1/F 2
Ibiza [i'ßiθa], I. 32/33 G 3
Ibiza [i'ßiθa], O. 32/33 G 3
Ica ['ika] 88/89 C 4
Içá [i'sa], Fl. 88/89 D 3
Icking 15 B 3
Ida ['i:da] 38 D 5
Idaho ['aidəhou], Bundesstaat, USA 82/83 B 1
Idaho Falls ['aidəhou 'fɔ:lz], O. 82/83 B 1
Idar-Oberstein 14 II D 1
Idarwald 102/103 C 4
Idra ['iðra], I. 38 C 4
Idrija ['i:drija] 24/25 EF 2/3
Idstein 12 C 1
Iesi [i'ɛzi] 24/25 E 4
Iesolo [i'ɛ:zolo] 24/25 E 3
Ife ['i:fɛi] 67/68 D 5
Iffeldorf 15 B 3
Ifni (Sidi Ifni) 67/68 BC 3
Igarka [i'garka] 50/51 H 3
Igersheim 13 D 1
Ighil-Izane [igli'zan] (Relizane) 32/33 G 5
Iglau, Fl. 102/103 H 4
Iglau (Jihlava) 26/27 G 4
Iglesias [i'glɛ:zias] 34/35 B 6
Iglesiente [igle'zjɛnte] 34/35 B 6
Igls, Innsbruck- 15 B 4
Iguaçu [igua'su], Fl. 90 C 2
Iguaçufälle [igua'su] 90 C 2
Iguatu [igua'tu] 88/89 G 3
Igumenitsa [ixumɛ'nitsa] (Egoumenitsa) 38 B 3
Ihang-Maghiana 59/60 C 1
Ihlienworth 7 B 1
Ihna, Fl. 16/17 J 2
Iijoki ['i:jɔki], Fl. 40/41 F 2
Iisalmi ['i:salmi] 40/41 F 3
IJssel ['ɛisəl], Fl. 39 I C 1
IJsselmeer [ɛisəl'me:r] 39 I B 1, 123 VIII
Ikaria [dt. i'ka:ria, gr. ika'ria], I. 38 E 4
Ilebo [ile'bo] (Port-Francqui) 69/70 C 2
Île de France [ildə'frã:s], L. 30/31 E 3
Ilek [i'ljɛk], Fl. 48/49 F 2
Îles d'Hyères [il'djɛr] 24/25 B 4
Ilesha [i:'lɛiʃa:] 67/68 D 5
Iles Habibas 32/33 F 5
Ilfeld 10 D 3
Ilhéus [i'ljɛus] 88/89 G 4
Ili [i'li], Fl. 50/51 G 5
Iljitschowsk [ilji'tʃɔfsk] 36/37 J 1
Ill, Fl. 18/19 C 4
Iller, Fl. 18/19 EF 4
Illertissen 18/19 F 4
Illiamna [ili'æmnə] 80/81 D 3/4
Illimani [iji'mani] 88/89 D 4
Illingen (Baden-Württemberg) 13 B 3
Illingen (Saarland) 14 II D 2
Illinois [ili'nɔi], Bundesstaat, USA 82/83 DE 1/2
Illinois [ili'nɔi], Fl. 82/83 D 1/2
Ilm, Fl. zur Donau 15 C 1
Ilm, Fl. zur Saale 18/19 G 1
Ilme, Fl. 10 B 3
Ilmenau, Fl. 16/17 F 2
Ilmenau, O. 18/19 F 2
Ilmensee 48/49 D 2
Ilo ['ilo] 88/89 C 4
Iloilo [ilo'ilo] 61/62 E 2
Ilomantsi ['ilɔmantsi] 40/41 G 3
Ilorin [i:'lɔ:ri:n] 67/68 D 5
Ilse, Fl. 10 D 2/3
Ilsede 10 C 2
Ilsenburg 10 D 3
Ilsfeld 13 C 2
Ilshofen 13 D 2
Ilulissat (Jakobshavn) 80/81 N 3
Ilz, Fl. 18/19 I 4
Iman (= Dalneretschensk) 50/51 M 5
Imandrasee 40/41 G 2
Imatra ['imatra] 40/41 F 3
Imatrafälle ['imatra] 40/41 F 3
Immenhausen 10 AB 4
Immenstadt 18/19 F 5
Imnau, Bad 13 B 4
Imola ['i:mola] 24/25 D 3
Imotski [,imɔtski:] 36/37 C 3
Imperia [im'pɛ:ria] 24/25 C 4
Imperialdamm [im'piəriəl] 82/83 B 2
Imperialtal [im'piəriəl] 82/83 B 2
Imphal ['impəl] 59/60 E 2
İmroz ['imrɔz] (= Gökçeada), I. 36/37 G 4
Imst 18/19 F 5
Inari ['inari] 40/41 F 2
Inarisee ['inari] 40/41 F 2
Inawaschirosee [i'nawaʃiro] 54 E 3
Inca 32/33 H 3
Inchon (= Intschön) 54 B 3
Indalsälv [,inda:lsɛlv], Fl. 40/41 D 3
Inde, Fl. 8/9 B 4
Inden 8/9 B 4
Indiana [indi'ænə], Bundesstaat, USA 82/83 E 1
Indianapolis [indiə'næpəlis] 82/83 E 2
Indien, Staat 59/60 CD 2-4, 166/167 Q-S 4-6
Indigirka [indi'girka], Fl. 50/51 N 3
Indischer Ozean 94/95, 96
Indonesien, Staat 61/62 C-F 4, 166/167 S-V 6/7
Indore [in'dɔ:] 59/60 C 2
Indus, Fl. 59/60 B 2
Ingelfingen 13 D 2
Ingelheim 12 C 2
Ingermanland 42/43 C 3
Ingoda [inga'da] Fl. 57/58 C 1
Ingólfshöfði ['iŋgoulshœvði] 40/41 Nk. B 2
Ingolstadt 18/19 G 4, 126 III a
Inhambane [injam'banə] 69/70 D 4
Inishbofin [iniʃ'bɔfin] 28/29 A 5
Inlandsee (Japan) 54 C 4
Inn, Fl. 24/25 E 1
Innere Hebriden, In. 28/29 C 3
Innere Mongolei (Nei Monggol), Provinz, China 57/58 B-D 2, 177
Innerste, Fl. 10 C 2
Innerste-Stausee 10 C 3
Inning 15 B 2
Inningen, Augsburg- 15 A 2
Innsbruck 15 B 4, 24/25 D 2
Innviertel 18/19 I 4
Inovecgebirge 102/103 HI 4
Inowrocław [ino'vrɔtsuaf] (= Hohensalza) 26/27 I 2
In-Salah [insa'la] 67/68 D 3
Inster, Fl. 102/103 K 1
Insterburg (Tschernjachowsk) 26/27 J 1
Insulaner, Der, Berg (Berlin) 6 C 2
Inta [in'ta] 48/49 F 1
Interlaken 24/25 B 2
Intschön (Inchon) 54 B 3
Inuvik [i'nu:vik] 80/81 F 3
Invercargill [invə'ka:gil] 74/75 G 5
Inverness [invə'nɛs] 28/29 D 3
Inzing 15 B 4
Ioannina [iɔ'anina] 38 B 3
Ionische Inseln 38 A 3/B 4
Ionisches Meer 46/47 E 5
Ios ['i:ɔs], I. 38 D 4
Iowa ['aiəwə], Bundesstaat, USA 82/83 D 1
Ipel ['ipɛlj], Fl. (= Eipel) 36/37 D 0/1
Ipf 18/19 F 4
Iphofen 18/19 F 3
Ipin 57/58 B 4
Ipinlang 57/58 B 4
Ipoh ['ipɔh] 61/62 C 3
Ipswich ['ipswitʃ] (Australien) 74/75 F 3
Ipswich ['ipswitʃ] (England) 28/29 G 5
Iquique [i'kike] 90 AB 2
Iquitos [i'kitɔs] 88/89 C 3
Irak, Staat 48/49 E 4, 166/167 OP 4
Iraklion [i'rakliɔn] (Erákleion) 38 D 5
Iran, Staat 48/49 EF 4/5, 59/60 AB 1/2, 166/167 P 4/5
Iranschah 59/60 B 2
Irawadi, Fl. 59/60 E 3
Irbid [ir'bi:t] 71 II C 2
Irianbucht (= Cenderawasih-Bucht) 61/62 F 4
Irian Jaya (Westirian) 61/62 FG 4
Iriga [i'rixa] 61/62 E 2
Iriklinsker Stausee 48/49 F 2
Iringa [i'riŋga:] 69/70 D 2
Irische See 28/29 D 5
Irkutsk [ir'kutsk] 57/58 B 1, 50/51 J 4
Irland (Eire), Staat 28/29 BC 4-6, 172 C 3
Iron Knob ['aiən 'nɔb] 74/75 D 4
Iron Range ['aiən 'rɛindʒ], O. 74/75 E 2
Irtysch [ir'tyʃ], Fl. 50/51 F 4
Irún [i'run] 32/33 F 1
Isabela [isa'ßela], I. 88/89 A 3
Isafjord ['i:sa] 40/41 Nk. A 1
Isafjörður ['i:safjœrðyr] 40/41 Nk. A 1
Isar, Fl. 18/19 H 4
Ischewsk [i'ʒɛfsk] 48/49 F 2
Ischia ['iskia], I. 34/35 D 5
Ischikarirevier 54 E 2
Ischim [i'ʃym], O. 50/51 F 4
Ischim [i'ʃym], Fl. 50/51 F 4
Ischimbai [iʃym'baj] 48/49 F 2
Ischinomaki [i'ʃino,maki] (Ishinomaki) 54 E 3
Ischl, Bad 24/25 E 2
Ischma ['iʒma] 48/49 F 1
Ise, Fl. 10 D 1
Ise ['i,se], O. 54 D 4
Isefjord ['isə] 39 II B 2
Isen, Fl. 15 D 2
Isen, O. 15 D 2
Isenbüttel 10 D 2
Iseosee 24/25 D 3
Iser, Fl. 18/19 J 2
Isere [i'zɛ:r], Fl. 24/25 A 3
Isergebirge 18/19 K 2
Iserlohn 8/9 E 3
Isernhagen 10 B 2
Isernia [i'zɛrnia] 34/35 E 5
Isfahan 48/49 F 4
Ishinomaki [i'ʃino,maki] (= Ischinomaki) 54 E 3
İskenderun [is kɛndɛrun] 48/49 D 4
İskenderun, Golf von [is'kɛndɛrun] 48/49 D 4
Isker ['iskɛr], Fl. 36/37 F 3
Isla Cristina ['izla kris'tina], O. 32/33 C 4
Isla de la Juventud (Isla de Pinos) 84 D 2, 85 III A 1
Islas Los Roques 88/89 D 1
Islamabad [isla:ma:'ba:d] 59/60 C 1
Island, Staat 40/41 Nk, 46/47 AB 2, 172 AB 2
Islay ['ailɛi], I. 28/29 C 4
Isle [il], Fl. 30/31 D 5
Ismail [izma'il] 36/37 I 2
Ismailia [ismai li:ja] 29 D 4I 2
Ismaning 15 C 2
Isny 18/19 F 5
Isola del Liri ['i zola del'li:ri], O. 34/35 D 5
Isonzo [i'zontso], Fl. 24/25 E 3
Isosyöte, Berg 40/41 F 2
Isprigen 13 B 3
Israel, Staat 71 II, 48/49 D 4, 166/167 O 4, 169 II/III
Issel, Fl. 16/17 B 4
Isselburg 8/9 BC 2
Issum 8/9 B 2
Issykkul [is'syk kulj], See 50/51 G 5
İstanbul 36/37 I 4, 48/49 C 3
Istrancagebirge [ys'trandʒa] 36/37 HI 4
Istrien 24/25 EF 3
Itaituba 88/89 E 3
Itálica, antiker Ort 32/33 C 4
Italien, Staat 34/35, 172 DE 4/5
Itarsi 59/60 C 2
Ith 10 B 2
Ithaka ['i:taka] (Itháke), I. 38 B 3
Itlingen, Schl. 8/9 E 2
Itschang 57/58 C 3
Itschinskaja Sopka ['itʃinskaja 'sɔpka] 50/51 O 4
Itschou (Lynyi) 57/58 C 3
Itschun 57/58 D 2
Ituri, Fl. 69/70 C 1
Iturup [itu'rup], I. 50/51 N 5
Itz, Fl. 18/19 F 2
Itzehoe [itsə'ho] 7 CD 1
Iultin 50/51 R 3
Ivalo ['ivalɔ] 40/41 F 2
Ivalojoki ['ivalɔjɔki], Fl. 40/41 F 2
Ivanščica [,ivanʃtʃitsa] 24/25 G 2
Ivigtut 80/81 O 3
Ivrea [i'vrɛ:a] 24/25 B 3
Iwano-Frankowsk [i'vana-fran'kɔfsk] 48/49 C 3
Iwanowo [i'vanava] 48/49 E 2
Iwdel ['ivdilj] 48/49 FG 1
İzmir (Smyrna) 48/49 C 4
İzmit ['izmit] 48/49 CD 3
İznik ['iznik] 36/37 I 4
İzniksee ['iznik] 36/37 I 4

J

Jaan 57/58 B 3/4
Jabalón [xaßa'lɔn], Fl. 32/33 E 3
Jabalpur [dʒə'bælpuə] 59/60 CD 2
Jablanica ['jablanitsa] 36/37 C 3
Jablonec ['jablɔnɛts] (= Gablonz) 18/19 K 2
Jablonowygebirge 50/51 JK 4
Jablunkapaß 26/27 I 4
Jaboatão [ʒabua'tãu] 88/89 G 3
Jachen, Fl. 15 C 3
Jachenau 15 B 3
Jáchymov ['ja:ximɔf] (= Sankt Joachimsthal) 18/19 H 2
Jackson ['dʒæksn] 82/83 D 2
Jacksonville ['dʒæksnvil] 82/83 E 2
Jade 16/17 D 2
Jadebusen 16/17 D 2
Jadotville [ʒado'vil] (= Likasi) 69/70 C 3
Jaén [xa'en] 32/33 E 4
Jaffa, Tel Aviv- 71 II C 2/3, 48/49 D 4
Jaffna ['dʒæfnə] 59/60 Nk.
Jagdalpur 59/60 D 3
Jagst, Fl. 18/19 E 3
Jagsthausen, Schl. 13 C 2
Jahnsdorf 11 D 3
Jailagebirge 48/49 D 3
Jaipur ['dʒaipuə] 59/60 C 2
Jajce [,ja:jtsɛ] 36/37 C 2
Jakobabad 59/60 B 2
Jakobshavn (= Ilulissat) 80/81 N 3
Jakobstad [,jakɔbsta:d] (= Pietarsaari) 40/41 E 3
Jakutsk [ji'kutsk] 50/51 LM 3
Jalalabad [dʒə'la:la:ba:d] 59/60 C 1
Jalgaon ['dʒa:lgaun] 59/60 C 2
Jalón [xa'lɔn], Fl. 32/33 F 2
Jalpuchsee 36/37 I 2
Jalta ['jalta] 48/49 D 3
Jalu, Fl. 54 B 2
Jalungkiang, Fl. 57/58 B 3/4
Jamagata [ja'ma,gata] (Yamagata) 54 E 3
Jamaica, Staat u. I. 84 E 3, 166/167 G 5
Jamal, Halbinsel [ji'mal] 50/51 FG 2
Jamantau [jiman'tau] 48/49 F 2
Jambol ['jambol] 36/37 H 3
James ['dʒɛimz], Fl. 82/83 D 1
James Bay ['dʒɛimz 'bɛi] 80/81 KL 4
Jammerbugt ['jamərbogd] 39 II A 1
Jammu [dʒæmu:] 59/60 C 1
Jammu und Kashmir, Bundesstaat, Indien 59/60 C 1
Jamnagar ['dʒa:mnəgə] 59/60 BC 2
Jämsä ['jæmsæ] 40/41 EF 3
Jamshedpur ['dʒa:mʃɛdpuə] 59/60 D 2, 171 V a
Jämtland ['jɛmtland] 40/41 CD 3
Jamunder See 16/17 L 1
Jana ['jana], Fl. 50/51 M 3
Jangtschou 57/58 C 3
Jangtschuan 57/58 C 3
Jangtsekiang, Fl. 57/58 C 3, 59/60 E 1/2, 115 IV
Jan Mayen, I. 78/79 V 2
Jantra ['jantra], Fl. 36/37 G 3
Japan, Staat 54, 166/167 UV 4
Japangraben 94/95 V 4
Japanisches Meer 54 CD 2/3
Japinseln 61/62 F 3
Japurá [ʒapu'ra] (Caquetá), Fl. 88/89 D 3
Jarama [xa'rama], Fl. 32/33 E 2
Jardines de la Reina, Archipel 85 III B 1
Jari (Yari) 54 D 3
Jari [ʒa'ri], Fl. 88/89 E 2
Jarkand, Fl. 59/60 C 1
Jarmen 16/17 I 2
Jarny [ʒar'ni] 18/19 A 3
Jarosław [ja'rɔsuaf] 26/27 K 3/4
Jarosławiec [jarɔsu'avjɛts] (= Jershöft) 26/27 H 1
Jaroslawl [jiras'lavlj] 48/49 D 2
Jasło ['jasuɔ] 26/27 J 4

Jasnaja Poljana ['jasnaja pa'ljana] (= Trakehnen) 26/27 K 1
Jasper ['dʒæspə] 80/81 H 4
Jasper-Nationalpark ['dʒæspə] 80/81 H 4
Játiva ['xatiβa] 32/33 F 3
Jatobal 88/89 F 3
Jaunde (Yaoundé) 67/68 E 5
Java, I. 61/62 CD 4 u. Nk.
Javasee 61/62 CD 4
Javořice ['javɔrʒitsɛ], Berg 102/103 G 4
Javornikgebirge 102/103 I 4
Jeetzel, Fl. 16/17 G 2/3
Jefferson City ['dʒɛfəsn 'siti] 82/83 D 2
Jelabuga [ji'labuga] 48/49 F 2
Jelenia Góra [jɛ'lɛnja 'gura] (= Hirschberg) 16/17 K 5, 26/27 G 3
Jelez [ji'ljɛts] 48/49 D 2
Jelgava (= Mitau) 40/41 E 4
Jemen (Arabische Republik) 67/68 H 4, 166/167 OP 5/6
Jemen, Volksrepublik (Südjemen) 67/68 HI 4, 166/167 P 5/6
Jena 11 B 3, 18/19 G 2
Jenan 57/58 B 3
Jenbach 15 C 4
Jenissei [jini'sjej], Fl. 50/51 GH 2, 127 II
Jenissei, Großer, Fl. 57/58 A 1
Jenissei, Kleiner, Fl. 57/58 A 1
Jenisseisk [jini'sjejsk] 50/51 I 4
Jenisseisker Stausee 127 II
Jentai 57/58 D 3
Jentscheng 57/58 D 3
Jentschi 57/58 D 2
Jerewan [jiri'van] 48/49 E 3
Jerez de la Frontera [xe'rɛð ðe la frɔn'tera] 32/33 C 4
Jerez de los Caballeros [xe'rɛð ðe lɔs kaβa'ljerɔs] 32/33 C 3
Jergenihügel [jirgi'ni] 48/49 E 3
Jericho 169 III
Jerpoint Abbey, Kl. 28/29 C 5
Jersey ['dʒə:zi], I. 30/31 B 3
Jershöft (Jarosławiec) 26/27 H 1
Jerusalem 71 II C 3, 48/49 D 4, 169 I
Jerxheim 10 D 2
Jeschken 18/19 JK 2
Jesenice [jɛsɛ'ni:tsɛ] (Aßling) 24/25 F 2
Jessen 11 D 1
Jeßnitz 11 C 1
Jesteburg 7 D 2
Jettingen 13 D 3
Jever 16/17 C 2
Jezercë [je'zertsə] 36/37 D 3
Jhang 59/60 C 1
Jhansi ['dʒɑ:nsi] 59/60 C 2
Jhelum ['dʒeilum], Fl. 59/60 C 1
Jian 57/58 C 4
Jiangsu (= Kiangsu), Provinz, China 177
Jiangxi (= Kiangsi), Provinz, China 177
Jiannitsa [jɑni'tsa] (Giannitsá) 38 C 2
Jičin ['jitʃi:n] 18/19 K 2
Jihlava ['jihlava] (= Iglau) 26/27 G 4
Jilin (= Kirin), Provinz, China 177
Jilin (= Kirin), O. 57/58 D 2
Jiloca [xi'loka], Fl. 32/33 F 2
Jimma [dʒimma] 67/68 G 5
Jinan (= Tsinan) 57/58 C 3
Jindřichův Hradec ['jindrʒixu:v 'hradɛts] (= Neuhaus) 18/19 J 3
Jinja [dʒindʒa] 69/70 D 1
Jinkou 57/58 D 2
Jinotega [xino'texa] 84 D 3
Jintschwan (Yinchuan) 57/58 B 3
Jithion ['jiθjɔn] (Gútheion) 38 C 4
Jiu ['ʒiu], Fl. 36/37 F 2
João Belo (= Xai-Xai) 69/70 D 4
João Pessoa ['ʒuãum pe'soa] 88/89 G 3
Jochenstein 18/19 I 4
Jodhpur ['ʒodpuə] 59/60 C 2
Joensun ['jɔɛnsu:] 40/41 FG 3
Jœuf [ʒœf] 14 II AB 2
Jogjakarta [dʒogdʒa'karta] 61/62 Nk. B 1
Johannesburg [dt. jo'hanəsburk, engl. dʒou'hænisbə:g] 69/70 C 4, 148 III
Johanngeorgenstadt 18/19 H 2
Johannisthal, Berlin- 6 CD 2
Johnstonisel 96 M 5
Johor Baharu ['dʒohor 'baru] 61/62 C 3
Joinville [ʒuɛ'vili] (Brasilien) 90 D 2
Joinville [ʒwɛ̃'vil] (Frankreich) 24/25 A 1
Jokkmokk ['jokmɔk] 40/41 D 2
Jokohama [dt. joko'ha:ma, jap. jo'kohama] (Yokohama) 54 DE 3
Jokosuka [jo'kosuka] (Yokosuka) 54 D 3
Jökulsá á Fjöllum ['jœ:kylsau au 'fjœdlym], Fl. 40/41 Nk. B 1
Jonessund [dʒounz] 80/81 K 2
Jönköping [,jœntɕœ:piŋ] 40/41 C 4
Jordan, Fl. 71 II C 2/3
Jordanien, Staat 48/49 D 4/5, 166/167 O 4/5, 169 II/III
Jork 7 D 1
Jos [dʒɔ:s] 67/68 D 4/5
Joschkar-Ola [jaʃ'kara'la] 48/49 E 2
Joseph-Bonaparte-Golf 74/75 C 2
Josselin, Schl. 30/31 B 3/4
Jostedalsbre ['justədalsbre:] 40/41 B 3
Jotunheim [,jutunhɛim] 40/41 B 3
Juan de Fuca-Straße ['hwa:n də 'fu:kə] 80/81 G 5
Juan de Nova [ʒuãdnɔ'va], I. 69/70 E 3
Juan-Fernández-Inseln [xuanfɛr'nandes] 87 AB 6
Juankiang, Fl. 57/58 B 4
Juárez ['xuares] 82/83 C 2, 84 B 1
Juàzeiro [ʒua'zeiru] 88/89 F 3
Juba ['dʒu:bə] 67/68 G 5
Júcar ['xukar], Fl. 32/33 F 3
Jüchen 8/9 BC 3
Judenburg 24/25 F 2
Jug [juk], Fl. 98/99 I 2/3
Jugenheim, Seeheim- 12 D 2
Jugoslawien, Staat 36/37 A-F 1-4, 172 EF 4, 178
Jühnsdorf 6 C 2
Juifen 15 C 3
Juist [jy:st], I. 16/17 BC 2
Juiz de Fora [ʒu'iz di 'fora] 88/89 F 5
Jujuy [xu'xui] 90 B 2
Jukau 57/58 D 3
Jükiang, Fl. 57/58 B 4
Julianehåb (= Qaqortoq) 80/81 O 3
Jülich 8/9 B 4
Jülicher Börde 8/9 B 4
Julier, Paß 24/25 C 2
Jülin 57/58 B 3
Julische Alpen 24/25 EF 2
Jullundur [dʒə'lʌndə] 59/60 C 1
Jümen 57/58 A 2
Jumilla [xu'milja] 32/33 F 3
Junagadh [dʒu'nɑ:gəd] 59/60 C 2
Jundiai [ʒundia'i] 88/89 F 5
Juneau ['dʒu:nou] 80/81 F 4
Jungbunzlau (Mladá Boleslav) 18/19 JK 2
Jungferninseln 78/79 P 8
Jungfernsee 6 B 2
Jungfrau 24/25 B 2, 100 IV
Junglinster 14 II B 1
Jünnan (Yunnan), Provinz, China 57/58 AB 4, 177
Jur, Fl. 67/68 F 5
Jura, Fl. 102/103 K 1
Jura ['dʒuərə], I. 28/29 CD 3/4
Jura, Kanton, Schweiz 180
Jura 26/27 C 5, 30/31 FG 4
Jura, Französischer 24/25 A 3/B 2
Jura, Schweizer 24/25 B 2
Jurbarkas ['jurbarkas] 26/27 K 1
Jurmala 40/41 E 4
Juruá [ʒuru'a] Fl. 88/89 D 3
Juruena [ʒu'ruena], Fl. 88/89 E 4
Juschkosero 40/41 G 3
Juschno-Sachalinsk ['juʒnasaxa'linsk] 50/51 N 5
Jüterbog 16/17 I 3/4
Jütland (Jylland) 39 II A 1/2
Jylland ['jylan] (= Jütland) 39 II A 1/2
Jyväskylä ['jyvæskylæ] 40/41 F 3

K

Kaaden (Kadaň) 18/19 I 2
Kaarst 8/9 C 3
Kabalo [kaba'lo] 69/70 C 2
Kabinda [kabin'da] 69/70 C 2
Kablow ['ka:blo] 6 D 2
Kabul 59/60 B 1
Kabwe ['ka:bwɛi] (Broken Hill) 69/70 C 3
Kabylei 44/45 DE 4
Kachowkaer Stausee 48/49 D 3
Kadaň ['kadan] (= Kaaden) 18/19 I 2
Kadijewka ['kadijifka] (= Sta., Stachanow) 48/49 D 3
Kadscharan [kadʒa'ran] 48/49 E 4
Kadugli 67/68 F 4
Kaduna [kə'du:nə] 67/68 D 4
Kaëdi [kae'di] 67/68 B 4
Kaffa 67/68 G 5
Kafue [kɑ:'fu:ɛi], Fl. 69/70 C 3
Kagera [kɑ:'gɛrɑ:], Fl. 69/70 D 2
Kagoschima [ka'goʃima] 54 C 4
Kahl 12 DE 1
Kahla 11 B 3
Kahler Asten 8/9 F 3
Kahoolawe, I. 85 I
Kahramanmaraş (Maraş) 48/49 D 4
Kahrizak 48/49 F 4
Kaifeng 57/58 C 3
Kai-Inseln [kai] 61/62 F 4
Kailan 57/58 C 3
Kailua 85 I B 2
Kainji-Stausee 67/68 D 4/5
Kainuunselkä 40/41 F 2/3
Kairo ['kairo] (El-Kahira) 71 I B 2/3, 67/68 G 2
Kairuan [kairu'a:n] 67/68 DE 2
Kaisergebirge 18/19 H 5
Kaiserkanal (= Großer Kanal) 57/58 C 3
Kaiserslautern 12 B 3, 18/19 C 3
Kaiserstuhl 18/19 C 4
Kaiserwald 18/19 H 2
Kaituma 88/89 E 2
Kajaani ['kɑjɑ:ni] 40/41 F 3
Kakinada [kæki'nɑ:də] 59/60 D 3
Kalabrien, Provinz, Italien 34/35 F 6
Kalahari 69/70 C 4
Kalaharibecken 63/64 G 9/10
Kalamata [kala'mata] 38 C 4
Kalamazoo [kæləmə'zu:] 82/83 E 1
Kalan (= Călan) 36/37 F 2
Kalanscho Sandwüste 67/68 F 3
Kalat 59/60 B 2
Kaldenkirchen, Nettetal- 8/9 B 3
Kaledonischer Kanal 28/29 D 3
Kalefeld 10 C 3
Kalemie (Albertville) 69/70 C 2
Kalewala 40/41 G 2
Kalgan (Zhangjiakou) 57/58 C 2
Kalgoorlie [kæl'guəli] 74/75 C 4
Kalifornien (California), Bundesstaat, USA 82/83 AB 2, 115 V
Kalifornischer Strom 109
Kalimnos ['kalimnɔs] (Kálumnos), I. 38 E 4
Kalimnos ['kalimnɔs] (Kálumnos), O. 38 E 4
Kalimpong 59/60 D 2
Kalinin [kal'linin] 48/49 D 2
Kaliningrad [kalinin'grat] (= Königsberg) 26/27 J 1
Kalisch (= Kalisz) 26/27 I 3
Kalisz Pomorski ['kaliʃ pɔ'mɔrski] (= Kallies) 16/17 K 2
Kalix ['kɑ:liks] 40/41 E 2
Kalixälv ['kɑ:liks ,ɛlv], Fl. 40/41 E 2
Kalkar 8/9 B 2
Kalksee 6 E 2
Kalkutta (Calcutta) 59/60 D 2, 165 III
Kallavesi ['kɑllɑvɛsi], See 40/41 F 3
Kallies [ka'li:s] (Kalisz Pomorski) 16/17 K 2
Kallsee [kal] 40/41 C 3
Kalmar ['kalmar] 40/41 D 4
Kalmarsund 40/41 D 4
Kalmit 12 C 3
Kalte Bode, Fl. 10 D 3
Kalte Eiche, Höhenzug 8/9 F 4
Kaltenkirchen 7 D 1
Kaltes Feld 13 D 3
Kaluga [ka'luga] 48/49 D 2
Kalundborg [kalon'bɔr] 39 II B 2
Kama ['kama], Fl. 48/49 F 2
Kamaischi 54 E 3
Kamaraninseln [kama'ra:n] 67/68 H 4
Kamastausee 48/49 F 2
Kambalda 74/75 C 4
Kambodscha (Kamputschea), Staat 61/62 C 2, 166/167 ST 6
Kamen 8/9 E 2
Kamen-na-Obi ['kaminjnaa'bi] 50/51 H 4
Kamensk-Schachtinski [kaminsk'ʃaxtinskij] 48/49 DE 3
Kamensk-Uralski ['kaminsku'raljskij] 50/51 F 4
Kamenz 16/17 J 4
Kamerun, Staat 67/68 DE 5, 166/167 M 6
Kamerunberg 67/68 D 5
Kamienna [ka'mjɛnna], Fl. 102/103 J 3
Kamień Pomorski ['kamjɛim pɔ'mɔrski] (= Cammin) 16/17 J 2
Kamina [kami'na] 69/70 C 2
Kamischli 48/49 E 4
Kamloops ['kæmlu:ps] 80/81 G 4
Kamp, Fl. 18/19 K 4
Kampala [kɑ:m'pɑ:lɑ:] 69/70 D 1
Kampanien, Provinz, Italien 34/35 E 5
Kampen ['kɑmpə] (Niederlande) 39 I BC 1
Kampen (Sylt) 122 II
Kamp-Lintfort 8/9 C 2/3
Kamputschea (= Kambodscha), Staat 61/62 C 2, 166/167 ST 6
Kamtschatka [kam'tʃatka], Halbinsel 50/51 OP 4
Kamtschija ['kamtʃija], Fl. 36/37 H 3
Kamyschin [ka'myʃyn] 48/49 E 2/3
Kanada, Staat 80/81, 166/167 C-I 1-3
Kanadischer Archipel 94/95 D-G 2
Kanadischer Schild 78/79 L 3/O 4
Kanal, Der (Ärmelkanal) 30/31 B 3-C 2
Kanalinseln (Normannische In.) 30/31 B 3
Kanal von Burgund 24/25 A 2
Kananga [kanaŋ'ga] (Luluabourg) 69/70 C 2
Kanarenstrom 109
Kanarische Inseln 67/68 B 3, 143 II
Kanasawa [ka'na,zawa] 54 D 3
Kanchipuram [kæn'tʃi:purəm] 59/60 C 3
Kandahar 59/60 B 1
Kandalakscha [kanda'lakʃa] 40/41 G 2
Kandavu [kɑ:n'dɑ:vu:], I. 74/75 H 2
Kandel, Berg 18/19 D 4
Kandel, O. 12 C 3
Kandla ['kændlə] 59/60 C 2
Kandy 59/60 Nk.
Kanem 67/68 E 4
Kaneohe 85 I B 2
Kangchenjunga 59/60 D 2
Kangeaninseln 61/62 Nk. C 1
Kangting 57/58 B 3
Känguruhinsel 74/75 D 4
Kaniapiskau [kænjə'piskɔ:], Fl. 80/81 M 4
Kanin, Halbinsel ['kanin] 48/49 E 1
Kankan [kɑ̃'kɑ̃] 67/68 C 4
Kankiang, Fl. 57/58 C 4
Kannaer Stausee 26/27 L 1
Kano ['kɑ:nou] 67/68 D 4
Kanpur [kɑ:npuə] 59/60 D 2
Kansas ['kænzəs], Bundesstaat, USA 82/83 D 2
Kansas ['kænzəs], Fl. 82/83 D 2
Kansas City ['kænzəs 'siti] (Kansas, USA) 82/83 D 2
Kansas City ['kænzəs 'siti] (Missouri, USA) 82/83 D 2
Kansk [kansk] 50/51 I 4
Kansu (Gansu), Provinz, China 177
Kantabrisches Gebirge 32/33 C-E 1
Kanto 54 D 3
Kanton (Guangzhou) 57/58 C 4
Kantschou 57/58 C 4
Kantse 57/58 AB 3
Kaolack [kaɔ'lak] 67/68 B 4
Kap Adare 91 II B 24
Kap Agde [agd] 30/31 E 6
Kap Agulhas [a'guljas] (Nadelkap) 69/70 BC 5
Kap Akritas [a'kritas] 38 B 4
Kap Arkona 16/17 I 1
Kap Baba [ba'ba] 38 DE 3
Kap Barrow ['bærou] 80/81 D 2
Kap Bathurst ['bæθə:st] 80/81 G 2
Kap Batterbee 91 II C 12
Kap Bauld [bɔ:ld] 80/81 N 4
Kap Blanc [blɑ̃] (Mauretanien) 67/68 B 3
Kap Blanc [blɑ̃] (Tunesien) 46/47 D 5
Kap Bojador 67/68 B 3
Kap Bon 46/47 E 5
Kap Branco ['braŋku] 88/89 G 3
Kap Breton 80/81 N 5
Kap Brewster 46/47 A 1
Kap Bugarum 44/45 E 4
Kap Ca Mau 61/62 C 3
Kap Canaveral [kə'nævərəl] (Kap Kennedy) 82/83 E 3
Kap Carbonara [karbo'na:ra] 34/35 B 6
Kap Carvoeiro [kar'vu'airu] 32/33 B 3
Kap Catoche 84 D 2
Kap Chidley ['tʃidli] 80/81 M 3
Kap Circeo [tʃir'tʃɛ:o] 34/35 D 5
Kap Cod [kɔd] 82/83 FG 1
Kap Colbeck 91 II B 27
Kap Colonne [ko'lonne] 34/35 F 6
Kap Comorin ['kɔmərin] 59/60 C 4
Kap Conception [kən'sɛpʃən] 82/83 A 2
Kap Corrientes [ko'rrientes] (Mexico) 84 B 2
Kap Corrientes (Moçambique) 69/70 D 4
Kap Corse [kɔrs] 34/35 B 4
Kap Creus [kreus] 32/33 H 1
Kap d'Ambre 69/70 E 3
Kap Dart 91 II B 30
Kap Delgado [dɛl'gaðu] 69/70 E 3
Kap der Guten Hoffnung 69/70 B 5
Kap Deschnew 50/51 RS 3
Kap d'Urville 61/62 F 4
Kapela, Große [,kapɛla] 24/25 F 3
Kapela, Kleine [,kapɛla] 24/25 F 3
Kapellen, Moers- [ka'pɛlən] 8/9 C 3
Kap Elossa 36/37 D 4
Kap Emine [ɛmi'nɛ] 36/37 H 3
Kap Espichel [iʃpi'ʃɛl] 32/33 B 3
Kap Falcon 32/33 F 5
Kap Farvel (= Ùmánarssuaq) 80/81 O 4
Kapfenberg 24/25 F 2
Kap Finisterre [finis'tɛrrɛ] 32/33 B 1
Kap Flattery ['flætəri] 82/83 A 1
Kap Formentor [fɔrmen'tɔr] 32/33 H 3
Kap Frio ['friu] 88/89 F 5
Kap Gallinas [xa'jinas] 88/89 C 1
Kap Gallo ['gallo] 34/35 D 6
Kap Gata ['xata] 32/33 E 4
Kap Gris-Nez [gri'ne] 30/31 D 2
Kap Guardafui 67/68 I 4
Kap Hague [ag] 30/31 C 3
Kap Hatteras ['hætərəs] 82/83 F 2
Kap Hoorn 90 B 5
Kapıdağı [kɑ'pydɑ:,y], Halbinsel 36/37 HI 4
Kap Kaliakra [kali'akra] 36/37 I 3
Kap Kamenjak [ka,mɛnja:k] 24/25 E 3
Kap Kanin ['kanin] 48/49 E 1
Kap Kennedy ['kɛnidi] (= Kap Canaveral) 82/83 E 3
Kapland 69/70 BC 5
Kap Leeuwin 74/75 B 4
Kap Lithinon ['liθinɔn] 38 D 5
Kaplitz (Kaplice) 18/19 J 4
Kap Lopatka [la'patka] 50/51 O 4
Kap Lopez [lɔ'pɛ:z] 69/70 A 2
Kap Maleas [ma'lɛas] 38 C 4
Kap Maria van Diemen 74/75 H 4
Kap Matapan (= Kap Tänaron) 38 C 4
Kap Mendocino 82/83 A 1
Kap Mondego 32/33 B 2
Kap Morris Jesup 78/79 S 1, 91 I A
Kap Nao ['nao] 32/33 G 3
Kap Nawarin 50/51 Q 3
Kap Negrais 59/60 E 3
Kap Norvegia 91 II B 4/5
Kap Oljutorski [a'ljutarskij] 50/51 PQ 3/4
Kap Ortegal [ɔrte'xal] 32/33 C 1
Kaposvár ['kopoʃva:r] 36/37 C 1
Kap Palmas 67/68 C 5
Kap Palos ['palɔs] 32/33 F 4
Kap Pariñas [pa'rinjas] 88/89 B 3
Kap Passero 34/35 E 7
Kappeln 16/17 E 1
Kap Peñas ['penjas] 32/33 D 1
Kap Poinsett 91 II C 18
Kap Prince of Wales ['prins əv 'wɛilz] 80/81 C 3
Kap Race [rɛis] 80/81 N 5
Kap Roca ['rrɔka] 32/33 B 3
Kaprun [ka'pru:n] 18/19 H 5, 127 I
Kap Sable [sɛibl] (Florida, USA) 82/83 E 3
Kap Sable [sɛibl] (Neuschottland) 80/81 M 5
Kap Sainte Marie [sɛ̃tma'ri] 69/70 E 4
Kap San Diego [san ði'exo] 90 B 5
Kap San Lucas 84 AB 2
Kap San Maria di Leuca 34/35 G 6
Kap São Roque [sɑ̃u 'rrɔki] 88/89 G 3
Kap São Vicente [sɑ̃uvi'sentə] 32/33 B 4
Kap Schelanija [ʒə'lanija] 50/51 F 2
Kap Selatan 61/62 D 4
Kap Sideros ['siðɛrɔs] 38 E 5
Kap Spartel [spar'tɛl] 32/33 CD 5
Kap Spartivento [sparti'vɛnto] 34/35 F 7
Kap Spatha ['spaθa] 38 C 5
Kapstadt (Cape Town, Kaapstad) 69/70 B 5
Kapsukas [kap'sukas] 26/27 K 1
Kap Sunion ['zu:niɔn] 38 CD 4
Kap Swjatoi Nos 42/43 NO 1
Kap Tänaron (Tainaron; Kap Matapan) 38 C 4
Kap Teulada [teu'la:da] 34/35 B 6
Kap Trafalgar [dt. tra'falgar, sp. trafal'xar] 32/33 C 4
Kap Tres Forcas 44/45 C 4

Kaptschagai-Stausee 50/51 G 5
Kap Tscheljuskin [tʃiˈljuskin] 50/51 J 2
Kapuas [kaˈpuas], Fl. 61/62 D 3/4
Kapuskasing [kæpəsˈkɛisiŋ] 82/83 E 1
Kap Vedel 46/47 A 2
Kap Verde, Staat 166/167 K 5/6
Kap Verde 67/68 B 4
Kapverdische Inseln 92/93 K 5/6
Kap Wilson [wilsn] 74/75 E 4
Kap Wrath [rɔːθ] 28/29 D 2
Kap Yals 61/62 F 4
Kap York [jɔːk] 74/75 E 2
Kap-York-Halbinsel 74/75 E 2
Kara-Bogas-Gol 48/49 F 3
Karabük [kaˈrabyk] 48/49 D 3
Karachi (= Karatschi) 59/60 B 2
Karachoto 57/58 B 2
Karaganda [karaganˈda] 50/51 G 4/5
Karaginski-Insel [karaˈginskij] 50/51 P 4
Karakorum [karaˈkoːrum], Gebirge 59/60 C 1
Karakorum, Ruinen 57/58 B 2
Karakorumpaß 59/60 C 1
Karakum [karaˈkum] 50/51 EF 6
Karakumkanal [karaˈkum] 48/49 F 4
Karamai 50/51 H 5
Kara-nor, See 57/58 A 3
Karasberg 69/70 B 4
Karaschal [karaˈʒal] 50/51 G 5
Karasee 50/51 F-H 2
Karasjok [ˌkarasjɔk] 40/41 F 2
Karastraße 50/51 EF 2
Karatau [karaˈtau] 50/51 G 5
Karatschi (Karachi) 59/60 B 2
Karatschok 48/49 E 4
Kara-ussu-nor, See 57/58 A 2
Karawanken 24/25 EF 2
Karben 12 D 1
Kardschali [ˈkərdʒali] 36/37 G 4
Karelien 40/41 FG 3
Kariä [kaˈrjɛ] (Karuai) 38 D 2
Karibasee [kɑːˈriːbɑː] 69/70 C 3
Karibisches Meer 78/79 N-P 8
Karima 67/68 G 4
Karimatastraße 61/62 C 4
Karimundjawa-Inseln [karimun-ˈdʒawa] 61/62 Nk. B 1
Karisimbi 69/70 C 2
Karkaralinsk [karkaraˈlinsk] 50/51 G 5
Karlino [karˈlinɔ] (= Körlin) 16/17 K 1
Karl-Marx-Stadt, Bezirk 176 E 3
Karl-Marx-Stadt (Chemnitz) 11 D 3, 18/19 H 2
Karlobag [karˌlɔbaːg] 24/25 F 3
Karlovac [ˈkaːrlɔvats] (Karlstadt) 24/25 F 3
Karlovy Vary [ˈkarlɔvi ˈvari] (= Karlsbad) 18/19 H 2
Karlowo [ˈkarlovo] 36/37 G 3
Karlsbad (Karlovy Vary) 18/19 H 2
Karlsbad (b. Pforzheim) 13 AB 3
Karlsburg (Alba Iulia) 36/37 F 1
Karlsfeld 15 B 2
Karlshafen, Bad 10 A 3
Karlshamn [ˌkɑːrlshamn] 40/41 C 4
Karlshorst, Berlin- 6 D 2
Karlskoga [karlˌskuːga] 40/41 C 4
Karlskrona [karlsˌkruːna] 40/41 D 4
Karlspitze 15 B 4
Karlsruhe, Regierungsbezirk 176 C 4
Karlsruhe, O. 18/19 D 3/4
Karlstadt (am Main) 18/19 E 3
Karlstadt (= Karlovac) 24/25 F 3
Karlstein, B. 18/19 J 3
Karmøy [ˌkarmœi], I. 40/41 B 4
Karnak (= El-Karnak), Tempel 67/68 G 3
Karnal [kəˈnɑːl] 59/60 C 2
Karnaphuli-Stausee [kəˈnɑːfuli] 59/60 E 2
Karnische Alpen 24/25 E 2
Kärnten, Bundesland, Österreich 24/25 EF 2, 179
Karolinen, In. 61/62 F-H 3
Karow, Berlin- 6 C 1
Karpaten 46/47 F 4, 26/27 H-K 4, 36/37 FG
Karpaten, Kleine 26/27 H 4
Karpaten, Weiße 102/103 HI 4
Karpathos [ˈkarpaθɔs], I. 38 E 5
Karpenision [karpɛˈnisjɔn] 38 B 3
Karpogory 42/43 OP 2
Karsdorf 11 B 2
Karst 24/25 EF 3
Kartal 36/37 I 4
Kartzow 6 A 2
Karun [kɑˈruːn], Fl. 48/49 F 4
Karunsee 71 I B 3
Karviná [ˈkarvinaː] 26/27 I 4
Karwar 59/60 C 3
Karwendelgebirge 15 BC 4, 24/25 D 2
Karymskoje 57/58 C 1
Kasachische Schwelle 94/95 QR 3
Kasachische Soz. Sowjetrepublik 180
Kasachstan 50/51 E-G 5, 116 I
Kasai, L. 69/70 C 2
Kasai [kaˈsaj], Fl. 69/70 BC 2
Kasan [kaˈzanj] 48/49 E 2
Kasanlak [kazanˈlək] 36/37 G 3
Kasbek [kazˈbjɛk] 48/49 E 3
Kaschan [kɑˈʃɑːn] 48/49 F 4
Kaschau (= Košice) 26/27 J 4
Kaschgar (Kashi) 50/51 G 6
Kaschira, Sowchose 48/49 D 2, 118 IV
Kaschmir 59/60 C 1
Kaschubien 26/27 HI 1
Kaskadenkette 82/83 A 1
Kaskinen [ˈkɑskinɛn] (Kaskö) 40/41 E 3
Kaskö [ˌkaskœː] (= Kaskinen) 40/41 E 3
Käsöng 54 B 3
Kasos, I. 38 E 5
Kaspische Senke 48/49 EF 3
Kaspisches Meer 48/49 EF 3/4
Kassala [ˈkasala] 67/68 G 4
Kassandra [kaˈsanðra], Halbinsel 38 C 3
Kassel, Regierungsbezirk 176 C 3
Kassel, O. 10 AB 4, 16/17 E 4
Kastel, Wiesbaden- 12 C 1
Kastilisches Scheidegebirge 32/33 C-E 2
Kastl 14 I D 2
Kastoria [kastɔˈria] 38 B 2
Kaswin 48/49 EF 4
Katalonien 32/33 G 2/H 1
Katanga (= Shaba) 69/70 C 2/3
Katar, Staat 67/68 I 3, 166/167 P 5
Katarapaß 38 B 3
Katerini [kateˈrini] 38 C 2
Katherine [ˈkæθrin], Fl. 74/75 D 2
Katherine [ˈkæθrin], O. 74/75 D 2
Kathiawar [ˈkɑːtjɑːwɑː] 59/60 BC 2
Katihar 59/60 D 2
Katlenburg-Lindau 10 C 3
Katmandu [kaːtmaːnˈduː] 59/60 D 2
Katowice [katɔˈvitsɛ] (= Kattowitz) 26/27 I 3
Katschkanar 48/49 F 2
Katschug [ˈkatʃuk] 57/58 B 1
Katsina [kɑːˈtʃiːnɑː] 67/68 D 4
Kattarasenke [kaˈtaːra] 67/68 F 3/2
Kattegat [ˈkatəgat] 39 II BC 1
Kattenhofen (= Cattenom) 14 II B 2
Kattowitz (Katowice) 26/27 I 3
Katwijk [ˈkɑtweik] 39 I B 1
Katz, B. 12 B 1
Katzenbuckel 13 C 2
Katzenelnbogen 12 B 1
Katzengebirge 102/103 H 3
Kauai, I. 85 I
Kauar 67/68 E 4
Kaub 12 B 1
Kaufbeuren 18/19 F 5
Kaufering 15 A 2
Kaufungen 10 B 4
Kaufunger Wald 10 B 4
Kauhsiung 57/58 D 4
Kaukasus 48/49 E 3, 98/99 I 4
Kaula, I. 85 I
Kaulsdorf, Berlin- 6 D 1
Kaulun 57/58 C 4
Kaunas [ˈkaunas] 26/27 KL 1
Kautokeino [ˌkœytokɛino] 40/41 E 2
Kavali 59/60 CD 3
Kavieng 61/62 H 4
Kawala [kaˈvala] (Kabála) 38 D 2
Kawarna [kaˈvarna] 36/37 I 3
Kayes [kaj] 67/68 B 4
Kayl 14 II B 2
Kayna 11 C 3
Kayseri [ˈkaisɛri] 48/49 D 4
Kaz Dağı 36/37 H 5
Kazimierz Dolny [kaˈzjimjɛʒ ˈdɔlny] 26/27 J 3
Kea [ˈkɛa], I. 38 D 4
Kebnekajse [ˌkɛbnəkaisə] 40/41 D 2
Kecskemét [ˈkɛtʃkɛmeːt] 36/37 D 1
Kédainiai [kiˈdajnij] 40/41 E 4
Kediri [kəˈdiri] 61/62 Nk. B 1
Keele Peak [ˈkiːl ˈpiːk] 80/81 F 3
Keeper Hill [ˈkiːpər ˈhil] 28/29 B 5
Keetmanshoop [keːtmansˈhoːp] 69/70 B 4
Keewatin [kiˈwɛitin], Distrikt, Kanada 80/81 J 3
Kefallinia [kɛfaliˈnia], I. 38 B 3
Kefermarkt, K. 18/19 J 4
Keflavik [ˈkjɛblaviːk] 40/41 Nk. A 2
Kehl 18/19 C 4
Keilberg 18/19 HI 2
Keitele [ˈkɛitɛlɛ], See 40/41 F 3
Keitum 122 II
Kékes [ˈkeːkɛʃ] 36/37 DE 1
Kelchsau, Hopfgarten- 15 D 4
Keleti-föcsatorna, Kanal 102/103 J 5
Kelheim 18/19 G 4
Kelkheim 12 C 1
Kellenberg, Schl. 8/9 B 4
Keller 8/9 H 3, 18/19 DE 1/2
Kellerjoch 15 C 4
Kellerwald 8/9 GH 3
Kellinghusen 7 D 1
Kellogg 82/83 B 1
Kelloselkä 40/41 F 2
Kelmis 8/9 B 4
Kelowna [kiˈlounə] 80/81 H 4/5
Kelsterbach 12 D 1
Keltisches Meer 42/43 E 4/5
Kem, Fl. 40/41 G 2/3
Kem [kjemj], O. 48/49 D 1
Kemano 80/81 G 4
Kemberg 11 D 1
Kemerowo [ˈkjemirava] 50/51 H 4
Kemi [ˈkɛmi] 40/41 E 2
Kemijärvi [ˈkɛmijærvi] 40/41 F 2
Kemijoki [ˈkɛmijɔki], Fl. 40/41 F 2
Kemisee [ˈkɛmi] 40/41 F 2
Kemmlitz 11 DE 2
Kemnath (Bayern) 14 I D 1
Kemnitz 6 A 2
Kempen 8/9 B 3
Kempenland 39 I B 2
Kempten 18/19 F 5
Kenai [ˈkiːnai] 80/81 D 3
Kengtung 59/60 E 2
Kenia, Staat 69/70 DE 1/2, 166/167 O 6/7
Kenia, Berg 69/70 D 1/2
Kenitra 67/68 C 2
Keno Hill [ˈkinɔ ˈhil], O. 80/81 F 3
Kenora [kəˈnɔːrə] 82/83 D 1
Kent [kɛnt], Grafschaft 28/29 G 6
Kentau [kinˈtau] 50/51 F 5
Kentucky [kɛnˈtʌki], Bundesstaat, USA 82/83 E 2
Keppel, Schl. 8/9 B 1/2
Kerala [ˈkɛrələ] 59/60 C 3/4
Kerbela [ˈkɛrbela] 48/49 E 4
Keretsee 40/41 G 2
Kerguelen, In. 92/93 Q 10
Kerintji [kəˈrintʃi] 61/62 C 4
Kerken 8/9 B 3
Kerkira [ˈkɛrkira] (= Korfu), I. 38 AB 3
Kerkira [ˈkɛrkira], O. 38 A 3
Kerkrade [ˈkɛrkraːdə] 39 I BC 2
Kermadecgraben 96 M 8/9
Kermadecinsel [kəːˈmædɛk] 74/75 I 4
Kerman 48/49 F 4
Kermanschah 48/49 E 4
Kerpen 8/9 C 4
Kerspe-Stausee 8/9 DE 3
Kertsch [kjertʃ] 48/49 D 3
Kerulen, Fl. 57/58 C 2
Keşan 36/37 H 4
Kestenga 40/41 G 2
Keszthely [ˈkɛsthɛj] 36/37 C 1
Ketchikan [ˈkɛtʃikæn] 80/81 F 4
Kętrzyn [ˈkɛntʃyn] (= Rastenburg) 26/27 J 1
Ketsch 13 AB 2
Kettwig, Essen- 8/9 C 3
Keula 10 D 4
Kevelaer [ˈkeːvəlaːr] 8/9 B 2
Key West [ˈkiː ˈwɛst] 82/83 E 3
Khaiberpaß 59/60 C 1
Khairpur 59/60 B 2
Khanpur 59/60 C 2
Kharagpur [ˈkærəgpuə] 59/60 D 2
Kharg 48/49 EF 5
Khartum [karˈtuːm] 67/68 G 4
Khartum-Nord 67/68 G 4
Khaschm el-Girba [ˈxaʃəm elˈgirba] 67/68 G 4
Khasigebirge [ˈkɑːsiː] 59/60 E 2
Khon Kaen 57/58 B 5
Khor-el-Amaya 48/49 E 5
Khorramschahr 48/49 E 4
Khotan 55/56 IJ 6
Khulna [ˈkulnə] 59/60 D 2
Khunjerabpaß 59/60 C 1
Khyberpaß (= Khaiberpaß) 59/60 C 1
Kiamuse 57/58 E 2
Kiangsi (Jiangxi), Provinz, China 177
Kiangsu (Jiangsu), Provinz, China 177
Kiantasee [ˈkiɑntɑ] 40/41 F 2/3
Kiauhsien 57/58 CD 3
Kibbuz Einat 118 I
Kičevo [ˈkitʃɛvɔ] 36/37 E 4
Kidal 67/68 D 4
Kiefersfelden 15 D 3
Kiel 16/17 F 1
Kielce [ˈkjɛltsɛ] 26/27 J 3
Kielcer Bergland 102/103 J 3
Kieler Bucht 16/17 F 1
Kieler Förde 16/17 F 1
Kienberg, Berg 15 C 3
Kienberg, O. 6 A 1
Kierspe 8/9 E 3
Kieta [ˈkjeita] 73 F 5
Kiew [ˈkiːɛf] (Kijew) 48/49 D 2
Kiewer Stausee 48/49 CD 2
Kigali [kigaˈli] 69/70 CD 2
Kigoma [kiːgɔumɑː] 69/70 C 2
Kiistraße 54 CD 4
Kijew [ˈkijif] (= Kiew) 48/49 D 2
Kikiang 57/58 B 4
Kikinda [ˌkikiːnda] 36/37 E 2
Kildininsel 40/41 G 2
Kilija [kiliˈja] 36/37 I 2
Kilimandscharo (Kilimanjaro) 69/70 D 2, 71 III
Kilimandscharo-Nationalpark 71 III
Kilkenny [kilˈkɛni] 28/29 C 5
Kilkis [kilˈkis] 38 C 2
Killarney [kiˈlɑːni] 28/29 B 5
Killiecrankiepaß [kiliˈkræŋki] 28/29 E 3
Killini [kiˈlini] 38 C 4
Kilmarnock [kilˈmɑːnək] 28/29 D 4
Kilpisjärvi [ˈkilpisjærvi] 40/41 E 2
Kilung 57/58 D 4
Kimberley [ˈkimbəli] (Kanada) 82/83 B 1
Kimberley [ˈkimbəli] (Südafrika) 69/70 C 4
Kimberley Plateau [ˈkimbəli] 74/75 C 2
Kimolos [ˈkiːmolɔs], I. 38 D 4
Kimtschak (= Söngdschin) 54 B 2
Kina [ˈkina] 71 I C 4
Kinabalu [kinaˈbalu] 61/62 D 3
Kindia [kinˈdja] 67/68 B 4/5
Kindu [kinˈdu] 69/70 C 2
Kineschma [ˈkiniʃma] 48/49 E 2
Kinginsel [kiŋ] 74/75 E 4/5
Kingkiang-Stausee 57/58 C 3/4
King's Lynn [ˈkiŋz ˈlin] 28/29 G 5
Kingston [ˈkiŋstən] (Jamaica) 84 E 3
Kingston [ˈkiŋstən] (Kanada) 82/83 F 1
Kingstown [ˈkiŋztaun] 88/89 D 1
Kingsund [kiŋ] 74/75 C 2
Kingteh 57/58 C 4
Kingussie [kiŋˈjuːsi] 28/29 D 3
King-William-Insel [ˈkiŋ ˈwiljəm] 80/81 J 3
Kinhwa 57/58 C 4
Kinnaird's Head [kiˈnɛədz ˈhɛd] 28/29 F 3
Kinnekule [tçinə kulə], Berg 40/41 C 4
Kinshasa [kinˈʃaːza] (Léopoldville) 69/70 B 2
Kintatal 61/62 C 3
Kintschou 57/58 D 3
Kintyre [kinˈtaiə], Halbinsel 28/29 D 4
Kinyeti 67/68 G 5
Kinzig, Fl. zum Main 18/19 E 2
Kinzig, Fl. zum Rhein 18/19 D 4
Kiogasee 69/70 D 1
Kioto [ˈkjoˌːto] 54 D 3, 165 II
Kiparissia [kipariˈsia] (Kuparissia) 38 B 4
Kirchardt 13 BC 2
Kirchberg (Bez. Karl-Marx-Stadt) 11 D 3
Kirchberg an der Jagst (Baden-Württemberg) 13 D 2
Kirchbichl 15 D 3
Kirchdorf an der Krems 18/19 J 5
Kirchen/Sieg 8/9 E 4
Kirchenthumbach 14 I D 1
Kirchenweyhe, Weyhe- 7 B 3
Kirchhain 8/9 G 4
Kirchhausen, Schl. 13 C 2
Kirchheimbolanden 12 BC 2
Kirchheim unter Teck 13 C 3
Kirchhellen, Bottrop- 8/9 C 2
Kirchhundem 8/9 F 3
Kirchseeon [kirçˈzeːɔn] 15 C 2
Kirensk [ˈkirinsk] 50/51 J 4
Kirgisische Soz. Sowjetrepublik 180
Kirgisistan 50/51 G 5
Kirgis-nor, See 57/58 A 2
Kiribati, Staat 168 II
Kırıkkale [kyˈrykkaˌlɛ] 48/49 D 3/4
Kirin (Jilin), Provinz, China 57/58 D 2, 177
Kirischi [ˈkiriʃi] 40/41 G 4
Kirkcaldy [kəˈkɔːdi] 28/29 E 3
Kirkee 59/60 C 3
Kirkel 14 II D 2
Kirkenes [ˈçirkənɛs] (Gem. Sør-Varanger) 40/41 FG 2
Kirkland Lake [ˈkəːklənd ˈlɛik], O. 82/83 EF 1
Kirkuk [kirˈkuːk] 48/49 E 4
Kirkwall [ˈkəːkwɔːl] 28/29 E 2
Kirn 18/19 C 3
Kirnau, Fl. 13 C 2
Kirow [ˈkiraf] 48/49 E 2
Kirowabad [kiravaˈbat] 48/49 E 3
Kirowakan [kiravaˈkan] 48/49 E 3
Kirowograd [kiravaˈgrat] 48/49 D 3
Kirowsk [ˈkirafsk] (Halbinsel Kola) 40/41 G 2
Kirrberg, Homburg- 14 II D 2
Kirrlach, Waghäusel 13 B 2
Kirrweiler, K. 12 C 3
Kirtorf 8/9 H 4
Kiruna [ˈkiruna] 40/41 E 2
Kisalföld [ˈkiʃɔlfœld] 36/37 C 1
Kisangani (Stanleyville) 69/70 C 1
Kischinjow [kiʃyˈnjɔf] 36/37 I 1, 48/49 C 3
Kisdorf 7 DE 1
Kisdorfer Wohld 7 E 1
Kisel [ˈkizil] 48/49 F 2
Kisil Kala 59/60 B 1
Kisköre-Stausee 36/37 E 1
Kislaja Guba, Gezeitenkraftwerk 40/41 G 2
Kismayu [kiːsˈmɑːjuː] 69/70 E 2
Kissamos 38 C 5
Kisseljewsk (= Kis.) 50/51 H 4
Kissing 15 A 2
Kissingen, Bad 18/19 F 2
Kisumu [kiːˈsuːmuː] 69/70 D 1/2
Kisvárda [ˈkiʃvaːrdɔ] 36/37 F 0
Kisyl-Arwat 38/39 F 4
Kitai 50/51 HI 5
Kitaisee 36/37 I 2
Kitakiuschu [kiˈtakjuːˌʃu] 54 C 4
Kithira [ˈkiθira] (Kúthera), I. 38 C 4
Kithnos [ˈkiθnɔs] (Kúthnos), I. 38 D 4
Kitimat [ˈkitimæt] 80/81 G 4
Kitinen [ˈkitinɛn], Fl. 40/41 F 2
Kitwe [ˈkiːtwɛi] 69/70 C 3
Kitzbühel 24/25 E 2
Kitzbüheler Alpen 24/25 DE 2
Kitzingen 18/19 F 3
Kiukiang 57/58 C 4
Kiuschu [ˈkjuːˌʃuː] (Kyushu), I. 54 B 4
Kiutschwan 57/58 A 3
Kivalo [ˈkivalɔ] 40/41 F 2
Kivisee [ˈkivi] 40/41 EF 3
Kiwu 69/70 C 2
Kiwusee 69/70 C 2
Kızılırmak [kyˈzylyrˌmak], Fl. 48/49 D 3
Kjustendil [kjustɛnˈdil] 36/37 F 3
Kladno [ˈkladnɔ] 18/19 J 2
Kladow, Berlin- [klaːdo] 6 B 2
Kladrau, Kl. 18/19 HI 3
Klagenfurt 24/25 F 2
Klaipeda [ˈklajpida] (= Memel), O. 26/27 J 1
Klamm, Schl. 15 A 4
Klarälv [ˌklɑːrɛlv] (Trysilelv), Fl. 40/41 C 3
Klarenthal, Saarbrücken- 14 II C 2
Klatovy [ˈklatɔvi] (= Klattau) 18/19 I 3
Klattau (Klatovy) 18/19 I 3
Klausenburg (Cluj-Napoca) 36/37 F 1
Kleckerwald 7 D 2
Klein-Auersmacher 14 II D 2
Kleinblittersdorf 14 II D 2
Kleinbüllesheim, Schl. 8/9 C 4
Klein Denkte 10 D 2, 121 II
Kleine Antillen, In. 88/89 D 1
Kleine Enz, Fl. 13 B 3
Kleine Fatra 102/103 I 4
Kleine Kapela [ˌkapɛla] 24/25 F 3
Kleine Karpaten 26/27 H 4
Kleine Kienitzer Berge 6 CD 2
Kleinen, Bad 16/17 G 2
Kleiner Belt 39 II A 2
Kleiner Chingan 57/58 D 2
Kleiner Deister 10 B 2
Kleiner Heuberg 13 B 4
Kleiner Jenissei, Fl. 57/58 A 1
Kleiner Kulm 14 I CD 1
Kleiner Minch [mintʃ] 28/29 C 3
Kleiner Ob, Fl. 48/49 G 1
Kleiner Ravensberg 6 B 2
Kleiner Sankt Bernhard, Paß 24/25 B 3
Kleine Sunda-Inseln 61/62 DE 4
Kleine Syrte 67/68 E 2
Kleine Vils, Fl. 15 D 2
Kleinmachnow [klainˈmaxno] 6 B 2
Kleinschatten (= Zlatna) 36/37 F 1
Kleve 8/9 B 2
Klin 42/43 N 3

Klingenmünster 12 BC 3
Klingenthal 18/19 H 2
Kljutschewskaja Sopka [kljutʃif-'skaja 'sɔpka] 50/51 P 4
Kłodzko ['kuɔtskɔ] (= Glatz) 26/27 H 3
Kloster Andechs 15 B 3
Klosterlausnitz, Bad 11 B 3
Klosterlechfeld 15 A 2
Klostermansfeld 11 AB 1
Klosterneuburg, Kl. 24/25 G 1
Kloster Stams 15 A 4
Kloster St. Ottilien 15 B 2
Klötze 16/17 G 3
Kluczewo (= Klützow) 16/17 JK 2
Kluterthöhle 8/9 C 2
Klützow (Kluczewo) 16/17 JK 2
Knin [kni:n] 36/37 C 2
Knittelfeld 24/25 F 2
Knittlingen 13 B 2
Knossos ['knosos], Ruinenstätte 38 D 5
Knoxküste [nɔks] 91 II C 17
Knoxville ['nɔksvil] 82/83 E 2
Knud-Rasmussen-Land 80/81 M 2/O 1
Knüll 18/19 E 2
Knutange 14 II B 2
Kobdo (Dschirchalanta) 50/51 I 5
Kobe ['ko,be] 54 CD 4
København [kœbən'haun] (= Kopenhagen) 39 II C 2, 40/41 C 4
Koblenz, Regierungsbezirk 176 B 3/4
Koblenz, O. 12 B 1, 18/19 C 2
Kobrin 26/27 L 2
Kočani 36/37 F 4
Kočevje [ko'tʃe:vjɛ] (Gottschee) 24/25 F 3
Kochel 15 B 3
Kochelsee 15 B 3
Kocher, Fl. 18/19 E 3
Kochi ['ko:tʃi] (= Kotschi) 54 C 4
Kochstedt, Dessau- 11 C 1
Kodiak ['koudiæk], I. 80/81 D 4
Kodiak ['koudiæk], O. 80/81 D 4
Kodok (Faschoda) 67/68 G 4/5
Kodry 36/37 I 1
Köflach 24/25 F 2
Kofu [ko'fu] 54 D 3
Køge ['kœ:xə] 39 II C 2
Kogilnik, Fl. 36/37 I 1
Kohima [kou'hi:mə] 59/60 E 2
Kohlfurt (Węgliniec) 16/17 K 4
Kohlgrub, Bad 15 B 3
Kohlscheid, Herzogenrath- 8/9 B 4
Kohtla-Järwe 40/41 F 4
Koitere, See 40/41 G 3
Kokand [ka'kant] (= Ko.) 50/51 G 5
Kokemäenjoki ['kɔkɛmæɛnjɔki], Fl. 40/41 E 3
Kokiu 57/58 B 4
Kokkola ['kɔkkɔlɑ] (Gamlakarleby) 40/41 E 3
Kokosinsel 78/79 N 9
Kokosinseln 92/93 S 7
Koktschetaw [kaktʃi'taf] 50/51 F 4
Kola, Halbinsel 48/49 D 1
Kola, Kernkraftw. 40/41 G 2
Kolar Gold Fields ['koulɑ: 'gould 'fi:ldz], O. 59/60 C 3
Kolari [kɔlɑri] 40/41 E 2
Kolbatz, K. 16/17 J 2
Kolbeinsey, I. 40/41 Nk. B 1
Kolberg (Kołobrzeg) 16/17 K 1
Kolbermoor, O. 15 D 3
Kolchose Plamja 118 III
Kolding ['kɔleŋ] 39 II A 2
Kolgujewinsel [kal'gujif] 48/49 EF 1
Kolhapur ['kouləpuə] 59/60 C 3
Kolhi ['kɔli] 40/41 FG 3
Kolin ['kɔli:n] 18/19 K 2
Köllerbach, Püttlingen- 14 II C 2
Kolmar (Chodzież) 26/27 H 2
Köln, Regierungsbezirk 176 B 3
Köln, O. 8/9 C 4, 18/19 BC 2
Köln/Bonn, Flughafen 8/9 D 4, 176 B 3
Kölner Bucht 22/23 B 3
Koło ['kouɔ] 26/27 I 2
Kołobrzeg [kɔ'uɔbʒɛk] (= Kolberg) 16/17 K 1
Kolomna [ka'lɔmna] 48/49 D 2
Kolomyja [kala'mija] 36/37 G 0
Kolpaschewo [kal'paʃəva] 50/51 H 4
Kolumbien, Staat 88/89 CD 2, 166/167 GH 6/7
Kolwezi [kɔlwe'zi] 69/70 C 3
Kolyma [kaly'ma] 50/51 O 3
Kolymagebirge [kaly'ma] 50/51 OP 3
Komárno ['kɔma:rnɔ] 36/37 D 1
Komló ['komlo:] 36/37 D 1
Kommandeurinseln 50/51 P 4
Kommunarsk [kamu'narsk] (= Kom.) 48/49 D 3
Komoren, In. u. Staat 69/70 E 3, 166/167 OP 7
Komotau (Chomutov) 18/19 I 2
Komovi ['kɔmɔvi] 36/37 D 3
Kompaßberg 69/70 C 5
Kompong Som 61/62 C 2
Komsomolsk [kamsa'mɔljsk] 50/51 M 4
Konda [kan'da], Fl. 48/49 G 1
Kondinskoje 50/51 F 4
Kondopoga ['kɔndapaga] 48/49 D 1
Konedugu (Port Moresby) 61/62 G 4
Koněprusy, Höhle von 18/19 IJ 3
Kongo (Volksrepublik), Staat 69/70 B 1/2, 166/167 MN 6/7
Kongo (= Zaire), Fl. 69/70 B 2
Kongobecken 63/64 FG 7/8
Kongsberg ['kɔŋsbærj] 40/41 B 4
Kongsvinger ['kɔŋsviŋər] 40/41 C 3
Kongur 50/51 G 6
König, Bad 12 DE 2
König-Christian-IX.-Land 80/81 P 3
König-Christian-X.-Land 80/81 PQ 2
König-Frederik-VI.-Land 80/81 O 3
Königgrätz (Hradec Králové) 26/27 G 3
Königin-Charlotte-Inseln 80/81 F 4
Königin-Charlotte-Straße 80/81 G 4
Königin-Elisabeth-Inseln 91 I A 6/B 9, 80/81 G 2/K 1
Königin-Mary-Küste 91 II C 16
Königin-Maud-Land 91 II B 6-10
Königsbach-Stein 13 B 3
Königsberg (Neumark; Chojna) 16/17 J 3
Königsberg (Ostpreußen; Kaliningrad) 26/27 J 1
Königsbrunn 15 A 2
Königsdorf 15 B 3
Königshofen, Bad 18/19 F 2
Königshütte (= K.; Chorzów) 26/27 I 3
Königslutter 10 D 2
Königsmoor 7 D 2
Königssee 18/19 HI 5
Königstein im Taunus 12 C 1
Königstuhl 13 B 2
Königswinter 8/9 D 4
Königs Wusterhausen 6 D 2
Konin ['kɔnin] 26/27 I 2
Konitz (Chojnice) 26/27 H 2
Könkämäelv ['kœŋkæmæɛlv], Fl. 40/41 E 2
Konkan ['kɔŋkən] 59/60 C 3
Konkordiaplatz 100 IV
Könnern 11 B 1
Konoscha 48/49 DE 1
Konradshöhe, Berlin- 6 B 1
Konschakowski Kamen [kanʒa-'kɔfskij 'kaminj] 48/49 F 2
Konstanz 18/19 E 5
Konstanza (Constanța) 36/37 I 2
Konya ['kɔnjɑ] 48/49 D 4
Konz 14 II C 1
Koolaukette 85 I B 1/2
Kopaonik [,kɔpaonik] 36/37 E 3
Kópavogur ['koupavɔ:xyr] 40/41 Nk. A 2
Kopeisk [ka'pjejsk] 50/51 F 4
Kopenhagen (København) 39 II C 2, 40/41 C 4
Köpenick, Berlin- 6 D 2
Koper ['ko:pər] 24/25 E 3
Kopet-Dag [ka'pjɛd 'dak] 48/49 F 4
Koppenstein, B. 12 A 2
Koprivnica 36/37 C 1
Kopstal 14 II B 1
Korab [ko'rap] 36/37 E 4
Korallensee 74/75 FG 2
Koralpe 24/25 F 2
Korana [,korana], Fl. 24/25 F 3
Korbach 8/9 G 3
Korçë ['kɔrtʃə] 36/37 E 4
Korčula ['kɔ:rtʃula], I. 36/37 C 3
Korčula ['kɔ:rtʃula], O. 36/37 C 3
Kordilleren (Anden) 87 B 3-7, 94/95 G 7/H 9
Kordofan [kɔrdo'fa:n] 67/68 FG 4
Korea 54 B 2/3
Koreabucht 57/58 D 3
Koreastraße 54 B 4
Korf 50/51 P 3
Korfu ['kɔrfu] (Kerkira), I. 38 AB 3
Korhogo [kɔrɔ'go] 67/68 C 5
Korinth [ko'rint] (Kórinthos) 38 C 4
Köris-hegy ['kœ:riʃhɛdj] 36/37 C 1
Korjakengebirge 50/51 PQ 3
Körlin (Karlino) 16/17 K 1
Körmend ['kœrmɛnd] 36/37 C 1
Kornbühl 13 C 4
Kornelimünster, Aachen- 8/9 B 4
Korngäu 13 B 3
Kornwestheim 13 C 3
Koromandelküste 55/56 J 8
Körös ['kœrœʃ], Fl. 36/37 E 1
Korsakow [kar'sakaf] 50/51 N 5
Körsch, Fl. 13 C 3
Korschenbroich [kɔrʃən'bro:x] 8/9 C 3
Korsika, I. 34/35 B 4/5
Korsør [kɔr'sœ:r] 39 II B 2
Körtinghausen, Schl. 8/9 F 3
Kortrijk ['kɔrtrɛik] 39 I A 2
Kos [ko:s], I. 38 E 4
Kos [ko:s], O. 38 E 4
Kosani [kɔ'zani] 38 B 2
Kösen, Bad 11 B 2
Košice ['kɔʃitsɛ] (Kaschau) 26/27 J 4
Köslin (Koszalin) 26/27 H 1
Kosovo ['kɔsɔvɔ], autonom. Gebiet, Jugoslawien 36/37 E 3, 178
Kosovska Mitrovica ['kɔsɔ:vska: 'mitrɔvitsa] 36/37 E 3
Kostamukscha 42/43 M 2
Kosti 67/68 G 4
Köstritz, Bad 11 BC 3
Kostroma [kastra'ma] 48/49 E 2
Kostrzyn ['kɔstʃyn] (= Küstrin) 16/17 J 3
Kostschagyl [kastʃi'gyl] 48/49 F 3
Koszalin [kɔ'ʃalin] (= Köslin) 26/27 H 1
Kota ['koutə] 59/60 C 2
Kota Bharu ['kota 'baru] 61/62 C 3
Kota Kinabalu ['kota kina'balu] 61/62 D 3
Kotelnyinsel [ka'tjeljnyj] 50/51 MN 2
Köthen 11 BC 1
Kotka ['kɔtkɑ] 40/41 F 3
Kotlas ['kɔtlas] 48/49 E 1
Kotor [,kɔtɔr] 36/37 D 3
Kotowsk [ka'tɔfsk] 36/37 I 1
Kotschi ['ko:tʃi] (Kochi) 54 C 4
Kotui [ka'tuj], Fl. 50/51 J 3
Kotzebue ['kɔtsibju:] 80/81 C 3
Kötzting 18/19 H 3
Koudougou [kudu'gu] (= Kudugu) 67/68 C 4
Kourou [ku'ru] 88/89 E 2
Kouvola ['kɔuvɔlɑ] 40/41 F 3
Kowda ['kɔvda] 40/41 G 2
Kowdor 40/41 G 2
Kowrow [kav'rɔf] 48/49 E 2
Koyna-Stausee 59/60 C 3
Kozhikode ['koudʒikoud] (= Calicut) 59/60 C 3
Kożuchów [kɔ'ʒuxuf] (= Freystadt, Schlesien) 16/17 K 4
Krafla, Geotherm. Kraftwerk 40/41 Nk. B 1
Kra, Landenge von 61/62 B 2/3
Kraftsdorf 11 B 3
Kragujevac [,kragujɛvats] 36/37 E 2/3
Kraichbach, Fl. 13 B 2
Kraichgau 13 BC 2
Kraichtal 13 B 2
Krainburg (= Kranj) 24/25 F 2
Krakatau 61/62 C 4
Krakau (Kraków) 26/27 IJ 3/4
Kraków ['krakuf] (= Krakau) 26/27 IJ 3/4
Krakower See 16/17 H 2
Kraljevo [,kra:ljɛvɔ] 36/37 E 3
Kralupy ['kralupi] 18/19 J 2
Kramatorsk [krama'tɔrsk] (= Kram.) 48/49 D 3
Kramfors [,krɑ:mfɔrs] 40/41 D 3
Krampnitz, Fahrland- 6 B 2
Kramsach 15 C 4
Kranenburg 8/9 B 2
Kranichsberge 6 E 2
Kranichstein, Schl. 12 D 2
Kranj [kra:nj] (Krainburg) 24/25 F 2
Krapina ['krapina] 24/25 F 2
Kraslice ['kraslitsɛ] (= Graslitz) 18/19 H 2
Krasnodar [krasna'dar] 48/49 D 3
Krasnojarsk [krasna'jarsk] 50/51 I 4
Krasnojarsker Stausee 50/51 I 4, 127 II
Krasnokamsk [krasna'kamsk] 48/49 F 2
Krasnooktjabrski 50/51 F 4
Krasnoturinsk [krasnaturj'jinsk] 48/49 G 2
Krasnouralsk [krasnau'raljsk] 48/49 G 2
Krasnowodsk [krasna'vɔtsk] 48/49 F 3/4
Krautheim 13 D 2
Krautsand 7 C 1
Krefeld 8/9 C 3
Kreiensen 10 B 3
Kreisch, Schwarze Fl. 36/37 EF 1
Kreisch, Weiße Fl. 36/37 EF 1
Krementschug [krimin'tʃuk] 48/49 D 3
Krementschuger Stausee 48/49 D 3
Krempe 7 CD 1
Kremperheide, O. 7 CD 1
Kremper Marsch 7 CD 1
Krems 24/25 F 1
Kremsmünster, Kl. 18/19 J 4
Kreta ['kre:ta], I. 38 D 5
Kreuth 15 C 3
Kreutzwald (= Creutzwald) 14 II C 2
Kreuzau 8/9 BC 4
Kreuzberg 18/19 EF 2
Kreuzberg, Berlin- 6 C 1/2
Kreuzjoch 15 C 4
Kreuznach, Bad 12 B 2
Kreuzspitze 15 A 3
Kreuztal 8/9 EF 4
Kribi [kri'bi] 67/68 DE 5
Kriebstein, B. 11 DE 2
Kriebstein-Talsperre 11 DE 2
Krieckenbeck, Schl. 8/9 B 3
Kriegsfeld 12 B 2
Krim, Halbinsel 48/49 D 3
Krimml 15 D 4, 24/25 E 2
Krishna ['kriʃnə] (Kistna), Fl. 59/60 C 3
Kristiansand [kristjan'san] 40/41 B 4
Kristianstad [kri'ʃanstɑ:d] 40/41 C 4
Kristiansund [kristjan'sun], O. 40/41 B 3
Kristiinankaupunki ['kristi:nɑŋ-kaupuŋki] (= Kristinestad) 40/41 E 3
Kristinestad [kristi:nə'stɑd] (= Kristiinankaupunki 40/41 E 3
Kriwoi Rog [kri'vɔj 'rɔk] 48/49 D 3
Krk [krk], I. 24/25 F 3
Krk [krk], O. 24/25 F 3
Kroatien, Teilrepublik, Jugoslawien 36/37 B-D 2, 178
Krölpa 11 B 3
Kronach 18/19 G 2
Kronberg (Taunus) 12 D 1
Kröndlhorn 15 D 4
Kronstadt (Brașov, Rumänien) 36/37 G 2
Kronstadt [kran'ʃtat] (UdSSR) 40/41 F 3/4
Kropotkin [kra'pɔtkin] 48/49 E 3
Kropstädt 11 D 1
Krosno ['krɔsnɔ] 26/27 J 4
Krosno Odrzańskie ['krɔsnɔ ɔd'ʒaĩskjɛ] (= Crossen) 16/17 K 3
Krottenkopf 15 B 3
Krško ['kərʃkɔ] 24/25 F 3
Krückau, Fl. 7 D 1
Krüger-Nationalpark 69/70 D 4
Krumau (Český Krumlov) 18/19 J 4
Krumbach (Schwaben) 18/19 F 4
Krummensee, O. 6 D 1
Krummesse 7 F 1
Krün 15 B 3
Krüpelsee 6 D 2
Kruså [krus'ɔ:] (= Krusau) 16/17 E 1
Krusau (Kruså) 16/17 E 1
Kruševac ['kruʃɛvats] 36/37 E 3
Krynica [kry'nitsa] 26/27 J 4
Krzna [kʃna], Fl. 102/103 K 2
Ksar-el-Kebir 44/45 B 4/5
Ksyl-Orda ['gzylar'da] 50/51 F 5
Kuala Lumpur [ku'ala 'lumpur] 61/62 C 3
Kuala Terengganu 61/62 C 3
Kuanghwa 57/58 C 3
Kuango, Fl. 69/70 B 2
Kuantan [ku'antan] 61/62 C 3
Kuanza, Fl. (= Kwanza) 69/70 B 2
Kuba, Staat u. I. 84 DE 2, 166/167 G 5
Kuban [ku'banj], Fl. 48/49 D 3
Kubango (Okawango), Fl. 69/70 B 3
Kübelberg, Schönenberg- 14 II D 2
Kubenasee 42/43 N 3
Kuchen 13 D 3
Küchensee 7 F 1
Kuching ['kutʃiŋ] 61/62 D 3
Küddow, Fl. 26/27 H 2
Kudugu [kudu'gu] (Koudougou) 67/68 C 4
Kudus ['kudus] 61/62 Nk. B 1
Kuenlun 59/60 DE 1
Kufraoasen 67/68 F 3
Kufstein 15 D 3, 24/25 E 2
Kühbach 15 B 2
Kühkopf 12 C 2
Kühlungsborn 16/17 G 1
Kühren 11 D 2
Kuhrudgebirge 48/49 F 4/5
Kuibyschew ['kuibyʃəf] 48/49 EF 2
Kuibyschewer Stausee 48/49 E 2
Kuito (Bié) 69/70 B 3
Kuitoseen ['kuita] 40/41 G 2/3
Kujawien 26/27 I 2
Kukës ['kukəs] 36/37 E 3
Kuku-nor, See 57/58 B 3
Kuldscha (Yining) 50/51 H 5
Külf 10 B 2
Kullen ['kulən] 39 II A 1
Kulmbach 18/19 G 2
Kulsary [kuljsa'ry] 48/49 F 3
Kum (Qom) 48/49 F 4
Kuma [ku'ma], Fl. 48/49 E 3
Kumamoto [ku'mamoto] 54 C 4
Kumasi [ku:'mɑ:si:] 67/68 C 5
Kumbakonam [kumbə'kounəm] 59/60 C 3
Kummerower See 16/17 H 2
Kümmersbruck 14 I D 2
Kunaschir, I. 54 F 2
Kundil Bazar (Sadiya) 59/60 E 2
Kundl 15 CD 4
Kundus 59/60 B 1
Kuneitra 169 III
Kunene [ku'ne:ne], Fl. 69/70 B 3
Kungrad 48/49 F 3
Kunming 57/58 B 4
Kunsan 54 B 3
Künzelsau 13 D 2
Kuopio ['kuɔpiɔ] 40/41 F 3
Kupa ['kupa], Fl. 36/37 B 2
Kupang ['kupaŋ] 61/62 E 4/5
Kupfer, Fl. 13 D 2
Kupferzell 13 D 2
Kura [ku'ra], Fl. 48/49 E 4
Kurdistan 48/49 E 4
Kure ['ku,re] 54 C 4
Kurgan [kur'gan] 50/51 F 4
Kuria-Muria-Inseln 59/60 A 3
Kurilen, In. 50/51 NO 5
Kurilen-Kamtschatka-Graben 94/95 V 4/W 3
Kurische Nehrung 26/27 J 1
Kurisches Haff 26/27 J 1
Kurland 40/41 E 4
Kurnool [kə'nu:l] 59/60 C 3
Kuro-Schio 109
Kurpenheide 102/103 J 2
Kursk [kursk] 48/49 D 2
Kürten 8/9 D 3
Kuşadası ['kuʃɑdɑ,sy] 38 E 4
Kusbass [kuz'bas] 50/51 H 4
Kuschiro [ku'ʃi,ro] 54 E 2
Kuschmurun [kuʃmu'run] 50/51 F 4
Kuschwa ['kuʃva] 48/49 FG 2
Kusel 14 II D 1
Kuskokwim ['kʌskəkwim], Fl. 80/81 CD 3
Kuskokwimberge ['kʌskəkwim] 80/81 D 3
Kusnezk [kuz'njɛtsk] 48/49 E 2
Kuşsee [kuʃ] (Manyassee) 36/37 H 4
Kustanai [kusta'naj] 50/51 F 4
Küstengebirge (Kanada) 80/81 FG 4
Küstenkanal (Niedersachsen) 16/17 C 2/3
Küstenkette (USA) 82/83 A 2/1
Küstrin (Kostrzyn) 16/17 J 3
Kut [ku:t] 48/49 E 4
Kutaissi [kuta'isi] 48/49 E 3
Kutenholz 7 C 2
Kutina ['kutina] 36/37 C 2
Kutná Hora ['kutna: 'hɔra] 18/19 K 3
Kutno ['kutnɔ] 26/27 I 2
Kutscha 50/51 H 5
Kuusamo ['ku:sɑmɔ] 40/41 F 2
Kuwait, Staat 67/68 H 3, 166/167 P 5
Kuwait, O. 67/68 H 3
Kvænangen [,kvɛ:naŋən], Fjord 40/41 E 1
Kvaløy [,kva:lœi], I. 40/41 D 2, 40/41 E 1
Kvarner [,kvarnɛ:r] 24/25 F 3
Kvarnerič [kvar,nɛritsj] 24/25 F 3
Kwa, Fl. 69/70 B 2
Kwangan 57/58 B 3
Kwangdschu 54 B 3
Kwangjuan 57/58 B 3
Kwangsi (Guangxi), Provinz, China 177
Kwangtung (Guangdong), Provinz, China 57/58 C 4, 177
Kwanza (Kuanza), Fl. 69/70 B 2
Kweijang (Guiyang) 57/58 B 4
Kweilin 57/58 C 4
Kweitschou (Guizhou), Provinz, China 177
Kwidzyn ['kfidzyn] (= Marienwerder) 26/27 I 2
Kwilu [kwi'lu], Fl. 69/70 B 2
Kwinana, 74/75 B 4
Kyffhäuser 16/17 G 4
Kykladen [ky'kla:dən], In. 38 D 4
Kyle of Lochalsh ['kail əv lɔk'ælʃ] 28/29 D 3
Kyll, Fl. 18/19 B 2
Kyschtym [kyʃ'tym] 48/49 G 2

Kysyl [ky'zyl] 50/51 I 4
Kysylkum [kyzyl'kum] 50/51 F 5
Kytlym 48/49 F 2
Kyushu ['kju:ʃu:] (= Kiuschu), I. 54 B 4

L

Laage 16/17 H 2
Laasphe ['la:sfə] 8/9 F 4
Laatzen 10 B 2
Labes (Łobez) 16/17 K 2
Labin [,labin] 24/25 F 3
Laboe [la'bœ], Ehrenmal 16/17 F 1
Labrador ['læbrədɔ:] 80/81 LM 4
Labrador City ['læbrədɔ: 'siti] 80/81 M 4
Labradorsee 80/81 N 3/4
Labradorstrom 109
Lac-Allard [laka'la:r], O. 80/81 M 4
Lacanau [laka'no] 30/31 C 5
La Carolina [la karo'lina] 32/33 E 3
Lac d'Annecy [lakdan'si] 24/25 B 3
Lac de la Forêt d'Orient [lakdəlaforɛdɔr'jã] 30/31 F 3
Lac de Neuchâtel [lakdənœʃa'tɛl] (= Neuenburger See) 24/25 B 2
Lac de Vouglans 24/25 A 2
Lac d'Hourtin-Carcans [lakdurtɛ̃-kar'kã] 30/31 C 5
Lac du Bourget [lakdybur'ʒɛ] 24/25 A 3
Lac du Der-Chantecoq 30/31 F 3
La Chaux-de-Fonds [laʃod'fõ] 24/25 B 2
Lachendorf 10 C 1
Lachlan ['læklən], Fl. 74/75 E 4
Lachte, Fl. 10 C 1
La Ciotat [lasjɔ'ta] 24/25 A 4
Läckö, Schl. 40/41 C 4
La Coruña [la ko'runja] 32/33 B 1
Lacq [lak] 30/31 C 6
Ladakh [la'da:k] 59/60 C 1
Ladenburg 12 D 3
Ladogasee 40/41 G 3
Lae ['la:i] 61/62 G 4
Læsø ['lɛsœ:], I. 39 II B 1
La Estrada [la es'traða] 32/33 B 1
Lagan, Fl. 40/41 C 4
Lage 8/9 G 1/2
Lågen ['lo:gən], Fl. 40/41 BC 3
Lägerdorf 7 D 1
Lager Lechfeld, Untermeitingen- 15 A 2
Laghuat [la'gwat] (Laghouat) 67/68 D 2
Lago Maggiore ['la:go mad'dʒo:re] (Langensee) 24/25 C 2/3
Lagos [dt. 'la:gos, engl. 'lɛigɔs] (Nigeria) 67/68 D 5
Lagos ['laxuʃ] (Portugal) 32/33 B 4
Lagow 16/17 K 3
La Granja [la 'xraŋxa], Schl. 32/33 DE 2
La Guaira [la xu'aira] 88/89 D 1
La Habana [la a'ßana] (Havanna) 84 D 2, 85 III A 1
Lahn, Fl. 18/19 C 2
Lahnstein 12 B 1
Lahntal 8/9 G 4
Laholm [la'hɔlm] 39 II C 1
Lahore [lə,hɔ:] 59/60 C 1
Lahr 18/19 C 4
Lahstedt 10 C 2
Lahti ['lɑhti] 40/41 F 3
Laibach (= Ljubljana) 24/25 F 2, 36/37 B 1
Laichingen 13 D 4
Laimbach, Fl. 14 I AB 1
Lainsitz (Luschnitz), Fl. 18/19 J 4
Laisvall ['laisval] 40/41 D 2
Lakagigar ['la:kagji:xar] 40/41 Nk. B 2
Lake Charles ['lɛik 'tʃɑ:lz], O. 82/83 D 2
Lake District ['lɛik 'distrikt] 28/29 E 4
Lake Harbour ['lɛik 'hɑ:bə] 80/81 LM 3
Lake of the Woods ['lɛik əv ðə 'wudz] 82/83 D 1
Lakkadivensee 55/56 I 9
Lakonischer Golf 38 C 4
Laksefjord ['laksə] 40/41 F 1
Lakselv [,laksɛlv] (Gem. Porsanger) 40/41 EF 1/2
Lakshadweep-Inseln (Lakkadiven) 59/60 C 3
Lalibela 67/68 G 4
La Libertad [laliße r'tað] 88/89 B 3
La Linea de la Concepción [la 'linea ðe la konsɛp'siɔn] 32/33 D 4
Lalla Khedidja 44/45 D 4
La Louvière [lalu'vjɛ:r] 39 I B 2
L'Alpe d'Huez 24/25 B 3
La Maddalena [la madda'le:na] 34/35 B 5
La Maiella [la ma'iɛlla] 34/35 E 4
La Mancha [la 'mantʃa] 32/33 E 3
Lambarene 69/70 B 2
Lambertgletscher 91 II B 13
Lambrecht 12 C 3
Lambsheim 12 C 2
Lamezia Terme 34/35 F 6
Lamia [dt. 'la:mia, gr. la'mia] 38 C 3
Lampang 61/62 B 2
Lampedusa, I. 44/45 F 4
Lampertheim 12 C 2
Lamspringe 10 BC 3
Lamstedt 7 C 1
Lanai, I. 85 I
Lancashire ['læŋkəʃiə], Grafschaft 28/29 E 4/5
Lancaster ['læŋkəstə] 28/29 E 4
Lancastersund ['læŋkəstə] 80/81 K 2
Landau an der Isar 18/19 H 4
Landau in der Pfalz 12 C 3
Landeck, O. 24/25 D 2
Landeck, B. 12 BC 3
Landenge von Kra 61/62 B 2/3
Landenge von Tehuantepec [teuante'pɛk] 84 C 3
Landes [lã:d] 30/31 C 5
Landgericht 13 D 4
Land Hadeln 7 B 1
Land Kehdingen 7 C 1
Landsberg (a. d. Warthe; Gorzów Wielkopolski) 16/17 K 3
Landsberg (Bezirk Halle/Saale) 11 C 1
Landsberg am Lech 15 A 2
Landsberger Heide 16/17 JK 3
Land's End ['lændz 'ɛnd] 28/29 D 6
Landshut 15 D 1, 18/19 H 4
Landskrona [lands,kru:na] 39 II C 2
Landstuhl 12 B 3
Langeland ['laŋəlan], I. 39 II B 2
Langelandsbelt ['laŋəlans 'bɛlt] 39 II B 2
Langelsheim 10 C 3
Langen (b. Bremerhaven) 7 B 1
Langen (Hessen) 12 D 2
Langenberg, Berg 8/9 G 3
Langenberg 16/17 D 4
Langenberg, Velbert- 8/9 D 3
Langenbernsdorf 11 C 3
Langenburg 13 D 2
Langendreer, Bochum- 8/9 D 3
Langenfeld (Rheinland) 8/9 C 3
Langenhagen 10 B 2
Langenleuba-Niederhain 11 D 3
Langenleuba-Oberhain 11 D 3
Langenlonsheim 12 B 2
Langensalza, Bad 16/17 F 4
Langensee (= Lago Maggiore) 24/25 C 2/3
Langenwetzendorf 11 C 3
Langenzenn 14 I B 1/2
Langeoog, I. 16/17 C 2
Langer See 6 D 2
Langerwehe 8/9 B 4
Langerwisch 6 B 2
Langes Moor 7 BC 1
Langjökull ['lauŋgjœ:kydl] 40/41 Nk. AB 2
Langøy [,laŋœi], I. 40/41 CD 2
Langres [lã:gr] 24/25 A 2
Languedoc [lãg'dɔk] 30/31 E 6/F 5
Langwasser, Nürnberg- 14 I C 2
Langweid 15 A 2
Lanin [la'nin] 90 A 3
Lank-Latum, Meerbusch- 8/9 C 3
Lankwitz, Berlin- 6 C 2
Lannemezan [lanma'zã] 30/31 D 6
Lansing ['lænsiŋ] 82/83 E 1
Lantschou (Lanzhou) 57/58 B 3
Lanzarote [lanθa'rote], I. 67/68 B 3
Lanzhou (= Lantschou) 57/58 B 3
Lanzo Torinese 24/25 B 3
Laoag [la'uax] 61/62 E 2
Lao Cai 57/58 B 4
Laoha, Fl. 57/58 D 2
Laon [lã] 39 I A 3
La Oroya [la o'roja] 88/89 C 4
Laos, Staat 57/58 B 4/5, 61/62 B 1/2, 166/167 ST 5
La Palma [la 'palma], I. 67/68 B 3
La Paz [la 'pas] 88/89 D 4
La-Perouse-Straße 54 E 1
La Plata [la 'plata], O. 90 C 3
Lappasee ['lɑppɑ] 40/41 E 3
Lappeenranta ['lɑppe:nrɑntɑ] 40/41 F 3
Lappland 40/41 D-F 2
Lappwald 10 DE 2
Laptewsee 50/51 K-M 2
Laptewstraße 50/51 MN 2
L'Aquila ['la:kuila] 34/35 D 4
Lar [lɑ:r] 59/60 A 2
Laramie ['lærəmi] 82/83 C 1
Laredo [lə'rɛidou] 82/83 D 3
Largeau [lar'ʒo] (= Faya) 67/68 E 4
La Rioja [la 'rriɔxa] 90 B 2
Larisa [dt. la'risa, gr. 'larisa] 38 C 3
Larne [lɑ:n] 28/29 D 4
La Rochelle [larɔ'ʃɛl] 30/31 C 4
La Roche-sur-Yon [larɔʃsy'rjõ] 30/31 C 4
La Ronge 80/81 I 4
Larouca [la'roku] 32/33 C 2
Larsen-Schelfeis 91 II C 36
Larvik [,larvik] 40/41 BC 4
La Sagra [la 'saxra] 32/33 E 4
Lascaux, Grotte von [las'ko] 30/31 D 5
La Serena [la se'rena], L. 32/33 D 3
La Serena [la se'rena], O. 90 A 2
La Seyne [la'sɛn] 24/25 A 4
Las Figuras, Höhle 32/33 D 4
Lashio 59/60 E 2
La Sila [la'si:la] 34/35 F 6
La Skhirra 67/68 DE 2
Las Marismas [las ma'rizmas] 32/33 C 4
Las Palmas de Gran Canaria 67/68 B 3, 143 III
La Spezia [las'pɛttsia] 24/25 C 3
Lassen Peak ['læsn 'pi:k] 82/83 A 1
Lastovo ['lastɔvɔ], I. 36/37 C 3
Las Truchas 84 B 3
Las Vegas [lɑ:s 'vɛigəs] 82/83 B 2
Las Villnercas 32/33 D 3
Latina [la'ti:na] 34/35 D 5
Latium, Provinz, Italien 34/35 C 4/D 5
Latorica ['latɔritsa], Fl. 26/27 K 4
Látrabjarg ['lautrabjarg] 40/41 Nk. A 1
Latschasee 42/43 NO 2
Lattakia (Al Ladhakija) 71 II C 1, 48/49 D 4
Lauban (Lubań) 16/17 K 4
Laucha 11 B 2
Lauchert, Fl. 13 C 4
Lauchhammer 16/17 I 4
Lauchstädt, Bad 11 B 2
Lauenbrück 7 D 2
Lauenburg 7 F 2
Lauenburg/Horst, Grenzübergang 7 F 2, 176 D 2
Lauenförde 10 A 3
Lauenstein, B. 18/19 G 2
Lauf an der Pegnitz (Bayern) 14 I C 1
Laufen (a. d. Salzach) 18/19 H 5
Lauffen am Neckar 13 C 2
Laun (Louny) 18/19 I 2
Launceston ['lɔ:nsɛstən] 74/75 E 5
Laupheim 13 D 4
Lausanne [lo'zan] 24/25 B 2
Lausche 18/19 J 2
Lausick, Bad 11 D 2
Lausitzer Gebirge 18/19 J 2
Laut, I. 61/62 D 4
Lauta 16/17 J 4
Lautenthal, Langelsheim- 10 C 3
Lauter, Fl. zum Glan 12 B 2/3
Lauter, Fl. zur Fils 13 D 3
Lauter, Fl. zum Oberrhein 12 B 3
Lauterach, Fl. 14 I D 2
Lauterbach (Hessen) 18/19 E 2
Lauterbach, Völklingen- 14 II C 2
Lauterberg, Bad 10 CD 3
Lauterecken 12 B 2
Lautertal 12 D 2
Lautoka [lau'touka:] 74/75 H 2
Lauwersmeer ['lɔuwərs] 39 I C 1
Laval [la'val] 30/31 C 3
Lavan (= Qeys) 67/68 I 3
Lavéra 24/25 A 4
Lawrence ['lɔrəns] 82/83 F 1
Lawrion ['lavriɔn] (Laúrion) 38 D 4
Łeba ['uɛba], Fl. 102/103 H 1
Łeba, O. 26/27 H 1
Lebach 14 II C 2
Lebach-Gresaubach 14 II C 2
Lebasee 102/103 H 1
Lebenstedt, Salzgitter- 10 C 2
Lecce ['lettʃe] 34/35 G 5
Lecco ['lekko] 24/25 C 3
Lech, Fl. 18/19 F 4
Lech, O. 24/25 D 2
Lechbruck 15 A 3
Lechenich, Erftstadt- 8/9 C 4
Lechfeld 15 A 2
Lechtaler Alpen 24/25 D 2
Le Cornate 24/25 D 4
Le Creusot [ləkrœ'zo] 24/25 A 2, 30/31 F 4
Leda, Fl. 16/17 C 2
Leeds [li:dz] 28/29 F 5
Leer 16/17 C 2
Leeuwarden ['le:wardə] 39 I B 1
Leezen 7 E 1
Lefkas [lɛf'kas] (Leukas), I. 38 B 3
Lefkas [lɛf'kas] (Leukas), O. 38 B 3
Legaspi [le'xaspi] 61/62 E 2
Legden 8/9 D 1
Legnica [lɛg'nitsa] (= Liegnitz) 26/27 H 3
Leh [lɛi] 59/60 C 1
Le Havre [lə'a:vr] 30/31 D 3
Lehde 16/17 IJ 4
Lehndorf, Braunschweig- 10 CD 2
Lehnin, Kl. 16/17 H 3
Lehre 10 D 2
Lehrte 10 BC 2
Leibnitz 24/25 F 2
Leicester ['lɛstə] 28/29 F 5
Leichlingen 8/9 CD 3
Leiden [dt. 'laidən, ndl. 'lɛidə] 39 I B 1
Leiferde 10 C 2
Leigh Creek ['li: 'kri:k], O. 74/75 D 4
Leijang 57/58 D 3
Leikanger [,lɛikaŋər] 40/41 B 3
Leimen 13 B 2
Lein, Fl. 13 D 3
Leinburg 14 I C 2
Leine, Fl. zur Aller 10 B 1
Leine, Fl. zur Lober 11 C 1
Leinefelde 10 C 4
Leinegraben 105 C 3
Leinfelden-Echterdingen 13 C 3
Leingarten 13 C 2
Leinster ['lɛnstə] 28/29 C 5
Leipzig, Bezirk 176 E 3
Leipzig, O. 11 C 2, 16/17 H 4
Leipzig-Schkeuditz, Flughafen 11 C 2, 176 D 3
Leipziger Bucht 105 E 3
Leira (Gem. Nord-Aurdal) 40/41 B 3
Leiria [lai'ria] 32/33 B 3
Leirvik (Gem. Stord) 40/41 B 4
Leisnig 11 D 2
Leitha, Fl. 36/37 C 1/0
Leitmeritz (Litoměřice) 18/19 J 2
Leitsberg 14 I C 1
Leitzach, Fl. 15 C 3
Lek [lɛk], Fl. 39 I B 2
Leman Bank 28/29 GH 5
Le Mans [lə'mã] 30/31 D 3/4
Le Mas-d'Azil [ləmasda'zil], Höhle 30/31 D 6
Lembeck, Dorsten- 8/9 CD 2
Lemberg, Berg (Schwäb. Alb) 13 B 4
Lemberg (Lwow) 26/27 KL 4, 48/49 C 2/3
Lemberg B. (b. Marbach) 13 C 3
Lemgo 8/9 G 1
Lemvig [lɛm'vi:x] 39 II A 1
Lemwerder 7 B 2
Lena ['ljɛna], Fl. 50/51 L 3
Lendery 40/41 G 3
Lendringsen, Menden- 8/9 E 3
Lengede ['lɛŋədə] 10 C 2
Lengenfeld (Bez. Karl-Marx-Stadt) 11 C 3
Lengerich 16/17 C 3
Lenggries 15 C 3
Leninabad [linina'bat] 50/51 F 5/6
Leninakan [linina'kan] 48/49 E 3
Leningrad 40/41 G 3/4, 48/49 D 2
Leninogorsk [linina'gɔrsk] 50/51 H 4
Leninsk-Kusnezki ['ljeninskkuz'njɛtskij] 50/51 H 4
Leninváros 36/37 E 1
Lenne, Fl. (Niedersachsen) 10 B 3
Lenne, Fl. (Nordrhein-Westfalen) 8/9 EF 3
Lennep, Remscheid- 8/9 D 2
Lennestadt 8/9 F 3
Lenningen 13 C 3
Lens [lã:s] 39 I A 2, 30/31 E 2
Lensk [ljɛnsk] 50/51 K 3
Lentföhrden 7 D 1
Lenzburg 18/19 D 5
Leoben [le'o:bən] 24/25 F 2
León [le'ɔn], L. (Spanien) 32/33 C 2/D 1
León [le'ɔn], O. (Mexiko) 84 B 2
León [le'ɔn], O. (Nicaragua) 84 D 3
León [le'ɔn], O. (Spanien) 32/33 D 1
Leonberg 13 BC 3
Leonora 74/75 C 3
Leopold II.-See (= Mai-Ndombe-See) 69/70 B 2
Leopoldshöhe 8/9 G 1/2
Léopoldville [leɔpɔlt'vil] (= Kinshasa) 69/70 B 2
Leptis Magna, antiker Ort 67/68 E 2
Le Puy [lə'pyi] 30/31 E 5
Lérida ['leriða] 32/33 G 2
Lermoos, O. 15 A 4
Leros, I. 38 E 4
Lerwick ['lə:wik] 28/29 F 1
Les Baux [le'bo] 24/25 A 4
Lesbos [dt. 'lɛsbɔs, gr. 'lɛzvɔs], I. 38 DE 3
Leschukonskoje 42/43 OP 1/2
Les Diablerets [ledjablə'rɛ], Berg 24/25 B 2
Leskovac [,lɛskɔvats] 36/37 E 3
Lesosawodsk [lisaza'vɔtsk] 54 C 1
Lesotho, Staat 69/70 C 4/5, 166/167 N 8/9
Les Sables-d'Olonne [lesɑblədɔ'lɔn] 30/31 C 4
Lessinische Alpen 24/25 D 3
Lesum, Fl. 7 B 2
Leszno ['lɛʃnɔ] 26/27 H 3
Lethbridge ['lɛθbridʒ] 82/83 B 1
Leti-Inseln 61/62 E 4
Leticia [le'tisia] 88/89 CD 3
Letmathe, Iserlohn- 8/9 E 3
Le Touquet—Paris-Plage 30/31 D 2
Letschin [lɛ'tʃi:n] 16/17 J 3
Letterkenny ['lɛtə'kɛni] 28/29 C 4
Lettische Soz. Sowjetrepublik 180
Lettland 48/49 C 2
Letzlinger Heide, Colbitz- 16/17 G 3
Leuchtenberg, B. 18/19 H 3
Leuchtenburg, B. 11 B 3
Leukas (= Lefkas), I. 38 B 3
Leukas (= Lefkas), O. 38 B 3
Leuna 11 BC 2
Leuscheid, Höhenzug 8/9 DE 4
Leutasch 15 B 4
Leutascher Ache, Fl. 15 B 4
Leutensdorf (= Litvinov) 18/19 I 2
Leutershausen 14 I A 2
Leutkirch 18/19 EF 5
Leuven ['lœvə] (= Löwen) 39 I B 2
Levanger [le,vaŋər] 40/41 C 3
Levanto ['lɛ:vanto] 24/25 C 3
Le Verdon-sur-Mer [ləvɛrdõsyr-'mɛ:r] 30/31 C 5
Leverkusen ['le:vərku:zən] 8/9 CD 3
Lévis [engl. 'lɛvi, frz. le'vi] 82/83 F 1
Lewadia [lɛ'vaðja] (Lebádeia) 38 C 3
Lewis ['lu:is], I. 28/29 C 2
Lewiston ['lu:istən] 82/83 F 1
Lewski ['lɛfski] 36/37 G 3
Lexington ['lɛksiŋtən] 82/83 E 2
Leyte ['lɛite], I. 61/62 E 2
Lhasa ['la:za] 59/60 E 2
L'Hôpital 14 II C 2
Liaoning, Provinz, China 177
Liauho, Fl. 57/58 D 2
Liaujüan 57/58 D 2
Liautung, Halbinsel 57/58 D 2/3
Libanon, Staat 71 II CD 1/2, 48/49 D 4, 166/167 O 4
Libanon, Gebirge 71 II CD 1/2
Libau (Liepaja) 40/41 E 4
Liberec ['libɛrɛts] (= Reichenberg) 18/19 K 2
Liberia, Staat 67/68 BC 5, 166/167 L 6
Libourne [li'burn] 30/31 C 5
Libreville [librə'vil] 69/70 A 1
Libyen, Staat 67/68 EF 2/3, 166/167 MN 4/5
Libysche Wüste 67/68 F 3
Licata [li'ka:ta] 34/35 D 7
Lichinga (Vila Cabral) 69/70 D 3
Lichtenau (Bayern) 14 I B 2
Lichtenau (b. Paderborn) 8/9 G 2
Lichtenberg, B. 13 C 2
Lichtenberg, Berlin- 6 CD 1
Lichtenberge 10 C 2
Lichtenfels, O. 18/19 G 2
Lichtenfels, B. 8/9 G 3
Lichtenrade, Berlin- 6 C 2
Lichtenstein (Bez. Karl-Marx-Stadt) 11 D 3
Lichtenstein (b. Reutlingen) 13 C 4
Lichtenvoorde ['lixtənvo:rdə] 8/9 BC 2
Lichterfelde, Berlin- 6 C 2
Lido di Ostia ['li:do di 'ɔstia] 34/35 D 5
Liebenburg 10 C 2
Liebeneck, Schl. 12 B 1
Liebenstein, B. 12 C 2
Liebenwerda, Bad 16/17 I 4
Liebenzell, Bad 13 B 3
Liebertwolkwitz 11 C 2
Liechtenstein, Staat 24/25 C 2, 172 D 4
Liège [ljɛ:ʒ] (= Lüttich) 39 I B 2
Liegnitz (Legnica) 26/27 H 3
Lieksa ['lieksɑ] 40/41 FG 3
Lienjünkang 57/58 C 3
Lienz ['li:ɛnts] 24/25 E 2
Liepaja (= Libau) 40/41 E 4
Liestal 18/19 C 5
Liezen 24/25 F 2
Lifou, I. 74/75 G 3
Ligurische Alpen 24/25 BC 3
Ligurischer Apennin 24/25 C 3
Ligurisches Meer 34/35 AB 4

Lihouriff 74/75 F 2
Lijmers ['lɛimərs], L. 8/9 B 2
Lika ['li:ka], Fl. 24/25 F 3
Likasi [lika'si] (Jadotville) 69/70 C 3
Lilienthal 7 B 2
Lille [lil] 39 I A 2, 30/31 E 2
Lillehammer ['lilǝhamǝr] 40/41 C 3
Lilongwe [li:lɔŋgwɛi] 69/70 D 3
Lim [li:m], Fl. 36/37 D 3
Lima ['laimǝ] (Ohio, USA) 82/83 E 1
Lima ['lima] (Peru) 88/89 C 4
Limagne [li'manj] 30/31 E 4/5
Limassol 71 II B 1
Limbach, Kirkel- 14 II D 2
Limbach-Oberfrohna 11 D 3
Limbach, Schmelz- 14 II C 2
Limburg, L. 102/103 B 3
Limburg 39 I BC 2
Limburg an der Lahn 12 C 1
Limburger Becken 12 BC 1
Limburgerhof 12 C 3
Limerick ['limǝrik] 28/29 B 5
Limfjord 39 II A 1
Limmat, Fl. 18/19 D 5
Limnos (Lemnos), I. 38 D 3
Limoges [li'mɔ:ʒ] 30/31 D 5
Limón [li'mɔn] 84 D 3/4
Limousin [limu'zɛ̃] 30/31 D 5
Limpopo [lim'poupou] 69/70 D 4
Limpurger Berge 13 D 2/3
Linares [li'nares] 32/33 E 3
Lincoln ['liŋkǝn] (England) 28/29 F 5
Lincoln ['liŋkǝn] (Nebraska, USA) 82/83 D 1
Lindau 18/19 E 5
Lindau, Katlenburg- 10 C 3
Linden 88/89 E 2
Linden, Hannover- 10 B 2
Lindenberg (b. Berlin) 6 D 1
Lindenberg (Allgäu) 18/19 E 5
Lindenfels 12 D 2
Linderhof, Schl. 15 A 3
Lindesnes ['linǝsnɛs] 40/41 B 4
Lindi ['lindi] 69/70 D 2/3
Lindlar 8/9 D 3
Line-Inseln 96 N 6/7
Lingeh 59/60 A 2
Lingen 16/17 C 3
Lingenfeld 12 C 3
Lingga-Inseln ['liŋga] 61/62 C 4
Linhsi 57/58 C 2
Linhsia 57/58 B 3
Linkenheim- Hochstetten 12 C 3
Linkiang 57/58 D 2
Linköping [ˌlintɕø:piŋ] 40/41 D 4
Linne 8/9 A 3
Linnich 8/9 B 4
Linosa, I. 44/45 F 4
Lintorf, Ratingen- 8/9 C 3
Linyi (= Itschou) 57/58 C 3
Linz 18/19 J 4, 24/25 F 1
Linz-Hörsching, Flughafen 176 F 4
Linzgau, L. 102/103 D 5
Lipari ['li:pari], I. 34/35 E 6
Liparische Inseln (Äolische Inseln) 34/35 E 6
Lipezk ['lipitsk] 48/49 D 2
Lipiany [li'pjani] (= Lippehne) 16/17 J 2/3
Lippe, Fl. 16/17 B 4
Lippehne (Lipiany) 16/17 J 2/3
Lippen (Lipno) 18/19 J 4
Lippendorf 11 C 2
Lippener Stausee 18/19 J 4
Lippetal 8/9 F 2
Lippischer Wald 8/9 G 2
Lippspringe, Bad 8/9 G 2
Lippstadt 8/9 F 2
Liri ['li:ri], Fl. 34/35 D 5
Lisakowsk 50/51 F 4
Lisboa [liʒ'ßoa] (= Lissabon) 32/33 B 3
Lisburn ['lizbǝ:n] 28/29 C 4
Lissabon (Lisboa) 32/33 B 3
List 16/17 D 0
Lister-Stausee 8/9 E 3
Litauen 48/49 C 2
Litauische Soz. Sowjetrepublik 180
Lithgow ['liθgou] 74/75 EF 4
Litoměřice ['litomjɛrʒitsɛ] (= Leitmeritz) 18/19 J 2
Little Andaman, I. 61/62 B 2
Little Rock ['litl 'rɔk] 82/83 D 2
Litvínov ['litvi:nɔf] (Leutensdorf) 18/19 I 2
Liutschou 57/58 B 4
Liverpool ['livǝpu:l] 28/29 E 5
Livingstone ['liviŋstǝn] (= Maramba) 69/70 C 3
Livingstonefälle ['liviŋstǝn] 69/70 B 2
Livland 42/43 KL 3
Livorno [li'vorno] 24/25 D 4
Lizard Point ['lizǝd 'pɔint] 28/29 D 7
Ljachowinseln ['ljaxaf] 50/51 N 2
Ljubljana [lju'blja:na] (Laibach) 24/25 F 2, 36/37 B 1
Ljungan [ˌjuŋan], Fl. 40/41 D 3
Ljusnan [ˌjusnan], Fl. 40/41 D 3
Llandudno [læn'didnou] 28/29 E 5
Llano Estacado ['lɑ:nou ɛstǝ'kɑ:dou] 82/83 C 2
Llanos ['janɔs] 88/89 CD 2
Llanos de Mamoré 88/89 D 4
Lleyn [li:n] Halbinsel 28/29 D 5
Löbau 16/17 J 4
Lobeda, Jena- 11 B 3
Lobenstein 18/19 G 2
Lober, Fl. 11 C 1
Łobez [u'ɔbǝ] (= Labes) 16/17 K 2
Lobito [lu'ßitu] 69/70 B 3
Lob Nor, See 55/56 K 5
Lobositz (Lovosice) 18/19 J 2
Locarno [lo'karno] 24/25 C 2
Loccum, Kl. 16/17 E 3
Loches [lɔʃ] 30/31 D 4
Loch Fyne [lɔk 'fain] 28/29 D 3
Loch Lomond [lɔk 'loumǝnd] 28/29 D 3
Loch Maree [lɔk mǝ'ri:] 28/29 D 3
Loch Ness [lɔk 'nɛs] 28/29 D 3
Löcknitz, Fl. 16/17 G 2
Löderburg 11 B 1
Lodi ['lɔ:di] 24/25 C 3
Łódź [uutsj] 26/27 I 3
Lofoten ['lu:futǝn], In. 40/41 C 2
Logone [lɔ'gɔn], Fl. 67/68 E 5
Logroño [lo'xronjo] 32/33 E 1
Lohfelden 10 B 4
Lohmar 8/9 D 4
Lohme 16/17 I 1
Löhne 16/17 D 3
Lohr 18/19 E 3
Lohra 8/9 G 4
Lohrbach, B. 13 BC 2
Loibl, Paß 24/25 F 2
Loikaw 59/60 E 3
Loir [lwa:r] 30/31 D 4
Loire [lwa:r], Fl. 30/31 C 4
Loisach, Fl. 15 B 3
Loja ['lɔxa] (Ecuador) 88/89 C 3
Loja ['lɔxa] (Spanien) 32/33 D 4
Lojang 57/58 C 3
Lokka-Stausee ['lɔkkɑ] 40/41 F 2
Lolland ['lɔlan], I. 39 II B 2
Loma ['loumɑ:] 67/68 B 5
Lomami [lɔma'mi], Fl. 69/70 C 2
Lombardei, Provinz, Italien 24/25 CD 3
Lomblen, I. 61/62 E 4
Lombok ['lɔmbɔk], I. 61/62 D 4
Lome (Lomé) 67/68 D 5
Lomont 18/19 B 5
Łomża [u'ɔmʒa] 26/27 JK 2
London [dt. 'lɔndɔn, engl. 'lʌndǝn] (England) 28/29 FG 6, 162 I
London ['lʌndǝn] (Kanada) 82/83 E 1
Londonderry ['lʌndǝndǝri] 28/29 C 4
Londrina [lon'drina] 88/89 E 5
Lone, Fl. 13 D 3
Long Beach ['lɔŋ 'bi:tʃ] 82/83 B 2
Longeville-les-Metz 14 II B 2
Longeville-les-St-Avold 14 II C 2
Long Island ['lɔŋ 'ailǝnd] (Bahamainseln) 84 E 2
Long Island ['lɔŋ 'ailǝnd] (New York) 82/83 F 1
Longreach ['lɔŋri:tʃ] 74/75 E 3
Longview ['lɔŋvju:] 82/83 A 1
Long Xuyen 61/62 C 2
Longyearbyen 78/79 X 2
Löningen 16/17 C 3
Lonsee, O. 13 D 3
Lons-le-Saunier [lõslǝso'nje] 24/25 A 2
Loviisa ['lɔvi:sa] 40/41 F 3
Lorain [lǝ'rɛin] 82/83 E 1
Lorca ['lɔrka] 32/33 F 4
Lorch (Baden-Württemberg) 13 D 3
Lorch (Hessen) 12 B 1
Lord-Howe-Insel ['lɔ:d 'hau] 74/75 F 4
Loreley 12 B 1
Lorentzweiler (Lorenzweiler) 14 II B 1
Loreto [lo're:to] 24/25 E 4
Lorient [lɔ'rjã] 30/31 B 4
Lörrach 18/19 C 5
Lorsch 12 D 2
Los Alamos [lɔs'ælǝmous] 82/83 C 2
Los Angeles [lɔs 'ɛndʒǝlǝs] 82/83 B 2
Losheim 14 II C 1
Lošinj [ˌlɔʃi:nj], I. 24/25 F 3
Los Mochis [lɔz 'motʃis] 82/83 C 3
Lößnitz 11 D 3
Lot [lɔt], Fl. 30/31 D 5
Lothringen 18/19 AB 4, 30/31 FG 3
Lothringische Hochfläche 22/23 B 4
Lötschbergtunnel 24/25 B 2
Lotta, Fl. 40/41 F 2
Lötzen (Giżycko) 26/27 J 1
Loubomo (Dolisie) 69/70 B 2
Louchi 40/41 G 2
Lough Corrib [lɔk 'kɔrib] 28/29 B 5
Lough Derg [lɔk 'dǝ:g] 28/29 B 5
Lough Erne ['lɔk 'ǝ:n] 28/29 C 4
Lough Foyle [lɔk 'fɔil] 28/29 C 4
Lough Mask [lɔk 'mɑ:sk] 28/29 B 5
Lough Neagh [lɔk 'nɛi] 28/29 C 4
Lough Ree [lɔk 'ri:] 28/29 BC 5
Lough Swilly [lɔk 'swili] 28/29 C 4
Louisiade-Archipel 74/75 F 2
Louisiana [luizi'ænǝ], Bundesstaat, USA 82/83 D 2
Louisville ['lu:isvil] 82/83 E 2
Louny ['lɔuni] (= Laun) 18/19 I 2
Lourdes [lurd] 30/31 CD 6
Lourenço Marques [lo'rẽsu 'markiʃ] (= Maputo) 69/70 D 4
Louvain [lu'vɛ̃] (= Löwen) 39 I B 2
Lövenich, Köln- 8/9 C 4
Lovere ['lo:vere] 24/25 D 3
Lovosice ['lɔvɔsitsɛ] (= Lobositz) 18/19 J 2
Lowat ['lɔvatj], Fl. 48/49 D 2
Löwen (Leuven, Louvain) 39 I B 2
Löwenbruch 6 C 2
Löwenstein 13 C 2
Löwensteiner Berge 13 CD 2
Lowestoft ['loustɔft] 28/29 G 5
Lowetsch [lo'vɛtʃ] 36/37 G 3
Łowicz ['uɔvitʃ] 26/27 I 2
Lowosero [la'vɔzira], O. 40/41 GH 2
Lowsee [lɔf] 40/41 H 2
Loxstedt 7 B 2
Loyaltyinseln ['lɔiǝlti] 74/75 G 3
Loyola, K. 32/33 E 1
Loznica [ˌlɔznitsa] 36/37 D 2
Lualaba [lwala'ba] (= Zaire), Fl. 69/70 C 2
Luanda [lu'anda] 69/70 B 2
Luang Prabang 57/58 B 5
Luangwa [lu:'ɑ:ŋgwɑ:], Fl. 69/70 D 3
Luapula, Fl. 69/70 C 3
Luarca [lu'arka] 32/33 C 1
Lubań ['lubain] (= Lauban) 16/17 K 4
Lubango (Sá da Bandeira) 69/70 B 3
Lübars, Berlin- 6 C 1
Lübbecke 16/17 D 3
Lübben 16/17 I 4
Lübbenau 16/17 I 4
Lubbock ['lʌbǝk] 82/83 C 2
Lübeck 7 F 1, 16/17 F 2
Lübeck/Herrnburg, Grenzübergang 7 F 1, 176 D 2
Lübeck/Selmsdorf, Grenzübergang 7 F 1, 176 D 2
Lübecker Bucht 16/17 G 1
Lüben (Lubin) 26/27 H 3
Lublin ['lublin] 26/27 K 3
Lubmin 16/17 I 1
Lubsko ['lupskɔ] (= Sommerfeld) 16/17 JK 4
Lubumbashi (Elisabethville) 69/70 C 3
Lübz 16/17 GH 2
Lucca ['lukka] 24/25 D 4
Lučenec ['lutʃɛnɛts] 36/37 D O
Lüchow ['ly:çɔ] 16/17 G 3
Lucka 11 C 2
Luckenwalde 16/17 I 3
Lucknow ['lʌknau] 59/60 D 2
Lüda (= Lüta) 57/58 D 3
Lüdenscheid 8/9 E 3
Lüderitz 69/70 B 4
Lüderode, Weißenborn- 10 C 3
Lüdersdorf 7 F 1
Ludhiana [ludi'ɑ:nǝ] 59/60 C 1
Lüdinghausen 8/9 D 2
Ludogorie [ludo'gɔriɛ] 36/37 H 3
Ludvika [ˌludvi:ka] 40/41 D 3
Ludweiler-Warndt, Völklingen- 14 II C 2
Ludwigsburg 13 C 3
Ludwigsfelde 6 B 2
Ludwigshafen 12 C 2/3, 18/19 D 3
Ludwigslust 16/17 G 2
Ludwigstadt/Probstzella, Grenzübergang 176 D 3
Ludwigstein, B. 10 B 4
Luena (Luso) 69/70 B 3
Luga, Fl. 40/41 F 4
Luga ['luga], O. 40/41 F 4
Luganer See 24/25 C 2/3
Lugano [lu'ga:no] 24/25 C 2
Lugau 11 D 3
Lugo ['luxo] 32/33 C 1
Lugoj ['lugoʒ] (Lugosch) 36/37 E 2
Luhe, Fl. 7 E 2
Lühe, Fl. 7 D 1
Luirojoki, Fl. 40/41 F 2
Lukanischer Apennin 34/35 E 5/F 6
Lukavac 36/37 D 2
Łuków ['uukuf] 26/27 K 3
Lukuga [luku'ga], Fl. 69/70 C 2
Luleå [ˌlu:lǝo:] 40/41 E 2
Luleälv [ˌlu:lǝ'ɛlv], Fl. 40/41 E 2
Lüleburgaz [ly'lɛburgaz] 36/37 H 4
Luluabourg [lulwa'bu:r] (= Kananga) 69/70 C 2
Lund [lund] 40/41 C 4
Lunda 69/70 BC 2
Lundaschwelle 69/70 C 3
Lundenburg (Břeclav) 26/27 H 4
Lundyinsel ['lʌndi] 28/29 D 6
Lune, Fl. 7 B 2
Lüne, Lüneburg- 7 E 2
Lüneburg, Regierungsbezirk 176 CD 2
Lüneburg, O. 7 E 2, 16/17 F 2
Lüneburger Heide 7 DE 2, 16/17 EF 2/3
Lünen 8/9 DE 2
Lunestedt 7 B 2
Lunéville [lyne'vil] 18/19 B 4
Lunzenau 11 D 3
Luppa 11 D 2
Luppe, Fl. 11 C 2
Lure [ly:r] 18/19 B 5
Lurgan ['lǝ:gǝn] (= Craigavon) 28/29 C 4
Lusaka [lu'za:ka] 69/70 C 3
Lusambo [lusam'bo] 69/70 C 2
Luschnitz (Lainsitz), Fl. 18/19 J 3
Lusen 18/19 I 4
Luso ['luzu] (= Luena) 69/70 B 3
Lußhardt, L. 13 B 2
Lut, Wüste 59/60 A 1/2
Lüta (Lüda) 57/58 D 3
Lütetsburg, B. 16/17 C 2
Lutherische Berge 13 D 4
Lütjensee, O. 7 E 1
Luton [lu:tn] 28/29 F 6
Lutong 61/62 D 3
Lutschou 57/58 B 4
Lutter 10 C 3
Lüttich (Liège) 39 I B 2
Lützen 11 C 2
Lützkendorf 11 B 2
Lützow-Holm-Bucht 91 II C 10/11
Lützschena 11 C 2
Luvua [lu'vwa], Fl. 69/70 C 2
Luxemburg, Staat 39 I BC 2/3, 18/19 AB 2/3, 172 D 4
Luxemburg (Luxembourg), O. 14 II B 1, 39 I C 3
Luxemburg-Findel, Flughafen 14 II B 1, 176 B 4
Luxeuil-les-Bains [lyksœjle'bɛ̃] 18/19 B 5
Luxor ['luksɔr] 67/68 G 3
Luzern, Kanton, Schweiz 180
Luzern, O. 24/25 C 2
Luzk [lutsk] 48/49 C 2
Luzon [lu'sɔn], I. 61/62 DE 2
Luzonstraße [lu'sɔn] 61/62 E 2
Lwow [ljvɔf] (= Lemberg) 26/27 KL 4, 48/49 C 2/3
Lyallpur ['laiǝlpuǝ] (= Shah Faisalabad) 59/60 C 1
Lyck (Ełk) 26/27 K 2
Lycksele ['lyksǝlǝ] 40/41 D 3
Lygnern, See 39 II C 1
Lyme Bay ['laim 'bɛi] 28/29 E 6
Lynchburg ['lintʃbǝ:g] 82/83 F 2
Lyngen [ˌlyŋǝn], Fjord 40/41 E 2
Lynn Lake ['lin 'lɛik], O. 80/81 I 4
Lyon [ljõ] 24/25 A 3, 30/31 A 3
Lys [lis], Fl. 39 I A 2
Lysekil [ˌly:sǝtɕi:l] 40/41 C 4
Łysica 102/103 J 3

M

Maan [ma'a:n] 71 II C 3
Mäander (= Büyük Menderes), Fl. 44/45 I 4
Maanschan 57/58 C 3
Maanselkä ['mɑ:nsɛlkæ] 40/41 F 2/3
Maarianhamina ['mɑ:rianhaminɑ] (= Mariehamn) 40/41 DE 3
Maas, Fl. 39 I B 2
Maasa-Plateau 71 I B 4
Maasbree 8/9 B 3
Maaseik [ma:s'ɛik] 18/19 A 1
Maastricht [ma:s'trixt] 39 I B 2
Macao 57/58 C 4
Macapá [maka'pa] 88/89 E 2/3
Macdonnellkette [mǝk'dɔnǝl] 74/75 D 3
Maceió [mase'io] 88/89 G 3
Macerata [matʃe'ra:ta] 24/25 E 4
Machala [ma'tʃala] 88/89 BC 3
Machatschkala [maxatʃka'la] 48/49 E 3
Machern 11 D 2
Machilipatnam (Bandar) 59/60 D 3
Machu Picchu ['matʃu 'piktʃu], Ruinenstätte 88/89 C 4
Macías Nguema (Fernando Póo; = Bioko), I. 67/68 D 5
Mackay [mǝ'kai] 74/75 E 3
Mackaysee [mǝ'kai] 74/75 C 3
Mackenzie [mǝ'kɛnzi], Distrikt, Kanada 80/81 HI 3
Mackenzie [mǝ'kɛnzi], Fl. 80/81 G 3
Mackenziegebirge [mǝ'kɛnzi] 80/81 FG 3
Mackenzie Highway [mǝ'kɛnzi 'haiwɛi] 80/81 H 4
Mâcon [mɑ'kõ] (Frankreich) 24/25 A 2
Macon ['mɛikǝn] (Georgia, USA) 82/83 E 2
Mâconnais [mɑkɔ'nɛ] 24/25 A 2, 30/31 F 4
Macquarie-Inseln 92/93 W 10
Macumba, Fl. 74/75 D 3
Madagaskar, Staat 69/70 E 3/4, 166/167 OP 7/8
Madan [ma'dan] 36/37 G 4
Madang 61/62 G 4
Madara, antiker Ort 36/37 H 3
Madeira [ma'deira], Fl. 88/89 DE 3
Madeira [ma'de:ra], I. 67/68 B 2
Mädelegabel 18/19 F 5
Madenburg, B. 12 BC 3
Madina 67/68 B 4
Madison ['mædisn], Fl. 82/83 B 1
Madison ['mædisn], O. 82/83 E 1
Madiun [ma'diun] 61/62 Nk. B 1
Madonie [mado'ni:e] 34/35 DE 7
Madras [mǝ'drɑ:s] 59/60 D 3
Madre de Dios ['maðre ðe 'ðiɔs], Fl. 88/89 D 4
Madrid [dt. ma'drit, sp. ma'ðrið] 32/33 E 2
Madura [ma'dura], I. 61/62 Nk. B 1
Madurai [mædu'rai] 59/60 C 4
Madurastraße 61/62 Nk. B 1
Madüsee 16/17 J 2
Maebaschi ['maˌebaʃi] 54 D 3
Mafeking ['mæfikiŋ] 69/70 C 4
Mafia [mɑ:'fi:a], I. 69/70 DE 2
Magadan [maga'dan] 50/51 O 4
Magdala 11 A 3
Magdalena [maxðaˈlena], Fl. 88/89 C 1/2
Magdeborn 11 C 2
Magdeburg, Bezirk 176 EF 2/3
Magdeburg, O. 16/17 G 3
Magdeburger Börde 16/17 G 3, 105 D 2/3
Magelang [magǝ'laŋ] 61/62 Nk. B 1
Magellanstraße 90 AB 5
Magerøy [ˌma:gǝrœ], I. 40/41 F 1
Magnesische Halbinsel 38 C 3
Magnetische Pole 91 I B 8, 91 II C 20/21
Magnitogorsk [magnita'gɔrsk] 48/49 F 2
Magura, Höhle 36/37 F 3
Magwe 59/60 E 2
Mahanadi [mǝ'hɑ:nǝdi], Fl. 59/60 D 2
Maharanga (Majunga) 69/70 E 3
Maharashtra 59/60 C 3/2
Mahlow ['ma:lo] 6 C 2
Mahlsdorf, Berlin- 6 D 1
Mahón [ma'ɔn] 32/33 I 3
Mähren 26/27 H 4
Mährische Pforte 102/103 H 4
Mährisch-Schönberg (Šumperk) 26/27 H 4
Maiano 24/25 E 2
Maiden Castle ['mɛidn 'kɑ:sl], prähistor. Festung 28/29 E 6
Maidstone ['mɛidstǝn] 28/29 G 6
Maiduguri [mai'du:gǝri:] 67/68 E 4
Maifeld, L. 18/19 C 2
Maikammer 12 C 3
Maikop [maj'kɔp] 48/49 DE 3
Mailand (Milano) 24/25 C 3, 34/35 B 3
Maimana 59/60 B 1
Main, Fl. 18/19 E 3
Main, Roter, Fl. 18/19 G 3
Main, Weißer, Fl. 18/19 G 2
Mainau, I. 18/19 E 5
Mainburg 18/19 G 4
Mai-Ndombe-See (Leopold II.- See) 69/70 B 2
Main-Donau-Kanal 18/19 G 3
Maine [mɛin], Bundesstaat, USA 82/83 G 1
Maine [mɛn], L. 30/31 CD 3
Mainhardt 13 D 2
Mainhardter Wald 13 CD 2
Mainland ['mɛinlǝnd], I. (Orkney-inseln) 28/29 E 2

Mainland ['mɛinlənd], I. (Shetland-inseln) 28/29 F 1
Maintal, O. 12 D 1
Mainz 12 C 1/2, 18/19 D 2/3
Maisach 15 B 2
Maitland ['mɛitlənd] 74/75 F 4
Maizières 14 II B 2
Maja ['maja], Fl. 50/51 M 4
Majdanpek [,ma:jdampɛk] 36/37 EF 2
Majunga [maʒœ̃'ga] (= Mahajanga) 69/70 E 3
Makajewka 48/49 D 3
Makarikarisalzpfanne 69/70 C 4
Makarska [,makarska:] 36/37 C 3
Makassar (Ujung Pandang) 61/62 D 4
Makassarstraße 61/62 D 4
Makat [ma'kat] 48/49 C 4
Makedonien, Teilrepublik, Jugoslawien 178
Makedonien, L. 38 BC 2
Makran [mə'kra:n] 67/68 IJ 3
Makteir 67/68 B 3
Makurdi [mɑ:'kuədi:] 67/68 D 5
Malabarküste 55/56 I 8/9
Malabo (Santa Isabel) 67/68 D 5
Malacca (= Melaca) 61/62 C 3
Maladeta [mala'ðeta] 32/33 G 1
Málaga [dt. 'malaga, sp. 'malaxa] 32/33 D 4
Malaita, I. 74/75 G 1
Malakal [mala'ka:l] 67/68 G 5
Malakka, Halbinsel 61/62 BC 3
Malakkastraße 61/62 BC 3
Malang 61/62 Nk. B 1
Malange [ma'lãʒi] 69/70 B 2
Malapane, Fl. 26/27 I 3
Mälarsee [,mɛ:lar] 40/41 D 4
Malaspinagletscher [mæləs'pi:nə] 80/81 E 4
Malatya [ma'latja] 48/49 D 4
Malawi, Staat 69/70 D 3, 166/167 O 7/8
Malawisee (Njassa) 69/70 D 3
Malaysia, Staat 61/62 CD 3, 166/167 ST 6
Malbork ['malbɔrk] (= Marienburg) 26/27 I 1/2
Malchin [mal'çi:n] 16/17 H 2
Malchiner See 16/17 H 2
Malchow, Berlin- 6 C 1
Malchow ['malço] (Mecklenburg) 16/17 H 2
Maldeninsel 96 N 7
Male ['ma:lɛi] 55/56 I 9
Malediven, In. u. Staat 55/56 HI 9, 166/167 Q 6
Malegaon 59/60 C 2
Malekula, I. 74/75 G 2
Mali, Staat 67/68 CD 3/4, 166/167 LM 5/6
Mali Lošinj ['ma:li: ,lɔʃi:nj] 24/25 F 3
Malindi [mɑ:'li:ndi:] 69/70 DE 2
Malin Head ['mælin 'hɛd] 28/29 C 4
Mallaig ['mælɛig] 28/29 D 3
Mallawi 71 I B 4
Malloh 10 D 1
Mallorca [dt. ma'lɔrka, sp. ma'ljɔrka], I. 32/33 H 3
Mallow ['mælou] 28/29 B 5
Malmédy [malme'di] 39 I BC 2
Malmö [,malmœ:] 39 II C 2, 40/41 C 4
Maloja [ma'lo:ja], Paß 24/25 C 2
Måløy ['mo:lœi] (Gem. Vågsøy) 40/41 AB 3
Malpaso-Stausee 84 C 3
Malpeloinsel 92/93 G 6
Malta, I. u. Staat 46/47 E 5, 172 E 5
Malung [.mɑ:luŋ] 40/41 C 3
Malwa ['mɑ:lwə] 59/60 C 2
Maly Karmakuly 50/51 E 2
Mamaia [ma'maia] 36/37 I 2
Mamberamo [mambə'ramo], Fl. 61/62 F 4
Mamer 14 II B 1
Mammendorf 15 B 2
Mamoré [mamo're], Fl. 88/89 D 4
Man [mæn] (Isle of Man) 28/29 D 4
Man [man], O. 67/68 C 5
Manacor [mana'kɔr] 32/33 H 3
Manado [ma'nado] 61/62 E 3
Managua [ma'naxua] 84 D 3
Manakara [manaka'ra] 69/70 E 4
Manama [ma'na:ma] 67/68 I 3
Manantiales [mananti'ales] 90 B 5
Manasija, Kl. 36/37 E 2
Manaus [ma'naus] 88/89 DE 3
Manchester ['mæntʃistə] (England) 28/29 E 5
Manchester ['mæntʃistə] (New Hampshire, USA) 82/83 F 1
Mandal [,mandal] 40/41 B 4
Mandalay 59/60 E 2
Mandara-Gebirge 67/68 E 4/5
Mandelbachtal 14 II D 2
Mandi 59/60 C 1
Mandji 69/70 A 1
Mandschuli 57/58 C 2
Mandschurei 54 B 2/C 1, 57/58 DE 2
Mandwi 59/60 B 2
Manfredonia [mamfre'dɔ:nia] 34/35 E 5
Mangalia [maŋ'galia] 36/37 I 3
Mangalore ['mæŋgəlɔ:] 59/60 C 3
Mangfall, Fl. 15 C 3
Mangfallgebirge 15 CD 3
Mangladamm 59/60 C 1
Manhattan [mæn'hætən] (New York) 164 II
Manicoré 88/89 D 3
Manila [ma'nila] 61/62 E 2
Manisa 48/49 C 4
Manitoba [mæni'toubə], Provinz, Kanada 80/81 J 4
Manitobasee [mæni'toubə] 82/83 D 0
Manitouwadge 82/83 E 1
Manîtsoq (Sukkertoppen) 80/81 N 3
Manizales [mani'sales] 88/89 C 2
Mannama 126 IV
Mannheim 12 CD 2/3, 18/19 D 3, 139 II
Manning 80/81 H 4
Manono [manɔ'no] 69/70 C 2
Manosque [ma'nɔsk] 24/25 A 4
Manresa [man'rrɛsa] 32/33 G 2
Mansalasee 71 I BC 2
Manselinsel ['mænsəl] 80/81 K 3
Mansfeld 11 A 1
Mantes [mãt] 30/31 D 3
Mantova ['mantova] (= Mantua) 24/25 D 3
Mantua (Mantova) 24/25 D 3
Manufacturing Belt [mænju'fæktʃəriŋ 'bɛlt] (USA) 131 II
Manus, I. 61/62 G 4
Manyassee (= Kuşsee) 36/37 H 4
Manytsch, Fl. 48/49 E 3
Manytschniederung 48/49 E 3, 98/99 I 4
Manzanal, Paß 32/33 C 1
Manzanillo [mansa'nijo] (Kuba) 84 E 2, 85 III B 1
Manzanillo [mansa'nijo] (Mexiko) 84 B 3
Maoming 57/58 C 4
Maputo (Lourenço Marques) 69/70 D 4
Marabá [mara'ba] 88/89 F 3
Maracaibo [mara'kaiβo] 88/89 C 1
Maracaibosee [mara'kaiβo] 88/89 C 1/2
Maracay [mara'kai] 88/89 D 1/2
Maradi [mara'di] 67/68 D 4
Marais Poitevin 30/31 C 4
Marajó [mara'ʒɔ], I. 88/89 F 3
Maramba [mɑ:'rɑ:mbɑ:] (Livingstone) 69/70 C 3
Marampa [mɑ:'rɑ:mpɑ:] 67/68 B 5
Maramureș [mara'mureʃ] 36/37 FG 1
Marañón, Fl. 88/89 C 3
Maraş ['mɑrɑʃ] (= Kahramanmaraş) 48/49 D 4
Marathon [dt. 'maratɔn, gr. mara'θɔn] 38 CD 3
Marbach am Neckar 13 C 3
Marbach, Gestüt 13 C 4
Marbella [mar'βelja] 32/33 D 4
Marble Bar ['mɑ:bl 'bɑ:] 74/75 B 3
Marburg (= Maribor) 24/25 F 2, 36/37 B 1
Marburg an der Lahn 8/9 G 4, 18/19 D 2
March (Morava), Fl. 26/27 H 4
Marcha ['marxa], Fl. 50/51 K 3
Marche [marʃ] 30/31 DE 4
Marchfeld 102/103 H 4
Marchkopf 15 C 4
Marcona [mar'kona] 88/89 C 4
Marcusinsel 92/93 W 5
Mardan 59/60 C 1
Mar del Plata ['mar ðɛl 'plata], O. 90 C 3
Maré, I. 74/75 G 3
Maremmen 34/35 C 4
Margarita [marxa'rita], I. 88/89 D 1
Margate ['mɑ:git] 28/29 G 6
Marghera, Venedig- 24/25 E 3
Marguareis [margua'rɛ:is] 24/25 B 3
Maria Birnbaum, K. 15 B 2
Maria Laach, Kl. 18/19 C 2
Marianen, In. 61/62 G 2
Marianengraben 94/95 V 5/6
Mariánské Lázně ['marja:nskɛ: 'la:znjɛ] (= Marienbad) 18/19 H 3
Maria Taferl, K. 18/19 K 4
Mariazell 24/25 F 2
Maribo ['maribo:] 16/17 G 1
Maribor ['ma:ribɔr] (Marburg) 24/25 F 2, 36/37 B 1
Marie-Byrd-Land 91 II AB 31-29
Mariehamn [mariə'hamn] (Maarianhamina) 40/41 DE 3
Marienbad (Mariánské Lázně) 18/19 H 3
Marienberg (Erzgebirge) 18/19 I 2
Marienborn 16/17 G 3
Marienburg (Niedersachsen) 10 B 2
Marienburg (Westpreußen; Malbork) 26/27 I 1/2
Mariendorf, Berlin- 6 C 2
Marienfeld, K. 8/9 F 2
Marienfelde, Berlin- 6 C 2
Marienheide, O. 8/9 E 3
Marienstatt, B. 8/9 E 4
Marienthal, K. 8/9 C 2
Marienwerder (Kwidzyn) 26/27 I 2
Mariestad [mari:ə'stɑ:d] 40/41 C 4
Marilia [ma'rilia] 88/89 EF 5
Maringá [mariŋ'ga] 88/89 E 5
Marinha Grande [ma'rinja 'xrandə] 32/33 B 3
Mariscal Estigarribia [maris'kal estixa'rriβia] 90 B 2
Maritza [ma'ritsa] (Ewros), Fl. 36/37 GH 4
Mark, L. 8/9 E 3
Mark [mark] 39 II C 1
Markee 6 A 1
Marken (Marche), Provinz, Italien 24/25 E 4
Markersdorf 11 D 3
Markerwaard [mɑrkər'wa:rt] 39 I B 1, 123 VIII
Markgröningen 13 BC 3
Markirch (Sainte-Marie-aux- Mines) 18/19 C 4
Markkleeberg 11 C 2
Markneukirchen 18/19 H 2
Markranstädt 11 C 2
Marksburg, B. 12 B 1
Marktbergel 14 I A 2
Markt Erlbach 14 I B 2
Marktheidenfeld 18/19 E 3
Markt Indersdorf 15 B 2
Marktoberdorf 18/19 F 5
Marktredwitz 18/19 H 2/3
Markt Schwaben 15 C 2
Marl 8/9 D 2
Marmagao [marma'xãu] 59/60 C 3
Marmande [mar'mã:d] 30/31 D 5
Marmara-Insel 36/37 H 4
Marmarameer 36/37 HI 4
Mar Menor 32/33 F 4
Marmolada [marmo'la:da] 24/25 D 2
Marne [dt. 'marnə, frz. marn], Fl. 30/31 E 3
Marne, O. (Schleswig-Holstein) 7 B 1
Marne-Saône-Kanal 24/25 A 2
Marnheim 12 C 2
Marokko, Staat 67/68 C 2, 166/167 L 4/5
Maros ['mɔrɔʃ] (Mieresch, Mureș), Fl. 36/37 E 1
Maroua [ma'rwa] (= Marua) 67/68 E 4
Marpingen 14 II D 2
Marquardt 6 A 2
Marquesasinseln 96 O 7
Marquette [mɑ:'kɛt] 82/83 E 1
Marrakesch (Marrakech) 67/68 C 2
Marsabit [mɑ:'sɑ:bit] 69/70 D 1
Marsa el-Brega 67/68 EF 2
Marsa el-Hariga 67/68 F 2
Marsala [mar'sa:la] 34/35 D 7
Marsberg 8/9 G 3
Marseille [mar'sɛj] 24/25 A 4, 30/31 F 6
Marsfjäll ['marsfjɛl] 40/41 D 2
Marsgebirge 102/103 H 4
Marshallinseln (US-Treuhandgebiet Pazif. Inseln) 96 KL 6, 166/167 UW 6
Marteskirch (= Tirnăveni) 36/37 G 1
Martigny [marti'nji] 24/25 B 2
Martigues [mar'tig] 24/25 A 4
Martin ['martin] 26/27 I 4
Martinique [marti'nik], I. 88/89 D 1
Martin Vaz, I. 88/89 H 5
Marua [ma'rwa] (Maroua) 67/68 E 4
Mary [ma'ry] 50/51 F 6
Maryborough ['mɛəribərə] 74/75 F 3
Mary Kathleen ['mɛəri 'kæθli:n] 74/75 DE 3
Maryland ['mɛrilənd], Bundesstaat, USA 82/83 F 2
Marzahn, Berlin- 6 D 1
Masan 54 B 3
Masbate [maz'βate], I. 61/62 E 2
Maschonaland 69/70 CD 3
Maschsee 10 B 2
Mas-d'Azil, Le [ləmasda'zil], Höhle 30/31 D 6
Maseru ['mɑ:zəru:] 69/70 C 4
Masindi [mɑ:'si:ndi:] 69/70 D 1
Masinlok 61/62 DE 2
Masira-Insel [ma'zi:ra] 59/60 A 2
Masjid-i-Sulaiman [mæs'dʒedesolei'mɑ:n] 48/49 E 4
Maskarenen, In. 65/66 J 9/10
Maskat ['maskat] 59/60 A 2
Masowien 23/27 J 3/2
Massa ['massa] 24/25 D 3/4
Massachusetts [mæsə'tʃu:sets] (= Mass.), Bundesstaat, USA 82/83 F 1
Massaisteppe 69/70 D 2
Massa Marittima ['massa ma'rittima] 24/25 D 4
Massaua (Massawa) 67/68 G 4
Massena [mə'si:nə] 82/83 F 1
Massina 67/68 C 4
Masuren 26/27 JK 2
Matabeleland 69/70 C 3
Matadi [mata'di] 69/70 B 2
Matagalpa [mata'xalpa] 84 D 3
Matagami Lake 82/83 F 1
Matallana [mata'ljana] 32/33 D 1
Matamoros [mata'morəs] 82/83 D 3
Matanuska [mætə'nu:skə] 80/81 E 3
Matanzas [ma'tansas] 84 D 2, 85 III A 1
Matarani [mata'rani] 88/89 C 4
Mathura ['mæθurɑ:] 59/60 C 2
Matias de Galvez [ma'tias ðe 'xalβes] 84 D 3
Matlock ['mætlɔk] 28/29 F 5
Mato Grosso, Hochland von 88/89 E 4
Mato Grosso ['matu 'grosu], O. 88/89 E 4
Matosinhos [matu'zinjuʃ] 32/33 B 2
Matragebirge ['ma:trə] 36/37 DE 1
Matrah ['matrax] 59/60 A 2
Matrei in Osttirol 24/25 E 2
Matsu, In. 57/58 CD 4
Matsue [ma'tsue] 54 C 3
Matsujama [ma'tsu,jama] 54 C 4
Matsumoto [ma'tsumoto] 54 D 3
Matterhorn 24/25 B 3
Maturin [matu'rin] 88/89 D 2
Matzen 24/25 G 1
Maubeuge [mo'bœ:ʒ] 39 I AB 2
Mauersee 26/27 J 1
Maués 88/89 E 3
Maulbronn 13 B 3
Maun [maun] 69/70 C 3/4
Maurach, Eben- 15 C 4
Maures [mɔ:r] 24/25 B 4
Mauretanien, Staat 67/68 BC 3/4, 166/167 KL 5
Mauritius, I. u. Staat 65/66 J 9/10, 166/167 P 8
Maus, B. 12 B 1
Mäuseturm (b. Bingen) 12 B 2
Maxdorf 12 C 3
Maximiliansgrotte 14 I D 1
Maxlrain, Schl. 15 CD 3
Mayen 18/19 C 2
Mayenne [ma'jɛn], Fl. 30/31 C 3
Mayo 80/81 F 3
Mayotte [ma'jɔt], I. 69/70 E 3
Mazamet [maza'mɛ] 30/31 E 6
Mazapil 82/83 C 3
Mazara del Vallo [mad'dza:ra] 34/35 D 7
Mazarrón [maθa'rrɔn] 32/33 F 4
Mazatlán [masa'tlan] 84 B 2
Mbabane [əmbɑ:'bɑ:nɛi] 69/70 D 4
M'Bakau-Stausee 67/68 E 5
Mbandaka [mbanda'ka] (Coquilhatville) 69/70 B 1/2
Mbeya [am'bɛijɑ:] 69/70 D 2
Mbinda [mbin'da] 69/70 B 2
Mbuji-Mayi [mbuʒima'ji] (Bakwanga) 69/70 C 2
McDonaldinseln 92/93 Q 10
McGill 82/83 B 2
M'Clintockkanal [mə'klintək] 80/81 I 2
M'Clure-Straße [mə'kluə] 80/81 GH 2
McMurray 80/81 H 4
McRobertson-Land 91 II BC 13
Mead-Stausee [mi:d] 82/83 B 2
Meaux [mo] 30/31 E 3
Mecheln (Mechelen) 39 I B 2
Meckelfeld, Seevetal- 7 E 2
Meckenheim 12 C 3
Meckesheim 13 B 2
Mecklenburg 16/17 G-I 2
Mecklenburger Schweiz 16/17 H 2
Mecklenburgische Seenplatte 22/23 DE 2
Meczekgebirge ['mɛtʃɛk] 36/37 CD 1
Medan ['medan] 61/62 B 3
Medellín [meðe'jin] 88/89 C 2
Medem, Fl. 7 B 1
Medemsand 7 B 1
Medford ['mɛdfəd] 82/83 A 1
Medgidia [meddʒi'dia] 36/37 I 2
Mediasch [medi'aʃ] (Mediaș) 36/37 G 1
Medicine Hat ['mɛdsin 'hæt] 82/83 B 0/1
Medina [me'di:na] 67/68 G 3
Medina del Campo [me'ðina ðɛl 'kampo] 32/33 D 2
Medjerda [mɛdʒɛr'da], Fl. 46/47 D 5
Mednogorsk [midna'gɔrsk] 48/49 F 2
Médoc [me'dɔk] 30/31 C 5
Médous, Grotte von 30/31 D 6
Medweschjegorsk [midvizji'gɔrsk] 48/49 D 1
Meeralpen 24/25 B 3
Meerane 11 CD 3
Meerbusch 8/9 C 3
Meerlo-Wanssum 8/9 B 2
Meersburg 18/19 E 5
Meerut ['miərət] 59/60 C 2
Mega Spiläon 38 C 3
Megalopolis [mɛxa'lɔpɔlis] 38 C 4
Megara ['mɛxara] 38 C 3/4
Mégève [me'ʒɛ:v] 24/25 B 3
Meggen, Lennestadt- 8/9 F 3
Mehringen 11 AB 1
Mehrow 6 D 1
Meijel 8/9 A 3
Meinberg, Bad, Horn- 8/9 GH 2
Meine 10 D 2
Meinersdorf 11 D 3
Meinersen 10 C 2
Meinerzhagen 8/9 E 3
Meiningen 18/19 F 2
Meischan 57/58 B 3/4
Meisenberg 13 B 2
Meisenheim 12 B 2
Meißen 16/17 I 4
Meißner 16/17 E 4
Meitingen 15 A 1
Mekka 67/68 G 3
Meknès [mɛk'nɛs] 67/68 C 2
Mekong, Fl. 61/62 C 2, 59/60 E 1
Melaka (Malacca) 61/62 C 3
Melanesien 96 J 6/L 7
Melbeck 7 E 2
Melbourne ['mɛlbən] 74/75 E 4
Meldorf 16/17 E 1
Melekess [mili'kjɛs] (= Dimitrowgrad) 48/49 EF 2
Melfi ['mɛlfi] 34/35 E 5
Melibocus 12 D 2
Melilla [me'lilja] 67/68 C 2
Melilli 34/35 E 7
Melitopol [mili'tɔpalj] 48/49 D 3
Melk 24/25 F 1
Melle 16/17 D 3
Mellrichstadt 18/19 F 2
Mellum, I. 16/17 D 2
Mělník ['mjɛlnji:k] 18/19 J 2
Melrose ['mɛlrouz] 28/29 E 4
Melsungen 16/17 E 4
Melun-Senart [mə'lœ̃ se'na:r] 30/31 E 3
Melville-Halbinsel ['mɛlvil] 80/81 K 3
Melville-Insel ['mɛlvil] (Australien) 74/75 D 2
Melville-Insel ['mɛlvil] (Kanada) 80/81 HI 2
Melvillesund 80/81 HI 2
Memel, Fl. 40/41 E 4/5
Memel (Klaipeda), O. 26/27 J 1
Memelland 26/27 J 1
Memleben, Kl. 11 AB 2
Memmelsdorf 14 I B 1
Memmingen 18/19 F 4/5
Memphis, antiker Ort (Ägypten) 71 I B 3
Memphis ['mɛmfis] (Tennessee, USA) 82/83 DE 2
Menam, Fl. 61/62 C 2
Menden 8/9 E 3
Menderes ['mɛndɛrɛs], Fl. 48/49 C 4
Mendoza [men'dosa] 90 B 3
Mengede, Dortmund- 8/9 D 2
Mengtse 57/58 B 4
Menongue (Serpa Pinto) 69/70 B 3
Menorca [me'nɔrka], I. 32/33 HI 3
Mensel-Burgiba (Menzel-Bourguiba) 67/68 D 2
Mentawai-Inseln [mən'tawai] 61/62 B 4
Menteroda 10 D 4
Menton [mã'tõ] 24/25 B 4
Meping, Fl. 57/58 AB 5
Meppel ['mɛpəl] 39 I C 1
Meppen 16/17 C 3
Mequinenza-Stausee 32/33 FG 2

Meran [me'ra:n] (Merano) 24/25 D 2
Merapi [mə'rapi] 61/62 Nk. B 1
Merauke 61/62 G 4
Merca ['mɛrka] 67/68 H 5
Mercara 59/60 C 3
Merching 15 AB 2
Merchweiler 14 II D 2
Meretschanka, Fl. 102/103 L 1
Merfelder Bruch 8/9 D 2
Mergentheim, Bad 13 D 2
Mergui, O. 61/62 B 2
Merguiarchipel 61/62 B 2
Mérida ['meriða] (Mexiko) 84 D 2
Mérida ['meriða] (Spanien) 32/33 C 3
Mérida ['meriða] (Venezuela) 88/89 C 2
Mering 15 AB 2
Merlsheim, Schl. 8/9 H 2
Merrick ['mɛrik] 28/29 E 4
Merritt ['mɛrit] 80/81 G 4
Merseburg 11 BC 2, 16/17 GH 4
Mersey ['mə:zi] 28/29 E 5
Mersin ['mɛrsin] 48/49 D 4
Merten, Bornheim- 8/9 C 4
Merthyr Tydfil ['mə:θə'tidvil] 28/29 E 6
Meru ['mɛəru:] 69/70 D 2
Merzenich 8/9 C 4
Merzig 14 II C 2
Mesabi Range [mə'sɑ:bi 'rɛindʒ] 82/83 D 1
Mesar-i-Scherif 59/60 B 1
Meschede ['mɛʃədə] 8/9 F 3
Meschhed 48/49 F 4
Mesen [mi'zjenj], Fl. 48/49 E 1
Mesen [mi'zjenj], O. 48/49 E 1
Mesenbucht 42/43 O 1
Meseritz (Międzyrzecz) 16/17 K 3
Meseta 46/47 C 4/5, 98/99 D 4/5
Mesolongion [mɛsɔ'lɔŋgjɔn] (Mesológgion) 38 B 3
Mesopotamien 48/49 E 4
Mespelbrunn, Schl. 18/19 E 3
Messenischer Golf 38 C 4
Messina [mes'si:na] (Sizilien) 34/35 E 6
Messina [mɛ'si:nə] (Südafrika) 69/70 CD 4
Meßstetten 13 B 4
Mesta ['mɛsta] (Nestos), Fl. 36/37 F 4
Mestlin 16/17 G 2
Mestre, Venedig- 24/25 E 3
Meta ['meta], Fl. 88/89 D 2, 88/89 D 2
Meteora-Klöster 38 B 3
Meteorkrater (Arizona) 82/83 B 2
Meteorkrater (Labrador) 80/81 L 3
Meteorkrater (Sibirien) 50/51 J 3/4
Metković ['mɛtkovitsj] 36/37 C 3
Metsowon ['mɛtsɔvɔn] (Métsobon) 38 B 3
Metter, Fl. 13 BC 2
Mettlach 14 II C 1/2
Mettmann 8/9 C 3
Mettur 59/60 C 3
Metz 14 II B 2, 30/31 G 3
Metz-Frescaty, Flughafen 14 II B 2
Metzingen 13 C 3
Meurthe [mœrt], Fl. 18/19 B 4
Meuselwitz 11 C 2
Mexicali [mɛxi'kali] 82/83 B 2, 84 A 1
Mexiko, Staat 84 B 2/C 3, 166/167 EF 4/5
Mexiko ['mɛxiko] O. 84 C 3
Meximieux 24/25 A 3
Miami [mai'æmi] 82/83 E 3
Miami Beach [mai'æmi 'bi:tʃ] 82/83 E 3
Miass [mi'as] 48/49 FG 2
Michaelsberg, K. 13 C 2
Michailowgrad [mi'xajlovgrat] 36/37 F 3
Michalovce ['mixalɔutsɛ] 26/27 J 4
Michelbach 13 D 2
Michelstadt 12 DE 2
Michendorf 6 B 2
Michigan ['miʃigən], Bundesstaat, USA 82/83 E 1
Michigansee ['miʃigən] 82/83 E 1
Michikamausee [mitʃi'kɑ:mɔ:] 80/81 M 4
Michipicoten [mitʃipi'koutən] 82/83 E 1
Middelfart ['miðəlfard] 39 II A 2
Middlesbrough ['midlzbrə] (=Teesside) 28/29 F 4
Midlum 7 B 1
Midwayinseln 96 M 5
Międzychód [mjɛn'dzyxut] (= Birnbaum) 16/17 K 3, 26/27 G 2
Międzyrzecz [mjɛn'dziʒɛtʃ] (=Meseritz) 16/17 K 3
Międzyzdroje [mjɛndzy'zdrɔjɛ] (= Misdroy) 16/17 J 2
Miehlen 12 B 1
Mielec ['mjɛlɛts] 26/27 J 3
Mielno (= Groß Möllen) 16/17 L 1
Mieminger Gebirge 15 AB 4
Miercurea Ciuc ['mjerkurja 'tʃuk] 36/37 G 1
Mieres [mi'eres] 32/33 D 1
Mieresch (Maros, Mureș), Fl. 36/37 F 1
Miersdorf, Zeuthen- 6 D 2
Mies, Fl. 18/19 H 3
Mies (Stříbro), O. 18/19 HI 3
Miesau, Bruchmühlbach- 14 D 2
Miesbach 15 C 3
Miesenbach, Ramstein- 12 B 3
Mijasaki [mi'ja,zaki] (Miyazaki) 54 C 4
Mikkeli ['mikkɛli] 40/41 F 3
Mikonos ['mikɔnɔs] (Múkonos), I. 38 D 4
Mikronesien 96 J-L 6
Mikronesien, Föderierte Staaten von (US-Treuhandgebiet Pazif. Inseln) 61/62 FH 2/3, 166/167 UW 6
Milano [mi'la:no] (= Mailand) 24/25 C 3, 34/35 B 3
Milazzo [mi'lattso] 34/35 E 6
Mildensee, Dessau- 11 C 1
Mildstedt, K. 16/17 E 1
Mildura [mil'djuərə] 74/75 E 4
Milet, antiker Ort 38 E 4
Milevsko ['milɛfskɔ] 18/19 J 3
Milford Haven ['milfəd 'hɛivn] 28/29 D 6
Milk [milk], Fl. 82/83 C 1
Millau [mi'jo] 30/31 E 5
Millstatt 24/25 E 2
Milos ['milɔs] (Melos), I. 38 D 4
Miltenberg 18/19 E 3
Milwaukee [mil'wɔ:ki] 82/83 E 1
Mimizan [mimi'zã] 30/31 C 5
Mina-el-Ahmadi [mi'na: ɛl'axmadi] 67/68 H 3
Minamata 54 C 4
Minas de Riotinto ['minaz ðɛ rrio'tinto] 32/33 C 4
Minatitlán [minati'tlan] 84 C 3
Mincio ['mintʃo], Fl. 24/25 D 3
Mindanao [minda'nao], I. 61/62 E 3
Mindel, Fl. 22/23 D 4
Mindelheim 18/19 F 4
Minden 16/17 D 3
Mindoro [min'doro], I. 61/62 E 2
Mingetschaurer Stausee 48/49 E 3
Minho ['minju], L. 32/33 B 2
Minho ['minju] (Miño), Fl. 32/33 B 1
Minneapolis [mini'æpəlis] 82/83 D 1
Minneburg 13 BC 2
Minnesota [mini'soutə], Bundesstaat, USA 82/83 D 1
Miño ['minjo] (Minho), Fl. 32/33 C 1
Minot ['minət] 82/83 C 1
Minschan 57/58 B 3
Minsk [minsk] 48/49 C 2
Mintosee 80/81 L 4
Minussinsk [minu'sinsk] 50/51 I 4
Minya Gongkar 57/58 B 4
Miquelon [mi'klõ], I. 80/81 N 5
Mira, Fl. 32/33 B 4
Miranda de Ebro [mi'randa ðe 'eßro] 32/33 E 1
Mirgorod ['mirgarat] 48/49 D 2/3
Mirimlagune [mi'rĩ] 90 C 3
Mirina 38 DE
Mirny ['mirnyj] 50/51 K 3
Mirzapur 59/60 D 2
Misburg, Hannover- 10 B 2
Misdroy (Międzyzdroje) 16/17 J 2
Miskolc ['miʃkolts] 36/37 E 0
Misool, I. 61/62 EF 4
Mississippi [misi'sipi], Bundesstaat, USA 82/83 DE 2
Mississippi [misi'sipi], Fl. 82/83 D 2
Missoula [mi'zu:lə] 82/83 B 1
Missouri [mi'zuəri], Bundesstaat, USA 82/83 D 2
Missouri [mi'zuəri], Fl. 82/83 D 1/2
Mistassinisee [mistə'si:ni] 80/81 L 4
Mistelbach 14 I CD 1
Mistra, antiker Ort 38 C 4
Misurata (Misrata) 67/68 E 2
Mitau (Jelgava) 40/41 E 4
Mitla-Paß 71 I C 2
Mitschurin [mi'tʃurin] 36/37 H 3
Mitschurinsk [mi'tʃurinsk] 48/49 E 2
Mittelamerika 84
Mittelberg 18/19 F 5
Mittelebrach, Fl. 14 I B 1
Mitteleuropäisches Tiefland 102/103 C-J 1/2
Mittelfranken, Regierungsbezirk 176 D 4
Mittelländisches Meer 67/68 D-F 2
Mittellandkanal 16/17 D 3
Mittelrussische Platte 48/49 D 2, 98/99 H 3
Mittelsibirisches Bergland 50/51 I-K 3
Mittenaar 8/9 F 4
Mittenwald 15 B 4
Mittersill 18/19 H 5
Mitterteich 18/19 H 3
Mittlerer Atlas 67/68 C 2
Mittlerer Isarkanal 15 C 2
Mittlerer Neckar, Region 160 I/III
Mittlerer Ural 48/49 F 1/2
Mittweida 11 D 3
Mitú [mi'tu] 88/89 CD 2
Miyazaki [mi'ja,zaki] (= Mijasaki) 54 C 4
Mizen Head ['mizən 'hɛd] 28/29 B 6
Mjøsensee ['mjœ:sən] 40/41 C 3
Mladá Boleslav ['mlada 'bɔlɛslaf] (= Jungbunzlau) 18/19 JK 2
Mlanje ['mlɑ:ndʒei] 69/70 D 3
Mława [mu'ava] 26/27 J 2
Mljet [mljɛt], I. 36/37 C 3
Moa, I. 61/62 E 4
Moanda [moan'da] 69/70 B 2
Mobile [mou'bi:l] 82/83 E 2
Mobuto-Sese-Seko-See (= Albertsee) 69/70 D 1
Moçambique, Staat 69/70 D 3/4, 166/167 O 7/8
Moçambique [musam'bikə], O. 69/70 E 3
Moçâmedes [mu'saməðiʃ] 69/70 B 3
Mochental, Schl. 13 D 4
Möckmühl 13 C 2
Mockrehna 11 D 1
Modena ['mɔ:dena] 24/25 D 3
Moder, Fl. 18/19 C 4
Modica ['mɔ:dika] 34/35 E 7
Modjokerto 61/62 Nk. B 1
Moers 8/9 C 3
Mogadischo (Mogadishu) 67/68 H 5
Mogilew [magi'ljɔf] 48/49 CD 2
Mogok 59/60 E 2
Mohács ['moha:tʃ] 36/37 D 1/2
Mohéli [moe'li] (= Mwali), I. 69/70 E 3
Mohenjo Daro, Ruinenstätte 59/60 B 2
Möhlau 11 C 1
Möhne, Fl. 8/9 E-G 3
Möhnesee 8/9 F 3
Möhnesee, O. 8/9 F 2/3
Moho 57/58 D 1
Mohrin [mo'ri:n] (Moryń) 16/17 J 3
Mo i Rana [,mu: i 'ra:na] (Gem. Rana) 40/41 C 2
Moisburg 7 D 2
Moissac [mwa'sak] 30/31 D 5
Mojavewüste [mou'hɑ:vi] 82/83 B 2
Mokpo 54 B 4
Moldau, Fl. 18/19 J 2
Moldau, L. 48/49 C 3
Moldauische Soz. Sowjetrepublik 180
Molde ['mɔldə] 40/41 B 3
Moldoveanul [moldove'anul] 36/37 G 2
Moldovița [moldo'vitsa], Kl. 36/37 G 1
Molfetta [mol'fetta] 34/35 F 5
Molise [mo'li:ze] 34/35 E 5
Mollendo [mo'jendo] 88/89 C 4
Mölln 7 F 1
Molokai, I. 85 I
Molsheim 18/19 C 4
Molukken, In. 61/62 E 4
Molukkensee 61/62 E 4/3
Molzen, Uelzen- 7 F 2
Momagebirge ['mɔma] 50/51 N 3
Mombasa [mɔm'bɑ:sə] 69/70 D 2
Mombetsu 54 E 2
Møn [mœ:n], I. 39 II C 2
Monaco [dt. mo'nako, frz. mona'ko], Staat 24/25 B 4, 172 D 4
Mona Passage ['mounə pæsidʒ] 88/89 D 1
Moncayo [mɔŋ'kajo] 32/33 F 2
Mönchengladbach 8/9 B 3, 16/17 B 4
Mönchgut, Halbinsel 16/17 I 1
Monclova [mɔŋ'kloßa] 82/83 C 3
Moncton [mʌŋtən] 80/81 M 5
Mondego [mon'dexu], Fl. 32/33 C 2
Mondorf-les-Bains [mɔndɔrfle'bɛ̃] 14 II B 1
Mondovi [mondo'vi] 24/25 B 3
Mondsee 18/19 I 5
Monemwasia [mɔnɛmva'sia] 38 C 4
Monfalcone [momfal'ko:ne] 24/25 E 3
Monferrato [momfer'ra:to] 24/25 BC 3
Monforte de Lemos [mɔn'fɔrte ðe 'lemɔs] 32/33 C 1
Mongalla 67/68 G 5
Monghyr (= Munger) 59/60 D 2
Mongolei (Mongolische Volksrepublik) 57/58 A-C 2, 166/167 ST 3/4
Mongolischer Altai 50/51 HI 5
Mongu ['mɔŋgu:] 69/70 C 3
Monheim, Düsseldorf- 8/9 C 3
Monopoli [mo'nɔpoli] 34/35 F 5
Monreale, K. 34/35 D 6
Monrepos [mõrə'po], Schl. 13 C 3
Monroe [mən'rou] 82/83 D 2
Monrovia [mən'rouviə] 67/68 B 5
Mons [mõ:s] 39 I AB 2
Monschau 18/19 B 2
Monsheim 12 C 2
Møns Klint ['mœ:ns 'klend] 39 II C 2
Montabaur 12 B 1, 18/19 C 2
Montagne de Lure [mõtanjdə'ly:r] 24/25 A 3
Montagne du Lubéron [mõtanjdylybe'rõ] 24/25 A 4
Montagne d'Arrée [mõtanjda're] 30/31 AB 3
Montaigle, B. 39 I B 2
Montalbán 32/33 F 2
Montana [mɔn'tænə], Bundesstaat, USA 82/83 BC 1
Montargis [mõtar'ʒi] 30/31 E 3/4
Montauban [mõto'bã] 30/31 D 5
Montbard [mõ'ba:r] 24/25 A 2, 30/31 F 4
Montbéliard [mõbe'lja:r] 18/19 B 5, 30/31 G 4
Montblanc [mõ'blã] 24/25 B 3
Mont Canigou 30/31 E 6
Montceau-les-Mines [mõsole 'min] 24/25 A 2, 30/31 F 4
Mont Cenis, Col du [kɔldymõs'ni] 24/25 B 3
Montclair 14 II C 2
Mont-de-Marsan [mõdmar'sã], O. 30/31 C 6
Mont-des-Avaloirs [mõdɛsava'lwa:r] 30/31 C 3
Mont Dore [mõ'dɔ:r] 30/31 E 5
Monte Amiata ['monte ami'a:ta] 34/35 C 4
Monte Argentaria ['monte ardʒen'tarja] 34/35 C 4
Monte Baldo ['monte 'baldo] 24/25 D 3
Monte Cammarata 34/35 D 7
Monte Cassino ['monte kas'si:no], Kl. 34/35 D 5
Monte Cinto ['monte 'tʃinto] 34/35 B 4
Monte Cristallo ['monte kris'tallo] 24/25 E 2
Montecristo [monte'kristo], I. 34/35 C 4
Monte Gargano ['monte gar- 'ga:no] 34/35 E 5
Montego Bay [mən'tɛigou 'bɛi], O. 84 E 3
Monte Grappa ['monte 'grappa] 24/25 D 3
Monte Lauro 34/35 E 7
Montélimar [mõteli'ma:r] 24/25 A 3, 30/31 F 5
Monte Maggiorasca ['monte maddʒo'raska] 24/25 C 3
Montenegro, Teilrepublik, Jugoslawien 36/37 D 3, 178
Monte Oliveto Maggiore 24/25 D 4
Monte Perdido ['mɔnte pɛr'ðiðo] 32/33 FG 1
Monte Petroso 34/35 D 5
Monte Pollino ['monte pol'li:no] 34/35 F 6
Montepulciano [montepul'tʃa:no] 24/25 D 4
Montereau [mõ'tro] 30/31 E 3
Monterey [mɔnti'rɛi] 82/83 A 2
Monteria [mɔnte'ria] 88/89 C 2
Monte Rosa ['monte 'rɔ:za] 24/25 BC 3
Monte Rotondo ['monte ro'tondo] 34/35 B 4
Monterrey [mɔntɛ'rrɛi] 84 BC 2, 82/83 CD 3
Montes Claros ['montis 'klarus], O. 88/89 F 4
Montes de Toledo ['mɔntes ðe to'leðo] 32/33 D 3
Monte Sirino 34/35 E 5
Monte Velino 34/35 D 4
Montevideo [mɔnteßi'ðeo] 90 C 3
Monte Viso ['monte 'vi:zo] 24/25 B 3
Monte Vulture ['monte 'vulture] 34/35 E 5
Mont Forel 80/81 P 3
Montgenèvre, Col de [kɔldemõʒ'nɛ:vr] 24/25 B 3
Montgomery [mənt'gʌmri] 82/83 E 2
Mont Grébun [mõgre'bun] 67/68 D 3
Monti del Gennargentu ['monti del dʒennar'dʒɛntu] 34/35 B 5/6
Monti del Matese 34/35 E 5
Montigny [mõti'nji] 14 II B 2
Mont Lozère [mõlo'zɛ:r] 30/31 E 5
Montluçon [mõly'sõ] 30/31 E 4
Montone, Fl. 24/25 D 3
Mont Pelat [mõ'pla] 24/25 B 3
Mont Pelée [mõpə'le] 88/89 D 1
Montpellier [mõpɛ'lje] 30/31 E 6
Mont Pilat 24/25 A 3
Montreal [engl. mɔntri'ɔ:l, frz. mõre'al] 82/83 F 1
Montreux [mõ'trœ] 24/25 B 2
Montrose [mɔn'trouz] 28/29 E 3
Mont-Saint-Michel [mõsɛ̃mi'ʃɛl], Kl. 30/31 C 3
Mont Salève [mõsa'lɛ:v] 24/25 B 2
Montschegorsk [mantʃi'gɔrsk] 40/41 G 2
Monts de la Margeride [mõdlamarʒə'rid] 30/31 E 5
Monts du Charollais [mõdyʃarɔ'lɛ] 24/25 A 2
Monts du Forez [mõdyfɔ'rɛ] 30/31 E 5
Monts du Mâconnais [mõdymakɔ'nɛ] 24/25 A 2
Monts du Vivarais [mõdyviva'rɛ] 30/31 F 5
Montserrat [mɔnsɛ'rrat], Berg u. Kl. 32/33 G 2
Montserrat [mɔnʃɛ'ræt], I. 88/89 D 1
Mont Ventoux [mõvã'tu] 24/25 A 3
Monza ['montsa] 24/25 C 3
Monzingen 12 B 2
Moody Point 91 II C 1
Mook 8/9 A 2
Moon (Muhu), I. 40/41 E 4
Moonie ['mu:ni] 74/75 E 3
Moorege 7 D 1
Moosach 15 C 2
Moosburg (Bayern) 15 C 2
Moose [mu:s], Fl. 82/83 E 0
Moose Jaw ['mu:s 'dʒɔ:] 82/83 C 0
Moosinning 15 C 2
Moosonee ['mu:səni:] 80/81 K 4
Mopti [mɔp'ti] 67/68 C 4
Mora [,mu:ra] 40/41 C 3
Moradabad [mə'rɑ:dəbɑ:d] 59/60 C 2
Morava ['mɔrava] (= March), Fl. 26/27 H 4
Morava [,mɔrava], Fl. 36/37 E 2
Moray Firth ['mʌri 'fə:θ] 28/29 E 3
Morecambe Bay ['mɔ:kəm 'bɛi] 28/29 E 4/5
Morelia [mo'relia] 84 B 3
Morez [mɔ'rɛ:z] 24/25 B 2
Mörfelden-Walldorf 12 D 1/2
Moringen 10 B 3
Moritzberg 14 I C 2
Moritzburg, B. (b. Zeitz) 11 C 2
Moritzburg, Schl. (b. Dresden) 16/17 I 4
Morjoka [mo'ri,oka] 54 E 3
Morlaix [mɔr'lɛ] 30/31 B 3
Mörlenbach 12 D 2
Morondava [mɔrɔnda'va] 69/70 E 4
Moroni [mɔrɔ'ni] 69/70 E 3
Morotai ['morotai], I. 61/62 E 3
Mors [mɔrs], I. 39 II A 1
Morsø (Nykøbing) 39 II A 1
Morsbach 8/9 E 4
Morstein, Schl. 13 D 2
Morvan [mɔr'vã] 30/31 EF 4
Morwell ['mɔ:wəl] 74/75 E 4
Moryń (= Mohrin) 16/17 J 3
Mosbach 13 C 2
Mosel, Fl. 18/19 B 3, 121 IV
Moshi ['mouʃi:] 69/70 D 2, 71 III
Mosigkau, Dessau- 11 C 1
Mosjøen [,mu:ʃœ:ən] (Gem. Vefsn) 40/41 C 2
Moskau (Moskwa) 48/49 D 2, 50/51 C 4
Moskauer Höhe 42/43 N 3
Moskenstraumen [,mɔskən-strœymən] 40/41 C 2
Moskwa [mas'kva], Fl. 48/49 D 2
Moskwa [mas'kva] (= Moskau) 48/49 D 2, 50/51 C 4
Moss [mɔs] 40/41 C 4
Mosselbaai (Mossel Bay) 69/70 C 5
Mössingen 13 C 4
Mossoró [mosoʼrɔ] 88/89 G 3
Mossul (Al Mausil) 48/49 E 4
Most [mɔst] (= Brüx) 18/19 I 2
Mostaganem [mɔstaga'nɛm] 32/33 G 5
Mostar [,mɔsta:r] 36/37 C 3

Mosyr [ma'zyrj] 48/49 C 2
Motala ['mu:tala] 40/41 CD 4
Motherwell ['mʌðəwəl] 28/29 DE 4
Motihari 59/60 D 2
Motovun [mo̜tovu:n] 24/25 E 3
Motril [mo'tril] 32/33 E 4
Mottenberg 14 II C 2
Moulins [mu'lɛ̃] 30/31 E 4
Moulmein 59/60 E 3
Moundou [mun'du] (= Mundu) 67/68 E 5
Mount Baker ['maunt 'beikə] 82/83 A 1
Mount Bruce ['maunt 'bru:s] 74/75 B 3
Mount Cook ['maunt 'kuk] 74/75 GH 5
Mount Egmont 74/75 H 4
Mount Elbert 82/83 C 2
Mount Erebus 91 II B 23
Mount Everest ['maunt 'ɛvərist] 59/60 D 2
Mount Fairweather ['maunt 'fɛəweðə] 80/81 F 4
Mount Hagen, O. 61/62 G 4
Mount Hawkes ['maunt 'hɔ:ks] 91 II A
Mount Isa ['maunt 'aizə], O. 74/75 D 3
Mount Jackson ['maunt 'dʒæksn] 91 II B 36
Mount Katmai ['maunt 'kætmai] 80/81 D 4
Mount Kirkpatrick ['maunt kə:k'pætrik] 91 II A
Mount Kosciusko ['maunt kɔsi'uskou] 74/75 E 4
Mount Logan ['maunt 'lougən] 80/81 EF 3
Mount McKinley ['maunt mə'kinli] 80/81 DE 3
Mount Menzies 91 II B 12/13
Mount Mitchell [maunt 'mitʃəl] 82/83 E 2
Mount Morgan ['maunt 'mɔ:gən], O. 74/75 F 3
Mount Newman ['maunt 'nju:mən] 73 BC 3
Mount Rainier ['maunt 'rɛı'niə] 82/83 A 1
Mount Roosevelt ['maunt 'ru:svelt] 80/81 G 4
Mount Sabine 91 II B 23
Mount Saint Elias 80/81 E 3
Mount Saint Helens ['maunt snt'hɛlinz] 82/83 A 1
Mount Shasta ['maunt 'ʃæstə] 82/83 A 1
Mount Sidley 91 II B 30
Mount Victoria 61/62 G 4
Mount Washington ['maunt 'wɔʃiŋtən] 82/83 F 1
Mount Whitney ['maunt 'witni] 82/83 B 2
Mount Woodroffe ['maunt 'wudrɔf] 74/75 D 3
Mount Ziel 74/75 D 3
Moura 74/75 E 3
Moûtiers [mu'tje] 24/25 B 3
Moyeuvre-Grande 14 II B 2
Moyobamba [mojo'ßamba] 88/89 C 3
Mözener See 7 E 1
Mpanda [əm'pɑ:ndɑ:] 69/70 D 2
Msta [msta], Fl. 42/43 M 3
Mtwara [əm'twɑ:rɑ:] 69/70 E 3
Much 8/9 D 4
Muchawez, Fl. 26/27 K 2
Mücheln 11 B 2
Mudanya 36/37 I 4
Müddersheim, Schl. 8/9 C 4
Müden 10 C 1
Mudersbach 8/9 EF 4
Mugello, L. 24/25 D 4
Mügeln 11 E 2
Müggelberge 6 D 2
Müggelheim, Berlin- 6 D 2
Muğla 44/45 I 4
Mugodschariberge 98/99 J 4
Muharrak 126 IV
Mühlacker 13 B 3
Mühlau 11 D 3
Mühldorf am Inn (Bayern) 18/19 H 4
Mühlenbeck 6 C 1
Mühlhausen (Baden-Württemberg) 13 B 2
Mühlhausen (Thüringen) 16/17 F 4
Mühlheim am Main 12 D 1
Mühltal 12 D 2
Mühlviertel 18/19 J 4
Muhu (= Moon), I. 40/41 E 4
Muinak [muj'nak] 48/49 F 3
Mukatschewo [mu'katʃiva] 36/37 F 0
Mulde, Fl. 26/27 F 3
Muldenstein 11 C 1
Muleng, Fl. 54 C 1
Mulhacén [mula'θen] 32/33 E 4
Mülhausen (Mulhouse) 18/19 C 5, 30/31 G 4
Mülheim an der Ruhr 8/9 C 3
Mulhouse [my'lu:z] (= Mülhausen) 18/19 C 5, 30/31 G 4
Mull [mʌl], I. 28/29 CD 3
Mullet-Halbinsel ['mʌlit] 28/29 A 4
Mull Head [mʌl'hɛd] 28/29 E 2
Müllheim 18/19 C 5
Mullingar [mʌlin'gɑ:] 28/29 C 5
Mull of Galloway [mʌlav'gæləwɛi], Kap 28/29 D 4
Mülsen-Sankt Jacob 11 D 3
Multan [mul'tɑ:n] 59/60 C 1
Muluja, Fl. 46/47 C 5
Mümling, Fl. 12 D 2
Münchberg 18/19 G 2
München 15 BC 2, 18/19 G 4, 161 I
München-Riem, Flughafen 15 C 2, 176 D 4
München II, Flughafen (gepl.) 15 C 2
Münchenbernsdorf 11 B 3
Münchhausen 8/9 G 4
Münchweiler 12 B 3
Münden 10 B 4
Munderkingen 13 D 4
Mundu [mun'du] (Moundou) 67/68 E 5
Mungbere 69/70 C 1
Munger (Monghyr) 59/60 D 2
Munku Sardyk 57/58 AB 1
Münsing 15 B 3
Münsingen 13 CD 4
Munster ['mʌnstə], L. (Ireland) 28/29 B 5
Munster, O. (Niedersachsen) 7 E 2/3
Münster, Regierungsbezirk 176 B 2/3
Münster, O. (Elsaß) 18/19 C 4
Münster, O. (Hessen) 12 D 2
Münster, O. (Westfalen) 8/9 E 2, 16/17 C 4
Münsterdorf 7 D 1
Münsterland 16/17 B-D 4
Münster-Sarmsheim 12 B 2
Münzenberg 12 D 1
Muonio ['muɔnio] 40/41 E 2
Muonioälv [mu'o:nio 'ɛlv], Fl. 40/41 E 2
Mur, Fl. 36/37 C 1
Murchison ['mə:tʃisn], Fl. 74/75 B 3
Murchisonfälle ['mə:tʃisn] 69/70 D 1
Murcia ['murθia], L. 32/33 E 3/F 4
Murcia ['murθia], O. 32/33 F 3/4, 114 I
Murdisenke 67/68 F 4
Murdochville ['mə:dɔkvil] 80/81 M 5
Mureș ['mureʃ] (Maros, Mieresch), Fl. 36/37 E 1
Murfatlar 36/37 I 2
Murg, Fl. 18/19 D 4
Murgul ['murgul] 48/49 E 3
Müritz, See 16/17 H 2
Murmanküste 46/47 G 1
Murmansk ['murmansk] 40/41 G 2, 48/49 D 1
Murnau 15 B 3
Murnauer Moos 15 B 3
Murom ['muram] 48/49 E 2
Muroran [mu'ro̜ran] 54 E 2
Muroto 54 C 4
Murr, Fl. 13 C 3
Murray ['mʌri], Fl. 74/75 E 4
Murrhardt 13 D 3
Murrhardter Wald 13 D 2
Murska Sobota 24/25 G 2
Mursuk [mur'zu:k] 67/68 E 3
Murwara 59/60 D 2
Mürzzuschlag 24/25 F 2
Musan 54 B 2
Musgravekette ['mʌzgrɛiv] 74/75 D 3
Muskegon [mʌs'ki:gən] 82/83 E 1
Muslimbagh (Hindubagh) 59/60 B 1
Mussala ['musala] 36/37 F 3
Mustafa Kemalpașa [musta'fake'malpɑ̜ʃɑ] 36/37 I 4
Mut 67/68 F 3
Mutankiang, Fl. 54 B 2
Mutankiang, O. 57/58 D 2
Mutterstadt 12 C 3
Mutzschen 11 D 2
Muzaffarabad 59/60 C 1
Muzaffarnagar [mu'zæfənəgə] 59/60 C 2
Muzaffarpur [mu'zæfəpuə] 59/60 D 2
Mwali (Moheli), I. 69/70 E 3
Mwansa 69/70 D 2
Mwerusee ['mwɛru:] 69/70 C 2
Myingyan 59/60 E 2
Myitkyina 59/60 E 2
Mykenä [my'ke:ne], antiker Ort 38 C 4
Mylau 11 C 3
Myllendonk, Schl. 8/9 C 3
Mymensingh ['maimənsiŋ] (= Nasirabad) 59/60 E 2
Mýrdalsjökull ['mirdalsjœ:kydl] 40/41 Nk. B 2
Myślibórz [mysj'libuʃ] (= Soldin) 16/17 J 3
Mysore [mai'sɔ:] 59/60 C 3
Mývatn ['mi:vahtn], See 40/41 Nk. B 1

N

Naab, Fl. 18/19 G 3
Naantali ['nɑ:ntɑli] 40/41 E 3
Nabereschnyje Tschelny ['nabiriʒnyji tʃil'ny] 48/49 F 2
Nablus 71 II C 2
Nacala [na'kala] 69/70 E 3
Nachitschewan [naxitʃi'vanj] 48/49 E 4
Náchod 26/27 H 3
Nachodka [na'xɔtka] 50/51 M 5
Nachrodt-Wiblingwerde 8/9 E 3
Nackenheim 12 C 2
Nadelkap (Kap Agulhas) 69/70 BC 5
Nadjranoasen 67/68 H 4
Nadschin 54 C 2
Nadwoizy 48/49 D 1
Næstved ['nɛsdveð] 39 II B 2
Nafplion (Nauplion) 38 C 4
Nagaland 59/60 E 2
Nagano [na'ŋano] 54 D 3
Nagappattinam [nægə'pætinəm] 59/60 C 3
Nagasaki [dt. naga'za:ki, jap. na'ga̜saki] 54 B 4
Nagercoil ['nɑ:gəkoil] 59/60 C 4
Nagoja ['na̜goja] 54 D 3
Nagold, Fl. 13 B 3
Nagold, O. 13 B 3
Nagpur [nɑ:gpuə] 59/60 C 2
Nagykanizsa ['nɔdjkɔniʒɔ] 36/37 C 1
Naha 57/58 D 4
Nahe, Fl. 18/19 C 3
Nahe, O. (Schleswig-Holstein) 7 E 1
Naila 18/19 G 2
Nain [nɛin] 80/81 M 4
Nairobi [naiə'roubi] 69/70 D 2
Nakhon Phanom 57/58 B 5
Nakhon Ratchasima 61/62 C 2
Nakhon Sawan 61/62 BC 2
Nakhon Si Thammarat 61/62 BC 3
Nakskov ['nagsgɔu] 39 II B 2
Nakuru [nɑ:'ku:ru:] 69/70 D 2
Nalaicha 57/58 B 2
Nalbach 14 II C 2
Naltschik ['naljtʃik] 48/49 E 3
Namangan [naman'gan] (= Nam.) 50/51 G 5
Namborn 14 II D 1
Nam Dinh 57/58 B 4
Namhu, Fl. 57/58 B 4
Namib ['nɑ:mip] 69/70 B 3/4
Namibia (Südwestafrika) 69/70 BC 3/4, 166/167 MN 8
Nammun, Fl. 57/58 B 5
Nampa ['næmpə] 82/83 B 1
Nampo 54 B 3
Nampula [nam'pula] 69/70 D 3
Namsos ['namsu:s] 40/41 C 3
Nam Tso, See 59/60 DE 1
Namtu 59/60 E 2
Namur [na'my:r] 39 I B 2
Nanchang (= Nantschang) 57/58 C 4
Nancy [nã'si] 18/19 B 4, 30/31 G 3
Nanda Devi 59/60 CD 1
Nanded (Nander) 59/60 C 3
Nanga Parbat 59/60 C 1
Nanking (Nanjing) 57/58 C 3
Nanning 57/58 B 4
Nanping 57/58 C 4
Nanschan 57/58 AB 3
Nantes [nã:t] 30/31 C 4
Nantschang (Nanchang) 57/58 C 4
Nantscheng 57/58 C 4
Nantschung 57/58 B 3
Nantung 57/58 D 3
Naousa ['nausa] 38 C 2
Napier 74/75 H 4
Napo ['napo], Fl. 88/89 C 3
Napoli ['na:poli] (= Neapel) 34/35 E 5
Nara ['na̜ra] 54 D 4
Narayanganj [nɑ:'rɑ:jəngændʒ] 59/60 E 2
Narbonne [nar'bɔn] 30/31 E 6
Narew ['narɛf], Fl. 26/27 J 2
Narjan-Mar [narj'jam'mar] 48/49 F 1
Närke ['nærkə] 40/41 CD 4
Narmada [nɐə'mædə], Fl. 59/60 C 2
Narodnaja [na'rɔdnaja] 48/49 G 1
Narssaq 80/81 O 3
Narvik [ˌnarvik] 40/41 D 2
Narwa, Fl. 40/41 F 4
Narwa ['narva], O. 40/41 F 4
Narwa-Stausee 40/41 F 4
Narym 50/51 H 4
Nashville ['næʃvil] 82/83 E 2
Nasik ['nɑ:sik] 59/60 C 2/3
Nasirabad (Mymensingh) 59/60 E 2
Nasiriya [naziri:ja] 48/49 E 4
Näsisee ['næsi] 40/41 E 3
Nassau (a. d. Lahn) 12 B 1
Nassau ['næsɔ:] (Bahamas) 84 E 2
Nassereith 15 A 4
Nassersee 67/68 G 3
Nässjö [ˌnɛʃœ:] 40/41 C 4
Nastätten 12 B 1
Naswa 59/60 A 2
Natal, L. 69/70 CD 4
Natal [na'tal], O. 88/89 G 3
Natchez ['nætʃiz] 82/83 D 2
Nationalpark am W 67/68 D 4
Nauen 6 A 1
Nauener Luch 6 A 1
Naugard (Nowogard) 16/17 K 2
Nauheim 12 C 2
Nauheim, Bad 12 D 1
Naumburg (Saale) 11 B 2
Naunhof 11 D 2
Nauplion [dt. 'nauplion, gr. 'nafplion] 38 C 4
Nauru, I. u. Staat 168 II
Navarra [na'ßarra] 32/33 EF 1
Navia ['naßia], Fl. 32/33 C 1
Naxos ['naksɔs], I. u. O. 38 D 4
Nazaré [naza'rɛ] 32/33 B 3
Nazareth 71 II C 2
Ndélé [nde'le] 67/68 F 5
Ndeni, I. 74/75 G 2
Ndjemena (Fort-Lamy) 67/68 E 4
Ndjolé [ndʒɔ'le] 69/70 B 1/2
Ndola [ən'doula:] 69/70 C 3
Ndzuweni (Anjouan), I. 69/70 E 3
Nea, Fl. 40/41 C 3
Neamt [njamts] 36/37 H 1
Neapel (Napoli) 34/35 E 5
Nearinseln [niə] 55/56 S 4
Nebelhöhle 13 C 4
Nebit-Dag [ni bid'dak] 48/49 F 4
Neblina [neb'lina] 88/89 D 2
Nebra 11 B 2
Nebraska [ni'bræskə], Bundesstaat, USA 82/83 CD 1
Nebrodisches Gebirge 34/35 E 6/7
Neckar, Fl. 18/19 D 3
Neckar, Mittlerer (Region) 160 I/III
Neckarbischofsheim 13 BC 2
Neckargemünd 13 B 2
Neckargerach 13 C 2
Neckarsteinach 13 B 2
Neckarsulm 13 C 2
Neckartenzlingen 13 C 3
Neckarwestheim 13 C 2
Necochea [neko'tʃea] 90 C 3
Nedjef 48/49 E 4
Nedlitz, Potsdam- 6 B 2
Nedschd 67/68 H 3
Neer 8/9 AB 3
Neetze, Fl. 7 F 2
Neetze, O. 7 F 2
Neffelbach, Fl. 8/9 C 4
Neftekamsk [nifti'kamsk] 48/49 F 2
Neftjanyje Kamni [nifti'nyji 'kamni] 48/49 F 3/4
Nefud 67/68 H 3
Negev 71 II C 3
Negombo 59/60 Nk.
Negros ['nexrɔs], I. 61/62 E 2/3
Neheim-Hüsten, Arnsberg- 8/9 EF 3
Nehlen, Schl. 8/9 F 2
Nehoiu 36/37 H 2
Neidenstein, B. 13 B 2
Neikiang 57/58 B 4
Neipperg, B. 13 C 2
Nei Monggol (Innere Mongolei), autonom. Gebiet, China 177
Neisse (Nysa), O. 26/27 H 3
Neiße, Fl. 16/17 J 4
Neiva ['nɛißa] 88/89 C 2
Nellore [nɛ'lɔ:] 59/60 CD 3
Nelson [nɛlsn], Fl. 80/81 J 4
Nelson [nelsn], O. 74/75 H 5
Néma [ne'ma] 67/68 C 4
Nemuro ['ne̜muro] 54 F 2
Nenndorf, Bad 10 A 2
Nepal, Staat 59/60 D 2, 166/167 R 5
Nephin ['nɛfin] 28/29 B 4/5
Nera, Fl. 34/35 D 4
Neratovice ['nɛratɔvitsɛ] 18/19 J 2
Nerchau 11 D 2
Neresheim, K. 18/19 F 4
Neretva [ˌnɛrɛ:tva], Fl. 36/37 D 3
Neris, Fl. 40/41 E 4/5
Nerja ['nɛrxa], Höhle von 32/33 E 4
Nertschinsk ['njɛrʃinsk] 50/51 K 4
Neskaupstaður ['nɛ:skœypsta:ðyr] 40/41 Nk. C 1
Nessebar [nɛ'sɛbər] 36/37 H 3
Nesselberg 10 B 2
Nestos ['nɛstɔs] (Mesta), Fl. 38 D 2
Netanya 71 II C 2
Nethe, Fl. 8/9 H 2
Neto ['nɛ:to], Fl. 34/35 F 6
Netphen 8/9 F 4
Nettetal 8/9 B 3
Nettillingsee ['nɛtʃiliŋ] 80/81 LM 3
Nettlingen, Söhlde- 10 C 2
Netze (Noteć), Fl. 26/27 H 2
Netzebruch 16/17 K 3
Netzeheide 16/17 K 3
Netzschkau 11 C 3
Neu-Anspach 12 CD 1
Neubeckum, Beckum- 8/9 F 2
Neubeuern 15 D 3
Neubiberg 15 C 2
Neubrandenburg, Bezirk 176 EF 2
Neubrandenburg, O. 16/17 I 2
Neubraunschweig (New Brunswick), Provinz, Kanada 80/81 M 5
Neubritannien, I. 73 EF 2
Neubritanniengraben 72 EF 2
Neubulach 13 B 3
Neuburg an der Donau 18/19 G 4
Neuchâtel [nœʃa'tɛl] (Neuenburg), Kanton, Schweiz 180
Neuchâtel [nœʃa'tɛl] (Neuenburg), O. 24/25 B 2
Neudamm (Dębno) 16/17 J 3
Neudenau 13 C 2
Neudorf, Graben- 13 AB 2
Neue Emscher, Fl. 8/9 C 2
Neue Hebriden, In. 74/75 G 2
Neu-Eichenberg 10 B 4
Neuenburg (= Neuchâtel), Kanton, Schweiz 180
Neuenburg (= Neuchâtel), O. 24/25 B 2
Neuenburg, B. 11 B 2
Neuenbürg 13 B 3
Neuenburger See (Lac de Neuchâtel) 24/25 B 2
Neuendettelsau 14 I B 2
Neuenhagen 6 D 1
Neuenkirchen (b. Cuxhaven) 7 B 1
Neuenkirchen (b. Soltau) 7 D 2
Neuenrade 8/9 E 3
Neuenstadt 13 C 2
Neuenstein 13 D 2
Neuenwalde, Langen- 7 B 1
Neuerburg 18/19 B 2/3
Neu Fahrland 6 B 2
Neufahrn 15 C 2
Neufchâteau [nœʃa'to] (Belgien) 39 I D 5
Neufchâteau [nœʃa'to] (Frankreich) 24/25 A 1
Neuffen 13 C 3
Neufundland (Newfoundland), Provinz, Kanada 80/81 M 4/N 5
Neufundland (Newfoundland), I. 80/81 N 5
Neufundlandbank 94/95 I 3
Neugablonz, Kaufbeuren- 18/19 F 5
Neugraben, Fl. 11 D 1
Neugraben-Fischbek, Hamburg- 7 D 2
Neuguinea ['gi'ne:a], I. 61/62 FG 4
Neuhaus (Jindřichův Hradec) 18/19 J 3
Neuhaus (Niedersachsen) 7 C 1
Neuhaus am Rennweg (Thüringer Wald) 18/19 G 2
Neuhaus an der Pegnitz (Bayern) 14 I D 1
Neuhaus, Holzminden- 10 B 3
Neuirland, I. 73 F 2
Neu-Isenburg 12 D 1
Neukaledonien, I. 74/75 G 3
Neukastell, B. 12 C 3
Neukastilien 32/33 D 3/E 2
Neukirchen/Erzgebirge 11 D 3
Neukirchen/Pleiße 11 C 3
Neukirchen-Vluyn [fly:n] 8/9 C 3
Neukölln, Berlin- 6 C 2
Neumark, L. 16/17 K 3/2
Neumark, O. 11 C 3
Neumarkt (Tîrgu Mureș; Rumänien) 36/37 G 1
Neumarkt in der Oberpfalz 14 I CD 2
Neumünster 16/17 EF 1
Neundorf 11 B 1
Neunkirchen am Brand (Bayern) 14 I C 1

Neunkirchen am Sand (Bayern) 14 I C 1
Neunkirchen/Saar 14 II D 2
Neunkirchen (b. Siegen) 8/9 EF 4
Neunkirchen-Seelscheid 8/9 D 4
Neuquén [neu'ken] 90 B 3
Neuruppin [nɔyru'pi:n] 16/17 H 3
Neusalz (Nowa Sól) 16/17 K 4
Neusäß 15 A 2
Neusatz (= Novi Sad) 36/37 D 2
Neuschottland (Nova Scotia), Provinz, Kanada 80/81 M 5
Neuschwabenland 91 II B 6-8
Neuschwanstein, Schl. 18/19 F 5
Neuseddin 6 A 2
Neuseeland, In. u. Staat 74/75 GH 4/5, 166/167 X 9/10
Neuseeländische Alpen 74/75 GH 5
Neusibirische Inseln 50/51 MN 2
Neusiedler See 34/35 F 2
Neuss 8/9 C 3
Neustadt (Bezirk Potsdam) 16/17 H 3
Neustadt (Harz) 10 D 3
Neustadt am Rübenberge 10 A 1/2
Neustadt an der Aisch 14 I B 1
Neustadt an der Donau 18/19 G 4
Neustadt an der Saale, Bad 18/19 F 2
Neustadt an der Waldnaab 18/19 H 3
Neustadt an der Weinstraße 12 C 3
Neustadt bei Coburg 18/19 FG 2
Neustadt (b. Marburg) 8/9 H 4
Neustadt-Glewe 16/17 G 2
Neustadt im Schwarzwald 18/19 D 5
Neustadt in Holstein 16/17 F 1
Neustadt/Orla 11 B 3
Neustettin (Szczecinek) 26/27 H 2
Neustrelitz 16/17 I 2
Neusüdwales (New South Wales), Bundesstaat, Australien 74/75 E 4
Neu-Ulm 13 DE 4
Neuves-Maisons [nœvmɛ'zõ] 18/19 B 4
Neuwerk, I. 7 AB 1
Neuwerker Watt 7 AB 1
Neuwied 18/19 C 2, 12 A 1
Neu-Wulmstorf 7 D 2
Neu-Zittau 6 DE 2
Nevada [nɛ'vɑ:da], Bundesstaat, USA 82/83 B 2
Nevers [nə'vɛ:r] 30/31 E 4
Neviges, Velbert- 8/9 D 3
Newa [ni'va], Fl. 40/41 G 3/4
Newark ['nju:ək] (England) 28/29 F 5
Newark ['nju:ək] (New York, USA) 82/83 F 1
New Bedford [nju: 'bɛdfəd] 82/83 F 1
New Brunswick [nju: 'brʌnzwik] (= Neubraunschweig), Provinz, Kanada 80/81 M 5
Newcastle ['nju:kɑ:sl] (Australien) 74/75 F 4
Newcastle ['nju:kɑ:sl] (Südafrika) 69/70 CD 4
Newcastle upon Tyne ['nju:kɑ:sl ə'pɔn 'tain] 28/29 F 4
Newfoundland [nju:fənd'lænd] (= Neufundland), Provinz, Kanada 80/81 M 4/N 5
Newfoundland [nju:fənd'lænd] (= Neufundland), I. 80/81 N 5
New Georgia ['nju: 'dʒɔ:dʒiə], I. 74/75 F 1
New Halfa 67/68 G 4
New Hampshire [nju: 'hæmpʃə] (= N.H.), Bundesstaat, USA 82/83 F 1
New Haven [nju: 'hɛivn] (Connecticut, USA) 82/83 F 1
Newhaven [nju:'hɛivn] (England) 28/29 FG 6
New Hazelton ['nju 'hɛizltən] 80/81 G 4
New Jersey [nju: 'dʒə:zi] (= N. J.), Bundesstaat, USA 82/83 F 2
New Mexico [nju: 'mɛksikou], Bundesstaat, USA 82/83 C 2
New Orleans [nju: ɔ:'liənz] 82/83 DE 2/3
Newport ['nju:pɔ:t] 28/29 F 6
Newport News ['nju:pɔ:t 'nju:z] 82/83 F 2
New Providence [nju: 'prɔvidəns], I. 82/83 F 3
Newry ['njuəri] 28/29 C 4
New York [nju: 'jɔ:k], Bundesstaat, USA 82/83 F 1
New York [nju: 'jɔ:k], O. 82/83 F 1, 164, 149 II
Ngamisee [əŋ'gɑ:mi:] 69/70 C 4
Ngaundere [ŋgaunde're] (Ngaoundéré) 67/68 E 5
Ngazidja, I. (Grande Comore) 69/70 E 3
Ngigmi [ŋgig'mi] (Nguigmi) 67/68 E 4
Ngiva 69/70 B 3
Ngorin-nor, See 57/58 A 3
Ngunza (Novo Redondo) 69/70 B 3
Nguru ['ʌŋ'gu:ru:] 67/68 E 4
Niagarafälle [nai'ægərə] 82/83 F 1
Niagara Falls [nai'ægərə 'fɔlz], O. 82/83 F 1
Niamey [nja'mɛ] 67/68 D 4
Nias ['nias], I. 61/62 B 3
Nicaragua, Staat 84 D 3, 166/167 G 6
Nicaraguasee 84 D 3
Nicaro 84 E 4
Nice [nis] (= Nizza) 24/25 B 4, 30/31 G 6
Nida ['nida], Fl. 102/103 J 3
Nidda, Fl. 18/19 E 2
Nidda, O. 12 DE 1
Niddatal, O. 12 D 1
Nidder, Fl. 12 D 1
Nidderau 12 D 1
Nideck, Schl. 18/19 C 4
Nideggen 8/9 BC 4
Nieblum, K. 16/17 D 1
Niebüll 16/17 D 1
Nied, Fl. 18/19 B 3
Niederbayern, Regierungsbezirk 176 DE 4
Niederbayern, L. 102/103 EF 4
Niederbronn, Bad (Niederbronn-les-Bains) 18/19 C 4
Niederbronn-les-Bains [nidər-'brɔn-le'bɛ̃] (= Bad Niederbronn) 18/19 C 4
Niedere Tatra 26/27 IJ 4
Niedere Tauern 24/25 EF 2
Niederfischbach 8/9 E 4
Niederfrohna 11 D 3
Niederguinea 63/64 EF 8/9
Niedergundelfingen, B. 13 CD 4
Niederkalifornien, Halbinsel 84 A 2, 82/83 B 3
Niederkassel 8/9 D 4
Niederkrüchten 8/9 B 3
Niederlande, Staat 39 I BC 1/2, 172 D 3
Niederländische Antillen 88/89 D 1, 166/167 G 6
Niederlausitz 16/17 IJ 4, 26/27 G 3
Niederlehme 6 D 2
Niedermarsberg 16/17 D 4
Niedernau, Bad 13 B 4
Niedernhall 13 D 2
Niedernhausen 12 C 1
Nieder-Olm 12 C 2
Niederorschel 10 C 4
Niederösterreich, Bundesland, Österreich 179
Niedersachsen, Bundesland 16/17 C-F 2/3, 176 B-D 2/3
Niedersachsenwerfen 10 D 3
Niederschöneweide, Berlin- 6 D 2
Niederschönhausen, Berlin- 6 C 1
Niederstetten 13 D 2
Niederwald-Denkmal 12 B 2
Niederwiesa 11 E 3
Niederwürzbach, Blieskastel- 14 II D 2
Niederzier 8/9 B 4
Niefern-Öschelbronn 13 B 3
Niemberg 11 C 1
Niemegk 11 C 1
Nienburg (Saale) 11 B 1
Nienburg (Weser) 16/17 E 3
Nienhagen 10 C 1
Niers, Fl. 8/9 B 2
Nierskanal 8/9 B 2
Nierstein 12 C 2
Niesen 24/25 B 2
Niesky 16/17 J 4
Niestetal 10 B 4
Nievenheim, Dormagen- 8/9 C 3
Niger, Staat 67/68 DE 3/4, 166/167 M 5/6
Niger, Fl. 67/68 D 5
Nigeria, Staat 67/68 DE 4/5, 166/167 M 6
Niigata [ni:gata] 54 D 3
Niihau, I. 85 I
Nijmegen ['nɛimə:xə] (= Nimwegen) 8/9 A 2, 39 I B 2
Nikel ['nikilj] 40/41 G 2
Nikko 54 D 3
Nikobaren, In. 61/62 B 3
Nikolajew [nika'lajif] 48/49 D 3
Nikolajewsk [nika'lajifsk] 50/51 N 4
Nikolassee, Berlin- 6 B 2
Nikopol ['nikapalj] 48/49 D 3
Nikosia [niko'zi:a] 71 II B 1, 48/49 D 4
Nikšić ['nikʃitsj] 36/37 D 3
Nil, Fl. 67/68 G 3, 114 III
Nil, Blauer, Fl. 67/68 G 4
Nil, Weißer, Fl. 67/68 G 4
Nildelta 71 I B 2
Nilgiri [nil'giri] 59/60 C 3
Nimba 67/68 C 5
Nîmes [nim] 30/31 F 6
Nimwegen (Nijmegen) 8/9 A 2, 39 I B 2
Ninghsia (Ningxia), autonom. Gebiet, China 177
Ningpo 57/58 D 4
Ninive ['ni:nive], antiker Ort 48/49 E 4
Niobrara [naiə'brɛrə], Fl. 82/83 D 1
Niort [njɔ:r] 30/31 C 4
Nipigonsee ['nipigən] 82/83 E 1
Niš [ni:ʃ] 36/37 EF 3
Nischapur 48/49 F 4
Nischneangarsk 50/51 T 4
Nischnekolymsk 50/51 P 3
Nischnewartowski 50/51 G 3
Nischni Tagil ['niʒnij ta'gil] 48/49 FG 2
Nisch Pescha 42/43 P 1
Nisiros, I. 38 E 4
Nissum Bredning ['nesom 'breðneŋ] 39 II A 1
Nissumfjord ['nesom] 39 II A 1
Nister, Fl. 8/9 E 4
Niterói [nite'rɔi] 88/89 F 5
Nitra ['njitra] 36/37 DO
Niue, I. 96 M 8
Nivernais [nivɛr'nɛ] 30/31 E 4
Niwa, Fl. 40/41 G 2
Nizamabad [ni'zɑ:mɑ:bɑ:d] 59/60 C 3
Nizza (Nice) 24/25 B 4, 30/31 G 6
Njassa (= Malawisee) 69/70 D 3
Njemen (Memel), Fl. 40/41 E 5
Njuksee 40/41 G 3
Nkongsamba [ŋkɔŋsam'ba] 67/68 DE 5
Noatak, Fl. 80/81 C 3
Nogales [no'xales] 82/83 B 2
Nogaltal [no'gal] 67/68 H 5
Nogat, Fl. 26/27 I 1
Noginsk [na'ginsk] 48/49 D 2
Nohfelden 14 II D 1
Noirmoutier [nwarmu'tje], I. 30/31 B 4
Nollig, B. 12 B 1
Nome [noum] 80/81 C 3
Nong Khai 57/58 B 5
Nonnweiler 14 II C 1
Noranda [nɔ:'rændə] 82/83 F 1
Nordamerika 92/93 E-H 3, 78/79
Nord-Äquatorialstrom 109
Nordatlantischer Rücken 94/95 K 2-6
Nordbeveland (Noord-Beveland) 39 I A 2
Nordbrabant (Noord-Brabant) 39 I B 2, 102/103 B 3
Nord-Carolina (North Carolina), Bundesstaat, USA 82/83 EF 2
Nord-Dakota (North Dakota), Bundesstaat, USA 82/83 CD 1
Norddeich, Norden- 16/17 C 2
Norden 16/17 C 2
Nordenham 7 AB 2
Norderney, I. 16/17 C 2
Norderstedt 7 DE 1
Nordfjord [nu:r] 40/41 AB 3
Nordfriesische Inseln 16/17 D 1
Nordfriesland 16/17 D 1, 122 II
Nordhausen 10 D 3/4
Nordhelle 8/9 E 3
Nordholz 7 B 1
Nordhorn 16/17 C 3
Nordinsel (Neuseeland) 74/75 H 4
Nordirland 28/29 C 4
Nordkanal 28/29 CD 4
Nordkap 40/41 F 1
Nordkinn ['nu:rõin] 40/41 F 1
Nordkirchen 8/9 E 2
Nordkorea, Staat 54 B 2/3, 166/167 U 4
Nordkvark ['nortkvark] 40/41 E 3
Nördliche Dwina, Fl. 48/49 E 1
Nördlicher Ural 48/49 FG 1
Nördliche Sporaden, In. 38 CD 3
Nördlingen 18/19 F 4
Nordminch [mintʃ] 28/29 C 3/D 2
Nordostpolder 39 I B 1, 123 VIII
Nord-Ostsee-Kanal 16/17 E 1
Nordpfälzer Bergland 12 A 3/B 2
Nordpol 78/79 1, 91 I A
Nordpolarmeer 91 I A, 50/51 1, 78/79 1
Nordrhein-Westfalen, Bundesland 16/17 B-E 3-5, 176 BC 2
Nordrussischer Landrücken 48/49 E 2/F 1
Nordsee 46/47 D 3
Nordsee-Kanal 39 I B 1
Nordstemmen 10 B 2
Nordstrand, I. 16/17 D 1, 122 II
Nordterritorium (Northern Territory, Australien) 74/75 D 2
Nordwestkap (Australien) 74/75 B 3
Nordwest-Territorien, Kanada 80/81 H-L 3
Nordwik 50/51 K 2
Norf, Neuss- 8/9 C 3
Norfolk ['nɔ:fək], Grafschaft 28/29 G 5
Norfolk ['nɔ:fək] (Virginia, USA) 82/83 F 2
Norfolk Broads ['nɔ:fək 'brɔ:dz] 28/29 F 5
Norfolkinsel ['nɔ:fək] 74/75 G 3
Norilsk [na'riljsk] 50/51 H 3
Normandie [dt. nɔrman'di:, frz. nɔrmã'di] 30/31 CD 3
Normannische Inseln (Kanalinseln) 30/31 B 3
Normanton 74/75 E 2
Norman Wells ['nɔ:mən 'wɛlz] 80/81 G 3
Norra Storfjäll 40/41 D 2
Norrbotten [ˌnɔrbɔtən] 40/41 E 2
Norrköping [ˌnɔrtɕœ:piŋ] 40/41 D 4
Norrland ['nɔrland] 40/41 CD 3
Norrtälje [nɔrˌtɛljə] 40/41 D 4
Norseman ['nɔ:smən] 74/75 C 4
Norsk 50/51 LM 4
Nörten-Hardenberg 10 B 3
Northampton [nɔ:'θæmptən] 28/29 F 5
North Bay ['nɔ:θ 'bɛi], O. 82/83 F 1
North Carolina ['nɔθ kærəlainə] (= Nord-Carolina), Bundesstaat, USA 82/83 EF 2
North Dakota ['nɔ:θ də'koutə] (= Nord-Dakota), Bundesstaat, USA 82/83 CD 1
North Downs ['nɔ:θ 'daunz] 28/29 FG 6
Northeim 10 BC 3
North Platte ['nɔ:θ 'plæt], Fl. 82/83 C 1
North Platte ['nɔ:θ 'plæt], O. 82/83 C 1
North Saskatchewan [ˌnɔ:θ səs'kætʃiwən], Fl. 80/81 HI 4
North Tyne ['nɔ:θ 'tain], Fl. 28/29 E 4
North Uist ['nɔ:θ 'ju:ist], I. 28/29 C 3
Northumberland [nɔ:'θʌmbələnd], Grafschaft 28/29 EF 4
North York Moors ['nɔ:θ 'jɔ:k 'muəz] 28/29 F 4
Nortonsund 80/81 C 3
Nortorf 16/17 E 1
Nörvenich 8/9 C 4
Norwegen, Staat 40/41 B-F 1-4, 172 D-F 2/3
Norwegische Rinne 98/99 E 2/3
Norwich ['nɔridʒ] 28/29 G 5
Nosy Be [nɔsi'be] (Nossi-Bé), I. 69/70 E 3
Nosy Boraha (Ste. Marie), I. 69/70 EF 3
Nota, Fl. 40/41 F 2
Noteć ['nɔtɛtsj] (= Netze), Fl. 26/27 H 2
Notodden ['nu:tɔdən] 40/41 B 4
Notsee 40/41 G 2
Nottaway ['nɔtəwɛi], Fl. 80/81 L 4
Nottingham ['nɔtiŋəm] 28/29 F 5
Nottuln 8/9 D 2
Nouadhibou (= Nuadhibu) 67/68 B 3
Nouakchott [nwak'ʃɔt] (= Nuakschott) 67/68 B 4
Nouméa 74/75 G 3
Nova Lisboa (= Huambo) 69/70 B 3
Novara [no'va:ra] 24/25 C 3
Nova Scotia ['nouvə 'skouʃə] (= Neuschottland), Provinz, Kanada 80/81 M 5
Nowa Sól ['nɔva 'sul] (= Neusalz) 16/17 K 4
Nové Zámky ['nɔvɛ: 'za:mki] 36/37 D 0/1
Novi Ligure ['nɔ:vi 'li:gure] 24/25 C 3
Novi Pazar ['nɔvi: ˌpaza:r] 36/37 E 3
Novi Sad ['nɔvi: 'sa:d] (Neusatz) 36/37 D 2
Novo Hamburgo ['novu am'burgu] 90 C 2
Novo mesto ['nɔ:vɔ 'me:stɔ] 24/25 F 3
Novo Redondo ['novu rrə'ðondu] (= Ngunza) 69/70 B 3
Nowa Huta, Krakau- ['nɔva 'xuta] 26/27 J 3
Nowaja Semlja ['nɔvaja zim'lja], I. 50/51 EF 2
Nowgorod ['nɔvgarat] 48/49 CD 2
Nowogard [nɔ'vɔgart] (= Naugard) 16/17 K 2
Nowokasalinsk 48/49 G 3
Nowokusnezk [navakuz'njɛtsk] 50/51 H 4
Nowomoskowsk [navamas'kɔfsk] 48/49 D 2
Noworossisk [navara'sijsk] 48/49 D 3
Nowosibirsk [navasi'birsk] 50/51 H 4
Nowotroizk [nava'trɔitsk] 48/49 F 2
Nowowolynsk [nɔvava'lynsk] 26/27 KL 3
Nowy Port 50/51 G 3
Nowy Sącz ['nɔvy 'sɔntʃ] 26/27 J 4
Nowy Targ ['nɔvy 'tark] 26/27 IJ 4
Noya ['noja] 32/33 B 1
Nuadhibu (Nouadhibou, Port Étienne) 67/68 B 3
Nuakschott [nwak'ʃɔt] (Nouakchott) 67/68 B 4
Nubaberge ['nu:ba] 67/68 FG 4
Nubien 67/68 FG 4
Nubische Wüste 67/68 G 4/3
Nudow 6 B 2
Nueltinsee [nju:'ɛltin] 80/81 IJ 3/4
Nueva Rosita ['nueßa ro'sita] 82/83 C 3
Nuevo Laredo ['nueßo la'reðo] 82/83 D 3
Nuhne, Fl. 8/9 G 3
Nukus [nu'kus] 48/49 F 3
Nullarborebene ['nʌləbɔ:] 74/75 CD 4
Numancia [nu'manθia], antiker Ort 32/33 E 2
Nümbrecht 8/9 E 4
Numedal ['nu:məda:l] 40/41 B 3/4
Nunivak ['nunivæk], I. 80/81 C 3/4
Nunkiang, Fl. 57/58 D 2
Nunkiang, O. 57/58 D 2
Nunkirchen, Wadern- 14 II C 2
Nuoro ['nu:oro] 34/35 B 5
Nürburgring 18/19 B 2
Nurmes ['nurmɛs] 40/41 F 3
Nürnberg 14 I C 2, 18/19 FG 3
Nürnberg, Flughafen 14 I C 1/2, 176 D 4
Nürtingen 13 C 3
Nurzec, Fl. 102/103 K 2
Nußdorf (Bayern) 15 D 3
Nußloch 13 B 2
Nuth 8/9 A 4
Nuthe, Fl. 6 B 2
Nuuk (Godthåb) 80/81 N 3
Nyala ['nja:la:] 67/68 F 4
Nyborg ['nybɔr] 39 II B 2
Nyiregyháza ['nji:rɛdjha:zɔ] 36/37 E 1
Nyirin 69/70 D 1
Nykøbing ['nykœ:beŋ] (Falster) 39 II BC 2
Nykøbing ['nykœ:beŋ] (Mors; = Morsø) 39 II A 1
Nyköping ['ny:tɕœ:piŋ] 40/41 D 4
Nymburk ['nimburk] 18/19 K 2
Nymphenburg, Schl. (München) 15 B 2
Nynäshamn [ny:nɛ:s'hamn] 40/41 D 4
Nysa ['nysa] (= Neisse), O. 26/27 H 3

O

Oahe-Stausee [ou'ɑ:hi] 82/83 C 1
Oahu, I. 85 I
Oakland ['ouklənd] 82/83 A 2
Oak Ridge ['ouk 'ridʒ], O. 82/83 E 2
Oasen von Gurara (Gourara) 67/68 D 3
Oasen von Tidikelt [tidi'kɛlt] 67/68 D 3
Oasen von Tuat (Touat) 67/68 C 3
Oaxaca [oa'xaka] 84 C 3
Ob [ɔpj], Fl. 50/51 F 3
Ob, Großer, Fl. 48/49 G 1
Ob, Kleiner, Fl. 48/49 G 1
Oban ['oubən] 28/29 D 3
Obbusen 50/51 G 2/3
Oberammergau 15 B 3
Oberasbach 14 I B 2
Oberau 15 B 3
Oberaudorf 15 D 3
Oberaußem-Fortuna, Bergheim- 134
Oberbayern, Regierungsbezirk 176 DE 4/5

Oberbayern, L. 102/103 EF 5
Oberbexbach, Bexbach- 14 II D 2
Oberburg, B. 12 A 1
Oberderdingen 13 B 2
Obereichsfeld 10 C 4
Oberer See (Lake Superior) 82/83 E 1
Oberes Gäu 102/103 D 4
Oberfranken, Regierungsbezirk 176 D 3/4
Oberfrohna, Limbach- 11 D 3
Obergrombach, B. 13 B 2
Oberguinea 63/64 C-E 7
Oberguineaschwelle 94/95 LM 6
Obergurgl 24/25 D 2
Oberhaching 15 C 2
Oberhaid 14 I B 1
Oberharz 10 CD 3
Oberhausen (Ruhrgebiet) 8/9 C 3
Oberhausen-Rheinhausen 13 A 2
Oberhof 18/19 F 2
Oberkirchen, Freisen- 14 II D 1
Oberkochen 18/19 F 4
Oberlausitz 16/17 I-K 4
Oberlungwitz 11 D 3
Obermarchtal, Kl. 13 D 4
Ober-Mörlen 12 D 1
Obermoschel 12 B 2
Obernau-Stausee 8/9 F 4
Obernburg 18/19 E 3
Oberndorf (Niedersachsen) 7 C 1
Oberndorf am Neckar 13 B 4
Obernzenn 14 I A 2
Ober-Olm 12 C 2
Oberösterreich, Bundesland 18/19 IJ 4, 179
Oberpfalz, Regierungsbezirk 176 DE 4
Oberpfälzer Wald 18/19 H 3
Ober-Ramstadt 12 D 2
Oberrheinische Tiefebene 102/103 CD 4
Obersauer See 18/19 A 3
Oberschleißheim 15 C 2
Oberschlesisches Industrierevier (GOP) 26/27 I 4
Oberschöneweide, Berlin- 6 D 2
Oberschwaben 102/103 D 5/E 4
Oberstdorf 18/19 F 5
Obersulm 13 C 2
Oberthal 14 II D 1
Obertshausen 12 D 1
Oberursel 12 D 1
Obervolta, Staat 67/68 CD 4, 134 LM 6
Oberwesel 12 B 1
Oberweser, O. 10 B 3
Obi ['obi], I. 61/62 E 4
Óbidos ['ɔbidus] 88/89 E 3
Obihiro [o'bi,hiro] 54 E 2
Obiou 24/25 A 3
Obra, Fl. 26/27 G 2
Obrabruch 102/103 H 2/3
Obregón (= Cajeme) 82/83 BC 3
Obrigheim 13 C 2
Obschtschy Syrt ['ɔpʃtij 'syrt] 48/49 EF 2
Obsor [ob'zɔr] 36/37 H 3
Ocean Falls ['ouʃən 'fɔ:lz], O. 80/81 G 4
Oceaninsel 73 G 2
Ocha [a'xa] 50/51 N 4
Ochil Hills ['oukil 'hilz] 28/29 E 3
Ochotsk [a'xɔtsk] 50/51 N 4
Ochotskisches Meer 50/51 NO 4
Ochsenfurt 18/19 F 3
Ochtum, Fl. 7 B 2
Odda ['ɔda] 40/41 B 3
Odelzhausen 15 B 2
Ödenburg (Sopron) 36/37 C 1
Odense ['o:ðənsə] 39 II B 2
Odenthal 8/9 D 3
Odenwald 12 D 3/2, 18/19 DE 3
Oder, Fl. zur Ostsee 26/27 G 2
Oder, Fl. zur Rhume 10 C 3
Oderbruch 16/17 J 3
Odergebirge 102/103 H 4
Oder-Havel-Kanal 16/17 I 3
Odernheim 12 B 2
Oder-Spree-Kanal 16/17 J 3
Oder-Stausee 10 D 3
Oderteich 10 D 3
Oderwald 10 CD 2
Odessa [ou'dɛsə] (Texas, USA) 82/83 C 3
Odessa [dt. o'dɛsa, russ. a'djɛsa] (UdSSR) 36/37 J 1, 48/49 D 3
Odilienberg (Sainte-Odile), Kl. 18/19 C 4
Odorheiul Secuiesc [odor'xejul seku'jesk] 36/37 G 1
Oebisfelde 10 DE 2
Oelde 8/9 F 2
Oelsnitz (Erzgebirge) 11 D 3
Oelsnitz (Vogtland) 18/19 H 2
Oerel 7 C 2
Oer-Erkenschwick ['o:r 'ɛrkənʃvik] 8/9 D 2
Oerlinghausen 8/9 G 2
Oestrich-Winkel 12 C 1/2
Oettingen 18/19 F 4
Oetz 15 A 4
Oeventrop, Arnsberg- 8/9 F 3
Oeynhausen, Bad ['œ:nhauzən] 16/17 D 3
Ofanto ['ɔ:fanto], Fl. 34/35 E 5
Offenbach am Main 12 D 1, 18/19 D 2
Offenbach an der Queich 12 C 3
Offenbach-Hundheim 12 B 2
Offenburg 18/19 CD 4
Offleben, Büddenstedt- 10 E 2
Offstein 12 C 2
Ofotfjord ['u:fut] 40/41 D 2
Ogaden 67/68 H 5
Ogbomosho [ɔgbə'mouʃou] 67/68 D 5
Ogden ['ɔgdən] 82/83 B 1
Oglio ['ɔljo], Fl. 24/25 D 3
Ognon [ɔ'njõ], Fl. 18/19 B 5
Ogowe, Fl. 69/70 B 2
Ogulin [ɔ,guli:n] 24/25 F 3
Ohio [ou'haiou], Bundesstaat, USA 82/83 E 1
Ohio [ou'haiou], Fl. 82/83 E 2
Ohligs, Solingen- 8/9 CD 3
Ohlstadt 15 B 3
Ohm, Fl. 8/9 GH 4
Ohmgebirge 10 C 4
Ohre, Fl. 16/17 G 3
Ohrid ['ɔhrit] 36/37 E 4
Ohridsee ['ɔhrit] 36/37 E 4
Öhringen 13 CD 2
Oimjakon [ajmi'kɔn] 50/51 N 3
Oise [wa:z], Fl. 30/31 E 3
Oita ['o:ita] 54 C 4
Ojos del Guadiana ['ɔxɔz ðɛl guaði'ana] 32/33 E 3
Ojos del Salado ['ɔxɔz ðɛl sa'laðo] 90 B 2
Ojos Negros 32/33 F 2
Oka [a'ka], Fl. zur Angara 50/51 J 4
Oka [a'ka], Fl. zur Wolga 48/49 E 2
Okajama [o'ka,jama] 54 C 4
Okara 59/60 C 1
Okawango (Kubango), Fl. 69/70 C 3
Okawangobecken 69/70 C 3/4
Okeechobeesee [ouki'tʃoubi] 82/83 E 3
Oker, Fl. 10 C 2
Oker, Goslar- 10 CD 3
Oker-Stausee 10 CD 3
Oki-Inseln 54 C 3
Okinawa, I. 57/58 D 4
Oklahoma [ouklə'houmə], Bundesstaat, USA 82/83 D 2
Oklahoma City [ouklə'houmə 'siti] 82/83 D 2
Oktjabrskij [ak'tjabrjskij] 48/49 F 2
Oku 67/68 DE 5
Ólafsfjörður ['oulafsjœrðyr] 40/41 Nk. B 1
Öland ['œ:land], I. 40/41 D 4
Olbernhau 18/19 I 2
Olbia ['ɔlbia] 34/35 B 5
Olching 15 B 2
Oldenburg (Holstein) 16/17 F 1
Oldenburg (Niedersachsen) 16/17 D 2
Oldendorf 7 C 1
Oldenstadt, Uelzen- 7 F 3
Oldenzaal ['ɔldənza:l] 16/17 B 3
Oldesloe, Bad ['ɔldəslo:] 7 E 1
Olekma [a'ljɔkma], Fl. 50/51 L 4
Olenjok [ali'njɔk], Fl. 50/51 L 2
Olenjok [ali'njɔk], O. 50/51 K 3
Olenogorsk [alini'gɔrsk] 40/41 G 2
Oléron [ɔle'rõ], I. 30/31 C 5
Oleśnica [ɔlɛsj'nitsa] (= Oels) 26/27 H 3
Olfen 8/9 D 2
Olgahöhle 13 C 4
Olhão [o'ljãu] 32/33 C 4
Olinda [o'linda] 88/89 G 3
Oljokminsk [a'ljɔkminsk] 50/51 KL 3
Olkiluoto 40/41 E 3
Olmütz (Olomouc) 26/27 H 4
Olomouc ['ɔlɔmɔuts] (= Olmütz) 26/27 H 4
Olonez 40/41 G 3
Olpe 8/9 E 3
Olsberg 8/9 FG 3
Olsbrücken 12 B 2
Olsztyn ['ɔlʃtyn] (= Allenstein) 26/27 J 2
Olten 24/25 B 2
Olteniţa [ol'tenitsa] 36/37 H 2
Olumpia [ɔlim'bia] (= Olympia), Ruinenstätte 38 B 4
Olymp [o'lymp] 38 C 2
Olympia (Olumpia), Ruinenstätte 38 B 4
Omaha ['oumәhɔ:] 82/83 D 1
Oman, Staat 67/68 I 3/4, 59/60 A 2/3, 166/167 P 5
Omatako 69/70 B 4
Ombrone [om'bro:ne], Fl. 24/25 D 4
Omdurman [ɔmdur'ma:n] 67/68 G 4
Omiš [,ɔmi:ʃ] 36/37 C 3
Ommersheim, Mandelbachtal- 14 II D 2
Omo, Fl. 67/68 G 5
Omolon [ama'lon], Fl. 50/51 P 3
Omsk [ɔmsk] 50/51 G 4
Omsuktschan 50/51 O 3
Omul 36/37 G 2
Omuta [o'muta] 54 C 4
Ondava ['ɔndava], Fl. 26/27 J 4
Öndör-Chan 57/58 C 2
Ondsee 40/41 G 3
Onega [a'njɛga], Fl. 48/49 D 1
Onega [a'njɛga], O. 48/49 D 1
Onegabucht 48/49 D 1
Onegaschwelle 42/43 MN 2/3
Onegasee 48/49 D 1
Onitsha [ɔ:ni:'tʃɑ:] 67/68 D 5
Onon [a'nɔn], Fl. 50/51 K 4
Onstmettingen, Albstadt- 13 BC 4
Ontario [ɔn'tɛəriou], Provinz, Kanada 80/81 JK 4
Ontariosee 82/83 F 1
Oodnadatta 74/75 D 3
Oostende (= Ostende) 39 I A 2
Opatija [ɔ,patija] (Abbazia) 24/25 F 3
Opava ['ɔpava] (= Troppau) 26/27 H 4
Opladen, Leverkusen- 8/9 CD 3
Opole [ɔ'pɔlɛ] (= Oppeln) 26/27 HI 3
Oppeln (Opole) 26/27 HI 3
Oppenheim 12 C 2
Oppenweiler 13 C 3
Oradea [o'radea] (Großwardein) 36/37 EF 1
Öræfajökull ['œ:raivajœ:kydl] 40/41 Nk. B 2
Oran [ɔ'rɑ̃] 67/68 C 2
Orange ['ɔrindʒ] (Australien) 74/75 E 4
Orange [ɔ'rɑ̃:ʒ] (Frankreich) 24/25 A 3, 30/31 F 5
Oranienbaum 11 C 1
Oranienburg 16/17 I 3
Oranje, Fl. 69/70 B 4
Orapa 69/70 C 4
Orava ['ɔrava] (= Arva), Fl. 26/27 I 4
Orb, Bad 18/19 E 2
Orbetello [orbe'tɛllo] 34/35 C 4
Orchon, Fl. 57/58 B 2
Ord [ɔ:d], Fl. 74/75 C 2
Ordos 57/58 B 3
Ordschonikidse [ardʒani'kidzi] 48/49 E 3
Örebro [œ:rə'bru:] 40/41 D 4
Orechowo-Sujewo [a'rjɛxava 'zujiva] 48/49 DE 2
Oregon ['ɔ:regɔn], Bundesstaat, USA 82/83 AB 1
Orel (Orjol) 48/49 D 2
Orellana-Stausee 32/33 D 3
Orenburg [arim'burk] 48/49 F 2
Orense [o'rense] 32/33 C 1
Orestias [ɔrɛs'tjas] 38 E 2
Öresund ['œ:rə] 39 II C 2
Orgejew [ar'gjejif] 36/37 I 1
Orihuela [oriu'ela] 32/33 F 3
Orinoco, Fl. 88/89 D 2
Orissa [ɔ'risə] 59/60 D 2
Oristano [oris'ta:no] 34/35 B 6
Orito 88/89 C 2
Orivesi ['ɔrivɛsi], See 40/41 FG 3
Orjen ['ɔrjɛn] 36/37 D 3
Orjol [ar'jɔl] (= Orel) 48/49 D 2
Orkanger [,ɔrkaŋər] (Gem. Orkdal) 40/41 B 3
Orke, Fl. 8/9 G 3
Orkla [,ɔrkla], F. 40/41 B 3
Orkneyinseln ['ɔ:kni] 28/29 E 2
Orla, Fl. 11 B 3
Orlamünde 11 B 3
Orlando [ɔ:lændou] 82/83 E 3
Orlasenke 11 AB 3
Orléanais [ɔrlea'nɛ] 30/31 DE 4
Orléans [ɔrle'ɑ̃] 30/31 D 4
Orléansville (= El-Asnam) 67/68 D 2
Orlicker Talsperre 18/19 J 3
Ormesheim, Mandelbachtal 14 II D 2
Orne [ɔrn], Fl. zum Kanal 30/31 C 3
Orne [ɔrn], Fl. zur Mosel 18/19 A 3
Örnsköldsvik [œ:rnʃœlds'vi:k] 40/41 D 3
Orosháza ['ɔrɔʃha:zɔ] 36/37 E 1
Oroszlány ['ɔ-osla:nj] 36/37 D 1
Oroumieh (Rezayeh) 38/39 E 4
Oroumiehsee (Rezayehsee) 38/39 E 4
Orscha ['ɔrʃa] 48/49 CD 2
Orsk [ɔrsk] 48/49 F 2
Orşova ['orʃova] 36/37 F 2
Orsoy, Rheinhausen- 8/9 C 2
Ørsta [,œrsta] 40/41 B 3
Ortasee 24/25 C 3
Ortigueira [ɔrti'xeira] 32/33 C 1
Ortler 24/25 D 2
Ortlergruppe 24/25 D 2
Örtze, Fl. 16/17 EF 3
Oruro [o'ruro] 88/89 D 4
Orust [,u:rust], I. 40/41 C 4
Orvieto [orvi'ɛ:to] 34/35 D 4
Osaka [dt. o'za:ka, jap. o:'saka] 54 D 4
Osburger Hochwald 14 II C 1
Osch [ɔʃ] 50/51 G 5
Oschatz 16/17 I 4
Öschelbronn, Niefern- 13 B 3
Oschersleben 16/17 G 3
Oschima (Oshima), I. 54 D 4
Ösel (Saaremaa), I. 40/41 E 4
Oshima (= Oschima), I. 54 D 4
Oshkosh ['ɔʃkɔʃ] 82/83 E 1
Oshogbo [ə'ʃɔgbou] 67/68 D 5
Osijek ['ɔsijɛk] (Esseg) 36/37 D 2
Oskarshamn [ɔskars'hamn] 40/41 D 4
Ösling 18/19 AB 2/3
Oslo [dt. 'ɔslo, nor. ,uslu] 40/41 C 3/4
Oslofjord 40/41 C 4
Osnabrück 16/17 CD 3
Osning 8/9 F 1
Osorno [o'sɔrno] 90 A 4
Ossa ['ɔsa] 38 C 3
Ossinger 14 I D 1
Ostalpen 34/35 C-E 2
Ostaustralstrom 109
Ostbevern 8/9 E 1
Ostchinesisches Meer 57/58 D 3/4
Oste, Fl. 7 C 1
Ostende (Oostende) 39 I A 2
Osterburg (Altmark) 16/17 G 3
Osterburken 13 CD 2
Østerdal [,œstərda:l] 40/41 C 3
Österdalälv [,œstərda:lɛlv] Fl. 40/41 C 3
Osterfeld 11 B 2
Osterhausen 11 AB 2
Osterholz-Scharmbeck 7 B 2
Osterinsel 92/93 E 8
Osternienburg 11 BC 1
Osterode (Harz) 10 C 3
Osterode (Ostpreußen; Ostróda) 26/27 I 2
Österreich, Staat 24/25 D-G 1/2, 172 E 4, 179
Österreichische Alpen 34/35 E 2
Osterschelde (Oosterschelde) 39 I AB 2
Ostersee 15 B 3
Osterstade 7 B 2
Östersund [œstər'sund], O. 40/41 CD 3
Osterwald 10 B 2
Osterwieck 10 D 3
Osteuropäisches Flachland 94/95 OP 3
Ostfildern 13 C 3
Ostflevoland 39 I B 1, 123 VIII
Ostfriesische Inseln 16/17 BC 2
Ostfriesland 16/17 C 2
Ostghats 59/60 C 3/D 2
Ostgrönlandstrom 109
Osthofen 12 C 2
Ostiglia [os'til,a] 24/25 D 3
Ostkap (Neuseeland) 74/75 H 4
Ostkarpaten 36/37 G 1/H 2
Östliche Karwendelspitze 15 B 4
Östlicher Euphrat, Fl. 48/49 DE 4
Östlicher Großer Erg 67/68 D 3/2
Östliche Sierra Madre [si'ɛrra 'maðre] 84 BC 2
Ostoder, Fl. 16/17 J 2
Ostpatagonien 90 B 4/5
Ostpreußen 26/27 I 2/K 1
Ostrau (Ostrava) 26/27 I 4
Östringen 13 B 2
Ostróda [ɔs'truda] (= Osterode) 26/27 I 2
Ostrołęka [ɔstrɔ'lɛŋka] 26/27 J 2
Ostrov ['ɔstrɔf] (= Schlackenwerth) 18/19 H 2
Ostrow 42/43 L 3
Ostrowiec Swietokrzyski [ɔs'trɔvjɛts sjfɛntɔ'kʃyski] 26/27 J 3
Ostrów Mazowiecka ['ɔstruf mazɔ'vjɛtskә] 26/27 J 2
Ostrowo (Ostrów Wielkopolski) 26/27 H 3
Ostrów Wielkopolski ['ɔstruv vjɛlkɔ'pɔlski] (= Ostrowo) 26/27 H 3
Ostsajan 50/51 IJ 4
Ostsee 40/41 DE 4
Ostsibirische See 50/51 O-Q 2
Osttirol, Bundesland, Österreich 179
Osumi-Inseln ['o:,sumi] 54 C 4
Osumistraße ['o:,sumi] 54 C 4
Oświęcim [ɔsj'fjɛntsjim] (= Auschwitz) 26/27 I 3/4
Otaru ['o,taru] 54 E 2
Otelu Roşu [o'tselu 'roʃu] (Ferdinandsberg) 36/37 F 2
Oteren (Gem. Storfjord) 40/41 DE 2
Othfresen, Liebenburg- 10 C 2
Othris [dt. 'o:trys, gr. 'ɔθris] 38 C 3
Otra [,utra], Fl. 40/41 B 4
Otranto ['ɔ:tranto] 34/35 G 5
Ötscher 24/25 F 2
Otta [,uta], Fl. 40/41 B 3
Ottana 34/35 B 5
Ottange 14 II B 2
Ottawa ['ɔtəwə], Fl. 82/83 F 1
Ottawa ['ɔtəwə], O. 82/83 F 1
Ottensoos 14 I C 1/2
Ottensteiner Hochfläche 10 A 3
Otterfing 15 C 3
Otterndorf 7 B 1
Ottersberg 7 C 2
Otterwisch 11 D 2
Ottobeuren, Kl. 18/19 F 5
Ottobrunn 15 C 2
Ottweiler 14 II D 2
Ötztaler Alpen 24/25 D 2
Ouadai (= Wadai) 67/68 EF 4
Ouagadougou (= Wagadugu) 67/68 C 4
Ouargla [war'gla] (= Uargla) 67/68 D 2, 114 II
Ouessant [wɛ'sɑ̃], I. 30/31 A 3
Ouesso [wɛ'so] (= Wesso) 69/70 B 1
Oujda [uʒ'da] (= Ujda) 67/68 C 2
Oulu ['ɔulu] 40/41 F 2/3
Oulujoki ['ɔulujɔki], Fl. 40/41 F 3
Oulusee ['ɔulu] 40/41 F 3
Ounasjoki ['ɔunɑsjɔki], Fl. 40/41 F 2
Ourthe [urt], Fl. 39 I B 2
Ouse [u:z], Fl. zum Humber 28/29 F 5
Ouse [u:z], Fl. z. Wash 28/29 G 5
Oust [u], Fl. 30/31 B 4
Outokumpu ['ɔutɔkumpu] 40/41 F 3
Ovamboland (Amboland) 69/70 B 3
Overath 8/9 D 4
Overflakkee ['o:vərflɑke:], I. 39 I AB 2
Overhagen, Schl. 8/9 F 2
Overijssel [o:vər'ɛisəl] 16/17 B 3
Oviedo [oßi'eðo] 32/33 D 1
Owando (Fort Rousset) 69/70 B 2
Owen ['auən] 13 C 3
Oxelösund [uksəlø'sund], O. 40/41 D 4
Oxford ['ɔksfəd] 28/29 F 6
Oya-Schio 109
Oyo [ɔ:'jɔ:] 67/68 D 5
Oyonnax [ɔjɔ'na(ks)] 24/25 A 2
Oyten 7 C 2
Ozarkbergland ['ouzɑ:k] 82/83 D 2
Ózd [o:zd] 36/37 E 0
Ozieri [otsi'ɛ:ri] 34/35 B 5
Ozorków [ɔ'zɔrkuf] 26/27 I 3

P

Paar, Fl. 18/19 G 4
Paaren im Glien 6 A 1
Pabianice [pabja'nitsɛ] 26/27 I 3
Pabna 59/60 D 2
Pachuca [pa'tʃuka] 84 C 2
Packsattel, Paß 24/25 F 2
Paczków ['patʃkuf] (= Patschkau) 26/27 H 3
Padang ['padaŋ] 61/62 C 4
Paderborn 8/9 G 2, 16/17 D 4
Padova ['pa:dova] (= Padua) 24/25 D 3
Padua (Padova) 24/25 D 3
Paducah [pə'dju:kə] 82/83 E 2
Paestum, antiker Ort 34/35 E 5
Pafos 71 II B1
Pag [pa:g], I. 36/37 B 2
Pag [pa:g], O. 24/25 F 3
Pagalu (Annobón), I. 69/70 A 2
Pagasäischer Golf 38 C 3
Pagensand 7 D 1
Pagnirtung 80/81 M 3
Pagny [pa'ni] 18/19 AB 4
Pähl 15 B 3

Pahlewi (= Bender Anseli) 48/49 E 4
Paignton ['pɛintən] (= Torbay) 28/29 E 6
Päijänne ['pæijænnɛ], See 40/41 F 3
Paijinopo 57/58 BC 2
Pais do Vinho [pa'iʒ ðu 'vinju], L. 32/33 C 2
Paita ['paita] 88/89 B 3
Paitoschan 54 B 2
Pajala ['pajala] 40/41 E 2
Paj-Choj-Gebirge [paj'xɔj] 48/49 G 1
Pajer ['pajir] 48/49 G 1
Pakanbaru [pakam'baru] 61/62 C 3
Pakistan, Staat 59/60 BC 1/2, 166/167 Q 4/5
Pakokku 59/60 E 2
Pakse 61/62 C 2
Palagruža [pala'gru:ʒa], I. 36/37 C 3
Palana [pa'lana] 50/51 OP 4
Palanga (Polangen) 40/41 E 4
Palangkaraja [palaŋka'raja] 61/62 D 4
Palästina 71 II C 2/3
Palauinseln 61/62 F 3
Palawan [pa'lauan], I. 61/62 D 3/2
Paldiski (Baltischport) 40/41 E 4
Palembang [pa'lɛmbaŋ] 61/62 C 4
Palencia [pa'lenθia] 32/33 D 1/2
Palermo [pa'lɛrmo] 34/35 D 6
Palghat ['pɑ:lgɑ:t] 59/60 C 3
Palkstraße 59/60 Nk.
Pallastunturi ['pɑllɑstunturi] 40/41 E 2
Palma de Mallorca ['palma ðe ma'ljɔrka] 32/33 H 3
Palmerarchipel 91 II C 36
Palmerland 91 II BC 36
Palmyra, Ruinen 48/49 D 4
Palmyra-Insel 96 N 6
Palos de la Frontera ['palɔz ðe la frɔn'tera] 32/33 C 4
Pamekasan 61/62 Nk. B 1
Pamiers [pa'mje] 30/31 D 6
Pamir 50/51 G 6
Pâmiut (Frederikshåb) 80/81 NO 3
Pampa 90 B 3
Pamplona [pam'plona] 32/33 F 1
Panaji (Panjim, Goa) 59/60 C 3
Panama, Staat 88/89 BC 2, 85 II, 166/167 G 6
Panama ['panama], O. 88/89 C 2, 85 II B 1/2
Panamakanal 85 II
Panaro [pa'na:ro], Fl. 24/25 D 3
Panay [pa'nai], I. 61/62 E 2
Pančevo ['pa:ntʃɛvɔ] 36/37 E 2
Pančičev vrh ['pa:ntʃitsjɛv 'vrx] 36/37 E 3
Pandschab 59/60 C 1, 115 IV
Panhandle ['pænhændl] 82/83 C 2
Panjim (= Panaji; Goa) 59/60 C 3
Panke, Fl. 6 C 1
Pankow, Berlin- ['paŋko] 6 C 1
Panmunjon 54 B 3
Pantanal [panta'nal] 88/89 E 4
Pantelleria [pantelle'ri:a], I. 34/35 CD 7
Panticosa 32/33 F 1
Paoki 57/58 B 3
Paoschan 57/58 A 4
Pápa ['pa:pɔ] 36/37 C 1
Papenburg 16/17 C 2
Papenteich, L. 10 CD 2
Papua-Neuguinea, Staat 61/62 G 4, 166/167 VW 7
Paracale 61/62 E 2
Paracelinseln 57/58 C 5
Paraćin ['paratsji:n] 36/37 E 3
Paradies, K. 16/17 K 3
Paraguay, Staat 90 BC 2, 166/167 HI 8
Paraguay [paraxu'ai], Fl. 87 D 5
Paraku [para'ku] (Parakou) 67/68 D 5
Paramaribo [pa:ra:ma:'ri:bo:] 88/89 E 2
Paramonga [para'monjga] 88/89 C 4
Paramuschir [paramu'ʃyr], I. 50/51 O 4
Paraná [para'na], Fl. 90 C 3
Paraná [para'na], O. 90 B 3
Paranaiba [parana'iba], Fl. 88/89 EF 4
Parantan 59/60 Nk.
Parchim 16/17 G 2
Pardubitz (Pardubice) 26/27 G 3/4
Parentis-en-Born 30/31 C 5
Paretz, Ketzin- 6 A 2
Paricutin 84 B 3
Parîngul [pa'ryŋgul] 36/37 F 2
Paris [dt. pa'ri:s, frz. pa'ri] 30/31 E 3, 163 IV
Pariser Becken 98/99 E 4
Parkerdamm 82/83 B 2
Parkersburg ['pɑ:kəzbə:g] 82/83 E 2
Parma ['parma] 24/25 D 3
Parnaiba [parna'iba], Fl. 88/89 F 3
Parnaiba [parna'iba], O. 88/89 F 3
Parnaß [par'nas] (Parnassós) 38 C 3
Parnon ['parnɔn] 38 C 4
Pärnu (= Pernau) 40/41 E 4
Paros ['pa:rɔs], I. 38 D 4
Parryinseln ['pæri] 80/81 HI 2
Parthe, Fl. 11 D 2
Partisansk (Sutschan) 50/51 M 5
Pasardschik ['pazardʒik] 36/37 G 3
Pascagoula 82/83 E 2
Pas de Calais [padka'lɛ] (= Straße von Dover) 30/31 D 2
Pasewalk 16/17 IJ 2
Pasni 59/60 B 2
Passarge, Fl. 26/27 IJ 1/2
Passau 18/19 I 4
Passo dei Giovi ['passo dei 'dʒo:vi] 24/25 C 3
Passo Fundo ['pasu 'fundu], O. 90 C 2
Paß von Reinosa [rrɛi'nosa] 32/33 DE 1
Paß von Roncesvalles [rrɔnθez'ßaljes] 32/33 F 1
Paß von Somosierra 32/33 E 2
Pasterze 127 I
Pasto ['pasto] 88/89 C 2
Pasuruan [pasu'ruan] 61/62 Nk. B 1
Pasvikelv ['pasvikɛlv], Fl. 40/41 F 2
Patagonien 94/95 H 9/10
Patan ['pɑ:tən] 59/60 D 2
Paterno [pater'nɔ] 34/35 E 7
Patiala [pəti'ɑ:lə] 59/60 C 1
Patkaigebirge 59/60 E 2
Patmos ['patmɔs], I. 38 E 4
Patna ['pætnə] 59/60 D 2
Patos [pa'tos] 36/37 D 4
Patoslagune ['patus] 90 C 3
Patras ['patras] (Pátrai, Paträ) 38 B 3
Pattani 61/62 C 3
Pattensen 10 B 2
Pau [po] 30/31 C 6
Pauillac [po'jak] 30/31 C 5
Paulistana 88/89 F 3
Paulo-Afonso-Fälle ['paulu a'fõsu] 88/89 G 3
Pausa 11 BC 3
Pausin 6 B 1
Pauting 57/58 C 3
Pautou (Baotou) 57/58 BC 2
Pavia [pa'vi:a] 24/25 C 3
Pawlodar [pavla'dar] 50/51 G 4
Pawlowkaer Stausee 48/49 F 2
Pawlowo ['pavlava] 48/49 E 2
Paysandú [paisan'du] 90 C 3
Paz de Rio ['paz ðe 'rrio] 88/89 C 2
Pazifische Inseln (US-Treuhandgebiet) 61/62 FH 2/3, 166/167 U-W 6
Pazifischer Ozean 96, 94/95
Pazin ['pazi:n] 24/25 E 3
Peace River ['pi:s 'rivə], Fl. 80/81 H 4
Peace River ['pi:s 'rivə], O. 80/81 H 4
Pearl City ['pə:l 'siti] 85 I B 2
Pearl Harbor ['pə:l 'ha:bə] 85 I AB 2
Pearyland ['piəri] 91 I A 1, 78/79 S 1
Peć [pɛ:tsj] 36/37 E 3
Pečky ['pɛtʃki] 18/19 K 2
Pecos ['pɛikəs], Fl. 82/83 C 2
Pecos ['pɛikəs], O. 82/83 C 2
Pécs [pe:tʃ] (Fünfkirchen) 36/37 D 1
Peel, L. 8/9 A 2/3
Peene, Fl. 16/17 I 2
Peene, Mündungsarm der Oder 16/17 I 1
Pegau 11 C 2
Pegnitz, Fl. 14 I D 1
Pegnitz, O. 14 I D 1
Pegu 59/60 E 3
Peihai 57/58 B 4
Peine 10 C 2
Peipeh 57/58 B 4
Peipussee 40/41 F 4
Peiraieùs [pirɛ'ɛfs] (= Piräus) 38 C 4
Peißenberg, O. 15 B 3
Peißenberg, K. 15 B 3
Peiting 15 A 3
Peitscheng 57/58 D 2
Peitz 16/17 J 4
Pekalongan [peka'lɔŋan] 61/62 Nk. A 1
Peking (Beijing) 57/58 C 2/3
Pelagische Inseln 44/45 F 4
Peleaga ['peljagɑ] 36/37 F 2
Pelion ['pe:liɔn] 38 C 3
Pelješac [,pɛljɛʃats], I. 36/37 C 3
Pelkum, Hamm- 8/9 E 2
Pellworm, I. 16/17 D 1
Pellworm, I. 122 II
Peloponnes [pelopɔ'ne:s], Halbinsel 38 BC 4
Pelotas [pe'lɔtas] 90 C 3
Pelvouxgruppe [pɛl'vu] 24/25 B 3
Pelwatte 59/60 Nk.
Pematangsiantar [pəmataŋsi'antar] 61/62 B 3
Pemba ['pɛmbɑ:], I. 69/70 DE 2
Pemba (Porto Amélia) 69/70 E 3
Pembroke ['pɛmbruk] (Kanada) 82/83 F 1
Pembroke ['pɛmbruk] (Wales) 28/29 D 6
Pemex 84 C 3
Peñalara [penja'lara] 32/33 DE 2
Peñarroya [penja'rrɔja] 32/33 F 2
Peñarroya-Pueblonuevo 32/33 D 3
Peña Ubiña ['penja u'ßinja] 32/33 CD 1
Pengpu 57/58 C 3
Peniche [pə'niʃi] 32/33 B 3
Penig 11 D 3
Peñiscola [pe'njiskola] 32/33 G 2
Penki (Benxi) 57/58 D 2
Penner ['pɛnə], Fl. 59/60 C 3
Pennines ['pɛnainz] 28/29 E 4/5
Pennsylvania [pɛnzil'vɛinjə], Bundesstaat, USA 82/83 F 1
Peñón de Ifach [pe'njɔn de i'fatʃ] 32/33 G 3
Pensa ['pjɛnza] 48/49 E 2
Pensacola [pɛnsə 'koulə] 82/83 E 2
Pentland Firth ['pɛntlənd 'fə:θ] 28/29 E 2
Penzance [pɛn'zæns] 28/29 D 6
Penzberg 15 B 3
Peoria [pi'ɔ:riə] 82/83 E 1
Perai (Prai) 61/62 C 3
Perche [pɛrʃ] 30/31 D 3
Pereira [pe'reira] 88/89 C 2
Perg 18/19 J 4
Pergamon 38 E 3
Peribonca [pɛri'bɔnkə], Fl. 80/81 L 5
Périgord [peri'gɔ:r] 30/31 D 5
Périgueux [peri'gœ] 30/31 D 5
Perl 14 II B 2
Perleberg 16/17 G 2
Perm [pjermj] 48/49 F 2
Pernau (Pärnu) 40/41 E 4
Pernik ['pɛrnik] 36/37 F 3
Pérouges 24/25 A 3
Perpignan [pɛrpi'njã] 30/31 E 6
Perros-Guirec [pɛrosgi'rɛk] 30/31 B 3
Persante, Fl. 16/17 K 1
Persepolis, antiker Ort 48/49 F 5
Persischer Golf 67/68 HI 3, 126 II
Persien (= Iran), Staat 48/49 EF 4/5, 59/60 AB 1/2, 166/167 P 4/5
Perth [pə:θ] (Australien) 74/75 B 4
Perth [pə:θ] (Schottland) 28/29 E 3
Pertisau, Eben- 15 C 4
Peru, Staat 88/89 C 3/4, 166/167 GH 7/8
Perugia [pe'ru:dʒa] 24/25 E 4
Perwenitz 6 B 1
Perwouralsk [pirvau'raljsk] 48/49 FG 2
Pesaro ['pe:zaro] 24/25 E 4
Pescara [pes'ka:ra] 34/35 E 4
Peshawar ['pɛiʃɑ:və] 59/60 C 1
Peshkopi [pɛʃko'pi] 36/37 E 4
Peterborough ['pi:təbrə] 28/29 F 5
Peterhead [pi:tə'hɛd] 28/29 F 3
Peter-I.-Insel 91 II C 33
Petersberg (Bayern) 14 I A 2
Petersberg, K. 11 B 1
Petershagen (b. Berlin) 6 E 1
Petershausen 15 B 2
Petite-Roselle 14 II C 2
Petit-Réderching 14 II D 2
Petra, antiker Ort 71 II C 3
Petrikau (Piotrków Trybunalski) 26/27 I 3
Petritsch ['pɛtritʃ] 36/37 F 4
Petrodworez, Schl. 40/41 F 4
Petropawlowsk [pitra'pavlafsk] 50/51 F 4
Petropawlowsk-Kamtschatski [pitra'pavlafsk kam'tʃatskij] 50/51 O 4
Petrópolis [pe'trɔpulis] 88/89 F 5
Petroşani [petro'ʃanj] 36/37 F 2
Petrosawodsk [pitraza'vɔtsk] 48/49 D 1
Petrowsk-Sabaikalski [pi'trɔfsk zabaj'kaljskij] 50/51 J 4
Petschenga (Petsamo) 40/41 G 2
Petschora [pi'tʃɔra], Fl. 48/49 F 1
Petschorabucht 48/49 F 1
Pettau (= Ptuj) 24/25 F 2
Pewek [pi'vjɛk] 50/51 Q 3
Pfaffenhofen (Bayern) 15 BC 1
Pfahl 18/19 H 3
Pfalz, B. 12 B 1
Pfälzer Wald 12 B 3, 18/19 CD 3
Pfalzgrafenweiler 13 B 3
Pfänder 102/103 D 5
Pfarrkirchen 18/19 H 4
Pfaueninsel (Berlin) 6 B 2
Pfeddersheim, Worms- 12 C 2
Pfinz, Fl. 13 AB 2
Pfinzgau 13 AB 3
Pfinztal 13 B 3
Pforzheim 13 B 3, 18/19 D 4
Pfraumberg, B. 18/19 H 3
Pfrimm, Fl. 12 C 2
Pfronten 18/19 F 5
Pfullendorf 18/19 E 5
Pfullingen 13 C 4
Pfungstadt 12 D 2
Phaistos [dt. 'faistɔs, gr. fɛs'tɔs], Ruinenstätte 38 D 5
Phan Rang 61/62 C 2
Philadelphia [filə'dɛlfiə] 82/83 F 1/2
Philippeville [filip'vil] (= Skikda) 67/68 D 2
Philippi [fi'lipi] (Filippoi) 38 D 2
Philippinen, Staat 61/62 E 2/3, 166/167 TU 5/6
Philippinengraben 94/95 U 6
Philippsburg 12 C 3
Phnom Penh 61/62 C 2
Phöben 6 A 2
Phoenix ['fi:niks] 82/83 B 2
Phönixinseln 96 M 7
Phrae 57/58 B 5
Phuket 61/62 B 3
Piacenza [pia'tʃɛntsa] 24/25 C 3
Piana 34/35 B 4
Pianosa, I. (Adriat. Meer) 34/35 E 4
Pianosa, I. (Tyrrhen. Meer) 34/35 BC 4
Piatra Neamț ['piatra 'neamts] 36/37 H 1
Piave [pi'a:ve], Fl. 24/25 E 3
Pica ['pika] 90 B 2
Picardie [pikar'di] 30/31 DE 3
Pic du Midi de Bigorre [pikdymi'di debi'gɔ:r] 30/36 D 6
Pic du Midi d'Ossan [pikdymi'di dɔ'sãn] 30/31 C 6, 32/33 F 1
Pico ['piku], I. 65/66 B 4
Pico Bolívar ['piku bo'lißar] 88/89 C 2
Pico da Bandeira ['piku da ban'deira] 88/89 F 5
Pico de Aneto ['piko de a'neto] 32/33 G 1
Pico de Itambé ['piku di itam'bɛ] 88/89 F 4
Pico de Orizaba ['piko ðe ori'saßa] (Citlaltépetl) 84 C 3
Pico de Teide ['piko ðe 'tɛiðe] 67/68 B 3
Picos de Europa ['pikɔz ðe eu'ropa] 32/33 D 1
Piedras Negras ['pieðraz 'nexras] 82/83 C 3
Pieksämäki ['piɛksæmæki] 40/41 F 3
Pielinen ['pielinɛn], See 40/41 F 3
Piemont [pie'mɔnt], Provinz, Italien 24/25 BC 3
Pierre [piə] 82/83 C 1
Piešť'any [pi'ɛʃtjani] 26/27 H 4
Piesteritz, Wittenberg- 11 D 1
Pietarsaari ['piɛtarsɑ:ri] (Jakobstad) 40/41 E 3
Pietermaritzburg [pi:tərma'rətsbœrx] 69/70 D 4
Pietersburg ['pi:tərsbœrx] 69/70 C 4
Pietrosul [pie'trosul] 36/37 G 1
Pihtipudas ['pihtipudɑ] 40/41 F 3
Piketon ['paiktən] 82/83 E 2
Pik Kommunismus 50/51 G 6
Pik Pobeda ['pik pa'bjɛdy] 50/51 GH 5
Piła ['piua] (= Schneidemühl) 26/27 H 2
Pilbara, L. 74/75 BC 3
Pilcomayo [pilko'majo], Fl. 90 B 2
Pilica [pi'litsa], Fl. 26/27 J 3
Pilisberg ['piliʃ] 36/37 D 1
Pillau (Baltisk) 26/27 I 1
Pilos ['pilɔs] (Pulos) 38 B 4
Pilsen (Plzeň) 18/19 I 3, 26/27 F 4
Pilsener Becken 105 E 4
Pilsensee 15 B 2
Pilsting 18/19 H 4
Pinang (George Town) 61/62 BC 3
Pinar del Rio [pi'nar ðɛl 'rrio] 84 D 2, 85 III A 1
Pindos 38 B 2/3
Pinega ['piniga], Fl. 48/49 E 1
Pinega ['piniga], O. 42/43 O 2
Pine Point ['pain 'pɔint] 80/81 H 3
Pinerolo [pine'rɔ:lo] 24/25 B 3
Pinghsiang 57/58 C 4
Pingsien 57/58 B 4
Pingtingschan 57/58 C 3
Pingtung 57/58 D 4
Pinios [pi'njɔs], Fl. 38 C 3
Pinnau, Fl. 7 D 1
Pinneberg 7 D 1
Pinos, Isla de ['izla ðe pinɔs] 84 D 2
Pinsk [pinsk] 48/49 C 2
Pinzgau 102/103 F 5
Piombino [piom'bi:no] 34/35 C 4
Piotrków Trybunalski ['pjɔtrkuf trybu'nalski] (= Petrikau) 26/27 I 3
Piracicaba [pirasi'kaba] 88/89 F
Piran [pi'ra:n] 24/25 E 3
Pirapora [pira'pɔra] 88/89 F 4
Piräus [pi'rɛ:us] (Peiraieùs) 38 C 4
Pirgos ['pirxɔs] (Pùrgos) 38 B 4
Pirin [pi'rin] 36/37 F 4
Pirmasens 12 B 3, 18/19 C 3
Pirna 18/19 I 2
Pirot [,pirɔt] 36/37 F 3
Pisa ['pisa], Fl. 102/103 J 2
Pisa ['pi:za], O. 24/25 D 4
Pisco ['pisko] 88/89 C 4
Pisek ['pi:sɛk] 18/19 J 3
Pisticci [pis'tittʃi] 34/35 F 5
Pistoia [pis'tɔ:ia] 24/25 D 4
Pisuerga [pisu'ɛrxa], Fl. 32/33 D 1
Pitcairninsel 96 P 8
Piteå [,pi:təo:] 40/41 E 2
Piteälv [,pi:tə 'ɛlv], Fl. 40/41 E 2
Pitești [pi'teʃtj] 36/37 G 2
Piton des Neiges 65/66 J 10
Pitsanulok 61/62 BC 2
Pitschieh 57/58 B 4
Pittsburgh ['pitsbə:g] 82/83 EF 1
Pityusen, In. 32/33 G 3
Piura ['piura] 88/89 B 3
Piz Bernina ['pits bɛr'ni:na] 24/25 C 2
Piz Linard ['pits li'nart] 24/25 CD 2
Pjasee 40/41 G 2
Pjasina ['pjasina], Fl. 50/51 I 2
Pjatigorsk [piti'gɔrsk] 48/49 E 3
Pjöngjang (Pyongyang) 54 B 3
Plagwitz, Leipzig- 11 C 2
Plamja, Kolchose 118 III
Plane, Fl. 16/17 H 3
Plansee 15 A 4
Plasencia [pla'senθia] 32/33 C 2
Plateau de Langres [platod'lã:gr] 24/25 A 2, 30/31 F 4
Plateau de Millevaches [platodmil'vaʃ] 30/31 DE 5
Plateau des Tailles [platode'taj] 39 I B 2
Plateau von Djado [dʒa'do] 67/68 E 3
Plateau von Erdi 67/68 F 4
Plateau von Tademaït [tadema'it] 67/68 D 3
Platte [plæt], Fl. 82/83 D 1
Platte (Fränk. Alb) 14 I C 1
Plattensee (= Balaton) 36/37 C 1
Plattling 18/19 H 4
Plau 16/17 H 2
Plauen 18/19 H 2
Plauer See 16/17 H 2
Plaza Huincul ['plasa uiŋ'kul] 90 B 3
Pleiße, Fl. 11 C 2
Plesezk 42/43 O 2
Pleskau (Pskow) 48/49 C 2
Pleskauer See 42/43 L 3
Plessow ['pleso] 6 A 2
Plettenberg, Berg (Schwäb. Alb) 13 B 4
Plettenberg, O. 8/9 E 3
Plewen ['plɛvɛn] 36/37 G 3
Pliezhausen 13 C 3
Plitwitzer Seen 24/25 F 3
Ploče ['plɔtʃɛ] 36/37 C 3
Plochingen 13 C 3
Płock [puɔtsk] 26/27 I 2
Plöckenpaß 24/25 E 2
Plöckenstein 18/19 I 4
Ploiești [plo'ieʃtj] 36/37 GH 2
Plomb du Cantal [plõdykã'tal] 30/31 E 5
Plombière [plõ'bjɛr] 8/9 A 4
Plön 16/17 F 1
Plöne, Fl. 16/17 J 2
Plönesee 16/17 K 2
Plowdiw ['plɔvdif] 36/37 G 3
Plüderhausen 13 D 3
Plymouth ['pliməθ] 28/29 DE 6
Plzeň ['plzɛnj] (= Pilsen) 18/19 I 3, 26/27 F 4
Po [dt. po:, it. pɔ], Fl. 24/25 D 3
Poărta Orientala ['poarta orien'talə], Paß 36/37 F 2
Pobeda [pa'bjɛda] 50/51 N 3
Pobeda-Eisinsel 91 II C 16
Poblet, Kl. 32/33 G 2
Pocatello [poukə'tɛllou] 82/83 B 1
Pochampalli 59/60 C 3
Pöcking 15 B 3
Poděbrady ['pɔdjɛbradi] 18/19 K 2
Podhale [pɔt'xalɛ] 102/103 IJ 4
Podlachien 26/27 K 2

Podporoschje [patpa'roʒjɛ] 48/49 D 1
Poebene 98/99 EF 4
Pohai (Golf von Tschili) 57/58 C 3
Pohjanmaa ['pɔhjɑmmɑ:] 40/41 E 3/F 2
Pöhlde, Herzberg- 10 C 3
Pointe de Barfleur [pwɛ̃tdebar'flœ:r] 30/31 E 3
Pointe de la Coubre [pwɛ̃tdəla'kubr] 30/31 C 5
Pointe de Penmarc'h [pwɛ̃tdəpɛn'mark] 30/31 A 4
Pointe de St-Mathieu [pwɛ̃tdesɛ̃ma'tjœ] 30/31 A 3
Pointe du Raz [pwɛ̃tdy'raz] 30/31 A 3
Pointe Noire [pwɛ̃t'nwa:r] 69/70 B 2
Poitiers [pwa'tje] 30/31 D 4
Poitou [pwa'tu] 30/31 CD 4
Pojangsee 57/58 C 4
Polangen (= Palanga) 40/41 E 4
Polarural 48/49 G 1
Połczyn Zdrój ['poutʃyn 'zdruj] (= Bad Polzin) 26/27 H 2
Polen, Staat 26/27 H-K 2/3, 172 EF 3
Poligiros 38 C 2
Poligny [poli'nji] 24/25 A 2
Pölitz (Police) 16/17 J 2
Polle 10 A 3
Polleben 11 B 1, 119 III
Polozk ['pɔlatsk] 48/49 C 2
Polsum, Marl- 8/9 D 2
Poltawa [pal'tava] 48/49 D 3
Polunotschnoje 48/49 FG 1
Polynesien 96 MN 5-8
Pomarance 24/25 D 4
Pomesanien 102/103 I 1/2
Pommelsbrunn 14 I D 1/2
Pommerellen 26/27 H 2/I 1
Pommern 16/17 I-K 2, 26/27 F-H 2/1
Pommersche Bucht 16/17 J 1
Pommerscher Höhenrücken 102/103 GH 1/2
Pommersfelden 14 I B 1
Pompeji, antiker Ort 34/35 E 5, 100 III
Pompey 18/19 B 4
Pomposa [pom'po:sa], Kl. 24/25 E 3
Ponape, In. 92/93 W 6
Ponca City ['pɔŋkə 'siti] 82/83 D 2
Ponce ['ponse] 88/89 D 1
Pondicherry [pɔndi'tʃɛri] 59/60 C 3
Pond Inlet ['pɔnd 'inlet] . O. 80/81 L 2
Ponferrada [pɔnfɛ'rraða] 32/33 C 1
Ponoj, Fl. 42/43 N 1
Ponoj, O. 42/43 O 1
Ponta Delgada ['ponta ðɛl'gaða] 65/66 B 4
Ponta Grossa ['ponta 'grosa] 90 C 2
Pont-à-Mousson 18/19 B 4
Ponta Porã 88/89 E 5
Pontarlier [pɔ̃tar'lje] 24/25 B 2
Pont du Gard [pɔ̃dy'ga:r] 30/31 F 5/6
Pontedera [ponte'dɛ:ra] 24/25 D 4
Pontevedra [pɔnte'ßeðra] 32/33 B 1
Ponthierville [pɔ̃tje'vil] (= Ubundu) 69/70 C 2
Pontianak [pɔnti'anak] 61/62 C 3/4
Pontinische Inseln 34/35 D 5
Pontisches Gebirge 48/49 DE 3
Pontivy [pɔ̃ti'vi] 30/31 B 3
Pontremoli [pon'trɛ:moli] 24/25 C 3
Ponza ['pontsa], I. 34/35 D 5
Poole [pu:l] 28/29 EF 6
Poona ['pu:nə] (= Pune) 59/60 C 3
Poopósee [poo'po] 88/89 D 4
Popayán [popa'jan] 88/89 C 2
Popocatépetl [popoka'tepetl] 84 C 3
Popondetta 61/62 G 4
Poppberg 14 I D 2
Poppenberg 10 D 3
Poprad ['pɔprat], Fl. 102/103 J 4
Poprad ['pɔprat], O. 26/27 J 4
Porbandar ['pɔ:bəndə] 59/60 B 2
Porcupine ['pɔ:kjupain], Fl. 80/81 E 3
Pordenone [porde'no:ne] 24/25 E 3
Poreč [ˌpɔrɛtʃ] 24/25 E 3
Pori ['pɔri] 40/41 E 3
Porjus ['porjus] 40/41 D 2
Pornic [pɔr'nik] 30/31 B 4
Porrentruy [pɔrãtru'i] 18/19 C 5
Porsangerfjord [ˌpɔrsaŋər] 40/41 F 1
Portadown [pɔ:tə'daun] (= Craigavon) 28/29 C 4
Port Alberni ['pɔ:t æl'bə:ni] 80/81 G 5
Portalegre [purta'lɛxrə] 32/33 C 3
Port Alfred ['pɔ:t 'ælfrid] 82/83 F 1
Port Arthur ['pɔ:t 'ɑ:θə] 82/83 D 3
Port Augusta ['pɔ:t 'ɔ:gʌstə] 74/75 D 4
Port-au-Prince [pɔrto'prɛ̃:s] 84 E 3
Port aux Basques ['pɔ:tou'bæsk] 80/81 N 5
Porta Westfalica 16/17 D 3, 105 C 2
Port Blair ['pɔ:t 'blɛə] 61/62 B 2
Port Camargue 143 IV
Port Cartier [pɔrkar'tje] 80/81 M 4/5
Port Elizabeth ['pɔ:t i'lizəbəθ] 69/70 C 5
Port-Étienne [pɔre'tjɛn] (= Nuadhibu) 67/68 B 3
Port-Franqui [pɔrfrã'ki] (= Ilebo) 69/70 C 2
Port Gentil [pɔrʒã'ti] 69/70 A 2
Port Harcourt ['pɔ:t 'hɑ:kət] 67/68 D 5
Port Harrison ['pɔ:t 'hærisən] 80/81 L 4
Port Hedland ['pɔ:t 'hɛdlənd] 74/75 B 3
Port Hope ['pɔ:t 'houp] 82/83 F 1
Portimão [purti'mãu] 32/33 B 4
Port Kembla ['pɔ:t 'kɛmblə] 74/75 F 4
Portland ['pɔ:tlənd] (Maine, USA) 82/83 F 1
Portland ['pɔ:tlənd] (Oregon, USA) 82/83 A 1
Port Laoise ['pɔt 'lɛiiʃ] 28/29 C 5
Port Lincoln ['pɔ:t 'liŋkən] 74/75 D 4
Port Louis 65/66 J 10
Port Moresby (= Konedugu) 61/62 G 4
Port Nelson ['pɔ:t 'nɛlsn] 80/81 J 4
Port Nolloth ['pɔ:t 'nɔləθ] 69/70 B 4
Porto [dt. 'pɔrto, port. 'portu] 32/33 B 2
Pôrto Alegre ['portu a'lɛgri] 90 C 2/3
Porto Amélia (= Pemba) 69/70 E 3
Portoferraio [portofer'ra:io] 34/35 C 4
Portofino [porto'fi:no] 24/25 C 3
Port of Spain ['pɔ:t əv 'spɔin] 88/89 D 1
Porto-Novo [pɔrtonɔ'vo] 67/68 D 5
Pôrto Santana ['portu san'tana] 88/89 E 2/3
Porto Torres ['pɔrto 'tɔrres] 34/35 B 5
Porto-Vecchio ['porto 'vɛkkio] 34/35 B 5
Pôrto Velho ['portu 'vɛlju] 88/89 D 3
Portovesme 34/35 B 6
Port Pirie ['pɔ:t 'piri] 74/75 D 4
Port Radium ['pɔ:t 'rɛidjəm] 80/81 H 3
Portree [pɔ:t'ri:] 28/29 C 3
Port Said ['pɔrt 'zait] 71 I C 2, 67/68 G 2
Portsmouth ['pɔ:tsməθ] (England) 28/29 F 6
Portsmouth ['pɔ:tsməθ] (Virginia, USA) 82/83 F 2
Port Stanley ['pɔ:t 'stænli] 90 C 5
Port Sudan ['pɔrt zu'da:n] 67/68 G 4
Port Talbot ['pɔ:t 'tɔ:lbət] 28/29 E 6
Porttipahta-Stausee 40/41 F 2
Portugal, Staat 32/33 BC 2-4, 172 C 4/5
Port-Vendres [pɔr'vã:dr] 30/31 E 6
Port Wladimir 40/41 G 2
Porvoo ['pɔrvɔ:] (Borgå) 40/41 F 3
Porz, Köln- 8/9 D 4
Posadas [po'saðas] 90 C 2
Posen (Poznań) 26/27 H 2
Pößneck 11 B 3
Postbauer-Heng 14 I C 2
Posterholt 8/9 AB 3
Posterstein, Schl. 11 C 3
Postojna [pos'to:jna] (Adelsberg) 24/25 F 3
Potenza [po'tɛntsa] 34/35 E 5
Poti ['pɔti] 48/49 E 3
Potosí [poto'si] 88/89 D 4
Potrerillos [potre'rijos] 90 B 2
Potsdam, Bezirk 176 E 2
Potsdam, O. 6 B 2, 16/17 I 3
Pottenstein 14 I C 1
Pöttmes 15 B 1
Pouch [pu:x] 11 C 1
Považská Bystrica ['pɔvaʃska: 'bistritsa] 26/27 I 4
Powell River ['pauəl 'rivə], O. 80/81 G 4/5
Powell-Stausee ['pauəl] 82/83 B 2
Požarevac ['pɔʒarɛvats] 36/37 E 2
Poza Rica ['posa 'rika] 84 C 2
Poznań ['poznain] (= Posen) 26/27 H 2
Prachatitz (Prachatice) 18/19 IJ 3/4
Prag (Praha) 18/19 J 2, 26/27 G 3
Prag-Ruzyně, Flughafen 176 F 3
Praha, Berg 18/19 I 3
Praha ['praha] (= Prag) 18/19 J 2, 26/27 G 3
Prai (= Perai) 61/62 C 3
Prärien (Great Plains) 82/83 C 1/2, 94/95 F 4/E 3
Pratas, I. 57/58 C 4
Pratau 11 D 1
Prato ['pra:to] 24/25 D 4
Pratomagno [prato'manjo] 24/25 D 4
Predeal [prede'al], Paß 36/37 G 2
Preetz 16/17 F 1
Pregel, Fl. 26/27 J 1
Premnitz 16/17 H 3
Prenzlau 16/17 I 2
Prenzlauer Berg, Berlin- 6 C 1
Prerau (= Přerov) 26/27 H 4
Přerov ['prʃɛrof] (Prerau) 26/27 H 4
Prerow ['pre:ro] 16/17 H 1
Prešov ['prɛʃɔu] 26/27 J 4
Prespasee ['prɛspa] 36/37 E 4
Preßburg (Bratislava) 26/27 H 4
Přeštice ['prʃɛʃtjitsɛ] (Prestitz) 18/19 I 3
Prestitz (= Přeštice) 18/19 I 3
Preston ['prɛstən] (England) 28/29 E 5
Pretoria [dt. pre'to:ria, engl. pri'tɔ:ria] 69/70 C 4
Prettin 11 D 1
Pretzsch ['pre:tʃ] 11 D 1
Preußisch Stargard (Starogard Gdański) 26/27 I 2
Prewesa ['prɛvɛza] (Prébeza) 38 B 3
Priboj [ˌpri:bɔ:j] 36/37 D 3
Příbram [prʃibram] 18/19 IJ 3
Priene, antiker Ort 38 E 4
Prievidza [pri'ɛvidza] 26/27 I 4
Prignitz 16/17 GH 2
Prijedor [pri'jɛdɔr] 36/37 C 2
Prilep ['prilɛp] 36/37 E 4
Prims, Fl. 14 II C 2
Primstal, Nonnweiler- 14 II CD 1
Prince Albert ['prins 'ælbət] 80/81 I 4
Prince-Charles-Insel ['prins 'tʃɑ:lz] 80/81 L 3
Prince Charles Mountains ['prins 'tʃɑ:lz 'mauntinz] 91 II BC 13
Prince George ['prins 'dʒɔ:dʒ] 80/81 G 4
Prince-of-Wales-Insel ['prins əv 'wɛilz] 80/81 IJ 2
Prince Rupert ['prins 'ru:pət] 80/81 FG 4
Prince-William-Sund ['prins 'wiljəm] 80/81 E 3/4
Principe ['prĩsipə], I. 69/70 A 1
Principe da Beira 88/89 D 4
Prinz-Albert-Halbinsel 80/81 H 2
Prinz-Eduard-Insel, Provinz, Kanada 80/81 M 5
Prinz-Eduard-Inseln 92/93 O 10
Prinzeninseln (Marmarameer) 36/37 I 4
Prinzessin-Astrid-Küste 91 II B 7/8
Prinzessin-Martha-Küste 91 II B 5-7
Prinzessin-Ragnhild-Küste 91 II B 9/10
Prinz-Patrick-Insel ['pætrik] 80/81 GH 2
Priosersk [pria'zjɔrsk] 40/41 G 3
Priort 6 AB 1
Pripjet ['pripitj], Fl. 48/49 C 2
Pripjetniederung 48/49 CD 2
Prisdorf 7 D 1
Prislop ['prislop], Paß 36/37 G 1
Priština ['pri:ʃtina] 36/37 E 3
Pritzwalk 16/17 H 2
Prizren ['prizrɛn] 36/37 E 3
Probolinggo [probo'liŋgo] 61/62 Nk. B 1
Probstzella 18/19 G 2
Proddatur 59/60 C 3
Prokopjewsk [pra'kɔpiifsk] 50/51 H 4
Prome 59/60 E 3
Prosna, Fl. 26/27 H 3
Provence [prɔ:'vã:s] 24/25 AB 4, 30/31 FG 6
Provençalische Alpen 24/25 B 3/4
Providence ['prɔvidəns], I. 69/70 F 2
Providence ['prɔvidəns], O. 82/83 F 1
Provo ['prouvou] 82/83 B 1
Prowidenija [pravi'djenija] 50/51 R 3
Prudhoe Bay 80/81 E 2
Prüm 18/19 B 2
Prunn, Schl. 18/19 G 4
Pruschany 26/27 L 2
Pruszków ['pruʃkuf] 26/27 J 2
Pruth [pru:t], Fl. 36/37 I 2
Prutting 15 D 3
Przemyśl ['pʃɛmyɕl] 26/27 K 4
Psara 38 D 3
Pskow [pskɔ:f] (= Pleskau) 48/49 C 2
Ptolemais [ptolɛma'is] 38 B 2
Ptuj [ptu:j] (Pettau) 24/25 F 2
Pucallpa [pu kaipa] 88/89 C 3
Puchheim 15 B 2
Pudasjärvi ['pudɑsjærvi] 40/41 F 2
Pudosch 42/43 N 2
Puebla [pu'eβla] 84 C 3
Pueblo [pu'ɛblou] 82/83 C 2
Puente-Genil [puentɛxe'nil] 32/33 D 4
Puerto Aisén [pu'ɛrto ai'sen] 90 A 4
Puerto Baquerizo 88/89 B 3
Puerto Cabe lo [pu'ɛrto ka'ßejo] 88/89 D 1
Puerto Cabezas [pu'ɛrto kaßesas] 84 D 3
Puerto Cortés [pu'ɛrto kor'tes] 84 D 3
Puerto Deseado [pu'ɛrto ðese'aðo] 90 B 4
Puerto La Cruz [pu'ɛrto la 'krus] 88/89 D 1
Puertollano [puɛrto'ljano] 32/33 D 3
Puerto Madryn [pu'ɛrto 'maðrin] 90 B 4
Puerto Maldonado [pu'ɛrto maldo'naðo] 88/89 D 4
Puerto Montt ['puɛrto 'mɔnt] 90 A 4
Puerto Princesa ['puɛrto prin'θesa] 61/62 D 2/3
Puerto Rico, I. 88/89 D 1
Puerto-Rico-Graben 94/95 H 5
Puig Mayor [puix ma'jor] 32/33 H 3
Puir-nor, See 57/58 C 2
Pukë ['pukə] 36/37 D 3
Pula [ˌpu:la] 24/25 E 3
Pulawy [pu'uavy] 26/27 JK 3
Pulheim 8/9 C 3/4
Pullach 15 BC 2
Pułtusk ['puutusk] 26/27 J 2
Punakha ['punəkə] 59/60 DE 2
Pune (Puna, Poona) 59/60 C 3
Punjab (= Pandschab) 59/60 C 1
Puno ['puno] 88/89 CD 4
Punta Arenas ['punta a'renas], O. 90 AB 5
Punta della Estaca de Bares 32/33 C 1
Punta Marroqui 32/33 D 4/5
Puntarenas [punta'renas] 84 D 3/4
Puntjak Djaya 61/62 F 4
Punto Fijo ['punto 'fixo] 88/89 CD 1
Pur [pur], Fl. 50/51 G 3
Pürglitz, B. 18/19 I 2
Puri [puri] 59/60 D 3
Purus [pu'rus], Fl. 88/89 D 3
Purwokerto [purwokər'to] 61/62 Nk. A 1
Pusan 54 B 3
Puschkin ['puʃkin] 40/41 G 4
Pustertal 24/25 DE 2
Putbus 16/17 I 1
Putoranagebirge [puta'rana] 50/51 I 3
Puttelange 14 II C 2
Puttgarden 16/17 G 1
Püttlingen 14 II C 2
Putumayo [putu'majo], Fl. 88/89 C 3
Puulasee ['pu:lɑ] 40/41 F 3
Puy de Dôme [pyid'do:m] 30/31 E 5
Puy de Sancy [pyidsã'si] 30/31 E 5
Pyhäjärvi ['pyhæjærvi], See 40/41 E 3
Pyongyang (= Pjöngjang) 54 B 3
Pyramiden von Gise 71 I B 3
Pyrbaum 14 I C 2
Pyrenäen 32/33 F-H 1
Pyritz (Pyrzyce) 16/17 J 2
Pyrmont, Bad 16/17 E 3/4
Pyrzyce [py'ʒytsɛ] (= Pyritz) 16/17 J 2

Q

Qânâq (Thule) 80/81 LM 2
Qaqortoq (Julianehåb) 80/81 O 3
Qasigiánguit (Christianshåb) 80/81 N 3
Qeqertarssuaq (Godhavn) 80/81 N 3
Qeys (Lavan) 67/68 I 3
Qingdao (= Tsingtau) 57/58 D 3
Qinghai (= Tsinghai), Provinz, China 177
Qiqihar (= Tsitsihar) 57/58 D 2
Qom (= Kum) 48/49 F 4
Quadrath-Ichendorf, Bergheim- 8/9 C 4
Quakenbrück 16/17 C 3
Quebec [engl. kwi'bɛk, frz. ke'bɛk], Prov., Kanada 80/81 LM 4
Quebec [engl. kwi'bɛk, frz. ke'bɛk], O. 82/83 F 1
Quedlinburg 16/17 G 4
Queensland ['kwi:nzlənd], Bundesstaat, Australien 74/75 E 3
Queenstown ['kwi:nztaun] (Südafrika) 69/70 C 5
Queenstown ['kwi:nztaun] (Tasmanien) 74/75 E 5
Queich, Fl. 12 C 3
Queidersbach 12 B 3
Queis, Fl. 16/17 K 4
Quelimane [kəli'manə] 69/70 D 3
Quellendorf 11 C 1
Quelpartinsel (= Tschedschuinsel) 54 B 4
Quemoy [ki'mɔi], I. 57/58 C 4
Que-Que ['kwɛi 'kwɛi] 69/70 CD 3
Querfurt 11 B 2
Querfurter Börde 11 B 2
Quetta ['kwɛtə] 59/60 B 1
Quezaltenango [kesalte'naŋgo] 84 C 3
Quezon City [ke'θon 'siti] 61/62 E 2
Quiberon [ki'brɔ̃] 30/31 B 4
Quickborn 7 D 1
Quierschied 14 II D 2
Quilon ['kwi:lɔn] 59/60 C 4
Quilpie 74/75 E 3
Quimper [kɛ̃'pɛ:r] 30/31 A 3/4
Quito ['kito] 88/89 C 3
Qyteti Stalin [kjy'teti 'stalin] 36/37 D 4

R

Raab, Fl. 36/37 C 1
Raab (= Györ), O. 36/37 C 1
Raahe ['rɑ:hɛ] 40/41 E 3
Raalte ['ra:ltə] 16/17 B 3
Rab [ra:b], I. 24/25 F 3
Rab [ra:b], O. 24/25 F 3
Rabat 67/68 C 2
Rabaul 73 F 2
Rabenau 8/9 G 4
Rabenstein, B. 14 I C 1
Raby, B. 18/19 I 3
Rachow ['raxaf] 36/37 G 0
Racibórz [ra'tsjibuʃ] (= Ratibor) 26/27 I 3
Rackwitz 11 C 2
Radbruch 7 E 2
Radbusa, Fl. 18/19 H 3
Radeberg 16/17 I 4
Radebeul 16/17 I 4
Radegast 11 C 1
Radevormwald 8/9 D 3
Radis 11 CD 1
Radium Hill ['rɛidjəm 'hil], O. 74/75 E 4
Radolfzell 18/19 DE 5
Radom ['radɔm] 26/27 J 3
Radomsko [ra'dɔmskɔ] 26/27 I 3
Radotin, Prag- ['radotji:n] 18/19 J 3
Radstadt 18/19 I 5
Raduša ['raduʃa] 36/37 E 3
Raesfeld ['ra:sfɛlt] 8/9 C 2
Rafaela [rrafa'ela] 90 B 3
Ragow ['ra:go] 6 D 2
Raguhn 11 C 1
Ragusa (= Dubrovnik) 36/37 D 3
Ragusa [ra'gu:za] (Sizilien) 34/35 E 7
Rahnsdorf, Berlin- 6 D 2
Raichberg 13 B 4
Raichur 59/60 C 3
Rain 18/19 F 4
Raipur ['raipuə] 59/60 D 2
Raisting 15 B 3
Raitschichinsk 57/58 D 2
Rajahmundry ['rɑ:dʒəmʌndri] 59/60 D 3
Rajastan ['rɑ:dʒəstɑ:n] 59/60 C 2
Rajkot ['rɑ:dʒkout] 59/60 C 2
Rakonitz (= Rakovnik) 18/19 I 2
Rakovnik ['rakɔvnji:k] (Rakonitz) 18/19 I 2
Raleigh ['rɔ:li] 82/83 F2
Ramadi [ra'ma:di] 48/49 E 4
Rambervillers [rãbɛrvi'lɛ:r] 18/19 B 4
Rambouillet [rãbu'jɛ] 30/31 D 3
Ramlingen-Ehlershausen, Burgdorf- 10 BC 1
Rammelsberg 10 C 3
Rammert 13 B 4
Ramon 71 II C 3
Rampur 59/60 C 2
Ramsgate ['ræmzgit] 28/29 G 6
Ramstein-Miesenbach 12 B 3
Rana ['ra:na], Fjord 40/41 C 2
Rancagua [raŋ'kaxua] 90 A 3
Rance [rãs], Fl. 30/31 B 3
Ranchi ['rɑ:ntʃi] 59/60 D 2
Randers ['ranərs] 39 II AB 1
Randow ['rando], Fl. 16/17 J 2

Randsfjord ['rans], See 40/41 C 3
Rangendingen 13 B 4
Rangpur 59/60 D 2
Rangsdorf 6 C 2
Rangsdorfer See 6 C 2
Rangun (Rangoon) 59/60 E 3
Ranis 11 B 3
Rann von Kutch [kʌtʃ] 59/60 BC 2
Ransbach-Baumbach 12 B 1
Ranshofen 18/19 HI 4
Rapa-Insel 96 O 8
Rapallo [ra'pallo] 24/25 C 3
Rapid City ['ræpid 'siti] 82/83 C 1
Rappbode-Stausee 10 D 3
Rappenau, Bad 13 C 2
Raqqa 48/49 D 4
Ras Daschan 67/68 G 4
Ras el-Had 67/68 IJ 3
Ras Fartak 67/68 I 4
Ras Gharib 71 I C 3
Rasgrad ['razgrat] 36/37 H 3
Ras Hafun 67/68 I 4
Ras Lanuf 67/68 E 2
Ras Madraka 67/68 I 4
Ras Mohammed 71 I D 4
Ras Tanura 67/68 H 3
Rastatt 18/19 D 4
Rastenburg (Kętrzyn) 26/27 J 1
Ratekau 7 F 1
Rath, Schl. 8/9 C 4
Rathenow ['ra:təno] 16/17 H 3
Rathlin ['ræθlin], I. 28/29 C 4
Ratibor (Racibórz) 26/27 I 3
Rätikon 24/25 C 2
Ratingen 8/9 C 3
Ratinseln [ræt] 55/56 S 4
Rätische Alpen 24/25 CD 2
Ratlam 59/60 C 2
Rattenberg 15 C 4
Ratzeburg 7 F 1
Ratzeburger See 7 F 1
Raubkammer 7 E 2
Raubling 15 D 3
Raudnitz (Roudnice) 18/19 J 2
Rauhe Ebrach, Fl. 14 I B 1
Rauher Kulm 14 I D 1
Rauma ['rauma] 40/41 E 3
Raunheim 12 C 1
Rautendorf, Grasberg- 7 BC 2
Ravengiersburg, K. 12 AB 2
Ravenna [ra'venna] 24/25 E 3
Ravensburg, O. 18/19 E 5
Ravensburg, B. 13 B 2
Rawalpindi [rɑ:wəl'pindi] 59/60 C 1
Rawa Russkaja 26/27 K 3
Rawson ['rrauson] 90 B 4
Rax 24/25 F 2
Razelmsee [ra'zelm] 36/37 I 2
Ré [re], I. 30/31 C 4
Reading ['rɛdiŋ] 28/29 F 6
Rechberg (= Hohenrechberg), B. 13 D 3
Recife [rre'sifi] 88/89 G 3
Recklinghausen 8/9 D 2
Recknitz, Fl. 16/17 H 1
Redcar ['rɛdkɑ:] (= Teesside) 28/29 F 4
Red Deer ['rɛd 'diə] 80/81 H 4
Red Lake ['rɛd 'lɛik] 82/83 D 0
Rednitz, Fl. 18/19 G 3
Rednitzhembach 14 I C 2
Red River ['rɛd 'rivə], Fl. 82/83 D 2
Rees 8/9 B 2
Rega, Fl. 16/17 K 2
Regen, Fl. 18/19 H 3
Regen, O. 18/19 I 3/4
Regensburg 18/19 H 3/4
Regenstein, B. 10 DE 3
Reggan [rɛ'gan] (Reggane) 67/68 C 3
Reggio di Calabria ['reddʒo di ka'la:bria] 24/25 E 6
Reggio nell'Emilia ['reddʒo nelle'mi:lia] 24/25 D 3
Reghin ['regin] (= Sächsisch-Reen) 36/37 G 1
Regina [ri'dʒainə] 82/83 C 0
Regis-Breitingen 11 C 2
Registan 59/60 B 1
Regnitz, Fl. 18/19 F 3
Rehau 18/19 H 2
Rehlingen 14 II C 2
Reiche Ebrach, Fl. 14 I B 1
Reichelsheim 12 D 2
Reichenau, I. 18/19 DE 5, 121 III
Reichenau (Rychnov), O. 18/19 J 2
Reichenbach (Bez. Karl-Marx-Stadt) 11 C 3
Reichenberg (Liberec) 18/19 K 2
Reichenberg, Schl. 12 D 2
Reichenhall, Bad 18/19 H 5
Reichenschwand 14 I C 1
Reichenstein, B. 18/19 I 3
Reichensteiner Gebirge 102/103 H 3
Reichenweier (Riquewihr) 18/19 C 4
Reichshof 8/9 E 4
Reichstett 18/19 C 4
Reichswald (b. Nürnberg) 14 I C 1
Reichswald (b. Kaiserslautern) 12 B 3
Reichswald (b. Kleve) 8/9 B 2
Reilingen 13 B 2
Reims [dt. raims, frz. rɛ̃:s] 30/31 F 3
Reinbek 7 E 1
Reinfeld 7 EF 1
Reinhardshagen 10 B 3/4
Reinhardshausen, Bad Wildungen- 8/9 H 3
Reinhardswald 10 A 3/B 4
Reinharz, Schl. 11 D 1
Reinheim 12 D 2
Reinickendorf, Berlin- 6 C 1
Reinosa [rrɛi'nosa] 32/33 D 1
Reinsdorf (Bezirk Halle) 11 D 1
Reinsfeld 14 II C 1
Reisbach, Saarwellingen- 14 II C 2
Reither Spitze 15 B 4
Reit im Winkl 18/19 H 5
Reken 8/9 D 2
Relizane (= Ighil-Izane) 32/33 G 5
Rellingen 7 D 1
Remagen 18/19 C 2
Remchingen 13 B 3
Remich 14 II B 1
Remigiusburg B. 12 A 2
Remiremont [rəmir'mõ] 18/19 B 4/5
Rems, Fl. 13 C-D 3
Remscheid 8/9 D 3
Remseck 13 C 3
Remshalden 13 CD 3
Rendsburg 16/17 E 1
Reni 36/37 I 2
Renkum 8/9 A 2
Rennel, I. 74/75 G 2
Rennes [rɛn] 30/31 C 3
Renningen 13 B 3
Reno ['rɛ:no], Fl. 24/25 E 3
Reno ['ri:nou], O. 82/83 B 2
Rentiersee 80/81 I 4
Reppen (Rzepin) 16/17 J 3
Reppenstedt 7 E 2
Repulse Bay [ri'pʌls 'bɛi], O. 80/81 K 3
Requena [rrɛ'kena] 32/33 F 3
Rerik 16/17 G 1
Reschen-Scheideck, Paß 24/25 D 2
Reschitza (= Reșița) 36/37 E 2
Rescht 48/49 E 4
Resistencia [rrɛsis'tensia] 90 C 2
Reșița ['reʃitsa] (Reschitza) 36/37 E 2
Resolute 80/81 J 2
Resolutioninsel [rɛzə'lu:ʃən] 80/81 M 3
Retezatgebirge [rete'zat] 36/37 F 2
Rethen, Laatzen- 10 B 2
Rethimnon ['reθimnɔn] 38 D 5
Retz 34/35 E 1
Réunion [rey'njõ], I. 65/66 J 10
Reus [rrɛus] 32/33 G 2
Reuss, Fl. 24/25 C 2
Reußenstein, B. 13 D 3
Reut ['rjɛut], Fl. 36/37 I 1
Reutberg, Kl. 15 C 3
Reutlingen 13 C 4
Reval (Tallinn) 40/41 E 4
Revilla-Gigedo-Inseln [reßijaxi-'xeðo] 84 A 3
Revin [rə'vɛ̃] 39 I B 3
Rewda ['rjɛvda] 48/49 FG 2
Reykjavik ['rɛikjavi:k] 40/41 Nk. A 2
Reynosa [rei'nosa] 82/83 D 3
Rezayeh [rezɑi'ie] (= Oroumich) 48/49 E 4
Rezekne (Rositten; Lettische SSR) 42/43 L 3
Rheda-Wiedenbrück 8/9 F 2
Rhede 8/9 C 2
Rheden ['re:də] 16/17 AB 3/4
Rheidt, Niederkassel- 8/9 D 4
Rhein, Fl. 26/27 C 3, 105 B 3
Rhein, Fl.] 138 II
Rheinau, Mannheim- 12 D 3
Rheinbach 18/19 B 2
Rheinberg 8/9 C 2
Rheinböllen 12 B 1/2
Rheine 16/17 C 3
Rheinfall 18/19 D 5
Rheinfels, B. 12 B 1
Rheingaugebirge 12 BC 1
Rheinhausen, Duisburg- 8/9 C 3
Rheinhausen, Oberhausen- 13 AB 2
Rhein-Herne-Kanal 8/9 D 2
Rheinhessen 12 BC 2
Rheinhessen-Pfalz, Regierungsbezirk 176 BC 4
Rheinisches Schiefergebirge 22/23 BC 3, 105 BC 3
Rheinisch-Westfälisches Industriegebiet (Ruhrgebiet) 8/9, 132 I u. II, 138 I
Rheinland-Pfalz, Bundesland 18/19 BC 2/3, 176 BC 3/4
Rhein-Marne-Kanal 18/19 BC 4
Rhein-Rhone-Kanal 18/19 BC 5
Rheinsberg 16/17 H 2
Rhein-Seiten-Kanal 18/19 C 5
Rheinstein, B. 12 B 2
Rheinwaldhorn 24/25 C 2
Rheinzabern 12 C 3
Rhens 12 B 1 .
Rheurdt 8/9 B 3
Rheydt, Mönchengladbach- 8/9 B 3
Rhin, Fl. 16/17 H 2
Rhin-Kanal 16/17 H 3
Rhinluch 16/17 H 3
Rhode Island [rou'dailənd] (= R.I.), Bundesstaat, USA 82/83 F 1
Rhodopen [ro'do:pən] 36/37 FG 4
Rhodos, I. 48/49 C 4
Rhodos, O. 44/45 I 4
Rhön 18/19 EF 2
Rhondda ['rɔndə] 28/29 E 6
Rhône [dt. 'ro:nə, frz. ro:n], Fl. 24/25 A 3, 30/31 F 5
Rhonedelta 30/31 F 6
Rhum [ru:m], I. 28/29 C 3
Rhume, Fl. 10 C 3
Rhumequelle 10 C 3
Rhumspringe 10 C 3
Rhynern, Hamm- 8/9 E 2
Rias Bajas ['ßaxas] 32/33 B 1
Riauinseln ['riau] 61/62 C 3
Ribadeo [rrißa'ðeo] 32/33 C 1
Ribatejo [rrißa'taʒu], L. 32/33 B 3
Ribe ['ri:bə] 39 II A 2
Ribeirão Prêto [rribei'rãum 'pretu] 88/89 F 5
Riberalta [rriße'ralta] 88/89 D 4
Ribnitz-Damgarten 16/17 H 1
Riccione [rit'tʃo:ne] 24/25 E 3/4
Richard Bay ['ritʃədz 'bɛi] 69/70 D 4
Richmond ['ritʃmənd] (Virginia, USA) 82/83 F 2
Riddagshausen, K. 10 D 2
Ried im Innkreis 18/19 I 4
Riedlingen 13 C 4
Riedstadt 12 CD 2
Riegelsberg 14 II C 2
Riegsee 15 B 3
Ries 18/19 F 4, 105 D 4
Riesa 16/17 I 4
Riesengebirge 26/27 G 3
Rietberg 8/9 FG 2
Rieti [ri'ɛ:ti] 34/35 D 4
Rietz 15 B 4
Rivaulx Abbey ['ri:vou 'æbi], Kl. 28/29 F 4
Rifstangi ['rifstauŋgji] 40/41 Nk. B 1
Riga 40/41 E 4
Rigaischer Meerbusen 40/41 E 4
Rigi 24/25 C 2
Riiser-Larsen-Halbinsel 91 II C 10
Rijeka [ri,jɛka] (Fiume) 24/25 F 3, 36/37 B 2
Rila ['rila] 36/37 F 3
Rilakloster 36/37 F 3
Rimini ['ri:mini] 24/25 E 3
Rîmnicu Sărat ['rymniku sə'rat] 36/37 H 2
Rîmnicu Vîlcea ['rymniku 'vyltʃea] 36/37 G 2
Ringelheim, Salzgitter- 10 C 2
Ringhals 40/41 C 4
Ringkøbing ['reŋkœ:beŋ] 39 II A 1
Ringkøbingfjord ['reŋkœ:beŋ] 39 II A 1/2
Ringsted ['reŋsdɛð] 39 II B 2
Ringvassøy [,riŋvasœi], I. 40/41 D 2
Rinteln 16/17 E 3
Riobamba [rrio'ßamba] 88/89 C 3
Rio Branco ['rriu 'braŋku], Fl. 88/89 D 2
Rio Branco ['rriu 'braŋku], O. 88/89 D 3/4
Rio Bravo del Norte, Fl. 82/83 C 3
Rio Cuarto ['rrio 'kuarto], O. 90 B 3
Rio de Janeiro ['rriu di ʒa'neiru] 88/89 F 5
Rio de la Plata ['rrio ðe la 'plata] 90 C 3
Rio de Oro ['rrio ðe 'oro], L. 67/68 B 3
Rio Gallegos ['rrio xa'jexɔs], O. 90 B 5
Rio Grande ['ri:ou 'grændi], Fl. z. Golf von Mexiko 82/83 CD 3
Rio Grande ['rrio 'xrande], Fl. (Bolivien) 88/89 D 4
Rio Grande ['rriu 'grandi], Fl. (Brasilien) 88/89 EF 4
Rio Grande ['rriu 'grandi], O. (Brasilien) 90 C 3
Rio Grande ['rriu 'grandi], O. (Feuerland) 90 B 5
Rio Negro ['rrio 'nexro], Fl. (Argentinien) 90 B 3/4
Rio Negro ['rrio 'nexro], Fl. (Brasilien) 88/89 D 3
Rio-Negro-Stausee ['rrio 'nexro] (Uruguay) 90 C 3
Rio Turbio ['rrio 'turßio], O. 90 A 5
Ripoll [rri'pɔl] 32/33 H 1
Riquewihr (= Reichenweiher) 18/19 C 4
Rischiri, I. 54 E 1
Risør [,ri:sœ:r] 40/41 B 4
Riß, Fl. 18/19 E 4
Rißbach, Fl. 15 C 4
Risserkogel 15 C 3
Ritterhude 7 B 2
Riukiuinseln 57/58 D 4
Riva del Garda 24/25 D 3
Rive-de-Gier [rivdə'ʒje] 24/25 A 3
Riverina [rivə'rainə] 74/75 E 4
Riveris-Stausee 14 II C 1
Riviera di Levante [rivi'ɛ:ra di le'vante] 24/25 C 3
Riviera di Ponente [rivi'ɛ:ra di po'nɛnte] 24/25 C 4/3
Rivière du Loup [[rivjɛrdy'lu] 82/83 G 1
Rixhöft (Rozewie) 26/27 I 1
Rjasan [ri'zanj] 48/49 D 2
Roanne [rɔ'an] 30/31 EF 4
Roanoke ['rouənouk], Fl. 82/83 F 2
Roanoke ['rouənouk], O. 82/83 EF 2
Robinson-Crusoe-Insel 87 B 6
Röblingen 11 B 2
Rocamadour 30/31 D 5
Rocas, I. 88/89 G 3
Rocha da Galé-Stausee 32/33 C 3/4
Rochefort [rɔʃ'fɔ:r] (Frankreich) 30/31 C 4/5
Rochester ['rɔtʃɛstə] (New York, USA) 82/83 F 1
Rochlitz 11 D 2
Rochsburg, B. 11 D 3
Rockall, I. 42/43 D 3
Rockdale ['rɔkdɛil] 82/83 D 2
Rockenhausen 12 B 2
Rockford ['rɔkfəd] 82/83 E 1
Rockhampton [rɔk'hæmptən] 74/75 F 3
Rock of Cashel 28/29 C 5
Rock Springs, O. ['rɔk 'spriŋz] 82/83 C 1
Rocky Mountains ['rɔki 'mauntinz] (Felsengebirge) 78/79 J 3/L 6, 94/95 F 4/D 2
Roda, Fl. 11 B 3
Rodalben 12 B 3
Rødby Havn ['rœðby: 'haun] 39 II B 2
Rodenkirchen, Köln- 8/9 CD 4
Rödermark 12 D 2
Rodgau 12 D 1
Rodnaer Gebirge 36/37 G 1
Rodrigues, I. 92/93 Q 8
Roer [ru:r] (Rur), Fl. 16/17 AB 4
Roermond [ru:r'mɔnt] 16/17 AB 4
Roeselare ['ru:səla:rə] 39 I A 2
Rofan 15 C 4
Rogaška Slatina [rɔ'ga:ʃka 'sla:tina] 24/25 F 2
Rohr, Kl. 18/19 GH 4
Röhr, Fl. 8/9 EF 3
Rohrbach (Saarland) 14 II D 2
Rohrbach in Oberösterreich 18/19 IJ 4
Rohrbach, Sankt Ingbert- 14 II D 2
Rohrbeck, Dallgow- 6 B 1
Rohrdorf 15 D 3
Rohtak 59/60 C 2
Roitzsch 11 C 1
Rokycany (Rokitzan) 18/19 I 3
Röm [rœ:m], I. 39 II A 2
Rom (Roma) 34/35 D 5, 163 III
Roma ['roumə] (Australien) 74/75 E 3
Roman ['roman] 36/37 H 1
Romans [rɔ'mã] 24/25 A 3
Romanshorn 18/19 E 5
Rombas 14 II B 2
Römerberg 12 C 3
Römerstein 13 D 3/4
Rommerskirchen 8/9 C 3
Rona ['rounə], I. 28/29 D 2
Ronas Hill 28/29 F 1
Roncesvalles, Paß von [rrɔnθez'ßaljes] 32/33 F 1
Ronda ['rrɔnda] 32/33 D 4
Rondane ['rɔndanə] 40/41 BC 3
Rondeslottet 40/41 BC 3
Rønne ['rœnə] 40/41 C 4
Ronneburg 11 C 3
Ronnenberg 10 B 2
Rönnskär [,rœnʃæ:r] 40/41 E 3
Rooseveltinsel ['ru:svelt] 91 II B 25/26
Roper ['roupə], Fl. 74/75 D 2
Roquefort [rɔk'fɔ:r] (Landes) 30/31 C 5
Roquefort-sur-Soulzon 30/31 E 6
Roraima [rɔ:'raimə] 88/89 D 2
Røros [rœ:ro:s] 40/41 C 3
Rösa 11 CD 1
Rosafat, B. 36/37 D 4
Rosario [rrɔ'sario] (Argentinien) 90 B 3
Rosário [rrɔ'sariu] (Brasilien) 88/89 F 3
Rosbach vor der Höhe 12 D 1
Rosche 7 F 3
Roscoff 30/31 AB 3
Rosdorf 10 B 3/4
Roseau [rou'zou] 88/89 D 1
Roseck, B. 13 B 3
Rosenberg, Feste 18/19 G 2
Rosenberger Teich 18/19 J 3
Rosenburg, Schl. 26/27 G 4
Rosenfeld 13 B 4
Rosengarten 7 D 2
Rosenheim 15 D 3
Rosenheimer Filze 15 D 3
Rosenstein, B. 13 D 3
Rosenthal 8/9 G 4
Rosette [ro'sɛt] (Raschid) 71 I B 2
Rosignano Marittima 24/25 D 4
Rositten (= Rezekne; Lettische SSR) 42/43 L 3
Rositz 11 C 2/3
Roskilde ['rɔskilə] 39 II BC 2
Roslawl ['rɔslavlj] 42/43 M 4
Rösrath 8/9 D 4
Roßbach (Bezirk Halle/Saale) 11 B 2
Roßberg 13 C 4
Ross Dependency 91 II B 27-24
Roßhäuptle 13 C 4
Roßkopf 15 D 4
Rosslare ['rɔslɛə] 28/29 C 5
Roßlau 11 C 1
Roßleben 11 A 2
Rosso 67/68 B 4
Rossmeer 91 II B 26-24
Ross-Schelfeis 91 II A 26-24
Roßstein 15 C 3
Roßtal 14 I B 2
Roßtrappe 10 E 3
Røssvatn [,rœsnvatn], See 40/41 C 2
Røst [rœst], I. 40/41 C 2
Rösterkopf 14 II C 1
Rostock, Bezirk 176 DE 1/2
Rostock, O. 16/17 H 1
Rostow [ras'tɔv] (am Don) 48/49 D 3
Roswell ['rɔzwəl] 82/83 C 2
Rot, Fl. 13 D 4
Rot, St. Leon- 13 B 2
Rota ['rrɔta] 32/33 C 4
Rotbach, Fl. 8/9 C 4
Röte 13 B 4
Rotenberg 10 C 3
Rotenburg (Niedersachsen) 7 C 2
Rotenburg an der Fulda 18/19 E 2
Rotenturmpaß 36/37 FG 2
Roter Fluß (= Songkoi) 57/58 B 4
Roter Main, Fl. 18/19 G 3
Rotes Becken 57/58 B 3/4
Rotes Kliff (Sylt) 16/17 D 1
Rotes Meer 67/68 G 3-H 4
Roth 18/19 G 3
Rötha 11 C 2
Rothaargebirge 8/9 FG 3/4
Röthenbach an der Pegnitz 14 I C 2
Rothenberg 13 B 1
Rothenburg ob der Tauber 18/19 F 3
Roti ['roti], I. 61/62 E 5
Rott (Kreis Landsberg) 15 A 3
Rott am Inn (Kreis Rosenheim) 15 D 3
Rottach-Egern 15 C 3
Rottenbach/Eisfeld, Grenzübergang 176 D3
Rottenbuch, K. 15 A 3
Rottenburg am Neckar 13 B 4
Rottenburg an der Laaber 18/19 H 4
Rotterdam [rɔtər'dam] 39 I B 2, 162 III
Röttingen 13 D 1
Rottweil 13 B 4
Rotuma, I. 74/75 H 2
Rotwand 15 C 3
Roubaix [ru'bɛ] 39 I A 2, 30/31 E 2
Roudnice ['roudnjitsɛ] (= Raudnitz) 18/19 J 2
Rouen [rwã] 30/31 D 3
Rourkela ['ruəkəlɑ:] 59/60 D 2, 171 V a/b
Roussillon [rusi'jõ], L. 30/31 E 6
Roussillon [rusi'jõ], O. 24/25 A 3
Rovaniemi ['rɔvɑniɛmi] 40/41 F 2

Rovereto [rove're:to] 24/25 D 3
Rovigo [ro'vi:go] 24/25 D 3
Rovinj [ˌrɔvinj] 24/25 E 3
Rovuma, Fl. 69/70 D 3
Rowno ['rɔvna] 48/49 C 2
Roxel, Münster- 8/9
Roxheim, Bobenheim- 12 C 2
Royan [rwa'jã] 30/31 C 5
Rozendaal, Schl. 8/9 A 1
Rozewie [rɔ'zɛvjɛ] (= Rixhöft) 26/27 I 1
Roztocze [rɔs'tɔtʃɛ] 26/27 K 3
Rschew [rʒɛf] 48/49 D 2
Ruacanafälle 69/70 B 3
Rübeland 10 D 3
Rubzowsk [rup'tsɔfsk] 50/51 H 4
Rückersdorf 14 I C 1/2
Rudabánya ['rudɔba:njə] 36/37 E 0
Rudelsburg, B. 11 B 2
Ruden, I. 16/17 I 1
Rudersberg 13 D 3
Rüdersdorf 6 E 2
Rüdersdorfer Kalkberge 105 EF 2
Rüdesheim 12 B 2
Rudkøbing ['ruðkœ:beŋ] 16/17 F 1
Rudnaja-Pristan 54 D 2
Rudny ['rudnyj] 50/51 F 4
Rudolfsee (= Turkanasee) 69/70 D 1
Rudolphstein/Hirschberg, Grenzübergang 176 D 3
Rudolstadt 18/19 G 2
Rudow, Berlin- ['ru:do] 6 CD 2
Rufiji [ru:'fi:dʒi:] 69/70 D 2
Rügen, I. 16/17 I 1
Rügenwalde (Darłowo) 26/27 H 1
Rühen 10 D 2
Rühen/Buchhorst, Grenzübergang 10 D 2, 176 D 2
Ruhla 18/19 F 2
Ruhlsdorf 6 C 2
Ruhner Berge 16/17 G 2
Ruhr, Fl. 8/9 C-G 3
Ruhrgebiet (Rhein.-Westfäl. Industriegebiet) 8/9, 132 I u. II, 138 I
Ruhrort, Duisburg- 8/9 C 3
Ruhrschnellweg 8/9 CD 2/3
Ruki [ru'ki], Fl. 69/70 B 2
Rukwasee ['ru:kwa:] 69/70 D 2
Rülzheim 12 C 3
Rum 15 B 4
Rumaila [ru'maila] 48/49 E 4
Rumänien, Staat 36/37 E-H 1/2, 172 F 4
Rumelange [rym'lã:ʒ] (Rümelingen) 14 II B 2
Rum Jungle ['rʌm 'dʒʌŋgl] 74/75 D 2
Rumoi ['ru,moi] 54 E 2
Ründeroth, Engelskirchen- 8/9 D 2/3
Rungwe ['ruŋgwɛi] 69/70 D 2
Runkel 12 C 1
Rupert House [rupət 'hauz] 80/81 L 4
Ruppichteroth 8/9 DE 4
Ruppiner Kanal 16/17 HI 3
Rur (Roer), Fl. 18/19 B 2
Rüschhaus, Schl. 8/9 E 1/2
Ruß, Fl. 26/27 J 1
Russe ['rusɛ] 36/37 GH 3
Rüsselsheim 12 C 2
Russische Soz. Föd. Sowjetrepublik 180
Rustawi [rus'tavi] 48/49 E 3
Rutesheim 13 B 3
Rüthen 8/9 F 2/3
Ruwenzori [ruvɛn'zo:ri] 69/70 CD 1
Ruwer, Fl. 14 II C 1
Ružomberok ['ruʒɔmbɛrɔk] 26/27 I 4
Rwanda, Staat 69/70 CD 2, 166/167 NO 7
Rybinsk ['rybinsk] 48/49 D 2
Rybinsker Stausee 48/49 D 2
Rybnik ['rybnik] 26/27 I 3
Rybniza ['rybnitsa] 36/37 I 1
Rychnov ['rixnɔf] (= Reichenau) 18/19 J 2
Rzepin ['ʒɛpin] (= Reppen) 16/17 J 3
Rzeszów ['ʒɛʃuf] 26/27 JK 3

S

Saalbach 13 B 2
Saalburg 12 D 1
Saale, Fl. 26/27 E 3, 11 B 1
Saale, Fl. (Niedersachsen) 10 B 2
Saaleck, B. 11 B 2
Saalfeld 18/19 G 2
Saar, Fl. 14 II C 1, 18/19 B 3
Saarbrücken 14 II CD 2
Saarbrücken-Ensheim, Flughafen 176 B 4
Saarburg (Rheinland-Pfalz) 14 II C 1
Saarburg (= Sarrebourg; Lothringen) 18/19 C 4
Saaremaa (= Ösel), I. 40/41 E 4
Saargau 14 II B 1/C 2
Saargemünd (Sarreguemines) 14 II D 2
Saariselkä ['sɑ:risɛlkæ] 40/41 F 2
Saar-Kohlen-Kanal 18/19 BC 4
Saarland, Bundesland 14 II, 18/19 BC 3, 176 B 4
Saarlouis [za:r'lui] 14 II C 2
Saarmund 6 B 2
Saar-Nahe-Bergland 14 II C 2/D 1
Saarwellingen 14 II C 2
Saas Fee [za:s'fe:] 24/25 B 2, 145 III a/b
Saaz (Žatec) 18/19 I 2
Saba, Ruinenstätte 67/68 H 4
Sababurg, B. 16/17 E 4
Sababurg, Schl. 10 B 3
Šabac ['ʃabats] 36/37 D 2
Sabadell [saßa'ðɛl] 32/33 H 2
Sabah ['sabah] 61/62 D 3
Sabana-Archipel 85 III A 1
Sabiñánigo [saßi'njanixo] 32/33 F 1
Sabine [sa'bi:n], Fl. 82/83 D 2
Sabol [zɑ'bol] 59/60 B 1
Sabrinaküste 91 II C 18/19
Sachalin [saxa'lin], I. 50/51 N 4/5
Sachsa, Bad 10 D 3
Sachsen 16/17 H 5/J 4
Sachsenburg, Schl. 11 E 3
Sachsenhausen, Frankfurt- 12 D 1
Sachsenheim 13 C 3
Sachsenring 11 D 3
Sachsenwald 7 E 1
Sächsisch-Reen (Reghin) 36/37 G 1
Säckingen, Bad 18/19 C 5
Sackwald 10 B 3
Sacramento [sækrə'mɛntou], Fl. 82/83 A 2/1
Sacramento [sækrə'mɛntou], O. 82/83 A 2
Sacrow, Potsdam- ['za:kro] 6 B 2
Sacrow-Paretzer-Kanal 6 AB 2
Sá da Bandeira (= Lubango) 69/70 B 3
Sadah ['zada] 67/68 H 4
Sadiya (= Kundil Bazar) 59/60 E 2
Sado ['saðu], Fl. 32/33 B 3
Sado ['sa,do], I. 54 D 3
Safi [sa'fi] 67/68 C 2
Sagan (Żagań) 16/17 K 4
Sagar ['sɑ:gə] 59/60 C 2
Sagasig 71 I B 2
Sagia el-Hamra ['saxia e'lamra] 67/68 BC 3
Saginaw ['sæginɔ:] 82/83 E 1
Sagunto [sa'xunto] 32/33 F 3
Sahara 67/68 B-F 3
Sahara (Spanisch-Sahara) 67/68 B 3
Saharaatlas 67/68 CD 2
Saharanpur [sə'hɑ:rənpuə] 59/60 C 1/2
Sahel 67/68 C-E 4, 116 II
Sahidan [zɑhi'dɑ:n] 59/60 B 2
Sahiwal 59/60 C 1
Šahy ['ʃahi] 36/37 D 0
Saida ['zaida] 71 II C 2
Saidpur ['saidpuə] 59/60 D 2
Saigon (= Ho Chi Minh) 61/62 C 2
Saihut [zai'hu:t] 67/68 I 4
Saimaakanal 40/41 F 3
Saimaasee ['saimɑ:] 40/41 F 3
Sain Schanda 57/58 BC 2
Saint Andrews [snt'ændru:z] 28/29 D C
Saint-Avold 14 II C 2
Saint-Bertrand-de-Comminges 30/31 D 6
Saint-Brieuc [sɛ̃bri'œ] 30/31 B 3
Saint-Claude [sɛ̃'klo:d] 24/25 A 2
Saint David's [snt 'dɛividz] 28/29 D 6
Saint David's Head [snt 'dɛividz 'hɛd] 28/29 D 6
Saint-Denis [sɛ'dni] 65/66 J 10
Saint-Dié [sɛ̃'dje] 18/19 B 4
Saint-Dizier [sɛ̃di'zje] 30/31 F 3
Saint-Eliasberge 80/81 EF 3
Sainte Marie [sɛ̃tma'ri] (= Nosy Boraha), I. 69/70 EF 3
Sainte-Marie-aux-Mines [sɛ̃tmario'min] (= Markirch) 18/19 C 4
Sainte-Odile (= Odilienberg), Kl. 18/19 C 4
Saint-Étienne [sɛ̃te'tjɛn] 30/31 F 5
Saint Helens [snt'hɛlinz] (= St. H.) 28/29 E 5
Saint Hélier [sɛ̃te'lje] 30/31 BC 3
Saint-Hippolyte [sɛ̃tipɔ'lit] 18/19 B 5
Saint-Jean-de-Luz [sɛʒã'dly:z] 30/31 C 6
Saint-Jean-de-Maurienne [sɛ̃ʒãdmɔ'rjɛn] 24/25 B 3
Saint Joesph [snt 'dʒousif] 82/83 D 2
Saint John [snt 'dʒɔn] 80/81 M 5
Saint John's [snt 'dʒɔnz] 80/81 N 5
Saint Kilda [snt'kildə], I. 28/29 B 3
Saint Kitts [snt'kits], I. 88/89 D 1
Saint Lawrence Island [snt 'lɔrəns 'ailənd] (= Sankt-Lorenz-Insel) 80/81 B 3
Saint Lawrence River [snt 'lɔrens 'rivə] (= Sankt-Lorenz-Strom) 80/81 M 5
Saint-Lô [sɛ̃'lo] 30/31 C 3
Saint Louis [snt 'luis] (Missouri, USA) 82/83 D 2
Saint-Louis [sɛ̃'lwi] (Senegal) 67/68 B 4
Saint Lucia [snt'lu:ʃə], I. u. Staat 88/89 D 1, 166/167 H 6
Saint-Malo [sɛ̃ma'lo] 30/31 BC 3
Saint-Martin [sɛ̃mar'tɛ̃], I. 88/89 D 1
Saint Mary's [snt 'mɛəriz], I. 28/29 C 7
Saint Matthew Island [snt 'mæθju:] (= Sankt-Matthäus-Insel) 80/81 B 3
Saint-Nazaire [sɛ̃na'zɛ:r] 30/31 B 4
Saint-Omer [sɛ̃tɔ'mɛ:r] 30/31 E 2
Saintonge [sɛ̃'tõ:ʒ] 30/31 C 5
Saint Paul, I. 92/93 R 9
Saint Paul [snt 'pɔ:l], O. 82/83 D 1
Saint Peter Port [snt 'pi:tə 'pɔ:t] 30/31 B 3
Saint Petersburg [snt 'pi:təzbə:g] 82/83 E 3
Saint-Pierre [sɛ̃'pjɛr], I. 80/81 N 5
Saint-Quentin [sɛ̃kã'tɛ̃] 39 I A 3
Saint-Quentin-en-Yvelines [sɛ̃kã'tɛ̃nã iv'li:n] 30/31 D 3
Saint-Tropez [sɛ̃trɔ'pe] 24/25 B 4
Saint-Ursanne [sɛ̃tyr'san] 18/19 C 5
Saint Vincent [snt'vinsənt], I. u. Staat 88/89 D 1, 166/167 H 6
Saipan, I. 61/62 G 2
Saissansee [zaj'san] 50/51 H 5
Saiun [zai'u:n] 67/68 H 4
Sajama [sa'xama] 88/89 D 4
Sajan 94/95 S 3
Sajankraftwerk 50/51 I 4
Sajó ['ʃɔjo:] (Slaná), Fl. 36/37 E 1
Sakakawea-Stausee 82/83 C 1
Sakamensk [za'kaminsk] 50/51 J 4
Sakarya [sɑ'karja] Fl. 48/49 D 3/4
Sakinthos (Zakynthos), I. 38 B 4
Sakinthos (Zakynthos), O. 38 B 4
Sakischima-Inseln 57/58 D 4
Sakon Nakhon 57/58 B 5
Salach 13 D 3
Salado [sa'laðo], Fl. 90 B 2
Salala [za'la:la] 67/68 I 4
Salamanca [sala'maŋka] (Mexiko) 84 B 2
Salamanca [sala'maŋka] (Spanien) 32/33 D 2
Salangen ['salaŋən], Fjord 40/41 D 2
Salar de Atacama 86 C 5
Salar de Uyuni [sa'lar ðe u'juni] 88/89 D 5
Salawat [sala'vat] 48/49 F 2
Sala y Gómez, I. 92/93 EF 8
Saldanha 69/70 B 5
Salechard [sali'xart] 48/49 G 1
Salem ['sɛiləm] (Indien) 59/60 C 3
Salem ['sɛiləm] (Oregon, USA) 82/83 A 1
Salerno [sa'lɛrno] 34/35 E 5
Salgótarján ['ʃɔlgo:tɔrja:n] 36/37 D 0
Salina [sa'li:na], I. 34/35 E 6
Salina Cruz [sa'lina 'krus] 84 C 3
Salisbury ['sɔ:lzbəri] (England) 28/29 F 6
Salisbury ['sɔ:lzbəri] (Simbabwe) 69/70 D 3
Salla ['salla] 40/41 F 2
Salling ['saleŋ], Halbinsel 39 II A 1
Salmi 40/41 G 3
Salomonen, Staat 74/75 FG 1/2, 166/167 W 7
Salomoninseln 74/75 FG 1/2
Saloniki [zalo'ni:ki] (= Thessaloniki) 38 C 2
Salpausselkä ['salpausselkæ] 40/41 F 3
Salso ['salso], Fl. 34/35 E 7
Salsomaggiore Terme [salsomad'dʒo:re 'tɛrme] 24/25 CD 3
Salta, L. 40/41 CD 2
Salta ['salta] 90 B 2
Saltfjord [ˌsalt] 40/41 C 2
Saltholm ['salhɔlm], I. 39 II C 2
Saltillo [sal'tijo] 82/83 C 3
Salt Lake City ['sɔ:lt 'lɛik 'siti] 82/83 B 1
Salto ['salto] 90 C 3
Saltonsee ['sɔ:ltn] 82/83 B 2
Saluën, Fl. 59/60 E 3
Saluzzo [sa'luttso] 24/25 B 3
Salvador [salva'dor] 88/89 G 4
Salza, Fl. zur Enns 18/19 J 5
Salza, Fl. zur Saale 11 B 1/2
Salza, Nordhausen- 10 D 3
Salzach, Fl. 24/25 E 2
Salzburg, Bundesland, Österreich 18/19 HI 5, 179
Salzburg, O. 18/19 I 5, 24/25 E 2
Salzburg-Maxglan, Flughafen 176 E 5
Salzburger Alpen 24/25 E 2
Salzderhelden, Einbeck- 10 B 3
Salzdetfurth, Bad 10 C 2
Salzgitter 10 C 2, 16/17 F 3
Salzgitter-Bad 10 C 2
Salzhausen 7 E 2
Salzhemmendorf 10 B 2
Salzig, Bad, Boppard- 12 B 1
Salzkammergut 18/19 I 5
Salzkotten 8/9 G 2
Salzschlirf, Bad 18/19 E 2
Salzuflen, Bad [zalts'uflən] 16/17 D 3
Salzungen, Bad 18/19 F 2
Salzwedel 16/17 G 3
Samar [sa'mar], I. 61/62 E 2
Samarai 61/62 H 5
Samaria-Schlucht 38 CD 5
Samarinda [sama'rinda] 61/62 D 4
Samarkand [zamar'kant] 50/51 F 6
Samarra [zama'ra:] 48/49 E 4
Samawa [sa'mava] 48/49 E 4
Sambalpur ['sæmbəlpuə] 59/60 D 2
Sambesi (Zambezi), Fl. 69/70 D 3
Sambia, Staat 69/70 CD 3, 166/167 NO 7/8
Sambor ['sambar] 26/27 K 4
Sambre [sã:br], Fl. 39 I B 2
Samland 26/27 J 1
Samoainseln 96 M 7
Samos ['za:mɔs], I. 38 E 4
Samothraki [samɔ'θraki], I. 38 D 2
Samotlor 50/51 G 3
Samsø ['samsœ:], I. 39 II B 2
Samsøbelt ['samsœ:] 39 II B 2
Samsun ['samsun] 48/49 D 3
Samtschök (Samchok) 54 B 3
San [san], Fl. 26/27 K 3
San [san], O. 67/68 C 4
Sana [za'na:] 67/68 H 4
Sanaga [sana'ga], Fl. 67/68 E 5
San Ambrosio, I. 87 B 5
San Angelo [sæn'ændʒəlou] 82/83 C 2
San Antonio [sanan'tonio] (Chile) 90 A 3
San Antonio [sænən'touniou] (Texas, USA) 82/83 D 3
San Antonio Abad [sanan'tonio a'ßað] 32/33 G 3
San Antonio Oeste [sanan'tonio u'este] 90 B 4
San Benedetto del Tronto [sambene'dɛtto del 'tronto] 24/25 E 4, 34/35 D 4
San Bernardino, Paß 24/25 C 2
San Bernardino [sænbə:nə'di:nou], O. 82/83 B 2
San Carlos [saŋ 'karlɔs] 61/62 E 2
San Cristóbal [saŋkris'toßal], I. (Galápagosin.) 88/89 B 3
San Cristobal, I. (Salomonin.) 74/75 G 2
San Cristóbal [saŋkris'toßal], O. 88/89 C 2
Sancti Spiritus 85 III B 1
Sandakan [san'dakan] 61/62 D 3
Sanday ['sænсɛi], I. 28/29 E 2
Sande 16/17 CD 2
Sandersleben 11 B 1
Sandesneben 7 EF 1
Sandhausen 13 B 2
Sandia [sæn'diə] 82/83 C 2
San Diego [sændi'ɛigou] 82/83 B 2
Sandizell 15 B 1
Sandkopf 14 II D 1
Sandnes [ˌsanəs] 40/41 B 4
Sandnessjøen [ˌsanəs[œ:ən] (Gem. Alstahang) 40/41 C 2
Sandomierz [san'dɔmjɛʃ] 26/27 J 3
Sandoy, I. 42/43 E 2
Sandringham ['sændriŋəm], Schl. 28/29 G 5
Sandviken [ˌsandvi:kən] 40/41 D 3
Sanem [sa'nɛm] (Sassenheim) 14 II A 1
San Felipe [san fe'lipe] 82/83 B 2
San Félix, I. 87 A 5
San Fernando [sanfɛr'nando] (Philippinen) 61/62 E 2
San Fernando [sanfɛr'nando] (Spanien) 32/33 C 4
San Fernando de Apure [sanfɛr'nando ðe a'pure] 88/89 D 2
San Francisco [sænfrən'siskou] 82/83 A 2
Sanga [saŋ'ga], Fl. 69/70 B 1
Sangamner 59/60 C 3
Sangar 50/51 L 3
Sangerhausen 16/17 G 4
Sangihe-Inseln [sa'ŋihe] 61/62 E 3
San Gimignano [sandʒiminj'jna:no] 24/25 D 4
San Giovanni in Fiore [sandʒo'vanni im 'fjo:re] 34/35 F 6
Sangli 59/60 C 3
San Ignacio [sanix'nasio] 88/89 D 4
San Joaquin [sænwɔ'ki:n], Fl. 82/83 A 2
San Jorge-Golf [saŋ 'xɔrxe] 90 B 4
San José [saŋxo'se] (Costa Rica) 84 D 3/4
San José [sænhou'zɛi] (Kalifornien) 82/83 A 2
San Juan [saŋxu'an], Fl. 82/83 C 2
San Juan [saŋxu'an] (Argentinien) 90 B 3
San Juan [saŋxu'an] (Puerto Rico) 88/89 D 1
Sankt Andreasberg 10 CD 3
Sankt Augustin 8/9 D 4
Sankt Bernhard, Großer, Paß 24/25 B 3
Sankt Bernhard, Kleiner, Paß 24/25 B 3
Sankt Blasien 18/19 D 5
Sankt Egidien 11 D 3
Sankt Florian, Kl. 18/19 J 4
Sankt Gallen, Kanton, Schweiz 180
Sankt Gallen, O. 24/25 C 2
Sankt-Georgs-Kanal 28/29 C 6/D 5
Sankt Goar 12 B 1
Sankt Goarshausen 12 B 1
Sankt Gotthard, Paß 24/25 C 2
Sankt Helena, I. 65/66 D 9
Sankt Ingbert 14 II D 2
Sankt Joachimsthal (Jáchymov) 18/19 H 2
Sankt Johann im Pongau 18/19 I 5
Sankt Jürgen, Lübeck- 7 F 1
Sankt Kanzian, Höhlen von (Škocjanske jame) 24/25 EF 3
Sankt Katherina, Kloster 71 I CD 3
Sankt Leon-Rot 13 B 2
Sankt Leonhard, K. 15 C 4
Sankt-Lorenz-Golf 80/81 M 5
Sankt-Lorenz-Insel (Saint Lawrence Island) 80/81 B 3
Sankt-Lorenz-Strom (Saint Lawrence River) 80/81 M 5
Sankt Martin, K. (Haardt) 12 C 3
Sankt-Matthäus-Insel (Saint Matthew Island) 80/81 B 3
Sankt Moritz [zaŋkt mo:'rits] 24/25 C 2
Sankt Othmar, K. 15 B 1
Sankt Peter-Ording 16/17 D 1
Sankt Pölten 24/25 F 1
Sankt Ulrich 24/25 D 2
Sankt Veit an der Glan 24/25 F 2
Sankt Wendel 14 II D 2
Sankuru [saŋku'ru], Fl. 69/70 C 2
San Leo [san'lεo] 24/25 E 4
San Lorenzo [sanlo'renso] (Argentinien) 90 BC 3
San Lorenzo [sanlo'renso] (Ecuador) 88/89 C 2
San Luis [san'luis] 90 B 3
San Luis Potosí [san'luis poto'si] 84 B 2
San Manuel 82/83 B 2
San Marino [dt. zan ma'ri:no, it. samma'ri:no], Staat 24/25 E 4, 172 E 5
San Matías-Golf [sanma'tias] 90 B 4
Sanmenhsia 57/58 C 3
Sanmen-Stausee 57/58 BC 3
San Nicolás [sanniko'las] (Argentinien) 90 B 3
San Nicolás [sanniko'las] (Peru) 88/89 C 4
Sanok ['sanɔk] 26/27 K 4
San Pedro Sula [sam'peðro 'sula] 84 D 3
San Pietro [sam'piɛ:tro], I. 34/35 B 6
San Rafael [sanrrafa'ɛl] 90 B 3
San Remo [san'rɛ:mo] 24/25 B 4
San Salvador (Watlinginsel, Guanahani) 84 E 2
San Salvador [sansalßa'dɔr], O. 84 D 3
Sansanding [sansan'diŋ] 67/68 C 4

San Sebastián [sanseßasti'an] 32/33 EF 1
San Severo [sanse'vɛ:ro] 34/35 E 5
Sansibar ['zanziba:r] (Zanzibar), I. 69/70 D 2
Sanssouci [sãsu'si], Schl. (Potsdam) 6 B 2
Santa Ana ['santa 'ana] 84 D 3
Santa Barbara ['sæntə 'bɑ:bərə] 82/83 B 2
Santa Clara ['santa 'klara] 84 DE 2, 85 III AB 1
Santa Comba ['santa 'komba] 32/33 B 1
Santa Cruz ['santa 'krus], I. 88/89 A 3
Santa Cruz ['santa 'krus] (Argentinien) 90 B 4/5
Santa Cruz ['santa 'krus] (Bolivien) 88/89 D 4
Santa Cruz de Tenerife ['santa 'kruð ðe tene'rife] 67/68 B 3
Santa-Cruz-Inseln 74/75 G 2
Santa Fe ['santa 'fe] (Argentinien) 90 B 3
Santa Fe ['sæntə 'fɛi] (New Mexiko, USA) 82/83 C 2
Santa Isabel, I. 74/75 F 1
Santa Isabel (= Malabo) 67/68 D 5
Santa Maria ['santa ma'ria] (Uruguay) 90 C 2
Santa Marta ['santa 'marta] 88/89 C 1
Santander [santan'dɛr] 32/33 E 1
Sant' Antioco [santan'ti:oko] 34/35 B 6
Santarém [santa'rẽi] (Brasilien) 88/89 E 3
Santarém [santa'rãi] (Portugal) 32/33 B 3
Santa Rosa ['santa 'rrɔsa] (Argentinien) 90 B 3
Santa Rosa (Brasilien) 90 C 2
Santa Rosalia ['santa rosa'lia] 82/83 B 3
Santa Teresa Galuna 34/35 B 5
Santiago [santi'axo] (Dominik. Rep.) 84 E 3
Santiago de Chile [santi'axo ðe 'tʃile] 90 A 3
Santiago de Compostela [dt. zanti'a:go, sp. santi'axo ðe kompɔs'tela] 32/33 B 1
Santiago de Cuba [santi'axo ðe 'kußa] 84 E 2/3, 85 III B 1/2
Santiago del Estero [san'tiaxo ðel es'tero] 90 B 2
Säntis 24/25 C 2
Santo Domingo ['santo ðo'miŋgo] 84 EF 3
Santorin [zanto'ri:n] (Thira), I. 38 D 4
Santos ['santus] 88/89 F 5
Santo Tomé de Guayana ['santo to'me ðe xua'jana] (= Ciudad Guayana) 88/89 D 2
San Valentin [sambalen'tin] 90 A 4
São Domingos 32/33 C 4
São Francisco [sãufrã'sisku], Fl. 88/89 F 4/3
São Luis [sãu'luis] 88/89 F 3
São Manuel [sãuma'nuɛl], Fl. 88/89 E 3
São Miguel [sãumi'xɛl], I. 65/66 B 4
Saône [so:n], Fl. 24/25 A 2, 30/31 F 4
São Paulo, I. 92/93 JK 6
São Paulo [sãum'paulu], O. 88/89 F 5
São Paulo de Olivença 88/89 D 3
São Tomé und Príncipe, Staat 69/70 A 1, 166/167 M 6/7
São Tomé [sãuntu'mɛ], O. 69/70 A 1
Sapele [sɑ:'pɛilɛi] 67/68 D 5
Sapoljarny [zapal'jarnyj] 40/41 G 2
Saporoschje [zapa'rɔʒjɛ] 48/49 D 3
Sapporo [sa'pporo] 54 E 2
Sarafschan 50/51 F 5
Saragossa (= Zaragoza) 32/33 F 2
Sarajevo [,sarajɛvɔ] 36/37 D 3
Saransk [sa'ransk] 48/49 E 2
Sarapul [sa'rapul] 48/49 F 2
Saratow [sa'rataf] 48/49 E 2
Saratower Stausee 48/49 E 2
Sarawak [sa'rawak] 61/62 D 3
Sardinien, I. 34/35 B 5/6
Sard Kuh [zærd 'ku:h] 67/68 HI 2
Sarektjåkko ['sɑ:rəktʃɔko] 40/41 D 2
Sargassosee 76/77 M-O 7
Sargodha [sɛə'goudə] 59/60 C 1
Sarh (Fort-Archambault) 67/68 E 5
Sari [so'ri:] 48/49 F 4
Saria (Zaria) 67/68 D 4
Sar'yer 36/37 I 4
Sark [sa:k], I. 30/31 B 3
Sarmiento 90 B 4
Sarmsheim, Münster- 12 B 2
Sarnia ['sɑ:niə] 82/83 E 1
Sarntaler Alpen 24/25 D 2
Saroch 34/35 B 6
Saronischer Golf 38 C 4
Sarralbe [sa'ralb] 18/19 BC 3/4
Sarrebourg [sar'bu:r] (Saarburg; Lothringen) 18/19 C 4
Sarreguemines [sargə'min] (= Saargemünd) 14 II D 2
Sarre-Union [sary'njõ] 18/19 C 4
Sarroch 34/35 B 6
Sarsaitine 67/68 DE 3
Sarstedt 10 B 2
Sartène [sar'tɛn] 34/35 B 5
Sarthe [sart], Fl. 30/31 C 4
Sasebo [sa'sebo] 54 B 4
Sasel, Hamburg- 7 E 1
Saskatchewan [səs'kætʃiwən], Provinz, Kanada 80/81 I 4
Saskatoon [sæskə'tu:n] 80/81 I 4
Sassandra [sasan'dra] 67/68 C 5
Sassanfahrt, Hirschaid- 14 I B 1
Sassari ['sassari] 34/35 B 5
Sassenberg 8/9 F 1/2
Sassenburg 10 D 1
Sassendorf, Bad 8/9 F 2
Sassenheim (= Sanem) 14 II A 1
Saßnitz 16/17 I 1
Sassyksee 36/37 I 2
Satakunta ['sɑtɑkuntɑ] 40/41 E 3
Satpuragebirge ['sa:tpurə] 59/60 C 2
Satu Mare ['satu 'mare] 36/37 F 1
Satzkorn 6 A 2
Saualpe 24/25 F 2
Sauda ['sœyda] 40/41 B 4
Sauðárkrókur ['sœyðaurkrɔukyr] 40/41 Nk. B 1
Saudi-Arabien, Staat 67/68 HI 3/4, 166/167 OP 5
Sauer, Fl. 39 I C 3
Sauerlach 15 C 3
Sauerland 8/9 EF 3
Saulgau 18/19 E 4
Saulheim 12 C 2
Sault Sainte-Marie ['su: səntmə'ri:] 82/83 E 1
Saumur [so'my:r] 30/31 C 4
Saurimo (Henrique de Carvalho) 69/70 C 2
Savannah [sə'vænə], Fl. 82/83 E 2
Savannah [sə'vænə], O. 82/83 E 2
Savannakhet 57/58 B 5
Save, Fl. z. Donau 36/37 D 2
Save ['savə], Fl. z. Straße von Moçambique 69/70 D 4
Saverne [sa'vɛrn] (= Zabern) 18/19 C 4
Savo ['savɔ], L. 40/41 F 3
Savona [sa'vo:na] 24/25 C 3
Savonlinna ['savɔnlinnɑ] 40/41 F 3
Savoyen 24/25 A 3/B 2, 30/31 G 4/5
Savoyer Alpen 24/25 B 3/2
Sawuinseln 61/62 E 5
Sazan [sa'zan], I. 36/37 D 4
Sazawa ['za:zava], Fl. 18/19 J 3
Sazawa, Kl. 18/19 J 3
Scafell Pike ['skɔ:fɛl 'paik] 28/29 E 4
Scapa Flow ['skæpə 'flou] 28/29 E 2
Scarborough ['skɑ:brə] 28/29 F 4
Schaalsee 16/17 F 2
Schachen 13 C 4
Schachty ['ʃaxty] 48/49 DE 3
Schaesberg [sxa:zbɛrx] 8/9 AB 4
Schaffhausen, Kanton, Schweiz 180
Schaffhausen, O. 18/19 D 5
Schafstädt 11 B 2
Schäftlarn 15 B 3
Schahbahar 59/60 B 2
Schahsi 57/58 C 3
Schaich Uthman ['ʃaiõ ut'ma:n] 67/68 H 4
Schaim [ʃa'im] 50/51 F 3
Schalksmühle 8/9 E 3
Schandau, Bad 18/19 J 2
Schanghai (Shanghai) 57/58 D 3
Schangkiu 57/58 C 3
Schansi (Shanxi), Provinz, China 177
Schantan 57/58 B 3
Schantarinseln 50/51 M 4
Schantou 57/58 C 4
Schantung (Shandong), Provinz, China 57/58 CD 3, 177
Schara, Fl. 57/58 C 2
Schärding 24/25 E 1
Schardja 59/60 A 2
Scharfenstein, B. 10 C 4
Schargebirge 36/37 E 3
Scharhörn, I. 7 A 1
Schari (Chari), Fl. 67/68 E 4
Scharm el-Scheikh 71 I D 4
Scharmützelsee 16/17 IJ 3
Scharnebeck 7 F 2
Scharnitz 15 B 4
Scharzfeld, Herzberg- 10 C 3
Schäßburg (Sighişoara) 36/37 G 1
Schatt-el-Arab [ʃat ɛl'arap] 48/49 E 5
Schatzenstein 11 D 3
Schaulen (Šiauliai) 40/41 E 4
Schausing 57/58 D 3/4
Schdanow ['ʒdanaf] 48/49 D 3
Schebschigebirge 67/68 E 5
Scheeßel 7 CD 2
Scheffauer 15 D 3
Schefferville ['ʃɛfəvil] 80/81 M 4
Schefflenz 13 C 2
Scheibbs 18/19 K 4
Scheinfeld 14 I A 1
Schelde [dt. 'ʃɛldə, ndl. 'sxɛldə], Fl. 39 I AB 2
Schelesnogorsk [ʒəlizna'gɔrsk] 48/49 D 2
Schelesnogorsk-Ilimski [ʒəlizna'gɔrsk i'limskij] 50/51 J 4
Schelichowgolf ['ʃelixaf] 50/51 O 3/4
Scheliff [ʃe'lif], Fl. 46/47 D 5
Schelklingen 13 D 4
Schenefeld 7 D 1
Schenjang (Shenyang) 57/58 D 2
Schenkenhorst 6 B 2
Schensi (Shaanxi), Provinz, China 177
Scherawna 36/37 H 3
Scherfelde, Warburg 8/9 GH 2
Schermbeck 8/9 C 2
Scherneck, Schl. 15 A 2
Schertelshöhle 13 D 3
Scheschuppe, Fl. 26/27 K 1
Schewtschenko [ʃəf'tʃɛnka] 48/49 F 3
Scheyern 15 B 2
Schidsuoka (Shizuoka) 54 D 3/4
Schieder-Schwalenberg 8/9 H 2
Schiefbahn, Willich- 8/9 C 3
Schierke 10 D 3
Schiermonnikoog [sxi:rmɔni'ko:x], I. 39 I C 1
Schiffdorf 7 B 1
Schifferstadt 12 C 3
Schifflange [ʃi'flã:ʒ] (Schifflingen) 14 II B 1/2
Schiffweiler 14 II D 2
Schigatse 59/60 D 2
Schihkiatschwang (Shijiazhuang) 57/58 C 3
Schikoku [ʃi'ko,ku] (Shikoku), I. 54 C 4
Schildau 11 D 2
Schilka ['ʃylka], Fl. 50/51 K 4
Schimonoseki [ʃi'monoseki] (Shimonoseki) 54 C 4
Schinnen 8/9 A 4
Schio ['ski:o] 24/25 D 3
Schipkapaß ['ʃipka] 36/37 G 3
Schipkipaß 59/60 C 1
Schirane ['ʃi,rane] (Shirane) 54 D 3
Schiras [ʃi'rɑ:z] 48/49 F 5
Schirmeck 18/19 C 4
Schitomir [ʒy'tɔmir] 48/49 C 2
Schiukwan 57/58 C 4
Schivelbein (Świdwin) 16/17 K 2
Schkeuditz 11 C 2
Schkopau 11 B 2
Schlackenwerth (Ostrov) 18/19 H 2
Schladen 10 D 2
Schladming 18/19 I 5
Schlan (= Slaný) 18/19 J 2
Schlangen 8/9 G 2
Schlangenbad 12 C 1
Schlangeninsel 36/37 J 2
Schleglerburg 13 B 3
Schlehdorf 15 B 3
Schlei 16/17 E 1
Schleiden 18/19 B 2
Schleiz 11 B 3
Schlema 11 D 3
Schlemmerhofen 13 D 4
Schlesien 26/27 H 3
Schleswig, L. 102/103 D 1
Schleswig, O. 16/17 E 1
Schleswig-Holstein, Bundesland 16/17 EF 1/2, 176 CD 1/2, 122 I/II
Schlettstadt (Sélestat) 18/19 C 4
Schlichem, Fl. 13 B 4
Schliersee 15 C 3, 139 III
Schliersee, O. 15 C 3
Schlitz 18/19 E 2
Schloß Holte-Stukenbrock, O. 8/9 G 2
Schloß Neuhaus, Paderborn- 8/9 G 2
Schlotheim 10 D 4
Schluchsee 18/19 D 5
Schlüchtern 18/19 E 2
Schlüsselfeld 14 I B 1
Schlutup, Lübeck- 7 F 1
Schmalfeld 7 D 1
Schmalkalden [ʃmal'kaldən] 18/19 F 2
Schmallenberg 8/9 F 3
Schmannewitz 11 D 2
Schmargendorf, Berlin- 6 C 2
Schmarloh 10 C 1
Schmelz 14 II C 2
Schmidt, Nideggen- 8/9 B 4
Schmiech, Fl. 13 D 4
Schmiecha, Fl. 13 C 4
Schmiedeberg, Bad 11 D 1
Schmöckwitz, Berlin- 6 D 2
Schmölln 11 C 3
Schmutter, Fl. 15 A 1
Schnackenburg 16/17 G 2
Schnakenburg/Cumlosen, Grenzübergang 176 D 2
Schnaittach 14 I C 1
Schneeberg (Fichtelgebirge) 18/19 G 2
Schneeberg (Snežnik; Jugosl.) 24/25 F 3
Schneeberg, Österreich 24/25 F 2
Schneeberg, O. (Erzgebirge) 11 D 3
Schneekoppe 26/27 G 3
Schneidemühl (Piła) 26/27 H 2
Schneifel 18/19 B 2
Schnelle Körös ['kœrœʃ], Fl. 36/37 E 1
Schnellenberg, Schl. 8/9 E 3
Schnelsen, Hamburg- 7 D 1
Schneverdingen 7 D 2
Schoa, L. 67/68 G 5
Schochwitz 11 B 1
Schömberg (b. Pforzheim) 13 B 3
Schömberg (b. Rottweil) 13 B 4
Schönaich 13 C 3
Schönau 13 B 2
Schönberg (Bez. Rostock) 16/17 F 2
Schönborn, Bad 13 B 2
Schönbrunn, Schl. (Wien) 24/25 G 1
Schönbuch 13 BC 3
Schönburg, B. 12 B 1
Schondorf 15 B 2
Schönebeck 16/17 G 3/4
Schöneberg, Berlin- 6 C 2
Schöneck 12 D 1
Schönefeld (b. Berlin) 6 CD 2
Schöneiche 6 D 2
Schonen 40/41 C 4
Schönenberg-Kübelberg 14 II D 2
Schönerlinde 6 C 1
Schönfließ 6 C 1
Schongau 15 A 3
Schönhengstgau 102/103 H 4
Schöningen 10 D 2
Schöninger 18/19 J 4
Schönow ['ʃœ:no] 6 D 1
Schönstein, B. 8/9 E 4
Schöntal, Kl. 13 D 2
Schönwalde 6 B 1
Schoonebeek ['sxo:nəbe:k] 16/17 B 3
Schopfheim 18/19 C 5
Schopp 12 B 3
Schöppenstedt 10 D 2
Schorfheide 16/17 I 3
Schorndorf 13 CD 3
Schott Djerid [dʒe'rid] 67/68 D 2
Schott el-Hodna 46/47 D 5
Schott esch-Schergi [ʃɔtɛʃɛr'gi] 46/47 CD 5
Schottland 28/29 DE 3
Schott Melghir 67/68 D 2
Schouwen ['sxouwə], I. 39 I A 2
Schramberg 18/19 D 4
Schraplau 11 B 2
Schriesheim 13 B 2
Schrobenhausen 15 B 1
Schrozberg 13 D 2
Schtschutschinsk ['ʃtʃutʃinsk] 50/51 G 4
Schuangjaschan 57/58 E 2
Schuitscheng 57/58 B 4
Schulenberg 10 C 3
Schulzendorf 6 D 2
Schumen 36/37 H 3
Schunter, Fl. 10 D 2
Schurwald 13 CD 3
Schussen, Fl. 18/19 E 5
Schüttenhofen (Sušice) 18/19 I 3
Schüttorf 16/17 C 3
Schwaan 16/17 H 2
Schwabach (Mittelfranken) 14 I BC 2
Schwaben Regierungsbezirk 176 D 4/5
Schwäbische Alb 18/19 D 5/F 4
Schwäbischer Wald 102/103 D 4
Schwäbisch Gmünd 13 D 3
Schwäbisch Hall 13 D 2
Schwabmünchen 18/19 F 4
Schwaig 14 I C 2
Schwaigern 13 C 2
Schwalbach am Taunus 12 D 1
Schwalbach, Bad 12 C 1
Schwalbach/Saar 14 II C 2
Schwalm, Fl. zur Eder 18/19 E 1/2
Schwalm Fl. zur Maas 8/9 B 3
Schwalm, L. 18/19 E 2
Schwalmstadt 18/19 E 2
Schwalmtal 8/9 B 3
Schwandorf 18/19 H 3
Schwanebeck 6 D 1
Schwanewede 7 B 2
Schwanheide, O. 7 F 2
Schwansen, L. 16/17 E 1
Schwanstetten 14 I C 2
Schwartau, Bad 7 F 1
Schwarzach, Fl. 14 I C 2
Schwarzbach, Fl. 12 B 3
Schwarze Elster, Fl. 16/17 I 4
Schwarze Kreisch, Fl. 36/37 EF 1
Schwarzenbek 7 EF 1/2
Schwarzenberg (Erzgebirge) 18/19 H 2
Schwarzenberg, Schl. 14 I A 1
Schwarzenbruck 14 I C 2
Schwarzengraben, Schl. 8/9 F 2
Schwarze Pumpe, O. 16/17 J 4
Schwarzer Fluß (= Songda) 57/58 B 4
Schwarzer Volta, Fl. 67/68 C 4/5
Schwarzes Meer 48/49 D 3
Schwarzkoppe 18/19 H 3
Schwarzwald 18/19 C 5/D 4
Schwarzwälder Hochwald 14 II C 1
Schwarzwasser, Fl. 10 C 1
Schwaz 15 C 4
Schweden, Staat 40/41 C-E 2-4, 172 EF 2/3
Schwedt 16/17 J 2
Schwegenheim 12 C 3
Schweidnitz (Świdnica) 26/27 H 3
Schweinau, Nürnberg- 14 I C 2
Schweinebucht (Bahia de Cochinos) 85 III A 1
Schweinfurt 18/19 F 2
Schweinitz 11 DE 1
Schweinsberg, Schl. 8/9 GH 4
Schweiz, Staat 24/25 BC 2, 172 D 4, 180
Schweizer Jura 24/25 B 2
Schweizer Mittelland 102/103 CD 5
Schwelm 8/9 D 3
Schwendi 13 D 4
Schwenningen, Villingen- 18/19 D 4
Schwerin, Bezirk 176 DE 2
Schwerin (DDR) 16/17 G 2
Schwerin (a. d. Warthe; Skwierzyna) 16/17 K 3
Schweriner See 16/17 G 2
Schwerte 8/9 E 3
Schwetz (Świecie) 26/27 I 2
Schwetzingen 13 B 2
Schwiebus (Świebodzin) 16/17 K 3
Schwielochsee 16/17 J 3
Schwielowsee ['ʃvi:lo] 6 A 2
Schwinge, Fl. 7 C 1
Schwülme, Fl. 10 B 3
Schwülper 10 C 2
Schwyz, Kanton, Schweiz 180
Schwyz, O. 24/25 C 2
Sciacca ['ʃakka] 34/35 D 7
Scillyinseln ['sili] 28/29 C 6/7
Scoresbysund ['sgɔ:rsby] 80/81 Q 2
Scoresbysund ['sgɔ:rsby], O. 80/81 Q 2
Scottinsel 92/93 Y 11
Scranton ['skræntən] 82/83 F 1
Scunthorpe ['skʌnθɔ:p] 28/29 F 5
Seattle [si'ætl] 82/83 A 1
Sebastiansweiler, Bad 13 BC 4
Sebha 67/68 E 3
Sebnitz 18/19 J 2
Sebu [se'bu], Fl. 46/47 C 5
Sebul, Fl. 44/45 B 5
Secchia ['sekkia], Fl. 24/25 D 3
Sechtem, Bornheim- 8/9 CD 4
Sechura [se'tʃura] 88/89 B 3
Seckach, Fl. 13 C 2
Seckach, O. 13 C 2
Seckau, Abtei 18/19 J 5
Sedan [sə'dã] 39 I B 3
Seddinsee [zɛ'di:n] 6 D 2
Seebergspitze 15 C 4
Seeburg, B. 13 C 4
Seeburger See 10 C 3
Seefeld in Tirol 15 B 4
See Genezareth 71 II C 2
Seehausen (Bezirk Cottbus) 11 D 1
Seeheim-Jugenheim 12 D 2
Seehof, Schl. 14 I B 1
Seejoch 15 B 4
Seeland (Sjælland), I. 39 II BC 2
Seeland (Zeeland) 39 I AB 2
Seelow ['ze:lo] 16/17 J 3
Seelze 10 B 2
Seeon, Kl. 18/19 H 5
Seesen 10 C 3

Seeshaupt 15 B 3
Seetaler Alpen 24/25 F 2
Seeve, Fl. 7 DE 2
Seevetal, O. 7 DE 2
Sefid Kuh 59/60 B 1
Sefid Rud, Fl. 48/49 E 4
Segeberg, Bad 7 E 1
Segescha ['sjegiʒa] 48/49 D 1
Segesta, antiker Ort 34/35 D 7
Ségou [se'gu] (= Segu) 67/68 C 4
Segovia [se'xoßia] 32/33 D 2
Segré [sə'gre] 30/31 C 4
Segre ['sexre], Fl. 32/33 G 2
Segsee [sjɛg] 40/41 G 3
Segu (Ségou) 67/68 C 4
Segura [se'xura], Fl. 32/33 F 3
Sehnde 10 B 2
Seila (Zeila) 67/68 H 4
Seille [sɛj], Fl. 18/19 B 3/4
Seine [dt. 'zɛ:nə, frz. sɛn], Fl. 30/31 D 3
Seinebucht 30/31 C 3
Seja ['zjeja], Fl. 50/51 L 4
Seja ['zjeja], O. 50/51 L 4
Sejerø ['sairœ:], I. 39 II B 2
Sejerø Bugt ['sairœ: 'bogd] 39 II B 2
Sekondi-Takoradi ['sɛkəndi: tɑ:kɔ:'rɑ:di:] 67/68 C 5
Selb 18/19 H 2
Selchow 6 CD 2
Selemdscha [silim'dʒa], Fl. 50/51 M 4
Selenga [silin'ga], Fl. 57/58 B 1
Selenogradsk [zilina'gratsk] (= Cranz) 26/27 J 1
Selenter See 16/17 F 1
Sélestat [selɛs'ta] (= Schlettstadt) 18/19 C 4
Selfkant, L. 8/9 AB 3
Selfoss ['sɛlfɔs] 40/41 Nk. A 2
Seligenstadt 12 DE 1
Selima 67/68 F 3
Selinunte, antiker Ort 34/35 D 7
Selke, Fl. 10 DE 3
Sellin [ze'li:n] 16/17 I 1
Selling Tso, See 59/60 D 1
Sellraintal 15 B 4
Sellstedt, Schiffdorf- 7 B 1
Selm 8/9 D 2
Selsingen 7 C 2
Selten (Zelten) 67/68 EF 3
Selter 10 B 3
Selters (Taunus) 12 C 1
Selvas 88/89 C-E 3
Selz, Fl. 12 C 2
Seman, Fl. 36/37 D 4
Semara [se'mara] 67/68 B 3
Semarang [sə'maraŋ] 61/62 Nk. B 1
Semeru [sə'meru] 61/62 Nk. B 2
Semien 67/68 G 4
Semil (Semily) 18/19 K 2
Semipalatinsk [simipa'latinsk] 50/51 GH 4
Semmering, Paß 24/25 F 2
Semois [sə'mwa], Fl. 39 I B 3
Sendai ['se,ndai] 54 E 3
Senden 8/9 E 2
Sendenhorst 8/9 E 2
Sendjan 48/49 E 4
Senegal, Staat 67/68 B 4, 134 KL 5/6
Senegal, Fl. 67/68 B 4
Senftenberg 16/17 IJ 4
Sengsengebirge 18/19 J 5
Senigallia [seni'gallia] 24/25 E 4
Senj [sɛnj] 24/25 F 3
Senja [,sɛnja], I. 40/41 D 2
Sennar 67/68 G 4
Senne, L. 8/9 G 2
Sennestadt, Bielefeld 8/9 G 2
Seo 6 D 2
Seo de Urgel ['seoðe ur'xel] 32/33 G 1
Seoul (= Söul) 54 B 3
Seping 57/58 D 2
Sept-Îles [sɛ'ti:l], O. 80/81 M 4
Serbien, Teilrepublik, Jugoslawien 36/37 E 2/3, 178
Serbisches Erzgebirge 36/37 E 2/3
Serémange-Erzange 14 II B 2
Seremban [sərəm'ban] 61/62 C 3
Serengeti-Nationalpark 69/70 D 2
Sereth ['ze:rɛt], Fl. 36/37 H 2
Serginy 50/51 F 3
Serifos ['ze:rifɔs], I. 38 D 4
Serio ['sɛ:rio], Fl. 24/25 C 3
Serir 67/68 F 3
Serir Kalanscho 67/68 F 3
Serir Tibesti 67/68 E 3
Serka 71 II D 2/3
Serón 32/33 E 4
Serow [si'rɔf] 48/49 G 2
Serowe [sɛ'rouwɛi] 69/70 C 4
Serpa Pinto (= Menongue) 69/70 B 3
Serpuchow ['sjɛrpuxaf] 48/49 D 2
Serrä ['sɛrɛ] (Sérrai) 38 C 2
Serra da Estrêla ['sɛrra ða iʃ'trela] 32/33 C 2
Serra de Monchique ['sɛrra ðe mõ'ʃikə] 32/33 B 4
Serra do Navio 88/89 E 2
Serrania de Cuenca [sɛrra'nia ðe ku'enka] 32/33 E 2/F 3
Serranía de Ronda [sɛrra'nia ðɛ 'rrɔnda] 32/33 D 4
Serrant 30/31 C 4
Sesia ['sɛ:zia], Fl. 24/25 C 3
Sestrière [sestri'ɛ:re] 24/25 B 3
Sète [sɛt] 30/31 E 6
Setesdal [139se:təsda:l], L. 40/41 B 4
Sétif [se'tif] 67/68 D 2
Setúbal [sə'tußal] 32/33 B 3
Sevenum 8/9 B 3
Severn ['sɛvən], Fl. (England) 28/29 E 6
Severn, Fl. (Kanada) 80/81 J 4
Sevilla [dt. ze'vilja, sp. se'ßilja] 32/33 CD 4
Sewansee [si'van] 48/49 E 3
Seward ['sju:əd] 80/81 E 3
Seward-Halbinsel ['sju:əd] 80/81 C 3
Sewastopol [sivas'tɔpalj] 48/49 D 3
Sewernaja Semlja ['sjevirnaja zim'lja], In. 50/51 I 2/3
Sewernaja Soswa ['sjevirnaja 'sɔsjva], Fl. 48/49 G 1
Sewerodwinsk ['sjevira'dvinsk] 48/49 DE 1
Seweromorsk [sivira'mɔrsk] 40/41 G 2
Sewerouralsk [sjevirau'raljsk] 48/49 F 1
Seychellen [ze'ʃɛlən], In. u. Staat 65/66 J 8
Seyðisfjörður ['sɛiðisfjœrðyr] 40/41 Nk. C 1
Seyhan, Fl. 48/49 D 4
Sezimovo Ústí ['sɛzimɔvɔ 'u:stji:] 18/19 J 3
Sfax [sfaks] 67/68 E 2
Sfintu Gheorghe ['sfyntu 'gjorge] 36/37 G 2
's-Gravenhage [sxra:vən'ha:xə] (= Den Haag) 39 I B 1
Shaanxi (= Schensi), Provinz, China 177
Shaba (Katanga) 69/70 C 2/3
Shackleton-Schelfeis ['ʃækltn] 91 II C 16/17
Shah Faisalabad (Lyallpur) 59/60 C 1
Shahjahanpur [ʃɑ:dʒə'hɑ:npuə] 59/60 CD 2
Shandong (= Schantung), Provinz, China 57/58 CD 3, 177
Shanghai (= Schanghai) 57/58 D 3
Shannon ['ʃænən], Fl. 28/29 AB 5
Shannon Airport ['ʃænən 'ɛəpɔ:t] 28/29 B 5
Shanplateau 59/60 E 2
Shanxi (= Schansi), Provinz, China 177
Shark-Bucht [ʃa:k] 74/75 B 3
Shasta-Stausee ['ʃæstə] 82/83 A 1
Shawinigan Falls [ʃə'winigən 'fɔ:lz], O. 82/83 F 1
Sheboygan [ʃi'bɔigən] 82/83 E 1
Sheffield ['ʃɛfi:ld] 28/29 F 5
Shelikofstraße ['ʃɛlikɔf] 80/81 D 4
Shenyang (= Schenjang) 57/58 D 2
Sherbrooke ['ʃə:bruk] 82/83 F 1
's-Hertogenbosch [sherto:xən- bɔs] (= Herzogenbusch) 39 I B 2
Shetlandinseln ['ʃɛtlənd] 28/29 F 1/2
Shijiazhuang (= Schihkiatschwang) 57/58 C 3
Shikarpur 59/60 B 2
Shikoku [ʃi'ko,ku] (= Schikoku), I. 54 C 4
Shiliguri (Silıgúri) 59/60 D 2
Shillong ['ʃilɔŋ] 59/60 E 2
Shimoga 59/60 C 3
Shimonoseki [ʃi'monoseki] (= Schimonoseki) 54 C 4
Shire, Fl. 69/70 D 3
Shizuoka (= Schidsuoka) 54 D 3/4
Shkodër ['ʃkodər] (= Skutari) 36/37 D 3
Shkumbin [ʃkum'bin] 36/37 E 4
Sholapur [ʃou'lɑ:puə] 59/60 C 3
Shreveport ['ʃri:vpɔ:t] 82/83 D 2
Shrewsbury ['ʃru:zbəri] 28/29 E 5
Sialkot [si'ɑ:lkout] 59/60 C 1
Siam (= Thailand), Staat 61/62 BC 2, 57/58 B 5, 166/167 S 5/6
Šiauliai (= Schaulen) 40/41 E 4
Šibenik ['ʃibɛni:k] 36/37 B 3
Siberut, I. 61/62 B 4
Sibi 59/60 B 2
Sibirien 50/51 G-M 3, 127 II
Sibiu [si'biu] (= Hermannstadt) 36/37 G 2
Sibu ['ʃibu] 61/62 D 3
Sichote-Alin [sixa'tɛa'linj] 50/51 M 5
Sichuan (= Szetschwan), Provinz, China 57/58 B 3, 177
Sickinger Höhe 12 AB 3
Sidi-Bel-Abbès [sidibɛla'bɛs] 67/68 C 2
Sidra 67/68 E 2
Sieben Berge 10 B 2
Siebenbürgen (Transsylvanien) 36/37 FG 1
Sieben Inseln 54 D 4
Sieg, Fl. 8/9 D-F 4
Siegloch 8/9 F 4
Siegburg 8/9 D 4
Siegen 8/9 F 4
Siegerland 8/9 F 4
Siemensstadt, Berlin- 6 C 1
Siena [dt. zi'e:na, it. 'siɛ:na] 24/25 D 4
Sieradz ['sjɛrats] 26/27 I 3
Sierck-les-Bains [sirkle'bɛ̃] 14 II B 2
Sierra da Guadalupe [si'ɛrra ðe guaða'lupe] 32/33 D 3
Sierra de Albarracin [si'ɛrra ðe alßarra'θin] 32/33 F 2
Sierra de Gata [si'ɛrra ðe 'xata] 32/33 C 2
Sierra de Gredos [si'ɛrra ðe 'xreðɔs] 32/33 D 2
Sierra de Guadarrama [si'ɛrra ðe xuaða'rrama] 32/33 E 2
Sierra de la Demanda [si'ɛrra ðe la ðe'manda] 32/33 E 1
Sierra de la Peña de Francia [si'ɛrra ðe la 'penja ðe 'franθja] 32/33 CD 2
Sierra de San Pedro [si'ɛrra ðe sam'peðro] 32/33 C 3
Sierra de Segura [si'ɛrra ðe se'xura] 32/33 E 3/4
Sierra Leone, Staat 67/68 B 5, 166/167 L 6
Sierra Madre, Östliche [si'ɛrra 'maðre] 84 BC 2
Sierra Madre, Südliche 84 BC 2
Sierra Madre, Westliche 84 BC 2
Sierra Morena [si'ɛrra mo'rena] 32/33 C-E 3
Sierra Nevada [si'ɛrra nɛ'vɑ:də] (Kalifornien, USA) 82/83 AB 2
Sierra Nevada [si'ɛrra ne'ßaða] (Spanien) 32/33 E 4
Sierre [sjɛ:r] 24/25 B 2
Siersburg, Rehlingen- 14 II C 2
Siethen 6 B 2
Sifnos ['sifnɔs], I. 38 D 4
Sighetul Marmaţiei ['sigetul marma'tsjej] 36/37 F 1
Sighişoara [sigi'ʃoara] (= Schäßburg) 36/37 G 1
Siginschor [zigɛ̃'ʃɔr] (Ziguinchor) 67/68 B 4
Siglufjörður ['siglyfjœrðyr] 40/41 Nk. B 1
Sigmaringen 18/19 E 4
Sigtuna [,si:gtu:na] 40/41 D 4
Sikasso [sika'so] 67/68 C 4
Sikkim, Bundesstaat, Indien 59/60 D 2
Sil [sil], Fl. 32/33 C 1
Şile 36/37 I 4
Siliguri [si'li:guri] (= Shiliguri) 59/60 D 2
Siljansee [,siljan] 40/41 CD 3
Silkeborg ['selgəbɔr] 39 II A 1
Silleda [si'ljeða] 32/33 B 1
Sillon de Talbert 30/31 B 3
Sioule [sjul], Fl. 30/31 E 4/5
Šilutė (= Heydekrug) 26/27 J 1
Silvacane, Kl. 24/25 A 4
Silvrettagruppe 24/25 CD 2
Silz 15 A 4
Simanggang 61/62 D 3
Simav Fl. 44/45 I 4
Simbabwe, Staat 69/70 CD 3/4, 166/167 NO 8
Simbach 18/19 HI 4
Simeulue [simeu'lue], I. 61/62 B 3
Simferopol [simfi'rɔpalj] 48/49 D 3
Simla ['simlə] 59/60 C 1
Simmelsdorf 14 I C 1
Simmer, Fl. 12 AB 2
Simmern 12 B 2
Simmertal 12 B 2
Simpelfeld 8/9 A 4
Simplon, Paß 24/25 BC 2
Simpsonwüste [simpsn] 74/75 D 3
Simrishamn [simris'hamn] 40/41 C 4
Simssee 15 D 3
Sinai ['zi:nai] Halbinsel 67/68 G 3, 169 II, 71 I CD 2/3
Sind [sind] 59/60 B 2
Sindelfingen 13 BC 3, 137 III
Sinder [zɛ̃'dɛ:r] (Zinder) 67/68 D 4
Sindfeld, L. 8/9 G 2
Sindri 59/60 D 2
Sines ['siniʃ] 32/33 B 4
Singapur, Staat 61/62 C 3, 166/167 S 6, 151 VI
Singaradja [siŋa'radʒa] 61/62 Nk. C 2
Singen 18/19 D 5
Sinkiang (Xinjiang), autonom. Gebiet, China 55/56 JK 5, 177
Sinn, Fl. 18/19 E 2
Sinoesee ['sinoie] 36/37 I 2
Sinsheim 13 B 2
Sint-Niklaas [sintni:'kla:s] 39 I B 2
Sintra ['sintra] 32/33 B 3
Sinwidschu 54 A 2/3
Siò ['ʃio:], Fl. 36/37 D 1
Siófok ['ʃio:fok] 36/37 D 1
Sion [sjõ] (Sitten) 24/25 B 2
Sioux City ['su: 'siti] 82/83 D 1
Sioux Falls ['su: 'fɔ:lz], O. 82/83 D 1
Sira [139si:ra], Fl. 40/41 B 4
Siracha 61/62 C 2
Siracusa [sira'ku:za] (= Syrakus) 34/35 E 7
Siros ['sirɔs] (Suros), I. 38 D 4
Sisak [,si:sak] 24/25 G 3
Sisimiut (Holsteinborg) 80/81 N 3
Sisteron [sistə'rõ] 24/25 A 3
Sitges ['sitʃes] 32/33 G 2
Sithonia, Halbinsel 38 CD 2/3
Sitka ['sitkə] 80/81 F 4
Sitno ['sitnɔ] 36/37 DO
Sitrax 126 IV
Sittard 8/9 A 3/4
Sitten (= Sion) 24/25 B 2
Sittensen 7 D 2
Sitzenroda 11 D 2
Sivas ['syvɑs] 48/49 D 3/4
Siwa ['zi:va] 67/68 F 3
Siwalik-Ketten [si'wɑ:lik] 59/60 D 2
Sizilien, I. 34/35 DE 7
Sjælland ['sjɛlɛn] (= Seeland), I. 39 II BC 2
Skælskør [sgɛl sgœ:r] 39 II B 2
Skagafjord ['ska:xa] 40/41 Nk. B 1
Skagen ['sga:xən] 39 II B 1
Skagerrak 40/41 BC 4
Skagway ['skægwɛi] 80/81 F 4
Skanderborg ['sganərbɔr] 39 II AB 1
Skandinavien 94/95 MN 2
Skara Brae 28/29 E 2
Skellefteå [ʃɛ'lɛftəo:] 40/41 E 3
Skellefteälv [ʃɛ'lɛfteɛlv], Fl. 40/41 D 2
Skiathos, I. 38 C 3
Skibbereen ['skibəri:n] 28/29 B 6
Skien ['ʃi:ən] 40/41 B 4
Skierniewice 26/27 J 2/3
Skikda [skik'da] (Philippeville) 67/68 D 2
Skiros ['skirɔs], I. 38 D 3
Skive ['sgi:və] 39 II A 1
Skjern Å ['sgɛrn 'ɔ:], Fl. 39 II A 2
Sklavenfluß 80/81 H 3/4
Škocjanske jame (Sankt Kanzian, Höhlen von) 24/25 EF 3
Skokloster [,skuklɔstər], Schl. 40/41 D 4
Skopelos ['skɔpɛlɔs], I. 38 C 3
Skopje ['skɔpjɛ] 36/37 E 3/4
Skövde [,ʃœvdɛ] 40/41 C 4
Skoworodino 50/51 L 4
Skutari ['sku:tari] (Shkodër) 36/37 D 3
Skutarisee ['sku:tari] 36/37 D 3
Skwierzyna [sk'jɛ'ʒyna] (= Schwerin a. d. Warthe) 16/17 K 3
Skye [skai], I. 28/29 C 3
Slagelse ['sla:xəlsə] 39 II B 2
Slamet ['slamɛt] 61/62 Nk. A 1
Slaná ['slana:], Fl. 26/27 J 4
Slaný ['slani:] (Schlan) 18/19 J 2
Slanzy ['slantsy] 40/41 F 4
Slaper-Talsperre 18/19 J 3
Slatina ['slatina] 36/37 G 2
Slatoust [zlata'ust] 48/49 F 2
Slavonski Brod [,slavɔ:nski: 'brɔ:d] 36/37 CD 2
Slawjansk [sla'vjansk] 48/49 D 3
Slawonien 36/37 CD 2
Slea Head 28/29 A 5
Sligo ['slaigou] 28/29 B 4
Sliwen ['slivɛn] 36/37 H 3
Sljudjanka [slju'djanka] 50/51 J 4
Slochteren ['slɔxtərə] 39 I C 1
Slowakisches Erzgebirge 26/27 I 4
Slowenien, Teilrepublik, Jugoslawien 24/25 F 3/2, 178
Słubice [suu'bitsɛ] (= Frankfurt) 16/17 J 3
Słupsk [su'upsk] (= Stolp) 26/27 H 1
Slyne Head ['slain 'hɛd], Kap 28/29 A 4
Småland ['smo:land] 40/41 CD 4
Smålandsfarvandet ['smɔlansfarvanəð] 39 II B 2
Smederevo ['smɛdɛrɔvɔ] 36/37 E 2
Smederevska Palanka ['smɛdɛ- rɛ:vska: ,pala:ŋka] 36/37 E 2
Smeinogorsk [zmiina'gɔrsk] 50/51 H 4
Smithsund [smiθ] 80/81 L 2
Smøla ['smœ:la], I. 40/41 B 3
Smolensk [sma'ljɛnsk] 48/49 D 2
Smolensker Höhe 42/43 M 4
Smolikas ['zmɔlikas] 38 B 2
Smoljan [smo'ljan] 36/37 G 4
Smygehuk [smy:gə'hu:k] 26/27 F 1
Smyrna (= İzmir) 48/49 C 4
Snæfell ['snaifɛl] 40/41 Nk. B 2
Snæfellsjökull ['snaifɛlsjœ:kydl] 40/41 Nk. A 2
Snake [snɛik], Fl. 82/83 B 1
Snaresinseln [snɛəz] 73 G 6
Sneek [sne:k] 16/17 A 2
Sneżnik [snɛʒ'ni:k] (Schneeberg) 24/25 F 3
Snøhetta ['snœ:hɛta] 40/41 B 3
Snowdon [snoudn] 28/29 D 5
Soasiu 61/62 E 3
Sobat, Fl. 67/68 G 5
Sobernheim 12 B 2
Soběslav ['sɔbjɛslaf] 18/19 J 3
Sobradinho-Stausee 86 E 8
Sobral [so'bral] 88/89 F 3
Soča ['so:tʃa] (Isonzo), Fl. 24/25 E 2
Sochaczew [sɔ'xatʃɛf] 26/27 J 2
Sochaux 18/19 B 5
Sochondo [saxan'dɔ] 50/51 K 4/5
Sodankylä ['sɔdaŋkylæ] 40/41 F 2
Soden-Salmünster, Bad 18/19 E 2
Söderhamn [sœ:dər'hamn] 40/41 D 3
Södertälje [sœ:dər,tɛljə] 40/41 D 4
Soest [zo:st] 8/9 F 2
Soeste ['zo:stə], Fl. 16/17 C 2/3
Soester Börde 8/9 F 2
Sofia (Sofija) 36/37 F 3
Sofino 48/49 D 2
Sognefjord ['sɔŋnə] 40/41 AB 3
Sohag 71 I B 4
Sohar 59/60 A 2
Söhlde 10 C 2
Soiernspitze 15 B 4
Soissons [swa'sõ] 30/31 E 3
Söke ['sœkɛ] 38 E 4
Sokodé [sɔko'de] 67/68 D 5
Sokol ['sɔkal] 48/49 E 2
Sokolov ['sɔkɔlɔf] (= Falkenau) 18/19 H 2
Sokosti 40/41 F 2
Sokoto [sou'koutou] 67/68 D 4
Sokotra, I. 67/68 I 4
Soldin [zɔl'di:n] (Myślibórz) 16/17 J 3
Soligorsk [sali'gɔrsk] 48/49 C 2
Solikamsk [sali'kamsk] 48/49 F 2
Sol-Ilezk [sɔlji'ljɛtsk] 48/49 F 2
Solina-Stausee 26/27 K 4
Solingen 8/9 D 3
Solitude [zoli'ty:d], Schl. 13 C 3
Söll 15 D 3/4
Sollefteå [sɔ'lɛftəo:] 40/41 D 3
Sóller ['soljɛr] 32/33 H 3
Söllichau 11 D 1
Solling 10 AB 3
Sollstedt 10 D 4
Sollum 67/68 F 2
Solmsbach, Fl. 12 C 1
Solnhofen 18/19 F 4
Sologne [sɔ'lɔnj] 30/31 DE 4
Solothurn, Kanton, Schweiz 180
Solothurn, O. 24/25 B 2
Solowezki-Inseln 42/43 N 1
Solstein 15 B 4
Šolta ['ʃɔ:lta], I. 36/37 C 3
Soltau 7 D 2/3
Solway Firth ['sɔlwɛi 'fə:θ] 28/29 E 4
Somalia, Staat 67/68 HI 4/5, 69/70 E 1, 166/167 OP 6
Sombor [,sɔmbɔr] 36/37 D 2
Somerset ['sʌməsit], Grafschaft 28/29 E 6
Somersetinsel ['sʌməsit] 80/81 J 2
Someş ['someʃ], Fl. 36/37 F 1
Somme [sɔm], Fl. 30/31 E 3
Sömmerda 16/17 G 4
Sommerfeld (Lubsko) 16/17 JK 4
Sommerküste (Weißes Meer) 48/49 D 1
Somport [sõ'pɔ:r], Paß 32/33 F 1
Sonderburg (Sønderborg) 39 II A 2

Sondershausen 10 D 4
Sondrio ['sɔndrio] 24/25 C 2
Songda (Schwarzer Fluß) 57/58 B 4
Söngdschin (Kimtschak) 54 B 2
Songka, Fl. 57/58 B 5
Songkhla 61/62 C 3
Songkoi (Roter Fluß) 57/58 B 4
Sonneberg 18/19 G 2
Sonsbeck 8/9 B 2
Sontheimer Höhle 13 D 4
Sonthofen 18/19 F 5
Sooneck, B. 12 B 1
Soonwald 12 B 2
Sopoćani, Kl. 37/37 E 3
Sopot ['sɔpɔt] (= Zoppot) 26/27 I 1
Sopron ['ʃopron] (= Ödenburg) 36/37 C 1
Sorau (Żary) 16/17 K 4
Sorel [sɔ:'rɛl] 82/83 F 1
Soria ['soria] 32/33 E 2
Sørkjosen (Gem. Nordreisa) 40/41 E 2
Sorø ['so:rœ:] 39 II B 2
Sorocaba [soro'kaba] 88/89 F 5
Sorong ['sorɔŋ] 61/62 F 4
Sørøy ['sœ:rœi], I. 40/41 E 1
Sørøysund ['sœ:rœi] 40/41 E 1
Sorpesee 8/9 E 3
Sorraia [su'rraia], Fl. 32/33 B 3
Sør Rondane 91 II B 9
Sorsele ['sɔrsələ] 40/41 D 2
Sortawala ['sɔrtavala] 40/41 G 3
Sörup, K. 16/17 E 1
Söse-Stausee 10 C 3
Sosnogorsk [sasna'gɔrsk] 48/49 F 1
Sosnovyj Bor [sas'nɔvij 'bɔr] 40/41 F 4
Sotschi ['sɔtʃi] 48/49 DE 3
Sottrum 7 C 2
Soufrière 88/89 D 1
Söul (Seoul) 54 B 3
Sound of Jura ['saund əv 'dʒuərə] 28/29 D 3/4
Sousse [sus] 67/68 E 2
Southampton [sauθ'æmptən] 28/29 F 6
Southamptoninsel [sauθ'æmtən] 80/81 K 3
South Bend ['sauθ 'bɛnd] 82/83 E 1
South Carolina ['sauθ kærə'lainə] (= Süd-Carolina), Bundesstaat, USA 82/83 E 2
South Dakota ['sauθ də'koutə] (= Süd-Dakota), Bundesstaat, USA 82/83 CD 1
South Downs ['sauθ 'daunz] 28/29 FG 6
Southend-on-Sea ['sauθɛnd ɔn 'si:] 28/29 G 6
Southern Uplands ['sʌðən 'ʌpləndz] 28/29 DE 4
South Platte ['sauθ 'plæt], Fl. 82/83 C 1
South Porcupine ['sauθ 'pɔ:rkjupain] 82/83 E 1
South Saskatchewan ['sauθ sas'kætʃiwan], Fl. 80/81 HI 4
South Shields ['sauθ 'ʃi:ldz] 28/29 F 4
South Tyne ['sauθ 'tain], Fl. 28/29 E 4
South Uist ['sauθ 'ju:ist], I. 28/29 C 3
Sowchose Kaschira 48/49 D 2, 118 IV
Soweto 148 III
Sowetskaja Gawan [sa'vjɛtskaja 'gavanj] 50/51 MN 5
Sowjetsk [sa'vjɛtsk] (= Tilsit) 26/27 J 1
Sowjetunion (UdSSR), Staat 50/51, 166/167 N-X 2-4, 180
Sozopol [so'zɔpol] 36/37 H 3
Spa [spa] 39 I B 2
Spaden, Schiffdorf- 7 B 1
Spaichingen 18/19 D 4
Spalato (= Split) 36/37 C 3
Spandau, Berlin- 6 B 1
Spanien, Staat 26/27, 172 C 4/5
Spanisch-Sahara (= Sahara) 67/68 B 3
Sparta (Spárte) 38 C 4
Speichersdorf 14 I D 1
Speinshart, Kl. 14 I D 1
Spencer-F.-Byrd-Tiefe 86 B 5
Spencergolf ['spɛnsə] 74/75 D 4
Spessart 18/19 E 3/2
Spey [spɛi], Fl. 28/29 E 3
Speyer 12 C 3, 122 IV
Speyerbach, Fl. 12 C 3
Spieka, Nordholz- 7 B 1
Spiekaer Barre 7 A 1
Spiekeroog, I. 16/17 C 2
Spiesen 14 II D 2
Spindlermühle (Špindlerův Mlýn) 16/17 K 5
Špindlerův Mlýn ['ʃpindlɛru:v 'mli:n] (= Spindlermühle) 16/17 K 5
Spirdingsee 26/27 J 2
Spittal an der Drau 24/25 E 2
Spitzbergen I. 78/79 XY 1/2, 91 I A 31/32
Spitzingsee 15 C 3
Spitzstein 15 D 3
Split [split] (Spalato) 36/37 C 3
Splügen, Paß 24/25 C 2
Spokane [spou'kæn] 82/83 B 1
Sporaden, Nördliche, In. 38 CD 3
Sporaden, Südliche, In. 38 E 4
Spree, Fl. 16/17 J 3
Spreewald 16/17 I 3/J 4
Spremberg 16/17 J 4
Sprendlingen (Rheinland-Pfalz) 12 BC 2
Springe 10 B 2
Springfield ['spriŋfi:ld] (Illinois, USA) 82/83 E 2
Springfield ['spriŋfi:ld] (Massachusetts, USA) 82/83 F 1
Springfield ['spriŋgfi:ld] (Missouri, USA) 82/83 D 2
Sprockhövel 8/9 D 3
Sprottau (Szprotawa) 16/17 K 4
Spurn Head ['spə:n 'hɛd] 28/29 G 5
Sputendorf 6 B 2
Sredni Urgal 50/51 M 4
Sremska Mitrovica ['srɛ:mska: 'mitrɔvitsa] 36/37 D 2
Sretensk 57/58 C 1
Srikakulam 59/60 D 3
Sri Lanka (Ceylon), I. u. Staat 59/60 Nk, 166/167 R 6
Srinagar ['sri:nəgə] 59/60 C 1
Staaken, Berlin- 6 B 1
Stachanow (= Sta.; Kadijewka) 48/49 D 3
Stade 7 CD 1
Stadland 7 A 2
Stadskanaal ['stɑtska:na:l], O. 16/17 BC 2
Stadtallendorf 8/9 H 4
Stadthagen 16/17 E 3
Stadtlohn 8/9 C 1/2
Stadtoldendorf 10 B 3
Stadtroda 11 B 3
Staffa ['stæfə], I. 28/29 C 3
Staffelsee 15 B 3
Staffelstein, O. 18/19 FG 2
Stafford ['stæfəd] 28/29 E 5
Stahle, Höxter- 10 A 3
Stahleck, B. 12 B 1
Stahnsdorf 6 B 2
Stalingrad (= Wolgograd) 48/49 E 3
Stalowa Wola [sta'lɔva 'vɔla] 26/27 JK 3
Stanke Dimitrow ['staŋkɛ di'mitrof] 36/37 F 3
Stanleyfälle ['stænli] (Boyomafälle) 69/70 C 1/2
Stanleyville [stanlɛ'vil] (= Kisangani) 69/70 C 1
Stanowoi-Bergland 50/51 K 4
Stanowoigebirge [stana'vɔj] 50/51 LM 4
Starachowice [staraxɔ'vitsɛ] 26/27 J 3
Staraja Russa ['staraja 'russa] 42/43 M 3
Stara Sagora ['stara za'gɔra] 36/37 G 3
Starbuckinsel 96 N 7
Stargard (Stargard Szczeciński) 16/17 K 2
Stargard Szczeciński [ʃtʃɛ'tsjiiski] (= Stargard) 16/17 K 2
Starnberg 15 B 2/3
Starnberger See 15 B 3
Starogard Gdański [sta'rɔgard 'gdaĩski] (= Preußisch Stargard) 26/27 I 2
Starzel, Fl. 13 B 4
Staßfurt 11 B 1
Stavanger [sta'vaŋər] 40/41 B 4
Stawropol ['stavrapalj] 48/49 E 3
Stebbach, Gemmingen- 13 B 2
Steben, Bad 18/19 G 2
Stederdorf, Peine- 10 C 2
Stedingen (Stedinger Marsch) 7 A/B 2
Steenwijk ['ste:nweik] 16/17 B 3
Steep Point ['sti:p 'pɔint] 74/75 B 3
Steep Rock Lake ['sti:p 'rɔk 'lɛik], O. 82/83 D 1
Stefaniesee ['stɛfani] 67/68 G 5
Steffenberg 8/9 FG 4
Stegaurach 14 I B 1
Stege ['sde:xə] H 16/17 H 1
Steglitz, Berlin- 6 C 2
Steierdorf (= Anina) 36/37 E 2
Steiermark, Bundesland, Österreich 24/25 F 2, 179
Steigerwald 14 I AB 1
Stein (b. Nürnberg) 14 I BC 2
Stein, Königsbach- 13 B 3
Steinach, Fl. 13 B 2
Steinamanger (Szombathely) 36/37 C 1
Stein am Rhein 18/19 D 5
Steiner Alpen 24/25 F 2
Steinfurt 16/17 C 3
Steingaden 15 A 3
Steinhausen, K. 18/19 E 4
Steinheim (a. d. Emmer) 8/9 H 2
Steinheim an der Murr 13 C 3
Steinhöring 15 D 2
Steinhuder Meer 16/17 E 3
Steinige Tunguska [tun'guska], Fl. 50/51 I 3, 127 II
Steinkirchen 7 D 1
Steinkjer [ˌstɛinɔ̃ər] 40/41 C 3
Steinsberg, B. 13 B 2
Steinstücken, Berlin- 6 B 2
Steinwald, Bergland 18/19 H 3
Steirisches Randgebirge 34/35 E 2
Stelle 7 E 2
Stellingsmoor 7 C 2
Stenay 39 I B 3
Stendal 16/17 G 3
Stepenitz, Fl. 16/17 H 2
Stephanskirchen 15 D 3
Sterkrade, Oberhausen- 8/9 C 2
Sterlitamak [stirlita'mak] 48/49 F 2
Sternberg 13 C 4
Sternberg, O. (Mecklenburg) 16/17 G 2
Sternstein 18/19 J 4
Stetten, Schl. 13 D 2
Stetten am kalten Markt 13 C 4
Stettenfels, B. 13 C 2
Stettenhofen, Langweid- 15 A 2
Stettin (Szczecin) 16/17 J 2, 26/27 G 2
Stettiner Haff 16/17 J 2
Stevns Klint ['sdeuns 'klend] 39 II C 2
Stewartinsel 74/75 G 5
Steyr, Fl. 18/19 J 5
Steyr, O. 18/19 J 4, 24/25 F 1
St. Goar 18/19 C 2
Stilfser Joch, Paß 24/25 D 2
Stinstedt 7 B 1
Štip [ʃtip] 36/37 F 4
Stiring-Wendel 14 II C 2
Stirling ['stə:liŋ] 28/29 DE 3
St-Michel, K. (Elsaß) 18/19 C 4
Strelasund 102/103 F 1
Stöberhai 10 D 3
Stockach 18/19 E 5
Stockelsdorf 7 F 1
Stockerau 24/25 G 1
Stockholm 40/41 D 4
Stockport ['stɔkpɔ:t] (= Sto.) 28/29 E 5
Stockton-on-Tees ['stɔktən ɔn 'ti:z] (= Teesside) 28/29 F 4
Stoj 26/27 K 4
Stoke-on-Trent ['stouk ɔn 'trɛnt] 28/29 E 5
Stolberg (b. Aachen) 8/9 B 4
Stolberg/Harz 10 D 3
Stolica, Berg 102/103 J 4
Stollberg/Erzgebirge 11 D 3
Stolp (Słupsk) 26/27 H 1
Stolpe, Fl. 26/27 H 1
Stolpe-Dorf 6 C 1
Stolpe-Süd 6 B 1
Stolzenfels, Schl. 12 B 1
Stonehenge ['stoun'hɛndʒ] 28/29 EF 6
Stör, Fl. 16/17 E 2
Storå ['sdorɔ:], Fl. 39 II A 1
Stora Lulevatten 40/41 D 2
Stora Sjöfall 40/41 D 2
Storavan [ˌstu:rɑ:van], See 40/41 D 2
Stord [stu:r], I. 40/41 B 4
Støren [ˌstœ:rən] (Gem. Midtre-Gauldal) 40/41 C 3
Störkanal 16/17 G 2
Stormarn 7 DE 1
Stornoway ['stɔ:nəwɛi] 28/29 C 2
Storsee [stu:r] 40/41 C 3
Storuman [ˌstu:ru:man], See 40/41 D 2
Stotel, Loxstedt- 7 B 2
Straelen ['ʃtra:lən] 8/9 B 3
Strahlenburg, B. 13 B 2
Strakonice (Strakonitz) 18/19 I 3
Stralsund 16/17 I 1
Strangfjord Lough ['stræŋfəd 'lɔk] 28/29 D 4
Stranraer [stræn'rɑ:ə] 28/29 D 4
Strasbourg [stras'bu:r] (= Straßburg) 18/19 C 4, 30/31 G 3
Strasburg 16/17 I 2
Straßburg (Strasbourg) 18/19 C 4, 30/31 G 3
Straßburg-Enzheim, Flughafen 176 B 4
Straße von Bonifacio 34/35 B 5
Straße von Dover (Pas de Calais) 30/31 D 2
Straße von Gibraltar 32/33 D 5
Straße von Gubal 71 I CD 4
Straße von Hormuz 67/68 I 3
Straße von Messina 34/35 E 6/7
Straße von Moçambique 69/70 E 3
Straße von Otranto 46/47 E 4/5
Straße von Sizilien 46/47 E 5
Straße von Yucatán [juka'tan] 84 D 2
Stratford-on-Avon ['strætfəd 'ɔn 'ɛivən] 28/29 F 5
Straubing 18/19 H 4
Strausberg 16/17 I 3
Strelasund 102/103 F 1
Stremoy, I. 42/43 E 2
Stresow 16/17 I 1/2
Stříbro ['strʃi:bro] (= Mies) 18/19 HI 3
Strofades, I. 38 B 4
Strohgäu 13 BC 3
Stromberg, Höhenzug 13 BC 2
Stromberg, O. 12 B 2
Stromboli ['stromboli], I. 34/35 E 6
Stromness ['strɔm'nɛs] 28/29 E 2
Strömstad ['strœmsta:d] 40/41 C 4
Strömsund [ˌstrœmsund] 40/41 D 3
Stronsay ['strɔnsɛi], I. 28/29 E 2
Strullendorf 14 I B 1
Struma ['struma] (Strymon), Fl. 36/37 F 4
Strumica ['strumitsa] 36/37 F 4
Stryj [stryj], Fl. 102/103 K 4
Stryj [stryj], O. 26/27 K 4
Strymon (Struma), Fl. 38 C 2
Strymonischer Golf 38 CD 2
Strynø, I. 16/17 F 1
Strzelce Krajeńskie ['stʃɛltsɛ kra'jɛĩskjɛ] (= Friedeberg, Neumark) 16/17 K 3
Strzelno ['stʃɛlnɔ], Kl. 26/27 I 2
Stuart Highway 74/75 D 2
Stubaier Alpen 24/25 D 2
Stubbekøbing ['sdubəkœ:beŋ] 16/17 H 1
Stubben 7 B 2
Stubbenkammer 16/17 I 1
Studenica, Kl. 36/37 E 3
Stuhlweißenburg (= Székesfehérvár) 36/37 D 1
Stuhr 7 B 2
Stuifen 13 D 3
Stukenbrock, Schloß Holte- 8/9 G 2
Stura ['stu:ra], Fl. 24/25 B 3
Stutensee 13 AB 2
Stuttgart, Regierungsbezirk 176 CD 4
Stuttgart, O. 13 C 3, 18/19 E 4, 138 III, 160 I-IV
Stuttgart-Echterdingen, Flughafen 13 C 3, 176 C 4
Stykkishólmur ['stihkjishoulmyr] 40/41 Nk. A 1/2
Suakin 67/68 G 4
Subotica [ˌsubotitsa] 36/37 D 1
Suceava [su'tʃeava] 36/37 H 1
Suche-Bator 57/58 B 1
Suchoma ['suxama], Fl. 48/49 E 1
Suchumi [su'xumi] 48/49 E 3
Sucre ['sukre] 88/89 D 4
Südafrika, Staat 69/70 B-D 4/5, 148 II/III, 166/167 NO 8/9
Südamerika 87, 92/93 H-J 7
Sudan, Staat 67/68 FG 3-5, 166/167 NO 5/6
Sudan, L. 67/68 C-F 4
Süd-Äquatorialstrom 109
Südatlantischer Rücken 63/64 C 8/9
Südaustralien (South Australia), Bundesstaat 74/75 D 3
Südbeveland (Zuid-Beveland) 39 I A 2
Sudbury ['sʌdbəri] 82/83 E 1
Süd-Carolina (South Carolina), Bundesstaat, USA 82/83 E 2
Südchinesisches Bergland 57/58 C 4
Südchinesisches Meer 61/62 D 2
Sudd 67/68 FG 5
Süd-Dakota (South Dakota), Bundesstaat, USA 82/83 CD 1
Sude, Fl. 16/17 FG 2
Süderoogsand, I. 16/17 D 1
Sudeten 26/27 GH 3
Südflevoland 39 I B 1, 123 VIII
Südgeorgien, In. 92/93 J 10
Südinsel (Neuseeland) 74/75 GH 5
Südjemen (= Volksrepublik Jemen) 67/68 HI 4, 166/167 P 5/6
Südkarpaten 36/37 FG 2
Südkorea, Staat 54 B 3, 166/167 U 4
Südkvark ['zy:tkvark] 40/41 D 3
Südliche Morava [ˌmɔrava], Fl. 36/37 EF 3
Südlicher Neuhebridengraben 72 GH 3/4
Südlicher Indianersee 80/81 J 4
Südlicher Ural 48/49 F 2
Südliche Sierra Madre [si'ɛrra 'maðre] 84 BC 3
Südliche Sporaden, In. 38 E 4
Südlohn 8/9 C 2
Süd-Orkney-Inseln 91 II C 2
Südostkap (Tasmanien) 74/75 E 5
Südpazifischer Rücken 96 M 11/Q 10
Südpol 91 II A
Süd-Sandwich-Graben 94/95 JK 10
Süd-Sandwich-Inseln 92/93 K 10
Süd-Shetland-Inseln 91 II CD 1
Südtirol 24/25 D 2
Suđuroy, I. 42/43 E 2
Südwestafrika (= Namibia) 69/70 BC 3/4, 166/167 MN 8
Südwestindisches Becken 94/95 Q 9
Süenhwa 57/58 C 2
Sues (Suez, El-Suweis) 71 I C 2/3, 67/68 G 2/3
Sueskanal 71 I C 2
Suetina 67/68 EF 2
Suffolk ['sʌfək], Grafschaft 28/29 G 5
Suhl, Bezirk 176 D 3
Suhl, O. 18/19 F 2
Sui 59/60 B 2
Suihwa 57/58 D 2
Suining 57/58 B 3
Suir [ʃuə], Fl. 28/29 C 5
Sukabumi [suka'bumi] 61/62 Nk. A 1
Sukkertoppen (= Manîtsoq) 80/81 N 3
Sukkosero 40/41 G 3
Sukkur ['sukuə] 59/60 B 2
Sula, I. 40/41 A 3
Sula-Inseln ['sula] 61/62 E 4
Sula Sgeir, I. 28/29 C 2
Sulechów [su'lɛxuf] (= Züllichau) 16/17 K 3
Sulęcin [su'lɛntsjin] (= Zielenzig) 16/17 K 3
Suleimangebirge [su'laimɑ:n] 59/60 C 1
Suleimaniya [sulaima'ni:ja] 48/49 E 4, 67/68 H 3
Sulejów-Stausee [su'lɛjuf] 102/103 IJ 3
Sülfeld 7 E 1
Sulina [su'lina] 36/37 I 2
Sulingen 16/17 D 3
Sulitjelma [suliˌtɛlma], Berg 40/41 D 2
Sullom Voe 28/29 F 1
Sulm, B. 13 C 2
Sulmona [sul'mo:na] 34/35 D 4/5
Suluinseln ['sulu] 61/62 E 3
Sulusee ['sulu] 61/62 DE 3
Sulz 13 B 4
Sülz, Fl. 8/9 D 3/4
Sulza, Bad 11 B 2
Sulzbach am Taunus 12 D 1
Sulzbach an der Murr (Baden-Württemberg) 13 CD 2/3
Sulzbach-Rosenberg 14 I D 2
Sulzbach/Saar 14 II D 2
Sulzfeld (Baden-Württemberg) 13 B 2
Sumatra, I. 61/62 B 3/C 4
Sumba ['sumba], I. 61/62 DE 4/5
Sumbawa [sum'bawa], I. 61/62 D 4
Sumburgh Head ['sʌmbərə 'hɛd] 28/29 F 2
Sumgait [sumga'it] 48/49 E 3
Šumperk ['ʃumpɛrk] (= Mährisch-Schönberg) 26/27 H 4
Sumy ['sumy] 48/49 D 2
Sunda-Inseln, Große 92/93 S 7
Sunda-Inseln, Kleine 61/62 DE 4
Sundarbans 59/60 D 2
Sundastraße 61/62 C 4
Sunderland ['sʌndələnd] 28/29 F 4
Sundern 8/9 EF 3
Sundgau 18/19 C 5
Sundsvall [ˌsundsval] 40/41 D 3
Sungari, Fl. 57/58 D 2
Sungari-Stausee 57/58 D 2
Sunndalsøra (Gem. Sunndal) 40/41 B 3

Süntel 16/17 E 3
Suojärvi 40/41 G 3
Suomenselka ['suɔmɛnsɛlkæ] 40/41 F 3
Superior [sju'piəriə] 82/83 D 1
Süpplingen 10 D 2
Süptitz 11 D 1
Supung-Stausee 54 B 2
Sur 59/60 A 2
Sura [su'ra], Fl. 48/49 E 2
Surabaja [sura'baja] 61/62 Nk. B 1
Surakarta [sura'karta] 61/62 Nk. B 1
Surat ['surət] 59/60 C 2
Surgut [sur'gut] 50/51 G 3
Surinam, Staat 88/89 E 2, 166/167 I 6
Surtsey, I. 40/41 Nk. A 2
Susa, antiker Ort (Iran) 48/49 E 4
Susa ['su:za] (Italien) 24/25 B 3
Suså ['su:sɔ:], Fl. 39 II B 2
Sušice ['suʃitsɛ] (= Schüttenhofen) 18/19 I 3
Süsing 7 E 2
Süßen 13 D 3
Süßer See 11 B 1/2
Sussex ['sʌsiks], Grafschaft 28/29 FG 6
Sussuman [susu'man] 50/51 N 3
Susteren ['systərə] 8/9 A 3
Sutlej ['sʌtlidʒ], Fl. 59/60 C 2
Sutschan (= Partisansk) 50/51 M 5
Sutschou (Suzhou) 57/58 D 3
Suur Munamägi 42/43 L 3
Suva 74/75 H 2
Suwałki [su'vauki] 26/27 K 1
Suzhou (= Sutschou) 57/58 D 3
Svartisen 40/41 C 2
Svealand [ˌsve:aland] 40/41 CD 4
Sveg [sve:g] (Gem. Härjedalen) 40/41 C 3
Svendborg ['svɛnbɔr] 39 II B 2
Sverdrupinseln ['svɛədrup] 80/81 I-K 2
Sveti Stefan 36/37 D 3
Svetozarevo ['svɛtɔzarɛvɔ] 36/37 E 3
Svitava, Fl. 102/103 H 4
Svolvær ['svɔlvæ:r] (Gem. Vågan) 40/41 C 2
Svratka ['svra:tka], Fl. 102/103 H 4
Swakopmund 69/70 B 4
Swalmen ['swɑlmə] 8/9 B 3
Swansea ['swɔnzi] 28/29 DE 6
Swasiland, Staat 69/70 D 4, 166/167 O 8
Swerdlowsk [svir'dlɔfsk] 48/49 G 2
Świdnica [sjfid'nitsa] (= Schweidnitz) 26/27 H 3
Świdwin ['sjfidvin] (= Schivelbein) 16/17 K 2
Świebodzin [sjfjɛ'bɔdzjin] (= Schwiebus) 16/17 K 3
Świecie ['sjfjɛtsjɛ] (= Schwetz) 26/27 I 2
Swift Current ['swift 'kʌrənt], O. 82/83 C 0
Swindon ['swindən] 28/29 F 6
Swine, Fl. 102/103 G 1/2
Swinemünde (Świnoujście) 16/17 J 2
Świnoujście [sjfinɔ'ujsjtsjɛ] (= Swinemünde) 16/17 J 2
Swir [svirj], Fl. 48/49 D 1
Swischtow [svij'tɔf] 36/37 G 3
Swisttal 8/9 C 4
Swobodny [sva'bɔdnij] 50/51 L 4
Sydney ['sidni] (Australien) 74/75 F 4
Sydney ['sidni] (Kanada) 80/81 MN 5
Syke 16/17 D 3
Syktywkar [syktyf'kar] 48/49 F 1
Sylarna [ˌsy:larna] 40/41 C 3
Sylt, I. 16/17 D 1
Sylt, I. 122 II
Sylvensteinsee 15 C 3
Syracuse ['sirəkju:s] (New York, USA) 82/83 F 1
Syrakus (Siracusa; Sizilien) 34/35 E 7
Syr-Darja [syrdarj'ja], Fl. 50/51 F 5
Syrien, Staat 48/49 DE 4, 166/167 O 4
Syrische Wüste 48/49 DE 4
Syrjanka 50/51 O 3
Syrjanowsk [zyr'janafsk] 50/51 H 4/5
Syrte, Große 67/68 E 2
Syrte, Kleine 67/68 E 2
Sysran ['sizranj] 48/49 E 2
Szczecin ['ʃtʃɛtsjin] (= Stettin) 16/17 J 2, 26/27 G 2
Szczecinek [tʃɛ'tsjinɛk] (= Neustettin) 26/27 H 2
Szeged ['sɛgɛd] (Szegedin) 36/37 E 1
Székesfehérvár ['se:kɛʃfɛhe:rva:r] (Stuhlweißenburg) 36/37 D 1
Szetschwan (Sichuan), Provinz, China 57/58 B 3, 177
Szolnok ['solnok] 36/37 E 1
Szombathely ['sombɔthɛj] (= Steinamanger) 36/37 C 1
Szprotawa [ʃprɔ'tava] (= Sprottau) 16/17 K 4

T

Tabas [tæ'bæs] 59/60 A 1
Tabatinga 88/89 D 3
Taberg [ta'bærj] 40/41 C 4
Tábor ['ta:bɔr] 18/19 J 3
Tabora [tɑ:'bɔ:rɑ:] 69/70 D 2
Täbris [dt. tɛ:bris, pers. tæ'bri:z] 48/49 E 4
Tabuk [ta'bu:k] 67/68 G 3
Tachau (Tachov) 18/19 H 3
Tachov ['taxɔf] (= Tachau) 18/19 H 3
Tacloban [ta'kloßan] 61/62 E 2
Tacna ['takna] 88/89 C 4
Tacoma [tə'koumə] 82/83 A 1
Tadschikische Soz. Sowjetrepublik 180
Tadschikistan 50/51 FG 6
Tädschön (Taejon) 54 B 3
Taejon (= Tädschön) 54 B 3
Tafelfichte 18/19 K 2
Taganrog [tagan'rɔk] 48/49 D 3
Tagant [ta'gant] 67/68 B 4
Tagdempt (Tiaret) 44/45 D 4
Tagliamento [talja'mento], Fl. 24/25 E 2
Tägu 54 B 3
Tagula, I. 74/75 F 2
Tahan ['tahan] 61/62 C 3
Tahat [ta'at] 67/68 D 3
Tahiti, I. 96 NO 8
Tahua [ta'wa] (Tahoua) 67/68 D 4
Taif ['ta:if] 67/68 H 3
Taijüan (Taiyuan) 57/58 C 3
Tailfingen, Albstadt- 13 BC 4
Taimyr-Halbinsel [taj'myr] 50/51 IJ 2
Taimyrsee [taj'myr] 50/51 J 2
Tainan 57/58 CD 4
Taipeh [tai'pe:] 57/58 D 4
Taischet [taj'ʃɛt] 50/51 I 4
Taisee 57/58 CD 3
Taiss [ta'is] 67/68 H 4
Taitao [tai'tao], Halbinsel 90 A 4
Taitschou 57/58 CD 3
Taitschung 57/58 D 4
Taitung 57/58 D 4
Taivalkoski ['taivɑlkɔski] 40/41 F 2
Taiwan (Republik China), Staat 57/58 D 4, 166/167 U 5
Taiyuan (= Taijüan) 57/58 C 3
Tajeh 57/58 C 3/4
Tajo ['taxo] (Tejo), Fl. 32/33 D 3
Tajü 57/58 C 4
Tajumulco [taxu'mulko] 84 C 3
Tak 61/62 B 2
Takamatsu [ta'ka,matsu] 54 C 4
Takla Makan, Wüste 55/56 IJ 6
Talange 14 II B 2
Talara [ta'lara] 88/89 B 3
Talaudinseln [ta'laud] 61/62 E 3
Talavera de la Reina [tala'ßera ðe la 'rrɛina] 32/33 D 2/3
Talca ['talka] 90 A 3
Talcahuano [talkau'ano] 90 A 3
Tal des Todes (Death Valley) 82/83 B 2
Taldy-Kurgan [tal'dykur'gan] 50/51 G 5
Taliangschan 57/58 B 4
Tallinn (= Reval) 40/41 E 4
Tamale [tə'mɑ:li:] 67/68 C 5
Tamanrasset [tamanra'sɛt] 67/68 D 3
Tamatave [tama'ta:v] (= Toamasina) 69/70 E 3
Tambow [tam'bɔf] 48/49 E 2
Tâmega ['taməxa], Fl. 32/33 C 2
Tamilnadu 59/60 C 4/3
Tamm 153 III
Tampa ['tæmpə] 82/83 E 3
Tampere ['tɑmpɛrɛ] 40/41 E 3
Tampico [tam'piko] 84 C 2
Tamrida (= Hadibu) 67/68 I 4
Tamsweg 24/25 E 2
Tamworth ['tæmwə:θ] 74/75 F 4
Tana ['ta.,na], Fl. 40/41 F 1/2
Tanafjord ['ta:na] 40/41 F 1
Tanahmerah 61/62 G 4
Tanaland 69/70 DE 2
Tanamiwüste 74/75 D 2/3
Tanana ['tænənɔ:], Fl. 80/81 E 3
Tananarive [tanana'ri:v] (= Antananarivo) 69/70 E 3
Tanaro ['ta:naro], Fl. 24/25 C 3
Tanasee 67/68 G 4
Tandjung ['tandʒuŋ] 61/62 D 4
Tanesruft [tanɛ'zruft] 67/68 CD 3
Tanga ['tɑ:ŋgɑ:] 69/70 D 2
Tanganjikasee 69/70 CD 2
Tanger [dt. 'taŋər, frz. tɑ̃'ʒe] 67/68 C 2
Tangerhütte 16/17 G 3
Tangermünde 16/17 G 3
Tanghobecken 57/58 C 3
Tangku 57/58 C 3
Tangrajum Tso, See 59/60 D 1
Tangschan (Tangshan) 57/58 C 3
Tangstedt 7 E 1
Tanimbarinseln (Timorlautinseln) 61/62 F 4
Tanna, I. 74/75 G 2
Tanne 10 D 3
Tännforsen [139tɛnfɔrs] 40/41 C 3
Tannugebirge 50/51 I 4
Tansam, Eisenbahn 69/70 D 2/3
Tansania, Staat 69/70 D 2, 166/167 O 7
Tanta ['tanta] 71 I B 2
Tanzplan 18/19 J 2
Taolanaro (Fort Dauphin) 69/70 E 4
Taor, Fl. 57/58 D 2
Taormina [taor'mi:na] 34/35 E 7
Taoudenni [taudɛn'ni] (= Taudeni) 67/68 C 3
Tapajós [tapa'ʒɔs], Fl. 88/89 E 3
Tapaschan 57/58 BC 3
Tapti ['tɑ:pti], Fl. 59/60 C 2
Tara ['tara], Fl. 36/37 D 3
Tarabulus (= Tripoli; Libanon) 48/49 D 4
Tarabulus (= Tripolis; Libyen) 67/68 E 2
Tarakan [ta'rakan] 61/62 D 3
Taranto ['ta:ranto] (= Tarent) 34/35 F 5
Tarare [ta'ra:r] 24/25 A 3
Tarasp, Schl. 24/25 D 2
Tarbagatai [tarbaga'taj] 50/51 H 5
Tarbeladamm 59/60 C 1
Tarbes [tarb] 30/31 D 6
Tarent (Taranto) 34/35 F 5
Targowischte [tɛr'gɔviʃtɛ] 36/37 H 3
Tarifa [ta'rifa] 32/33 D 4
Tarim, Fl. 55/56 J 5
Tarim [ta'ri:m], O. 67/68 H 4
Tarimbecken 55/56 J 5/6
Tarlac ['tarlak] 61/62 E 2
Tarmstedt 7 C 2
Tarn [tarn], Fl. 30/31 D 6
Tarnica [tar'nitsa] 102/103 K 4
Tarnobrzeg [tar'nɔbʒɛk] 26/27 J 3
Tarnopol [tar'nɔpɔl] 48/49 C 3
Tarnów ['tarnuf] 26/27 J 3/4
Tarnowo ['tarnɔvɔ] 36/37 G 3
Taro ['ta:ro], Fl. 24/25 C 3
Tarquinia [tar'kui:nia] 34/35 C 4
Tarragona [dt. tara'go:na, sp. tarra'xona] 32/33 G 2
Tarrasa [ta'rrasa] 32/33 GH 2
Tartarischer Sund 50/51 N 4/5
Tartu (= Dorpat) 40/41 F 4
Tartus [tar'tu:s] 71 II C 1
Tarvisio [tar'vi:zio] (Tarvis) 24/25 E 2
Tas [tas] 50/51 H 3
Taschaus [ta'ʃaus] 48/49 FG 3
Taschkent [taʃ'kjɛnt] 50/51 F 5
Taschtagol [ta'ʃta'gɔl] 50/51 H 4
Tåsinge ['tɔ:seŋə], I. 39 II B 2
Tasmanien, I. u. Bundesstaat, Australien 74/75 E 5
Tasmansee ['tæzmən] 74/75 FG 4
Tassili der Adjer [ad'ʒɛ:r] 67/68 D 3
Tassili des Ahaggar 67/68 D 3
Tatabánya ['tɔtɔba:njɔ] 36/37 D 1
Tatenhausen, Schl. 8/9 F 1
Tatra, Hohe 26/27 IJ 4
Tatra, Niedere 26/27 IJ 4
Tatsching 57/58 D 2
Tatung 57/58 C 2/3
Tauber, Fl. 18/19 E 3
Tauberbischofsheim 18/19 E 3
Taubergrund 18/19 EF 3
Taucha 11 D 2
Taudeni [taudɛn'ni] (Taoudenni) 67/68 C 3
Tauern, Hohe 24/25 E 2
Tauern, Niedere 24/25 E 2
Tauerntunnel 24/25 E 2
Taufkirchen 15 D 2
Taufstein 18/19 E 2
Taunggyi 59/60 E 2
Taunsadamm 59/60 C 1
Taunton ['tɔ:ntən] 28/29 E 6
Taunus 12 B-D 1, 18/19 CD 2
Taunusstein 12 C 1
Taurage (= Tauroggen) 26/27 K 1
Tauranga 74/75 H 4
Tauroggen (Tauragė) 26/27 K 1
Taurus 48/49 D 4
Taus (Domažlice) 18/19 H 3
Tausendinseln 61/62 Nk. A 1
Tautschbuch 13 C 4
Tavani 80/81 J 3
Tavolara, I. 34/35 B 5
Tavoy 59/60 E 3
Tavsanlı [tɑv'ʃɑnly] 36/37 I 5
Tawda [tav'da], Fl. 50/51 F 4
Tay [tɛi], Fl. 28/29 E 3
Taygetos [ta'y:getɔs] 38 C 4
Tbilissi [dbi'lisi] (= Tiflis) 48/49 E 3
Tczew [ttʃɛf] (= Dirschau) 26/27 I 1
Tebessa [tebɛ'sa] 67/68 D 2
Teck, Schl. 13 C 3
Tecuci [te'kutʃ] 36/37 H 2
Tedschen [tic'ʒən] 50/51 F 6
Tees [ti:z], Fl. 28/29 E 4
Tees Bay [ti:z bɛi] 28/29 E 4
Teesside 28/29 F 4
Tefé [te'fɛ] 88/89 D 3
Tegal [tə'gal] 61/62 Nk. A 1
Tegel, Berlin- 6 C 1
Tegelen ['te:xələ] 8/9 B 3
Tegeler See 6 BC 1
Tegernsee 15 C 3, 139 III
Tegernsee, O. 15 C 3
Tegucigalpa [texusi'xalpa] 84 D 3
Teheran ['te:hera:n, tehe'ra:n] (Tehran) 48/49 F 4
Tehschou 57/58 C 3
Tehua 57/58 C 4
Teinach-Zavelstein, Bad 13 B 3
Teistungen 10 C 4
Tejo ['taʒu] (Tajo), Fl. 32/33 B 3
Tekeli [tiki'li] 50/51 G 5
Tekirdağ [tɛ'kirdɑ:] 36/37 H 4
Tel Aviv-Jaffa 71 II C 2/3, 48/49 D 4
Telč [tɛltʃ] 26/27 G 4
Telemark ['te:ləmark] 40/41 B 4
Teleno 32/33 C 1
Telfs 15 B 4
Telgte 8/9 E 1/2
Tellatlas 67/68 CD 2
Telposis ['teljɔasis] 48/49 F 1
Teltow ['tɛlto] 6 BC 2
Teltowkanal 6 B 2
Tema ['tɛmɑ:] 67/68 CD 5
Temesvar (= Timişoara) 36/37 E 2
Tempelhof, Berlin- 6 C 2
Tempio Pausania ['tɛmpio pau'za:nja] 34/35 B 5
Templin [tɛm'pli:n] 16/17 I 2
Templiner See 6 B 2
Temuco [te'muko] 90 A 3
Tenasserim, Gebirge 61/62 B 2
Tenasserim, O. 61/62 B 2
Tendapaß ['tɛndɑ] 24/25 B 3
Ténéré [tene're] 67/68 E 3/4
Teneriffa [tene'rifa], I. 67/68 B 3, 143 II
Ténès 32/33 G 4
Tengissee [tir'gis] 50/51 F 4
Tennant Creek ['tɛnənt 'kri:k], O. 74/75 D 2
Tennengebirge 102/103 F 5
Tennessee [tɛnɛ'si:], Bundesstaat, USA 82/83 E 2
Tennessee ['tɛnɛsi:], Fl. 82/83 E 2, 127 III
Teófilo Otoni ['tiɔfilu o'toni] 88/89 F 4
Tepasto-Stausee ['tɛpɑstɔ] 40/41 EF 2
Tepl (Teplá) 18/19 H 3
Teplá ['tɛpla] (= Tepl) 18/19 H 3
Tepler Hochland 18/19 H 3/I 2
Teplice ['tɛplitsɛ] (= Teplitz) 18/19 I 2
Teplitz (Teplice) 18/19 I 2
Ter [tɛr], Fl. 32/33 H 1
Teramo ['tɛ:ramo] 34/35 D 4
Terceira [tər'saira], I. 65/66 B 4
Terek ['tjerik], Fl. 48/49 E 3
Teresina [tere zina] 88/89 F 3
Teriberka 40/41 GH 2
Termes [tir'mjɛs] 50/51 F 6
Termini Imerese ['tɛrmini ime're:se] 34/35 D 6/7
Terneuzen [tɛr'nœ:zə] 39 I A 2
Terni ['tɛrni] 34/35 D 4
Terre Haute ['tɛrə 'hout] 82/83 E 2
Terschelling [tɛr'sxɛliŋ], I. 39 I B 1
Teruel [teru'ɛl] 32/33 F 2
Terville 14 II B 2
Tespe 7 E 2
Tessin (Ticino), Kanton, Schweiz 180
Tessin [tɛ'si:n] (Ticino), Fl. 24/25 C 2
Tessiner Alpen 24/25 C 2
Testa del Gargano ['tɛsta del gar'ga:no] 34/35 F 5
Tete ['tɛtə] 69/70 D 3
Teterow ['te:tərɔ] 16/17 H 2
Tetjuche (= Dalnegorsk) 50/51 M 5
Tetovo ['tɛtɔvɔ] 36/37 E 3/4
Tetschen (Děčín) 18/19 J 2
Tettnang 18/19 E 5
Tetuan 67/68 C 2
Teuchern 11 BC 2
Teufelsberg (Berlin) 6 B 1/2
Teufelsinsel 88/89 E 2
Teufelskopf 14 II C 1
Teufelsmoor 7 B 2
Teutoburger Wald 16/17 C 3/D 4
Teutschenthal 11 B 2
Texas ['tɛksəs], Bundesstaat, USA 82/83 CD 2
Texas City ['tɛksəs 'siti] 82/83 D 3
Texel ['tɛsəl], I. 39 I B 1
Thabana Ntlenyana 69/70 C 4
Thabazimbi [θɑ:bɑ:'zi:mbi:] 69/70 C 4
Thailand, Staat 61/62 BC 2, 57/58 B 5, 166/167 S 5/6
Thai Nguyen 57/58 B 4
Thale 16/17 G 4
Thaleischweiler-Fröschen 12 B 3
Thalheim 11 D 3
Thames [tɛmz] (= Themse), Fl. 28/29 G 6
Thammenhain 11 D 2
Thana 59/60 C 3
Than Hoa 57/58 B 5
Thanjavur [tæn'dʒɑ:vuə] 59/60 C 3
Thann 18/19 C 5
Tharr, Wüste 59/60 BC 2
Tharsis 32/33 C 4
Thasos ['ta:zos], I. 38 D 2
Thaur 15 B 4
Thaya (Dyje), Fl. 26/27 H 4
Theben (Ägypten), antiker Ort 67/68 G 3
Theben (Thebai; Griechenland) 38 C 3
The Fens [ðə 'fɛnz] 28/29 FG 5
Theiß, Fl. 36/37 E 1/2
Theißen 11 C 2
Theley, Tholey- 14 II D 1/2
Thelon, Fl. 80/81 I 3
The Midlands [ðə 'midləndz] 28/29 F 5
The Minch [ðə'mintʃ] (= Nordminch) 28/29 C 3/D 2
Themse (Thames), Fl. 28/29 G 6
The Potteries [ðə 'pɔtəriz], L. 28/29 E 5
Thermaischer Golf 38 C 2
Thermopylen 38 C 3
Thessalien 38 BC 3
Thessaloniki [θɛsalɔ'niki] (Saloniki) 38 C 2
Thetford Mines ['θɛtfəd 'mainz] 82/83 F 1
The Wash [ðə 'wɔʃ] 28/29 G 5
The Weald [ðə 'wi:ld] 28/29 G 6
Thiede, Salzgitter- 10 C 2
Thienhausen, Schl. 8/9 H 2
Thierbach 11 D 2
Thierhaupten 15 A 1
Thiers [tjɛ:r] 30/31 E 5
Thiersee 15 D 3
Thiès [tjɛs] 67/68 B 4
Thimbu 59/60 D 2
Thingvellir ['θiŋgʌɛdlir] 40/41 Nk. A 2
Thionville [tjõ'vil] (Diedenhofen) 14 II B 2, 30/31 G 3
Thira ['θira] (= Santorin), I. 38 D 4
Thisted ['tisdɛð] 39 II A 1
Thjórsá ['θjoursau], Fl. 40/41 Nk. B 2
Tholey 14 II D 2
Thompson ['tɔmpsn] 80/81 J 4
Thonon-les-Bains [tɔnõle'bɛ̃] 24/25 B 2
Thorenburg (= Turda) 36/37 F 1
Thorn (Toruń) 26/27 I 2
Thorshöfn ['θourshœbn] 40/41 Nk. B 1
Thrakien 36/37 GH 4
Thrakisches Meer 38 D 2
Thule (= Qânâq) 80/81 LM 2
Thule (US-Stützpunkt) 80/81 M 2
Thum 11 D 3
Thun 24/25 B 2
Thunder Bay ['θʌndə 'bɛi], O. 82/83 E 1
Thuner See 24/25 B 2
Thur, Fl. 18/19 D 5
Thurand, B. 12 A 1
Thurgau, Kanton, Schweiz 180
Thüringen 18/19 F 1/G 2
Thüringer Becken 22/23 D 3
Thüringer Wald 18/19 FG 2
Thurles ['θə:lis] 28/29 C 5
Thurso ['θə:sou] 28/29 E 2
Thurstoninsel 91 II BC 33

Thüster Berg 10 B 2
Thy [ty:] 39 II A 1
Thyra, Fl. 10 D 4
Tiahuanaco [tiaua'nako], Ruinenstätte 88/89 D 4
Tianjin (= Tientsin) 57/58 C 3
Tiaret (Tagdempt) 44/45 D 4
Tiber (Tevere), Fl. 34/35 D 4
Tibesti 67/68 E 3
Tibet (Xizang) 59/60 DE 1, 177
Tiburón [tißu'rɔn], I. 82/83 B 3
Tichorezk [tixa'rjɛtsk] 48/49 DE 3
Tichwin ['tixvin] 48/49 D 2
Ticino (Tessin), Kanton, Schweiz 180
Ticino [ti'tʃi:no] (Tessin), Fl. 24/25 C 3
Ticleni 36/37 F 2
Tidikelt, Oasen von [tidi'kɛlt] 67/68 D 3
Tidjikdja [tidʒik'dʒa] 67/68 B 4
Tiefenhöhle (Laichingen) 13 D 4
Tiefland von Turan 50/51 EF 5
Tienen ['ti:nə] 39 I B 2
Tienschan ['tiænʃan] 50/51 G-I 5
Tienschui 57/58 B 3
Tientsin (Tianjin) 57/58 C 3
Tierbach, B. 13 D 2
Tiergarten, Berlin- 6 C 1
Tiflis (Tbilissi) 48/49 E 3
Tigre 67/68 GH 4
Tigris ['ti:gris], Fl. 48/49 E 4
Tihama [ti'ha:ma] 67/68 G 3-H 4
Tiirismaa ['ti:risma:] . Berg 40/41 F 3
Tijuana [tixu'ana] 82/83 B 2, 84 A 1
Tikal [ti'kal], Ruinenstätte 84 D 3
Tilburg ['tilbyrx] 39 I B 2
Tilemsi-Tal 67/68 CD 4
Tilsit (Sowjetsk) 26/27 J 1
Timanrücken 48/49 EF 1
Timaru 74/75 H 5
Timbuktu (Tombouctou) 67/68 C 4
Timfristos [timfris'tɔs] 38 B 3
Timimun [timi'mun] (Timimoun) 67/68 D 3
Timiş ['timiʃ], Fl. 36/37 E 2
Timişoara [timi'ʃoara] (Temesvar) 36/37 E 2
Timmendorfer Strand, O. 16/17 F 1
Timmins ['timinz] 82/83 E 1
Timor ['timɔr], I. 61/62 E 4/5
Timorlautinseln (= Tanimbarinseln) 61/62F 4
Timorsee ['timɔr] 74/75 C 2
Tinduf [tin'duf] (Tindouf) 67/68 C 3
Tinerhir [tin'ri:r] 67/68 C 2
Tinghai 57/58 D 3/4
Tinos ['tinɔs] (Tenos), I. 38 D 4
Tintagel 28/29 D 6
Tipperary [tipə'rɛəri] 28/29 B 5
Tiran, I. 71 I D 4
Tirana [ti'rana] (Tiranë) 36/37 D 4
Tiraspol [ti'raspalj] 36/37 I 1
Tiree [tai'ri:], I. 28/29 C 3
Tîrgovişte [tyr'goviʃte] 36/37 G 2
Tîrgu Jiu ['tyrgu 'ʒiu] 36/37 F 2
Tîrgu Mureş ['tyrgu 'mureʃ] (= Neumarkt) 36/37 G 1
Tîrgu Ocna ['tyrgu 'okna] 36/37 H 1
Tirnăveni [tyrnə'venj] (Marteskirch) 36/37 G 1
Tirnawos ['tirnavɔs] (Tirnabos) 38 C 3
Tirol, Bundesland, Österreich 24/25 DE 2, 179
Tirschenreuth 18/19 H 3
Tirso ['tirso], Fl. 34/35 B 5
Tiruchichirappalli [tirutʃi'ra:pəli] 59/60 C 3
Tirunelveli [tiru'nɛlvəli] 59/60 C 4
Tiryns ['ti:ryns], antiker Ort 38 C 4
Tisisatfälle 67/68 G 4
Tisi Usu 44/45 D 4
Titicacasee [titi'kaka] 88/89 CD 4
Titisee, O. 18/19 D 5
Titograd ['titogra:d] 36/37 D 3
Titovo Užice ['titovɔ 'u:ʒitsɛ] 36/37 D 3
Titov Veles ['titof 'vɛlɛs] 36/37 E 4
Titz 8/9 B 3
Tivoli ['ti:voli] 34/35 D 5
Tixi [tik'si] 50/51 L 2
Tjirebon ['tʃirəbɔn] 61/62 Nk. A 1
Tjumen [tju'mjenj] 50/51 F 4
Toaca 36/37 G 1
Toamasina (Tamatave) 69/70 E 3
Tobago, I. 88/89 D 1
Toblach (Dobbiaco) 24/25 E 2
Tobol [ta'bɔl], Fl. 50/51 F 4
Tobolsk [ta'bɔljsk] 50/51 F 4
Tobruk ['to:bruk] 67/68 F 2
Tocantins [tokan'tĩs], Fl. 88/89 F 3
Tocopilla [toko'pija] 90 A 2
Tödi 24/25 C 2
Todtnau 18/19 C 5
Toggenburg, L. 18/19 DE 5
Töging 18/19 H 4
Togo, Staat 67/68 D 3/4, 166/167 M 6
Tojama ['to,jama] (Toyama) 54 D 3
Tokaj ['tokɔj] 36/37 E 0
Tokar 67/68 G 4
Tokara-Inseln 54 B 5
Tokarastraße 54 BC 4
Tokelauinseln 96 M 7
Tokio [dt. 'to:kio, jap. to:'kjo:] 54 D 3
Tokuschima [to'kuʃi,ma] 54 C 4
Tolbuchin [tol'buxin] 36/37 H 3
Toledo [tə'li:dou] (Ohio, USA) 82/83 E 1
Toledo [dt. to'le:do, sp. to'leðo] (Spanien) 32/33 DE 3
Toliara (Tuléar) 69/70 E 4
Toljatti [talj'jatti] 48/49 E 2
Tollense [tɔ'lɛnzə], Fl. 16/17 I 2
Tollensesee [tɔ'lɛnzəze:] 16/17 I 2
Tolmezzo [tol'mɛddzo] 24/25 E 2
Tolosa [to'losa] 32/33 EF 1
Tölz, Bad 15 C 3
Tomakomai [to'mako,mai] 54 E 2
Tomar [tu'mar] 32/33 B 3
Tomaszów Mazowiecki [tɔ'maʃuf mazɔ'vjɛtski] 26/27 IJ 3
Tomelloso [tome'ljoso] 32/33 E 3
Tommot [tam'mɔt] 50/51 L 4
Tomsk [tɔmsk] 50/51 H 4
Tonalepaß 24/25 D 2
Tønder ['tœnər] (= Tondern) 39 II A 2
Tondern (Tønder) 39 II A 2
Tonga, Staat 168 II
Tongagraben 96 M 8
Tonga-Inseln 96 M 8
Tönisvorst 8/9 B 3
Tonle Sap, See 61/62 C 2
Tönning 16/17 D 1
Tønsberg ['tœnsbærj] 40/41 C 4
Tonstad [,tənsta] 40/41 B 4
Toowoomba [tə'wumbə] 74/75 F 3
Topeka [tə'pi:kə] 82/83 D 2
Topolobampo [topolo'ßampo] 82/83 C 3
Töplitz 6 A 2
Toppenstedt 7 E 2
Topsee 40/41 G 2
Toquepala [toke'pala] 88/89 C 4
Torbay ['tɔ:bɛi] 28/29 E 6
Tordesillas [tɔrðe'siljas] 32/33 D 2
Torgau 11 DE 1
Torgelow ['tɔrgəlo] 16/17 IJ 2
Torino [to'ri:no] (= Turin) 24/25 B 3, 34/35 A 3
Tormes ['tɔrmes], Fl. 32/33 D 2
Torneälv ['to:rnə 'ɛlv], Fl. 40/41 E 2
Tornesch 7 D 1
Torneträsk [to:rnə'trɛsk], See 40/41 DE 2
Tornio ['tɔrniɔ] 40/41 E 2
Toronto 82/83 F 1
Torquay [tɔ:'ki:] (= Torbay) 28/29 E 6
Torre de Cerredo ['tɔrrɛ ðe θɛ'rrɛðo] 32/33 D 1
Torre de Moncorvo ['torrə ðə moŋ'korvu], O. 32/33 C 2
Torrelavega [tɔrrɛla'ßexa] 32/33 DE 1
Torremolinos 32/33 D 4
Torrenssee ['tɔrənz] 74/75 D 4
Torreón [tɔrre'ɔn] 82/83 C 3, 84 B 2
Torres Novas ['tɔrriʒ 'nɔvaʃ] 32/33 B 3
Torres-Straße ['tɔrɛs] 74/75 E 2
Torres Vedras ['tɔrriʒ 'vɛðraʃ] 32/33 B 3
Tórshavn ['to:ursha:un] 42/43 E 2
Tortona [tor'to:na] 24/25 C 3
Tortosa [tɔr'tosa] 32/33 G 2
Toruń ['tɔruin] (= Thorn) 26/27 I 2
Toskana [tɔs'ka:na], Provinz, Italien 24/25 D 4
Toskanischer Apennin 24/25 D 3/E 4
Toskanischer Archipel 34/35 C 4
Tossa de Mar ['tosa] 32/33 H 2
Tostedt 7 D 2
Totengrund (Lüneburger Heide) 7 DE 2
Totes Gebirge 18/19 IJ 5
Totes Meer 71 II C 3
Touggourt (= Tuggurt) 67/68 D 2
Toul [tul] 18/19 A 4, 30/31 F 3
Toulon [tu'lõ] 24/25 AB 4, 30/31 FG 6
Toulouse [tu'lu:z] 30/31 D 6
Touraine [tu'rɛn] 30/31 D 4
Tourcoing [tur'kwɛ̃] 39 I A 2, 30/31 E 2
Tournus [tur'ny] 24/25 A 2
Tours [tu:r] 30/31 D 4
Townsville ['taunzvil] 74/75 E 2
Toyama ['to,jama] (= Tojama) 54 D 3
Traben-Trarbach 18/19 C 3, 121 IV
Trabzon ['trɑbzɔn] 48/49 D 3
Traddelkopf 8/9 GH 3
Tradum 59/60 D 2
Træna [139trɛ:na], I. 40/41 C 2
Trafalgar, Kap [dt. tra'falgar, sp. trafal'xar] 32/33 C 4
Trail [trɛil] 82/83 B 1
Trainsjoch 15 D 3
Trakehnen (Jasnaja Poljana) 26/27 K 1
Tralee [trə'li:] 28/29 B 5
Transamazonica 88/89 DE 3, 171 IV
Transantarktisches Gebirge 91 II AB
Transhimalaya 59/60 D 1
Transkarpatien, L. 102/103 K 4
Transkei, autonome Region 69/70 C 5
Transsib (Transsibirische Eisenbahn) 50/51 F 4
Transsylvanien (= Siebenbürgen) 36/37 FG 1
Transvaal 69/70 CD 4
Trapani ['tra:pani] 34/35 D 6
Trarza [trar'za] 67/68 B 4
Trasimenischer See 24/25 E 4
Trás-os-Montes ['trazuʒ'montiʃ] 32/33 C 2
Tratzberg, Schl. 15 C 4
Traun, Fl. 24/25 F 1
Traun, O. 18/19 J 4
Traunreut 18/19 H 5
Traunsee 24/25 E 2
Traunstein 18/19 H 5
Trausnitz, B. 15 D 1
Trautenau (Trutnov) 26/27 G 3
Trautzberg 14 II D 1
Trave, Fl. 7 F 1
Travemünde, Lübeck- 16/17 F 2
Travnik ['tra:vni:k] 36/37 C 2
Trbovlje [tər'bo:vljɛ] 24/25 F 2
Trebbia ['trebbia], Fl. 24/25 C 3
Trebel, Fl. 16/17 H 2
Třebíč ['trʃɛbi:tʃ] 26/27 G 4
Trebinje [,trɛbinjɛ] 36/37 D 3
Trebitz 11 D 1
Trebnitz (Trzebnica), Kl. 26/27 H 3
Třeboň ['trʃɛbɔnj] (= Wittingau) 18/19 J 3/4
Trebsen 11 D 2
Treene, Fl. 16/17 E 1
Tregrosse-Inseln 74/75 E 2
Trelleborg [trɛləbɔrj], O. 40/41 C 4
Tremiti-Inseln 34/35 E 4
Trenčín ['trɛntʃi:n] 26/27 HI 4
Trendelburg 10 A 3
Trent [trɛnt], Fl. 28/29 F 5
Trento ['trɛnto] (= Trient) 24/25 D 2
Trenton ['trɛntn] 82/83 F 1
Trepča ['trɛptʃa] 36/37 E 3
Treptow ['tre:pto] (Trzebiatów) 16/17 K 1
Treptow, Berlin- [tre:pto] 6 CD 2
Três Lagoas ['tres la'goas] 88/89 E 5
Tres-Marias-Inseln ['tres ma'rias] 84 B 2
Três-Marias-Stausee 88/89 F 4
Treuchtlingen 18/19 F 4
Treuenbrietzen 16/17 H 3
Treviso [tre'vi:zo] 24/25 E 3
Triberg 18/19 D 4
Tricastin 24/25 A 3
Trichonis, See 38 B 3
Triebes 11 C 3
Trient [tri'ɛnt] (Trento) 24/25 D 2
Trier, Regierungsbezirk 176 B 3/4
Trier, O. 18/19 B 3
Triest [tri'ɛst] (Trieste) 24/25 E 3, 34/35 D 3
Triglav [tri,glau] 24/25 E 2
Trikala ['trikala] 38 B 3
Trimburg, B. 18/19 EF 2
Trincomalee [triŋkəmə'li:] 59/60 Nk.
Trinidad, I. 88/89 D 1
Trinidad [trini'ðað], O. (Bolivien) 88/89 D 4
Trinidade, I. 92/93 IK 8
Trinidad und Tobago, Staat 88/89 D 1, 166/167 H 6
Trinityinseln ['triniti] 80/81 D 4
Tripoli (Tarabulus; Libanon) 71 II C 1, 48/49 D 4
Tripolis (Griechenland) 38 C 4
Tripolis (Tarabulus; Libyen) 67/68 E 2
Tripolitanien 67/68 E 2
Trips, Schl. 8/9 B 4
Triptis 11 B 3
Tristan da Cunha, I. 92/93 L 9
Trittau 7 E 1
Trivandrum [tri'vændrəm] 59/60 C 4
Trnava ['trnava] 36/37 CO
Trobiandinseln 61/62 H 4
Trochtelfingen 13 C 4
Trogir [,trɔgi:r] 36/37 C 3
Troisdorf 8/9 D 4
Trois Rivières [trwari'vjɛ:r] 82/83 F 1
Troja, antiker Ort 38 E 3
Trojan [trɔ'jan] 36/37 G 3
Trollhättan [,trɔlhɛtan] 40/41 C 4
Trombetas, Fl. 88/89 E 2
Tromelininsel 65/66 J 9
Tromsø [dt. 'trɔmzœ, nor. ,trum-sœ:] 40/41 D 2
Trøndelag ['trœndəla:g], L. 40/41 C 3
Trondheim ['trɔnhɛim] (Drontheim) 40/41 C 3
Trondheimsfjord 40/41 BC 3
Troodos 71 II B 1
Tropea [tro'pɛ:a] 34/35 E 6
Troppau, Fl. 102/103 HI 3/4
Troppau (Opava) 26/27 H 4
Trossingen 18/19 D 4
Trostberg 18/19 H 4
Trotha, Halle- 11 B 1
Trouville [tru'vil] 30/31 D 3
Troy [trɔi] 82/83 F 1
Troyes [trwa] 30/31 F 3
Trujillo [tru'xijo] (Peru) 88/89 C 3
Trujillo [tru'xijo] (Spanien) 32/33 D 3
Trukinsel 61/62 H 3
Trulli, Zona dei 34/35 F 5
Truro ['truərou] 28/29 D 6
Trutnov ['trutnɔf] (= Trautenau) 26/27 G 3
Trysilelv [,trysilɛlv] (Klarälv), Fl. 40/41 C 3
Trzebiatów [tʃɛ'bjatuf] (= Treptow) 16/17 K 1
Trzebież ['tʃɛbjɛ] (= Ziegenort) 6/9 J 2
Trzebnica [tʃɛb'nitsa] (= Trebnitz), Kl. 26/27 H 3
Tsaidambecken 57/58 A 3
Tsamkong 57/58 C 4
Tsangpo (Brahmaputra), Fl. 59/60 E 2
Tsangtschou 57/58 C 3
Tsaratanana 69/70 E 3
Tsavo-Nationalpark 69/70 D 2
Tschad, Staat 67/68 EF 4, 166/167 N 5/6
Tschad, See 67/68 E 4
Tschagosinseln 55/56 I 10
Tschadbecken 63/64 F 6
Tschangcheng 57/58 B 5
Tschanghua 57/58 D 4
Tschangjeh 57/58 B 3
Tschangpaischan 54 B 2
Tschangscha (Changsha) 57/58 C 4
Tschangteh 57/58 C 4
Tschangtschih 57/58 C 3
Tschangtschou (am Kaiserkanal) 57/58 CD 3
Tschangtschou (Südchina) 57/58 C 4
Tschangtschun (Changchun) 57/58 D 2
Tschangtu 59/60 E 1
Tschanysee [tʃi'ny] 50/51 G 4
Tschaojang 57/58 D 2
Tschardschou [tʃir'dʒɔu] 50/51 F 6
Tschaujang 57/58 C 4
Tschautschou 57/58 C 4
Tschautung 57/58 B 4
Tscheboksary [tʃibak'sary] 48/49 E 2
Tschechoslowakei, Staat 26/27 F-J 3/4, 172 E 3/4
Tschedschu (Cheju) 54 B 4
Tschedschuinsel (Quelpartinsel) 54 B 4
Tschekiang (Zhejiang), Provinz, China 177
Tscheleken [tʃili'kjɛn] 48/49 F 4
Tscheljabinsk [tʃi'ljabinsk] 48/49 G 2
Tschelkar [tʃil'kar] 48/49 F 3
Tschengteh 57/58 C 2
Tschengtschou (Zhengzhou) 57/58 C 3
Tschengtschung 57/58 A 4
Tschengtu (Chengdu) 57/58 B 3
Tschenstochau (Częstochowa) 26/27 I 3
Tscheremchowo [tʃirim'xɔva] 50/51 J 4
Tscherepowez [tʃiripa'vjɛts] 48/49 D 2
Tscherkassy [tʃir'kassy] 48/49 D 3
Tscherkessk [tʃir'kjessk] 48/49 E 3
Tschernigow [tʃir'nigaf] 48/49 D 2
Tschernjachowsk [tʃirni'xɔfsk] (= Insterburg) 26/27 J 1
Tschernogorsk [tʃirna'gɔrsk] 50/51 I 4
Tschernowitz (Tschernowzy) 36/37 GH 0
Tschernyschewski [tʃirny'ʃɛfskij] 50/51 K 3
Tscherskigebirge 50/51 MN 3
Tscherwonograd [tʃirvana'grat] 26/27 L 3
Tschiaji 57/58 D 4
Tschiaoho 54 B 2
Tschifeng 57/58 C 2
Tschihsi 57/58 E 2
Tschikuhorevier 54 C 4
Tschimkent [tʃim'kjɛnt] 50/51 FG 5
Tschinhsien (Quinzhou) 57/58 B 4
Tschinhwangtau 57/58 C 2/3
Tschirtschik [tʃir'tʃik] 50/51 FG 5
Tschistopol ['tʃistapalj] 48/49 F 2
Tschita [tʃi'ta] 50/51 K 4
Tschiunglaischan 57/58 B 5/4
Tschochabucht 48/49 E 1
Tschojbalsan 57/58 C 2
Tschöndschu (Chonju) 54 B 3
Tschöngdschin (Chongjin) 54 BC 2
Tschop 36/37 F 0
Tschoukou 57/58 C 3
Tschu [tʃu], Fl. 50/51 G 5
Tschüantschou 57/58 C 4
Tschudowo 40/41 G 4
Tschuktschen-Halbinsel 50/51 R 3
Tschuktschensee 50/51 R 2/3
Tschulman [tʃulj'man] 50/51 L 4
Tschumikan 50/51 M 4
Tschuna ['tʃuna], Fl. 50/51 I 4
Tschungking (Chongqing) 57/58 B 4
Tschuschaninseln 57/58 D 3
Tschutawo 48/49 D 2/3
Tschutschou 57/58 C 4
Tsepo (Boshan) 57/58 C 3
Tsertsirleg 57/58 B 2
Tshikapa [tʃika'pa] 69/70 C 2
Tshuapa [tʃwa'pa], Fl. 69/70 C 2
Tsiaotso 57/58 C 3
Tsikung 57/58 B 4
Tsinan (Jinan) 57/58 C 3
Tsinghai (Qinghai), Provinz, China 177
Tsingtau (Qingdao) 57/58 D 3
Tsining 57/58 C 2
Tsinlingschan 57/58 B 3
Tsitsihar (Qiqihar) 57/58 D 2
Tsugarustraße 54 E 2
Tsumeb ['tsu:mɛp] 69/70 B 3
Tsunji 57/58 B 4
Tsuschima ['tsu,ʃima] I. 54 BC 4
Tsuschimastraße 54 B 4
Tuamotuarchipel 96 O 7/8
Tuapse [tuap'sɛ] 48/49 D 3
Tuat, Oasen von (Touat) 67/68 C 3
Tubai-Inseln 96 NO 8
Tubarão [tuba'rãu] 90 D 2
Tübingen, Regierungsbezirk 176 C 4/5
Tübingen, O. 13 C 3
Tubkal 67/68 C 2
Tucheler Heide 102/103 HI 2
Tucson [tu:'sɔn] 82/83 B 2
Tucumán [tuku'man] 90 B 2
Tucuruí 88/89 F 3
Tudela [tu'ðela] 32/33 F 1
Tuggurt (Touggourt) 67/68 D 2
Tuimasy [tujma'zy] 48/49 F 2
Tujün 57/58 B 4
Tuktoyaktuk 80/81 F 3
Tula ['tula] 48/49 D 2
Tulcea ['tultʃea] 36/37 I 2
Tuléar [tyle'a:r] (= Toliara) 69/70 E 4
Tulicho 57/58 D 1
Tullamore [tʌlə'mɔ:] 28/29 C 5
Tulle [tyl] 30/31 D 5
Tuloma [tu'lɔma], Fl. 40/41 G 2
Tulsa ['tʌlsə] 82/83 D 2
Tulun [tu'lun] 50/51 J 4
Tumbasee 69/70 B 2
Tumen, Fl. 54 B 2
Tumen, O. 57/58 DE 2
Tumkur 59/60 C 3
Tundscha ['tundʒa], Fl. 36/37 H 3
Tunesien, Staat 67/68 DE 2, 166/167 M 4
Tungabhadra [tuŋgɑ:'bædrə], Fl. 59/60 C 3
Tunghwa 57/58 D 2
Tungnaá, Fl. 40/41 Nk. B 2
Tungtingsee 57/58 C 4
Tungtschwan 57/58 B 3
Tunguska, Steinige [tun'guska], Fl. 50/51 I 3
Tunguska, Untere [tun'guska], Fl. 50/51 I 3
Tunis [dt. 'tu:nis, frz. ty'nis] 67/68 DE 2
Tunja ['tuŋxa] 88/89 C 2
Tuntenhausen, K. 15 D 3
Tupiza [tu'pisa] 88/89 D 5
Tura [tu'ra] 50/51 IJ 3
Turbat 59/60 B 2

Turda ['turda] (Thorenburg) 36/37 F 1
Turfan 50/51 H 5
Turgai [tur'gaj], Fl. 50/51 F 5
Turgai [tur'gaj], O. 48/49 G 3
Turgaisenke 98/99 K 3
Turia ['turia], Fl. 32/33 F 3
Turin (Torino) 24/25 B 3, 34/35 A 3
Turkanasee (Rudolfsee) 69/70 D 1
Türkei, Staat 48/49 C-E 3/4, 166/167 O 4
Türkenfeld 15 B 2
Turkestan [turkis'tan], O. 50/51 F 5
Turkmenische Soz. Sowjetrepublik 180
Turkmenistan 50/51 EF 6
Turksinseln [tə:ks] 84 E 2
Turku ['turku] (Åbo) 40/41 E 3
Turnau (Turnov) 18/19 K 2
Turnhout ['tyrnhɔut] 39 I B 2
Türnich, Kerpen- 8/9 C 4
Turnov ['turnɔf] (= Turnau) 18/19 K 2
Turnu Măgurele ['turnu məgu'rele] 36/37 G 3
Turnu-Severin ['turnu seve'rin] 36/37 F 2
Turuchansk 50/51 H 3
Tuscaloosa [tʌskə'lu:sə] 82/83 E 2
Tuschantsu 50/51 H 5
Tuticorin [tu:tikɔ'rin] 59/60 C 4
Tuttlingen 18/19 D 4/5
Ţuţuiatul [tsutsu'jatul] 37/37 I 2
Tutzing 15 B 3
Tuvalu 74/75 H 1, 168 II
Tuxer Alpen 15 C 4
Tüy [tui] 32/33 B 1
Tuzla ['tuzla] 36/37 D 2
Tuzgölü 48/49 D 4
Tweed [twi:d], Fl. 28/29 E 4
Twente 16/17 B 3
Twentekanal 16/17 B 3
Twin Falls ['twin 'fɔ:lz], O. 82/83 B 1
Twiste, Fl. 8/9 H 3
Twiste-Stausee 8/9 H 3
Twistetal 8/9 G 3
Two Harbors ['tu: 'ha:bəz] 82/83 D 1
Tynda 50/51 L 4
Tyrrhenisches Meer 34/35 C-E 6

U

Uaran 67/68 BC 3
Uargla [war'gla] (Ouargla) 67/68 D 2, 114 II
Übach-Palenberg 8/9 B 4
Ubangi [u'baŋgi], Fl. 69/70 B 1
Ubari 67/68 E 3
Úbeda ['ußeða] 32/33 E 3/4
Uberaba [ube'raba] 88/89 F 4
Überherrn 14 II C 2
Überkingen, Bad 13 D 3
Uberlândia [uber'landia] 88/89 F 4
Überlingen 18/19 E 5
Ubon 61/62 C 2
Ubsa-nor, See 57/58 A 1/2
Ubstadt-Weiher 13 B 2
Ubundu (Ponthierville) 69/70 C 2
Ucayali [uka'jali], Fl. 88/89 C 3
Uchinoura 54 C 4
Uchta [ux'ta] 48/49 F 1
Učka ['utʃka] 24/25 F 3
Uckange 14 II B 2
Uckerath, Hennef- 8/9 D 4
Uckermark 16/17 IJ 2
Udachnaya 50/51 K 3
Udaipur [u'daipuə] 59/60 C 2
Uddevalla [ˌudəvala] 40/41 C 4
Uderns 15 C 4
Udine ['u:dine] 24/25 E 2
UdSSR (= Sowjetunion), Staat 50/51, 166/167 N-X 2-4
Uecker, Fl. 16/17 I 2
Ueckermünde 16/17 IJ 2
Ueckermünder Heide 16/17 J 2
Uedem 8/9 B 2
Uelle, Fl. 69/70 C 1
Uelzen 7 F 3
Uentrop, Hamm- 8/9 E 2
Uerdingen, Krefeld- 8/9 C 3
Uetersen 7 D 1
Uetze 10 C 2
Uetz-Paaren 6 A 2
Ufa [u'fa], Fl. 48/49 F 2
Ufa [u'fa], O. 48/49 F 2
Uffing 15 B 3
Uganda, Staat 69/70 D 1/2, 166/167 O 6
Uglegorsk [ugli'gɔrsk] 50/51 N 5
Uhingen 13 D 3
Uhlberg 13 C 3
Uige (Carmona) 69/70 B 2
Uithuizen [œyt'hœyzə] 16/17 B 2
Ujda (Oujda) 67/68 C 2
Ujjain [ʊ:'dʒain] 59/60 C 2
Ujung Pandang (Makassar) 61/62 D 4
Ukraine 48/49 C 3/D 2
Ukrainische Soz. Sowjetrepublik 180
Ulaangom 57/58 A 2
Ulan-Bator 57/58 B 2
Ulanhot 57/58 D 2
Ulan-Ude [u'lan u'dɛ] 50/51 J 4
Ulcinj ['ultsinj] 36/37 D 4
Ulfenbach 13 B 1
Ulhasnagar 59/60 C 3
Uliassutai (Dschibchalanta) 57/58 A 2
Uljanowsk [ulj'janafsk] 48/49 E 2
Ullapool ['ʌləpu:l] 28/29 D 3
Ullstadt, Schl. 14 I A 1
Ullunginsel 54 C 3
Ulm 13 D 4, 18/19 EF 4
Ulsan 54 B 3
Ulster ['ʌlstə] 28/29 C 4
Uludağ [u'luda:] 36/37 I 4
Ulzburg, Henstedt- 7 DE 1
Umag [ˌumag] 24/25 E 3
Umanakfjord 80/81 N 2
Ümånarssuaq (Kap Farvel) 80/81 O 4
Umba 40/41 G 2
Umbrien, Provinz, Italien 24/25 E 4
Umbrischer Apennin 24/25 E 4
Umbsee 40/41 GH 2
Umeå [ˌu:məɔ:] 40/41 E 3
Umeälv [ˌu:mə'ɛlv], Fl. 40/41 D 3
Umiat 80/81 D 3
Umm-Kasr ['um 'kasər] 48/49 E 4/5
Umpfer, Fl. 13 D 1
Umtali [um'tɑ:li] 69/70 D 3
Umtata 69/70 C 5
Una ['una], Fl. 36/37 C 2
Undeloh 7 D 2
Undenheim 12 C 2
Ungarn, Staat 36/37 C-E 1, 172 EF 4
Ungava Bay [ʌŋ'gɑ:və 'bɛi] 80/81 M 4
Ungava-Halbinsel [ʌŋ'gɑ:və] 80/81 L 3
Unije [ˌunijɛ], I. 24/25 F 3
Unna 8/9 E 2
Unst [ʌnst], I. 28/29 F 1
Unstrut, Fl. 16/17 G 4
Unteraltertheim 18/19 E 3, 119 I
Unterammergau 15 B 3
Untereichsfeld 10 C 3/4
Untere Tunguska [tun'guska], Fl. 50/51 I 3
Unterfranken, Regierungsbezirk 176 CD 3/4
Unterhaching 15 C 2
Unterharz 10 D 3
Untermeitingen 15 A 2
Untermünkheim 13 D 2
Unterpfaffenhofen, Germering- 15 B 2
Unterschleißheim 15 C 2
Unterwalden (Nidwalden, Obwalden), Kanton, Schweiz 180
Unterwellenborn 11 A 3
Upernavik [u'pərnaßik] 80/81 N 2
Uphusen, Achim- 7 B 2
Upington ['ʌpiŋtən] 69/70 C 4
Upland, Waldecker, L. 8/9 G 3
Uppland ['upland] 40/41 D 3/4
Uppsala ['upsala] 40/41 D 3/4
Ur, antiker Ort 48/49 E 4
Urach 13 C 4
Ural [u'ra:l], Fl. 48/49 F 3
Uralgebirge 48/49 FG 1/2, 50/51 EF 3/4
Uralsk [u'raljsk] 48/49 F 2
Uranium City [juə'rɛinjəm 'siti] 80/81 I 4
Urberach 12 D 2
Urbino [ur'bi:no] 24/25 E 4
Ure [juə], Fl. 28/29 F 4
Urexweiler, Marpingen- 14 II D 2
Urfa ['urfa] 48/49 D 4
Urgentsch [ur'gjɛntʃ] 48/49 G 3
Uri, Kanton, Schweiz 180
Urla 38 E 3
Urubupungákraftwerk 88/89 E 5
Uruguaiana [uruguai'ana] 90 C 2/3
Uruguay, Staat 90 C 3, 166/167 I 9
Uruguay [uruxu'ai] Fl. 90 C 3
Urumtschi (Ürümqi) 50/51 H 5
Urup [u'rup], I. 50/51 N 5
USA (= Vereinigte Staaten von Amerika) 82/83, 166/167 D-H 3-5, 181
Usa, Fl. 12 D 1
Usbekische Soz. Sowjetrepublik 180
Usbekistan 50/51 F 5/6
Uschgorod ['uʒgarat] 26/27 K 4
Usedom, I. 16/17 IJ 1/2
Ushuaia [usua'ia] 90 B 5
Usingen 12 D 1
Uslar 10 B 3
Uspenski [us'pjɛnskij] 50/51 G 5
Ussa [u'sa], Fl. 48/49 F 1
Ussolje-Sibirskoje 57/58 B 1
Ussuri [ussu'ri], Fl. 50/51 M 5
Ussuriisk 50/51 M 5
Ust-Balik 50/51 G 3
Uster 18/19 D 5
Ústi nad Labem (= Aussig) 18/19 J 2
Ustica ['ustika], I. 34/35 D 6
Ust-Ilimsk 50/51 J 4
Ust-Ischim ['ustji'ʃym] 50/51 G 4
Ust-Kamenogorsk ['ustjkamina-'gɔrsk] 50/51 H 4/5
Ust-Kamtschatsk ['ustjkam'tʃatsk] 50/51 P 4
Ust-Kut ['ustj'kut] 50/51 J 4
Ust-Nera ['ustj'njɛra] 50/51 N 3
Ust-Urt-Plateau ['ustj'urt] 48/49 F 3
Ust-Zilma 48/49 F 1
Utah ['ju:ta:], Bundesstaat, USA 82/83 B 2
Utica ['ju:tikə] 82/83 F 1
Utrecht [dt. 'u:trɛçt, ndl. 'y:trɛxt] 39 I B 1
Utsjoki ['utsjɔki] 40/41 F 2
Utsunomija [u'tsunomija] 54 DE 3
Uttaradit 57/58 AB 5
Uttenreuth 14 I C 1
Uttenweiler 13 D 4
Utting 15 B 2
Uusikaupunki ['u:sikaupuŋki] 40/41 E 3
Uzunköprü 36/37 H 4

V

Vaal [va:l], Fl. 69/70 C 4
Vaals 8/9 AB 4
Vaasa ['vɑ:sɑ] (Vasa) 40/41 E 3
Vác [va:ts] (Waitzen) 36/37 D 1
Vadsø ['vatsœ] 40/41 F 1
Vaduz [fa'duts] 24/25 C 2
Vaganski vrh 36/37 B 2
Váh [va:x] (= Waag), Fl. 26/27 H 4
Vaihingen ['faiiŋən] 13 B 3
Vaihingen, Stuttgart- 13 C 3
Vaison-la-Romaine 24/25 A 3
Valais [va'lɛ] (Wallis), Kanton, Schweiz 180
Valdepeñas [balde'penjas] 32/33 E 3
Valdés, Halbinsel [ßal'des] 90 B 4
Valdez [væl'di:z], O. 80/81 E 3
Val-d'Isère [valdi'zɛ:r], O. 24/25 B 3
Valdivia [bal'dißia] 90 A 3/4
Val d'Or [val'dɔ:r] 82/83 F 1
Valdres ['valdrəs], L. 40/41 B 3
Valençay [valã'sɛ], Schl. 30/31 D 4
Valence [va'lã:s] 24/25 A 3, 30/31 F 5
Valencia [dt. va'lɛntsia, sp. ba'lenθja], L. 32/33 F 3/2
Valencia [dt. va'lɛntsia, sp. ba'lenθja], O. (Spanien) 32/33 F 3
Valencia [ba'lensia], O. (Venezuela) 88/89 D 1
Vallencia-Insel 28/29 A 6
Valenciennes [valã'sjɛn] 39 I A 2, 30/31 E 2
Valepp, Schliersee 15 C 3
Valera [ba'lera] 88/89 C 2
Valjevo ['va:ljɛvɔ] 36/37 D 2
Valkenburg-Houthem ['valkenbyrx] 8/9 A 4
Valladolid [baljaðo'lið] 32/33 D 2
Valle de los Caidos (Ehrenmal) 32/33 D 2
Vallendar ['falɛndar] 12 B 1
Valletta [val'letta] 46/47 E 5
Valley 15 C 3
Valli di Comacchio ['valli di ko'makkio] 24/25 DE 3
Vallgrund, I. 40/41 E 3
Valmiera 42/43 L 3
Valmont [valmõ] 14 II C 2
Valparaiso [balpara'iso] 90 A 3
Val Sugana [val su'ga:na] 24/25 D 2
Valtelina [valte'li:na] (= Veltlin) 24/25 C 2
Vancouver [væn'ku:və] 80/81 G 5
Vancouverinsel [væn'ku:və] 80/81 G 5
Vänersborg [vɛ:nərs'bɔrj] 40/41 C 4
Vänersee ['vɛ:nər] 40/41 C 4
Vanna, I. 40/41 D 1
Vannes [van] 30/31 B 4
Vanoise [va'nwa:z] 24/25 B 3
Vansee [vɑn] 48/49 E 4
Vanua-Levu, I 74/75 H 2
Vanuatu, Staat 74/75 G 2/3, 168 II
Var [va:r], Fl. 24/25 B 4
Varanasi (Benares) 59/60 D 2
Varangerfjord ['va:raŋər] 40/41 FG 1/2
Varangerhalbinsel ['va:raŋər] 40/41 FG 1
Varaždin 24/25 G 2
Varberg ['va:rbærj] 39 II C 1
Vardar ['vardar] (Axios), Fl. 36/37 F 4
Varde ['vardə] 39 II A 2
Varde Å ['vardə 'ɔ:], Fl. 39 II A 2
Vardø [ˌvardœ:] 40/41 G 1
Varel ['fa:rəl] 16/17 D 2
Vareš [ˌvarɛʃ] 36/37 D 2
Varese [va're:se] 24/25 C 3
Varkaus ['vɑrkɑus] 40/41 F 3
Varlar, Schl. 8/9 D 2
Värmland ['værmland] 40/41 C 4
Värnomo [139værnɔmu:] 40/41 C 4
Varnsdorf (= Warnsdorf) 18/19 J 2
Varodara (Baroda) 59/60 C 2
Várpalota ['va:rpɔlotə] 36/37 D 1
Värtsilä 40/41 G 3
Vasa [ˌvɑ:sa] (= Vaasa) 40/41 E 3
Västerås [vɛstər'o:s] 40/41 D 4
Västerbotten [ˌvɛstərbɔtən] 40/41 DE 3
Västerdalälv [ˌvɛstərda:lɛlv], Fl. 40/41 C 3
Västergötland [ˌvɛstərjö:tland] 39 II C 1
Västervik [ˌvɛstərvi:k] 40/41 D 4
Vaterstetten 15 C 2
Vatikanstadt, Staat 34/35 D 4/5, 172 E 4
Vatnajökull ['vahtnajœ:kydl] 40/41 Nk. B 2
Vatneyri ['vahtnɛiri] 40/41 Nk. A 1
Vättersee ['vɛtər] 40/41 C 4
Vaud [vo] (Waadt), Kanton, Schweiz 180
Växjö [ˌvɛkʃœ:] 40/41 C 4
Vechelde 10 C 2
Vechta 16/17 D 3
Vechte, Fl. 39 C 1
Vedea ['vedea], Fl. 36/37 G 3
Veendam [ve:n'dɑm] 39 I C 1
Vega ['ve:ga], I. 40/41 C 2
Vegesack, Bremen- 7 B 2
Veitshöchheim, Schl. 18/19 EF 3
Vejle ['vailə] 39 II A 2
Velbert ['fɛlbərt] 8/9 D 3
Velden (a. d. Großen Vils) 15 D 2
Velden (a. d. Pegnitz) 14 I D 1
Veldes (= Bled) 24/25 F 2
Velebit [vɛ,lɛbit] 36/37 B 2
Velen 8/9 C 2
Velenje [vɛ'le:njɛ] 24/25 F 2
Vellberg 13 D 2
Vellmar 10 A 4
Vellore [və'lɔ:] 59/60 C 3
Velmerstot 8/9 G 2
Velp, Rheden- 8/9 A 1/2
Velpke 10 D 2
Velsen ['vɛlsə] 39 I B 1
Veltlin (Valtellina) 24/25 C 2
Veluwe ['ve:ly:wə] 39 I B 1
Vence [vã:s] 24/25 B 4
Vendée [vã'de] 30/31 C 4
Vendôme [vã'dɔ:m] 30/31 D 4
Vendsyssel ['vɛnsysəl] 39 II AB 1
Venedig (Venezia) 24/25 E 3, 34/35 D 3
Venetien, Provinz, Italien 24/25 DE 3
Venezia [ve'nɛttsia] (= Venedig) 24/25 E 3, 34/35 D 3
Venezianer Alpen 24/25 E 2
Venezuela, Staat 88/89 CD 1/2, 166/167 H 6
Venlo ['vɛnlo:] 39 I C 2
Venray ['vɛnra:j] 8/9 AB 2
Ventimiglia [venti'milja] 24/25 B 4
Ventotene, I. 34/35 D 5
Ventspils (= Windau) 40/41 E 4
Veracruz [bera'krus] 84 C 3
Verbania [ver'ba:nja] 24/25 C 3
Vercelli [ver'tʃɛlli] 24/25 C 3
Vercors [vɛr'kɔ:r] 24/25 A 3
Verden 16/17 E 3
Verdon [vɛr'dõ], Fl. 24/25 B 4
Verdon, Gorges du 24/25 B 4
Verdun [vɛr'dœ̃] 30/31 F 3
Vereeniging [fər'e:nəxəŋ] 69/70 C 4
Vereinigtes Königreich (Großbritannien) 22/23, 172 C 3
Vereinigte Staaten von Amerika 82/83, 166/167 D-H 3-5, 181
Veringenstadt 13 C 4
Verl 8/9 FG 2
Vermont [və:'mɑnt] (= Vt.), Bundesstaat, USA 82/83 F 1
Vernon [vɛr'nõ] 30/31 D 3
Verona [ve'ro:na] 24/25 D 3
Versailles [vɛr'sɑ:j] 30/31 E 3
Verse-Stausee 8/9 E 3
Versmold 8/9 F 1
Verviers [vɛr'vje] 39 I B 2
Verwoerd-Damm 69/70 C 5
Veseli ['vɛsɛli:] 18/19 J 3
Vesoul [və'zul] 18/19 B 5
Vesterålen [vɛstər'olən], In. 40/41 CD 2
Vestfirðir ['vɛstfirðir] 40/41 Nk. A 1
Vestfjord ['vɛst] 40/41 C 2
Vestmannaeyjar ['vɛstmanaɛijar] In. 40/41 Nk. A 2
Vesuv [ve'zu:f] 34/35 E 5, 100 III
Veszprém ['vɛspre:m] 36/37 C 1
Vetschau ['fɛtʃau] 16/17 J 4
Vettweiß 8/9 C 4
Vevey [və'vɛ] 24/25 B 2
Vézelay [ve'zlɛ], K. 30/31 E 4
Via Mala 24/25 C 2
Viana do Castelo [vi'ana ðu kaʃ'tɛlu] 32/33 B 2
Vianden [fi'andən] 18/19 B 3
Viareggio [via'reddʒo] 24/25 D 4
Viborg ['vibər] 39 II A 1
Vicentiner Alpen 24/25 D 3
Vicenza [vi'tʃɛnttsa] 24/25 D 3
Vich [bik] 32/33 H 2
Vichy [vi'ʃi] 30/31 E 4
Vicksburg ['viksbə:g] 82/83 D 2
Victoria, Bundesstaat, Australien 74/75 E 4
Victoria (Hongkong) 57/58 C 4
Victoria [vik'tɔ:riə] (Kanada) 80/81 G 5
Victoria [vik'tɔ:riə] (Mexiko) 84 C 2
Victoria (Seychellen) 65/66 J 8
Victoriafälle 69/70 C 3
Victoria-Insel [vik'tɔ:riə] 80/81 HI 2
Victorialand 91 II B 22/23
Victoriasee 69/70 D 1/2
Victoriastraße 80/81 IJ 3
Viedma [ßi'ɛðma] 90 B 4
Viedmasee [ßi'ɛðma] 90 A 4
Vienenburg 10 D 3
Vienne [vjɛn], Fl. 30/31 D 5
Vienne [vjɛn], O. 24/25 A 3
Vientiane 57/58 B 5, 61/62 C 2
Vierlande 7 E 2
Vierlingsbeek 8/9 AB 2
Viernheim 12 D 2
Viersen ['fi:rzən] 8/9 B 3
Vierwaldstätter See 24/25 C 2
Vierzehnheiligen, K. 18/19 G 2
Vierzon [vjɛr'zõ] 30/31 E 4
Vietnam, Staat 61/62 C 1/2, 166/167 ST 5/6
Viet Tri 57/58 B 4
Vigevano [vi:'dʒɛ:vano] 24/25 C 3
Vigo ['bixo] 32/33 B 1
Vigy 14 II B 2
Vihanti ['vihɑnti] 40/41 E 3
Vihorlat ['vihorlat] 26/27 JK 4
Vijayavada [vi'dʒɑ:jəvɑ:də] 59/60 D 3
Vik [vi:k] 40/41 Nk. B 2
Vikna ['vi:kna], In. 40/41 C 3
Vila 74/75 G 2
Vila Cabral ['vila ka'ßral] (= Lichinga) 69/70 D 3
Vilaine [vi'lɛn], Fl. 30/31 BC 4
Vila Nova de Gaia ['vila 'nɔva ðə 'xaia] 32/33 B 2
Vila Pery ['vila 'pɛri] (= Chimoio) 69/70 D 3
Vila Real ['vila rri'al] 32/33 C 2
Vila Real de Santo António ['vila rri'al ðə 'santu an'tɔniu] 32/33 C 4
Vilbel, Bad ['filbəl] 12 D 1
Vilgertshofen, K. 15 A 3
Viljandi (Fellin) 40/41 F 4
Villablino [bilja'ßlino] 32/33 C 1
Villach 24/25 E 2
Villa Cisneros (= Dakhla) 67/68 B 3
Villahermosa [bijaɛr'mosa] 84 C 3
Villalba [bi'ljalßa] 32/33 C 1
Villa Montes ['bija 'montes] 88/89 D 5
Villandry, Schl. 30/31 D 4
Villa Romana del Casale 34/35 E 7
Villarrobledo [biljarro'ßleðo] 32/33 E 3
Villavicencio [bijaßi'sensio] 88/89 C 2
Villaviciosa [biljaßiθi'osa] 32/33 D 1
Ville ['vilə] 8/9 C 3, 134
Villé [vi'le] (= Weiler) 18/19 C 4
Villefranche-sur-Saône [vilfrãʃsyr'so:n] 24/25 A 2/3
Villerupt [vil'ry] 18/19 A 3
Villingen-Schwenningen 18/19 D 4

Villingendorf 13 B 4
Villmar 12 C 1
Vilnius (= Wilna) 48/49 C 2
Vils [fils], Fl. zur Donau 18/19 H 4
Vils [fils], Fl. zur Naab 18/19 G 3
Vilsbiburg 18/19 H 4
Vilseck [fils'ɛk] 14 I D 1
Vilshofen [fils'ho:fən] 18/19 I 4
Vimperk ['vimpɛrk] (= Winterberg) 18/19 I 3
Viña del Mar ['binja ðɛl 'mar] 90 A 3
Vindelälv [ˌvindəlɛlv], Fl. 40/41 D 3
Vindhyagebirge ['vindjə] 59/60 C 2
Vinh 57/58 B 5
Vinkovci ['vi:ŋkɔ:vtsi] 36/37 D 2
Vinsebek, Schl. 8/9 H 2
Vinsonmassiv 91 II B 34
Virgen de la Cabeza, K. 32/33 D 3
Virginia [və'dʒinjə], Bundesstaat, USA 82/83 F 2
Virnsberg, B. 14 B 2
Virtaniemi 40/41 F 2
Virunga-Nationalpark 69/70 C 1/2
Vis [vi:s], I. 36/37 C 3
Visby ['vi:sby:] (Gem. Gotland) 40/41 D 4
Viseu [vi'zeu] 32/33 C 2
Vishakhapatnam [vi'sa:kəpətnəm] 59/60 D 3
Viskan [ˌviskan], Fl. 39 II C 1
Visselhövede [fisəl'hœvədə] 7 D 3
Viterbo [vi'tɛrbo] 34/35 D 4
Viti-Levu, I. 74/75 H 2
Vitória [vi'tɔria] (Brasilien) 88/89 F 4/5
Vitoria [bi'toria] (Spanien) 32/33 E 1
Vitória da Conquista [vi'tɔria da koŋ'kista] 88/89 F 4
Vittel [vi'tɛl] 18/19 A 4
Vittorio Veneto [vit'tɔ:rio 'vɛ:neto] 24/25 E 2/3
Vitzenburg, B. 11 B 2
Vizianagaram 59/60 D 3
Vjosë ['vjɔsə], Fl. 36/37 D 4
Vlašim ['vlaʃim] 18/19 J 3
Vlieland ['vli:lant], I. 39 I B 1
Vlissingen [dt. flisiŋən, ndl. 'vlisiŋə] 39 I A 2
Vlorë ['vlorə] 36/37 D 4
Vlotho ['flo:to] 16/17 D 3
Vockerode [fɔkə'ro:də] 11 C 1
Vöcklabruck 18/19 I 4/5
Vodňany ['vodnjani] 18/19 J 3
Vodochody 18/19 J 2
Voerde ['fœ:rdə] 8/9 C 2
Vogelfluglinie 16/17 G 1
Vogelsberg 18/19 E 2
Vogelsdorf 6 D 1/2
Vögelsen 7 E 2
Vogesen (Vosges) 18/19 B 5/C 4, 30/31 G 3
Vogler 10 B 3
Vogtland 18/19 GH 2
Vohburg 18/19 G 4, 126 III b
Vöhringen ['fœ:riŋən] 18/19 F 4
Vöhrum, Peine- 10 C 2
Vohwinkel, Wuppertal- 8/9 D 3
Voiron [vwa'rõ] 24/25 A 3
Volkach 18/19 F 3
Völkermarkt 24/25 F 2
Volkhoven, Köln- 8/9 C 3/4
Völklingen 14 II C 2
Volkmarsen 8/9 H 3
Volksdorf, Hamburg- 7 E 1
Volksrepublik Kongo 69/70 B 1/2, 166/167 MN 6/7
Volkstedt 11 B 1
Vollersode 7 B 2
Volme ['fɔlmə], Fl. 8/9 E 3
Volmerange-les-Mines 14 II B 2
Volmunster [vɔlmœs'tɛr] (Wolmünster) 14 II D 2
Volpiano 24/25 B 3
Völs 15 B 4
Volta, Schwarzer, Fl. 67/68 C 4/5
Volta, Weißer, Fl. 67/68 C 4
Volta Redonda ['volta rre'donda] 88/89 F 5
Volta-Stausee 67/68 CD 5
Volterra [vol'tɛrra] 24/25 D 4
Volturno [vol'turno], Fl. 34/35 DE 5
Vomp 15 C 4
Vorarlberg, Bundesland, Österreich 24/25 CD 2, 179
Vorbach 13 D 2
Vorderindien 59/60, 55/56 IJ 7/8
Vorderrhein, Fl. 24/25 C 2
Vorderriß, Lengries- 15 B 3
Vordingborg [vɔrdeŋ'bɔr] 39 II B 2
Vorholz 10 C 2
Vøringsfoss 40/41 B 3
Vormsi (= Worms), I. 40/41 E 4
Vorsfelde, Wolfsburg- 10 D 2
Vosges [vo:ʒ] (= Vogesen) 18/19 B 5/C 4, 30/31 G 3
Voss [vɔs] 40/41 B 3
Votice ['vɔtjitsɛ] 18/19 J 3
Vranje ['vranjɛ] 36/37 E 3
Vrbas ['vrba:s], Fl. 36/37 C 2
Vreden 8/9 C 1
Vršac ['vrʃats] (Werschetz) 36/37 E 2
Vryburg ['frəibœrx] 69/70 C 4
Vsetin ['fsɛtji:n] 26/27 HI 4
Vtáčnik ['fta:tʃnjik], Berg 102/103 I 4
Vulcano [vul'ka:no], I. 34/35 E 6
Vulkangraben 94/95 V 5
Vulkaninseln 92/93 V 5
Vuoksi, Fl. 40/41 F 3

W

Waag (Váh), Fl. 26/27 I 4
Waal [wa:l], Fl. 39 I B 2
Waal, O. 15 A 2/3
Wabash ['wɔ:bæʃ], Fl. 82/83 E 1
Wachau 24/25 F 1
Wachenburg, B. 12 D 2
Wachenheim 12 C 3
Wąhock ['vanxok], Kl. 26/27 J 3
Wachtendonk 8/9 B 3
Waco ['wɛikou] 82/83 D 2
Wadai (Ouadai) 67/68 EF 4
Wadern 14 II C 1
Wadersloh 8/9 F 2
Wadgassen 14 II C 2
Wadi Asauak 67/68 D 4
Wadi Dawasir 67/68 H 3
Wadi Draa 67/68 C 3
Wadi el-Milk 67/68 FG 4
Wadi Hadramaut 67/68 H 4
Wadi Halfa ['wadi hal'fa:], O. 67/68 G 3
Wadi Howar 67/68 F 4
Wadi Igharghar 67/68 D 3
Wadi Masila 67/68 HI 4
Wadi Saura (Saoura) 67/68 C 3
Wadi Sirhan 48/49 D 4
Wadi Tafassasset 67/68 D 3
Wad Medani 67/68 G 4
Waga ['vaga], Fl. 48/49 E 1
Wagadugu (Ouagadougou) 67/68 C 4
Wagga Wagga ['wɔgə 'wɔgə] 74/75 E 4
Waghäusel 13 AB 2
Wagrien 16/17 F 1
Waha 67/68 EF 3
Wahiawa 85 I AB 1/2
Wahlsburg 10 B 3
Wahnbach-Stausee 8/9 D 4
Wahrenholz 10 D 1
Waianae-Kette 85 I A 1/2
Waiblingen 13 C 3
Waibstadt 13 B 2
Waidhofen an der Ybbs 24/25 F 2
Waidmannslust, Berlin- 6 C 1
Waigatsch [vaj'gatʃ], I. 50/51 EF 2/3
Waigeo, I. 61/62 F 3/4
Waikiki, Honolulu- 85 I B 2
Waipahu 85 I A 2
Waischenfeld 14 I C 1
Waitzen (= Vác) 36/37 D 1
Wakajama [wa'kaˌjama] 54 D 4
Wakenitz, Fl. 7 F 1
Wakhan 59/60 C 1
Wakkanai [wa'kkaˌnai] 54 E 1
Walaaminsel [vala'am] 40/41 G 3
Walachei 36/37 F-H 2
Walberla ['valbərla] 14 I C 1
Wałbrzych ['vaubʒyx] (= Waldenburg) 26/27 H 3
Walchensee 15 B 3
Walchensee, Kochel-, O. 15 B 3
Walcheren ['walxərə] 39 I A 2
Wałcz [vautʃ] (= Deutsch Krone) 26/27 H 2
Wald im Pinzgau 15 D 4
Waldaihöhe 48/49 D 2
Waldalgesheim 12 B 2
Waldböckelheim 12 B 2
Waldbröl 8/9 E 4
Waldburg, Schl. 18/19 E 5
Waldeck, L. 8/9 GH 3
Waldeck (am Eder-Stausee) 8/9 H 3
Waldenbuch 13 C 3
Waldenburg (Baden-Württemberg) 13 D 2
Waldenburg (Bez. Karl-Marx-Stadt) 11 D 3
Waldenburg (Schlesien; Wałbrzych) 26/27 H 3
Waldenburger Berge 13 D 2
Waldersee, Dessau- 11 C 1
Waldfeucht 8/9 AB 3
Waldfischbach-Burgalben 12 B 3
Waldheim 11 DE 2
Waldhof, Mannheim- 12 CD 2
Waldkarpaten 26/27 K 4
Waldkirch 18/19 CD 4
Waldkirchen (Bayerischer Wald) 18/19 I 4
Waldkraiburg 18/19 H 4
Waldliesborn, Bad 8/9 F 2
Wald-Michelbach 12 D 2
Waldmohr 14 II D 2
Waldnaab, Fl. 18/19 H 3
Waldsee, O. 12 C 3
Waldsee, Bad 18/19 E 5
Waldshut-Tiengen 18/19 D 5
Waldsolms 12 CD 1
Waldstetten 13 D 3
Waldviertel 34/35 E 1
Wales [wɛilz] 28/29 E 5
Walferdange [valfɛr'dã:ʒ] (Walferdingen) 14 II B 1
Walfischbai (Walvis Bay, Walvisbaai), O. 69/70 B 4
Walgreenküste 91 II B 32
Walhalla 18/19 H 3
Walkenried 10 D 3
Walla Walla ['wɔlə 'wɔlə] 82/83 B 1
Wallberg 15 C 3
Walldorf (Baden-Württemberg) 13 B 2
Walldorf, Mörfelden- (Hessen) 12 D 1/2
Walldürn 18/19 E 3
Wallerfangen 14 II C 2
Walliser Alpen 24/25 B 3/2
Wallonien 177
Walsall ['wɔ:lsɔ:l] 28/29 F 5
Walschbronn 12 A 3
Walsrode 16/17 E 3
Walsum, Duisburg- 8/9 C 2
Waltersdorf (b. Berlin) 6 D 2
Waltershausen 18/19 F 2
Waltrop 8/9 D 2
Walvis Bay ['wɔ:lvis 'bɛi] (= Walfischbai), O. 69/70 B 4
Walzbachtal 13 BC 2
Walzin, B. 39 I B 2
Wanawara 50/51 J 3
Wandsbek, Hamburg- 7 E 1
Wangen im Allgäu 18/19 E 5
Wangerooge, I. 16/17 C 2
Wanhsien 57/58 B 3
Wankie ['wɔŋki] 69/70 C 3
Wanna 7 B 1
Wanne-Eickel, Herne- 8/9 D 2
Wannsee, Großer 6 B 2
Wannsee, Berlin- 6 B 2
Wansdorf 6 B 1
Wapelbach 8/9 FG 2
Wansleben 11 B 2
Wanzleben 16/17 G 3
Warangal [wə'ræŋgəl] 59/60 C 3
Warburg 16/17 E 4
Warburton, Fl. 74/75 D 3
Wardha 59/60 C 2
Waren 16/17 H 2
Warendorf 8/9 EF 2
Warme Bode, Fl. 10 D 3
Warna ['varna] 36/37 HI 3
Warndt 14 II C 2
Warnemünde, Rostock- 16/17 H 1
Warngau 15 C 3
Warnow ['varno], Fl. 16/17 H 2
Warnsdorf (Varnsdorf) 18/19 J 2
Warren Landing ['wɔrin 'lændiŋ] 80/81 J 4
Warschau (Warszawa) 26/27 J 2
Warstein 8/9 F 3
Warszawa [var'ʃava] (= Warschau) 26/27 J 2
Warta ['varta] (= Warthe), Fl. 26/27 G 2
Wartburg, B. 18/19 F 2
Wartenberg, Berg 11 B 1
Wartenberg, O. 15 CD 2
Wartenburg 11 D 1
Warthausen 13 D 4
Warthe (Warta), Fl. 26/27 G 2
Warthebruch 16/17 JK 3
Wasatchkette ['wɔ:sætʃ] 82/83 B 2/1
Washington ['wɔʃiŋtən], Bundesstaat, USA 82/83 AB 1
Washington ['wɔʃiŋtən], O. 82/83 F 2
Wassenberg 8/9 B 3
Wasserburg am Inn 15 D 2
Wasserkuppe 18/19 E 2
Wasserleben 10 D 3
Waßmannsdorf 6 C 2
Watenstedt, Salzgitter- 10 C 2
Waterford ['wɔ:təfəd] 28/29 C 5
Waterloo (Belgien) 39 I B 2
Waterloo [wɔ:tə'lu:] (Iowa, USA) 82/83 D 1
Wathi [va'θi] (Bathú) 38 E 4
Wathlingen 10 C 1
Watlinginsel ['wɔtliŋ] (San Salvador, Guanahani) 84 E 2
Watsa [wat'sa] 69/70 CD 1
Watson Lake, O. 80/81 G 3
Wattens 15 C 4
Wattenscheid, Bochum- 8/9 D 3
Wattensee 39 I BC 1
Wattwil 18/19 E 5
Watzmann 18/19 H 5
Wau ['va:u] 67/68 F 5
Wausau ['wɔ:sɔ:] 82/83 E 1
Waza-Nationalpark 67/68 E 4
Webi Schebeli, Fl. 69/70 E 1
Wechselburg, Schl. 11 D 2
Weddellmeer 91 II C 1-B 3, 94/95 I-K 11
Wedding, Berlin- 6 C 1
Wedel 7 D 1
Wedemark 10 B 1
Wedj 67/68 G 3
Weende, Göttingen- 10 B 3
Weer 15 C 4
Weert [we:rt] 39 I B 2
Weeze 8/9 B 2
Weferlingen 10 E 2
Wegberg 8/9 B 3
Wegendorf 6 E 1
Węgliniec (= Kohlfurt) 16/17 K 4
Wegscheid 18/19 I 4
Wehdel, Schiffdorf- 7 B 1/2
Wehl 8/9 B 2
Wehrheim 12 D 1
Weichsel (Wisła) Fl. 26/27 I 2
Weida, Fl. zur Salza 11 B 2
Weida, Fl. zur Weißen Elster 11 C 3
Weida, O. 11 C 3
Weida-Talsperre 11 B 3
Weidelsburg, B, 8/9 H 3
Weiden 18/19 H 3
Weidenberg 14 I D 1
Weidenthal 12 BC 3
Weifang 57/58 C 3
Weihai 57/58 D 3
Weiher, Ubstadt- 13 B 2
Weiho, Fl. 57/58 B 3
Weikersheim 13 D 2
Weil, Fl. 12 C 1
Weilburg 12 C 1
Weil der Stadt 13 B 3
Weiler (Villé) 18/19 C 4
Weilerbach 12 B 3
Weilerswist 8/9 C 4
Weilheim an der Teck 13 D 3
Weilheim in Oberbayern 15 B 3
Weil im Schönbuch 13 C 3
Weimar 18/19 G 1/2
Weimar (a. d. Lahn) 8/9 G 4
Weingarten (Baden) 13 B 2
Weingarten (Oberschwaben) 18/19 E 5
Weinheim 12 D 2
Weinsberg 13 C 2
Weinsberger Wald 18/19 JK 4
Weinstadt 13 C 3
Weinstraße, Deutsche 12 C 3
Weinviertel 34/35 EF 1
Weipa 74/75 E 2
Weisendorf 14 I B 1
Weiskirchen 14 II C 1
Weissach (Kreis Böblingen) 13 B 3
Weißache, Fl. 15 D 3
Weißandt-Gölzau 11 C 1
Weiße Elster, Fl. 18/19 H 1
Weiße Insel 50/51 G 2
Weiße Karpaten 102/103 HI 4
Weiße Kreisch, Fl. 36/37 EF 1
Weißenborn-Lüderode 10 C 3
Weißenburg (Wissembourg; Elsaß) 18/19 C 3
Weißenburg in Bayern 18/19 FG 3
Weißenfels 11 BC 2
Weißensee, Berlin- 6 C 1
Weißenstein, B. 13 D 3
Weißenthurm 12 AB 1
Weißer Main, Fl. 18/19 G 2
Weißer Nil, Fl. 67/68 G 4
Weißer See 42/43 N 2
Weißer Volta, Fl. 67/68 C 4
Weißes Meer 48/49 DE 1
Weißes Venn, L. 8/9 D 2
Weißmeer-Ostsee-Kanal 48/49 D 1
Weißrussische Soz. Sowjetrepublik 180
Weißrußland 48/49 CD 2
Weißwasser, O. 16/17 J 4
Weitenburg 13 B 4
Weiterstadt 12 D 2
Weiz 24/25 F 2
Welikaja [vi'likaja], Fl. 42/43 L 3
Welikije Luki [vi'likiji 'luki] 48/49 D 2
Welkenraedt ['vɛlkənrat] 8/9 AB 4
Welkom ['vɛlkɔm] 69/70 C 4
Well, Schl. 8/9 B 2
Wellesleyinsel ['wɛlzli] 74/75 D 2
Wellheimer Trockental 105 D 4
Wellington ['wɛliŋtən] 74/75 H 5
Wellingtoninsel ['wɛliŋtən] 90 A 4
Wells [wɛlz] 28/29 E 4
Wels 18/19 IJ 4, 24/25 EF 1
Welsk [vjeljsk] 48/49 E 1
Weltenburg, Kl. 18/19 G 4
Welver 8/9 E 2
Welzheim 13 D 3
Welzheimer Wald 13 D 3
Wenatchee [wi'nætʃi] 82/83 A 1
Wendeburg 10 C 2
Wendelstein, Berg 15 D 3
Wendelstein, O. 14 I C 2
Wenden (b. Olpe) 8/9 E 4
Wenden (= Cēsis) 40/41 F 4
Wenden, Braunschweig- 10 D 2
Wendinghausen, Schl. 8/9 H 1
Wendisch Evern 7 EF 2
Wendland 16/17 G 3
Wendlingen 13 C 3
Wenne, Fl. 8/9 F 3
Wennigsen 10 B 2
Wenschau 57/58 B 4
Wenta ['vjɛnta] (= Windau), Fl. 40/41 E 4
Wentorf 7 E 1/2
Wentschang 57/58 C 5
Wentschou 57/58 D 4
Weper 10 B 3
Werchojansk [virxa'jansk] 50/51 M 3
Werchojansker Gebirge 50/51 L-N 3
Werdau 11 C 3
Werden, Essen-, Kl. 8/9 D 3
Werdenfelser Land 15 B 4
Werder, L. 10 D 2
Werder, L. 26/27 I 1
Werder, O. (Havel) 6 A 2
Werdohl 8/9 E 3
Werl 8/9 E 2
Wermelskirchen 8/9 D 3
Wermsdorf 11 D 2
Wernau 13 C 3
Werne 8/9 E 2
Wernigerode 10 D 3
Wernitz 6 A 1
Wernsdorf 6 D 2
Werra, Fl. 18/19 F 1
Werre, Fl. 8/9 G 1
Werschetz (= Vršac) 36/37 E 2
Wertach, Fl. 18/19 F 5
Wertheim 18/19 E 3
Werther 10 D 4
Weschnitz, Fl. 12 CD 2
Wesel 8/9 C 2
Wesel-Datteln-Kanal 8/9 CD 2
Wesendorf 10 D 1
Weser, Fl. 16/17 D 2, 7 A 1
Weserbergland 102/103 D 2/3
Weser-Ems, Regierungsbezirk 176 BC 2
Wesergebirge 16/17 DE 3
Wesseling 8/9 C 3
Wesselinseln [wɛsl] 74/75 CD 4
Weßling 15 B 2
Wesso (Ouesso) 69/70 B 1
Wessobrunn 15 B 3
Westalpen 34/35 A 3/B 2
Westaustralien (Western Australia), Bundesstaat 74/75 BC 3
Westaustralstrom 109
Westendorf 15 A 1
Westerberg 7 C 1
Westerham, Feldkirchen- 18/19 C 3
Westerheim 13 D 3
Westerkotten, Bad, Erwitte- 8/9 F 2
Westerland 16/17 D 1, 122 II, 145 I
Westerschelde ['wɛstərsxɛldə] 39 I A 2
Westerstede 16/17 C 2
Westervoort 8/9 AB 2
Westerwald 18/19 CD 2
Westerwinkel, Schl. 8/9 E 2
Westfälische Bucht 22/23 BC 3
Westfriesische Inseln 39 I BC 1
Westfriesland 39 I BC 1
Westghats 59/60 C 3
West Hartlepool (= Hartlepool) 28/29 F 4
Westhofen 12 C 2
Westindien, Assoziierte Staaten 166/167 H 5
Westindien, In. 92/93 GH 5
Westirian (= Irian Jaya) 61/62 FG 4
Westkap (Neuseeland) 74/75 G 5
Westliche Karwendelspitze 15 B 4
Westliche Morava [ˌmɔrava], Fl. 36/37 E 3
Westlicher Euphrat, Fl. 48/49 D 4
Westlicher Großer Erg 67/68 C 3/D 2
Westliche Sierra Madre [si'ɛrra 'maðre] 84 B 2
Westoder, Fl. 16/17 J 2

West Palm Beach ['wɛst 'pɑ:m 'bi:tʃ] 82/83 E 3
Westpatagonien 90 A 4/5
Westport ['wɛstpɔ:t] 28/29 B 5
Westray ['wɛstrɛi], I. 28/29 E 2
Westrich 20/21 B 4
Westsajan 50/51 HI 4
West-Schelfeis 91 II C 15
Westsibirisches Tiefland 50/51 F-H 3/4
West Virginia ['wɛst və'dʒiniə] (= W. Va.), Bundesstaat, USA 82/83 E 2
Wetar, I. 61/62 E 4
Wethau, Fl. 11 B 2
Wetluga [vit'luga], Fl. 48/49 E 2
Wetluga, O. 48/49 E 2
Wetter, Fl. 12 D 1
Wetter (b. Marburg) 8/9 G 4
Wetter (Ruhr) 8/9 D 3
Wetterau 12 D 1
Wettersteingebirge 15 AB 4
Wettin 11 B 1
Wettmar, Burgwedel- 10 B 1
Wetzlar 18/19 D 2
Wewak 61/62 G 4
Wewelsburg, Schl. 8/9 G 2
Wewelsfleth 7 C 1
Wexford ['wɛksfəd] 28/29 C 5
Weyburn ['wɛibən] 82/83 C 1
Weyhe 7 B 2/3
Weymouth ['wɛiməθ] 28/29 E 6
Whangarei 74/75 H 4
Wheeling ['wi:liŋ] 82/83 E 1/2
Whiddyinsel 28/29 B 6
Whitehorse ['waithɔ:s] 80/81 F 3
Whyalla [wai'ælə] 74/75 D 4
Wiblingwerde, Nachrodt- 8/9 E 3
Wiborg 40/41 F 3
Wichita ['witʃitɔ:] 82/83 D 2
Wichita Falls ['witʃitə: 'fɔ:lz], O. 82/83 D 2
Wichren ['vixrɛn] 36/37 F 4
Wick [wik] 28/29 E 2
Wickede 8/9 E 2/3
Wicklow Mountains ['wiklou 'mauntinz] 28/29 C 5
Wickrath, Mönchengladbach- 8/9 B 3
Widin ['vidin] 36/37 F 2/3
Wiebelskirchen, Neunkirchen- 14 II D 2
Wied, Fl. 8/9 E 4
Wiedenbrück, Rheda- 16/17 D 4
Wiederau 11 D 3
Wiederitzsch 11 C 2
Wiehengebirge 16/17 D 3
Wiehl, Fl. 8/9 E 4
Wiehl, O. 8/9 E 4
Wiehltal-Stausee 8/9 E 4
Wien 24/25 G 1
Wiener Neustadt (= Wr. Neustadt) 24/25 G 2
Wienerwald 24/25 FG 1
Wienhausen 10 C 1
Wiepersdorf, Schl. 16/17 I 4
Wieprz [vjɛpʃ], Fl. 26/27 K 3
Wieren 16/17 F 3
Wies, K. 15 A 3
Wiesbach, Eppelborn- 14 II C 2
Wiesbaden 12 C 1, 18/19 D 2
Wiese, Fl. 18/19 C 5
Wiesensteig 13 D 3
Wiesent, Fl. 14 I C 1
Wieslauf, Fl. 13 D 3
Wieslautern 12 B 3
Wiesloch 13 B 2
Wiesmoor, O. 16/17 C 2
Wiessee, Bad 15 C 3
Wieter 10 B 3
Wietze, Fl. 12 B 1
Wietzenbruch 10 B 1
Wight [wait] (Isle of Wight) 28/29 F 6
Wil 18/19 E 5
Wildau 6 D 2
Wildbad im Schwarzwald 13 B 3
Wildbad Kreuth, Kreuth- 15 C 3
Wildberg 13 B 3
Wildemann 10 C 3
Wildenbruch 6 B 2
Wildenburg, B. 18/19 E 3
Wildenroth 15 B 2
Wildeshausen 16/17 D 3
Wildspitze 24/25 D 2
Wildungen, Bad 16/17 E 4
Wilhelmsburg, Hamburg- 7 DE 2
Wilhelmshaven 16/17 D 2
Wilhelmshöhe, Schl. (Kassel) 10 A 4
Wilhelmshorst 6 B 2
Wilhelmsthal, Schl. 10 A 4
Wilhermsdorf 14 I B 2
Wiljui [vi'ljuj], Fl. 50/51 L 3
Wiljuisk [vi'ljujsk] 50/51 L 3
Wilkau-Haßlau 11 D 3
Wilkesland [wilks] 91 II C 20-17
Wilkizkistraße [vilj'kitskij] 50/51 IJ 2
Willebadessen 8/9 H 2
Willich ['viliɕ] 8/9 C 3
Willingen 8/9 G 3
Willisinseln ['wilis] 74/75 EF 2
Wilmersdorf, Berlin- 6 C 2
Wilmington ['wilmiŋtən] (Delaware, USA) 82/83 F 2
Wilna (Vilnius) 48/49 C 2
Wilnsdorf 8/9 F 4
Wilseder Berg 7 D 2
Wilsnack, Bad 16/17 G 3
Wilstedt 7 C 2
Wilster 7 C 1
Wilster Marsch 7 C 1
Wiltz [vilts] 18/19 A 3
Wimbledon, London- ['wimbldən] 28/29 F 6
Wimpfen, Bad 13 C 2
Wimsener Höhle (Friedrichshöhle) 13 C 4
Winchester ['wintʃistə] 28/29 F 6
Windach-Speicher 15 AB 2/3
Windau (Ventspils) 40/41 E 4
Windau (Wenta), Fl. 40/41 E 4
Windeck 8/9 E 4
Windeck, B. 13 B 3
Windhuk ['vinthu:k] (Windhoek) 69/70 B 4
Windischleuba 11 C 2
Windleite 10 D 4
Windsheim, Bad 14 I A 1/2
Windsor ['winzə] (Kanada) 82/83 E 1
Windsor ['winzə], Schl. (England) 28/29 F 6
Wingst 7 C 1
Winisk 80/81 K 4
Winkelhaid 14 I C 2
Winnenden 13 C 3
Winnipeg ['winipɛg] 82/83 D 0/1
Winnipegosissee [winipɛ'gousis] 80/81 IJ 4
Winnipegsee ['winipɛg] 80/81 J 4
Winniza ['vinnitsa] 48/49 C 3
Winnweiler 12 B 2
Winschoten ['winsxo:tə] 16/17 BC 2
Winsen an der Luhe 7 E 2
Winston-Salem ['winstən 'sɛiləm] 82/83 E 2
Winterbach, Sankt Wendel- 14 II D 2
Winterberg (Rothaargebirge) 8/9 G 3
Winterberg (Vimperk) 18/19 I 3
Winterküste (Weißes Meer) 48/49 E 1
Winterlingen 13 C 4
Winterswijk [wintərs'wɛik] 39 I C 2
Winterthur 24/25 C 2
Wipper, Fl. zur Saale 16/17 G 4
Wipper, Fl. zur Unstrut 16/17 F 4
Wipperfürth 8/9 D 3
Wirges 12 B 1
Wirzsee 42/43 L 3
Wisch, Schl. 8/9 B 2
Wisch BC 2
Wische 16/17 G 3
Wischhafen 7 C 1
Wisconsin [wis'konsin], Bundesstaat, USA 82/83 DE 1
Wisła ['visua] (= Weichsel), Fl. 26/27 I 2
Wisłok ['visuɔk], Fl. 102/103 K 3
Wisłoka [vi'suɔka], Fl. 102/103 J 3
Wismar 16/17 G 2
Wisper, Fl. 12 B 1
Wissel, Kalkar- 8/9
Wissembourg [visã'bu:r] (= Weißenburg) 18/19 C 3
Wissen/Sieg 8/9 E 4
Wissen, Schl. 8/9 B 2
Wistedt 7 D 2
Witebsk ['vitipsk] 48/49 CD 2
Witim [vi'tim], Fl. 50/51 K 4
Witim [vi'tim], O. 50/51 K 4
Witim-Plateau 50/51 K 4
Witjastiefe 94/95 V 6
Witoscha 36/37 F 3
Witten 8/9 D 3
Wittenau, Berlin- 6 C 1
Wittenberg 11 D 1
Wittenberge, O. 16/17 G 2/3
Wittenburg 16/17 G 2
Wittenoom 74/75 B 3
Wittensee 16/17 E 1
Wittgensdorf 11 D 3
Wittgenstein, Schl. 8/9 F 4
Wittgensteiner Land 8/9 F 3/4
Wittingau (Třeboň) 18/19 J 3/4
Wittingauer Becken 105 F 4
Wittingen 16/17 F 3
Wittmund 16/17 C 2
Wittow ['vito], Halbinsel 16/17 I 1
Wittstock 16/17 H 2
Witzenhausen 10 B 4
Wjalsee 40/41 H 2
Wjasma 42/43 MN 3
Wjatka ['vjatka], Fl. 48/49 F 2
Wladimir [vla'dimir] 48/49 DE 2
Wladiwostok [vladivas'tɔk] 50/51 M 5, 54 C 2
Włocławek [vuɔ'tsuavɛk] 26/27 I 2
Włocławek, Stausee von 102/103 I 2
Woburn Abbey ['woubən 'æbi], Schl. 28/29 F 5/6
Wodla, Fl. 42/43 N 2
Woëvre [vwa:vr] 102/103 B 4
Wohra, Fl. 8/9 G 4
Woippy 14 II B 2
Wojwodina, autonomes Gebiet, Jugoslawien 36/37 DE 2, 178
Wolbeck, Münster- 8/9 E 2
Wolchow ['vɔlxaf], Fl. 48/49 D 2
Wolchow ['vɔlxaf], O. 48/49 D 1/2
Wolfach 18/19 D 4
Wolfen 11 C 1
Wolfenbüttel 10 D 2
Wolferode 11 B 1/2
Wolfersdorf, Schl. 11 B 3
Wölfersheim 12 D 1
Wolfgangsee 18/19 I 5
Wolfratshausen 15 B 3
Wolfsberg 24/25 F 2
Wolfsburg 10 D 2
Wolfsburg/Oebisfelde, Grenzübergang 10 D 2, 176 D 2
Wolfshagen, Langelsheim- 10 C 3
Wolfstein 12 B 2
Wolga, Fl. 48/49 E 3
Wolga-Ostsee-Kanal 46/47 G 2
Wolgaplatte 48/49 E 2, 98/99 I 3
Wolgast 16/17 I 1
Wolgograd [valga'grat] (Stalingrad) 48/49 E 3
Wolgograder Stausee 48/49 E 2
Wollastonsee ['wuləstən] 80/81 I 4
Wollin [vɔ'li:n], I. 16/17 J 2
Wollongong ['wuləngɔŋ] 74/75 F 4
Wöllstadt 12 D 1
Wöllstein 12 B 2
Wolmirstedt 16/17 G 3
Wolmünster (= Volmunster) 14 II D 2
Wolnzach 15 C 1
Wologda ['vɔlagda] 48/49 DE 2
Wolos ['vɔlɔs] (Bólos) 38 C 3
Wolschsk [vɔlʃsk] 48/49 E 2
Wolschski ['vɔlʃkij] 48/49 E 3
Wolsk [vɔljsk] 48/49 E 2
Woltersdorf 6 DE 2
Wolverhampton ['wulvəhæmptən] 28/29 E 5
Wolwise 38 C 2
Wolynien 48/49 C 2
Wolynisch-Podolische Platte 98/99 G 3/4
Wönsan 54 B 3
Woodlarkinseln ['wudla:k] 74/75 F 1
Woomera ['wu:mərə] 74/75 D 4
Worbis 10 C 4
Worcester ['wustə] (England) 28/29 E 5
Worcester ['wustə] (Massachusetts, USA) 82/83 F 1
Wörgl 15 D 4
Wörishofen, Bad 18/19 F 4/5
Workington ['wə:kiŋtən] 28/29 E 4
Workuta [varku'ta] 48/49 G 1
Wörlitz 11 C 1
Wormeldange [vɔrmɛl'dã:ʒ] (Wormeldingen) 14 II B 1
Worms 12 C 2, 18/19 D 3
Worms (Vormsi), I. 40/41 E 4
Wörnitz, Fl. 22/23 D 4
Woronesch [va'rɔniʃ] 48/49 D 2
Woronja, Fl. 40/41 H 2
Woroschilowgrad [varaʃylav'grat] 48/49 D 3
Worpswede 7 B 2
Worringen, Köln- 8/9 C 3
Wörrstadt 12 C 2
Wörth am Rhein 18/19 D 3
Wörther See 24/25 F 2
Wörthsee 15 B 2
Woschesee 42/43 NO 2
Wotau, Fl. 18/19 I 3
Wotkinsk ['vɔtkinsk] 48/49 F 2
Wotkinsker Stausee 48/49 F 2
Wounded Knee ['wu:ndid 'ni:] 82/83 C 1
Wrangelinsel ['vrangil] 50/51 QR 2
Wraza ['vratsa] 36/37 F 3
Wremen 7 B 1
Wriedel 7 E 2
Wriezen 16/17 J 3
Wrist 7 D 1
Wrocław ['vrɔtsuaf] (= Breslau) 26/27 H 3
Wuhan 57/58 C 3
Wuhle, Fl. 6 D 1
Wuhsi (Wuxi) 57/58 D 3
Wuhu 57/58 C 3
Wujing 57/58 D 2
Wukiang, Fl. 57/58 B 4
Wulfen, Dorsten- 8/9 D 2
Wülfrath 8/9 D 3
Wulften 10 C 3
Wulsdorf, Bremerhaven- 7 B 1/2
Wümme, Fl. 7 B 2
Wünnenberg 8/9 G 2
Wünschendorf 11 C 3
Wunsiedel 18/19 GH 2
Wunstorf 10 A 2
Wupper, Fl. 8/9 D 3
Wupper-Stausee 8/9 D 3
Wuppertal 8/9 D 3
Wurm, Fl. 8/9 B 3/4
Würm, Fl. zur Amper 15 B 2
Würm Fl. zur Enz 13 B 3
Wurmberg 10 D 3
Wurmlinger Kapelle 13 B 3/4
Würselen 8/9 B 4
Wursten 7 B 1
Wurster Watt 7 A 1
Würzburg 18/19 E 3
Wurzelberg 11 D 1
Wurzen 11 D 2
Wüste Gobi 57/58 A-C 2
Wüste Lut 59/60 A 1/2
Wüste Mark 6 B 2
Wüstenrot 13 C 2
Wustermark 6 A 1
Wüste Takla Makan 55/56 IJ 6
Wüste Tharr [ta:r] 59/60 BC 2
Wustrow ['vustro], Halbinsel 16/17 G 1
Wustrow ['vustro], O. 16/17 H 1
Wusu 50/51 H 5
Wutach, Fl. 18/19 D 5
Wutschou 57/58 C 4
Wutungkiau 57/58 B 4
Wuwei 57/58 B 3
Wuxi (Wuhsi) 57/58 D 3
Wye [wai], Fl. 28/29 E 5
Wygsee ['vyg] 42/43 MN 2
Wyhra, Fl. 11 D 2
Wyk auf Föhr 16/17 D 1, 122 II
Wyndham ['windəm] 74/75 C 2
Wyoming [wai'oumiŋ], Bundesstaat, USA 82/83 C 1
Wyschni Wolotschek ['vyʃnij vala'tʃɔk] 48/49 D 2
Wytegra ['vytigra] 48/49 D 1
Wytschegda ['vytʃigda], Fl. 48/49 E 1

X

Xai-Xai (João Belo) 69/70 D 4
Xaintoi [ksɛ̃'twa], L. 18/19 A 4
Xanten 8/9 B 2
Xanthi ['ksanθi] (Xánthe) 38 D 2
Xi'an (= Hsian) 57/58 B 3
Xieng Khouang 57/58 B 4
Xingu [ʃiŋ'gu], Fl. 88/89 E 3
Xining (= Hsining) 57/58 B 3
Xinjiang (= Sinkiang), autonom. Gebiet, China 177
Xuzhou (= Hsütschou) 57/58 C 3

Y

Yakutat 80/82 F 4
Yalova [ja'lɔva] 36/37 I 4
Yamagata [ja'ma,gata] (= Jamagata) 54 E 3
Yamoussoukro 67/68 C 5
Yampi Sound ['jæmpi 'saund], O. 74/75 C 2
Yamuna ['jæmunɑ:], Fl. 59/60 CD 2
Yanbo 67/68 G 3
Yaoundé [jaun'de] (= Jaunde) 67/68 E 5
Yaqui ['jaki], Fl. 82/83 C 3
Yari (= Jari) 54 D 3
Yarmouth ['jɑ:məθ] 80/81 M 5
Yazoo City 82/83 D 2
Ybbs, Fl. 24/25 F 1
Ybbs, O. 18/19 K 4
Yding Skovhøj ['ydeŋ 'sgɔuhɔi] 39 II A 2
Yell [jɛl], I. 28/29 F 1
Yellowstone ['jɛloustoun], Fl. 82/83 C 1
Yellowstone Nationalpark ['jɛloustoun] 82/83 B 1
Yellowstonesee ['jɛloustoun] 82/83 B 1
Yesd 48/49 F 4
Yeu [jœ], I. 30/31 B 4
Yilgarn Field 74/75 B 4
Yinchuan (= Jintschwan) 57/58 B 3
Yining (= Kuldscha) 50/51 H 5
Yirgalem [jyrgaləm] 67/68 G 5
Yli-Kitka ['ylikitkɑ], See 40/41 F 2
Ylitornio ['ylitɔrniɔ] 40/41 E 2
Ylivieska ['yliviɛskɑ] 40/41 E 3
Yokohama [dt. joko'ha:ma, jap. jo'kohama] (= Jokohama) 54 DE 3
Yokosuka [jo'kosuka] (= Jokosuka) 54 D 3
Yola ['joulɑ:] 67/68 E 5
Yonne [jɔn], Fl. 30/31 E 3
York [jɔ:k] 28/29 F 4/5
York Factory ['jɔ:k 'fæktəri] 80/81 J 4
Yorkshire ['jɔ:kʃiə], Grafschaft 28/29 F 4
Yorkton ['jɔ:ktən] 80/81 I 4
Yosemite-Nationalpark [jou'sɛmiti] 82/83 AB 2
Yos Sudarso, I. 61/62 F 4
Youghal [jɔ:l] 28/29 C 6
Youngstown ['jʌŋztaun] 82/83 E 1
Ystad ['y:sta] 40/41 C 4
Yucatán [juka'tan], Halbinsel 84 CD 3
Yukon ['ju:kɔn], Territorium, Kanada 80/81 F 3
Yukon ['ju:kɔn], Fl. 80/81 D 3
Yuma ['ju:mə] 82/83 B 2
Yunnan (= Jünnan), Provinz, China 177
Yuste ['juste], Kl. 32/33 D 2
Yutz 14 II B 2
Yverdon [ivɛr'dõ] 24/25 B 2

Z

Zaanstad 39 I B 1
Zabelstein, B. 14 I A 1
Zaber, Fl. 13 C 2
Zabergäu 13 BC 2
Zabern (Saverne) 18/19 C 4
Zaberner Senke 22/23 B 4
Zabrze ['zabʒɛ] (= Hindenburg, H.) 26/27 I 3
Zadar ['zadar] 36/37 B 2
Zafra ['θafra] 32/33 C 3
Żagań ['ʒagain] (= Sagan) 16/17 K 4
Zagorsk [za'gɔrsk] 42/43 N 3
Zagreb [,za:grɛb] (Agram) 24/25 FG 3, 36/37 BC 2
Zagrosgebirge [za'gros] 48/49 E 4/F 5
Zagyva, Fl. 102/103 I 5
Zahna, Fl. 11 D 1
Zahna ,O. 11 D 1
Zaire (Demokrat. Republik Kongo) 166/167 N 6/7, 69/70 BC 1/2
Zaire (Kongo), Fl. 69/70 B 2
Zaječar ['zajɛtʃa:r] 36/37 F 3
Zakinthos (= Zante), I. 38 B 4
Zakinthos 38 B 4
Zakopane [zakɔ'panɛ] 26/27 IJ 4
Zalaegerszeg ['zɔlɔɛgɛrsɛg] 36/37 C 1
Zalău [za'ləu] 36/37 F 1
Zambezi (= Sambesi), Fl. 69/70 D 3
Zamboanga [θambo'aŋga] 61/62 E 3
Zambrów ['zambruf] 26/27 K 2
Zamora [θa'mora] 32/33 D 2
Zamość ['zamɔsjtsj] 26/27 K 3
Záncara ['θaŋkara], Fl. 32/33 E 3
Zanzibar (= Sansibar), I. 69/70 D 2
Zapala [sa'pala] 90 AB 3
Zapoljarnoje 50/51 G 3
Zaragoza [dt. sara'gɔsa, sp. θara'xoθa] (Saragossa) 32/33 F 2
Zárate ['sarate] 90 C 3
Zaria (= Saria) 67/68 D 4
Żary ['ʒary] (= Sorau) 16/17 K 4
Zasieki [za'sjɛki] (= Forst) 16/17 J 4
Žatec ['ʒatɛts] (= Saaz) 18/19 I 2
Zauche 16/17 H 3
Zavelstein, Bad Teinach- 13 B 3
Zeeland ['ze:lɑnt] (= Seeland) 39 I AB 2
Zeestow 6 A 1
Zehdenik 16/17 I 3
Zehlendorf, Berlin- 6 BC 2
Zehn-Grad-Straße 61/62 B 3
Zeitz 11 C 2
Zelhem ['zɛlhəm] 8/9 B 1

Zelinograd [tsəlina'grat] 50/51 G 4
Zell (Mosel) 18/19 C 2
Zella-Mehlis 18/19 F 2
Zell am See 24/25 E 2
Zell am Ziller 15 C 4
Zellerfeld, Clausthal- 10 C 3
Zelten (= Selten) 67/68 EF 3
Zempliner Gebirge 102/103 J 4
Zenica ['zɛnitsa] 36/37 C 2
Zenn, Fl. 14 I B 2
Zentralafrika, Staat 67/68 EF 5, 166/167 MN 6
Zentralgebirge (Neuguinea) 61/62 FG 4
Zentralmassiv 30/31 EF 5
Zerbst 11 C 1
Zermatt 24/25 B 2
Zernsdorf 6 D 2
Zeulenroda 11 BC 3
Zeuthen 6 D 2
Zeven 7 C 2
Zevenaar ['ze:vəna:r] 8/9 B 2
Zêzere ['zezərə], Fl. 32/33 C 2
Zezhë 36/37 D 4
Zgierz [zgjɛʃ] 26/27 I 3
Zgorzelec [zgɔ'ʒɛlɛts] (= Görlitz) 16/17 JK 4
Zhejiang (= Tschekiang), Provinz, China 178
Zhengzhou (= Tschengtschou) 57/58 C 3
Žiar ['ʒiar] 26/27 I 4
Ziegenhals, Wernsdorf- 6 D 2
Ziegenhelle 8/9 G 3
Ziegenort (Trzebież) 16/17 J 2
Ziegenrück 11 B 3
Zielenzig (Sulęcin) 16/17 K 3
Zielona Góra [zjɛ'lɔna 'gura] (= Grünberg, Schlesien) 16/17 K 4
Zierikzee [zi:rik'se:] 39 I A 2
Ziguinchor [zigɛ̃'ʃɔr] (= Siginschor) 67/68 B 4
Žilina ['ʒilina] 26/27 I 4
Ziller, Fl. 15 C 4
Zillertal 15 C 4
Zillertaler Alpen 24/25 DE 2
Zimljansk [tsym'ljansk] 48/49 E 3
Zimljansker Stausee 48/49 E 3
Zimmern ob Rottweil 13 B 4
Zinder [zɛ̃'dɛ:r] (= Sinder) 67/68 D 4
Zingst, Halbinsel 16/17 H 1
Zingst, O. 16/17 H 1
Zinna, Kl. 16/17 I 3
Zinnowitz 16/17 I 1
Zinnwald-Georgenfeld 18/19 I 2
Zips 26/27 J 4
Zirl 15 B 4
Zirndorf 14 I B 2
Zitadelle (Berlin-Spandau) 6 B 1
Zittau 18/19 J 2
Zlatna ['zlatna] (Kleinschatten) 36/37 F 1
Złocieniec [zuɔ'tsjɛnjɛts] (= Falkenburg) 16/17 KL 2
Znaim (Znojmo) 26/27 H 4
Żnin 26/27 H 2
Zobten 26/27 H 3
Zolling 15 C 2
Zomba ['zɔmbɑ:] 69/70 D 3
Zonguldak ['zɔnguldɑk] 48/49 D 3
Zons, Dormagen- 8/9 C 3
Zoppot (Sopot) 26/27 I 1
Zörbig 11 C 1
Zorge, Fl. 10 D 3
Zorge, O. 10 D 3
Zorneding 15 C 2
Zossen 16/17 I 3
Zrenjanin [ˌzrɛnjanin] 36/37 E 2
Zruč [zrutʃ] 18/19 K 3
Zschopau, Fl. 18/19 HI 2
Zschopau, O. 18/19 I 2
Zschornewitz 11 C 1
Zschortau 11 C 2
Zuckerhütl 24/25 D 2
Zug, Kanton, Schweiz 180
Zug, O. 24/25 C 2
Zugspitze 15 AB 4
Zújar ['θuxar], Fl. 32/33 D 3
Züllichau (Sulechów) 16/17 K 3
Zülpich 8/9 C 4
Zülpicher Börde 8/9 C 4
Zürich, Kanton, Schweiz 180
Zürich, O. 24/25 C 2
Zürich-Kloten, Flughafen 176 C 5
Zürichsee 24/25 C 2
Zutphen ['zytfə] 16/17 B 3
Zvolen ['zvɔlɛn] 26/27 I 4
Zvornik [ˌzvɔrni:k] 36/37 D 2
Zweibrücken 14 II D 2
Zweites Baku 48/49 F 2
Zwenkau 11 C 2
Zwettl (Niederösterreich) 34/35 E 1
Zwickau 11 CD 3, 18/19 H 2
Zwickauer Mulde, Fl. 18/19 H 1/2
Zwiefalten 13 C 4
Zwiesel 18/19 I 3
Zwieselberg 15 B 3
Zwinge 10 C 3
Zwingenberg, O. 12 D 2
Zwingenberg, B. 13 C 2
Zwischenahn, Bad 16/17 CD 2
Zwolle ['zwɔlə] 39 I C 1
Zwönitz 11 D 3
Zygospaß 38 B 3
Zypern, I. u. Staat 71 II B 1, 48/49 D 4, 166/167 O 4, 169 II
Żyrardów [ʒy'rarduf] 26/27 J 2

Quellennachweis

1 I: Foto-Atelier Günter Kleinz, Bingen/Rh.

1 II: Stuttgarter Luftbild Elsäßer, Stuttgart, Freigabe-Nr. 9/51440

2 I a: Aero-Photo GmbH u. Co., Egelsbach, Freigabe-Nr. 671/81

2 I b: Topographische Karte 1 : 50 000 (Bingen) mit Genehmigung des Landesvermessungsamtes Rheinland-Pfalz, Koblenz

2 II: Topographische Übersichtskarte 1 : 200 000 (Bingen) mit Genehmigung des Institutes für Angewandte Geodäsie, Frankfurt a. M.

2 III a: NASA Landsat 2
ID 2200–09423
Verarbeitung: Zentralstelle für GEO-Photogrammetrie und Fernerkundung, München

122 III: Topographische Karte 1 : 100 000 (Papenburg) mit Genehmigung des Niedersächsischen Landesverwaltungsamtes, Abt. Landesvermessung, Hannover

225: Wettersatellitenbild mit Genehmigung des Deutschen Wetterdienstes, Zentralamt, Offenbach

Typische Wetterlagen

Hoch- und Tiefdruckeinfluß im Winter und Sommer

107 Europa, Klima
225 Satellitenbild
Va, Vb 122–123 Küstenschutz

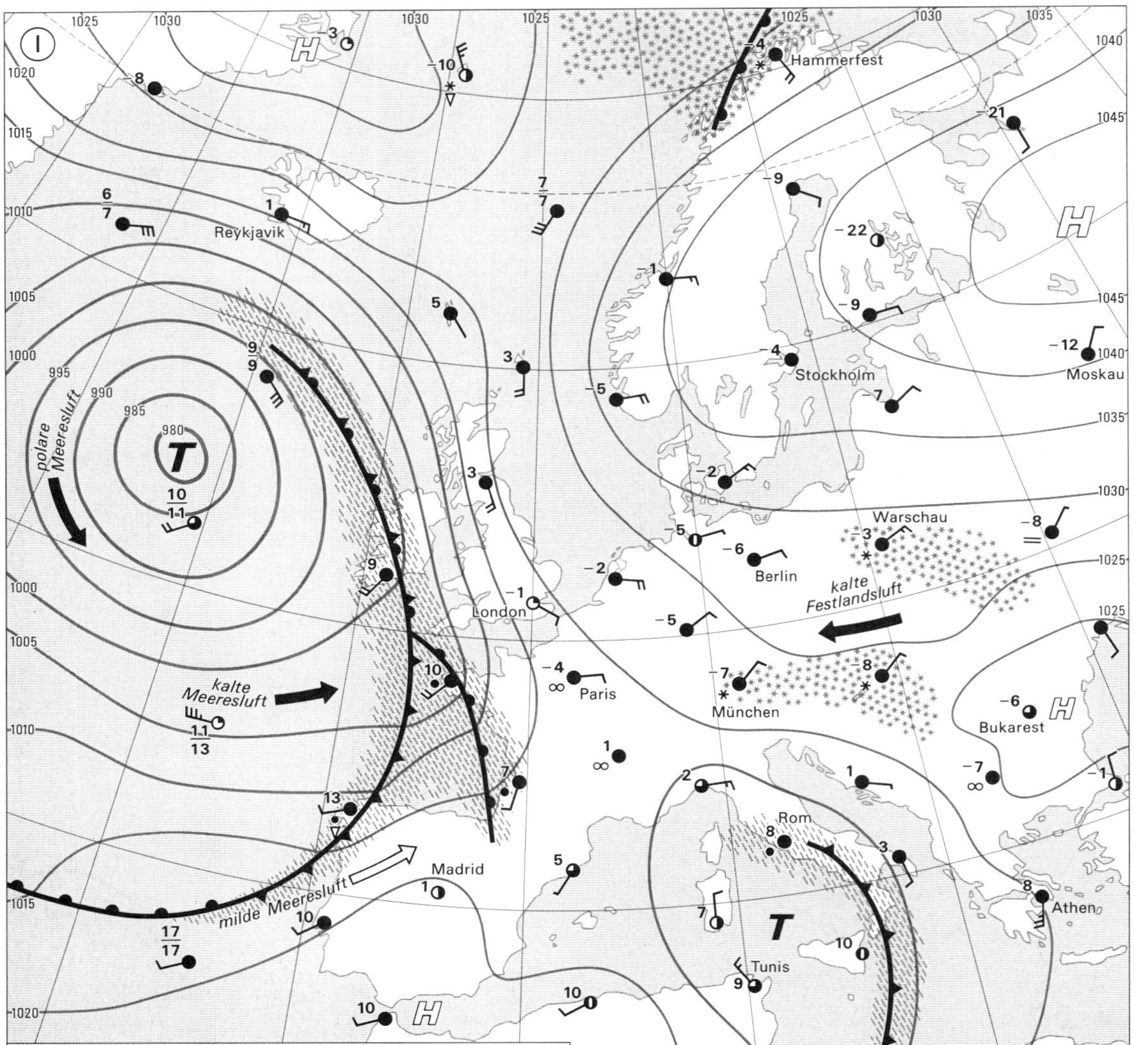

Sibirische Kälte · Hochdruck im Winter · (10. 1. 1966)

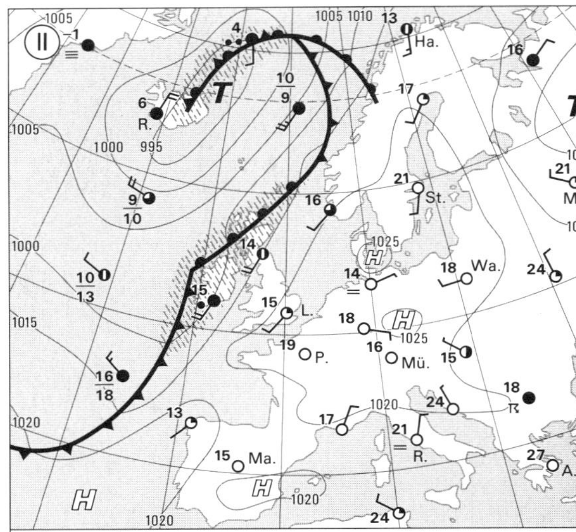

Hitzeperiode · Hochdruck im Sommer · (1. 7. 1973)

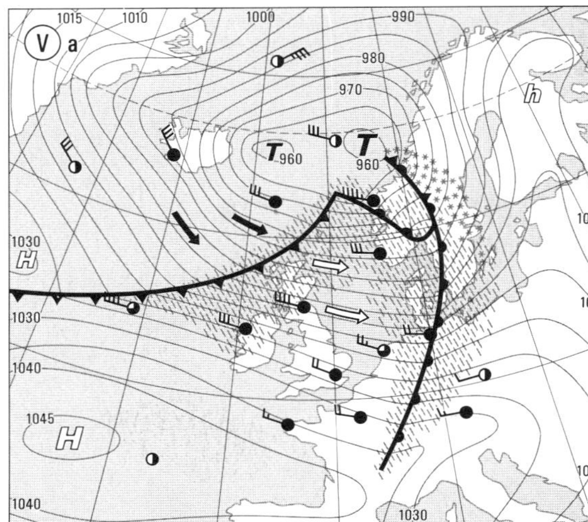

Sturmflutwetterlage
an zwei aufeinanderfolgenden Tagen im Februar 1962

△ 16. 2. 1962, 0 Uhr
▽ 17. 2. 1962, 0 Uhr

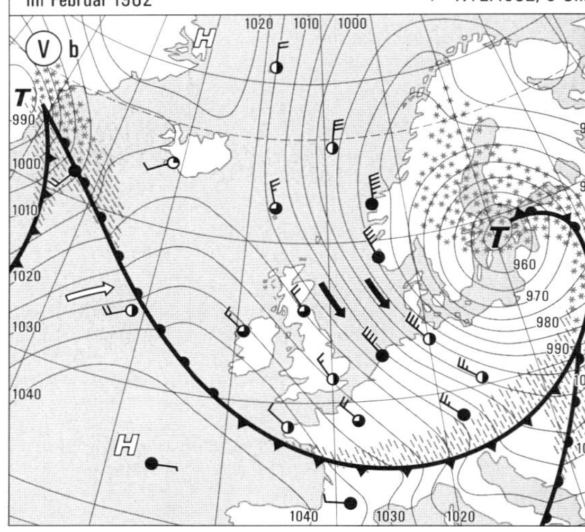

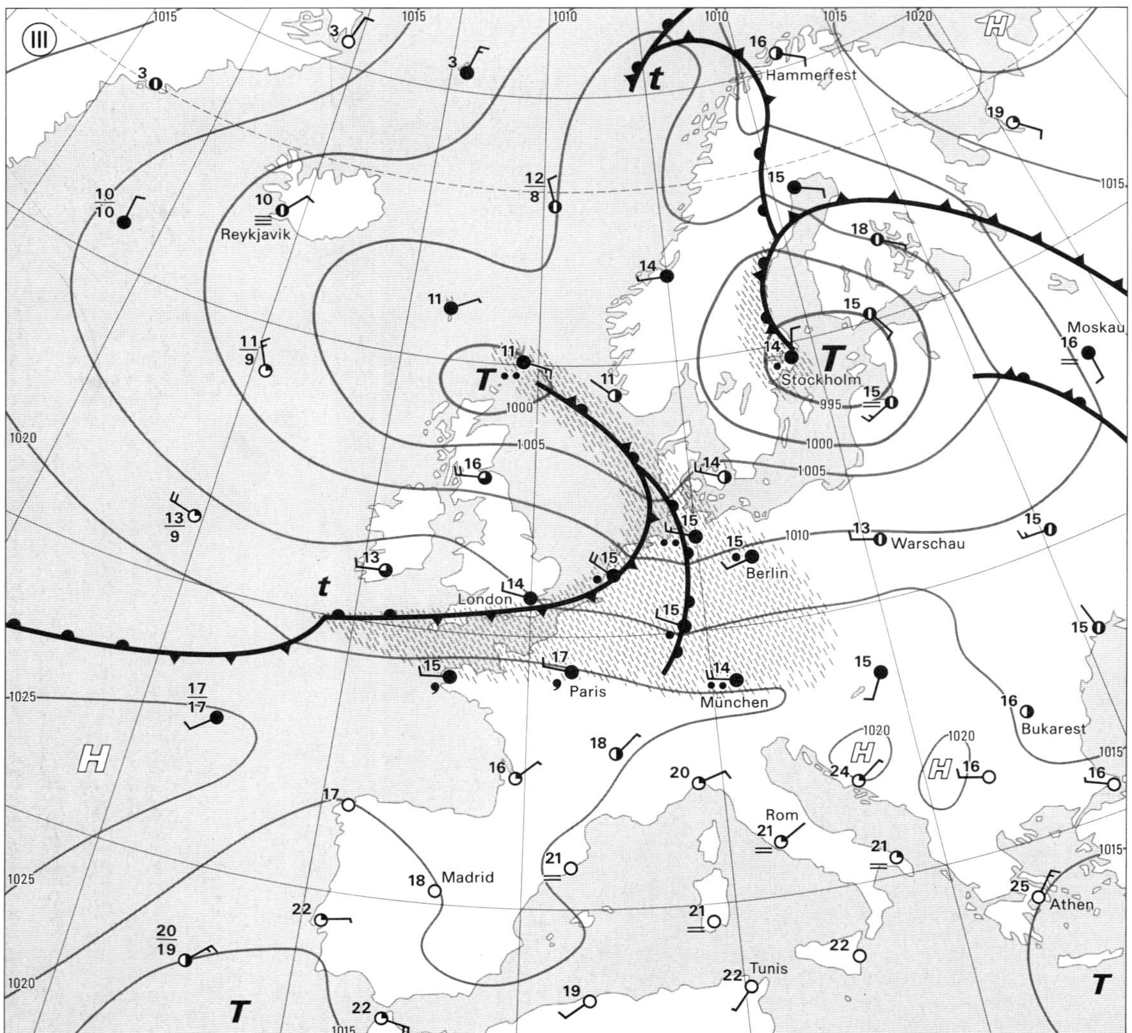

Landregen · Tiefdruck im Sommer · (11. 7. 1974)

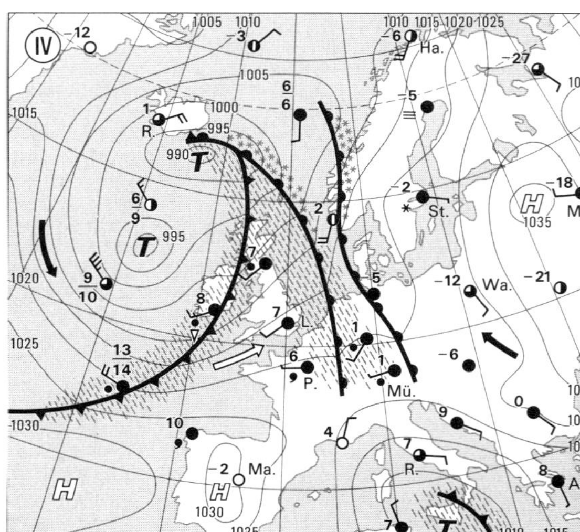

Weihnachtstauwetter · Tiefdruck im Winter · (24. 12. 1969)

Die Wetterkarte

Wichtige Symbole

- H h – Hoch (Antizyklone)
- T t – Tief (Zyklone)
- Warmfront
- Kaltfront
- Okklusion
- Warmluftzufuhr
- Kaltluftzufuhr
- 5 – Lufttemperatur in °C
- 4 – Wassertemperatur in °C
- Isobare (Luftdruckangabe in Millibar)

Bewölkung:

- ○ wolkenlos
- heiter
- halb bedeckt
- wolkig
- fast bedeckt
- ● bedeckt

Windgeschwindigkeit (in km/h):

- 1–5
- 6–13
- 14–22
- 23–31
- 32–40
- 41–49
- 77–85

Windrichtung:

- Nordostwind
- Ostwind
- Südostwind
- Westwind

- ausgedehntes Regengebiet
- ausgedehnter Schneefall
- Sprühregen (Nieseln)
- Regen, starker Regen
- ✶ Schneefall
- Regen-, Schneeschauer
- Gewitter
- ∞ Dunst
- leichter Nebel
- starker Nebel

Erdatmosphäre

Gliederung der Lufthülle, Sonnen- und Himmelsstrahlung

Erdatmosphäre

vertikale Gliederung nach Temperatur oder Ionisierung

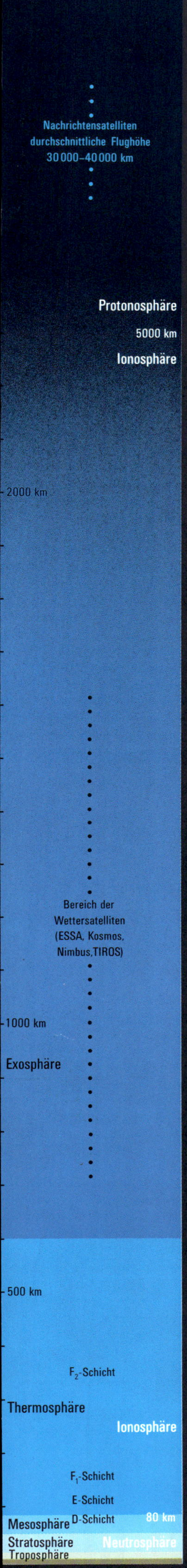

Satellitenbild und Wetterkarte

Aufnahme ESSA 8, 12. Februar 1970, 11[30] Uhr, Flughöhe 1450 km

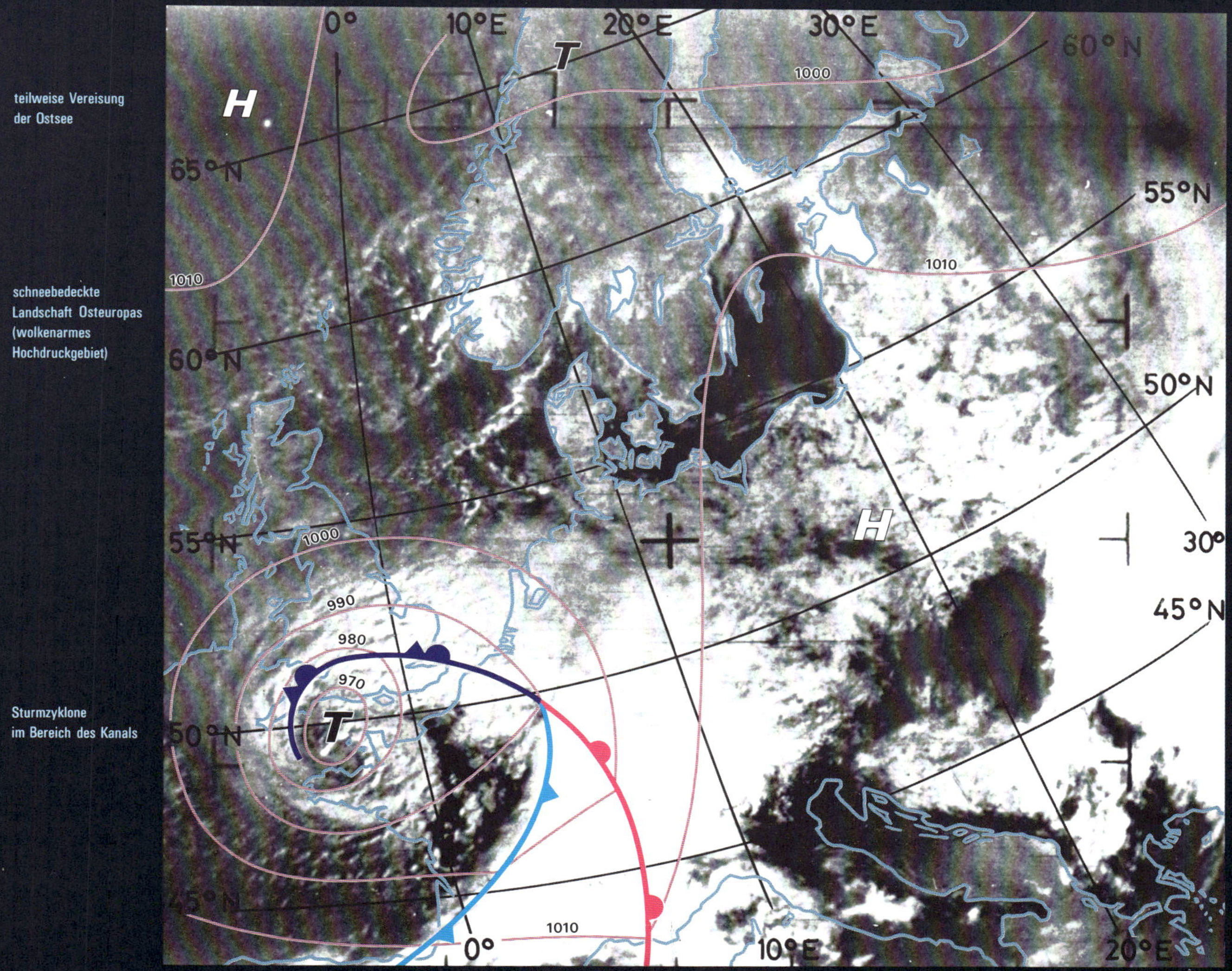

Atmosphäre bis 100 km Höhe

Gliederung nach der Temperatur

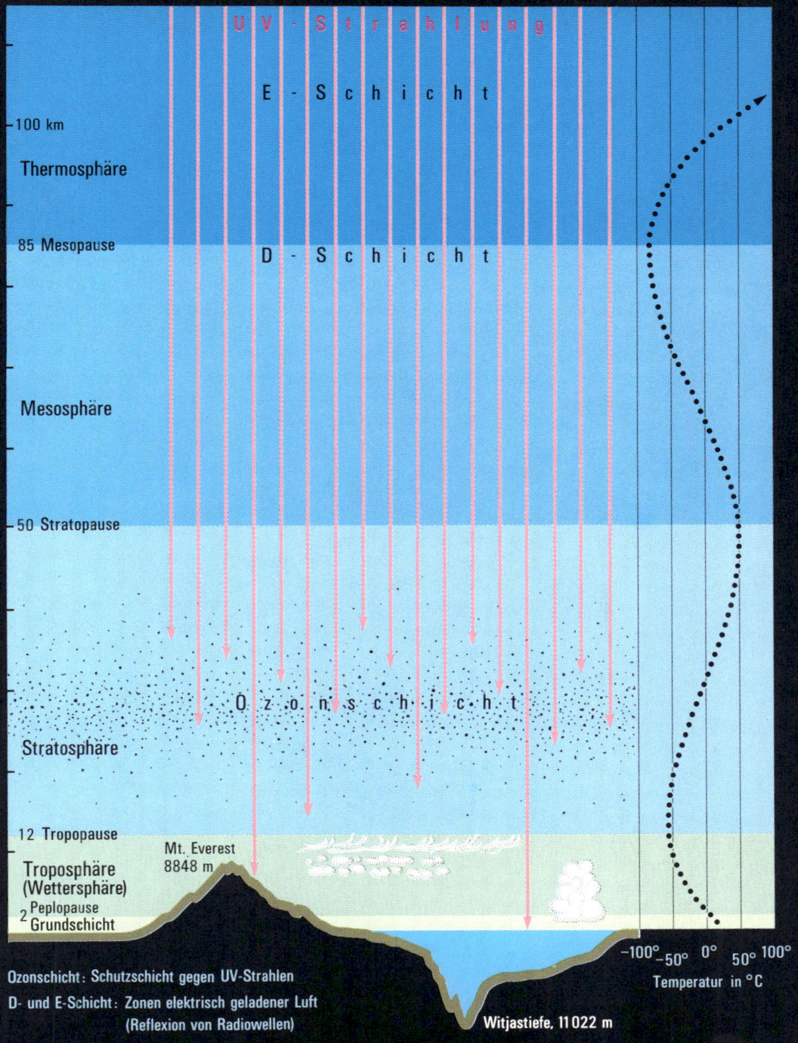

Ozonschicht: Schutzschicht gegen UV-Strahlen

D- und E-Schicht: Zonen elektrisch geladener Luft (Reflexion von Radiowellen)

Sonnen- und Himmelsstrahlung

Himmelskunde

Erde, Sonnensystem, Weltall

Sternhimmel gegen Süden

31. Dezember, 50° nördliche Breite, 22 Uhr

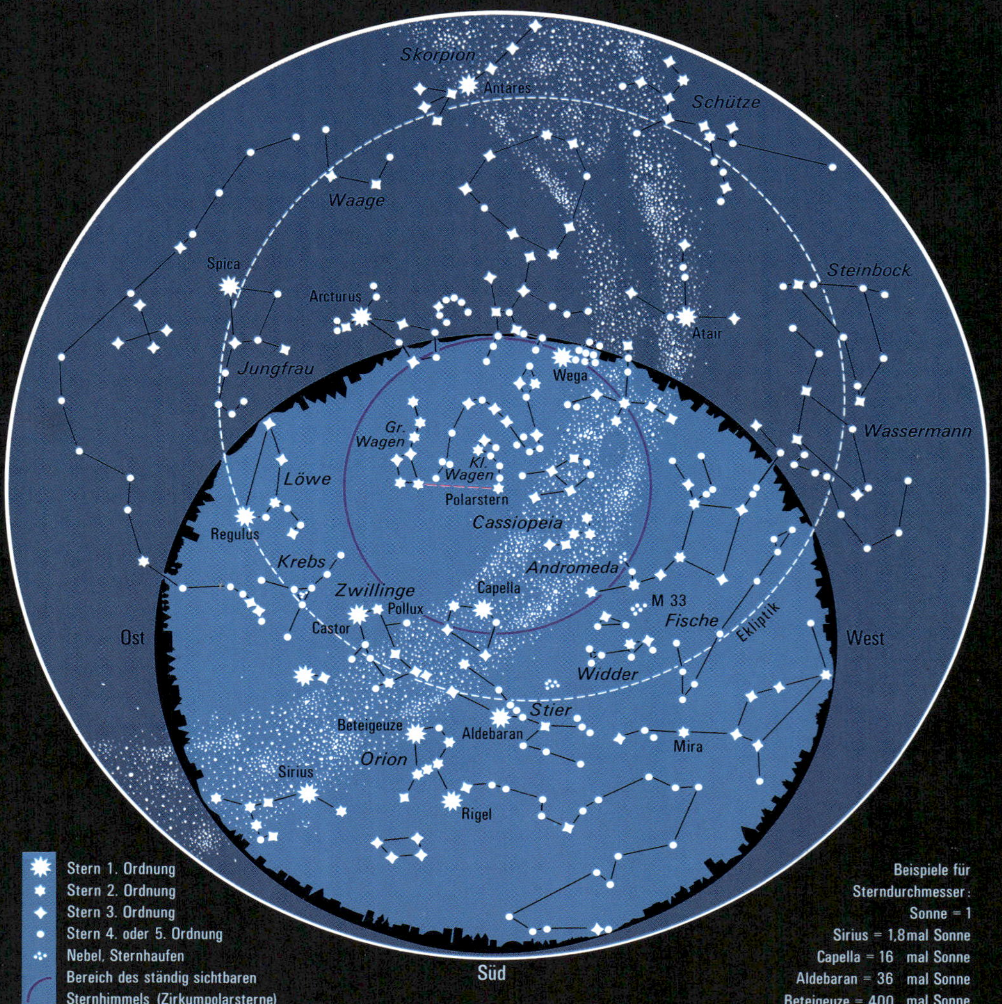

Stern 1. Ordnung
Stern 2. Ordnung
Stern 3. Ordnung
Stern 4. oder 5. Ordnung
Nebel, Sternhaufen
Bereich des ständig sichtbaren Sternhimmels (Zirkumpolarsterne)

Beispiele für Sterndurchmesser:
Sonne = 1
Sirius = 1,8 mal Sonne
Capella = 16 mal Sonne
Aldebaran = 36 mal Sonne
Beteigeuze = 400 mal Sonne

Der helle Bereich mit Horizontsilhouette zeigt den sichtbaren Himmelsausschnitt. Die übrigen Sterne sind zu dieser Zeit „untergegangen".

Entfernungen im All

Nach dem heutigen Stand der Technik (Radiowellen) haben wir Kenntnis von Objekten bis über 2 Mrd. Lichtjahre Entfernung.

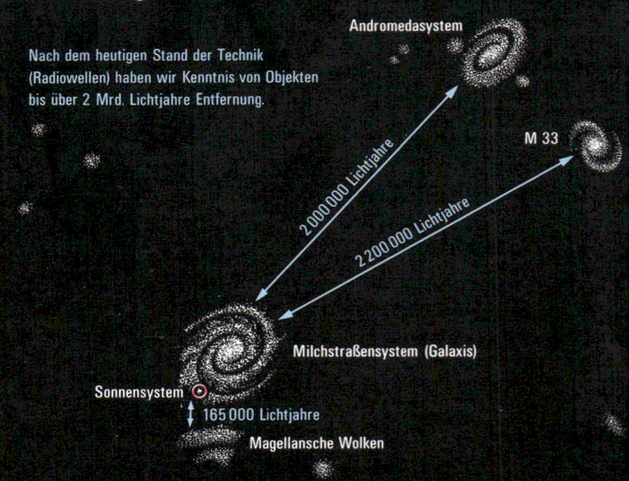

Lichtjahr: Entfernung, die das Licht in einem Jahr zurücklegt (300 000 km/sec).

Unser Milchstraßensystem (Schema)

Ansicht senkrecht von oben

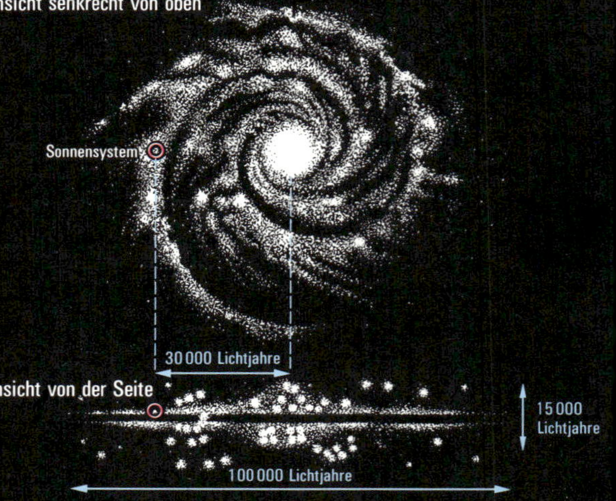

Umlaufbahnen der Planeten um die Sonne (Maßstab 1:16 000 Mrd.)

Innere Planeten

Merkur	E: 57,9	U: 88 T.	
Venus	E: 108,2	U: 225 T.	
Erde	E: 149,6	U: 365,26 T.	M: 1
Mars	E: 227,9	U: 1 J. 322 T.	M: 2

Äußere Planeten

Jupiter	E: 778,3	U: 11 J. 314 T.	M: 12
Saturn	E: 1 427	U: 29 J. 167 T.	M: 10
Uranus	E: 2 870	U: 84 J. 4 T.	M: 4
Neptun	E: 4 497	U: 164 J. 292 T.	M: 1
Pluto	E: 5 900	U: 247 J. 255 T.	

Weg der Planeten im Lauf eines Erdjahres

E = mittlere Entfernung von der Sonne in Mio km
U = Umlaufzeit um die Sonne in Jahren (J.) und Tagen (T.)
M = Anzahl der Monde
D = Durchmesser der Planeten (Erde = 1)

Erdbahn und Sonne (Schema)

Ansicht senkrecht von oben

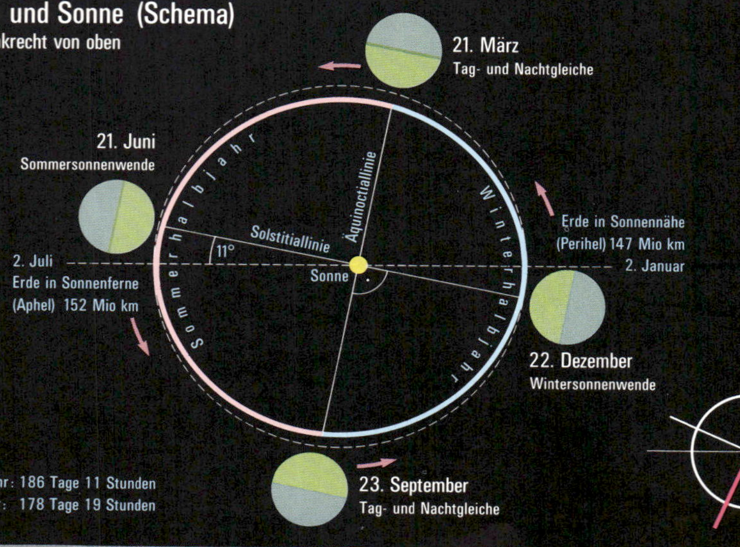

Sommerhalbjahr: 186 Tage 11 Stunden
Winterhalbjahr: 178 Tage 19 Stunden

Beleuchtung der Erde

Ansicht senkrecht von oben

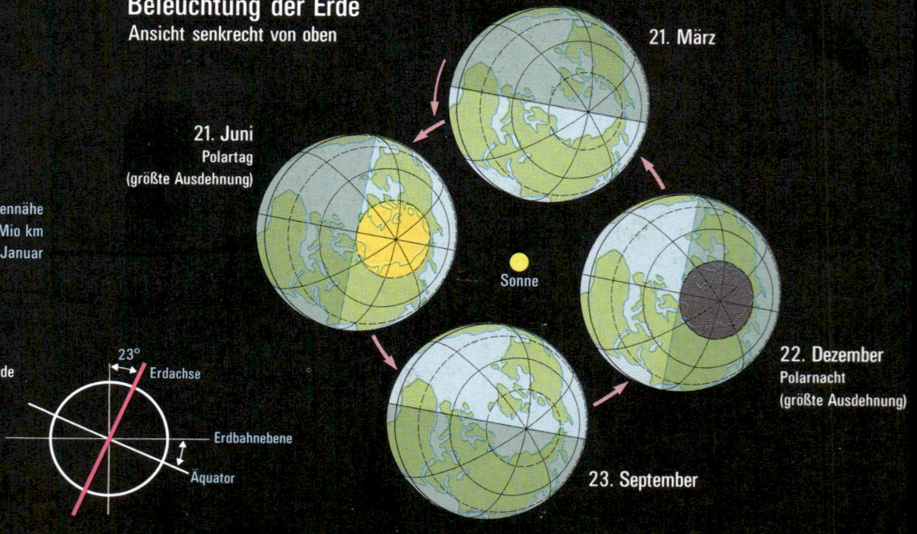

Der Planet Erde

Innerer Aufbau und erdnahes Magnetfeld

Schalenaufbau des Erdinneren

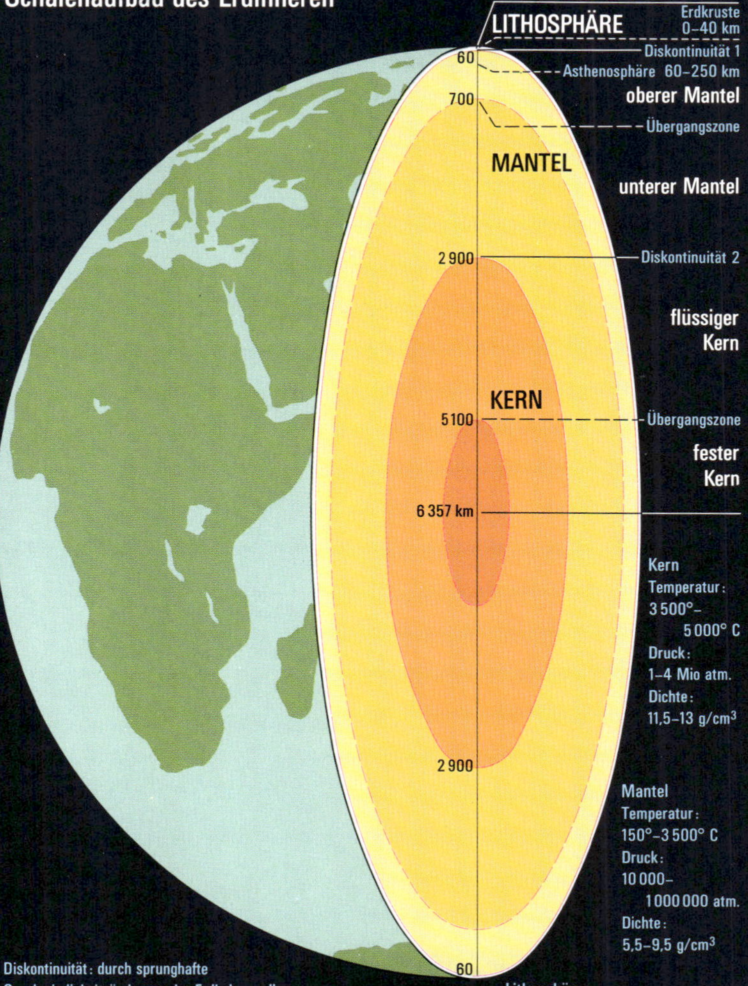

Diskontinuität: durch sprunghafte Geschwindigkeitsänderung der Erdbebenwellen gekennzeichnete Grenzfläche.
Diskontinuität 1 = Mohorovičić-Diskontinuität (Moho-Fläche)
Diskontinuität 2 = Wiechert-Gutenberg-Diskontinuität

Lithosphäre
Temperatur: 0°–150° C
Druck: 1–10 000 atm.
Dichte: 1–3,5 g/cm³

Erdmagnetismus

Schematische Darstellung

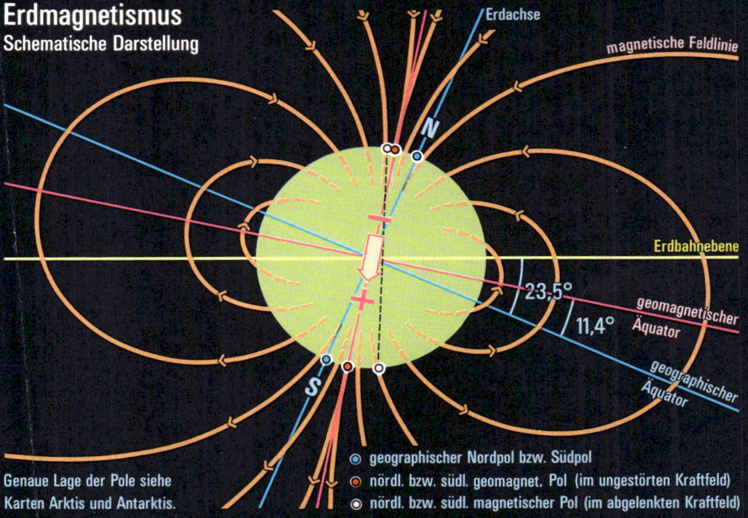

Genaue Lage der Pole siehe Karten Arktis und Antarktis.

Magnetosphäre

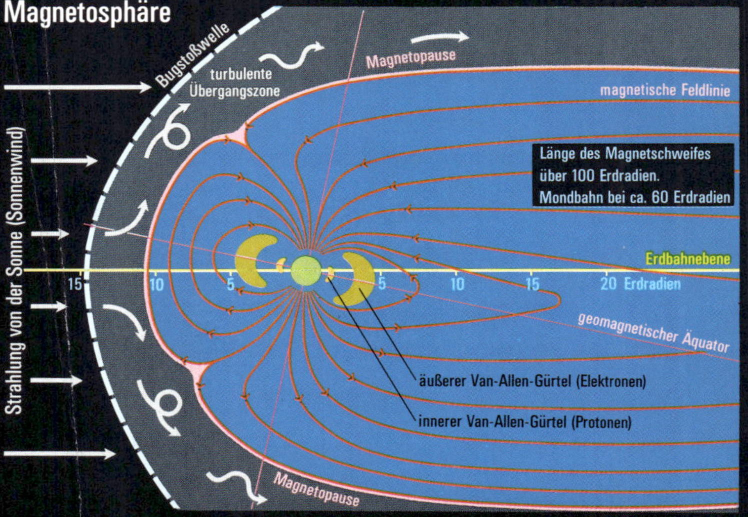

Hauptbezugskarten

Deutschlandübersichten:

Geographische Grundkarte		20–21
Physische Karte		22–23
Politische Karte		176

Europaübersichten:

Geographische Grundkarte		46–47
Physische Karten	42–45	98–99
Politische Karte		172

Weltübersichten:

Geographische Grundkarte		92–93
Physische Karte		94–95
Politische Karte		166–167

Themenkreise

Oberflächenformen, Tektonik und Geologie
94–105

Klima und Vegetation
106–110
Wetterkunde 224–225

Land- und Forstwirtschaft, Fischerei
111–124

Energiewirtschaft, Bergbau und Industrie
125–139

Handel und Verkehr, Fremdenverkehr
140–145

Bevölkerungsverteilung, Bevölkerungsstruktur
146–153

Große Städte, Stadtpläne, Stadtgeographie
154–165

Staaten und Politik, Entwicklungsländer, EG
166–176